机械加工工艺手册

尹成湖 主编

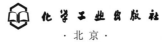

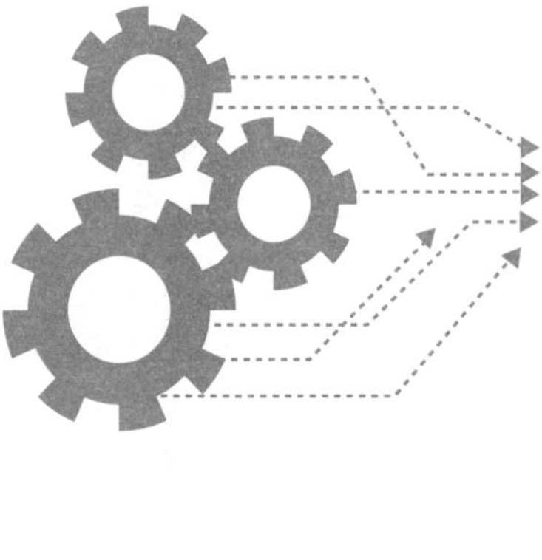

化学工业出版社
·北京·

内 容 简 介

本手册是兼顾学习和查阅的综合性工具书，紧密结合机械加工工艺人员的日常工作，将教学与生产实践相融合。内容包括：机械加工识图基础，金属切削加工基础，零件加工质量及其检测与控制，车削加工，铣削加工，刨削和插削加工，钻削、扩削和铰削加工，镗削加工，齿轮、螺纹等其他切削加工，磨削加工，机械加工工艺规程制订，机床夹具设计，装配工艺，现代机械加工制造技术等。

本手册适合企业生产、技术、管理人员和工人在工作中使用，也可作为大中专院校师生的参考资料。

图书在版编目（CIP）数据

机械加工工艺手册/尹成湖主编．—北京：化学工业出版社，2023.1（2024.4重印）

ISBN 978-7-122-40586-9

Ⅰ.①机… Ⅱ.①尹… Ⅲ.①金属切削-工艺学-手册 Ⅳ.①TG506-62

中国版本图书馆 CIP 数据核字（2022）第 119233 号

责任编辑：陈 喆 张兴辉　　装帧设计：王晓宇

责任校对：张茜越

出版发行：化学工业出版社（北京市东城区青年湖南街 13 号 邮政编码 100011）

印　　装：三河市航远印刷有限公司

850mm×1168mm 1/32 印张 32 字数 897 千字

2024 年 4 月北京第 1 版第 2 次印刷

购书咨询：010-64518888　　售后服务：010-64518899

网　　址：http://www.cip.com.cn

凡购买本书，如有缺损质量问题，本社销售中心负责调换。

定　　价：128.00 元

赠送视频精讲

（手机直接扫描二维码观看，无需付费）

第 1 部分：普通车床加工操作视频教程

1. 三爪卡盘	2. 四爪卡盘	3. 一夹一顶装夹	4. 两顶尖装夹
5. 中心架装夹	6. 跟刀架装夹	7. 车刀的安装	8. 车端面
9. 车外圆-粗车	10. 车外圆-精车	11. 车外圆-机动进给	12. 车削台阶轴
13. 钻中心孔	14. 车削长轴-一夹一顶	15. 车削长轴-两顶尖装夹	16. 切断
17. 车沟槽	18. 车端面槽	19. 车削圆锥面-转动小滑板	20. 车削圆锥面-偏移尾座

21. 钻孔	22. 车内孔	23. 车台阶孔	24. 车盲孔
25. 铰孔	26. 车内沟槽	27. 三角形螺纹-装刀和车床调整	28. 三角形螺纹-车螺纹练习

第2部分：普通铣床加工操作视频教程

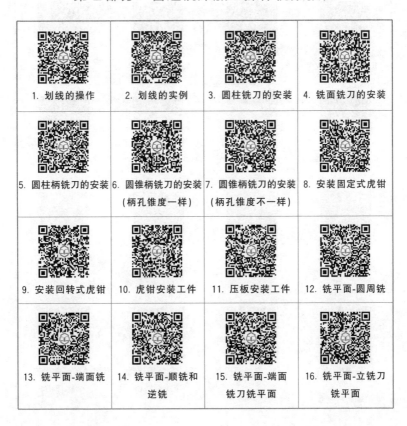

1. 划线的操作	2. 划线的实例	3. 圆柱铣刀的安装	4. 铣面铣刀的安装
5. 圆柱柄铣刀的安装	6. 圆锥柄铣刀的安装（柄孔锥度一样）	7. 圆锥柄铣刀的安装（柄孔锥度不一样）	8. 安装固定式虎钳
9. 安装回转式虎钳	10. 虎钳安装工件	11. 压板安装工件	12. 铣平面-圆周铣
13. 铣平面-端面铣	14. 铣平面-顺铣和逆铣	15. 铣平面-端面铣刀铣平面	16. 铣平面-立铣刀铣平面

17. 铣斜面-旋转工件铣斜面	18. 铣斜面-铣刀倾斜铣斜面	19. 铣斜面-角度铣刀铣斜面	20. 铣阶台-一把铣刀铣阶台
21. 铣阶台-组合铣刀铣双面阶台	22. 铣阶台-端面铣刀铣阶台	23. 铣阶台-立铣刀铣阶台	24. 铣阶台-立铣刀铣双面阶台
25. 铣直角沟槽-三面刃铣刀铣通槽	26. 铣直角沟槽-立铣刀铣半通槽	27. 铣直角沟槽-立铣刀铣封闭槽	28. 铣直角沟槽-键槽铣刀铣直角沟槽
29. 铣平键槽-刀具的选择	30. 铣平键槽-工件的安装	31. 铣平键槽-对刀的方法	32. 铣平键槽-分层铣削法
33. 铣平键槽-扩刀铣削法	34. 铣半圆键槽-对刀及铣削	35. 切断-铣刀的安装	36. 切断-工件的安装
37. 切断-切断的操作	38. 铣 V 形槽-立铣刀铣 V 形槽	39. 铣 V 形槽-双角铣刀铣 V 形槽	40. 铣 V 形槽-调整工件铣 V 形槽

41. 铣T形槽	42. 铣T形槽-不穿通T形槽	43. 铣燕尾槽	44. 钻孔-钻头的刃磨
45. 钻孔-钻孔的深度	46. 钻孔-钻头的装卸	47. 钻孔-钻孔的方法	48. 镗孔-钻孔和安装镗刀
49. 镗孔-粗镗半精镗和精镗孔	50. 铰孔		

第3部分：钳工基本操作技能视频演示

1. 平面划线应用实例一	2. 平面划线应用实例三	3. 圆钢棒料的錾削	4. 长方体锯削	5. V形块的锯削
6. 圆弧形面的锉配	7. 四方块上平面的刮削	8. 直角尺的研磨	9. 形件弯制	10. 手工铆接的操作
11. 磨花钻的刃磨	12. 钻孔	13. 铰孔	14. 在长方体上攻螺纹	15. 在圆杆上套螺纹

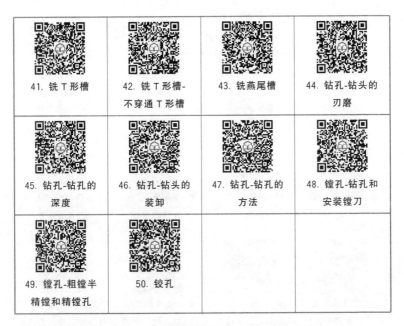

前 言

《机械加工工艺手册》是兼顾学习和查阅的综合性工具书，紧密结合机械加工工艺人员的日常工作，将教学与生产实践相融合。内容包括：机械加工识图基础；金属切削加工基础，零件加工质量及其检测与控制，车削加工，铣削加工，刨削和插削加工，钻削、扩削和铰削加工，镗削加工，齿轮、螺纹等其他切削加工，磨削加工，机械加工工艺规程制订，机床夹具设计，装配工艺，现代机械加工制造技术等。

本书内容丰富，以实用技术为主线，以解决生产实际问题、服务生产一线的工艺技术人员和工人为出发点；注重采用新技术，标准均为现行标准并注意了新旧标准的衔接；编写上考虑了人的学习成长规律，由感性到理性，由具体到抽象，由基础知识到实际应用的结构顺序，采用通俗易懂的语言，并结合图、表和应用实例，有助于提高读者解决实际问题的能力。适合企业生产、技术、管理人员和工人在工作中使用，也可作为大中专院校师生的参考资料。

本书由河北科技大学的尹成湖、张英、李保章、齐习娟、周湛学编写。

在编写过程中，得到了强大泵业集团的靳清、刘惠峰，华北柴油机厂的阎文联，石家庄轴承设备股份有限公司的董晖等同志的帮助；查阅和参考了相关文献资料，在此一并表示衷心感谢。

编者

目 录

第11章 机械加工工艺规程制订 …… 987

第1章 机械加工识图基础

1.1 点线面投影和立体组合体视图识读

1.1.1 投影与视图

（1）投影的概念

投影是根据投影法所得到的图形。投影法是投射线通过物体，向选定的面投射，并在该面上得到图形的方法。其实，投影是从日常生活中抽象出来的，如图1.1所示，如阳光照射下物体在地面上留下影子，灯光照射下椅子在地板上或墙壁上留下的影子，影子就是这些物体在平面上的投影（图形），地板或墙壁就是投影面。人们将这些投影现象经过科学总结，得到表达影子和物体之间几何关系的方法称投影法。从绘画艺术到工程制图，在平面上表达空间物体，这种投射线（光线）通过物体向选定面投射，并在该平面上得到物体图形的方法称投影法，物体的图形称投影图，简称投影，物体称为工程对象，选定的面称投影面。

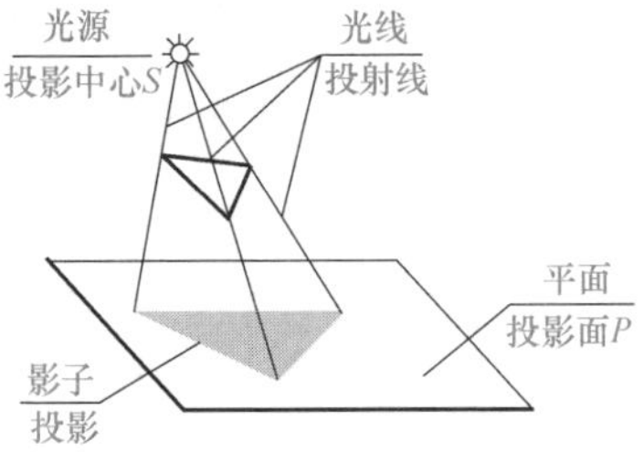

图1.1　投影

（2）投影方法分类

根据投射线的类型，投影方法分中心投影法和平行投影法。再按投影面、投射线和物体三者的相互位置与相互关系，中心投影法和平行投影法又进行细分，其分类如图 1.2 所示。

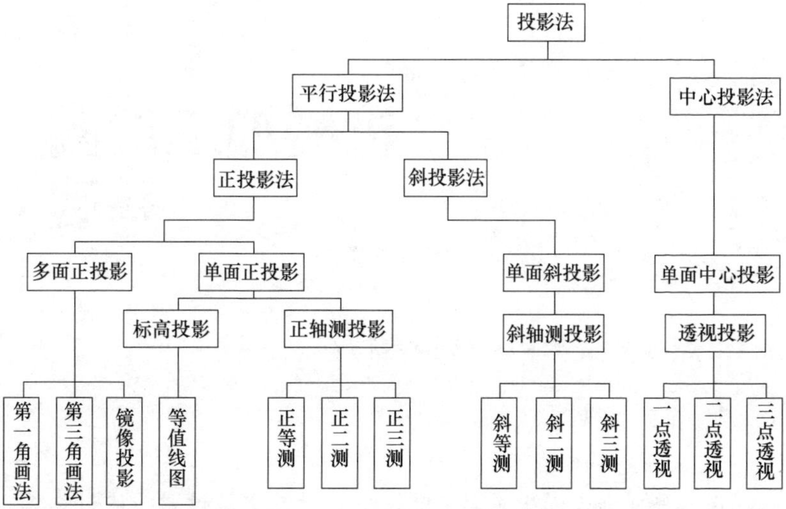

图 1.2　投影方法的分类

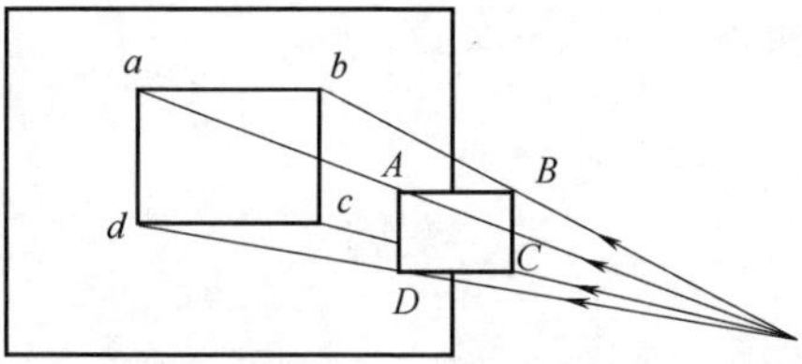

图 1.3　中心投影法

① 中心投影法　中心投影法是投射线汇交于一点的投影法（见图 1.3）。投射线是投影中心与物体上特征点的连线，延长投射线与投影面相交，交点的集合即为物体的投影。中心投影法的投影中心与物体之间的距离有限，若改变投影中心与物体之间的距离，物体的投影大小就会改变。

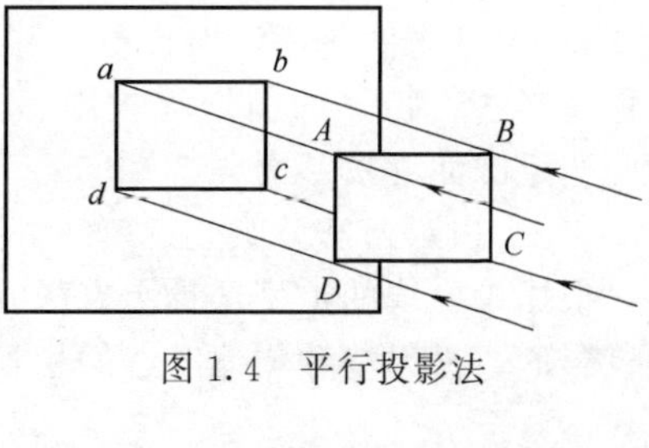

图 1.4　平行投影法

② 平行投影法　平行投影法是投射线相互平行的投影法（见图 1.4）。

③ 斜投影法　斜投影法是投射线与投影面相倾斜的平行投影法。斜投影是根据

斜投影法所得到的图形，如图 1.5 所示，投射线相互平行，投射线与投影面不垂直，物体的投影尺寸形状与倾斜角度、物体和投影中心之间的距离有关。

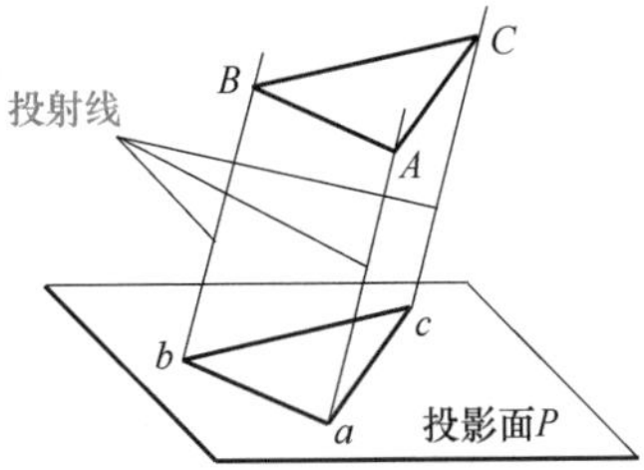

图 1.5　斜投影

④ 正投影法　正投影法是投射线与投影面相垂直的平行投影法（参见图 1.4）。正投影（正投影图）是根据正投影法所得到的图形。在正投影中，物体的投影尺寸形状与物体和投影中心之间的距离无关，因此，正投影在工程图中被广泛应用。

（3）投影面与投影轴

如图 1.6 所示，投影面是投影法中得到投影的面。在多面正投影中，相互垂直的三个投影面分别用 V、H、W 表示。投影轴是投影法中，相互垂直的三个投影面之间的交线。在多面正投影中，相互垂直的三个投影轴分别用 OX、OY、OZ 表示，简称 X、Y、Z 轴。

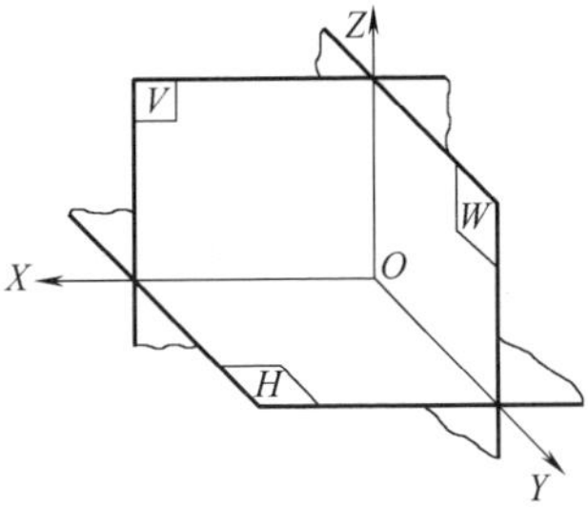

图 1.6　三面投影体系

（4）正投影法的基本要求

表示一个物体可有六个基本投射方向，相应地有六个基本的投影平面分别垂直于六个基本投射方向。物体在基本投影面上的投影称基本视图，其投影方向、视图名称见表 1.1。正投影法的基本要求如下：

① 从前方投射的视图应尽量反映物体的主要特征，该图称为主视图。

② 可根据实际情况选用其他视图，在完整、清晰地表达物体特征的前提下，使视图数量为最少，力求制图简便。

③ 应采用第一角画法布置六个基本视图，也允许按向视图规则标注。

表 1.1 基本视图的投射方向和视图名称

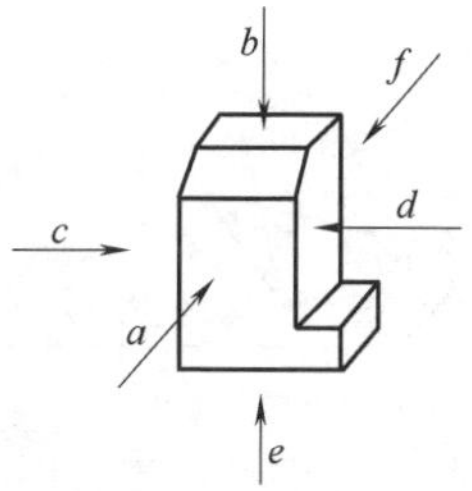

投射方向		视图名称
方向代号	方向	
a	自前方投射	主视图或正立面图
b	自上方投射	俯视图或平面图
c	自左方投射	左视图或左侧立面图
d	自右方投射	右视图或右侧立面图
e	自下方投射	仰视图或底面图
f	自后方投射	后视图或背立面图

④ 在视图中，应用粗实线画出物体的可见轮廓。必要时，还可用细虚线画出物体的不可见轮廓。

(5) 投影的表示法

1）第一角投影（第一角画法）

① 将物体置于第一分角内，即物体处于观察者与投影面之间进行投影，然后按规定展开投影面。

② 六个基本投影面的展开方法如图 1.7 所示。投射方向和视图配置如图 1.8 所示。

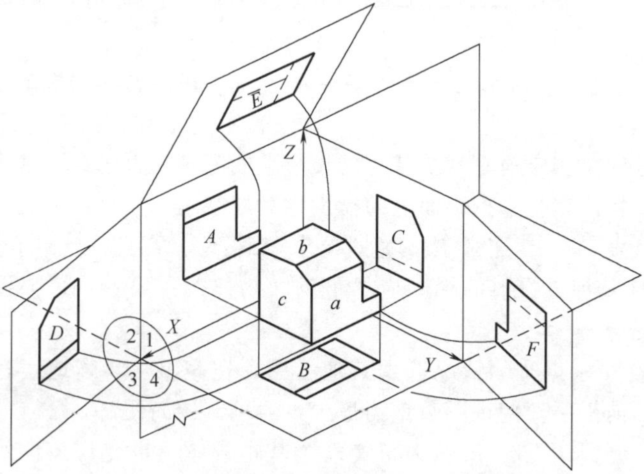

图 1.7 基本投影面的展开方法（第一角画法）

③ 在同一张图纸内，按图 1.8 配置（展开放置）视图时，不用标注视图的名称。

④ 第一角画法的投影识别符号如图 1.9 所示，一般情况省略，必要时可以画出。

⑤ 如果不能按图 1.8 配置视图，根据具体情况，只允许从下列两种表达方式中选择一种：

a. 在视图（称为向视图）的上方标出“×”（其中“×”为大写拉丁字母），在相应的视图附近用箭头指明投射方向，并注上同样的字母，如图 1.10 所示。

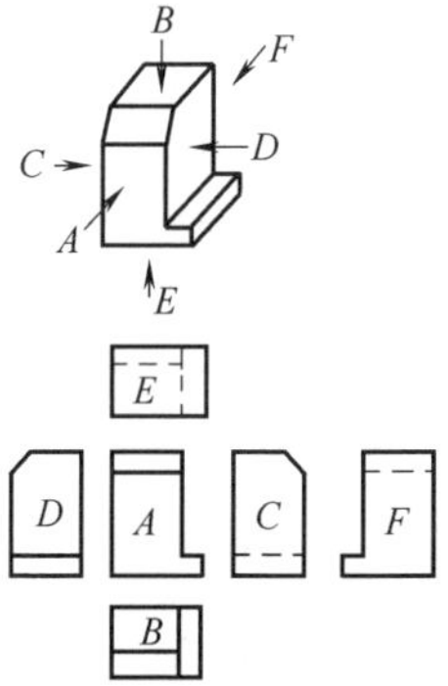

图 1.8　投影面方向与视图配置

b. 在视图下方标出图名。注写图名的各视图的位置，应根据需要和可能，按相应的规则布置。

2）第三角投影（第三角画法）　第三角投影，美国、日本、澳大利亚等一些国家采用。如有合同，可以使用第三角投影，标题栏中应标注第三角投影识别符号。

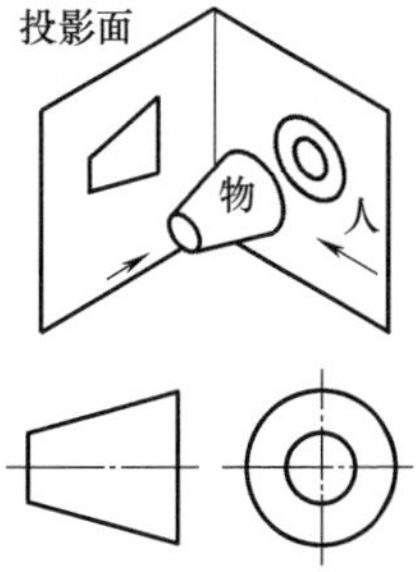

图 1.9　投影识别符号（第一角画法）

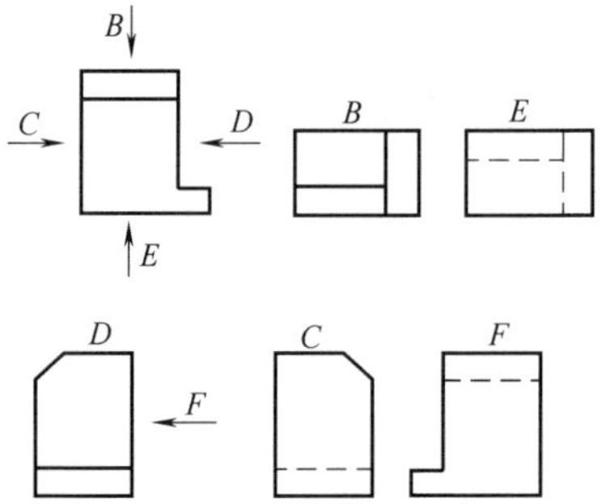

图 1.10　向视图的配置

① 采用第三角画法时，物体置于第三分角内，即投影面（假想是透明的）处于观察者与物体之间进行投射，然后按规定展开投

影面。

② 六个基本投影面的展开方法如图 1.11 所示。各视图的投射方向和配置如图 1.12 所示。

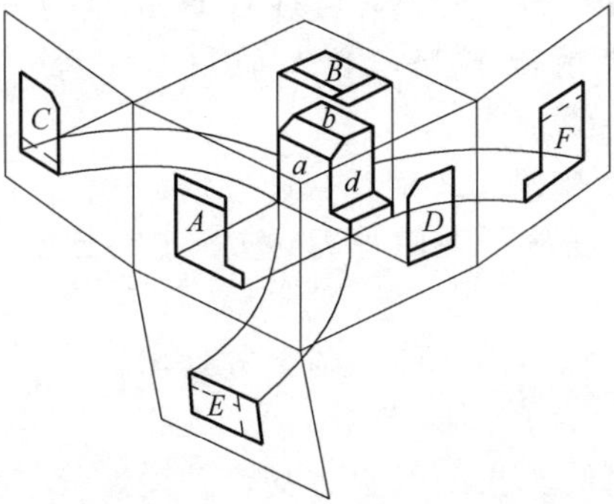

图 1.11 基本投影面的展开方法（第三角画法）

③ 在同一张图纸内按图 1.12 配置视图时，一律不标注视图名称。

④ 采用第三角画法时，必须在图样中画出第三角投影的识别符号，如图 1.13 所示。

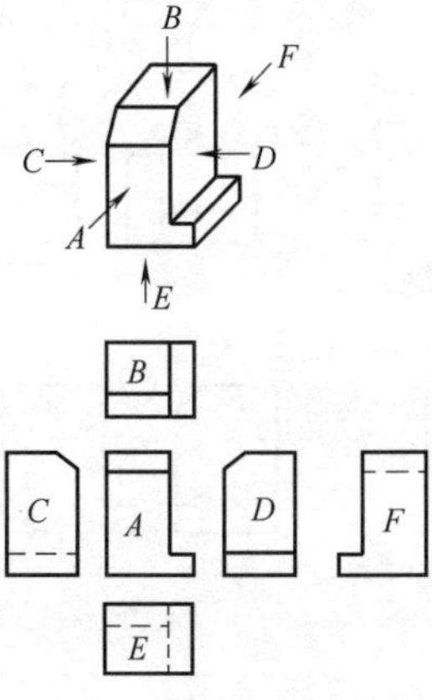

图 1.12 基本视图的投射方向和配置

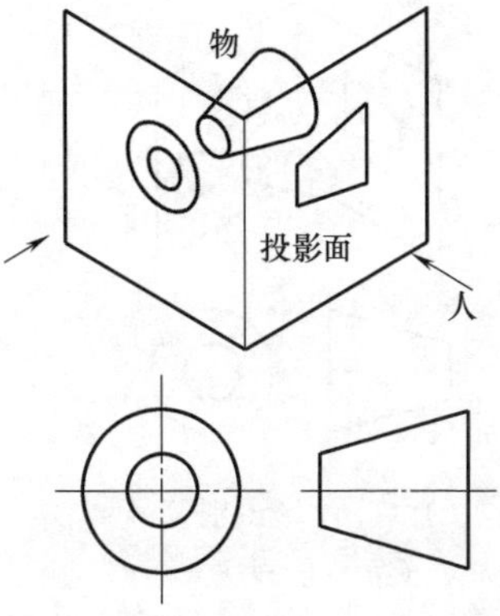

图 1.13 投影识别符号（第三角画法）

3）镜像投影 镜像投影是用镜像投影法所得到的投影，可用以表示某些工程的构造。

① 镜像投影属于正投影法，镜像投影是物体在镜面中的反射图形的正投影，该镜面应平行于相应的投影面，如图 1.14（a）所示。

② 绘制镜像投影图时，应按图 1.14（b）所示方法在图名后注写“镜像”；或按图 1.15 所示方法画出镜像投影识别符号。

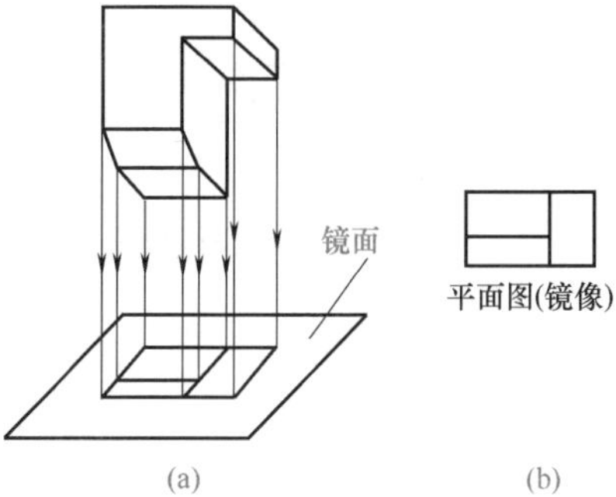

图 1.14　镜像投影

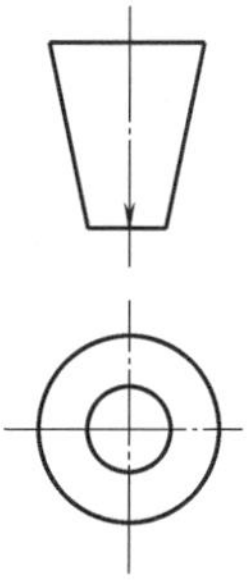

图 1.15　镜像投影识别符号

（6）视图和三视图

① 视图与投影的关系　视图是根据有关标准和规定，用正投影法所绘制出物体的图形。视图是投影原理的应用。在绘制工程图样时，人们用视线来代替光线（投射线）对物体进行投影，这样所得的图形称为视图，如图 1.16 所示。

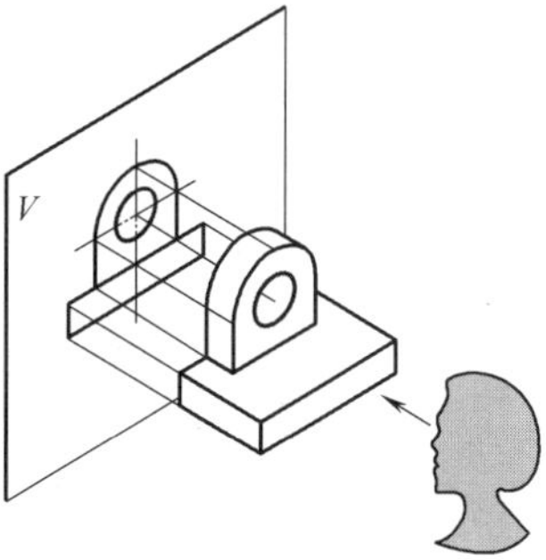

图 1.16　视图的产生

② 三视图　如图 1.17 所示，三个视图是按照观察方向命名的。物体的正面投影称为主视图；物体在水平上的俯视投影称为俯视图；物体在侧面上左视的投影称为左视图。

③ 三视图的展开规律　三视图展开后的位置见图 1.18。主视图反映物体的长和高，俯视图反映物体的长和宽，左视图反映物体

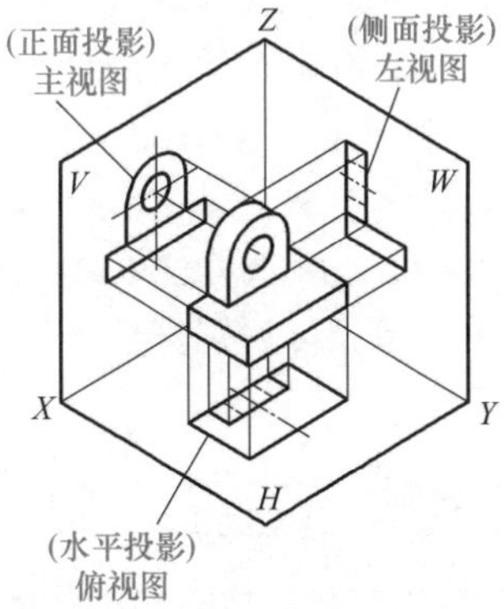

图 1.17　三视图

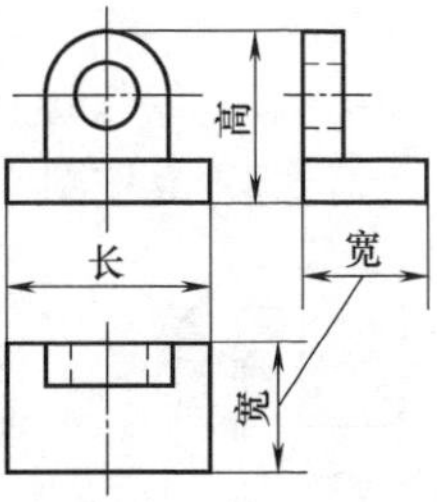

图 1.18　三视图的展开

的高和宽。三视图的投影规律是：主、俯视图长对正；主、左视图高平齐；俯、左视图宽相等。

（7）分角

分角（quadrant）是用水平和铅垂的两投影面将空间分成的各个区域（见图 1.19）。

（8）投影面体系和空间分角

机械制图采用的投影面体系是三面系，即水平投影面 H、正立投影面 V 和侧立投影面 W。

三个投影面垂直正交，在空间形成的八个空间角在机械制图中称为空间分角。这八个角的命名分别称第一角、第二角、…、第八角。见图 1.20 中的阿拉伯数字。

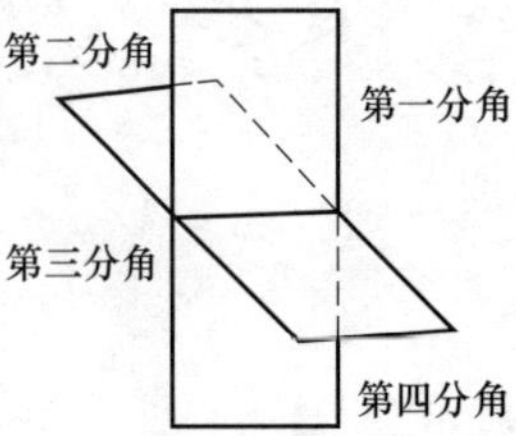

图 1.19　分角

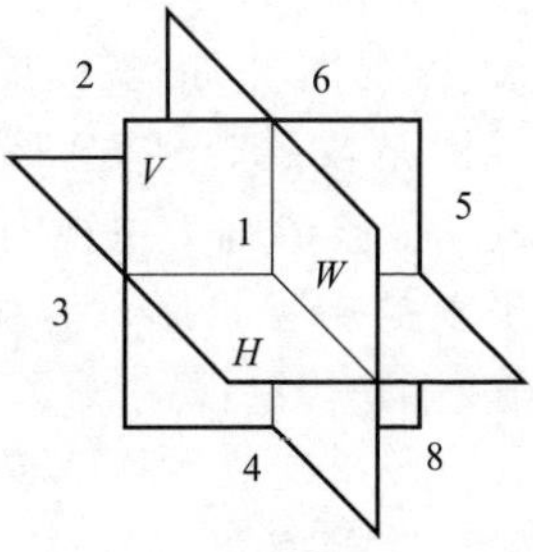

图 1.20　机械制图空间分角

1.1.2　点线面的投影

（1）点的投影

点是最基本的几何元素，也是直线、平面以至立体投影的基础。

如图 1.21（a）所示，将点 A 放在三面投影体系中，过点 A 分别向 H、V、W 投影面作垂线，其垂足为 a、a'、a''，三个垂足为点 A 在三个投影面上的投影。

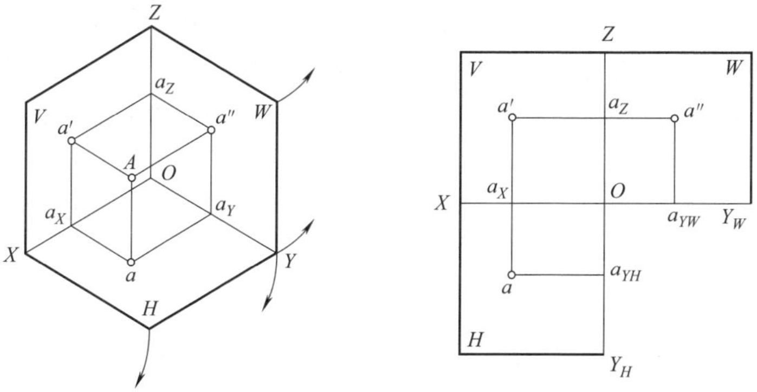

(a) 立体图　　(b) 展开投影面

图 1.21　点投影的立体图和展开图

点投影的规定如下：

① 空间点用大写字母表示，如 A、B、C、…。

② 水平投影用相应的小写字母表示，如 a、b、c、…。

③ 正面投影用相应的小写字母加一撇表示，如 a'、b'、c'、…。

④ 侧面投影用相应的小写字母加两撇表示，如 a''、b''、c''、…。

因为投影图形是画在二维平面图纸上的，所以 H、V、W 投影面需要展开成共面状态。展开时，V 面不动，H 面绕 OX 轴向下（顺时针）旋转 90°，W 面绕 OZ 轴向后（逆时针）旋转 90°，点的展开图见图 1.21（b）。在展开过程中，OY 轴随 H 面旋转成

为 Y_H 轴，随 W 面旋转成为 Y_W 轴。

由图 1.21 可以得出点的三面投影规律：

① 点的正面投影和水平投影的连线垂直于 OX 轴，即 $aa' \perp OX$。

② 点的正面投影和侧面投影的连线垂直于 OZ 轴，即 $a'a'' \perp OZ$。

③ 点的水平投影到 OX 轴的距离 aa_X 等于点的侧面投影到 OZ 轴的距离 $a''a_Z$。

为了简单化，假设投影平面是无限大时，投影平面的边框省略。为了保证画图准确，如画点在侧投影面的投影，为保证 $aa_X = a''a_Z$，画图时一般过原点 O 作一条 45°的斜接线，画图过程和得到点 A 的三面投影图的过程如图 1.22 所示。

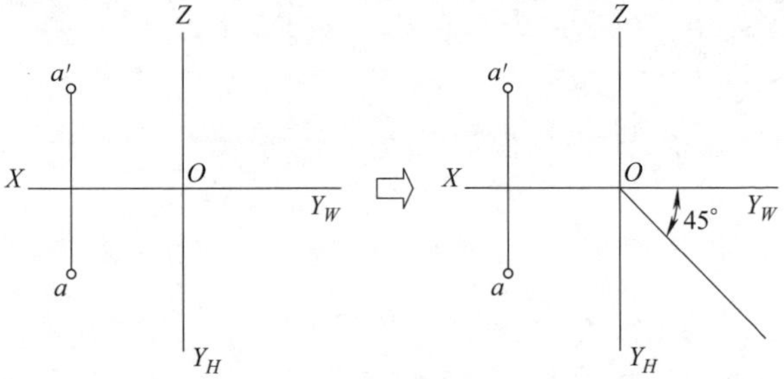

(a) 已知空间点在投影面上的两个投影

(b) 画出45°斜接线

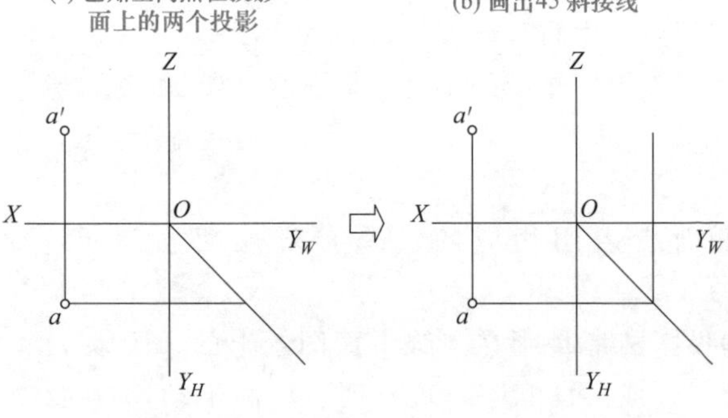

(c) 从a点向OY_H轴作垂线，与45°斜接线相交，再从相交点向OY_W轴作垂线

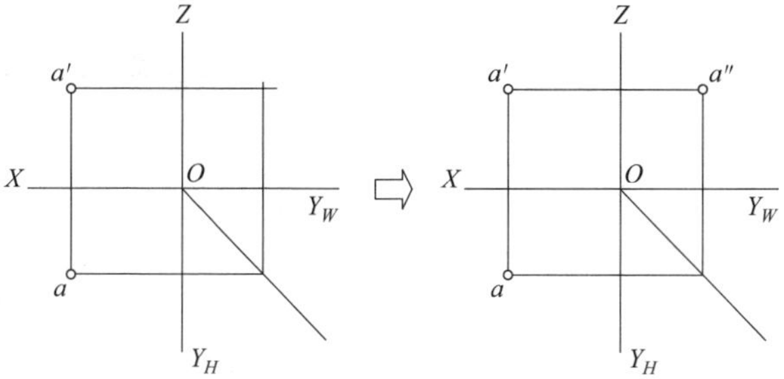

(d) 从点a'向OZ轴作垂线，与上一步骤所作的垂线相交，得到V面投影a''(擦掉多余的辅助线)

图 1.22　点的三面投影

(2) 直线的投影

空间两点确定一条直线，直线的投影可由直线上任意两点的同面投影连线来确定，如图 1.23 所示。

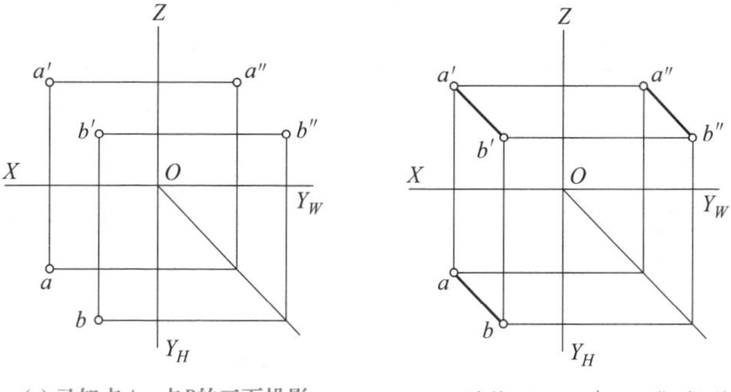

(a) 已知点A、点B的三面投影 a、a'、a''和b、b'、b''

(b) 连线ab、$a'b'$，$a''b''$，得到直线AB的三面投影

图 1.23　两点确定一直线

① 投影面平行线　平行于一个投影面与另外两个投影面倾斜的直线称为投影面平行线。

平行于 H 面倾斜于 V 面、W 面的直线称为水平线。平行于 V 面倾斜于 H 面、W 面的直线称为正平线。平行于 W 面倾斜于 H 面、V 面的直线称为侧平线。投影面平行线的投影特性见表 1.2。

表 1.2 投影面平行线的投影特性

项目	正平线	水平线	侧平面
立体图	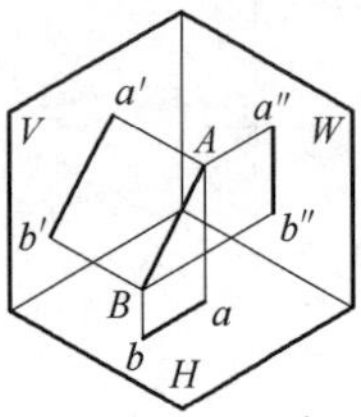	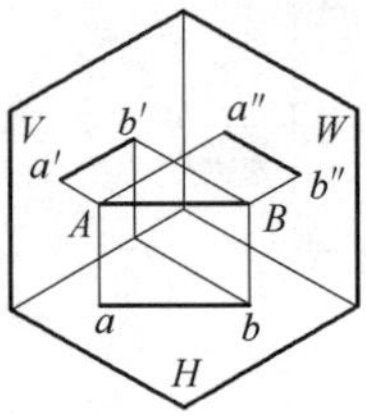	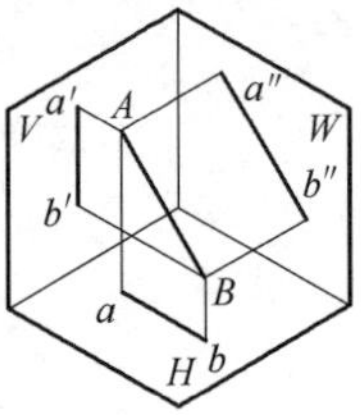
投影图	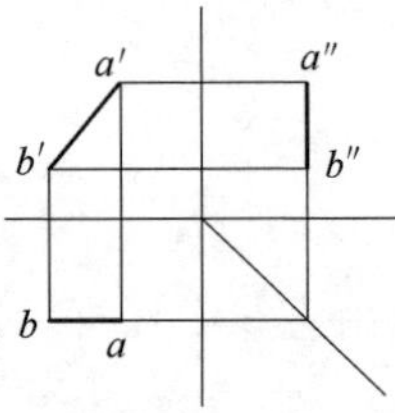	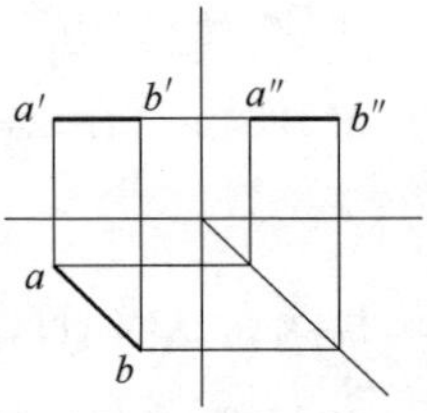	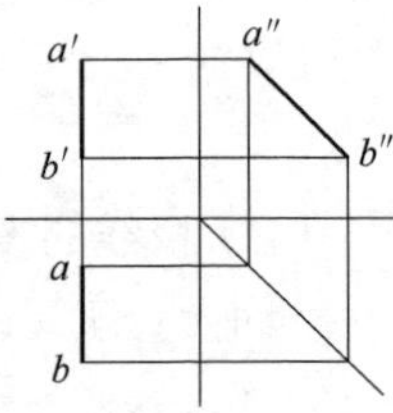
投影特性	①在所平行的投影面上的投影与投影轴倾斜，投影长度反映直线实长 ②在另外两个投影面上的投影平行于相应的投影轴，长度缩短		

② 投影面垂直线　垂直于一个投影面而平行于另外两个投影面的直线称为投影面垂直线。垂直于 H 面的直线称为铅垂线。垂直于 V 面的直线称为正垂线。垂直于 W 面的直线称为侧垂线。投影面垂直线的投影特性见表 1.3。

直线的投影一般仍为直线，在特殊情况下积聚成一点。在表 1.3 中，正垂线 AB 中的点 A 在点 B 的正前方，正面投影 a'可见，b'不可见，所以 b'加圆括号。铅垂线 AB 中的点 A 在点 B 的正上方，水平投影 a 可见，b 不可见，所以 b 加圆括号。侧垂线 AB 中的点 A 在点 B 的正左方，侧面投影 a''可见，b''不可见，所以 b''加圆括号。两点的某一个投影重合时（只能一个投影重合，否则就是一个点），可见性的判断规则是：左遮右，前遮后，上遮下。

(3) 平面的投影

平面在三面投影体系中，与投影面的相对位置有三种：投影面垂直面、投影面平行面和一般位置平面。

表 1.3　投影面垂直线的投影特性

项目	正垂线	铅垂线	侧垂线
立体图	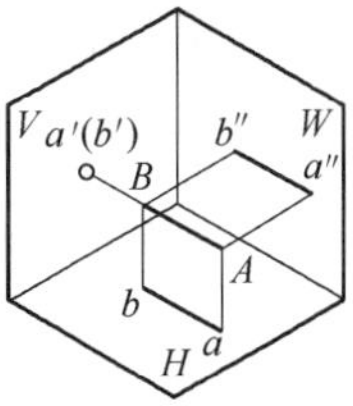	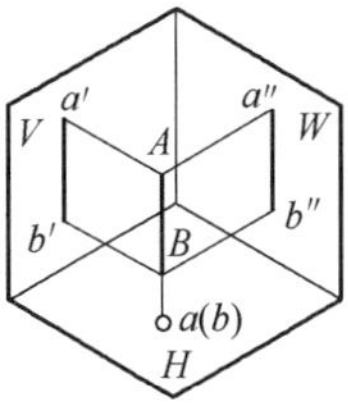	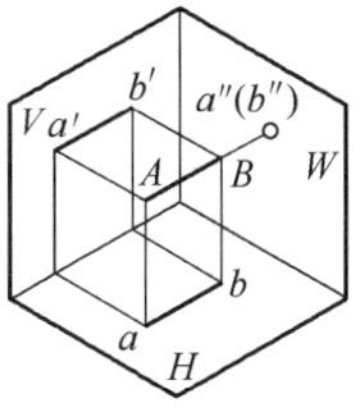
投影图	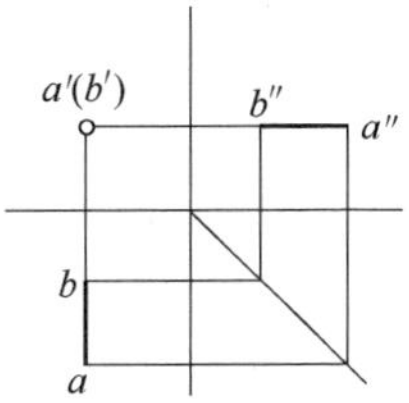	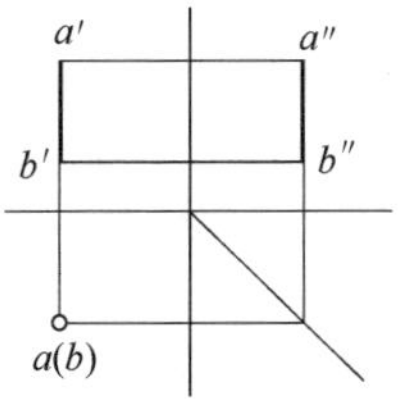	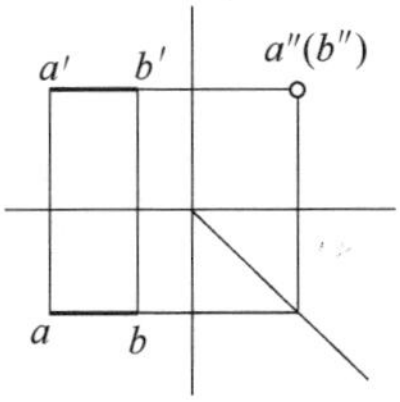
投影特性	①在所垂直的投影面上的投影积聚成一点 ②在另外两个投影面上的投影分别垂直于相应的投影轴，反映实长		

① 投影面垂直面　垂直于一个投影面，而倾斜于另外两个投影面的平面称为投影面垂直面。垂直于 V 面而倾斜于 H 面、W 面的平面称为正垂面。垂直于 H 面而倾斜于 V 面、W 面的平面称为铅垂面。垂直于 W 面而倾斜于 H 面、V 面的平面称为侧垂面。投影面垂直面的投影特性见表 1.4。

表 1.4　投影面垂直面的投影特性

项目	正垂面	铅垂面	侧垂面
立体图	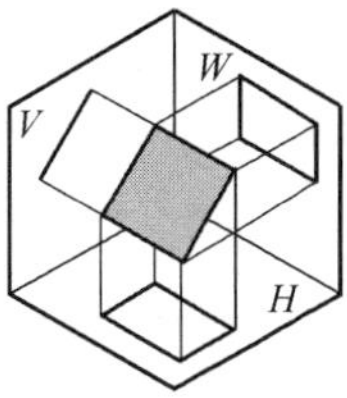	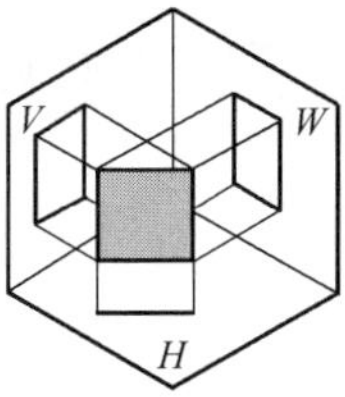	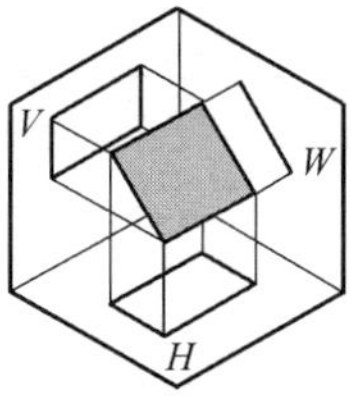

续表

项目	正垂面	铅垂面	侧垂面
投影图	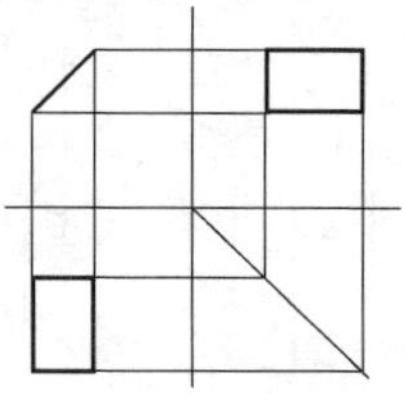	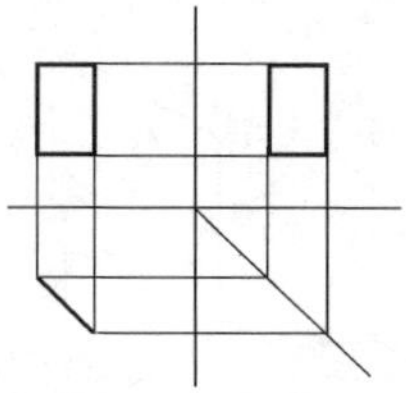	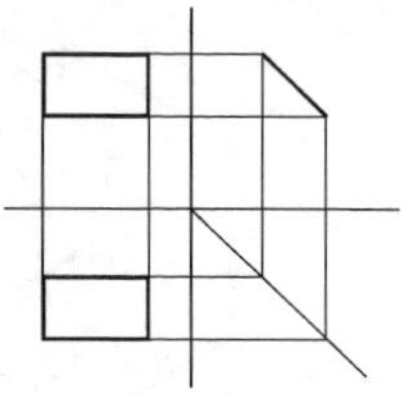
投影特性	①在所垂直的投影面上的投影积聚成一条直线，倾斜于投影轴 ②在另外两个投影面上的投影是缩小的类似形		

② 投影面平行面　平行于一个投影面，而垂直于另外两个投影面的平面称为投影面平行面。平行于 V 面的平面称为正平面。平行于 H 面的平面称为水平面。平行于 W 面的平面称为侧平面。投影面平行面的投影特性见表 1.5。

表 1.5　投影面平行面的投影特性

项目	正平面	水平面	侧平面
立体图	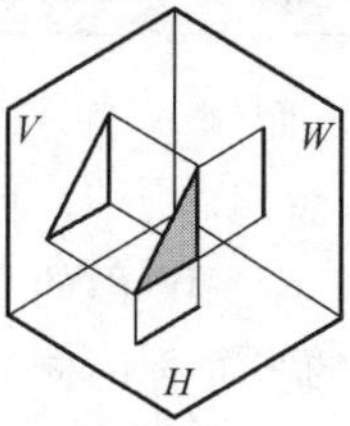	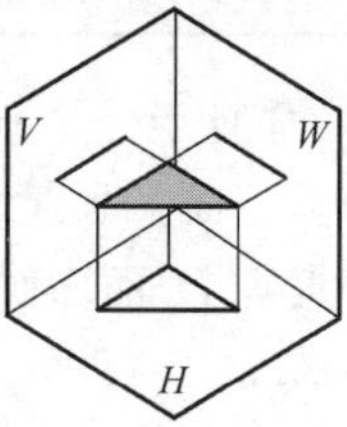	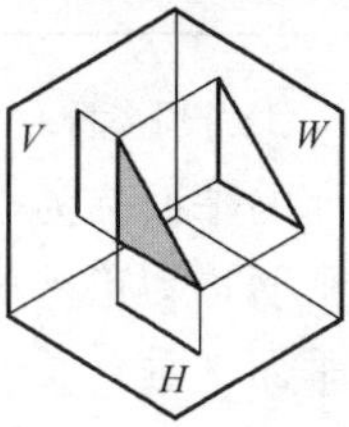
投影图	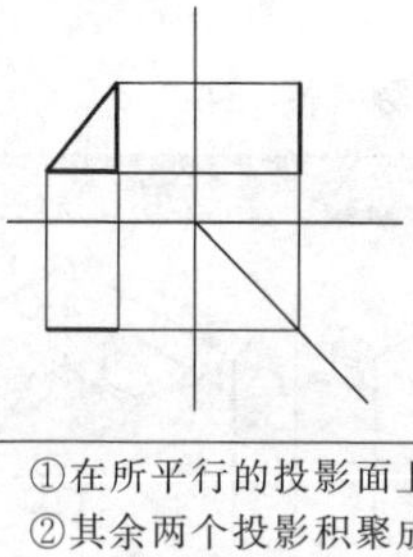	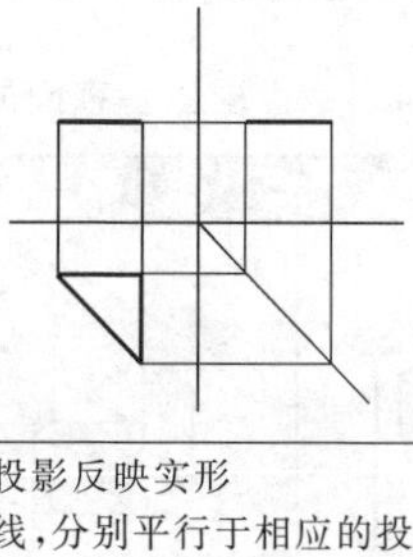	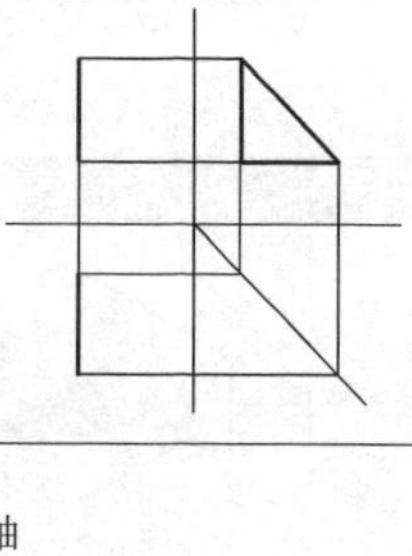
投影特性	①在所平行的投影面上的投影反映实形 ②其余两个投影积聚成直线，分别平行于相应的投影轴		

③ 一般位置平面　与三个投影面都倾斜的平面称为一般位置

平面。一般位置平面的三个投影都是原平面图形的类似形，面积缩小，见图 1.24。

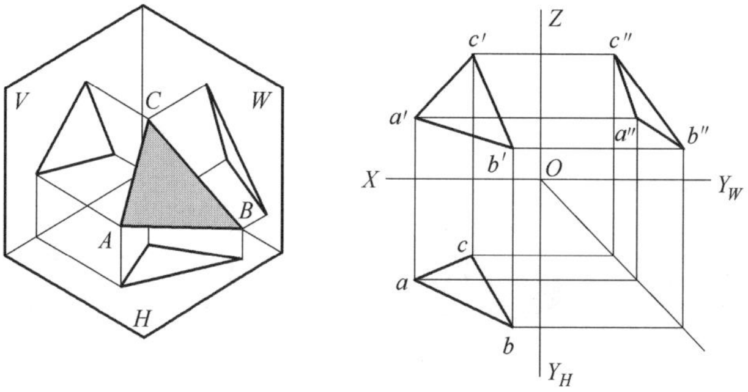

(a) 立体图　(b) 投影图

图 1.24　一般位置平面

1.1.3　识读立体、组合体视图

（1）机械零件的组成

从物体的形状看，尽管机械零件的组成形状各种各样，但都可看作由一个立体（称基本形体）或多个基本形体组合而成。立体是占据空间的有限部分，如果只考虑这些物体的形状、大小，而不考虑其他性质（如颜色、重量、硬度等）时，那么由这些物体抽象出来的空间图形称空间几何体，也称立体。如果将物体与图形对应起来，从物体实物中抽象出的各种图形称几何图形。物体的各部分在同一个平面内的称平面图形，不在同一个平面内的称立体图形。

立体按其表面构成可分为两类：一类是由平面围成的平面立体，如正方体、长方体、棱柱、棱锥、棱台；另一类是由曲面或曲面与平面围成的曲面立体，如圆柱体、圆锥体、圆台、圆环和圆球等旋转体和截面体，如图 1.25 所示。由两个或两个以上立体组合而成的形体称为组合体。机械零件一般是由若干个基本形体组成的，识读机械零件图的基础是：首先了解零件的组合方法，其次掌握组合体表面的连接关系和识读组合体视图的方法和要领。

（2）组合体的组合形式

组合体的组合形式可分为叠加和切割两种基本形式，以及既有

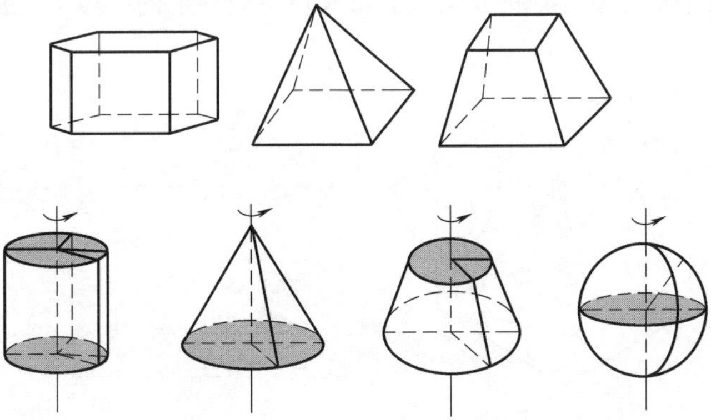

图 1.25 柱体、锥体、台体和球体

叠加又有切割的综合形式。

① 叠加 组合体由基本形体堆叠而成，这种组合形式称为叠加。如图 1.26 所示，物体由底板、竖板和肋板三个基本形体叠加而成。

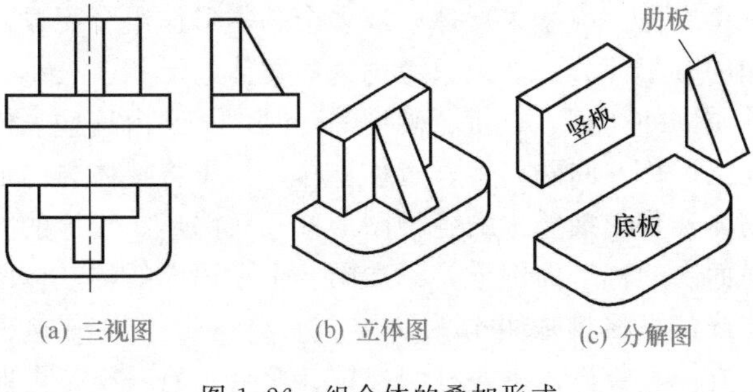

(a) 三视图 (b) 立体图 (c) 分解图

图 1.26 组合体的叠加形式

② 切割 组合体是由一个基本形体切去若干个基本形体后形成的，这种组合形式称为切割。如图 1.27 所示，物体是由一个正方体先切割去掉一个 1/4 圆柱体，再切割去掉一个缺角后形成的。

③ 综合形式 既有叠加又有切割的组合体，这样的形成方式称综合形式。如图 1.28 所示，物体由底板、竖板和肋板叠加而成，

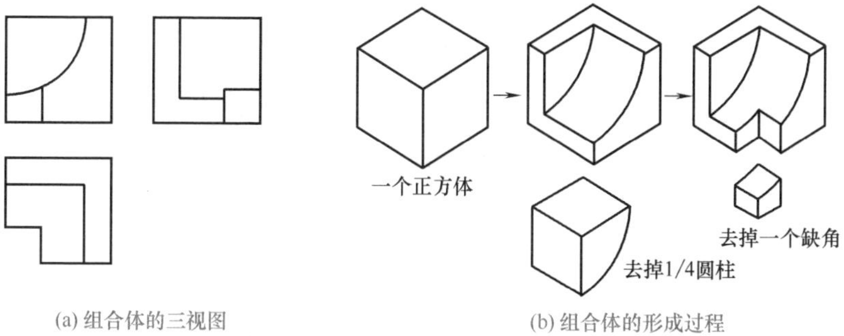

图 1.27　组合体的切割形式

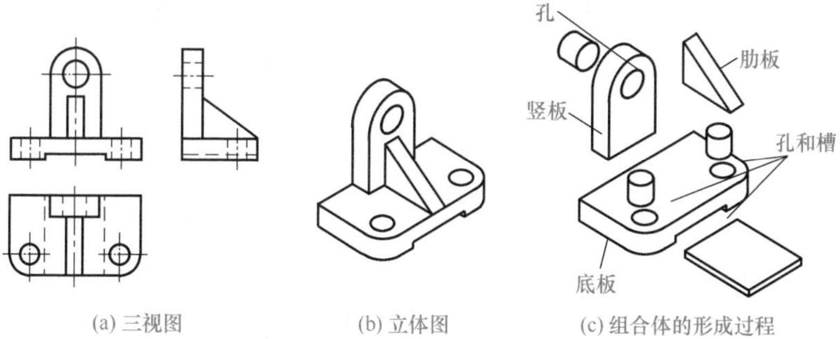

图 1.28　组合体综合组合形式

但底板上的孔和槽及竖板上的孔，又是以切割方式形成的。

（3）组合体表面的连接关系

形体分析是将组合体分解为若干个基本体，相邻基本体表面的连接关系有：平齐、不平齐、相切和相交。

① 平齐和不平齐　当两形体的表面不平齐时，两形体之间有分界线，在视图上要画出分界线，如图 1.29（a）所示。当两形体的表面平齐时，两形体之间没有分界线，在视图上也不可画出分界线，如图 1.29（b）和图 1.29（c）所示。

② 相切　两形体表面相切时，在相切处两表面是光滑过渡，不存在轮廓线，在视图上一般不画分界线（切线），如图 1.30 所示。

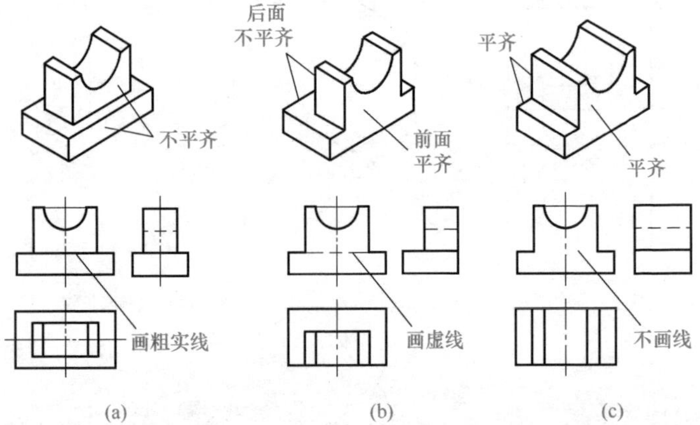

图 1.29　形体表面的平齐和不平齐

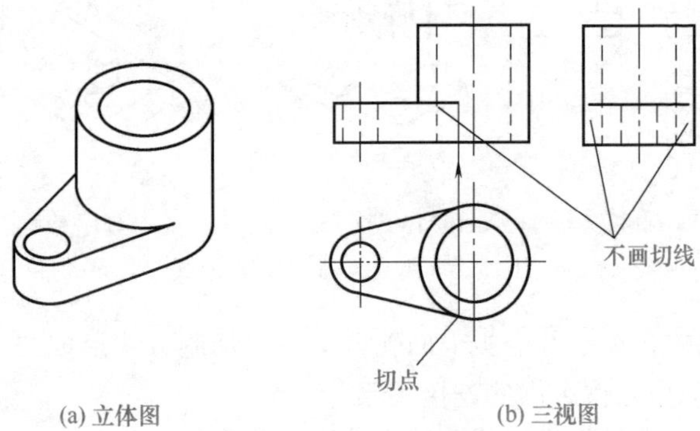

图 1.30　形体表面相切

如图 1.31 所示的一种特殊情况，当两圆柱面相切时，若它们的公共切平面倾斜或平行于投影面，不画出相切的素线在该投影面上的投影，见图 1.31（a）中的俯视图和左视图，以及图 1.31（b）中的左视图，当两圆柱的公切平面垂直于投影面时，应画出相切的素线在该投影面上的投影，见图 1.31（b）中的俯视图。

③ 相交　两形体表面相交时，在相交处产生交线，在视图上要画出交线的投影，如图 1.32 所示。

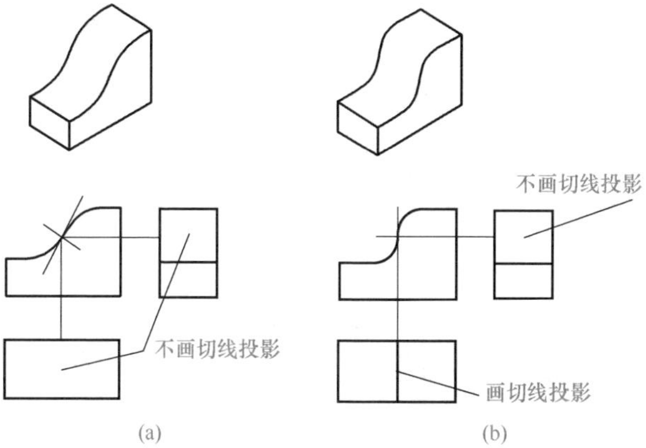

图 1.31　相切的特殊情况

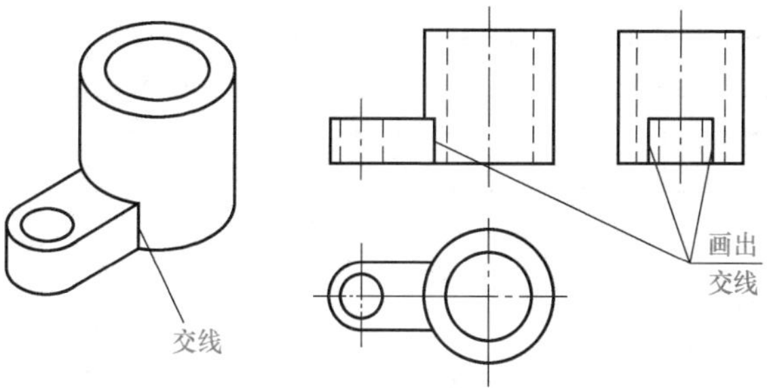

图 1.32　形体表面相交

（4）读组合体视图的基本要领

读组合体视图就是根据组合体的视图想象组合体的空间形状的过程，也是画图的逆过程。读组合体视图的基本要领如下：

① 几个视图联系起来看　一个视图不能完全确定组合体的空间形状和各基本体之间的相互位置。如图 1.33 所示的四个组合体的主视图相同，但俯视图不同，它们的空间形状也不相同。又如图 1.34 所示，三组图形的主视图、俯视图相同，但左视图不相同，是三种不同的物体。在读图时，应以主视图为中心，几个视图联系起来看。

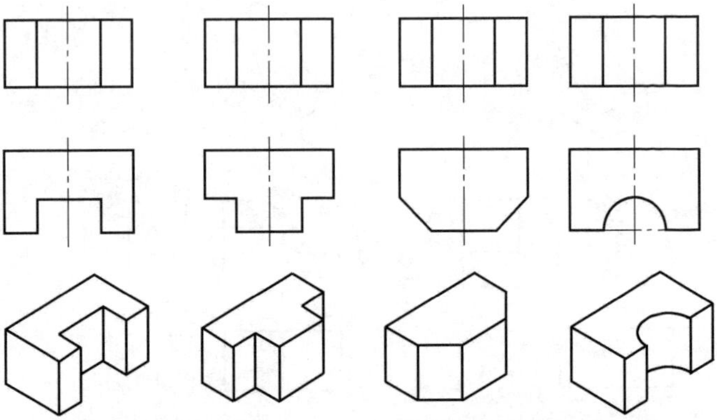
(a) (b) (c) (d)

图 1.33 主视图相同、俯视图不同的四个物体形状

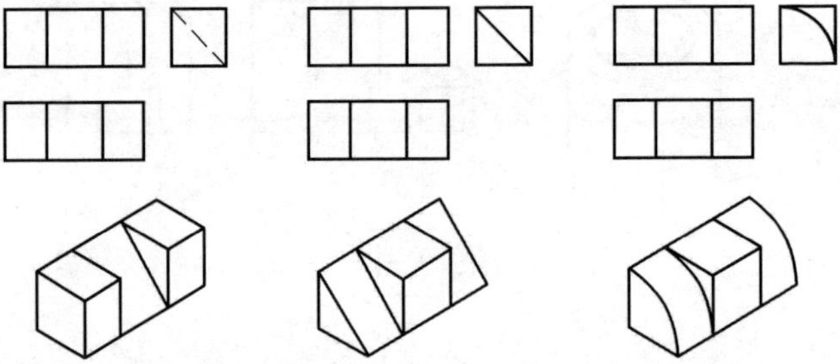
(a) (b) (c)

图 1.34 主视图和俯视图相同但左视图不同的三个物体形状

② 找出形状特征视图和位置特征视图　在组合体的几个视图中，有的视图能够较多地反映其形状特征，称为形状特征视图；有的视图能够比较清晰地反映各基本体的相互位置关系，称为位置特征视图。读图时，抓住形状特征和位置特征视图，就能较快地想象出立体的空间形状。

组合体每一组成部分的形状特征并非总是集中在一个视图上，应从不同视图中找出某组成部分的形状特征。如图 1.35 所示，俯视图反映形体Ⅰ的形状特征，主视图反映形体Ⅱ的形状特征，左视

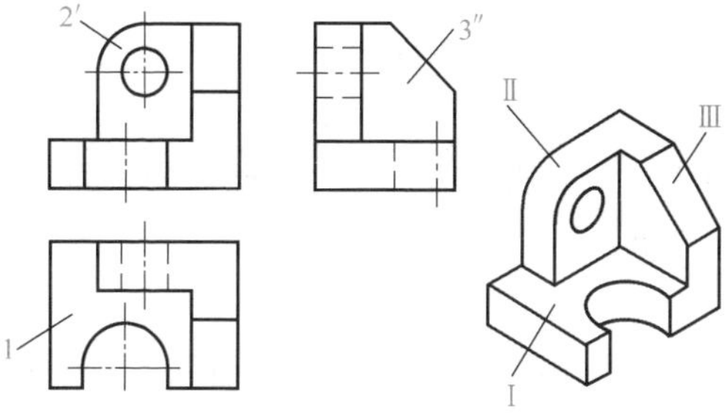

图 1.35　形状特征视图的分析

图反映形体Ⅲ的形状特征。

分析组合体各部分之间的相对位置和组合关系时，则要找出反映位置特征的视图。如图 1.36 所示，主视图中线框 1′和 2′反映了形体Ⅰ和Ⅱ的形状特征（圆和矩形），但对照俯视图，它们有可能向前叠加而凸出，也可能向后切割而凹进，看左视图就清楚了，因此，左视图是位置特征视图。

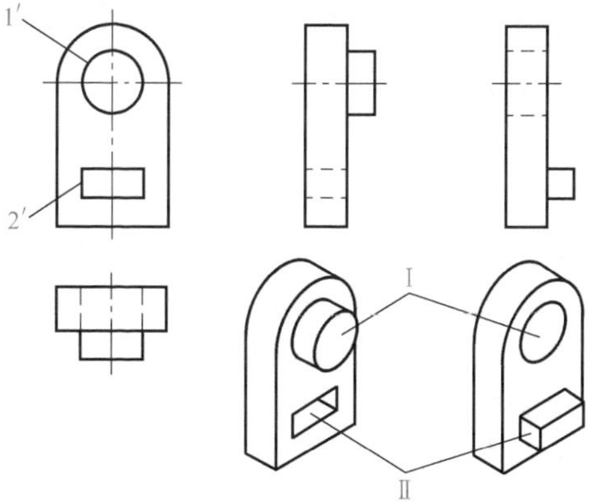

图 1.36　位置特征视图分析

③ 注意分析可见性　读图时，遇到视图中有虚线时，要注意形体之间的表面连接关系。比较图 1.37（a）和图 1.37（b）中两个立体的三视图，左视图完全相同，主视图基本相同，只有 A 和 B 所指示的三条线是粗实线，而 A_1 和 B_1 指示的三条线是虚线。

俯视图的右侧略有差别，但这两个立体的空间形状却有很大差别。A 为粗实线，说明肋板与底板前面不平齐，肋板是放在底板的中间，A_1 为虚线，说明肋板与底板前面平齐，肋板是在底板前后各一块。B 为粗实线，说明半圆柱是叠加凸出的，而 B_1 为虚线，说明半圆柱是切割凹进去的。

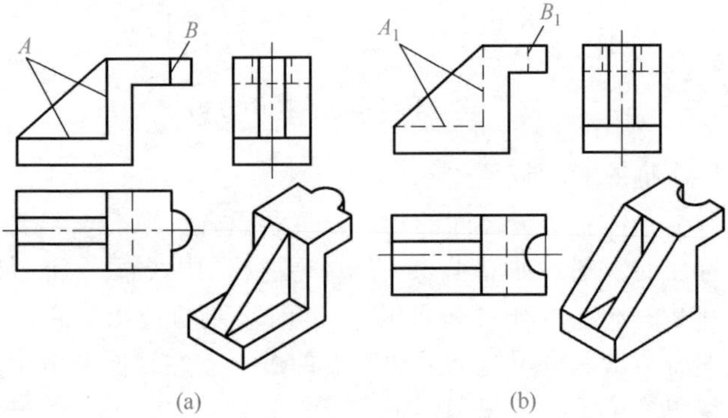

图 1.37　可见性分析

（5）读图的形体分析法

组合体由若干基本体组成，每个基本体有三个投影，在视图上表现为三个符合投影关系的封闭线框。用形体分析法读图，就是以主视图为主，按线框划分为若干部分（划分几个线框就是几个基本体），然后找出另外两个视图中的对应投影，分别想象出它们的形状，最后综合起来，想象出立体的整体形状。具体步骤是：分线框，对投影→识形体，定位置→综合起来想整体。

例 1　已知图 1.38 所示一组合体的三视图，试想象它的形状。

读图步骤：

① 分线框，对投影。从主视图入手，将主视图分成两个线框 1′和 2′，即两个基本体。根据投影关系（借助三角板、分规等工具）分别找出上述线框在俯视图对应投影线框 1 和 2 与左视图中的对应投影线框 1″和 2″，如图 1.38（a）所示。

② 识形体，定位置。根据线框 1、1′和 1″想象基本体Ⅰ为一长方体，如图 1.38（b）所示。

根据 2、2′和 2″想象基本体Ⅱ的形状，如图 1.38（c）所示。根据主视图可知，Ⅰ和Ⅱ顶面平齐，Ⅰ和Ⅱ有公共的左右对称面。根据俯视图和左视图可知，Ⅱ可以看成是相同的两部分，前后对称叠加在Ⅰ上（相对俯视图）或左右对称叠加在Ⅰ上（相对左视图）。

③ 综合起来想整体。综合想象组合体的空间形状如图 1.38（d）所示。

本例中，线框的划分和三视图中线框之间的对应关系比较明显，因此比较容易分析。对于多数较为复杂的组合体，有时由于两形体表面平齐，使两形体的分界线消失，有时由于两形体表面相切不画切线的投影，使形体的投影构不成封闭线框，有时由于两形体相交，使某些投影轮廓线消失，并形成新的交线，这些都会给线框的划分和找出线框之间的对应关系带来困难，此时就需要假想添加上这些相应的线条之后来进行分析。

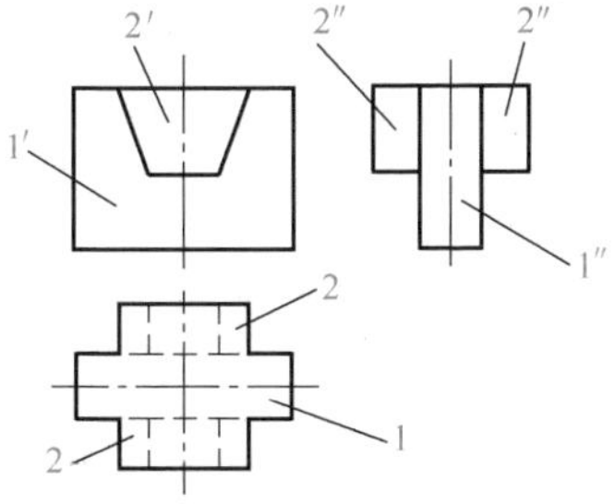

(a) 根据主视图中两个线框1′和2′，即两个基本体找出投影框1、2、1′、2′

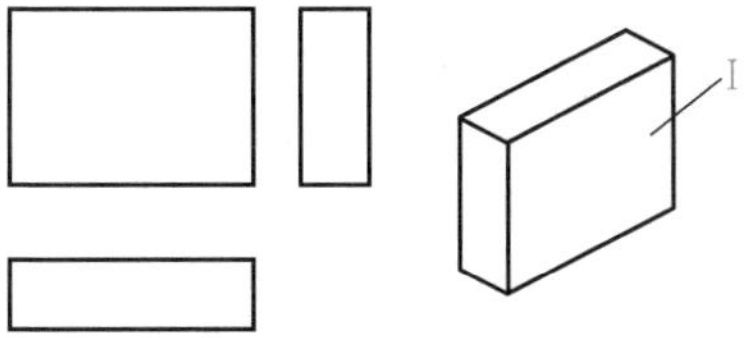

(b) 根据线框1、1′和1″想象基本体Ⅰ为一长方体

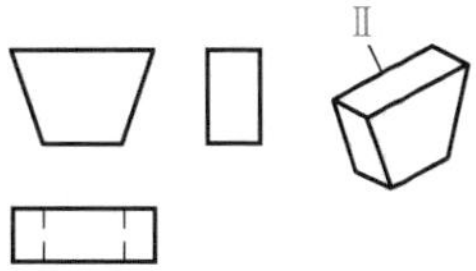

(c) 根据2、2′和2″想象基本体Ⅱ的形状，Ⅱ呈倒梯形

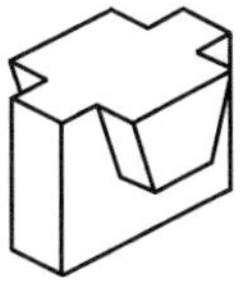

(d) Ⅰ和Ⅱ顶面平齐，Ⅰ和Ⅱ有公共的左右对称面。Ⅱ前后对称叠加在Ⅰ上

图 1.38　识读组合体例 1 图

例 2 已知图 1.39 所示组合体的主视图和左视图，想象它的形状，并画出俯视图。

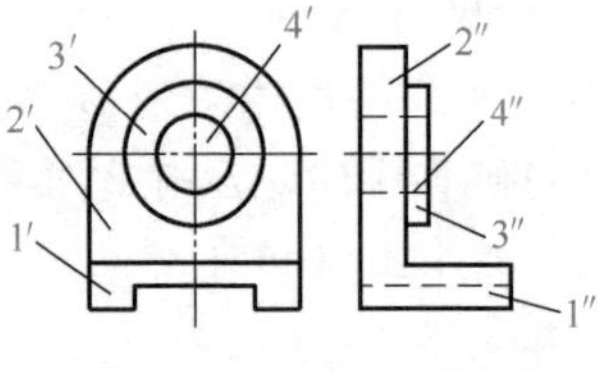

(a) 由主视图可知，整个组合体左右对称。由左视图可知，Ⅰ和Ⅱ后面平齐，Ⅲ叠加在Ⅱ上面凸出，Ⅳ打孔穿过Ⅱ和Ⅲ

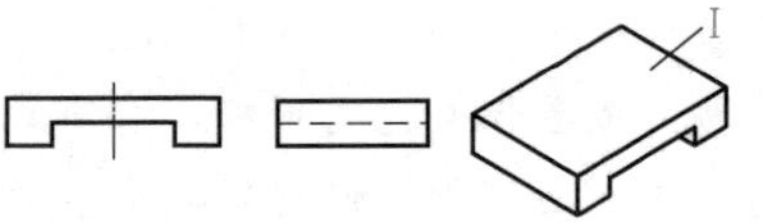

(b) 形体Ⅰ为一开槽长方体板

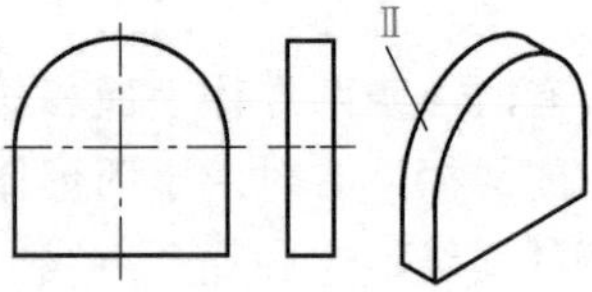

(c) 形体Ⅱ为一U形柱

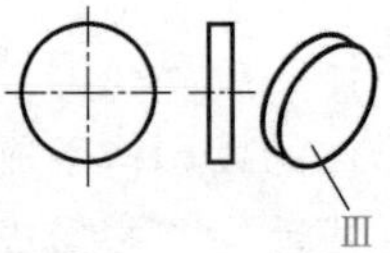

(d) 形体Ⅲ为一圆柱

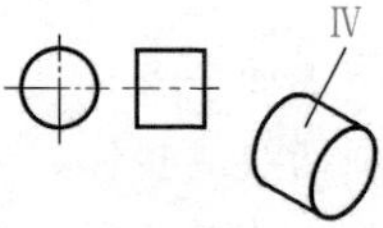

(e) 形体Ⅳ也为一圆柱，4″为虚线，可知4″为打孔

图 1.39 形体分析法识读组合体例 2 图

读图步骤：

① 分线框，对投影。从主视图入手，将主视图划分成四个线框 1′、2′、3′和 4′，即 4 个基本体。根据投影关系分别找出上述线框在左视图中的对应投影线框 1″、2″、3″和 4″。

② 识形体，定位置。根据线框 1′、1″想象形体Ⅰ为一开槽长方体板。根据 2′、2″想象形体Ⅱ为一 U 形柱。根据 3′、3″想象形体Ⅲ为一圆柱。根据 4′、4″想象形体Ⅳ也为一圆柱，因为 4″为虚线，可知 4″为打孔。根据主视图可知，整个组合体左右对称，根据左视图可知Ⅰ和Ⅱ后面平齐，Ⅲ叠加在Ⅱ上面凸出，Ⅳ打孔穿过Ⅱ和Ⅲ。

③ 综合起来想整体。综合想象组合体的空间形状如图 1.40 所示。

画俯视图步骤：根据形体分析的基本体，依次画出Ⅰ、Ⅱ、Ⅲ、Ⅳ的俯视图，见图 1.40。

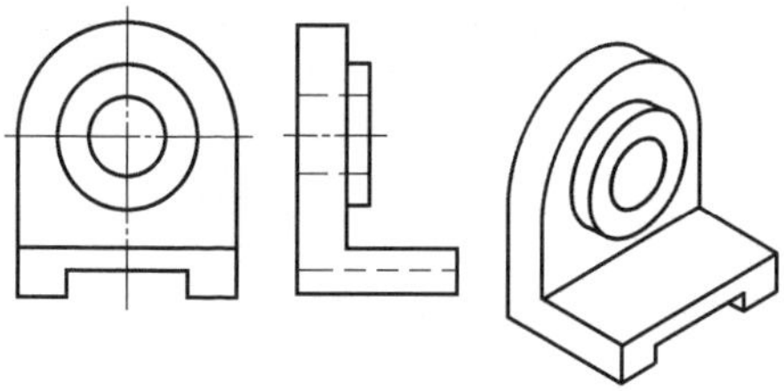

(a)

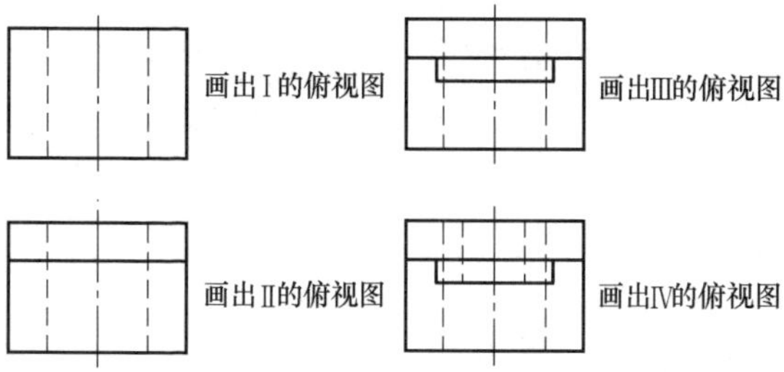

(b)

图 1.40　俯视图

1.2　机械零件的制图表达方法

在绘制技术图样时，首先考虑看图方便。然后根据物体的结构特点，选用适当的表示方法，在完整、清晰地表示物体形状的前提下，力求制图简便。最后把表示物体信息量最多的那个视图作为主视图，通常是物体的工作位置或加工位置或安装位置。当需要其他视图（包括剖视图或断面图）时，应遵循的原则是：在明确表示物体的前提下，使视图的数量为最少；尽量避免使用虚线表达物体的轮廓和棱线；避免不必要的细节重复。常用的表达方法介绍如下。

1.2.1　视图

通常，视图是指基本视图、向视图、斜视图和局部视图，如表 1.6 所示。

表 1.6　视图的分类、画法和图例

分类	画法规定	图　　例
基本视图	基本视图是机件向基本投影面投影所得的视图 六个基本视图的名称为：主视图、左视图、俯视图、右视图、仰视图、后视图 在同一张图纸内按图(a)配置视图时，一律不标注视图的名称	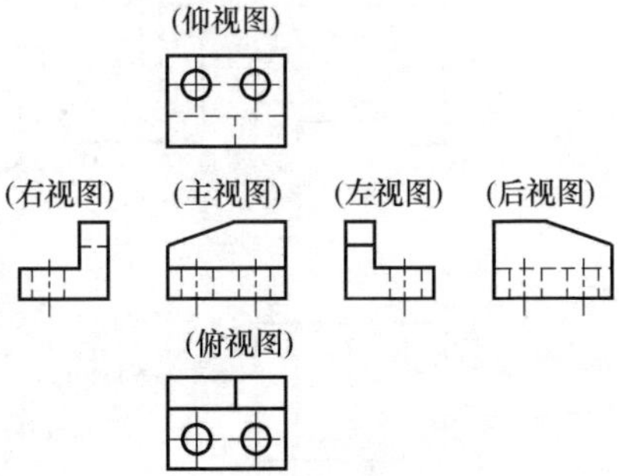 (a) 基本视图
向视图	向视图是不按图(a)配置的视图，是可以自由配置的基本视图，应在视图上方标注视图名称“×”(“×”为大写拉丁字母)，在相应视图的附近用箭头指明投影方向，并标注相同的字母[图(b)]，表示投影方向的箭头应尽量配置在主视图上	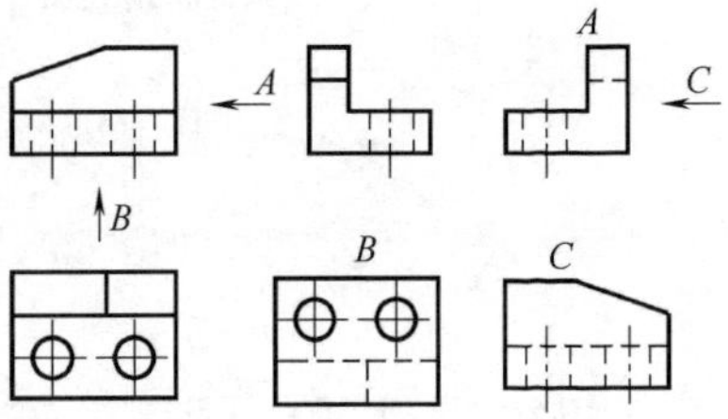 (b) 向视图
斜视图	斜视图是机件向不平行于基本投影面的平面投射所得的视图[图(c)] 斜视图通常按向视图的配置形式配置并标注。必要时，允许将斜视图旋转配置，表示该视图名称的大写拉丁字母应靠近旋转符号的箭头端[图(d)]，也允许将旋转角度标注在字母之后 斜视图的断裂边界应以波浪线或双折线表示，当所表示的局部结构是完整的，且外轮廓线又呈封闭时，波浪线或双折线可以省略不画	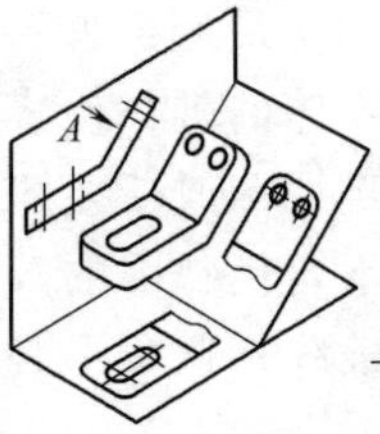 (c) 斜视图投影 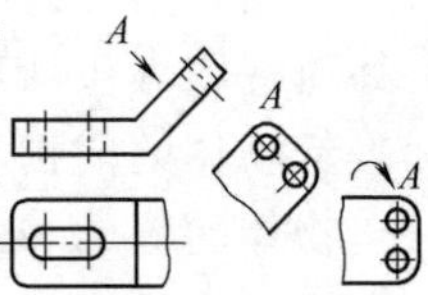 (d) 斜视图表达

续表

分类	画法规定	图　例
局部视图	局部视图是将机件的一部分向基本投影面投射所得的视图 当采用一定数量的基本视图后，机件上仍有部分结构尚未表达清楚，而又没有必要再画出完整的基本视图时，可采用局部视图。如图(e)所示，用主、俯视图已清楚地表达了机件的主体形状，但仍有两侧的凸台和其中一侧的肋板厚度没有表达清楚，如果画右视图和左视图，则主体形状就重复了，因此没有必要画左、右视图，而画两个局部视图来表达凸台的形状，既简练又重点突出 局部视图的标注及画法：局部视图可按基本视图配置的形式配置，同时如果中间没有其他图形隔开时，可以省略标注，例如图(f)中主视图右侧的局部视图；也可以按向视图配置在其他适当位置，此时需要进行标注，例如图(f)中的 A 图 局部视图的断裂边界用波浪线或双折线表示，当所表示的局部结构是完整的且其投影的外轮廓线又封闭时，波浪线可以省略不画，例如图(f)中的 A 图	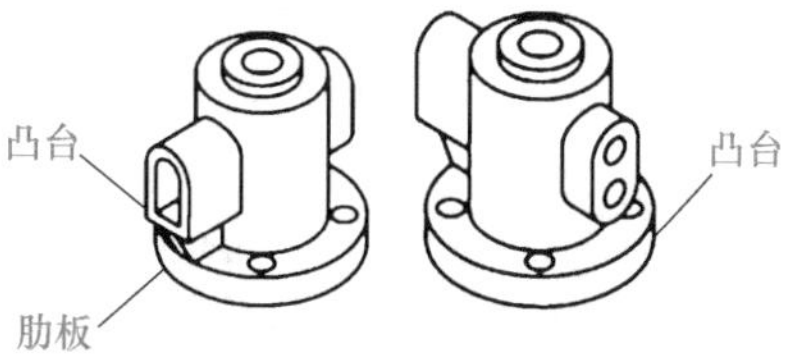 (e) 局部视图部位 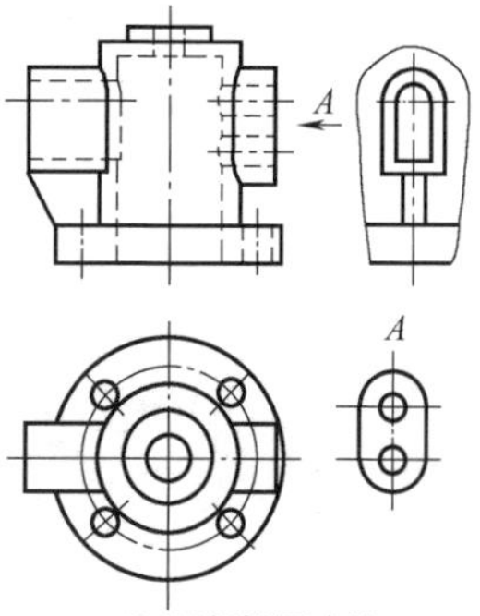 (f) 局部视图表达

1.2.2　剖视图

用视图表达机件时，内部不可见部分要用虚线来表示。当机件内部的结构形状较复杂时，较多的虚线与可见的轮廓线交叠在一起，不仅影响视图清晰度，给看图带来困难，也不便于画图和标注尺寸。为了清楚地表达机件内部的结构形状，在技术图样中常采用剖视图这一表达方法，它的标准是国家标准《机械制图　图样画法　剖视图和断面图》（GB/T 4458.6—2002）。

（1）剖视图的形成

假想用剖切面（如平面）剖开机件，将处在观察者和剖切面之间的部分移去，而将其余部分向投影面投射所得的图形称为剖视图，简称剖视，如图 1.41 所示。

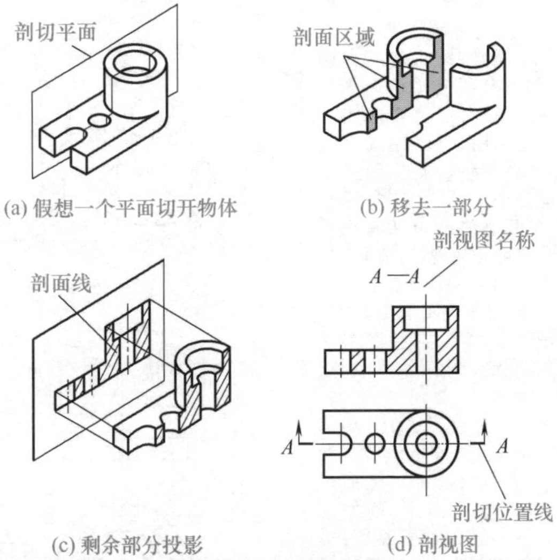

图 1.41　剖视图的形成

(2) 剖视图的分类

根据机件被剖切范围的大小，剖视图分为全剖视图、半剖视图和局部剖视图，如表 1.7 所示。

表 1.7　剖视图的分类、规定和图例

分类	规定	图例
全剖视图	用剖切平面完全地剖开机件所得的剖视图，称为全剖视图 主要用于表达内部结构形状复杂的不对称机件或外形简单的对称机件	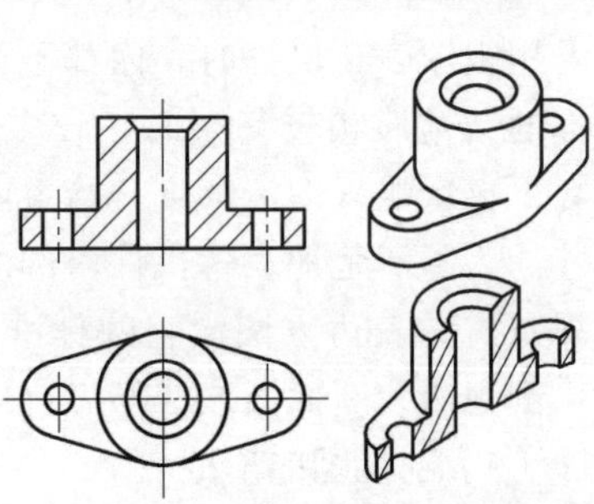

续表

分类	规定	图例
半剖视图	当机件具有对称平面时，在垂直于对称平面的投影面上的投影，可以对称中心线为界，一半画成剖视图，另一半画成视图，这种剖视图称为半剖视图	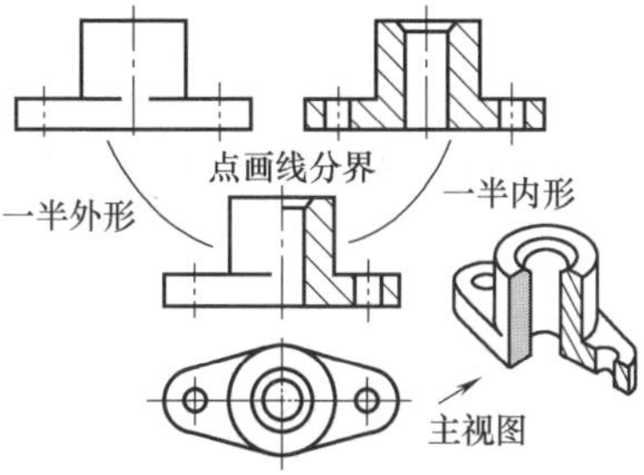
局部剖视图	用剖切平面局部地剖开机件所得的剖视图，称为局部剖视图 当机件只需要表达其局部的内部结构时，或不宜采用全剖视图、半剖视图时，可采用局部剖视图 例如，图中箱体左右不对称，因此主视图不能半剖，但也不能全剖，因为画全剖视图，左边的凸台就切走了，外形无法表达清楚，这时可采用局部剖视图	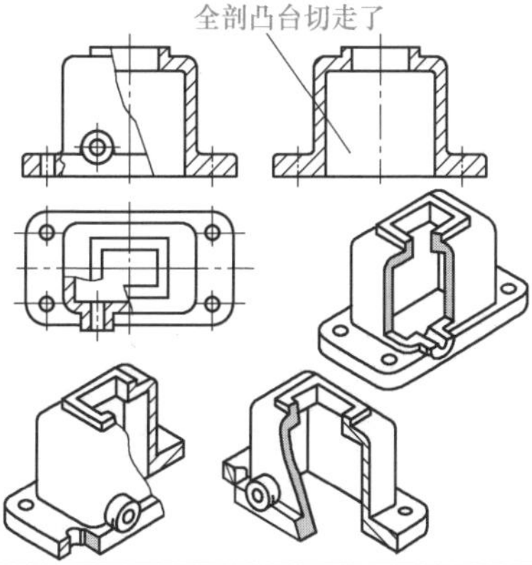

（3）剖切面的类型（见表 1.8）

表 1.8　剖切面的种类、图例和说明

种类	图例和说明
平行于基本投影面的单一剖切面	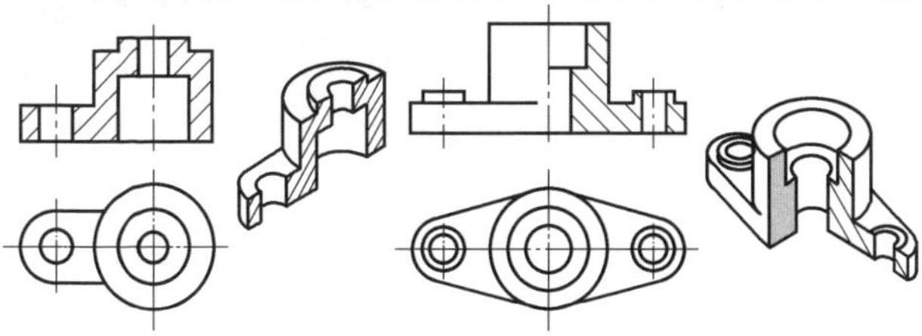 主视图画剖视图用正平面剖切，移去剖切面前面的部分，后面的部分向 V 面投影；俯视图画剖视图用水平面剖切，移去剖切面上面的部分，下面的部分向 H 面投影；左视图画剖视图用侧平面剖切，移去剖切面左边的部分，右边的部分向 W 面投影

续表

种类	图例和说明
不平行于基本投影面的单一剖切面——斜剖	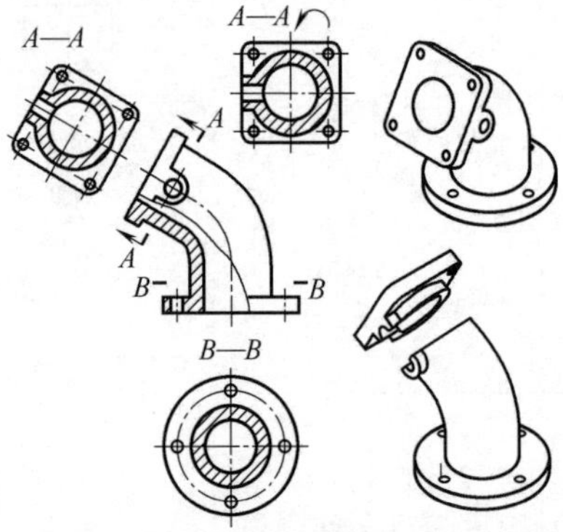 当机件上有倾斜部分的内部结构需要表达时，可以和画斜视图一样，选择一个平行于倾斜部分的平面作为投影面，然后用平行于这个投影面的剖切面剖切，向这个投影面投影，这样得到的剖视图通常称为斜剖视图，简称斜剖
几个平行的剖切平面	 用几个平行的剖切平面剖开机件，并向同一投影面投影得到剖视图（这种剖切方法旧标准称为阶梯剖，现在的标准已不用阶梯剖这个词了，但我们为方便仍沿用） 当机件上有较多孔、槽，且它们的轴线或对称面不在同一平面内，用一个剖切平面不可能把机件的内部形状完全表达清楚时，常采用阶梯剖

续表

种类	图例和说明
几个相交的剖切平面	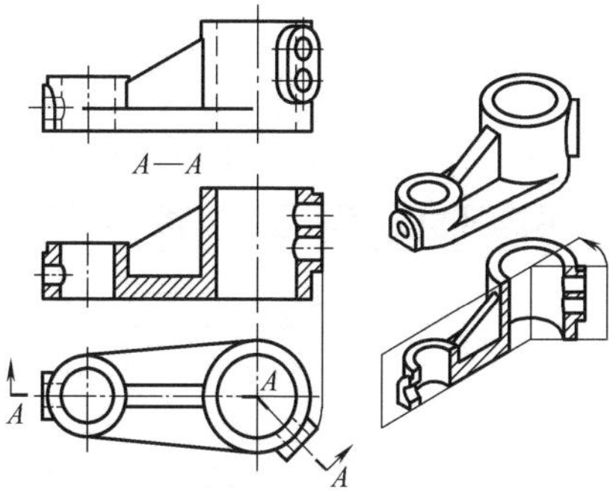 当机件的内部结构形状用一个剖切平面剖切不能表达完全，且这个机件在整体上又具有公共回转轴时，可用两个相交的剖切平面（交线垂直于某一基本投影面）剖开机件

（4）剖视图的标注

剖视图用剖切符号、剖切线和剖视图名称（字母）进行标注，如图 1.42 所示。剖切符号是剖切区域的表示方法。剖切线是指示剖切位置的线，用细点画线绘制，并用箭头表示投影关系（剖视图按投影关系配置，中间又没有其他图形隔开时，可省略箭头）。剖视图名称用大写字母标注在剖视图的上方，并在剖切位置外侧标出同样的字母。

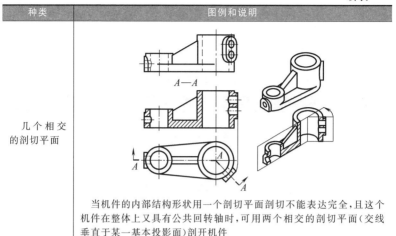

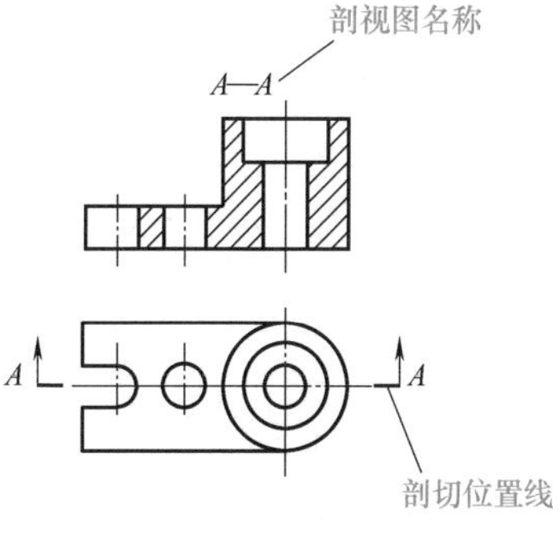

图 1.42 剖视图的标注

1.2.3 断面图

（1）断面图的概念

假想用剖切面将机件的某处切断，仅画出该剖切面与机件接触部分的图形，称为断面图。

断面图常用来表达机件某一部分的断面形状，如机件上的肋板、轮辐、孔、键槽、杆件和型材的断面等。

断面图与剖视图的主要区别在于：断面图仅画出机件被剖切断面的图形，而剖视图则要求画出剖切平面后面所有部分的投影。

(2) 断面图的种类

断面图的种类如表 1.9 所示。

表 1.9　断面图的种类

分类	图例和说明
移出断面图	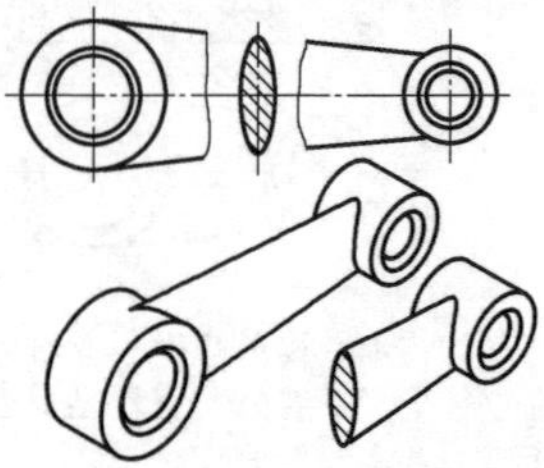 画在视图轮廓线之外的断面图称为移出断面图。移出断面图的轮廓线用粗实线绘制，通常配置在剖切线（表示剖切位置的点画线，可以省略）的延长线上。当断面图形对称时，可画在视图的中断处
重合断面图	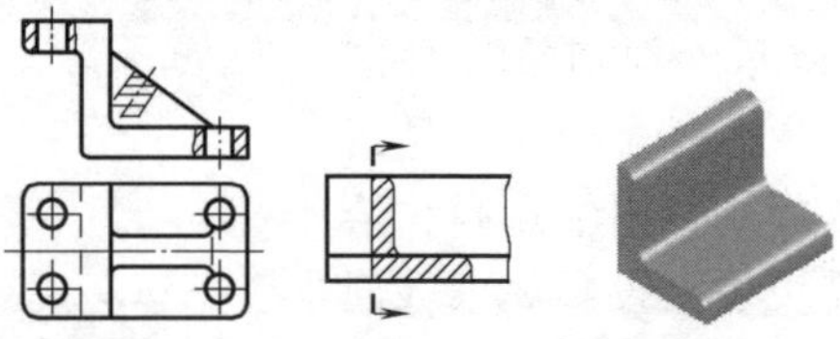 (a)　(b)　(c) 画在视图轮廓线内的断面图称为重合断面图 重合断面的轮廓线用细实线绘制 因重合断面图直接画在视图内剖切位置处，在标注时，对称的重合断面图不必标注；不对称的重合断面图可省略字母。当视图中的轮廓线与重合断面的图形重叠时，视图中的轮廓线仍需连续画出，不可间断[图(b)]

(3) 画断面图的注意事项

① 一般情况下，断面仅画出剖切面与物体接触部分的形状，但当剖切面通过回转面形成的孔或凹坑的轴线时，这些结构按剖视绘制（图 1.43）。

② 当剖切面通过非圆孔，导致出现完全分离的两个断面时，这些结构也按剖视绘制（图 1.44）。

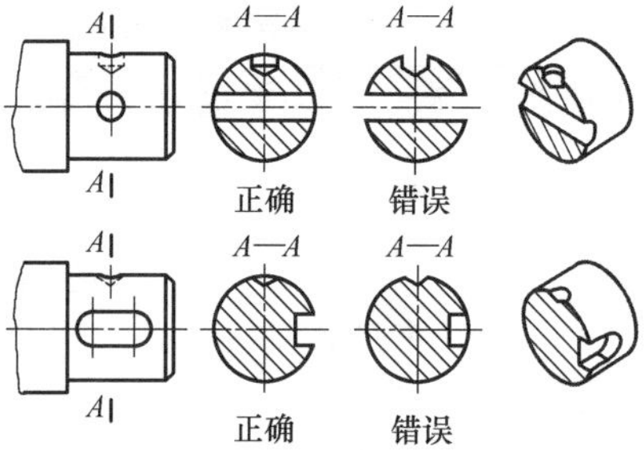

图 1.43 带有孔和凹坑的断面图

③ 若两个或多个相交剖切面剖切，得到的移出断面可画在一个剖切面的剖切线延长线上，但中间应断开（图 1.45）。

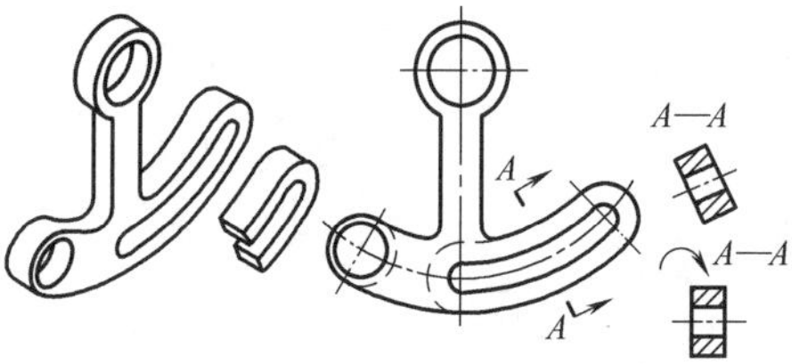

图 1.44 断面图形分离时的剖视画法

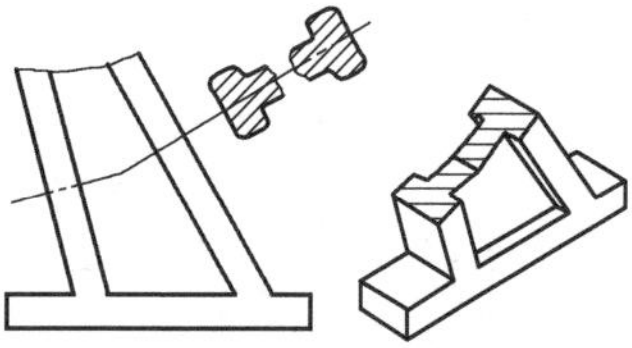

图 1.45 两相交平面剖切得到的断面

（4）断面图的标注

移出断面的标注与剖视图的标注基本相同，即一般用剖切符号表示剖切位置，用箭头表示投影方向，并注上字母，在断面图上方用同样的字母标出名称“×—×”，有些情况下可以省略标注，见表 1.10。

1.2.4 局部放大图与简化画法

（1）局部放大图

将机件的部分结构，用大于原图形所采用的比例画出的图形称为局部放大图。

局部放大图可以画成视图、剖视图、断面图，它与被放大部位的表达形式无关，且与原图采用的比例无关。为看图方便，局部放大图应尽量配置在被放大的部位的附近。

表 1.10　移出断面图的标注

项目	对称的移出断面	不对称的移出断面
配置在剖切线或剖切符号延长线上	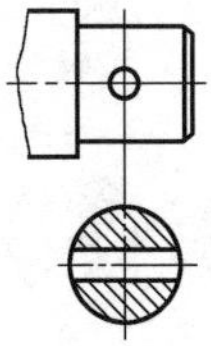	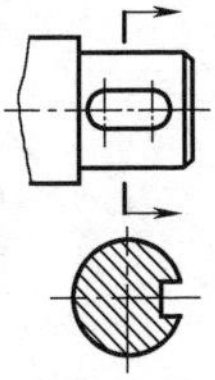
	省略字母和箭头	省略字母
按投影关系配置	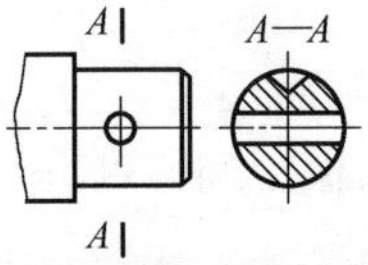	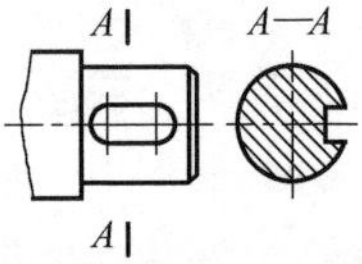
	省略箭头	省略箭头
配置在其他位置	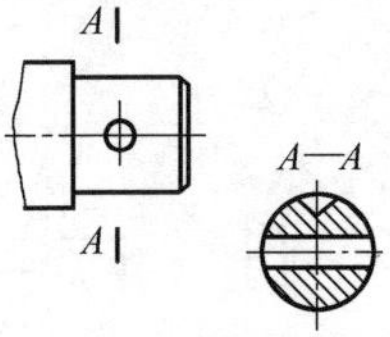	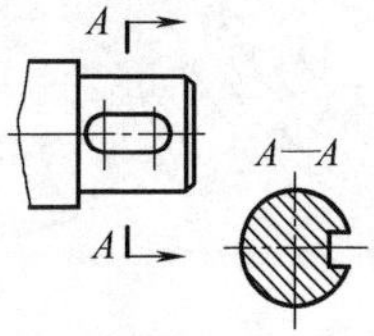
	省略箭头	标注齐全

在画局部放大图时，应用细实线圈出被放大部位，当同一视图上有几个被放大部位时，要用罗马数字依次标明被放大部位，并在局部放大图的上方标注出相应的罗马数字和采用的比例（图 1.46）。

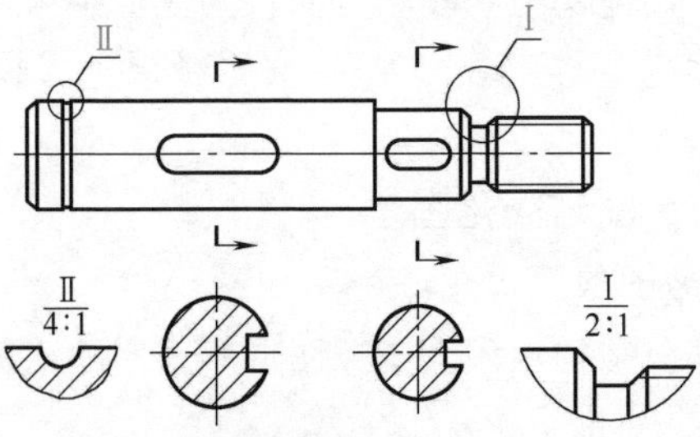

图 1.46　局部放人图

（2）简化画法

机械制图中常见的几种简化画法如表 1.11 所示。

表 1.11　机械制图中常见的几种简化画法

说　　明	图　　例
当机件具有若干相同结构(齿、槽等),并按一定规律分布时,只需要画出几个完整的结构,其余用细实线连接,在零件图中则必须注明该结构的总数	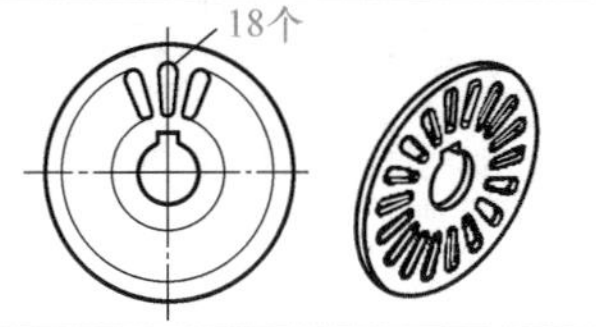
对于机件上若干直径相同且成规律分布的孔(圆孔、螺孔、沉孔等),可以仅画出一个或几个,其余用点画线表示其中心位置,但在零件图上应注明孔的总数	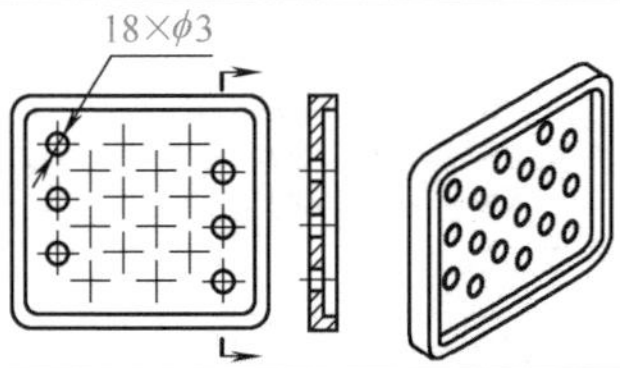
对于机件的肋、轮辐及薄壁等,如按纵向剖切,这些结构都不画剖面符号,而用粗实线将它们与邻接部分分开(介绍全剖视图时提及过)。当零件回转体上均匀分布的肋、轮辐、孔等结构不处于剖切平面上时,可将这些结构旋转到剖切平面上画出	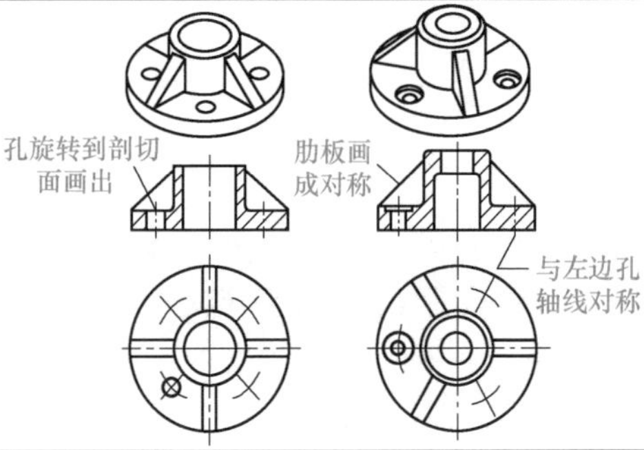
当图形不能充分表达平面时,可用平面符号(两条相交的细实线)表示	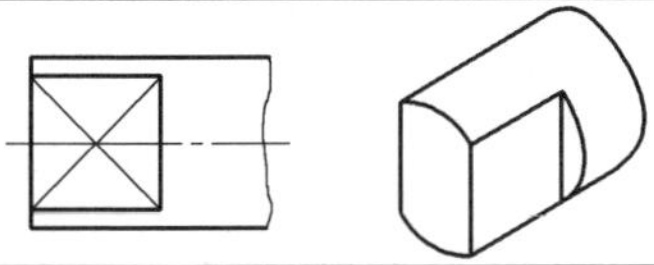
机件上较小结构所产生的交线,如在一个图中已表示清楚时,其他图形可以简化或省略 例如,图(a)中圆柱截交线的投影与轮廓线很接近,省略不画;图(b)中相贯线的投影简化为直线,俯视图中的交线圆由四个简化成画两个(最大圆和最小圆)	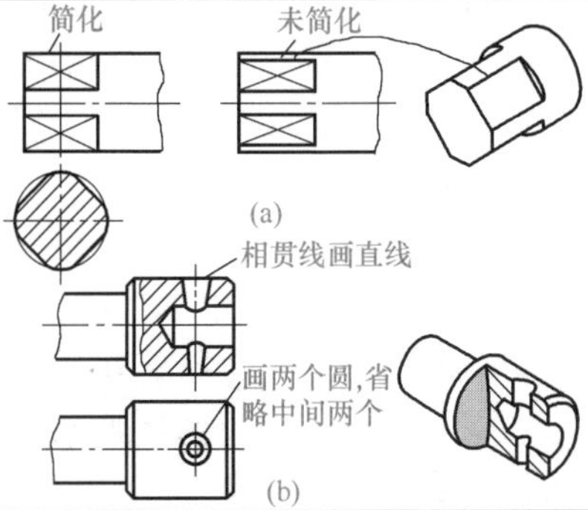

续表

说　明	图　例
网状物、编织物或机件上的滚花部分，可在轮廓线附近用粗实线完全或部分地表示出来，但在零件图上或技术要求中注明具体要求	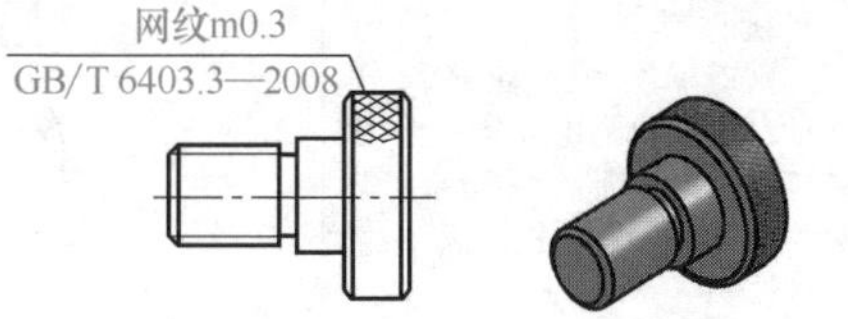
在不致引起误解时，对于对称机件的视图可只画一半或1/4，并在对称中心线的两端画出两条与其垂直的平行细实线	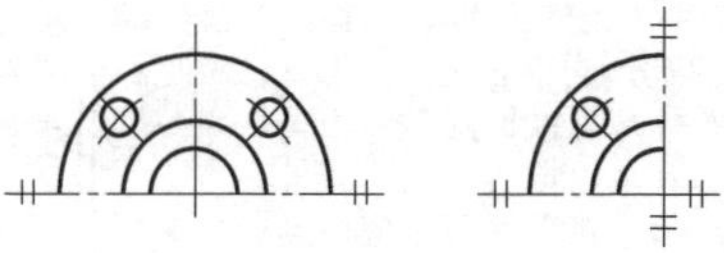
较长的机件，如轴、杆、型材、连杆等，沿长度方向的形状一致或按一定规律变化时，可断开后缩短画出，但要标注实际尺寸	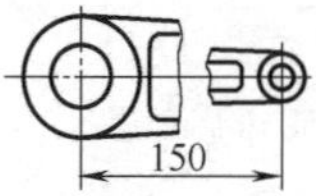

1.2.5 轴测图

(1) 轴测图的基本知识

基本形体和组合体的立体图称轴测图。零件的视图都是平面图形，优点是绘制方便，度量性好；缺点是缺少立体感，不直观。在工程中，轴测图一般作为视图的辅助图样，立体感强，一看便清楚零件的大体形状，然后结合视图识读其结构，在产品介绍技术资料和说明性技术文件中应用较多。

看轴测图，应懂得轴测图中为何圆形成为椭圆形，方形成为平行四边形等。尤其是当由平面视图想象零件的立体形状时，如能画出它的立体草图，对识图和加工制作都十分有益。

1）轴测图的形成　在图 1.47 中，物体的空间位置用直角坐标系 $OXYZ$ 确定（图中，物体上相互垂直的三条棱分别与 OX、OY、OZ 坐标轴重合），用平行投影法按选定的投射方向（不平行于任何一个坐标轴）一起投射到选定的单一投影面 P 上，使物体长、宽、高三个不同方向的图形都有立体感，该图形就是轴测投影，称轴测图。

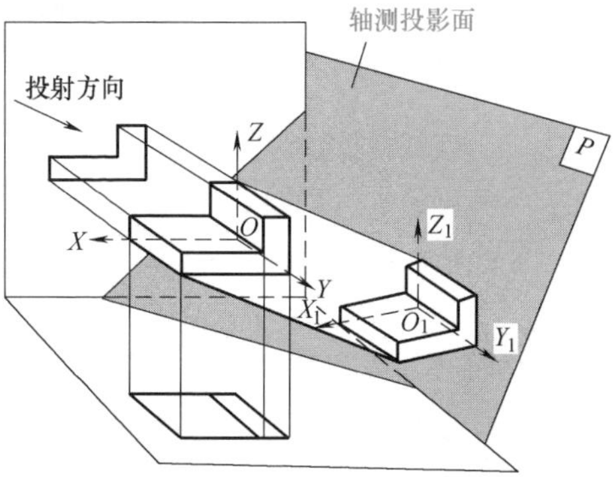

图 1.47　轴测图的形成

2）术语及投影特性

① 轴测投影面。图 1.47 中的 P 平面是得到轴测投影的面，称为轴测投影面。

② 轴测投影轴。与物体固连的直角坐标轴 OX、OY、OZ 在轴测投影面 P 上的投影 OX_1、OY_1、OZ_1 称为轴测投影轴，简称轴测轴。轴测轴是画轴测图和进行轴测图分类的主要依据。

③ 轴间角。轴测轴之间的夹角 $\angle X_1O_1Y_1$、$\angle Y_1O_1Z_1$、$\angle Z_1O_1X_1$ 称为轴间角。为了使轴测图有立体感，投射方向不能与坐标轴 OX、OY、OZ 平行，即不能重影为一个点，三个轴间角都不等于零。

④ 轴向伸缩系数。轴测轴上的单位长度与相应坐标轴上的单位长度的比值称为轴向伸缩系数，也称为轴向变形率。OX、OY、OZ 轴上的轴向伸缩系数分别用 p_1、q_1 和 r_1 表示。简化轴向伸缩系数分别用 p、q 和 r 表示。

3）轴测图两个显见的特性

① 空间平行于一坐标轴的直线段，其轴测投影平行于相应的轴测轴，并与该轴有相同的轴向伸缩系数。

② 空间相互平行的直线，其轴测投影也是平行的投影。

工程中常用正等轴测图，其特征是：轴间角均为 120°；轴向伸缩系数 p_1、q_1 和 r_1 均为 0.82。简化轴向伸缩系数 p、q 和 r 均为 1，其图形放大了 1.22 倍。二者大小有点差别，不影响立体的形状，如图 1.48 所示。

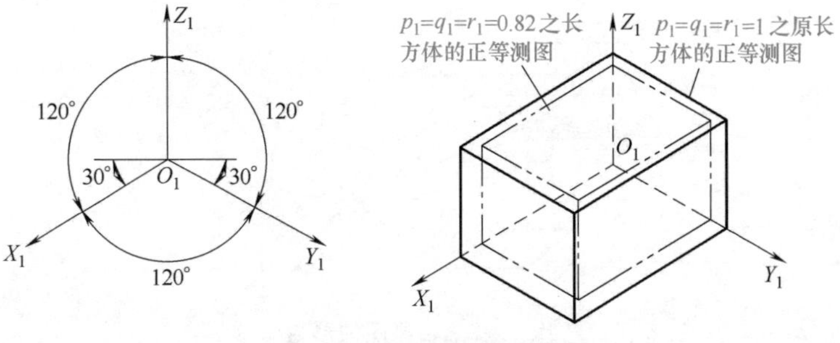

(a) 轴测轴及轴间角　　(b) 轴向伸缩系数简化前后长方体的正等测图

图 1.48　正等测图

（2）平面立体和曲面立体的正等测图画法

例 1　已知正五棱柱的两个视图如图 1.49（a）所示。试绘制其正等测图。

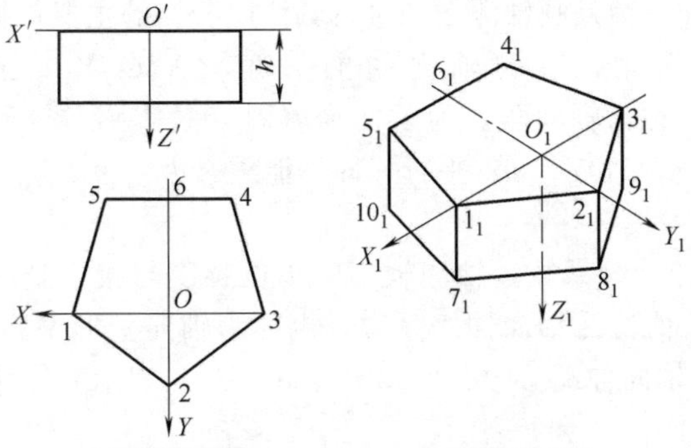

(a) 已知二视图　　(b) 正等测图

图 1.49　正五棱柱的正等测图

作图［见图 1.49（b）］：

① 画出轴测轴 O_1X_1、O_1Y_1 及 O_1Z_1（一般放在竖直位置）。

② 作正五棱柱顶面正五边形的正等测投影。可用坐标法在 X_1 轴上作出点 1_1、3_1（$O_11_1=O1$，$O_13_1=O3$）；在 Y_1 轴上作出点

2_1（$O_1 2_1 = O2$）和点 6_1（$O_1 6_1 = O6$）；过 6_1 点作 X_1 轴的平行线，在线上作出 4_1、5_1 点（$4_1 6_1 = 46$，$6_1 5_1 = 65$）；将点 1_1、2_1、3_1、4_1、5_1 连接起来，即得顶面的等测投影。

③ 由 1_1、2_1、3_1 及 5_1 点分别作 $O_1 Z_1$ 轴的平行线，并在各线上量取五棱柱的高 h，得到点 7_1、8_1、9_1、10_1，连接 10_1、7_1、8_1、9_1 即得正五棱柱底面的正等测投影。再分别连接 $1_1 7_1$、$2_1 8_1$、$3_1 9_1$ 和 $5_1 10_1$，即得正五棱柱各侧面的正等测投影，最后得到整体的正等测图。

例2 已知圆柱体的轴线垂直 H 投影面时的两个视图，如图 1.50（a）所示。试作圆柱体的正等测图。

作图［见图 1.50（b）］：

① 坐标轴 OX、OY 选在圆柱顶面上，OZ 轴与轴线重合［见图 1.50（a）］。轴测轴 $O_1 X_1$、$O_1 Y_1$ 及 $O_1 Z_1$ 见图 1.50（b）。

② 用坐标法作顶圆上两直径端点 1、2、3、4 点；在 $O_1 X_1$ 轴和 $O_1 Y_1$ 轴上得到 1_1（$O_1 1_1 = O1$）、2_1（$O_1 2_1 = O2$）、3_1（$O_1 3_1 = O3$）、4_1（$O_1 4_1 = O4$）点。

把直径六等分，过等分点作 OX 轴的平行线，交圆周于八个点 5、6、7、8、9、10、11、12；同样在 $O_1 Y_1$ 轴上将 $3_1 4_1$ 六等分，过等分点作 $O_1 X_1$ 轴的平行线，对应圆周上的八点作出 5_1、

(a) 二视图　　　　　(b) 顶面在水平面的正等测图

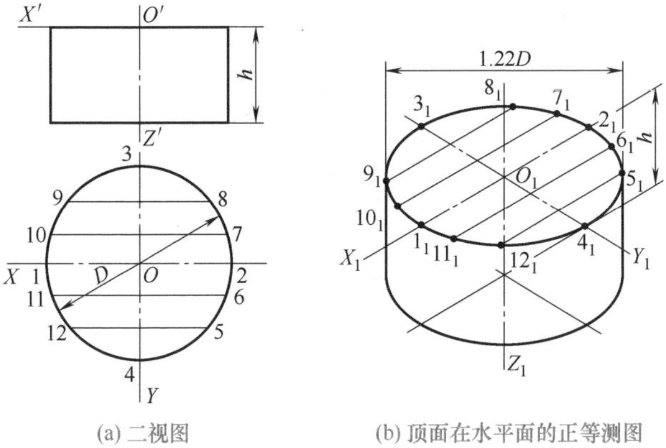

图 1.50　圆柱体的正等测图

6_1、7_1、8_1、9_1、10_1、11_1、12_1 点，用光滑曲线连接八点，得到顶面圆的正等测图（椭圆）。

在椭圆的长轴顶点（5_1、9_1 附近）作 O_1Z_1 的平行线，量取圆柱的高 h，用光滑曲线连接，近似平行 9_1、10_1、1_1、11_1、12_1、4_1、5_1 点即可。

坐标法画椭圆比较费事。为简便起见可用近似作图法画圆的正等测图。

先将顶面的坐标轴 O_1X_1、O_1Y_1 选在圆柱顶面上，OZ 轴与轴线重合（见图 1.51）。再作出菱形 $A_1B_1C_1D_1$；分别以 A_1、C_1 为圆心，以 A_12_1、C_11_1 为半径画弧；再以 O_1 为圆心作大圆弧的内切圆交 B_1D_1 于 M_1、N_1 两点；连接 A_1M_1、A_1N_1、C_1M_1 及 C_1N_1 并延长交大圆弧于 H_1、G_1 及 E_1、F_1 四个点；分别以 M_1、N_1 点为圆心，M_1H_1、N_1F_1 为半径画圆弧，与已画出的大圆弧在 H_1、E_1、F_1、G_1 点光滑连接，即得到顶面圆的正等测图（椭圆）。

圆柱体的底面圆的正等测图可用移心法画出。即将前三段半个椭圆圆弧的圆心下移一个柱高 h，即得底面椭圆的三段圆弧的圆心 M_1'、C_1'、N_1'，再按顶面正等测图的同样画法，就得到底面的正等测图（可见的半个椭圆）。

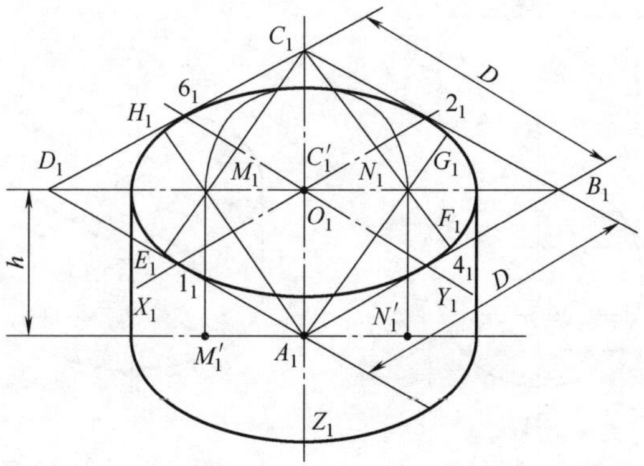

图 1.51　圆的正等测图的近似画法

1.3　零件图上的尺寸标注和技术要求

1.3.1　尺寸注法

尺寸是表达机件的真实大小的重要数据。在机械零件图样上的标注尺寸包括线性尺寸和角度尺寸。在零件图上标注尺寸时，应按照《机械制图　尺寸注法》(GB/T 4458.4—2003) 的基本规则和规定进行，必须做到：正确——符合标准规定；完整——不重复，无遗漏；清晰——排列有序，便于看图；合理——符合标准，满足要求。

(1) 基本规则

① 机件的真实大小应以图样上所注的尺寸数值为依据。它与画图的大小比例无关、与画图的准确度无关。

② 图样中（包括技术要求说明或其他说明）的尺寸，以毫米为单位时不需标注其计量单位符号。若采用其他计量单位，则必须注明相应的单位符号。

③ 国家标准明确规定：图样上所标注的尺寸为机件的最后完工尺寸，否则要另加说明。

④ 机件的每一尺寸，在图样上一般只标注一次，并标注在反映该结构最清晰的图形上。

(2) 尺寸要素（尺寸界线、尺寸线和尺寸数字）

尺寸要素由尺寸界线、尺寸线和尺寸数字（包括必要的计量单位、字母和符号）3 个要素组成。

① 尺寸界线　尺寸界线用细实线绘制，用来表示所标注尺寸的度量范围。尺寸界线应由图形的轮廓线、轴线、对称中心线处引出；也可利用轮廓线、轴线、对称中心线作为尺寸界线，如图 1.52 所示。

图中，48、60、70 和 100 的四个尺寸界线是由图形的轮廓线引出；80 和 50 的两个尺寸界线由图形的对称中心线处引出。

② 尺寸线（包括尺寸终端）　尺寸线必须用细实线单独绘制，用来表示尺寸的度量方向。

线性尺寸的尺寸线必须与所标注的线段平行，其终端采用箭头

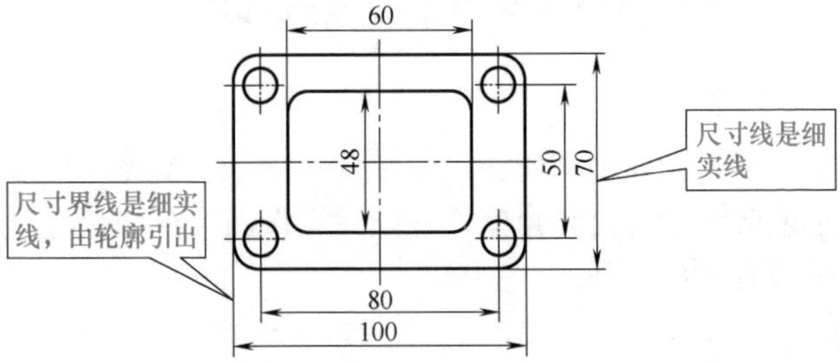

图 1.52 尺寸界线

的形式，见图 1.52。箭头画法如图 1.53 所示。当尺寸较小没有足够的空间画箭头时，允许用圆点或细斜线代替箭头，如图 1.54 所示。

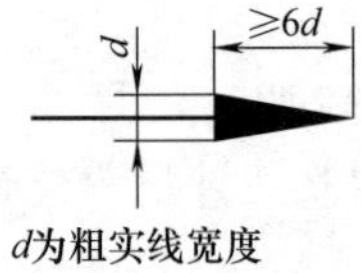

图 1.53 尺寸线终端箭头画法

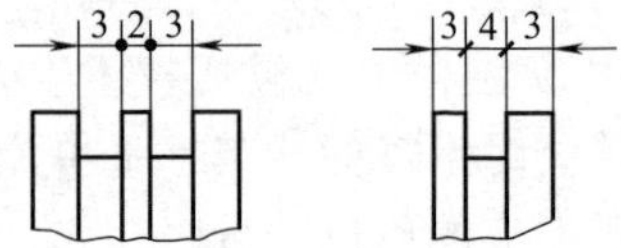

图 1.54 尺寸线终端形式

在圆或圆弧上标注直径或半径时，应在尺寸数字前加注相应符号。整圆或大于半圆的圆弧应标注直径，并在尺寸数字前加注符号 ϕ；小于或等于半圆的圆弧应标注半径，并在尺寸数字前加注符号 R，如图 1.55 所示。

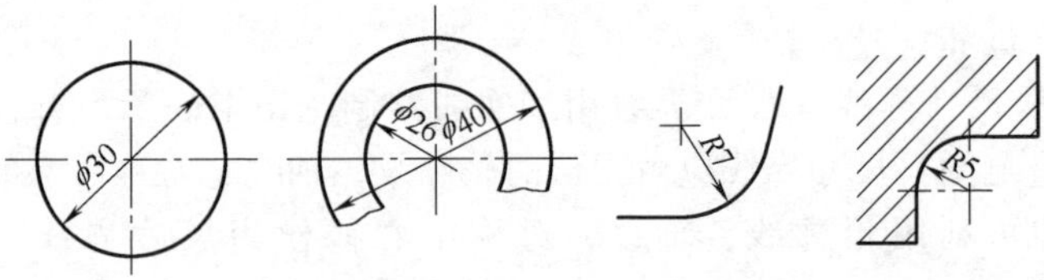

图 1.55 直径、半径的尺寸注法

标注球面的直径或半径时，应在符号 ϕ 或 R 前再加注符号 S。

直径和半径的尺寸线终端只能画成箭头。当圆的直径或圆弧的半径较小，没有足够的位置画箭头或注写数字时，应采用引出形式进行标注，其标注形式如图 1.56 所示。

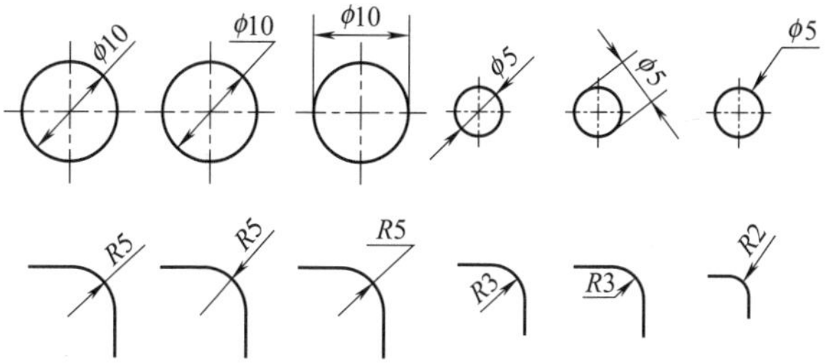

图 1.56　直径、半径的尺寸引出注法

③ 尺寸数字　线性尺寸数字一般应注写在尺寸线的上方中间处，当空间有限，在尺寸线上方注写数字有困难时，也允许数字注写在尺寸线的中断处。线性尺寸的数字方向，应随尺寸线的方位而变化，如图 1.57（a）所示，并尽可能避免在图示的 30°范围内标注尺寸。当无法避免时，可按图 1.57（b）的形式引出标注。

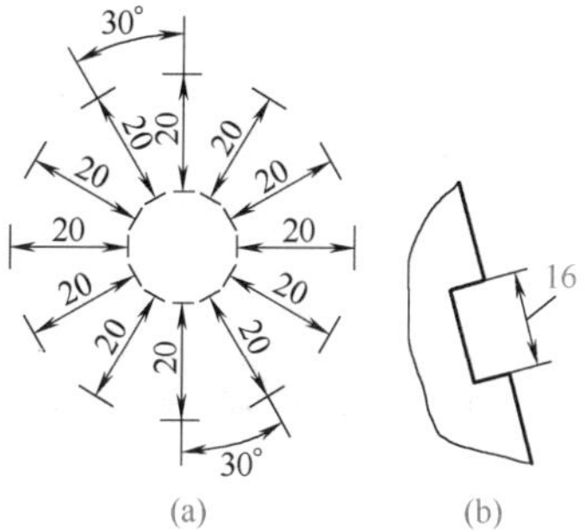

图 1.57　线性尺寸数字的写法

标注角度尺寸时，其尺寸线为圆弧，尺寸线终端为箭头形式。角度数字一律水平书写，一般注写在尺寸线的中断处，必要时也可引出标注，如图 1.58 所示。

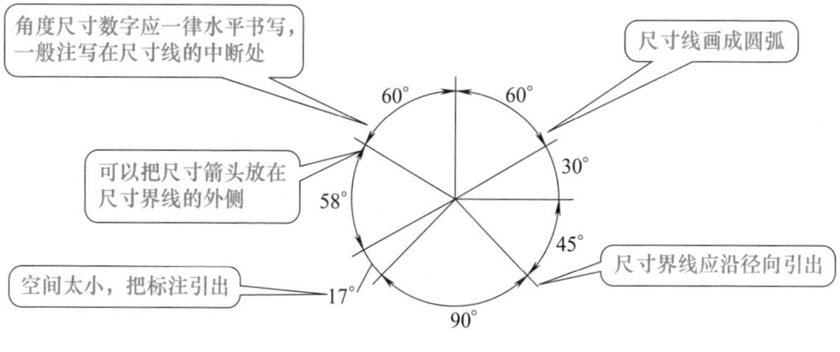

图 1.58　角度标注

尺寸数字不能被任何图线穿过，不可避免时，须将该图线断开(剖面线、中心线)，如图 1.59 所示。

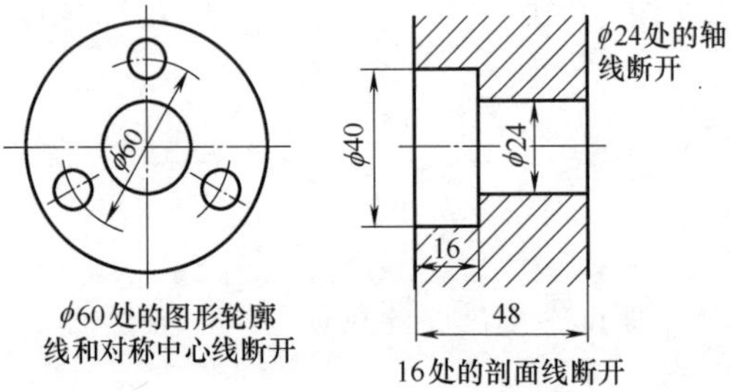

图 1.59　图线不能穿过尺寸数字

1.3.2　典型结构的尺寸标注

(1) 零件典型结构的尺寸符号或缩写词

了解零件典型结构的尺寸符号或缩写词有助于理解零件的结构形状，简化制图和标注。尺寸标注符号或缩写词及其含义如表 1.12 所示，其画法如图 1.60 所示。

表 1.12　尺寸标注的符号或缩写词

序号	含义	符号或缩写词	序号	含义	符号或缩写词
1	直径	ϕ	9	深度	↧
2	半径	R	10	沉孔或锪平	⌴
3	球直径	$S\phi$	11	埋头孔	⌵
4	球半径	SR	12	弧长	⌒
5	厚度	t	13	斜度	∠
6	均布	EQS	14	锥度	◁
7	45°倒角	C	15	展开长	○→
8	正方形	□	16	型材截面形状	按 GB/T 4656—2008

(2) 零件典型结构标注实例

① 斜度与锥度标注见图 1.61、图 1.62。

② 球直径与球半径标注见图 1.63、图 1.64。

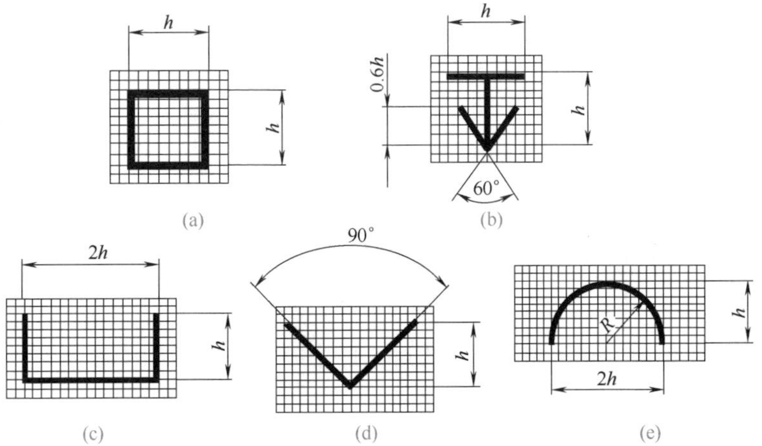

图 1.60　尺寸标注符号

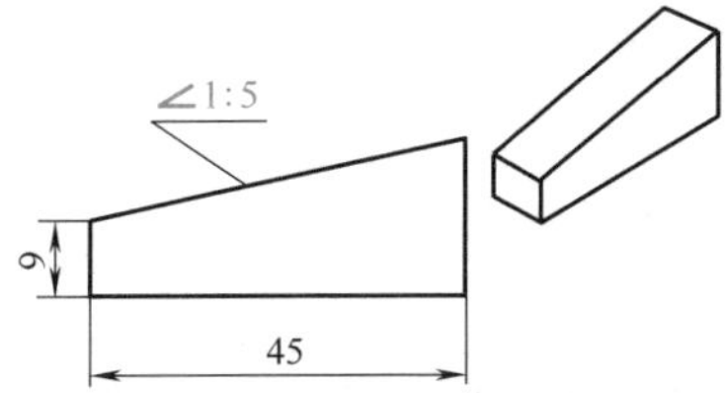

斜度用斜度符号标注，符号的底线与基准面(线)平行，符号的尖端应与斜面的倾斜方向一致，斜度一般都用指引线从斜面轮廓上引出标注

图 1.61　斜度的标注

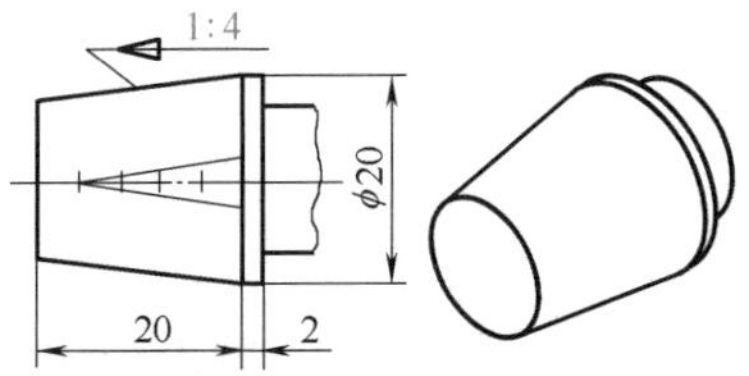

锥度用锥度符号标注，符号尖端的指向就是锥体的小头方向，锥度可用指引线从锥体轮廓上引出标注，也可标注在锥体轴线上

图 1.62　锥度的标注

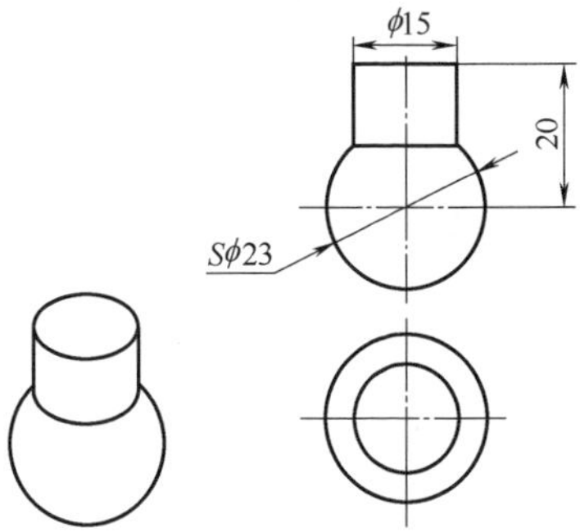

图 1.63　球直径的标注

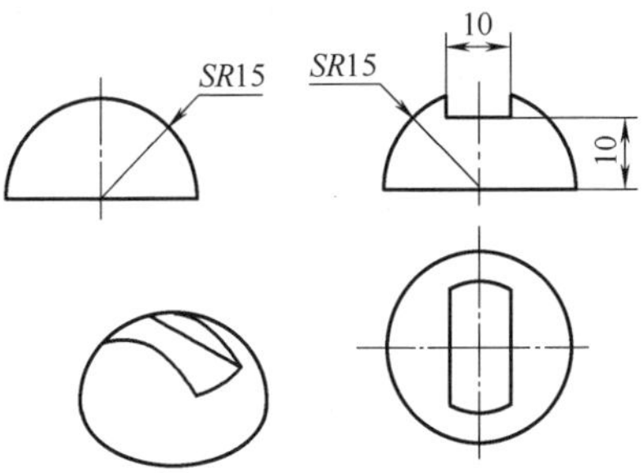

图 1.64　球半径的标注

③ 弧长、弦长和角度标注见图 1.65。

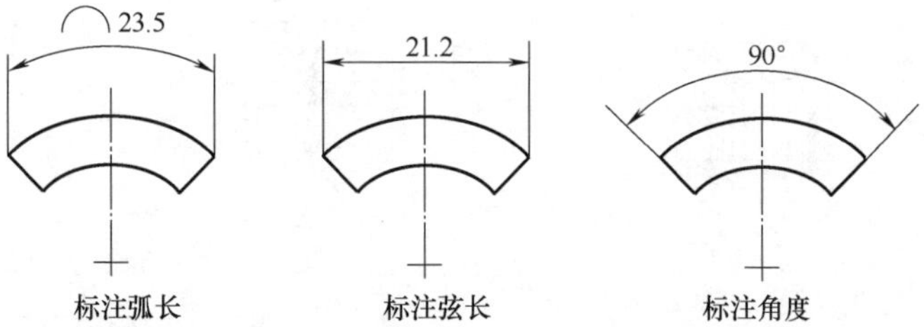

图 1.65 弧长、弦长和角度标注

④ 倒角和退刀槽标注见图 1.66、图 1.67。

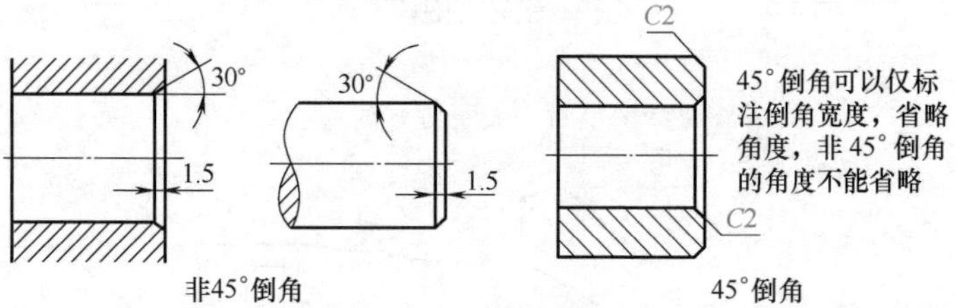

图 1.66 倒角的标注

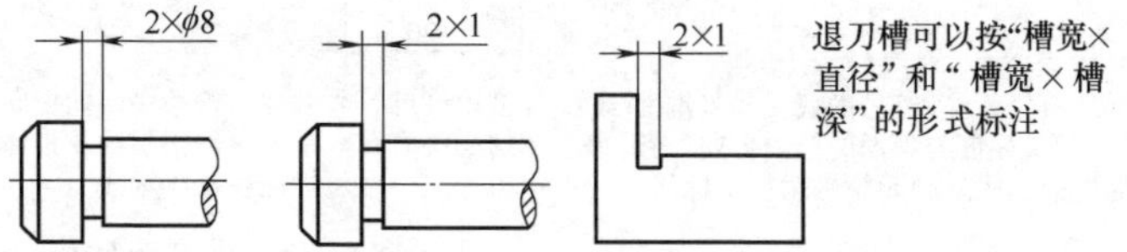

图 1.67 退刀槽的标注

⑤ 均布与厚度标注见图 1.68。

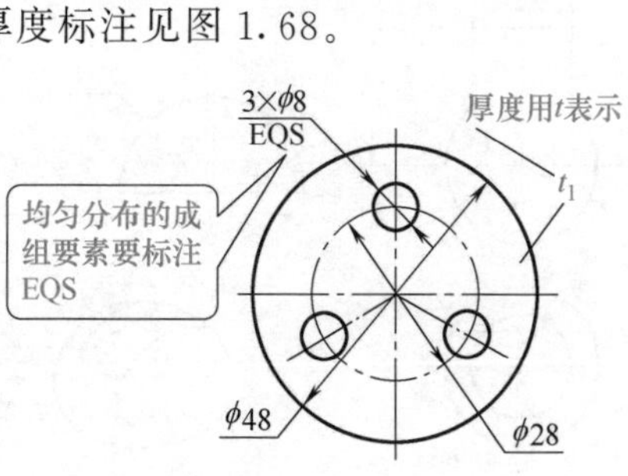

图 1.68 均布与厚度的标注

⑥ 平面与正方形标注见图 1.69。

⑦ 滚花标注见图 1.70。

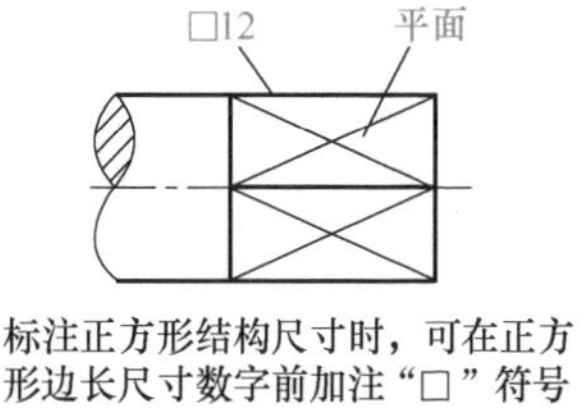

标注正方形结构尺寸时，可在正方形边长尺寸数字前加注"□"符号

图 1.69 平面与正方形的标注

直纹m0.5 GB/T 6403.3 —2003

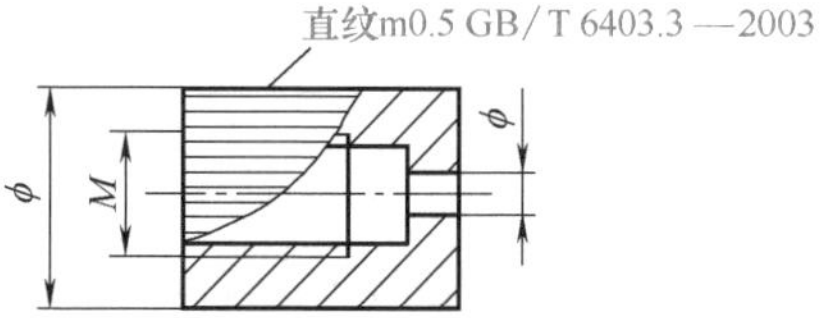

图 1.70 滚花的标注

⑧ 光孔、螺纹和沉孔的尺寸标注见表 1.13。

表 1.13 光孔、螺纹和沉孔的尺寸标注

结构		普通注法	简化注法
光孔		4×φ4 10	4×φ4▼10　　4×φ4▼10
螺孔		3×M6 10 12	3×M6▼10 孔▼12　　3×M6▼10 孔▼12
沉孔	沉头孔	90° φ13 4×φ7	4×φ7 ⌵φ13×90°　　4×φ7 ⌵φ13×90°
	柱形沉孔	φ12 4.5 4×φ6.4	4×φ6.4 ⊔φ12▼4.5　　4×φ6.4 ⊔φ12▼4.5

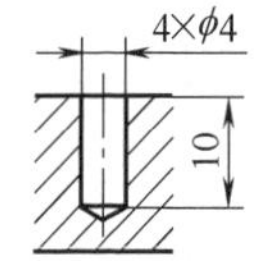

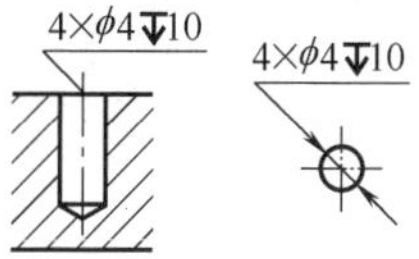

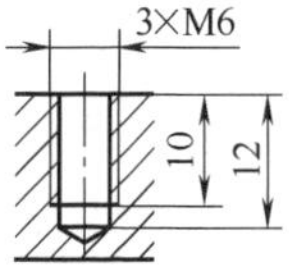

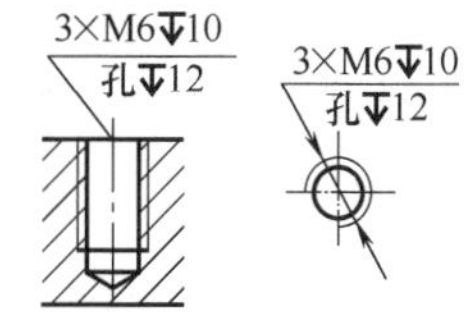

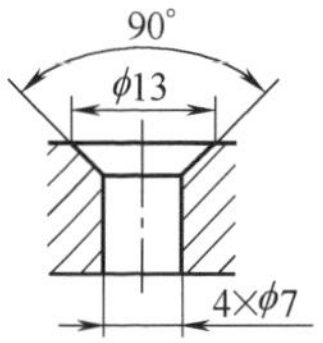

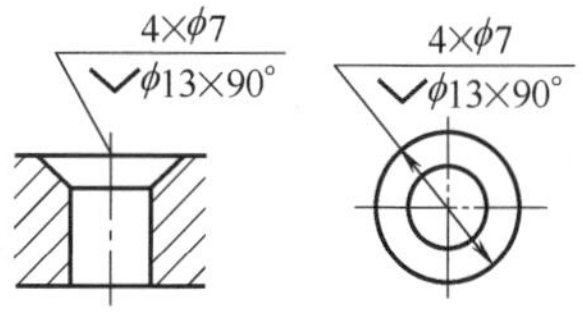

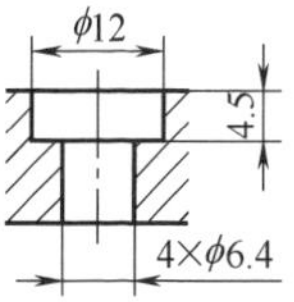

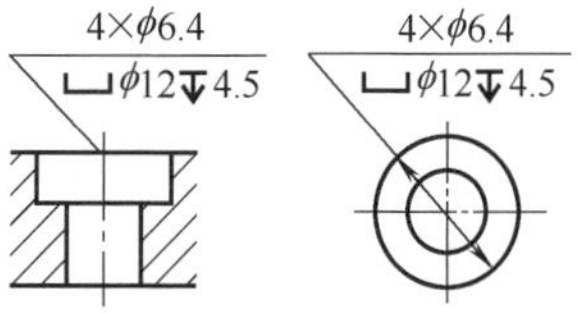

续表

结构		普通注法	简化注法
沉孔	锪平孔	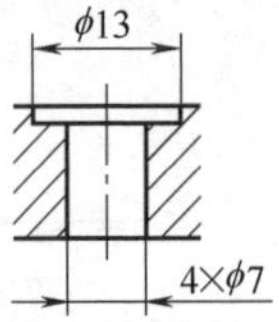	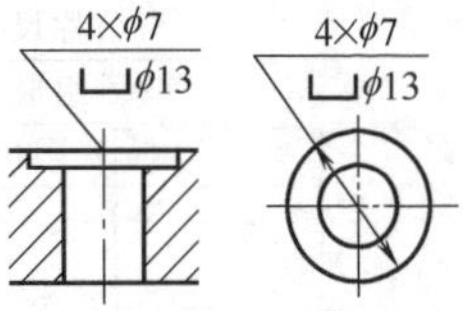

（3）铸件的工艺结构标注（见表 1.14）

表 1.14　铸件上常见的工艺结构标注

铸造零件上的工艺结构	说明
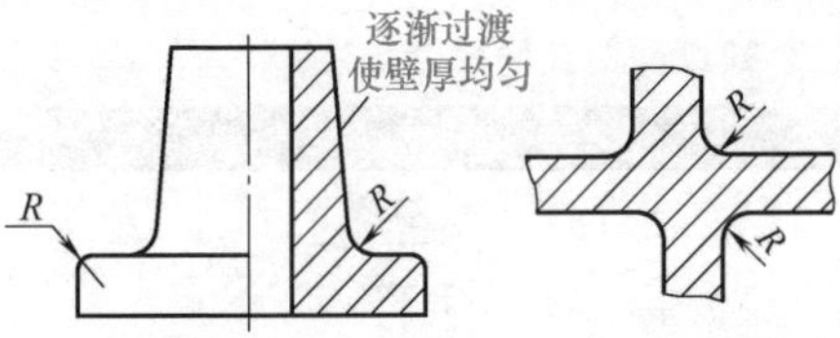	铸件表面相交处，要用铸造圆角 R 过渡，箭头从材料外指向材料表面，尺寸线通过圆心
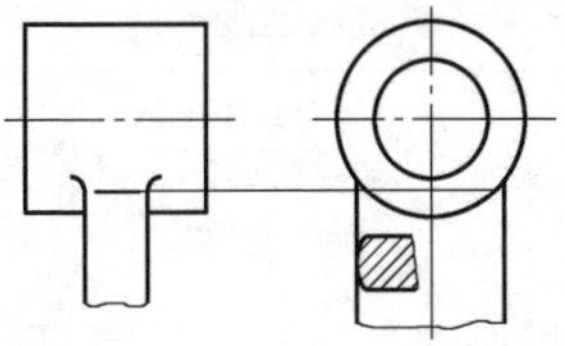	平面与曲面、曲面与曲面相交时过渡线不要与铸造圆角轮廓线连通，必须断开 平面与曲面相切时，不画过渡线
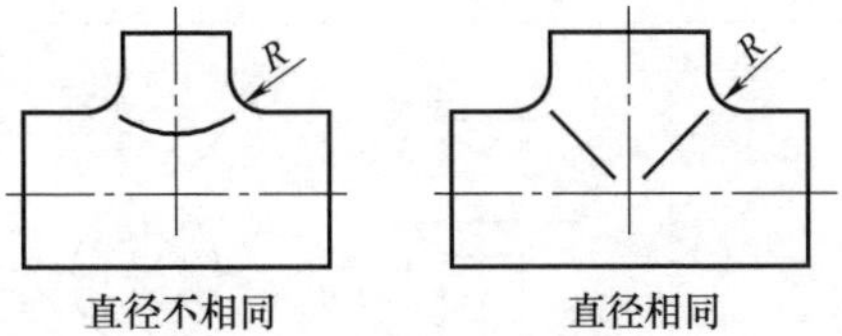 直径不相同　　直径相同	

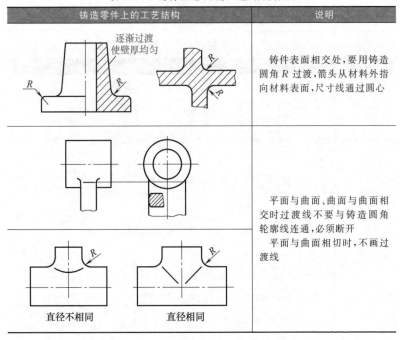

1.3.3　尺寸公差标注

（1）尺寸公差新旧标准变化

新旧标准变化：GB/T 1800.1—2009 取代了 GB/T 1800.1—1997、GB/T 1800.2—1998、GB/T 1800.3—1998；GB/T 1800.2—2009 取代了 GB/T 1800.4—1998；术语变化如表 1.15 所示。

表 1.15　新旧标准的术语变化

旧标准	新标准	旧标准	新标准
基本尺寸	公称尺寸	最小极限尺寸	下极限尺寸
实际尺寸	实际(组成)要素	上偏差	上极限偏差
最大极限尺寸	上极限尺寸	下偏差	下极限偏差

(2) 尺寸公差的标注形式

在标注尺寸公差时，需要标注理想形状要素的公称尺寸及其极限偏差（或公差带代号、或公差带代号和相应的极限偏差值均标注）。轴和孔的直径尺寸公差标注形式如表 1.16 所示。

表 1.16　轴和孔的直径尺寸公差标注形式

标注形式	图例
注写极限偏差	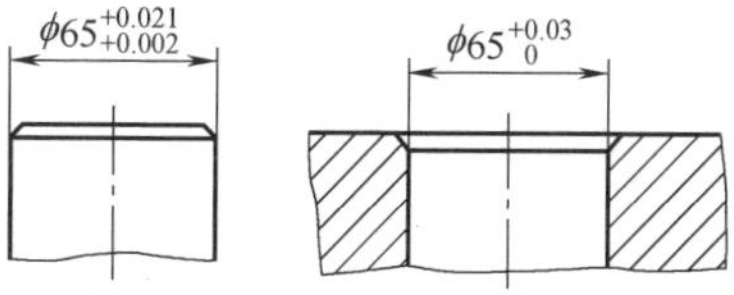 (a) (b)
注写公差带代号	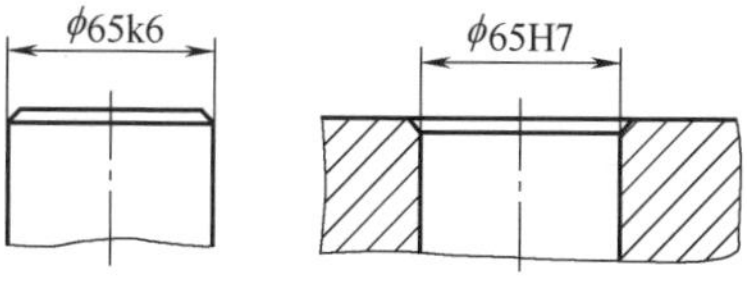 (a) (b)
注写公差带代号和极限偏差	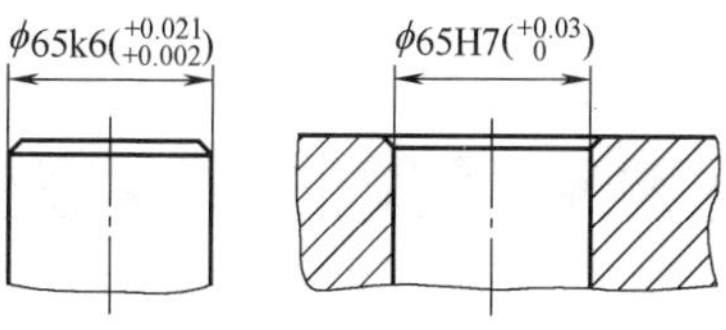 (a) (b)
同一公称尺寸不同极限偏差标注	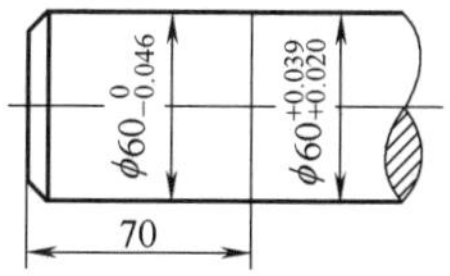

续表

标注形式	图例
要素的尺寸公差和几何公差遵守包容原则的标注	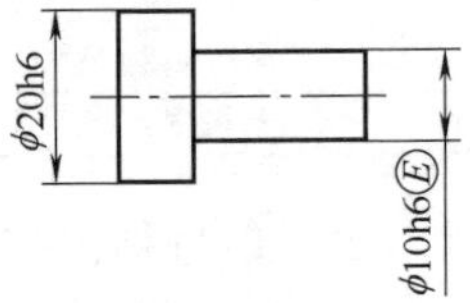
仅限制尺寸单向极限时，在尺寸右边加注“max”或“min”	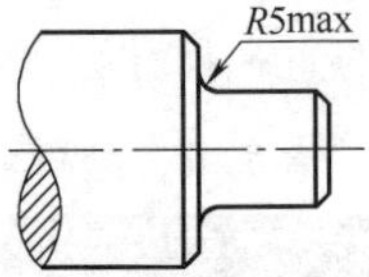
角度公差的标注方法	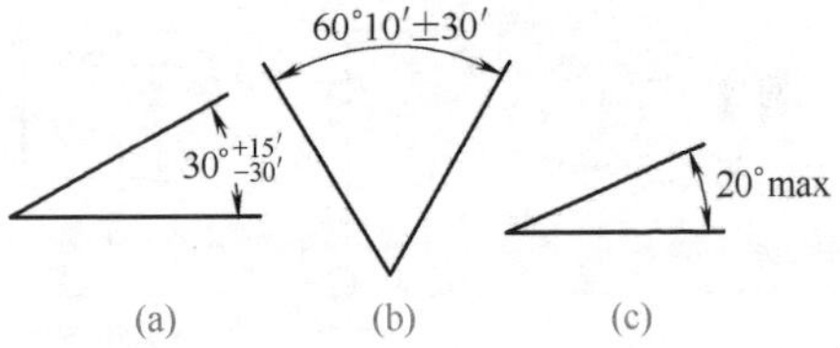

（3）尺寸未注公差

线性尺寸的极限偏差数值、倒圆半径与倒角高度尺寸的极限偏差数值、角度尺寸的极限偏差按 GB/T 1804—2000 的规定。

（4）配合尺寸标注（见表 1.17）

表 1.17　配合尺寸的标注

标注类型	规定	图例
标注配合代号	在装配图中标注线性尺寸的配合代号时，必须在基本尺寸的右边用分数形式注出，分子为孔的公差带代号，分母为轴的公差带代号[图(a)]，必要时也允许按图(b)的形式标注	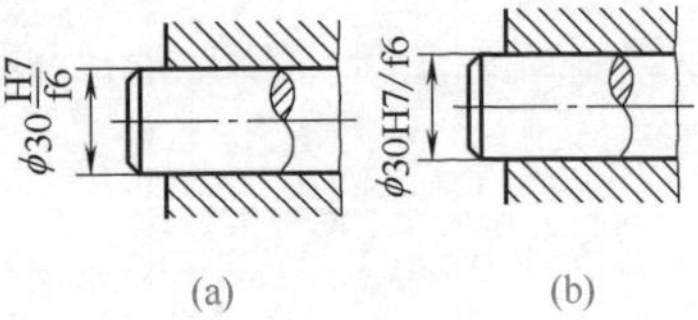

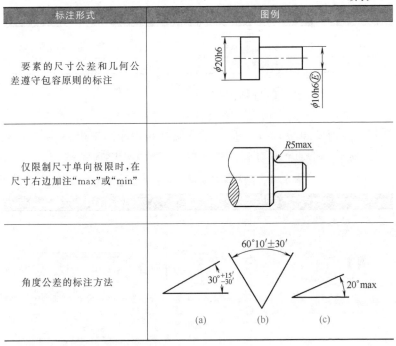

续表

标注类型	规定	图例
标注极限偏差	在装配图中标注相配零件的极限偏差时，孔的基本尺寸及极限偏差注写在尺寸线上方，轴的基本尺寸和极限偏差注写在尺寸线的下方[图(c)]	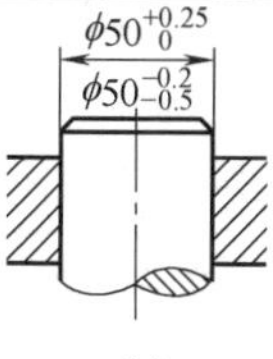 (c)
特殊的标注形式	当基本尺寸相同的多个轴(孔)与同一孔(轴)相配合而又必须在图外标注其配合时，为了明确各自的配合对象，可在公差带代号或极限偏差之后加注装配件的序号[图(d)] 标注标准件、外购件与零件(轴或孔)的配合要求时，可以仅标注相配零件的公差带代号[图(e)]	见下图 (d)、(e)

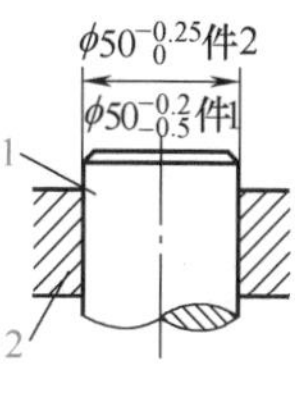

(d)

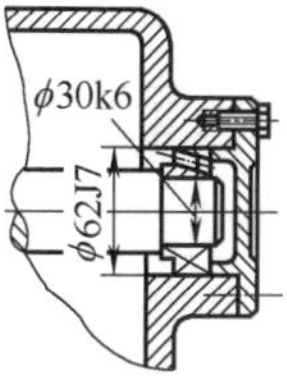

(e)

1.3.4　几何公差标注

(1) 几何公差新旧标准变化（见表 1.18）

表 1.18　几何公差新旧标准变化

旧标准		新标准	
形位公差	形状公差	几何公差	形状公差
			位置公差
	位置公差		方向公差
			跳动公差

注：公差项目及符号并未变化。

(2) 公差类型、几何特征及符号（见表 1.19）

表 1.19　公差类型、几何特征及符号

公差	几何特征	符号	公差	几何特征	符号
形状公差	直线度	—	方向公差	平行度	//
	平面度	▱		垂直度	⊥
	圆度	○		倾斜度	∠
	圆柱度	⌭	位置公差	同轴度	◎
形状公差 位置公差 方向公差	线轮廓度	⌒		对称度	⌯
				位置度	⌖
	面轮廓度	⌓	跳动公差	圆跳动	↗
				全跳动	⌰

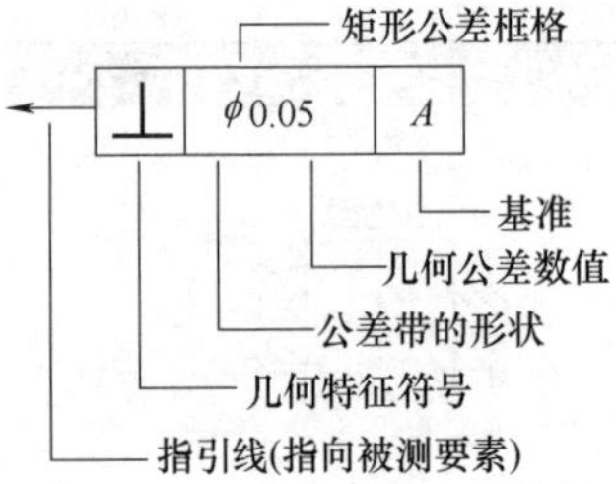

图 1.71　几何公差的组成

（3）几何公差的组成（见图 1.71）

（4）几何公差的标注（见图 1.72）

被测要素为工件上的实际表面、轮廓面、轮廓线时，箭头置于要素的轮廓线或其延长线上，但必须与尺寸线明显错开，见图 1.73。

被测要素为工件轴线、对称面和中心线时，箭头与尺寸线对齐，见图 1.74。

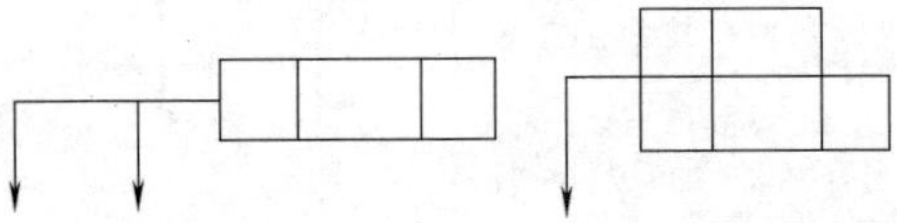

(a) 不同被测要素有相同几何公差要求时可以共用框格　(b) 同一被测要素有多个几何公差要求时可共用指引线

图 1.72　几何公差标注

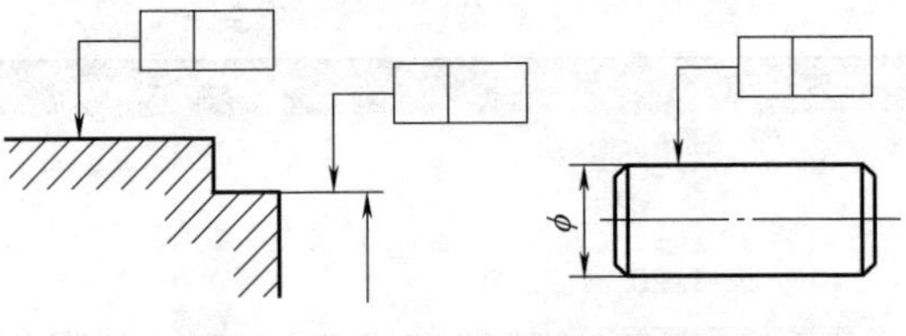

图 1.73　被测要素为表面轮廓

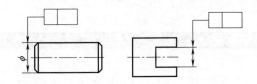

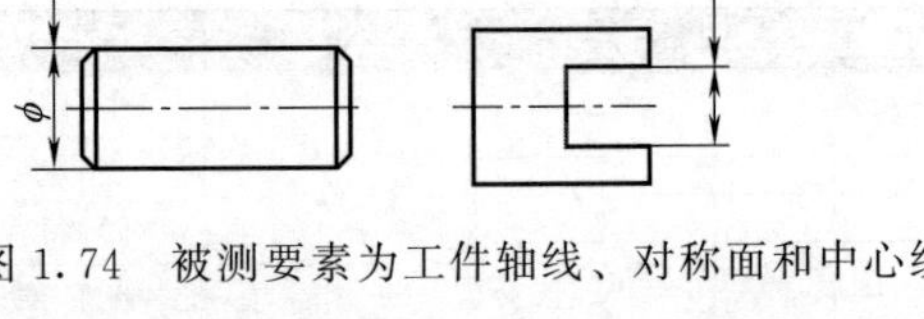

图 1.74　被测要素为工件轴线、对称面和中心线

（5）基准的标注形式（图 1.75、图 1.76）

基准符号由基准三角形、连线、基准方格和基准字母组成，基准的标注与公差框格的标注相同。

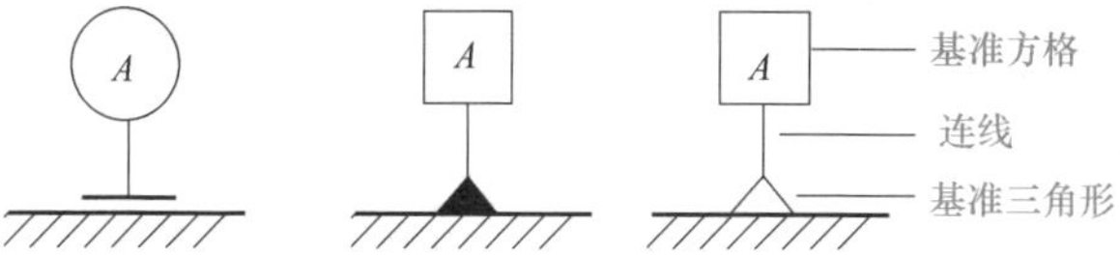

(a) 旧标准　　(b) 新标准

图 1.75　新旧标准的基准符号

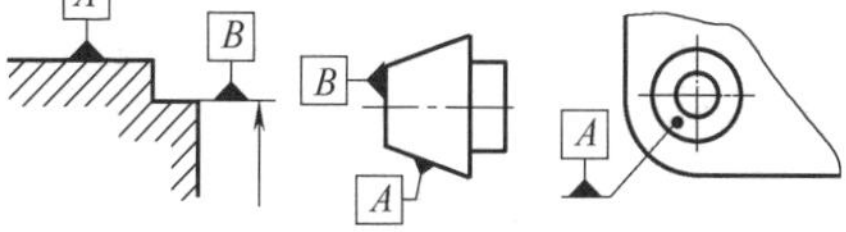

(a) 基准为实际要素

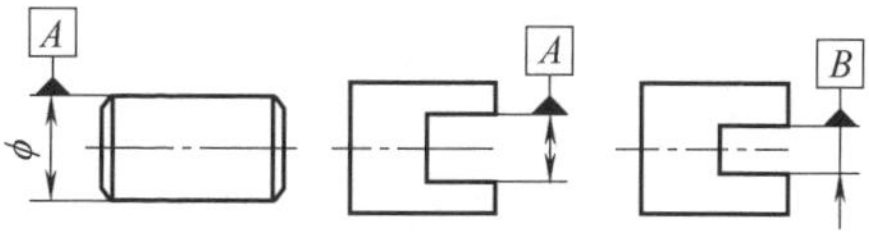

(b) 基准为理想要素

图 1.76　基准符号标注

(6) 几何公差的 (部分) 附加符号 (表 1.20)

表 1.20　部分几何公差的附加符号

说明	符号	标记位置	示例
最大实体要求	Ⓜ	注在公差值后或基准字母后	⌖ | φ0.1Ⓜ | A
最小实体要求	Ⓛ		⌖ | φ0.04 | AⓁ
自由状态条件	Ⓕ	注在公差值后	○ | 0.1Ⓕ
公共公差带	CZ	注在公差值后	▱ | 0.1 CZ
大径	MD	框格外	⌖ | φ0.1 | A MD
线素	LE	框格外	// | 0.1 | A LE

最大或最小实体要求放在公差值后面时，表示被测要素应符合最大或最小实体要求，若放在公差框格的基准字母后面，表示该基准要素也应符合最大或最小实体要求。

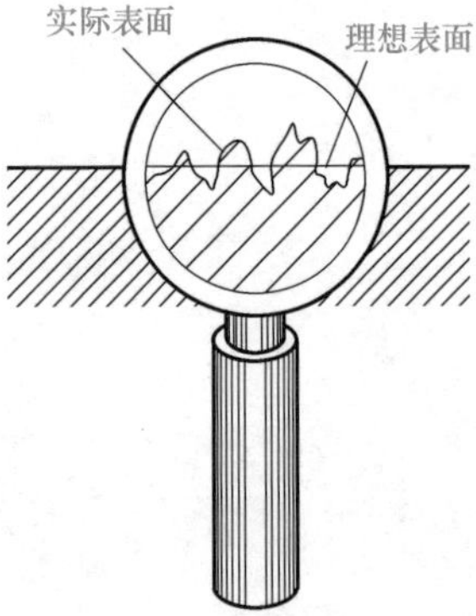

图 1.77　表面轮廓

1.3.5　表面结构标注

表面结构的评定参数包括表面轮廓和表面纹理。

（1）表面轮廓

将零件表面横向剖切，放大后的实际表面是一条曲线，其轮廓就称为表面轮廓，如图 1.77 所示。按测量和计算方法的不同，表面轮廓可分为：①粗糙度轮廓（*R* 轮廓）；②波纹度轮廓（*W* 轮廓）；③原始轮廓（*P* 轮廓）。机械零件的表面结构要求一般采用 *R* 轮廓参数评定。

（2）表面粗糙度 R 轮廓评定参数的变化（表 1.21）

表 1.21　表面粗糙度 *R* 轮廓评定参数的变化

旧标准		新标准	
R_a	轮廓算术平均偏差	*Ra*	轮廓算术平均偏差
R_z	微观不平度十点高度	*Rz*	轮廓最大高度
R_y	轮廓最大高度		

注：新标准中 *a*、*z* 不是下角标。

（3）表面粗糙度轮廓的图形符号及含义（表 1.22）

表 1.22　表面粗糙度轮廓图形符号及含义（GB/T 131—2006）

图形符号及名称	意义及说明
基本图形符号 	表示表面可用任何方法获得。当不加注粗糙度参数值或有关说明(例如:表面处理、局部热处理状况等)时,仅适用于简化代号标注,不能单独使用
扩展图形符号	基本符号加一短画,表示表面是用去除材料的方法获得。例如:车、铣、钻、磨、剪切、抛光、腐蚀、电火花加工、气割等

续表

图形符号及名称	意义及说明
扩展图形符号 	基本符号加一小圆，表示表面是用不去除材料的方法获得。例如：铸、锻、冲压变形、热轧、冷轧、粉末冶金等或者是用于保持原供应状况的表面(包括保持上道工序的状况)
完整图形符号 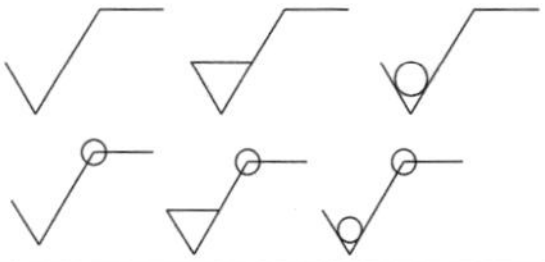	在上述三个符号的长边上均可加一横线，用于标注有关参数和说明 在上述三个符号上均可加一小圆，表示所有表面或连续表面具有相同的表面粗糙度要求
MRR U *Rz* 0.8；L *Ra* 0.2 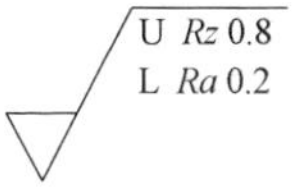 (a) 在文本中　(b) 在图样上	表示表面参数的双向极限时，上限值在上方，在参数代号前加注字母“U”；下限值在下方，在参数代号前加注字母“L”

(4) 表面结构的表示方法(见图 1.78)

表面结构的表示方法为：完整图形符号＋补充要求。

① 位置 a：注写表面结构的单一要求(参数代号和数值)。

② 位置 a 和 b：注写两个或多个表面结构要求。

③ 位置 c：注写加工方法。

④ 位置 d：注写表面纹理和方向。

⑤ 位置 e：注写加工余量。

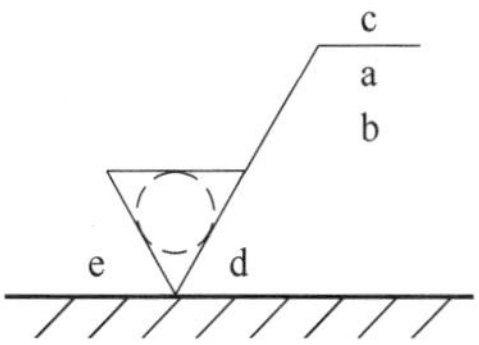

图 1.78　表面结构的表示方法

(5) 表面结构要求在图样上的注法

① 表面结构要求的注写要与读取方向和尺寸标注相同。其正误如图 1.79 所示。

② 符号的尖端从材料外指向并接触材料表面，既不准脱离也不得超出。其正误如图 1.80 所示。

③ 表面结构要求一般注写在可见轮廓线或其延长线上或者尺寸界线上，也可注在尺寸线上或几何公差框格上，如图 1.81、图 1.82 所示。

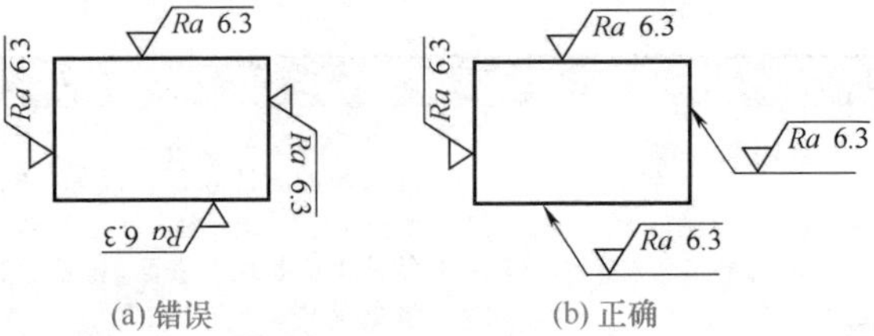

图 1.79　表面结构符号的读取方向

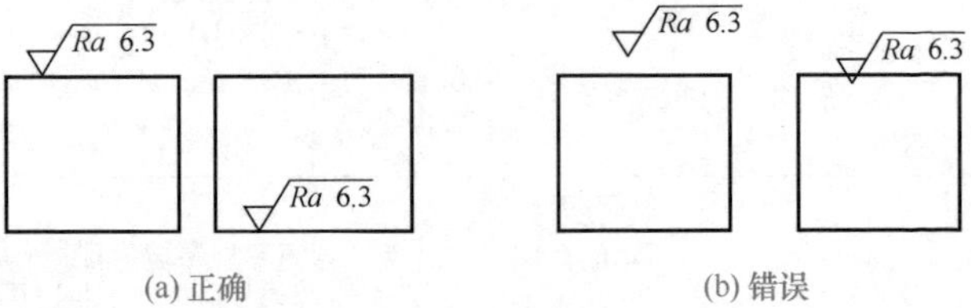

图 1.80　表面结构符号的正确注法

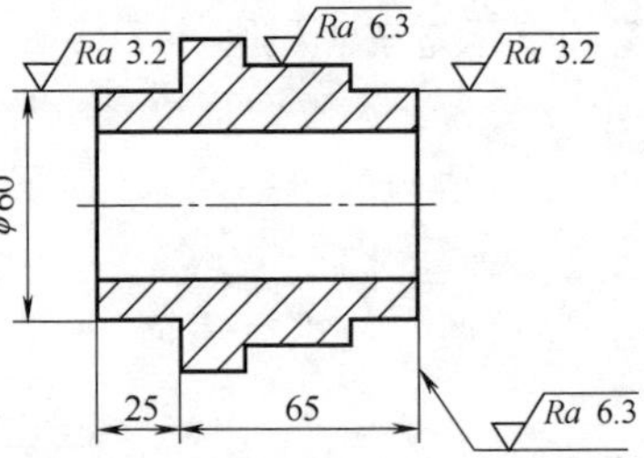

图 1.81　表面结构符号的表示形式（1）

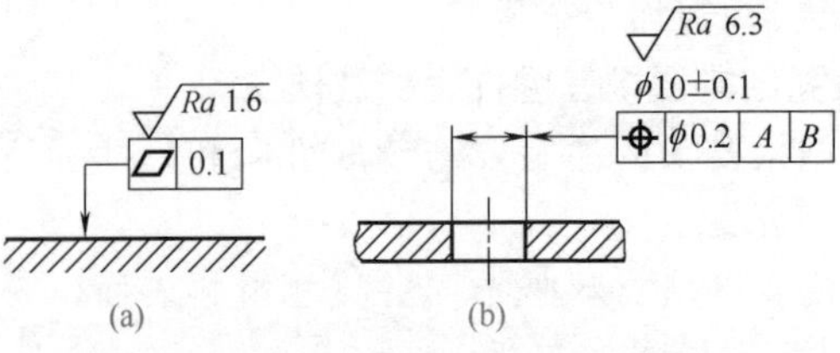

图 1.82　表面结构符号的表示形式（2）

（6）表面结构要求的简化标注

大多数表面有相同表面结构要求的简化标注如图 1.83 所示。

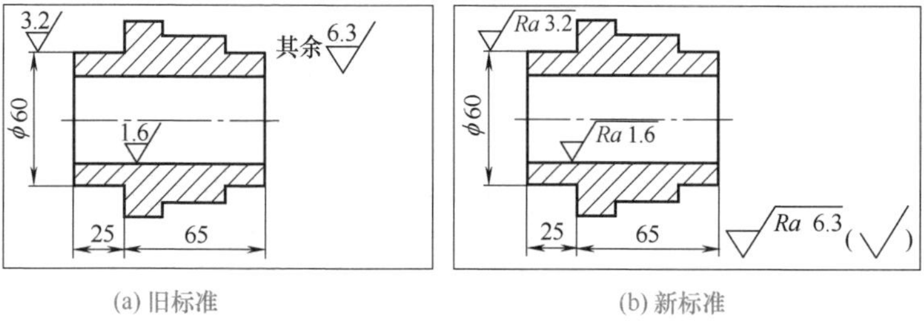

图 1.83　其余相同表面结构要求的简化标注

① 多个表面有相同的表面结构要求或图纸空间有限时的简化标注如图 1.84 所示。

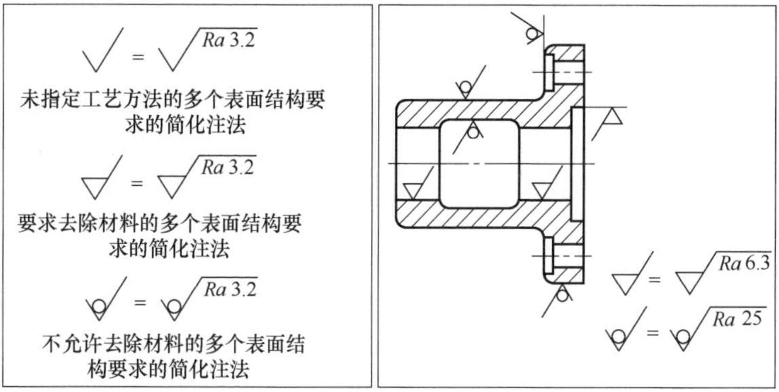

图 1.84　多个相同表面结构的简化标注

② 多个相同表面结构的表示如图 1.85 所示。

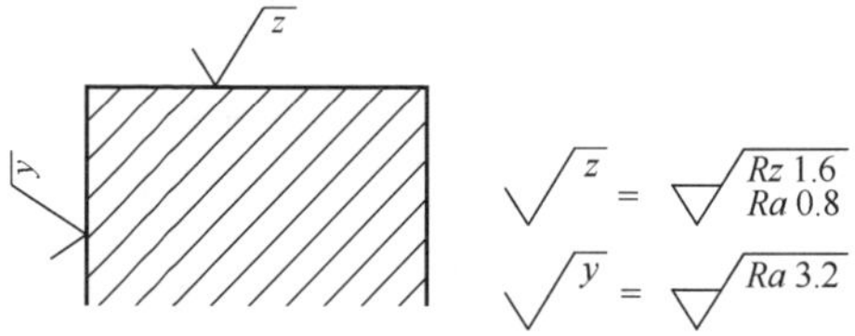

图 1.85　多个相同表面结构的表示

(7) 键槽、倒角的表面结构要求标注

国标规定，键槽侧面表面结构要求 Ra 为 1.6～3.2μm，键槽

底面表面结构要求 Ra 为 6.3μm，如图 1.86 所示。

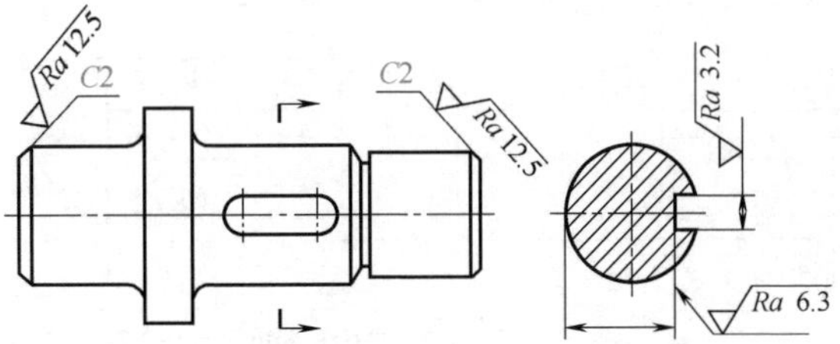

图 1.86　同一刀具加工的表面结构要求可以不同

（8）连续表面与封闭轮廓的表面结构要求标注

连续表面的表面结构只注一次，如图 1.87 所示。

封闭轮廓表面结构相同要求的注法如图 1.88 所示。

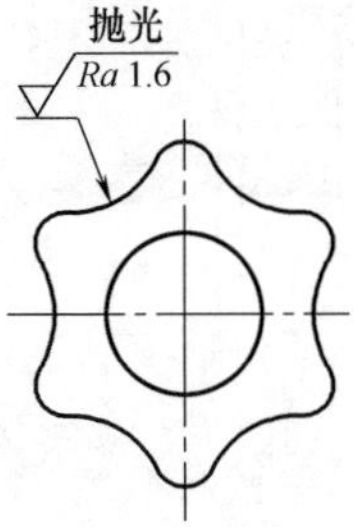

图 1.87　连续表面标注

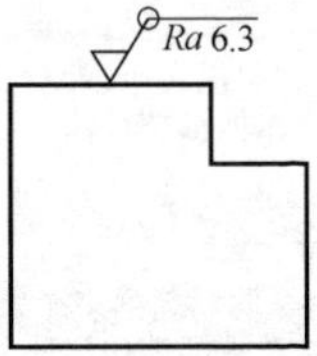

图 1.88　封闭轮廓表面结构相同要求的标注

（9）零件上不连续的同一加工表面结构要求注法（见图 1.89）

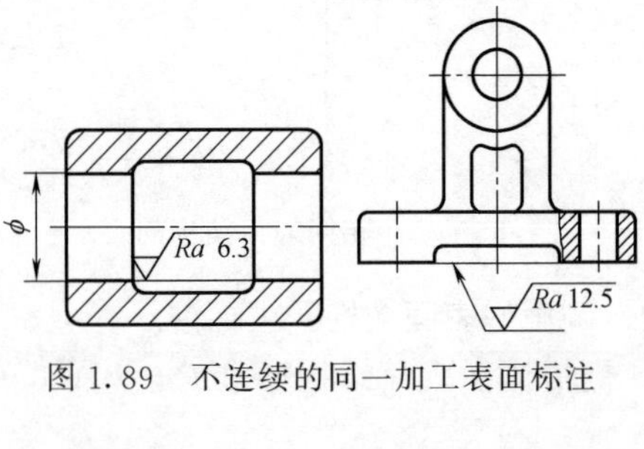

图 1.89　不连续的同一加工表面标注

(10) 加工纹理方向符号 (见表 1.23)

表 1.23　常见的加工纹理方向符号 (GB/T 131—2006)

符号	说明	示意图
=	纹理平行于标注代号的视图的投影面	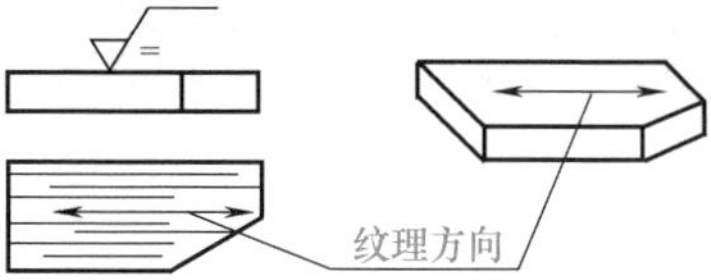
⊥	纹理垂直于标注代号的视图的投影面	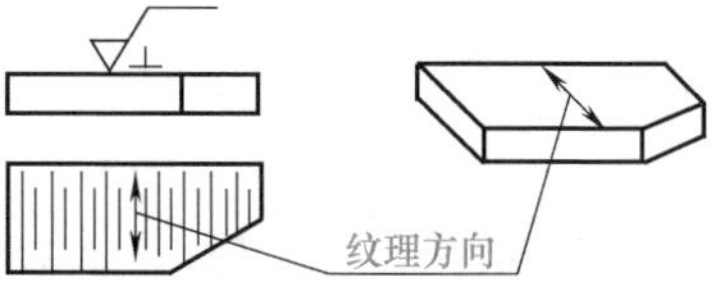
×	纹理呈两相交的方向	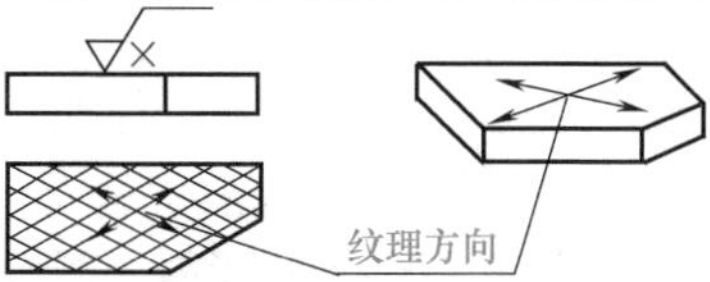
M	纹理呈多方向	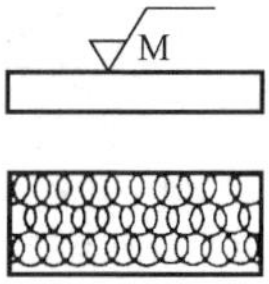
C	纹理呈近似同心圆	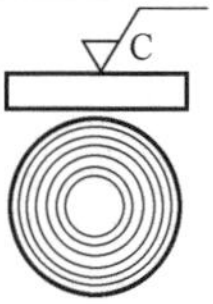
R	纹理呈近似放射形	
P	纹理呈无方向或呈凸起的细粒状	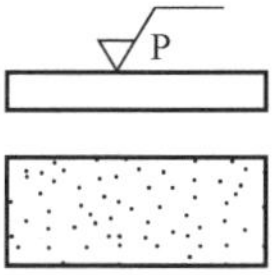

注：当表中所列符号不能清楚地表明要求的纹理方向时，应在图样上用文字说明。

1.3.6 金属材料与热处理的标注

（1）常用金属材料的名称、牌号和标记（见表1.24~表1.30）

表1.24 灰铸铁（GB/T 9439—2010）

牌号	说明
HT150 HT200 HT250 HT300 HT350 HT400	“HT”为灰、铁两字汉语拼音的第一个字母 数值为最小抗拉强度

表1.25 球墨铸铁（GB/T 1348—2009）

牌号	说明
QT500-7 QT450-10 QT400-18	“QT”为球、铁两字汉语拼音的第一个字母 前一组数为抗拉强度 后一组数为伸长率

表1.26 可锻铸铁（GB/T 9440—2010）

牌号	说明
KTH300-06 KTH330-08 KTZ450-06	“KTH”为黑心可锻铸铁 “KTZ”为珠光体可锻铸铁 前一组数为抗拉强度 后一组数为伸长率

表1.27 碳素结构钢（GB/T 700—2006）

Q215A Q215B Q235A	“Q”为屈服点的屈字汉语拼音的第一个字母 数字为屈服点数值 字母 A、B 为质量等级

表1.28 常用优质碳素结构钢（GB/T 699—2015）

牌号	说明
10 15 20 25 35 40 45 50 55 60 20Mn 40Mn 60Mn	两位数字表示碳的质量分数的百分数 碳的质量分数≤0.25%的为低碳钢 碳的质量分数在0.25%~0.6%的为中碳钢 碳的质量分数≥0.6%的为高碳钢 锰的质量分数较高的钢须加注化学元素符号“Mn”

表 1.29 合金结构钢(GB/T 3077—2015)

牌号	说明
20Mn2 45Mn2 15Cr 40Cr 35SiMn 20CrMnTi	增加合金元素,能提高钢的力学性能和耐磨性,并且能提高钢的淬透性以保证较大截面的高强度

表 1.30 其他金属

名称及标准代号	牌号	说明
普通黄铜 GB/T 5231—2001	H62	"H"表示黄铜,铜的质量分数为60.5%～63.5%
铸黄铜 YS/T 544—2006	ZHMnD 58-2-2	铜的质量分数为57%～60%,锰的质量分数为1.5%～2.5%,铅的质量分数为1.5%～2.5%,铸黄铜锭
铸锡青铜 YS/T 545—2006	ZQSnD6-6-3	"Q"表示青铜,锡的质量分数为5%～7%,锌的质量分数为5%～7%,铅的质量分数为2%～4%,铸锡青铜锭
铸铝合金 GB/T 1173—1995	ZL102	"ZL"表示铸铝,第一位数字表示类别,第二及第三位数字是顺序号
白铜 GB/T 5231—2001	B19	"B"表示白铜,镍的质量分数为19%

(2) 传统表示法

① 热处理方法及代号见表 1.31。

表 1.31 热处理方法及代号

热处理	代表符号	表示方法举例
退火	Th	标注为 Th
正火	Z	标注为 Z
调质	T	调质后硬度为 220～250HB 时,标注为 T235
淬火	C	淬火后回火至 45～50HRC 时,标注为 C48
油中淬火	Y	油淬+回火,硬度为 30～40HRC,标注为 Y35
高频淬火	G	高频淬火+回火,硬度为 50～55HRC,标注为 G52
调质+高频淬火	T-G	调质+高频淬火,硬度为 52～58HRC,标注为 T-G54
火焰表面淬火	H	火焰表面淬火+回火,硬度为 52～58HRC,标注为 H54
氰化(C-N 共渗)	Q	氰化后淬火+回火,硬度为 56～62HRC,标注为 Q59

续表

热处理	代号符号	表示方法举例
氮化	D	氮化层深 0.3mm，硬度＞850HV，标注为 D 0.3-900
渗碳＋淬火	S-C	渗碳层深 0.5mm，淬火＋回火，硬度为 56～62HRC，标注为 S 0.5-C 59
渗碳＋高频淬火	S-G	渗碳层深度 0.9mm，高频淬火后回火，硬度为 56～62HRC，标注为 S 0.9-G 59

注：回火、发蓝用文字标注。

② 热处理在零件图样上的标注。

整体热处理工件一般标注在图的右侧或图的下方，如图 1.90 所示，渗碳齿轮热处理标注在右侧。

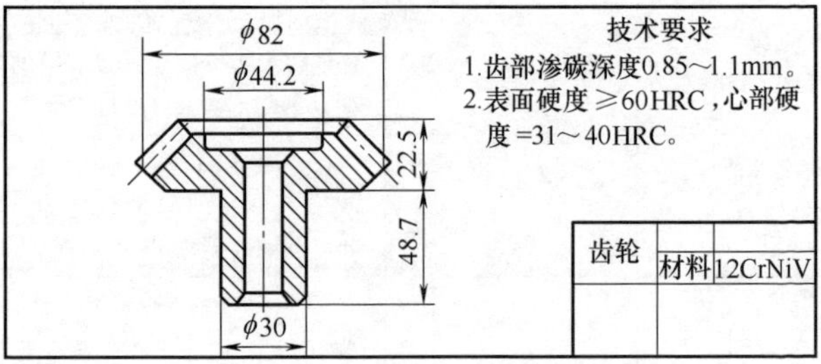

图 1.90　渗碳齿轮的热处理标注

局部热处理工件，其热处理部位一般应标明，并在技术要求中注明热处理技术条件，如图 1.91 所示，也可将其注在零件图旁边。

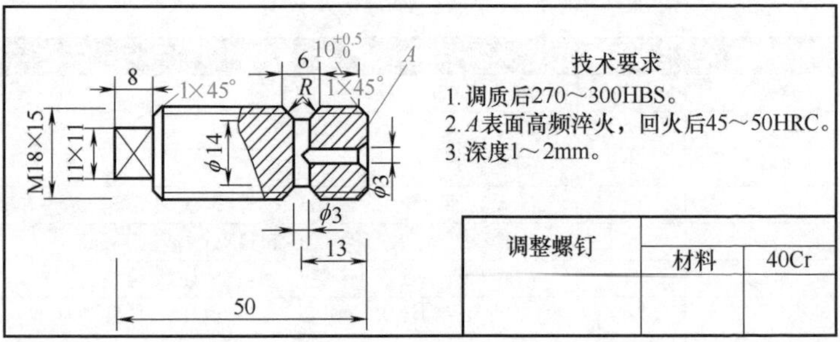

图 1.91　气缸头调整螺钉的热处理标注

（3）钢铁零件热处理表示法（GB/T 24743—2009）

① 术语和定义、缩略词　表 1.32 所示的 ISO 4885 确立的术语和定义以及缩略词适用 GB/T 24743—2009。

表 1.32　术语和定义、缩略词

缩略词	术语和定义	缩略词	术语和定义
CHD	表面硬化深度	SHD	淬火硬化深度
CD	渗碳深度	FTS	熔合处理规范
CLT	化合物层厚度	HTO	热处理顺序
FHD	熔合硬化深度	HTS	热处理规范
NHD	渗碳硬化深度		

② 热处理在图样中的表示法　一般情况下，由于零件热处理后还需要进行加工，如磨削，所以在图样中标注时应考虑热处理和机械加工对零件的影响。碳氮共渗零件的覆盖层的硬度，随其厚度的减小而减小，表面硬化、淬火硬化、熔合硬化和渗碳零件更是如此。因此，热处理工艺覆盖层的厚度必须考虑到后续机械加工余量。如果没有单独的热处理工艺图样说明，必须在相关的图样中说明热处理工艺前后的机械加工信息。如热处理后磨削，磨削后热处理。需要表示的信息有：材料、热处理条件、硬度数值、测试点标记、硬化深度、微观结构等。图纸中常用图示法。

硬度数值包括表面硬度（用维氏硬度表示）、核心硬度（用布氏硬度表示），硬度值误差范围，应符合标准要求。

测试点标记在图样中采用测试点标记符号表示，如图 1.92 所示。图 1.92（b）所示符号可直接与具体数值一起表示，用尺寸表示精确位置。

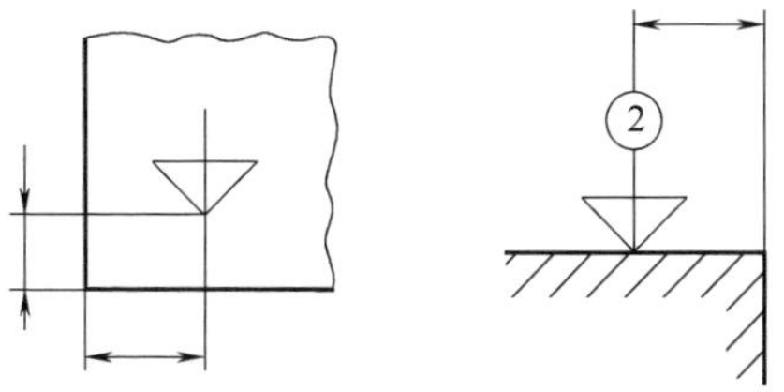

(a) 测试点的普通尺寸标注　　(b) 测试点2的尺寸标注

图 1.92　测试点标记

硬化深度应根据热处理方法表示，如淬火硬化深度（SHD）、表面硬化深度（CHD），见表1.32。必要时，可与硬度数值和范围一起表示。

③ 整体热处理表示法及标记实例　热处理条件要求用文字表示，如“淬火硬化”“淬火硬化和回火”“渗碳”。不同区域有不同的要求，应在后面说明。例如，说明零件淬火硬化条件、硬度值和允许偏差，以及测试点的标记，如图1.93所示。淬火硬化和回火热处理零件的整体热处理标记如图1.94所示。

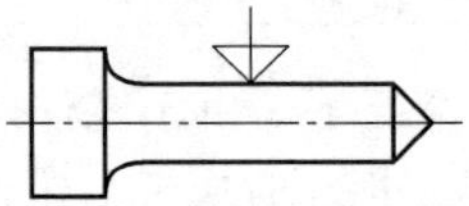

图1.93　零件整体的热处理（1）

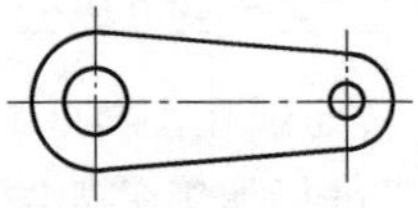

图1.94　零件整体的热处理（2）

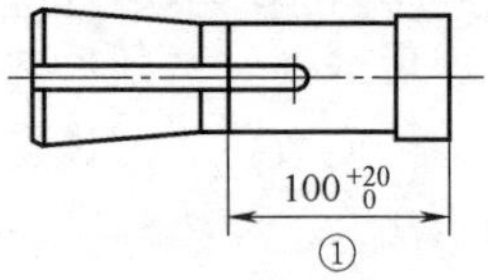

图1.95　不同区域数据变化的热处理

零件整体热处理，不同区域的数值有变化的标记。如果零件的个别区域有不同的硬度值，并且热处理的进行是根据热处理顺序（HTO），不同区域的硬度值应标记，必要时，应标记尺寸。此外应参照HTO进行热处理，其标记如图1.95所示。

④ 局部热处理表示法及标记实例　与整体热处理相比，限制局部热处理被认为需要额外费用。依据热处理方法以及待处理零件的材料、形状，决定热处理和非热处理区域之间过渡区域的大小。热处理区域的位置、具体尺寸和公差大小要适当，要与硬化车间的意见保持一致。不需要标注热处理区域时，不用标记。

零件上需要热处理的区域，用粗点画线的图形标注在零件外部轮廓上，回转体零件可以标注一条母线。必要时，用尺寸和公差表示这些区域的大小和位置。

可能热处理区域用粗虚线标记在零件外轮廓上。必要时，标注尺寸。

可能不被热处理区域是在完全硬化或局部热处理需要区域和可能区域，允许有非热处理区域，用细点画线标记。

热处理标记可以放置在图样上任何一个空白区域。局部热处理标记实例，如图 1.96 所示。

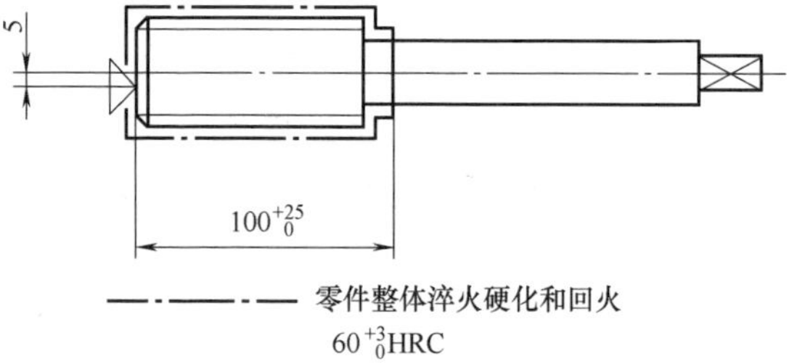

图 1.96　局部热处理

不同的表面硬化深度标记如图 1.97 所示，齿轮的齿面表面硬化，测试点的区域标记具体数值，包括表面硬度和渗碳深度。

非渗碳处理的局部硬化区域标记如图 1.98 所示，可以用适当的特征数值描述热处理条件。用粗点画线标记表面硬化区域。之外的区域不被渗碳，但要硬化（渗碳时保护起来）。因此，需要标记

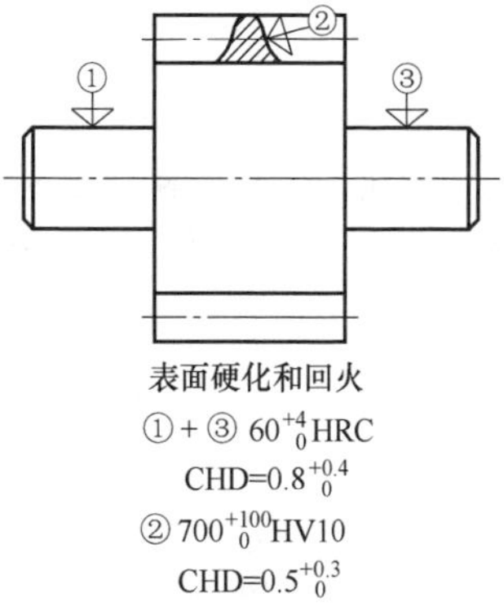

图 1.97　表面硬化的表示（1）

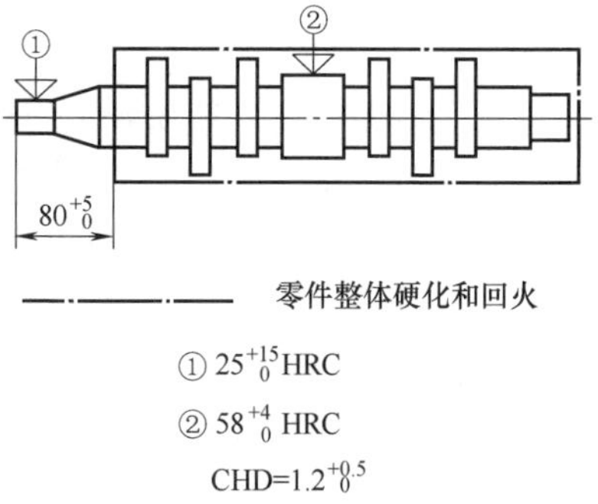

图 1.98　表面硬化的表示（2）

“零件整体硬化”的文字。

可能表面硬化的局部表面硬化标记如图 1.99 所示，粗点画线标记表面硬化区域。为了便于加工，粗虚线标记可能硬化区域。零件没有标记的区域，如图 1.99 中的孔，不进行渗碳或硬化处理。

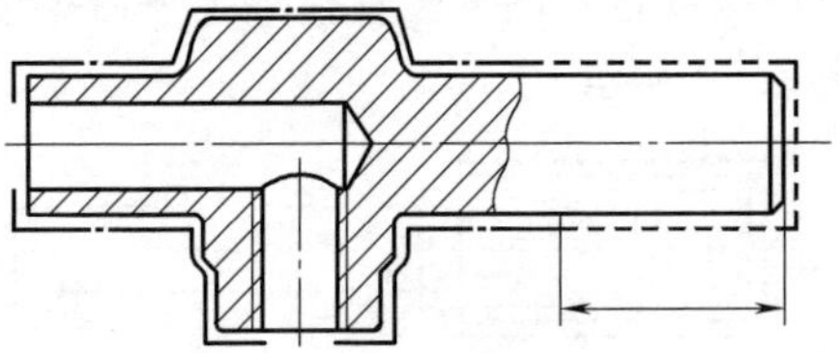

图 1.99　表面硬化的表示（3）

1.4　机械零件图样识读实例

1.4.1　零件图样识读的方法步骤

（1）看标题栏

看标题栏的目的是对零件有一个总体了解，从标题栏中可以了解到零件的名称、图号、材料、重量、图样比例等，并通过相关的图纸文件了解零件的功能和用途。

（2）看表达零件形状的一组视图

零件的形状、结构、尺寸、表面等要求一般都是通过一组视图表达的。看图时，一般先看主视图，通过形体分析法并配合其他视图，利用“三等关系”分析零件的形体组成，看懂零件的形状结构，将零件的各个形体结构进行分析，读懂其主要表面和结构。然后通过剖视图、局部视图等，将零件的内部结构、次要结构和局部结构搞清楚，还可借助线面分析法进行分析。

形体分析法：首先根据给出的组合体的几个视图相互对照，用“三等”关系、对线条、找线框的办法，初步分析出它是由哪些立体（即组成部分）组成的；然后再用“三等”关系、对线条等，将每个立体的三个投影划分出来，从中分析出每个立体的特征图并想象出它们各自的空间形状；最后分析各立体之间的组合方式和相互之间的表面连接关系，进而综合起来想象出组合体的整体空间形状。

线、面分析法：对于切割式组合体或虽是叠加式组合体但有的局部在视图上投影重合或位置倾斜不易看懂其投影等情况，不适宜用形体分析法，而适宜用线、面分析法去识图。线、面分析法是根据视图中图线和线框的投影，判断其形状和相互位置，从而想象出组合体的空间形状结构的方法。

（3）看尺寸标注

看主要表面的尺寸、形状和位置的要求，尤其是定位尺寸和配合尺寸等要求较高的尺寸，了解其他非重要的尺寸和外形尺寸，分析主要表面和次要表面的表面质量要求。

（4）进行结构工艺和技术要求分析

对于表面的热处理、表面质量、装配、密封、平衡、检验及其一些结构参数等要求，可以通过图样上的技术要求和表格进行了解。

通过这四方面的分析，基本上可以读懂零件图，然后对其进行工艺分析。

1.4.2　轴类零件的识图分析

（1）轴的作用

轴类零件是机器中最常用的一类重要零件，也是车削加工的典型零件。轴的作用是在机器中支撑传动件（如齿轮、皮带轮）、传递运动和动力、承受载荷。对于机床主轴，需要安装刀具、夹具或工件，还要保证刚度、回转精度等要求。

（2）轴的分类

轴类零件是旋转体零件，其长度大于直径。轴类零件上的表面通常有内、外圆柱面、圆锥面、螺纹、花键、键槽、径向孔、沟槽等。按轴的结构形状特点可分为光轴、阶梯轴、空心轴和异形轴（曲轴、齿轮轴、十字轴和偏心轴等）四类，如图 1.100 所示。

若按轴的长度和直径的比例来分，又可分为刚性轴（$L/d\leqslant$

12）和挠性轴或细长轴（$L/d>12$）两类。

根据轴的承载情况可分为：转轴、心轴和传动轴。转轴在工作中既承受弯矩又承受扭矩，在机器中应用最广。心轴在工作中只承受弯矩而不承受扭矩，常见的形式有转动心轴和固定心轴。传动轴在工作中主要承受扭矩而不承受弯矩或承受很小的弯矩，如汽车发动机和后桥之间的传动轴、车床中的光杠。

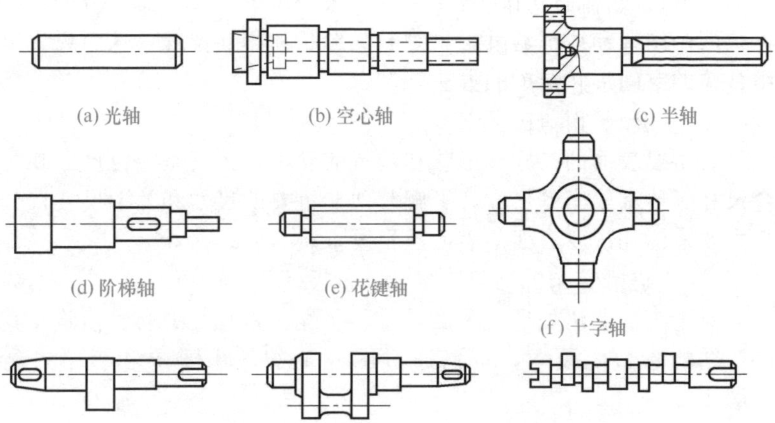

(a) 光轴 (b) 空心轴 (c) 半轴 (d) 阶梯轴 (e) 花键轴 (f) 十字轴 (g) 偏心轴 (h) 曲轴 (i) 凸轮轴

图 1.100 轴的种类

（3）轴类零件图的表达方案分析

轴类零件的主要加工方法是车削和磨削。为了便于看图和检查，轴类零件一般按轴线水平放置，按其形状特征和加工位置放置视图，一般为主视图，为了表达轴上螺纹、花键、键槽、径向孔、沟槽等结构，一般采用截面图、剖视图和局部放大图等表达，其他视图较少。

（4）尺寸标注分析

轴类零件的主要表面有安装轴承的轴颈、端面；安装轴上零件的轴颈、花键、键槽和螺纹；安装其他零件的柱面、端面和锥面；加工基准，如中心孔。这些表面的尺寸、位置和形状精度及其表面粗糙度是要求的重点，一定要重点分析，并考虑其加工。

其他次要表面，如沟槽、倒角、退刀槽和外形尺寸等，一般在半精加工时加工。

（5）技术要求分析

重点了解主要表面的热处理、尺寸、形状和位置公差、表面粗糙度的要求，其次了解其他要求。

例 1　交换齿轮轴的零件图识图分析。

1）对该零件的总体认识。

由标题栏可知，如图 1.101 所示零件图的名称是交换齿轮轴，材料是 45 钢，比例是 1∶1。该零件安装在机器的挂轮架或隔板上，用来安装交换齿轮，实现变速。

2）通过视图了解零件的结构形状。

该零件用了 1 个主视图和 2 个局部剖视图来表达，主视图采用了折断画法，2 个局部剖视图在剖截面的下方移出，故省略剖面名称。通过主视图和尺寸标注的符号 ϕ 和 M，可以看出该零件的形体为简单的圆柱体组合，轴的右端中心有一螺栓孔。通过剖视图可以看出，在剖截面处的圆柱面上开有键槽。

3）通过尺寸标注了解表面重要性。

① 主要表面分析。通常，主要表面的尺寸公差和表面粗糙度的要求较高，轴的安装表面 $\phi25_{-0.013}^{\ 0}$ 外圆及其左端轴肩面、安装齿轮的 $\phi25\pm0.0065$ 外圆和安装挡套的 $\phi20\pm0.006$ 外圆为主要表面，其公差为 IT6 级、表面粗糙度为 $Ra1.6\mu m$。对安装齿轮的 $\phi25\pm0.0065$ 外圆的形位公差要求是，对 $\phi25_{-0.013}^{\ 0}$ 和 $\phi20\pm0.006$ 两外圆轴心的跳动为 0.01mm。由工艺知识可知，这些主要表面可通过精车或磨来满足图纸要求。

② 次要表面分析。右端螺纹孔、两键槽、安装挡环的 $\phi19_{-0.30}^{\ 0}$ 圆环槽、$\phi30$ 外圆、端面和倒角等，在半精加工阶段加工完成。

③ 轴向尺寸主要以右端面为基准进行标注。径向基准为 $\phi25_{-0.013}^{\ 0}$ 和 $\phi20\pm0.006$ 两外圆的轴心线。

④ 其他。未注表面粗糙度为 $Ra6.3\mu m$，按新标准此内容放在标题栏上方。

4）通过技术要求了解其他要求。

通过图中的技术要求，可以了解主要表面的热处理性能、材料等要求。本例的未注倒角为1×45°。

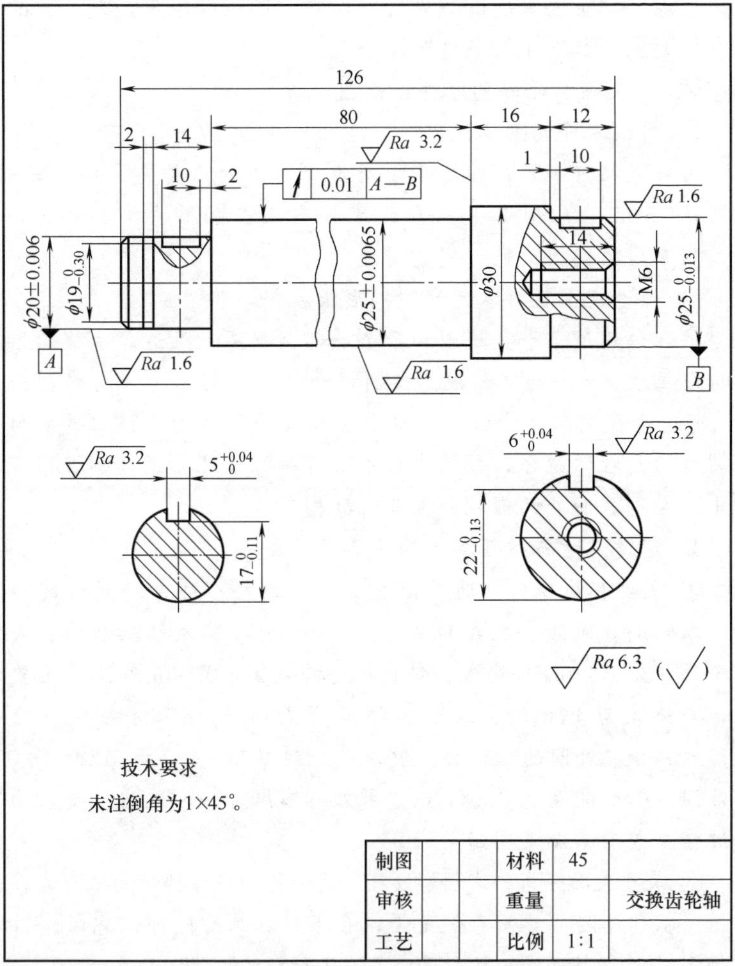

图 1.101　交换齿轮轴

例2　偏心轴零件图识图分析

1）总体分析。

如图 1.102 所示的偏心轴零件图，共由四个图形组成，分别是主视图、左视图、A—A 剖面图和移出剖面图。偏心轴的材料为 45 钢，绘图比例是 1∶2，即实物是图形的 2 倍。

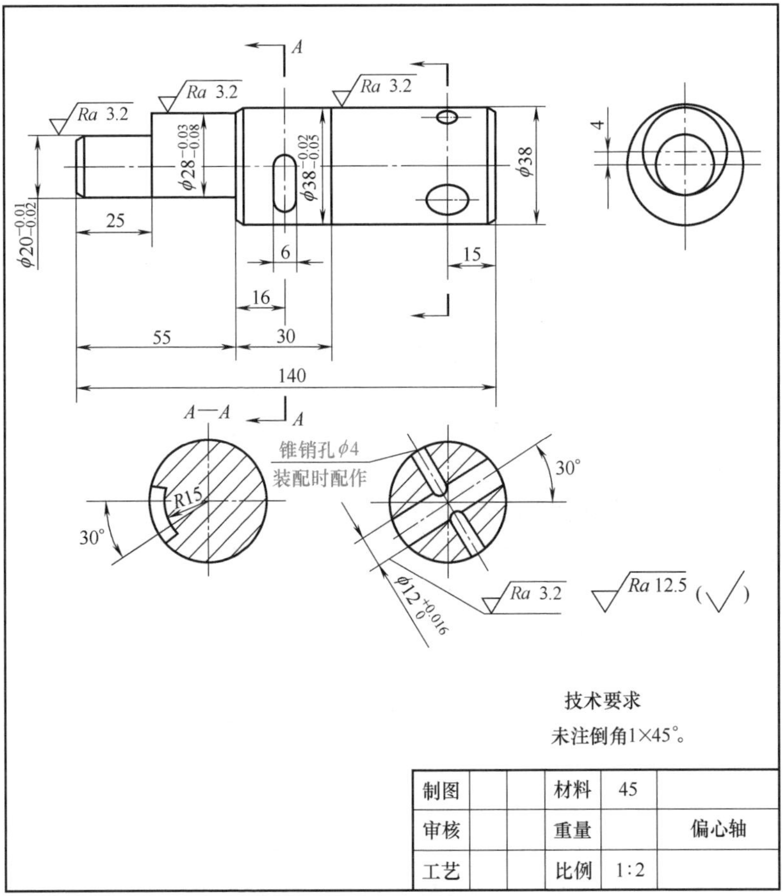

图 1.102　偏心轴零件图

2）形体结构分析。

组成偏心轴的基本形体是 4 个圆柱体，圆柱的直径尺寸分别是 $\phi 20^{-0.01}_{-0.02}$、$\phi 28^{-0.03}_{-0.08}$、$\phi 38^{-0.02}_{-0.05}$ 和 $\phi 38$，各圆柱的长度见主视图上的轴向尺寸。通过左视图可以看出 $\phi 28^{-0.03}_{-0.08}$ 外圆相对 $\phi 20^{-0.01}_{-0.02}$ 和

$\phi38_{-0.05}^{-0.02}$ 外圆的偏心距为 4mm。

通过 A—A 剖面，可以看出 $\phi38_{-0.05}^{-0.02}$ 圆柱表面上槽的结构尺寸。通过移出剖面图，可以看出 $\phi38$ 圆柱表面孔的结构尺寸。

3）表面分析。

图 1.102 中，$\phi20_{-0.02}^{-0.01}$、$\phi28_{-0.08}^{-0.03}$、$\phi38_{-0.05}^{-0.02}$ 三个外圆表面是该零件的主要表面，表面粗糙度要求均为 $Ra3.2\mu m$，可以通过车削加工满足图纸要求。

次要表面有端面、倒角、槽、径向孔等。

4）通过移出剖面，径向 $\phi12_{0}^{+0.016}$ 孔轴线与水平面夹角为 30°。锥销孔 $\phi4$ 要求在装配时加工。

5）通过 A—A 剖面，可以看出 $\phi38_{-0.05}^{-0.02}$ 圆柱表面上槽的周向结构，用 $\phi6$ 的圆柱铣刀加工出槽宽，槽的周向长度，用圆柱铣刀圆心的周向夹角 30°表示，其位置如 A—A 剖面所示，槽深用槽底表示，标注为 $R15$，即与外表面的同心圆弧槽，槽深尺寸为 4，通过铣削加工。

6）$\phi38$ 外圆的表面粗糙度要求为 $Ra12.5\mu m$（注意，不包括 $\phi38_{-0.05}^{-0.02}$ 长度为 30 的部分外圆表面粗糙度为 $Ra3.2\mu m$，该部分比 $\phi38$ 部分要求的加工精度高），端面、倒角等未标注表面粗糙度的要求均为 $Ra12.5\mu m$。

1.4.3 套类零件的识图分析

套一般是装在轴上，起轴向定位、传动或连接等作用。套类零件一般通过车削和磨削加工。

（1）结构表达

套类零件的主要结构形状是回转体，套类零件一般按形状特征和加工位置确定主视图，轴线横放，大头在左，小头在右，键槽、孔等结构可以朝前，一般画一个主视图，需要剖开表达它的内部结构形状，其他结构形状，如键槽、退刀槽、越程槽和中心孔等可以用剖视图、局部视图和局部放大图等加以补充。如图 1.103 所示尾架轴套，主视图通过全剖来表达其内部结构，局部结构通过左视图、剖面图、局部视图来表达。

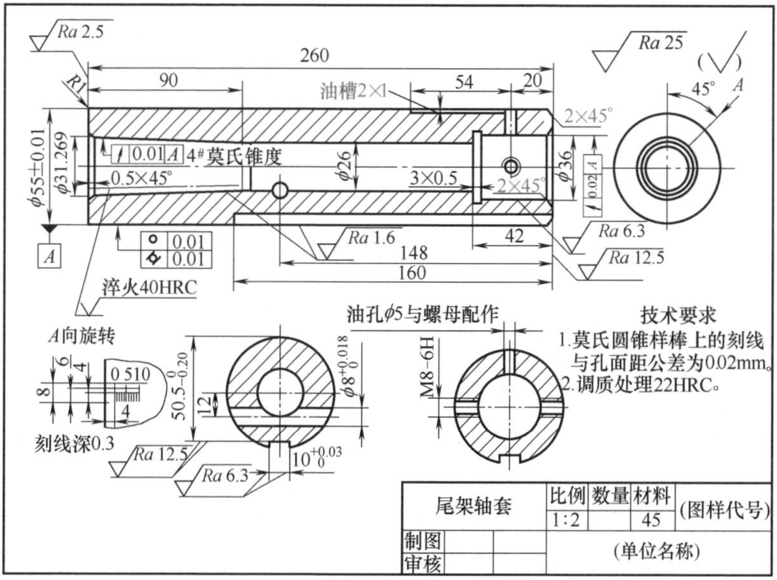

图 1.103　尾架轴套零件图

（2）尺寸标注

① 它们的宽度方向和高度方向的主要基准是回转轴线，长度方向的主要基准是端面。

② 主要外圆是同轴心的，直接标注直径尺寸。

③ 为了清晰和便于测量，在剖视图上，内外结构形状尺寸分开标注。

④ 零件上的标准结构（倒角、退刀槽、越程槽、键槽）较多，应按该结构标准的尺寸标注。

⑤ 未注表面粗糙度 $Ra\,25\mu m$。

（3）技术要求

① 有配合要求的表面，其表面粗糙度参数值较小，如图 1.103 中的套的外圆表面 $Ra\,1.6\mu m$（在尾座孔中移动），套的左端莫氏锥孔粗糙度为 $Ra\,1.6\mu m$（安装夹具或刀具）。无配合要求表面的表面粗糙度值较大。

② 有配合要求的轴颈尺寸公差等级要求较高、公差较小，如

套的外圆 $\phi55\pm0.01$，无配合要求的轴颈尺寸公差等级要求较低或不需标注。

③ 有配合要求的轴颈和重要的端面应有形位公差的要求，如套的外圆圆度和圆柱度要求为 0.01mm，套的左端莫氏锥孔对外圆轴线的跳动要求为 0.01mm。

④ 文字形式的技术要求。第 1 条规定了套的左端莫氏锥孔接触情况的检测要求，第 2 条是对材料的热处理的要求。

⑤ 套的左端莫氏锥孔热处理部位的要求，见图中引出的标注。

1.4.4 轮盘类零件的识图分析

轮盘类零件包括手轮、带轮、端盖、盘座等。轮一般用来传递运动和扭矩，盘主要起支承、轴向定位以及密封等作用。轮盘类零件的材料一般为铸铁。

（1）轮盘类零件的表达特点（见图 1.104）

① 轮盘类零件有一个轴线，一般在车床上加工，应按形状特征和加工位置选择主视图，轴线横放；对有些不以车床加工为主的

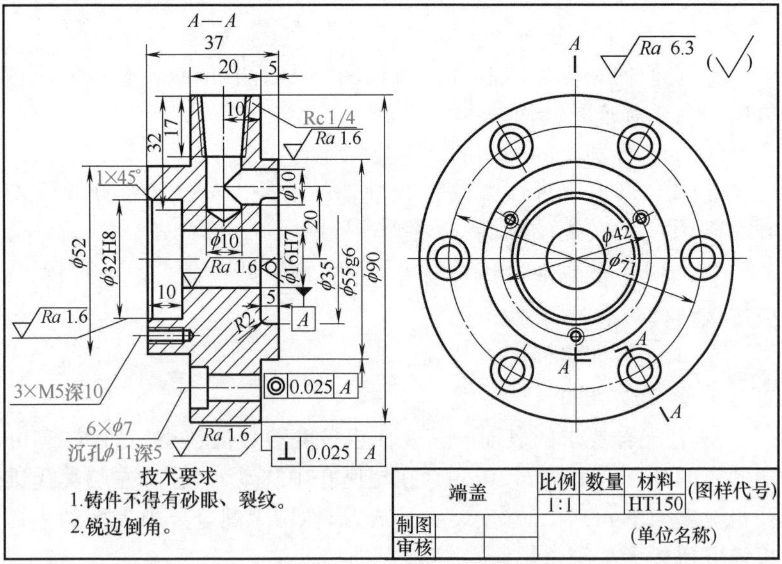

图 1.104 端盖零件图

零件可按形状特征和工作位置确定。

② 如图 1.104 所示轮盘类零件，采用了两个视图。

③ 轮盘类零件的其他结构形状，如轮辐，一般用移出剖面或重合剖面或截面图表示。

④ 根据轮盘类零件空心结构的特点，各个视图具有对称平面时，可作半剖视；无对称平面时，可作全剖视。

（2）轮盘的尺寸结构分析

① 回转轴线是轮盘类零件所有径向尺寸的基准，宽度方向的尺寸一般以主视图的右端面为基准，右视图的基准是回转中心。

② 定形尺寸和定位尺寸都比较明显。主视图将零件的形状表达得很清楚，ϕ90 大盘、左凸台 ϕ52、右凸台 ϕ55，同心的 3 个孔为左 ϕ32 深度 10、中 ϕ10 通、右 ϕ35 深度 5（铸出）。定位的有：大盘 ϕ71 圆周上均布孔 6×ϕ7、沉孔 ϕ11 深 5；在左凸台端面 ϕ42 圆周上均布螺孔 3×M5 深 10；在 ϕ90 大盘柱面径向有一个管螺纹孔 Rc1/4，深度 17，对中，中心距右端面 15，该螺纹底孔 ϕ10，深度 32，轴向油孔 ϕ10 距回转中心 20 并与螺纹底孔连通。

（3）技术要求

① 主要表面及尺寸公差：大盘右端面，孔 ϕ16H7 是基准 A，外圆 ϕ55g6；较重要的孔 ϕ32H8；其他为次要表面。

② 几何公差要求：大盘右端面与回转中心线（基准 A）的垂直度要求 0.025mm，外圆 ϕ55g6 对孔 ϕ16H7 的基准 A 同轴度要求 0.025mm。

③ 表面粗糙度要求：大盘右端面、孔 ϕ16H7、外圆 ϕ55g6 的粗糙度均为 Ra1.6μm；其余的加工表面的粗糙度为 Ra6.3μm。

④ 文字形式的技术要求：铸件不得有砂眼、裂纹；锐边倒角。

1.5　机械装配图识读

装配图是表示产品及其组成部分的连接、装配关系及其技术要求的图样。表示一台机器设备的装配图称为总装配图。表示部件的装配图称为部件装配图。装配图还可以表示组件、合件、装配单元等装配关系。

在产品设计中，一般是先绘制出机器设备各组成部分的外形、尺寸和位置关系，根据组成部分（如部件、机构或装置）的工作原理，在逐步结构化的基础上绘制其装配图，然后根据其装配关系和装配工艺拆分装配单元，逐步形成组件、合件、零件，分别绘制其专用部分的装配图和零件图（通用或标准的零、部件选用）。

1.5.1 装配图的识读内容

装配图是生产组织中的重要技术文件，是机器、部件或组件进行装配和检验的技术依据。如图 1.105 所示是一个滑动轴承的装配图。在装配图中，主要通过视图、尺寸标注、技术要求、标题栏和明细表来表达机器或部件的功能、性能和装配关系等技术要求。

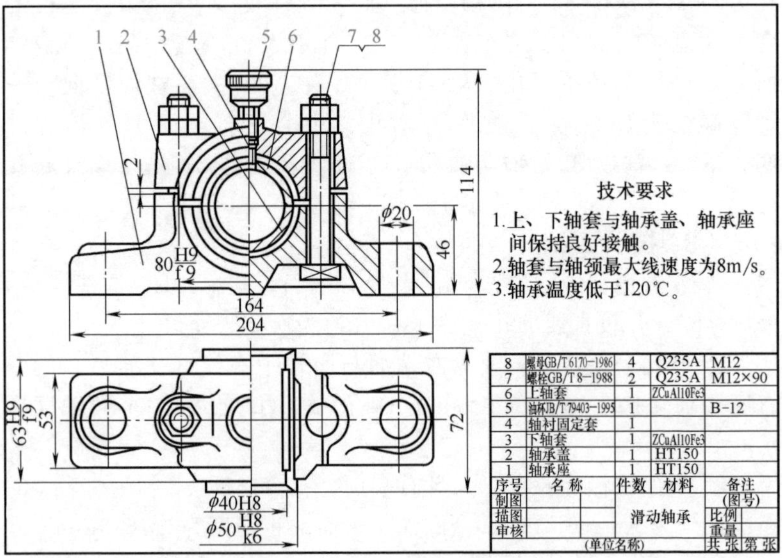

图 1.105 滑动轴承装配图

（1）表达机器结构组成的一组视图

这一组视图主要表达机器或部件的组成结构、工作原理、零件间的相互位置、装配关系和相互运动关系、主要零件的结构形状等。

（2）尺寸标注

装配图上的尺寸标注主要表达机器或部件的规格、安装、外形、配合和连接等尺寸。

（3）技术要求

装配图中提出的机器或部件的质量、装配、检验、调整和使用等应满足的条件、要求和注意事项，可以在视图中表达，也可以用文字、表格等形式表达。

（4）零部件序号、明细表和标题栏

为了便于读装配图和组织零件生产，装配图中对不同的零部件进行编写序号，并在明细表中填写各零部件的名称、数量、材料、标准或零件编号以及备注内容。标题栏用来反映机器或部件的名称、规格、图纸编号、设计、制图和审核人员的签字等内容。

1.5.2　装配图的常用画法

（1）装配图的画法

在表示机器或部件时，国家标准《机械制图》中对绘制装配图提出了规定画法、简化画法和特殊画法，并且这三种画法在同一视图中均可运用。

1）规定画法

① 在同一装配图的剖视图中，同一零件的剖面线方向应相同，间隔应相等，相邻两个零件的剖面线的倾斜方向应相反，或相邻两个零件的剖面线的倾斜方向相同、间隔不等，如图 1.106 所示。当三个或三个以上零件相接触时，除应用剖面线方向不同外，也可改变第三个零件剖面线的间隔，或者与同方向的剖面线错开。

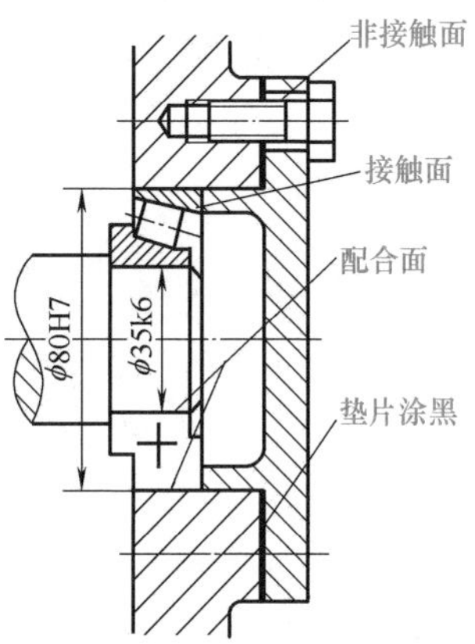

图 1.106　轴承的画法

② 两个零件的接触表面或基本尺寸相同的配合面，只画一条轮廓线。当两零件的基本尺寸不同时，即使间隙很小，仍应画成两条线，

如图 1.106 中轴承端盖上的螺栓连接孔与螺栓的间隙。

③ 在装配图中，若剖切平面通过标准件（螺栓、螺母、垫圈、键、销等）和一些实心杆件，如轴、连杆、手柄、球、吊钩等的对称面或轴线时，在纵向剖切面中，这些零件均应按不剖绘制。当这类零件局部结构和有装配关系需要表达时，可采用局部剖视，如图 1.106 所示。若为横向剖切，即剖切平面垂直其轴线或对称平面，则仍按剖切处理。

④ 装配图中的滚动轴承，若需剖视，可按图 1.106 所示的简化画法，允许画出对称图形的一半，另一半画出其轮廓，并用粗实线十字形符号表示。

2）简化画法

① 装配图中零件的工艺结构，如小圆角、小倒角、退刀槽等允许不画。

② 当剖面厚度小于 2mm 时，允许将剖面涂黑代替剖面线，如图 1.106 中的垫片。

③ 当剖切平面通过某些部件（这些部件为标准产品或已由其他图形表达清楚）的对称中心线或轴线时，该部分可按不剖绘制，如图 1.105 中的油杯。

④ 装配图中，螺母和螺栓等允许采用简化画法。对若干相同的零件组（如螺纹连接件等），在不影响理解的前提下，允许只画一处，其余用点画线表示其中心位置，如图 1.106 中的轴承端盖连接螺钉的中心线。

3）特殊画法

① 拆卸画法。当某一个或几个零件在装配图中遮住了所要表达的装配关系或零件时，可假想将其拆去，只画出所要表达部分的视图，采用此法时，在该视图上方注明“拆去××零件等”字样。

② 沿结合面剖切画法。为了表示装配体的内部结构，可沿某些零件的结合面剖切，如图 1.107 所示左视图是沿泵体和左泵盖的结合面剖切后画的半剖视图。

③ 夸大画法。在画装配图时，有时会遇到薄片零件、细丝零件、微小的间隙、较小的斜度和锥度等，允许该部分不按比例夸大画出。

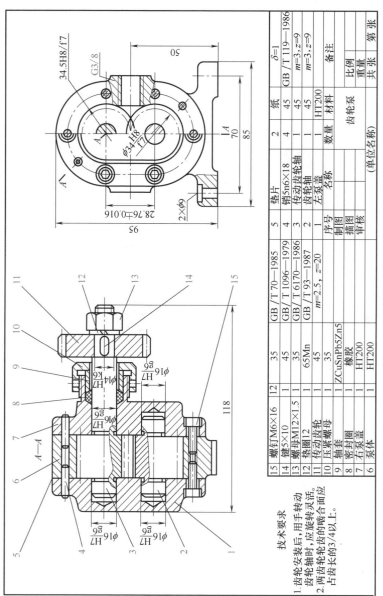

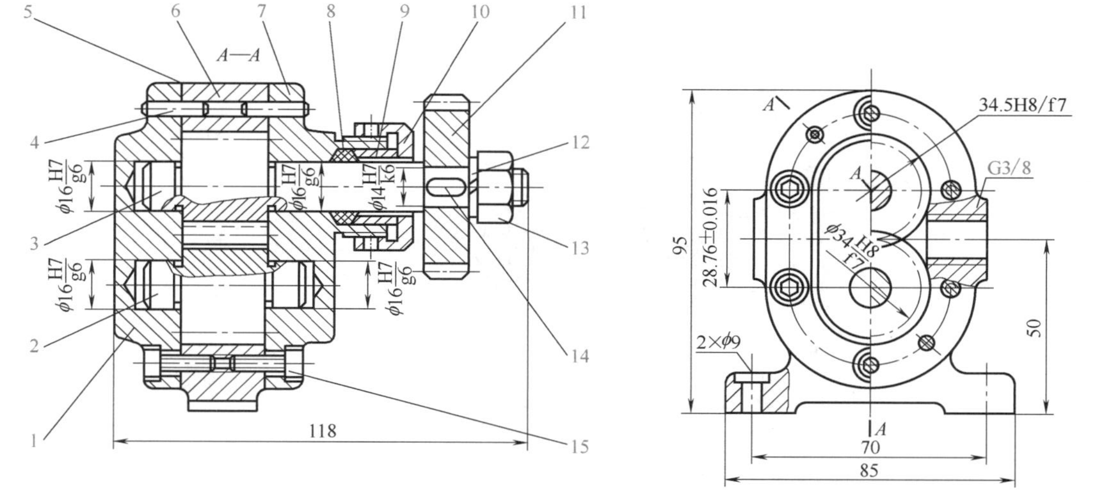

技术要求

1. 齿轮安装后，用手转动齿轮轴时，应旋转灵活。
2. 两齿轮轮齿的啮合面应占齿长的3/4以上。

15	螺钉M6×16	12	35	GB /T 70—1985	5	垫片	2	纸	δ=1
14	键5×10	1	45	GB/ T 1096—1979	4	销5n6×18	4	45	GB /T 119—1986
13	螺母M12×1.5	1	35	GB/ T 6170—1986	3	传动齿轮轴	1	45	m=3，z=9
12	垫圈12	1	65Mn	GB /T 93—1987	2	齿轮轴	1	45	m=3，z=9
11	传动齿轮	1	45	m=2.5，z=20	1	左泵盖	1	HT200	
10	压紧螺母	1	35		序号	名称	数量	材料	备注
9	轴套	1	ZCuSnPb5Zn5		制图		齿轮泵		
8	密封圈	1	橡胶		描图			比例	
7	右泵盖	1	HT200		审核			重量	
6	泵体	1	HT200		(单位名称)			共 张	第 张

图 1.107　齿轮泵装配图

④ 展开画法。为表示传动机构的传动路线和装配关系，假想按传动路线沿各轴线剖切，然后依次展开至与选定的投影面平行的平面上，画出剖视图，如图 1.108 所示为挂轮架的展开画法。

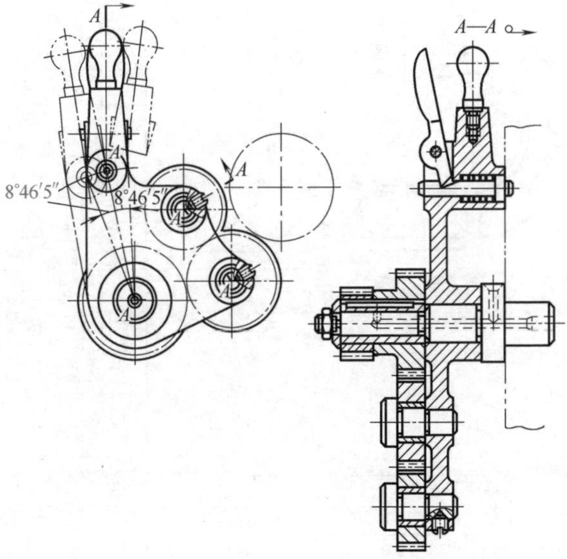

图 1.108　挂轮架

⑤ 单独表示某个零件的装配图，当某个零件的形状未表达清楚而又对理解装配关系有影响时，可另外单独画出该零件的某一视图。

⑥ 假想画法。为了表示运动零件的运动范围和极限位置，可先在一个极限位置上画出该零件，再在另一个极限位置上用双点画线画出轮廓。如图 1.109 中车床尾座锁紧手柄的运动范围。

为表示与本部件有装配关系但又不属于本部件的其他相邻零部件时，可用双点画线画出相邻部件或零件的轮廓，如图 1.109 中与车床尾座相邻的床身导轨就是用双点画线表示的。

（2）装配图的视图布置

1）表达机器或部件的基本要求　装配图应清晰地表达机器或

部件的工作原理、装配关系、主要零件的基本结构及所属零件的相对位置、连接方式和运动情况，而表达每个零件的形状不是重点。选择装配图的表达方案时，应围绕上述要求，力求绘图简便。

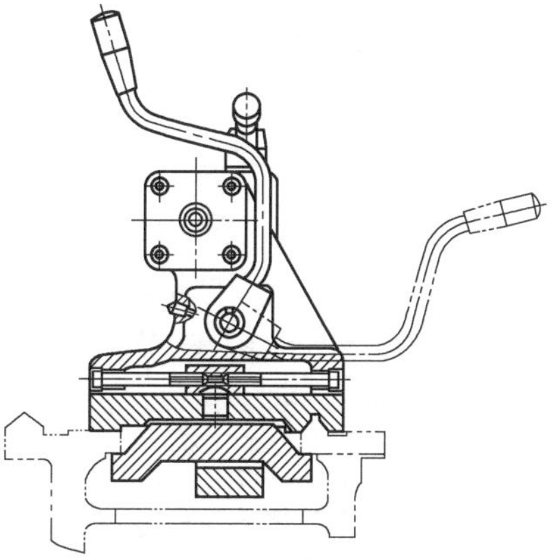

图 1.109　车床尾座

2）装配图的视图选择原则

① 主视图的选择。绘制主视图时，一般将机器或部件按工作位置放置，并从最能反映机器或部件的工作原理、装配关系和结构特点的方向进行投影，沿其主要装配干线进行剖切画主视图。

② 其他视图的选择。主视图确定后，对尚未表达清楚的内容，要选择其他视图予以补充完善。选择其他视图时应考虑以下要求：a. 优先选用基本视图并适当剖视；b. 每一视图都要有明确的目的和表达重点，应避免对同一内容重复表达；c. 视图的数量要依据机器或部件的复杂程度而定，在表达完整、清楚的基础上力求简略方便。

3）装配图视图布置分析　以图 1.107 所示的齿轮泵装配图为例，主视图按工作位置轴线水平横放绘制，用全剖视表达了输入轴和输出轴上零件间的装配关系。只用主视图不可能把部件的全部特征清楚地表达出来。主视图确定后，分析哪些内容尚未表达清楚，针对具体情况，选择其他视图。确定其他视图时，力求使每个视图都有明确的表达重点，同时应避免重复。齿轮泵选择了左视图，采用了沿泵体和左泵盖结合面剖切画法，画出了半剖视图，表达了齿轮泵的工作原理、泵体、泵盖的外形和吸油口的结构。

为了反映泵腔内齿轮泵的增压原理，可附加图 1.110 所示的齿轮泵工作原理。当主动轴转动时，在齿轮啮合区的前侧形成低压

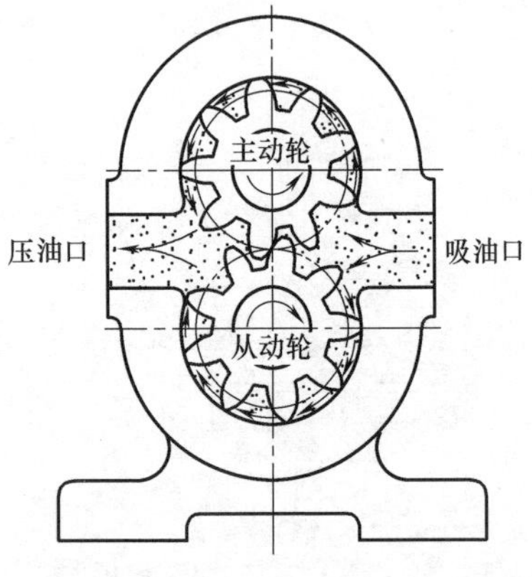

图 1.110 齿轮泵的工作原理

区，而产生真空，将油从吸油口吸入，随着齿轮的转动，泵腔内油压增加形成高压区，从而将油经压油口压出，供油路使用。

(3) 装配图的技术要求

1) 尺寸及装配精度　根据装配图的作用，在装配图上需要标注的尺寸类型有规格尺寸、装配尺寸、外形尺寸、安装尺寸和其他尺寸。

① 规格尺寸是表示机器或部件大小规格的尺寸。它是设计和使用该机器或部件的主要依据。

② 装配尺寸是用来保证部件的工作精度和性能要求的尺寸，主要包括配合尺寸和相对位置尺寸两种。

配合尺寸是表示零件间配合性质的尺寸，如图 1.107 齿轮泵装配图中传动齿轮轴与泵盖孔的配合尺寸 $\phi 16\ \frac{H7}{g6}$。必要时，应表示表面之间的接触精度要求。

相对位置尺寸是表示装配时需要保证的主要零件之间相对位置的尺寸，以免影响机器的工作性能。如图 1.107 中齿轮轴 2 与传动齿轮轴 3 之间的相对位置尺寸 28.76 ± 0.016。

③ 外形尺寸是表示机器或部件总体的长、宽、高的尺寸。它是包装、运输、安装和厂房设计时的依据。若机器或部件中有运动零件，则应将该零件的运动范围的极限位置尺寸考虑在内。如图 1.107 中的总长 118、总宽 85、总高 95 均是外形尺寸。

④ 安装尺寸是表示机器或部件安装在地基上或与其他机器或部件连接时所需要的尺寸，如图 1.107 中 70、$2 \times \phi 9$。

⑤ 其他尺寸。不属于上述尺寸又需要在设计和装配中保证的尺寸。

2）其他技术要求　在装配图上的技术要求，主要包括在视图上标注的零件间的尺寸公差配合、零件间的位置公差要求，以及用文字和表格的形式写在图纸空白处的其他要求，也可另编技术文献以附件的形式提出要求，其主要表达的内容如下：

① 有关产品性能、安装、使用、维护等方面的要求。

② 有关试验和检验的方法及要求。

③ 有关装配时的加工、密封和润滑等方面的要求等。

（4）装配图中的序号和明细表

为了便于看图和图样管理，在装配图中需对所有的零、部件进行编号，并填写明细栏。

1）零、部件序号及编排方法

① 零件序号应注写在视图轮廓线外面，在被编号的零、部件的可见轮廓内画一小圆点，由此画出指引线，在指引线末端横线上或圆内注写序号，也可将序号注写在指引线端点附近。指引线、横线或圆均用细实线绘制，如图 1.111 所示。

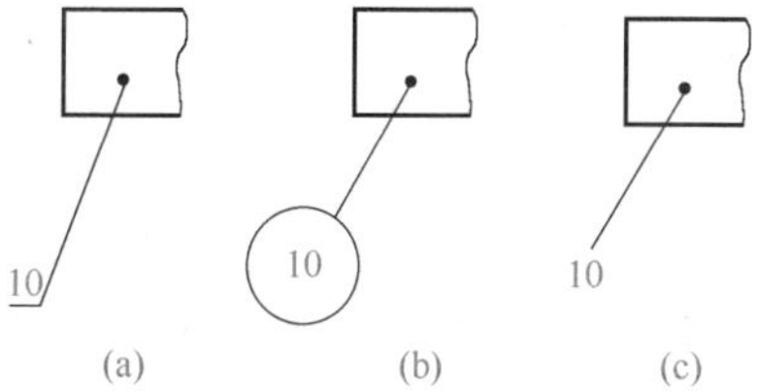

图 1.111　序号编写的三种形式

若所指部分为很薄的零件或涂黑的剖面而不宜画圆点时，可在指引线的末端画一箭头指向该部分轮廓，如图 1.112 所示。

② 指引线应尽可能均匀分布，彼此不能相交。当指引线通过有剖面线的区域时，不能与剖面线平行，如图 1.112 所示，必要时指引线可画成折线，但只可曲折一次，如图 1.113 所示。

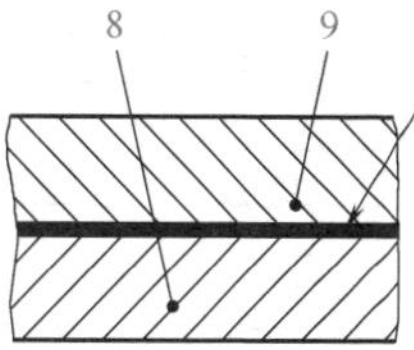

图 1.112　涂黑部分指引方法

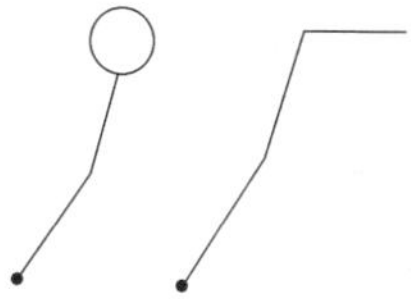
图 1.113　指引线可曲折一次

③ 序号字体高度有两种：若注写在横线上或圆内时，字高比该装配图中尺寸标注数字高度大一号或两号；若要注在指引线附近时，字高比尺寸标注数字大两号。同一张装配图中编注序号形式要一致。

④ 相同的零部件只编写一个序号，只标注一次。对于标准部件如滚动轴承、油杯等，可看成一个整体只编注一个序号。

⑤ 同一组紧固件以及装配关系清楚的零件组，可采用公共指引线的形式，如图 1.114 所示。

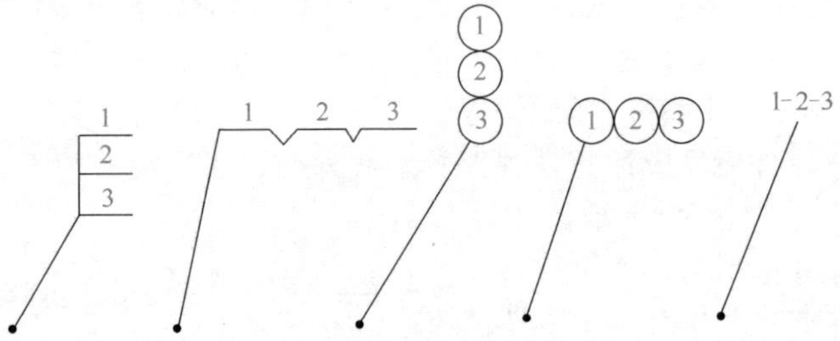

图 1.114　公共指引线编号

⑥ 编写序号时，为了使全图布置美观整齐，编写序号要沿水平或铅垂方向按顺时针或逆时针次序排列整齐，若在整个图上无法连续时，可在水平或垂直方向顺序排列。

2）明细栏　明细栏一般配置在装配图中的标题栏上方，按由下至上的顺序填写，明细栏的格式如图 1.115 所示。

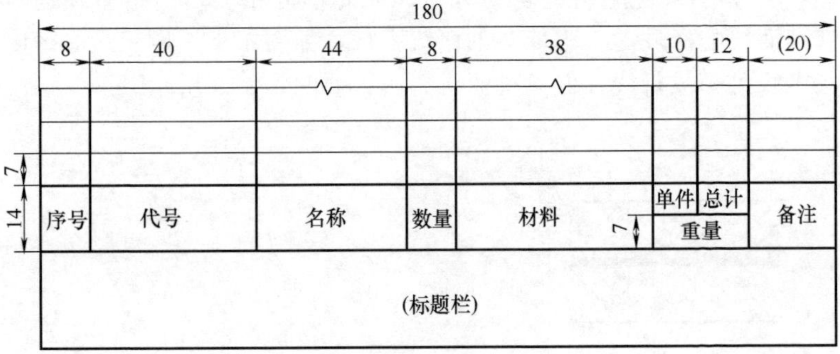

图 1.115　明细栏

装配图的明细栏接在标题栏的上方，其侧边为粗实线，其余为细实线。填写明细栏时按零件序号自下而上依次书写，不得间断或交错。零件的代号只对专用零件进行编写，一种机器上同样的零件只有一个代号（不同部件上的相同零件代号相同）。当明细栏不能向上延伸时，可在标题栏左方再画一组。

在实际生产中，明细栏可不画在装配图内，按 A4 幅面作为装配图的续页单独绘出，编写顺序是从上而下，可连续加页，但在明细栏下方应设置与装配图完全一致的标题栏。

1.5.3 焊接件图样

（1）焊接件的特点

在机械制造中，以焊代铸、以焊代锻的焊接件越来越多，这是因为焊接件制造速度较快，相对于同样的铸锻件重量较轻，成本较低等。但焊接件容易残存内应力和出现残留变形，会影响零件乃至机器的使用性能和工作寿命，所以对消除内应力的热处理要求比较严格。

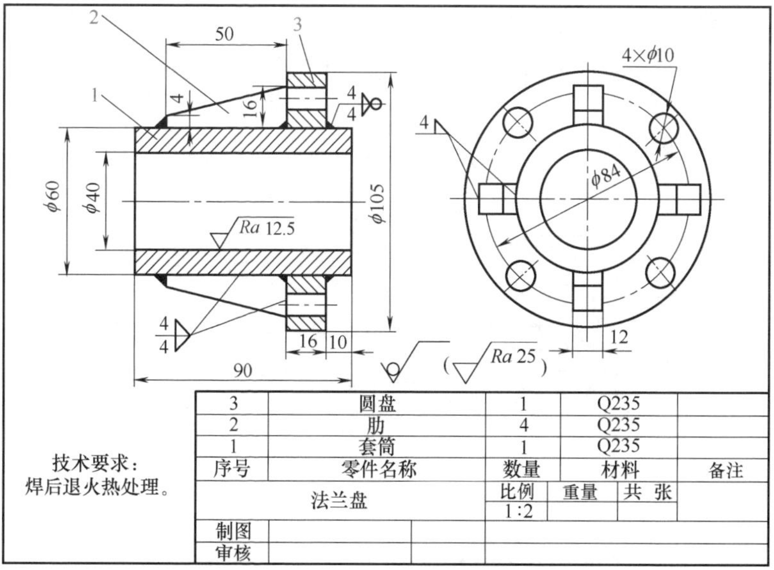

技术要求：
焊后退火热处理。

3	圆盘	1	Q235	
2	肋	4	Q235	
1	套筒	1	Q235	
序号	零件名称	数量	材料	备注
法兰盘		比例	重量	共 张
		1:2		
制图				
审核				

图 1.116　法兰盘（焊接件）

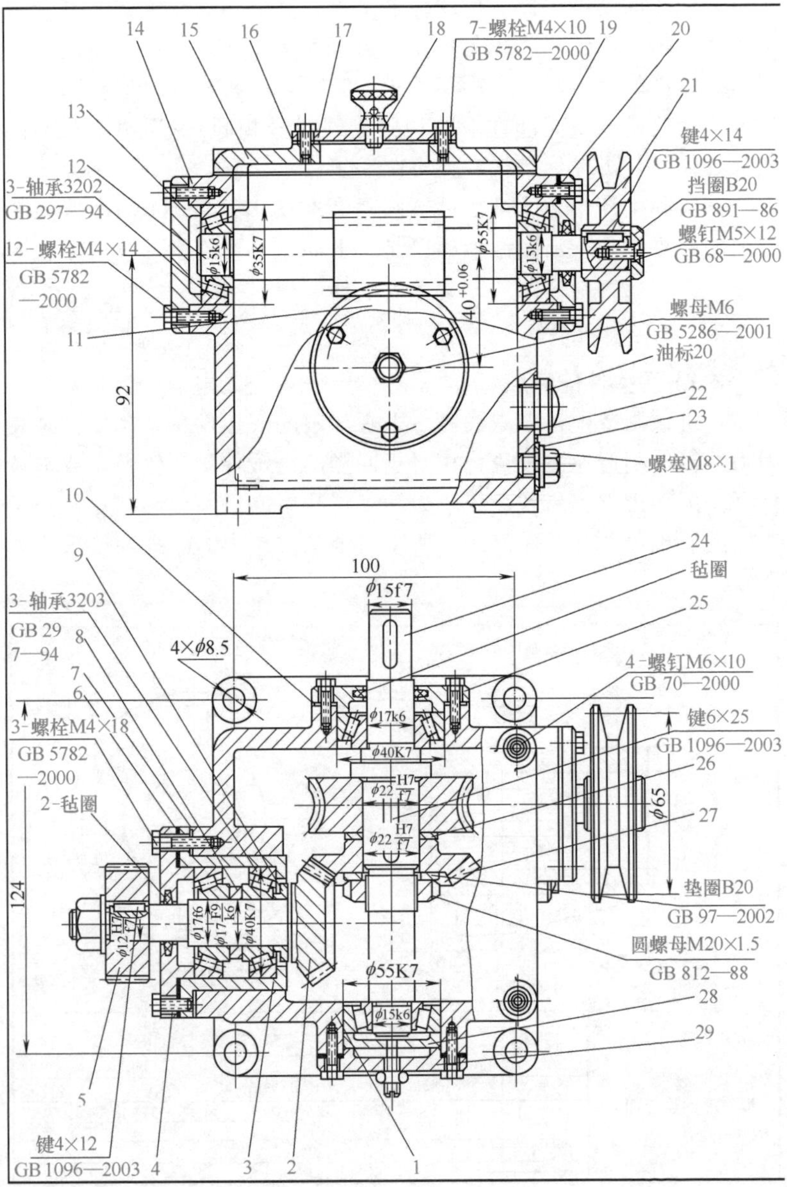
14
15
16
17
18
7-螺栓M4×10
GB 5782—2000
19
20
21
13
键4×14
GB 1096—2003
12
3-轴承3202
GB 297—94
挡圈B20
GB 891—86
螺钉M5×12
GB 68—2000
12-螺栓M4×14
GB 5782
—2000
ϕ15k6
ϕ35K7
ϕ55K7
40+0.06
螺母M6
GB 5286—2001
11
油标20
92
22
23
螺塞M8×1
10
24
100
毡圈
ϕ15f7
9
25
3-轴承3203
GB 29
7—94
8
4×ϕ8.5
4-螺钉M6×10
GB 70—2000
7
6
ϕ17k6
键6×25
3-螺栓M4×18
GB 1096—2003
GB 5782
—2000
ϕ40K7
26
2-毡圈
ϕ65
27
124
垫圈B20
GB 97—2002
圆螺母M20×1.5
GB 812—88
ϕ55K7
28
ϕ15k6
29
5
键4×12
GB 1096—2003
4
3
2
1

图 1.117 减速

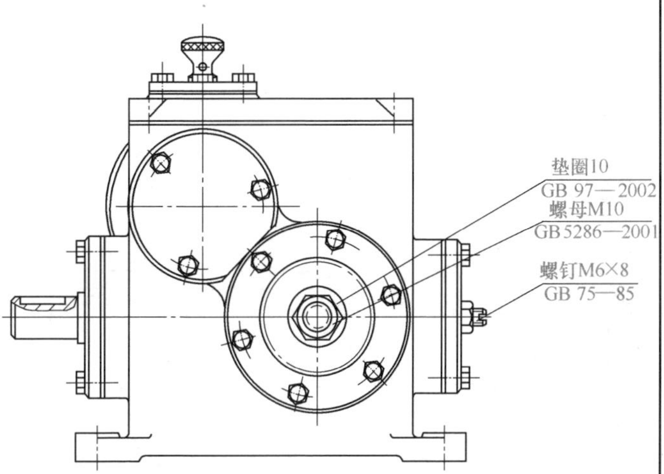

技术要求

1.装配后须转动灵活，各密封处不得有漏油现象。
2.空载试验时，油池温度不得超过35℃，轴承温度不得超过40℃。

					12	蜗杆轴	1	45	m=2，z=1
29	轴承盖	1	HT150		11	蜗轮	1	QAl9-4	m=2，z=27
28	压盖	1	Q235		10	垫片	1	纸	δ=1mm
27	圆锥齿轮	1	45	m=2，z=30	9	挡圈	1	45	
26	调整垫片	1	45		8	套圈	1	Q235	
25	轴承盖	1	HT150		7	垫片	1	纸	δ=1mm
24	蜗轮轴	1	45		6	垫片	1	纸	δ=1mm
23	衬垫	1	聚氯乙烯		5	齿轮	1	45	m=1，z=40
22	衬垫	1	聚氯乙烯		4	轴承盖	1	HT150	
21	带轮	1	HT150		3	轴承套	1	Q235	
20	轴承盖	1	HT150		2	圆锥齿轮轴	1	45	m=2 z=21
19	垫片	1	纸	δ=1mm	1	箱体	1	HT200	
18	手把	1	Q235		序号	名称	数量	材料	备注
17	加油孔盖	1	Q235		减速器		比例	1:1	
16	垫片	1	纸	δ=1mm			件数		
15	箱盖	1	HT200		制图		重量		共 张　第 张
14	垫片	3	纸	δ=1mm	描图				
13	轴承盖	1	HT150		审核				

器装配图

表 1.33　常用焊接符号表示法及标注

名称	符号	焊缝示意及尺寸符号	图示	标注示例	说明
卷边焊缝（卷边完全熔化）	八	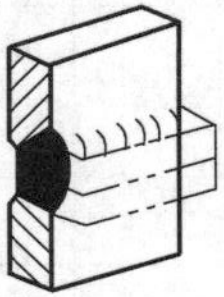	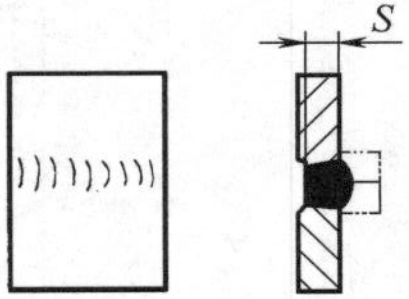	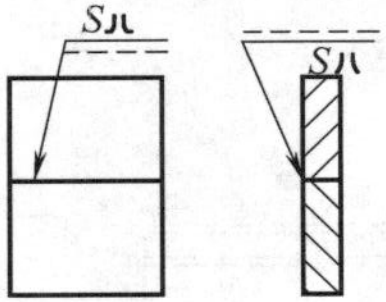	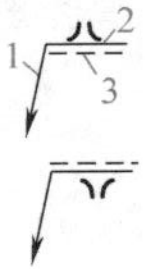 表示焊缝在接头的箭头侧 1—箭头线 2—基准线（实线） 3—基准线（虚线）
I 形焊缝	‖	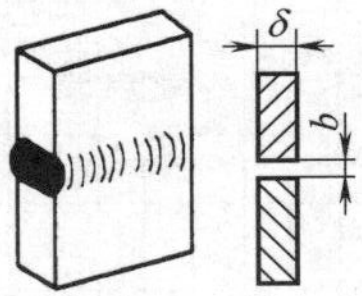	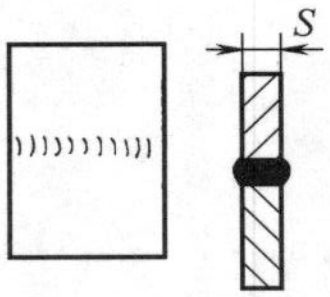	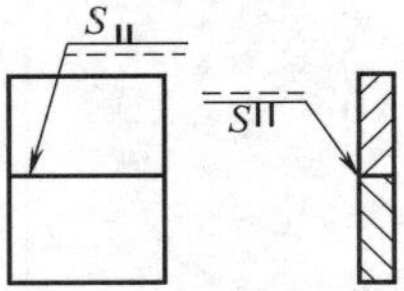	 表示焊缝在接头的非箭头侧
V 形焊缝	V	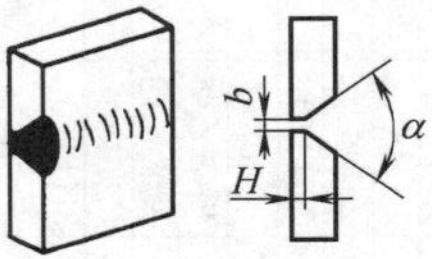	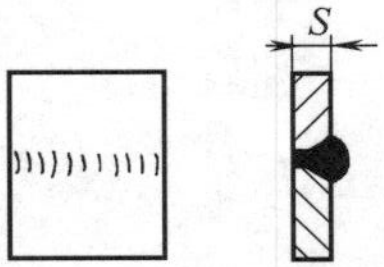	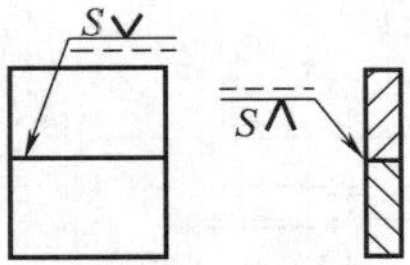	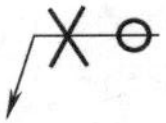 表示双面对焊缝
单边 V 形焊缝	V	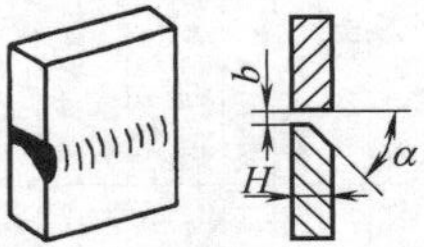	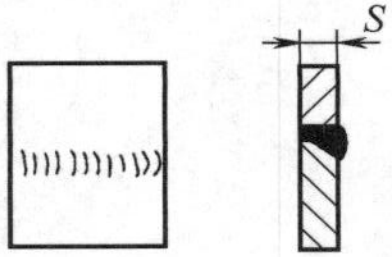	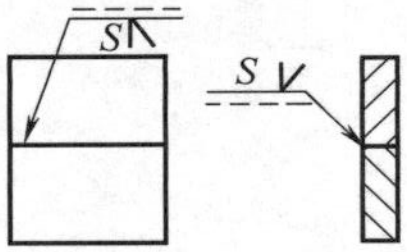	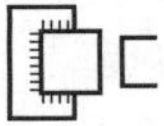 表示工件三面有焊缝

续表

名称	符号	焊缝示意及尺寸符号	图示	标注示例	说明
带钝边 V 形焊缝	Y	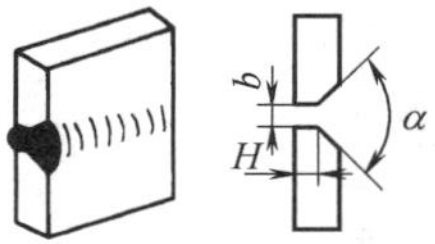	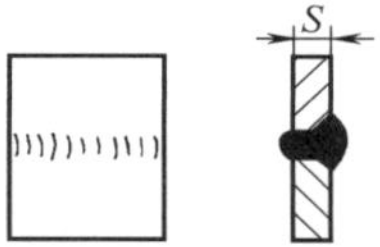	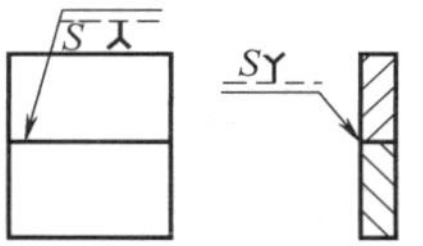	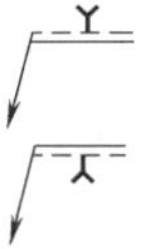 表示焊缝在接头的非箭头侧
角焊缝	⊿	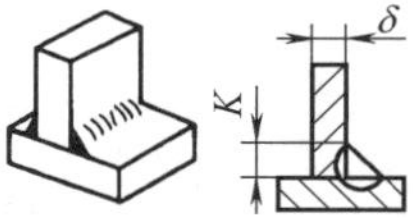	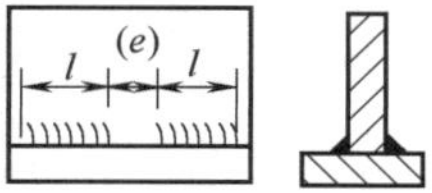	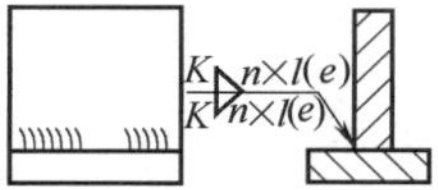	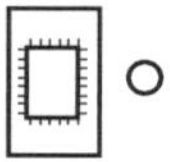 表示工件周围有焊缝
点焊缝	○	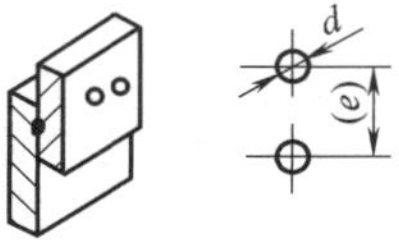		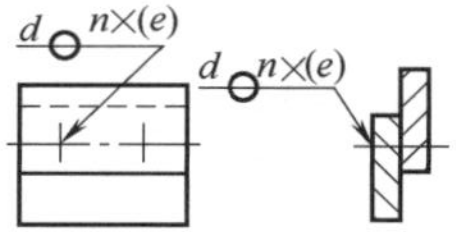	 表示在工地或现场进行焊接

(2) 焊接件图样的内容

焊接件图样与非焊接件图样的内容基本相同，但由于增加焊接工艺，故需要比非焊接件图样增加三个内容：焊缝要用规定画法表达，焊接工艺要求要用规定代号标注，且每条焊缝只在能明显表达的视图中标注一次；其他焊接工艺要求在技术要求中写出；构成焊接件的每个构件的编号可用序号标出，列明细表写出各构件的名称、规格、材料和数量。图 1.116 是法兰盘焊接图样。

(3) 焊接件焊缝表示

在机械图样中，无论焊接件焊缝的截面形状及坡口等情况如何，一般可以按接触面的投影画成一条轮廓线（不画出焊缝），然后按 GB/T 324—2008 规定的焊缝符号标注，表示焊缝，见表 1.33 中的“标注示例”。

当图样中需要简易地绘制焊缝时，可根据 GB/T 12212—1990 中规定的图示法表示，在视图、剖视图、断面图或轴测图中示意地表示，见表 1.33 中的“图示”。

一般情况下，同一张图样中，只允许一种表示方法，如果采用两种方法，都应标注焊接符号。常用的焊缝符号表示法及标注见表 1.33。

1.5.4 机器部件的表达形式实例分析

了解装配图样的表达方法和一般原则，有助于识读装配图。要正确、完整、清晰地表达机器、部件，就要合理地选择视图和各种表达方法。

(1) 减速箱（器）的表达分析

减速箱的装配图如图 1.117 所示。减速箱是一种减速机器，作为部件用来满足工作机器的速度和动力的要求。装配图中应重点表达其工作（或安装）位置、工作原理、组成零件及其装配关系和要求等。

1）工作位置　为了反映减速箱的工作位置，在选择视图表达方案时，在主视图和其他视图中都应该有所体现。在图 1.117 的三个视图中，主视图和俯视图反映出减速箱的安装位置，如底面为安装面，主视图、俯视图和左视图反映出减速箱用四个螺栓安装在工作机器或基准板上。

2）工作原理和组成零件的装配关系　在主视图中，表达了蜗杆、蜗轮减速传动原理，蜗杆、蜗轮的啮合情况，并用局部剖视表达出蜗杆轴上各零件间的装配关系和蜗杆轴在箱体中的装配关系，此外用局部剖视还表示出油标、螺塞、加油盖等的结构以及与箱体的连接情况。在俯视图中，将圆锥齿轮的啮合传动关系、齿轮啮合位置调整结构、圆锥齿轮轴和蜗轮轴在箱体中的装配关系，以及各轴上零件的装配关系以剖视图的形式表达出来，同时将箱体的外形和4个安装螺栓孔、箱盖的装配位置等也表达出来。

3）其他　外形结构尺寸、其他零件的装配关系在左视图中进行表达。专用零件用序号引出，标准件以标注的形式表达，并用标题栏、明细表详细列出，其他要求以文字形式在技术要求中提出。

（2）尾架的表达分析

图1.118、图1.119所示的尾架是CA 6140车床上的一个部

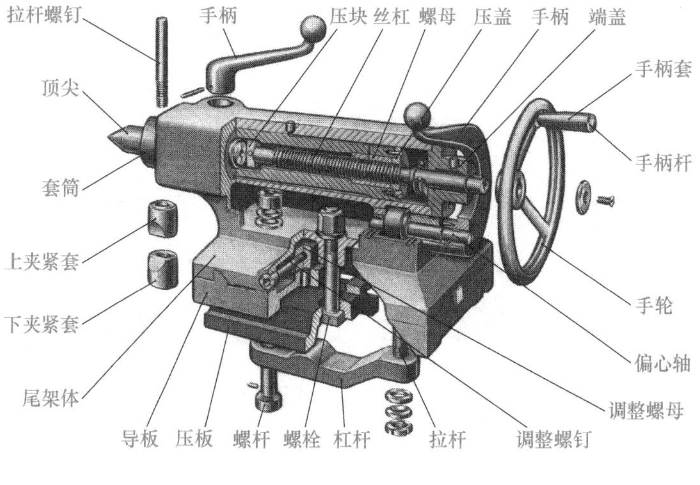

图1.118　尾架立体结构图

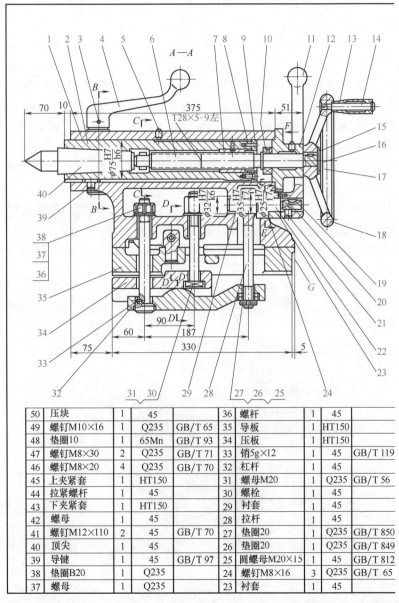

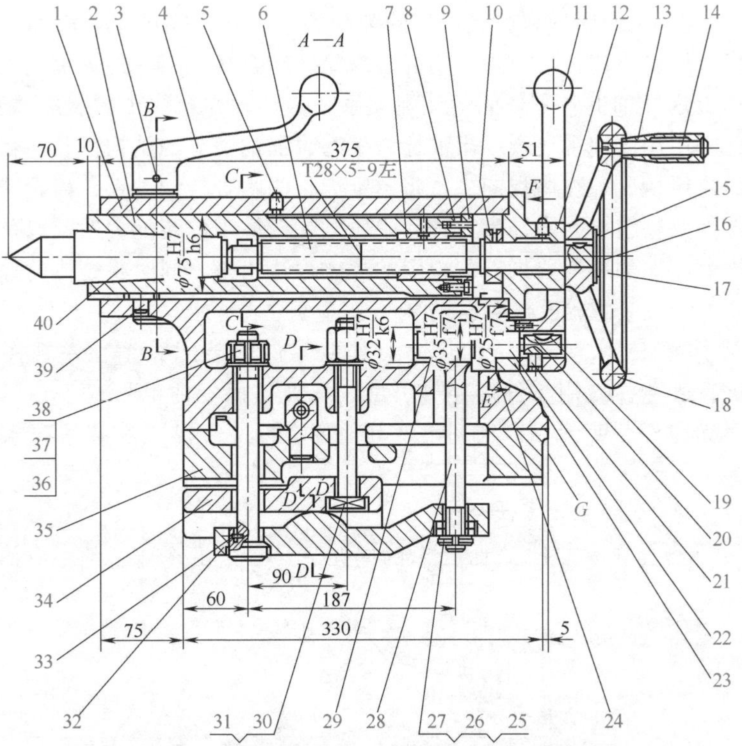

50	压块	1	45		36	螺杆	1	45	
49	螺钉M10×16	1	Q235	GB/T 65	35	导板	1	HT150	
48	垫圈10	1	65Mn	GB/T 93	34	压板	1	HT150	
47	螺钉M8×30	2	Q235	GB/T 71	33	销5g×12	1	45	GB/T 119
46	螺钉M8×20	4	Q235	GB/T 70	32	杠杆	1	45	
45	上夹紧套	1	HT150		31	螺母M20	1	Q235	GB/T 56
44	拉紧螺杆	1	45		30	螺栓	1	45	
43	下夹紧套	1	HT150		29	衬套	1	45	
42	螺母	1	45		28	拉杆	1	45	
41	螺钉M12×110	2	45	GB/T 70	27	垫圈20	1	Q235	GB/T 850
40	顶尖	1	45		26	垫圈20	1	Q235	GB/T 849
39	导键	1	45	GB/T 97	25	圆螺母M20×15	1	45	GB/T 812
38	垫圈B20	1	Q235		24	螺钉M8×16	3	Q235	GB/T 65
37	螺母	1	Q235		23	衬套	1	45	

图 1.119 车床

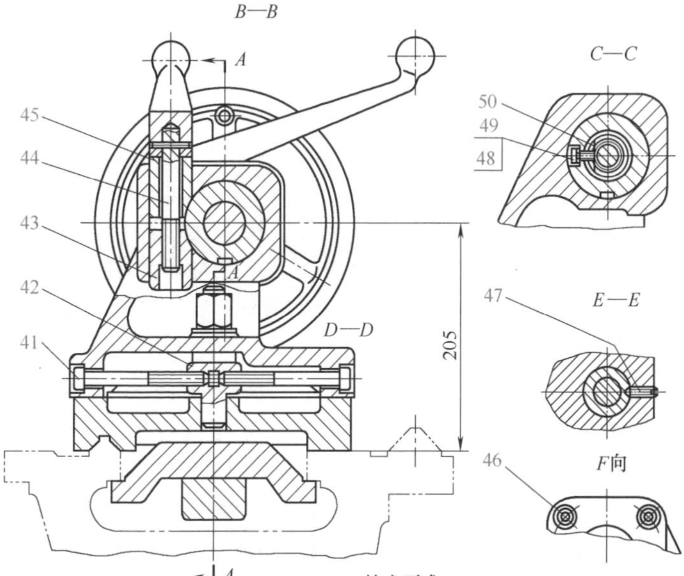

技术要求

1.尾架套筒孔中心线对于溜板移动方向的不平行度每300mm长度上不大于0.03mm。
2.尾架套筒对于溜板运动方向不平行度每100mm长度上不大于0.03mm。
3.装配时用标准心体检验，保证顶针与主轴线在同一水平线上，允许尾架套筒中心高出0.02mm。

22	偏心轴	1	45		8	销5×25	2	Q235	GB/T 119
21	螺钉M8×16	1	Q235	GB/T 71	7	螺母	1	Q235	
20	销6g×16	1	45	GB/T 119	6	丝杆	1	45	
19	键6×25	1	45	GB/T 1099	5	油杯10	1		
18	手轮	1	HT150		4	手柄	1	HT150	
17	垫圈	1	Q235		3	销6×40	1	Q235	GB/T 117
16	螺钉M8×16	1	Q235	GB/T 68	2	套筒	1	45	
15	键6×22	1	45	GB/T 1099	1	尾架体	1	HT150	
14	手柄杆	1	45		序号	名称	数量	材　料	备　注
13	手柄套	1	45		车床尾架		比例	1:1	
12	端盖	1	HT150				件数		
11	手柄	1	HT150		制图		重量		共 张　第 张
10	轴承8205	1			描图		(单位名称)		
9	压盖	1	45		审核				

尾架装配图

件，安置在车床导轨尾部。在加工较长的轴类零件时，通常将零件的一端夹在车床的卡盘或顶尖上，另一端用尾架的顶尖支承。

1）尾架的结构分析

① 顶尖的轴向移动装置。由于加工的轴类零件有长有短，除要求尾架在车床导轨上移动外，还要求顶尖 40 在尾架体 1 内作轴向移动，这是靠转动手轮 18，通过键 15，带动丝杆 6 转动，迫使螺母 7 带动套筒 2 和顶尖 40 左右移动。尾架体和套筒之间装有导键 39，使套筒只能作轴向移动不能转动，螺母 7 与压盖 9 连接，压盖 9 用螺钉 24 和圆柱销 8 与套筒固定在一起。在钻孔时，将顶尖换成钻头，为了防止钻头在套筒内打滑，在套筒 2 上加装压块 50。

② 套筒锁紧装置。套筒带动顶尖到所需的位置后，需要把套筒锁紧，这可以转动手柄 4，通过圆锥销 3 带动拉紧螺杆 44 旋转，使上、下夹紧套 45 和 43 沿拉紧螺杆作轴向移动，将套筒 2 夹紧或松开。

③ 尾架紧固装置。当尾架移到所需要的位置后，需要固定在导轨上（见左视图的 $D—D$ 剖视），紧固方法是用压板 34 把尾架压紧在床身上，扳动手柄 11 带动偏心轴 22 转动，可使拉杆 28 带着杠杆 32 和压板 34 升降移动，这样就能压紧或松开尾架。

④ 横向调节装置。在加工具有锥度的零件时，如小锥度长锥面，需要将尾架上的顶尖与车床的主轴轴心线间偏移一个距离。在导板 35 上装有调节螺母 42，在尾架体的前后两面装有同轴线的两个调节螺钉 41，通过调整螺钉 41 的位置，即可横向调节尾架体的位置。

2）表达方案的分析确定　通过尾架的功能分析，在考虑表达方案时，就要研究用哪些表达方法把这些重点的装配关系表达出来。

① 根据尾架在车床上的工作位置，主视图将顶尖轴线水平横放，并通过顶尖轴线作剖视以表达尾架的工作原理和顶尖轴向移动装置的装配关系。此外反映尾架紧固装置关系的轴线与顶尖轴线不处在同一纵向剖切平面内，但是互相平行，因此主视图采用 $A—A$ 阶梯剖视，它同时也反映了顶尖、丝杆、套筒等主要结构和尾架体、导板等的大部分结构。

② 主视图确定后，可以看出，套筒锁紧装置、横向调节装置各零件间的装配关系尚未表达清楚，必须再选择合适的剖视图表

示，为此在左视图上通过套筒锁紧装置的轴线作局部剖视 $B—B$。为了表达横向调节装置又采用局部剖视 $D—D$，左视图不仅反映了这两个装置的各个零件的装配关系，同时也反映了尾架体等零件的其他结构形状。

③ 此外，采用 $C—C$ 局部剖视表示压块 50 与套筒的装配关系；用 $E—E$ 局部剖视表示衬套 23 与尾架体 1 的装配关系。

采用以上各视图，尾架的工作原理、装配关系、主要零件的结构均已完整、清晰地表达出来。

（3）选择部件表达方案的一般原则

一般将机器或部件按工作（或安装）位置放置，使装配图的主要轴线、主要安装面等呈水平或铅垂位置。能反映机器或部件装配关系、工作原理、传动路线、油路、气路以及主要零件的主要结构的视图作为主视图。当不能在同一视图上反映以上内容时，则应经过比较，取一个能反映主要或较多装配关系的视图作为主视图。

主视图确定后，其他视图的选择主要考虑以下几点：

① 装配关系、工作原理以及主要零件或主要结构在主视图中没有表达清楚的考虑选择其他视图。

② 机器或部件的结构形状在主视图中表达得不够完整清晰时，在其他视图中可简便地表达这些内容。

③ 尽可能合理地利用图纸，将不同的视图、剖视图、向视图、局部视图等合理地布置整齐。

（4） CK6150 型数控车床机械传动系统

CK6150 型数控车床由主机、数控箱、步进电机驱动电源箱、电气箱和液压箱组成。该机床的机械传动可通过传动系统图、转速图、结构展开图和横剖截面图来表达。

通过传动系统图可进行传动系统分析。CK6150 型数控车床的传动系统图如图 1.120 所示，图中各种传动元件用规定的符号表示，传动机构的运动参数用数字表示，如齿轮的齿数、丝杠的螺距。机床的传动系统图画在一个能反映机床基本外形和主要部件相互位置的平面上，各传动件按运动传递顺序尽可能画在其轮廓内。该图只表示运动传动关系，不代表传动件的实际尺寸和空间位置。

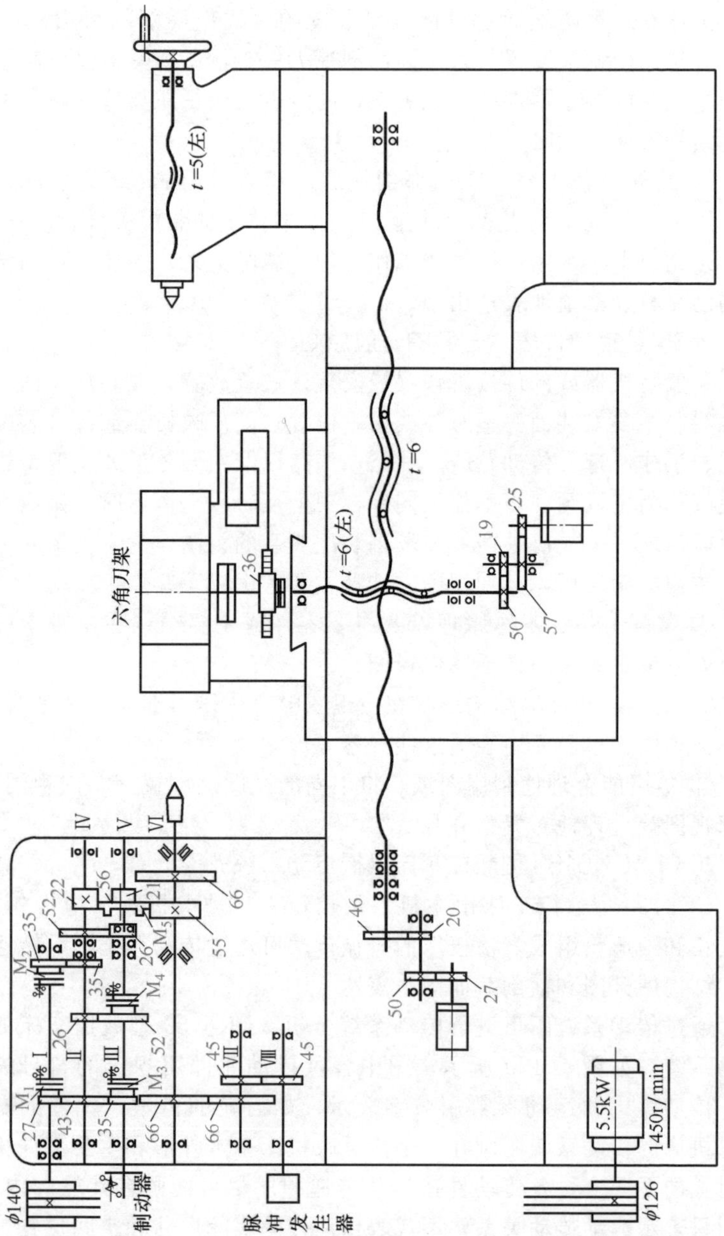

图 1.120　CK6150 车床传动系统图

1）主运动传动链　传动链分析步骤首先是确定该传动链的首尾两端件，然后按运动传递顺序逐个分析。

① 主运动传动路线分析。该机床主运动的两端件是主电机和主轴。运动由主电机（5.5kW、1450r/min）经皮带传动副 $\phi126/\phi140$ 传至主轴箱的轴Ⅰ。轴Ⅰ通过电磁离合器 M_1 将运动经 27/43 或通过电磁离合器 M_2 将运动经 35/35 传至Ⅱ轴。轴Ⅱ经 43/35、电磁离合器 M_3 或 26/52、电磁离合器 M_4 将运动传至Ⅲ轴。Ⅲ轴传至Ⅵ轴（主轴）有高速、中速和低速三条路线：高速传动路线由Ⅲ轴右端的 26 齿轮通过Ⅴ轴上双联滑移齿轮的齿式离合器 M_5（左位置）将运动传至Ⅴ轴，Ⅴ轴通过 56/55 实现主轴的 4 级高速；中速传动路线由Ⅲ轴通过右端的 26 与Ⅳ轴的 52、22/56（中间位置）将运动传至Ⅴ轴，Ⅴ轴通过 56/55 实现主轴的 4 级中速；低速传动路线由Ⅲ轴通过右端的 26 与Ⅳ轴的 52、22/56（右位置）将运动传至Ⅴ轴，Ⅴ轴通过 21/66 实现主轴的 4 级低速。机床主轴共得到 12 级运动速度。

② 主运动的传动路线表达式。主运动的传动路线可用传动路线表达式表示为：

$$\text{主电机}\left(\frac{5.5\text{kW}}{1450\text{r/min}}\right)-\frac{\phi126}{\phi140}-\text{Ⅰ}-\begin{Bmatrix}M_1-27/43\\M_2-35/35\end{Bmatrix}-$$

$$\text{Ⅱ}-\begin{Bmatrix}43/35-M_3\\26/52-M_4\end{Bmatrix}-\text{Ⅲ}-\begin{Bmatrix}\text{齿式离合器 }M_5-\text{Ⅴ}-56/55\\26/52-\text{Ⅳ}-22/56-\text{Ⅴ}-56/55\\26/52-\text{Ⅳ}-22/56-\text{Ⅴ}-21/66\end{Bmatrix}-\text{Ⅵ}$$

2）纵向进给传动链　纵向进给传动链通过步进电机、齿轮 27/50—20/46 减速和滚珠丝杠 $t=6$ 传动，带动纵向滑板实现纵向进给运动。

3）横向进给传动链　横向进给传动链通过步进电机、齿轮 25/57—19/50 减速和滚珠丝杠 $t=6$（左）传动，带动横向滑板实现横向进给运动。

4）其他　六角刀架转位传动链通过液压缸带动齿条齿轮传动，实现六角刀架转位。

尾座套筒移动传动链通过手轮和丝杠（$t=5$）螺母传动实现。

制动器的作用是使主轴快速停止。

脉冲编码器是用来车削螺纹时对主轴转速进行测量，并通过数控系统保证主轴转1转，刀架移动一个螺纹导程的距离。

（5）CK6150型数控车床主轴转速图

在机床使用说明书中，经常用到转速图来确定主轴的转速操作。CK6150型数控车床主轴的转速图如图1.121所示。图中，通过横线、竖线、斜线、圆点、数字和符号把主运动的传动顺序、传动关系和转速表达出来。

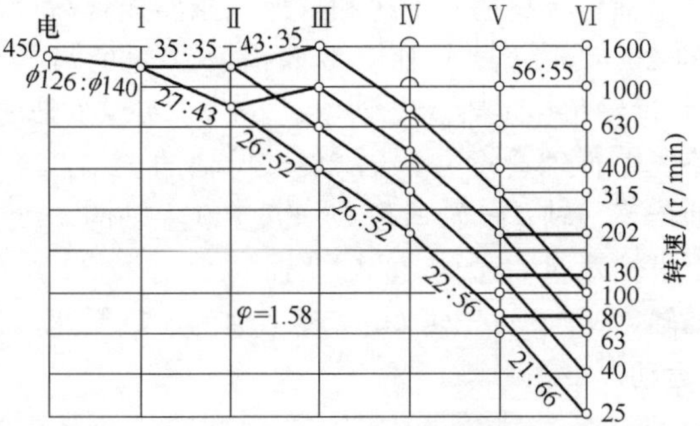

图 1.121　CK6150车床主轴转速图

① 竖线代表传动轴　图1.121中，七条间距相等的竖线，分别用轴号“电、Ⅰ、Ⅱ、Ⅲ、Ⅳ、Ⅴ、Ⅵ”代表主运动传动链的传动轴，是按照运动从电机到主轴的传动顺序，在图中从左到右排列。

② 横线代表转速值　图中横线（纵向坐标）表示不同的转速大小，由于主轴转速一般是按等比级数排列的，所以纵向坐标采用对数坐标，等间距表示公比φ相同，图中的公比$\varphi=1.58$，即横线之间的距离代表lg1.58。

③ 竖线上的圆点代表传动轴的转速　转速图中，每条竖线上的小圆点（或圆圈）表示各传动轴和主轴具有的实际转速。主轴上的转速按照标准转速（实际转速圆整为标准转速）标注在主轴的右侧，图中“25、40、63、80、100、130、202、315、400、630、1000、1600”表示主轴得到的12级标准转速。Ⅲ轴到Ⅴ轴的高4级转速跨轴传动采用半圆圈表示越过Ⅳ轴。

④ 竖线间的连线　竖线间的连线代表传动副，连线的倾斜程

度代表传动副传动比，传动机构的传动比用数字符号表示，如电机轴到Ⅰ轴皮带传动采用 ϕ126∶ϕ140 表示，Ⅰ轴到Ⅱ轴的传动比分别为 27∶43 和 35∶35。

转速图可以清楚了解传动链的传动和运动情况，表达简洁、清楚，掌握它对进行传动设计和分析机械传动有极大的帮助。

（6）CK6150 型数控车床主轴箱

表达传动结构比较复杂的部件如主轴箱、进给箱等装配图时，一般按运动传动关系以展开图、剖视图和向视图来表达。

1）展开图　展开图是按照传动轴传递运动的先后顺序，沿其轴心线剖开，并将其展开而形成的图。CK6150 型数控车床主轴箱的展开图如图 1.122 所示，图中，沿轴心线Ⅰ—Ⅱ（Ⅳ）—Ⅲ（Ⅴ）—Ⅵ—

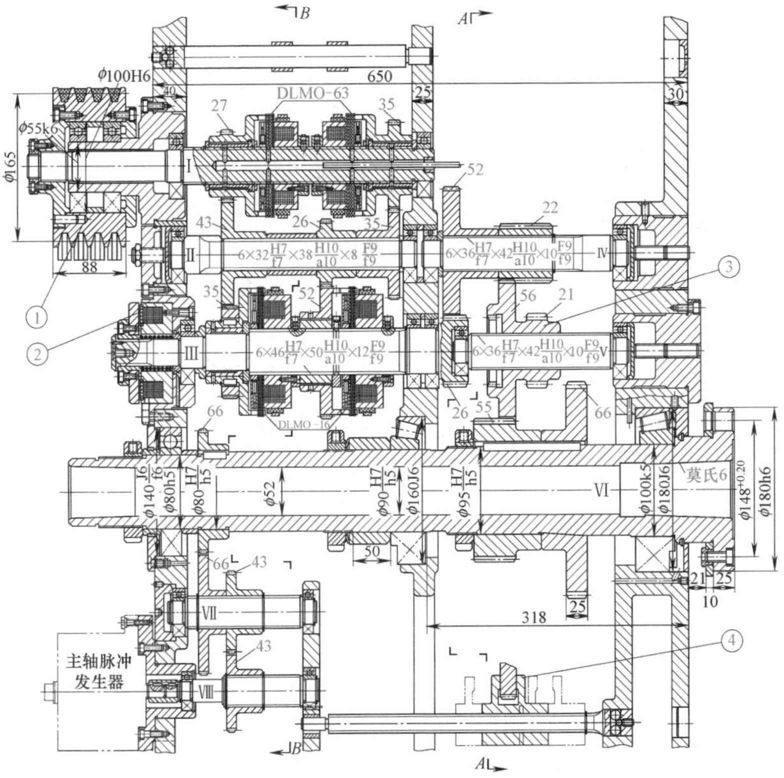

图 1.122　CK6150 型数控车床主轴箱结构展开图

Ⅶ—Ⅷ的剖切面展开后绘制出来。在展开图中主要表达：

① 各传动件如轴、齿轮、带、离合器、制动器等传动件的运动传递关系；

② 各传动轴及主轴上有关零件的结构形状、装配关系和尺寸，以及箱体有关部分的轴向尺寸和结构；

③ 操纵机构、润滑装置等部分结构。

展开图不能表达传动轴的空间位置和其他机构的完整结构，需要必要的剖视图、向视图和其他视图加以补充说明。

2）剖视图　CK6150 型数控车床主轴箱的剖视图如图 1.123 所示，图中，重点表达各传动轴的位置关系、操纵机构的位置和零件间的装配关系。一般情况下，需要多个截面的剖视图来表达。

3）其他机构视图　由于传动系统的结构装配图比较复杂，对于操纵机构、润滑装置等需要作为装配单元用单独视图进行详细表达，形式同部件装配图，这里不再赘述。

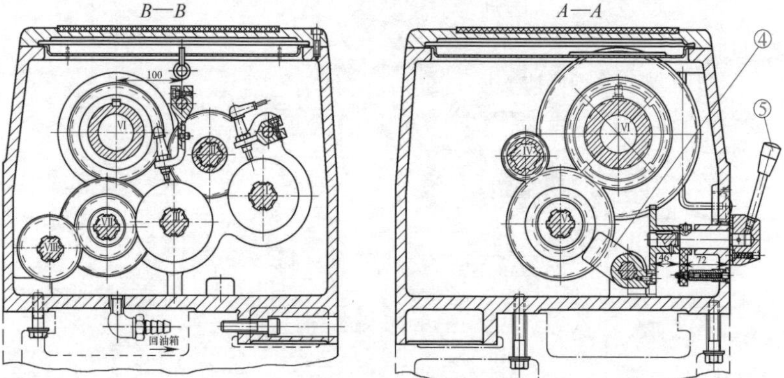

图 1.123　CK6150 型数控车床主轴箱截面剖视图

1.5.5　装配图拆画零件图

由装配图拆画零件图称拆图。拆图是在完全读懂装配图的基础上进行的，拆图时一般先拆画主要零件，以保证各零件的结构形状合理，并使尺寸、配合性质和其他技术要求协调一致。

（1）拆画零件图时要注意的几点问题

① 拆图时不但要从设计方面考虑零件的结构要求，还要从工

艺方面考虑零件加工的可能性。

② 装配图中并未将零件的全部结构形状表达清楚，对零件上的某些结构需要重新设计，同时，装配图中省略的工艺结构在零件图上也应补全。

③ 拆图前要对零件进行分类，明确拆画零件图的类型。

零件一般分为标准零件、借用零件、特殊零件和一般（专用）零件。

标准零件：大多数属于外购件，不需要画零件图。

借用零件：指借用定型产品中的零件，已有零件图，也不需要画零件图，利用原来的图纸即可。

特殊零件：是设计时确定下来的重要零件，如汽轮机的叶片、喷嘴等，这类零件应按要求，查阅相关图样或数据资料绘制零件图。

一般（专用）零件：这类零件基本上是按照装配图所确定的形状、尺寸和有关技术要求来绘制零件图，是拆画的主要零件。

（2）拆画零件图的方法和步骤

1）零件分析　在读懂装配图的基础上，分析零件的用途、作用、结构特点和主要技术要求。

2）从装配图中分离出被拆零件　从装配图中分离出滑座的视图轮廓，并根据滑座的作用、结构及装配关系补齐所缺轮廓线，对装配图中未表示清楚的结构进行完善。

3）确定零件的表达方案　根据零件本身结构特点，一般以装配图中分离出的视图轮廓为基础作为表达方案，必要时重新确定表达方案。根据滑座的结构特点，除选用与装配图相同的三个视图外，还增加了右视图。主视图采用了沿滑座前后对称面剖切得到的剖视图，反映了滑座内部的结构形状。左视图采用“$A—A$”剖视，表达螺孔与光孔的结构及豁口宽度，同时也表达了梯形通槽和滑座的外形轮廓。俯视图除表达滑座外形之外，还采用局部剖视表达了其内部结构。右视图为外形视图，重点反映阶梯孔的结构及其与梯形通槽的相对位置。

4）抄注尺寸和公差　零件图上的尺寸数值，应根据装配图来决定，通常采用的方法有：

① 抄注。在装配图上已标出的尺寸数值，可直接抄注到零件图上。对于配合尺寸，将零件的尺寸和公差值对应抄注在零件图上。

② 查注。一些标准结构的形状尺寸，应参照明细栏并查阅有关标准、手册等资料之后确定。

③ 计算。某些尺寸数值，应根据装配图所给定的有关尺寸和参数，经计算确定，如齿轮的分度圆、齿顶圆直径等尺寸。

④ 量取。其余尺寸可按装配图的比例在装配图上直接量取，适当圆整，使之符合标准系列。

5）注写技术要求　零件图上的表面粗糙度要求和其他技术要求，是根据零件的作用、配合性质和使用要求，查阅有关手册后确定的，应正确地标注在图纸上，或以文字、符号的形式提出合理的技术要求。

6）审核、整理完成零件工作图　完成拆画零件图的上述工作后，还要进行审核、整理，直到完成零件的工作图样。

1.5.6　识读装配图样实例

（1）识图的目的

装配、检验、使用和维修机器，技术交流、技术革新都会用到装配图，技术工人必须具备识读装配图的能力。识读装配图的目的就是搞清楚部件或机器的性能、用途和工作原理；搞清楚各个零件之间的相对位置、装配关系、连接方式及装拆的顺序；搞清各个零件在部件或机器中的作用，并想象出它们的结构形状；读懂技术要求和其他文字内容；最后达到不仅说得清，而且能想象得出部件或机器的整体结构形状的标准。

（2）识图的方法和步骤

① 概括了解。首先看标题栏、明细表和文字说明资料等，明确部件（或机器）的名称、用途、规格；弄清楚采用的标准件与专用零部件的编号、名称、材料、数量及它们在图中的位置，搞清采用了什么视图，以及各个图形的位置和各个图形表达的重点等。

② 分析视图。进一步分析视图中的各条装配干线，搞清各零件间的相对位置、装配关系、连接方式、配合性质，进而搞清运动的传动关系和部件（或机器）的工作原理。

③ 分析零件。搞清零件的结构形状，首先要正确地区分零件，依据不同倾斜方向、不同间隔的剖面线及各视图之间的投影关系来进行判别每个零件，然后，从主要零件入手，通过投影关系、对线

条等方法识读和弄清零件的形状和结构，理解零件的作用。

④ 综合想象。综合想象出部件（或机器）的整体结构形状；明确其工作原理、传动路线、装配关系、连接方式等；读懂尺寸标注及技术要求等。

在识读装配图的实践中，并不一定照搬上述顺序，往往是交替进行的。例如分析某零件结构时，常常要返回来再分析零件间的装配关系；而分析装配关系时，也往往脱不开分析零件结构形状等。所以，识读装配图时，既要有步骤地进行，又要灵活机动。

例 1　识读图 1.124 牛头刨床刀架装配图。

① 概括了解。

由标题栏知，这个部件叫牛头刨床刀架，由 29 种零件组成，其中有 12 种是标准件。刀架安装在滑动的冲头前面，在刀夹里装上刨刀，用来刨削工件。

刀架在冲头上的正面安装位置和顺滑动方向作主视图位置及投射方向，表达出正面的外部轮廓形状，图中采用了局部剖，表达出斜铁调节机构；左视图采用全剖视，表达出刀架的内部结构；俯视图表达刀架宽度方向的外部轮廓，并用局部剖视把立刀架上下调整后固定用的锁紧机构表达出来；为了把基本视图未表达清楚的局部结构表达清楚，采用了 B—B 剖面图，把拍板与立刀架的连接表达清楚；采用剖面图 C—C，把转盘中用两销固定的螺母与丝杠的连接情况，及转盘的燕尾槽与立刀架的燕尾连接都表达清楚；另外俯视图中对手轮采用了拆卸画法，并用局部剖视图单独画出手轮，这样与左视图中手轮的剖视图配合起来看，就表达得清清楚楚。

② 搞清装配关系、传动关系和工作原理。

根据刀架部件的功能，可将其分解成三个运动部分：一是立刀架上、下移动，即通过转动手轮 17 带动丝杠 20，使立刀架 13 上下移动，以调整刨刀的吃刀深度；二是拍板支架左右转动，即松开螺母 9，可扳转拍板支架 7（拍板支架围绕螺丝轴 26 为轴心旋转），以调整刨削角度，调整完毕后再将螺母固紧；三是拍板摆动，即拍板 5 绕拍板轴 6 摆动（退程时将刨刀抬起，进程时将刨刀放下进行切削）。

立刀架上下移动部分是部件的一条主要装配干线。其主要传动件有手轮 17、丝杠 20、立刀架 13 及推力球轴承 19；手轮与丝杠紧固件

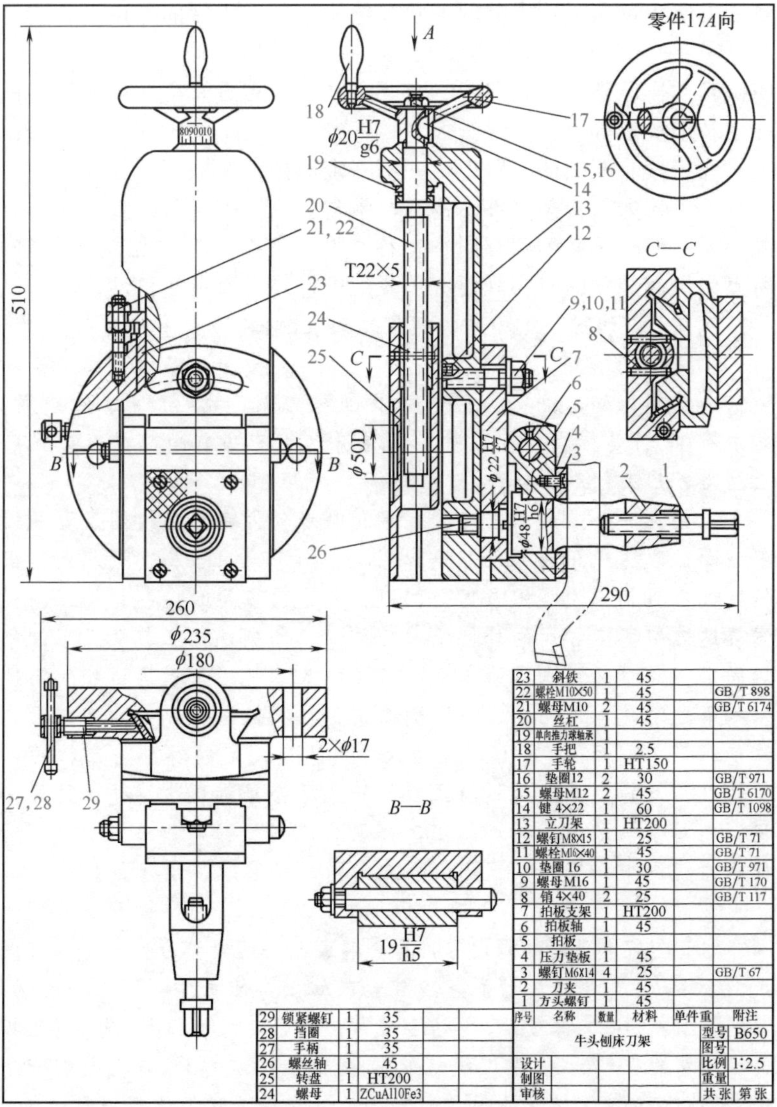

序号	名称	数量	材料	单件重	附注
23	斜铁	1	45		
22	螺栓M10×50	1	45		GB/T 898
21	螺母M10	2	45		GB/T 6174
20	丝杠	1	45		
19	单向推力球轴承	1			
18	手把	1	2.5		
17	手轮	1	HT150		
16	垫圈12	2	30		GB/T 971
15	螺母M12	2	45		GB/T 6170
14	键 4×22	1	60		GB/T 1098
13	立刀架	1	HT200		
12	螺钉M8×15	1	25		GB/T 71
11	螺栓M16×40	1	45		GB/T 71
10	垫圈 16	1	30		GB/T 971
9	螺母 M16	1	45		GB/T 170
8	销 4×40	2	25		GB/T 117
7	拍板支架	1	HT200		
6	拍板轴	1	45		
5	拍板	1			
4	压力垫板	1	45		
3	螺钉M6×14	4	25		GB/T 67
2	刀夹	1	45		
1	方头螺钉	1	45		

29	锁紧螺钉	1	35		
28	挡圈	1	35		
27	手柄	1	35		
26	螺丝轴	1	45		
25	转盘	1	HT200		
24	螺母	1	ZCuAl10Fe3		

牛头刨床刀架				型号	B650
				图号	
设计				比例	1:2.5
制图				重量	
审核				共 张	第 张

图 1.124　牛头刨床刀架装配图

有螺母 15、垫圈 16，连接件有半圆键 14；固定件有转盘 25、丝杠 20 的螺母 24，二者通过圆锥销 8 紧固连接。各零件间装配关系是，手轮通过键连接带动丝杠在螺母 24 中转动，因螺母与相对静止的转盘固定连接，故丝杠通过手轮、垫圈、螺母带动立刀架相对于螺母 24 上下移动，丝杠 20 相对立刀架 13 转动表面的配合为 $\phi 20\dfrac{H7}{g6}$。

拍板摆动部分主要零件有运动件拍板 5，其上装配有方头螺钉 1、刀夹 2 和压刀垫板 4 等，支承用的拍板轴 6 及其上的螺母、垫圈紧固件，螺母拧紧可使拍板轴及拍板 5 紧固在拍板支架 7 上。刀夹 2 与拍板孔的配合采用了 $\phi 48\dfrac{H7}{h6}$基孔制的间隙配合，但无相对转动；拍板 5 与左右转动部分的拍板支架的两槽面间不能过于松动，因此两者之间采用了基孔制比较紧密的间隙配合 $\phi 19\dfrac{H7}{h5}$。而可绕螺丝轴 26 左右转动的拍板支架孔之间采用了基孔制间隙配合 $\phi 22\dfrac{H7}{f7}$，拍板支架上端圆弧一槽孔中的双头螺栓 11，是用螺钉 12 固定在立刀架 13 上的。

③ 分析零件的结构形状。

根据视图中剖面线的倾斜方向不同或倾斜方向相同但间隔不同及各视图之间的投影关系，就可以把零件区分开来。如左视图中，转盘 25、螺母 24、立刀架 13、拍板支架 7、拍板 5、拍板轴 6、刀夹 2 的剖面线倾斜方向都不同。又如斜铁 23 的剖面线与转盘 25 的剖面线虽然倾斜方向相同，但间隔疏密不同；压力垫板 4 与刀夹 2 的剖面线倾斜方向虽相同，但间隔亦不同。分析时，可先从主要件开始。若主要零件一时还看不懂，可转而先看与它相关的零件，反过来再看主要零件。拍板支架 7 就是一个主要件，从左视图中剖面线的方向可看出它处于立刀架 13 和拍板 5 的中间，再结合主视图和 *B*—*B* 剖面图，那么由三个基本视图和一个剖面图，就把这个零件的结构形状看清楚了，如图 1.125 所示。其他零件的结构形状可用以上同样的方法看清楚。

④ 综合想象牛头刨床刀架的整体结构形状。

牛头刨床刀架的立体结构形状如图 1.126 所示。

例 2　识读图 1.127 齿轮油泵装配图。

① 概括了解。

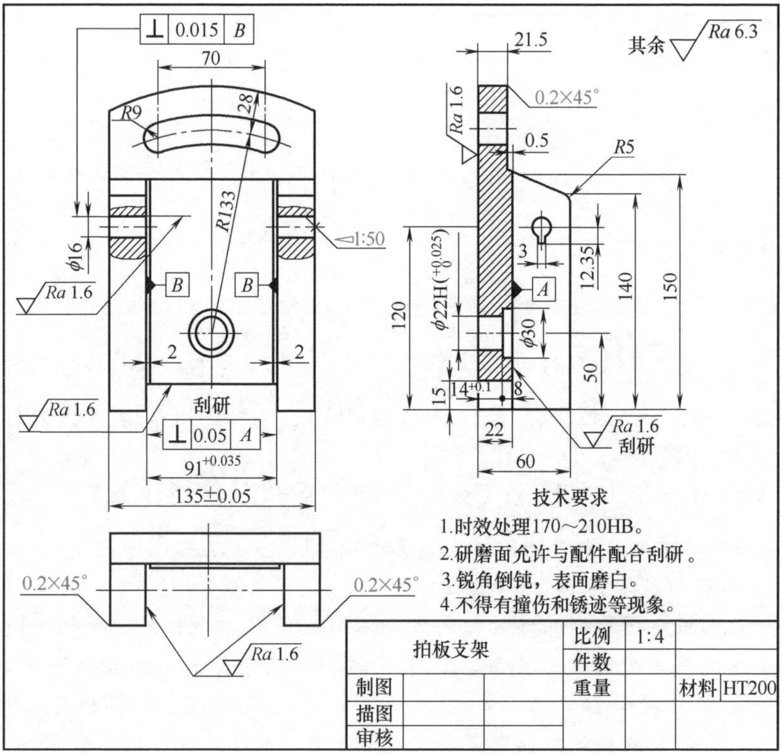

图 1.125　牛头刨刀架零件图

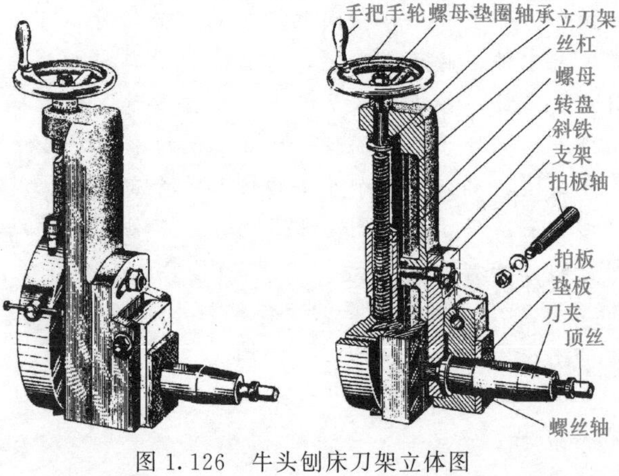

图 1.126　牛头刨床刀架立体图

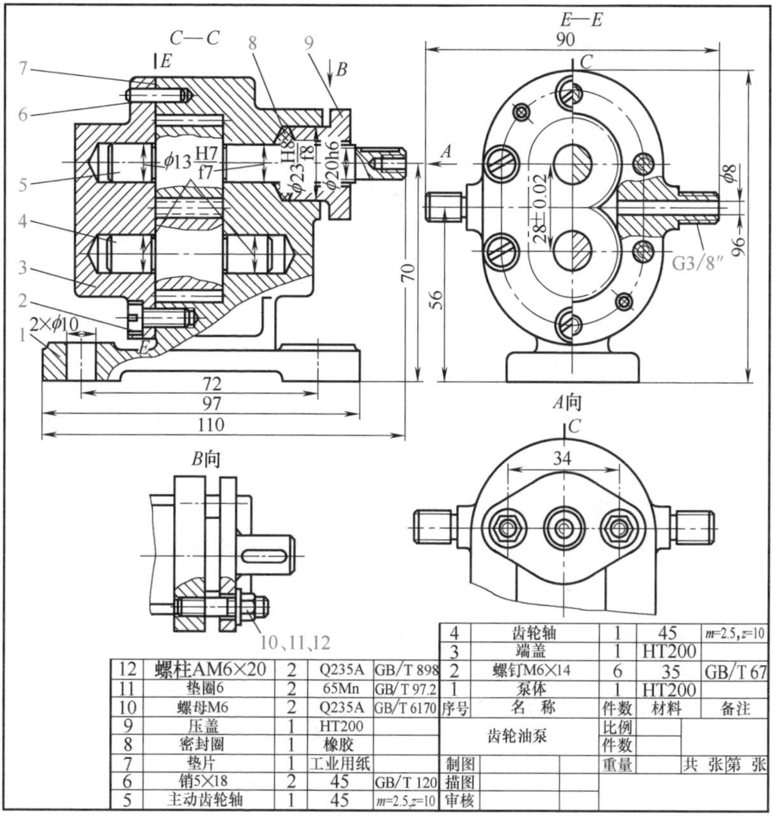

序号	名称	件数	材料	备注
12	螺柱AM6×20	2	Q235A	GB/T 898
11	垫圈6	2	65Mn	GB/T 97.2
10	螺母M6	2	Q235A	GB/T 6170
9	压盖	1	HT200	
8	密封圈	1	橡胶	
7	垫片	1	工业用纸	
6	销5×18	2	45	GB/T 120
5	主动齿轮轴	1	45	m=2.5,z=10
4	齿轮轴	1	45	m=2.5,z=10
3	端盖	1	HT200	
2	螺钉M6×14	6	35	GB/T 67
1	泵体	1	HT200	

齿轮油泵		比例	
		件数	
制图		重量	共 张第 张
描图			
审核			

图 1.127　齿轮油泵装配图

由标题栏知，这是一台齿轮油泵。它是液压或润滑系统中的部件，能产生一定压力和流量的油液，经油路输送到各个用压力油的地方去。由明细表知，该油泵由 12 种零件构成，其中 5 种为标准件。采用局部剖视的主视图和半剖视的左视图两个基本视图，主视图表达了各零件的装配关系、连接方式和传动原理，而左视图表达了齿轮油泵的外形、齿轮啮合及吸油和出油的工作原理，其中局部剖视表达吸、出油口的结构形状；两基本视图表达不够完整清楚的地方，又采用两个局部视图，A 向局部视图表达出压盖的外形及紧固件的位置；B 向局部视图中又用局部剖视表达压盖与泵体的紧固连接结构情况。

② 弄清装配关系、传动和工作原理。

泵体1是主要件，先将齿轮轴4和主动齿轮轴5装入，再在泵体左端装上密封垫片7、端盖3，拧入六个螺钉2；在泵体右端装入密封圈8，端面上拧上两个螺柱12，套上两个垫圈11，拧上两个螺母10，两齿轮装配符合要求、转动灵活后，再在左端配打销孔，将2个定位用的销6打入。当外部转矩（经平键传给主动齿轮轴右端轴颈上的齿轮，未画出）传给主动齿轮轴5并使其逆时针转动，将转矩传给齿轮轴4，使齿轮轴4顺时针转动。在齿轮的啮合区内，右边压力降低，产生局部真空，油箱中的油液在大气压力作用下进入低压区内的吸油口（右口），随着齿轮转动，齿槽中的油液被带至左边的出油口将油压出，输送到油路。

③ 分析零件，弄清零件的结构形状。

通过剖面线倾斜方向的不同或剖面线方向相同但间隔疏密不同，可以较容易地把零件区分开来。先从主要件泵体1入手，通过两个基本视图，结合两个局部视图，比较容易而清晰地想象出泵体1的结构和形状；由两个基本视图，可想象出端盖3的结构和形状。其余零件用同样方法可想象出结构和形状。

④ 综合想象出油泵的整体结构形状，并对尺寸和技术要求都予读懂。

吸油口、出油口的尺寸G3/8″是油泵的规格尺寸，因它们影响到油泵的压力与排量。

油泵的配合尺寸有：主动齿轮轴及从动齿轮轴的左右轴颈与泵体轴孔和端盖轴孔的配合尺寸$\phi 13\ \frac{H7}{f7}$；泵体右端孔与压盖外圆面的配合尺寸$\phi 23\ \frac{H8}{f8}$。

属于重要尺寸的有：两齿轮中心距28 ± 0.02（影响齿轮啮合性能及油的泄漏、齿轮与泵体裂损）；主动齿轮轴线至安装基准面的高度70。

安装尺寸有：泵体下部基座上两固定螺钉孔中心距72；泵体右端面上两个M6螺孔中心距及压盖上两个穿螺柱的光孔中心距34。

油泵的外形尺寸为总长 110，总宽 90，总高 96。

例 3　截止阀装配图如图 1.128 所示，请结合下列问题进行识读练习。

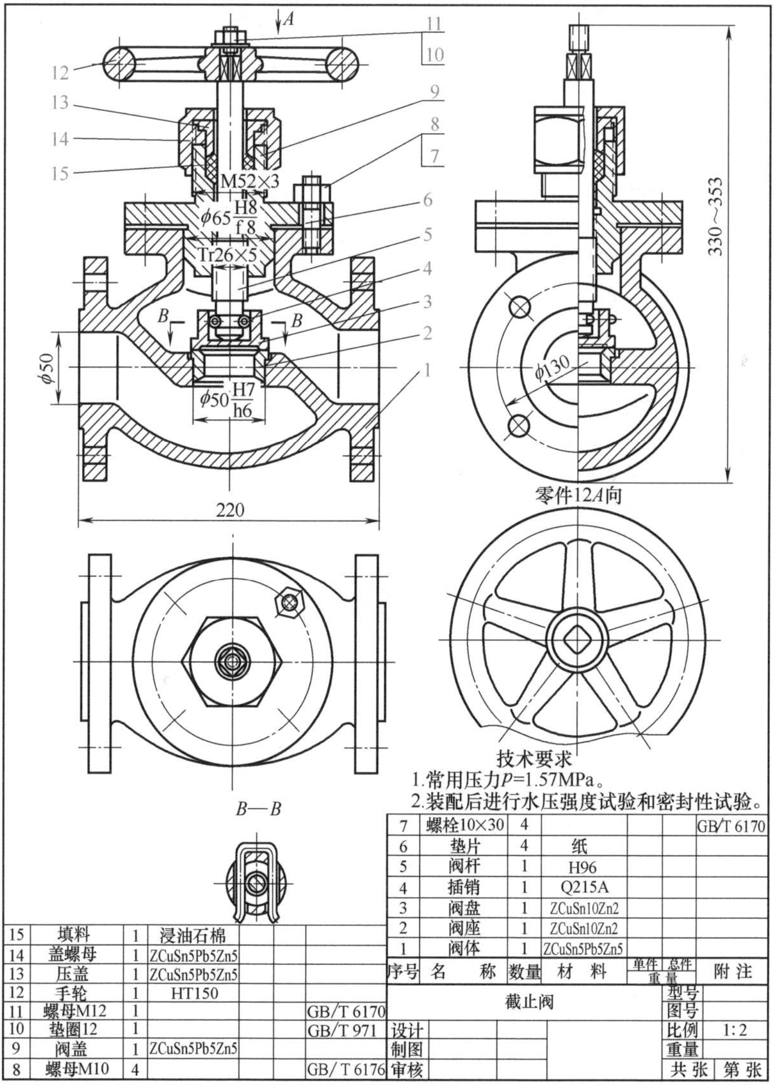

序号	名　称	数量	材　料	单件重量	总件重量	附 注
15	填料	1	浸油石棉			
14	盖螺母	1	ZCuSn5Pb5Zn5			
13	压盖	1	ZCuSn5Pb5Zn5			
12	手轮	1	HT150			
11	螺母M12	1				GB/T 6170
10	垫圈12	1				GB/T 971
9	阀盖	1	ZCuSn5Pb5Zn5			
8	螺母M10	4				GB/T 6176
7	螺栓10×30	4				GB/T 6170
6	垫片	4	纸			
5	阀杆	1	H96			
4	插销	1	Q215A			
3	阀盘	1	ZCuSn10Zn2			
2	阀座	1	ZCuSn10Zn2			
1	阀体	1	ZCuSn5Pb5Zn5			

截止阀			型号	
			图号	
设计			比例	1:2
制图			重量	
审核			共 张	第 张

图 1.128　截止阀装配图

① 截止阀的用途是什么？由多少种零件构成？其中有多少种标准件？

② 采用了哪些视图？各视图表达的重点是什么？

③ 截止阀的装配主干线是什么？主干线上装有哪些零件？

④ 截止阀的工作原理是什么？

⑤ 截止阀的规格尺寸是多少？安装尺寸有哪些？重要尺寸有哪些？配合尺寸有哪些？外形尺寸是多少？

1.6 常用零件

1.6.1 螺纹与螺纹连接件

1.6.2 键、花键和销

1.6.3 滚动轴承

1.6.4 弹簧

1.6.5 齿轮表示法

第2章 金属切削加工基础

2.1 机械制造概述

2.1.1 机械制造的概念

（1）制造与制造技术

制造是人类最主要的生产活动之一。制造的历史悠久，从制造石器、陶器、铜器和铁器，到制造简单的机械，如刀、枪、剑、戟等兵器，钻、凿、锯、锉、锤等工具，锅、盆、罐、犁、车等用具，这个漫长的时期属于早期制造。早期的制造是靠手工完成，可以理解为手工或用手来做，英文也是这个意思，manufacture 起源于拉丁文 manu（手）和 facture（做）。从工业革命开始，以机械工业化生产为标志，逐渐用机械代替手工，制造技术也从手艺向工艺转化，社会分工更加细化，产品生产由手工业向产业转变。机械制造业属于第二产业（包括制造业、采掘业、建筑业、运输业、通信业、电力业和煤气业等），产品生产实现了机械化、自动化，进一步解放了劳动力。现代制造技术或先进制造技术是 20 世纪 80 年代提出的，是机械、电子、信息、材料、生物、化学、光学和管理等技术的交叉、融合和集成并应用于产品生产的技术和理念。未来的制造将突破人们传统的思维和想象向纳米制造、分子制造、生物制造等方向发展。为了满足人类发展不断变化的需要，制造在不断发展变化，制造技术也在不断发展和进步。

制造是人类按照所需目的，运用主观掌握的知识和技能，借助于手工或可以利用的客观物质工具，采用有效的方法，将原材料转化为最终物质产品，并投放市场的全过程。制造属于生产的范畴，是生产的一部分，它包括市场需求、产品设计、工艺设计、加工装配、质量保证、生产过程管理、营销、售后服务等产品寿命周期内一系列的活动。

制造技术是完成制造活动所需的一切手段的总和。制造技术是制造活动和制造过程的核心，手工制造的核心是能工巧匠的手艺、技巧、技能；机械制造技术是机械制造的核心，包括制造活动的知识、经验、技能、制造装备、工具和有效的工艺方法等。

（2）机械制造

机械制造是各种动力机械、起重运输机械、农业机械、化工机械、纺织机械、机床、工具、仪器、仪表及其他机械等的设计制造过程的总称。从事于上述生产的工业部门称作机械制造业，也称机械工业，其作用是为整个国民经济提供技术装备，是最重要的工业部门，是国民经济的支柱，是国家工业化程度的主要标志。

（3）机械制造工艺

工艺（technology）是使各种原材料、半成品成为产品的方法和过程。材料加工的工艺类型分为去除加工、结合加工和变形加工。材料的工艺类型、原理及其加工方法如表 2.1 所示。

表 2.1 材料的工艺类型、原理及其加工方法

<table>
<tr><th>分类</th><th colspan="2">原理</th><th>加工方法</th></tr>
<tr><td rowspan="6">去除加工</td><td colspan="2">力学加工</td><td>切削加工、磨削加工、磨粒流加工、磨料喷射加工、液体喷射加工</td></tr>
<tr><td colspan="2">电物理加工</td><td>电火花加工、电火花线切割加工、等离子体加工、电子束加工、离子束加工</td></tr>
<tr><td colspan="2">电化学加工</td><td>电解加工</td></tr>
<tr><td colspan="2">物理加工</td><td>超声波加工、激光加工</td></tr>
<tr><td colspan="2">化学加工</td><td>化学铣削、光刻加工</td></tr>
<tr><td colspan="2">复合加工</td><td>电解磨削、超声电解磨削、超声电火花电解磨削、化学机械抛光</td></tr>
<tr><td rowspan="4">结合加工</td><td rowspan="4">附着加工</td><td>物理加工</td><td>物理气相沉积、离子镀</td></tr>
<tr><td>热物理加工</td><td>蒸镀、熔化镀</td></tr>
<tr><td>化学加工</td><td>化学气相沉积、化学镀</td></tr>
<tr><td>电化学加工</td><td>电镀、电铸、刷镀</td></tr>
</table>

续表

分类	原理		加工方法
结合加工	注入加工	物理加工	离子注入、离子束外延
		热物理加工	晶体生长、分子束外延、渗碳、掺杂、烧结
		化学加工	渗氮、氧化、活性化学反应
		电化学加工	阳极氧化
	连接加工		激光焊接、化学粘接、快速成形制造、卷绕成形制造
变形加工	冷、热流动加工		锻造、辊锻、轧制、挤压、辊压、液态模锻、粉末冶金
	黏滞流动加工		金属型铸造、压力铸造、离心铸造、熔模铸造、壳型铸造、低压铸造、负压铸造
	分子定向加工		液晶定向

机械制造工艺（machine-building technology）是用机械制造方法，将原材料制成机械零件的毛坯，再将毛坯加工成机械零件，然后将这些零件装配成机器设备的整个过程。机械制造工艺过程的内容包括：毛坯制造、热处理、机械加工、装配和检验等内容，如图 2.1 所示。

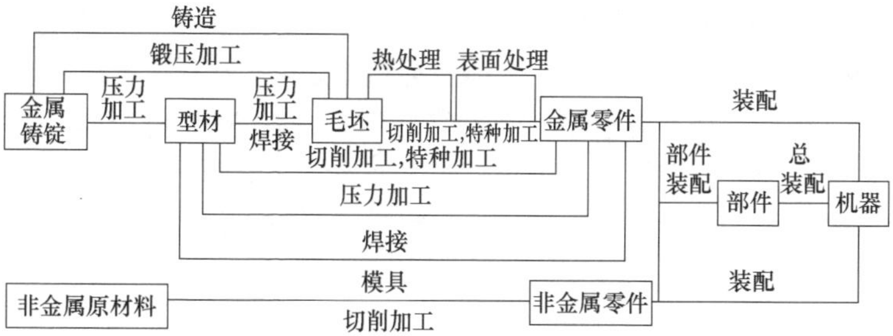

图 2.1　机械制造的内容框图

① 毛坯制造与热处理　毛坯是根据零件（或产品）所要求的形状、工艺尺寸等而制成的供进一步加工用的生产对象。机械零件的材料一般采用金属材料，如钢、铸铁、铜、铝及其合金等。机械零件的毛坯类型有铸件、锻件、型材、焊接件等，相应毛坯的制造方法有铸造、锻造、冲压、轧制、焊接等。这些制造方法与热处理传统地称热加工工艺。

铸造（casting）是熔炼金属，制造铸型，并将熔融金属浇注铸型，凝固后获得具有一定形状、尺寸和性能的金属毛坯的成形方法。

锻造（forging）是在加压设备及工（模）具的作用下，使坯料、铸锭产生局部或全部的塑性变形，以获得一定几何形状、尺寸和质量的锻件的加工方法。

焊接（welding）是通过加热或加压，或两者并用，并且用或不用填充材料，使工件达到结合的一种方法。

热处理（heat treatment）是将固态金属或合金在一定介质中加热、保温和冷却，以改变其整体或表面组织，从而获得所需要性能的加工方法。常用的方法有退火、正火、淬火、高频淬火、调质、渗氮、碳氮共渗（氰化）等。

表面热处理（surface treatment）是改善工件表面层的力学、物理或化学性能的加工方法。常用方法有感应加热表面淬火、火焰加热表面淬火、电解液淬火和激光淬火等。

表面处理是在基体材料表面上人工形成一层与基体的力学、物理和化学性能不同的表层的工艺方法。表面处理的目的是满足产品的耐蚀性、耐磨性、装饰或其他特种功能要求。机械表面处理包括喷砂、磨光、抛光、喷涂、刷漆等。化学表面处理包括发蓝发黑、磷化、酸洗、化学镀等。电化学表面处理包括阳极氧化、电化学抛光、电镀等。现代表面处理包括化学气相沉积、物理气相沉积、离子注入、激光表面处理等。

② 机械加工（machining） 机械加工是利用机械力对各种工件进行加工的方法。它包括切削加工、压力加工和特种加工。

切削加工（cutting）是利用切削刀具从工件上切除多余材料的加工方法，如车削、铣削、刨削、磨削、钳加工等加工方法将毛坯制成零件。

压力加工（press working）是使毛坯材料产生塑性变形或分离而无屑的加工方法，如冲压、滚轧、挤压、辗压等无屑加工方法直接从型材制成零件（有些用作毛坯，有些作为制成品）。

特种加工（non-traditional machining）是直接借助电能、热能、声能、光能、电化学能、化学能以及特殊机械能量或复合应用以实现材料切除的加工方法，如电火花加工、电化学加工、激光加工、超声加工等方法。

③ 非金属材料模具成型　对塑料、陶瓷、橡胶等非金属材料，直接将原材料经模具成型加工成零件。

④ 装配（assembly）　装配是按规定的技术要求，将零件或部件进行配合和连接，使之成为半成品或成品的工艺过程，如将零件装配成合件，将零件、合件装配成组件和部件，将零件、合件、组件和部件装配成机器。

⑤ 检验与测试　在机械制造过程中，需要判定毛坯、零件的尺寸、形状、表面质量、内部组织、力学性能等是否符合设计要求，需要判定部件和机器的性能和技术要求是否符合设计规定，这些测量、检验和测试用于判定零件加工、部件和机器装配是否合格。

⑥ 其他辅助工作　其他辅助工作包括毛坯、零件、部件和机器的搬运、储存、涂装和包装等。

（4）机械制造技术的发展

我国的制造有着悠久历史，各种石器、陶器、铜器、铁器、工具和用具的制造，创造了辉煌的古代制造文明。在近代，我国延续了农业经济发展道路，制造技术曾经十分落后。中华人民共和国成立以来，我国的机械工业从无到有，从小到大，从制造一般机械产品到制造高精尖产品，从单机制造到大型成套设备制造，目前形成了门类齐全、比较完备的机械工业体系，为国民经济和国防建设提供了大量的技术装备，在国民经济中的支柱产业地位越发明显。

目前，我国产品生产总量和制造规模已位居世界制造大国的行列，制造技术取得了长足的进步，一些产品已达到国际先进水平，部分制造企业在国际上崭露头角，产业区、经济带逐渐形成，有些产品的技术水平和市场占有率居世界前列，如大型施工机械、百万千瓦超临界火电机组、汽轮机和发电机的设计制造技术，汽车的产销量。

(5) 机械制造工程师

机械制造工程师肩负着各种机械设备、工艺装备等的产品开发、设计、工艺规程设计、结构工艺性审查等工作任务，在机械制造过程中要树立以下观念：

① 保证产品的质量，制造优质的机器。机械制造工程师的首要任务是制造合格的产品，树立质量是生命的观念。

② 提高劳动生产率。提高劳动生产率是人类不懈追求的目标，是机械制造业永恒的课题。采用先进设备、新技术、新方法、新的刀具材料、改进刀具结构参数、改善切削条件、提高切削用量、减少辅助时间等都能提高劳动生产率。

③ 降低生产成本，提高经济效益。采用新材料、新工艺和新技术可以有效地降低生产成本。提高职工素质、强化生产管理和质量管理，减少材料消耗、时间消耗和各种浪费等也是提高经济效益的重要途径。

④ 降低工人劳动强度，保证安全生产。机械制造工程师在设计机床设备、工艺装备、吊装运输器械和各种辅助工具时，都应把降低工人劳动强度和保证安全生产作为首要目标，安全第一。

⑤ 环境保护。在机械制造的全过程中，要减少对环境的污染，如对切屑、粉尘、废切削液、油雾等都要采取适当的处理办法。

2.1.2 生产过程、生产纲领与生产类型

(1) 生产过程

生产过程是将原材料转变为成品的全过程。它包括原材料的运输和保存、生产技术准备工作、毛坯的制造、零件的机械加工与热处理、部件和整机的装配、机器的检验、调试和包装等。根据机械产品复杂程度的不同，其生产过程可以由一个车间或一个工厂完成，也可以由多个车间或多个工厂联合完成。生产过程中的生产对象是指原材料、毛坯、工件、外协件、试件、工艺用件、在制品、半成品、制成品、合格品、废品等。

原材料是投入生产过程以创造新产品的物资。主要材料是构成产品实体的材料。辅助材料是在生产中起辅助作用而不构成产品实体的材料。原材料和成品是一个相对概念。一个工厂（或车间）的

成品可以是另一个工厂的原材料或半成品，或者是本厂内另一个车间的原材料或半成品。例如，铸造车间、锻造车间的成品（铸件、锻件）就是机械加工车间的原材料，而机械加工车间的成品又是装配车间的原材料。这种生产上的分工，可以使生产趋于专业化、标准化、通用化、系列化，便于组织管理，利于保证质量，提高生产率，降低成本。

（2）生产纲领

生产纲领是指企业在计划期内，应当生产的产品产量和进度计划。企业应根据市场需求和自身的生产能力决定其生产计划。零件的生产纲领还包括一定的备品和废品数量，计划期为一年的生产纲领称为年生产纲领，计算式为：

$$N=Qn(1+\alpha)(1+\beta) \tag{2.1}$$

式中　N——零件的年生产纲领，件/年；

Q——产品的年产量，台/年；

n——每台产品中，该零件的数量，件/台；

α——备品百分率；

β——废品百分率。

年生产纲领是设计或修改工艺规程的重要依据，是车间（或工段）设计的基本文件。

生产纲领确定以后，还应该根据车间（或工段）的具体情况，确定生产批量。

生产批量是一次投入或产出同一产品（或零件）的数量。

在计划期内，产品（或零件）的生产批量计算式为：

$$n=NA/F \tag{2.2}$$

式中　n——每批中的零件数量；

N——年生产纲领规定的零件数量；

A——零件应该储备的天数；

F——一年中工作日天数。

确定生产批量的大小主要应考虑三个因素：①资金周转要快；②零件加工、调整费用要少；③保证装配和销售的必要储备量。

生产周期是生产某一产品（或零件）时，从原材料投入到出产品一个循环所经历的日历时间（如，从北京时间2020年5月10日8时0分0秒到2020年5月10日10时0分0秒）。

（3）生产类型

生产类型是企业（或车间、工段、班组、工作地）生产专业化程度的分类。一般分为单件生产、成批生产和大量生产三种类型。

单件生产——产品品种很多，同一产品的产量很少，各个工作地的加工对象经常改变，而且很少重复生产。例如，重型机械制造、专用设备制造和新产品试制都属于单件生产。

大量生产——产品的产量很大，大多数工作地按照一定的生产节拍（即在流水生产中，相继完成两件制品之间的时间间隔）进行某种零件的某道工序的重复加工。例如，汽车、拖拉机、自行车、缝纫机和手表的制造常属大量生产。

成批生产——一年中分批轮流地制造几种不同的产品，每种产品均有一定的数量，加工对象周期性地重复。例如，机床、机车、电机和纺织机械的制造常属成批生产。

按批量的多少，成批生产又可分为小批、中批和大批生产三种。在工艺上，小批生产和单件生产相似，常合称为单件小批生产；大批生产和大量生产相似，常合称为大批大量生产。

生产类型不同，产品和零件的制造工艺、所用设备及工艺装备、采取的技术措施、达到的技术经济效果等也不同。因此，在制订机器零件的机械加工工艺过程和机器产品的装配工艺过程时，都必须考虑不同生产类型的特点，以取得最大的经济效益。各种生产类型的特点和要求见表2.2。

表2.2 各种生产类型的特点和要求

工艺特征	生产类型		
	单件小批	中批	大批大量
零件的互换性	用修配装配法或调整装配法，钳工修配或调整，缺乏互换性	大部分具有互换性。装配精度要求高时，灵活应用分组装配法和调整法，同时还保留某些修配法	具有广泛的互换性。少数装配精度较高处，采用分组装配法和调整装配法

续表

工艺特征	生产类型		
	单件小批	中批	大批大量
毛坯的制造方法与加工余量	木模手工造型或自由锻造。毛坯精度低，加工余量大	部分采用金属模机器造型或模锻。毛坯精度较高，加工余量中等	广泛采用金属模机器造型、模锻或其他高效方法。毛坯精度高，加工余量小
机床设备及其布置形式	通用机床。按机床类别采用机群式布置	部分采用通用机床和高效专用机床。按工件类别分工段排列设备	广泛采用高效专用机床及自动机床。按流水线和自动线排列设备
工艺装备	大多采用通用夹具、标准附件、通用刀具和万能量具。靠划线和试切法达到精度要求	广泛采用夹具、部分靠找正装夹达到精度要求。较多采用专用刀具和专用量具	广泛采用专用高效夹具、复合刀具、专用量具或自动检验装置。靠调整法达到精度要求
对工人的技术要求	需技术水平较高的工人	需一定技术水平的工人	对调整工的技术水平要求高，对操作工的技术水平要求较低
工艺文件	有工艺过程卡，关键工序要工序卡	有工艺过程卡，关键零件要工序卡	有工艺过程卡和工序卡，关键工序要调整卡和检验卡
成本	较高	中等	较低

随着技术进步和市场需求的变化，生产类型的划分正在发生着深刻的变化，传统的大批大量生产，往往不能适应产品及时更新换代的需要，而单件小批生产的生产能力又跟不上市场之急需，因此各种生产类型都朝着生产过程柔性化的方向发展。

2.1.3　毛坯制造

在生产过程中，改变生产对象的形状、尺寸、相对位置或性质等，使其成为成品或半成品的过程称为工艺过程（process）。机械产品制造的工艺过程主要包括：毛坯的制造（铸造、锻造、冲压等）、热处理和表面处理、机械加工、特种加工和装配等的方法和过程，用来改变生产对象（工件）的形状、尺寸、表面粗糙度和力学物理性能等。

(1) 铸造

① 常用的铸造工艺方法、工艺特点和应用　铸造方法分砂型铸造和特种铸造，除砂型铸造以外的铸造方法称特种铸造，包括熔模铸造、金属型铸造、压力铸造、低压铸造、壳型铸造、离心铸造、消失模铸造、连续铸造等，其工艺特点和应用见表2.3。

表2.3　各种铸造方法的工艺特点和应用范围

铸造方法	工艺特点	应用范围
手工造型砂型铸造	设备简单,造型灵活,生产效率低,工人劳动强度高,铸件的精度低	大、中、小铸件成批或单件生产
机械造型砂型铸造	铸件的精度低,生产效率高	大批量生产
压力铸造	用金属铸型,在高压、高速下充型,在压力下快速凝固。这是效率高、精度高的金属成形方法,但压铸机、压铸型制造费用高。铸件表面粗糙度 *Ra* 为 3.2～0.8μm,结晶细,强度高,毛坯金属利用率可达95%	大批、大量生产以锌合金、铝合金、镁合金及铜合金为主的中、小型形状复杂、不进行热处理的零件;也用于钢铁铸件,如汽车喇叭、电器、仪表、照相机零件等。不宜用于高温下工作的零件
熔模铸造	用蜡模,在蜡模外制成整体的耐火质薄壳铸型,加热熔掉蜡模后,用重力浇注。压型制造费用高,工序繁多,生产率较低。手工操作时,劳动条件差。铸件表面粗糙度 *Ra* 为 12.5～1.6μm,结晶较粗	各种生产批量,以碳钢、合金钢为主的各种合金和难以加工的高熔点合金复杂零件。零件重量和轮廓尺寸不能过大,一般铸件重量小于10kg。用于刀具、刀杆、叶片、自行车零件、机床零件等
金属型铸造	用金属铸型,在重力下浇注成型。对非铁合金铸件有细化组织的作用,灰铸铁件易出白口。生产率高,无粉尘,设备费用高。手工操作时,劳动条件差。铸件表面粗糙度 *Ra* 为 12.5～6.3μm。结晶细,加工余量小	成批大量生产,以非铁合金为主;也可用于铸钢、铸铁的厚壁、简单或中等复杂的中小铸件;或用于数吨大件,如铝活塞、水暖器材、水轮机叶片等
低压铸造	用金属型、石墨型、砂型,在气体压力下充型及结晶凝固,铸件致密,金属收缩率高。设备简单,生产率中等。铸件表面粗糙度 *Ra* 为 12.5～3.2μm,加工余量小,液态合金利用率可达95%	单件、小批,或大量生产以铝、镁等非铁合金为主的中大薄壁铸件,如发动机缸体、缸盖、壳体、箱体,船用螺旋桨,纺织机零件等。壁厚相差较悬殊的零件不宜选用
壳型铸造	铸件尺寸精度高,表面粗糙度数值小,便于实现自动化生产,节省车间生产面积	成批大量生产,适宜铸造各种材料。多用于泵体、壳体、轮毂等零件

② 砂型铸造工艺过程　砂型铸造是将液体金属浇入砂质铸型型腔中，待铸件冷凝后，将铸型破坏取出铸件的方法。砂型铸造过程包括：制模（模样和芯盒）、配砂、造型、造芯、熔化金属、合箱、浇注与清理、检验等，如图 2.2 所示。

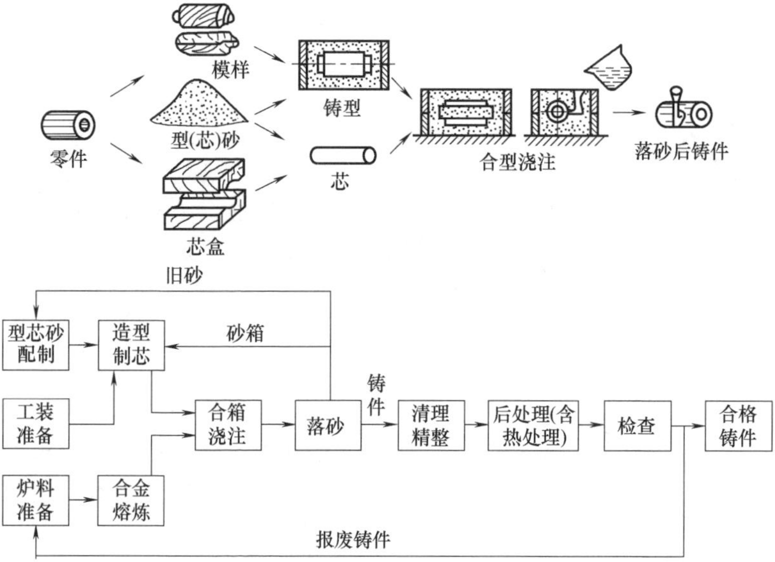

图 2.2　砂型铸造过程

③ 特种铸造工艺过程　特种铸造是指除砂型铸造以外的其他铸造方法。压力铸造的示意过程如图 2.3 所示，金属铸型如图 2.4 所示，熔模铸造过程如图 2.5 所示，离心铸造的示意图如图 2.6 所示。

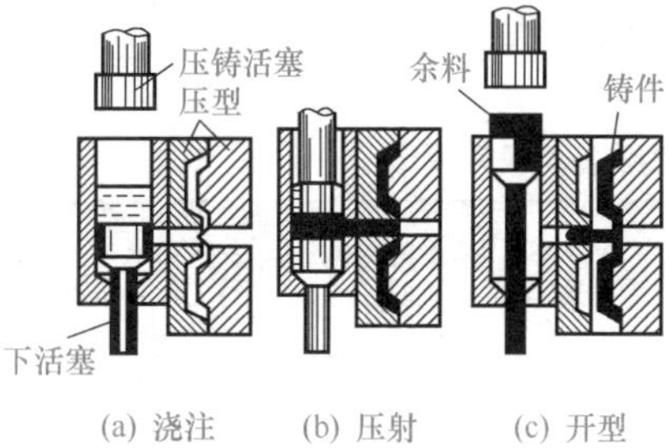

图 2.3　压力铸造

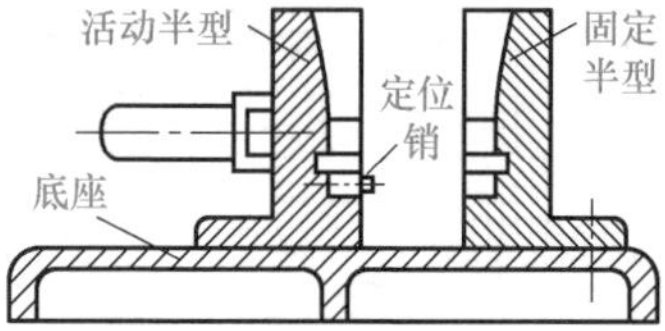

图 2.4　金属型铸造

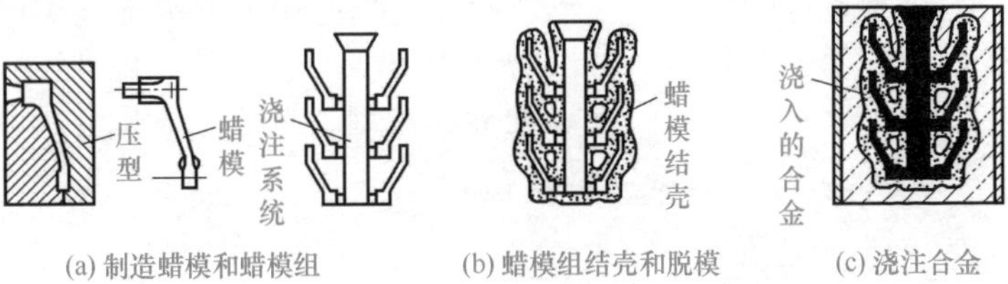

图 2.5 熔模铸造

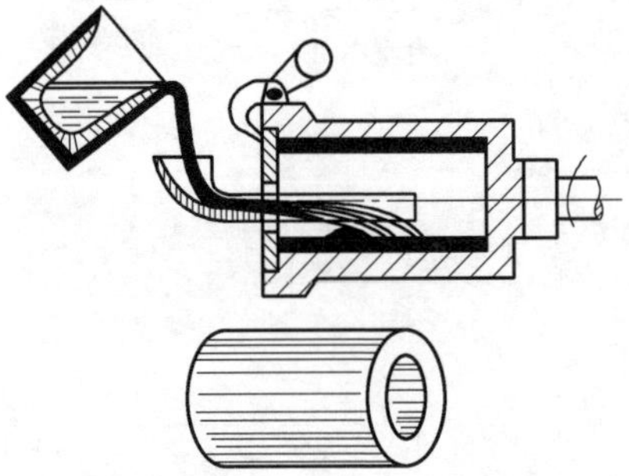

图 2.6 离心铸造

（2）锻压工艺过程

① 锻造方法的工艺特点

锻造加工是利用金属的塑性变形，将加热后的金属坯料通过锻锤或模具的作用，得到一定形状和尺寸的制件。由于在锻造过程中能压合铸锭组织中的裂纹、气孔等缺陷，能获得细晶组织并具有一定的锻造流线，因此锻件与铸件相比，具有较高的力学性能，各种承受重载荷的重要机械零件（如齿轮、轴、曲柄、连杆等）大多以锻件作为毛坯。但由于锻件是在固态下成形的，故无法获得截面形状（特别是内腔）复杂的锻件。

锻造的历史悠久，工艺方法多种多样，其分类方法可按加热温度分为冷锻、温锻和热锻；按所使用的工具可分为自由锻、模锻和胎模锻；还可根据所使用的锻造设备来划分。

钢的热锻、温锻和冷锻特点如表 2.4 所示。

表 2.4 钢的热锻、温锻和冷锻

项目	变形方法		
	热锻	温锻	冷锻
变形温度范围/℃	850～1200	200～850	室温
产品精度(±)/mm	0.5	0.05～0.25	0.03～0.25
产品组织	晶粒粗大	晶粒细化	晶粒细化
产品表面质量	氧化、脱碳	轻微氧化、脱碳	无氧化、脱碳

续表

项目	变形方法		
	热锻	温锻	冷锻
工序数量	少	比冷锻少	多
能量消耗	大	少	少
劳动条件	差	较好，易于组织连续生产	好，可以组织连续生产

② 锻造方法、锻压设备、工艺特点和应用　见表 2.5。

表 2.5　锻造方法的工艺特点和应用

锻造方法	设备类型		工艺特点	应用
	名称	构造特点		
自由锻造	空气锤 蒸汽空气锤 水压机	行程不固定，上下锤头为平的。空气锤振动大，水压机无振动	原材料为锭料或轧材，人工掌握完成各道工序，形状复杂的零件需要多次加热，宜用于锻造形状简单，以及大的环形、盘形零件。适用于锭料开坯、模锻前制坯、新产品试制	单件小批
胎模锻	空气锤 蒸汽空气锤 水压机	行程不固定，上下锤头为平的。空气锤振动大，水压机无振动	在自由锻设备上采用活动胎模。与自由锻相比，锻件形状较复杂，尺寸较精确，节省金属材料，生产率高，设备能力较大。与模锻相比，适用范围广，胎模制造简单，但生产率较低，锻件表面质量及模具寿命较低	批量
锤上模锻	有砧座锤	行程不固定，工作速度 6～8m/s。振动大，有砧座，无顶杆，行程次数 60～100 次/min	可以多次打击成形，打击轻重可以控制。适宜多腔锻模，便于进行拔长，滚压。适用于各类锻件，多采用带飞边开式锻模	大批量
	无砧座锤	下锤头活动，无砧座，模锻时无振动	上下模上下对击，操作不方便，不宜于拔长、滚压。适用于各类锻件，多采用带飞边开式锻模	
热模锻压力机上模锻	热模锻压力机	行程固定，工作速度 0.5～0.8m/s，行程次数 35～90 次/min。设备刚度好，导向准确，有顶杆	金属在每一模腔中一次成形，不宜于拔长、滚压，但可用于挤压，锻件精度较高，模锻斜度小，一般要求联合模锻及无氧化加热或严格清理氧化皮。适用于短轴类锻件；配备制坯设备时，也能模锻长轴类锻件	大批量

续表

锻造方法	设备类型		工艺特点	应用
	名称	构造特点		
平锻	平锻机	行程固定，工作速度0.3m/s，具有互相垂直的两组分型面，无顶出装置。设备刚性好，导向准确	金属在每一模腔中一次成形，除镦粗外，还可切边、穿孔，余量及模锻斜度较小，易于机械化、自动化。需采用较高精度的棒料，加热要求严格。适合锻造各种合金锻件，带大头的长杆形锻件，环形、筒形锻件，多采用闭式锻模	大批量
螺旋压力机上模锻	摩擦螺旋压力机	行程不固定，工作速度1.5～2m/s，有顶杆。一般设备刚性差，打击能量可调	每分钟行程次数低，金属冷却快，不宜拔长、滚压，对偏载敏感。一般用于中、小件单膛模锻；配备制坯设备时，也能模锻形状较为复杂的锻件；还可用于镦锻、精锻、挤压、冲压、切边、弯曲、校正	批量
水压机上模锻	水压机	行程不固定，工作速度0.1～0.3m/s，无振动。有顶杆	模锻时一次成形，不宜多腔模锻，复杂零件在其他设备上制坯。适合锻造镁、铝合金大锻件，深孔锻件，不太适合锻造小尺寸锻件	大批量
辊锻	辊锻机	模腔置于两扇轧辊上，辊锻时轧辊相对旋转	金属在模腔中变形均匀，适合拔长。主要用于模锻前制坯或形状不复杂锻件的直接成形，模锻扁长锻件；冷辊锻用于终成形或精整工序	大批量
辗扩	扩孔机	轧辊相对旋转，工作轧辊上刻出环的截面	变形连续，压下量小，具有表面变形特征，壁厚均匀，精度较高。热辗扩主要用于生产等截面的大、中型环形毛坯，辗扩直径范围40～5000mm，重量6t以上	大批量
热精压	普通模锻设备		与热模锻工艺相比，通常要增加精压工序，要有制造精密锻模和无氧化、少氧化加热及冷却的手段，加热温度低，变形量小。适用于叶片等精密模锻	大批量
冷精压	精压机	滑块与曲轴借助于杠杆机构，滑块行程小，压力大	不加热，其余特点同上。适用于压制零件不加工的配合表面，零件强度及表面硬度均有提高	大批量

续表

锻造方法	设备类型		工艺特点	应用
	名称	构造特点		
冷挤压	机械压力机	采用摩擦压力机需设顶出装置,在模具上设导向、限程装置;采用曲柄压力机需增强刚度,加强顶出装置	适用于挤压深孔、薄壁、异形端面小型零件,生产率高,操作简便,材料利用率达 70%以上。冷挤压用材料应有较好的塑性,较低的冷作硬化敏感性。冷挤压分正挤压、反挤压、复合挤压、镦挤结合几种方式。模具强度、硬度要求较高,锻件精度高	大批量
热挤压	液压挤压机、机械挤压机	采用摩擦压力机需设顶出装置,在模具上设导向、限程装置;采用曲柄压力机需增强刚度,加强顶出装置	适用于各种等截面型材、不锈钢、轴承钢零件,以及非铁合金的坯料。变形力很大,凸凹模强度、硬度要求高,表面应光洁	大批量
镦锻	热镦机 70	行程固定,工作速度为 1.25～1.5m/s,行程次数为 50～80 次/min。设备刚度好,导向准确,四个成形工位都有顶杆	采用整根圆坯料整体加热,自动化热切下料,下料质量高。锻件采用四工位闭式模锻工艺成形,锻件质量高。广泛应用于高质量锻件的大批量生产	大批量
	热镦机 50	行程固定,工作速度为 2.4～4.0m/s,行程次数为 60～100 次/min。设备刚度好,导向准确,四个成形工位都有顶杆	采用整根圆坯料整体加热,自动化热切下料,下料质量高。锻件采用四工位闭式模锻(无飞边锻造)工艺成形,锻件质量高。广泛应用于高质量锻件的大批量生产	大批量

③ 自由锻　常用的自由锻设备有空气锤、蒸汽-空气自由锻锤、液压机等。由于其设备的通用性好，工具简单，所以比较经济。自由锻可锻大型件，锻件的组织细密，力学性能好。但其操作技术要求高，生产效率低。锻件的形状较简单，加工余量较大，精度也较低，主要应用于单件小批量生产。自由锻是在锻锤或压力机上使用通用工具，将坯料在高度方向压缩，水平方向伸长或扩展制造出各种锻件。自由锻时，金属只有部分表面受到工具限制，其余则为自由表面。选用自由锻时，一般小型锻件以成形为主，大型锻件和特殊钢以改善组织性能为主。基本工序有镦粗、拔长、冲孔、弯曲、错移、扭转和切割等。自由锻的基本工序及应用如表 2.6 所示。

表 2.6　自由锻的基本工序及应用

工序名称		定义	图例	应用
镦粗	①镦粗[图(a)] ②局部镦粗[图(b)] ③带尾销镦粗[图(c)] ④展平镦粗[图(d)]	①镦粗：使毛坯高度减小，横截面积增大的锻造工序 ②局部镦粗：在坯料上某一部分进行的镦粗	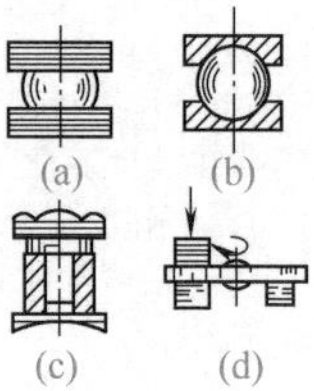	①用于制造高度小、截面大的工件，如齿轮、圆盘等 ②作为冲孔的准备工序 ③增加以后拔长时的锻造比
拔长	①拔长[图(a)] ②芯棒拔长[图(b)] ③芯棒扩孔[图(c)]	①拔长：使毛坯横截面积减小而长度增加的锻造工序 ②芯棒拔长：减小空心毛坯外径(壁厚)，而增加长度的工序 ③芯棒扩孔：减小空心坯料的壁厚，增加内径和外径，以芯棒代替下砧	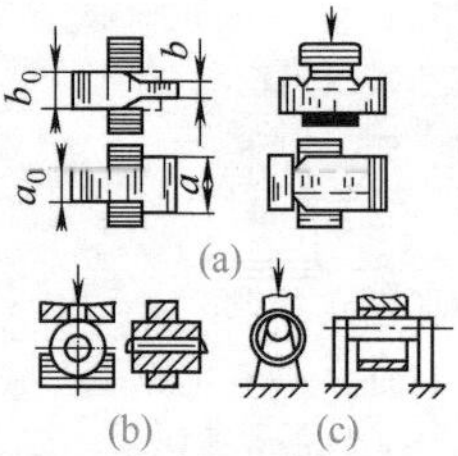	①用于制造长而截面小的工件，如轴、拉杆、曲轴等 ②制造长轴类空心件，如炮筒、透平机主轴、圆环、套筒等
弯曲	①弯曲[图(a)] ②胎模中弯曲[图(b)]	①弯曲：将毛坯弯成所规定的外形的锻造工序 ②胎模中弯曲：在简单工具中改变坯料曲线成为所需外形的工序	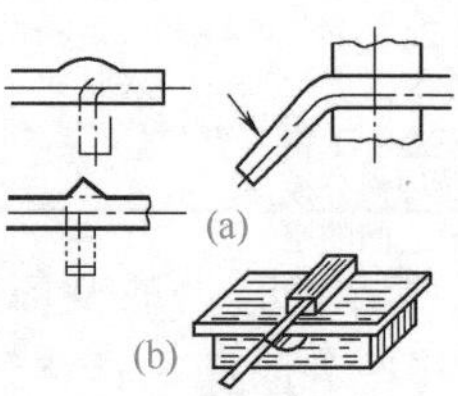	①锻制弯曲形零件，如角尺、U形弯板等 ②可以使流线方向符合锻件的外形而不被割断，锻件质量好，如吊钩等
冲孔	①实心冲子冲孔[图(a)] ②空心冲子冲孔[图(b)] ③板料冲孔[图(c)]	冲孔：在坯料上冲出透孔或不透孔的工序	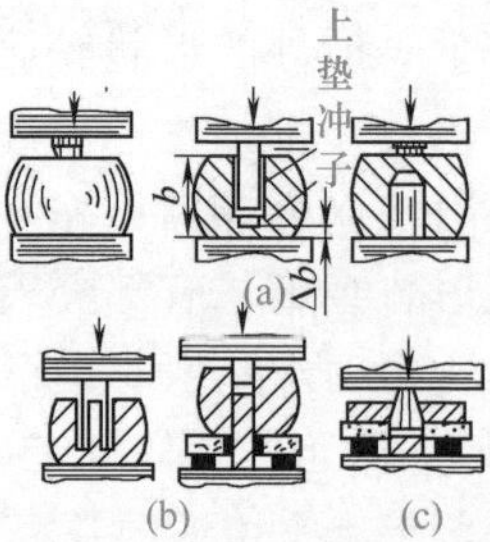	①制造空心件，如齿轮毛坯、圆环、套筒等 ②锻件质量要求高的大工件，可用空心冲子冲孔，去掉质量较小的铸件中心部分

④ 模锻　模锻的生产效率和锻件的精度较高，锻件形状也可以比较复杂。但因需要专用设备和模具，故投资较大，锻件质量较小。适用于小型锻件的大批量生产。常用的模锻设备有蒸汽-空气模锻锤、锻造压力机、螺旋压力机和平锻机等。

模锻是使用为某种锻件专门制造的锻模，将加热的坯料放入锻模内，通过锻锤或压力机的作用，使坯料在模腔形状的控制下塑性变形以获得锻件。根据所使用的设备不同，模锻可分为锤上模锻、胎模锻、压力机和液压机上模锻等，并有其各自的工艺特点。其一般工艺流程如图 2.7 所示。锻模结构及锻模过程如图 2.8 所示。

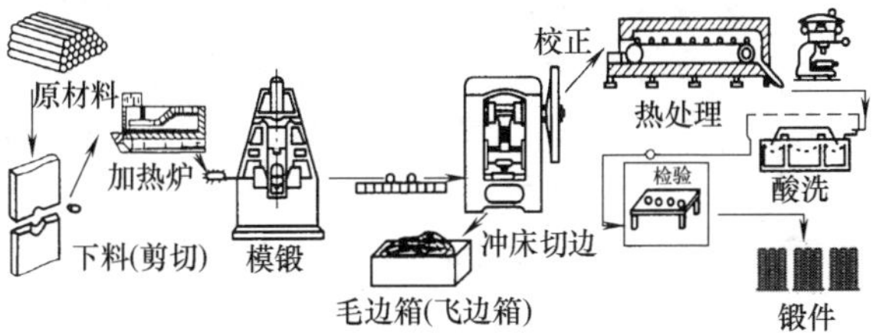

图 2.7　模锻一般工艺流程

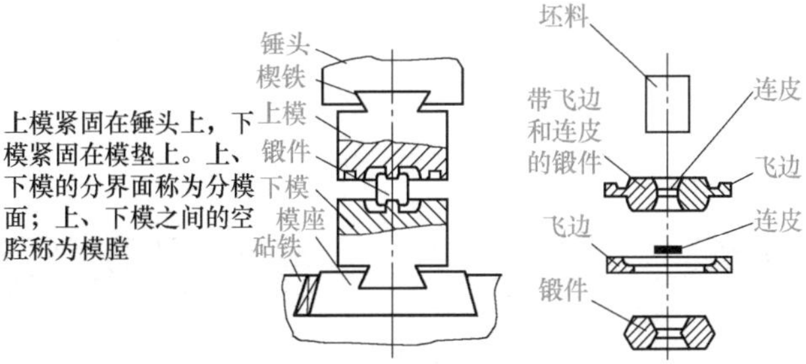

图 2.8　锻模结构及锻模过程

模锻时，将加热好的坯料放在下模膛中，上模随锤头向下运动，当上、下模合拢时，坯料充满整个模膛，多余的坯料流入飞边槽，取出后得到带飞边的锻件。在切边模上切去飞边，便得到所需锻件。

（3）冲压工艺过程

① 冲压成形的特点　冲压是一种金属塑性成形方法，其坯料主要是板材、带材、管材及其他型材，利用冲压设备通过模具的作

用，使之获得所需要的零件形状和尺寸。冲压成形具有生产率高、加工成本低、材料利用率高、操作简单、便于实现机械化与自动化等一系列优点。

冲压成形要求被加工材料具有较高的塑性和韧性，较低的屈强比和时效敏感性，一般要求碳素钢伸长率 $\delta \geqslant 16\%$、屈强比 $\sigma_s/\sigma_b \leqslant 70\%$，低合金高强度钢 $\delta \geqslant 14\%$、屈强比 $\sigma_s/\sigma_b \leqslant 80\%$；否则，冲压成形性能较差，工艺上必须采取一定的措施，从而提高了零件的制造成本。

冲压既能够制造尺寸较小的仪表零件，又能够制造诸如汽车大梁和压力容器封头等大型零件；既能够制造一般尺寸公差等级和形状的零件，又能够制造精密（公差在微米级）和复杂形状的零件。冲压件的重量轻、厚度薄、刚度好。它的尺寸公差是由模具保证的，所以质量稳定，一般不需要再经机械切削即可使用。冷冲压件的金属组织与力学性能优于原始坯料，表面光滑美观。

② 冲压工艺的组成　冲压工艺可分为分离工序和成形工序两大类。分离工序是在冲压过程中使冲压件与坯料沿一定的轮廓线相互分离，同时冲压件分离断面的质量也要满足一定的要求，见表 2.7；成形工序是使冲压坯料在不被破坏的条件下发生塑性变形，并转化成为所要求的成品形状，同时也应满足尺寸公差等方面的要求，见表 2.8。

表 2.7　冲压的分离工序

工序名称	简图	特点及常用范围
切断	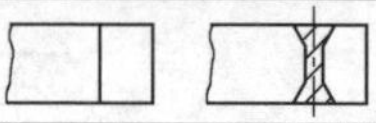	用剪刀或冲模切断板材，切断线不封闭
落料		用冲模沿封闭线冲切板料，冲下来的部分为工件
冲孔	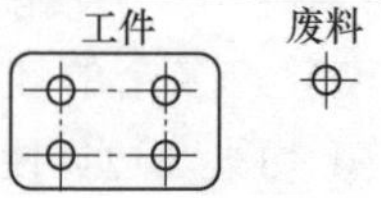	用冲模沿封闭线冲切板料，冲下来的部分为废料
切口	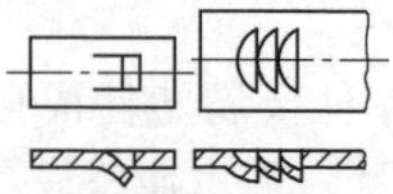	在坯料上沿不封闭线冲出缺口，切口部分发生弯曲，如通风板

续表

工序名称	简图	特点及常用范围
切边	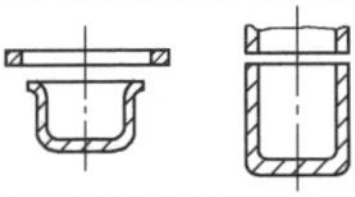	将工件的边缘部分切掉
剖切	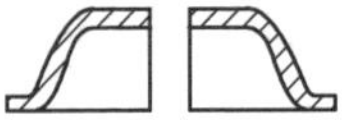	把半成品切开成两个或几个工件，常用于成双冲压

表 2.8　冲压的成形工艺

工序名称		简图	特点及常用范围
弯曲	压弯	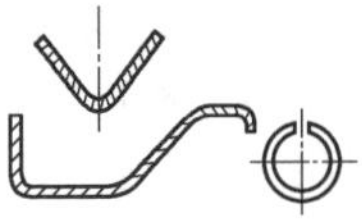	把坯料弯成一定的形状
	卷板		对板料进行连续三点弯曲，制成曲面形状不同的零件
	滚弯	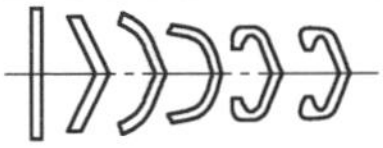	通过一系列轧辊把平板卷料滚变成复杂形状
	拉弯		在拉力与弯矩共同作用下实现弯曲变形，可得精度较好的零件
拉深	拉深	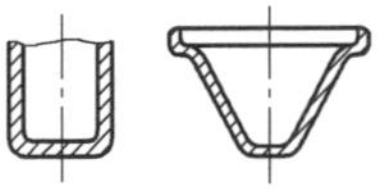	把平板形坯料制成空心工件、壁厚基本不变
	变薄拉深	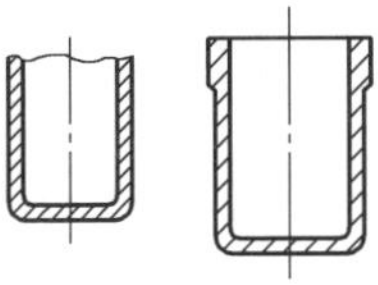	把空心工件拉深成侧壁比底部薄的工件
成形	缩口	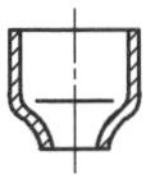	把空心工件的口部缩小

续表

工序名称		简图	特点及常用范围
成形	翻边	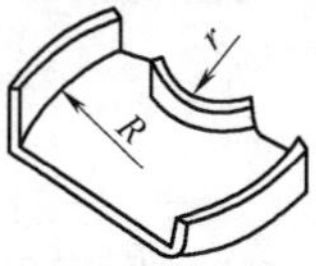	把工件的外缘翻起圆弧或曲线状的竖立边缘
	翻孔	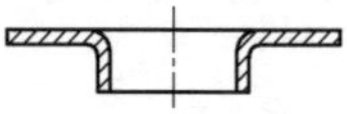	把工件上有孔的边缘翻出竖立边缘
	扩口	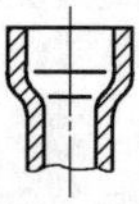	把空心工件的口部扩大，常用于管子
	起伏	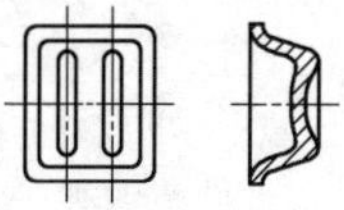	把工件上压出筋条、花纹或文字，在起伏处的整个厚度上都有变形
	卷边	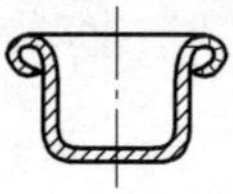	把空心件的边缘卷成一定形状
	胀形	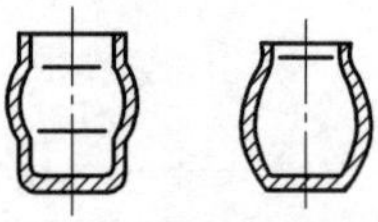	使工件的一部分凸起，呈凸肚形
	整形	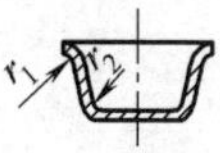	把形状不太准确的工件校正成形，如获得小的 r 等
	校平		校正工件的平直度
	压印	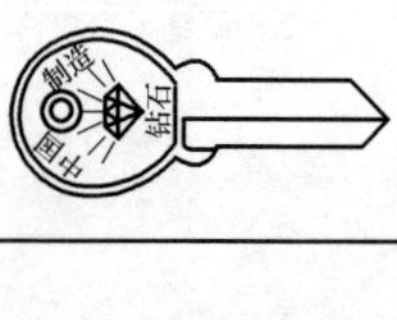	把工件上压出文字或花纹，只在制件厚度的一个平面上有变形

按照冲压时的温度不同有冷冲压和热冲压两种方式，通常所说的冲压是指冷冲压。冷冲压是金属在常温下的加工，一般适用于厚度小于 4mm 的坯料。优点为不需加热、无氧化皮，表面质量优于热冲压，操作方便，费用较低。缺点是有加工硬化现象，严重时使金属失去进一步变形能力。热冲压是将金属加热到一定的温度范围的冲压成形方法。优点为可消除内应力，避免加工硬化，增加材料的塑性，降低变形抗力，可减少设备的动力消耗。

③ 冲裁加工　冲裁是利用冲模使材料分离的工艺，是落料、冲孔、切断、切边、切口和剖切等工序的总称。冲裁间隙是指凸凹模刃口间的缝隙距离（图 2.9 中的 z）。冲裁间隙的大小直接影响冲裁断面的质量，是冲裁工艺计算及模具设计中最主要的工艺参数。通常，冲裁间隙为材料厚度的 5%～10%，薄、软材料，断面质量和尺寸精度要求高时取小值；厚、硬材料，要求模具寿命长时取大值。

冲裁力的计算公式为

$$F=(0.8\sim0.9)tL\sigma_b(\mathrm{N}) \tag{2.3}$$

式中　t——板厚，mm；

L——冲裁内外周边的总长，mm；

σ_b——材料的抗拉强度，MPa。

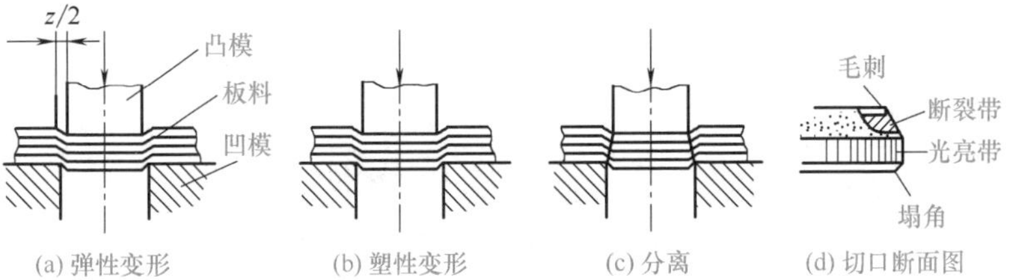

图 2.9　冲裁变形过程

④ 弯曲加工　弯曲是将板材、型材或管材弯成一定的曲率和角度的工序。根据所采用的设备和工具不同，弯曲分为压弯、滚弯、拉弯和转板。弯曲变形的过程（图 2.10）是由弹性变形到塑性变形的过程，所以施加的弯曲力必须大于材料的弹性极限。

⑤ 铝罐的加工过程　装饮料用的普通铝罐的加工过程如图 2.11

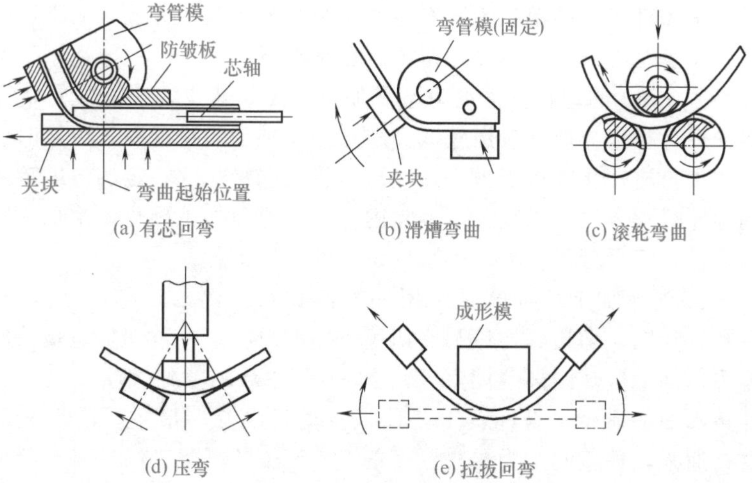

图 2.10　弯曲变形过程

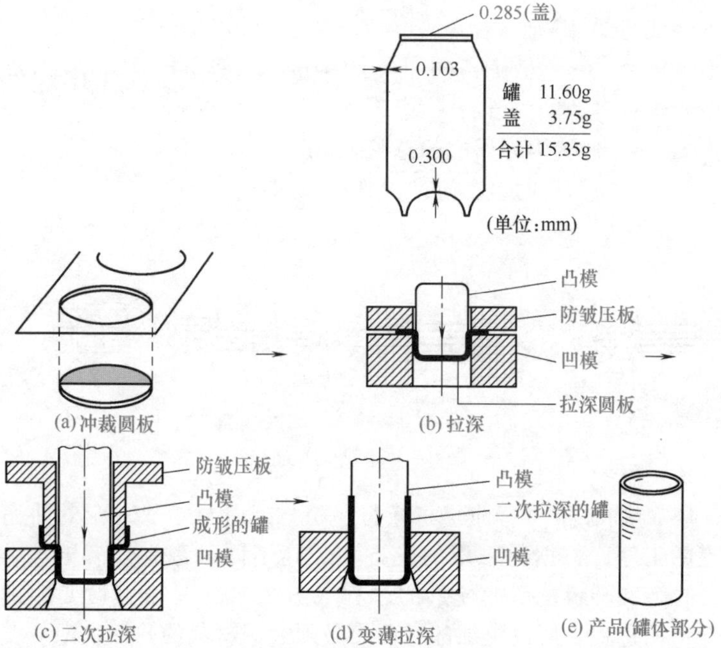

图 2.11　铝罐的加工过程

所示。先将铝板冲裁成圆板形坯料，利用凸模和凹模进行一次拉深加工。随后，为了增加深度，需要再次拉深加工。最后，为了进一步增加深度并减薄坯料的厚度，还要再次进行变薄拉深加工。由于加工硬化现象会使材料硬度增加，所以得到的铝罐强度较高并且表面具有光泽。

铝罐又称为 DI（drawn and ironed）罐，由盖和容器两部分组成。在批量加工时，通常采用带料连续拉深工艺（图 2.12）。带料连续拉深的方法加工速度快，生产效率高，每分钟可加工 DI 罐 1000 个，但要求使用质量好（塑性）的铝合金材料。

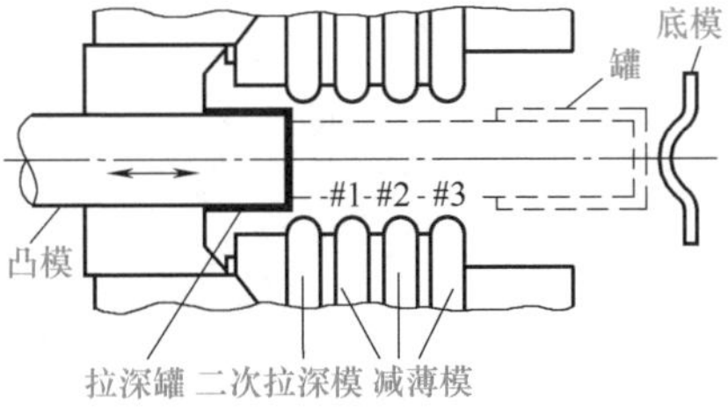

图 2.12　铝罐的带料连续拉深工艺（DI 成形法）

（4）粉末冶金成型工艺过程

粉末冶金是将金属粉末放入金属模具中压制成型，然后在高温下使粉末烧结得到制品的成型方法。它属于烧结成型。用粉末冶金成型的零件力学性能高，但不能制作形状复杂的零件。形状复杂的机械零件常用切削加工、熔化金属成型的方法制作。

① 制作方法　将原料——金属粉末放入金属模具中，使其在 200～700MPa 压力的作用下压缩成型。然后将压缩成型体放入加热炉中，在 760～800℃ 的温度下烧结。这样得到的制品的孔隙率为 20%～30%。如果将其放入另一模具中再次压缩，就能获得孔隙率为 5%～10%、力学性能很高的零件。

粉末冶金的应用包括机械零件、电工和电子元件、多孔元件、难熔金属制品、硬质合金、金刚石制品、原子能元件等。这些制品有的只能用粉末冶金制造，制造的元件与其他方法相比，能保证更好的性能、更高的经济效益。粉末冶金技术对新材料的发展也起到重要的作用，如超导材料、超细粉材料、纳米材料、非晶材料、精细陶瓷、高温合金、复合材料、梯度材料、储氢材料的制取及产业化都离不开粉末冶金技术。例如，电风扇、洗衣机的电机轴承是含油轴承。这种轴承采用多孔质的粉末冶金材料，成型后在该材料中渗入润滑油。含油轴承的特点是不需要经常加润滑油。

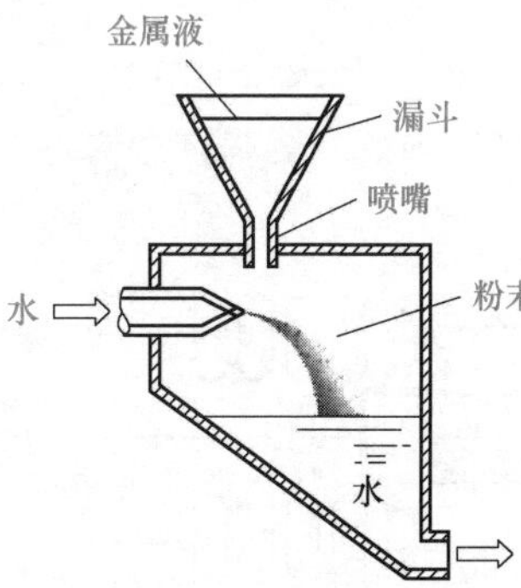

图 2.13　金属粉末的制备方法（雾化法）

② 金属粉末的制备　可以说任何材料成形工艺的成败都取决于原材料的质量。在某些情况下，粉末原料的质量甚至决定粉末合金的品质。金属粉末的种类很多，有铁粉、铜粉、锡粉、铝粉及钨粉等。常用的制备金属粉末方法有雾化法（图 2.13）、粉碎法和还原法等。粉末冶金的工艺过程如图 2.14 所示。

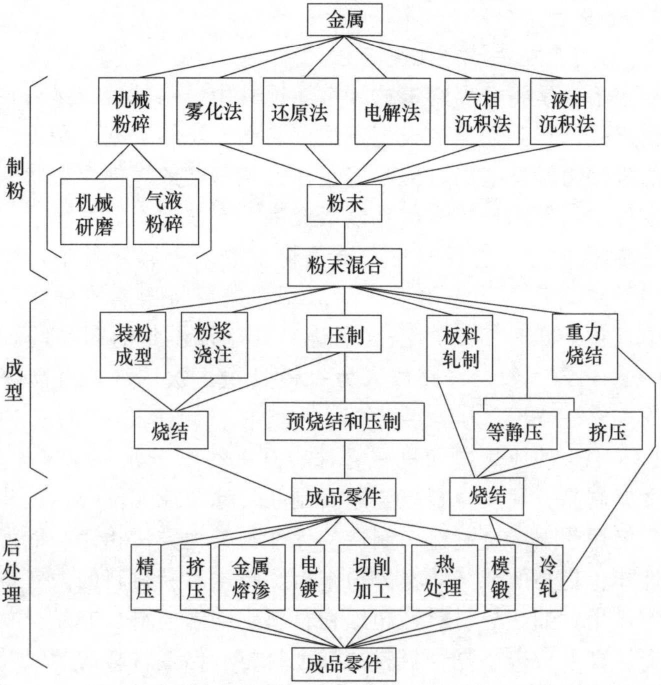

图 2.14　粉末冶金的工艺过程

（5）注塑成型工艺过程

塑料具有加热后软化的性质。将加热软化的塑料以高压注入金属模具中，冷却后得到塑件的加工塑料制品的方法称为注塑。

① 塑件的制作方法　制作塑件时，先将片状或颗粒状的塑料原料加热使其软化呈流动状态，然后以高压将原料注射到金属模具的型腔中。图 2.15、图 2.16 为注塑机的结构图。

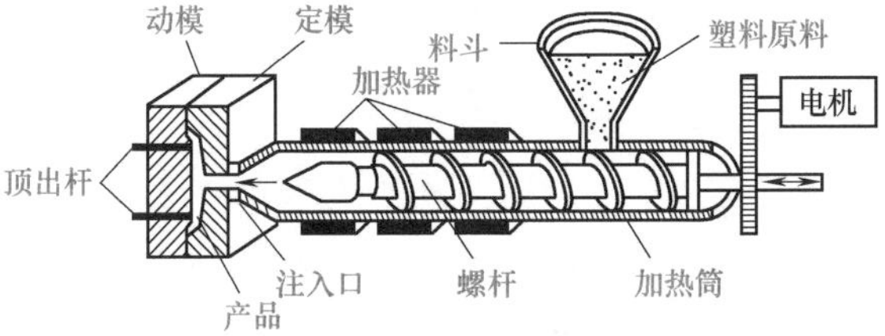

图 2.15　螺旋式注塑机

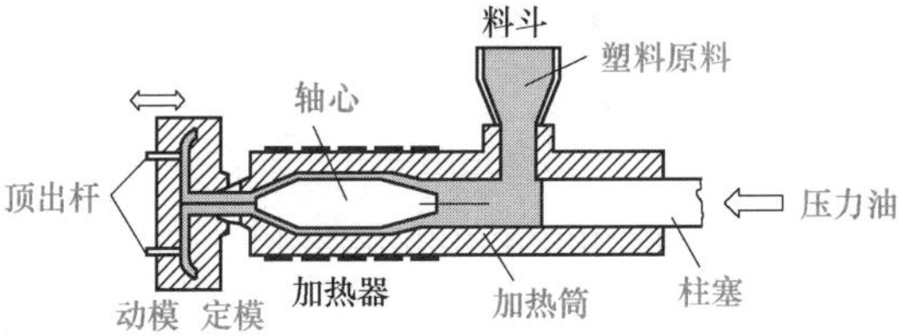

图 2.16　柱塞式注塑机

塑料原料由料斗送入加热筒中加热，将加热软化的原料用螺杆或柱塞压入金属模具中成型，经冷却得到塑件。注塑成型适于大批量生产同一形状、尺寸的产品。

② 塑料产品　可以在塑料中加入陶瓷粉、玻璃纤维或碳纤维等材料来制作零件，加入其他材料的目的是提高塑料件的强度或性能，这种塑料称为强化塑料。强化塑料常用来制作体育用品、螺杆等大型产品。

2.2　金属切削基本知识

2.2.1　零件表面切削成形方法

在机械零件加工过程中，机床提供给刀具与工件的相对运动和相互切削作用力，把工件上多余的材料切除，获得所要求的零件表面。机床提供给刀具与工件的相对运动称表面成形运动。表面成形运动的原理是几何表面成形方法和微分几何理论。它是机床设计和调整的理论基础，也是表面成形的依据。

（1）零件上的常用表面

机械零件上的表面由一个或多个表面构成。常用的表面有：平面、圆柱面、圆锥面、球面、圆环面、螺旋面、齿面、成形表面等，如图 2.17 所示。

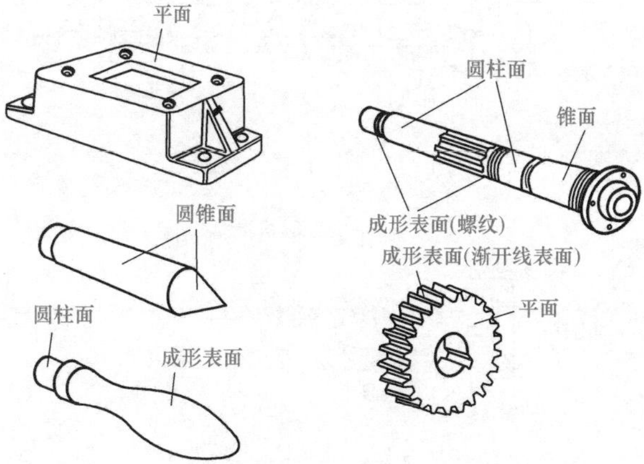

图 2.17　机械零件上的常用表面

（2）零件表面的成形方法

在切削加工中，表面成形的依据是几何学以及微分几何的点动成线和线动成面的原理。

点在平面上沿一定方向运动所形成的轨迹为直线。点在空间中变动方向运动所形成的轨迹为曲线，如弧线、抛物线、双曲线、圆、波纹线、蛇形线等。

一条动线（直线或曲线）在平面上连续运动所形成的轨迹为平面，在空间中连续运动所形成的轨迹为曲面。形成曲面的动线称为母线。母线在曲面中的任一位置称为曲面的素线。用来控制母线运动的面、线和点称为导面、导线和导点。

如图 2.18 所示的表面，可以看作是一条母线沿着一条导线的运动轨迹。在切削成形中，母线和导线统称为表面形成的发生线。

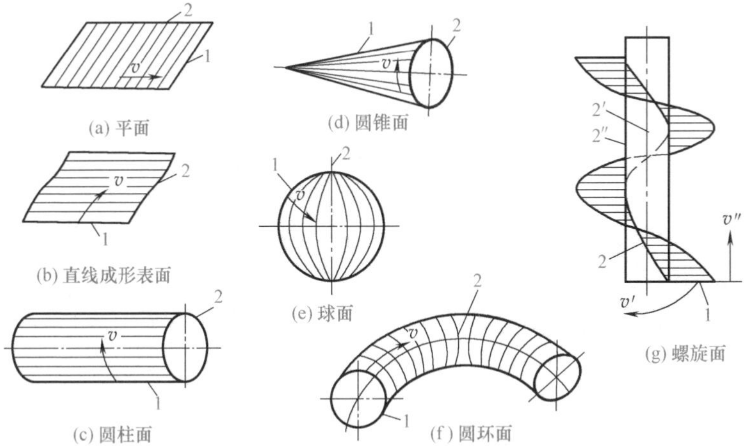

图 2.18　组成工件轮廓的几种几何表面

如图 2.18 (a) 所示，平面的形成原理是直线 1（母线）沿着直线 2（导线）移动就形成了平面。例如，刨削平面、周边砂轮磨平面就是这种成形原理。直线 1（母线）和直线 2（导线）是平面形成的两条发生线。

若直线 1 变为圆弧曲线时，且与直线 2 共面，曲线 1（母线）沿直线 2（导线）移动也形成平面，例如端面铣刀铣平面和端面砂轮磨平面就是这种成形原理。

如图 2.18 (b) 所示，直母线成形表面的形成原理是直线 1（母线）沿着曲线 2（导线）移动就形成了直线成形面。例如，刨削成形表面和直齿圆柱铣刀铣成形表面。

如图 2.18 (c) 所示，圆柱面的形成原理是直线 1（母线）沿着圆 2（导线）移动就形成了圆柱面。例如，长直线刃成形车刀车圆。当圆 2（母线）沿着直线 1（导线）移动时，同样也能形成圆柱面，如拉削。由此引出可逆表面的概念，母线和导线可以互换的表面称可逆表面。

图 2.18（c）～(g）都是回转曲面。车削成形是典型的回转表面成形。

图 2.18（c）所示的圆柱表面是由母线 1（直线）绕某轴线（导线）旋转一周形成的回转表面。也可以把它看成是矩形的一条长边（母线）绕另一长边（导线）旋转一周形成的回转表面（母线与导线平行同面）。

图 2.18（d）是母线 1（直线）与平面内的轴线（导线）相交（交点称导点），母线绕某轴线和交点旋转一周形成的回转表面，也可以看成是直角三角形的斜边（母线）绕直角边（导线）旋转一周形成的回转表面。

图 2.18（e）所示的球面是母线（半圆弧）绕某轴线（导线）旋转一周形成的回转表面。也可以看成是半圆（母线）绕直径（导线）旋转一周形成的回转表面。

图 2.18（f）所示的圆环面是母线 1（圆）沿导线 2 的运动轨迹，也可以看成是绕某轴线（导线 2）旋转一周形成的回转表面（圆环表面）。

图 2.18（g）所示的螺旋面是直线（母线）绕某轴线（导线）螺旋运动所形成的回转表面。

还需注意，有些表面的两条发生线完全相同，只因母线的原始位置不同，就可能形成不同的表面。如图 2.19 所示，母线皆为直线 1，导线皆为回转的圆 2，轴线皆为 O-O，所需的运动也相同，但由于母线相对于旋转轴线 O-O 的空间位置不同，所产生的表面就不相同，即圆柱面、圆锥面和双曲面（母线与导线不同面）。由此看出，刀具与工件在机床上的相对运动位置关系，是保证表面形状精度的一个重要因素。

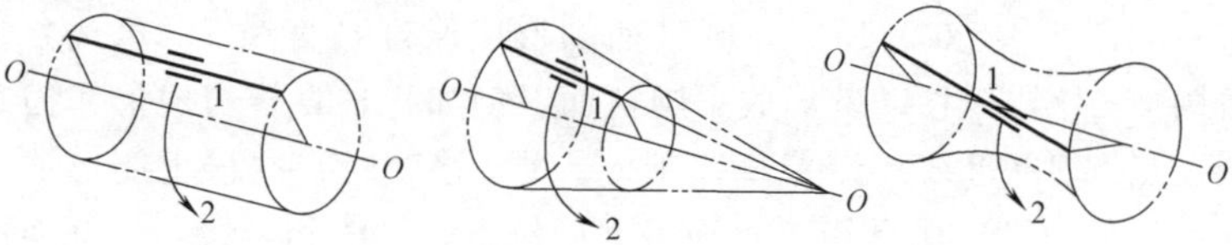

图 2.19　母线原始位置变化时的形成表面

（3）发生线的形成方法及所需运动

发生线的形成方法与刀刃形状、接触形式有密切的关系。如图 2.20 所示，切削刃的形状与发生线接触形式有三种：切削刃的形状为一切削点，与发生线点接触；切削刃的形状为一条线，与发生线形状完全吻合；切削刃的形状为一条线，与发生线相切。

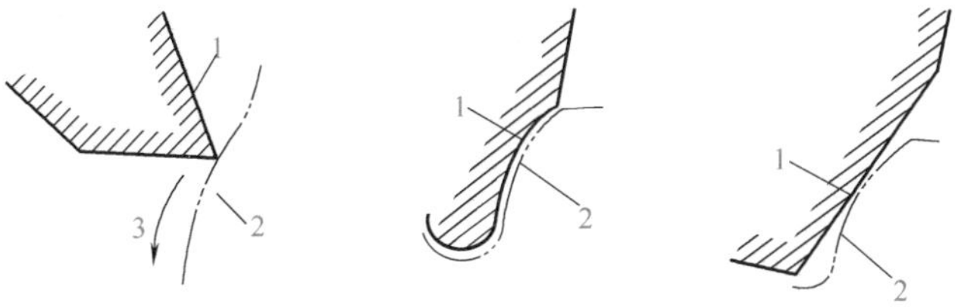

图 2.20　切削刃形状与发生线的关系

根据切削刃形状和加工方法不同，发生线的形成方法可归纳为四种，如图 2.21 所示。

① 轨迹法　如图 2.21（a）所示，切削刃的形状为一点 1，切削刃沿着一定轨迹 3 运动所形成发生线 2（与轨迹 3 相同或相似）的切削加工方法称轨迹法。采用轨迹法形成发生线需要 1 个独立的成形运动。

② 成形法　如图 2.21（b）所示，切削刃的形状为一条切削线 1，它的形状与需要成形的发生线 2 一致，因此用成形法来形成发生线，不需要运动。

③ 相切法　如图 2.21（c）所示，切削刃的形状为旋转刀具圆周上的一点 1，切削时刀具的切削刃绕刀具轴线作旋转运动，同时刀具的旋转轴心线沿一定的运动轨迹 3（发生线 2 的等距线）作轨迹运动，这样所形成发生线 2 的切削加工方法称相切法。用相切法形成发生线需要（切削刃的旋转运动和刀具的旋转轴心线的轨迹运动）2 个独立的成形运动。

④ 展成法　展成法也称范成法，如图 2.21（d）所示，它是利用刀具与工件作共轭的展成运动形成发生线的切削加工方法，刀具的切削刃的形状为一条线 1，与需要成形的发生线 2 不相吻合。切

削刃相对工件按一定的运动规律作共轭运动（如一对渐开线直齿圆柱齿轮啮合时的相对运动），所形成的包络线就是发生线。展成法一般用来加工齿类零件的齿形，如齿轮的渐开线。

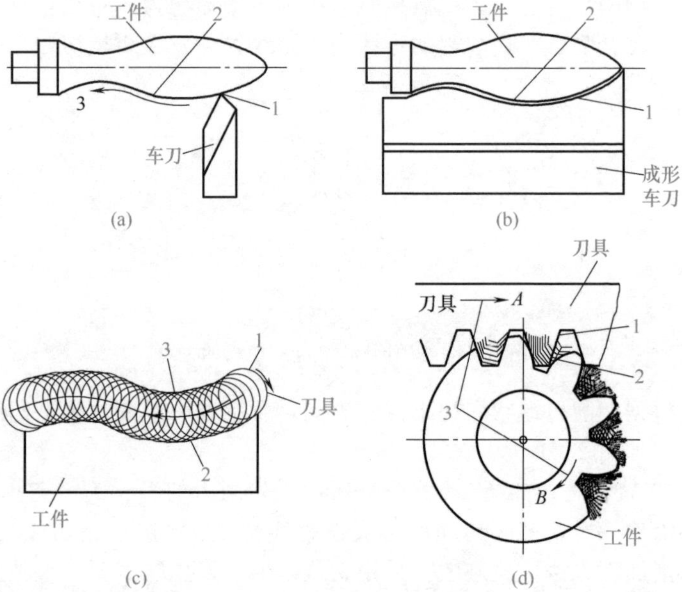

图 2.21　形成发生线的四种方法

(4) 零件表面成形运动及其表示方法

形成零件表面所需的成形运动就是形成其母线及导线所需的成形运动的和。为了切削加工这些表面，机床上必须具有完成表面成形所需的成形运动。

形成工件表面发生线的运动形式有直线运动、回转运动和空间运动。由于直线运动和回转运动在机床上容易实现，我们称之为简单运动。为了便于表面成形运动分析，表示表面成形运动的形式和数目，直线运动形式用字母 A 表示，回转运动形式用字母 B 表示，成形运动的数目和顺序用阿拉伯数字表示，将其以下标的形式标注成运动形式字母 A 或 B 的下标。如 B_1 的 B 表示回转运动，下标 1 表示第 1 个成形运动，见图 2.22。

对于发生线的成形运动形式是空间运动，由于它们在机床上不容易实现（使机床的结构复杂）或无法实现。只有几种特殊表面的成形运动，如螺旋运动、渐开线展成运动、花键展成运动，在机床上通过简单运动（直线运动和回转运动）的合成而得以实现，这些运动称复合运动。复合运动在表面成形运动中属于一个独立运动，而它们在机床上是由两部分或更多部分组成，因此，表示复合运动就需要用二位阿拉伯数字下标，第一位表示独立成形运动的序号（该复合运动组成部分的第 1 位下标相同），第二位下标表示该复合运动组成部分的序号。如螺旋运动表示分为 B_{11} 和 A_{12}，见图 2.23。

例 1　如图 2.22 所示，用成形车刀车削成形回转表面，试分析其母线、导线的成形方法及所需要的成形运动，并说明形成该表面共需要几个成形运动。

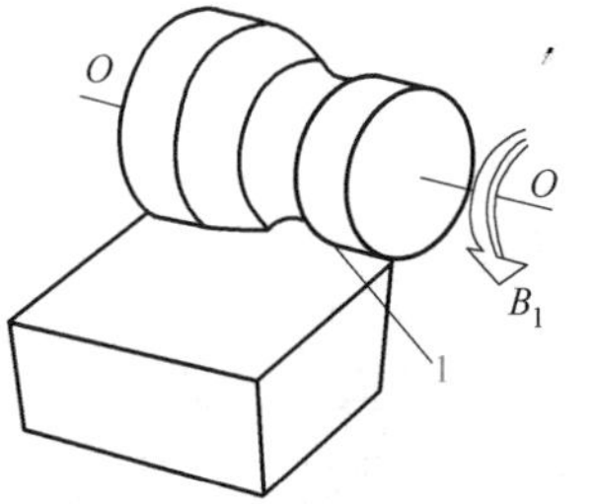

图 2.22　车削成形回转表面

分析：

母线（曲线 1）：刀具的切削刃与曲线 1 吻合，形成发生线 1 采用的是成形法，不需要成形运动。

导线（母线 1 上的各点绕轴线 O-O 旋转的运动轨迹，即圆）：成形刀具的每一点形成绕 O-O 轴线的轨迹圆，需要作轨迹运动，即发生线圆由轨迹法形成，需要 1 个成形运动 B_1。

形成成形回转表面的成形运动总数目是形成母线和导线所需成形运动的和，即 1 个成形运动（B_1）。

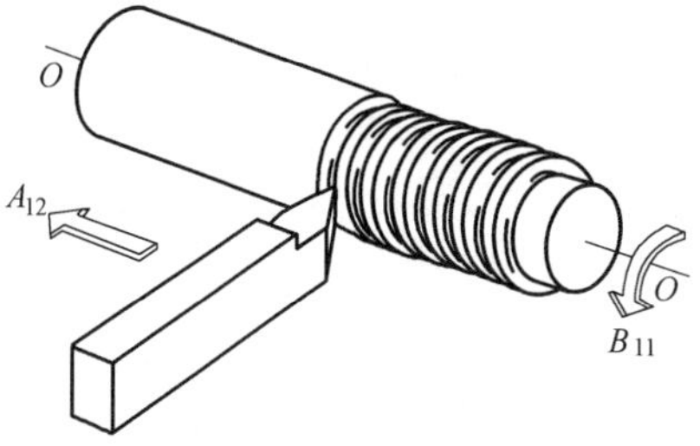

图 2.23　车削三角螺纹

例 2　如图 2.23 所示，用螺纹 60°成形车刀车削三角螺纹，试分析其母线、导线的成形方法及所需要的成形运动，并说明形成该表面共需要几个成形运动。

分析：

母线：牙形（在螺纹轴向剖面轮廓形状，如60°三角形）。成形车刀切削刃的形状与发生线的形状一致，形成发生线（牙形）采用成形法，不需要成形运动。

导线：螺旋线。形成螺旋线需要刀具相对工件作空间螺旋轨迹运动，采用轨迹法，需要1个成形运动（螺旋复合运动）。

由于螺纹刀绕工件作空间螺旋轨迹运动在机床上很难实现，因此，将1个空间螺旋运动分解为工件旋转 B_{11} 和刀具直线移动 A_{12} 两部分，B_{11} 和 A_{12} 之间的运动关系必须满足 B_{11} 转1（转），A_{12} 移动被加工螺纹的1个导程的距离。

形成螺纹表面的成形运动总数是形成母线和导线所需成形运动的和，即1个空间螺旋轨迹运动（B_{11} 和 A_{12}）。

例3　如图2.24所示，用齿轮滚刀滚切直齿圆柱齿轮，试分析其母线、导线的成形方法及所需要的成形运动，并说明形成该表面共需要几个成形运动。

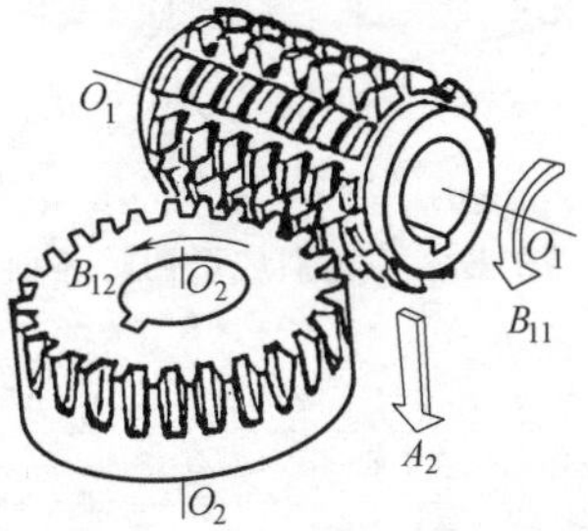

图2.24　滚切直齿圆柱齿轮

分析：

母线：渐开线。形成发生线（齿轮的齿形渐开线），采用展成法，需要1个复合的展成运动（B_{11} 和 B_{12}），B_{11} 和 B_{12} 之间的运动关系必须满足 B_{11} 转1（转），B_{12} 转 K/Z（转），K 为滚刀的头数，Z 为被加工工件的齿数。

导线：直线（齿槽的直母线）。形成发生线（齿槽的直母线），采用轨迹法，需要1个成形运动 A_2。

形成直齿圆柱齿轮的齿面，共需要2个独立成形运动（B_{11}、B_{12}，A_2）。

习惯上把滚切齿轮看成是铣削，认为形成导线（直线或直线齿槽），由相切法形成，需要2个成形运动 B_{11} 和 A_2。由于 B_{11} 是展成运动的一部分，故形成直齿圆柱齿轮的齿面，总共需要2个独立成形运动（B_{11}、B_{12}，A_2）。

这两种分析方法都合乎情理，从不同角度分析问题值得提倡。由于工件表面的加工方法不同，其成形运动也就不同，希望开阔思路，从而提出不同的分析和解决问题的方法。

2.2.2　切削运动与工件表面

切削（cutting）是用切削工具将坯料或工件上多余材料切除，以获得所要求的几何形状、尺寸精度和表面质量的加工方法（GB/T 6477—2008）。切削过程是刀具与工件之间相对运动相互作用（如力、摩擦、热等作用），切除工件上多余的材料变成切屑（废弃的部分材料），获得所要求工件表面的过程。

（1）切削运动

在切削中，刀具与工件之间的相对运动称切削运动。它是形成工件表面的运动，也称表面成形运动。按其在切削中的作用分为主运动和进给运动，如图 2.25（a）所示。

① 主运动（primary motion）　主运动由机床或人力提供，是切除工件上多余材料形成新表面的主要切削运动，其大小用切削速度 v_c 表示。通常主运动的速度较高，消耗的功率最多。一种切削方法只有一个主运动，如车削的主运动是工件的旋转运动，铣削的主运动是刀具旋转运动，刨削的主运动是刀具往复直线运动，磨削的主运动是砂轮旋转运动。主运动可以由工件完成，也可以由刀具完成；运动形式可以是直线运动，也可以是旋转运动。

② 进给运动（feed motion）　进给运动由机床或手动提供，并与主运动配合间歇地或连续不断地将多余金属层投入切削，形成所要求的几何表面，其大小用进给速度 v_f 表示。进给运动的运动速度较低，消耗功率较少。进给运动可以是连续的（如车外圆），也可以是间歇的（如刨削），可以由刀具完成，也可以由工件完成，数量上可以没有进给运动（如拉削），也可以有一个进给运动（如车削和钻削），还可以有两个进给运动（如磨外圆）。

③ 主运动与进给运动的合成（GB/T 12204—2010）　主运动与进给运动的矢量和称合成运动（resultant cutting motion），如图 2.25（b）所示。

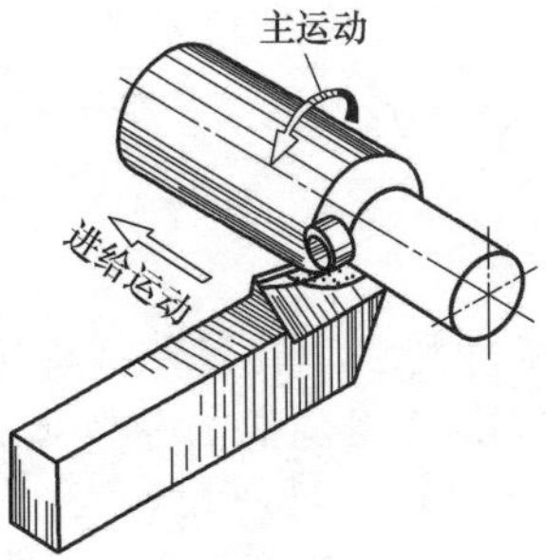

(a) 切削运动

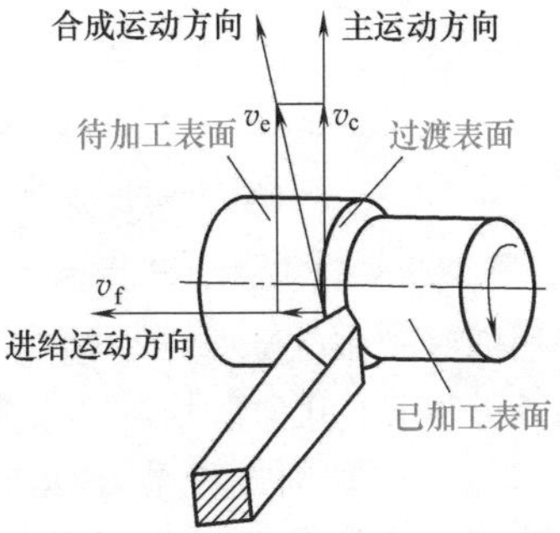

(b) 切削运动与工件表面

图 2.25　切削运动和工件表面

主运动方向（direction of primary motion）是切削刃选定点相对于工件的瞬时主运动方向。主运动大小是切削刃选定点相对于工件的主运动的瞬时速度，称切削速度（cutting speed），用符号 v_c 表示，单位是 m/min（磨削用 m/s）。

进给运动方向（direction of feed motion）是切削刃选定点相对于工件的瞬时进给运动的方向。进给运动大小是切削刃选定点相对于工件的进给运动的瞬时速度，称进给速度（feed speed），用符号 v_f 表示，单位是 m/min（或 m/s）。

合成运动方向（direction of resultant cutting speed）是切削刃选定点相对于工件的瞬时合成切削运动的方向。合成运动大小是切削刃选定点相对于工件的合成切削运动的瞬时速度，称合成切削速度（resultant cutting speed），用符号 v_e 表示，单位是 m/min（或 m/s）。

④ 铣削与钻削运动　铣削和钻削的切削刃选定点及其切削运动如图 2.26 所示，图中的 p_{fe} 是工作平面。切削刃选定点一般选择特殊点，如刀尖、瞬时切削速度最大的那一点。

（2）工件表面

在切削中，工件上的一层材料不断地被刀具切除形成新表面。在新表面形成过程中，工件上有三个不断变化的表面，分别是待加工表面、已加工表面和过渡表面，见图 2.25（b）。

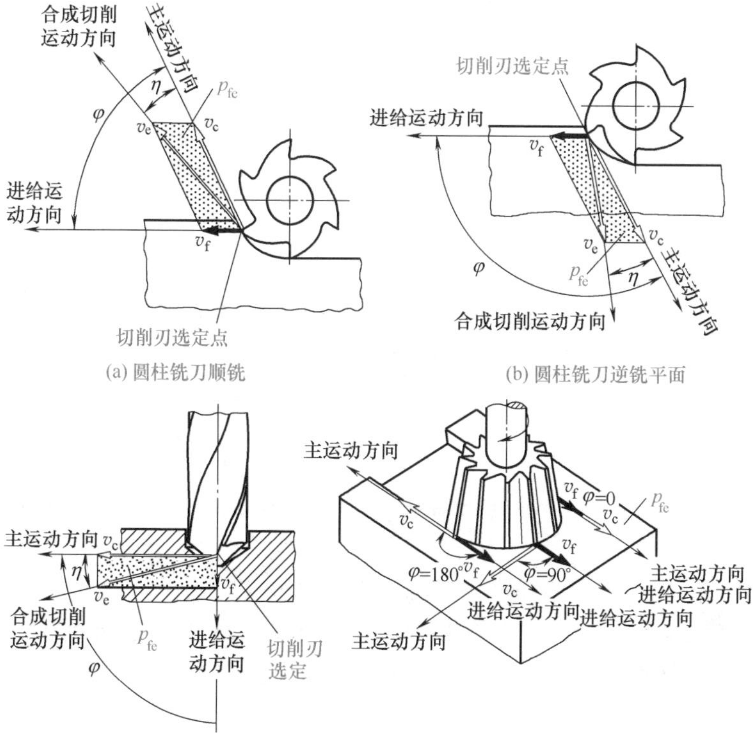

(a) 圆柱铣刀顺铣　(b) 圆柱铣刀逆铣平面　(c) 麻花钻头钻孔　(d) 立铣刀铣槽的三个切削刃选定点

图 2.26　铣削、钻削切削刃选定点及其切削运动

待加工表面（work surfaces）：工件上有待切除的表面。

已加工表面（machined surfaces）：工件上经刀具切削后形成的表面。

过渡表面（transient surfaces）：工件上由刀具切削刃形成的那部分表面，它在下一切削行程或刀具（或工件）的下一转里被切除，或者由下一切削刃切除。

2.2.3　切削用量（GB/T 4863—2008）

从工艺的角度看，切削用量（cutting conditions）是在切削加工过程中的切削速度、进给量和切削深度的总称。通常把切削速度、进给量和切削深度称为切削用量三要素。切削用量是非常重要的工艺参数，可用来直接或间接衡量生产率、刀具寿命、表面质量，还可用来计算切削力和切削功率。在实际生产中，工艺人员或操作人员是根据不同的工件材料、刀具材料和其他要求来选择合理的切削用量。

（1）切削速度v_c

切削速度（cutting speed）是在进行切削加工时，刀具切削刃上的某一点相对于待加工表面在主运动方向上的瞬时速度。切削速度的单位是 m/min 或 m/s。

对于主运动是回转运动的机床，切削速度的计算公式为：

$$v_c=\frac{\pi dn}{1000} \tag{2.4}$$

式中 d——工件或刀具上某点的回转直径，如外圆车削中为工件上的待加工表面直径，钻削中为钻头的直径，磨削中为砂轮的直径，mm；

n——工件或刀具的转速，切削为 r/min 或 r/s。

对于主运动是直线运动的机床，如刨床和插床，主运动参数是刨刀和插刀的每分钟往复次数（次/min），其平均切削速度是行程与单位时间内往复次数乘积的 2 倍。

（2）进给量 f

进给量（feed）是刀具在进给运动方向上相对工件的位移量，可用刀具或工件每转一转或每行程的位移量来表示和度量。如车削和钻削的进给量用字母 f 表示，单位为 mm/r。

每齿进给量（feed per tooth）是多齿刀具每转或每行程中每齿相对工件在进给运动方向上的位移量，用 f_z 表示，z 为刀具的刀齿数，单位为 mm/z（毫米/齿）。

进给量 f 与每齿进给量 f_z 的关系为：

$$f=f_z z \tag{2.5}$$

生产中也常用进给速度来表示进给运动参数，如数控加工。进给速度是单位时间内刀具在进给运动方向上相对于工件的位移量，用 v_f

表示，单位为 mm/min 或 mm/s。进给速度与进给量的关系为：

$$v_f = fn \tag{2.6}$$

主运动是往复切削运动的机床，其进给运动是间歇的，进给量为刀具或工件往复切削运动一次的位移量，单位为 mm/(dstr)（毫米/双行程）。

（3）切削深度 a_p

切削深度（depth of cut）也称背吃刀量（GB/T 12004—2010），也称吃刀深度，一般指工件已加工表面和待加工表面间的垂直距离，用 a_p 表示，单位为 mm。如外圆加工的切削深度为

$$a_p = \frac{d_w - d_m}{2} \tag{2.7}$$

式中　d_w——待加工表面直径，mm；

d_m——已加工表面直径，mm。

（4）切削运动、切削用量和切削表面

车削、刨削、铣削、拉削的切削运动和切削用量如图 2.27 所示。图 2.27（e）铣槽中的 a_p 称切削深度或背吃刀量，a_e 称侧切削深度或侧吃刀量。

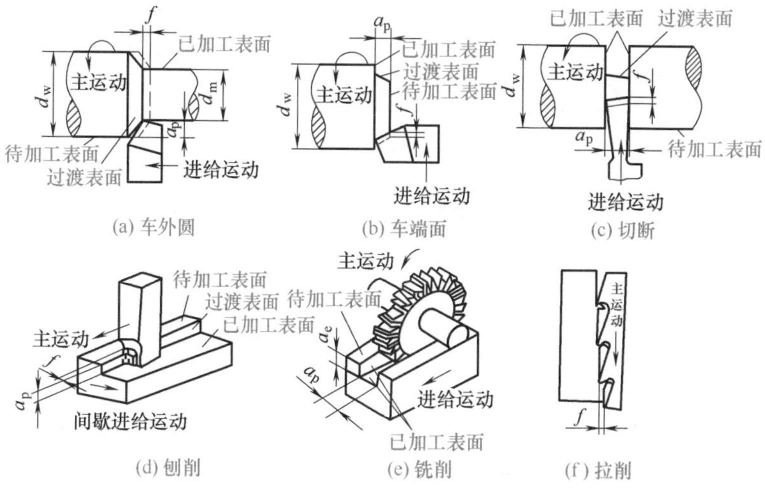

图 2.27　车削、刨削、铣削、拉削的切削运动和切削用量

2.2.4 刀具几何要素

(1) 刀具的组成要素(参考 GB/T 12204—2010)

金属切削刀具由切削部分和夹持部分组成。车刀要素如图 2.28 所示;麻花钻头要素如图 2.29 所示;套式立铣刀要素如图 2.30 所示。

切削部分是刀具中起切削作用的部分,它的每个部分都由切削刃、刀尖、前面(前刀面)、后面(后刀面)以及产生切屑的各要素所组成。刀体是刀具上夹持刀条或刀片的部分,或由它形成切削刃的部分。刀楔是切削部分夹于前面和后面之间的部分,它与主切削刃或与副切削刃相连,见图 2.28(b)。

夹持部分是安装、紧固刀具的部分,常用刀柄或刀孔的结构形式。刀柄是刀具上的夹持部分。刀孔是刀具上用以安装或固紧于主轴、芯杆或芯轴上的内孔。

安装面是刀柄或刀孔上的一个表面(或刀具轴线),它平行或垂直于刀具的基面,供刀具在制造、刃磨及测量时安装或定位用。

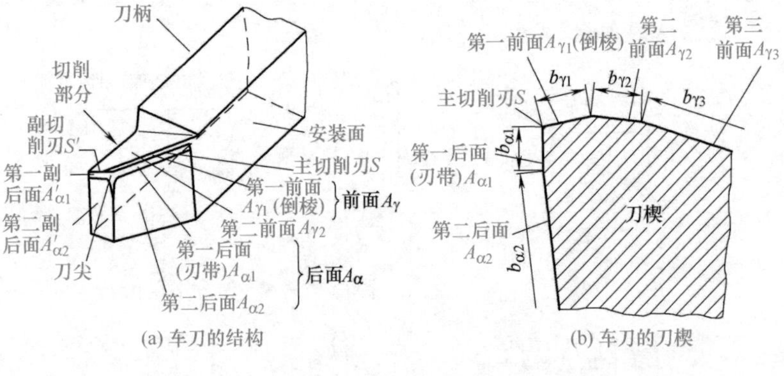

图 2.28 车刀的结构要素

(2) 刀具表面

如图 2.28 所示,刀具表面由前面和后面组成,其定义如下。

前面(又称前刀面)用符号 A_γ 表示,是刀具上切屑流过的表面。

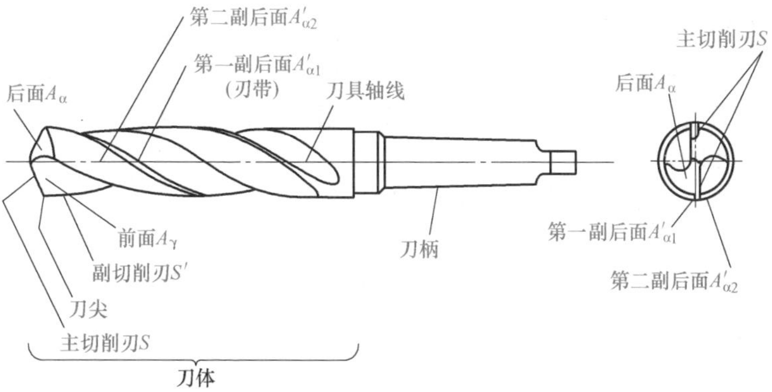

图 2.29　麻花钻头的结构要素

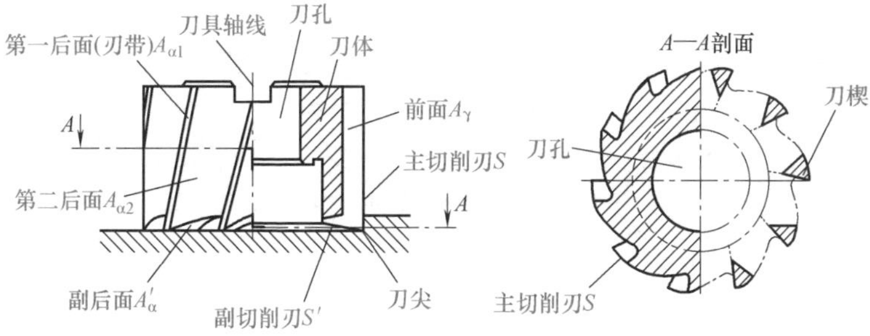

图 2.30　套式立铣刀的结构要素

第一前面，又称倒棱，用符号 $A_{\gamma1}$ 表示，当刀具前面由若干个彼此相交的面所组成时，离切削刃最近的面称为第一前面。

第二前面，用符号 $A_{\gamma2}$ 表示，当刀具前面由若干个彼此相交的面所组成时，从切削刃处数起的第二个面称为第二前面。

后面，又称后刀面，用符号 A_α 表示，是与工件上切削中产生的表面相对的表面。

主后面，用符号 A_α 表示，是刀具上同前面相交形成主切削刃的后面，与工件上的过渡表面相对。

副后面，用符号 A'_α 表示，是刀具上同前面相交形成副切削刃的后面，与工件上的已加工表面相对。

第一后面，又称刃带，用符号 $A_{\alpha1}$ 表示，当刀具的后面由若干个彼此相交的面所组成时，离主切削刃最近的面称为第一后面。

第二后面，用符号 $A_{\alpha2}$ 表示，当刀具的后面由若干个彼此相交的面所组成时，从主切削刃处数起第二个面称为第二后面。

（3）切削刃

切削刃是刀具前面上拟作切削用的刃，是刀具前面与后面相交所形成的刃，相交处一般用圆弧过渡，称钝圆切削刃，切削刃在基面上的视图如图 2.31 所示，切削刃有关术语的定义如下。

主切削刃，又称工作主切削刃，用符号 S 表示，拟用来在工件上切出过渡表面的那个整段切削刃。

副切削刃，又称工作副切削刃，用符号 S'表示，切削刃上除主切削刃以外的刃，起始于主偏角为零的点，背离主切削刃的方向延伸。

作用切削刃是在特定瞬间，工作切削刃上实际参与切削，并在工件上产生过渡表面和已加工表面的那段刃。

作用主切削刃是作用切削刃上的一段刃，当沿切削刃测量其长度时，它起始于工作切削刃与工件表面的交点，止于工作切削刃上工作主偏角被认为是零度的点。

作用副切削刃是作用切削刃上的一段刃，当沿切削刃测量其长度时，它起始于工作切削刃上工作主偏角被认为是零度的点，止于工作副切削刃与已加工表面的交点。

间断切削刃是呈不连续间断状的切削刃，其间断量的大小足以防止在间断处有切屑形成的现象发生，其结构如图 2.32 所示。

（4）刀尖

刀尖指主切削刃与副切削刃的连接处相当少的一部分切削刃。如图 2.33 所示，常用刀尖的形状有交点刀尖、修圆刀尖和倒角刀尖。

交点刀尖是主切削刃与副切削刃连接的实际交点；修圆刀尖具有曲线状切削刃的刀尖；倒角刀尖具有直线切削刃的刀尖。

切削刃选定点是在切削刃任一部分上选定的点，用以定义该点的刀具角度或工作角度。

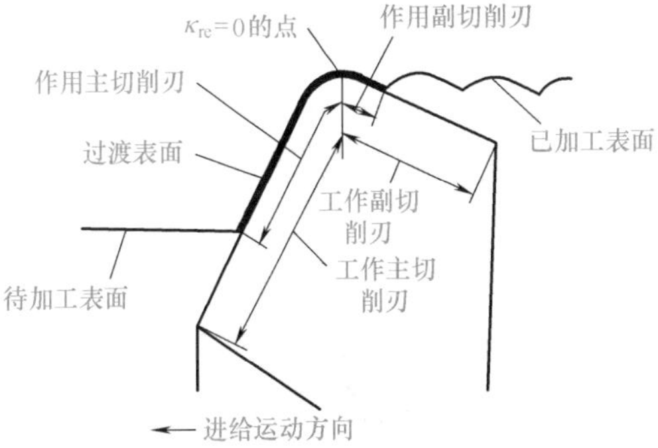

图 2.31　切削刃在基面上的视图

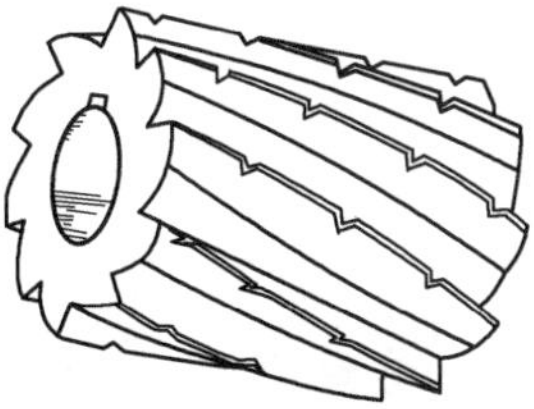

图 2.32　间断切削刃

(5) 刀具尺寸

修圆刀尖圆弧半径 γ_ε 是修圆刀尖的公称半径，在刀具基面中测量，见图 2.33。

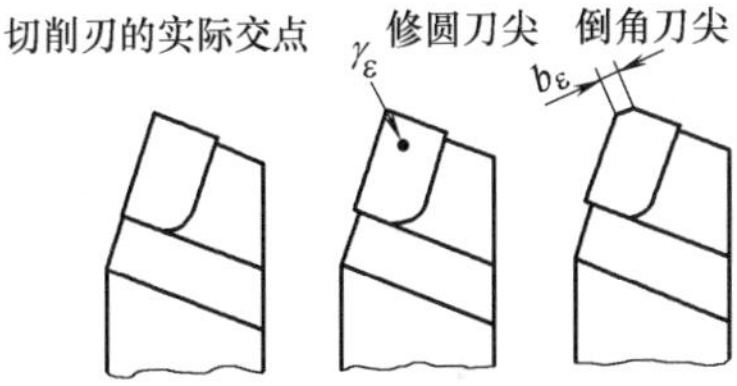

图 2.33　刀尖在基面上的视图

倒角刀尖长度 b_ε 是倒角刀尖的公称长度，在刀具基面中测量，见图 2.33。

倒棱宽 $b_{\gamma1}$ 是第一前面的宽度，简称为倒棱宽，见图 2.28 (b)。

刃带宽 $b_{\alpha1}$ 是第一后面的宽度，简称为刃带宽，见图 2.28 (b)。

2.2.5　切削层参数

(1) 切削层

切削层是刀具切削部分（刀尖、切削刃和刀面）在一个单一动作（如一个行程的位移动作或一个进给量的动作）所切除的工件材料层，即过渡表面在这个单一动作中所切除的材料层。在切削加工过程中，单刃刀具相对于工件的一个动作是指一个进给量 f（车削、镗削的每转位移量）的动作；一个往复行程的位移动作（刨削）；多刃刀具的每齿进给量 f_z 的动作。

如车外圆时，假设刀具的 $\kappa_r=0$，刀尖为实际交点，刀具的副切削刃不起切削作用，其切削层、切削层尺寸与切削用量的关系如图 2.34 所示，当工件转一转时，车刀从位置 1 移动到位置 2，即车刀进给一个进给量 f，这层材料便转变为切屑，这一层材料就是切削层。

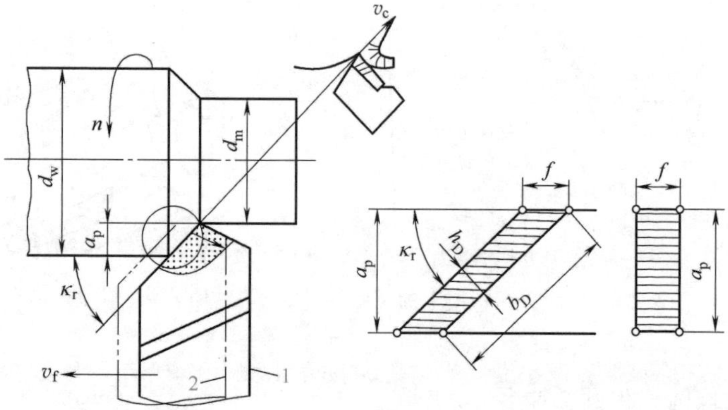

图 2.34　车外圆的切削层及其横截面

（2）切削层尺寸

切削层尺寸也称切削层参数，是用来衡量切削中切削刃作用长度、切屑的截面形状尺寸、切削刃上负荷的大小等重要的几何参量。因为切削过程是动态的，刀具切削部分的几何要素各种各样，为了准确统一描述这些参量，GB/T 12004—2010 中的一些定义如下。

切削刃基点用符号 D 表示，是作用切削刃上的特定参考点，用于确定作用切削刃的截形和切削层尺寸等基本几何参数，该点将作用切削刃分成相等的两段，即作用切削刃的中点，见图 2.35。

切削层尺寸平面用符号 p_D 表示，是通过切削刃基点并垂直该点主运动方向的平面。

作用切削刃的截形是作用切削刃在切削层尺寸平面上投影所形成的曲线。

作用切削刃的截形长度是切削刃的实际长度 l_{sa} 在切削层尺寸平面 p_D 上投影的长度 l_{saD}。

① 切削层公称面积（切削面积）A_D　在给定瞬间，切削层在切削层尺寸平面里的实际横截面积。

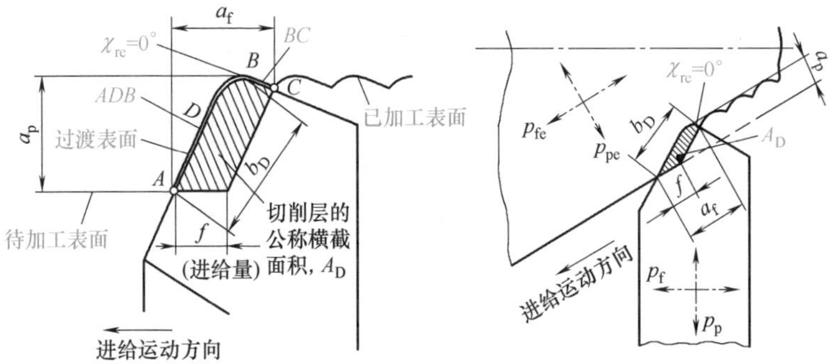

图 2.35　切削层尺寸和运动参量

② 切削层公称宽度（切削宽度）b_D　给定瞬间，作用主切削刃截形上两个极限点间的距离，在切削层尺寸平面中测量。

③ 切削层公称厚度（切削厚度）h_D　在同一瞬间的切削层，切削层公称横截面积与其切削层公称宽度之比。

在图 2.34 中，切削层尺寸与进给量和切削深度的关系为：

$$A_D=h_Db_D=fa_p \tag{2.8}$$

$$h_D=f\sin\kappa_r \tag{2.9}$$

$$b_D=\frac{a_p}{\sin\kappa_r} \tag{2.10}$$

从切削的角度看，进给量和吃刀量等是切削中的运动参量，除其三要素外还定义了进给吃刀量等与切削层参数有关的参量，如图 2.35 所示。

图 2.35 中，A_D 为切削层公称面积（切削面积）；b_D为切削层公称宽度（切削宽度）；*ADB* 为作用主切削刃截形；*ADBC* 为作用切削刃截形的长度 l_{saD}；*BC* 为作用副切削刃截形；*D* 点为切削刃基点；a_f 为进给吃刀量；a_p 为背吃刀量（切削深度）；f 为进给量。

(3) 切削方式

切削方式是切削和切屑形成的形式，可用来衡量切削用量选择是否合适，了解刀具切削刃受力情况、切屑的形状等，还可以用来研究选择最简单的切削方式。

① 正切屑和倒切屑　如图 2.36 所示，正切屑的特征是 $f\sin\kappa_r < a_p/\sin\kappa_r$，这种情况在生产中最常见。当大进给量时，出现 $f\sin\kappa_r > a_p/\sin\kappa_r$ 的切削情况，这种切削情况下形成切屑称为倒切切屑。当 $f\sin\kappa_r = a_p/\sin\kappa_r$ 时的切削情况称为对等切屑。注意，当加工中必须采用倒切屑时，起切削作用的主要是副切削刃，这时，副切削刃成为刀具角度设计、制造和刃磨的重点。

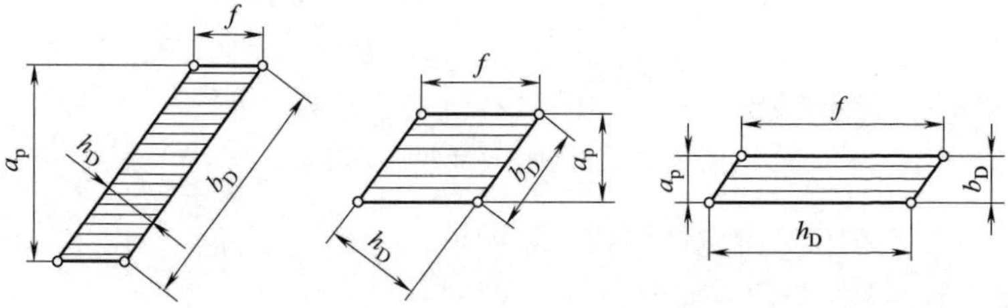

(a) 正切屑　(b) 对等切屑　(c) 倒切屑

图 2.36　正切屑和倒切屑

② 直角切削和斜角切削　如图 2.37 所示，切削刃垂直于切削速度方向的切削方式称为直角切削，否则称为斜角切削或斜切削。

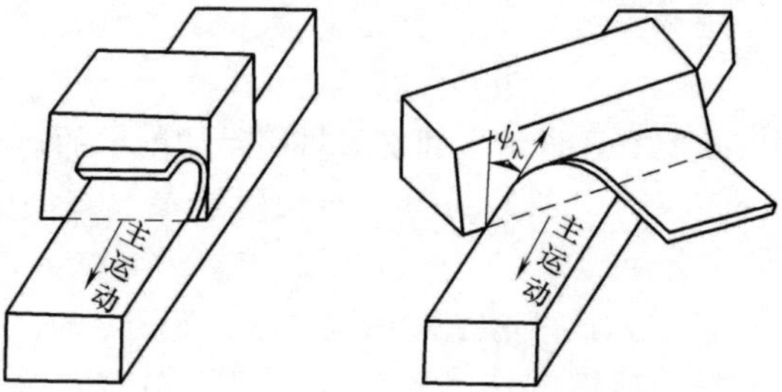

(a) 直角切削　(b) 斜角切削

图 2.37　直角切削与斜角切削

③ 自由切削与非自由切削　只有直线形主切削刃参与切削工作，而副切削刃不参与工作的称为自由切削，否则为非自由切削。

2.3　刀具材料、刀具参考系和刀具角度

2.3.1　刀具材料及应用

（1）刀具材料应具备的性能

刀具在工作中要承受很大的压力和冲击力。同时，由于切削时产生的工件材料塑性变形以及在刀具、切屑、工件相互接触表面间产生的强烈摩擦，刀具切削刃上产生很高的温度和受到很大的应力。因此，作为刀具材料应具备以下特性：

① 高的硬度。刀具材料必须具备高于被加工材料的硬度，一般刀具材料的常温硬度都在 62HRC 以上。

② 高的耐磨性。耐磨性是刀具抗磨损的能力。它是刀具材料力学性能、组织结构和化学性能的综合反映。

③ 足够的强度和韧性。为能承受很大的压力，以及冲击和振动，刀具材料应具有足够的强度和韧性。一般强度用抗弯强度表示，韧性用冲击值表示。

④ 高的耐热性。耐热性是指刀具材料在高温下保持硬度、耐磨性、强度和韧性的性能。

⑤ 良好的热物理性能和耐热冲击性。

刀具材料抵抗热冲击的能力可用耐热冲击系数 R 表示，R 的定义式为：

$$R=\frac{\lambda\sigma_{\mathrm{b}}(1-\nu)}{E\alpha} \tag{2.11}$$

式中　λ——热导率；

σ_{b}——抗拉强度；

ν——泊松比；

E——弹性模量；

α——热膨胀系数。

⑥ 良好的工艺性。这里指的是锻造性能、热处理性能、高温塑变性能以及磨削加工性能等。

⑦ 经济性。

（2）刀具材料的种类及应用

① 碳素工具钢　碳素工具钢最常用的牌号为 T12A，其耐热性能很差（200～250℃），允许的切削速度很低，只适宜做手动工具。

② 合金工具钢　合金工具钢最常用的牌号是 9SiCr、CrWMn 等，具有较高的耐热性（300～400℃），允许的切削速度较高，耐磨性较好，一般用作板牙、丝锥、铰刀、拉刀等。

③ 高速钢　高速钢的综合性能优良，是应用较多的一种刀具材料，常用的牌号特性和用途见表 2.9。

表 2.9　常用高速钢牌号的特性及用途

钢号	主要特性	用途
W18Cr4V(W18)	通用性强，有适当的硬度和良好的耐磨性。淬火热处理加热温度范围宽，不宜过热，脱碳敏感性小而淬硬性高(在空气中即可淬硬)，并有好的韧性，可磨削加工性亦好，但碳化物分布不均匀，热塑性低、热导率差	广泛用于 600℃工作温度，适宜制作麻花钻、铣刀及各种复杂刀具，如拉刀、螺纹刀具、成形车刀、齿轮刀具等。适于加工软的或中等硬度的材料
9W18Cr4V(9W18)	碳含量已达到平衡碳的程度，因而具有较好的综合性能。与 W18 相比其淬火性能和切削性能都有所提高，耐磨性提高 2～3 倍，可磨削性好，力学性能稍低于 W18，不能承受大的冲击	可部分代替含钴高速钢，适于制作各种复杂刀具，适合加工中等强度材料和不锈钢、奥氏体材料、钛合金等难加工材料
W6Mo5Cr4V2(M2)	与 W18 相比热塑性、使用状态的韧性和耐磨性均优，且有同等的热硬性，并且碳化物细小，分布均匀，可磨削性略低。脱碳敏感性较大	广泛用于制作承受冲击力较大的刀具(如插齿刀)，轧制或扭制等新工艺制作的钻头，以及制作在加工系统刚性不足的机床上进行加工的刀具
W12Cr4V4Mo(EV4)	由于含钒量高，提高了刀具的硬度和热硬性，其硬度可达 65～67HRC，故耐磨性比 W18 钢好，但可磨削加工性很差，不宜制作复杂刀具	适于制造对合金钢的高强度钢加工的车刀、钻头、铣刀、拉刀、模数较大的滚刀、插齿刀，以及切削耐热钢和高温合金用的刀具
W14Cr4VMnRe	热塑性好，热处理和机械加工、锻轧以及可磨削等工艺性能都较好，热处理温度范围较宽，过热和脱碳的敏感性均较小。切削性能和 W18 钢基本一样	适于四滚轧制或扭制钻头，也可用于制造齿轮刀具及其他承受冲击力较大的刀具。除特殊用途外可以代替 M2 钢
W6Mo5Cr4V2Al	国产含铝无钴高速钢，其硬度、热硬性与国外超硬高速钢相近，而韧性优于含钴高速钢且可加工性良好、密度小，价格与一般高速钢相同，但过热敏感性较大，淬火加热温度范围较窄，氧化脱碳倾向较强	适于制造各种高速切削刀具，可加工碳钢、合金钢、高速钢、不锈钢、高温合金等，其刀具使用寿命比 W18 高 1～2 倍

续表

钢号	主要特性	用途
W6Mo5Cr4-V5SiNbAl (B201)	国产新型超硬高速钢，其硬度高、韧性好、耐磨性高，而且热加工性和焊接性均良好，能进行各种冷热加工，但可磨削性较差	可制作麻花钻、丝锥、铰刀、车刀、滚刀、拉刀等刀具，切削各种难加工材料
W10Mo4Cr4V3Al (5F-6)	国产无钴超硬高速钢，具有较高的硬度、高温硬度和一定的韧性，且有较好的耐磨性和一定的可磨削性，退火状态可进行车、刨等机加工和改锻改轧热加工	适于制作车刀、铣刀、滚刀等刀具，加工各种难加工材料，也能加工一些高精度零件
W12Mo3Cr4V3-Co5Si (Co5Si)	国产钨系低钴含硅超硬型高速钢，室温硬度、高温硬度高，耐磨性好，锻轧切削和焊接性均良好，但韧性、可磨削性较差，价格较贵	可制作麻花钻、丝锥、滚刀、拉刀等刀具，切削各种难加工材料

④ 硬质合金　硬质合金是由难熔金属化合物（WC、TiC）和金属黏结剂（如 Co）的粉末在高温下烧结而成的。硬质合金是用得较多的一种刀具材料，其使用范围见表 2.10。

表 2.10　常用硬质合金的使用范围

牌号	相当 ISO 牌号	使用性能	使用范围
YG3	K01	中晶粒合金，在 YG 类中耐磨性仅次于 YG3X、YG6，能使用较高的切削速度，对冲击和振动比较敏感	适于铸铁、有色金属、非金属材料的连续精车、半精车
YG3X	K01	细晶粒合金，在 YG 类中是耐磨性最好的一种，但冲击韧度较差	适于铸铁、有色金属的精车、精镗等，也可用于合金钢、淬硬钢及钨、钼材料的精加工
YG6	K10	中晶粒合金，耐磨性较高，但低于 YG6X、YG3X、YG3，可使用较 YG8 为高的切削速度	适于铸铁、有色金属及其合金、非金属材料的连续切削的粗加工、间断切削的半精加工和精加工。小断面的精车，粗车螺纹，旋风车螺纹，连续断面的半精铣与精铣，孔的粗扩和精扩
YG6X	K10	细晶粒合金，其耐磨性较 YG6 高，而使用强度接近 YG6	适于冷硬铸铁、合金铸铁、耐热钢及合金钢的加工，亦适用于普通铸铁的精加工，并可用于制造仪器仪表工业用的小型刀具和小模数滚刀
YG8	K20	中晶粒合金，使用强度高，抗冲击抗震性能较 YG6 好，耐磨性较低，允许的切削速度较低	适于铸铁、有色金属及其合金加工中不平整断面和间断切削时的粗车、粗刨、粗铣，钻、扩一般孔和深孔

续表

牌号	相当 ISO 牌号	使用性能	使用范围
YG8C		粗晶粒合金，使用强度较高	适于重载切削下的车刀、刨刀
YG6A (YG6X)	K10	细晶粒合金，耐磨性和使用强度与 YG6X 相似	适于铸铁、灰铸铁、球墨铸铁、有色金属及其合金、耐热钢的半精加工，亦可用于高锰钢、淬硬钢及合金钢的半精加工和精加工
YG8N		中晶粒合金，其抗弯强度与 YG8 相同，硬度和 YG6 相同，高温切削时热稳定性好	适于硬铸铁、灰铸铁、球墨铸铁、白口铸铁及有色金属的粗加工，亦适用于不锈钢的粗加工和半精加工
YT5	P30	在 YT 合金中强度最高，抗冲击和抗震性最好，不易崩刃，但耐磨性较低	适于碳钢及合金钢包括钢锻件、冲压件及铸件的表皮加工，以及不平整断面和间断切削时的粗车、粗刨、半精刨，不连续面的粗铣、钻孔等
YT14	P20	使用强度高，抗冲击抗震性能好，略低于 YT5，耐磨性及允许的切削速度比 YT5 高	适于碳钢、合金钢加工中不平整断面和连续切削时的粗车，间断切削时的半精车和精车，连续面的粗铣，铸孔的扩钻，孔的粗扩
YT15	P15	耐磨性优于 YT14，但抗冲击韧度较 YT14 差	适于碳钢、合金钢加工中连续切削时的粗车、半精车和精车，间断切削时的小断面精车，旋风车螺纹，连续断面的半精铣与精铣，孔的粗扩和精扩
YT30	P01	耐磨性及允许的切削速度较 YT15 高，但使用强度及冲击韧度较差，焊接及刃磨时极易产生裂纹	适于碳钢、合金钢的精加工，小断面精车、精镗、精扩
YW1	M10	热稳定性较好，能承受一定的冲击载荷，通用性较好	适于耐热钢、高锰钢、不锈钢等难加工材料的精加工，也适于一般钢材、铸铁及有色金属的精加工
YW2	M20	耐磨性稍低于 YW1，但使用强度较高，能承受较大的冲击	适于耐热钢、高锰钢、不锈钢及高合金钢等难加工材料的精加工，也适于一般钢材、铸铁及有色金属的精加工
YW3	M10～M20	耐磨性及热稳定性很高，抗冲击和抗震性中等，韧性较好	适合于合金钢、高强度钢、钛合金、超高强度钢的精密加工和一般精密加工，在加工过程冲击较小时，也可用于粗加工
YN01		耐磨性好、抗氧化能力强，允许使用较高的切削速度	适合于碳钢和铬、锰、硅钢等合金钢的精加工

续表

牌号	相当 ISO 牌号	使用性能	使用范围
YN05	P01	硬度和耐磨性好，耐磨性接近于陶瓷，热稳定性好，抗氧化能力强，但抗冲击性能较差	适合于淬火钢、合金钢、铸铁和合金铸铁的高速精加工
YN10	P05	耐磨性和耐热性好，硬度与 YT30 相当，但比 YT30 的强度高	适合于碳素钢、合金钢、不锈钢、工具钢和淬火钢等材料的连续精加工
YN15		耐磨性好，强度和韧性较高	适合于一般钢材的精加工和半精加工
YN501	P01 P05		适用于高速、小切削断面连续切削碳钢、合金钢，要求无振动的切削条件
YN501N	P01		适用于高速、小切削断面连续切削碳钢、合金钢，要求小振动的切削条件
YN510			适用于在高速、中速和中、小切削断面条件下连续切削合金钢、碳钢和铸铁
YN510N	K01 K10		适用于在中速和中、小切削断面条件下连续切削合金钢、碳钢和铸铁
YN520N			适合于中、低速和中等切削断面条件下连续、断续切削碳钢、合金钢

⑤ 陶瓷　陶瓷刀具是由 Al_2O_3 和 TiC 为基本成分在高温下烧结而成。其应用范围见表 2.11。

表 2.11　纯 Al_2O_3 陶瓷和 Al_2O_3-TiC 混合陶瓷刀具的应用范围

加工铸铁					
铸铁种类	硬度 (HBW)	切削速度/(m/min)		陶瓷种类	
		表面粗糙度 *Ra*/μm		纯 Al_2O_3 陶瓷	Al_2O_3-TiC 混合陶瓷
		50～12.5	6.3～1.6		
灰铸铁	150	450	700	推荐	
	200	350	550	推荐	
	250	275	450	推荐	

续表

加工铸铁					
铸铁种类	硬度(HBW)	切削速度/(m/min)		陶瓷种类	
		表面粗糙度 *Ra*/μm		纯 Al_2O_3 陶瓷	Al_2O_3-TiC 混合陶瓷
		50～12.5	6.3～1.6		
球墨铸铁	300	200	350	推荐	可用
	350	150	250	推荐	可用
冷硬铸铁	400	100	175	可用	推荐
	450	75	125		推荐
	500	50	75		推荐
	550	30	50		推荐
	600	20	30		推荐

加工钢料						
钢种	硬度(HRC)	强度/MPa	切削速度/(m/min)		陶瓷种类	
			表面粗糙度 *Ra*/μm		纯 Al_2O_3 陶瓷	Al_2O_3-TiC 混合陶瓷
			50～12.5	6.3～1.6		
渗碳钢		400	550	700	可用	
		600	400	550	推荐	
结构钢		800	300	400	推荐	
		1000	250	350	推荐	
调质钢		1100	230	300	推荐	可用
		1200	200	260	推荐	可用
氧化钢		1300	180	230	推荐	可用
		1400	160	200	可用	推荐
耐热钢	45	1500	140	180	可用	推荐
	50		100			推荐
高速钢	55		80			推荐
	60		50			推荐
	65		30			推荐

⑥ 金刚石和立方氮化硼　见表 2.12。

金刚石具有极高的硬度和耐磨性，是目前已知的最硬的物质，它可以用来加工硬质合金、陶瓷、高硅铝合金及耐磨塑料等高硬度、高耐磨的材料。

立方氮化硼（CBN）是由软的六立氮化硼在高温高压下加入催化剂转变而成的。它具有很高的硬度及耐磨性，热稳定性很好，在 1400℃的高温下仍能保持很高的硬度和耐磨性，化学惰性很大，可用于加工淬硬钢和冷硬铸铁等。

表 2.12　金刚石及立方氮化硼刀具的选择

工件材料			车削	磨削	珩磨	研磨及抛光	拉丝	修整	其他
金属	黑色金属	碳钢	○				△	△	
		铸铁	○	△○	△			△	
		合金钢	○	○	○		△	△	
		工具钢	○	○	○			△	○
		不锈钢	○	○			△	△	
		超合金	○	○			△	△	
	有色金属	铜、铜合金	△				△		
		铝、铝合金	△				△		
		贵金属	△				△		
		喷涂金属	△○	△					
		锌合金	△				△		
		巴氏合金	△						
		钨	△				△		
		钼					△		
	特殊材料	碳化钨	△	△	△	△			△
		碳化钛		△		△			△
		磁合金	△	△		△			
		硅	△	△		△			
		锗		△		△			
		磷化镓		△		△			
		砷化镓		△		△			
非金属	人造材料	塑料	△	△			△		
		陶瓷	△	△	△	△			△
		碳、石墨	△	△			△		
		玻璃	△	△	△	△			
		砂轮、砖	△	△				△	
		宝石		△		△			
	天然材料	石头			△		△		
		混凝土		△					
		橡胶	△	△					
		石料	△	△		△			
		珊瑚	△	△					
		贝壳	△	△					
		宝石		△		△			△
		牙、骨头		△					
		珠宝		△		△			△
		木材制品	△						

注：△—金刚石工具；○—立方氮化硼工具。

⑦ 各种刀具材料的性能　见表2.13。

表2.13　各种刀具材料的性能

材料性能	材料种类									
	碳素工具钢	合金工具钢	高速钢	铸造钴基合金	硬质合金	碳化钛基硬质合金	陶瓷	氮化硅陶瓷	立方氮化硼	金刚石
密度/(g/cm³)	7.6～7.8	7.7～7.9	8.0～8.8	—	8.0～15	5～6	3.6～4.7	3.1～3.26	3.44～3.749	3.47～3.56
硬度	63～65 HRC	63～66 HRC	63～70 HRC	60～65 HRC	89～94 HRA	91～93.5 HRA	91～95 HRA	91～93 HRA	8000～9000 HV	10000 HV
抗弯强度/MPa	2200	2400	250～4000	1400～2800	900～2450	800～1600	450～800	900～1300	300	210～490
抗压强度/MPa	4000	4000	250～4000	2500～3560	3500～5900	2450～2800	3000～5000	3000～4000	800～1000	2000
冲击韧度/(kJ/m²)	—	—	100～600	—	25～60	—	5～12	—	—	—
弹性模量/GPa	210	210	200～230	—	420～630	385	350～420	320	720	900
热导率/[W/(m·K)]	41.8	41.8	16.0～25.1	—	20.93～83.74	25.1	20.93	30.98	79.54	146.5
热膨胀系数/10⁻⁶℃⁻¹	11.72	—	9～12	—	5～7	8.2	6.3～9	3.2	2.1～2.3	0.9～1.18
耐热性/℃	200～250	300～400	600～650	700～1000	800～1000	1000～1100	>1200	1300～1400	1400～1500	700～800

性能	刀具材料							
	碳钢及低、中合金钢	高速钢	铸造钴基合金	硬质合金	涂层硬质合金	陶瓷	立方氮化硼	金刚石
高温硬度	增加 →							
韧性	← 增加							
冲击韧度	← 增加							
耐磨性	增加 →							
抗碎裂性	← 增加							
耐热冲击性	← 增加							
切削速度	增加 →							
背吃刀量	小到中	小到大	小到大	小到大	小到大	小到大	小到大	很小
加工表面粗糙度	粗	粗	粗	好	好	非常好	非常好	极好

续表

性能	刀具材料							
	碳钢及低、中合金钢	高速钢	铸造钴基合金	硬质合金	涂层硬质合金	陶瓷	立方氮化硼	金刚石
制备方法	锻造	锻、铸、HIP法烧结	铸造、HIP法烧结	冷压烧结	气相沉积	冷压、热压烧结、HIP法烧结	高温高压烧结	高温高压烧结
加工方法	机加工、磨削	机加工、磨削	磨削	磨削		磨削	磨削、抛光	磨削、抛光
刀具成本	——增加→							

2.3.2　刀具的参考系及刀具角度的定义

(1) 刀具静止参考系

刀具静止参考系是用于定义刀具在设计、制造、刃磨和测量时刀具几何要素方向和位置的参考系，如图 2.38 所示。在该参考系中的参考平面定义如下：

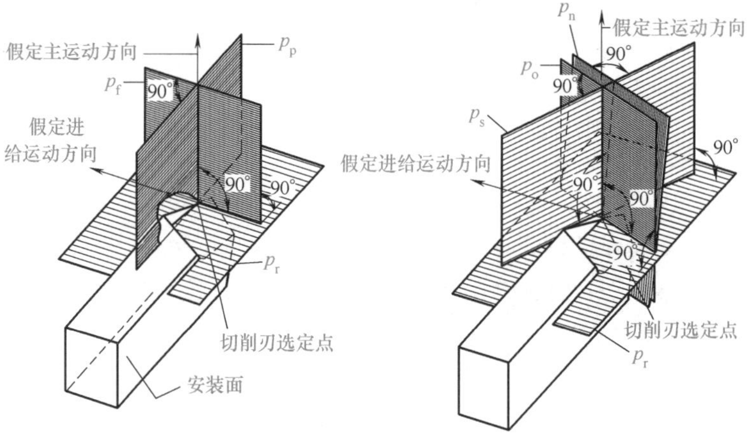

图 2.38　刀具静止参考系的平面

① 基面 p_r：过切削刃选定点的平面，它平行或垂直于刀具在制造、刃磨及测量时适合于安装或定位的一个平面或轴线，一般来

说，其方位垂直于假定的主运动方向（也称主运动方向）。

② 假定工作平面（也称进给剖面）p_f：通过切削刃选定点并垂直于基面，它平行或垂直于刀具在制造、刃磨及测量时适合于安装或定位的一个平面或轴线，一般说来，其方位要平行于假定的进给运动方向，即主运动方向和进给运动方向确定的平面。

③ 背平面（也称切深剖面）p_p：通过切削刃选定点并垂直于基面和假定工作平面的平面。

④ 主切削平面 p_s：通过主切削刃选定点与主切削刃相切并垂直于基面的平面。

⑤ 正交平面（也称主剖面）p_o：通过切削刃选定点并同时垂直于基面和切削平面的平面。

⑥ 法平面（过去称法剖面）p_n：通过切削刃选定点并垂直于切削刃的平面。

由基面 p_r、假定工作平面 p_f 和背平面 p_p 三个平面组成的参考系也称进给与切深参考系。

由基面 p_r、切削平面 p_s 和正交平面 p_o 组成的参考系（正交参考系）也称主剖面参考系。

由基面 p_r、切削平面 p_s 和法平面 p_n 组成的参考系称法剖面参考系。

（2）刀具角度

刀具几何要素（刀尖、刀刃和刀面）的方向和位置需要用刀具角度（也称刀具的标注角度）来表示，并且需要多个参考平面的刀具角度来确定。车刀角度如图 2.39 所示。

① 基面 p_r 内的刀具角度　刀具在基面 p_r 内的标注角度有主偏角 κ_r、副偏角 κ_r' 和刀尖角 ε_r。

主偏角 κ_r 是主切削刃在基面上的投影与进给运动方向之间的夹角。

副偏角 κ_r' 是副切削刃在基面上的投影与进给运动方向之间的夹角。

刀尖角 ε_r 是在基面内度量的主切削刃和副切削刃在基面上投影的夹角。

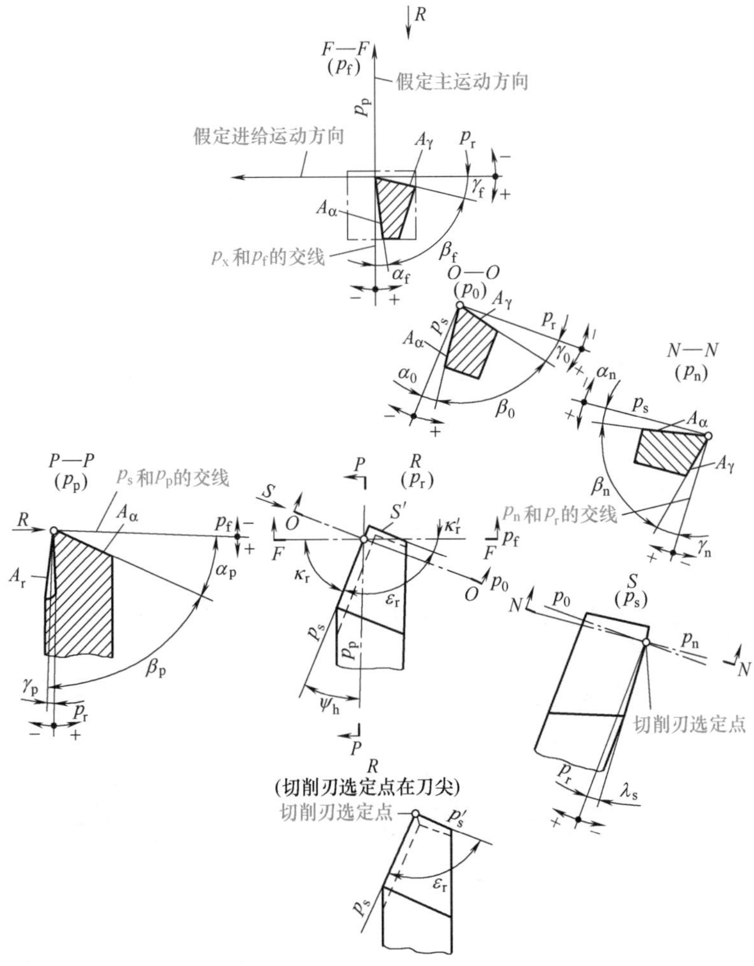

图 2.39　车刀角度

② 切削平面 p_s 内的刀具角度　刃倾角 λ_s 在切削平面内度量，是主切削刃与基面的夹角。它也有正负之分，当刀尖处在切削刃最高位置时，取正号；反之，取负号。

③ 正交平面（主剖面）p_0 内的刀具角度　刀具在主剖面 p_0 内的标注角度有前角 γ_0、后角 α_0 和楔角 β_0。

前角 γ_0 是在主剖面内度量的基面与前刀面的夹角。它有正负之分，若前刀面在基面的下方，取正号；反之取负号。

后角 α_0 是在主剖面内度量的后刀面与切削平面的夹角。它也有正负之分，当后刀面在切削平面右边时，取正号；在左边时取负号。

楔角 β_0 是在主剖面内度量的后刀面与前刀面之间的夹角。

它与前角 γ_0、后角 α_0 的关系为：

$$\gamma_0+\alpha_0+\beta_0=90° \tag{2.12}$$

④ 法平面（法剖面）p_n 内的刀具角度　法前角 γ_n 是在法剖面内度量的基面与前刀面的夹角。法后角 α_n 是在法剖面内度量的后刀面与切削平面的夹角。法楔角 β_n 是在法剖面内度量的后刀面与前刀面之间的夹角。

⑤ 假定工作平面 p_f 和背平面 p_p 内的刀具角度　在 p_f 和 p_p 内的刀具角度有相应的侧前角 γ_f、侧后角 α_f、侧楔角 β_f、背前角 γ_p、背后角 α_p 和背楔角 β_p。

最常用的刀具角度有：前角 γ_0、后角 α_0、主偏角 κ_r、刃倾角 λ_s 和楔角 β_0。

刀具角度是用来确定刀面和切削刃在静止参考系中的方向和位置，其定义如表 2.14 所示。

表 2.14　刀具角度（GB/T 12204—2010）

角度名称和符号	定　义
(1)切削刃方位	
主偏角 κ_r	主切削平面 p_s 与假定工作平面 p_f 间的夹角，在基面 p_r 中测量
刃倾角 λ_s	主切削刃与基面 p_r 间的夹角，在切削平面中测量
副偏角 κ_r'	副切削平面 p_s' 与假定工作平面 p_f 间的夹角，在基面 p_r 中测量
刀尖角 ε_r	主切削平面 p_s 与副切削平面 p_s' 间的夹角，在基面 p_r 中测量
(2)前刀面方位	
前角 γ_0	在正平面 p_0 中测量的前刀面 A_γ 与基面 p_r 间的夹角
法前角 γ_n	在法平面 p_n 中测量的前刀面 A_γ 与基面 p_r 间的夹角
侧前角 γ_f	在假定工作平面 p_f 中测量的前刀面 A_γ 与基面 p_r 间的夹角
背前角 γ_p	在背平面 p_p 中测量的前刀面 A_γ 与基面 p_r 间的夹角

续表

角度名称和符号	定　义
几何前角 γ_g	在前刀面正交平面 p_g（垂直于基面与前刀面交线的平面）中测量的前刀面 A_γ 与基面 p_r 间的夹角，是最大前角
几何前角方位角 δ_r	假定工作平面 p_f 与前刀面正交平面 p_g 间的夹角，在基面 p_r 中测量
(3)后刀面方位	
后角 α_0	在正交平面 p_0 中测量的后刀面 A_α 与主切削平面 p_s 间的夹角
法后角 α_n	在法平面 p_n 中测量的后刀面 A_α 与主切削平面 p_s 间的夹角
侧后角 α_f	在假定工作平面 p_f 中测量的后刀面 A_α 与主切削平面 p_s 间的夹角
背后角 α_p	在背平面 p_p 中测量的后刀面 A_α 与主切削平面 p_s 间的夹角
(4)楔的角度	
楔角 β_0	在正交平面 p_0 中测量的前刀面 A_γ 与后刀面 A_α 间的夹角
法楔角 β_n	在法平面 p_n 中测量的前刀面 A_γ 与后刀面 A_α 间的夹角
侧楔角 β_f	在假定工作平面 p_f 中测量的前刀面 A_γ 与后刀面 A_α 间的夹角
背楔角 β_p	在背平面 p_p 中测量的前刀面 A_γ 与后刀面 A_α 间的夹角

（3）刀具角度选用（见表 2.15）

表 2.15　刀具角度的作用及其选用原则

角度名称	作用	选择原则
前角 γ_0	前角大，刀口锋利，切削层的塑性变形和摩擦阻力小，切削力和切削热降低。但前角过大将使切削刃强度降低，散热条件变坏，刀具寿命下降，甚至会造成崩刃	主要根据工件材料，其次考虑刀具材料和加工条件选择： ①工件材料的强度、硬度低，塑性好，应取较大的前角；加工脆性材料（如铸铁）应取较小的前角；加工特硬的材料（如淬硬钢、冷硬铸铁等），应取很小的前角，甚至是负前角 ②刀具材料的抗弯强度及韧度高时，可取较大的前角 ③断续切削或粗加工有硬皮的锻、铸件时，应取较小的前角 ④工艺系统刚度差或机床功率不足时应取较大的前角 ⑤成形刀具或齿轮刀具等为防止产生齿形误差常取很小的前角，甚至零度的前角

续表

角度名称	作用	选择原则
后角 α_0	后角的作用是减少刀具后刀面与工件之间的摩擦。但后角过大会降低切削刃强度，并使散热条件变差，从而降低刀具寿命	①精加工刀具及切削厚度较小的刀具(如多刃刀具)，磨损主要发生在后刀面上，为降低磨损，应采用较大的后角。粗加工刀具要求刀刃坚固，应采取较小的后角 ②工件强度、硬度较高时，为保证刃口强度，宜取较小的后角；工件材料软、黏时，后刀面摩擦严重，应取较大的后角；加工脆性材料时，载荷集中在切削刃处，为提高切削刃强度，宜取较小的后角 ③定尺寸刀具，如拉刀和铰刀等，为避免重磨后刀具尺寸变化过大，应取较小的后角 ④工艺系统刚度差时，亦取较小的后角，以增大后刀面与工件的接触面积，减小振动
主偏角 κ_r	主偏角的大小影响背向力 F_p 和进给力 F_f 的比例，主偏角增大时，F_p 减小，F_f 增大 主偏角的大小还影响参与切削的切削刃长度，当背吃刀量 a_p 和进给量 f 相同时，主偏角减小则参与切削的切削刃长度大，单位刃长上的载荷小，可使刀具寿命提高，主偏角减小，刀尖强度大	①在工艺系统刚度允许的条件下，应采用较小的主偏角，以提高刀具的寿命。加工细长轴则应用较大的主偏角 ②加工很硬的材料，为减轻单位切削刃上的载荷，宜取较小的主偏角 ③在切削过程中，刀具需作中间切入时，应取较大的主偏角 ④主偏角的大小还应与工件的形状相适应，如切阶梯轴可取主偏角为 90°
副偏角 κ_r'	副偏角的作用是减小副切削刃与工件已加工表面之间的摩擦 一般取较小的副偏角，可减少工件表面的残留面积。但过小的副偏角会使径向切削力增大，在工艺系统刚度不足时引起振动	①在不引起振动的条件下，一般取较小的副偏角。精加工刀具必要时需磨出一段 $\kappa_r'=0$ 的修光刃，以加强副切削刃对已加工表面的修光作用 ②系统刚度较差时，应取较大的副偏角 ③切断、切槽刀及孔加工刀具的副偏角只能取很小值(如 $\kappa_r'=1°\sim2°$)，以保证重磨后刀具尺寸变化量小

续表

角度名称	作用	选择原则
刃倾角 λ_s	①刃倾角 λ_s 影响切屑流出方向，$\lambda_s<0$ 使切屑偏向已加工表面，$\lambda_s>0$ 使切屑偏向待加工表面 ②单刃刀具采用较大的 λ_s 可使远离刀尖的切削刃首先接触工件，使刀尖避免受冲击 ③对于回转的多刃刀具，如柱形铣刀等，螺旋角就是刃倾角，此角可使切削刃逐渐切入和切出，可使铣削过程平稳 ④可增大实际工作前角，使切削轻快	①加工硬材料或刀具承受冲击载荷时，应取较大的负刃倾角，以保护刀尖 ②精加工宜取正刃倾角，使切屑流向待加工表面，并可使刃口锋利 ③内孔加工刀具（如铰刀、丝锥等）的刃倾角方向应根据孔的性质决定。左旋槽（$\lambda_s<0$）可使切屑向前排出，适用于通孔，右旋槽适用于不通孔

（4）刀具的工作参考系与工作角度

刀具工作参考系是刀具进行切削加工时，刀具几何要素的参考系。刀具的工作参考系与静止参考系的区别在于基面的定义不同，一个垂直于合成切削速度方向，一个垂直于主运动速度方向。其它参考平面的定义与静止系的对应类同。工作参考系的平面定义如图 2.40 所示。

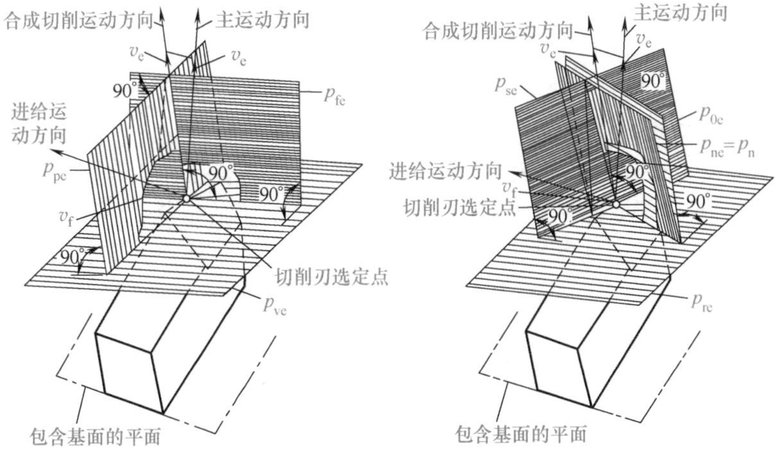

图 2.40　刀具工作参考系的平面定义

在刀具工作参考系中也定义了 6 个平面，其名称和表示符号为：工作基面 p_{re}、工作平面 p_{fe}、工作背平面 p_{pe}、工作切削平面 p_{se}、工作正交平面 p_{0e} 和工作法平面 p_{ne}。其定义如表 2.16 所示。

表 2.16　刀具工作角度参考系的平面定义（GB/T 12204—2010）

坐标平面和符号	定义
工作基面 p_{re}	通过切削刃选定点并与合成切削速度方向相垂直的平面
工作平面 p_{fe}	通过切削刃选定点并同时包含主运动方向和进给运动方向的平面，因而该平面垂直于工作基面
工作背平面 p_{pe}	通过切削刃选定点并同时与工作基面和工作平面相垂直的平面
工作切削平面 p_{se}	通过切削刃选定点与切削刃相切并垂直于工作基面的平面
工作法平面 p_{ne}	通过切削刃选定点并垂直于切削刃的平面 注：刀具工作参考系中的工作法平面与刀具静止参考系中的法平面相同
工作正交平面 p_{0e}	通过切削刃选定点并同时与工作基面和工作切削平面相垂直的平面

刀具工作参考系定义的参考平面与静止参考系的相对应，名称中加了“工作”二字，表示符号在下标中多了字母 e，表示工作参考系。

同样，刀具的工作角度也与刀具角度对应类同。刀具工作角度的名称和表示符号为：工作前角 γ_{0e}、工作法前角 γ_{ne}、工作后角 α_{0e}、工作主偏角 κ_{re}、工作刃倾角 λ_{se} 和工作楔角 β_{0e} 等。

一般情况下，刀具的实际安装基面与刀具设计的基面一致，刀具的工作角度与刀具角度差别很小。在特殊切削情况或刀具安装基面与设计假定的基面出现较大的偏差时，就需要分析计算刀具的工作角度。

① 进给运动速度对工作角度的影响　横向切削时，如切断，如图 2.41（a）所示，由于横向进给运动速度的影响较大不能忽略，因此不能用静止参考系中的刀具角度来反映刀具几何要素的切削情况，需要用工作参考系的刀具工作角度。这样基面 p_r 变为工作基面 p_{re}，切削平面 p_s 变为工作切削平面 p_{se}，由于 p_s 与 p_{se} 相差一个 μ 角，刀具的工作角度（α_{0e}、γ_{0e}）与刀具角度（α_0、

γ_0）的关系为：

$$\alpha_{0e}=\alpha_0-\mu \tag{2.13}$$

$$\gamma_{0e}=\gamma_0+\mu \tag{2.14}$$

② 刀具安装高低对工作角度的影响　当刀具刀尖安装工件轴线装高 h 时，还以切断为例，如图 2.41（b）所示，刀具的基面 p_r 和切削平面 p_s 分别变为工作基面 p_{re} 和工作切削平面 p_{se}，使工作前角 γ_{0e} 增大，工作后角 α_{0e} 减小。

$$\gamma_{0e}=\gamma_0+\varepsilon \tag{2.15}$$

$$\alpha_{0e}=\alpha_0-\varepsilon;\varepsilon=\arcsin 2h/d_w \tag{2.16}$$

式中　ε——刀具安装高低引起前角和后角的变化量，(°)；

d_w——工件直径，mm。

当刀具切削刃比工件轴线装低时，其工作角度的变化相反，即工作前角 γ_{0e} 减小，工作后角 α_{0e} 增大。

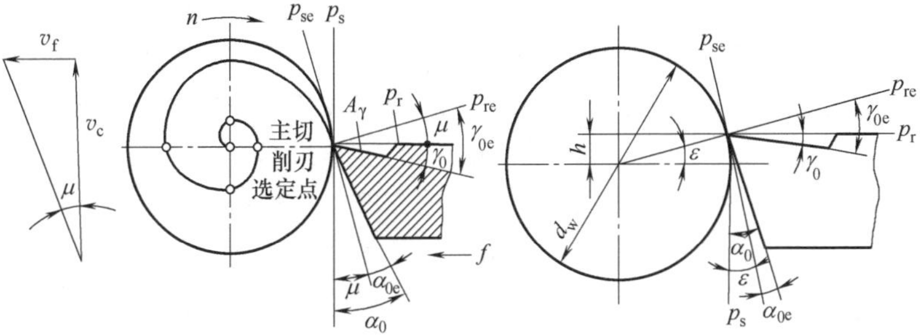

(a) 切断进给运动对工作角度的影响　　(b) 刀具安装高低对工作角度的影响

图 2.41　切断的进给速度与刀具安装高度对刀具工作角度的影响

③ 刀柄轴线与进给方向不垂直时对工作角度的影响　如图 2.42 所示，车刀刀柄轴线与进给方向不垂直时，工作主偏角 κ_{re} 和工作副偏角 κ'_{re}将发生变化。

车螺纹时，刀具进给方向上的运动速度比车外圆时大，其工作角度也有较大影响。车锥面时，进给运动方向与假定工作平面（或

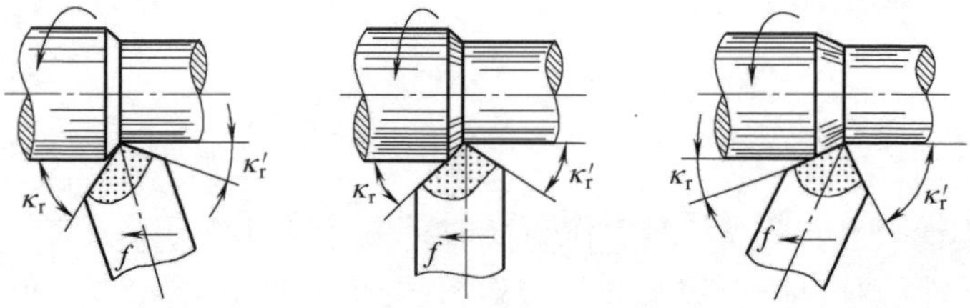

(a) 主偏角增大，副偏角减小　　(b) 安装正确　　(c) 主偏角减小，副偏角增大

图 2.42　刀柄轴线与进给方向不垂直时对工作角度的影响

刀具安装的假设条件）不同，其工作角度也有较大影响。

2.4　金属切削过程与切屑控制

金属切削过程是指刀具与工件相对运动相互作用从工件上切除多余金属变成切屑以及切屑与刀具作用形成要求的切屑形状的过程。

2.4.1　金属切削过程

(1) 金属切削过程的变形区划分

大量实验和理论研究结果表明，金属在切削过程中，切削层金属形成切屑的过程主要是切削层金属的变形过程。为了研究金属层各点的变形，在工件侧面作出细小的方格，观察切削过程中这些方格的变形，借以判断和认识切削层的变形及其变为切屑的情况，图 2.43 是工件侧面带有细小方格的切削层变形照片。根据该图片，可绘制出如图 2.44 所示的金属切削变形过程中的滑移线和流线示意图，其中流线表示被切削金属的某一点在切削过程中流动的轨迹。为了便于分析问题和应用，通常把切削变形大致划分为三个变形区。

在切削过程中，从 OA 线开始发生塑性变形，到 OM 线晶粒的剪切滑移基本完成。这一区域（Ⅰ）称第一变形区。

切屑沿前刀面流出时，受到前刀面的挤压与摩擦，在前刀面摩擦阻力的作用下，使靠近前刀面处的金属纤维化，其方向基本上与前刀面平行。这一区域（Ⅱ）称第二变形区。

已加工表面受到切削刃钝圆部分和后刀面的挤压和摩擦，产生变形与回弹，造成纤维化和加工硬化，这一区域（Ⅲ）称为第三变形区。

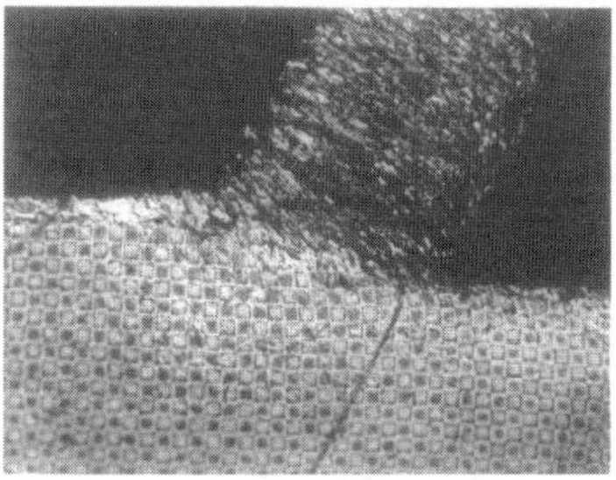

工件材料Q235A，v_c=0.01m/min，a_p=0.15mm，γ_0=30°

图 2.43　金属切削层侧面方格的变形

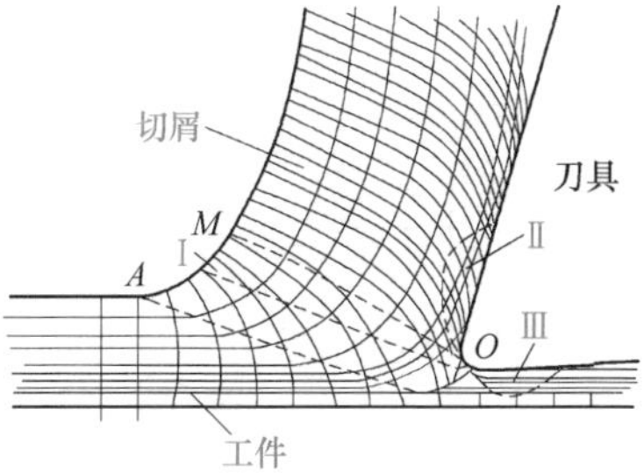

图 2.44　金属切削过程中的滑移线和流线示意图

(2) 第一变形区内金属的剪切滑移变形过程

切屑形成过程的描述如图 2.45 所示，图中的 OA、OM 线是等剪应力线。当切削层金属的某点 P 向切削刃逼近、到达 1 位置时，其剪应力达到材料的屈服强度 τ_s，点 1 在向前移动的同时，也沿 OA 滑移，其合成运动将使点 1 流动到点 2，2′—2 的距离就

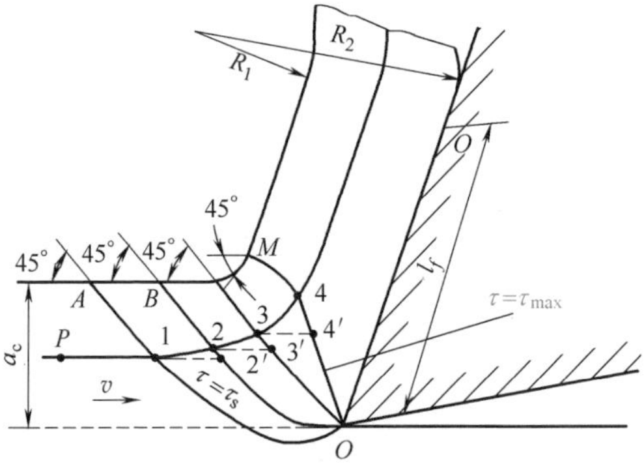

图 2.45　第一变形区金属切削层的剪切滑移

是它的滑移量。随着滑移的产生，剪应力将逐渐增大，也就是当点 P 向 1、2、3、4 点移动时，它的剪应力不断增大，当移动到点 4 的位置时，其流动方向与前刀面平行，不再产生滑移，所以 OM 叫终剪切线（或终滑移线），OA 叫始剪切线（或始滑移线）。

① 剪切滑移理论依据　从材料力学的观点看，第一变形区内的剪切滑移变形与材料压缩实验结果相似，认为剪切滑移方向与作用力的方向大约成 45°，如图 2.46 所示。

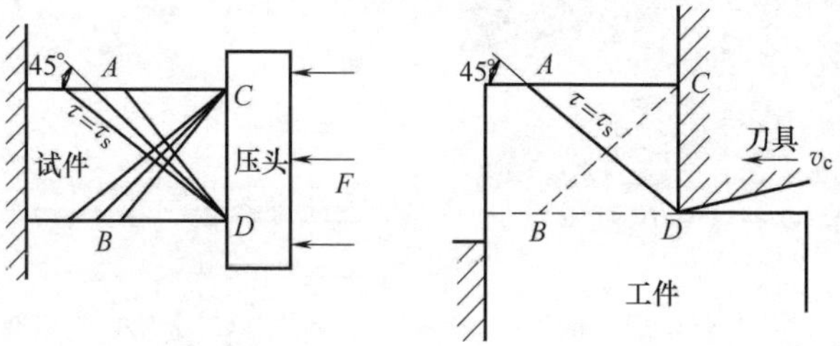

(a) 压缩实验　　(b) 切削加工

图 2.46　压缩实验与切削的比较

从金属晶体结构的角度看，剪切滑移变形就是晶粒沿晶格中的晶面滑移，如图 2.47 所示。图中，假设工件材料的晶粒为圆形，如图 2.47（a）所示，当它受到剪切应力时，晶格内的晶面发生位移，而使晶粒呈椭圆形，如图 2.47（b）所示，这样圆形晶粒的直径 AB 变成椭圆形晶粒的长轴 $A'B'$，晶粒的伸长向纤维化方向发展，图 2.47（c）中的 $A''B''$就是金属纤维化方向。

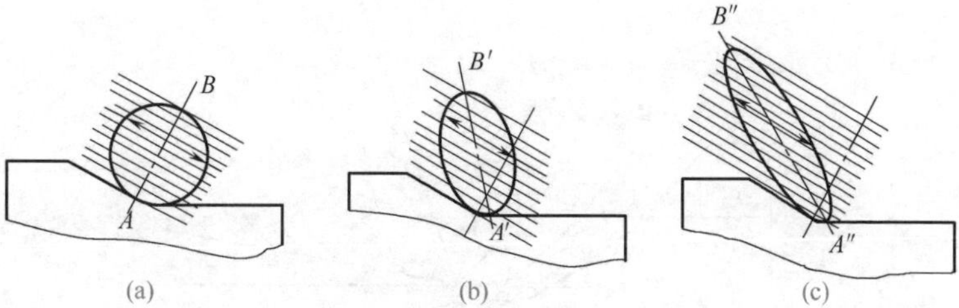

(a)　(b)　(c)

图 2.47　晶粒滑移示意图

② 剪切滑移变形的度量　为了度量剪切滑移变形的大小，引用了剪切角 φ、变形系数 Λ_h 和剪应变 ε 三个参数。

如图 2.48 所示，剪切角 φ 是剪切面 OM 与切削速度方向的夹角。实验结果表明，第一变形区从 OA 到 OM 的厚度随切削速度增大而变薄，在常用切削速度下，其厚度约为 0.02～0.2 mm，因此，可用一平面 OM 来表示第一变形区内剪切滑移的大小和方向，该平面 OM 称剪切面。注意，晶粒伸长方向（金属纤维化方向）与剪切面 OM 的方向不重合，它们相差一个 Ψ 角。

计算变形系数 Λ_h 的参数如图 2.49 所示。当切削宽度不变时，切削层经过剪切滑移变形形成切屑后，使切屑的厚度 h_{ch} 比工件上的切削层厚度 h_D 厚，切屑长度 l_{ch} 比工件上的切削层长度 l_c 短，这种现象称为切屑收缩。

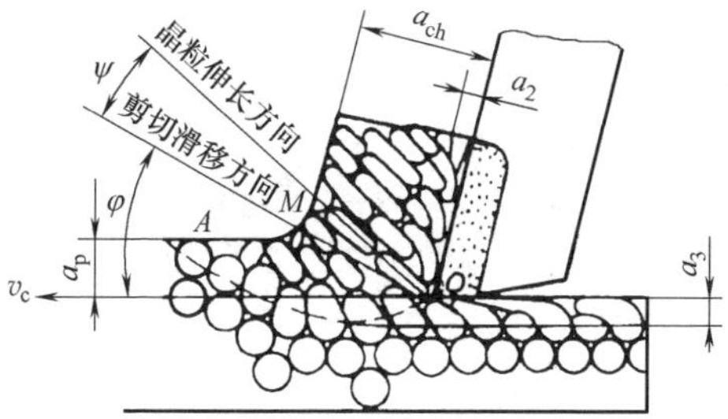

图 2.48　剪切滑移与晶粒伸长的方向

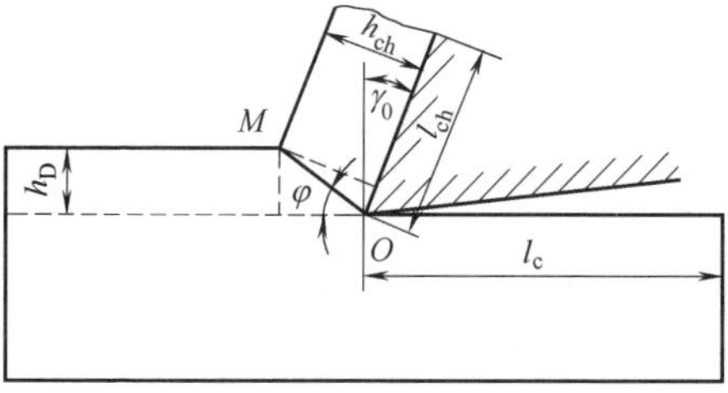

图 2.49　计算变形系数 Λ_h 的参数

变形系数 Λ_h 定义为切屑厚度 h_{ch} 与切削层厚度 h_D 之比，或切削层长度 l_c 与切屑长度 l_{ch} 之比，即

$$\Lambda_{h}=\frac{h_{ch}}{h_{D}}=\frac{l_{c}}{l_{ch}} \tag{2.17}$$

切削变形大，变形系数也大。由图 2.49 可推出刀具前角 γ_0、剪切角 φ 与变形系数 Λ_h 的关系为：

$$\Lambda_{h}=\frac{h_{ch}}{h_{D}}=\frac{OM\sin(90^{\circ}-\varphi+\gamma_{0})}{OM\sin\varphi}=\frac{\sin(90^{\circ}-\varphi+\gamma_{0})}{\sin\varphi} \tag{2.18}$$

由上式可以看出，当前角 γ_0 一定时，剪切角 φ 增大，切削变形系数 Λ_h 减小。

剪应变也称相对滑移。剪切变形的示意如图 2.50 所示。当平行四边形 $OHNM$ 发生剪切变形后，变为 $OGPM$，其剪应变 ε 与刀具前角、剪切角的关系为：

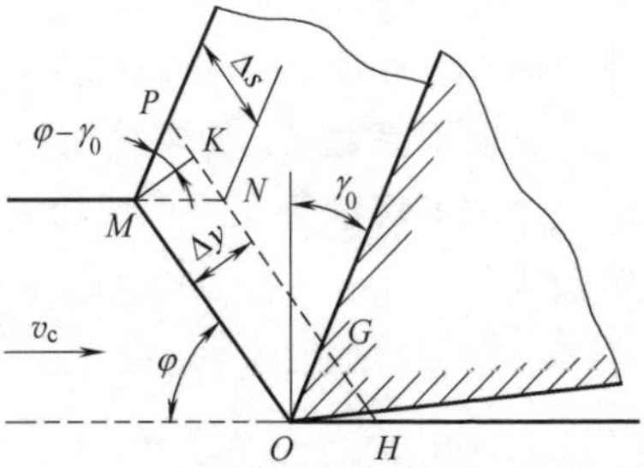

图 2.50　剪应变计算模型示意图

$$\varepsilon=\frac{\Delta s}{\Delta y}=\frac{NP}{MK}=\frac{NK+KP}{MK}=\cot\varphi+\tan(\varphi-\gamma_{0})=\frac{\cos\gamma_{0}}{\sin\varphi\cos(\varphi-\gamma_{0})} \tag{2.19}$$

（3）第二变形区内前刀面与切屑的摩擦状态

前刀面与切屑之间的摩擦，影响切屑的形成、切削力、切削温度和刀具的磨损，还影响积屑瘤和鳞刺的形成，从而影响工件的加工精度和表面质量。刀具前刀面与切屑之间的摩擦包括峰点型接触和紧密型接触两种摩擦形式。

① 峰点型接触　从微观看，固体表面是不平整的，如果把两者叠放在一起，所加载荷较小，那么，它们之间只有一些峰点发生接触，这种接触状态称为峰点型接触，如图 2.51 所示。实际接触面积 A_r 只是名义接触面积 A 的一小部分。

当载荷增大时，实际接触面积增大，由于载荷集中在接触的峰点上，当这些承受载荷峰点的应力达到了材料的屈服极限时，就发生塑性变形，而实际接触面积为：

$$A_{r}=F_{n}/\sigma_{s} \tag{2.20}$$

式中　F_n——两接触面的载荷（法向力）；

σ_s——材料的压缩屈服极限。

在峰点型接触情况下，接触峰点发生了强烈的塑性变形，使峰点之间产生黏结（或冷焊），当两物体相对滑动时，需要不断地剪切峰点黏结的剪切力，这个剪切力就是峰点型接触表面滑动时的摩擦力 F，其大小为：

$$F=\tau_s A_r \tag{2.21}$$

式中　τ_s——材料的抗剪强度；

A_r——峰点型接触表面的实际接触面积。

峰点型接触表面的摩擦系数 μ 为：

$$\mu=F/F_n=\tau_s/\sigma_s \tag{2.22}$$

② 紧密型接触　实际接触面积 A_r 随法向力增大而增大，当其达到名义接触面积 A 时，即 $A_r=A$，两摩擦表面间的接触形式称为紧密型接触，如图 2.52 所示。

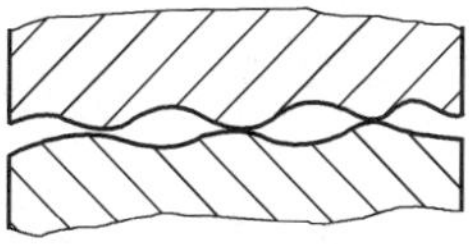

图 2.51　峰点型接触示意图

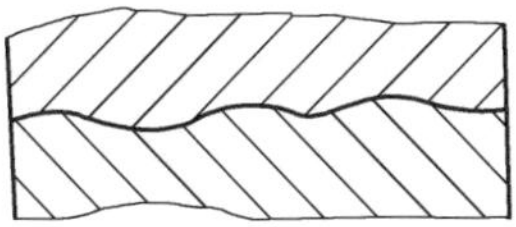

图 2.52　紧密型接触示意图

紧密型接触表面的摩擦力为：

$$F=\tau_s A \tag{2.23}$$

所以摩擦系数为：

$$\mu=\tau_s A/F_n \tag{2.24}$$

由上式可以看出，紧密型接触表面的摩擦系数是变化的，如果名义接触面积不变，摩擦系数随着法向力的增大而减小；如果法向力不变，摩擦系数随着名义接触面积的增大而增大。

③ 刀具前刀面与切屑的摩擦状态　在切削过程中，由于切屑与前刀面之间的压力很大，前刀面上的应力（正应力、剪应力）分布和摩擦特性如图 2.53 所示，由于法向应力（$\sigma=F_n/A$）分布不均，靠近刀尖处的很大，远离刀尖处的很小，因而在前刀面与切屑整个接触区域内，在 OA 一段（前区）上形成紧密型接触，在 AB

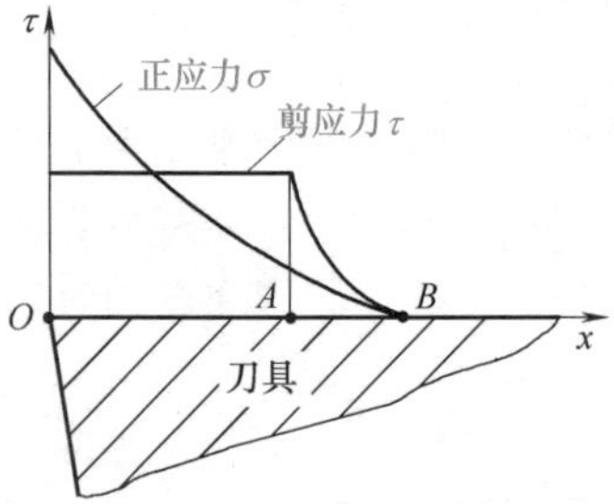

图 2.53 前刀面上的应力分布和摩擦特性

一段（后区）上形成峰点型接触。

前区各点的摩擦系数

$$\mu_1=\tau_s/\sigma(x)$$

前区的平均摩擦系数

$$\mu_{1av}=\tau_s/\sigma_{1av}$$

后区的摩擦系数

$$\mu_2=\tau_s/\sigma_s$$

实验证明，对于一定的材料，在不加切削液的切削条件下，τ_s 为一常数。上面的公式表明，平均摩擦系数 μ_{1av} 主要取决于前刀面上平均正应力 σ_{1av}。平均正应力随材料的硬度、切削层的厚度、切削速度及刀具前角变化而变化，因此平均摩擦系数是一个变量。

④ 积屑瘤现象　以中等偏低的切削速度切削塑性金属材料时，在前刀面的刃口处黏结一小块很硬的金属楔块称为积屑瘤。积屑瘤的金相磨片图片如图 2.54 所示。

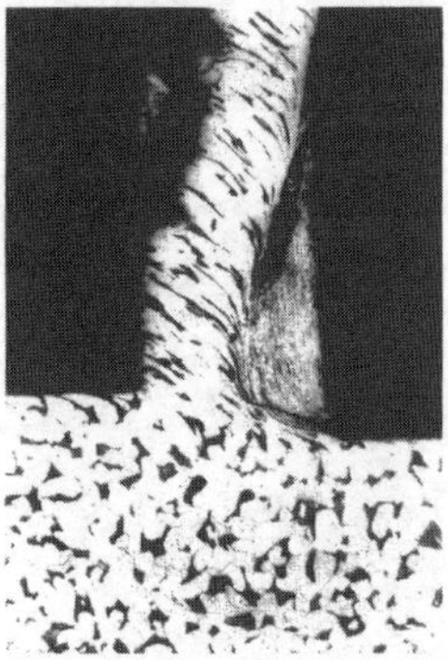

图 2.54 积屑瘤的金相磨片图片

以中等偏低的切削速度切削塑性金属材料时，由于前刀面与切屑底层之间的挤压与摩擦作用，使靠近前刀面的切屑底层流动速度减慢，产生一层很薄的滞流层，使切屑的上层金属与滞流层之间产生相对滑移。在一定条件下，由于切削时所产生的温度和压力作用，使得前刀面与切屑底部滞流层之间的摩擦力大于内摩擦力（金属层底面与滞流层上面之间的摩擦力），此时滞流层的金属与切屑分离而黏结在前刀面上，随后形成的切屑底层沿被黏结的滞流层上面流动时，与新的滞流层又产生黏结，这样一层一层黏结，从而逐渐形成一个楔块就是积屑瘤。

如图 2.55 所示，由于积屑瘤在切削过程中时大时小，时有时无，很不稳定，容易引起切削振动，影响工件加工表面的粗糙度。积屑瘤还改变了刀具实际切削的前角和后角，使工作前角（γ_b）增大，降低了切削力，改变了切削深度，影响了工件的尺寸精度。积屑瘤包围着切削刃，对刀具起了保护，减少了刀具的磨损，在粗加工时，可允许有积屑瘤；精加工时，为了保证工件的加工精度和表面质量，一般应避免积屑瘤产生。

实践证明，影响积屑瘤形成的主要因素有：工件材料的性质、切削速度、刀具前角和冷却润滑条件等。其中影响最大的是金属材料的塑性。切削速度在低速或高速切削塑性金属时，不易形成积屑瘤；在中等偏低的切削速度时，积屑瘤所能到达的最大高度尺寸 h_b 也不同。积屑瘤的高度尺寸 h_b 随切削速度的变化趋势如图 2.56 所示，可根据需要选择合理的切削速度，在精加工时，为了保证加工精度和表面质量，一般采用高速或低速来避免积屑瘤产生，如拉削和精铰的切削速度低，精车采用的切削速度高。

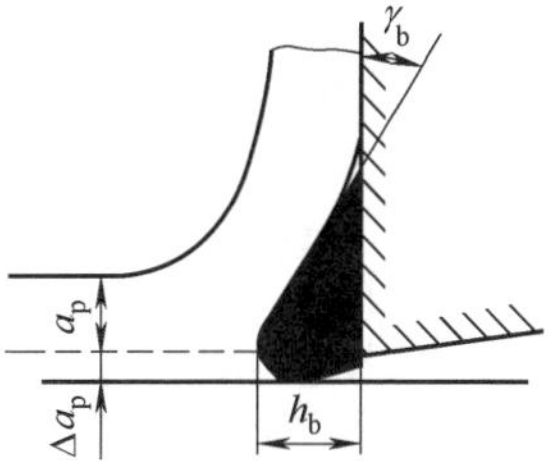

图 2.55　积屑瘤前角 γ_b 和切削深度 a_p 的变化

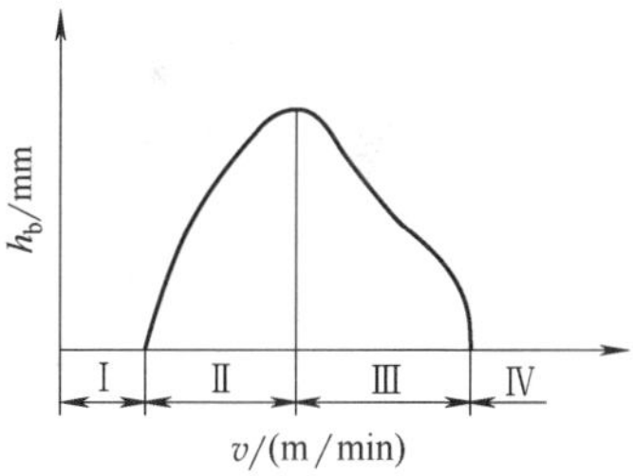

图 2.56　积屑瘤的高度随切削速度的变化

（4）第三变形区内后刀面与工件已加工表面的挤压摩擦

第三变形区内后刀面与工件已加工表面的挤压摩擦情况如图 2.57 所示。后刀面挤压工件的已加工表面，使金属层产生变形（图中 Δa_p）、熨平（图中 VB 段作用）、弹性恢复和塑性变形（图中 Δ），材料晶粒沿 v_c 方向纤维化，同时产生晶粒挤紧、破碎、扭曲等现象，引起表面层金属硬化和残余应力产生，从而影响工件已加工表面质量。

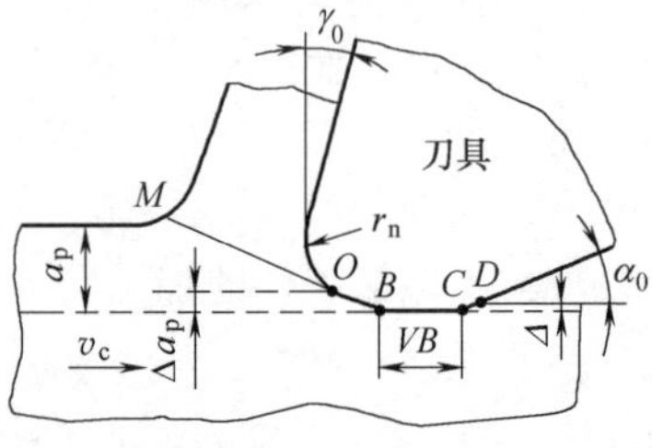

图 2.57　后刀面与工件的挤压摩擦

2.4.2　切屑的类型与控制

在切削塑性材料时，形成的切屑往往连绵不断，容易刮伤工件的已加工表面，损伤刀具、夹具和机床，威胁操作者的人身安全。此外，深孔加工的排屑问题、自动线生产的缠绕问题等影响生产，因此，控制切屑的形状（卷屑、断屑）和排屑在生产中十分重要。

（1）切屑的分类

从不同角度、不同目的、不同依据出发，对切屑的分类结果就不同。由于工件的材料不同，切削过程中的变形程度也不同，所产生的切屑形态也就多种多样，按工件材料的力学特性和切屑的形态，将切屑分为带状切屑、节状切屑、粒状切屑和崩碎切屑四种类型，如图 2.58 所示。

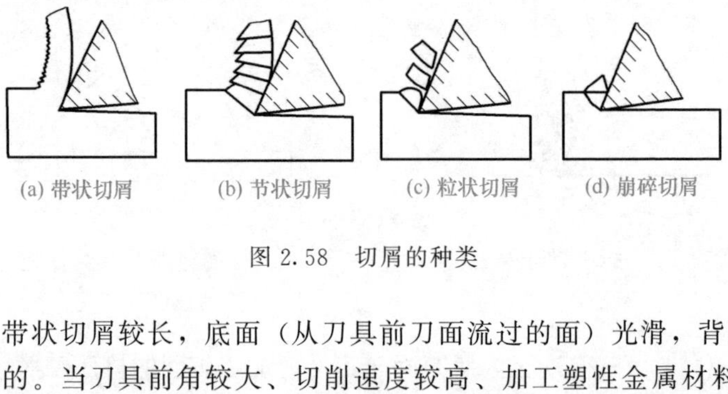

图 2.58　切屑的种类

带状切屑较长，底面（从刀具前刀面流过的面）光滑，背面是毛茸的。当刀具前角较大、切削速度较高、加工塑性金属材料时，通常形成这种切屑。出现带状切屑时，切屑内部的剪应力达到了材料的屈服极限，但未达到材料的强度极限，所以产生滑移而未发生断裂。出现带状切屑的切削过程平稳，切削力波动小，已加工表面的粗糙度小，但其连绵不断会影响切削加工的正常进行，处理切屑难，需要采取断屑措施。

节状切屑的底面光滑有裂纹，背面呈锯齿形。当切削速度较慢、刀具前角较小、切削厚度较大、切削塑性材料时易出现这种切屑。节状切屑中材料的局部应力达到强度极限，因此会产生裂纹。出现节状切屑的切削过程不稳定，切削力会产生一定的波动，会降低已加工表面的质量。

粒状切屑在切削速度低、刀具前角小、切削厚度大、材料塑性较小时产生。出现粒状切屑的切削过程更不稳定，切削力波动较大，使已加工表面质量更差。

崩碎切屑在加工脆性材料时出现。出现崩碎切屑的切削过程最不稳定，切削力波动大，已加工表面质量差，容易破坏刀具，损伤机床。

通常按切屑的形状分为：带状、C 形、宝塔状、崩碎、长紧卷（圆柱）、发条状和螺旋状切屑，如图 2.59 所示。

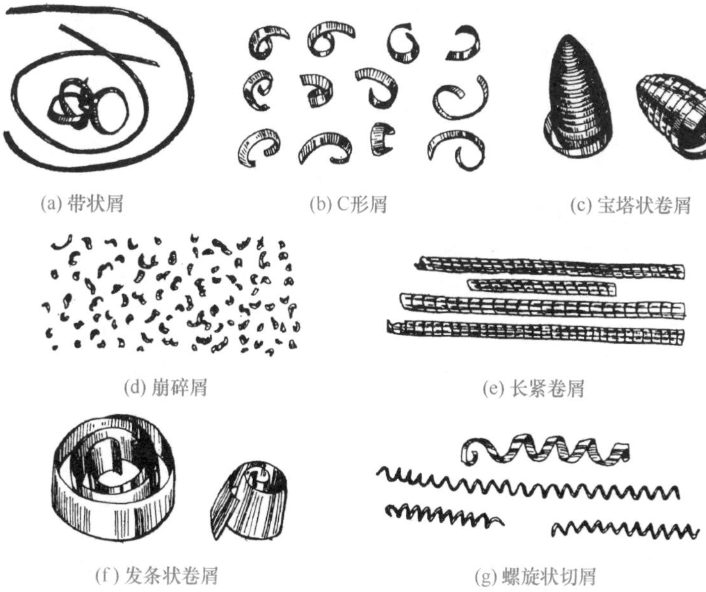

(a) 带状屑　(b) C形屑　(c) 宝塔状卷屑

(d) 崩碎屑　(e) 长紧卷屑

(f) 发条状卷屑　(g) 螺旋状切屑

图 2.59　切屑的形状种类

国际标准化组织（ISO）对切屑分类更加详细，如图 2.60 所示。

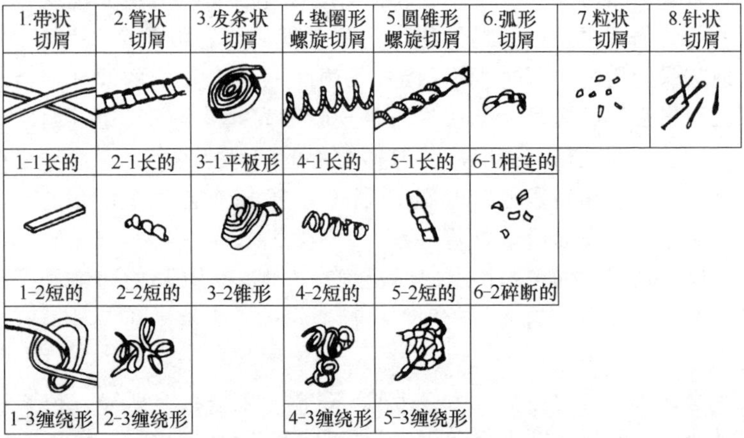

图 2.60　国际标准化组织对切屑形状的分类

（2）切屑形状及其流向

切屑形状及其流向主要与刀具的刀面结构（如卷屑槽）和刀具角度（如刃倾角）等参数有关。

① 自然卷屑　当前刀面为平面切削塑性材料时，只要切削速度 v_c 不很高，切屑常常会自行卷曲，如图 2.61 所示，其原因是切削时形成积屑瘤，切屑沿积屑瘤顶面流出，离开积屑瘤后在 C 点处与前刀面相切。

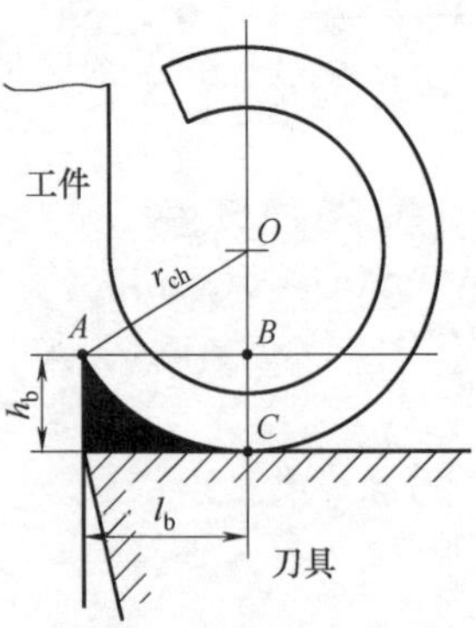

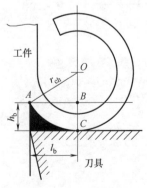

图 2.61　自然卷屑的机理

由于积屑瘤前端有高度 h_b，后端与前刀面相切，使切屑在积屑瘤顶面流过时便发生了弯曲。切屑卷曲半径 r_{ch} 可从图 2.61 中△AOB 求得：

$$r_{ch}=\frac{l_b^2}{2h_b}+\frac{h_b}{2} \qquad (2.25)$$

卷曲半径 r_{ch} 受到积屑瘤高度 h_b 的影响，并随 h_b 的增大而减小。而积屑瘤高度 h_b 又受到切削速度 v_c、切削厚度 h_D 等因素的影响，并在切削过程中不稳定，因此，自然卷屑在生产中应用较少。

② 卷屑槽卷屑机理　在生产上常用卷屑槽或卷屑台进行强迫卷屑，卷屑槽的卷屑机理如图 2.62 所示。在倒棱的上方有一切削层停留区，该停留区相当于积屑瘤的一种特殊形式，图中 A 点是切屑进入卷屑槽切入点，即切屑与卷屑槽相切，它的切线方向与基面的夹角 γ_b 称为进入角，此时切屑的卷曲半径为 r_{ch}。γ_b 随着切削厚度和切削速度而变化，如果刀具前角 $\gamma_0=\gamma_b$，切屑便沿着槽底运动，切屑的卷曲半径 r_{ch} 便等于槽的半径 r_{Bn}。如果刀具前角 $\gamma_0>\gamma_b$，切屑便不与槽底接触，而是与槽的后缘接触，这时切屑卷曲的半径 r_{ch} 大于槽的半径 r_{Bn}。从图中 $\triangle AOE$ 可以看出，$\angle AOE=\gamma_b$，故 r_{ch}、γ_b 及 l_{Bn} 之间有如下关系：

$$r_{ch}=\frac{l_{Bn}}{2\sin\gamma_b} \tag{2.26}$$

如果上式中 $\gamma_b\geqslant\gamma_0$，切屑进行强制卷曲，其卷曲半径 $r_{ch}=r_{Bn}$，通常 $\gamma_b<40°$。

卷屑槽按截面形状不同可分为三种形式，如图 2.63 所示，其中全圆弧形槽适用于大前角重型刀具，这种槽形可使刀具在前角相同的情况下具有较高的强度。

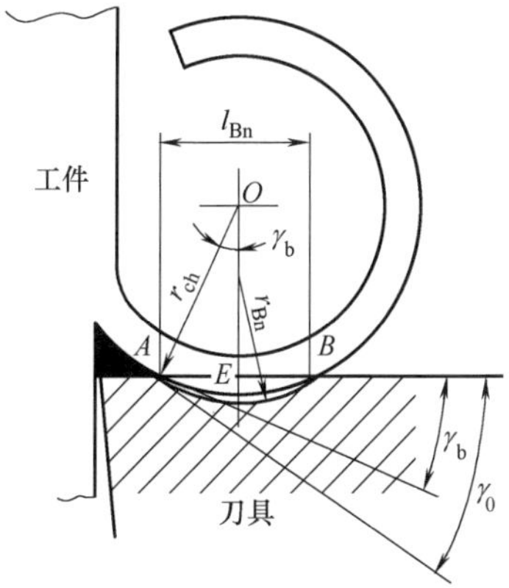

图 2.62　卷屑槽的卷屑机理

在槽形参数中，槽宽 l_{Bn} 和反屑角 δ_{Bn} 对断屑效果影响最大。l_{Bn} 越小、δ_{Bn} 越大，断屑效果越好，但 l_{Bn} 过小、δ_{Bn} 过大，会使切屑卷曲半径过小，切削时将产生堵屑现象，使切削力增大，引起刀具的损坏。

按卷屑槽方向的不同又可分为外斜式、平行式和内斜式三种，如图 2.64 所示。卷屑槽的方向主要影响切屑卷曲和流出方向。外斜式卷屑槽在靠近待加工表面处槽宽尺寸小，切屑卷曲半径小，切

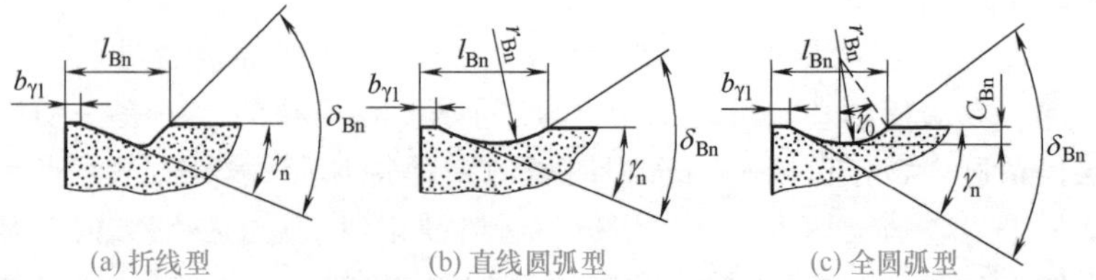

图 2.63 卷屑槽的结构类型

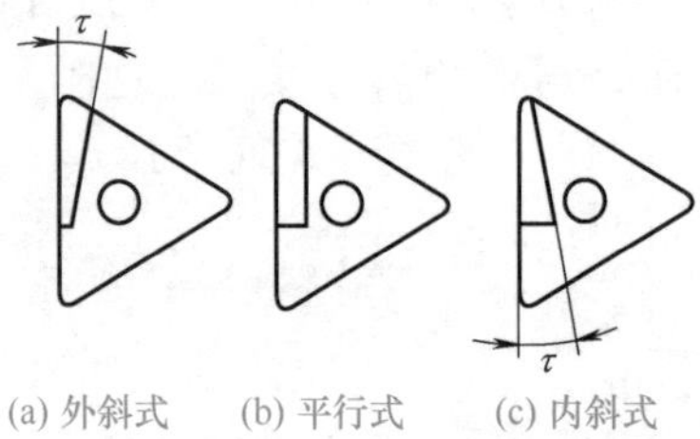

图 2.64 卷屑槽方向分类

削时该处速度又最高，故易形成C形屑，这种槽的断屑范围宽，稳定可靠，槽斜角 τ 一般可取为5°～15°。平行式槽在切削深度较大范围内，能获得较好的断屑效果。内斜式槽可使切屑背离工件流出，适用于切削用量较小的精车和半精车。不同切削条件下，卷屑槽参数的确定原则及推荐数据可参考有关资料或通过实验确定。

刃倾角对切屑流向的影响情况如图2.65所示。当 $\lambda_s>0°$ 时，切屑流向待加工表面；当 $\lambda_s<0°$ 时，切屑流向已加工表面；当 $\lambda_s=0°$ 时，切屑沿主剖面方向流出。

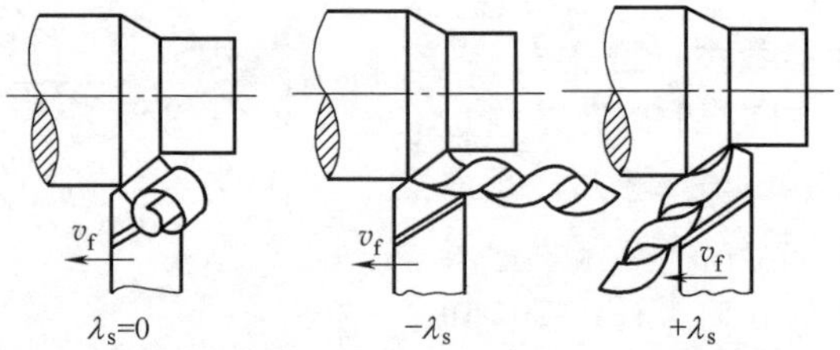

图 2.65 刃倾角对切屑流向的影响

2.5 切削力与切削功率

在切削过程中，机床提供运动和动力，工件上多余的材料在切削力和切削运动的作用下被切除形成废弃的切屑，同时形成要求的工件表面。切削力和切削功率不仅在切削中起重要作用，同时也是设计或选用机床、刀具和夹具的重要依据。

2.5.1　概述

（1）切削力的定义

① 切削合力 F（total force exerted by a cutting part）　对于单切削刃刀具，切削合力是刀具上一个切削部分切削工件时所产生的全部切削力的合力。

② 总切削力（total force exerted by the tool）　对于多切削刃刀具，总切削力是刀具上所有参与切削的各切削部分所产生的切削力的合力。

③ 切削扭矩 M_c（total torque exerted by the tool）　对于旋转多刃刀具，切削扭矩是总切削力对主运动的回转轴线所产生的扭矩。

（2）切削合力的几何分力

① 切削合力的分力　切削合力 F 沿任何不同运动方向和与之相垂直的方向作正投影而分解出各方向上的分力。

车外圆时，主运动方向与进给运动方向垂直，切削合力的分力如图 2.66 所示。

为了便于应用，将切削合力 F 分解为三个互相垂直的分力 F_c、F_f 和 F_p。

主切削力 F_c——切削合力在主运动方向上的正投影，也称切向力。

进给力 F_f——切削合力在进给运动方向上的正投影，也称轴向力。

背向力 F_p——切削合力在垂直于工作平面上的分力，也称切深力。

切削合力与分力之间的关系为

$$F=\sqrt{F_c^2+F_p^2+F_f^2} \tag{2.27}$$

在图 2.66 中，F_e 是切削合力在合成运动方向上的正投影，称

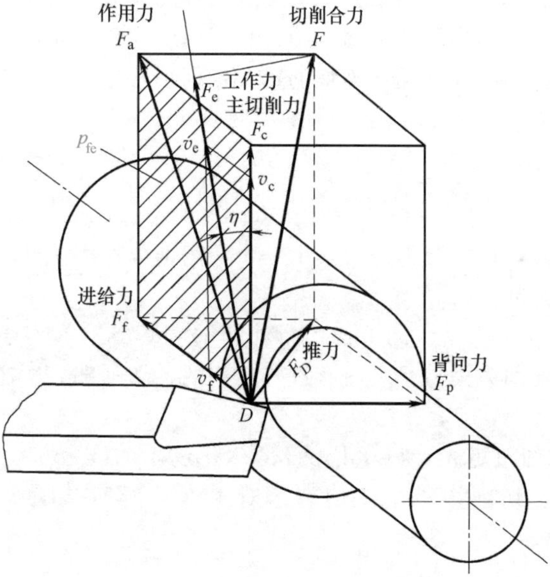

图 2.66　车削时的切削合力和分力

工作力。工作力与主切削力的夹角为 η。

F_a 是切削合力在工作平面内（与假定工作平面重合）的正投影，称作用力。作用力与主切削力和进给力的关系为

$$F_a=\sqrt{F_c^2+F_f^2} \tag{2.28}$$

② 正交切削力分解　为了分析计算切削变形在剪切面和前刀面上的力，通过切削刃基点 D 的工作平面内，在正交平面内的切削力如图 2.67 所示。

图中，φ 为剪切角（主运动方向与剪切平面和工作平面的交线夹角）；F_{sh} 是切削合力在剪切平面上的投影，称剪切平面切向力；F_{shN} 是切削合力在垂直剪切平面方向上的分力，称剪切平面垂直力；刀具前角与法前角相等，$\gamma_0=\gamma_n$（刃倾角 $\lambda_s=0$）；F_a 是作用力；F_γ 是切削合力在前刀面上的投影，称前面切向力，$F_{\gamma N}$ 称前面垂直力，与 F_γ 方向垂直；主切削力为 F_c；进给力为 F_f；F_D 是切削合力在切削层尺寸平面上的投影，称推力，此时与进给力相等。

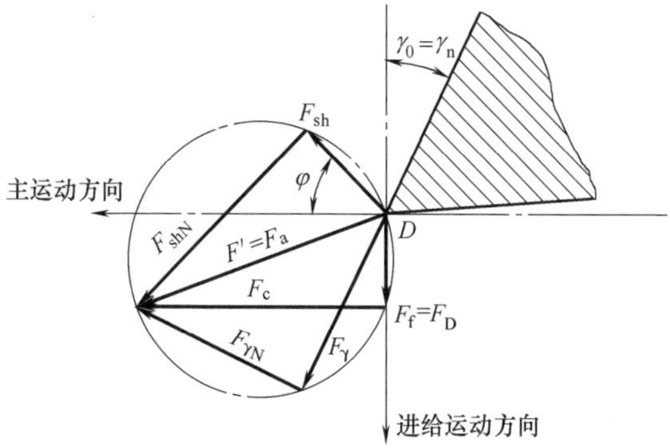

图 2.67　正交切削力的分解（过基点 D，在工作平面上的视图）

（3）切削功率

① 切削功率 P_c　切削功率 P_c 是同一瞬间切削刃基点上的主切削力与切削速度的乘积。

$$P_c=F_c v_c\times10^{-3}\ (\mathrm{kW})\tag{2.29}$$

式中　F_c——主切削力，N；

v_c——切削速度，m/s。

② 进给功率 P_f　进给功率 P_f 是同一瞬间切削刃基点上的进给力与进给速度的乘积。

$$P_f=F_f v_f\times10^{-3}\ (\mathrm{kW})\tag{2.30}$$

式中　F_f——进给力，N；

v_f——进给速度，m/s。

③ 工作功率 P_e　工作功率 P_e 是同一瞬间切削刃基点上的工作力与合成速度的乘积。

$$P_e=F_e v_e\times10^{-3}\ (\mathrm{kW})\tag{2.31}$$

工作功率 P_e 可以用下式近似计算：

$$P_e=P_f+P_c\ (\mathrm{kW})\tag{2.32}$$

机床电动机的功率 P 为

$$P\geqslant P_c/\eta_m\tag{2.33}$$

式中　η_m——机床主运动传动链的传动效率，一般取 $\eta_m=0.75\sim0.85$。

（4）切削层单位面积切削力估算

切削层单位面积切削力也称单位切削力，是主切削力与切削层公称面积之比，用 k_c 表示

$$k_c=F_c/A_D(N/mm^2)=F_c/A_D \quad (MPa) \qquad (2.34)$$

式中 k_c——单位切削力，MPa，主切削力与切削层公称横截面面积之比（常用材料的单位切削力见表 2.17）；

F_c——主切削力，N；

A_D——切削层公称横截面积，也称切削面积，$A_D=a_pf$，mm^2；

a_p——背吃刀量，也称切削深度，mm；

f——进给量，mm/r。

表 2.17 单位切削力 k_c

工件材料	力学性能		单位切削力 k_c
碳钢 合金钢	σ_b /MPa	400～500	1500
		500～600	1600
		600～700	1700
		700～800	2000
		800～900	2200
		900～1000	2350
		1000～1100	2550
灰铸铁	硬度（HBS）	140～160	1000
		160～180	1080
		180～200	1140
		200～220	1200
中硬青铜			550
铅青铜			350
铜			950～1100

注：切削系数的制订条件为：不加冷却液，直线刀刃，$a_p=5mm$，$f=1mm/r$，$\gamma_0=15°$，$\lambda_s=0°$，$\kappa_r=45°$，$\gamma_e=1mm$。

例 1 在 C620-1 型车床上车削轴的外圆，车削深度为 4 mm，进给量为 0.67 mm/r，工件材料为 45 钢，热处理状态为正火回火，试估算其主车削力。

解：设钢的抗拉极限强度 σ_b 为 600MPa；查表 2.17，$k_c=1600$，根据 $F_c=k_cA_D$（N）计算得：

$$F_c=k_cA_D=1600\times4\times0.67=4288\ (N)$$

当切削条件与表 2.17 中的条件有较大差别时，应进行适当修整。

例 2　在 C620-1 型车床上以每分钟 180 m 的切削速度车削短轴，机床电动机的额定功率 P_E 为 7kW，机床的传动效率 η 为 0.8，按切削参数计算得主切削力 F_c 为 1700N，试通过计算校核确定机床是否超负荷切削？若主切削力增大至 2400N，此机床是否仍能进行切削？

解：按已知条件和校核公式计算

① 当 $F_c=1700N$ 时，$P_c=\frac{F_c v_c}{60000}=\frac{1700\times180}{60000}=5.1\ (kW)$

$P_{主轴}=P_E\eta=7\times0.8=5.6\ (kW)$

校核结果：5.1kW<5.6kW，$P_c<P_{主轴}$，可以切削。

② 当 $F_c=2400N$ 时：

$$P_c=\frac{F_c v_c}{60000}=\frac{2400\times180}{60000}=7.2\ (kW)$$

校核结果：7.2kW>5.6kW，$P_c>P_{主轴}$，不满足条件，不能进行切削。

③ 切削扭矩与车床主轴扭矩校核计算。车削扭矩是由作用在工件上的垂直切削力产生的，作用在工件上的垂直切削力与作用在刀具上的切削力方向相反，大小相等。

切削扭矩的计算公式：

$$M_{切}=\frac{F_c D}{2}\ (N\cdot mm) \tag{2.35}$$

式中　$M_{切}$——切削扭矩，N·mm；

F_c——主切削力，N；

D——工件直径，mm。

车床主轴的扭矩与主轴的转速和主运动系统的零件强度有关，在车削时转速越高，转矩越小。

车床主轴的扭矩计算公式：

$$M_{主轴}=7162000\times\frac{P_{主轴}\times1.36}{n} \tag{2.36}$$

式中　$M_{主轴}$——车床主轴的扭矩，N·mm；

$P_{主轴}$——车床主轴的功率，kW；

n——车床主轴转速，r/min。

表 2.18　切削力的计算公式

加工材料	刀具材料	加工形式	公式中的系数和指数											
主切削力			$F_c=C_{F_c}a_p^{x_{F_c}}f^{y_{F_c}}v^{\eta_{F_c}}K_{F_c}$											
背向力			$F_p=C_{F_p}a_p^{x_{F_p}}f^{y_{F_p}}v^{\eta_{F_p}}K_{F_p}$											
进给力			$F_f=C_{F_f}a_p^{x_{F_f}}f^{y_{F_f}}v^{\eta_{F_f}}K_{F_f}$											
切削功率			$P_c=F_cv\times10^{-3}$											
			主切削力				背向力				进给力			
			C_{F_c}	x_{F_c}	y_{F_c}	η_{F_c}	C_{F_p}	x_{F_p}	y_{F_p}	η_{F_p}	C_{F_f}	x_{F_f}	y_{F_f}	η_{F_f}
结构钢铸钢 $\delta_b=650MPa$	硬质合金	外圆纵车及镗孔	2650	1.0	0.75	−0.15	1950	0.90	0.6	−0.3	2880	1.0	0.5	−0.4
		外圆纵车 $\kappa_r=0$	3570	0.9	0.9	−0.15	2840	0.60	0.8	−0.3	2050	1.05	0.2	−0.4
		切槽及切断	3600	0.72	0.8	0	1390	0.73	0.67	0	—	—	—	—
	高速钢	外圆纵车及镗孔	1700	1.0	0.75	0	920	0.90	0.75	0	530	1.2	0.65	0
		切槽及切断	2170	1.0	1.0	0	—	—	—	—	—	—	—	—
		成形车	1870	1.0	0.75	0	—	—	—	—	—	—	—	—
耐热钢 1Cr18Ni9Ti 141HBW	硬质合金	外圆纵车及镗孔	2000	1.0	0.75	0	—	—	—	—	—	—	—	—
灰铸铁 190HBW	硬质合金	外圆纵车及镗孔	900	1.0	0.75	0	530	0.9	0.75	0	450	1.0	0.4	0
		外圆纵车 $\kappa_r=0$	1200	1.0	0.75	0	600	0.6	0.5	0	235	1.05	0.2	0
	高速钢	外圆纵车及镗孔	1120	1.0	0.75	0	1160	0.9	0.75	0	500	1.2	0.65	0
		切槽及切断	1550	1.0	1.0	0	—	—	—	—	—	—	—	—
可锻铸铁	硬质合金	外圆纵车及镗孔	790	1.0	0.75	0	420	0.9	0.75	0	370	1.0	0.4	
	高速钢	外圆纵车及镗孔	980	1.0	0.75	0	860	0.9	0.75	0	390	1.2	0.65	
		切槽及切断	1360	1.0	1.0	0	—	—	—	—	—	—	—	—

续表

加工材料	刀具材料	加工形式	公式中的系数和指数											
			主切削力				背向力				进给力			
			C_{F_c}	x_{F_c}	y_{F_c}	η_{F_c}	C_{F_p}	x_{F_p}	y_{F_p}	η_{F_p}	C_{F_f}	x_{F_f}	y_{F_f}	η_{F_f}
中等硬度不均匀铜合金 120HBW	高速钢	外圆纵车及镗孔	540	1.0	0.66	0	—	—	—	—	—	—	—	—
		切槽及切断	735	1.0	1.0	0	—	—	—	—	—	—	—	—
高硬度青铜 200～240HBW	硬质合金	外圆纵车及镗孔	405	1.0	0.66	0	—	—	—	—	—	—	—	—
铝及铝硅合金	高速钢	外圆纵车及镗孔	390	1.0	0.75	0	—	—	—	—	—	—	—	—
		切槽及切断	490	1.0	1.0	0	—	—	—	—	—	—	—	—

表 2.19 加工铜合金和铝合金材料力学性能改变时的修正系数

加工铜合金的修正系数						加工铝合金的修正系数			
不均匀的		非均质的铜合金和Cu<10%的均质合金	均质合金	铜	Cu>15%的合金	铝及铝硅合金	硬铝		
中等硬度120HBW	高硬度>120HBW						$\sigma_b=0.245GPa$	$\sigma_b=0.343GPa$	$\sigma_b>0.343GPa$
1.0	0.75	0.65～0.70	1.8～2.2	1.7～2.1	0.25～0.45	1.0	1.5	2.0	2.75

表 2.20 钢和铸铁强度和硬度改变时切削力的修正系数 K_{MF}

加工材料	结构钢	灰铸铁	可锻铸铁
系数 K_{MF}	$K_{MF}=\left(\frac{\sigma_b}{650}\right)^{n_F}$	$K_{MF}=\left(\frac{HBW}{190}\right)^{n_F}$	$K_{MF}=\left(\frac{HBW}{150}\right)^{n_F}$

续表

加工材料	上式中的指数 n_F									
	切削力						钻孔时的轴向力和扭矩		铣削时的圆周力	
	F_c		F_p		F_f					
	刀具材料									
	硬质合金	高速钢	硬质合金	高速钢	硬质合金	高速钢	硬质合金	高速钢	硬质合金	高速钢
	指数 n_F									
$\sigma_b \leqslant 600MPa$ $\sigma_b > 600MPa$	0.75	0.35 0.75	1.35	2.0	1.0	1.5	0.75		0.3	
灰铸铁、可锻铸铁	0.4	0.55	1.0	1.3	0.8	1.1	0.6		1.0	0.55

表 2.21　加工钢及铸铁刀具几何参数改变时切削力的修正系数

参数		刀具材料	修正系数			
名称	数值		名称	切削力		
				F_c	F_f	F_p
主偏角 κ_r /(°)	30	硬质合金	$K_{\kappa_r F}$	1.08	1.30	0.78
	45			1.0	1.0	1.0
	60			0.94	0.77	1.11
	75			0.92	0.62	1.13
	90			0.89	0.50	1.17
	30	高速钢		1.08	1.63	0.7
	45			1.0	1.0	1.0
	60			0.98	0.71	1.27
	75			1.03	0.54	1.51
	90			1.08	0.44	1.82

续表

参数		刀具材料	修正系数			
名称	数值		名称	切削力		
				F_c	F_f	F_p
前角 γ_0 /(°)	−15	硬质合金	$K_{\gamma_0 F}$	1.25	2.0	2.0
	−10			1.2	1.8	1.8
	0			1.1	1.4	1.4
	10			1.0	1.0	1.0
	20			0.9	0.7	0.7
	12～15	高速钢		1.15	1.6	1.7
	20～25			1.0	1.0	1.0
刃倾角 λ_s /(°)	5	硬质合金	$K_{\lambda_s F}$	1.0	0.75	1.07
	0				1.0	1.0
	−5				1.25	0.85
	−10				1.5	0.75
	−15				1.7	0.65
刀尖圆弧半径 r_ε/mm	0.5	高速钢	$K_{r_\varepsilon F}$	0.87	0.66	1.0
	1.0			0.93	0.82	
	2.0			1.0	1.0	
	3.0			1.04	1.14	
	5.0			1.1	1.33	

（5）切削力的经验公式

利用测力仪测出切削力，将实验数据进行分析处理，得出切削力的经验公式。车削时切削力、切削功率的经验公式及其指数与系数的选择见表 2.18。表中的数据是在给定条件下得出的，如果实际切削条件与试验中的条件不同时，要对其进行修正，修正系数 K_{F_c}、K_{F_p}、K_{F_f} 是所有修正系数，如刀具角度、工件材料等的乘积。

车削铜合金及铝合金时材料力学性能对切削力影响的修正系数见表 2.19，车削钢和铸铁时材料强度和硬度改变对切削力影响的修正系数见表 2.20，车削钢和铸铁时刀具几何参数改变对切削力影响的修正系数见表 2.21。

2.5.2 钻削力（力矩）和钻削功率的计算

钻削力（力矩）经验公式中指数与系数的选择见表 2.22，加工条件改变时的修正系数见表 2.23。

表 2.22 钻孔时轴向力、扭矩及功率的计算公式

计算公式			
名称	轴向力/N	扭矩/N·m	功率/kW
计算公式	$F_f=C_F d_0^{z_F} f^{y_F} k_F$	$M_c=C_M d_0^{z_M} f^{y_M} k_M$	$P_c=\frac{M_c v_c}{30 d_0}$

公式中的系数和指数							
加工材料	刀具材料	系数和指数					
		轴向力			扭矩		
		C_F	z_F	y_F	C_M	z_M	y_M
钢 $\sigma_b=650$MPa	高速钢	600	1.0	0.7	0.305	2.0	0.8
不锈钢 1Cr18Ni9Ti	高速钢	1400	1.0	0.7	0.402	2.0	0.7
灰铸铁，硬度 190HBW	高速钢	420	1.0	0.8	0.206	2.0	0.8
	硬质合金	410	1.2	0.75	0.117	2.2	0.8
可锻铸铁，硬度 150HBW	高速钢	425	1.0	0.8	0.206	2.0	0.8
	硬质合金	320	1.2	0.75	0.098	2.2	0.8
中等硬度非均质铜合金，硬度 100～140HBW	高速钢	310	1.0	0.8	0.117	2.0	0.8

注：1. 当钢和铸铁的强度和硬度改变时，切削力的修正系数 k_{MF} 可按表 2.23 计算。

2. 加工条件改变时，切削力及扭矩的修正系数见表 2.23。

3. 用硬质合金钻头钻削未淬硬的结构碳钢、铬钢及镍铬钢时，轴向力及扭矩可按下列公式计算：

$$F_f=3.48 d_0^{1.4} f^{0.8} \sigma_b^{0.75} \qquad M_c=5.87 d_0^2 f \sigma_b^{0.7}$$

表 2.23　加工条件改变时钻孔轴向力及扭矩的修正系数

(1)与加工材料有关

钢	力学性能	硬度(HBW)	110～140	>140～170	>170～200	>200～230	>230～260	>260～290	>290～320	>320～350	>350～380
		σ_b/MPa	400～500	>500～600	>600～700	>700～800	>800～900	>900～1000	1000>1100	>1100～1200	>1200～1300
	$k_{MF}=k_{MM}$		0.75	0.88	1.0	1.11	1.22	1.33	1.43	1.54	1.63
铸铁	力学性能	硬度(HBW)	100～120	120～140	140～160	160～180	180～200	200～220	220～240	240～260	—
	系数 $k_{MF}=k_{MM}$	灰铸铁	—	—	—	0.94	1.0	1.06	1.12	1.18	—
		可锻铸铁	0.83	0.92	1.0	1.08	1.14	—	—	—	—

(2)与刃磨形状有关

刃磨形状		标准	双横、双横棱、横、横棱
系数	k_{xF}	1.33	1.0
	k_{xM}	1.0	1.0

(3)与刀具磨钝有关

切削刃状态		尖锐的	磨钝的
系数	k_{hF}	0.9	1.0
	k_{hM}	0.87	1.0

2.5.3 铣削切削力、铣削功率的计算

铣削加工时周向切削力/力矩的计算公式及其指数、系数的选择见表 2.24，铣削加工切削力的估算方法见表 2.25，硬质合金端铣刀和高速钢铣刀刀具角度的修正系数分别见表 2.26 和表 2.27。

表 2.24　铣削时切削力、扭矩和功率的计算公式及其指数、系数的选择

(1)计算公式							
圆周力/N			扭矩/N·m			功率/kW	
$F_c=\dfrac{C_F a_p^{x_F} f_z^{y_F} a_e^{\mu_F} Z}{d_0^{q_F} n^{w_F}}$			$M_c=\dfrac{F_c d_0}{2\times 10^3}$			$P_c=\dfrac{F_c v_c}{1000}$	
(2)公式中的系数及指数							
铣刀类型	刀具材料	C_F	x_F	y_F	μ_F	w_F	q_F
加工碳素结构钢 $\sigma_b=650$MPa							
端铣刀	硬质合金	7900	1.0	0.75	1.1	0.2	1.3
	高速钢	788	0.95	0.8	1.1	0	1.1
圆柱铣刀	硬质合金	967	1.0	0.75	0.88	0	0.87
	高速钢	650	1.0	0.72	0.86	0	0.86
立铣刀	硬质合金	119	1.0	0.75	0.85	−0.13	0.73
	高速钢	650	1.0	0.72	0.86	0	0.86
盘铣刀、切槽及切断铣刀	硬质合金	2500	1.1	0.8	0.9	0.1	1.1
	高速钢	650	1.0	0.72	0.86	0	0.86
凹、凸半圆铣刀及角铣刀	高速钢	450	1.0	0.72	0.86	0	0.86
加工不锈钢 1Cr18Ni9Ti 硬度 141HBW							
端铣刀	硬质合金	218	0.92	0.78	1.0	0	1.15
立铣刀	高速钢	82	1.0	0.6	0.75	0	0.86
加工灰铸铁硬度 190HBW							
端铣刀	硬质合金	54.5	0.9	0.74	1.0	0	1.0
圆柱铣刀		58	1.0	0.8	0.9	0	0.9
圆柱铣刀、立铣刀、盘铣刀、切槽及切断铣刀	高速钢	30	1.0	0.65	0.83	0	0.83
加工可锻铸铁硬度 150HBW							
端铣刀	硬质合金	491	1.0	0.75	1.1	0.2	1.3
圆柱铣刀、立铣刀、盘铣刀、切槽及切断铣刀	高速钢	30	1.0	0.72	0.86	0	0.86
加工中等硬度非均质铜合金硬度 100～140HBW							
圆柱铣刀、立铣刀、盘铣刀、切槽及切断铣刀	高速钢	22.6	1.0	0.72	0.86	0	0.86

注：1. 铣削铝合金时，圆周力 F_c 按加工碳钢的公式计算并乘系数 0.25。

2. 表列数据按铣刀求得。当铣刀的磨损量达到规定的数值时，F_c 要增大。加工软钢时，增加 75%～90%；加工硬钢及铸铁时，增加 30%～40%。

表 2.25　铣削分力的比值

铣削条件	比值	对称端铣	不对称铣削	
			逆铣	顺铣
端铣： $a_e=(0.4\sim0.8)d_0$ $f_x=0.1\sim0.2$mm 时	F_x/F_c	0.3～0.4	0.60～0.90	0.15～0.30
	F_y/F_c	0.85～0.95	0.45～0.70	0.90～1.00
	F_z/F_c	0.50～0.55	0.50～0.55	0.50～0.55
立铣、圆柱铣、盘铣和成形铣 $a_e=0.05d_0$ $f_x=0.1\sim0.2$mm 时	F_x/F_c		1.00～1.20	0.80～0.90
	F_y/F_c		0.20～0.30	0.75～0.80
	F_z/F_c		0.35～0.40	0.35～0.40

表 2.26　硬质合金端铣刀铣削力修正系数

工件材料系数 k_{mF_c}		前角系数(切钢)$k_{\gamma F_c}$			主偏角系数 $k_{\kappa F_c}$(钢及铸铁)				
钢	铸铁	−10°	0°	10°	15°	30°	60°	75°	90°
$\left(\frac{\sigma_b}{0.638}\right)^{0.3}$	$\frac{HBW}{190}$	1.0	0.89	0.79	1.23	1.15	1.0	1.06	1.14

表 2.27　高速钢铣刀铣削力修正系数

工件材料系数 k_{mF_c}		前角系数(切钢)$k_{\gamma F_c}$				主偏角系数 $k_{\kappa F_c}$(限于端铣)			
钢	铸铁	5°	10°	15°	20°	30°	45°	60°	90°
$\left(\frac{\sigma_b}{0.638}\right)^{0.3}$	$\left(\frac{HBW}{190}\right)^{0.55}$	1.08	1.0	0.92	0.85	1.15	1.06	1.0	1.04

注：σ_b 的单位为 GPa。

2.5.4　拉削加工时切削力经验公式中系数的选择及其修正

拉削力的计算公式见表 2.28，拉削力的修正系数见表 2.29，拉刀切削刃长度上的切削力见表 2.30。

表 2.28　拉削力计算公式

拉削力计算公式			$F_{max}=F'_z\sum a_w z_{emax}k_0k_1k_2k_3k_4k_5\times10^{-3}$	
刀齿类型			$\sum a_w$	说明
圆形齿	分层式		$\sum a_w=\pi d_0$	F'_z——切削刃 1mm 长度上的切削力，N/mm，见表 2.30 d_0——拉刀直径 z——花键键数 z_0——轮切式拉刀每组齿数 B——键宽尺寸 f——键侧倒角宽度尺寸 在花键齿之前的倒角齿。若倒角齿在花键之后则不必计算倒角齿的切削力
	综合式		$\sum a_w=\frac{1}{2}\pi d_0$	
	轮切式		$\sum a_w=\pi d_0/z_0$	
矩形花键	分层式	花键式	$\sum a_w=zB$	
		倒角齿	$\sum a_w=z(B+2f)$	
	轮切式花键齿		$\sum a_w=zB/z_0$	

表 2.29 拉削力修正系数

修正系数	工作条件	数值			
切削刃状况修正系数 k_0	直线刃拉刀 曲线刃、圆弧刃拉刀	1 1.06～1.27			
刀齿磨损状况修正系数 k_1	具有锋利的切削刃 后刀面正常磨损 $VB=0.3\text{mm}$	1 1.15			
切削液状况修正系数 k_2	用硫化切削油 用10%乳化液 干切削加工钢料	钢	1 1.13 1.34	铸铁	0.9 0.9 1.0
刀齿前角状况修正系数 k_3	$\gamma_0=16°\sim20°$ $\gamma_0=10°\sim15°$ $\gamma_0=6°\sim8°$ $\gamma_0=0°\sim2°$	0.9 1 1.13 1.35			
刀齿后角状况修正系数 k_4	$\alpha_0=2°\sim3°$ $\alpha_0\leqslant0°$	1 钢 1.20，铸铁 1.12			

表 2.30 拉刀切削刃 1mm 长度上的切削力 F'_z N/mm

切削厚度 a_e /mm	工件材料的硬度(HBW)								
	碳钢			合金钢			铸铁		
							灰铸铁		可锻铸铁
	≤197	>197～229	>229	≤197	>197～229	>229	≤180	>180	
0.01	64	70	83	75	83	89	54	74	62
0.015	78	86	103	99	108	122	67	80	67
0.02	93	103	123	124	133	155	79	87	72
0.025	107	119	141	139	149	165	91	101	82
0.03	121	133	158	154	166	182	102	114	92
0.04	140	155	183	181	194	214	119	131	107
0.05	160	178	212	203	218	240	137	152	123
0.06	174	191	228	233	251	277	148	163	131
0.07	192	213	253	255	277	306	164	181	150
0.075	198	222	264	265	286	319	170	188	153
0.08	209	231	275	275	296	329	177	196	161
0.09	227	250	298	298	322	355	191	212	176
0.10	242	268	319	322	347	383	203	232	188
0.11	261	288	343	344	374	412	222	249	202
0.12	280	309	368	371	399	441	238	263	216
0.125	288	320	380	383	412	456	245	274	226
0.13	298	330	390	395	426	471	253	280	230
0.14	318	350	417	415	448	495	268	297	245

续表

切削厚度 a_e /mm	工件材料的硬度(HBW)								
	碳钢			合金钢			铸铁		
							灰铸铁		可锻铸铁
	≤197	>197～229	>229	≤197	>197～229	>229	≤180	>180	
0.15	336	372	441	437	471	520	284	315	256
0.16	353	390	463	462	500	549	299	330	271
0.17	371	408	486	486	526	581	314	346	285
0.18	387	428	510	515	554	613	328	363	296
0.19	403	446	530	544	589	649	339	381	313
0.20	419	464	551	565	608	672	353	394	320
0.21	434	479	569	569	631	697	368	407	332
0.22	447	493	589	608	654	724	378	419	342
0.23	459	507	604	628	675	748	387	430	351
0.24	471	521	620	649	696	771	402	442	361
0.25	486	535	638	667	716	795	413	456	369
0.26	500	550	653	693	739	818	421	468	383
0.27	515	563	669	708	761	842	436	478	194
0.28	530	577	687	726	783	866	446	491	405
0.29	539	589	706	746	814	903	453	500	411
0.30	553	603	716	770	829	915	467	512	423

2.5.5 磨削力和磨削功率的计算

(1) 磨削力

磨削时作用于工件和砂轮之间的力称为磨削力，在一般外圆磨削情况下，磨削力可以分解为互相垂直的三个分力，即

F_t——切向磨削力（砂轮旋转的切线方向）；

F_n——法向磨削力（砂轮和工件接触面的法线方向）；

F_a——轴向磨削力（纵向进给方向）。

切向磨削力 F_t 是确定磨床电动机功率的主要参数，又称主磨削力；法向力 F_n 作用于砂轮的切入方向，压向工件，引起砂轮轴和工件的变形，加速砂轮钝化，直接影响工件精度和加工表面质量；轴向磨削力 F_a 作用于机床的进给系统，但与 F_t 和 F_n 相比数值很小，一般可不考虑。

在磨削中，F_n 大于 F_t，其比值 F_n/F_t 等于 1.5～4，这是磨削的一个显著特征。F_n 与 F_t 的比值随工件材料、磨削方式的不同而不同，见表 2.31。从表中可以看出，磨削方式的不同对比值的影响不大，而工件材料不同则影响较大。重负荷荒磨 F_n/F_t 比

值比其他磨削方式高。缓进给平面磨削磨削力的比值受磨削深度 a_p 的影响与一般磨削有所区别。

磨削力的计算，现在还很不统一，下面介绍外圆磨削力（N）的实验公式：

$$F_t = C_F a_p^{\alpha} v_s^{-\beta} v_w^{\gamma} f_a^{\delta} b_s^{\varepsilon} \tag{2.37}$$

式中 v_s——砂轮的线速度，m/s；

v_w——工件的圆周速度，m/min；

b_s——砂轮的宽度，mm。

其他系数和指数根据国内外学者实验研究汇总于表 2.32，可供参考。

平面磨削的切向力提出了如下实验公式，系数 C_F 见表 2.32，指数值见表 2.33。

$$F_t = C_F a_p^{\alpha} v_s^{-\beta} v_w^{\gamma} \tag{2.38}$$

从表 2.33 中可以看出，各个指数值因研究者不同而有差别，但从中可看出各个加工条件对磨削力的大致影响。即磨削力随磨削深度 a_p、工件速度 v_w 及进给量 f_a 的增大而增大，随砂轮速度 v_s 的增大而减小。

表 2.31 不同磨削方式 F_n/F_t 的比值

磨削方式	外圆磨削			60m/s 高速外圆磨削	平面磨削	缓进给平面磨削	内圆磨削		重负荷荒磨	砂带磨削
被磨材料	45 钢	GCr15	W18Cr4V	45 钢淬火	SAE 52100 钢(43 HRC)	In-738	45 钢未淬火	45 钢淬火	1Cr18Ni9Ti GCr15 60Si2Mn	GCr15
F_n/F_t	≈2.04	≈2.7	≈4.0	2.2～3.5	1.75～2.13	1.8～2.4	1.8～2.06	1.98～2.66	平均 5.2	1.7～2.1

表 2.32 外圆磨削力实验公式的系数和指数值

研究者	α	β	γ	δ	ε	C_F		备注
П. И. ЯшериуыН	0.6	—	0.7	0.7	—	淬硬钢	22	v_s=20m/s
						未淬硬钢	21	b_s=40mm
						铸铁	20	A46KV5
Arzimauritch	0.6	—	0.4	0.37	—	—		

续表

研究者	α	β	γ	δ	ε	C_F		备注
Koloreuritch	0.5	0.9	0.4	0.6	—	—		
Babtschinizer	0.6	—	0.75	0.6	—	—		
Norton Co	0.5	0.5	0.5	0.5	0.5	—		
渡边	0.88	0.76	0.76	0.62	0.38	—		

表 2.33　平面磨削力实验公式的指数值

材料	α	β	γ	F_t/F_n
淬火钢	0.84	—	—	0.49
硬钢	0.87	1.03	0.48	0.57
软钢	0.84	0.70	0.45	0.55
铸铁	0.87	—	0.61	0.35
黄铜	0.87	—	0.60	0.45

（2）磨削功率

磨削功率 P_m 计算是磨床动力参数设计的基础，由于砂轮转速很高，功率消耗很大，主运动所消耗的功率（kW）为：

$$P_m = \frac{F_t v_s}{1000} \tag{2.39}$$

式中　F_t——切向磨削力，N；

v_s——砂轮速度，m/s。

砂轮电动机功率 P_s 由下式计算：

$$P_s = \frac{P_m}{\eta_m} \tag{2.40}$$

式中　η_m——机械传动总效率，一般取 0.7～0.85。

2.6　切削热与切削温度

2.6.1　切削热的产生和传出

如图 2.68 所示，切削热来源于切削层金属变形所做的功，切屑与前刀面、工件与后刀面之间的摩擦功，这些功转化成热能呈现出切削热。

切削热主要通过切屑、工件、刀具和周围介质传出。不同的切削方法，传出热的比例有所不同。例如车削时，切削热的传出比例：切屑（50%～86%）、工件（40%～10%）、刀具（9%～3%）、周围介质（1%）。

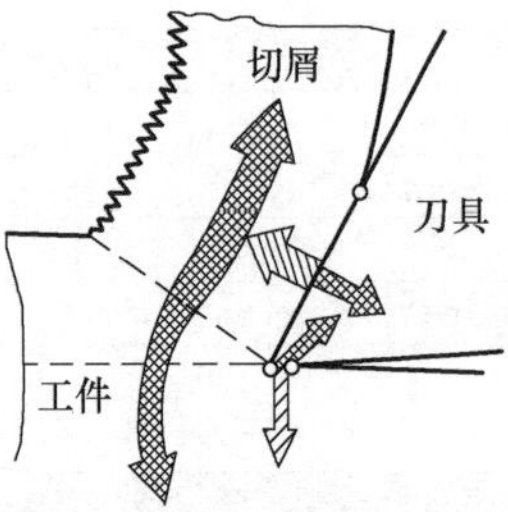

图 2.68　切削热的产生与传出

忽略进给运动所消耗的功，假设主运动所消耗的功全部转化为热能，单位时间内产生的切削热可由下式计算：

$$Q=60P_c=10^{-3}F_c v_c \quad (2.41)$$

式中　Q——每分钟产生的切削热，kJ/min；

F_c——主切削力，N；

v_c——切削速度，m/min；

P_c——切削功率，kW。

例 1　在铣床上用端铣刀切削，铣削功率为 7.2kW，试求每分钟产生的切削热。

解：$Q_{切}=60P_c=60\times7.2=432$（kJ/min）

例 2　在组合机床上同时钻 10 个 8mm 直径和 8 个 10mm 直径的孔，已知 8 mm 单个孔的钻削力为 329N，转速为 1000r/min，10mm 单个孔的钻削力为 456 N，转速为 800r/min，试求每分钟切削热。

解：按已知条件与切削热计算公式计算。

$$v_{c8}=\frac{\pi Dn}{1000}=\frac{3.1416\times8\times1000}{1000}=25.13\text{（m/min）}$$

$$v_{c10}=\frac{\pi Dn}{1000}=\frac{3.1416\times10\times800}{1000}=25.13\text{（m/min）}$$

单个孔切削热：

$$Q_{切8}=10^{-3}F_{c8}v_{c8}=10^{-3}\times329\times25.13=8.27\text{（kJ/min）}$$

$$Q_{切10}=10^{-3}F_{c10}v_{c10}=10^{-3}\times456\times25.13=11.46\text{（kJ/min）}$$

总切削热：

$Q_{切总}=Q_{切8}\times10+Q_{切10}\times8=8.27\times10+11.46\times8=174.38$（kJ/min）

2.6.2 工件热变形及变形量计算

在切削过程中，由于一部分切削热传递给工件，使工件的温度升高，变热。工件变热有均匀变热和不均匀变热两种情况。均匀变热时工件的尺寸将会改变，不均匀变热时，工件的形状和尺寸都会发生改变。

(1) 工件均匀变热时的尺寸变化计算

由于热变形工件尺寸变化的计算用以下公式：

$$\left.\begin{aligned}&D=d[1+\alpha(t'-t)]\\&\Delta D=d\alpha\Delta t\\&L=l[1+\alpha(t'-t)]\\&\Delta L=l\alpha\Delta t\end{aligned}\right\}\tag{2.42}$$

式中　D——工件受热时的直径，mm；

d——工件冷却后的直径，mm；

α——工件材料的线胀系数；

t'——工件受热时的温度，℃；

t——工件冷却后的温度，℃；

L——工件受热时的长度，mm；

l——工件冷却后的长度，mm；

ΔL——工件长度上的热伸长，mm；

ΔD——工件直径上的热膨胀，mm；

Δt——工件的平均温升，℃。

常用材料的有关热参数见表 2.34、表 2.35。

表 2.34　常用材料的密度、比热容与热导率

材料	密度 ρ /(kg/m^3)	比热容 c /[J/(kg·℃)]	热导率 λ /[W/(m·℃)]
灰铸铁	7570	470	39.2
中碳钢	7840	465	49.8
锡青铜(89Cu-11Sn)	8800	343	24.8
铝青铜(90Cu-10Al)	8360	420	56
黄铜(70Cu-30Zn)	8440	377	109
铝合金(92Al-8Mg)	2610	904	107
铝合金(87Al-13Si)	2660	871	162

表 2.35 常用材料的线胀系数 α ℃$^{-1}$

材料	温度范围/℃		
	20～100	20～200	20～300
紫铜	17.2×10^{-6}	17.5×10^{-6}	17.9×10^{-6}
黄铜	17.8×10^{-6}	18.8×10^{-6}	20.9×10^{-6}
锌	33×10^{-6}		
锡青铜	17.6×10^{-6}	17.9×10^{-6}	18.2×10^{-6}
铅	29.1×10^{-6}		
铝青铜	17.6×10^{-6}	17.9×10^{-6}	19.2×10^{-6}
铝	23.03×10^{-6}		
碳钢	$(10.6\sim12.2)\times10^{-6}$	$(11.3\sim13)\times10^{-6}$	$(12.1\sim13.5)\times10^{-6}$
铬钢	11.2×10^{-6}	11.8×10^{-6}	12.4×10^{-6}
30CrMnSiA	11×10^{-6}		
3Cr13	10.2×10^{-6}	11.1×10^{-6}	11.6×10^{-6}
1Cr18Ni9Ti	16.6×10^{-6}	17.0×10^{-6}	17.2×10^{-6}
铸铁	$(8.7\sim11.1)\times10^{-6}$	$(8.5\sim11.6)\times10^{-6}$	$(10.1\sim12.2)\times10^{-6}$
有机玻璃	130×10^{-6}		
尼龙 1010	105×10^{-6}		

计算时，也可以通过计算切削扭矩、切削时间、工件平均温升，然后得出工件受热后的尺寸变动量。

例 3　在 $\phi40\text{mm}\times40\text{mm}$ 的铸铁工件上钻 $\phi20\text{mm}$ 孔，切削时钻头转速 $n=500\ \text{r/min}$，$f=0.3\text{mm/r}$，取 $k=0.5$，试估算孔径受热扩大量 Δd。

解：按已知条件和相关公式计算。

切削扭矩：$M=\dfrac{210D^2f^{0.8}}{1000}=\dfrac{210\times20^2\times0.3^{0.8}}{1000}=32.06\ (\text{N}\cdot\text{m})$

切削时间：$t_\text{m}=\dfrac{60l}{nf}=\dfrac{60\times40}{500\times0.3}=16\ (\text{s})$

单位时间传入工件的切削热 ($k=0.5$)：

$$Q=\frac{2\pi Mnk}{60}=\frac{2\times3.1416\times32.06\times500\times0.5}{60}=839.3\ (\text{W})$$

工件质量 ($\rho=7570\text{kg/m}^3$)：

$$m=\frac{\pi(D^2-d_{孔}^2)l\rho}{4}=\frac{3.1416\times(0.04^2-0.02^2)\times0.04\times7570}{4}$$

$=0.285\ (\text{kg})$

工件平均温升［取比热容 $c=470\text{J}/(\text{kg}\cdot℃)$］：

$$\Delta t=\frac{Qt_m}{mc}=\frac{839.3\times16}{0.285\times470}=100\ (℃)$$

工件孔径受热扩大量（取 $\alpha=1.05\times10^{-5}℃^{-1}$）：

$\Delta d=\alpha\Delta t d_{孔}=1.05\times10^{-5}\times100\times20=0.021\ (\text{mm})$

例 6　加工一根紫铜轴，精车后的温度为 80℃，测得的直径 $D_{max}=50.05\text{mm}$，$D_{min}=49.80\text{mm}$，试计算在温度 20℃时的工件直径尺寸。

解：按计算公式转换，查表 2.35，$\alpha=17.2\times10^{-6}℃^{-1}$。

$$d_{max}=\frac{D_{max}}{1+\alpha\Delta t}=\frac{50.05}{1+17.2\times10^{-6}\times(80-20)}=50.00\ (\text{mm})$$

$$d_{min}=\frac{D_{min}}{1+\alpha\Delta t}=\frac{49.80}{1+17.2\times10^{-6}\times(80-20)}=49.75\ (\text{mm})$$

（2）工件不均匀受热的变形计算

工件不均匀受热时，尺寸与形状都会发生变化。如铣、刨、磨平面时，工件上下平面的温差导致工件拱起，中间被多切去一些，加工完毕冷却后，加工表面就产生了中凹的误差。工件不均匀受热时的误差估算公式：

$$x=\alpha\Delta t\frac{L^2}{8B} \tag{2.43}$$

式中　x——挠度，mm；

α——线胀系数；

Δt——工件的平均温升，℃；

L——工件长度，mm；

B——工件厚度，mm。

例 4　在刨床上加工灰铸铁工件平面，工件长度为 1500mm，工件厚度为 100mm，试计算在上下平面温差 5℃时的平面度误差。若工件长度加大一倍，误差增加多少？

解：查表 2.35，取材料线胀系数为 8.7×10^{-6}℃$^{-1}$，按公式计算。

$$x=\frac{\alpha\Delta tL^2}{8B}=\frac{8.7\times10^{-6}\times5\times1500^2}{8\times100}=0.122\ (\text{mm})$$

$$x_1=\frac{\alpha\Delta tL_1^2}{8B}=\frac{8.7\times10^{-6}\times5\times3000^2}{8\times100}=0.489\ (\text{mm})$$

误差增加量：$x_1-x=0.489-0.122=0.367$ (mm)

（3）刀具热变形与变形量计算

刀具热变形的状况按刀具连续工作和间歇工作有所不同，见图 2.69。

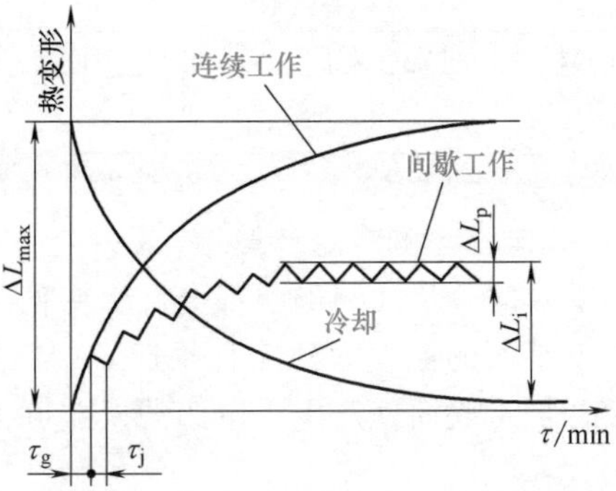

图 2.69　刀具工作时的热变形曲线

① 连续工作　刀具连续工作达到热平衡时的热伸长量按下式估算：

$$\Delta L_{max}=\alpha Lt_{pmax} \tag{2.44}$$

式中　ΔL_{max}——刀具连续工作达到热平衡时的热伸长量，mm；

α——刀杆材料线胀系数；

t_{pmax}——刀具连续工作达到热平衡时的温升，℃；

L——刀杆在刀架上的悬伸长度，mm。

② 间歇工作　刀具间歇工作时的变形达到热平衡后影响一批零件的尺寸，在变形过程中会影响工件的形状。

（4）机床热变形计算

① 机床热变形的趋势见图 2.70。

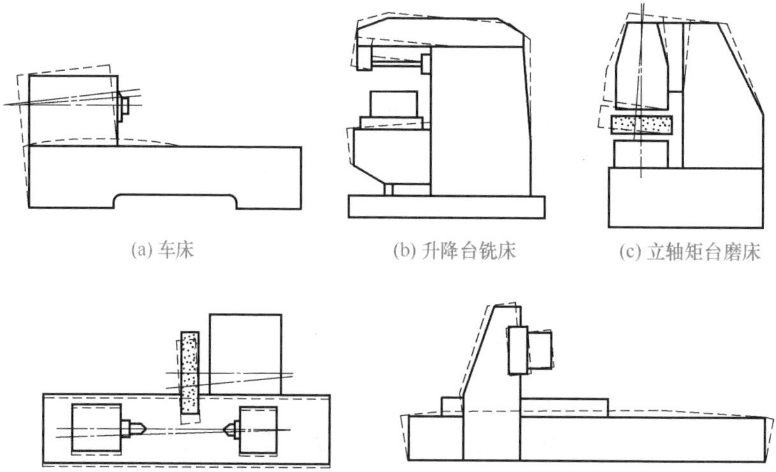

(a) 车床　(b) 升降台铣床　(c) 立轴矩台磨床　(d) 外圆磨床　(e) 龙门刨床、导轨磨床

图 2.70　常见机床的热变形趋势

② 机床热变形的估算。

例 5　C6150 型普通车床，主轴中心高度为 250mm，主轴箱空转数小时后的油温达到 40℃，初温是 20℃。求主轴热变形后的垂直位移量。

解：根据车床的变形趋势［见图 2.70（a）］，床头箱的变形可发生主轴高度增加和水平位移。主轴高度增加的计算公式如下：

$$\Delta H=\alpha H\Delta t \tag{2.45}$$

式中　ΔH——主轴的垂直位移量，mm；

α——铸铁的线胀系数，$\alpha=10.5\times10^{-6}$，℃$^{-1}$；

H——20℃时的车床中心高度，mm；

Δt——机床主轴箱油温的平均温升，℃。

本例 $\Delta H=\alpha H\Delta t=10.5\times10^{-6}\times250\times(40-20)=0.0525$ (mm)

例 6　一台床身 12000mm 长、800mm 高的导轨磨床，因导轨摩擦和环境的影响，床身上下表面的温差为 2.5℃，产生中凸［见图 2.70 (e)］。试求导轨面的弯曲变形。

解：沿用不均匀受热工件变形计算公式，取 $\alpha=10.5\times10^{-6}℃^{-1}$。

导轨弯曲变形：

$$x=\frac{\alpha\Delta tL^2}{8B}=\frac{10.5\times10^{-6}\times2.5\times12000^2}{8\times800}=0.59\ (\text{mm})$$

2.7　刀具磨损与刀具寿命

在切削过程中，刀具在切除工件材料的同时，本身也在被磨损。当刀具磨损达到一定程度时，出现切削力增大，切削温度升高，产生切削振动等不良现象，这时刀具便失去切削能力。刀具从开始使用到失去切削能力的这段时间称刀具的使用寿命（或耐用度）。由于冲击、振动、热效应等原因，致使刀具崩刃、卷刃、破裂、表层剥落而损坏的非正常情况称为刀具破损。

2.7.1　刀具磨损的形态

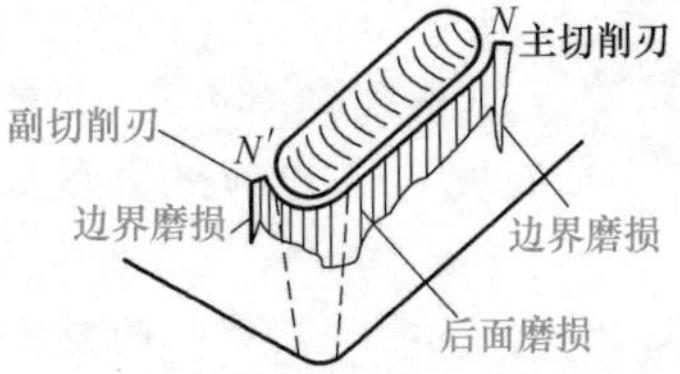

图 2.71　刀具磨损状态

在切削过程中，刀面的材料微粒会逐渐地被工件或切屑带走的现象称为刀具的正常磨损，简称刀具磨损。刀具正常磨损的一般状态如图 2.71 所示，常见的形式有前刀面磨损、后刀面磨损、前后刀面同时磨损三种情况。

（1）前刀面磨损（月牙洼磨损）

当切削速度较高、切削厚度较大、切削较大塑性材料时，切屑在前刀面上磨出一个月牙洼，如图 2.72 所示。月牙洼处的切削温度较高，在磨损过程中，月牙洼逐渐加深、加宽，使切削刃棱边变

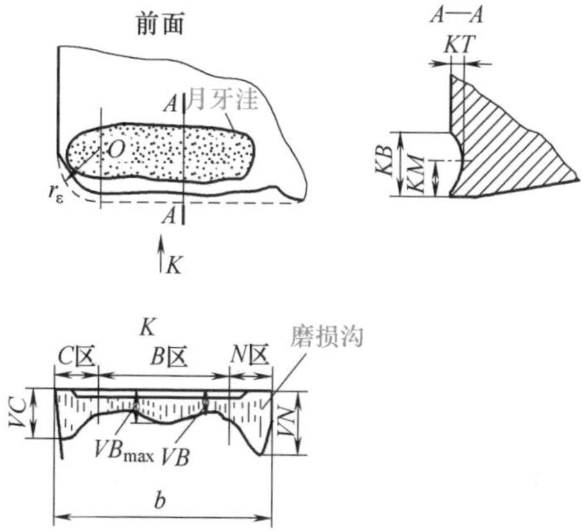

图 2.72　车刀磨损状态

窄，强度削弱，导致崩刃，这种磨损形式为前刀面磨损。月牙洼的磨损量用深度参数 KT 表示，其宽度和位置用 KB、KM 表示。

（2）后刀面磨损

后刀面磨损是指在刀具后刀面上邻近切削刃处被磨出后角为零的小棱面，如图 2.72 所示。在切削脆性金属或以较低的切削速度、较小的切削厚度切削塑性材料时，由于切屑与前刀面的接触长度较短，压力较小，温度较低，摩擦也较小，所以磨损主要发生在后刀面上。在刀具后刀面的不同部位，其磨损程度不一样。

靠近刀尖部分（C 区），由于该部位的强度低、散热条件差，磨损较大，其最大磨损值用 VC 表示。

在刀刃与工件待加工表面接触处（N 区），由于毛坯的氧化层硬度高等原因，致使该部位的磨损也较大，其最大磨损值用 VN 表示。

在刀具切削刃的中部（B 区），其磨损比较均匀，平均磨损值用 VB 表示。一般情况下，刀具后刀面的磨损用 VB 来衡量。

（3）前后刀面同时磨损

当用较高的切削速度和较大的切削厚度切削塑性金属材料时将

会发生前、后刀面同时磨损。

2.7.2 刀具的磨损原因和磨损过程

由于刀具的工作情况比较复杂，其磨损原因主要有机械磨损和热、化学磨损。在特定的切削条件下，一种或多种磨损原因起主要作用，主要表现为：磨料磨损、黏结磨损、扩散磨损和氧化磨损。

(1) 磨料磨损

由于切屑或工件的摩擦面上有一些微小的硬质点，在刀具表面刻划出沟纹的现象称为磨料磨损。硬质点如碳化物、积屑瘤碎片等。磨料磨损在各种切削速度下都会发生，对于切削脆性材料和在低速条件下工作的刀具，如拉刀、丝锥、板牙等，磨料磨损是刀具磨损的主要原因。

(2) 黏结磨损

黏结磨损（也称冷焊）是指切屑或工件的表面与刀具表面之间发生的黏结现象。在切削过程中，由于切屑或工件与刀具表面之间存在着巨大的压力和摩擦，因而它们之间会发生黏结现象。由于摩擦副表面的相对运动，使刀具表面上的材料微粒被切屑或工件带走而造成刀具磨损。刀具与工件材料之间的亲和力越强，越容易发生黏结磨损。

(3) 扩散磨损

在高温作用下，刀具材料与工件材料的化学元素在固态下相互扩散造成的磨损称为扩散磨损。用硬质合金刀具切削钢料时的扩散情况如图 2.73 所示。在高温 900～1000℃下，刀具中的 Ti、W、Co 等元素向切屑或工件中扩散，工件中的 Fe 元素也向刀具中扩散，这样改变了刀具材料的化学成分和力学性能，从而加速了刀具的磨损。扩散磨损主要取决于刀具与工件材料化学成分和两接触面上的温度。

(4) 氧化磨损

当切削温度在 700～800℃时，空气中的氧与刀具中的元素发生氧化作用，在刀具表面上形成一层硬度、强度较低的氧化层薄膜，如 TiO_2、WO_3、CoO，很容易被工件或切屑带走或摩擦掉引起刀具的磨损，这种磨损方式称为氧化磨损。

总之，在不同的工件材料、刀具材料和切削条件下，磨损的原因和磨损强度是不同的。图 2.74 所示是硬质合金刀具加工钢材料时，在不同切削速度（切削温度）下，各类磨损所占的比重。

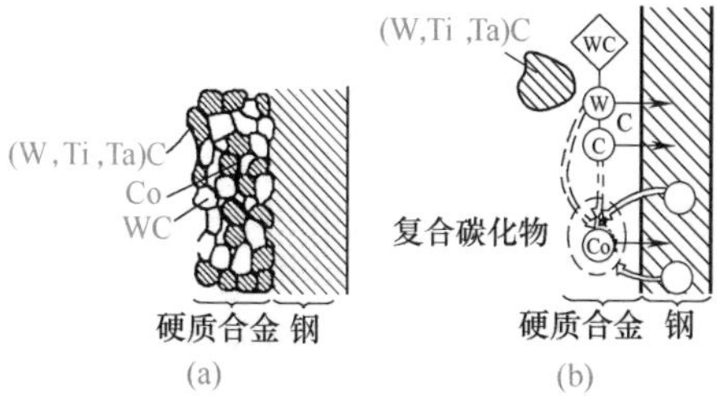

图 2.73 硬质合金与钢之间的扩散

（5）刀具磨损过程

刀具后刀面的磨损量随时间的变化规律如图 2.75 所示，整个磨损过程分为三个阶段：

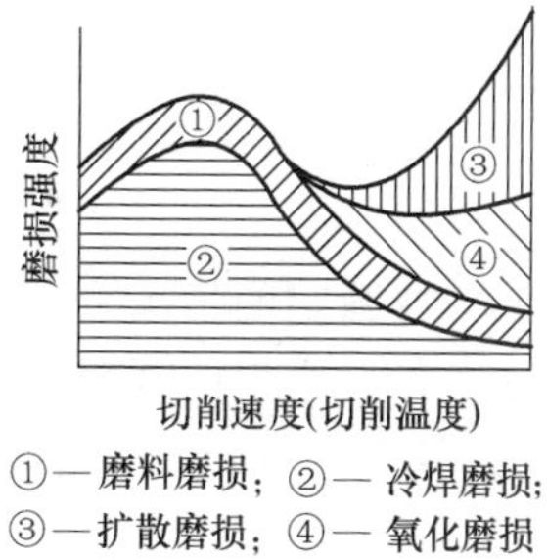

图 2.74 切削速度（切削温度）对刀具磨损强度的影响

初期磨损阶段：在刀具开始使用的短时间内，后刀面上即产生一个磨损量为 0.05～0.1mm 的小棱带，称为初期磨损阶段。在此阶段，磨损速率较大，时间很短，总磨损量不大。磨损速率较大的原因是，新刃磨过的刀具后刀面上存在凹凸不平、氧化或脱碳层等缺陷，使刀面表层上的材料耐磨性较差。

正常磨损阶段：刀具经过初期磨损阶段，后刀面的粗糙度已减小，承压面积增大，刀具磨损进入正常磨损阶段。

剧烈磨损阶段：随着刀具切削过程的继续，磨损量 VB 不断增大，到一定数值后，切削力和切削温度急剧上升，刀具磨损率急剧增大，刀具迅速失去切削能力，该阶段称为剧烈磨损阶段。

2.7.3 影响刀具使用寿命（耐用度）的因素

影响刀具耐用度的因素很多，主要影响因素有工件材料、刀具

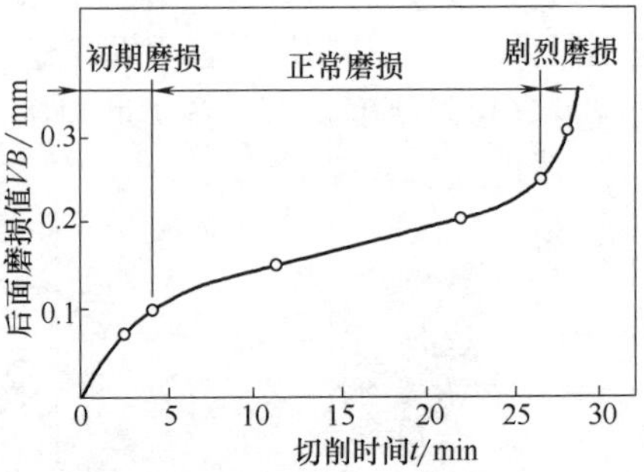

P10(TiC涂层)外圆车刀；60Si2Mn(40HRC)；
γ_0=4°, κ_r=45°, λ_s= −4°, r_ε=0.5mm,
v_c=115m/min, f=0.2mm/r , a_p=1mm

图 2.75　合金车刀的典型磨损曲线

角度、切削用量以及切削液等。

(1) 切削速度与刀具使用寿命的关系

切削速度与刀具使用寿命的关系是用实验方法求得的。在其它切削条件固定的情况下，只改变切削速度作磨损实验，得出在各种速度下刀具磨损曲线，如图 2.76 所示，然后根据选定的磨钝标准 VB 以及各种切削速度下所对应的刀具使用寿命（T_1，v_{c1}）、（T_2，v_{c2}）、（T_3，v_{c3}）、（T_4，v_{c4}），在双对数坐标纸上画出 T-v_c 的关系，如图 2.77 所示。

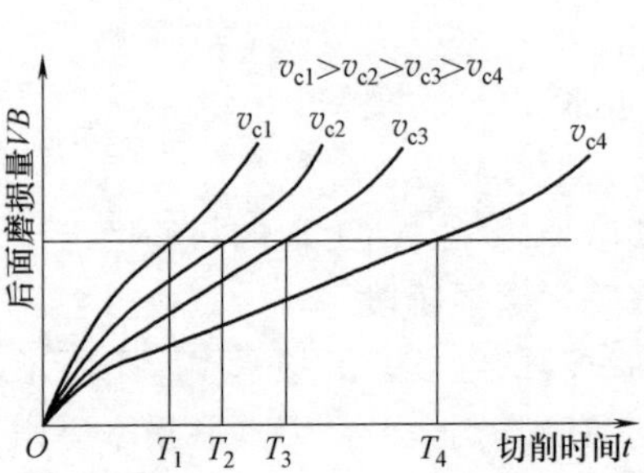

图 2.76　刀具磨损曲线

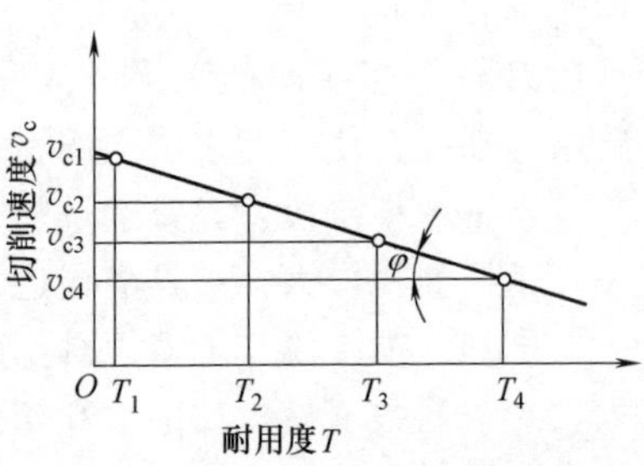

图 2.77　在对数坐标纸上的 T-v_c 曲线

实验结果表明，在常用切削速度范围内，上述各组数据对应的点在双对数坐标中基本上分布在一条直线上，它可以表示为：

$$\lg v_c = -m\lg T + \lg A \qquad 即\ v_c = A/T^m \tag{2.46}$$

式中　m——指数，双对数坐标中的直线斜率，$m=\tan\varphi$；

A——系数，当 $T=1$s（秒）或 1min（分）时，双对数坐标中的直线在纵坐标上的截距。

这个关系式是 20 世纪初由美国工程师泰勒（F. W. Taylor）建立的，称泰勒公式。指数 m 表示切削速度对刀具使用寿命的影响程度，例如，设 $m=0.2$，当切削速度提高一倍时，刀具的使用寿命就要降低到原来的 1/32，m 值大，表示切削速度对刀具使用寿命的影响程度小。高速钢刀具的 $m=0.1\sim0.125$；硬质合金刀具的 $m=0.1\sim0.4$；陶瓷刀具的 $m=0.2\sim0.4$。

（2）进给量、切削深度与刀具使用寿命的关系

同样的方法，可以求得 f-T 和 a_p-T 的关系：

$$\left.\begin{aligned} f &= B/T^n \\ a_p &= C/T^p \end{aligned}\right\} \tag{2.47}$$

式中　B，C——系数；

n，p——指数。

由前面的公式可得切削用量与刀具使用寿命的关系式：

$$T=\frac{C_T}{v_c^{\frac{1}{m}} f^{\frac{1}{n}} a_p^{\frac{1}{p}}} 或\ v_c=\frac{C_v}{T^m f^{\frac{m}{n}} a_p^{\frac{m}{p}}} \tag{2.48}$$

式中　C_T，C_v——与工件材料、刀具材料和其他切削条件有关的系数。

对于不同的工件材料和刀具材料，在不同的切削条件下，上式中的系数和指数，可用来选择切削用量或对切削速度进行预报。

例如，硬质合金外圆车刀车削碳钢时的经验公式为 $T=C_T/(v_c^5 f^{2.25} a_p^{0.75})$，可见，切削速度对刀具的使用寿命影响最大，其次是进给量，切削深度影响最小。

在选择切削用量时，为了提高生产率，在机床功率足够的条件下，首先选择尽量大的切削深度，其次是进给量，最后在刀具寿命允许的条件下选择切削速度。

2.7.4 刀具的磨钝标准和使用寿命的合理选择

(1) 刀具磨钝标准

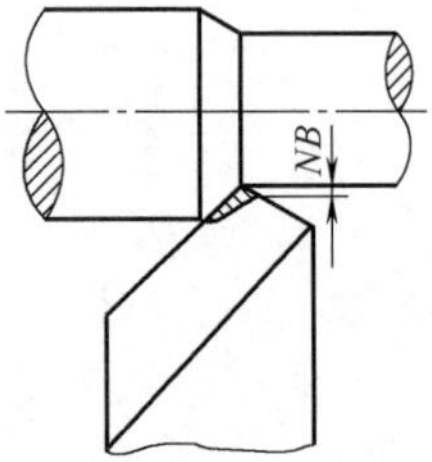

图 2.78 车刀的径向磨损

刀具磨损量达到一定程度就要重磨或换刀，这个允许的限度称为磨钝标准。

制定磨钝标准，主要根据刀具磨损的状态和加工要求决定。

当以后刀面磨损为主时，用后刀面磨损棱带的平均宽度 *VB* 为指标，作为刀具的磨钝标准。

当刀具以月牙洼磨损为主要形式时，可用月牙洼深度 *KT*、宽度 *KB* 和位置 *KM* 的值作为磨钝标准。对于一次性对刀的自动线或精加工刀具，则用径向磨损量 *NB* 作为磨钝标准，如图 2.78 所示。

在生产中，刀具的磨钝标准一般以 *VB* 为指标，其推荐值如表 2.36～表 2.38 所示。

表 2.36 车刀的磨钝标准推荐值

车刀类型	刀具材料	加工材料	加工性质	后刀面最大磨损限度/mm
外圆车刀、端面车刀、镗刀	高速钢	碳钢、合金钢、铸钢、有色金属	粗车	1.5～2.0
			精车	1.0
		灰铸铁、可锻铸铁	粗车	2.0～3.0
			精车	1.5～2.0
		耐热钢、不锈钢	粗、精车	1.0
	硬质合金	碳钢、合金钢	粗车	1.0～1.4
			精车	0.4～0.6
		铸铁	粗车	0.8～1.0
			精车	0.6～0.8
		耐热钢、不锈钢	粗、精车	0.8～1.0
		钛合金	精、半精车	0.4～0.5
		淬硬钢	精车	0.8～1.0
切槽及切断刀	高速钢	钢、铸钢	—	0.8～1.0
		灰铸铁		1.5～2.0
	硬质合金	钢、铸钢		0.4～0.6
		灰铸铁		0.6～0.8
成形车刀	高速钢	碳钢	—	0.4～0.5

表 2.37　铣刀的磨钝标准

mm

(1)高速钢铣刀

铣刀类型		后刀面最大磨损限度					
		钢、铸钢		耐热钢		铸铁	
		粗铣	精铣	粗铣	精铣	粗铣	精铣
圆柱铣刀和圆盘铣刀		0.40～0.60	0.15～0.25	0.50	0.20	0.50～0.80	0.20～0.30
面铣刀		1.2～1.8	0.3～0.5	0.70	0.50	1.5～2.0	0.3～0.5
立铣刀	$d_0 \leqslant 15mm$	0.15～0.2	0.1～0.15	0.5	0.4	0.15～0.20	0.1～0.15
	$d_0 > 15mm$	0.30～0.50	0.20～0.25			0.30～0.50	0.20～0.25
切槽铣刀和切断刀		0.15～0.20	—	—	—	0.15～0.20	—
成形铣刀	尖齿	0.60～0.70	0.20～0.30	—	—	0.60～0.70	0.20～0.30
	铲齿	0.30～0.40	0.20			0.30～0.40	0.20
扇形圆锯片		0.50～0.70		—		0.60～0.80	

(2)硬质合金

铣刀类型		后刀面最大磨损限度	
		钢、铸钢	铸铁
		粗、精铣	粗、精铣
圆柱铣刀		0.5～0.6	0.7～0.8
圆盘铣刀		1.0～1.2	1.0～1.5
面铣刀		1.0～1.2	1.5～2.0
立铣刀	带整体刀头	0.2～0.3	0.2～0.4
	镶螺旋形刀片	0.3～0.5	0.3～0.5

表 2.38 钻头、扩孔钻、铰刀的磨钝标准

刀具材料	加工材料	钻头		扩孔钻		铰刀	
		刀具直径/mm					
		≤20	>20	≤20	>20	≤20	>20
		后刀面最大磨损限度/mm					
高速钢	钢	0.4～0.8	0.8～1.0	0.5～0.8	0.8～1.2	0.3～0.5	0.5～0.7
	耐热钢、不锈钢	0.3～0.8		—		—	
	钛合金	0.4～0.5		—		—	
	铸铁	0.5～0.8	0.8～1.2	0.6～0.9	0.9～1.4	0.4～0.6	0.6～0.9
硬质合金	钢(扩孔)、铸铁	0.4～0.8	0.8～1.2	0.6～0.8	0.8～1.4	0.4～0.6	0.6～0.8
	淬硬钢	—		0.5～0.7		0.3～0.35	

(2) 使用寿命选择

在自动线、多刀切削、大批量生产中，一般都要求定时换刀，究竟切削时间应当多长，即刀具的使用寿命取多大才合理，一般遵循两种原则：一种是根据单件工序工时最短的原则来确定刀具使用寿命，即最大生产率使用寿命（T_p）；另一种是根据单件工序成本最低的原则来确定刀具的使用寿命，即经济使用寿命（T_c）。

$$\left.\begin{aligned} T_p &= \frac{1-m}{m} t_{ct} \\ T_c &= \frac{1-m}{m}\left(t_{ct} + \frac{C_t}{M}\right) \end{aligned}\right\} \tag{2.49}$$

式中 m——系数；

t_{ct}——刀具磨钝后，换一次刀所消耗的时间（包括卸刀、装刀、对刀等）；

C_t——刀具成本；

M——该工序单位时间内机床折旧费及所分担的全厂开支。

当需要完成紧急任务时，采用最大生产率原则，将刀具使用寿命定得小点。一般情况采用刀具的经济寿命原则，并结合生产经验资料确定。

在生产中，刀具的使用寿命的推荐值如表 2.39～表 2.41 所示。

表 2.39 车刀使用寿命

刀具材料	硬质合金	高速钢	
刀具类型	普通车刀	普通车刀	成形车刀
使用寿命 T/min	60	60	120

表 2.40 钻头、扩孔钻、铰刀的刀具使用寿命

(1)单刀加工刀具使用寿命 T/min

刀具类型	加工材料	刀具材料	刀具直径/mm							
			<6	6～10	11～20	21～30	31～40	41～50	51～60	61～80
钻头(钻孔及扩孔)	结构钢、铸钢件	高速钢	15	25	45	50	70	90	110	
	不锈钢、耐热钢	高速钢	6	8	15	25				
	铸铁、铜合金、铝合金	高速钢 硬质合金	20	35	60	75	110	140	170	
扩孔钻(扩孔)	结构钢、铸钢、铸铁、铜合金、铝合金	高速钢及硬质合金			30	40	50	60	80	100
铰刀(铰孔)	结构钢、铸钢	高速钢			40	80		120		
		硬质合金		20	30	50	70	90	110	140
	铸铁、铜合金、铝合金	高速钢			60	120		180		
		硬质合金			45	75	105	135	165	210

(2)多刀加工刀具使用寿命 T/min

最大加工孔径/mm	刀具数量				
	3	5	8	10	≥15
10	50	80	100	120	140
15	80	110	140	150	170
20	100	130	170	180	200
30	120	160	200	220	250
50	150	200	240	260	300

表 2.41　铣刀使用寿命　　min

<table>
<tr><th colspan="2">铣刀直径/mm≤</th><th>25</th><th>40</th><th>63</th><th>80</th><th>100</th><th>125</th><th>160</th><th>200</th><th>250</th><th>315</th><th>400</th></tr>
<tr><td rowspan="7">高速钢铣刀</td><td>细齿圆柱铣刀</td><td colspan="2"></td><td>120</td><td colspan="2">180</td><td colspan="6"></td></tr>
<tr><td>镶齿圆柱铣刀</td><td colspan="3"></td><td colspan="4">180</td><td colspan="4"></td></tr>
<tr><td>盘铣刀</td><td colspan="3"></td><td colspan="2">120</td><td colspan="2">150</td><td>180</td><td>240</td><td colspan="2"></td></tr>
<tr><td>面铣刀</td><td></td><td>120</td><td colspan="4">180</td><td colspan="2">240</td><td colspan="2"></td></tr>
<tr><td>立铣刀</td><td>60</td><td>90</td><td>120</td><td colspan="8"></td></tr>
<tr><td>切槽铣刀、切断铣刀</td><td colspan="3"></td><td>60</td><td>75</td><td>120</td><td>150</td><td>180</td><td colspan="3"></td></tr>
<tr><td>成形铣刀、角度铣刀</td><td></td><td colspan="3">120</td><td>180</td><td colspan="6"></td></tr>
<tr><td rowspan="4">硬质合金铣刀</td><td>端铣刀</td><td colspan="3"></td><td colspan="4">180</td><td colspan="2">240</td><td>300</td><td>420</td></tr>
<tr><td>圆柱铣刀</td><td colspan="3"></td><td colspan="4">180</td><td colspan="4"></td></tr>
<tr><td>立铣刀</td><td>90</td><td>120</td><td>180</td><td colspan="8"></td></tr>
<tr><td>盘铣刀</td><td colspan="3"></td><td colspan="2">120</td><td>150</td><td>180</td><td>240</td><td colspan="3"></td></tr>
</table>

2.8　工件材料及其切削加工性

工业生产中所用的材料称工程材料，主要包括金属材料、无机非金属材料、高分子材料和复合材料。机械零件常用的材料主要有碳素钢、合金钢、铸铁、铜铝合金和粉末冶金材料等。

2.8.1　衡量工件材料切削加工性的指标

工件材料的切削加工性是指工件材料被切削加工成合格零件的难易程度。工件材料切削加工性的好坏，可以用下列的一个或几个指标衡量。主要指标包括：刀具耐用度 T、材料的相对切削加工性、切削力、切削温度、已加工表面质量、切屑控制和断屑难易程度。

(1) 刀具耐用度 T 或一定寿命下的切削速度 v_T

一般用刀具耐用度 T 或刀具耐用度一定时切削该种材料所允许的切削速度 v_T 来衡量材料加工性的好坏。v_T 表示刀具耐用度为 T (min) 时允许的切削速度，如 $T=60$min，材料允许的切削速度表示为 v_{60}，同样，$T=30$min 或 $T=15$min 时，可表示为 v_{30} 或 v_{15}。

(2) 材料的相对切削加工性 K_r

在一定寿命的条件下，材料允许的切削速度越高，其切削加工性越好。为便于比较不同材料的切削加工性，通常以切削正火状态 45 钢的 v_{60} 作为基准，记作 $(v_{60})_j$，把切削其它材料的 v_{60} 与基准相比，其

比值 K_r 称为该材料的相对切削加工性，即：$K_r = v_{60}/(v_{60})_j$。目前，把常用材料的相对加工性 K_r 分为八级，如表2.42所示。

表2.42　材料切削加工性等级

加工性等级	名称及种类		相对加工性 K_r	代表性工件材料
1	很容易切削材料	一般有色金属	>3.0	5-5-5铜铅合金，9-4铝铜合金，铝镁合金
2	容易切削材料	易削钢	2.5～3.0	退火15Cr　σ_b=0.373～0.441GPa 自动机钢 σ_b=0.392～0.490GPa
3		较易削钢	1.6～2.5	正火30钢　σ_b=0.441～0.549GPa
4	普通材料	一般钢及铸铁	1.0～1.6	45钢，灰铸铁，结构钢
5		稍难切削材料	0.65～1.0	2Cr13调质 σ_b=0.8288GPa 85钢轧制 σ_b=0.8829GPa
6	难切削材料	较难切削材料	0.5～0.65	45Cr调质 σ_b=1.03GPa 60Mn调质 σ_b=0.9319～0.981GPa
7		难切削材料	0.15～0.65	50CrV调质，1Cr18Ni9Ti未淬火，α相钛合金
8		很难切削材料	<0.15	β相钛合金，镍基高温合金

（3）其他指标

工件材料在切削过程中，若产生的切削力大、切削温度高的材料较难加工，其切削加工性差；若容易获得较好的表面质量的材料，其切削加工性好；若切屑容易控制或断屑容易的材料，其切削加工性较好。

2.8.2　影响工件切削加工性的因素

影响材料切削加工性的因素及其作用机理见表2.43。

表2.43　影响材料切削加工性的因素及其作用机理

影响因素	说明
工件材料硬度	材料硬度愈高，切屑与刀具前刀面的接触长度愈小，切削力与切削热集中于刀尖附近，使切削温度增高，磨损加剧 工件材料的高温硬度高时，刀具材料与工件材料的硬度比下降，可切削性很低，切削高温合金即属此种情况。材料加工硬化倾向大，可切削性也差 工件材料中含硬质点（SiO_2、Al_2O_3等）时，对刀具的擦伤性大，可切削性降低。材料的加工硬化性能越高，切削加工性越差，因为材料加工硬化性能提高，切削力和切削温度增加，刀具被硬化的切屑划伤和产生边界磨损的可能性加大，刀具磨损加剧

续表

影响因素	说明
工件材料强度	工件材料强度包括常温强度和高温强度 工件材料的强度愈高，切削力就愈大，切削功率随之增大，切削温度随之增高，刀具磨损增大，所以在一般情况下，切削加工性随工件材料强度的提高而降低 合金钢和不锈钢的常温强度与碳素钢相差不大，但高温强度却比较大，所以合金钢及不锈钢切削加工性低于碳素钢
工件材料的塑性与韧性	工件材料的塑性以伸长率 δ 表示，伸长率 δ 愈大，则塑性愈大。强度相同时，伸长率愈大，则塑性变形的区域也随之扩大，因而塑性变形所消耗的功也愈大 塑性大的材料在塑性变形时因塑性变形区增大而使得塑性变形功增大；韧性大的材料在塑性变形时，塑性区域可能不增大，但吸收的塑性变形功却增大。因此塑性和韧性增大，都导致同一后果，即塑性变形功增大，尽管原因不同 同类材料，强度相同时，塑性大的材料切削力较大，切削温度也较高，易与刀具发生黏结，因而刀具的磨损大，已加工表面也粗糙。所以工件材料的塑性愈大，它的切削加工性能愈低。有时为了改善高塑性材料的切削加工性，可通过硬化或热处理来降低塑性(如进行冷拔等塑性加工使之硬化) 但塑性太低时，切屑与前刀面的接触长度缩短太多，使切削负荷(切削力、切削热)都集中在刀刃附近，将促使刀具的磨损加剧。由此可知，塑性过大或过小都使切削加工性下降 材料的韧性对切削加工性的影响与塑性相似。韧性对断屑影响比较明显，在其他条件相同时，材料的韧性愈高，断屑愈困难
工件材料的热导率	在一般情况下，热导率高的材料，它们的切削加工性能比较高；而热导率低的材料，切削加工性能低。但热导率高的工件材料，在加工过程中温升较高，这对控制加工尺寸造成一定困难，所以应加以注意
化学成分	①钢的化学成分的影响　为了改善钢的性能，在钢中加入一些合金元素如铬(Cr)、镍(Ni)、钒(V)、钼(Mo)、钨(W)、锰(Mn)、硅(Si)和铝(Al)等 其中Cr、Ni、V、Mo、W、Mn等元素大都能提高钢的强度和硬度；Si和Al等元素容易形成氧化硅和氧化铝等硬质点使刀具磨损加剧。这些元素含量较低时(一般以质量分数0.3%为限)，对钢的切削加工性影响不大；超过这个含量水平，对钢的切削加工性是不利的 钢中加入少量的硫、硒、铅、铋、磷等元素后，能略微降低钢的强度，同时又能降低钢的塑性，故对钢的切削加工性有利。例如硫能引起钢的红脆性，但若适量提高锰的含量，可以避免红脆性。硫与锰形成的MnS以及硫与铁形成的FeS等，质地很软，可以成为切削时塑性变形区中的应力集中源，能降低切削力，使切屑易于折断，减少积屑瘤的形成，从而使已加工表面粗糙度减小，减少刀具的磨损。硒、铅、铋等元素也有类似的作用。磷能降低铁素体的塑性，使切屑易于折断 根据以上事实，研制出了含硫、硒、铅、铋或钙等的易削钢，其中以含硫的易削钢用得较多

续表

影响因素	说明
化学成分	部分化学元素对结构钢切削加工性的影响见图 2.79 ②铸铁的化学成分的影响　铸铁的化学成分对切削加工性的影响，主要取决于这些元素对碳的石墨化作用。铸铁中碳元素以两种形式存在：与铁结合成碳化铁，或作为游离石墨。石墨硬度很低，润滑性能很好，所以碳以石墨形式存在时，铸铁的切削加工性就高；而碳化铁的硬度高，加剧刀具的磨损，所以碳化铁含量愈高，铸铁的切削加工性就愈低。因此应该按结合碳（碳化铁）的含量来衡量铸铁的加工性。铸铁的化学成分中，凡能促进石墨化的元素，如硅、铝、镍、铜、钛等都能提高铸铁的切削加工性；反之，凡是阻碍石墨化的元素，如铬、钒、锰、钼、钴、磷、硫等都会降低切削加工性
金相组织的影响	由于珠光体的强度和硬度比铁素体高，因而一般说钢的组织中含珠光体比例愈多，可切削性愈差，但完全不含珠光体的铁素体（纯铁），由于塑性很高，切屑不易折断，粘刀严重，加工表面粗糙，可切削性不好 回火马氏体硬度很高，可切削性比珠光体差 中碳钢和合金结构钢退火和正火状态的金相组织是铁素体和珠光体，可切削性好；调质状态是铁素体和较细的粒状渗碳体所组成的回火索氏体，可切削性较小；淬火及低温回火的组织是马氏体，可切削性很差 珠光体有片状、球状、片状和球状、针状等。其中针状硬度最高，对刀具磨损大，球状硬度最低，对刀具磨损小，所以一些材料进行球化处理可改善其可切削性 因此可采用热处理的方法改变金属的组织来改善材料的可切削性。对于低碳钢，可通过正火或调质降低其塑性，以提高其可切削性；对于高碳钢，可以通过退火或正火后高温回火降低其硬度，以及把片状珠光体转变为粒状珠光体来提高切削性 钢的金相组织对材料可加工性的影响如图 2.80 所示
金相组织的影响	凡阻碍石墨化的元素，如铬、锰、磷等，都会降低其可切削性 按金相组织分，铸铁分白口铁、麻口铁、珠光体灰口铁、灰口铁、铁素体灰口铁等。白口铁组织中有相当数量的化合碳，其余为细粒状珠光体，硬度很高，磨料磨损严重，可切削性极差。麻口铁组织与白口铁类似，只是化合碳较少。含自由碳的铸铁称为灰口铁，其中珠光体灰口铁的组织是珠光体及石墨，如HT200、HT250；灰口铁的组织为较粗的珠光体、铁素体和石墨，如 HT150；铁素体灰口铁的组织为铁素体和石墨，如 HT100。这三种灰口铁的可切削性依次提高，加工铁素体灰口铁比加工珠光体灰铸铁的刀具寿命提高一倍 采用一定的热处理方法可改变组织结构，从而提高铸铁的可切削性。如白口铁经过退火处理，化合碳 Fe_3C 分解为球状石墨，成为可锻铸铁，其可切削性可显著提高。如将铸铁进行球化处理，可使其中的石墨呈球状，可切削性良好。切削铸铁的速度一般比钢低，因为铸铁中有大量碳化物，硬度很高，擦伤力大，且由于产生崩碎切削，切削应力和切削热都集中在刀尖附近，故刀具磨损较快，刀具寿命低。因此铸铁常用 v_{20} 来表示其可切削性，可不用 v_{60}

续表

影响因素	说明
切削条件的影响	切削条件特别是切削速度对材料加工性有一定的影响。例如在用硬质合金刀具切削铝硅压模铸造合金(铝-硅-铜、铝-硅、铝-硅-铜-铁-镁等)时,在低的切削速度范围内,当加工材料不同时,对刀具磨损几乎没有不同影响。当在切削速度提高时,高硅含量的促进磨损效应变得重要起来,增加1%含量的硅,v-T关系曲线(在对数坐标上)的陡度增加4.2°。对于超共晶合金来说,试验证明有一个切削速度提高的限度,该限度决定于伪切削的出现。伪切削是由于材料的热力超负荷所致,常在刀具后刀面与工件间出现,这样使已加工表面粗糙度严重变坏

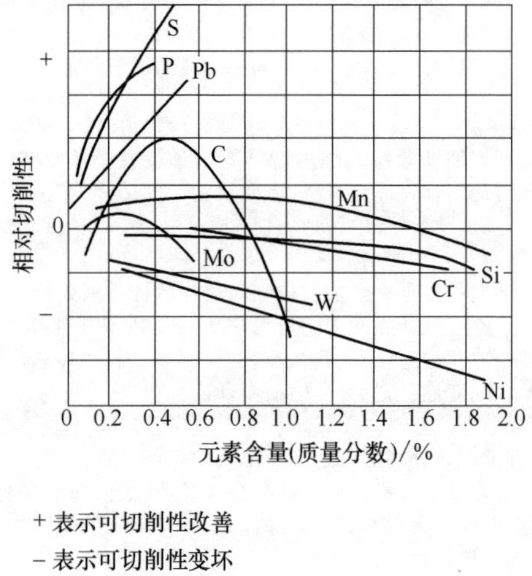

图 2.79 各元素对结构钢可切削性的影响

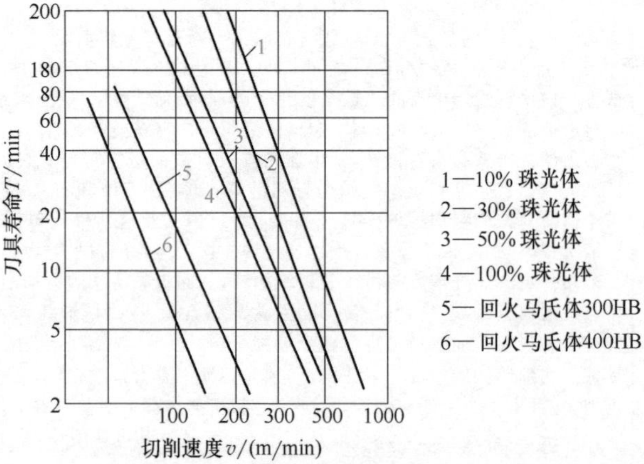

图 2.80 钢的各种金相组织的 v-T 关系

2.9 切削液

2.9.1 切削液的作用

在切削过程中，切削液具有冷却作用、润滑作用、清洗作用和防锈作用等。

（1）冷却作用

切削液能够降低切削温度，从而提高刀具使用寿命和加工质量。切削液冷却性能的好坏，取决于它的热导率、比热容、气化热、气化速度、流量、流速等。一般来说水溶液的冷却性能最好，油类的最差，水、油性能的比较如表 2.44 所示。

表 2.44　水、油性能比较

切削液类别	热导率/[W/(m·℃)]	比热容/[J/(kg·℃)]	气化热/(J/g)
水	0.628	4190	2260
油	0.126～0.210	1670～2090	167～314

（2）润滑作用

在切削过程中，切屑、工件与刀具间的摩擦可分为干摩擦、流体润滑摩擦和边界润滑摩擦三类。当形成流体润滑摩擦时，润滑效果最好。切削液的润滑作用是在切屑、工件与刀具界面间形成油膜，使之成为流体润滑摩擦，得到较好的润滑效果。金属切削过程大部分情况属于边界润滑摩擦状态，如图 2.81 所示。

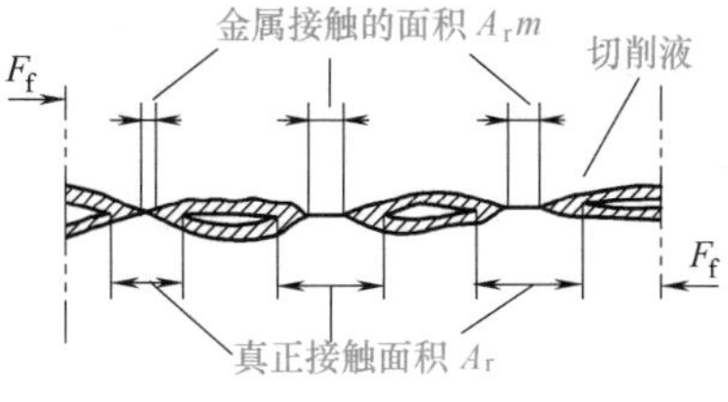

图 2.81　金属间的边界润滑摩擦

切削液的润滑性能与切削液的渗透性、形成油膜的能力等有关，加入添加剂可改善切削液的润滑性能。

(3) 清洗作用

切削液可以清洗碎屑或粉屑，防止其擦伤工件和导轨表面等，清洗性能取决于切削液的流动性和压力。

(4) 防锈作用

在切削液中加入添加剂，在工件、刀具和机床的表面形成保护膜，起到防锈作用。

2.9.2 切削液的类型及选用

切削液的类型及选用见表 2.45～表 2.48。

表 2.45 切削液的类型

油基切削液(油)	具有抗腐蚀性的液体:矿物油	L-MHA
	含有减摩剂的 L-MHA 液体;矿物油＋脂肪油或油性添加剂	L-MHB
	含非活性极压剂(EP)的 L-MHA 液体:矿物油＋非活性极压剂	L-MHC
	含活性极压剂(EP)的 L-MHA 液体:矿物油＋活性极压剂	L-MHD
	含非活性极压剂的 L-MHB 液体:矿物油＋脂肪油(或油性剂)＋非活性极压剂	L-MHE
	含活性极压剂的 L-MHB 液体:矿物油＋脂肪油(或油性剂)＋活性极压剂	L-MHF
水基切削液(油)	能与水混合的含油浓缩液:防锈乳化液	L-MAA
	含减摩剂的 L-MAA 浓缩液:防锈润滑乳化液	L-MAB
	含极压剂(EP)的 L-MAA 浓缩液:极压乳化液	L-MAC
	含极压剂(EP)的 L-MAB 浓缩液:极压乳化液	L-MAD
	能与水混合含油量较小的浓缩液:半透明的防锈微乳液	L-MAE
	具有减摩和极压性的 L-MAE 浓缩液	L-MAF
	能与水混合的无油浓缩液:具有防锈性的透明液	L-MAG
	具有减摩和极压性的 L-MAG 浓缩液	L-MAH

表 2.46 油基切削液的组成

基础油	矿物油:煤油、柴油、机油、全损耗系统用油 合成油:聚烯烃油、双酯等
油性剂	脂肪油:豆油、菜籽油、糖油、猪油、鲸油、羊毛脂等 脂肪酸:油酸、棕榈酸等 酯类:脂肪酸酯 高级醇:十八烯醇、十八烷醇等
极压添加剂	氯系:氯化石蜡、氯化脂肪酸酯等 硫系:硫化脂肪油、硫化烯烃、聚硫化合物 磷系:二烷基二硫化代磷酸锌、磷酸三甲酚酯、磷酸三乙酯等 有机金属化合物:有机钼、有机硼等
防锈剂	石油磺酸盐、十二烯基丁二酸等

续表

铜合金防蚀剂	苯并三氮唑、巯基苯并塞唑
抗氧化剂	二叔丁基对甲酚、胺系
消泡剂	二甲基硅油
降凝剂	氯化石蜡与萘的缩合物、聚烷基丙烯酸酯等

表 2.47　水基切削液的组成

乳化液	矿物油：全损耗系统用油（机械油）、软麻油、二线油等，一般乳化液含油 50%～80%，微乳液含油 10%～30% 乳化剂：OP-10，TX-10，平平加、脂肪酸皂、石油磺酸钠、司苯-80、太古油等 防锈剂：石油磺酸盐、环烷酸锌、三乙醇胺等铜合金防锈剂，苯并三氮唑 极压添加剂：硫化脂肪油、氯化石蜡、二烷基二硫代磷酸锌等 消泡剂：二甲基硅油 防腐杀菌剂：三丹油、四氯苯酚等 耦合剂：乙醇、异丙醇、多元醇
合成切削液	润滑剂：聚乙二醇、脂肪酸皂等 极压添加剂：硫化脂肪酸皂，氯化脂肪聚醚等 表面活性剂：OP-10、油酸三乙醇胺、TX-10、聚醚等 防锈剂：三乙醇胺、三乙醇胺硼酸缩合物及亚硝酸钠、硼酸盐等 消泡剂：乳化二甲基硅油 铜合金防蚀剂：苯并三氯唑 防腐杀菌剂：甲醛、二氢三氮杂苯等

切削液可根据工件材料、刀具材料和加工要求进行选用。硬质合金刀具一般不使用切削液，若用，须要连续供液，以免因骤冷骤热导致刀片产生裂纹。切削铸铁一般也不使用切削液。切削铜、有色合金，一般不用含硫的切削液，以免腐蚀工件表面。不同加工方法加工不同工件材料选用切削液的情况如表 2.49 所示。

为了改善切削液的性能和作用所加入的化学物质称为添加剂。常见的添加剂的类型如表 2.50 所示。

油性添加剂主要用于低压低温边界润滑状态，其作用是提高切削液的渗透和润滑作用，减小切削油与金属接触界面的张力，使切削油很快地渗透到切削区，在刀具的前刀面与切屑、后刀面与工件间形成物理吸附膜，减小其摩擦。

极压添加剂主要用于高温状态下工作的切削液，这些含硫、磷、氯、碘等有机化合物的极压添加剂，在高温下与金属表面起化学反应，生成化学吸附膜，保持润滑作用，减小工件与刀具接触面之间的摩擦。

表 2.48　切削液的选用

加工方法	工件材料					
	铝、铝合金	铜、铜合金	铸铁	中碳钢、低碳钢	高碳钢、合金钢	不锈钢、耐热合金
粗车	L-MAA、L-MAG	L-MAA、L-MAB、L-MAG	L-MAA、L-MAB、L-MAG	L-MAA、L-MAB、L-MAG	L-MAB、L-MAG、L-MAF	L-MHE、L-MHF、L-MAD
精车	L-MAA、L-MAP	L-MAA、L-MAF、L-MAH		L-MAG、L-MAH、L-MHC	L-MHE、L-MHF	L-MHE、L-MHF、L-MAH
铣削	L-MAA、L-MAG	L-MAA、L-MAG	L-MAA、L-MAG	L-MHC、L-MAD、L-MAF	L-MHE、L-MAD	L-MHF、L-MAD
钻镗	L-MAA、L-MAF	L-MAA、L-MAF	L-MAB、L-MAG	L-MAG、L-MAA	L-MHE、L-MAF、L-MAD	L-MHE、L-MAF、L-MAD
深孔钻削	L-MHC	L-MHC	L-MHC、L-MHE	L-MHE	L-MHE	L-MHE、L-MHF
铰削	L-MHB、L-MHC	L-MHB、L-MHC	L-MHA	L-MHE、L-MAD	L-MHE、L-MHF、L-MAD	L-MHF、L-MAD
车螺纹、攻螺纹	L-MHB	L-MHB	L-MHA、L-MHB	L-MHE、L-MAD	L-MHE、L-MHF、L-MAD	L-MHF、L-MAD
齿轮加工（插、滚、刨、剃）	L-MAB	L-MAB	L-MHE、L-MAD	L-MHE、L-MHF、L-MAD	L-MHE、L-MHF、L-MAD	L-MHE、L-MHF、L-MAD
拉削	L-MAB、L-MHB	L-MAB、L-MHB	L-MAB、L-MID	L-MHE、L-MAD	L-MHE、L-MHF、L-MAD	L-MHF、L-MAD

续表

加工方法	工件材料					
	铝、铝合金	铜、铜合金	铸铁	中碳钢、低碳钢	高碳钢、合金钢	不锈钢、耐热合金
锯削	L-MAB、L-MAC	L-MAB、L-MAC	L-MAB、L-MAC、L-MAH	L-MAC、L-MAH	L-MAX、L-MAH	L-MAD、L-MAH
NC 机床加工	L-MAF、L-MAE	L-MAF、L-MAE、L-MHB	L-MAF、L-MHA	L-MAF、L-MHC	L-MAF、L-MHE	L-MAF、L-MHE
珩磨	L-MHB、L-MHE	L-MHB、L-MHE	L-MHB、L-MHE	L-MHB、L-MHE	L-MHB、L-MHE	L-MHB、L-MHE
粗磨	L-MAG	L-MAG、L-MAB	L-MAG、L-MAB	L-MAG、L-MAB	L-MAH、L-MAD	L-MAH、L-MAD
精磨	L-MAG、L-MHA	L-MAG、L-MHA	L-MHA、L-MAG	L-MAG、L-MAB	L-MAH、L-MAD	L-MAH、L-MAD
齿轮磨削				L-MHF	L-MHF	L-MHF
高速磨削	L-MAH	L-MAH	L-MAH	L-MAH	L-MAH	L-MAH
缓进给深切磨削			L-MAH、L-MAD	L-MAH、L-MAD	L-MAH、L-MAD	L-MAH、L-MAD
电火花加工	L-MAA、L-MHA	L-MAA、L-MHA	L-MAA、L-MHA	L-MAA、L-MHA	L-MAA、L-MHA	L-MAA、L-MHA

注：刀具材料包括：高速工具钢、硬质合金。

表 2.49 切削液的选用指南

加工方法		钢	铸铁 可锻铸铁	铜 铜合金	铝 铝合金	镁合金
车	粗车	乳化液 水溶液	干切削	干切削	乳化液 切削油	干切削 切削油
	精车	乳化液 切削油	乳化液 切削油	干切削 乳化液	干切削 切削油	干切削 切削油
铣		乳化液 水溶液 切削油	干切削 乳化液	干切削 乳化液 切削油	切削油 乳化液	干切削 切削油
钻		乳化液 切削油	干切削 乳化液	干切削 切削油 乳化液	切削油 乳化液	干切削 切削油
铰		切削油 乳化液	干切削 切削油	干切削 切削油	切削油	切削油
锯		乳化液	干切削 乳化液	干切削 切削油	切削油 乳化液	干切削 切削油
拉削		切削油 乳化液	乳化液	切削油	切削油	切削油
滚齿 齿轮成形		切削油	切削油 乳化液	—	—	—
螺纹切割		切削油	切削油 乳化液	切削油	切削油 乳化液	切削油 干切削
磨削		乳化液 水溶液 切削油	水溶液 乳化液	乳化液 水溶液	乳化液	—
珩磨　研磨		切削油	切削油	—	—	—

注：切削液的用量为 0.01～3L/h。

表 2.50 切削液中的添加剂

分类		添加剂
油性添加剂		动植物油，脂肪酸及其皂，脂肪醇，脂类、酮类、胺类等化合物
极压添加剂		硫、磷、氯、碘等有机化合物，如氯化石蜡、二烷基二硫代磷酸锌等
防锈添加剂	水溶性	亚硝酸钠、磷酸三钠、磷酸氢二钠、苯甲酸钠、苯甲酸胺、三乙醇胺等
	油溶性	石油磺酸钡、石油磺酸钠、环烷酸锌、二壬基苯磺酸钡等
防霉添加剂		苯酚、五氯酚、硫柳汞等化合物

续表

分类		添加剂
抗泡沫添加剂		二甲基硅油
助溶添加剂		乙醇、正丁醇、苯二甲酸酯、乙二醇醚等
乳化剂（表面活性剂）	阴离子型	石油磺酸钠、油酸钠皂、松香酸钠皂、高碳酸钠皂、磺化蓖麻油、油酸三乙醇胺等
	非离子型	平平加（聚氧乙烯脂肪醇醚）、司本（山梨糖醇油酸酯）、吐温（聚氧乙烯山梨糖醇油酸酯）
乳化稳定剂		乙二醇、乙醇、正丁醇、二乙二醇单正丁基醚、二甘醇、高碳醇、苯乙醇胺、三乙醇胺

乳化剂也称表面活性剂，其作用是使矿物油与水相互溶合、形成均匀稳定的溶液。在水与矿物油的液体（油水互不相溶）中加入乳化剂，搅拌混合，由于乳化剂分子的极性基团是亲水的、可溶于水，即极性基团在水的表面上定向排列、并吸附在它的表面上。非极性基团是亲油的、可溶于油，即非极性基团在油的表面上定向排列、并吸附在它的表面上。由于亲水的极性基团的极性端朝水，亲油的非极性基团的非极性端朝油，亲水的极性基团和亲油的非极性基团的分子吸引力把油与水连接起来，使矿物油与水相互溶合形成均匀稳定的溶液。如图 2.82 所示。

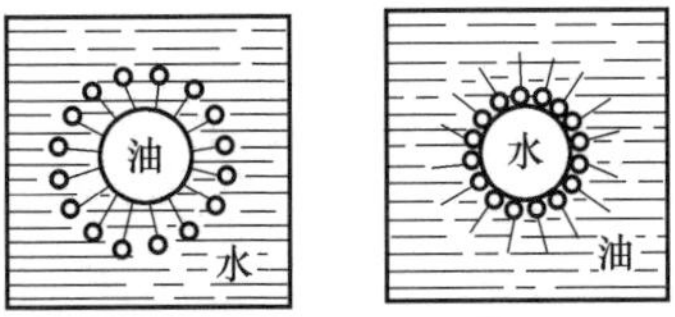

(a) 水包油　　(b) 油包水

图 2.82　乳化剂的表面活性作用

2.9.3　切削液的使用方法与流量要求

（1）切削液使用方法

切削液的使用方法有浇注法、高压冷却法和喷雾冷却法等。

浇注法的设备简单，使用方便，目前应用最广泛，但浇注法的切削液流速较慢，压力小，切削液进入高温度区较难，冷却效果不够理想，如图 2.83 (a)～(d) 所示。

高压冷却法常用于深孔加工时，高压下的切削液可直接喷射到切削区，起到冷却润滑的作用，并使碎断的切屑随液流排出孔外。

喷雾冷却法的喷雾原理如图 2.84 所示，主要用于难加工材料

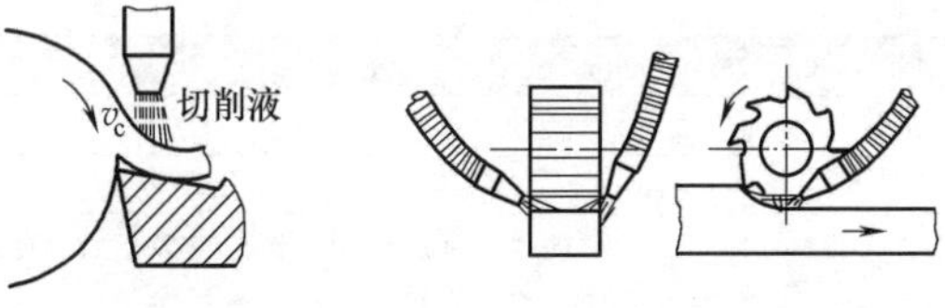

(a) 车削冷却　　(b) 铣刀两端浇注

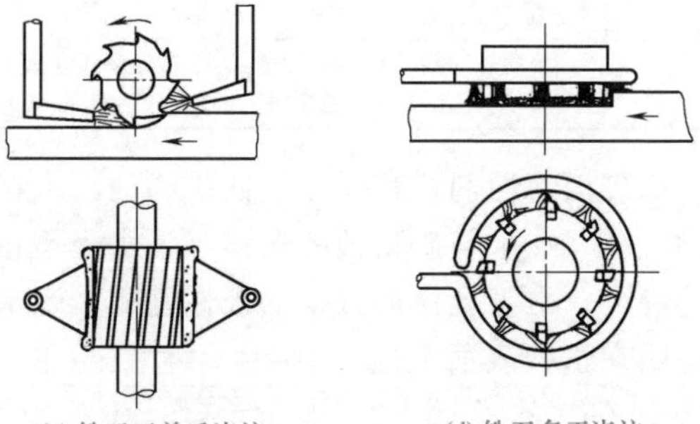

(c) 铣刀刃前后浇注　　(d) 铣刀多刃浇注

图 2.83　切削液的使用方法

的切削和超高速切削，也可用于一般的切削加工来提高刀具耐用度。

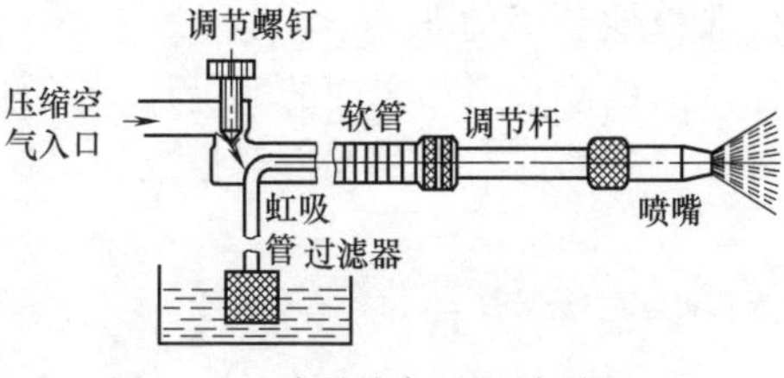

图 2.84　喷雾冷却法的喷雾原理

（2）使用切削液的流量要求（见表 2.51）

表 2.51　对切削液流量的要求

加工工序	流量	备注
车削	19L/min/刀具	
螺纹切削		
直径 25mm	132L/min	
直径 50mm	170L/min	
直径 75mm	227L/min	

加工工序	流量	备注
铣削		
小铣刀	19L/min/刀具	
大铣刀	227L/min/刀具	
钻孔、铰孔		
直径25mm	7.6～11L/min	
大钻头钻孔	0.3～0.43L/min×直径(mm)	
深孔钻削		
外排屑型：		
直径4.6～9.4mm	7.6～23L/min	要求用精密滤网。
9.4～19mm	19～64L/min	孔愈深、直径愈大,
19～32mm	38～151L/min	所用的流量也愈大
32～38mm	64～189L/min	(对同一系列中的钻
内排屑型：		头来说)
7.9～9.4mm	19～30L/min	
9.4～19mm	30～98L/min	
19～30mm	98～250L/min	
30～60mm	250～490L/min	
套孔钻削		
外排屑型：		
直径:51～89mm	30～182L/min	要求用精密滤网,
89～152mm	61～303L/min	在同一系列钻头中,
152～203mm	121～394L/min	直径较大和孔较深
内排屑型：		的用较大的流量
60～152mm	416～814L/min	
152～305mm	814～1287L/min	
305～475mm	1287～1741L/min	
475～610mm	1741～2158L/min	
珩磨		要求用精密滤网
小孔	11L/min/孔	
大孔	19L/min/孔	
拉削		
小孔	38L/行程	
大孔	0.45L/行程(mm)×切削长度	
无心磨削		要求用精密滤网
小工件	76L/min	
大工件	151L/min	
其他磨削	0.75L/min/mm(砂轮宽度)

第3章

零件加工质量及其检测与控制

零件的机械加工质量是指零件机械加工后在精度（尺寸精度、几何精度）、表面结构（表面轮廓和表面纹理）、表面力学性能等方面的参数与其理论参数相符合的程度。在生产实践中，将零件的加工质量分为加工精度和表面质量。加工精度是指零件经加工后，其尺寸、形状等实际参数与其理论参数相符合的程度。相符合的程度越高，偏差（加工误差）越小，加工精度越高。加工精度包括尺寸精度、形状精度和位置精度。表面质量是指零件已加工后的表面结构（如表面粗糙度）、表面层加工硬化程度和残余应力的性质及其大小。零件的加工质量将直接影响机器（机械产品）的装配质量和工作性能等。

在零件的加工过程中，由于多种因素的影响，零件各部分的尺寸、形状、方向、位置、表面粗糙度等几何量难以达到理想状态，总有误差存在。从零件的功能上看，不必要求零件几何量制造得绝对准确，只要零件的几何量在某一范围内变动，保证同一规格的零件有彼此相近似的变动量，就能满足加工的要求。这个允许的变动范围就叫做公差。

零件设计时，设计者要根据要求，正确地确定零件的公差，并按规定正确地标注在零件图样上。零件加工时，工艺人员和操作者采用合理的方法和手段，将加工过程中的各种因素进行检测控制，使加工后的工件的误差控制在规定的范围内。完工后，通过检验确定零件是否合格。

3.1 尺寸、公差与配合

3.1.1 标准尺寸、角度和锥度

尺寸包括线性尺寸和角度尺寸。线性尺寸是指两点之间的距离，如长度、直径、宽度、深度、厚度及中心距等。

（1）标准化优先线性尺寸

标准化是现代工业的一大特征，符合了大规模协作生产的要求，有利于社会效益，是互换性的基础。在设计、标准化审核时，标准的优先尺寸是机械工程师自觉的选择。标准优先尺寸见表 3.1。

表 3.1　标准优先尺寸（GB/T 2822—2005）　　mm

R			R′		
R10	R20	R40	R′10	R′20	R′40
1.00	1.00		1.0	1.0	
	1.12			**1.1**	
1.25	1.25		**1.2**	**1.2**	
	1.40			1.4	
1.60	1.60		1.6	1.6	
	1.80			1.8	
2.00	2.00		2.0	2.0	
	2.24			**2.2**	
2.50	2.50		2.5	2.5	
	2.80			2.8	
3.15	3.15		**3.0**	**3.0**	
	3.55			**3.5**	
4.00	4.00		4.0	4.0	
	4.50			4.5	
5.00	5.00		5.0	5.0	
	5.60			**5.5**	
6.30	6.30		**6.0**	**6.0**	
	7.10		8.0	**7.0**	
8.00	8.00		8.0	8.0	
	9.00			9.0	
10.00	10.00		10.0	10.0	
	11.2			**11**	
12.5	12.5	12.5	**12**	**12**	12

R			R′		
R10	R20	R40	R′10	R′20	R′40
		13.2			**13**
	14.0	14.0		14	14
		15.0			15
16.0	16.0	16.0	16	16	16
		17.0			17
	18.0	18.0		18	18
		19.0			19
20.0	20.0	20.0	20	20	20
		21.2			**21**
	22.4	22.4		**22**	**22**
		23.6			**24**
25.0	25.0	25.0	25	25	25
		26.5			**26**
	28.0	28.0		28	28
		30.0			30
31.5	31.5	31.5	**32**	**32**	**32**
		33.5			**34**
	35.5	35.5		**36**	**36**
		37.5			**38**
40.0	40.0	40.0	40	40	40
		42.5			**42**
	45.0	45.0		45	45
		47.5			**48**
50.0	50.0	50.0	50	50	50

续表

R			R′			R			R′		
R10	R20	R40	R′10	R′20	R′40	R10	R20	R40	R′10	R′20	R′40
		53.0			53			265			**260**
	56.0	56.0		56	56		280	280		280	280
		60.0			60			300			300
63.0	63.0	63.0	63	63	63	315	315	315	320	**320**	**320**
		67.0			67			335			**340**
	71.0	71.0		71	71		355	355		**360**	**360**
		75.0			75			375			**380**
80.0	80.0	80.0	80	80	80	400	400	400	400	400	400
		85.0			85			425			**420**
	90.0	90.0		90	90		450	450		450	450
		95.0			95			475			**480**
100.0	100.0	100.0	100	100	100	500	500	500	500	500	500
		106			**105**			530			530
	112	112		**110**	**110**		560	560		560	560
		118			**120**			600			600
125	125	125	125	125	125	630	630	630	630	630	630
		132			**130**			670			670
	140	140		140	140		710	710		710	710
		150			150			750			750
160	160	160	160	160	160	800	800	800	800	800	800
		170			170			850			850
	180	180		180	180		900	900		900	900
		190			190			950			950
200	200	200	200	200	200	1000	1000	1000	1000	1000	1000
		212			**210**						
	224	224		**220**	**220**			1060			
		236			**240**						
250	250	250	250	250	250						

R			R			R		
R10	R20	R40	R10	R20	R40	R10	R20	R40
	1120	1120			1700			2650
		1180		1800	1800		2800	2800
1250	1250	1250			1900			3000
		1320	2000	2000	2000	3150	3150	3150
	1400	1400			2120			3350
		1500		2240	2240		3550	3550
					2360			3750
1600	1600	1600	2500	2500	2500	4000	4000	4000

续表

R		
R10	R20	R40
		4250
	4500	4500
		4750
5000	5000	5000
		5300
	5600	5600
		6000
6300	6300	6300
		6700
	7100	7100
		7500
8000	8000	8000

R			R		
R10	R20	R40	R10	R20	R40
		8500			13200
	9000	9000		14000	14000
		9500			15000
10000	10000	10000	16000	16000	16000
		10600			17000
	11200	11200		18000	18000
		11800			19000
12500	12500	12500	20000	20000	20000

注：1. “标准尺寸”为直径、长度、高度等系列尺寸。

2. 标准中 0.01～1.0mm 的尺寸，此表未列出。需要时可查阅国家标准 GB/T 2822—2005。

3. R′系列中的黑体字，为 R 系列相应各项优先数的化整值。

4. 选择尺寸时，优先选用 R 系列，按照 R10、R20、R40 顺序。如必须将数值圆整，可选择相应的 R′系列，应按照 R′10、R′20、R′40 顺序选择。

（2）标准角度

标准角度见表 3.2。

表 3.2　标准角度（GB 157—2001）

第一系列	第二系列	第三系列	第一系列	第二系列	第三系列	第一系列	第二系列	第三系列	第一系列	第二系列	第三系列	第一系列	第二系列	第三系列
0°	0°	0°			4°			18°			55°			110°
		0°15′	5°	5°	5°		20°	20°	60°	60°	60°	120°	120°	120°
	0°30′	0°30′			6°			22°30′			65°			135°
		0°45′			7°			25°			72°		150°	150°
	1°	1°			8°	30°	30°	30°		75°	75°			165°
		1°30′			9°			36°			80°	180°	180°	180°
	2°	2°		10°	10°			40°			85°			270°
		2°30′			12°	45°	45°	45°	90°	90°	90°	360°	360°	360°
	3°	3°	15°	15°	15°			50°			100°			

注：1. 本标准为一般用途的标准角度，不适用于由特定尺寸或参数所确定的角度以及工艺和使用上有特殊要求的角度。

2. 选用时优先选用第一系列，其次是第二系列，再次是第三系列。

（3）标准锥度和锥度

一般用途锥度与锥角见表 3.3，特定用途锥度与锥角见表 3.4。

表 3.3　一般用途锥度与锥角（GB/T 157—2001）

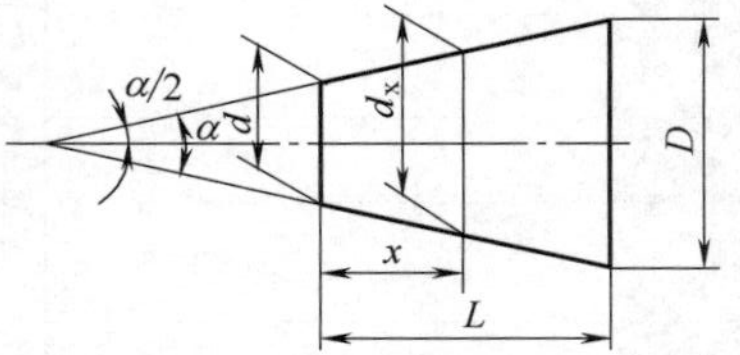

锥度 $C=\dfrac{D-d}{L}=2\tan\dfrac{\alpha}{2}$

基本值		推算值				应用举例
		圆锥度 α			锥度 σ	
系列 1	系列 2	(°)(′)(″)	(°)	rad		
120°		—	—	2.09439510	1∶0.2886751	螺纹孔的内倒角，填料盒内填料的锥度
90°		—	—	1.57079633	1∶0.5000000	沉头螺钉头，螺纹倒角，轴的倒角
	75°	—	—	1.30899694	1∶0.6516127	车床顶尖，中心孔
60°		—	—	1.04719755	1∶0.8660254	车床顶尖，中心孔
45°		—	—	0.78539816	1∶1.2071068	轻型螺旋管接口的锥形密合
30°		—	—	0.52359878	1∶1.8660254	摩擦离合器
1∶3		18°55′28.7199″	18.92464442°	0.33029735	—	有极限扭矩的摩擦圆锥离合器
	1∶4	14°15′0.1177″	14.25003270°	0.24870999	—	
1∶5		11°25′16.2706″	11.42118627°	0.19933730	—	易拆机件的锥形连接，锥形摩擦离合器
	1∶6	9°31′38.2202″	9.52728338°	0.16628246	—	
	1∶7	8°10′16.4408″	8.17123356°	0.14261493	—	重型机床顶尖，旋塞
	1∶8	7°9′9.6075″	7.15266875°	0.12483762	—	联轴器和轴的圆锥面连接
1∶10		5°43′29.3176″	5.72481045°	0.09991679	—	受轴向力及横向力的锥形零件的接合面，电机及其他机械的锥形轴端

续表

基本值		推算值				应用举例
		圆锥度 α			锥度 σ	
系列 1	系列 2	(°)(′)(″)	(°)	rad		
	1∶12	4°46′18.7970″	4.77188806°	0.08328516	—	固定球及滚子轴承的衬套
	1∶15	3°49′5.8975″	3.81830487°	0.06664199	—	受轴向力的锥形零件的接合面，活塞与活塞杆的连接
1∶20		2°51′51.0925″	2.86419237°	0.04998959	—	机床主轴锥度，刀具尾柄，公制锥度铰刀，圆锥螺栓
1∶30		1°54′34.8570″	1.90968251°	0.03333025	—	装柄的铰刀及扩孔钻
1∶50		1°8′45.1586″	1.14587740°	0.01999933	—	圆锥销，定位销，圆锥销孔的铰刀
1∶100		34′22.6309″	0.57295302°	0.00999992	—	承受陡振及静变载荷的不需拆开的连接机件
1∶200		17′11.3219″	0.28647830°	0.00499999	—	承受陡振及冲击变载荷的需拆开的零件，圆锥螺栓
1∶500		6′52.5295″	0.11459152°	0.00200000	—	

注：系列1中120°～1∶3的数值近似按R10/2优先数系列，(1∶5)～(1∶500)按R10/3优先数系列（见GB/T 321)。

表3.4 特定用途锥度与锥角

基本值	推算值				标准号 GB/T (ISO)	用途
	圆锥角 α			锥度 C		
	(°)(′)(″)	(°)	rad			
11°54′	—	—	0.20769418	1∶4.7974511	(5237) (8489-5)	纺织机械和附件
8°40′	—	—	0.15126187	1∶6.5984415	(8489-3) (8489-4) (324.575)	

续表

基本值	推算值				标准号 GB/T (ISO)	用途
	圆锥角 α			锥度 C		
	(°)(′)(″)	(°)	rad			
7°	—	—	0.12217305	1∶8.1749277	(8489-2)	纺织机械和附件
1∶38	1°30′27.7080″	1.50769667°	0.02631427	—	(368)	
1∶64	0°53′42.8220″	0.89522834°	0.01562468	—	(368)	
7∶24	16°35′39.4443″	16.59429008°	0.28962500	1∶3.4285714	3837.3 (297)	机床主轴 工具配合
1∶12.262	4°40′12.1514″	4.67004205°	0.08150761	—	(239)	贾各锥度 No.2
1∶12.972	4°24′52.9039″	4.41469552°	0.07705097	—	(239)	贾各锥度 No.1
1∶15.748	3°38′13.4429″	3.63706747°	0.06347880	—	(239)	贾各锥度 No.3
6∶100	3°26′12.1776″	3.43671600°	0.05998201	1∶16.6666667	1962 (594-1) (595-1) (595-2)	医疗设备
1∶18.779	3°3′1.2070″	3.05033527°	0.05323839	—	(239)	贾各锥度 No.3
1∶19.002	3°0′52.3956″	3.01455434°	0.05261390	—	1443(296)	莫氏锥度 No.5
1∶19.180	2°59′11.7258″	2.98659050°	0.05212584	—	1443(296)	莫氏锥度 No.6
1∶19.212	2°58′53.8255″	2.98161820°	0.05203905	—	1443(296)	莫氏锥度 No.0
1∶19.254	2°58′30.4217″	2.97511713°	0.05192559	—	1443(296)	莫氏锥度 No.4
1∶19.264	2°58′24.8644″	2.97357343°	0.05189865	—	(239)	贾各锥度 No.6
1∶19.922	2°52′31.4463″	2.87540176°	0.05018523	—	1443(296)	莫氏锥度 No.3
1∶20.020	2°51′40.7960″	2.86133223°	0.04993967	—	1443(296)	莫氏锥度 No.2
1∶20.047	2°51′26.9283″	2.85748008°	0.04987244	—	1443(296)	莫氏锥度 No.1
1∶20.288	2°49′24.7802″	2.82355006°	0.04928025	—	(239)	贾各锥度 No.0
1∶23.904	2°23′47.6244″	2.39656232°	0.04182790	—	1443(296)	布朗夏普锥度 No.1～No.3
1∶28	2°2′45.8174″	2.04606038°	0.03571049	—	(8382)	复苏器(医用)
1∶36	1°35′29.2096″	1.59144711°	0.02777599	—	(5356-1)	麻醉器具
1∶40	1°25′56.3516″	1.43231989°	0.02499870	—		

3.1.2 尺寸公差和标准公差值

(1) 尺寸的几个名称定义

机械加工的零件尺寸不是理想的，尺寸大小有一个允许的变动范围，工程中用公称尺寸、极限尺寸、上极限尺寸、下极限尺寸来表达尺寸及其变动范围，如图 3.1 所示。

公称尺寸（旧标准称基本尺寸）是由图样规范确定的理想形状要素的尺寸。

极限尺寸（limits of size）是尺寸要素允许的尺寸的两个极端。提取组成要素的局部尺寸应位于其中，也可达到极限尺寸。

上极限尺寸（旧标准称最大极限尺寸，upper limit of size）是尺寸要素允许的最大尺寸。

下极限尺寸（旧标准称最小极限尺寸，lower limit of size）是尺寸要素允许的最小尺寸。

(2) 尺寸公差和偏差

尺寸的公差和偏差的关系如图 3.2 所示。

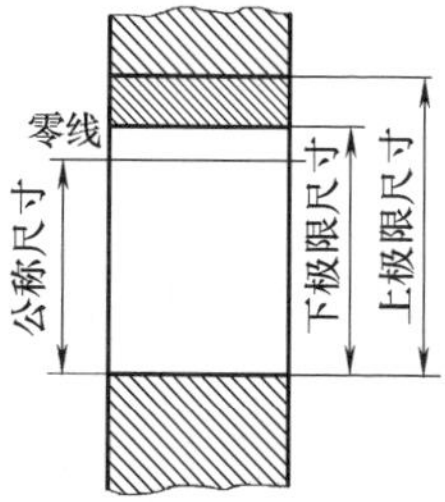

图 3.1 公称尺寸和上下极限尺寸

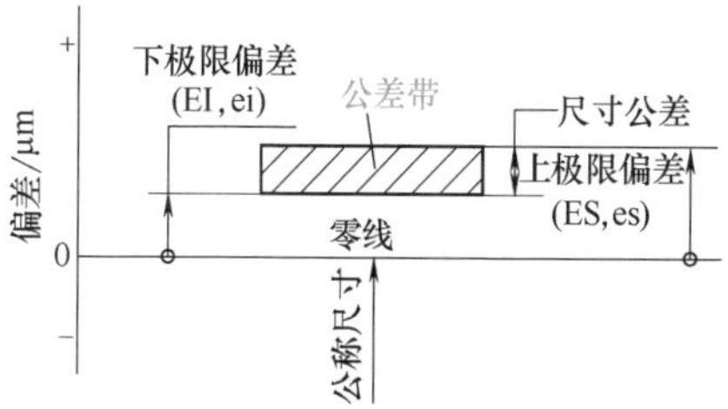

图 3.2 公差带图解

① 零线（zero line）是表示公称尺寸的一条直线，以其为基准确定偏差和公差。通常，零线沿水平方向绘制，正偏差位于其上，负偏差位于其下。

② 偏差（deviation）是某一尺寸减其公称尺寸所得的代数差。

③ 极限偏差（limit deviations）是指上极限偏差和下极限偏差。

注：轴的上、下极限偏差代号用小写字母 es、ei 表示；孔的上、下极限偏差代号用大写字母 ES、EI 表示。

④ 上极限偏差（ES、es，旧标准称上偏差，upper limit deviation）是上极限尺寸减其公称尺寸所得的代数差。

⑤ 下极限偏差（EI、ei，旧标准称下偏差，lower limit deviation）是下极限尺寸减其公称尺寸所得的代数差。

⑥ 基本偏差（fundamental deviation）是在极限与配合制中，确定公差带相对零线位置的那个极限偏差。

注：它可以是上极限偏差或下极限偏差，一般为靠近零线的那个偏差，图 3.2 中为下极限偏差。

⑦ 尺寸公差（简称公差，size tolerance）是上极限尺寸减下极限尺寸之差，或上极限偏差减下极限偏差之差。它是允许尺寸的变动量，它是一个没有符号的绝对值。

⑧ 标准公差（IT，standard tolerance）是极限与配合制中所规定的任一公差。字母 IT 为“国际公差”的英文缩略语。

⑨ 公差带（tolerance zone）是在公差带图解中，由代表上极限偏差和下极限偏差或上极限尺寸和下极限尺寸的两条直线所限定的一个区域。它是由公差大小和其相对零线的位置如基本偏差来确定。

（3）公差等级与标准公差数值

零件的尺寸精度是指零件几何要素的实际尺寸接近理论尺寸的准确程度，愈准确、精度就愈高。如果用公差等级来确定零件尺寸的精度，精度愈高，公差等级愈小。

国标 GB/T 1800.1—2009 规定了 20 个标准公差等级，即 IT01、IT0、IT2、…、IT18（称标准公差等级代号），等级的数字越大，公差越大（精度越低）。同一公差等级，公称尺寸越大，公差数值越大，但它们具有同等的精确程度。

① 常用基本尺寸各级标准公差的数值　见表 3.5。

② 线性尺寸的未注公差　未注公差也称一般公差，是指在尺寸后不需注出其极限偏差数值，在车间通常加工条件下是可以保证的公差。根据 GB/T 1804—2000 的规定，一般公差分精密 f、中等 m、粗糙 c、最粗 v 四个等级。线性尺寸的极限偏差数值见表 3.6，倒圆半径与倒角高度尺寸的极限偏差数值见表 3.7。

表 3.5 标准公差数值（GB/T1800.2—2009）

μm

公称尺寸/mm		标准公差等级																	
大于	至	IT1	IT2	IT3	IT4	IT5	IT6	IT7	IT8	IT9	IT10	IT11	IT12	IT13	IT14	IT15	IT16	IT17	IT18
—	3	0.8	1.2	2	3	4	6	10	14	25	40	60	100	140	250	400	600	1000	1400
3	6	1	1.5	2.5	4	5	8	12	18	30	48	75	120	180	300	480	750	1200	1800
6	10	1	1.5	2.5	4	6	9	15	22	36	58	90	150	220	360	580	900	1500	2200
10	18	1.2	2	3	5	8	11	18	27	43	70	110	180	270	430	700	1100	1800	2700
18	30	1.5	2.5	4	6	9	13	21	33	52	84	130	210	330	520	840	1300	2100	3300
30	50	1.5	2.5	4	7	11	16	25	39	62	100	160	250	390	620	1000	1600	2500	3900
50	80	2	3	5	8	13	19	30	46	74	120	190	300	460	740	1200	1900	3000	4600
80	120	2.5	4	6	10	15	22	35	54	87	140	220	350	540	870	1400	2200	3500	5400
120	180	3.5	5	8	12	18	25	40	63	100	160	250	400	630	1000	1600	2500	4000	6300
180	250	4.5	7	10	14	20	29	46	72	115	185	290	460	720	1150	1850	2900	4600	7200
250	315	6	8	12	16	23	32	52	81	130	210	320	520	810	1300	2100	3200	5200	8100
315	400	7	9	13	18	25	36	57	89	140	230	360	570	890	1400	2300	3600	5700	8900
400	500	8	10	15	20	27	40	63	97	155	250	400	630	970	1550	2500	4000	6300	9700
500	630	9	11	16	22	32	44	70	110	175	280	440	700	1100	1750	2800	4400	7000	11000
630	800	10	13	18	25	36	50	80	125	200	320	500	800	1250	2000	3200	5000	8000	12500
800	1000	11	15	21	28	40	56	90	140	230	360	560	900	1400	2300	3600	5600	9000	14000

注：1. 公称尺寸大于 500mm 的 IT1～IT5 的标准公差值为试行的。

2. 公称尺寸小于或等于 1mm 时，无 IT14～IT18。

表 3.6 线性尺寸的极限偏差数值（GB/T 1804—2000） mm

公差等级	尺寸分段							
	0.5～3	>3～6	>6～30	>30～120	>120～400	>400～1000	>1000～2000	>2000～4000
f(精密级)	±0.05	±0.05	±0.1	±0.15	±0.2	±0.3	±0.5	—
m(中等级)	±0.1	±0.1	±0.2	±0.3	±0.5	±0.8	±1.2	±2
c(粗糙级)	±0.2	±0.3	±0.5	±0.8	±1.2	±2	±3	±4
v(最粗级)	—	±0.5	±1	±1.5	±2.5	±4	±6	±8

例 1　某箱体图样上两孔的中心距标注为 80mm，试确定其加工时应保证的上下偏差。

解：根据该箱体的精度要求、重要程度等确定其公差等级，然后按确定的公差等级和尺寸分段查表 3.6 得出。假设该箱体上的两孔所装零件有配合要求，应选择精密级，查表 3.6 中的精密级行，>30～120 列，得出其上下偏差为±0.15mm，其尺寸为（80±0.15）mm。如果该箱体为农机上的一个不重要零件，应选择粗糙级，同样查得该尺寸为（80±0.8）mm。

表 3.7 倒圆半径与倒角高度尺寸的极限偏差数值（GB/T 1804—2000） mm

公差等级	尺寸分段			
	0.5～3	>3～6	>6～30	>30
f(精密级) m(中等级)	±0.2	±0.5	±1	±2
c(粗糙级) v(最粗级)	±0.4	±1	±2	±4

3.1.3 公差等级的选用

公差等级的宏观应用见表 3.8，公差等级的应用举例见表 3.9。

表 3.8 公差等级的宏观应用

应用	公差等级(IT)																			
	01	0	1	2	3	4	5	6	7	8	9	10	11	12	13	14	15	16	17	18
量块	—	—	—																	
量规			—	—	—	—	—	—	—											
配合尺寸							—	—	—	—	—	—	—	—	—					

续表

应用	公差等级(IT)																			
	01	0	1	2	3	4	5	6	7	8	9	10	11	12	13	14	15	16	17	18
特别精密零件的配合				—	—	—	—													
非配合尺寸														—	—	—	—	—	—	—
原材料公差										—	—	—	—	—	—	—				

表 3.9　公差等级的应用举例

公差等级	应用条件说明	应用举例
IT01	用于特别精密的尺寸传递基准	特别精密的标准量块
IT0	用于特别精密的尺寸传递基准及宇航中特别重要的极个别精密配合尺寸	特别精密的标准量块，个别特别重要的精密机械零件尺寸，校对检验 IT6 级轴用量规的校对量规
IT1	用于精密的尺寸传递基准、高精密测量工具、特别重要的极个别精密配合尺寸	高精密标准量规，校对检验 IT7～IT9 级轴用量规的校对量规，个别特别重要的精密机械零件尺寸
IT2	用于高精密的测量工具、特别重要的精密配合尺寸	检验 IT6～IT7 级工件用量规的尺寸制造公差，校对检验 IT8～IT11 级轴用量规的校对塞规，个别特别重要的精密机械零件的尺寸
IT3	用于精密测量工具、小尺寸零件的高精度的精密配合及与 4 级滚动轴承配合的轴径和外壳孔径	检验 IT8～IT11 级工件用量规和校对检验 IT9～IT13 级轴用量规的校对量规，与特别精密的 4 级滚动轴承内环孔(直径至 100mm)相配的机床主轴、精密机械和高速机械的轴径，与 4 级向心球轴承外环外径相配合的外壳孔径，航空工业及航海工业中导航仪器上特殊精密的个别小尺寸零件的精密配合
IT4	用于精密测量工具、高精度的精密配合和 4 级、5 级滚动轴承配合的轴径和外壳孔径	检验 IT9～IT12 级工件用量规和校对 IT12～IT14 级轴用量规的校对量规，与 4 级轴承孔(孔径大于 100mm 时)及与 5 级轴承孔相配的机床主轴，精密机械和高速机械的轴颈，与 4 级轴承相配的机床外壳孔，柴油机活塞销及活塞销座孔径，高精度(1～4 级)齿轮的基准孔或轴径，航空及航海工业用仪器中特殊精密的孔径

续表

公差等级	应用条件说明	应用举例
IT5	用于机床、发动机和仪表中特别重要的配合，在配合公差要求很小、形状精度要求很高的条件下，这类公差等级能使配合性质比较稳定，相当于旧国标中最高精度（1级精度轴），故它对加工要求较高，一般机械制造中较少应用	检验IT11～IT14级工件用量规和校对IT14～IT15级轴用量规的校对量规，与5级滚动轴承相配的机床箱体孔，与6级滚动轴承孔相配的机床主轴，精密机械及高速机械的轴颈，机床尾架套筒。高精度分度盘轴颈，分度头主轴，精密丝杠基准轴颈，高精度镗套的外径等，发动机中主轴的外径，活塞销外径与活塞的配合，精密仪器中轴与各种传动件轴承的配合，航空、航海工业的仪表中重要的精密孔的配合，5级精度齿轮的基准孔及5级、6级精度齿轮的基准轴
IT6	广泛用于机械制造中的重要配合，配合表面有较高均匀性的要求，能保证相当高的配合性质，使用可靠，相当于旧国标中2级精度轴和1级精度孔的公差	检验IT12～IT15级工件用量规和校对IT15～IT16级轴用量规的校对量规，与6级滚动轴承相配的外壳孔及与滚子轴承相配的机床主轴轴颈，机床制造中，装配式齿轮、蜗轮、联轴器、带轮、凸轮的孔径，机床丝杠支承轴颈，矩形花键的定心直径，摇臂钻床的立柱等，机床夹具的导向件的外径尺寸，精密仪器、光学仪器、计量仪器中的精密轴，航空、航海仪器仪表中的精密轴，无线电工业、自动化仪表、电子仪器、邮电机械中的特别重要的轴，以及手表中特别重要的轴，微电动机轴、电子计算机外围设备中的重要尺寸，医疗器械中牙科直车头，中心齿轴及X线机齿轮箱的精密轴等，缝纫机中重要轴类尺寸，发动机中的气缸套外径，曲轴主轴颈，活塞销，连杆衬套，连杆和轴瓦外径等，6级精度齿轮的基准孔和7级、8级精度齿轮的基准轴径，以及特别精密（1级、2级精度）齿轮的顶圆直径
IT7	应用条件与IT6相类似，但它要求的精度可比IT6稍低一点，在一般机械制造业中应用相当普遍，相当于旧国标中3级精度轴或2级精度孔的公差	检验IT14～IT16级工件用量规和校对IT1级轴用量规的校对量规，机床制造中装配式青铜蜗轮轮缘孔径，联轴器、带轮、凸轮等的孔径、机床卡盘座孔、摇臂钻床的摇臂孔、车床丝杠的轴承孔等，机床夹头导向件的内孔（固定钻套、可换钻套、衬套、镗套等），发动机中的连杆孔、活塞孔、铰制螺栓定位孔等，纺织机械中的重要零件，印染机械中要求较高的零件，精密仪器光学仪器中精密配合的内孔，手表中的离合杆压簧等，导航仪器中主罗经壳底座孔，方位支架孔，医疗器械中牙科直车头中心齿轮轴的轴承孔及X线机齿轮箱的转盘孔，电子计算机、电子仪器、仪表中的重要内孔，自动化仪表中的重要内孔，缝纫机中的重要轴内孔零件，邮电机械中的重要零件的内孔，7级、8级精度齿轮的基准孔和9级、10级精密齿轮的基准轴

续表

公差等级	应用条件说明	应用举例
IT8	用于机械制造中属中等精度,在仪器、仪表及钟表制造中,由于基本尺寸较小,所以属较高精度范畴,在配合确定性要求不太高时,可应用较多的一个等级,尤其是在农业机械、纺织机械、印染机械、自行车、缝纫机、医疗器械中应用最广	检验 IT16 级工件用量规,轴承座衬套沿宽度方向的尺寸配合,手表中跨齿轴,棘爪拨针轮等与夹板的配合,无线电仪表工业中的一般配合,电子仪器仪表中较重要的内孔,计算机中变速齿轮孔和轴的配合,医疗器械中牙科车头的钻头套的孔与车针柄部的配合,导航仪器中主罗经粗刻度盘孔月牙形支架与微电机汇电环孔等,电机制造中铁芯与机座的配合。发动机活塞油环槽宽,连杆轴瓦内径,低精度(9～12 级精度)齿轮的基准孔和 11～12 级精度齿轮和基准轴,6～8 级精度齿轮的顶圆
IT9	应用条件与 IT8 相类似,但要求精度低于 IT8 时用,比旧国标 4 级精度公差值稍大	机床制造中轴套外径与孔、操纵件与轴、空转带轮与轴,操纵系统的轴与轴承等的配合,纺织机械、印染机械中的一般配合零件,发动机中机油泵体内孔,气门导管内孔,飞轮与飞轮套圈衬套,混合气预热阀轴,气缸盖孔径、活塞槽环的配合等,光学仪器、自动化仪表中的一般配合,手表中要求较高零件的未注公差尺寸的配合,单键连接中键宽配合尺寸,打字机中的运动件配合
IT10	应用条件与 IT9 相类似,但要求精度低于 IT9 时用,相当于旧国标的 5 级精度公差	电子仪器仪表中支架上的配合,导航仪器中绝缘衬套孔与汇电环衬套轴,打字机中铆合件的配合尺寸,闹钟机构中的中心管与前夹板,轴套与轴,手表中尺寸小于 18mm 时要求一般的未注公差尺寸及大于 18mm 要求较高的未注公差尺寸,发动机中油封挡圈孔与曲轴带轮毂
IT11	用于配合精度要求较粗糙,装配后可能有较大的间隙,特别适用于要求间隙较大,且有显著变动而不会引起危险的场合,相当于旧国标的 6 级精度公差	机床上法兰盘止口与孔、滑块与滑移齿轮、凹槽等,农业机械、机车车箱体部件及冲压加工的配合零件,钟表制造中不重要的零件,手表制造用的工具及设备中的未注公差尺寸,纺织机械中较粗糙的活动配合,印染机械中要求较低的配合,医疗器械中手术刀片的配合,磨床制造中的螺纹连接及粗糙的动连接,不作测量基准用的齿轮顶圆直径公差
IT12	配合精度要求很粗糙,装配后有很大的间隙,适用于基本上没有什么配合要求的场合,要求较高的未注公差尺寸的极限偏差,比旧国标的 7 级精度公差值稍小	非配合尺寸及工序间尺寸,发动机分离杆,手表制造中工艺装备的未注公差尺寸,计算机行业切削加工中未注公差尺寸的极限偏差,医疗器械中手术刀柄的配合,机床制造中扳手孔与扳手座的连接

续表

公差等级	应用条件说明	应用举例
IT13	应用条件与IT12相类似,但比旧国标7级精度公差值稍大	非配合尺寸及工序间尺寸,计算机、打字机中切削加工零件及圆片孔、二孔中心距的未注公差尺寸
IT14	用于非配合尺寸及不包括在尺寸链中的尺寸,相当于旧国标的8级精度公差	在机床、汽车、拖拉机、冶金矿山、石油化工、电机、电器、仪器、仪表、造船、航空、医疗器械、钟表、自行车、缝纫机、造纸与纺织机械等工业中对切削加工零件未注公差尺寸的极限偏差,广泛应用此等级
IT15	用于非配合尺寸及不包括在尺寸链中的尺寸,相当于旧国标的9级精度公差	冲压件、木模铸造零件、重型机床制造,当尺寸大于3150mm时的未注公差尺寸
IT16	用于非配合尺寸及不包括在尺寸链中的尺寸,相当于旧国标的10级精度公差	打字机中浇铸件尺寸,无线电制造中箱体外形尺寸,手术器械中的一般外形尺寸公差,压弯延伸加工用尺寸,纺织机械中木件尺寸公差,塑料零件尺寸公差,木模制造和自由锻造时用
IT17	用于非配合尺寸及不包括在尺寸链中的尺寸,相当于旧国标的11级精度	塑料成型尺寸公差,手术器械中的一般外形尺寸公差
IT18	用于非配合尺寸及不包括在尺寸链中的尺寸,相当于旧国标的12级精度	冷作、焊接尺寸用公差

3.1.4 圆锥公差

圆锥公差（GB/T 11334—2005）适用于锥度 C 从（1∶3）～（1∶500）、圆锥长度 L 从 6～630mm 的光滑圆锥，也适用于棱体的角度与斜度。圆锥公差一般给定圆锥直径公差和圆锥角度公差。

（1）圆锥直径公差 T_D

圆锥直径公差 T_D 是以圆锥最大直径（或给定截面直径 T_{DS}）为公称尺寸的公差，公差值按 GB/T 1800.2 规定的标准公差选取，如图 3.3 所示。

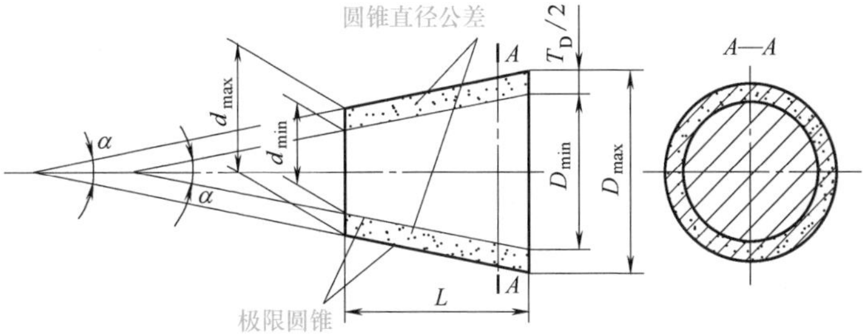

图 3.3　圆锥直径公差参数示意图

(2) 圆锥直径公差 T_D 所能限制的最大圆锥角误差

按标准给定的方法，圆锥长度 L 为 100mm 时，圆锥直径公差 T_D 所能限制的最大圆锥角误差 $\Delta\alpha_{max}$ 如表 3.10 所示。

表 3.10　圆锥直径公差（T_D）所能限制的最大圆锥角误差

圆锥直径公差等级	圆锥直径/mm												
	3	>3~6	>6~10	>10~18	>18~30	>30~50	>50~80	>80~120	>120~180	>180~250	>250~315	>315~400	>400~500
	Δα/μrad												
IT01	3	4	4	5	6	6	8	10	12	20	25	30	40
IT0	5	6	6	8	10	10	12	15	20	30	40	50	60
IT1	8	10	10	12	15	15	20	25	35	45	60	70	80
IT2	12	15	15	20	25	25	30	40	50	70	80	90	100
IT3	20	25	25	30	40	40	50	60	80	100	120	130	150
IT4	30	40	40	50	60	70	80	100	120	140	160	180	200
IT5	40	50	60	80	90	110	130	150	180	200	230	250	270
IT6	60	80	90	110	130	160	190	220	250	290	320	360	400
IT7	100	120	150	180	210	250	300	350	400	460	520	570	630
IT8	140	180	220	270	330	390	460	540	630	720	810	890	970
IT9	250	300	360	430	520	620	740	870	1000	1150	1300	1400	1550
IT10	400	480	580	700	840	1000	1200	1400	1600	1850	2100	2300	2500
IT11	600	750	900	1000	1300	1600	1900	2200	2500	2900	3200	3600	4000

续表

圆锥直径公差等级	圆锥直径/mm												
	3	>3~6	>6~10	>10~18	>18~30	>30~50	>50~80	>80~120	>120~180	>180~250	>250~315	>315~400	>400~500
	Δα/μrad												
IT12	1000	1200	1500	1800	2100	2500	3000	3500	4000	4600	5200	5700	6300
IT13	1400	1800	2200	2700	3300	3900	4600	5400	6300	7200	8100	8900	9700
IT14	2500	3000	3600	4300	5200	6200	7400	8700	10000	11500	13000	14000	15500
IT15	4000	4800	5800	7000	8400	10000	12000	14000	16000	18500	21000	23000	25000
IT16	6000	7500	9000	11000	13000	16000	19000	22000	25000	29000	32000	36000	40000
IT17	10000	12000	15000	18000	21000	25000	30000	35000	40000	46000	52000	57000	63000
IT18	14000	18000	22000	27000	33000	39000	46000	54000	63000	72000	81000	89000	97000

注：圆锥长度不等于 100mm 时，需将表中的数值乘以 $100/L$，L 的单位为 mm。

（3）圆锥角公差 AT

圆锥角公差 AT 共分 12 个公差等级，用 AT1、AT2、AT3、…、AT12 表示。

圆锥角公差可用两种形式表示：

AT_α——以角度单位微弧度（μrad）或以度、分、秒表示；

AT_D——以长度单位微米（μm）表示。

AT_α 和 AT_D 的关系为：$AT_D = AT_\alpha \times L \times 10^{-3}$ （3.1）

式中，L 单位为 mm。

公差带示意图如图 3.4 所示，其圆锥角公差数值见表 3.11。

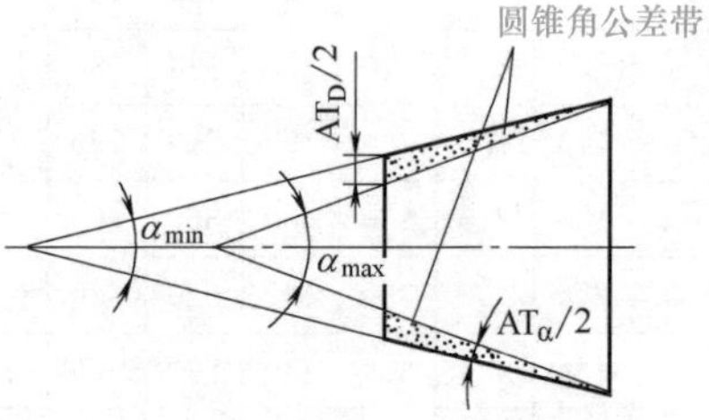

图 3.4 圆锥角公差带示意图

表 3.11　圆锥角公差（GB/T 11335—2005）

基本圆锥长度 L/mm		圆锥角公差等级											
		AT1			AT2			AT3			AT4		
		AT_α		AT_D	AT_α		AT_D	AT_α		AT_D	AT_α		AT_D
大于	至	μrad	(″)	μm	μrad	(″)	μm	μrad	(″)	μm	μrad	(″)	μm
6	10	50	10	>0.3～0.5	80	16	>0.5～0.8	125	26	>0.8～1.3	200	41	>1.3～2.0
10	16	40	8	>0.4～0.6	63	13	>0.6～1.0	100	21	>1.0～1.6	160	33	>1.6～2.5
16	25	31.5	6	>0.5～0.8	50	10	>0.8～1.3	80	16	>1.3～2.0	125	26	>2.0～3.2
25	40	25	5	>0.6～1.0	40	8	>1.0～1.6	63	13	>1.6～2.5	100	21	>2.5～4.0
40	63	20	4	>0.8～1.3	31.5	6	>1.3～2.0	50	10	>2.0～3.2	80	16	>3.2～5.0
63	100	16	3	>1.0～1.6	25	5	>1.6～2.5	40	8	>2.5～4.0	63	13	>4.0～6.3
100	160	12.5	2.5	>1.3～2.0	20	4	>2.0～3.2	31.5	6	>3.2～5.0	50	10	>5.0～8.0
160	250	10	2	>1.6～2.5	16	3	>2.5～4.0	25	5	>4.0～6.3	40	8	>6.3～10.0
250	400	8	1.5	>2.0～3.2	12.5	2.5	>3.2～5.0	20	4	>5.0～8.0	31.5	6	>8.0～12.5
400	630	6.3	1	>2.5～4.0	10	2	>4.0～6.3	16	3	>6.3～10.0	25	5	>10.0～16.0

基本圆锥长度 L/mm		圆锥角公差等级											
		AT5			AT6			AT7			AT8		
		AT_α		AT_D	AT_α		AT_D	AT_α		AT_D	AT_α		AT_D
大于	至	μrad	(′)(″)	μm	μrad	(′)(″)	μm	μrad	(′)(″)	μm	μrad	(′)(″)	μm
6	10	315	1°05″	>2.0～3.2	500	1′43″	>3.2～5.0	800	2′45″	>5.0～8.0	1250	4′18″	>8.0～12.5
10	16	250	52″	>2.5～4.0	400	1′22″	>4.0～6.3	630	2′10″	>6.3～10.0	1000	3′26″	>10.0～16.0
16	25	200	41″	>3.2～5.0	315	1′05″	>5.0～8.0	500	1′43″	>8.0～12.5	800	2′45″	>12.5～20.0
25	40	160	33″	>4.0～6.3	250	52″	>6.3～10.0	400	1′22″	>10.0～16.0	630	2′10″	>16.0～20.5
40	63	125	26″	>5.0～8.0	200	41″	>8.0～12.5	315	1′05″	>12.5～20.0	500	1′43″	>20.0～32.0
63	100	100	21″	>6.3～10.0	160	33″	>10.0～16.0	250	52″	>16.0～25.0	400	1′22″	>25.0～40.0

续表

基本圆锥长度 L/mm		圆锥角公差等级											
		AT5			AT6			AT7			AT8		
		AT_α		AT_D	AT_α		AT_D	AT_α		AT_D	AT_α		AT_D
大于	至	μrad	(′)(″)	μm	μrad	(′)(″)	μm	μrad	(′)(″)	/μm	μrad	(′)(″)	μm
100	160	80	16″	>8.0～12.5	125	26″	>12.5～20.0	200	41″	>20.0～32.0	315	1′05″	>32.0～50.0
160	250	63	13″	>10.0～16.0	100	21″	>16.0～25.0	160	33″	>25.0～40.0	250	55″	>40.0～63.0
250	400	50	10″	>12.5～20.0	80	16″	>20.0～32.0	125	26″	>32.0～50.0	200	41″	>50.0～80.0
400	630	40	8″	>16.0～25.0	63	13″	>25.0～40.0	100	21″	>40.0～63.0	160	33″	>63.0～100.0

基本圆锥长度 L/mm		圆锥角公差等级											
		AT9			AT10			AT11			AT12		
		AT_α		AT_D	AT_α		AT_D	AT_α		AT_D	AT_α		AT_D
大于	至	μrad	(′)(″)	μm	μrad	(′)(″)	μm	μrad	(′)(″)	μm	μrad	(′)(″)	μm
6	10	2000	6′52″	>12.5～20	3150	10′49″	>20～32	5000	17′10″	>32～50	8000	27′28″	>50～80
10	16	1600	5′30″	>16～25	2500	8′35″	>25～40	4000	13′44″	>40～63	6300	21′38″	>63～100
16	25	1250	4′18″	>20～32	2000	6′52″	>32～50	3150	10′49″	>50～80	5000	17′10″	>80～125
25	40	1000	3′26″	>25～40	1600	5′30″	>40～63	2500	8′35″	>63～100	4000	13′44″	>100～160
40	63	800	2′45″	>32～50	1250	4′18″	>50～80	2000	6′52″	>80～125	3150	10′49″	>125～200
63	100	630	2′10″	>40～63	1000	3′26″	>63～100	1600	5′30″	>100～160	2500	8′35″	>160～250
100	160	500	1′43″	>50～80	800	2′45″	>80～125	1250	4′10″	>125～200	2000	6′52″	>200～320
160	250	400	1′22″	>63～100	630	2′10″	>100～160	1000	3′26″	>160～250	1600	5′30″	>250～400
250	400	315	1′05″	>80～125	500	1′43″	>125～200	800	2′45″	>200～320	1250	4′18″	>320～500
400	630	250	52″	>100～160	400	1′22″	>160～250	630	2′10″	>250～400	1000	3′26″	>400～630

注：1μrad 等于半径为 1m、弧长为 1μm 所对应的圆心角，5μrad≈1″（秒），300μrad≈1′（分）。

(4) 角度尺寸的未注公差（见表 3.12）

表 3.12　角度尺寸的未注偏差（GB/T 1804—2000）

公差等级	长度分段/mm				
	～10	>10～50	>50～120	>120～400	>400
精密 f 中等 m	±1°	±30′	±20′	±10′	±5′
粗糙 c	±1°30′	±1°	±30′	±15′	±10′
最粗 v	±3°	±2°	±1°	±30′	±20′

3.1.5　公差、基本偏差和配合

(1) 基本术语

① 配合孔和轴的概念　孔通常是指工件的圆柱形内尺寸要素，包括非圆柱形内尺寸要素（由二平行平面或切面形成的包容面），如圆孔（见图 3.5）、键槽等。轴通常是指工件的圆柱形外尺寸要素，包括非圆柱形外尺寸要素（由二平行平面或切面形成的被包容面），如圆轴（见图 3.6）、花键轴、键等。如图 3.7 所示，定位键就是轴；夹具体上键槽和机床工作台上的 T 形槽就是孔。配合的尺寸是宽度，方向是键宽方向。

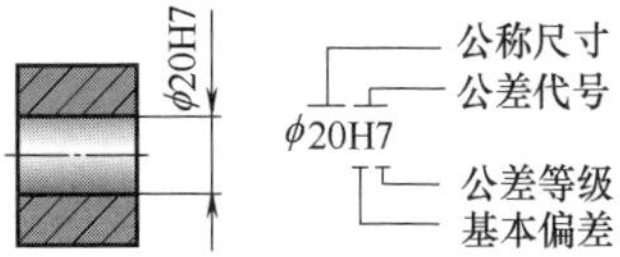

图 3.5　圆孔

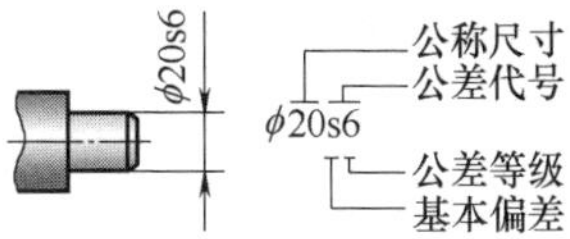

图 3.6　圆轴

② 配合、间隙配合、过盈配合和过渡配合

a. 配合（fit）是公称尺寸相同的并且相互结合的孔和轴公差带之间的关系。如图 3.8 所示。

b. 间隙配合（clearance fit）是具有间隙（包括最小间隙等于零）的配合。此时，孔的公差带在轴的公差带之上（见图 3.9）。

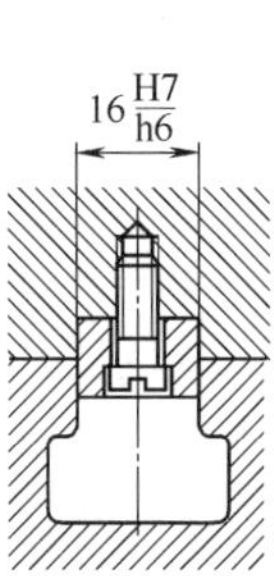

图 3.7　宽度方向的轴和孔

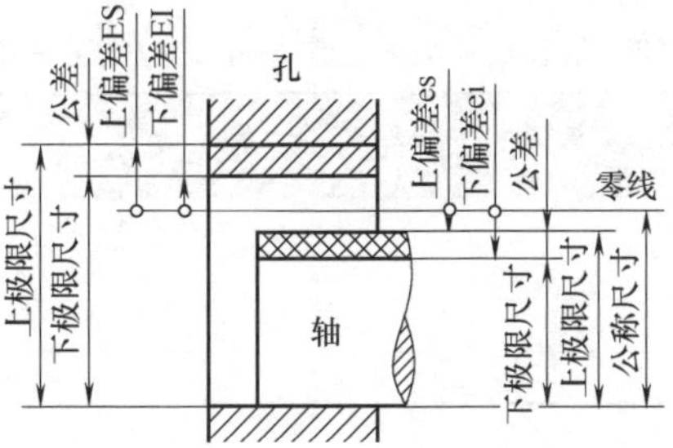

图 3.8　极限与配合的部分术语及相应关系

c. 过盈配合（interference fit）是具有过盈（包括最小过盈等于零）的配合。此时，孔的公差带在轴的公差带之下（见图 3.10）。

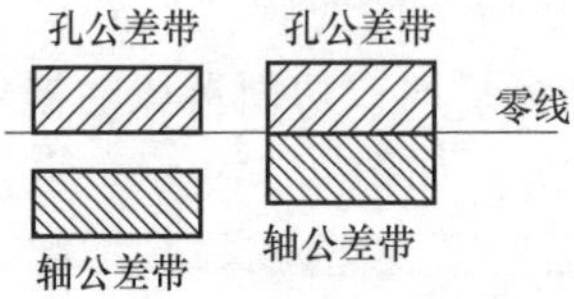

图 3.9　间隙配合的示意图

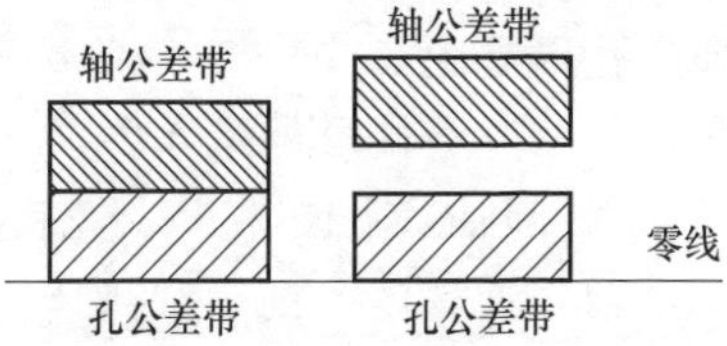

图 3.10　过盈配合的示意图

d. 过渡配合（transition fit）是可能具有间隙或过盈的配合。此时，孔的公差带与轴的公差带相互交叠（见图 3.11）。

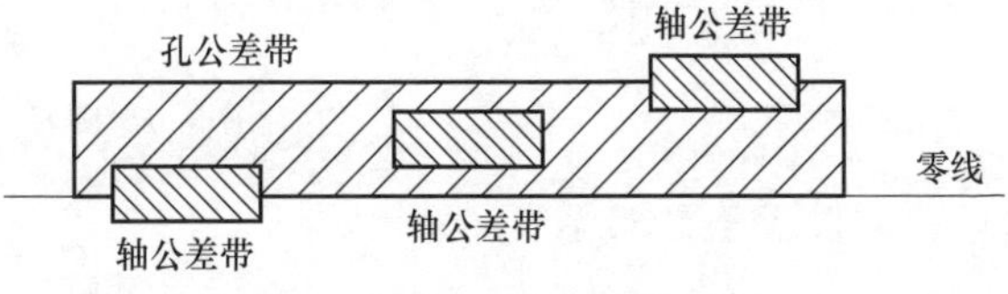

图 3.11　过渡配合的示意图

③ 基轴制配合（shaft-basis system of fits）　广义地讲，基轴制配合是以确定的轴为参考，选择公称尺寸相同孔，为了满足配合性质，确定合理的偏差和公差与轴相配合。在新产品设计时，选择基轴制配合，是将轴的上极限尺寸与公称尺寸相等，轴的上极限偏差为零的一种配合制（见图 3.12）。即基本偏差为一定的轴的公差带，与不同基本偏差的孔的公差带形成各种配合的一种制度。注

意：水平实线代表孔或轴的基本偏差。虚线代表另一个极限，表示孔与轴之间可能的不同组合与它们的公差等级有关。

④ 基孔制配合（hole-basis system fits）　新产品设计时，同样可以选择基孔制配合。它是基本偏差为一定的孔的公差带，与不同基本偏差的轴的公差带形成各种配合的一种制度。即孔的下极限尺寸与公称尺寸相等，孔的下极限偏差为零的一种配合制（见图 3.13）。

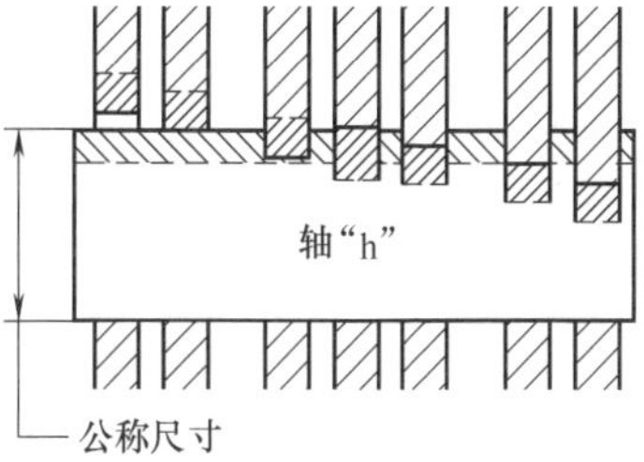

图 3.12　基轴制配合

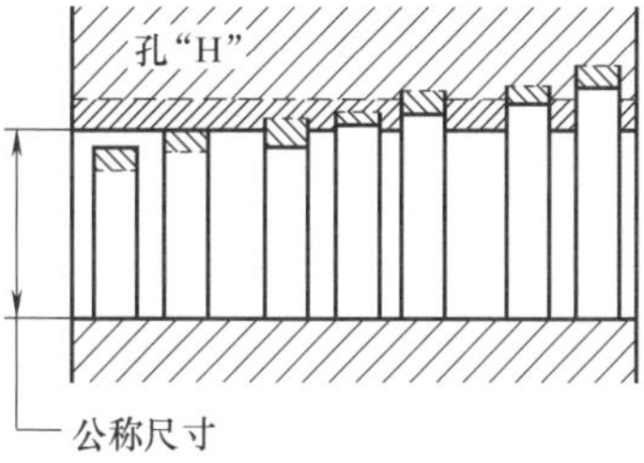

图 3.13　基孔制配合

⑤ 基本偏差代号　基本偏差代号，对孔用大写字母 A、…、ZC 表示，对轴用小写字母 a、…、zc 表示（见图 3.14）。其中，基本偏差 H 代表基准孔，h 代表基准轴。

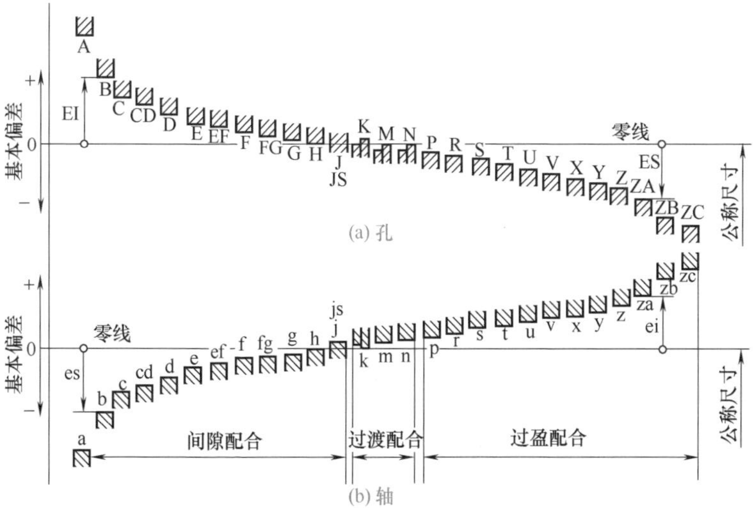

图 3.14　基本偏差系列示意图

（2）轴的极限偏差（见表 3.13）

表 3.13　常用及优先轴的极限偏差（GB/T 1800.2—2009）　μm

公称尺寸/mm		公差带												
		a	b		c			d				e		
大于	至	11*	11*	12*	9*	10*	▲11	8*	▲9	10*	11*	7*	8*	9*
—	3	−270 −330	−140 −200	−140 −240	−60 −85	−60 −100	−60 −120	−20 −34	−20 −45	−20 −60	−20 −80	−14 −24	−14 −28	−14 −39
3	6	−270 −345	−140 −215	−140 −260	−70 −100	−70 −118	−70 −145	−30 −48	−30 −60	−30 −78	−30 −105	−20 −32	−20 −38	−20 −50
6	10	−280 −370	−150 −240	−150 −300	−80 −116	−80 −138	−80 −170	−40 −62	−40 −76	−40 −98	−40 −130	−25 −40	−25 −47	−25 −61
10	14	−290 −400	−150 −260	−150 −330	−95 −138	−95 −165	−95 −205	−50 −77	−50 −93	−50 −120	−50 −160	−32 −50	−32 −59	−32 −75
14	18													
18	24	−300 −430	−160 −290	−160 −370	−110 −162	−110 −194	−110 −240	−65 −98	−65 −117	−65 −149	−65 −195	−40 −61	−40 −73	−40 −92
24	30													
30	40	−310 −470	−170 −330	−170 −420	−120 −182	−120 −220	−120 −280	−80 −119	−80 −142	−80 −180	−80 −240	−50 −75	−50 −89	−50 −112
40	50	−320 −480	−180 −340	−180 −430	−130 −192	−130 −230	−130 −290							
50	65	−340 −530	−190 −380	−190 −490	−140 −214	−140 −260	−140 −330	−100 −146	−100 −174	−100 −220	−100 −290	−60 −90	−60 −106	−60 −134
65	80	−360 −550	−220 −390	−200 −500	−150 −224	−150 −270	−150 −340							
80	100	−380 −600	−200 −440	−220 −570	−170 −257	−170 −310	−170 −390	−120 −174	−120 −207	−120 −260	−120 −340	−72 −109	−72 −126	−72 −159
100	120	−410 −630	−240 −460	−240 −590	−180 −267	−180 −320	−180 −400							
120	140	−460 −710	−260 −510	−260 −660	−200 −300	−200 −360	−200 −450	−145 −208	−145 −245	−145 −305	−145 −395	−85 −125	−85 −148	−85 −185
140	160	−520 −770	−280 −530	−280 −680	−210 −310	−210 −370	−210 −460							
160	180	−580 −830	−310 −560	−310 −710	−230 −330	−230 −390	−230 −480							
180	200	−660 −950	−340 −630	−340 −800	−240 −355	−240 −425	−240 −530	−170 −242	−170 −285	−170 −355	−170 −460	−100 −146	−100 −172	−100 −215
200	225	−740 −1030	−380 −670	−380 −840	−260 −375	−260 −445	−260 −550							
225	250	−820 −1110	−420 −710	−420 −880	−280 −395	−280 −465	−280 −570							

续表

公称尺寸/mm		公差带												
		a	b		c			d				e		
大于	至	11*	11*	12*	9*	10*	▲11	8*	▲9	10*	11*	7*	8*	9*
250	280	−920 −1240	−780 −800	−480 −1000	−300 −430	−300 −510	−300 −620	−190 −271	−190 −320	−190 −400	−190 −510	−110 −162	−110 −191	−110 −240
280	315	−1050 −1370	−540 −860	−540 −1060	−330 −460	−330 −540	−330 −650							
315	355	−1200 −1560	−600 −900	−600 −1170	−360 −500	−360 −590	−360 −720	−210 −299	−210 −350	−210 −440	−210 −570	−125 −182	−125 −214	−125 −265
355	400	−1350 −1710	−680 −1040	−680 −1250	−400 −540	−400 −630	−400 −760							
400	450	−1500 −1900	−760 −1160	−760 −1390	−440 −595	−440 −690	−440 −840	−230 −327	−230 −385	−230 −480	−230 −630	−135 −198	−135 −232	−135 −290
450	500	−1650 −2050	−840 −1240	−840 −1470	−480 −635	−480 −730	−480 −880							

公称尺寸/mm		公差带												
		f					g			h				
大于	至	5*	6*	▲7	8*	9*	5*	▲6	7*	5*	▲6	▲7	8*	▲9
—	3	−6 −10	−6 −12	−6 −16	−6 −20	−6 −31	−2 −6	−2 −8	−2 −12	0 −4	0 −6	0 −10	0 −14	0 −25
3	6	−10 −15	−10 −18	−10 −22	−10 −28	−10 −40	−4 −9	−4 −12	−4 −16	0 −5	0 −8	0 −12	0 −18	0 −30
6	10	−13 −19	−13 −22	−13 −28	−13 −35	−13 −49	−5 −11	−5 −14	−5 −20	0 −6	0 −9	0 −15	0 −22	0 −36
10	14	−16 −24	−16 −27	−16 −34	−16 −43	−16 −59	−6 −14	−6 −17	−6 −24	0 −8	0 −11	0 −18	0 −27	0 −43
14	18													
18	24	−20 −29	−20 −33	−20 −41	−20 −53	−20 −72	−7 −16	−7 −20	−7 −28	0 −9	0 −13	0 −21	0 −33	0 −52
24	30													
30	40	−25 −36	−25 −41	−25 −50	−25 −64	−25 −87	−9 −20	−9 −25	−9 −34	0 −11	0 −16	0 −25	0 −39	0 −62
40	50													
50	65	−30 −43	−30 −49	−30 −60	−30 −76	−30 −104	−10 −23	−10 −29	−10 −40	0 −13	0 −19	0 −30	0 −46	0 −74
65	80													
80	100	−36 −51	−36 −58	−36 −71	−36 −90	−36 −123	−12 −27	−12 −34	−12 −47	0 −15	0 −22	0 −35	0 −54	0 −87
100	120													
120	140	−43 −61	−43 −68	−43 −83	−43 −106	−43 −143	−14 −32	−14 −39	−14 −54	0 −18	0 −25	0 −40	0 −63	0 −100
140	160													
160	180													
180	200	−50 −70	−50 −79	−50 −96	−50 −122	−50 −165	−15 −35	−15 −44	−15 −61	0 −20	0 −29	0 −46	0 −72	0 −115
200	225													
225	250													

续表

公称尺寸/mm		公差带												
		f					g			h				
大于	至	5*	6*	▲7	8*	9*	5*	▲6	7*	5*	▲6	▲7	8*	▲9
250	280	−56 −79	−56 −88	−56 −108	−56 −137	−56 −186	−17 −40	−17 −49	−17 −69	0 −23	0 −32	0 −52	0 −81	0 −130
280	315													
315	355	−62 −87	−62 −98	−62 −119	−62 −151	−62 −202	−18 −43	−18 −54	−18 −75	0 −25	0 −36	0 −57	0 −89	0 −140
355	400													
400	450	−68 −95	−68 −108	−68 −131	−68 −165	−68 −223	−20 −47	−20 −60	−20 −83	0 −27	0 −40	0 −63	0 −97	0 −155
450	500													

公称尺寸/mm		公差带											
		h			js			k			m		
大于	至	10*	▲11	12*	5*	6*	7*	5*	▲6	7*	5*	6*	7*
—	3	0 −40	0 −60	0 −110	±2	±3	±5	+4 0	+6 0	+10 0	+6 +2	+8 +2	+12 +2
3	6	0 −48	0 −75	0 −120	±2.5	±4	±6	+6 +1	+9 +1	+13 +1	+9 +4	+12 +4	+16 +4
6	10	0 −58	0 −90	0 −150	±3	±4.5	±7	+7 +1	+10 +1	+16 +1	+12 +6	+15 +6	+21 +6
10	14	0 −70	0 −110	0 −180	±4	±5.5	±9	+9 +1	+12 +1	+19 +1	+15 +7	+18 +7	+25 +7
14	18												
18	24	0 −84	0 −130	0 −210	±4.5	±6.5	±10	+11 +2	+15 +2	+23 +2	+17 +8	+21 +8	+29 +8
24	30												
30	40	0 −100	0 −160	0 −250	±5.5	±8	±12	+13 +2	+18 +2	+27 +2	+20 +9	+25 +9	+34 +9
40	50												
50	65	0 −120	0 −190	0 −300	±6.5	±9.5	±15	+15 +2	+21 +2	+32 +2	+24 +11	+30 +11	+41 +11
65	80												
80	100	0 −140	0 −220	0 −350	±7.5	±11	±17	+18 +3	+25 +3	+38 +3	+28 +13	+35 +13	+48 +13
100	120												
120	140	0 −160	0 −250	0 −400	±9	±12.5	±20	+21 +3	+28 +3	+43 +3	+33 +15	+40 +15	+55 +15
140	160												
160	180												
180	200	0 −185	0 −290	0 −460	±10	±14.5	±23	+24 +4	+33 +4	+50 +4	+37 +17	+46 +17	+63 +17
200	225												
225	250												
250	280	0 −210	0 −320	0 −520	±11.5	±16	±26	+27 +4	+36 +4	+56 +4	+43 +20	+52 +20	+72 +20
280	315												
315	355	0 −230	0 −360	0 −570	±12.5	±18	±28	+29 +4	+40 +4	+61 +4	+46 +21	+57 +21	+78 +21
355	400												
400	450	0 −250	0 −400	0 −630	±13.5	±20	±31	+32 +5	+45 +5	+68 +5	+50 +23	+63 +23	+86 +23
450	500												

续表

公称尺寸/mm		公差带											
		n			p			r			s		
大于	至	5	▲6	7	5	▲6	7	5	6	7	5	▲6	7
—	3	+8 +4	+10 +4	+14 +4	+10 +6	+12 +6	+16 +6	+14 +10	+16 +10	+20 +10	+18 +14	+20 +14	+24 +14
3	6	+13 +8	+16 +8	+20 +8	+17 +12	+20 +12	+24 +12	+20 +15	+23 +15	+27 +15	+24 +19	+27 +19	+31 +19
6	10	+16 +10	+19 +10	+25 +10	+21 +15	+24 +15	+30 +15	+25 +19	+28 +19	+34 +19	+29 +23	+32 +23	+38 +23
10	14	+20 +12	+23 +12	+30 +12	+26 +18	+29 +18	+36 +18	+31 +23	+34 +23	+41 +23	+36 +28	+39 +28	+46 +28
14	18												
18	24	+24 +15	+28 +15	+36 +15	+31 +22	+35 +22	+43 +22	+37 +28	+41 +28	+49 +28	+44 +35	+48 +35	+56 +35
24	30												
30	40	+28 +17	+33 +17	+42 +17	+37 +26	+42 +26	+51 +26	+45 +34	+50 +34	+59 +34	+54 +43	+59 +43	+68 +43
40	50												
50	65	+33 +20	+39 +20	+50 +20	+45 +32	+51 +32	+62 +32	+54 +41	+60 +41	+71 +41	+66 +53	+72 +53	+83 +53
65	80							+56 +43	+62 +43	+73 +43	+72 +59	+78 +59	+89 +59
80	100	+38 +23	+45 +23	+58 +23	+52 +37	+59 +37	+72 +37	+66 +51	+73 +51	+86 +51	+86 +71	+93 +71	+106 +71
100	120							+69 +54	+76 +54	+89 +54	+94 +79	+101 +79	+114 +79
120	140	+45 +27	+52 +27	+67 +27	+61 +43	+68 +43	+83 +43	+81 +63	+88 +63	+103 +63	+110 +92	+117 +92	+132 +92
140	160							+83 +65	+90 +65	+105 +65	+118 +100	+125 +100	+140 +100
160	180							+86 +68	+93 +68	+108 +68	+126 +108	+133 +108	+148 +108
180	200	+51 +31	+60 +31	+77 +31	+70 +50	+79 +50	+96 +50	+97 +77	+106 +77	+123 +77	+142 +122	+151 +122	+168 +122
200	225							+100 +80	+109 +80	+126 +80	+150 +130	+159 +130	+176 +130
225	250							+104 +84	+113 +84	+130 +84	+160 +140	+169 +140	+186 +140
250	280	+57 +34	+86 +34	+86 +34	+79 +56	+88 +56	+108 +56	+117 +94	+126 +94	+146 +94	+181 +158	+190 +158	+210 +158
280	315							+121 +98	+130 +98	+150 +98	+193 +170	+202 +170	+222 +170

续表

公称尺寸/mm		公差带											
		n			p			r			s		
大于	至	5*	▲6	7*	5*	▲6	7*	5*	6*	7*	5*	▲6	7*
315	355	+62 +37	+73 +37	+94 +37	+87 +62	+98 +62	+119 +62	+133 +108	+144 +108	+165 +108	+215 +190	+226 +190	+247 +190
355	400							+139 +114	+150 +114	+171 +114	+233 +208	+244 +208	+265 +208
400	450	+67 +40	+80 +40	+103 +40	+95 +68	+108 +68	+131 +68	+153 +126	+166 +126	+189 +126	+259 +232	+272 +232	+295 +232
450	500							+159 +132	+172 +132	+195 +132	+279 +252	+292 +252	+315 +252

公称尺寸/mm		公差带								
		t			u		v	x	y	z
大于	至	5*	6*	7*	▲6	7*	6*	6*	6*	6*
—	3	—	—	—	+24 +18	+28 +18	—	+26 +20	—	+32 +26
3	6	—	—	—	+31 +23	+35 +23	—	+36 +28	—	+43 +35
6	10	—	—	—	+37 +28	+43 +28	—	+43 +34	—	+51 +42
10	14	—	—	—	+44 +33	+51 +33	—	+51 +40	+	+61 +50
14	18	—	—	—			+50 +39	+56 +45	—	+71 +60
18	24	—	—	—	+54 +41	+62 +41	+60 +47	+67 +54	+76 +63	+86 +73
24	30	+50 +41	+54 +41	+62 +41	+61 +48	+69 +48	+68 +55	+77 +64	+88 +75	+101 +88
30	40	+59 +48	+64 +48	+73 +48	+76 +60	+85 +60	+84 +68	+96 +80	+110 +94	+128 +112
40	50	+65 +54	+70 +54	+79 +54	+86 +70	+95 +70	+97 +81	+113 +97	+130 +114	+152 +136
50	65	+79 +66	+85 +66	+96 +66	+106 +87	+117 +87	+121 +102	+141 +122	+169 +144	+191 +172
65	80	+88 +75	+94 +75	+105 +75	+121 +102	+132 +102	+139 +120	+165 +146	+193 +174	+229 +210
80	100	+106 +91	+113 +91	+126 +91	+146 +124	+159 +124	+168 +146	+200 +178	+236 +214	+280 +258
100	120	+119 +104	+126 +104	+139 +104	+166 +144	+179 +144	+194 +172	+232 +210	+276 +254	+332 +310

续表

公称尺寸/mm		公差带								
		t			u		v	x	y	z
大于	至	5*	6*	7*	▲6	7*	6*	6*	6*	6*
120	140	+140 +122	+147 +122	+162 +122	+195 +170	+210 +170	+227 +202	+273 +248	+325 +300	+390 +365
140	160	+152 +134	+159 +134	+174 +134	+215 +190	+230 +190	+253 +228	+305 +280	+365 +340	+440 +415
160	180	+164 +146	+171 +146	+186 +146	+235 +210	+250 +210	+277 +252	+335 +310	+405 +380	+490 +465
180	200	+186 +166	+195 +166	+212 +166	+265 +236	+282 +236	+313 +284	+379 +350	+454 +425	+549 +520
200	225	+200 +180	+209 +180	+226 +180	+287 +258	+304 +258	+339 +310	+414 +385	+499 +470	+604 +575
225	250	+216 +196	+225 +196	+242 +196	+313 +284	+330 +284	+369 +340	+454 +425	+549 +520	+669 +640
250	280	+241 +218	+250 +218	+270 +218	+347 +315	+367 +315	+417 +385	+507 +475	+612 +580	+742 +710
280	315	+263 +240	+272 +240	+292 +240	+382 +350	+402 +350	+457 +425	+557 +525	+682 +650	+822 +790
315	355	+293 +268	+304 +268	+325 +268	+426 +390	+447 +390	+511 +475	+626 +590	+766 +730	+936 +900
355	400	+319 +294	+330 +294	+351 +294	+471 +435	+492 +435	+566 +530	+696 +660	+856 +820	+1036 +1000
400	450	+357 +330	+370 +330	+393 +330	+530 +490	+553 +490	+635 +595	+780 +740	+960 +920	+1140 +1100
450	500	+387 +360	+400 +360	+423 +360	+580 +540	+603 +540	+700 +660	+860 +820	+1040 +1000	+1290 +1250

公称尺寸/mm		公差带										
		cd						ef				
大于	至	5	6	7	8	9	10	3	4	5	6	7
—	3	−34 −38	−34 −40	−34 −44	−34 −48	−34 −59	−34 −74	−10 −12	−10 −13	−10 −14	−10 −16	−10 −20
3	6	−46 −51	−46 −54	−46 −58	−46 −64	−46 −76	−46 −94	−14 −16.5	−14 −18	−14 −19	−14 −22	−14 −25
6	10	−56 −62	−56 −65	−56 −71	−56 −78	−56 −92	−56 −114	−18 −20.5	−18 −22	−18 −24	−18 −27	−18 −33

续表

公称尺寸/mm		公差带										
		ef			fg							
大于	至	8	9	10	3	4	5	6	7	8	9	10
—	3	−10 −24	−10 −35	−10 −50	−4 −6	−4 −7	−4 −8	−4 −10	−4 −14	−4 −18	−4 −29	−4 −44
3	6	−14 −32	−14 −44	−14 −62	−6 −8.5	−6 −10	−6 −11	−6 −14	−6 −18	−6 −24	−6 −36	−6 −54
6	10	−18 −40	−18 −54	−18 −76	−8 −10.5	−8 −12	−8 −14	−8 −17	−8 −23	−8 −30	−8 −44	−8 −66

注：1. * 为常用公差带，▲为优先公差带。

2. 公称尺寸小于 1mm 时，各级的 a 和 b 均不采用。

(3) 孔的极限偏差（见表 3.14）

表 3.14 常用及优先孔的极限偏差（GB/T 1800.2—2009） μm

公称尺寸/mm		公差带												
		A	B		C	D				E		F		
大于	至	11*	11*	12*	▲11	8*	▲9	10*	11*	8*	9*	6*	7*	▲8
—	3	+330 +270	+200 +140	+240 +140	+120 +60	+34 +20	+45 +20	+60 +20	+80 +20	+28 +14	+39 +14	+12 +6	+16 +6	+20 +6
3	6	+345 +270	+215 +140	+260 +140	+145 +70	+48 +30	+60 +30	+78 +30	+150 +30	+38 +20	+50 +20	+18 +10	+22 +10	+28 +10
6	10	+370 +280	+240 +150	+300 +150	+170 +80	+62 +40	+76 +40	+98 +40	+130 +40	+47 +25	+61 +25	+22 +13	+28 +13	+35 +13
10 14	14 18	+400 +290	+260 +150	+330 +150	+205 +95	+77 +50	+93 +50	+120 +50	+160 +50	+59 +32	+75 +32	+27 +16	+34 +16	+43 +16
18 24	24 30	+430 +300	+290 +160	+370 +160	+240 +110	+98 +65	+117 +65	+149 +65	+195 +65	+73 +40	+92 +40	+33 +20	+41 +20	+53 +20
30	40	+470 +310	+330 +170	+420 +170	+280 +120	+119 +80	+142 +80	+180 +80	+240 +80	+89 +50	+112 +50	+41 +25	+50 +25	+64 +25
40	50	+480 +320	+340 +180	+430 +180	+290 +130									
50	65	+530 +340	+380 +190	+490 +190	+330 +150	+146 +100	+174 +100	+220 +100	+290 +100	+106 +60	+134 +60	+49 +30	+60 +30	+76 +30
65	80	+550 +360	+390 +200	+500 +200	+340 +150									
80	100	+600 +380	+400 +220	+570 +220	+390 +170	+174 +120	+207 +120	+260 +120	+340 +120	+126 +72	+159 +72	+58 +36	+71 +36	+90 +36
100	120	+630 +410	+460 +240	+590 +240	+400 +180									

续表

公称尺寸/mm		公差带												
		A	B		C	D				E		F		
大于	至	11	11	12	▲11	8	▲9	10	11	8	9	6	7	▲8
120	140	+710 +460	+510 +260	+660 +260	+450 +200	+208 +145	+245 +145	+305 +145	+395 +140	+148 +85	+185 +85	+68 +43	+83 +43	+106 +43
140	160	+770 +520	+530 +280	+680 +280	+460 +210									
160	180	+830 +580	+560 +310	+710 +310	+480 +230									
180	200	+950 +660	+630 +340	+800 +340	+530 +240	+242 +170	+285 +170	+355 +170	+460 +170	+172 +100	+215 +100	+79 +50	+96 +50	+122 +50
200	225	+1030 +740	+670 +380	+840 +380	+550 +260									
225	250	+1110 +820	+710 +420	+880 +420	+570 +280									
250	280	+1240 +920	+800 +480	+1000 +480	+620 +300	+271 +190	+320 +190	+400 +190	+510 +190	+191 +110	+240 +110	+88 +56	+108 +56	+137 +56
280	315	+1370 +1050	+860 +540	+1060 +540	+650 +330									
315	355	+1560 +1200	+960 +600	+1170 +600	+720 +360	+299 +210	+350 +210	+440 +210	+570 +210	+214 +125	+265 +125	+98 +62	+119 +62	+151 +62
355	400	+1710 +1350	+1040 +680	+1250 +680	+760 +400									
400	450	+1900 +1500	+1160 +760	+1390 +760	+840 +440	+327 +230	+385 +230	+460 +230	+630 +230	+232 +135	+290 +135	+108 +68	+131 +68	+165 +68
450	500	+2050 +1650	+1240 +840	+1470 +840	+880 +480									

公称尺寸/mm		公差带												
		F	G		H							JS		
大于	至	9	6	▲7	6	▲7	▲8	▲9	10	▲11	12	6	7	8
—	3	+31 +6	+8 +2	+12 +2	+6 0	+10 0	+14 0	+25 0	+40 0	+60 0	+100 0	±3	±5	±7
3	6	+40 +10	+12 +4	+16 +4	+8 0	+12 0	+18 0	+30 0	+48 0	+75 0	+120 0	±4	±6	±9
6	10	+49 +13	+14 +5	+20 +5	+9 0	+15 0	+22 0	+36 0	+58 0	+90 0	+150 0	±4.5	±7	±11
10	14	+59 +16	+17 +6	+24 +6	+11 0	+18 0	+27 0	+43 0	+70 0	+110 0	+180 0	±5.5	±9	±13
14	18													

续表

公称尺寸/mm		公差带												
		F	G		H							JS		
大于	至	9*	6*	▲7	6*	▲7	▲8	▲9	10*	▲11	12*	6*	7*	8*
18 24	24 30	+72 +20	+20 +7	+28 +7	+13 0	+21 0	+33 0	+52 0	+84 0	+130 0	+210 0	±6.5	±10	±16
30 40	40 50	+87 +25	+25 +9	+34 +9	+16 0	+25 0	+39 0	+62 0	+100 0	+160 0	+250 0	±8	±12	±19
50 65	65 80	+104 +30	+29 +10	+40 +10	+19 0	+30 0	+46 0	+74 0	+120 0	+190 0	+300 0	±9.5	±15	±23
80 100	100 120	+123 +36	+34 +12	+47 +12	+22 0	+35 0	+54 0	+87 0	+140 0	+220 0	+350 0	±11	±17	±27
120 140 160	140 160 180	+143 +43	+39 +14	+54 +14	+25 0	+40 0	+63 0	+100 0	+160 0	+250 0	+400 0	±12.5	±20	±31
180 200 225	200 225 250	+165 +50	+44 +15	+61 +15	+29 0	+46 0	+72 0	+115 0	+185 0	+290 0	+460 0	±14.5	±23	±36
250 280	280 315	+186 +56	+49 +17	+69 +17	+32 0	+52 0	+81 0	+130 0	+210 0	+320 0	+520 0	±16	±26	±40
315 355	355 400	+202 +62	+54 +18	+75 +18	+36 0	+57 0	+89 0	+140 0	+230 0	+360 0	+570 0	±18	±28	±44
400 450	450 500	+223 +68	+60 +20	+83 +20	+40 0	+63 0	+97 0	+155 0	+250 0	+400 0	+630 0	±20	±31	±48

公称尺寸/mm		公差带										
		K			M			N			P	
大于	至	6*	▲7	8*	6*	7*	8*	6*	▲7	8*	6*	▲7
—	3	0 −6	0 −10	0 −14	−2 −8	−2 −12	−2 −16	−4 −10	−4 −14	−4 −18	−6 −12	−6 −16
3	6	+2 −6	+3 −9	+5 −13	−1 −9	0 −12	+2 −16	−5 −13	−4 −16	−9 −20	−9 −17	−8 −20
6	10	+2 −7	+5 −10	+6 −16	−3 −12	0 −15	+1 −21	−7 −16	−4 −19	−3 −25	−12 −21	−9 −24
10 14	14 18	+2 −9	+6 −12	+8 −19	−4 −15	0 −18	+2 −25	−9 −20	−5 −23	−3 −30	−15 −26	−11 −29
18 24	24 30	+2 −11	+6 −15	+10 −23	−4 −17	0 −21	+4 −29	−11 −24	−7 −28	−3 −36	−18 −31	−14 −35
30 40	40 50	+3 −13	+7 −18	−12 −27	−4 −20	0 −25	+5 −34	−12 −28	−8 −33	−3 −42	−21 −37	−17 −42

续表

公称尺寸/mm		公差带										
		K			M			N			P	
大于	至	6*	▲7	8*	6*	7*	8*	6*	▲7	8*	6*	▲7
50	65	+4 −13	+9 −21	+14 −32	−5 −24	0 −30	+5 −41	−14 −33	−9 −39	−4 −50	−26 −45	−21 −51
65	80											
80	100	+4 −15	+10 −25	+16 −38	−6 −28	0 −35	+6 −48	−16 −38	−10 −45	−4 −58	−30 −52	−24 −59
100	120											
120	140	+4 −18	+12 −28	+20 −43	−8 −33	0 −40	+8 −55	−20 −45	−12 −52	−4 −67	−36 −61	−28 −68
140	160											
160	180											
180	200	+4 −21	+13 −33	+22 −50	−8 −37	0 −46	+9 −63	−22 −51	−14 −60	−5 −77	−41 −70	−33 −79
200	225											
225	250											
250	280	+5 −24	+16 −36	+25 −56	−9 −41	0 −52	+9 −72	−25 −57	−14 −66	−5 −86	−47 −79	−36 −88
280	315											
315	355	+7 −29	+17 −40	+28 −61	−10 −46	0 −57	+11 −78	−26 −62	−16 −73	−5 −94	−51 −87	−41 −98
355	400											
400	450	+8 −32	+18 −45	+29 −68	−10 −50	0 −63	+11 −86	−27 −67	−17 −80	−6 −103	−55 −95	−45 −108
450	500											

公称尺寸/mm		公差带						
		R		S		T		U
大于	至	6*	7*	6*	▲7	6*	7*	▲7
—	3	−10 −16	−10 −20	−14 −20	−14 −24	—	—	−18 −28
3	6	−12 −20	−11 −23	−16 −24	−15 −27	—	—	−19 −31
6	10	−16 −25	−13 −28	−20 −29	−17 −32	—	—	−22 −37
10	14	−20 −31	−16 −34	−25 −35	−21 −39	—	—	−26 −44
14	18							
18	24	−24 −37	−20 −41	−31 −44	−27 −48	—	—	−33 −54
24	30					−37 −50	−33 −54	−40 −61

续表

公称尺寸/mm		公差带						
		R		S		T		U
大于	至	6	7	6	▲7	6	7	▲7
30	40	−29 −45	−25 −50	−38 −54	−34 −59	−43 −59	−39 −64	−51 −76
40	50					−49 −65	−45 −70	−61 −86
50	65	−35 −54	−30 −60	−47 −66	−42 −72	−60 −79	−55 −85	−76 −106
65	80	−37 −56	−32 −62	−53 −72	−48 −78	−69 −88	−64 −94	−91 −121
80	100	−44 −66	−38 −73	−64 −86	−58 −93	−84 −106	−78 −113	−111 −146
100	120	−47 −69	−41 −76	−72 −94	−66 −101	−97 −119	−91 −126	−131 −166
120	140	−56 −81	−48 −88	−85 −110	−77 −117	−115 −140	−107 −147	−155 −195
140	160	−58 −83	−50 −90	−93 −118	−85 −125	−127 −152	−119 −159	−175 −215
160	180	−61 −86	−53 −93	−101 −126	−93 −133	−139 −164	−131 −171	−195 −235
180	200	−68 −97	−60 −106	−113 −142	−105 −151	−157 −186	−149 −195	−219 −265
200	225	−71 −100	−63 −109	−121 −150	−113 −159	−171 −200	−163 −209	−241 −287
225	250	−75 −104	−67 −113	−131 −160	−123 −169	−187 −216	−179 −225	−267 −313
250	280	−85 −117	−74 −126	−149 −181	−138 −190	−209 −241	−198 −250	−295 −347
280	315	−89 −121	−78 −130	−161 −193	−150 −202	−231 −263	−220 −272	−330 −382
315	355	−97 −133	−87 −144	−179 −215	−169 −226	−257 −293	−247 −304	−369 −426
355	400	−103 −139	−93 −150	−197 −233	−187 −244	−283 −319	−273 −330	−414 −471

续表

公称尺寸/mm		公差带						
		R		S		T		U
大于	至	6*	7*	6*	▲7	6*	7*	▲7
400	450	−113 −153	−103 −166	−219 −259	−209 −272	−317 −357	−307 −370	−467 −530
450	500	−119 −159	−109 −172	−239 −279	−229 −292	−347 −387	−337 −400	−517 −580

公称尺寸/mm		公差带							
		CD					EF		
大于	至	6	7	8	9	10	5	6	7
—	3	+40 +34	+44 +34	+48 +34	+59 +34	+74 +34	+14 +10	+16 +10	+20 +10
3	6	+54 +46	+58 +46	+64 +46	+76 +46	+94 +46	+19 +14	+22 +14	+26 +14
6	10	+65 +56	+71 +56	+78 +56	+92 +56	+114 +56	+24 +18	+27 +18	+33 +18

公称尺寸/mm		公差带								
		EF			FG					
大于	至	8	9	10	5	6	7	8	9	10
—	3	+24 +10	+35 +10	+50 +10	+8 +4	+10 +4	+14 +4	+18 +4	+29 +4	+44 +4
3	6	+32 +14	+44 +14	+62 +14	+11 +6	+14 +6	+18 +6	+24 +6	+36 +6	+54 +6
6	10	+40 +18	+54 +18	+76 +18	+14 +8	+17 +8	+23 +8	+30 +8	+44 +8	+66 +8

注：1. * 为常用公差带，▲为优先公差带。

2. 公称尺寸小于 1mm 时，各级的 A 和 B 均不采用。

（4）优选配合应用举例

设计时，公称尺寸≤500mm，基孔制常用优先配合见表 3.15，基轴制常用优先配合见表 3.16。优先配合的应用说明见表 3.17。

表 3.15　基孔制常用优先配合

基准孔	轴																				
	a	b	c	d	e	f	g	h	js	k	m	n	p	r	s	t	u	v	x	y	z
	间隙配合							过渡配合			过盈配合										
H6						$\frac{H6}{f5}$	$\frac{H6}{g5}$	$\frac{H6}{h5}$	$\frac{H6}{js5}$	$\frac{H6}{k5}$	$\frac{H6}{m5}$	$\frac{H6}{n5}$	$\frac{H6}{p5}$	$\frac{H6}{r5}$	$\frac{H6}{s5}$	$\frac{H6}{t5}$					
H7						$\frac{H7}{f6}$	◤ $\frac{H7}{g6}$	◤ $\frac{H7}{h6}$	$\frac{H7}{js6}$	◤ $\frac{H7}{k6}$	$\frac{H7}{m6}$	◤ $\frac{H7}{n6}$	◤ $\frac{H7}{p6}$	$\frac{H7}{r6}$	◤ $\frac{H7}{s6}$	$\frac{H7}{t6}$	◤ $\frac{H7}{u6}$	$\frac{H7}{v6}$	$\frac{H7}{x6}$	$\frac{H7}{y6}$	$\frac{H7}{z6}$
H8					$\frac{H8}{e7}$	◤ $\frac{H8}{f7}$	$\frac{H8}{g7}$	◤ $\frac{H8}{h7}$	$\frac{H8}{js7}$	$\frac{H8}{k7}$	$\frac{H8}{m7}$	$\frac{H8}{n7}$	$\frac{H8}{p7}$	$\frac{H8}{r7}$	$\frac{H8}{s7}$	$\frac{H8}{t7}$	$\frac{H8}{u7}$				
				$\frac{H8}{d8}$	$\frac{H8}{e8}$	$\frac{H8}{f8}$		$\frac{H8}{h8}$													
H9			$\frac{H9}{c9}$	◤ $\frac{H9}{d9}$	$\frac{H9}{e9}$	$\frac{H9}{f9}$		◤ $\frac{H9}{h9}$													
H10			$\frac{H10}{c10}$	$\frac{H10}{d10}$				$\frac{H10}{h10}$													
H11	$\frac{H11}{a11}$	$\frac{H11}{b11}$	◤ $\frac{H11}{c11}$	$\frac{H11}{d11}$				◤ $\frac{H11}{h11}$													
H12		$\frac{H12}{b12}$						$\frac{H12}{h12}$													

注：注◤符号者为优先配合。

表 3.16　基轴制常用优先配合

基准轴	孔																					
	A	B	C	D	E	F	G	H	JS	K	M	N	P	R	S	T	U	V	X	Y	Z
	间隙配合							过渡配合			过盈配合										
h5						$\frac{F6}{h5}$	$\frac{G6}{h5}$	$\frac{H6}{h5}$	$\frac{JS6}{h5}$	$\frac{K6}{h5}$	$\frac{M6}{h5}$	$\frac{N6}{h5}$	$\frac{P6}{h5}$	$\frac{R6}{h5}$	$\frac{S6}{h5}$	$\frac{T6}{h5}$					
h6						$\frac{F7}{h6}$	◤ $\frac{G7}{h6}$	◤ $\frac{H7}{h6}$	$\frac{JS7}{h6}$	◤ $\frac{K7}{h6}$	$\frac{M7}{h6}$	◤ $\frac{N7}{h6}$	◤ $\frac{P7}{h6}$	$\frac{R7}{h6}$	◤ $\frac{S7}{h6}$	$\frac{T7}{h6}$	◤ $\frac{U7}{h6}$				
h7					$\frac{E8}{h7}$	◤ $\frac{F8}{h7}$		◤ $\frac{H8}{h7}$	$\frac{J8}{h7}$	$\frac{K8}{h7}$	$\frac{M8}{h7}$	$\frac{N8}{h7}$									
h8				$\frac{D8}{h8}$	$\frac{E8}{h8}$	$\frac{F8}{h8}$		$\frac{H8}{h8}$													
h9				◤ $\frac{D9}{h9}$	$\frac{E9}{h9}$	$\frac{F9}{h9}$		◤ $\frac{H9}{h9}$													
h10				$\frac{D10}{h10}$				$\frac{H10}{h10}$													
h11	$\frac{A11}{h11}$	$\frac{B11}{h11}$	◤ $\frac{C11}{h11}$	$\frac{D11}{h11}$				◤ $\frac{H11}{h11}$													
h12		$\frac{B12}{h12}$						$\frac{H12}{h12}$													

注：注◤符号者为优先配合。

表 3.17 优先配合应用说明

优先配合		说明
基孔制	基轴制	
$\frac{H11}{c11}$	$\frac{C11}{h11}$	间隙非常大,用于很松的、转动很慢的动配合,要求大公差与大间隙的外露组件,要求装配方便的很松的配合。相当于旧国标 D6/dd6
$\frac{H9}{d9}$	$\frac{D9}{h9}$	间隙很大的自由转动配合,用于精度非主要要求,或有大的温度变动、高转速或大的轴颈压力时。相当于旧国标 D4/de4
$\frac{H8}{f7}$	$\frac{F8}{h7}$	间隙不大的转动配合,既用于中等转速与中等轴颈压力的精确转动,也用于装配较易的中等定位配合。相当于旧国标 D/dc
$\frac{H7}{g6}$	$\frac{G7}{h6}$	间隙很小的滑动配合,用于不希望自由转动,但可自由移动和滑动并精密定位时,也可用于要求明确的定位配合。相当于旧国标 D/db
$\frac{H7}{h6}$ $\frac{H8}{h7}$ $\frac{H9}{h9}$ $\frac{H11}{h11}$	$\frac{H7}{h6}$ $\frac{H8}{h7}$ $\frac{H9}{h9}$ $\frac{H11}{h11}$	均为间隙定位配合,零件可自由装拆,而工作时一般相对静止不动。在最大实体条件下的间隙为零,在最小实体条件下的间隙由公差等级决定。H7/h6 相当于 D/d,H8/h7 相当于 D3/d3,H9/h9 相当于 D4/d4,H11/h11 相当于 D6/d6
$\frac{H7}{k6}$	$\frac{H7}{h6}$	过渡配合,用于精密定位,相当于旧国标 D/gc
$\frac{H7}{n6}$	$\frac{N7}{h6}$	过渡配合,允许有较大过盈的更精密定位,相当于旧国标 D/ga
$\frac{H7}{p6}$	$\frac{P7}{h6}$	过盈定位配合,即小过盈配合,用于定位精度特别重要时,能以最好的定位精度达到部件的刚性及对中的性能要求,而对内孔承受压力无特殊要求,不依靠配合的紧固性传递摩擦负荷,H7/p6 相当于旧国标 D/ga～D/jf
$\frac{H7}{s6}$	$\frac{S7}{h6}$	中等压入配合,适用于一般钢件,或用于薄壁件的冷缩配合,用于铸铁件可得到最紧的配合,相当于旧国标 D/je
$\frac{H7}{u6}$	$\frac{U7}{h6}$	压入配合,适用于可以受高压力的零件或不宜承受大压入力的冷缩配合

3.2 几何公差

3.2.1 概述

(1) 几何要素

几何要素是组成几何形状的基本单元，指点、线、面。几何要素分为组成要素和导出要素。组成要素是指面或面上的线，可以感知其存在。导出要素是指由一个或几个组成要素得到的中心点、中心线或中心面。零件的几何要素是指构成工件几何特征的点、线、面。如图 3.15 所示零件，其组成要素有：球面、圆锥面、端平面、圆柱面、素线（母线）和圆锥顶点；导出要素有：球心和轴心线。机械零件常用的几何要素类型有：直线、平面、圆、圆柱、圆锥和圆环。

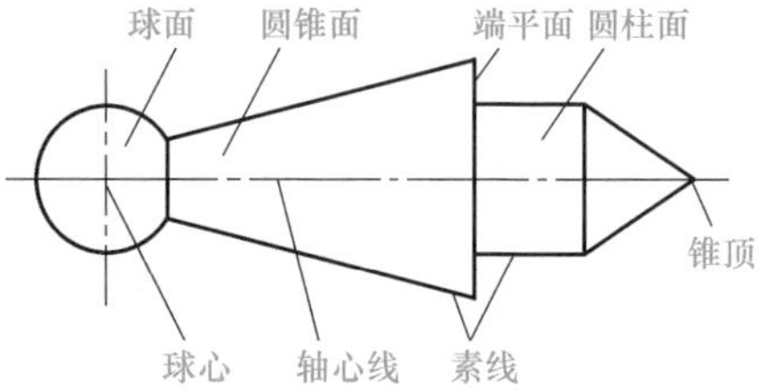

图 3.15　零件的几何要素

在工件的替代、测量、分析计算、数据处理等情况时，要用到公称要素、实际要素、提取要素与拟合要素这四类要素，它们的关系如图 3.16 所示。

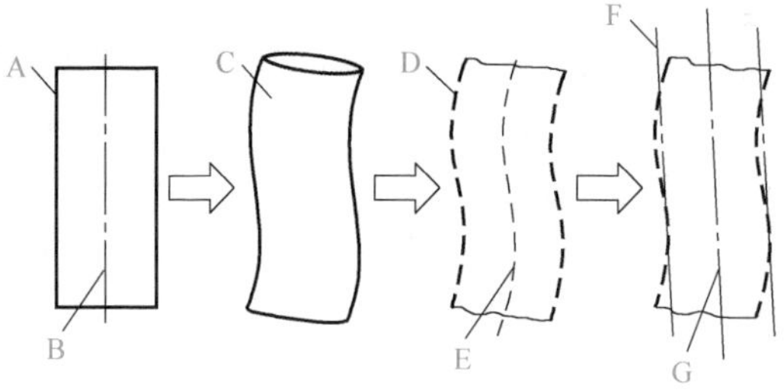

图 3.16　几何要素定义之间的相互关系

A—公称组成要素；B—公称导出要素；C—实际要素；

D—提取组成要素；E—提取导出要素；F—拟合组成要素；G—拟合导出要素

公称组成要素是由技术制图或其他方法确定的理论正确组成要素。如图样上的表面和轮廓，见图 3.16 的 A。

公称导出要素是由一个或几个公称组成要素导出的中心、轴心线、中心平面等，见图 3.16 的 B。

实际要素是由接近实际要素所限定的工件实际表面的组成要素部分。工件的实际要素是客观存在的，看得见、摸得着，能与周围介质（如空气）分隔。指工件上的表面和轮廓，没有导出的要素，见图 3.16 的 C。

提取组成要素是按规定方法，由实际要素提取有限数目的点所形成的实际要素，用来近似替代实际要素，见图 3.16 的 D。

提取导出要素是由一个或几个提取组成要素得到的中心、轴心线、中心平面等，见图 3.16 的 E。

拟合组成要素是按规定的方法由提取组成要素形成的，并具有理想形状的组成要素，见图 3.16 的 F。

拟合导出要素是由一个或几个拟合组成要素得到的中心、轴心线、中心平面等，见图 3.16 的 G。

零件图样的公称要素在几何意义上是理想的，也称理想要素。与基准无关的称单一要素，与基准相关的称关联要素。

（2）基准

① 基准及其作用　基准（datum）是用来确定生产对象上几何要素的几何关系所依据的那些点、线、面。基准的三个重要的作用：为控制或确定几何要素建立准确的基础；排除不明确性或不确定性，如果没有基准，在调整或测量时，只能根据操作者自己的猜测确定基准；设置功能优先权。

例如，如图 3.17 所示，在零件图样中标注和未标注测量基准，如何准确测量图示方块物体的高度。

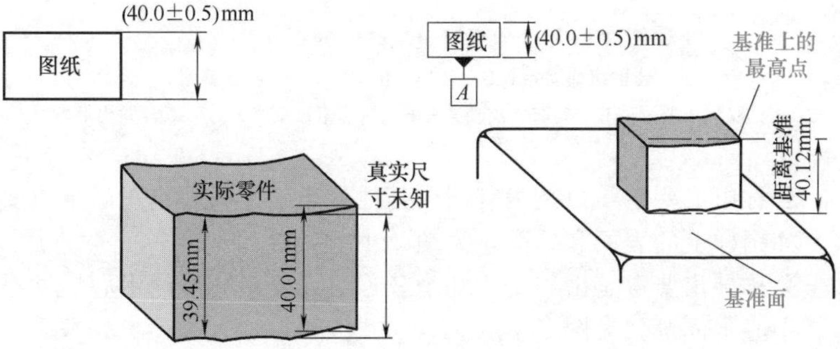

图 3.17　基准的含义

在零件图样中未标注测量基准时，没有测量基准，测量工具放在哪个位置测量就不确定，就会有不同的结果，如图中的 39.45mm、40.01mm 等，问题的关键是没有基准。

如果在零件图样中标注了基准（或已知方块零件的装配关系），设置一个基准便可解决上述问题。把零件放在精确的平台上（装配台面或者是测量平台），进行测量即可得到正确的结果。功能高度就是在基准上的最高点，基准面为零件放置的测量台。物件的垂直高度是两个平行平面之间的空间距离，如图中的 40.12mm。

② 基准的应用　基准决定了工作的优先权。如图 3.18 所示的 2.00×4.00 矩形图样，要求左边与基准 A 的垂直度为 0.010，基准 A 在测量和加工中具有优先权。图样中的含义为矩形的底边是基准 A，具有优先权，垂直度公差应控制在 0.010 以内。

正确的测量方法如图 3.19 所示。采用一个理想的精确的直角铁（尺）作为测量工具，有两种测量方法，第一种方法是，将直角尺和工件的底边都放在基准平面上；另一种方法是将直角尺底边放在基准平面上，工件的底边放在与直角尺平行的平面上，只要被测量边的间隙不超过 0.010，工件的垂直度就是合格的。这两种测量方法都是根据基准 A 的优先权来测量控制边的变动量的，都是正确的检测方法。

假设用正确方法检测垂直度为 0.012 时（图 3.20），但没有注意到基准优先权，将该次品零件用图 3.21 方法进行测量，虽然间

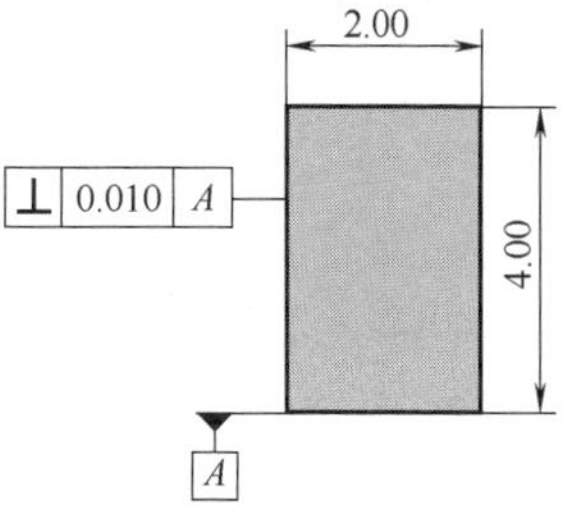

图 3.18　矩形边的垂直度

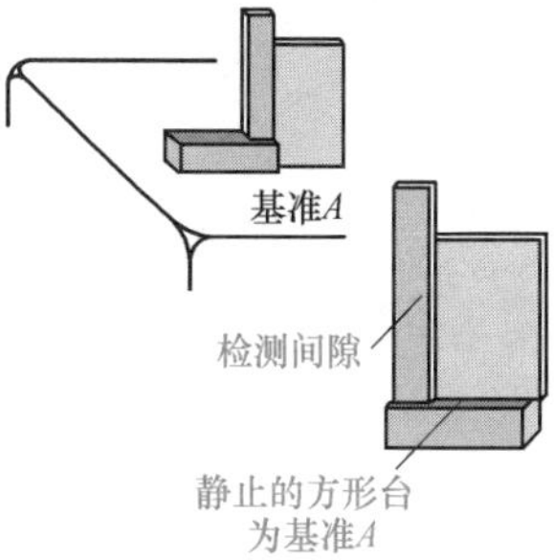

图 3.19　建立基准 A 的两种正确方法，然后测量控制边

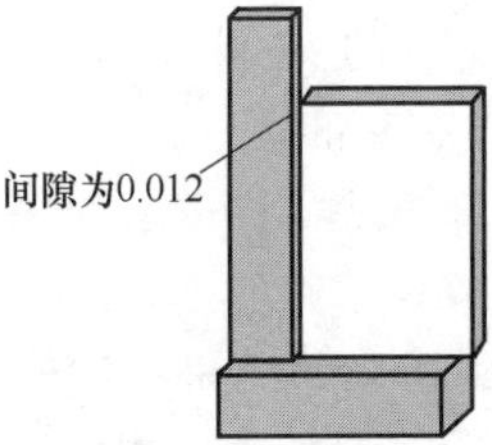

图 3.20 检测垂直度为 0.012 的零件

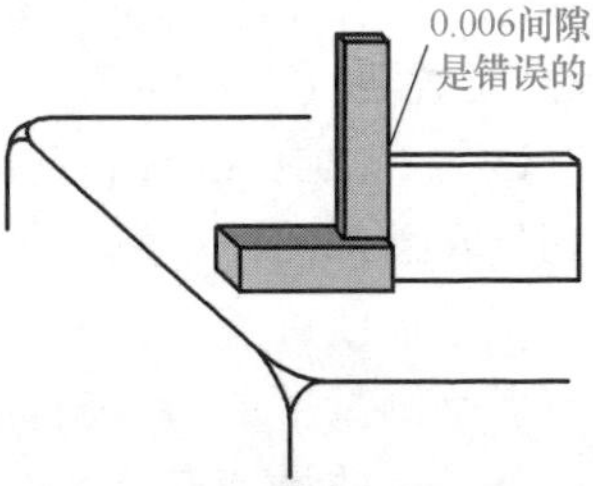

图 3.21 错误的检测方法（次品可能被接受）

隙只有 0.006，可能将不合格品检测成合格品被接收。这是采用错误的检测方法，原因是没有考虑到基准的优先权。

加工时，根据工件与基准 *A* 的几何关系进行工件装夹。第一步的操作是加工基准特征 *A*，工件装夹如图 3.22 所示。

第二步是加工被控制垂直度的边，工件装夹如图 3.23 所示，关键是精确虎钳成为第二步的基准 *A*，使工件上的基准 *A* 与精确虎钳的基准面 *A* 接触，加工 90°边就是相对于基准 *A* 的。

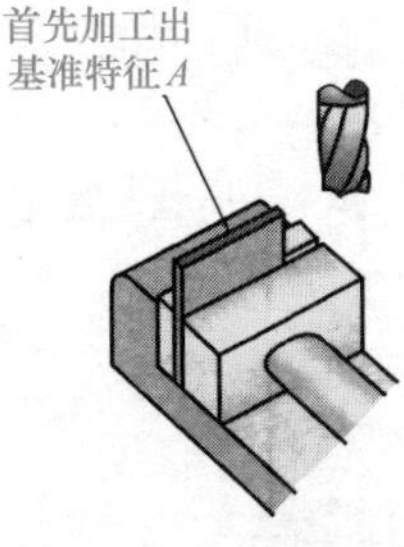

图 3.22 第一步加工基准 *A*

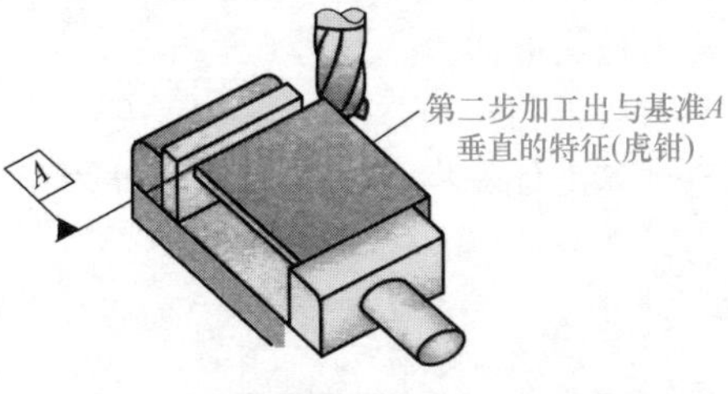

图 3.23 第二步加工与基准 *A* 垂直的边

第三步加工与基准 *A* 垂直的另一边，保证尺寸 2.00，如图 3.24 所示，与第二步同理。提示：为了使这一步加工是正确的，虎钳首先必须是与机床主轴对准，并且它必须是光滑的、平的。

工件装夹如图 3.25 所示，第四步加工与基准平行的对边，利用虎钳的基座与工件的基准 *A* 接触，保证 4.00 的尺寸。

③ 基准的类型　按几何要素的形式分，基准分为基准点（很

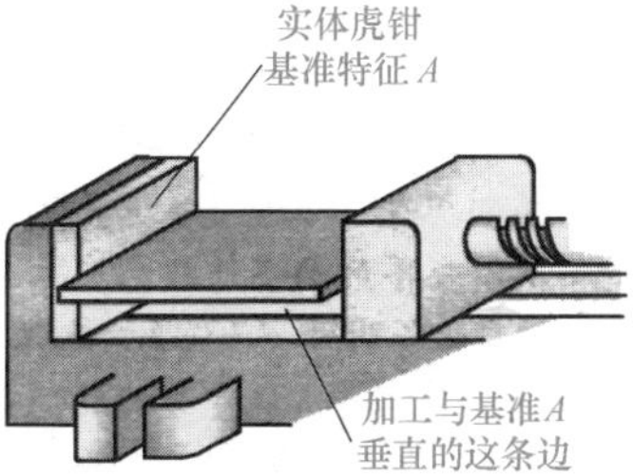

图 3.24　第三步加工与基准 A 垂直的另一边

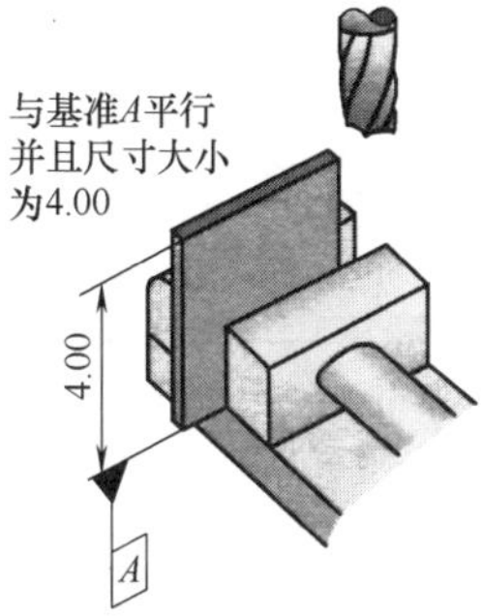

图 3.25　虎钳基座与基准 A 平行

少应用）、基准直线和基准平面（包括对称中心平面）。

按被测要素分为单一基准、公共基准和三面基准。

单一基准是指由一个基准要素建立的基准。如由一个平面要素建立的基准平面 A。

公共基准是指由两个或两个以上的同类基准要素建立的一个独立的基准，又称组合基准。例如，图 3.26 的同轴度示例中，由两个直径为 ϕd_1 的圆柱面的轴线 A、B 建立公共基准轴线 A—B，它作为一个独立的基准使用。例如加工测量时，可以将轴的两端打中心孔作为独立的基准使用；当然测量时，以两个 ϕd_1 外圆作为支承表面（基准为 A—B）进行测量。

三基面体系中每两个基准平面的交线构成一条基准轴线，三条基准轴线的交点构成基准点。确定被测要素的方位时，可以使用三基面体系中的三个基准平面，也可以使用其中的两个基准平面或一个基准平面（单一基准平面），或者使用一个基准平面和一条基准轴线。如图 3.27 所示。

如图 3.28 所示，ϕD 孔的轴线相对于基准平面 A 和 B 有位置度要求，由于两个实际基准要素存在形状误差，它们之间还存在方向误差，因此根据实际基准要素就很难评定该孔轴线的位置度误差值。显然，当两个基准皆为理想平面 A 和 B，并且它们互相垂直时，就不难确定该孔轴线的实际位置对其理想位置的偏移量 Δ，进

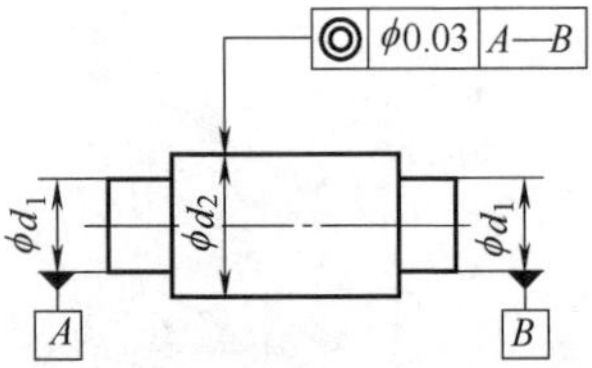

图 3.26　同轴度的公共基准

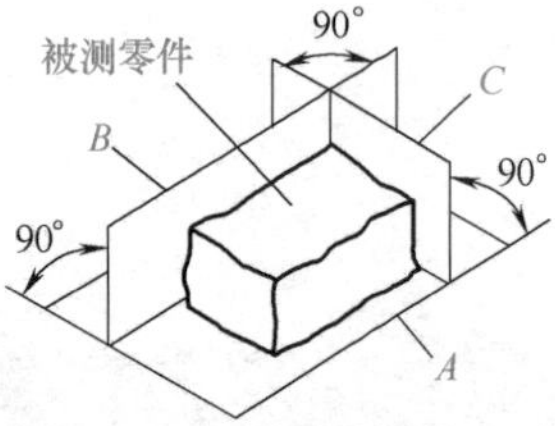

图 3.27　三基面体系

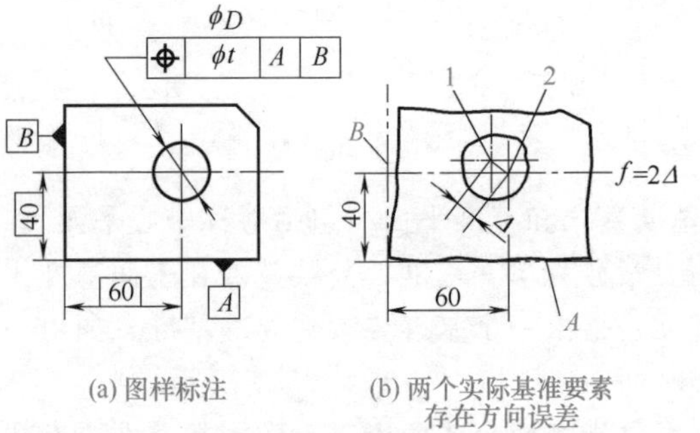

图 3.28　实际基准要素存在形状误差和方向误差

1—孔轴线的实际位置；2—孔轴线的理想位置

而确定位置度误差值 $\phi f=2\Delta$。

（3）重点内容和关键点

机械工程师必须理解几何公差（表 3.18）的每一个符号、方框、数字、字母表达的意思，掌握在机械零件图样中的标注方法(GB/T 1182—2018)。关键点有：基准、形状、位置、方向、轮廓和跳动五类公差的特性，几何公差的公差带形状特征，几何公差原则，如独立原则、最大最小实体要求和包容原则。

表 3.18　几何公差的五方面特点

与基准的关系	公差类型	公差特征	符号
无关	形状公差	直线度	—
		平面度	▱
		圆度	○

续表

与基准的关系	公差类型	公差特征	符号
无关	形状公差	圆柱度	⌭
相关/无关	形状或位置公差	线轮廓度	⌒
		面轮廓度	⌓
相关	定向误差	倾斜度	∠
		垂直度	⊥
		平行度	//
	定位	位置度	⌖
		同轴度	◎
		对称度	⌯
	跳动	圆跳动	↗
		全跳动	⌰

3.2.2 几何公差带

几何公差类型包括形状、位置、方向、轮廓和跳动五方面。被测要素的几何精度可以用一个或几个几何公差项目来控制，几何公差带常用的九种形状如表 3.19 所示。

表 3.19　几何公差带的九种主要形状

形状	说明	形状	说明
	两平行直线之间的区域	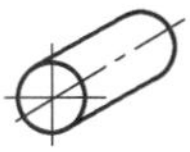	圆柱内的区域
	两等距曲线之间的区域		
	两同心圆之间的区域	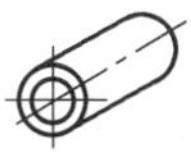	两同轴线圆柱面之间的区域

续表

形状	说明	形状	说明
	圆内的区域	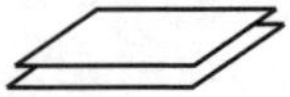	两平行平面之间的区域
	球内的区域		两等距曲面之间的区域

(1) 形状公差及其公差带

形状公差是用来规定和控制物体外部表面形状是直的、平的、圆的和圆柱的四种情况。形状公差涉及的要素是线和面。直线度、平面度、圆度和圆柱度公差带的定义和标注示例见表 3.20。

表 3.20　直线度、平面度、圆度和圆柱度公差带的定义和标注示例

特征项目	公差带定义	标注示例和解释
直线度公差	在给定平面内，公差带是距离为公差值 t 的两平行直线之间的区域 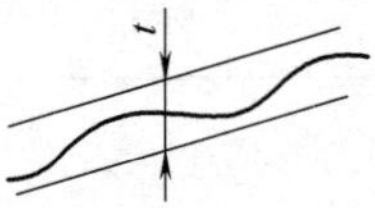	被测表面的素线必须位于平行于图样所示投影面且距离为公差值 0.1mm 的两平行直线内 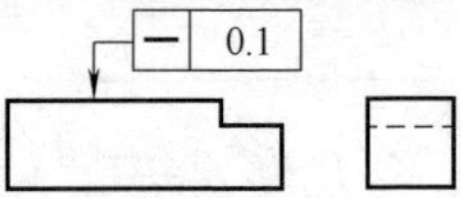
	在给定方向上，公差带是距离为公差值 t 的两平行平面之间的区域 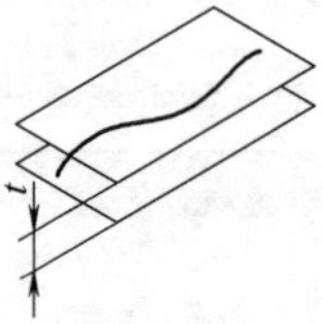	棱线必须位于箭头所示方向且距离为公差值 0.02mm 的两平行平面内 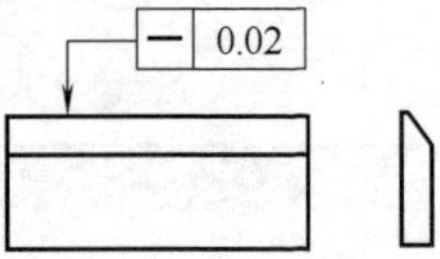
	在任意方向上，公差带是直径为公差值 t 的圆柱面内的区域 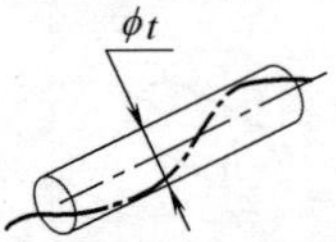	被测圆柱面的轴线必须位于直径为 ϕ0.08mm 的圆柱面内 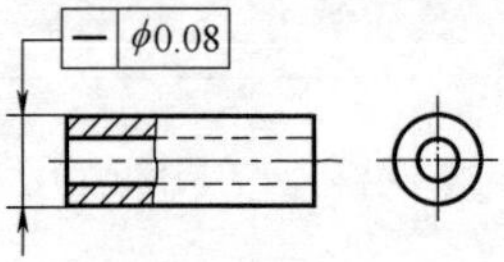

续表

特征项目	公差带定义	标注示例和解释
平面度公差	公差带是距离为公差值 t 的两平行平面之间的区域 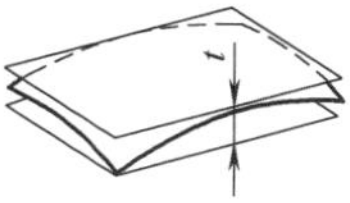	被测表面必须位于距离为公差值 0.08mm 的两平行平面内 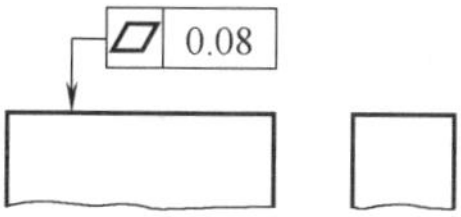
圆度公差	公差带是在同一正截面上，半径差为公差值 t 的两同心圆之间的区域 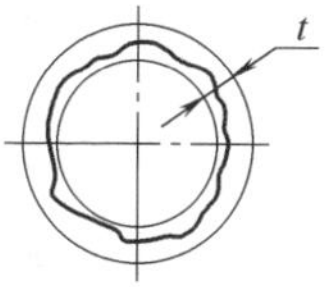	被测圆柱面任一正截面上的圆周必须位于半径差为公差值 0.03mm 的两同心圆之间 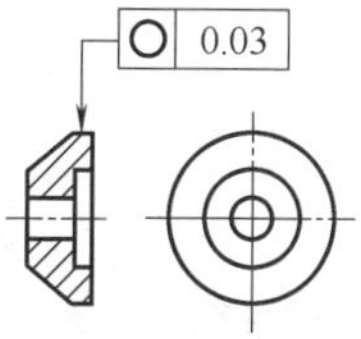
		被测圆锥面任一正截面上的圆周必须位于半径差为公差值 0.1mm 的两同心圆之间 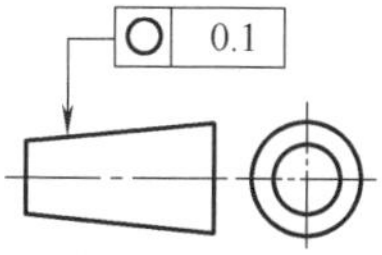
圆柱度公差	公差带是半径差为公差值 t 的两同轴线圆柱面之间的区域 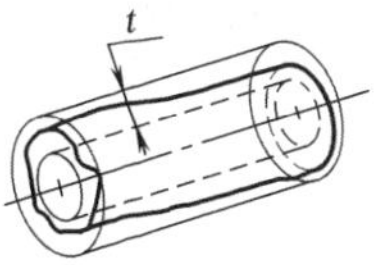	被测圆柱面必须位于半径差为公差值 0.1mm 的两同轴线圆柱面之间 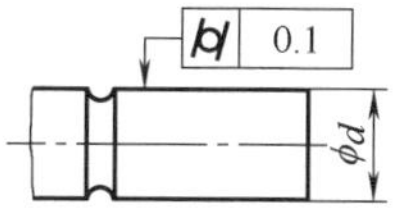

（2）轮廓公差及其公差带

轮廓也是用来规定和控制物体外部表面形状，除直线度、平面度、圆度和圆柱度四种情况外的控制。当控制形状时，它与基准没有关系，当控制位置和方向时，它与基准有关系。

轮廓度公差涉及的要素是曲线和曲面。轮廓度公差有线轮廓度和面轮廓度公差两个特征项目。它们的理想被测要素的形状需要用理论正确尺寸（把数值围以方框表示的没有公差而绝对准确的尺寸）决定。

轮廓度公差带分为无基准要求的（没有基准约束的）和有基准要求的（受基准约束的）两种。前者的方位可以浮动，而后者的方位是固定的。线、面轮廓度公差带的定义和标注示例见表 3.21。

（3）方向公差及其公差带

方向就是定向，是控制特征线或特征面相对于基准特征（点、线、面）的平行度、垂直度或角度。

定向公差涉及的要素是线和面，一个点无所谓形状和方向。定向公差有平行度、垂直度和倾斜度公差三个特征项目。定向公差

表 3.21　线、面轮廓度公差带的定义和标注示例

特征项目	公差带定义	标注示例和解释
线轮廓度公差	公差带是包络一系列直径为公差值 t 的圆的两包络线之间的区域。这些圆的圆心位于具有理论正确几何形状的曲线上 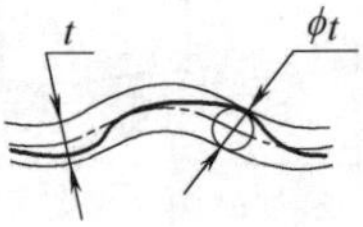 	在平行于图样所示投影面的任一截面上，被测轮廓线必须位于包络一系列直径为公差值 0.04mm 的圆且圆心位于具有理论正确几何形状的曲线上的两包络线之间 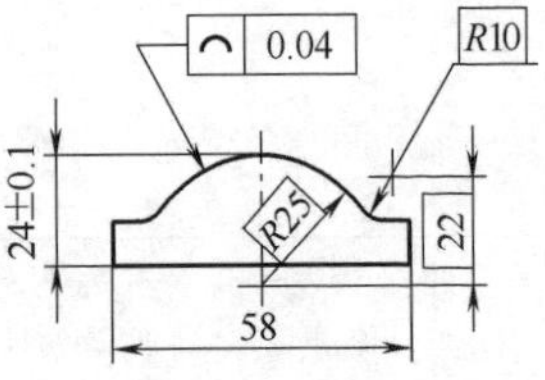 (a) 无基准要求的线轮廓度公差 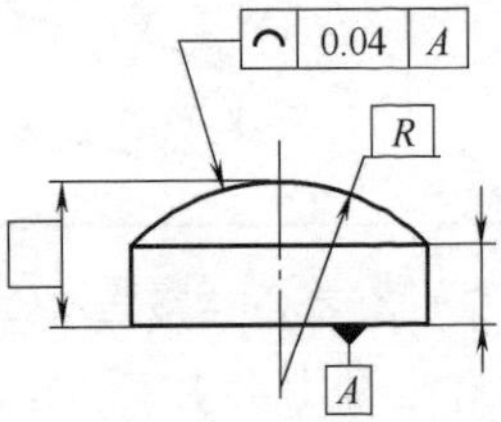 (b) 有基准要求的线轮廓度公差

续表

特征项目	公差带定义	标注示例和解释
面轮廓度公差	公差带是包络一系列直径为公差值 t 的球的两包络面之间的区域。这些球的球心位于具有理论正确几何形状的曲面上 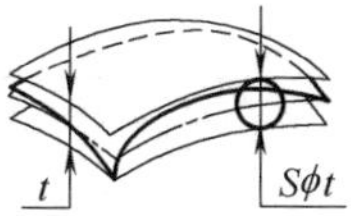	被测轮廓面必须位于包络一系列球的两包络面之间，这些球的直径为公差值 0.02mm 且球心位于具有理论正确几何形状的曲面上 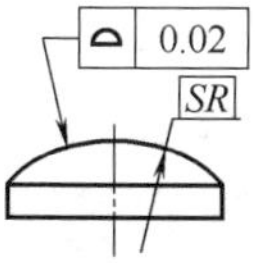 (a) 无基准要求的面轮廓度公差 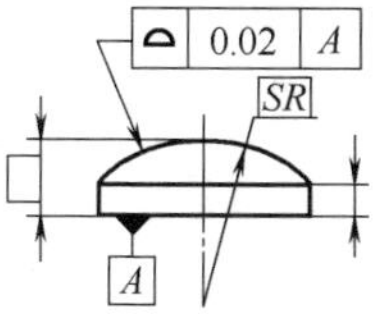 (b) 有基准要求的面轮廓度公差

是指实际关联要素相对于基准的实际方向对理想方向的允许变动量。

平行度、垂直度和倾斜度公差的被测要素和基准要素各有平面和直线之分，因此，它们的公差各有被测平面相对于基准平面（面对面）、被测直线相对于基准平面（线对面）、被测平面相对于基准直线（面对线）和被测直线相对于基准直线（线对线）四种形式。平行度、垂直度和倾斜度公差带分别相对于基准保持平行、垂直和倾斜一理论正确角度 α 的关系，它们分别如图 3.29 (a)～(c) 所示。

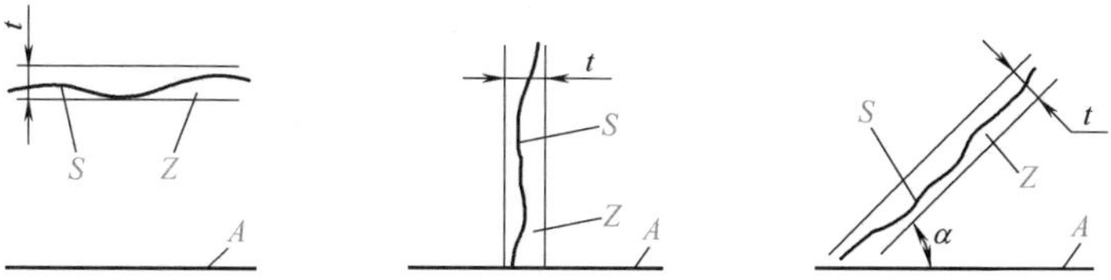

(a) 平行度公差带　　(b) 垂直度公差带　　(c) 倾斜度公差带

图 3.29　定向公差带示例

A—基准；t—定向公差值；S—实际被测要素；Z—公差带

典型平行度、垂直度和倾斜度公差带的定义和标注示例见表 3.22。

（4）位置公差及其公差带

位置就是定位，控制特征中心相对于基准的位置。

位置度公差涉及的被测要素有点、线、面，而涉及的基准要素通常为线和面。位置度是指被测要素应位于由基准和理论正确尺寸确定的理想位置上的精度要求。

表 3.22 典型平行度、垂直度和倾斜度公差带的定义和标注示例

特征项目		公差带定义	标注示例和解释
平行度公差	面对面平行度公差	公差带是距离为公差值 t 且平行于基准平面的两平行平面之间的区域 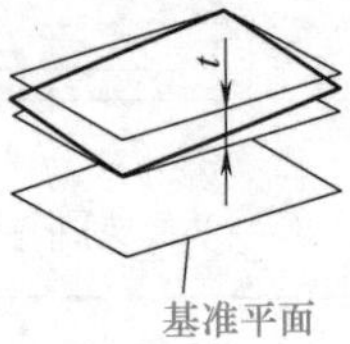	被测表面必须位于距离为公差值 0.01mm 且平行于基准平面 D 的两平行平面之间 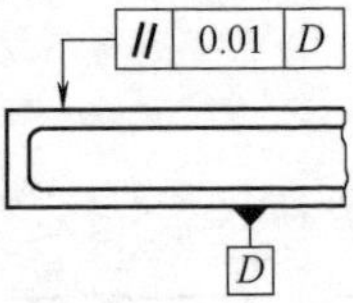
	线对面平行度公差	公差带是距离为公差值 t 且平行于基准平面的两平行平面之间的区域 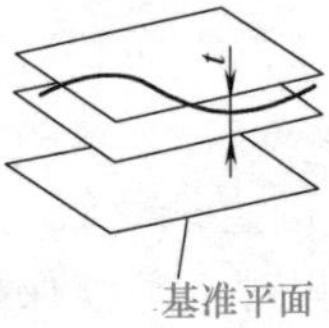	被测轴线必须位于距离为公差值 0.01mm 且平行于基准平面 B 的两平行平面之间 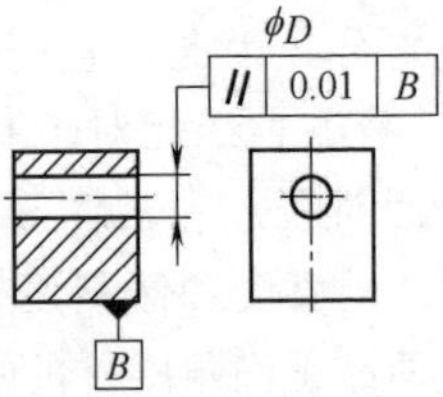
	面对线平行度公差	公差带是距离为公差值 t 且平行于基准直线的两平行平面之间的区域 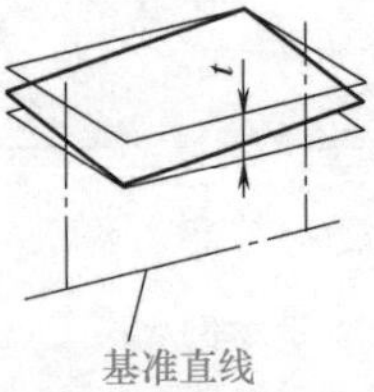	被测表面必须位于距离为公差值 0.1mm 且平行于基准轴线 C 的两平行平面之间 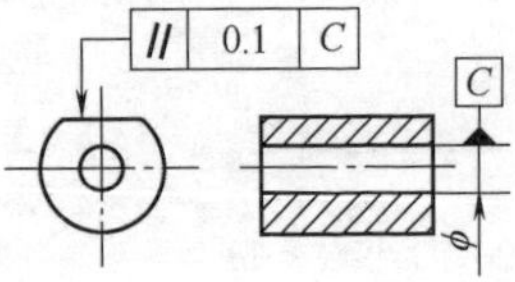

续表

<table>
<tr><th colspan="2">特征项目</th><th>公差带定义</th><th>标注示例和解释</th></tr>
<tr><td>平行度公差</td><td>线对线平行度公差(任意方向上)</td><td>公差带是直径为公差值 t 且平行于基准直线的圆柱面内的区域
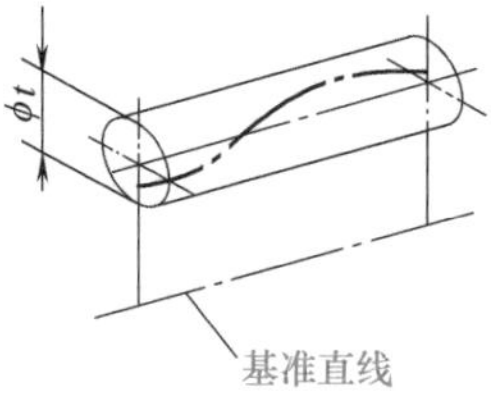
</td><td>被测轴线必须位于直径为公差值 $\phi 0.03$mm 且平行于基准轴线 A 的圆柱面内
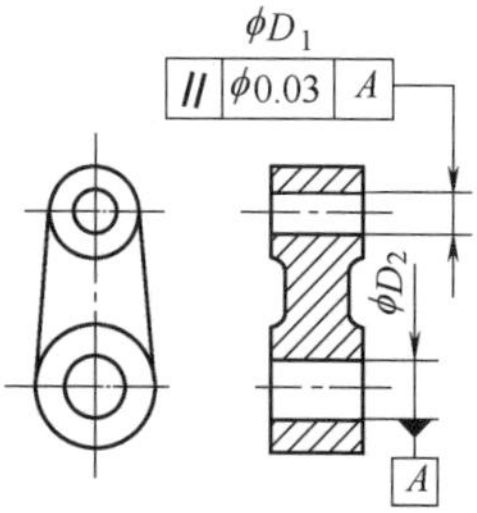
</td></tr>
<tr><td rowspan="2">垂直度公差</td><td>面对面垂直度公差</td><td>公差带是距离为公差值 t 且垂直于基准平面的两平行平面之间的区域
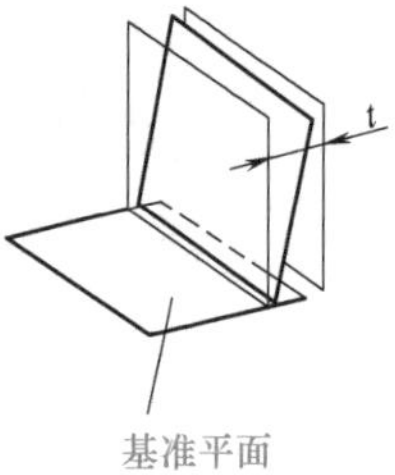
</td><td>被测平面必须位于距离为公差值 0.08mm 且垂直于基准平面 A 的两平行平面之间
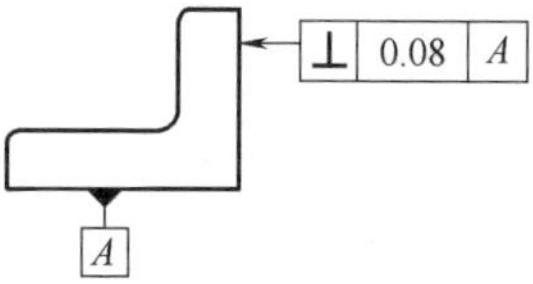
</td></tr>
<tr><td>面对线垂直度公差</td><td>公差带是距离为公差值 t 且垂直于基准直线的两平行平面之间的区域
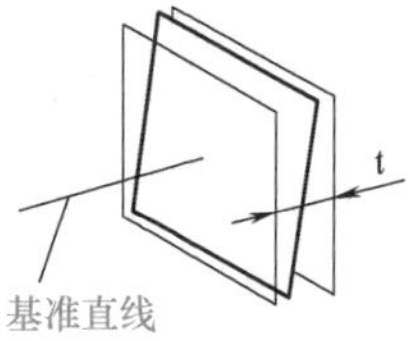
</td><td>被测平面必须位于距离为公差值 0.08mm 且垂直于基准轴线 A 的两平行平面之间
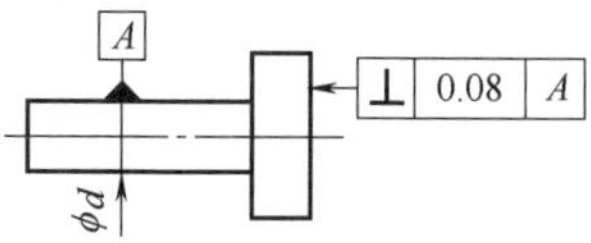
</td></tr>
</table>

续表

特征项目		公差带定义	标注示例和解释
垂直度公差	线对线垂直度公差	公差带是距离为公差值 t 且垂直于基准直线的两平行平面之间的区域 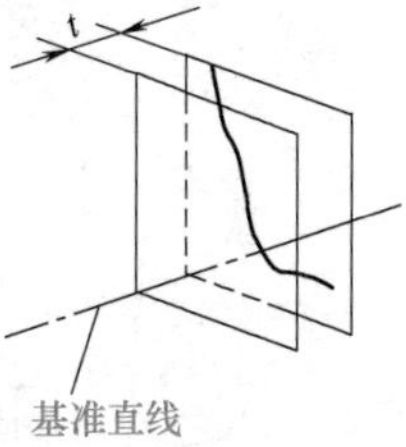	被测轴线必须位于距离为公差值 0.06mm 且垂直于基准轴线 A 的两平行平面之间的区域 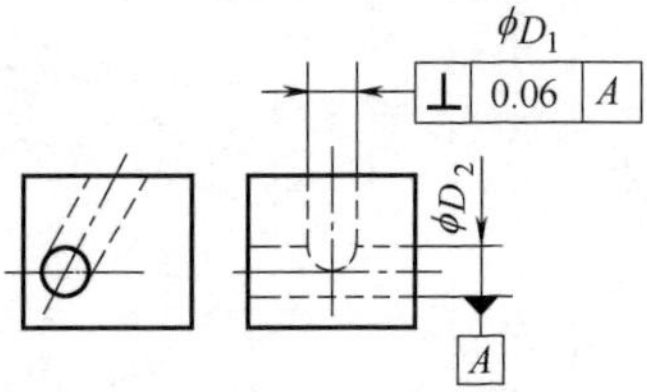
垂直度公差	线对面垂直度公差（任意方向上）	公差带是距离为公差值 t 且垂直于基准平面的圆柱面内的区域 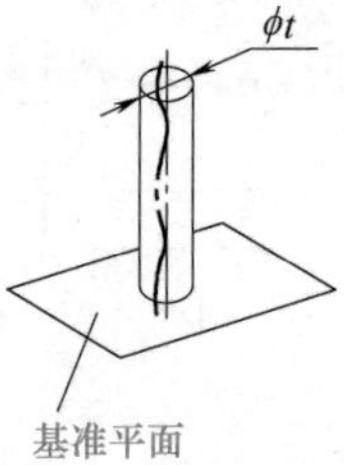	被测轴线必须位于直径为公差值 $\phi 0.01$mm 且垂直于基准平面 A 的圆柱面内 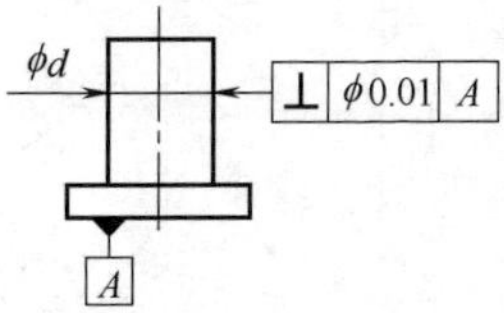
倾斜度公差	面对面倾斜度公差	公差带是距离为公差值 t 且与基准平面成一给定角度的两平行平面之间的区域 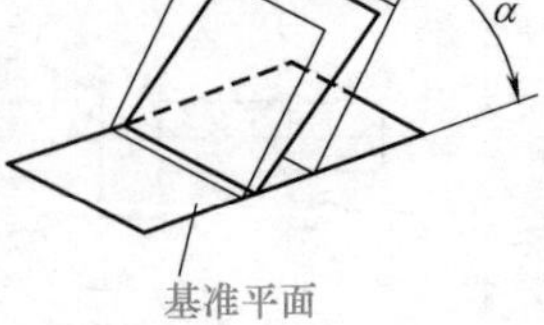	被测表面必须位于距离为公差值 0.08mm 且与基准平面 A 成理论正确角度 $\boxed{40^\circ}$ 的两平行平面之间 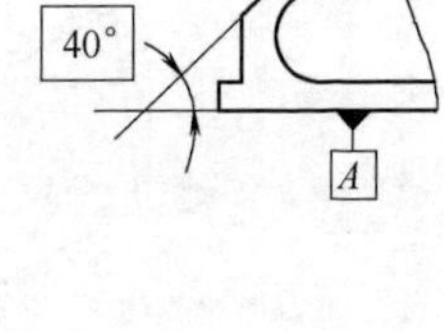

续表

特征项目		公差带定义	标注示例和解释
倾斜度公差	线对线倾斜度公差	公差带是距离为公差值 t 且与基准直线成一给定角度的两平行平面之间的区域 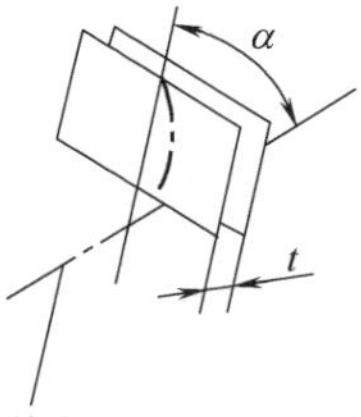 	被测轴线必须位于距离为公差值 0.08mm 且与基准轴线 $A—B$ 成理论正确角度 60° 的两平行平面之间 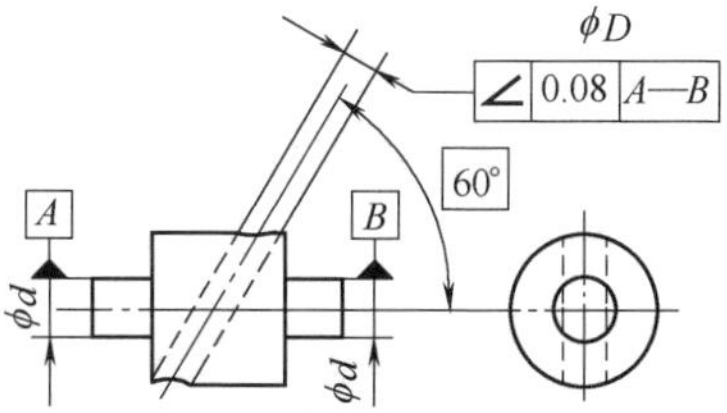

位置度公差是指实际被测要素的位置对其理想位置的允许变动量。位置度公差带是指以被测要素的理想位置为中心来限制实际被测要素变动的区域，该区域相对于理想位置对称配置，该区域的宽度或直径等于公差值。典型同轴度、对称度和位置度公差带的定义和标注示例见表 3.23。

（5）跳动公差及其公差带

跳动是控制回转体物体外形表面的抖动，与基准轴线相关联，并以基准轴线为基准。

跳动公差是按特定的测量方法定义的位置公差。跳动公差涉及的被测要素为圆柱面、圆形端平面、圆锥面和曲面等轮廓要素，涉及的基准要素为轴线。

表 3.23　典型同轴度、对称度和位置度公差带的定义和标注示例

特征项目		公差带定义	标注示例和解释
同轴度公差	点的同轴度公差	公差带是直径为公差值 t 且与基准圆心同心的圆内的区域 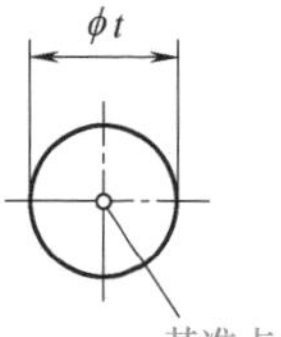 	外圆的圆心必须位于直径为公差值 ϕ0.01mm 且与基准圆心同心的圆内 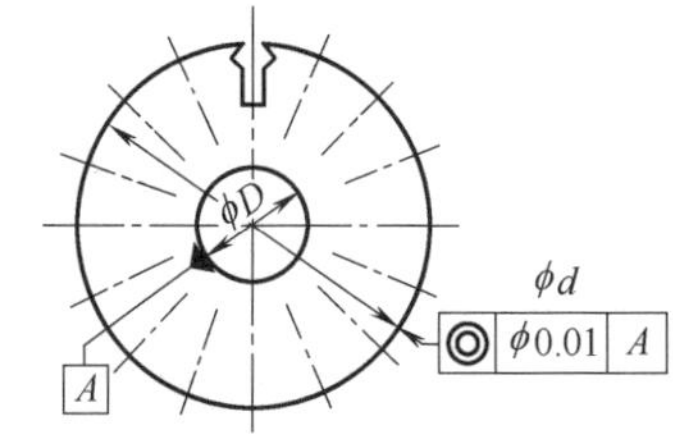

续表

特征项目		公差带定义	标注示例和解释
同轴度公差	线的同轴度公差	公差带是直径为公差值 t 的圆柱面内的区域，该圆柱面的轴线与基准轴线同轴线 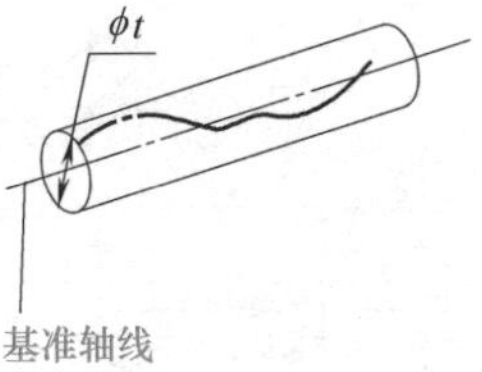	ϕd_1 圆柱面轴线必须位于直径为公差值 $\phi 0.04$mm 且与基准轴线 A 同轴线的圆柱面内 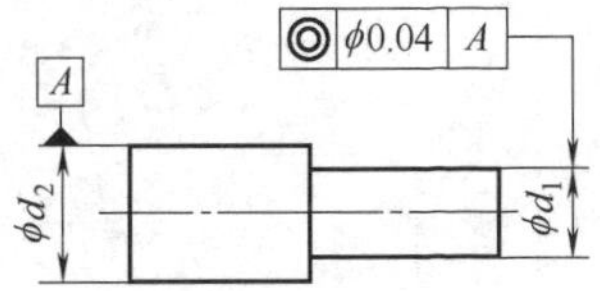
对称度公差	面对面对称度公差	公差带是距离为公差值 t 且相对于基准中心平面对称配置的两平行平面之间的区域 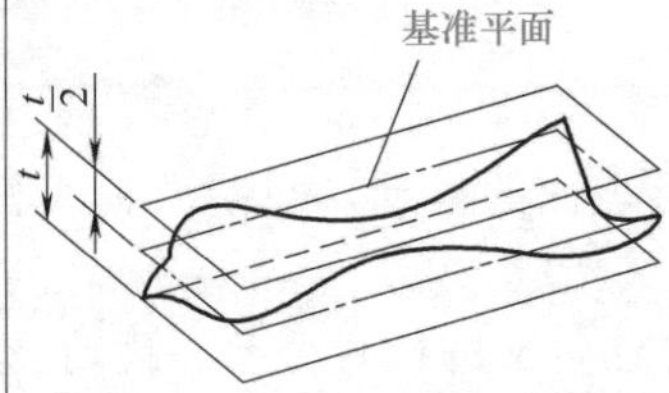	被测中心平面必须位于距离为公差值 0.08mm 且相对于基准公共中心平面 A—B 对称配置的两平行平面之间 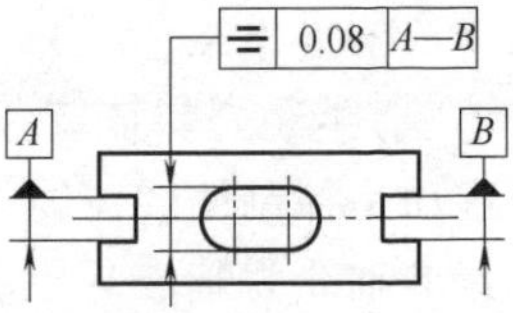
	面对线对称度公差	公差带是距离为公差值 t 且相对于基准轴线对称配置的两平行平面之间的区域 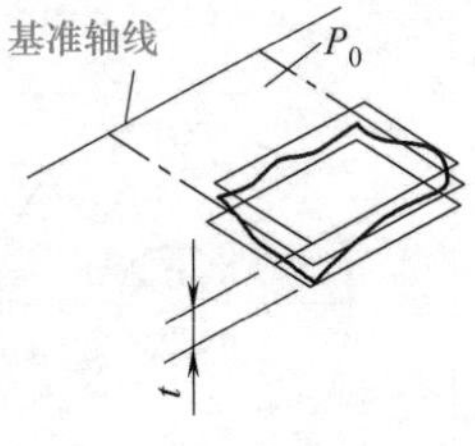	宽度为 b 的键槽的中心平面必须位于距离为 0.05mm，且相对于基准轴线 B(通过基准轴线 B 的理想平面 P_0)对称配置的两平行平面之间 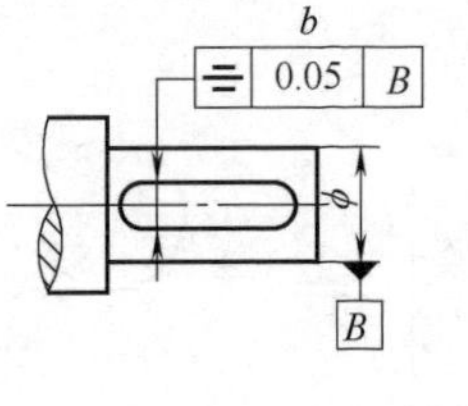

续表

特征项目		公差带定义	标注示例和解释
位置度公差	点的位置度公差	公差带是直径为公差值 t 且以点的理想位置为中心点的圆或球内的区域。该中心点的位置由基准和理论正确尺寸确定 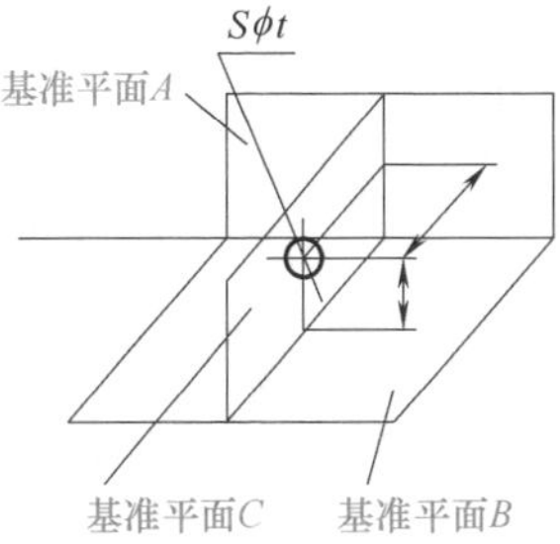	被测球的球心必须位于直径为公差值 0.3mm 的球内。这 $S\phi0.3$mm 球的球心位于由基准平面 A、B、C 和理论正确尺寸[30]、[25]确定的理想位置上 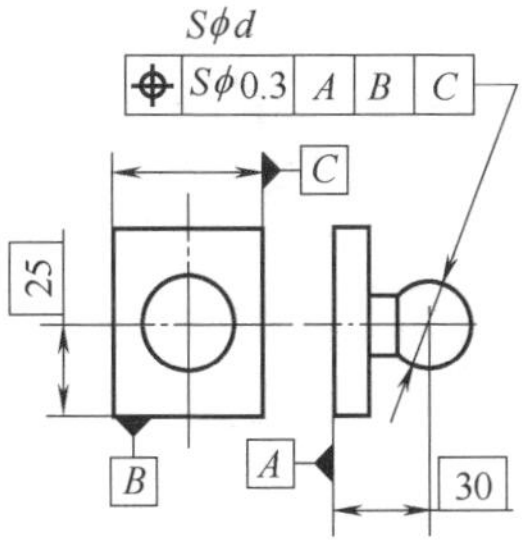
	线的位置度公差	公差带是直径为公差值 t 且以线的理想位置为轴线的圆柱面内的区域。公差带轴线的位置由基准和理论正确尺寸确定 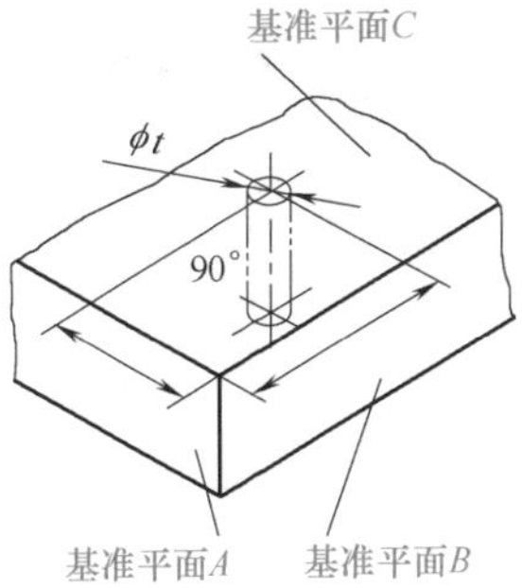	ϕD 被测孔的轴线必须位于直径为公差值 $\phi0.08$mm，由三基面体系 C、A、B 和相对于基准平面 A、B 的理论正确尺寸[100]、[68]所确定的理想位置为轴线的圆柱面内 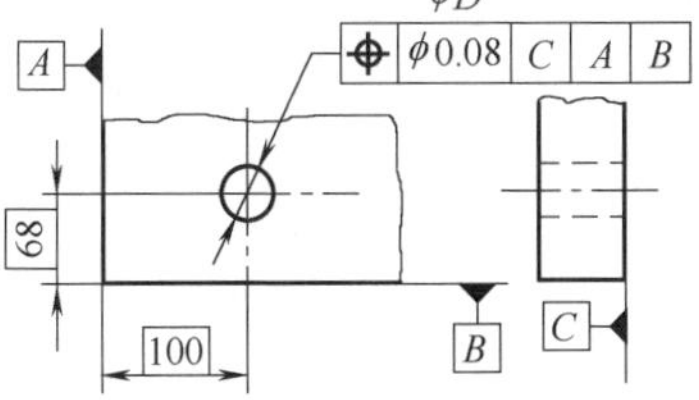

续表

特征项目		公差带定义	标注示例和解释
位置度公差	面的位置度公差	公差带是距离为公差值 t 且以面的理想位置为中心对称配置的两平行平面之间的区域。公差带中心的位置由基准和理论正确尺寸确定 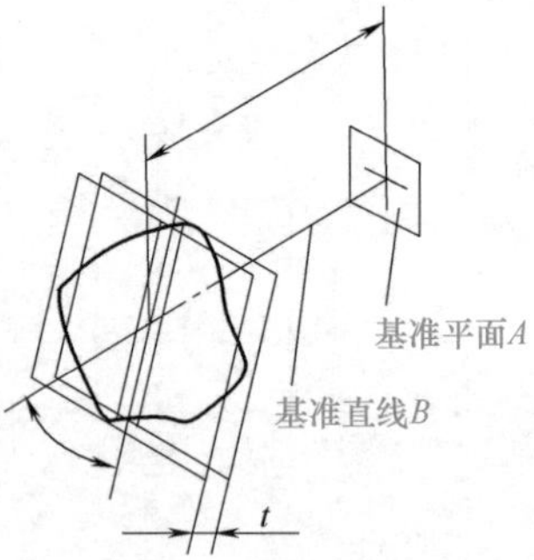	被测表面必须位于距离为公差值 0.05mm，由基准轴线 B、基准平面 A 和相对于它们的理论正确尺寸 105°、15 确定的理想位置为中心对称配置的两平行平面之间 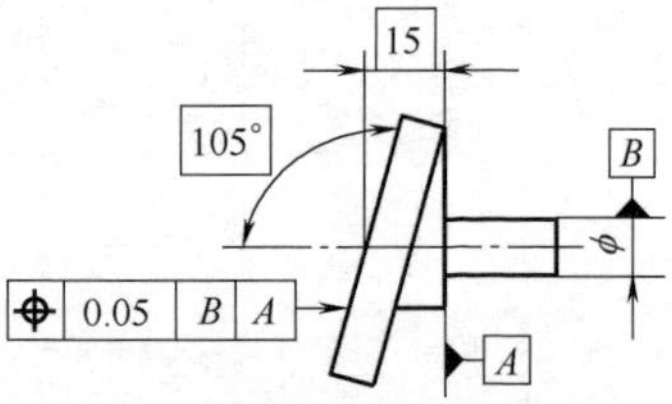

跳动公差有圆跳动公差和全跳动公差两个特征项目。圆跳动是指实际被测要素在无轴向移动的条件下绕基准轴线旋转一转过程中，由位置固定的指示表在给定的测量方向上对该实际被测要素测得的最大与最小示值之差，圆跳动公差的标注和圆跳动的测量如图 3.30、图 3.31 所示。全跳动是指实际被测要素在无轴向移动的条件下绕基准轴线连续旋转过程中，指示表与实际被测要素作相对

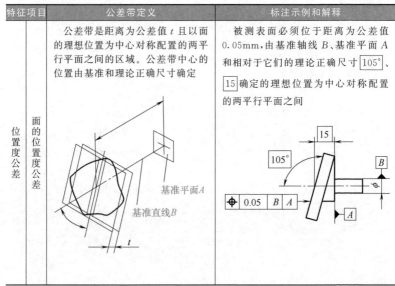

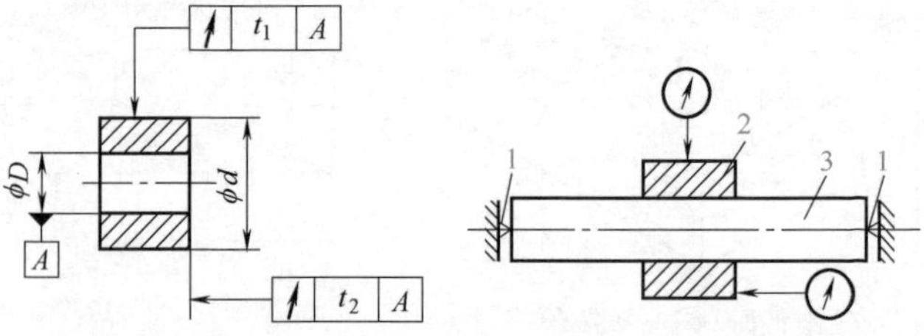

(a) 图样标注　　(b) 测量示意图

图 3.30　测量径向和端面圆跳动

1—顶尖；2—被测零件；3—芯轴

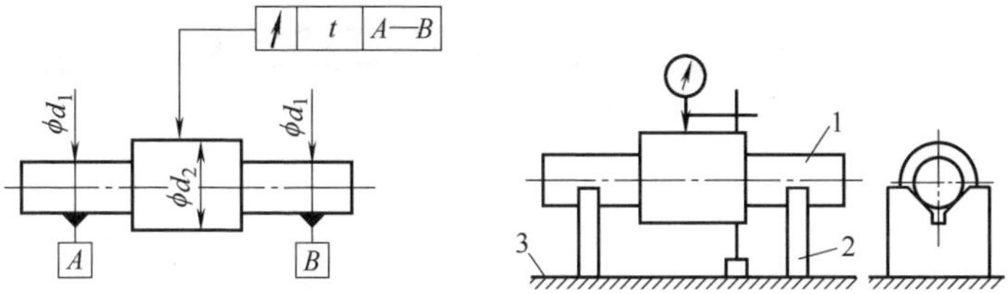

(a) 图样标注　　　　(b) 测量示意图

图 3.31　测量径向圆跳动

1—被测零件；2—两个等高 V 形块；3—平板

直线运动，指示表在给定的测量方向上对该实际被测要素测得的最大与最小示值之差。

测量跳动时的测量方向就是指示表测杆轴线相对于基准轴线的方向。根据测量方向，跳动分为径向跳动（测杆轴线与基准轴线垂直且相交）、端面跳动（测杆轴线与基准轴线平行）和斜向跳动（测杆轴线与基准轴线倾斜某一给定角度且相交）。

典型跳动公差带的定义和标注示例见表 3.24。

3.2.3　公差原则

零件的几何要素既有尺寸公差要求，又有几何公差要求，它们都可以对零件的同一几何要素进行要求。当它们（尺寸公差和几何公差）对零件同一要素的要求彼此独立时，称公差独立原则；彼此

表 3.24　典型跳动公差带的定义和标注示例

特征项目		公差带定义	标注示例和解释
圆跳动公差	径向圆跳动公差	公差带是在垂直于基准轴线的任意测量平面内，半径差为公差值 t 且圆心在基准轴线上的两同心圆之间的区域 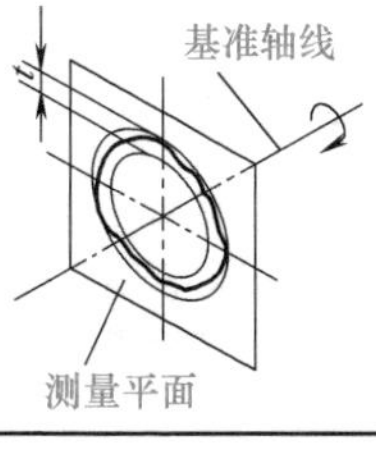 	当被测圆柱面绕基准轴线 A 旋转一转时，在任意测量平面内的径向圆跳动均不得大于 0.1mm 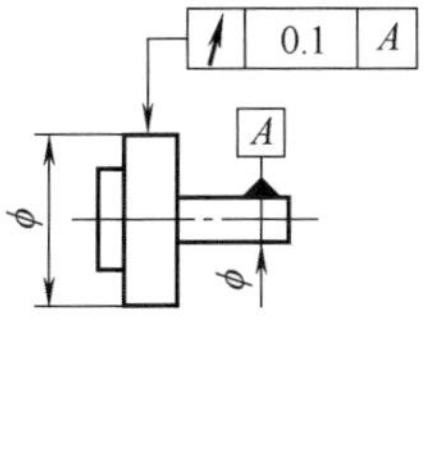

续表

特征项目		公差带定义	标注示例和解释
圆跳动公差	端面圆跳动公差	公差带是在与基准轴线同轴线的任一半径位置的测量圆柱面上宽度为公差值 t 的两个圆之间的区域 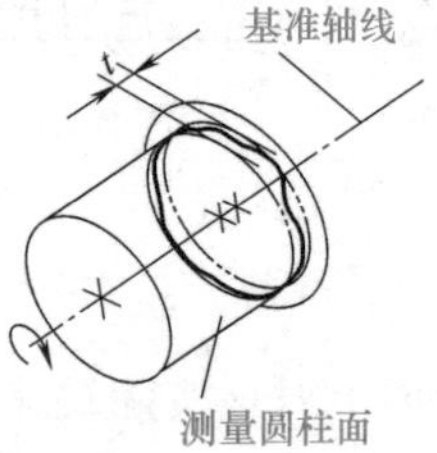	被测圆端面绕基准轴线 D 旋转一转时，在任一测量圆柱面上的轴向跳动均不得大于 0.1mm 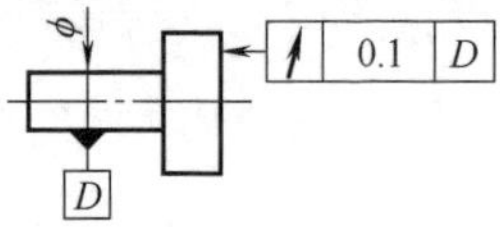
	斜向圆跳动公差	公差带是在与基准轴线同轴线的任一测量圆锥面上宽度为公差值 t 的一段锥面区域。除另有规定，测量方向应垂直于被测表面 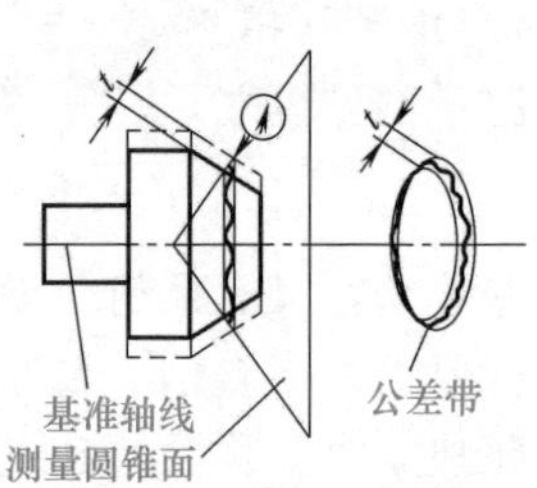	被测圆锥面绕基准轴线 C 旋转一转时，在任一测量圆锥面上的跳动均不得大于 0.1mm 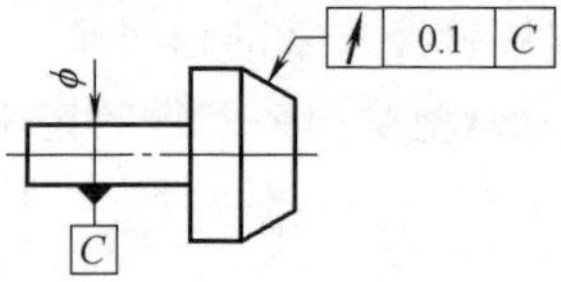
全跳动公差	径向全跳动公差	公差带是半径差为公差值 t 且与基准轴线同轴线的两圆柱面之间的区域 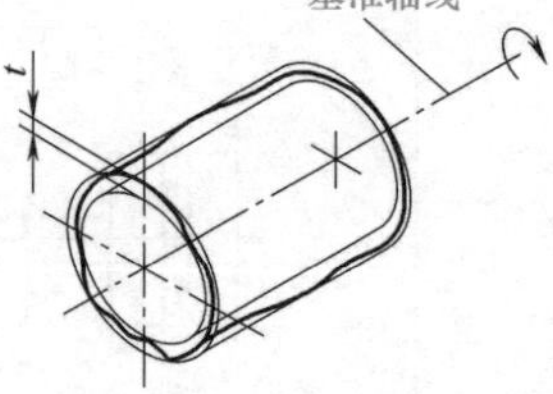	被测圆柱面绕公共基准轴线 $A—B$ 连续旋转，指示表与工件在平行于该公共基准轴线的方向作轴向相对直线运动时，被测圆柱面上各点的示值中最大值与最小值的差值不得大于 0.1mm 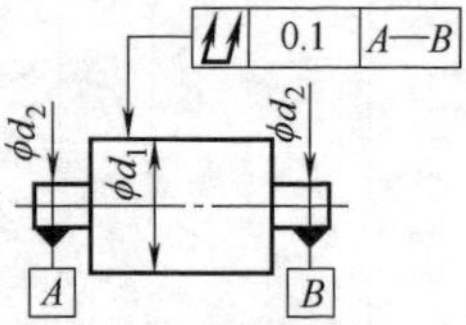

续表

特征项目		公差带定义	标注示例和解释
全跳动公差	端面全跳动公差	公差带是距离为公差值 t 且与基准轴线垂直的两平行平面之间的区域 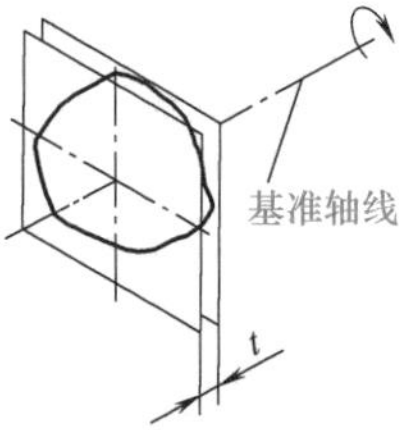	被测圆端面绕基准轴线 D 连续旋转，指示表与工件在垂直于该基准轴线的方向作径向相对直线运动时，被测圆端面上各点的示值中最大值与最小值的差值不得大于 0.1mm 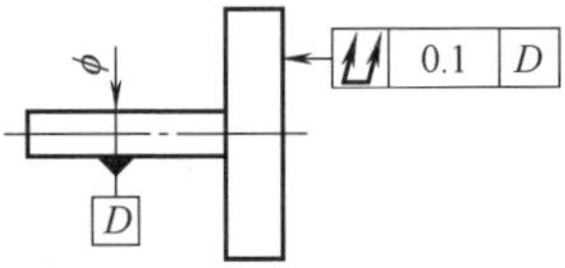

要求关联，称公差相关原则，包括包容要求、最大实体要求、最小实体要求和可逆要求。

(1) 公差独立原则

在零件图样上，某要素注出或未注的尺寸公差与几何公差各自独立，彼此无关，分别满足各自的要求。

在图样上标注时，尺寸公差与几何公差没有特定的关系符号或文字说明。

尺寸公差只控制被测要素的实际尺寸变动量，不控制该要素的几何误差。

几何公差只控制被测要素对其理想形状、方向或位置的变动量，而与该要素的实际尺寸无关。

公差独立原则在工程中占绝大多数。对形状精度要求极高、未注尺寸公差、彼此无关的应用较多。

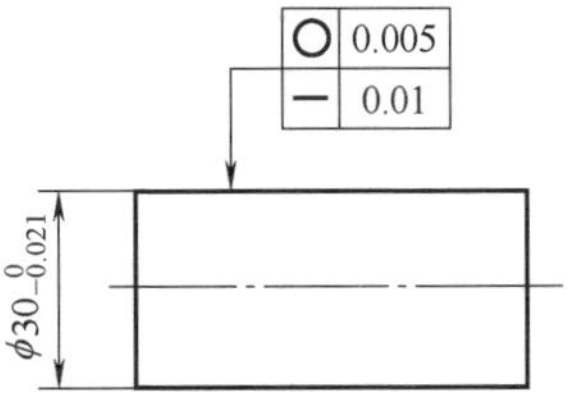

图 3.32　按独立原则标注公差

例如图 3.32 所示，按独立原则标注公差的含义是：零件加工后的实际尺寸公差应在 29.979～30mm 范围内，任一截面的圆度误差不大于 0.005mm，任一母线（素线）的直线度误差不大于 0.01mm，并且这三项指标都合格，零件合格。若其中的一项不合格，则零件不合格。

（2）最大实体尺寸

最大实体尺寸是零件实体材料最多状态下的尺寸。轴（外表面）的最大实体尺寸（用符号 d_M 表示）是轴的最大（上）极限尺寸 d_{max}。孔（内表面）的最大实体尺寸（用符号 D_M 表示）是孔的最小（下）极限尺寸 D_{min}。

如轴径 ϕ20h7（ϕ19.979～20）mm 的最大（上）极限尺寸 d_{max} 为 ϕ20mm。孔径 ϕ20H7（ϕ19.979～20）mm 的最小（下）极限尺寸 D_{max} 为 ϕ19.979mm。

（3）包容原则（要求）

包容要求是为了保证孔与轴配合性质，用最大实体边界来控制尺寸误差和形状误差的综合影响，从而保证所需要的最小间隙或最大过盈，一般原则是将形状误差包容在尺寸公差范围内，即形状公差小于尺寸公差。

1）体外作用尺寸　外表面（轴）的体外作用尺寸 d_{fe} 是指在被测外表面的给定长度上，与实际被测外表面体外相接的最小理想面（最小理想孔）的直径（或宽度），如图 3.33（a）所示。内表面（孔）的体外作用尺寸 D_{fe} 指在被测内表面的给定长度上，与实际被测内表面体外相接的最大理想面（最大理想轴）的直径（或宽度），如图 3.33（b）所示。实际体外作用尺寸是实际尺寸误差和形状误差共同作用效果的最大实体等效尺寸。

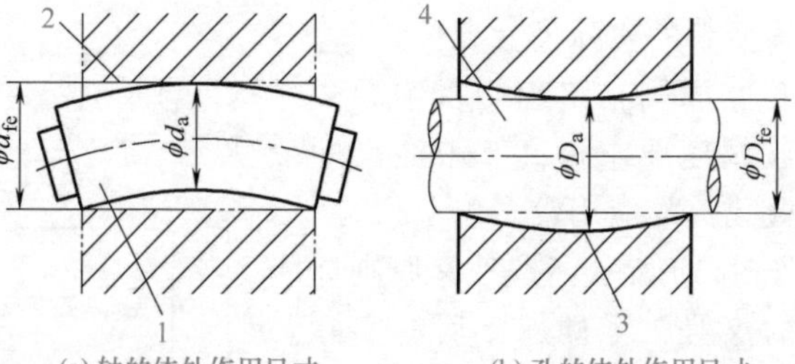

(a) 轴的体外作用尺寸　　(b) 孔的体外作用尺寸

图 3.33　单一要素的体外作用尺寸

1—实际被测轴；2—最小理想孔；3—实际被测孔；4—最大理想轴；d_a—轴的实际尺寸；D_a—孔的实际尺寸

2）包容边界　在图样上，轴或孔的公差后面标注了包容原则符号Ⓔ，就应该满足下列要求：

对于轴，轴的实际尺寸不小于最小（下）极限尺寸，$d_a \geqslant d_{min}$，并且体外作用尺寸不大于最大（上）极限尺寸，$d_{fe} \leqslant d_{max}$。

对于孔，孔实际尺寸不大于最小（上）极限尺寸，$D_a \leqslant D_{max}$，并且体外作用尺寸不小于最小（下）极限尺寸，$D_{fe} \geqslant D_{min}$。

例如，图 3.34（a）的图样标注。

① 包容边界是 ϕ20mm 的最大实体边界（MMB）。

② 表示控制轴的实际轮廓不得超出边界尺寸为 ϕ20mm 的最大实体边界，即轴的体外作用尺寸应不大于 20mm 的最大实体尺寸（轴的最大极限尺寸）。图 3.34（b）所示状态是理想的轴，没有几何误差，轴的最大实体为最大极限尺寸。

③ 轴的实际尺寸应不小于最小实体尺寸（轴的最小极限尺寸）19.979mm。图 3.34（c）所示状态是轴径为最小极限尺寸（最小实体状态），其轴线的直线度误差允许值可达到 0.021mm。

④ 一般情况下，轴径的实际尺寸 d_a 在 19.979～20mm 之间变化，对应轴线直线度误差允许值 t 在 0.021 ～0mm 范围内变化，如图 3.34（d）所示。

有包容要求时，检验尺寸合格与否，不仅要考察尺寸公差、形

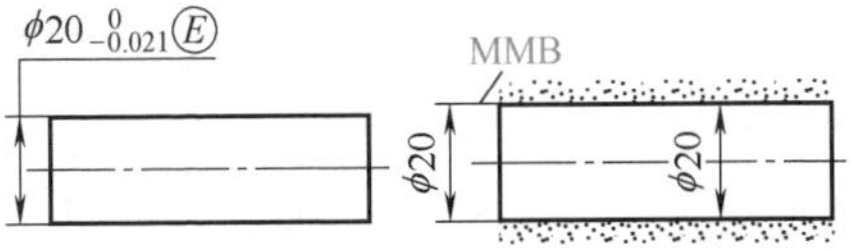

(a) 图样标注　(b) 轴处于最大实体状态

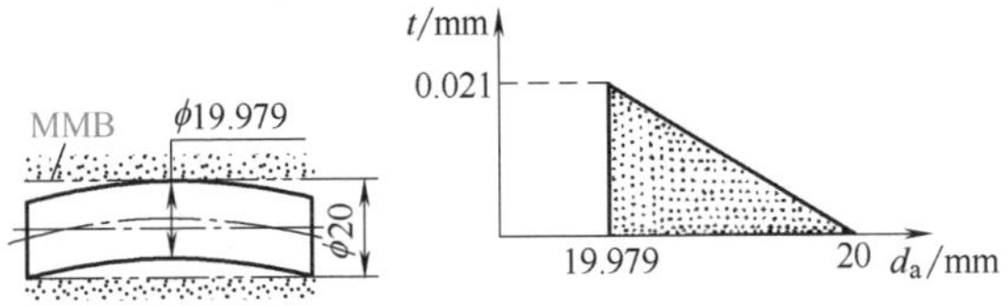

(c) 轴处于最小实体状态　(d) 动态公差图

图 3.34　包容要求的解释

状公差，还要考察作用尺寸是否在最大实体边界内，这 3 个条件都满足，零件才合格。

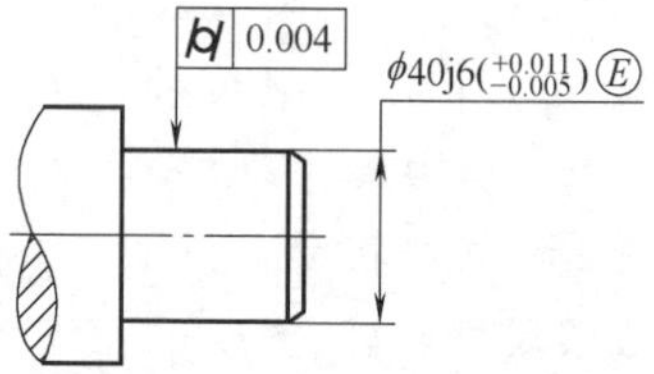

图 3.35　单一要素采用包容要求并对形状精度提出更高要求的示例

包容要求可以不标注形状公差，也可以给出具体的形状公差要求，但形状公差一定要小于尺寸公差。例如，与滚动轴承内圈配合的轴颈，其尺寸和形状精度要求标注如图 3.35 所示。必须满足实际尺寸在 39.995～40.011mm 范围内、圆柱度误差不大于 0.004mm，外作用尺寸在最大实体边界 40.011mm 内，三个条件都满足，零件才能合格。

（4）最大实体要求

最大实体要求适用于中心要素，是指设计时应用边界尺寸为最大实体实效尺寸的边界（称为最大实体实效边界 MMVB)，用来控制被测要素的实际尺寸和形位误差的综合作用效果，要求该要素的实际轮廓不得超出这个边界的一种公差要求。

1）最大实体实效尺寸　最大实体实效尺寸是最大实体尺寸与标注了Ⓜ的几何公差 t 的综合作用效果。

轴（外表面）的最大实体实效尺寸用 d_{MV} 表示，孔（内表面）的最大实体实效尺寸用 D_{MV} 表示。

d_{MV} = 轴的最大(上)极限尺寸 d_{max} + 带Ⓜ的几何公差 t

D_{MV} = 孔的最小(下)极限尺寸 D_{min} + 带Ⓜ的几何公差 t

2）最大实体实效边界　单一要素的轴和孔的最大实体实效边界如图 3.36（a）所示。关联要素的最大实体实效边界应与基准保持图样上给定的几何关系，图 3.36（b）所示关联要素的最大实体实效边界垂直于基准平面 A。图中，S 为轴或孔的实际轮廓；MMVB 为最大实体实效边界；d_M 为轴的最大实体尺寸；D_M 为孔的最大实体尺寸；d_{MV} 为轴的最大实体实效尺寸；D_{MV} 为孔的最大实体实效尺寸。

3）最大实体要求　当要求轴线、中心平面等中心要素的形位公差与其对应的轮廓要素（圆柱面、两平行平面等）的尺寸公差相

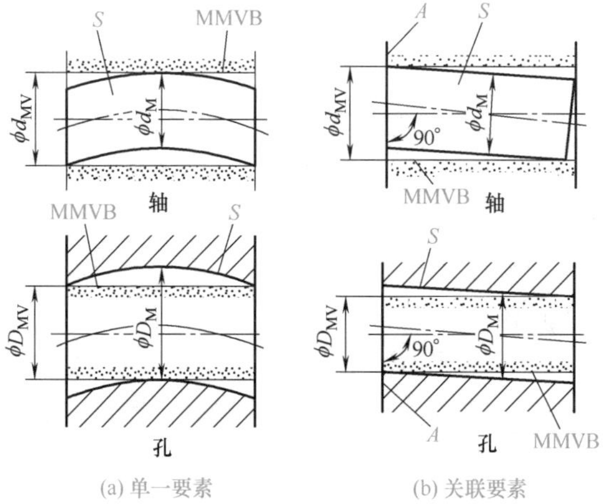

图 3.36　最大实体实效边界示例

关时，可以采用最大实体要求。其形式为在图样中形位公差的后面标注Ⓜ符号。主要包含三方面的内容。

① 图样上标注的形位公差值是被测要素处于最大实体状态时给出的公差值，并且给出控制该要素实际尺寸和形位误差的综合结果（实际轮廓）的最大实体实效边界。

② 被测要素的实际轮廓在给定长度上不得超出最大实体实效边界（即其体外作用尺寸应不超出最大实体实效尺寸），并且其实际尺寸不得超出极限尺寸。

对于轴，轴的体外作用尺寸不大于最大实体实效尺寸，$d_{fe} \leqslant d_{MV}$，并且实际尺寸不超出最大实体实效尺寸，$d_{max} \geqslant d_a \geqslant d_{min}$。

对于孔，孔的体外作用尺寸不小于最大实体实效尺寸，$D_{fe} \geqslant D_{MV}$，并且实际尺寸不超出最大实体实效尺寸，$D_{min} \leqslant D_a \leqslant D_{max}$。

③ 当被测要素的实际轮廓偏离其最大实体状态时，即其实际尺寸偏离最大实体尺寸时（$d_a < d_{max}$ 或 $D_a > D_{min}$），在被测要素的实际轮廓不超出最大实体实效边界的条件下，允许形位误差值大于图样上标注的形位公差值，即此时的形位公差值可以增大（允许

用被测要素的尺寸公差补偿其形位公差)。

例 1　最大实体要求应用于单一要素如图 3.37 所示。

① 图样标注形式如图 3.37 (a) 所示。

② 最大实体实效边界 MMVB 为轴的最大实体实效尺寸：d_{MV} = 最大极限尺寸 d_{max} + 带Ⓜ的轴线直线度公差 = 20 + 0.01 = 20.01 (mm)。

③ 在遵守最大实体实效边界 MMVB 的条件下，当轴处于最大实体状态即轴的实际尺寸处处皆为最大实体尺寸 20mm 时，轴线直线度误差允许值为 0.01mm，见图 3.37 (b)。

④ 轴处于最小实体状态即轴的实际尺寸处处皆为最小实体尺寸 19.979mm 时，轴线直线度误差允许值可以增大到 0.031mm，见图 3.37 (c)。

⑤ 图 3.37 (d) 给出了轴线直线度误差允许值 t 随轴实际尺寸 d_a 变化的规律的动态公差图，即实际尺寸在 19.979～20mm 范围内时 ($d_{max} \geqslant d_a \geqslant d_{min}$)，轴线直线度误差允许值 t 可以在 0.01～0.031mm 变动。

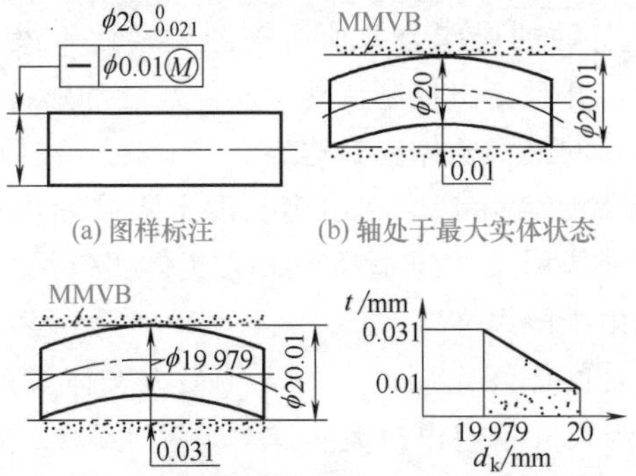

(a) 图样标注　(b) 轴处于最大实体状态

(c) 轴处于最小实体状态　(d) 动态公差图

图 3.37　最大实体要求应用于单一要素的示例及其解释

例 2　最大实体要求应用于关联要素如图 3.38 所示。

图 3.38 (a) 的图样标注表示 $\phi 50^{+0.13}_{0}$ mm 孔的轴线对基准平面 A 的垂直度公差与尺寸公差的关系采用最大实体要求，当孔处于最大实体状态时，其轴线垂直度公差值为 0.08mm，实际尺寸应在 50～50.13mm 范围内。孔的最大实体实效尺寸为：

D_{MV}＝孔的最小极限尺寸 D_{min}－带Ⓜ的轴线垂直度公差值＝50－0.08＝49.92（mm）

在遵守最大实体实效边界 MMVB 的条件下，当孔的实际尺寸处处皆为最大实体尺寸 50mm 时，轴线垂直度误差允许值为 0.08mm［见图 3.38（b）］；当孔的实际尺寸处处皆为最小实体尺寸 50.13mm 时，轴线垂直度误差允许值可以增大到 0.21mm［见图 3.38（c）］，它等于图样上标注的轴线垂直度公差值 0.08mm 与孔尺寸公差值 0.13mm 之和。图 3.38（d）给出了轴线垂直度误差允许值 t 随孔实际尺寸 D_a 变化的规律的动态公差图。

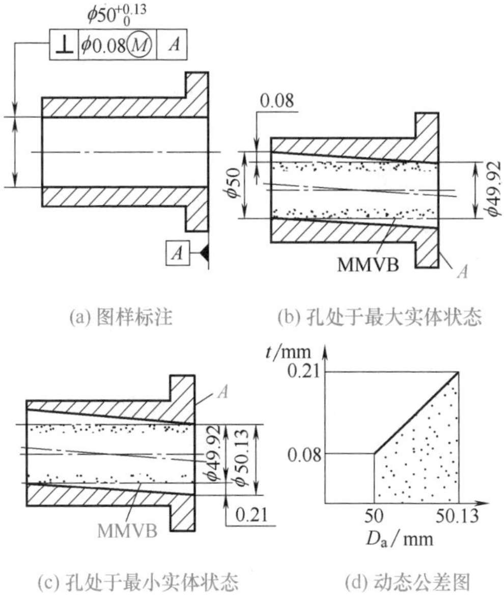

图 3.38　最大实体要求应用于关联要素的示例及其解释

（5）可逆要求

可逆要求是指在不影响零件功能的前提下，当被测轴线、中心平面等被测中心要素的形位误差值小于图样上标注的形位公差值时，允许对应被测轮廓要素的尺寸公差值大于图样上标注的尺寸公差值。

(6) 最小实体要求

最小实体要求适用于中心要素，是基于产品设计中获得最佳经济效益，节省材料，如最小壁厚。其原理同最大实体要求。

3.2.4 几何公差等级和公差值的选择应用

(1) 直线度、平面度公差及其应用

① 直线度、平面度公差等级的公差值 见表 3.25。

表 3.25 直线度、平面度公差等级的公差值 (GB/T 1184—2008)

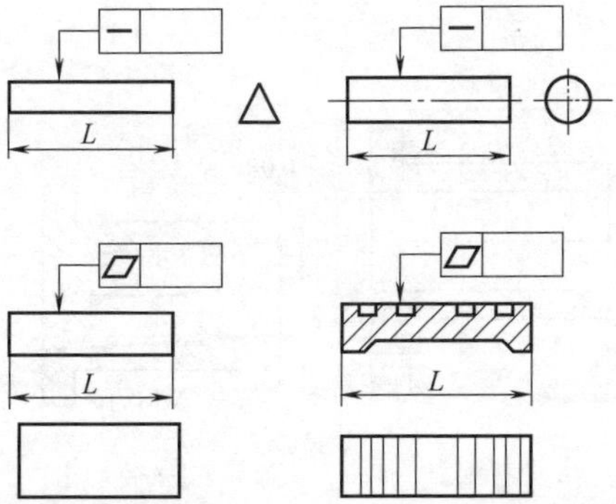

主参数 L /mm	公差等级											
	1	2	3	4	5	6	7	8	9	10	11	12
	公差值/μm											
≤10	0.2	0.4	0.8	1.2	2	3	5	8	12	20	30	60
>10~16	0.25	0.5	1	1.5	2.5	4	6	10	15	25	40	80
>16~25	0.3	0.6	1.2	2	3	5	8	12	20	30	50	100
>25~40	0.4	0.8	1.5	2.5	4	6	10	15	25	40	60	120
>40~63	0.5	1	2	3	5	8	12	20	30	50	80	150
>63~100	0.6	1.2	2.5	4	6	10	15	25	40	60	100	200
>100~160	0.8	1.5	3	5	8	12	20	30	50	80	120	250
>160~250	1	2	4	6	10	15	25	40	60	100	150	300
>250~400	1.2	2.5	5	8	12	20	30	50	80	120	200	400
>400~630	1.5	3	6	10	15	25	40	60	100	150	250	500

② 直线度和平面度公差等级应用举例 见表 3.26。

表 3.26　直线度和平面度公差等级应用举例

公差等级	应用举例
1、2	用于精密量具、测量仪器以及精度要求较高的精密机械零件。如零级样板、平尺、零级宽平尺、工具显微镜等精密测量仪器的导轨面，喷油嘴针阀体端面平面度，液压泵柱塞套端面的平面度等
3	用于零级及 1 级宽平尺工作面，1 级样板平尺的工作面，测量仪器圆弧导轨的直线度，测量仪器的测杆等
4	用于量具，测量仪器和机床的导轨。如 1 级宽平尺、零级平板，测量仪器的 V 形导轨，高精度平面磨床的 V 形导轨和滚动导轨，轴承磨床及平面磨床床身直线度等
5	用于 1 级平板，2 级宽平尺，平面磨床纵导轨、垂直导轨、立柱导轨和平面磨床的工作台，液压龙门刨床导轨面，六角车床床身导轨面，柴油机进排气门导杆等
6	用于 1 级平板，普通车床床身导轨面，龙门刨床导轨面，滚齿机立柱导轨，床身导轨及工作台，自动车床床身导轨，平面磨床垂直导轨，卧式镗床工作台，铣床工作台，以及机床主轴箱导轨，柴油机进排气门导杆直线度，柴油机机体上部接合面等
7	用于 2 级平板，0.02 游标卡尺尺身的直线度，机床主轴箱体，滚齿机床身导轨的直线度，镗床工作台，摇臂钻底座工作台，柴油机气门导杆，液压泵盖的平面度，压力机导轨及滑块等
8	用于 2 级平板，车床溜板箱体，机床主轴箱体、机床传动箱体、自动车床底座的直线度，气缸盖接合面、气缸座、内燃机连杆分离面的平面度，减速机壳体的接合面等
9	用于 3 级平板，机床溜板箱，立钻工作台，螺纹磨床的挂轮架，金相显微镜的载物台，柴油机气缸体连杆的分离面，缸盖的接合面，阀片的平面度，空气压缩机气缸体，柴油机缸孔环面的平面度，以及辅助机构和手动机械的支承面等
10	用于 3 级平板，自动车床床身底面的平面度，车床挂轮架的平面度，柴油机气缸体，摩托车的曲轴箱体，汽车变速器的壳体与汽车发动机缸盖接合面，阀片的平面度，以及液压、管件和法兰的连接面等
11、12	用于易变形的薄片零件，如离合器的摩擦片，汽车发动机缸盖的接合面等

③ 常用加工方法能达到的直线度和平面度的公差等级　见表 3.27。

（2）圆度、圆柱度公差及其应用

① 圆度、圆柱度公差值　见表 3.28。

表 3.27　常用加工方法能达到的直线度和平面度公差等级

加工方法			公差等级											
			1	2	3	4	5	6	7	8	9	10	11	12
车	普通车	粗											○	○
	立车	细									○	○		
	自动车	精					○	○	○	○				
铣	万能铣	粗											○	○
		细										○	○	
		精						○	○	○	○			
刨	龙门刨	粗											○	○
		细									○	○		
	牛头刨	精							○	○	○			
磨	无心磨	粗									○	○	○	
	外圆磨	细							○	○	○			
	平磨	精		○	○	○	○	○	○					
研磨	机动研磨 手动研磨	粗				○	○							
		细			○									
		精	○	○										
刮		粗						○	○					
		细				○	○							
		精	○	○	○									

表 3.28　圆度、圆柱度公差值（GB/T 1184—2008）

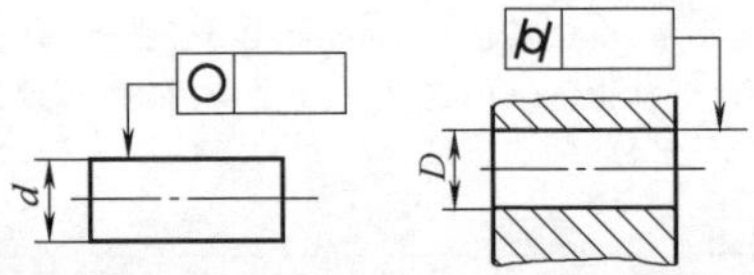

主参数 d(D) /mm	公差等级												
	0	1	2	3	4	5	6	7	8	9	10	11	12
	公差值/μm												
≤3	0.1	0.2	0.3	0.5	0.8	1.2	2	3	4	6	10	14	25
>3～6	0.1	0.2	0.4	0.6	1	1.5	2.5	4	5	8	12	18	30
>6～10	0.12	0.25	0.4	0.6	1	1.5	2.5	4	6	9	15	22	36
>10～18	0.15	0.25	0.5	0.8	1.2	2	3	5	8	11	18	27	43
>18～30	0.2	0.3	0.6	1	1.5	2.5	4	6	9	13	21	33	52
>30～50	0.25	0.4	0.6	1	1.5	2.5	4	7	11	16	25	39	62
>50～80	0.3	0.5	0.8	1.2	2	3	5	8	13	19	30	46	74

续表

主参数 $d(D)$ /mm	公差等级												
	0	1	2	3	4	5	6	7	8	9	10	11	12
	公差值/μm												
>80～120	0.4	0.6	1	1.5	2.5	4	6	10	15	22	35	54	87
>120～180	0.6	1	1.2	2	3.5	5	8	12	18	25	40	63	100
>180～250	0.8	1.2	2	3	4.5	7	10	14	20	29	46	72	115
>250～315	1.0	1.6	2.5	4	6	8	12	16	23	32	52	81	130
>315～400	1.2	2	3	5	7	9	13	18	25	36	57	89	140
>400～500	1.5	2.5	4	6	8	10	15	20	27	40	63	97	155

② 圆度和圆柱度公差等级应用举例　见表 3.29。

表 3.29　圆度和圆柱度公差等级应用举例

公差等级	应用举例
1	高精度量仪主轴，高精度机床主轴，滚动轴承滚珠和滚柱等
2	精密量仪主轴、外套、阀套，高压油泵柱塞及套，纺锭轴承，高速柴油机进、排气门，精密机床主轴轴颈，针阀圆柱表面，喷油泵柱塞及柱塞套等
3	工具显微镜套管外圆，高精度外圆磨床轴承，磨床砂轮主轴套筒，喷油嘴针、阀体，高精度微型轴承内外圈等
4	较精密机床主轴，精密机床主轴箱孔，高压阀门活塞、活塞销，阀体孔，工具显微镜顶尖，高压油泵柱塞，较高精度滚动轴承配合轴，铣削动力头箱体孔等
5	一般量仪主轴，测杆外圆，陀螺仪轴颈，一般机床主轴，较精密机床主轴及主轴箱孔，柴油机、汽油机活塞、活塞销孔，铣削动力头轴承箱座孔，高压空气压缩机十字头销、活塞，较低精度滚动轴承配合轴等
6	仪表端盖外圆，一般机床主轴及箱体孔，中等压力下液压装置工作面(包括泵、压缩机的活塞和气缸)，汽车发动机凸轮轴，纺机锭子，通用减速器轴颈，高速船用发动机曲轴，拖拉机曲轴主轴颈等
7	大功率低速柴油机曲轴、活塞、活塞销、连杆、气缸，高速柴油机箱体孔，千斤顶或压力油缸活塞，液压传动系统的分配机构，机车传动轴，水泵及一般减速器轴颈等
8	低速发动机，减速器，大功率曲柄轴轴颈，压气机连杆盖、体，拖拉机气缸体、活塞，炼胶机冷铸轴辊，印刷机传墨辊，内燃机曲轴，柴油机机体孔、凸轮轴，拖拉机、小型船用柴油机气缸套等
9	空气压缩机缸体，液压传动筒，通用机械杠杆与拉杆用套筒销子，拖拉机活塞环、套筒孔等
10	印染机导布辊，绞车，吊车，起重机滑动轴承轴颈等

③ 常用加工方法能达到的圆度和圆柱度公差等级　见表 3.30。

表 3.30　常用加工方法能达到的圆度和圆柱度公差等级

表面	加工方法		公差等级											
			1	2	3	4	5	6	7	8	9	10	11	12
轴	车	自动、半自动车							○	○	○			
		立车、六角车						○	○	○	○			
		普通车					○	○	○	○	○	○	○	○
		精车			○	○	○							
	磨	无心磨			○	○	○	○	○	○				
		外圆磨	○	○	○	○	○	○	○					
	研磨		○	○	○	○	○							
孔	普通钻孔								○	○	○	○	○	○
	铰、拉孔							○	○	○				
	车(扩)孔						○	○	○	○	○			
	镗	普通镗					○	○	○	○	○			
		精镗			○	○	○							
	珩磨						○	○	○					
	磨孔					○	○	○						
	研磨		○	○	○	○	○							

④ 圆度和圆柱度公差等级与尺寸公差等级的对应关系　见表 3.31。

表 3.31　圆度和圆柱度公差等级与尺寸公差等级的对应关系

尺寸公差等级(IT)	圆度、圆柱度公差等级	公差带占尺寸公差的百分比/%	尺寸公差等级(IT)	圆度、圆柱度公差等级	公差带占尺寸公差的百分比/%
01	0	66	3	3	50
0	0	40		4	80
	1	80	4	1	13
1	0	25		2	20
	1	50		3	33
	2	75		4	53
2	0	16		5	80
	1	33	5	2	15
	2	50		3	25
	3	85		4	40
3	0	10		5	60
	1	20		6	95
	2	30	6	3	16

续表

尺寸公差等级(IT)	圆度、圆柱度公差等级	公差带占尺寸公差的百分比/%	尺寸公差等级(IT)	圆度、圆柱度公差等级	公差带占尺寸公差的百分比/%
6	4	26	10	8	20
	5	40		9	30
	6	66		10	50
	7	95		11	70
7	4	16	11	8	13
	5	24		9	20
	6	40		10	33
	7	60		11	46
	8	80		12	83
8	5	17	12	9	12
	6	28		10	20
	7	43		11	28
	8	57		12	50
	9	85	13	10	14
9	6	16		11	20
	7	24		12	35
	8	32	14	11	11
	9	48		12	20
	10	80	15	12	12
10	7	15			

(3) 平行度、垂直度、倾斜度的公差及其应用

① 平行度、垂直度、倾斜度公差值　见表 3.32。

② 平行度和垂直度的公差及其应用　见表 3.33。

表 3.32　平行度、垂直度、倾斜度公差值

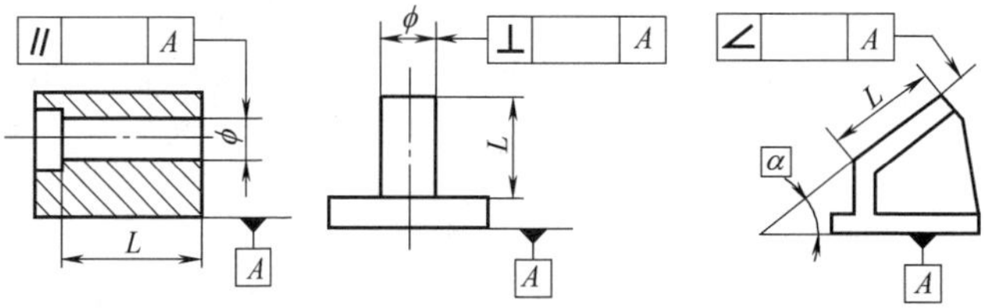

续表

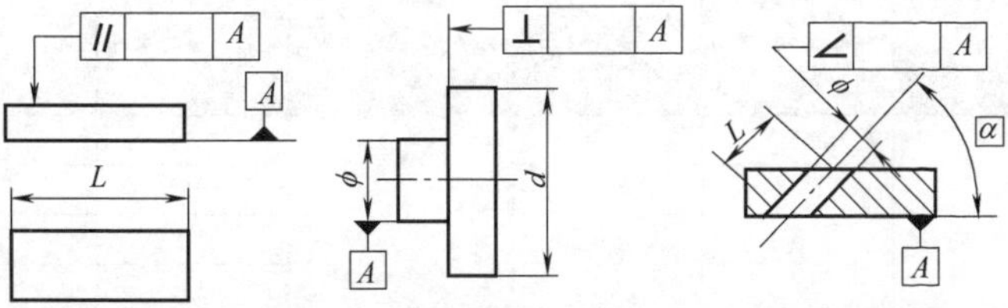

主参数 L,d(D) /mm	公差等级											
	1	2	3	4	5	6	7	8	9	10	11	12
	公差值/μm											
≤10	0.4	0.8	1.5	3	5	8	12	20	30	50	80	120
>10~16	0.5	1	2	4	6	10	15	25	40	60	100	150
>16~25	0.6	1.2	2.5	5	8	12	20	30	50	80	120	200
>25~40	0.8	1.5	3	6	10	15	25	40	60	100	150	250
>40~63	1	2	4	8	12	20	30	50	80	120	200	300
>63~100	1.2	2.5	5	10	15	25	40	60	100	150	250	400
>100~160	1.5	3	6	12	20	30	50	80	120	200	300	500
>160~250	2	4	8	15	25	40	60	100	150	250	400	600
>250~400	2.5	5	10	20	30	50	80	120	200	300	500	800
>400~630	3	6	12	25	40	60	100	150	250	400	600	1000
>630~1000	4	8	15	30	50	80	120	200	300	500	800	1200
>1000~1600	5	10	20	40	60	100	150	250	400	600	1000	1500
>1600~2500	6	12	25	50	80	120	200	300	500	800	1200	2000
>2500~4000	8	15	30	60	100	150	250	400	600	1000	1500	2500
>4000~6300	10	20	40	80	120	200	300	500	800	1200	2000	3000
>6300~10000	12	25	50	100	150	250	400	600	1000	1500	2500	4000

表 3.33　平行度和垂直度公差等级应用举例

公差等级	面对面 平行度应用举例	面对线、线对线 平行度应用举例	垂直度应用举例
1	高精度机床,高精度测量仪器以及量具等主要基准面和工作面等	—	高精度机床,高精度测量仪器以及量具等主要基准面和工作面等
2、3	精密机床,精密测量仪器、量具以及夹具的基准面和工作面等	精密机床上重要箱体主轴孔对基准面及对其他孔的要求等	精密机床导轨,普通机床重要导轨,机床主轴轴向定位面,精密机床主轴肩端面,滚动轴承座圈端面,齿轮测量仪的芯轴,光学分度头芯轴端面,精密刀具、量具的工作面和基准面等

续表

公差等级	面对面平行度应用举例	面对线、线对线平行度应用举例	垂直度应用举例
4、5	普通车床，测量仪器、量具的基准面和工作面，高精度轴承座圈，端盖，挡圈的端面等	机床主轴孔对基准面要求，重要轴承孔对基准面要求，主轴箱体重要孔间要求，齿轮泵的端面等	普通机床导轨，精密机床重要零件，机床重要支承面，普通机床主轴偏摆，测量仪器，刀具，量具，液压传动轴瓦端面，刀具、量具的工作面和基准面等
6、7、8	一般机床零件的工作面和基准面，一般刀、量、夹具等	机床一般轴承孔对基准面要求，床头箱一般孔间要求，主轴花键对定心直径要求，刀具，量具，模具等	普通精度机床主要基准面和工作面，回转工作台端面，一般导轨，主轴箱体孔、刀架、砂轮架及工作台回转中心，一般轴肩对其轴线等
9、10	低精度零件，重型机械滚动轴承端盖等	柴油机和煤气发动机的曲轴孔、轴颈等	花键轴轴肩端面，带运输机法兰盘等端面、轴线，手动卷扬机及传动装置中轴承端面，减速器壳体平面等
11、12	零件的非工作面，卷扬机、运输机上用的减速器壳体平面等	—	农业机械齿轮端面等

注：1. 在满足设计要求的前提下，考虑到零件加工的经济性，对于线对线和线对面的平行度和垂直度公差等级，应选用低于面对面的平行度和垂直度公差等级。

2. 使用本表选择面对面平行度和垂直度时，宽度应不大于 1/2 长度；若大于 1/2，则降低一级公差等级选用。

③ 平行度、垂直度和倾斜度公差等级与加工方法的对应关系　各种加工方法能达到的平行度、垂直度和倾斜度公差等级见表 3.34。平行度、垂直度和倾斜度公差等级与尺寸公差等级的对应关系见表 3.35。

（4）同轴度、对称度、圆跳动和全跳动公差及其应用

① 同轴度、对称度、圆跳动和全跳动公差及其应用见表 3.36、表 3.37，位置度系数见表 3.38。

表 3.34 各种加工方法能达到的平行度、垂直度和倾斜度公差等级

公差等级	平行度																				
	轴线对轴线(或对平面)的平行度								平面对平面的平行度												
	车		钻	镗			磨	坐标镗钻	刨		铣		拉	磨			刮			研磨	超精磨
	粗	细		粗	细	精			粗	细	粗	细		粗	细	精	粗	细	精		
1																			○	○	○
2																○			○	○	○
3																○		○		○	
4								○							○			○		○	
5							○	○						○	○		○				
6						○	○	○				○		○	○		○				
7		○				○	○			○	○	○	○	○							
8		○			○		○		○	○	○	○	○	○							
9		○	○	○					○	○	○		○								
10	○	○	○	○					○		○										
11	○								○		○										
12																					

续表

公差等级	垂直度和倾斜度																							
	轴线对轴线(或对平面)的垂直度和倾斜度											平面对平面的垂直度和倾斜度												
	车		钻	镗					金刚石镗	磨		刨			铣		插		磨			刮		研磨
				车立铣		镗床																		
	粗	细		细	精	粗	细	精		粗	细	粗	细	精	粗	细	粗	细	粗	细	精	细	精	
1																								
2																								
3																					○			○
4									○		○										○		○	○
5									○		○									○		○	○	○
6					○			○	○		○			○		○				○		○		
7					○		○	○		○	○		○			○		○		○		○		
8		○		○	○	○	○			○		○	○		○	○	○		○					
9		○		○		○						○	○		○	○								
10	○	○	○	○		○						○	○		○	○								
11	○		○									○			○									
12			○																					

表 3.35 平行度、垂直度和倾斜度公差等级与尺寸公差等级的对应关系

平行度(线对线、面对面)公差等级	3	4	5	6	7	8	9	10	11	12
尺寸公差等级(IT)	—				3、4	5、6	7、8、9	10、11、12	12、13、14	14、15、16
垂直度和倾斜度公差等级	3	4	5	6	7	8	9	10	11	12
尺寸公差等级(IT)	—	5	6	7、8	8、9	10	11、12	12、13	14	15

注：6、7、8、9 级为常用的形位公差等级，6 级为基本级。

表 3.36 同轴度、对称度、圆跳动和全跳动公差值（GB/T 1184—2008）

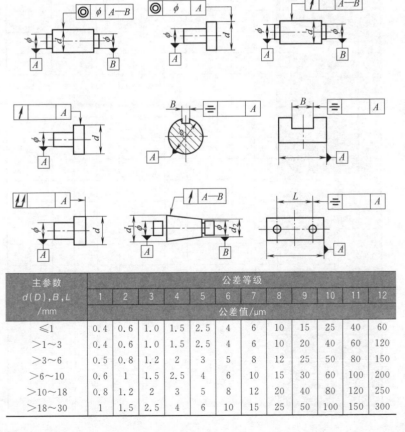

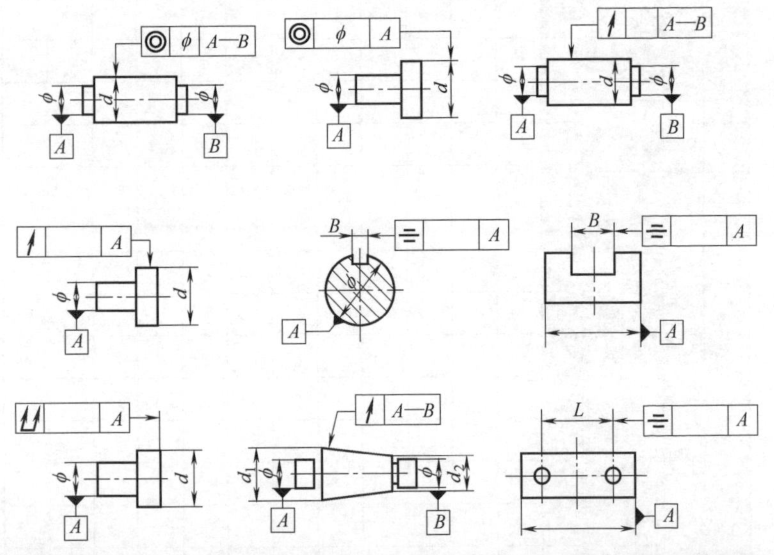

主参数 d(D),B,L /mm	公差等级											
	1	2	3	4	5	6	7	8	9	10	11	12
	公差值/μm											
≤1	0.4	0.6	1.0	1.5	2.5	4	6	10	15	25	40	60
>1～3	0.4	0.6	1.0	1.5	2.5	4	6	10	20	40	60	120
>3～6	0.5	0.8	1.2	2	3	5	8	12	25	50	80	150
>6～10	0.6	1	1.5	2.5	4	6	10	15	30	60	100	200
>10～18	0.8	1.2	2	3	5	8	12	20	40	80	120	250
>18～30	1	1.5	2.5	4	6	10	15	25	50	100	150	300

续表

主参数 $d(D),B,L$ /mm	公差等级											
	1	2	3	4	5	6	7	8	9	10	11	12
	公差值/μm											
>30～50	1.2	2	3	5	8	12	20	30	60	120	200	400
>50～120	1.5	2.5	4	6	10	15	25	40	80	150	250	500
>120～250	2	3	5	8	12	20	30	50	100	200	300	600
>250～500	2.5	4	6	10	15	25	40	60	120	250	400	800
>500～800	3	5	8	12	20	30	50	80	150	300	500	1000
>800～1250	4	6	10	15	25	40	60	100	200	400	600	1200
>1250～2000	5	8	12	20	30	50	80	120	250	500	800	1500
>2000～3150	6	10	15	25	40	60	100	150	300	600	1000	2000
>3150～5000	8	12	20	30	50	80	120	200	400	800	1200	2500
>5000～8000	10	15	25	40	60	100	150	250	500	1000	1500	3000
>8000～10000	12	20	30	50	80	120	200	300	600	1200	2000	4000

表 3.37　同轴度、对称度、圆跳动和全跳动公差等级应用举例

公差等级	应用举例
1、2、3、4	用于同轴度或旋转精度要求很高的零件。如 1、2 级用于精密测量仪器的主轴和顶尖，柴油机喷油嘴针阀等；3、4 级用于机床主轴轴颈，砂轮轴轴颈，汽轮机主轴，测量仪器的小齿轮轴，高精度滚动轴承内、外圈等
5、6、7	应用范围较广的公差等级，精度要求比较高。如 5 级常用在机床轴颈，测量仪器的测量杆，汽轮机主轴，柱塞油泵转子，高精度滚动轴承外圈，一般精度轴承内圈；6、7 级用在内燃机曲轴、凸轮轴轴颈、水泵轴，齿轮轴、汽车后桥输出轴，电动机转子；G 级精度滚动轴承内圈，印刷机传墨辊等
8、9、10	用于一般精度要求。如 8 级用于拖拉机、发动机分配轴轴颈；9 级以下齿轮轴的配合面，水泵叶轮，离心泵泵体，棉花精梳机前后滚子；9 级用于内燃机气缸套配合面，自行车中轴；10 级用于摩托车活塞，印染机导布辊，内燃机活塞环槽底径对活塞中心，气缸套外圈对内孔等
11、12	用于无特殊要求

表 3.38　位置度系数　　μm

1	1.2	1.5	2	2.5
1×10^n	1.2×10^n	1.5×10^n	2×10^n	2.5×10^n
3	4	5	6	8
3×10^n	4×10^n	5×10^n	6×10^n	8×10^n

注：n 为正整数。

选用公差等级时，除根据零件使用要求外，还应注意零件结构特征，如细长的零件或两孔距离较大的零件，应相应地降低公差等级 1～2 级。

② 同轴度、对称度、圆跳动和全跳动公差对应的加工方法和尺寸公差。

各种加工方法能达到的同轴度、对称度、圆跳动和全跳动公差等级见表 3.39。同轴度、对称度、圆跳动和全跳动公差等级与尺寸公差等级的对应关系见表 3.40。

表 3.39　各种加工方法能达到的同轴度、对称度、圆跳动和全跳动公差等级

加工方法		公差等级											
		1	2	3	4	5	6	7	8	9	10	11	12
同轴度、对称度和径向圆跳动													
车	粗								○	○	○		
	细							○	○				
镗	精				○	○	○	○					
铰	细						○	○					
磨	粗							○	○				
	细					○	○						
	精	○	○	○	○								
内圆磨	细				○	○	○						
珩磨			○	○	○								
研磨		○	○	○	○								
斜向和端面圆跳动													
车	粗										○	○	
	细								○	○	○		
	精						○	○	○	○			
磨	细					○	○	○	○	○			
	精				○	○	○	○					
刮	细		○	○	○	○							

（5）形状和位置公差未注公差值（GB/T 1184—2008）

① 直线度和平面度的未注公差值见表 3.41。选择公差值时，对于直线度应按其相应线的长度选择；对于平面应按其表面的较长一侧或圆表面的直径选择。

表 3.40　同轴度、对称度、圆跳动和全跳动公差等级与尺寸公差等级的对应关系

同轴度、对称度、径向圆跳动、径向全跳动公差等级	1	2	3	4	5	6	7	8	9	10	11	12
尺寸公差等级(IT)	2	3	4	5	6	7,8	8,9	10	11,12	12,13	14	15
端面圆跳动、斜向圆跳动、端面全跳动公差等级	1	2	3	4	5	6	7	8	9	10	11	12
尺寸公差等级(IT)	1	2	3	4	5	6	7,8	8,9	10	11,12	12,13	14

注：6、7、8、9 级为常用的形位公差等级，7 级为基本级。

表 3.41　直线度和平面度的未注公差值（GB/T 1184—2008）

mm

公差等级	基本长度范围					
	≤10	>10～30	>30～100	>100～300	>300～1000	>1000～3000
H	0.02	0.05	0.1	0.2	0.3	0.4
K	0.05	0.1	0.2	0.4	0.6	0.8
L	0.1	0.2	0.4	0.8	1.2	1.6

② 圆度的未注公差值等于标准的直径公差值，但不能大于表 3.42 中圆跳动的未注公差值。

表 3.42　圆跳动的未注公差值（GB/T 1184—2008）　mm

公差等级	圆跳动公差值
H	0.1
K	0.2
L	0.5

③ 圆柱度的未注公差值不做规定。圆柱度误差由三个部分组成：圆度、直线度和相对素线的平行度误差，而其中每一项误差均由它们的注出公差或未注公差控制。如因功能要求，圆柱度应小于圆度、直线度和平行度的未注公差的综合结果，应在被测要素上按 GB/T 1184—2008 的规定注出圆柱度公差值，或采用包容要求。

④ 平行度的未注公差值等于给出的尺寸公差值，或直线度和平面度未注公差值中的相应公差值取较大者。应取两要素中的较长者作为基准；若两要素的长度相等，则可选任一要素为基准。

⑤ 垂直度的未注公差值见表 3.43，取形成直角的两边中较长的一边作为基准，较短的一边作为被测要素；若边的长度相等则可取其中的任意一边为基准。

表 3.43　垂直度的未注公差值（GB/T 1184—2008）　mm

公差等级	基本长度范围			
	≤100	>100～300	>300～1000	>1000～3000
H	0.2	0.3	0.4	0.5
K	0.4	0.6	0.8	1
L	0.6	1	1.5	2

⑥ 对称度的未注公差值见表 3.44。应取两要素中较长者作为基准，较短者作为被测要素；若两要素长度相等则可选任一要素为基准。

表 3.44　对称度的未注公差值（GB/T 1184—2008）　mm

公差等级	基本长度范围			
	≤100	>100～300	>300～1000	>1000～3000
H	0.5			
K	0.6		0.8	1
L	0.6	1	1.5	2

⑦ 同轴度的未注公差值未作规定。在极限状况下，同轴度的未注公差值与圆跳动的未注公差值相等。

⑧ 对于圆跳动未注公差值，应以设计和工艺给出的支承面作为基准，否则应取两要素中较长的一个作为基准；若两要素的长度相等，则可选任一要素为基准。

3.3 表面粗糙度

3.3.1 基本概念

表面粗糙度涉及的国标主要有：《技术产品文件中表面结构的表示法》（GB/T 131—2006）；《表面结构　轮廓法　术语、定义及表面结构参数》(GB/T 3505—2009);《表面结构　轮廓法　图形参数》(GB/T 18618—2009);《表面粗糙度参数及其数值》(GB/T 1031—2009)。表面结构包括表面粗糙度、表面波纹度和表面纹理。

(1) 表面轮廓

① 表面轮廓 (surface profile):一个指定平面与实际表面相交所得的轮廓 (GB/T 3505—2009),见图 3.39。实际上,通常采用一条名义上与实际表面平行,并在一个适当的方向上的法线来选择一个平面。

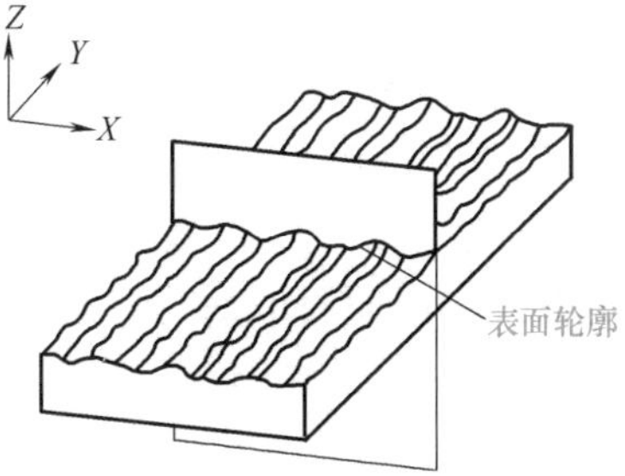

图 3.39　表面轮廓

② 定义表面结构参数的坐标系是右旋空间直角坐标系(笛卡儿坐标系),其中,X 轴与轮廓中线方向一致,Y 轴处于实际表面中,Z 轴是从材料向周围介质延伸的方向。

③ 实际表面是物体与周围介质分离的表面。

(2) 表面粗糙度、表面波纹度和形状误差的界定

零件加工后的截面轮廓形状是复杂的,包括表面粗糙度、表面波纹度和形状误差,如图 3.40 所示,三者通常按波距(间距)来划分:波距小于 1mm 的属于表面粗糙度(微观几何形状误差);波距在 1~10mm 的属于表面波纹度;波距大于 10mm 的属于形状误差。

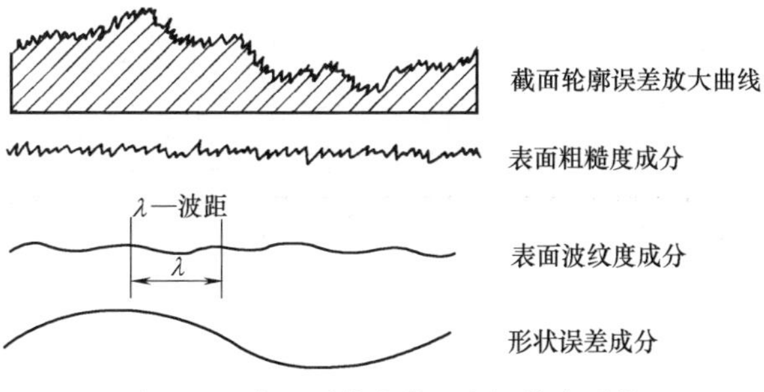

图 3.40　完工零件的截面实际轮廓形状

3.3.2 表面粗糙度的评定

测量和评定表面粗糙度时，需要确定取样长度、评定长度、基准线和评定参数，并且应测量横向轮廓或垂直于切削方向的轮廓。

（1）取样长度和评定长度

① 取样长度　取样长度是指测量或评定表面粗糙度时所规定的一段长度，如图 3.41 所示。规定和选择取样长度，可以限制和减弱其他的截面轮廓形状误差，尤其是表面波纹度对测量结果的影响。

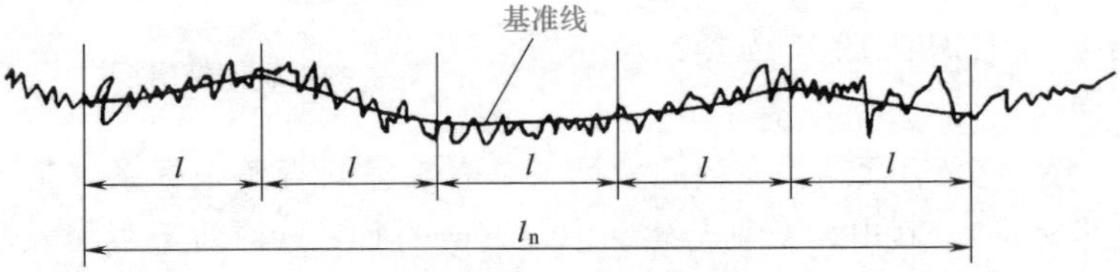

l— 取样长度；l_n— 评定长度

图 3.41　取样长度与评定长度

取样长度在轮廓总的走向上量取。在一个取样长度 l 范围内，一般应包含五个以上的轮廓峰和轮廓谷。表面越粗糙，取样长度就应越大。

② 评定长度　评定长度是指为了合理且较全面地反映整个表面的表面粗糙度特性，而在测量和评定表面粗糙度时所必需的一段长度，如图 3.41 所示。评定长度 l_n 包括一个或几个取样长度，一般情况下取 $l_n=5l$。

取样长度和评定长度的推荐值见表 3.45。

表 3.45　取样长度和评定长度的推荐值（GB/T 1031—2009）

Ra/μm	Rz，Ry/μm	取样长度 l/mm	评定长度 l_n/mm
>0.003～0.02	>0.025～0.10	0.08	0.4
>0.02～0.1	>0.10～0.50	0.25	1.25
>0.1～2.0	>0.50～10.0	0.8	4.0
>2.0～10.0	>10.0～50.0	2.5	12.5
>10.0～80.0	>50～320	8.0	40.0

（2）基准线

基准线是指评定表面粗糙度参数值时所取的基准。GB/T 3505—2009 规定下列中线作为基准线。

① 轮廓的最小二乘中线　轮廓的最小二乘中线是指具有理想直线形状并划分被测轮廓的基准线（如图 3.42 所示），在取样长度内使轮廓上各点到该基准线的距离（轮廓偏距）的平方之和为最小。图中，y_i 为轮廓偏距（$i=1, 2, \cdots, n$），最小二乘中线使 $\sum_{i=1}^{n} y_i^2 = \min$。

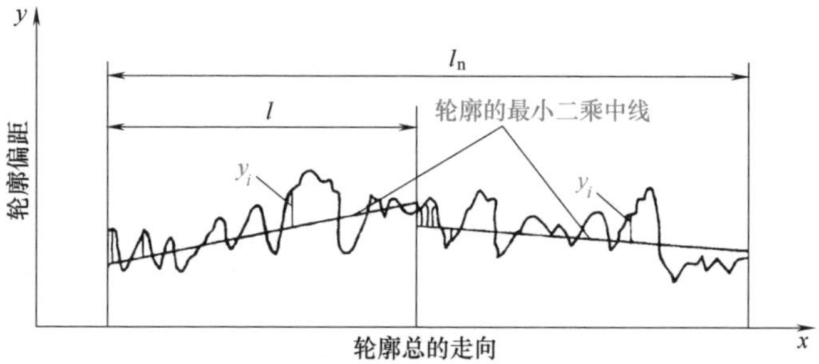

图 3.42　轮廓的最小二乘中线

② 轮廓的算术平均中线　轮廓的算术平均中线是指具有理想直线形状并在取样长度内与轮廓走向一致的基准线（如图 3.43 所示），该基准线将轮廓划分为上下两部分，且使上部分的面积之和

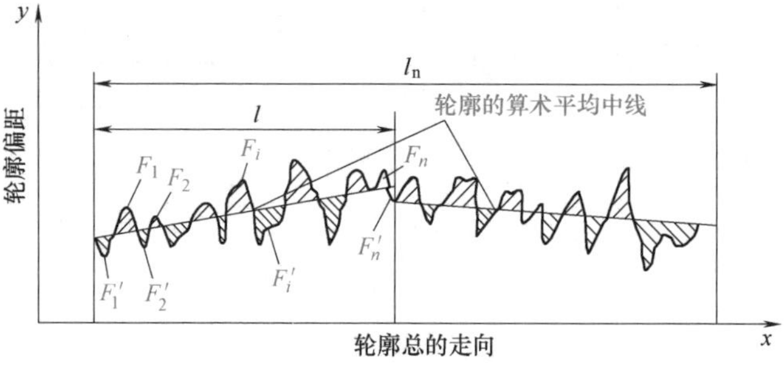

图 3.43　轮廓的算术平均中线

等于下部分的面积之和，即 $\sum_{i=1}^{n} F_i = \sum_{i=1}^{n} F'_i$。

（3）评定参数

表面粗糙度的评定参数按照微观不平度高度、间距和形状三个方面的特性来划分。

1）高度特性参数

① 轮廓算术平均偏差　轮廓算术平均偏差 Ra 是指在取样长度 l 内（图 3.44），被测轮廓上各点到基准线的距离 y_i 的绝对值的算术平均值。用公式表示为：

$$Ra = \frac{1}{l}\int_0^l |y| \mathrm{d}x$$

或近似为：　　　　(3.2)

$$Ra = \frac{1}{n}\sum_{i=1}^{n} |y_i|$$

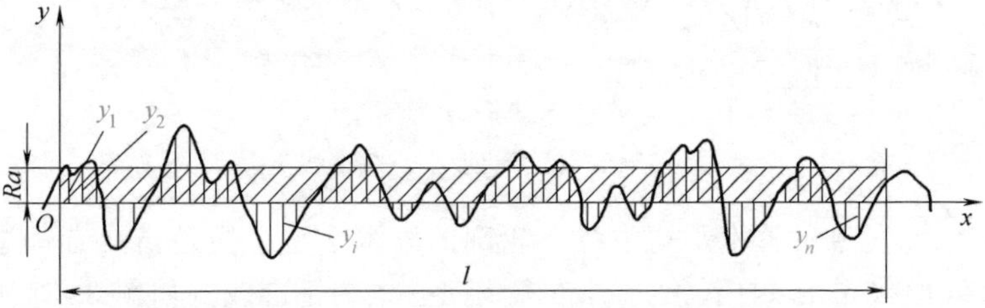

图 3.44　轮廓算术平均偏差 Ra 的确定

② 微观不平度十点高度　微观不平度十点高度 Rz 是指在取样长度 l 内（图 3.45），被测轮廓上五个最大轮廓峰高 y_{pi} 的平均值

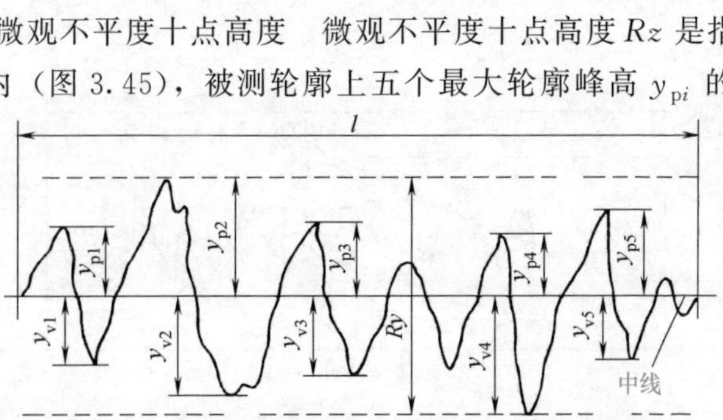

图 3.45　微观不平度十点高度 Rz 的确定

与五个最大轮廓谷深 y_{vi} 的平均值之和。用公式表示为：

$$Rz=\frac{1}{5}\left(\sum_{i=1}^{5}y_{pi}+\sum_{i=1}^{5}y_{vi}\right) \tag{3.3}$$

③ 轮廓最大高度　轮廓最大高度 Ry 是指在取样长度 l 内(图 3.45)，被测轮廓的峰顶线与谷底线之间的距离。表征微观不平度高度特性的评定参数 Ra、Rz、Ry 的数值越大，则表面越粗糙。

2）间距特性参数

① 轮廓微观不平度的平均间距　如图 3.46 所示，含有一个轮廓峰和相邻轮廓谷的一段中线长度，称为轮廓微观不平度的间距（如 S_{m1}，…，S_{mi} 和 S_{mn}）。轮廓微观不平度的平均间距 S_m 是指在取样长度 l 内，轮廓微观不平度间距的平均值。用公式表示为：

$$S_m=\frac{1}{n}\sum_{i=1}^{n}S_{mi} \tag{3.4}$$

式中　S_{mi}——第 i 个轮廓微观不平度间距；

n——在取样长度 l 内所含的轮廓微观不平度间距的个数。

② 轮廓单峰的平均间距　参看图 3.46，两相邻单峰的最高点之间的距离投影在中线上的长度，称为轮廓的单峰间距（如 S_1，…，S_i 和 S_n）。轮廓单峰的平均间距 S 是指在取样长度 l 内，轮廓单峰间距的平均值。用公式表示为：

$$S=\frac{1}{n}\sum_{i=1}^{n}S_i \tag{3.5}$$

式中　S_i——第 i 个轮廓单峰间距；

n——在取样长度 l 内所含的轮廓单峰的个数。

表征微观不平度间距特性的评定参数 S_m、S 的数值越大，则

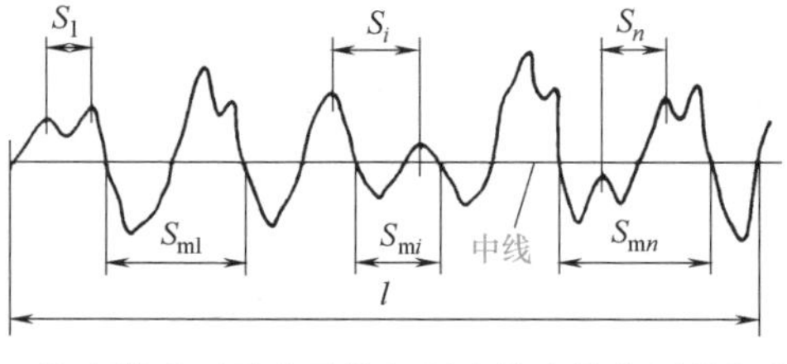

图 3.46　轮廓微观不平度平均间距和轮廓单峰平均间距的确定

表面越粗糙。

3）形状特性参数　微观不平度的形状特性用轮廓支承长度率表示。参看图 3.47，在取样长度 l 内，一条平行于中线的直线与轮廓相截，所得各截线长度之和称为轮廓支承长度 η_p。

$$\eta_p = b_1 + b_2 + \cdots + b_i + \cdots + b_n = \sum_{i=1}^{n} b_i$$

轮廓支承长度率 t_p 是指轮廓支承长度 η_p 与取样长度 l 之比（用百分比表示），即

$$t_p = \frac{\eta_p}{l} = \frac{1}{l}\sum_{i=1}^{n} b_i \tag{3.6}$$

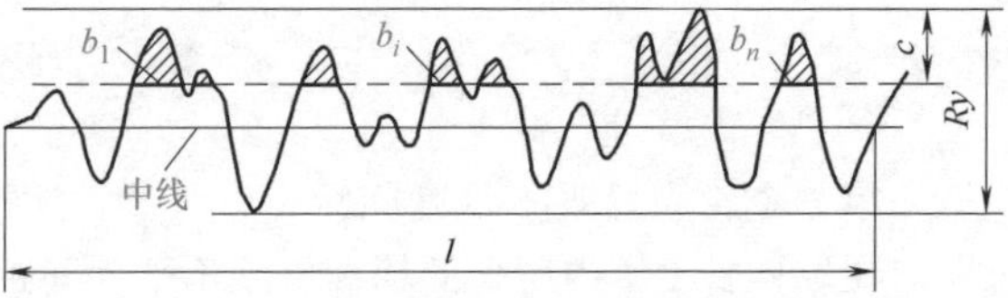

图 3.47　轮廓支承长度的确定

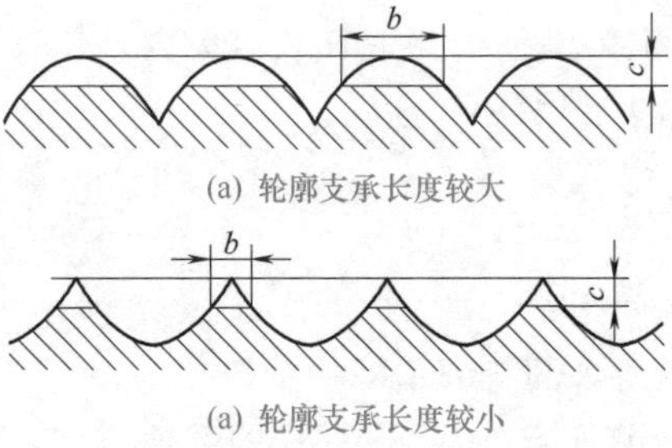

图 3.48　不同实际轮廓形状的支承长度

轮廓支承长度率 t_p 与零件的实际轮廓形状有关，是反映零件表面耐磨性能的指标。对于不同的实际轮廓形状，在相同的取样长度内并给出相同的水平截距，t_p 越大，则表示零件表面凸起的实体部分越大，承载面积就越大，因而接触刚度就越高，耐磨性能就越好，例如图 3.48（a）、（b）所示，前者耐磨性能较好，后者耐磨性能较差。

由图 3.48（a）、（b）还可以看出，此时若采用高度特性参数和间距特性参数就很难区分两者表面粗糙度的差异，而采用形状特性参数就能加以区分。

3.3.3 表面粗糙度评定参数和数值的选择应用

表面粗糙度的各个评定参数和参数值的大小根据零件的功能要求和经济性来选择。

（1）评定参数的选择

表面粗糙度的三类特性评定参数中，最常采用的是高度特性参数。当只给出高度特性参数不能满足零件的功能要求时，才附加地给出间距特性参数或（和）形状特性参数。

在高度特性评定参数中，Ra 的概念颇直观，Ra 值反映实际轮廓微观几何形状特性的信息量大，而且 Ra 值用触针式电动轮廓仪测量比较容易。因此对于光滑表面和半光滑表面，普遍采用 Ra 作为评定参数。但由于触针式电动轮廓仪功能的限制，对于极光滑和极粗糙表面，不采用 Ra 作为评定参数。

评定参数 Rz 的概念较直观，Rz 值通常用非接触式的光切显微镜测量。但由于 Rz 值只反映取样长度内峰高和谷底的十个点，不能反映峰顶的尖锐或平钝的几何形状特性，因此 Rz 值不如 Ra 值反映的微观几何形状特性全面。

评定参数 Ry 的概念简单，Ry 值的测量简便，但 Ry 值不及 Ra 值或 Rz 值反映的微观几何形状特性全面。Ry 与 Ra 或 Rz 联用，控制微观不平度的谷深，用来评定某些不允许出现较大加工痕迹和受交变应力作用的表面。此外，当被测表面狭小（在一个取样长度内不足五个最大轮廓峰高和五个最大轮廓谷深）而不宜采用 Ra 或 Rz 评定时，采用评定参数 Ry 具有实际意义。

间距特性参数 S_m、S 和形状特性参数 t_p 是为了更好地反映微观几何形状特性而规定的，例如对密封性要求高的表面可规定 S_m、S；对耐磨性要求高的表面可规定 t_p。

（2）表面粗糙度数值（GB/T 1031—2009）

① Ra 的规定数值和补充数值　见表 3.46、表 3.47。

表 3.46　轮廓的算术平均偏差 Ra 的数值　　　　　μm

| Ra | 0.012 | 0.2 | 3.2 | 50 | Ra | 0.05 | 0.8 | 12.5 |
| | 0.025 | 0.4 | 6.3 | 100 | | 0.1 | 1.6 | 25 |

表 3.47　Ra 补充系列值　μm

Ra	0.008 0.010 0.016 0.020	0.080 0.125 0.160 0.25	1.00 1.25 2.0 2.5	10.0 16.0 20 32	Ra	0.032 0.040 0.063	0.32 0.50 0.63	4.0 5.0 8.0	40 63 80

② Rz 的规定数值和补充数值　见表 3.48、表 3.49。

表 3.48　轮廓的最大高度 Rz 的数值　μm

Rz	0.025 0.05	0.4 0.8	6.3 12.5	100 200	1600	Rz	0.1 0.2	1.6 3.2	25 50	400 800	

表 3.49　Rz 补充系列值　μm

Rz	0.032 0.040 0.063 0.080	0.50 0.63 1.00 1.25	8.0 10.0 16.0 20	125 160 250 320	Rz	0.125 0.160 0.25 0.32	2.0 2.5 4.0 5.0	32 40 63 80	500 630 1000 1250

③ Ra 的取值及对应的取样长度　见表 3.50。

表 3.50　Ra 参数值与取样长度 l_r 值的对应关系

Ra/μm	l_r/mm	l_n ($l_n=5l_r$)/mm	Ra/μm	l_r/mm	l_n ($l_n=5l_r$)/mm
≥0.008～0.02	0.08	0.4	>2.0～10.0	2.5	12.5
>0.02～0.1	0.25	1.25	>10.0～80.0	8.0	40.0
>0.1～2.0	0.8	4.0			

④ Rz 的取值及对应的取样长度　见表 3.51。

表 3.51　Rz 参数值与取样长度 l_r 值的对应关系

Rz/μm	l_r/mm	l_n ($l_n=5l_r$)/mm	Rz/μm	l_r/mm	l_n ($l_n=5l_r$)/mm
≥0.025～0.10	0.08	0.4	>10.0～50.0	2.5	12.5
>0.10～0.50	0.25	1.25	>50～320	8.0	40.0
>0.50～10.0	0.8	4.0			

（3）表面粗糙度的应用举例

表面粗糙度的应用举例见表 3.52，典型零件表面常用的粗糙度数值见表 3.53。

表 3.52　表面粗糙度应用举例

表面粗糙度 Ra/μm	相当表面光洁度	表面形状特征		应用举例
>40～80	▽1	粗糙的	明显可见刀痕	粗糙度最高的加工面，一般很少采用
>20～40	▽2	粗糙的	可见刀痕	粗糙度最高的加工面，一般很少采用
>10～20	▽3	粗糙的	微见刀痕	粗加工表面比较精确的一级，应用范围较广，如轴端面、倒角、穿螺钉孔和铆钉孔的表面、垫圈的接触面等
>5～10	▽4	半光	可见加工痕迹	半精加工面，支架、箱体、离合器、带轮侧面、凸轮侧面等非接触的自由表面，与螺栓头和铆钉头相接触的表面，所有轴和孔的退刀槽，一般遮板的结合面等
>2.5～5	▽5	半光	微见加工痕迹	半精加工面，箱体、支架、盖面、套筒等和其他零件连接而没有配合要求的表面，需要发蓝的表面，需要滚花的预先加工面，主轴非接触的全部外表面等
>1.25～2.5	▽6	半光	看不清加工痕迹	基面及表面质量要求较高的表面，中型机床工作台面（普通精度），组合机床主轴箱和盖面的结合面，中等尺寸平带轮和 V 带轮的工作表面，衬套、滑动轴承的压入孔、一般低速转动的轴颈
>0.63～1.25	▽7	光	可辨加工痕迹的方向	中型机床（普通精度）滑动导轨面，导轨压板，圆柱销和圆锥销的表面，一般精度的刻度盘，需镀铬抛光的外表面，中速转动的轴颈，定位销压入孔等
>0.32～0.63	▽8	光	微辨加工痕迹的方向	中型机床（提高精度）滑动导轨面，滑动轴承轴瓦的工作表面，夹具定位元件和钻套的主要表面，曲轴和凸轮轴的工作轴颈，分度盘表面，高速工作下的轴颈及衬套的工作面等
>0.16～0.32	▽9	光	不可辨加工痕迹的方向	精密机床主轴锥孔，顶尖圆锥面，直径小的精密芯轴和转轴的结合面，活塞的活塞销孔，要求气密的表面和支承面

续表

表面粗糙度 Ra/μm	相当表面光洁度	表面形状特征		应用举例
>0.08~0.16	▽10	最光	暗光泽面	精密机床主轴箱与套筒配合的孔,仪器在使用中要承受摩擦的表面,如导轨、槽面等,液压传动用的孔的表面,阀的工作面,气缸内表面,活塞销的表面等
>0.04~0.08	▽11		亮光泽面	特别精密的滚动轴承套圈滚道、滚珠及滚柱表面,量仪中中等精度间隙配合零件的工作表面,工作量规的测量表面等
>0.02~0.04	▽12		镜状光泽面	特别精密的滚动轴承套圈滚道、滚珠及滚柱表面,高压油泵中柱塞和柱塞套的配合表面,保证高度气密的结合表面等
>0.01~0.02	▽13		雾状镜面	仪器的测量表面,量仪中高精度间隙配合零件的工作表面,尺寸超过 100mm 的量块工作表面等
≤0.01	▽14		镜面	量块工作表面,高精度测量仪器的测量面,光学测量仪器中的金属镜面等

表 3.53　典型零件表面常用的粗糙度数值　　μm

表面特性	部位	表面粗糙度 Ra 值,不大于			
滑动轴承的配合表面	表面	公差等级		液体摩擦	
		IT7~IT9	IT11~IT12		
	轴	0.2~3.2	1.6~3.2	0.1~0.4	
	孔	0.4~1.6	1.6~3.2	0.2~0.8	
带密封的轴颈表面	密封方式	轴颈表面速度/(m/s)			
		≤3	≤5	>5	≤4
	橡胶	0.4~0.8	0.2~0.4	0.1~0.2	
	毛毡				0.4~0.8
	迷宫	1.6~3.2			
	油槽	1.6~3.2			
圆锥结合	表面	密封结合	定心结合	其他	
	外圆锥表面	0.1	0.4	1.6~3.2	
	内圆锥表面	0.2	0.8	1.6~3.2	

续表

表面特性	部位		表面粗糙度 Ra 值,不大于		
螺纹	类别		螺纹精度等级		
			4	5	6
	粗牙普通螺纹		0.4～0.8	0.8	1.6～3.2
	细牙普通螺纹		0.2～0.4	0.8	1.6～3.2
键结合	结合形式		键	轴槽	毂槽
	工作表面	沿毂槽移动	0.2～0.4	1.6	0.4～0.8
		沿轴槽移动	0.2～0.4	0.4～0.8	1.6
		不动	1.6	1.6	1.6～3.2
	非工作表面		6.3	6.3	6.3
矩形齿花键	定心方式		外径	内径	键侧
	外径 D	内花键	1.6	6.3	3.2
		外花键	0.8	6.3	0.8～3.2
	内径 d	内花键	6.3	0.8	3.2
		外花键	3.2	0.8	0.8
	键宽 b	内花键	6.3	6.3	3.2
		外花键	3.2	6.3	0.8～3.2

表面特性	部位	齿轮精度等级					
		5	6	7	8	9	10
齿轮	齿面	0.2～0.4	0.4	0.4～0.8	1.6	3.2	6.3
	外圆	0.8～1.6	1.6～3.2	1.6～3.2	1.6～3.2	3.2～6.3	3.2～6.3
	端面	0.4～0.8	0.4～0.8	0.8～3.2	0.8～3.2	3.2～6.3	3.2～6.3

表面特性	部位		蜗轮蜗杆精度等级				
			5	6	7	8	9
蜗轮蜗杆	蜗杆	齿面	0.2	0.4	0.4	0.8	1.6
		齿顶	0.2	0.4	0.4	0.8	1.6
		齿根	3.2	3.2	3.2	3.2	3.2
	蜗轮	齿面	0.4	0.4	0.8	1.6	3.2
		齿根	3.2	3.2	3.2	3.2	3.2

（4）表面粗糙度与尺寸公差等级的对应关系（见表 3.54）

表 3.54　表面粗糙度与尺寸公差等级的对应关系

<table>
<tr><th rowspan="3">公差等级</th><th colspan="8">基本尺寸/mm</th></tr>
<tr><th>>6～10</th><th>>10～18</th><th>>18～30</th><th>>30～50</th><th>>50～80</th><th>>80～120</th><th>>120～180</th><th>>180～250</th></tr>
<tr><th colspan="8">表面粗糙度 Ra 值/μm，不大于</th></tr>
<tr><td>IT6</td><td>0.02</td><td colspan="2">0.4</td><td colspan="2">0.8</td><td colspan="2">1.6</td><td>3.2</td></tr>
<tr><td>IT7</td><td colspan="6">1.6</td><td colspan="2">3.2</td></tr>
<tr><td>IT8</td><td colspan="4">1.6</td><td colspan="4">3.2</td></tr>
<tr><td>IT9</td><td colspan="5">3.2</td><td colspan="3">6.3</td></tr>
<tr><td>IT10</td><td colspan="3">3.2</td><td colspan="5">6.3</td></tr>
<tr><td>IT11</td><td>3.2</td><td colspan="5">6.3</td><td colspan="2">12.5</td></tr>
<tr><td>IT12</td><td colspan="5">6.3</td><td colspan="3">12.5</td></tr>
</table>

（5）表面粗糙度与尺寸公差、形状公差的对应关系

尺寸公差、形状公差和表面粗糙度是在设计图上同时给出的基本要求，三者互相存在密切联系，故取值时应相互协调，一般应符合：尺寸公差＞形状公差＞表面粗糙度，表 3.55 列出了表面粗糙度与尺寸公差、形状公差的对应关系，供参考。

表 3.55　表面粗糙度与尺寸公差、形状公差的对应关系

尺寸公差等级		IT5			IT6			IT7			IT8		
相应的形状公差		Ⅰ	Ⅱ	Ⅲ	Ⅰ	Ⅱ	Ⅲ	Ⅰ	Ⅱ	Ⅲ	Ⅰ	Ⅱ	Ⅲ
基本尺寸/mm		表面粗糙度参考值/μm											
至 18	*Ra*	0.20	0.10	0.05	0.40	0.20	0.10	0.80	0.40	0.20	0.80	0.40	0.20
	Rz	1.00	0.50	0.25	2.00	1.00	0.50	4.00	2.00	1.00	4.00	2.00	1.00
＞18～50	*Ra*	0.40	0.20	0.10	0.80	0.40	0.20	1.60	0.80	0.40	1.60	0.80	0.40
	Rz	2.00	1.00	0.50	4.00	2.00	1.00	6.30	4.00	2.00	6.30	4.00	2.00
＞50～120	*Ra*	0.80	0.40	0.20	0.80	0.40	0.20	1.60	0.80	0.40	1.60	1.60	0.80
	Rz	4.00	2.00	1.00	4.00	2.00	1.00	6.30	4.00	2.00	6.30	6.30	4.00
＞120～500	*Ra*	0.80	0.40	0.20	1.60	0.80	0.40	1.60	1.60	0.80	1.60	1.60	0.80
	Rz	4.00	2.00	1.00	6.30	4.00	2.00	6.30	6.30	4.00	6.30	6.30	4.00

尺寸公差等级		IT9			IT10			IT11			IT12 IT13		IT14 IT15	
相应的形状公差		Ⅰ,Ⅱ	Ⅲ	Ⅳ	Ⅰ,Ⅱ	Ⅲ	Ⅳ	Ⅰ,Ⅱ	Ⅲ	Ⅳ	Ⅰ,Ⅱ	Ⅲ	Ⅰ,Ⅱ	Ⅲ
基本尺寸/mm		表面粗糙度参考值/μm												
至 18	*Ra*	1.60	0.80	0.40	1.60	0.80	0.40	3.20	1.60	0.80	6.30	3.20	6.30	6.30
	Rz	6.30	4.00	2.00	6.30	4.00	2.00	12.5	6.30	4.00	25.0	12.5	25.0	25.0

续表

尺寸公差等级		IT9			IT10			IT11			IT12 IT13		IT14 IT15	
相应的形状公差		Ⅰ，Ⅱ	Ⅲ	Ⅳ	Ⅰ，Ⅱ	Ⅲ	Ⅳ	Ⅰ，Ⅱ	Ⅲ	Ⅳ	Ⅰ，Ⅱ	Ⅲ	Ⅰ，Ⅱ	Ⅲ
基本尺寸/mm		表面粗糙度参考值/μm												
>18～50	*Ra*	1.60	1.60	0.80	3.20	1.60	0.80	3.20	1.60	0.80	6.30	3.20	12.5	6.30
	Rz	6.30	6.30	4.00	12.5	6.30	4.00	12.5	6.30	4.00	25.0	12.5	50.0	25.0
>50～120	*Ra*	3.20	1.60	0.80	3.20	1.60	0.80	6.30	3.20	1.60	12.5	6.30	25.0	12.5
	Rz	12.5	6.30	4.00	12.5	6.30	4.00	25.0	12.5	6.30	50.0	25.0	100.0	50.0
>120～500	*Ra*	3.20	3.20	1.60	3.20	3.20	1.60	6.30	3.20	1.60	12.5	6.30	25.0	12.5
	Rz	12.5	12.5	6.30	12.5	12.5	6.30	25.0	12.5	6.30	50.0	25.0	100.0	50.0

注：Ⅰ为形状公差在尺寸极限之内；Ⅱ为形状公差相当于尺寸公差的 60%；Ⅲ为形状公差相当于尺寸公差的 40%；Ⅳ为形状公差相当于尺寸公差的 25%。

(6) 各种加工方法达到的表面粗糙度(见表 3.56)

表 3.56　各种加工方法达到的表面粗糙度

加工方法		表面粗糙度 *Ra*/μm													
		0.012	0.025	0.05	0.10	0.20	0.40	0.80	1.60	3.20	6.30	12.5	25	50	100
砂模铸造											—	—	—	—	—
型壳铸造											—	—	—	—	—
金属模铸造									—	—	—	—	—	—	
离心铸造									—	—	—	—	—		
精密铸造								—	—	—	—	—			
蜡模铸造							—	—	—	—	—	—			
压力铸造							—	—	—	—	—				
热轧											—	—	—	—	—
模锻									—	—	—	—	—	—	—
冷轧						—	—	—	—	—	—	—			
挤压							—	—	—	—	—	—			
冷拉						—	—	—	—	—	—				
锉							—	—	—	—	—	—	—		
刮削							—	—	—	—	—	—			
刨削	粗										—	—	—		
	半精								—	—	—				
	精						—	—	—						
插削									—	—	—	—	—		
钻孔								—	—	—	—	—	—		
扩孔	粗										—	—	—		
	精								—	—	—				

续表

加工方法		表面粗糙度 *Ra*/μm													
		0.012	0.025	0.05	0.10	0.20	0.40	0.80	1.60	3.20	6.30	12.5	25	50	100
金刚镗孔				—	—	—	—								
镗孔	粗										—	—	—	—	
	半精							—	—	—	—				
	精						—	—	—						
铰孔	粗								—	—	—	—			
	半精						—	—	—	—					
	精				—	—	—	—	—						
拉削	半精						—	—	—	—					
	精				—	—	—								
滚铣	粗									—	—	—	—		
	半精							—	—	—	—				
	精						—	—	—						
端面铣	粗									—	—	—			
	半精						—	—	—	—	—				
	精					—	—	—	—						
车外圆	粗										—	—	—		
	半精								—	—	—	—			
	精					—	—	—	—						
金刚车			—	—	—	—									
车端面	粗										—	—	—		
	半精								—	—	—	—			
	精						—	—	—						
磨外圆	粗							—	—	—	—				
	半精					—	—	—	—						
	精		—	—	—	—	—								
磨平面	粗								—	—					
	半精						—	—	—						
	精		—	—	—	—	—								
珩磨	平面		—	—	—	—	—	—	—						
	圆柱	—	—	—	—	—	—								
研磨	粗					—	—	—	—						
	半精			—	—	—	—								
	精	—	—	—	—										
抛光	一般				—	—	—	—	—						
	精	—	—	—	—										
滚压抛光				—	—	—	—	—	—	—					

续表

加工方法		表面粗糙度 Ra/μm													
		0.012	0.025	0.05	0.10	0.20	0.40	0.80	1.60	3.20	6.30	12.5	25	50	100
超精加工	平面	—	—	—	—	—	—								
	柱面	—	—	—	—	—	—								
化学磨								—	—	—	—	—	—		
电解磨		—	—	—	—	—	—	—	—						
电火花加工								—	—	—	—	—	—		
切削	气割										—	—	—	—	—
	锯								—	—	—	—	—	—	—
	车									—	—	—	—		
	铣											—	—	—	
	磨								—	—	—				
螺纹加工	丝锥板牙							—	—	—	—				
	梳铣							—	—	—	—				
	滚					—	—	—							
	车							—	—	—	—	—			
	搓丝							—	—	—	—				
	滚压						—	—	—	—					
	磨					—	—	—	—						
	研磨			—	—	—	—	—	—						
齿轮及花键加工	刨							—	—	—	—				
	滚							—	—	—	—				
	插							—	—	—	—				
	磨				—	—	—	—							
	剃					—	—	—	—						

3.4　机械加工精度检测

3.4.1　检测概述

（1）检验和测量

检测是检验和测量的统称。测量是以确定量值为目的的一组操作。所谓量值是指由一个数乘计量单位所表示的特定量的大小。如：5.34mm。

我国法定的计量单位中，长度的基本单位为米（m），常用的有毫米（mm）、微米（μm）和纳米（nm）。$1m=10^3mm=10^6\mu m=10^9nm$。平面角的角度单位为弧度（rad）、微弧度（$\mu$rad）或度（°）、分（′）、秒（″）。$1rad=10^6\mu rad$，$1°=0.0174533rad$，$1°=60'$，$1'=60''$。

检验是对实体的一个或多个特性进行的诸如测量、检查、试验或度量并将结果与规定要求进行比较，以确定每项特性合格情况所进行的活动。检验的结果是判断合格与否。在企业中对零件检验的主要任务有两个：一是对零件精度的检验，评定其是否达到图样要求；二是对加工过程中的精度进行检验，预防废品产生。

（2）检测工具的类型

1）定值量具　具体代表测量单位的倍数值或分数值的量具。如没有刻度的基准米尺、块规、角度块规及90°角尺等。

2）变值量具　可用来测量在一定范围内的任一数值的量具。这种量具一般是通用量具（实物量具简称量具，如线纹尺、钢直尺、钢卷尺等）或量仪（有可运动的测量元件，能指示出被测量的具体数值），有刻度。按其构造可分为：

① 游标量具（如游标卡尺、高度游标卡尺、深度游标卡尺、游标角度尺等）；

② 千分量具（如外径千分尺、内径千分尺、深度千分尺等）；

③ 机械杠杆量仪（如千分表、内径千分表、杠杆卡规、杠杆齿轮千分尺、纯杠杆比较仪、杠杆齿轮比较仪、扭簧比较仪等）；

④ 光学杠杆量仪（如光学计、超级光学计等）；

⑤ 光学量仪（如测长仪、干涉仪、投影仪等）；

⑥ 气动量仪（包括水柱气压计式、流量计式及弹簧气压计式空气量仪等）；

⑦ 电动量仪（包括感应式、电容式、光电式等量仪）。

3）量规　量规没有刻度，不确定被量零件的具体测量数值，只用来限制零件的尺寸、形状和位置的量具。

4）检验夹具和自动机　检验夹具和自动机是量具和其他定位等元件的组合体，主要用来使检验工作方便和提高生产率，在大量生产中用得很多。

(3) 测量方法的分类 (见表 3.57)

按照测量工具的调整与读数可分为绝对测量与比较测量；按照测量装置与被测量表面接触与否分为接触测量与非接触测量；按照获得测量结果过程不同可分为直接测量与间接测量等。

表 3.57　各类量法的定义与用途

测量方法	定义	用途举例
绝对测量法	能直接从量具或量仪上读出实际尺寸	用游标卡尺测量长度、用千分尺测量直径等
相对(比较)量法	从量仪上读出被测量长度与标准长度的差值	用光学计将被测量长度与块规进行比较
直接测量法	用量具、量仪直接测量零件尺寸或其实际偏差数值	用万能角度尺测量角度
间接测量法	先测量与被测量尺寸有关的其他尺寸，然后通过计算获得被测量尺寸或其实际偏差值	用正弦规测量角度
接触测量法	测量时量具或量仪的测量面直接与被测量表面接触	用千分尺或杠杆齿轮比较仪等测量零件尺寸
非接触测量法	测量时量仪的测量装置不接触被测量表面	用投影仪检验零件尺寸
单项测量法	对零件上的所有被测量参数个别地进行测量	个别地测量螺纹中径、螺距和半角
综合测量法	限制被测量零件的外形，使其不超出该零件各个参数的公差数值与公差带位置所规定的极限轮廓	用投影仪检验零件轮廓，用螺纹极限量规检验螺纹

(4) 测量工具与测量方法的基本度量指标

度量指标是用以判断量具精度或测量方法的准确度的依据，其具体内容见表 3.58。

表 3.58　测量工具与测量方法的基本度量指标

名称	定义
刻度间距	刻度尺上两相邻刻线中心的距离
分度值	每一刻度间距所代表的被测量数值
量仪的刻度尺示值范围	量仪刻度尺上的全部刻度范围
量具或量仪的测量范围	量具或量仪能测量的尺寸范围
读数精度	量具或量仪上读数时所能达到的精确度

续表

名称	定义
示值误差	量具或量仪上的读数与被测量尺寸实际数值之差
示值允许误差	量具或量仪在检定规程中所允许的示值最大绝对误差
相对误差	用被测量尺寸的比值或百分数来表示的误差
灵敏度	被测量尺寸的最小变化,促使量仪示值发生微小变化的能力(量仪对被测量尺寸微小变化的反应程度)
测量力	在测量过程中,量具或量仪的测量面与被测量零件表面相接触所产生的力
示值变化或不稳定性	在外界条件不变的情况下,对同一尺寸重复测量所得结果的最大差值
放大比或传动比	量仪指针的直线或角度的位移,与引起这位移的被测量尺寸变化的比值

注：示值允许误差又称测量极限误差。

3.4.2 长度角度测量及常用工具

长度测量工具和测量方法应根据被测零件尺寸和公差选择量具或量仪的测量尺寸和精度，并考虑测量工具的价格，测量工具使用的持久性，校验、保养、测量过程需要的时间，对检验人员的要求等。

(1) 卡钳

卡钳可以测量工件的外圆、内圆或内槽等部位的尺寸，操作简单方便，适合测量精度较低的工件。用卡钳的卡脚测量相应部位，再在钢直尺上读出尺寸。卡钳分为外卡钳和内卡钳两种类型，如图 3.49 和图 3.50 所示。

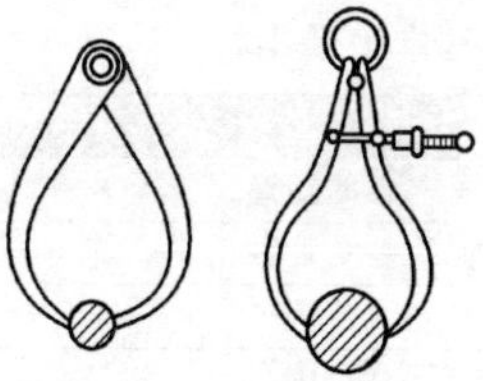

图 3.49 外卡钳

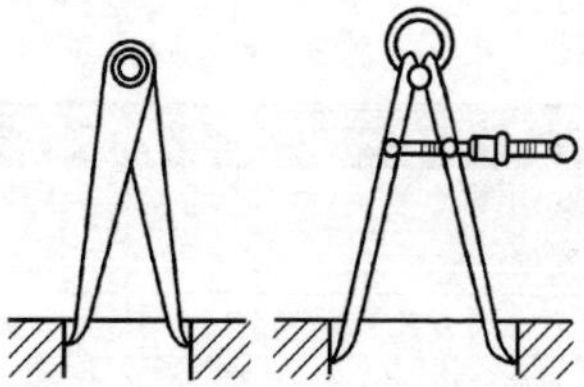

图 3.50 内卡钳

用外卡钳测量外径的方法如图 3.51 所示，用内卡钳测量内径的方法如图 3.52 所示。

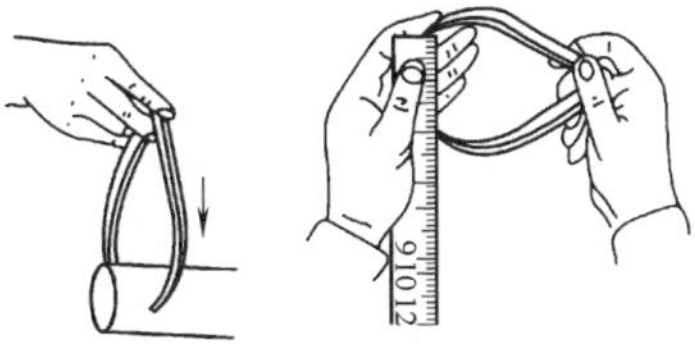

图 3.51　用外卡钳测量外径

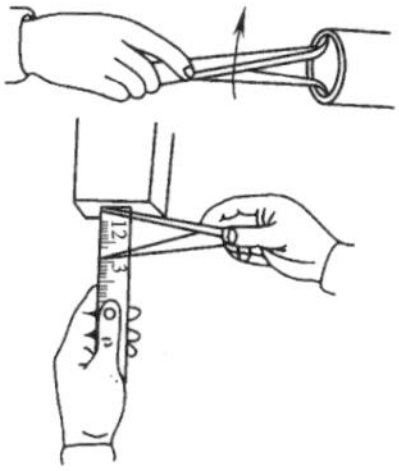

图 3.52　用内卡钳测量内径

（2）卡尺类量具

1）类型参数

① 卡尺（游标卡尺、带表卡尺和数显卡尺简称为卡尺）见表 3.59。

表 3.59　卡尺（GB/T 21389—2008）　　　mm

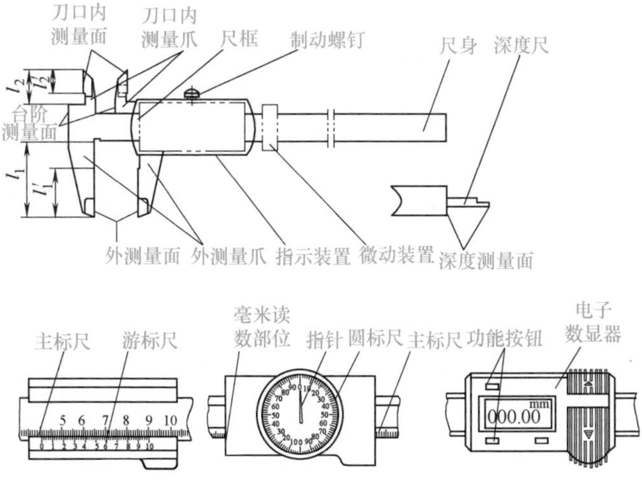

(a) 游标卡尺的指示装置　(b) 带表卡尺的指示装置　(c) 数显卡尺的指示装置

续表

测量范围	分度值		
	0.01、0.02	0.05	0.10
	最大允许误差		
0～70	±0.02	±0.05	±0.10
0～150	±0.03	±0.05	±0.10
0～200	±0.03	±0.05	±0.10
0～300	±0.04	±0.06	±0.10
0～500	±0.05	±0.07	±0.10
0～1000	±0.07	±0.10	±0.15
0～1500	±0.11	±0.16	±0.20
0～2000	±0.14	±0.20	±0.25
0～2500	±0.22	±0.24	±0.30
0～3000	±0.26	±0.31	±0.35
0～3500	±0.30	±0.36	±0.40
0～4000	±0.34	±0.40	±0.45

② 深度卡尺［游标深度卡尺、带表深度卡尺和数显深度卡尺简称为深度卡尺，包括：Ⅰ型深度卡尺、Ⅱ型深度卡尺（单钩型，测量爪和尺身可做成一体式、拆卸式和可旋转式）、Ⅲ 型深度卡尺（双钩型）］ 见表 3.60。

表 3.60 深度卡尺（GB/T 21388—2008） mm

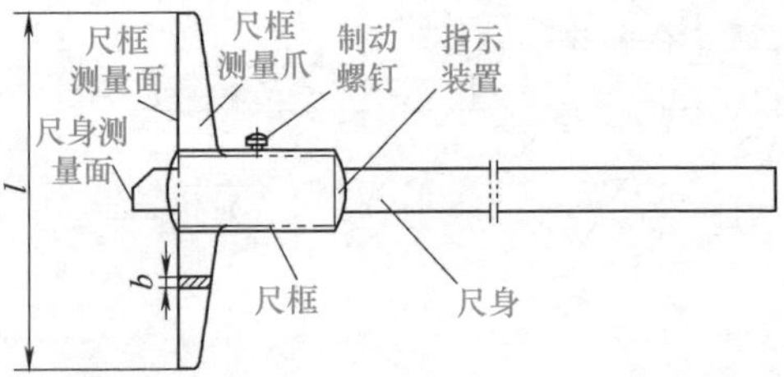

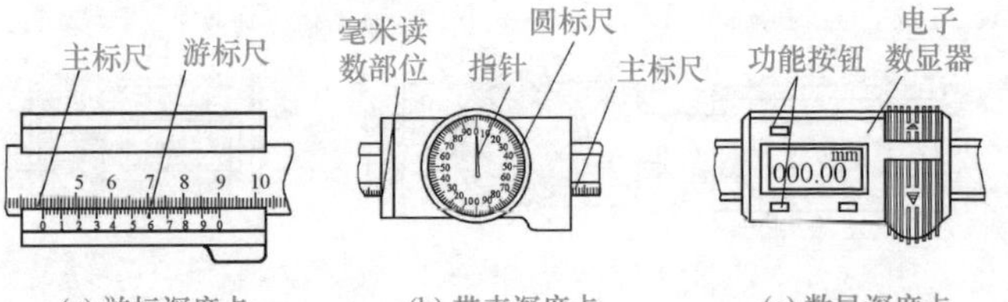

(a) 游标深度卡尺的指示装置　(b) 带表深度卡尺的指示装置　(c) 数显深度卡尺的指示装置

续表

测量范围	分度值		
	0.01、0.02	0.05	0.10
	最大允许误差		
0～150	±0.03	±0.05	±0.10
0～200	±0.03	±0.05	±0.10
0～300	±0.04	±0.06	±0.10
0～500	±0.05	±0.07	±0.10
0～1000	±0.07	±0.10	±0.15

③ 高度卡尺（游标高度卡尺、带表高度卡尺和数显高度卡尺简称为高度卡尺）见表 3.61。

表 3.61　高度卡尺（GB/T 21390—2008）　　mm

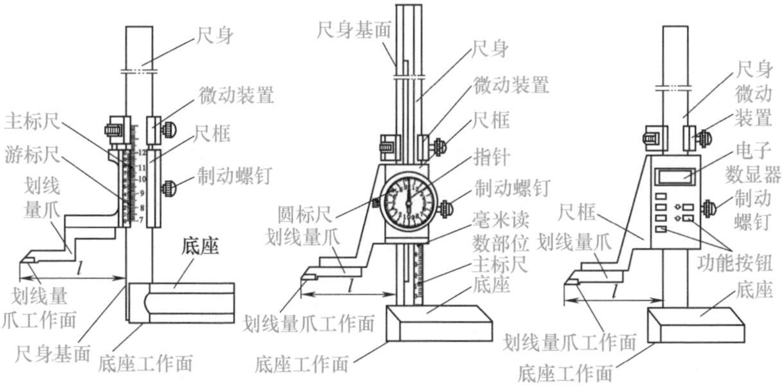

测量范围	分度值		
	0.01、0.02	0.05	0.10
	最大允许误差		
0～150	±0.03	±0.05	±0.10
0～200	±0.03	±0.05	±0.10
0～300	±0.04	±0.06	±0.10
0～500	±0.05	±0.07	±0.10
0～1000	±0.07	±0.10	±0.15

2）游标卡尺使用　游标卡尺是一种测量精度较高的量具，可直接测量工件的外径、内径、宽度、深度尺寸等，如图 3.53 所示。

游标卡尺主要包括尺体和游标等几部分。游标可沿尺体移动，其活动卡脚和尺体上的固定卡脚相配合，以测量工件的尺寸。其读数准确度有 0.1mm、0.05mm 和 0.02mm 三种，下面以准确度为 0.02mm 的游标卡尺为例，说明其刻线原理、读数方法、测量方法及其注意事项。

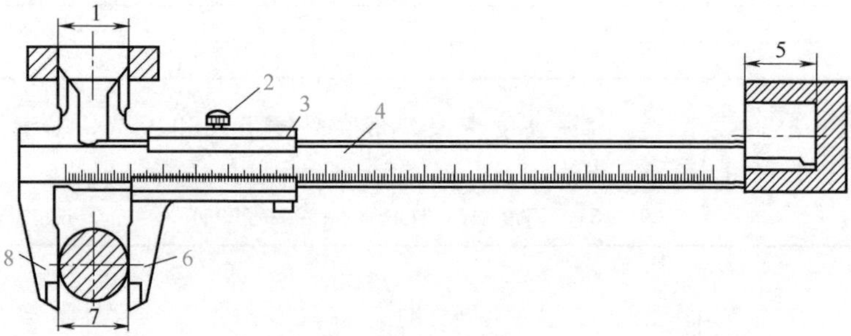

图 3.53　游标卡尺

1—测量内表面；2—制动螺钉；3—游标；4—尺体；
5—测量深度；6—活动卡脚；7—测量外表面；8—固定卡脚

① 刻线原理　如图 3.54（a）所示，当尺体和游标的卡脚贴合时，在尺体和游标上刻一上下对准的零线，尺体的每一小格为 1mm，游标上将 49mm 长度等分为 50 格，则：

游标每格长度＝49mm/50＝0.98mm

尺体与游标每格之差＝1mm－0.98mm＝0.02mm

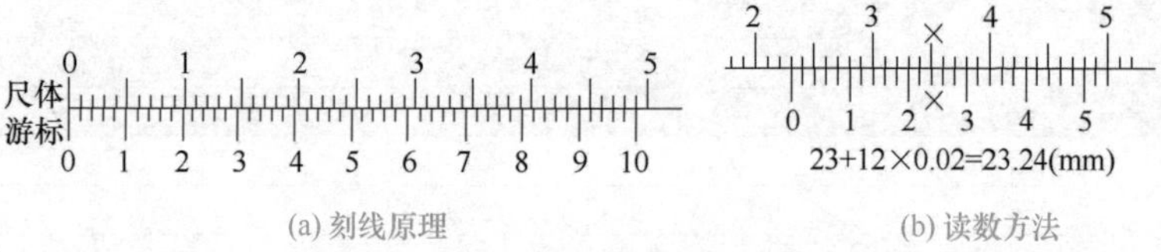

(a) 刻线原理　(b) 读数方法

图 3.54　游标卡尺的刻线原理及读数

② 读数方法　如图 3.54（b）所示，游标卡尺的读数方法可分为三步；

a. 根据游标零线以左的尺体上的最近刻度，读出整数；

b. 根据游标零线以右与尺体某一刻线对准的刻线的格数乘以 0.02 读出小数；

c. 将上面的整数和小数两部分相加，即为总尺寸。

③ 测量方法　游标卡尺的测量方法如图 3.55 所示。

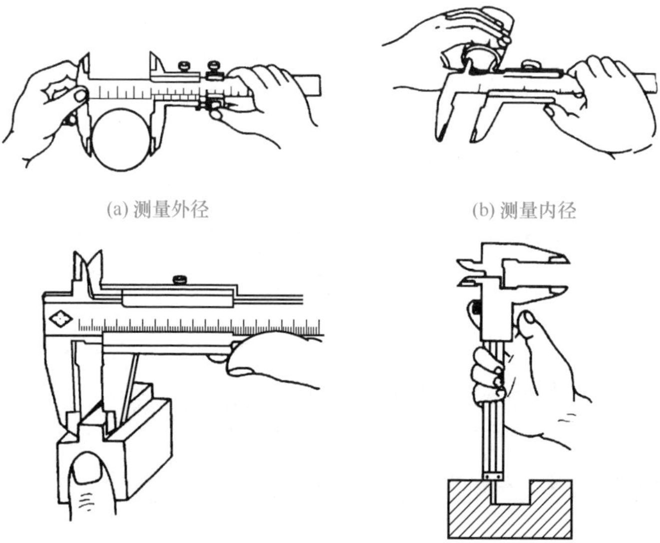

(a) 测量外径　(b) 测量内径

(c) 测量宽度　(d) 测量深度

图 3.55　游标卡尺的测量方法

④ 使用游标卡尺的注意事项

a. 使用前，先擦净卡脚，然后合拢两卡脚使之贴合，检查尺体和游标零线是否对齐。若未对齐，应在测量后根据原始误差修正读数。

b. 测量时，方法要正确；读数时，视线要垂直于尺面，否则测量值不准确。

c. 测量时，勿使内、外量爪过分压紧工件。

d. 游标卡尺只可用于测量已加工过的光滑工件表面，对表面粗糙的工件表面或运动中的光滑工件表面均不可用。

（3）螺旋副测微量具

1）类型参数

① 外径千分尺　见表3.62。

表3.62　外径千分尺（GB/T 1216—2004）

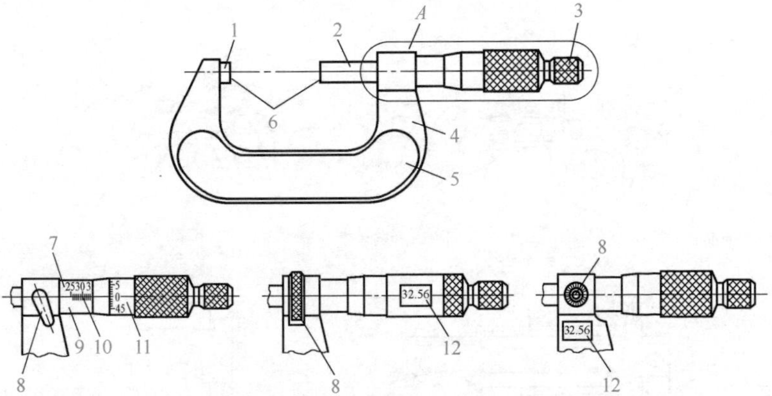

A部详图

1—测砧；2—测微螺杆；3—棘轮；4—尺架；5—隔热装置；6—测量面；7— 模拟显示；8—测微杆锁紧装置；9—固定套管；10—基准线；11—微分筒；12—数值显示

测量范围/mm	分度值/mm	最大允许误差/μm	两测量面平行度/mm
0～25,25～50	0.001 (0.002) (0.005)	4	0.002
50～75,75～100		5	0.003
100～125,125～150		6	0.004
150～175,175～200		7	0.005
200～225,225～250		8	0.006
250～275,275～330		9	0.007
300～325,325～350 350～375,375～400		11	0.009
400～425,425～450 450～475,475～500		13	0.011
500～600		15	0.012
600～700		16	0.014
700～800		18	0.016
800～900		20	0.018
900～1000		22	0.020

注：测量范围在300mm以上的千分尺允许制成可调式或可换测砧。

② 两点内径千分尺　见表 3.63。

表 3.63　两点内径千分尺（GB/T 8177—2004）

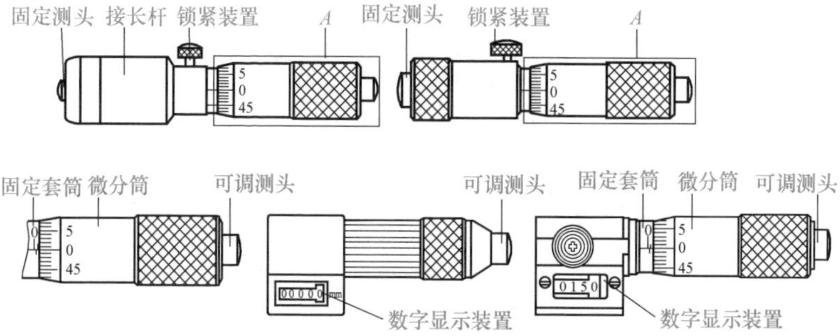

A部详图

主要规格/mm	分度值/mm	测量范围 l/mm	最大允许误差/μm
5～250,50～600,100～1225,100～1500,100～5000,150～1250,150～1400,150～2000,150～3000,150～4000,150～5000,250～2000,250～4000,250～5000,1000～3000,1000～4000,1000～5000,2500～5000	0.01 (0.001) (0.002) (0.005)	l≤50	4
		50<l≤100	5
		100<l≤150	6
		150<l≤200	7
		200<l≤250	8
		250<l≤300	9
		300<l≤350	10
		350<l≤400	11
		400<l≤450	12
		450<l≤500	13
		500<l≤800	16
		800<l≤1250	22
		1250<l≤1600	27
		1600<l≤2000	32
		2000<l≤2500	40
		2500<l≤3000	50
		3000<l≤4000	60
		4000<l≤5000	72

注：本标准规定包括两点内径千分尺及带计数器两点内径千分尺两种。

③ 深度千分尺　见表 3.64

④ 内侧千分尺　见表 3.65。

⑤ 公法线千分尺　见表 3.66。

⑥ 螺纹千分尺　见表 3.67。

表 3.64　深度千分尺（GB/T 1218—2004）

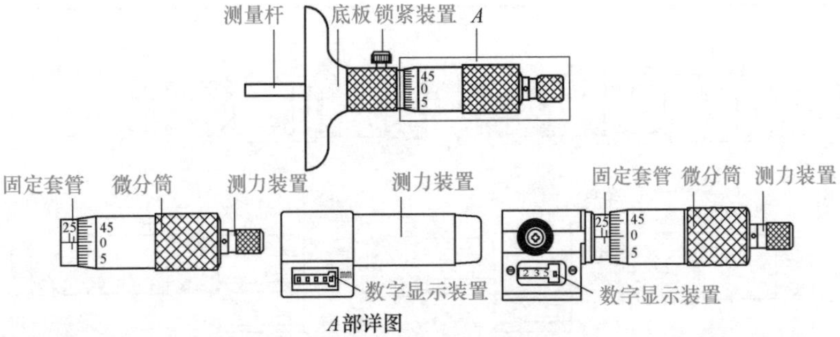

测量范围 l/mm	分度值/mm	最大允许误差/μm	对零误差/μm
l≤25	0.01 (0.001) (0.002) (0.005)	4	±2.0
0<l≤50		5	±2.0
0<l≤100		6	±3.0
0<l≤150		7	±4.0
0<l≤200		8	±5.0
0<l≤250		9	±6.0
0<l≤300		10	±7.0

表 3.65　内侧千分尺（JB/T 10006—1999）

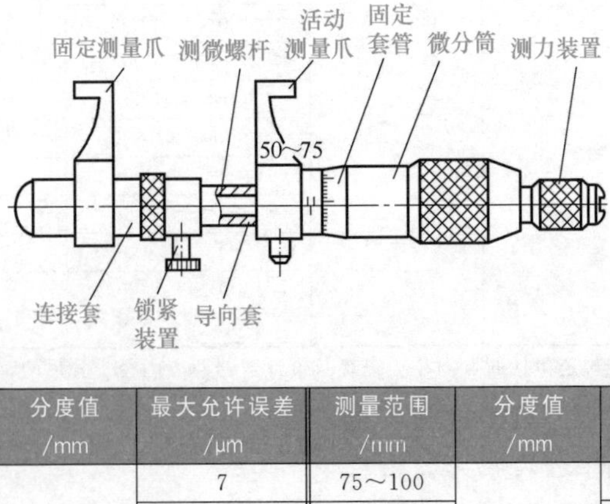

测量范围/mm	分度值/mm	最大允许误差/μm	测量范围/mm	分度值/mm	最大允许误差/μm
5～30	0.01	7	75～100	0.01	10
25～50		8	100～125		11
50～75		9	125～150		12

表 3.66　公法线千分尺（GB/T 1217—2004）

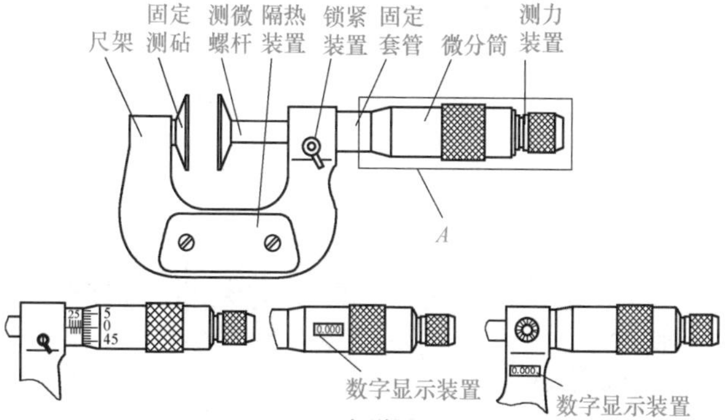

A部详图

测量上限 l_{max}/mm	分度值/mm	最大允许误差/μm	两测量面平行度/μm
l_{max}≤50	0.01	4	4
50<l_{max}≤100	(0.001)	5	5
100<l_{max}≤150	(0.002)	6	6
150<l_{max}≤200	(0.005)	7	7

表 3.67　螺纹千分尺（GB/T 10932—2004）

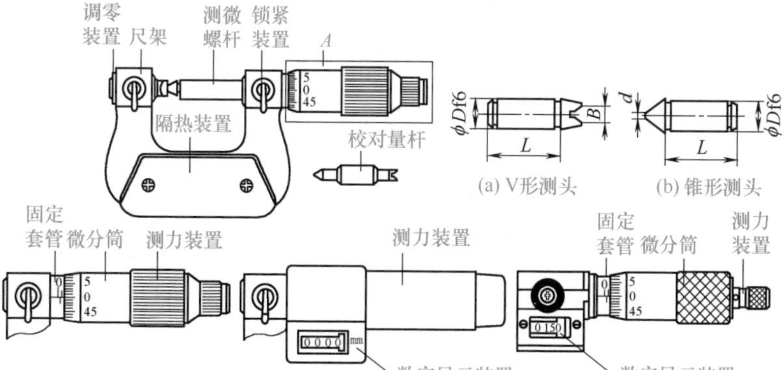

A部详图

测量范围/mm	分度值/mm	最大允许误差/μm	测头对示值误差的影响/mm
0～25、25～50	0.01	4	0.008
50～75、75～100	(0.001)	5	0.010
100～125、125～150	(0.002)	6	0.015
150～175、175～200	(0.005)	7	0.015

2）千分尺的使用　千分尺是一种测量精度比游标卡尺更高的量具，其测量准确度为0.01mm。外径千分尺的组成如图3.56所示，千分尺的测量螺杆与微分套筒连在一起，当转动微分套筒时，测量螺杆和微分套筒一起向左或向右移动，其刻线原理、读数方法及其注意事项如下。

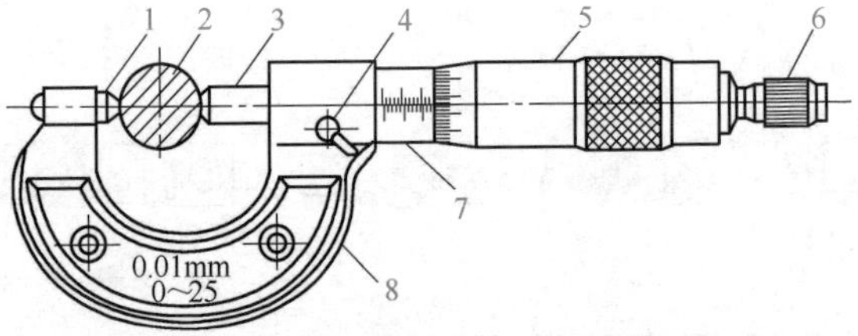

图3.56　外径千分尺的组成

1—砧座；2—工件；3—测量螺杆；4—止动器；5—微分套筒；6—棘轮；7—固定套筒；8—弓架

① 刻线原理　千分尺的读数机构由固定套筒和微分套筒组成（相当于游标卡尺的尺体和游标），如图3.57所示，固定套筒在轴线方向上刻有一条中线，中线的上、下方各刻一排刻线，刻线每小格间距均为1mm，但上、下刻线互相错开0.5mm。在微分套筒左端圆周上有50等分的刻度线，测量螺杆的螺距为0.5mm，故微分套筒上每一小格的读数值为0.5/50＝0.01（mm）。

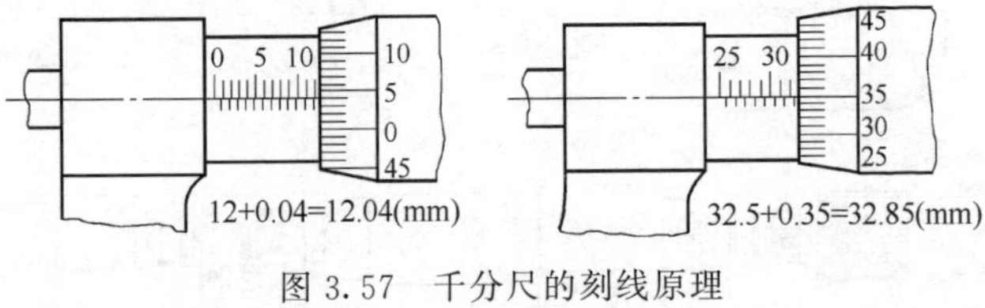

图3.57　千分尺的刻线原理

当千分尺的测量螺杆左端与砧座表面接触后，微分套筒左端的边线与轴线刻度线的零线重合，同时圆周上的零线应与中线对准。

② 读数方法　千分尺的读数方法如图3.57所示。

a. 读出固定套筒上露出刻线的毫米数（应为0.5mm的整数倍）；

b. 读出微分套筒上小于0.5mm的小数部分；

c. 将上述两部分读数相加，即为总尺寸。

③ 注意事项

a. 检查零点：使用前应先校对零点，若零点未对齐，在测量时应根据原始误差修正读数。

b. 擦净工件：工件测量面应擦净，且不要偏斜，否则将产生读数误差。

c. 合理操作：当测量螺杆接近工件时，严禁再拧微分套筒，必须拧动右端棘轮，当棘轮发出“吱吱”打滑声，表示压力合适，应停止拧动。

（4）指示表类量具

1）类型参数

① 指示表（百分表和千分表统称为指示表） 见表 3.68。

表 3.68　指示表（GB/T 1219—2000）　　mm

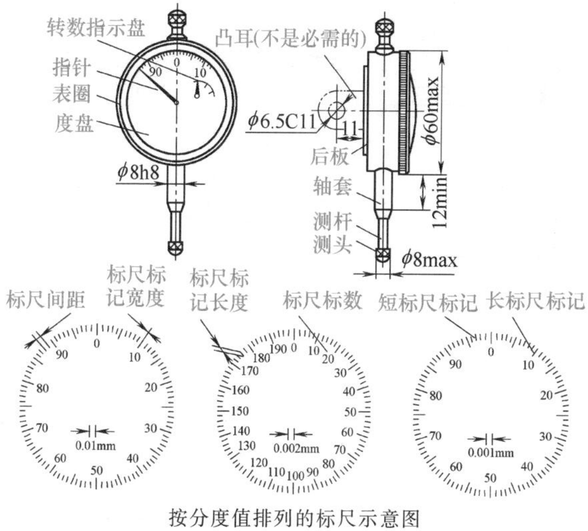

按分度值排列的标尺示意图

测量范围	分度值	示值总误差	示值变动性
0～3	0.01 (0.002)	0.014	0.003
0～5		0.016	
0～10		0.018	
0～1	0.001	0.004	

② 杠杆指示表　见表3.69。

表3.69　杠杆指示表（GB/T 8123—2007）　mm

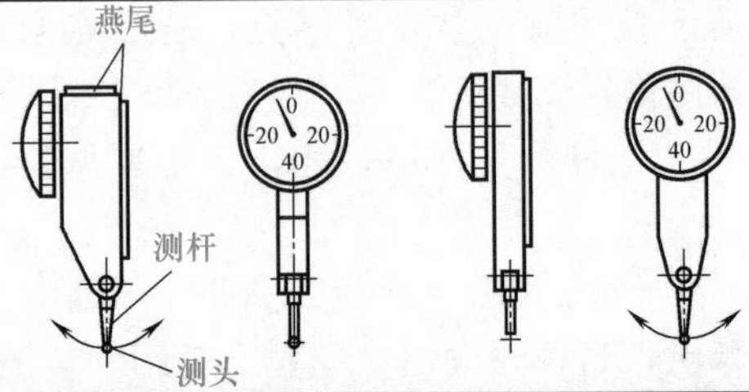

测量范围	分度值	示值总误差	示值变动性
0～0.8	0.01	0.013	0.003
0～0.2	0.002	0.004	0.0005

③ 内径指示表　见表3.70。

表3.70　内径指示表（GB/T 8122—2004）　mm

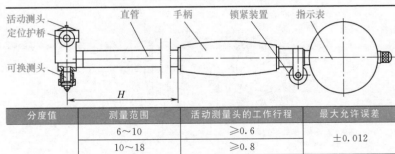

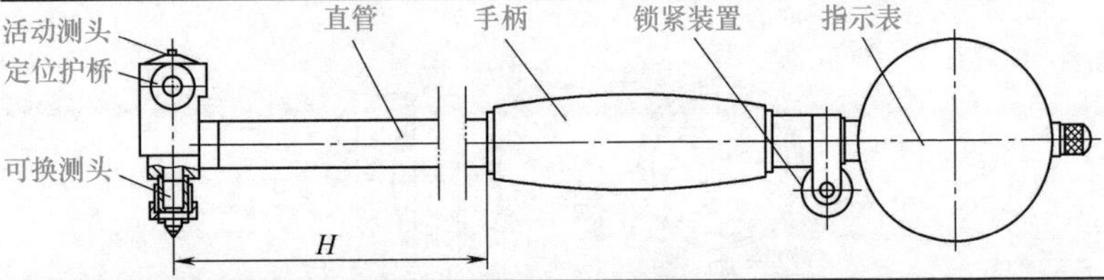

分度值	测量范围	活动测量头的工作行程	最大允许误差
0.01	6～10	≥0.6	±0.012
	10～18	≥0.8	
	18～35	≥1.0	±0.015
	35～50	≥1.2	
	50～100	≥1.6	±0.018
	100～160		
	160～250		
	250～450		
0.001	6～10	≥0.6	±0.005
	18～35	≥0.8	±0.006
	35～50		
	50～100		±0.007
	100～160		
	160～250		
	250～450		

2）百分表的使用　百分表是一种精度较高的比较量具，只能测出相对的数值，不能测出绝对数值。它主要用来检查工件的形状误差和位置误差（如圆度、平面度、垂直度、跳动等），也常用于工件装夹的找正，加工过程中精度检验等。

① 百分表的结构及工作原理　钟式百分表是一种常用的百分表，结构如图 3.58 所示。当测量杆向上或向下移动 1mm 时，通过齿轮传动系统带动大指针转一圈，小指针转一格。刻度盘在圆周上有 100 等分的刻度线，其每格读数值为 1/100＝0.01（mm）；小指针每格读数值为 1mm。测量时大、小指针所示读数之和即为尺寸变化量，小指针处的刻度范围即为百分表的测量范围。测量前可通过转动刻度盘调整，使大指针指向零位。

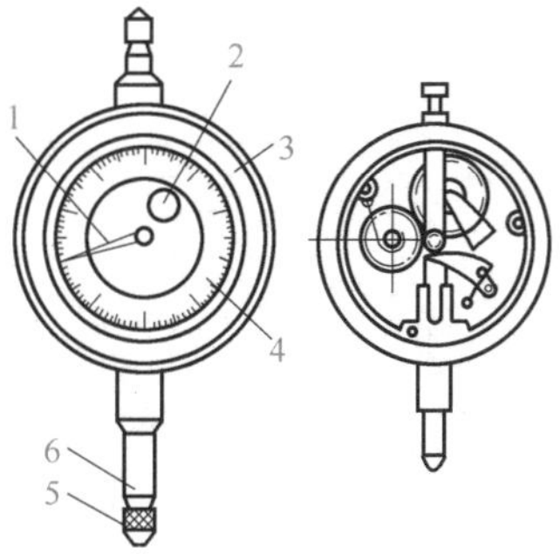

图 3.58　钟式百分表
1—大指针；2—小指针；3—表壳；4—刻度盘；5—测量头；6—测量杆

② 百分表的正确使用　百分表常装在专用百分表座上使用，使用时需固定位置的，应装在磁性表座上；使用时需移动的，则直接装在普通表座上即可，如图 3.59 所示。

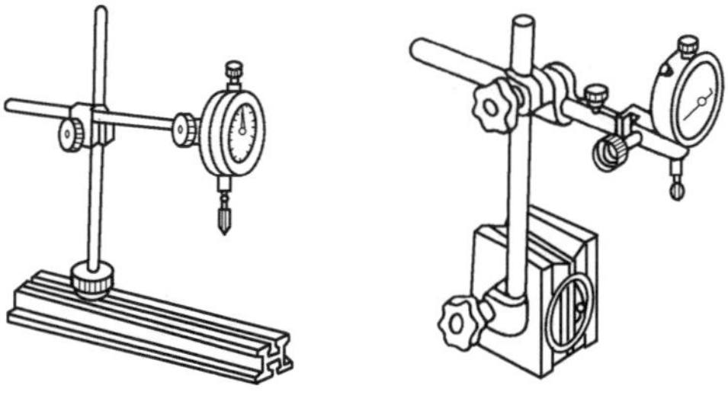
(a) 磁性表座　　(b) 普通表座

图 3.59　百分表座

（5）直尺、角度尺

① 刀口形直尺　刀口形直尺可用于测量平直度、平面度等。

表 3.71　刀口形直尺（GB/T 6091－2004）　　mm

型式		刀口尺						三棱尺			四棱尺		
简图		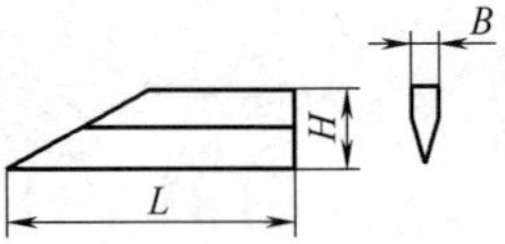						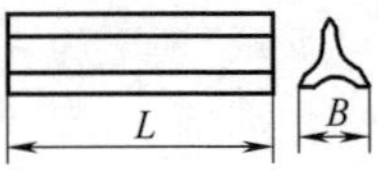			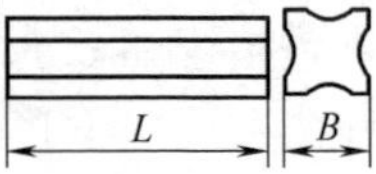		
精度等级		0 级和 1 级						0 级和 1 级			0 级和 1 级		
尺寸	测量面长度 L	75	125	200	300	(400)	(500)	200	300	500	200	300	500
尺寸	宽度 B	6	6	8	8	(8)	(10)	26	30	40	20	25	35
尺寸	高度 H	22	27	30	40	(45)	(50)						

注：括号内的尺寸规格按用户订货生产。

② 万能角度尺　包括：Ⅰ型游标万能角度尺 、Ⅱ型游标万能角度尺、带表万能角度尺、数显万能角度尺，见表 3.72。

表 3.72　万能角度尺（GB/T 6315—2008）　　mm

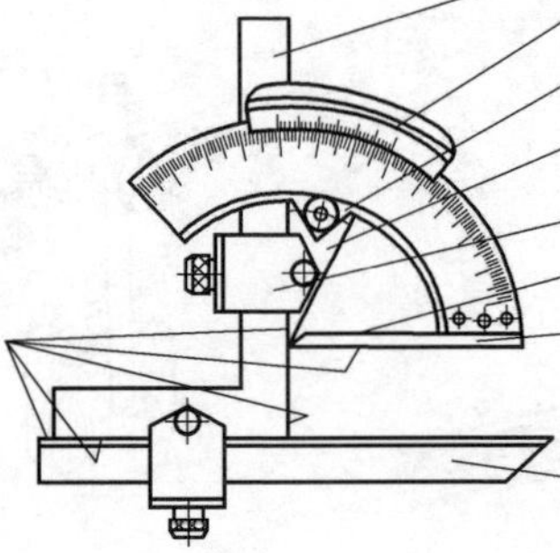

(a) Ⅰ型

续表

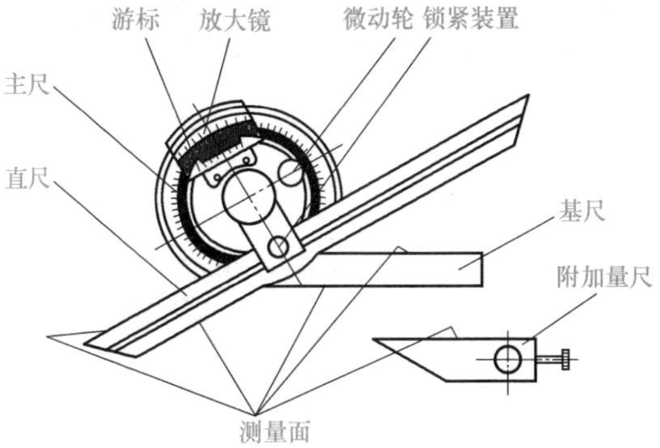

(b) Ⅱ型

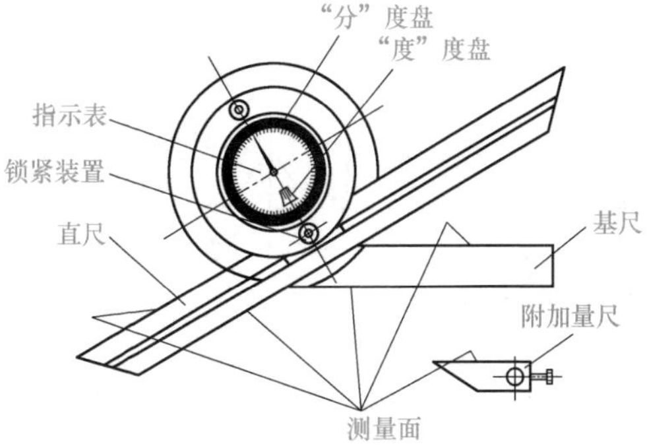

(c) 带表

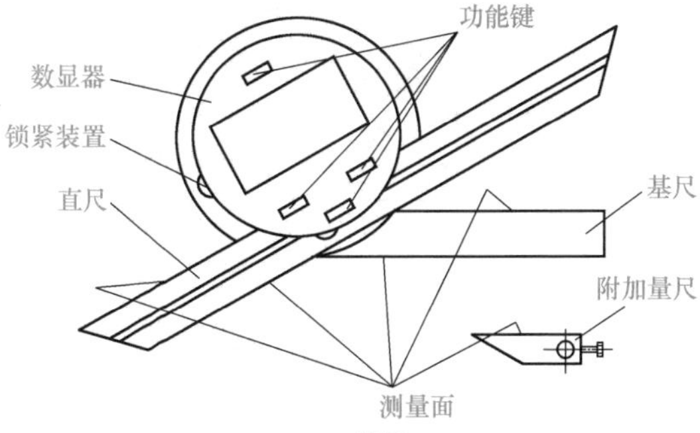

(d) 数显

续表

形式	测量范围	直尺测量面标称长度	基尺测量面标称长度	附加量尺测量面标称长度
Ⅰ型游标万能角度尺	0°～320°	≥150	≥50	—
Ⅱ型游标万能角度尺	0°～360°	150或200或300		≥70
带表万能角度尺				
数显万能角度尺				

③ 直角尺　圆柱直角尺、矩形直角尺、刀口矩形直角尺、三角形直角尺、刀口形直角尺、宽座刀口形直角尺、平面形直角尺、带座平面形直角尺和宽座直角尺统称为直角尺，用来测量垂直度等，见表3.73。

表3.73　直角尺（GB/T 6092—2004）　　mm

圆柱直角尺

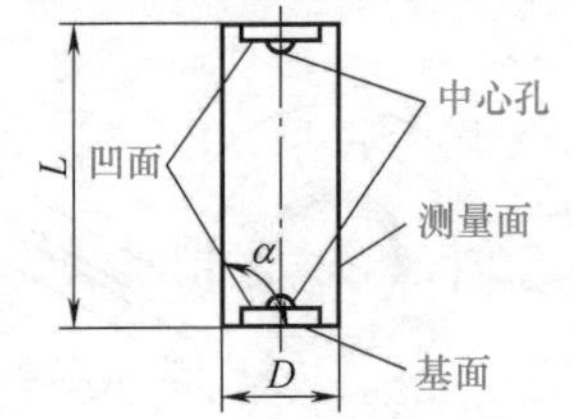

注：图中α角为直角尺的工作角。

精度等级		00级、0级				
基本尺寸	D	200	315	500	800	1250
	L	80	100	125	160	200

三角形直角尺

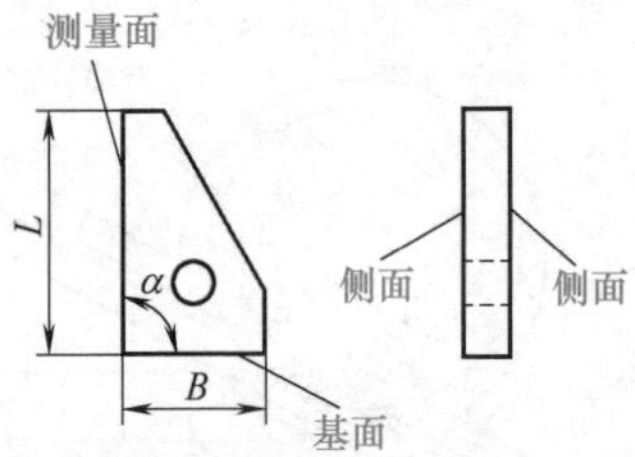

注：图中α角为直角尺的工作角。

精度等级		00级、0级					
基本尺寸	L	125	200	315	500	800	1250
	B	80	125	200	315	500	800

续表

平面形直角尺

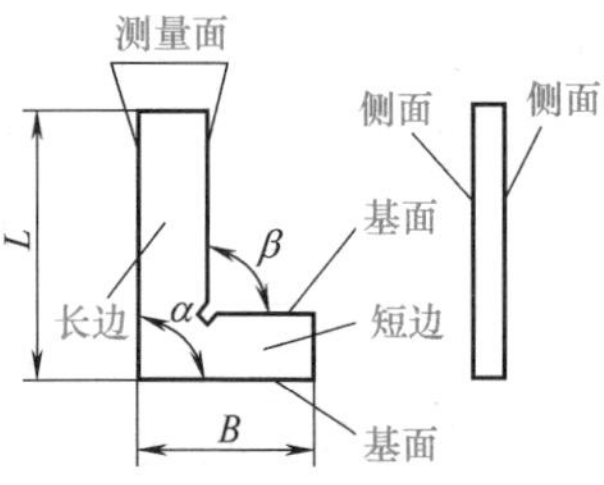

(a) 平面形直角尺

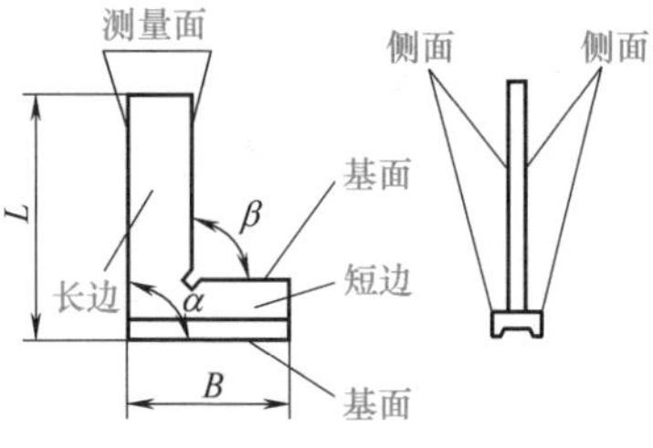

(b) 带座平面形直角尺

注：图中 α、β 角为直角尺的工作角。

平面形直角尺和带座平面形直角尺	精度等级		0 级、1 级和 2 级									
	基本尺寸	L	50	75	100	150	200	250	300	500	750	1000
		B	40	50	70	100	130	165	200	300	400	550

④ 正弦规　见表 3.74。

表 3.74　正弦规（JB/T 7973—1995）　　mm

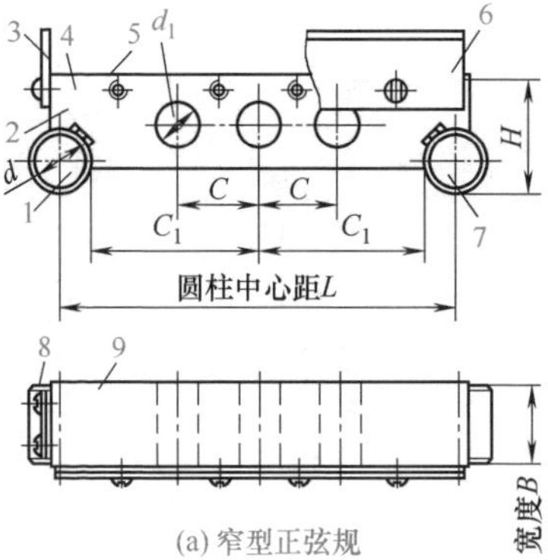

(a) 窄型正弦规

1,7—圆柱；2,9—侧面；3—前挡板；4—主体；
5—工作面；6—侧挡板；8—螺钉

续表

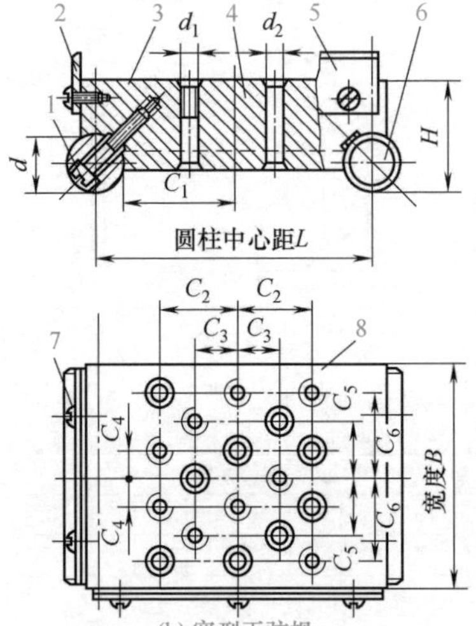

(b) 宽型正弦规

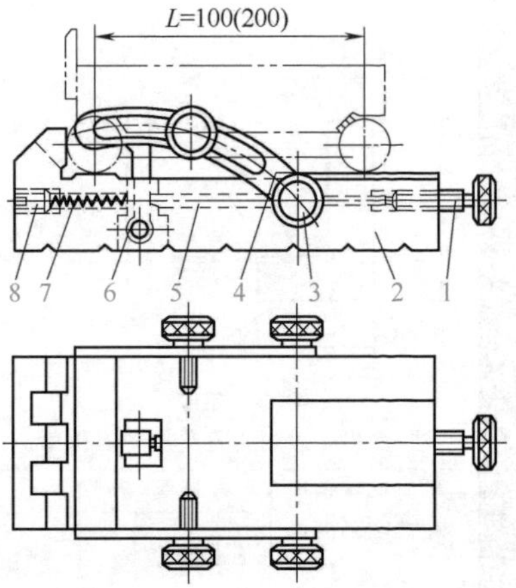

(c) 正弦规支撑板

1,7—螺钉；2—前挡板；3—工作面；4—主体；5—侧挡板；6—圆柱；8—侧面

1—锁紧螺钉；2—底座；3—支撑螺钉；4—支撑板；5—压紧杆；6—压紧杠杆；7—弹簧；8—止推螺杆

(1)基本尺寸

型式		L	B	d	H	C	C_1	C_2	C_3	C_4	C_5	C_6	d_1	d_2
窄型		100	25	20	30	20	40	—	—	—	—	—	12	—
		200	40	30	55	40	85	—	—	—	—	—	20	—
宽型		100	80	20	40	—	40	30	15	10	20	30	—	7B12
		200	80	30	55	—	85	70	30	10	20	30	—	7B12

(2)综合误差

项目			$L=100$		$L=200$		备注
			0级	1级	0级	1级	
两圆柱中心距的偏差	窄型	μm	±1	±2	±1.5	±3	
	宽型		±2	±3	±2	±4	
两圆柱轴线的平行度	窄型		1	1	1.5	2	全长上
	宽型		2	3	2	4	
主体工作面上各孔中心线间距离的偏差	宽型		±100	±200	±100	±200	
同一正弦规的两圆柱直径差	窄型		1	1.5	1.5	2	
	宽型		1.5	3	2	3	
圆柱工作面的圆柱度	窄型		1	1.5	1.5	2	
	宽型		1.5	2	1.5	2	
正弦规主体工作面平面度			1	2	1.5	2	中凹
正弦规主体与两圆柱下部母线公切面的平行度			1	2	1.5	3	
侧挡板工作面与圆柱轴线的垂直度			22	35	30	45	
前挡板工作面与圆柱轴线的平行度	窄型		5	10	10	20	全长上
	宽型		20	40	30	60	

续表

(2)综合误差						
项目		L=100		L=200		备注
		0 级	1 级	0 级	1 级	
正弦规装置成 30°时的综合误差	窄型	±5″	±8″	±5″	±8″	
	宽型	±8″	±16″	±8″	±16″	

注：1. 表中数值是温度为 20℃时的数值。

2. 表中所列误差在工作面边缘 1mm 范围内不计。

⑤ 角度量块　见表 3.75。

表 3.75　角度量块（GB/T 22521—2008）

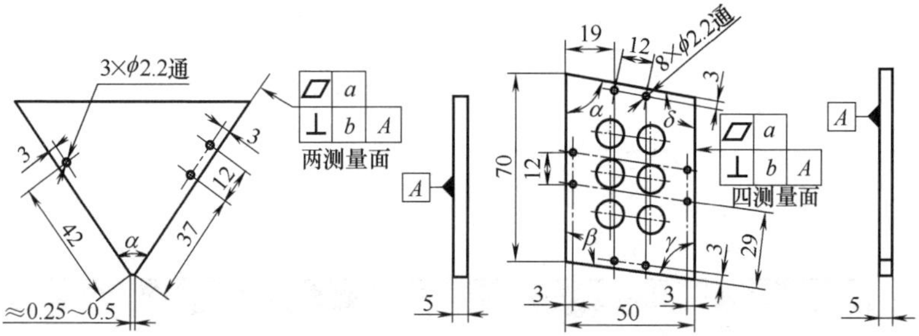

(a) Ⅰ型角度量块的型式示意图　　(b) Ⅱ型角度量块的型式示意图

组别	角度量块型式	工作角度递增值	工作角度标称值	块数	准确度级别
第 1 组（7 块）	Ⅰ型	15°10′	15°10′,30°20′,45°30′,60°40′,75°50′	5	1.2
		—	50°	1	
	Ⅱ型	—	90°—90°—90°—90°	1	
第 2 组（36 块）	Ⅰ型	1°	10°,11°,…,19°,20°	11	0.1
		1′	15°1′,15°2′,…,15°8′,15°9′	9	
		10′	15°10′,15°20′,15°30′,15°40′,15°50′	5	
		10°	30°,40°,50°,60°,70°	5	
		—	45°	1	
		—	75°50′	1	
	Ⅱ型	—	80°—99°—81°—100° 90°—90°—90°—90° 89°10′—90°40′—89°20′—90°50′ 89°30′—90°20′—89°40′—90°30′	4	

续表

组别	角度量块型式	工作角度递增值	工作角度标称值	块数	准确度级别
第3组(94块)	Ⅰ型	1°	10°,11°,…,78°,79°	70	0.1
		—	10°0′30″	1	
		1′	15°1′,15°2′,…,15°8′,15°9′	9	
		10′	15°10′,15°20′,15°30′,15°40′,15°50′	5	
	Ⅱ型	—	80°—99°—81°—100° 82°—97°—83°—98° 84°—95°—85°—96° 86°—93°—87°—94° 88°—91°—89°—92° 90°—90°—90°—90° 89°10′—90°40′—89°20′—90°50′ 89°30′—90°20′—89°40′—90°30′ 89°50′—90°0′30″—89°59′30″—90°10′	9	
第4组(7块)	Ⅰ型	15″	15°,15°0′15″,15°0′30″,15°0′45″,15°1′	5	0
	Ⅱ型	—	89°59′30″—90°0′15″—89°59′45″—90°0′30″ 90°—90°—90°—90°	2	

⑥ 钢球间接测量角度计算　见表3.76。

表3.76　钢球间接测量角度计算

计算项目	图例	计算公式
V形槽角度	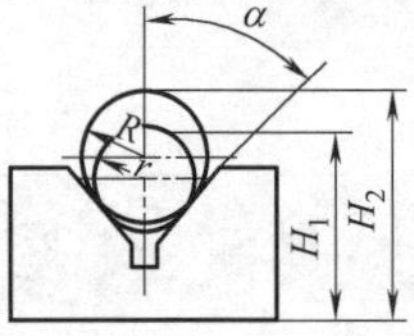	$\sin\alpha=\dfrac{R-r}{(H_2-R)-(H_1-r)}$
燕尾槽宽度	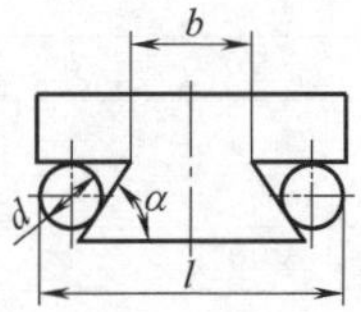	$l=b+d\left(1+\cot\dfrac{\alpha}{2}\right)$
	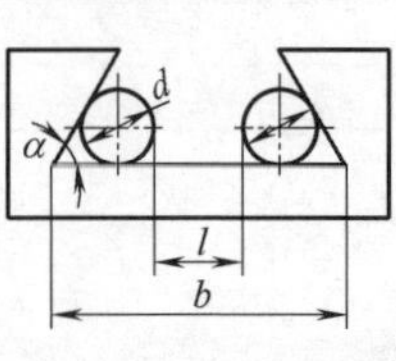	$l=b-d\left(1+\cot\dfrac{\alpha}{2}\right)$

续表

计算项目	图例	计算公式
外圆锥度	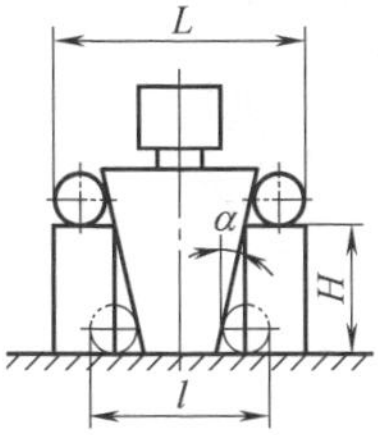	$\tan\alpha=\frac{L-l}{2H}$
内圆锥度	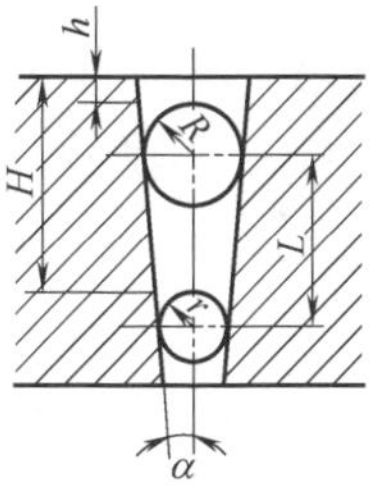	$\tan\alpha=\frac{R-r}{L}=\frac{R-r}{H+r-R-h}$

（6）塞尺、样板尺

① 塞尺　见表 3.77。

表 3.77　塞尺（GB/T 22523—2008）　　mm

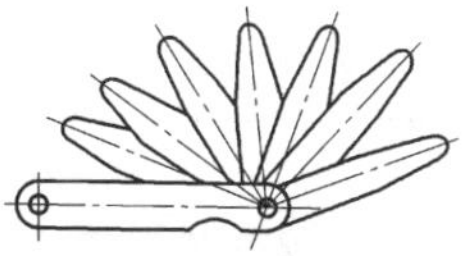

片数	塞尺片长度	塞尺片厚度及组装顺序
13	100 150 200 300	0.10，0.02，0.02，0.03，0.03，0.04，0.04，0.05，0.05，0.06，0.07，0.08，0.09
14		1.00，0.05，0.06，0.07，0.08，0.09，0.10，0.15，0.20，0.25，0.30，0.40，0.50，0.75
17		0.05，0.02，0.03，0.04，0.05，0.06，0.07，0.08，0.09，0.10，0.15，0.20，0.25，0.30，0.35，0.40，0.45
20		1.00，0.05，0.10，0.15，0.20，0.25，0.30，0.35，0.40，0.45，0.50，0.55，0.60，0.65，0.70，0.75，0.80，0.85，0.90，0.95
21		0.05，0.02，0.02，0.03，0.03，0.04，0.04，0.05，0.05，0.06，0.07，0.08，0.09，0.10，0.15，0.20，0.25，0.30，0.35，0.40，0.45

注：保护片厚度建议采用≥0.30mm。

② 半径样板　见表 3.78。

表 3.78　半径样板（JB/T 7980—1999）　mm

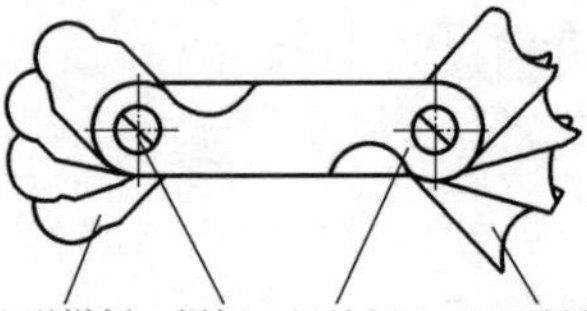

组别	半径尺寸范围	半径尺寸系列	样板宽度	样板厚度	样板数	
					凸形	凹形
1	1～6.5	1，1.25，1.5，1.75，2，2.25，2.5，2.75，3，3.5，4，4.5，5，5.5，6，6.5	13.5	0.5	16	
2	7～14.5	7，7.5，8，8.5，9，9.5，10，10.5，11，11.5，12，12.5，13，13.5，14，14.5	20.5			
3	15～25	15，15.5，16，16.5，17，17.5，18，18.5，19，20，21，22，23，24，25				

③ 中心孔规　见表 3.79。

表 3.79　中心孔规

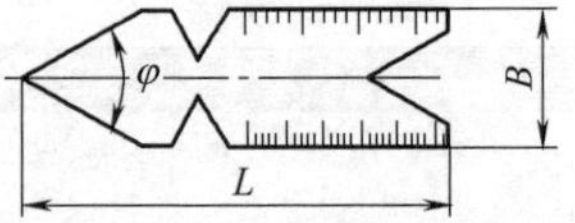

公称规格	基本尺寸		
	L/mm	B/mm	φ
60°	57	20	60°
55°	57	20	55°

④ 螺纹样板　见表 3.80。

表 3.80 螺纹样板（JB/T 7981—2010） mm

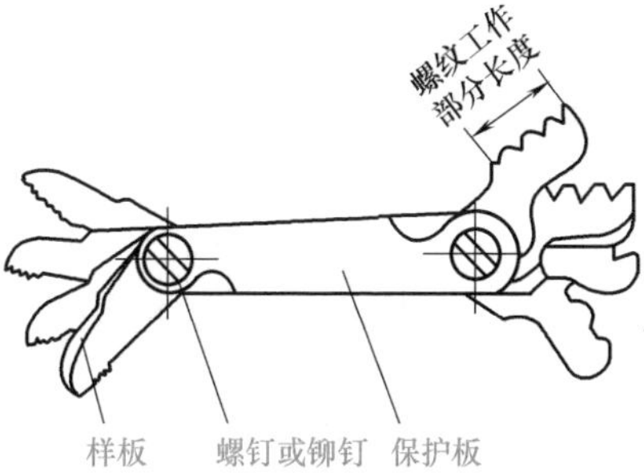

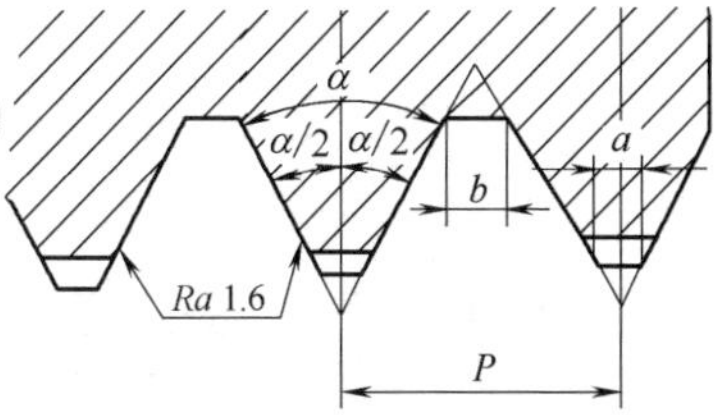

螺纹样板牙型

螺距 P		基本牙型角 α	牙型半角 α/2 极限偏差	牙顶和牙底宽度			螺纹工作部分长度
基本尺寸	极限偏差			a		b	
				最小	最大	最大	
0.40	±0.010	60°	±60′	0.10	0.16	0.05	5
0.45				0.11	0.17	0.06	
0.50			±50′	0.13	0.21	0.06	
0.60				0.15	0.23	0.08	
0.70	±0.015			0.18	0.26	0.09	10
0.75	±0.015	60°	±40′	0.19	0.27	0.09	10
0.80				0.20	0.28	0.10	
1.00				0.25	0.33	0.13	
1.25			±35′	0.31	0.43	0.16	
1.50			±30′	0.38	0.50	0.19	
1.75	±0.020			0.44	0.56	0.22	16
2.00				0.50	0.62	0.25	
2.50			±25′	0.63	0.75	0.31	
3.00				0.75	0.87	0.38	
3.50				0.88	1.03	0.44	
4.00				1.00	1.15	0.50	
4.50			±20′	1.13	1.28	0.56	
5.00				1.25	1.40	0.63	
5.50				1.38	1.53	0.69	
6.00				1.50	1.65	0.75	

（7）极限量规

① 光滑极限量规的型式和适用的基本尺寸范围　见表 3.81。

表 3.81　光滑极限量规的型式和适用的基本尺寸范围
（GB/T 10920—2008）

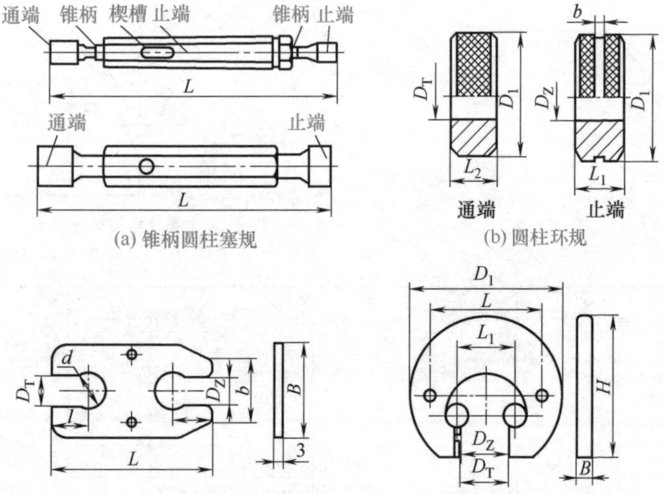

(a) 锥柄圆柱塞规　(b) 圆柱环规　(c) 双头卡规　(d) 单头双极限卡规

光滑极限量规型式		适用的基本尺寸/mm	光滑极限量规型式		适用的基本尺寸/mm
孔用极限量规	针式塞规(测头与手柄)	1～6	轴用极限量规	圆柱环规	1～100
	锥柄圆柱塞规(测头)	1～50		双头组合卡规	≤3
	三牙锁紧式圆柱塞规(测头)	>40～120		单头双极限组合卡规	>3～10
	三牙锁紧式非全型塞规(测头)	>80～180		双头卡规	1～260
	非全型塞规	>180～260			
	球端杆规	>120～500			

② 孔用极限量规　见表 3.82。

③ 轴用极限量规　见表 3.83。

④ 孔中心距量规　见表 3.84。

表 3.82　孔用极限量规（GB/T 10920—2008）　　mm

类型	型式	参数
针式塞规	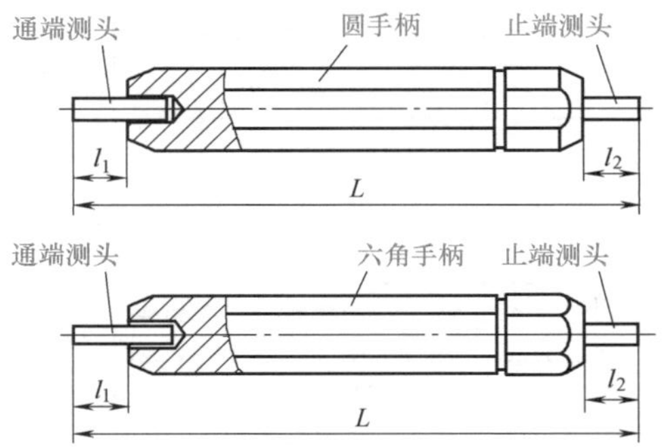	见下表
锥柄圆柱塞规	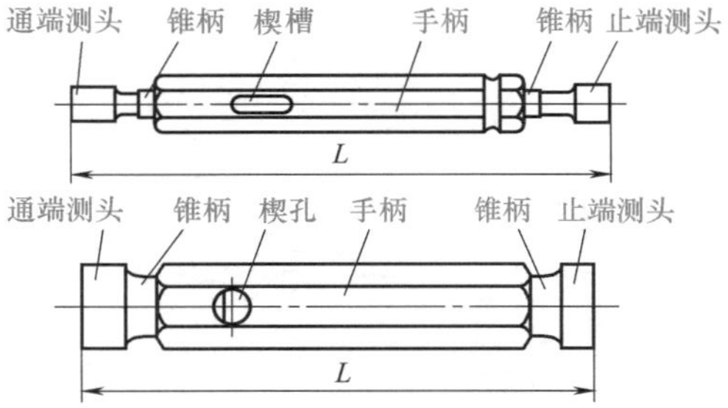	见下表

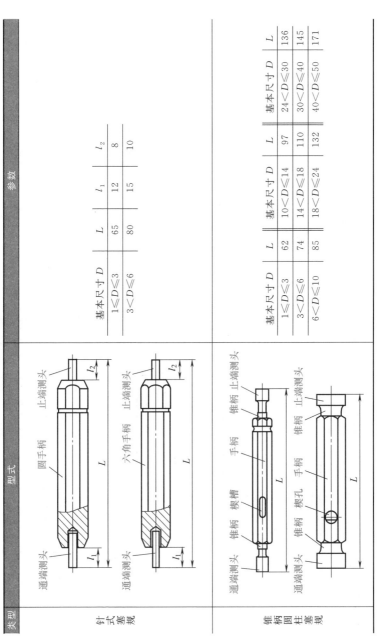

针式塞规参数：

基本尺寸 D	L	l_1	l_2
$1 \leqslant D \leqslant 3$	65	12	8
$3 < D \leqslant 6$	80	15	10

锥柄圆柱塞规参数：

基本尺寸 D	L	基本尺寸 D	L	基本尺寸 D	L
$1 \leqslant D \leqslant 3$	62	$10 < D \leqslant 14$	97	$24 < D \leqslant 30$	136
$3 < D \leqslant 6$	74	$14 < D \leqslant 18$	110	$30 < D \leqslant 40$	145
$6 < D \leqslant 10$	85	$18 < D \leqslant 24$	132	$40 < D \leqslant 50$	171

续表

类型	型式	基本尺寸 D	双头手柄 L	单头手柄 通端塞规 L_1	单头手柄 止端塞规 L_1
三牙锁紧式圆柱塞规	双头手柄、单头手柄 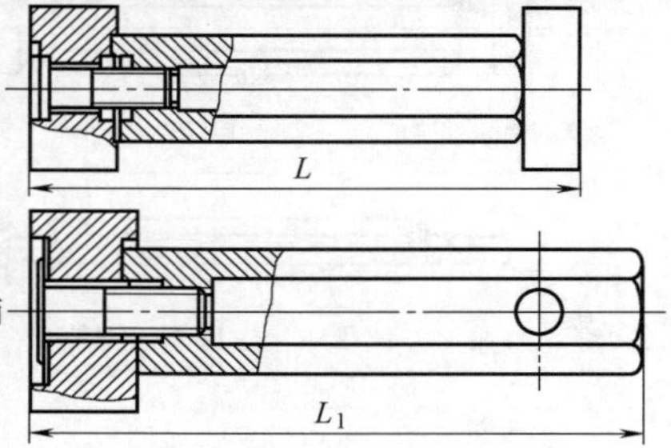	$40<D\leqslant50$	164	148	141
		$50<D\leqslant65$	169	153	
		$65<D\leqslant110$	—	173	165
		$110<D\leqslant120$		178	
三牙锁紧式非全型塞规	双头手柄、单头手柄 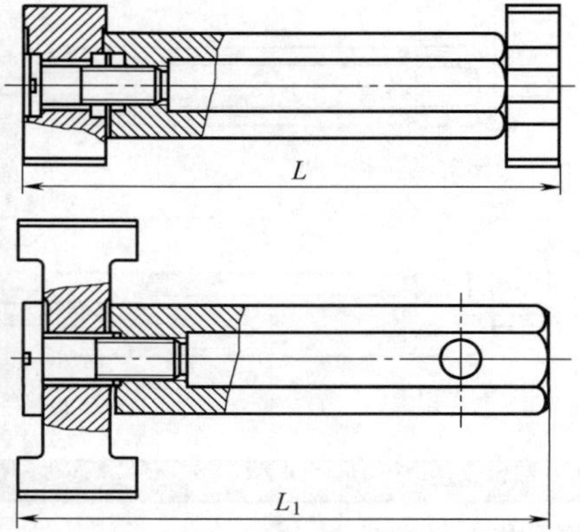	$80<D\leqslant100$	181	158	148
		$100<D\leqslant120$	186	163	
		$120<D\leqslant150$	—	181	168
		$150<D\leqslant180$		183	

续表

类型	型式	参数

非全型塞规

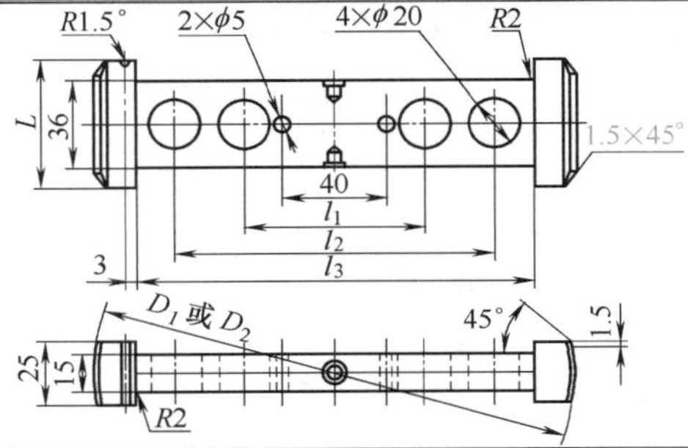

基本尺寸 D	L 通端塞规	L 止端塞规	l_1	l_2	l_3
$180<D\leqslant200$	52	42	70	124	156
$200<D\leqslant220$				130	172
$220<D\leqslant240$			80	144	190
$240<D\leqslant260$			84	154	208

球端杆规

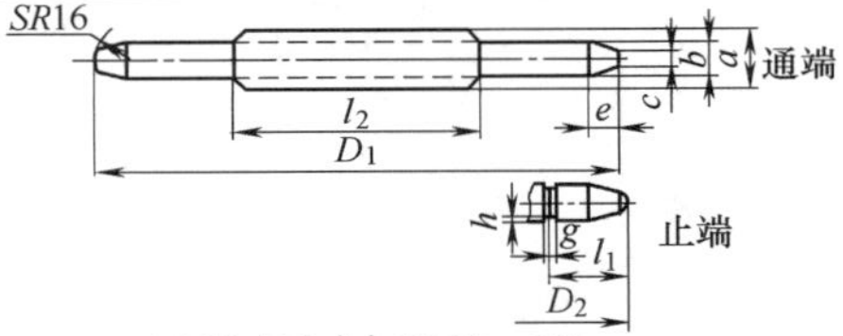

(a) 基本尺寸大于120～250mm

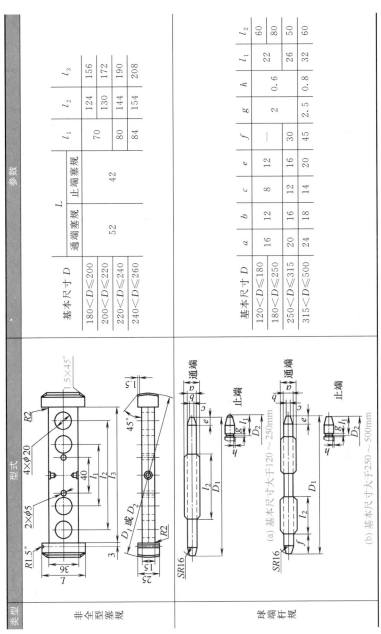

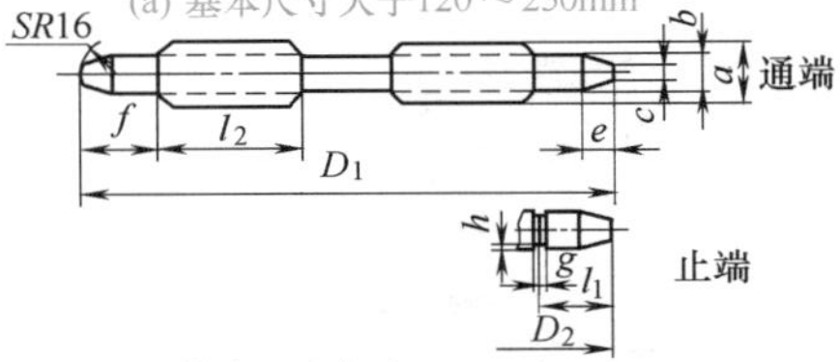

(b) 基本尺寸大于250～500mm

基本尺寸 D	a	b	c	e	f	g	h	l_1	l_2
$120<D\leqslant180$	16	12	8	12	—	2	0.6	22	60
$180<D\leqslant250$									80
$250<D\leqslant315$	20	16	12	16	30			26	50
$315<D\leqslant500$	24	18	14	20	45	2.5	0.8	32	60

表 3.83　轴用极限量规

mm

<table>
<tr><th>名称</th><th>型式</th><th>基本尺寸 D</th><th>D_1</th><th>L_1</th><th>L_2</th><th>b</th><th>基本尺寸 D</th><th>D_1</th><th>L_1</th><th>L_2</th><th>b</th></tr>
<tr><td rowspan="7">圆柱环规</td><td rowspan="7">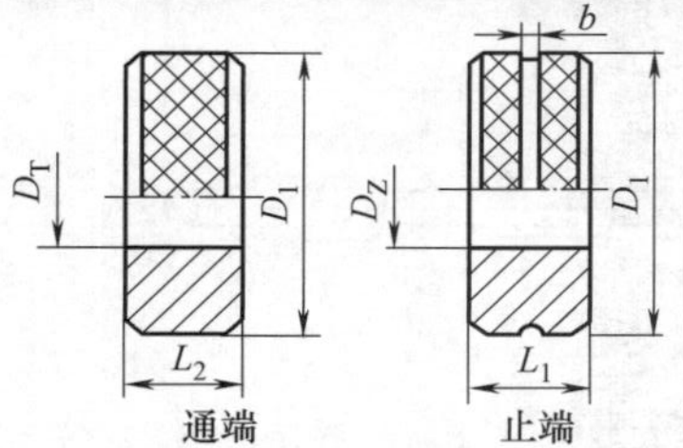</td><td>1～2.5</td><td>16</td><td>4</td><td>6</td><td rowspan="3">1</td><td>>32～40</td><td>71</td><td>18</td><td>24</td><td>2</td></tr>
<tr><td>>2.5～5</td><td>22</td><td>5</td><td>10</td><td>>40～50</td><td>85</td><td>20</td><td>32</td><td rowspan="6">3</td></tr>
<tr><td>>5～10</td><td>32</td><td>8</td><td>12</td><td>>50～60</td><td>100</td><td>20</td><td>32</td></tr>
<tr><td>>10～15</td><td>38</td><td>10</td><td>14</td><td rowspan="4">2</td><td>>60～70</td><td>112</td><td>24</td><td>32</td></tr>
<tr><td>>15～20</td><td>45</td><td>12</td><td>16</td><td>>70～80</td><td>125</td><td>24</td><td>32</td></tr>
<tr><td>>20～25</td><td>53</td><td>14</td><td>18</td><td>>80～90</td><td>140</td><td>24</td><td>32</td></tr>
<tr><td>>25～32</td><td>63</td><td>16</td><td>20</td><td>>90～100</td><td>160</td><td>24</td><td>32</td></tr>
<tr><td>双头组合卡规</td><td>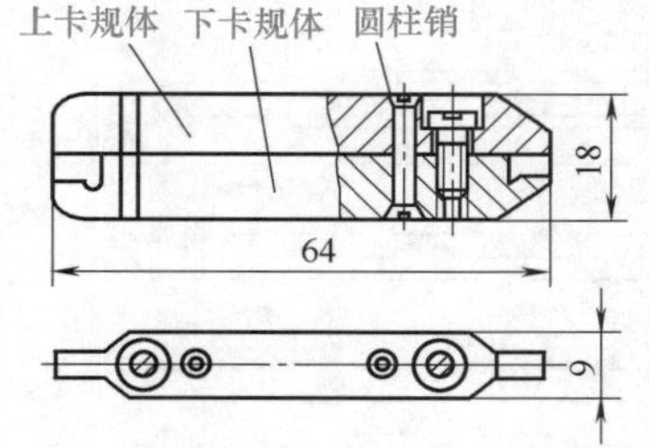</td><td colspan="10">上、下卡规体具体尺寸见 GB/T 6322《双头组合卡规上、下卡规体尺寸图》</td></tr>
<tr><td>单头双极限组合卡规</td><td>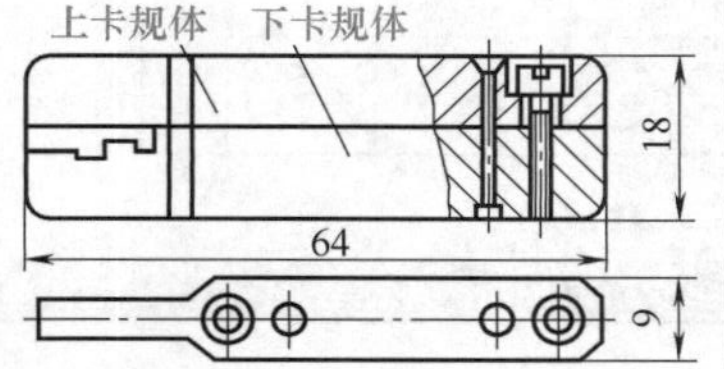</td><td colspan="10">上、下卡规体具体尺寸见 GB/T 6322《单头双极限组合卡规上、下卡规体尺寸图》</td></tr>
</table>

续表

名称	型式	基本尺寸 D	L	l	B	d	b
双头卡规		>3~6	45	22.5	26	10	14
		>6~10	52	26	30	12	20

名称	型式	基本尺寸 D	D_1	H	B	基本尺寸 D	D_1	H	B
单头双极限卡规		1~3	32	31	3	>30~40	82	72	8
		>3~6	32	31	4	>40~50	94	82	8
		>6~10	40	38	4	>50~65	116	100	10
		>10~18	50	46	5	>65~80	136	114	10
		>18~30	65	58	6

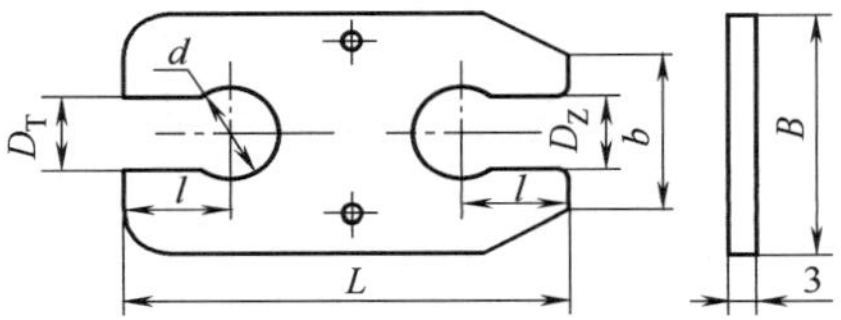

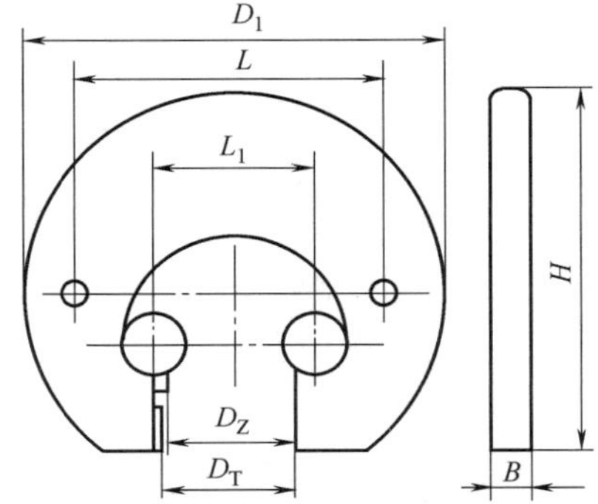

续表

名称	型式	D	D_1	H	B
单头双极限卡规	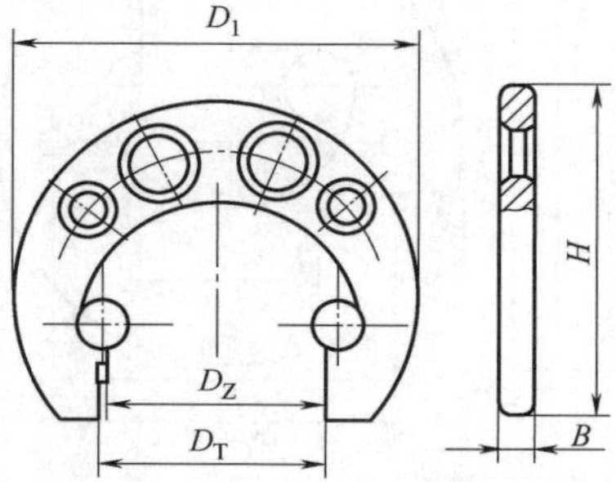	＞80～90	150	129	10
		＞90～105	168	139.5	
		＞105～120	186	153	
	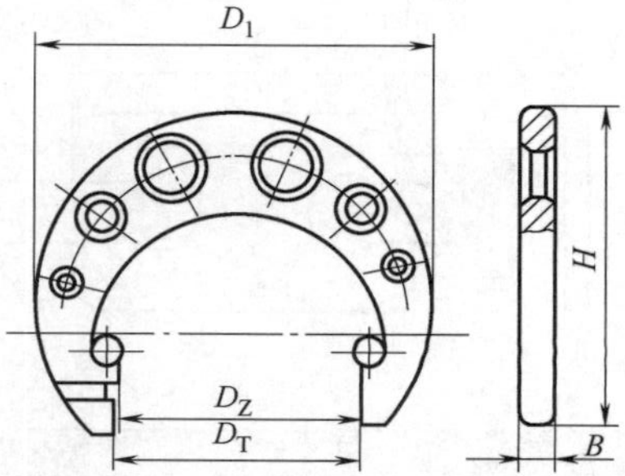	＞120～135	204	168.5	10
		＞135～150	222	178	10
		＞150～165	240	192.5	12
		＞165～180	258	202	12
		＞180～200	278	216.5	14
		＞200～220	298	227	14
		＞220～240	318	242.5	14
		＞240～260	338	252	14

表 3.84　孔中心距量规的型式

名称	简图	
	量规	用法
孔中心距量规 (固定圆销)	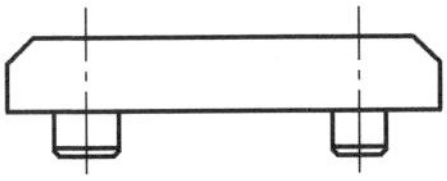	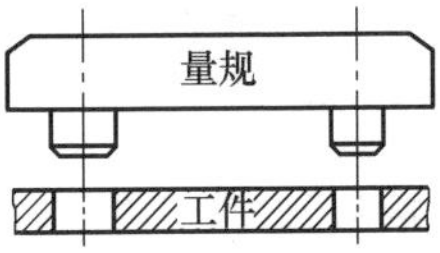
孔中心距量规 (具有固定圆销及塞规)	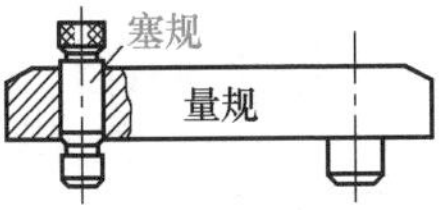 	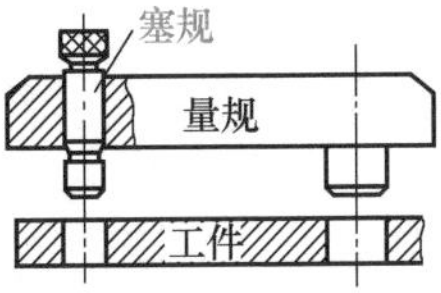
孔与销中心距量规 (具有样孔及塞规)	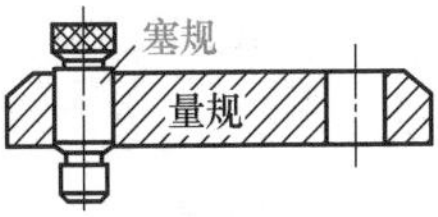 	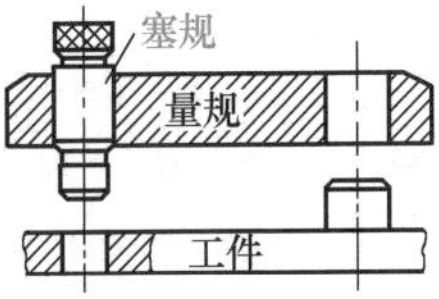
孔中心与平面间 距量规	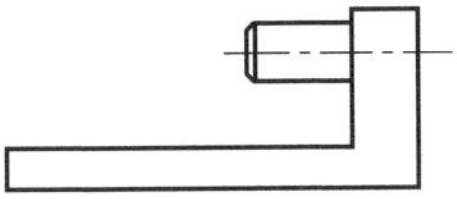	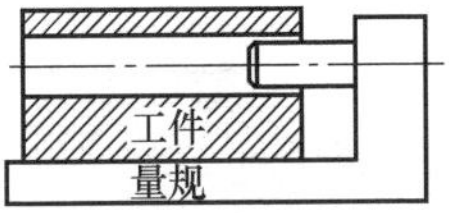
	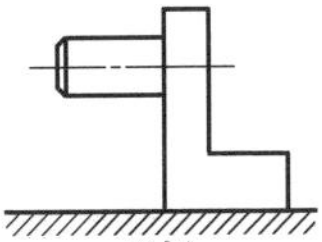 平板	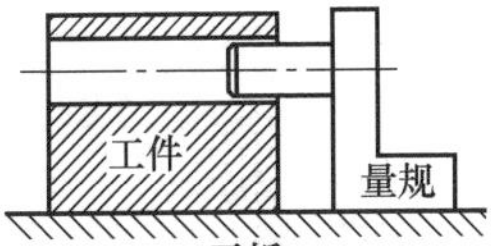 平板

续表

名称	简图	
	量规	用法
孔中心与平面间距量规（用塞规）	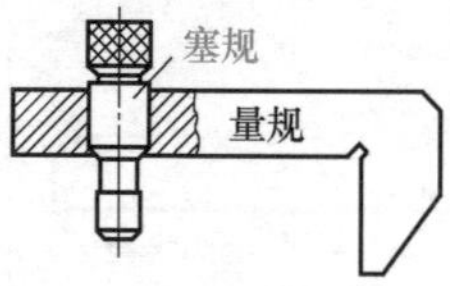	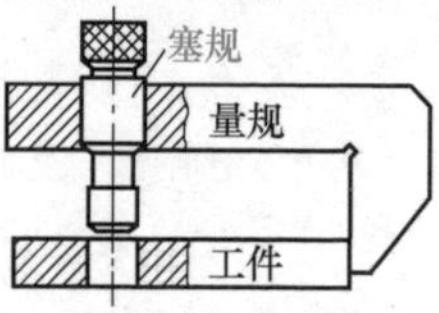
	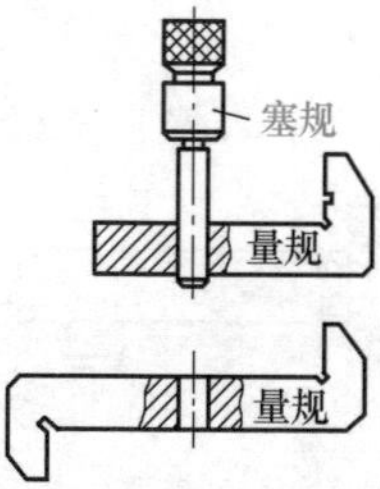	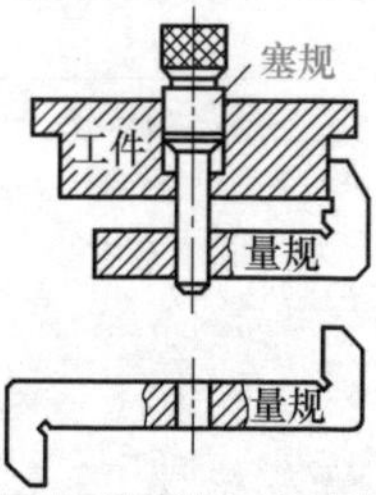

（8）其他测量仪器

① 水平仪（表 3.85） 常用的水平仪有条式水平仪、框式水平仪、合像水平仪、电子水平仪（指针式和数显式）和电感水平仪几种。

表 3.85 条式和框式水平仪型式和基本参数（GB/T 16455—2008）

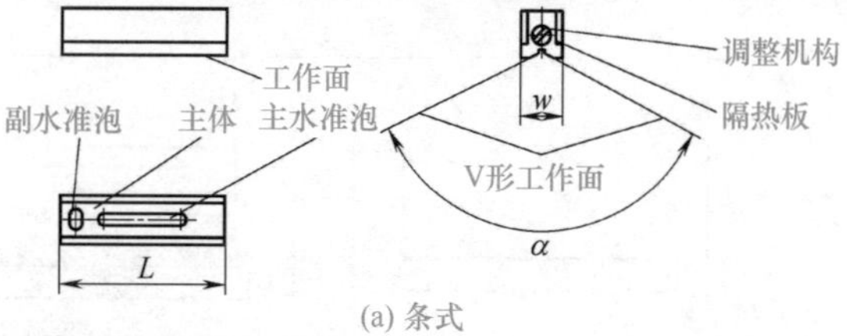

(a) 条式

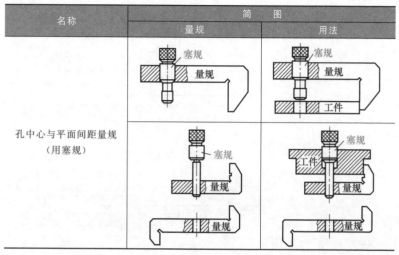

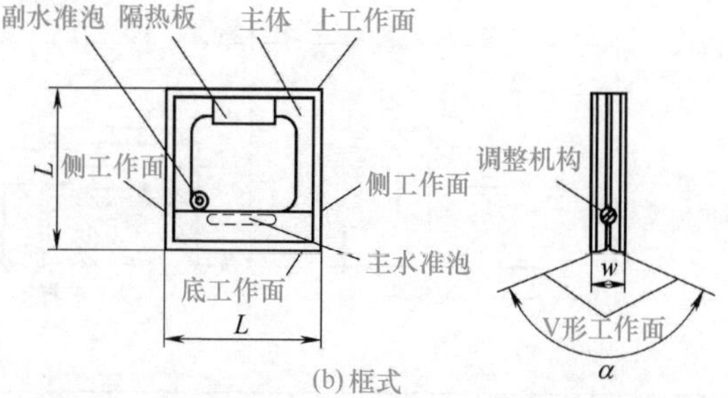

(b) 框式

续表

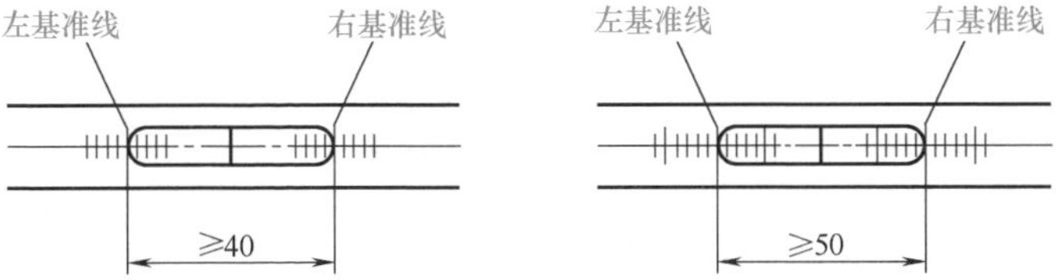

(c) 主水准泡的形式

规格/mm	分度值 /(mm/m)	工作面长度 L/mm	工作面宽度 w/mm	V 形工作面夹角 α/(°)
100	0.02;0.05;0.10	100	≥30	120～140
150		150	≥35	
200		200		
250		250	≥40	
300		300		

② 圆度仪　见表 3.86、表 3.87。

表 3.86　圆度仪的型式和基本参数（GB/T 26098—2010）

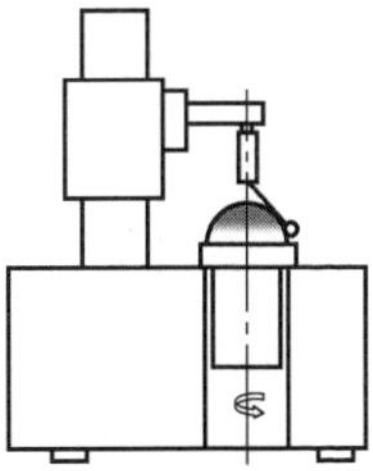

(a) 工作台(主轴)回转式

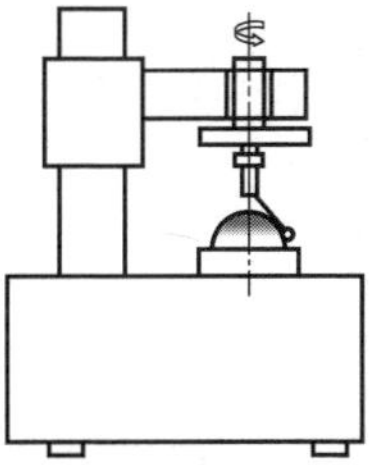

(b) 传感器(主轴)回转式

主要参数	圆度轮廓传输频带范围	标准测量头曲率半径系列	测量力
最大可测量直径 最大可测量高度 放大倍率	1～15UPR、1～50UPR、1～150UPR、1～500UPR、1～1500UPR、15～500UPR、15～1500UPR	0.25mm、0.8mm、2.5mm、8mm、25mm	应能在 0～0.25N 范围内调整

③ 表面粗糙度检查仪　见表 3.88。

表 3.87　常见圆度仪的型号及主要技术参数

型号及产地		HYQ014A 上海机床厂	DQR-1 中原量仪厂	YD-200 上海量器刃具厂	Y9025 西安东风仪表厂	泰勒 300
回转方式		传感器回转式	传感器回转式	转台式	转台式	转台式
主轴类型		动压滑动轴承	气体静压轴承	滑动轴承	气体静压轴承	组合式轴承
传感器类型		电感式	电感式	电感式	压电式	
回转速度/(r/min)		3.35	2.5	2.5	96	0.3～10 0.03～10
回转准确度/μm		0.067	0.1	0.12	0.05	±0.025
测量范围/mm	最大内径	3	2	3	3	—
	最大外径	350	350	180	250	200
	高度	670	400	250	100	500
综合示值误差		定标精度 2%	≤2%	0.1μm	0.1μm	径向±1μm，分辨力 0.21μm

表 3.88　常见表面粗糙度检查仪的主要技术参数

型号	中国 2201	中国 3D-SRAT-1	中国 CTD-5E	英国 Talysurf-5	德国 S4B	日本 SE-3C
传感器形式	电感式	电感式	压电式	电感式	电感式	电感式
评定参数	Ra、Rz 等	Ra、Rz	Ra	Ra、Rz	Ra、Rz	Rz、Ra
测量范围/μm	0.015～10	0.025～6.3	0.025～5	0.01～5	0.1～10	0.005～50
行程范围/mm	2、4、7、40	30×30	10	0.56、1.75	0.25、0.75、2.5	1～30
触针移动速度/(mm/s)	1	1	1	1	0.06	0.1、0.5
触针压力/N	0.001	≤0.016	0.001	0.001	≤0.001	0.001
触针半径/μm	2	2	10	1、2	2～10	2
测量结果形式	表头指示、描绘轮廓曲线	计算机显示、打印	数显	数显、描绘轮廓曲线、打印	描绘轮廓曲线、打印	表头指示、描绘轮廓曲线

3.4.3 螺纹测量

(1) 螺纹单项测量方法及其测量误差（见表 3.89）

表 3.89　螺纹单项测量方法及其测量误差　　μm

测量参数	测量方法及工具			测量误差 中径 d_2/mm 1～18	>18～50	>50～100
中径 d_2	螺纹千分尺			测量误差较大，一般为 0.1mm，因此不推荐使用螺纹千分尺测量		
	量针测量			用各种测微仪和光学计测量中径 1～100mm，用 0 级量针、1 级量块，测量误差为 1.4～2.0μm；用 1 级量针、2 级量块，测量误差为 2.6～3.8μm		
	万能工具显微镜	影像法	$\alpha=60°$	8.5	9.5	10
			$\alpha=30°$	12	13	14
		轴切法		2.5	3.5	4.5
	大型工具显微镜	轴切法		4.0	5.0	6.0
螺距 P	万能工具显微镜	影像法		3.0	4.0	5.0
		轴切法		1.5	2.5	3.0
		干涉法		1.5	2.0	3.0
		光学灵敏杠杆		2.0	2.5	3.0
	大型工具显微镜	影像法		4.0	5.0	6.0
		轴切法		2.5	3.5	4.0
牙型半角 $\alpha/2$	大型与万能工具显微镜	影像法	$l\leqslant0.5$mm	$\pm\left(3+\frac{5}{l}\right)$		
			$l>0.5$mm	$\pm\left(3+\frac{3}{l}\right)$		

注：l—被测牙廓长度。

（2）三针测量方法

三针测量是测量外螺纹中径的一种比较精密的方法，适用于精度较高的普通螺纹、梯形螺纹及蜗杆等中径的测量。测量时把三根直径相等的钢针放置在螺纹相对应的螺旋槽中，用千分尺量出两边钢针顶点之间的距离 M，如图 3.60 所示。

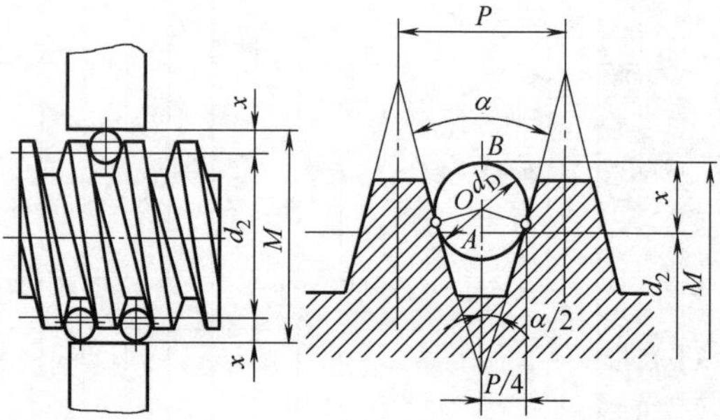

图 3.60　三针测量

测量值的计算公式：

$$M=d_2+d_D\left(1+\frac{1}{\sin\frac{\alpha}{2}}\right)-\frac{P}{2}\cot\frac{\alpha}{2} \tag{3.7}$$

式中　M——千分尺测得的尺寸，mm；

d_2——螺纹中径，mm；

d_D——钢针直径，mm；

α——工件牙型角，(°)；

P——工件螺距，mm。

如果已知螺纹牙型角，也可用表 3.90 所列简化公式计算。

表 3.90　三针测量 M 值计算的简化公式

螺纹牙型角 α	简化公式	螺纹牙型角 α	简化公式
60°	$M=d_2+3d_D-0.866P$	40°	$M=d_2+3.924d_D-1.374P$
55°	$M=d_2+3.166d_D-0.960P$	29°	$M=d_2+4.994d_D-1.933P$
30°	$M=d_2+4.864d_D-1.866P$		

钢针直径 d_D 的计算公式：

$$d_D=\frac{P}{2\cos\frac{\alpha}{2}} \tag{3.8}$$

如果已知螺纹牙型角，也可用表 3.91 所列简化公式计算。

表 3.91　三针测量钢针直径计算的简化公式

螺纹牙型角 α	简化公式	螺纹牙型角 α	简化公式
60°	$d_D=0.577P$	40°	$d_D=0.533P$
55°	$d_D=0.564P$	29°	$d_D=0.516P$
30°	$d_D=0.518P$		

(3) 综合测量方法

综合测量螺纹的方法是采用螺纹量规。普通螺纹量规（GB/T 3934—2003）适用于检验 GB/T 196—2003《普通螺纹基本尺寸》和 GB/T197—2003《普通螺纹公差与配合》所规定的螺纹。根据使用性能分为工作螺纹量规、验收螺纹量规和校对螺纹量规。其工作螺纹量规的名称、代号、功能、特征及使用规则见表 3.92。

表 3.92　螺纹量规的名称、代号、功能、特征及使用规则（GB/T 3934—2003）

螺纹量规名称	代号	功能	特征	使用规则
通端螺纹塞规	T	检查工作内螺纹的作用中径和大径	完整的外螺纹牙型	应与工件内螺纹旋合通过
止端螺纹塞规	Z	检查工件内螺纹的单一中径	截短的外螺纹牙型	允许与工件内螺纹两端的螺纹部分旋合，旋合量应不超过两个螺距；对于三个或少于三个螺距的工件内螺纹，不应完全旋合通过
通端螺纹环规	T	检查工件外螺纹的作用中径和小径	完整的内螺纹牙型	应与工件外螺纹旋合通过
止端螺纹环规	Z	检查工件外螺纹的单一中径	截短的内螺纹牙型	允许与工件外螺纹两端的螺纹部分旋合，旋合量应不超过两个螺距；对于三个或少于三个螺距的工件外螺纹，不应完全旋合通过

3.4.4 几何误差测量

(1) 形位误差的检测原则（见表 3.93）

表 3.93 形位误差的检测原则（GB/T 1958—2004）

检测原则名称	说明	示例
与理想要素比较原则	理想要素用模拟方法获得。如用细直光束、刀口尺、平尺等模拟理想直线；用精密平板、光扫描平面模拟理想平面；用精密芯轴、V 形块等模拟理想轴线等。模拟要素的误差直接影响被测结果，故一定要保证模拟要素具有足够的精度 此原则在生产中用得最多	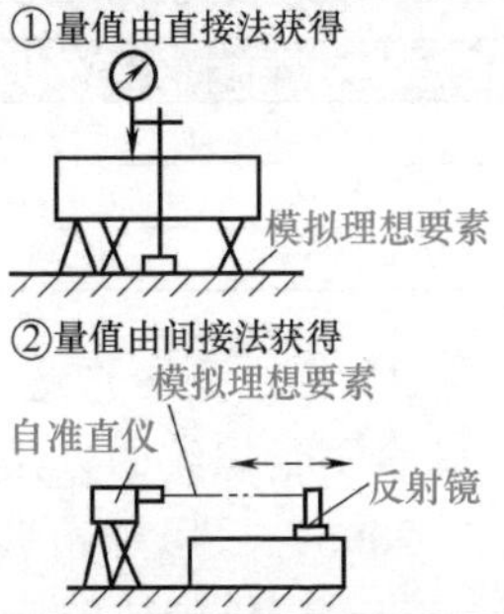
测量坐标值原则	测量被测实际要素的坐标值（如直角坐标值、极坐标值、圆柱面坐标值），并经过数据处理获得形位误差值	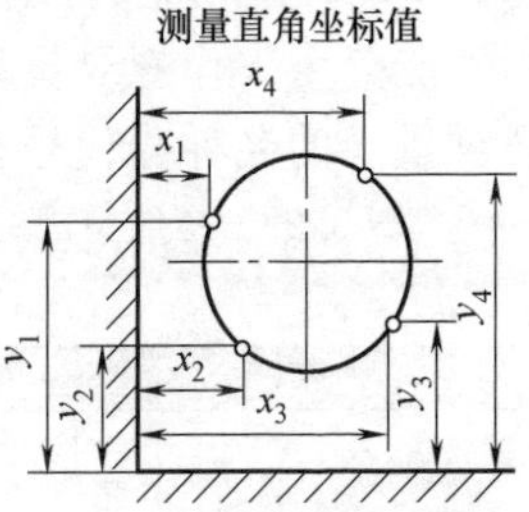
测量特征参数原则	测量被测实际要素上具有代表性的参数（即特征参数）来表示形位误差值。如用两点法、三点法来测量圆度误差。应用这一原则的测量结果是近似的，特别要注意能否满足测量精度要求	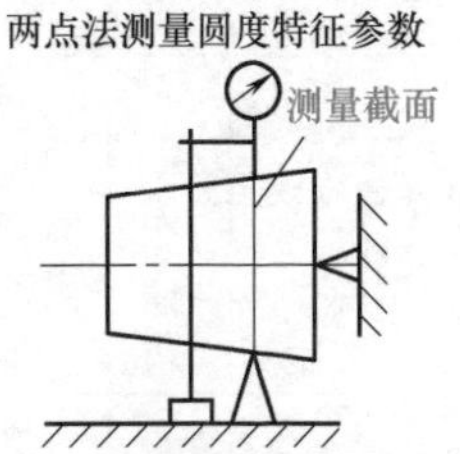
测量跳动原则	被测实际要素绕基准轴线回转过程中，沿给定方向测量其对某参考点或线的变动量。一般测量都是用各种指示表读数，变动量就是指指示表最大与最小读数之差。这是根据跳动定义提出的一个检测原则，主要用于跳动的测量	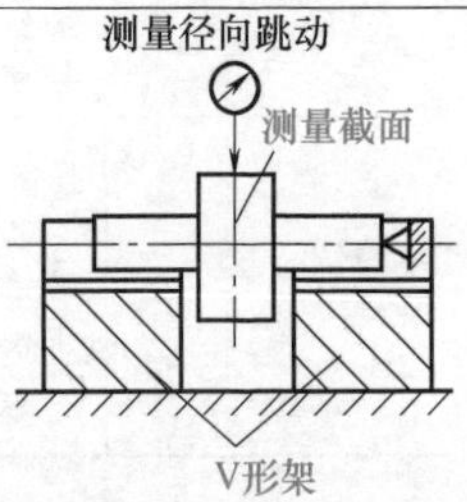

续表

检测原则名称	说明	示例
控制实效边界原则	检测被测实际要素是否超过实效边界，以判断合格与否。这个原则适用于采用了最大实体原则的情况。实用中一般都是用量规综合检验。量规的尺寸公差（包括磨损公差）应比实测要素的相应尺寸公差高 2～4 个公差等级，其形位公差按被测要素相应形位公差的 $\frac{1}{5}$～$\frac{1}{10}$ 选取	用综合量规检验同轴度误差 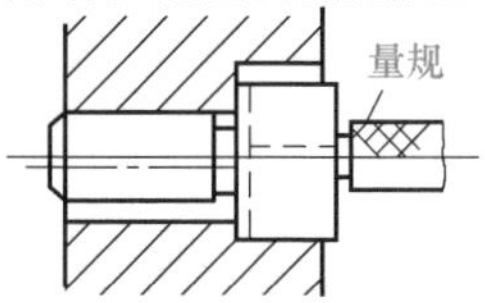

（2）直线度误差的常用测量方法（见表 3.94）

表 3.94　直线度误差的常用测量方法

方法	图示	测量说明
间隙法	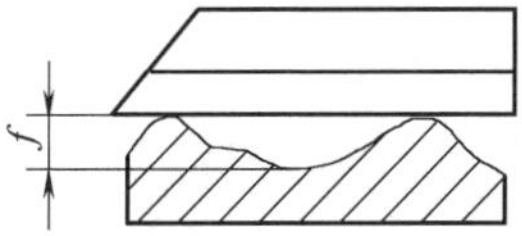	用刀口尺或样板平尺作理想要素，使其与被测线贴合，观测光隙大小，可直接得出直线度误差。适用于被测长度不大于 300mm 的情况
平板测微仪法	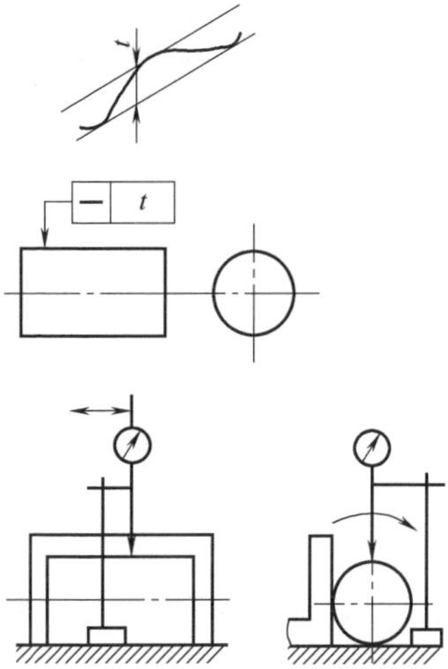 平面　圆柱体	用测量平板或平尺作理想要素，用测微仪测量被测线上各点相对测量平板的变动量。适用于中、小型零件

续表

方法	图示	测量说明
分段测量法	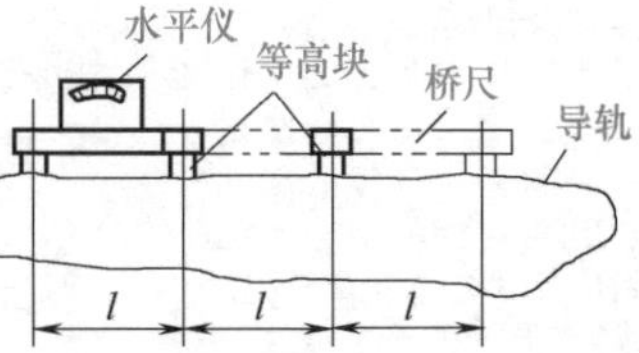	用水平仪或准直仪，按节距 l 沿被测素线移动分段测量，由各段测量值求出全长的直线度误差。适用于中、长导轨水平方向直线度测量

(3) 平面度误差的常用测量方法（见表 3.95）

表 3.95　平面度误差的常用测量方法

方法	图示	测量说明
平板测微仪法	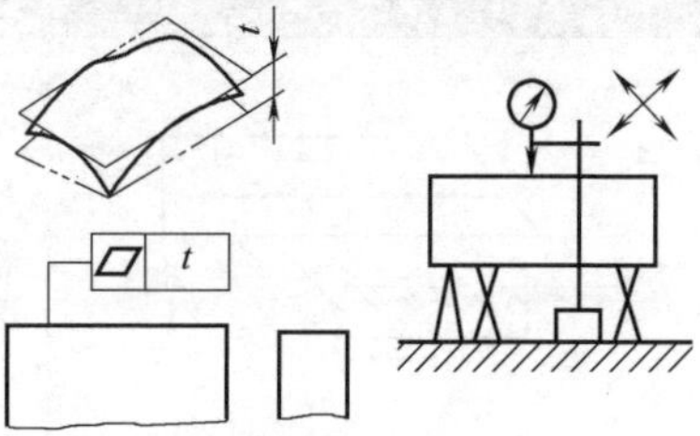	以测量平板工作表面作测量基面，用带架测微仪测出各点对测量基面的偏离量。适用于中、小型平面
平晶干涉法	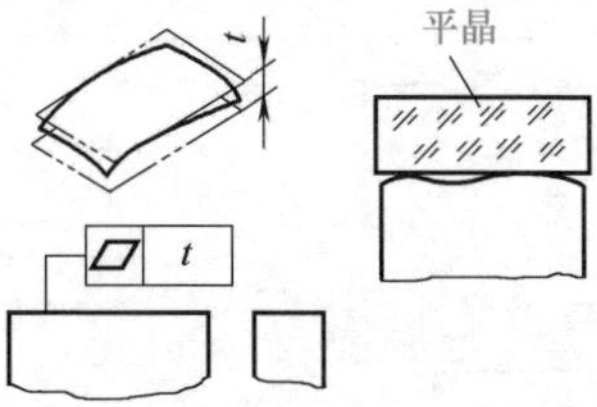	以光学平晶工作面作测量基面，利用光波干涉原理测得平面度误差。适用于精研小平面
水平仪测量法	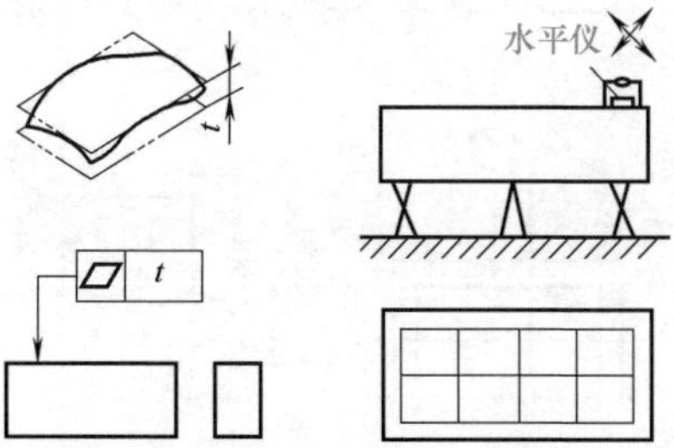	以水平面作测量基准，按一定布线测得相邻点高度差，再换算出各点对同一水平面的高度差值

（4）圆度误差的常用测量方法（见表 3.96）

表 3.96　圆度误差的常用测量方法

方法	图示	测量说明
投影比较法	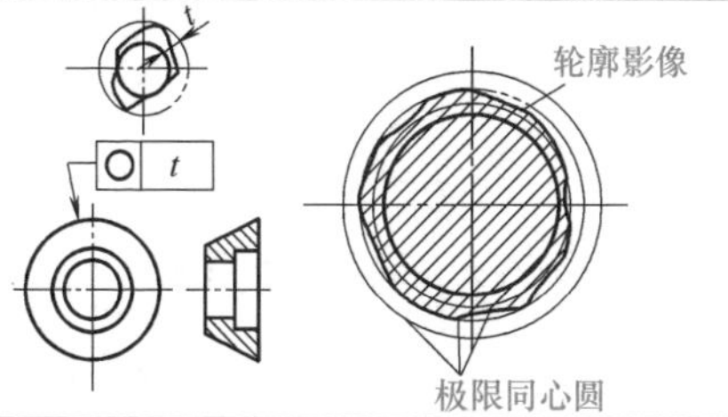	将被测要素的投影与极限同心圆比较。适用于薄型或刃口形边缘的小零件
圆度仪法	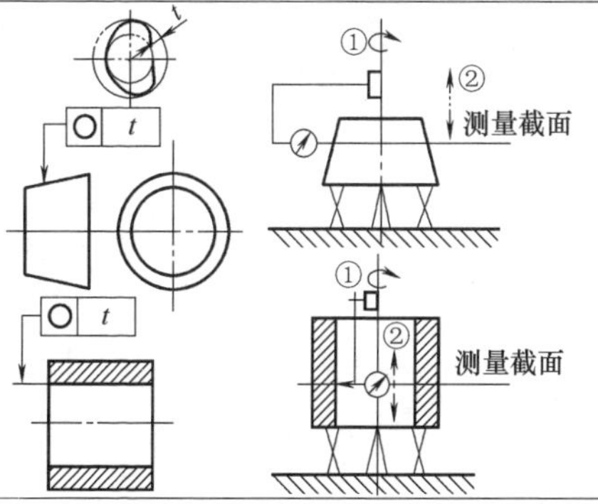	用精密回转轴系上的一个动点（测头）所产生的理想圆与被测实际轮廓比较，测得半径变动量（也可工件转动，测头不动）。适用于精度要求较高的零件（在缺少圆度仪时，也可用光学分度头、分度台作回转分度机构）
两点三点法	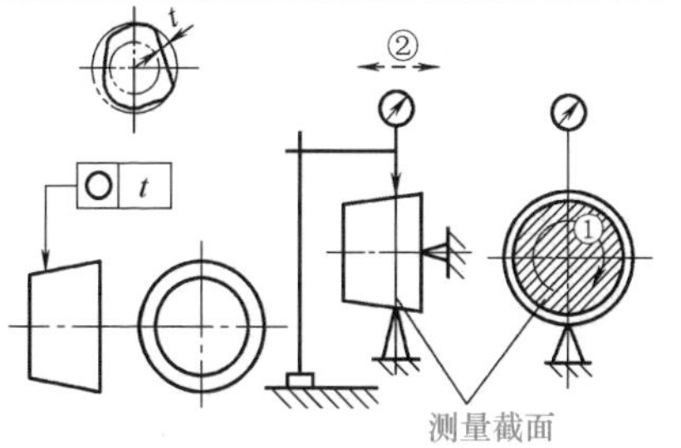 (a) 两点法测量 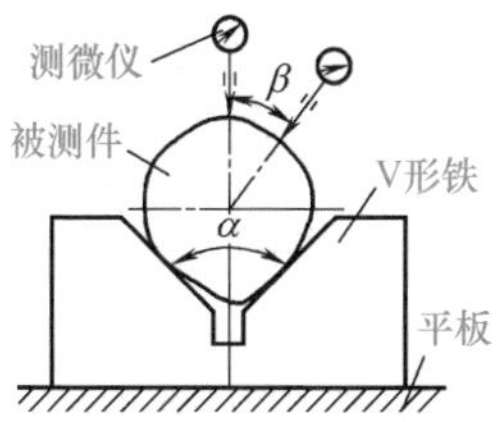 (b) 顶点式三点法测量	按测量特征参数的原则，在被测圆周上通过对径上两点或两固定支承和一测头共三点进行测量，确定圆度误差 两点测量法用来测量被测轮廓为偶数棱的圆度误差 三点测量法用来测奇数棱的圆度误差 两者组合用于测量不知具体棱数的轮廓

(5)轮廓度误差的常用测量方法(见表3.97)

表3.97　轮廓度误差的常用测量方法

方法	图示	测量说明
轮廓样板法	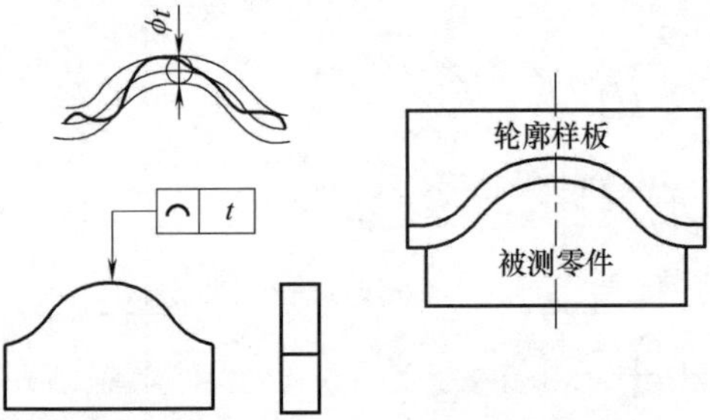	用轮廓样板与被测零件实际轮廓曲线进行比较,根据光隙法原理,取最大间隙作为该零件的线轮廓度误差
投影放大比较法	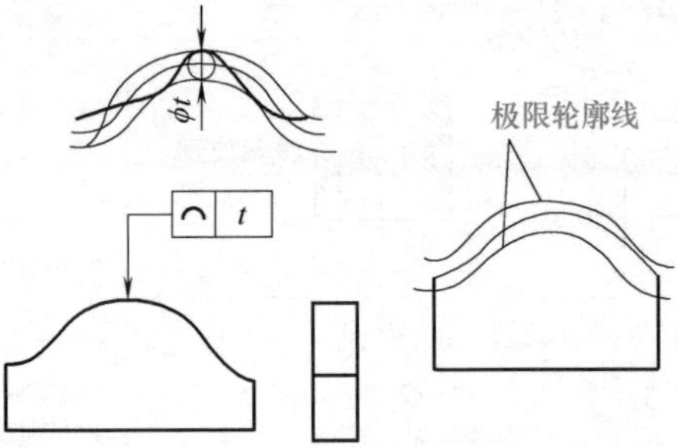	在投影仪上,将被测零件的轮廓曲线投影到屏幕上与已放大的理论轮廓曲线进行比较,根据比较结果是否在公差带内来判断被测零件轮廓是否合格 适用于对较小、较薄零件的线轮廓度误差的测量
坐标法	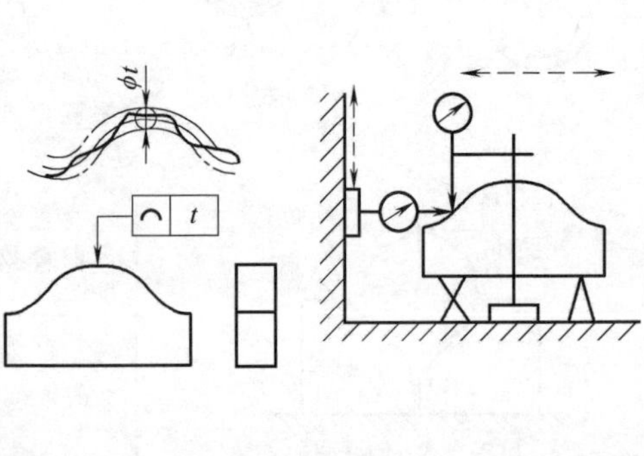	利用工具显微镜、三坐标测量机,光学分度头加辅助设备均可测量被测轮廓上各点的坐标值,按测得的坐标值与理想轮廓的坐标值进行比较,即可求出被测件的轮廓度误差值

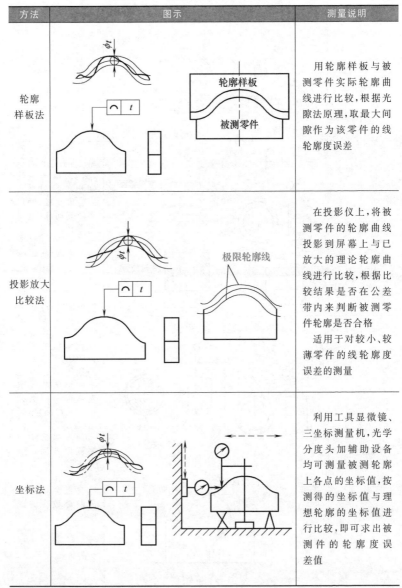

（6）定向误差的常用测量方法（见表 3.98）

表 3.98　定向误差的常用测量方法

在平板上检测			
测量项目	图示	测量项目	图示
面对面的平行度误差测量	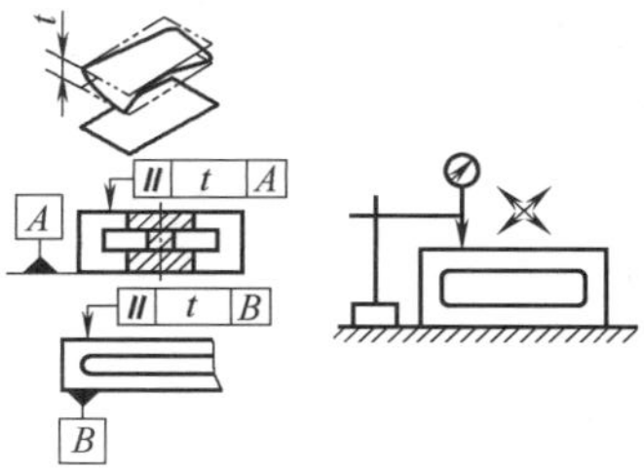	面对面的倾斜度误差测量	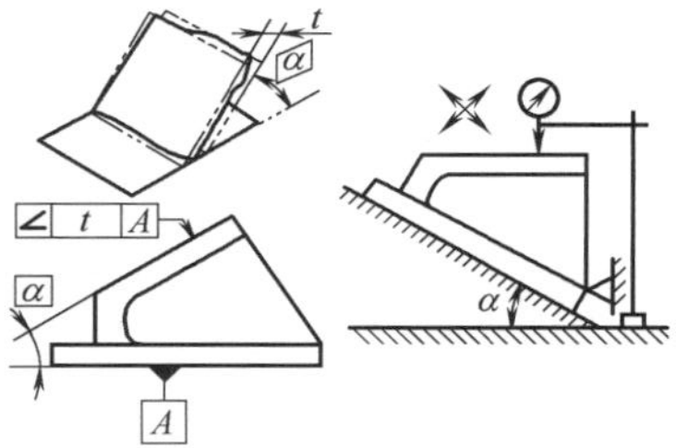
面对面的垂直度误差测量	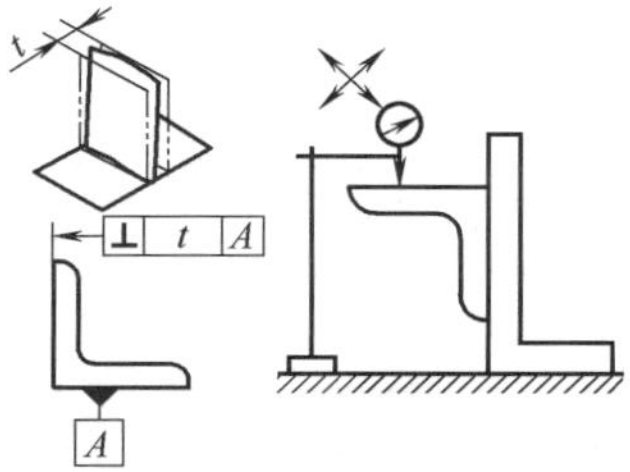	面对线的平行度误差测量	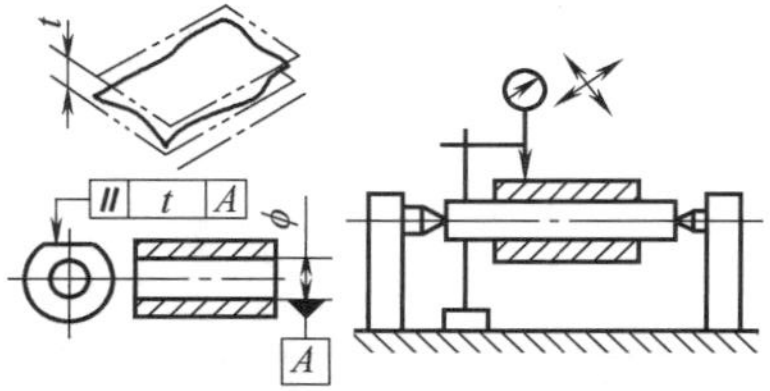

续表

在平板上检测			
测量项目	图示	测量项目	图示
面对线的垂直度误差测量	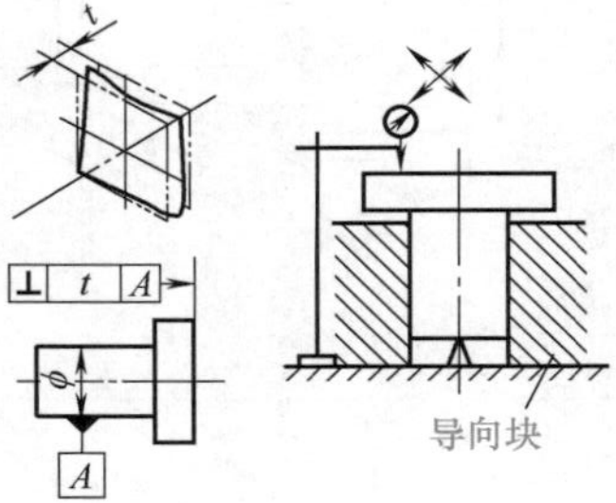	线对面的垂直度误差测量	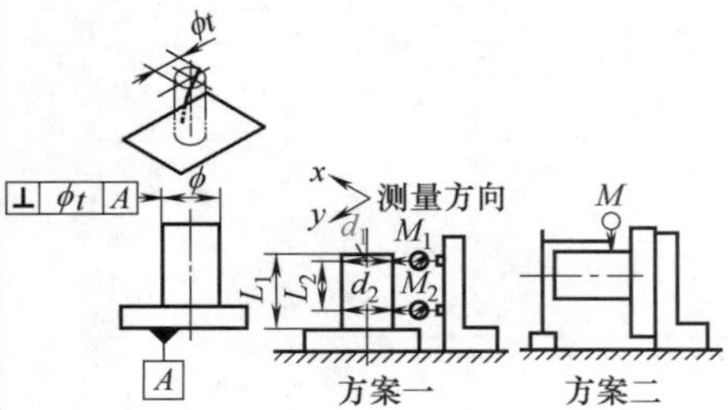
线对面的平行度误差测量	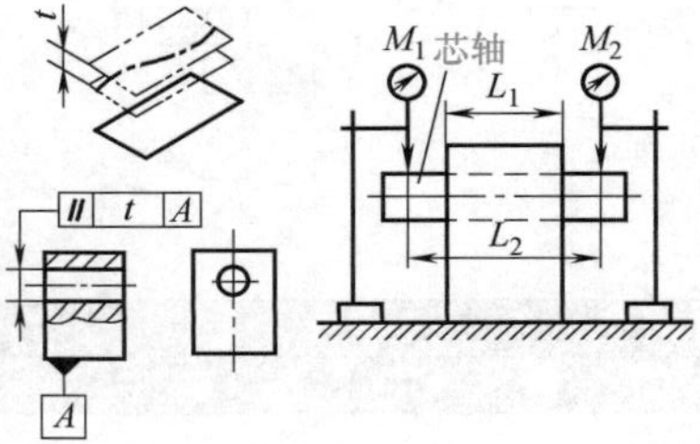	线对面的倾斜度误差测量	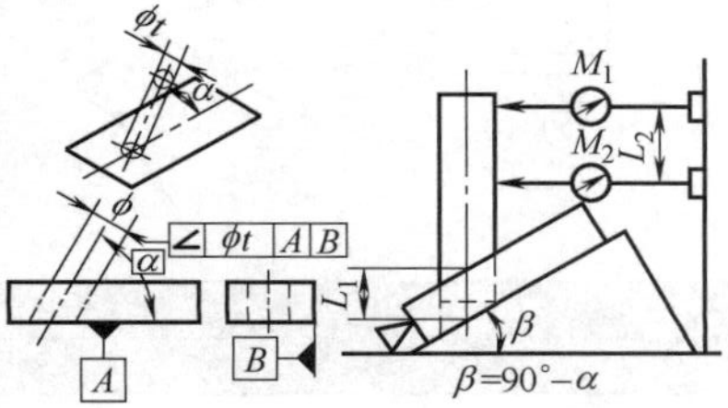

续表

在平板上检测			
测量项目	图示	测量项目	图示
线对线的平行度误差测量	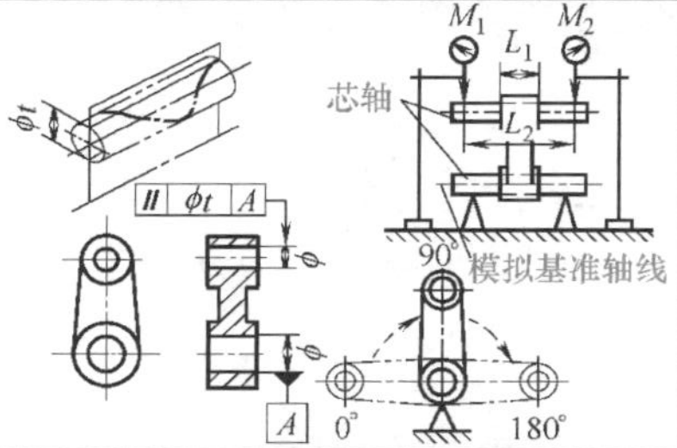	线对线的垂直度误差测量	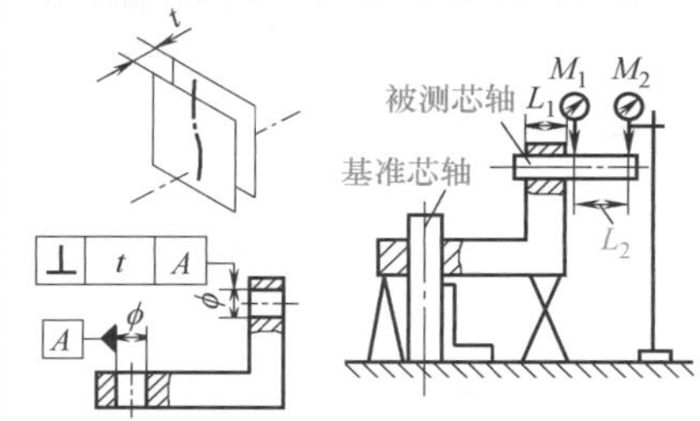
用位置量规测量			
测量项目	图示	测量项目	图示
平行度的测量	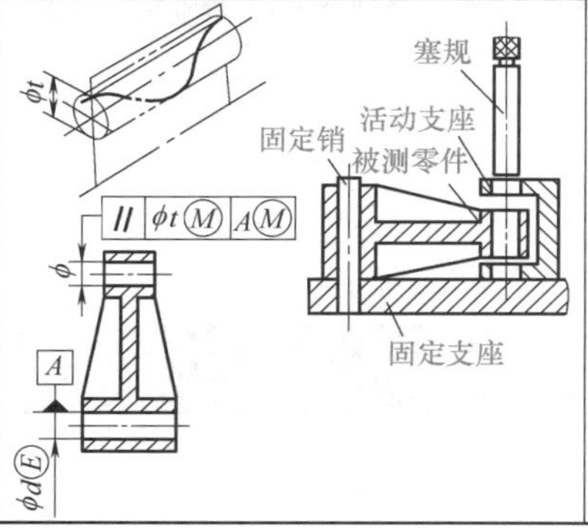	垂直度的测量	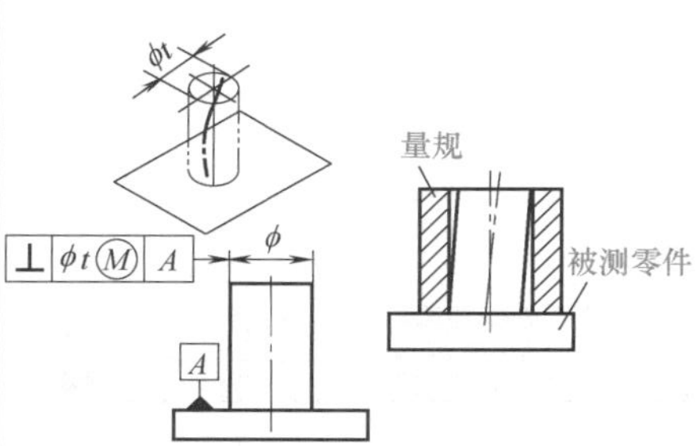

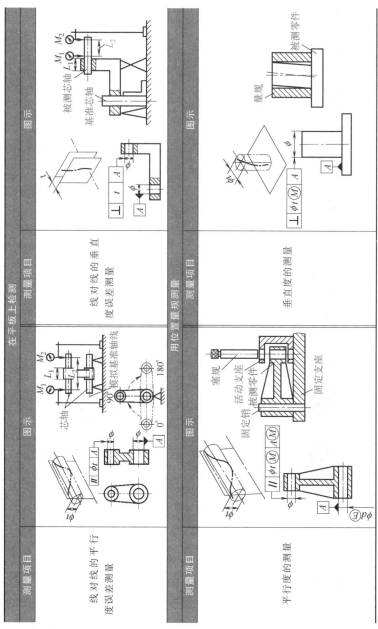

(7)定位误差的常用测量方法(见表 3.99)

表 3.99 定位误差的常用测量方法

方法	测量项目	图示	方法	测量项目	图示
用测量径向变动的方法	同轴度误差测量	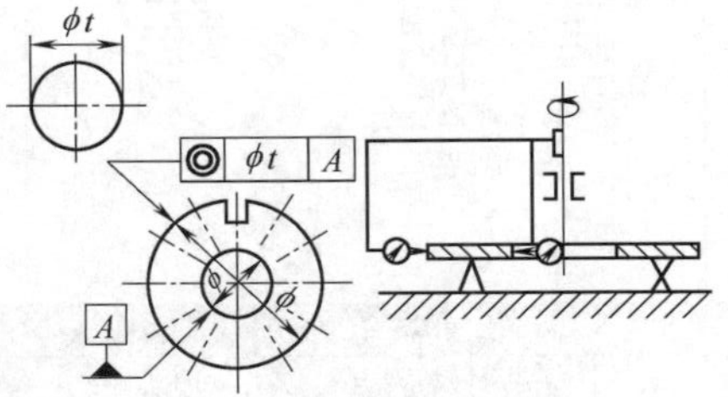	在平板上测量	对公共基准轴线的同轴度误差测量	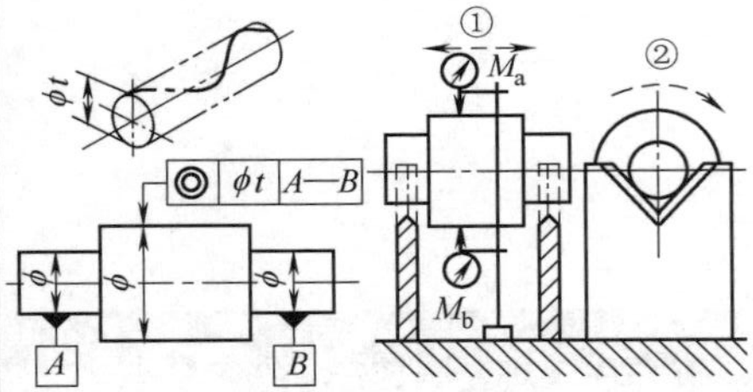
在平板上测量	同轴度误差测量	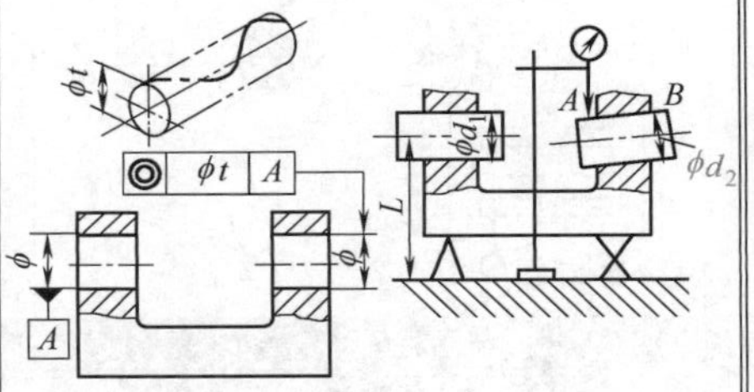	用同轴度量规测量	同轴度误差测量	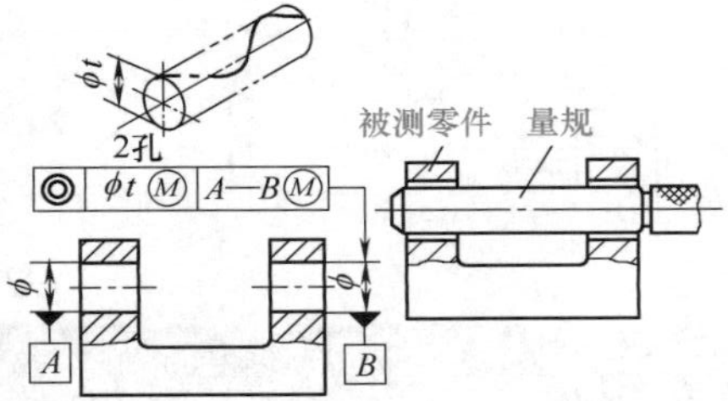

续表

方法	测量项目	图示	方法	测量项目	图示
在平板上用打表测量	面对面的对称度误差测量	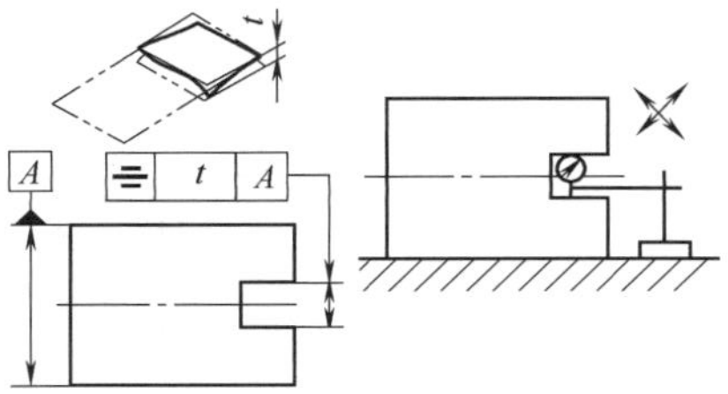	用测量壁厚的方法	对称度误差的测量	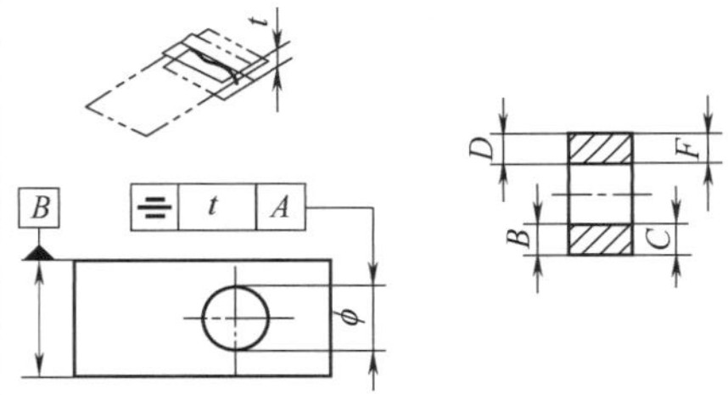
	面对线的对称度误差测量	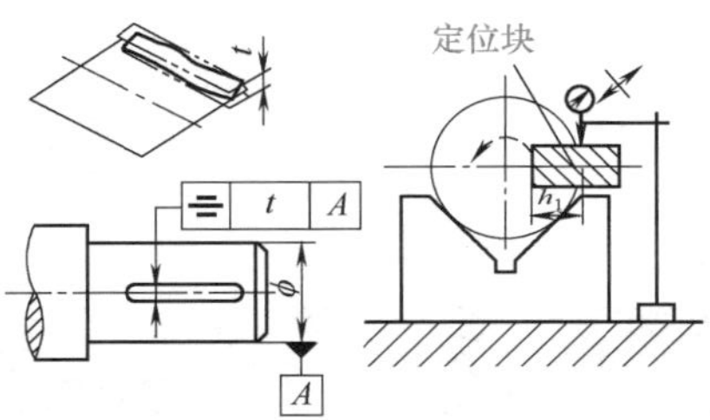	用位置量规测量	对称度误差的测量	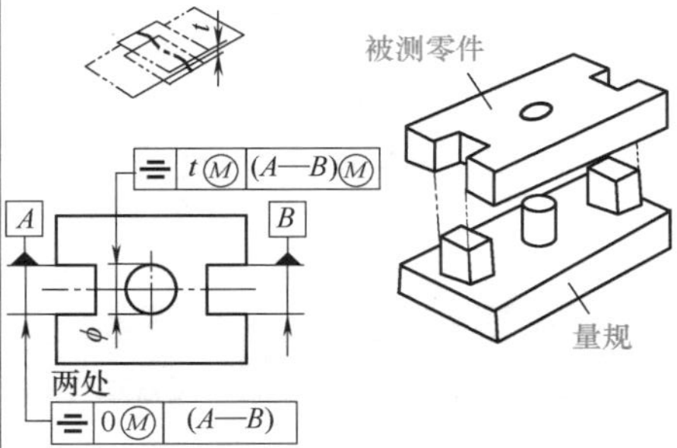

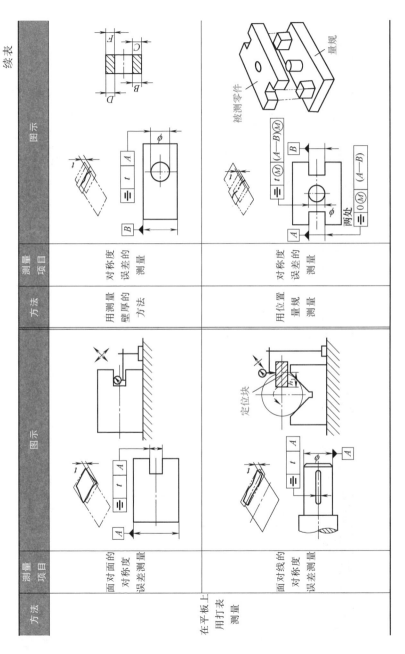

(8)跳动量的常用测量方法(见表 3.100)

表 3.100 跳动量的常用测量方法

方法	测量项目	图示	方法	测量项目	图示
用双顶尖方法	径向圆跳动误差测量	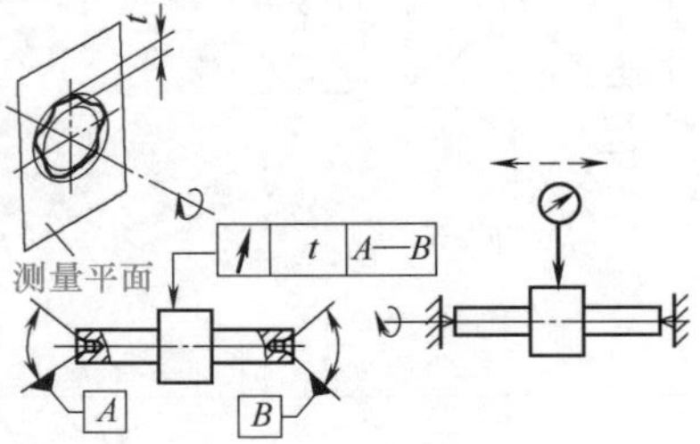	用 V 形块方法	端面圆跳动误差测量	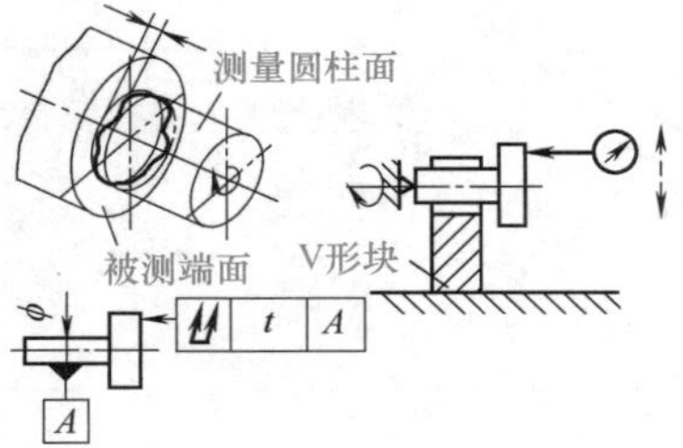
用双套筒方法	径向全跳动误差测量	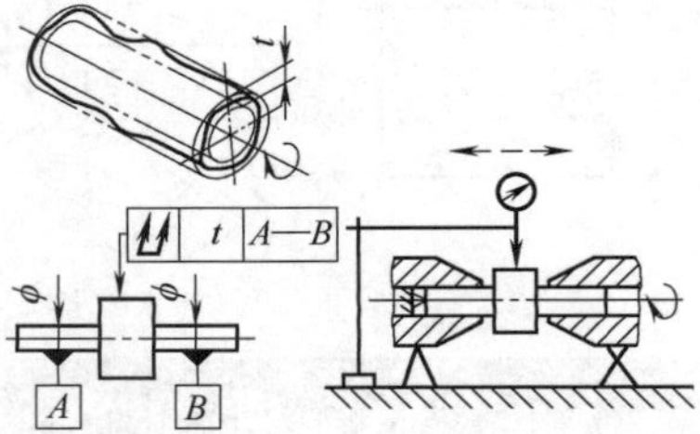	用单套筒方法	斜向圆跳动误差测量	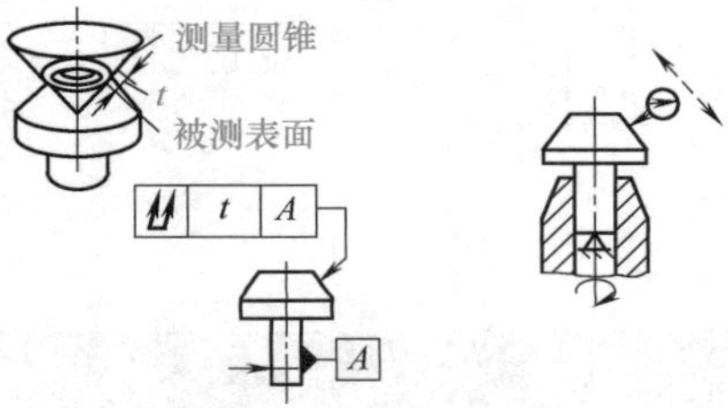

续表

方法	测量项目	图示	方法	测量项目	图示
用双套筒方法	端面全跳动误差测量	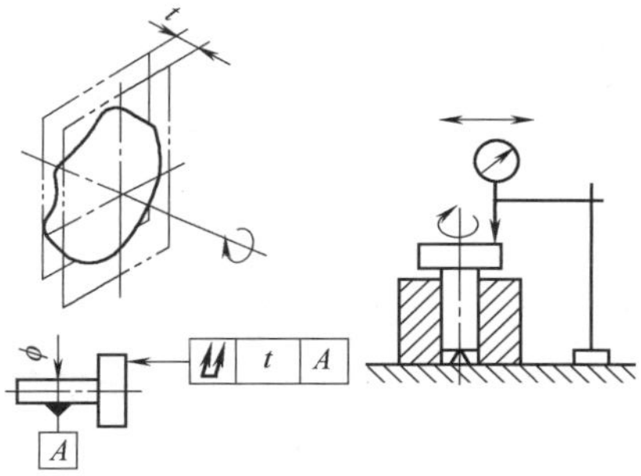	用芯轴方法	径向圆跳动误差测量	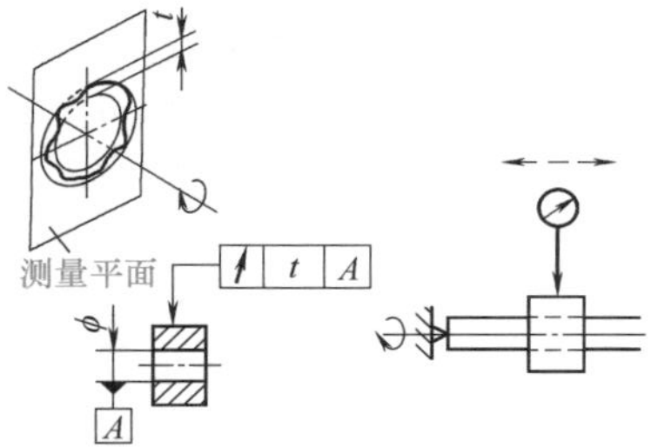

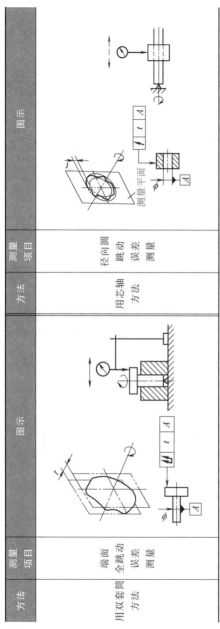

3.4.5 表面粗糙度的测量方法

表面粗糙度的测量方法、特点及应用见表 3.101。

表 3.101　表面粗糙度的测量方法、特点及应用

测量方法	特点及应用	测量范围 Ra/μm	测量方法	特点及应用	测量范围 Ra/μm
目测法	将被测表面与标准样块进行比较。在车间应用于外表面检测	3.2～50	触觉法	用手指或指甲抚摸被测表面与标准样块进行比较。在车间应用于内、外表面检测	0.8～6.3

续表

测量方法	特点及应用	测量范围 Ra/μm	测量方法	特点及应用	测量范围 Ra/μm
电容法	电容极板(极板应与被测面形状相同)靠三个支承点与被测表面接触,按电容量大小评定。适用于外表面检测,用于大批量100%检验粗糙度的场合	0.2～6.3	针描法	用触针直接在被测表面上轻轻划过,由指示表读出数值,方法简单。常用量仪有电感轮廓仪(电感法)、压电轮廓仪(压电法)。适用于内、外表面检测,但不能用于检测柔软和易划伤表面。电感法用于实验室,压电法用于实验室和车间	电感法 0.008～6.3 压电法 0.05～25
光切法	用光切原理测量表面粗糙度,常用量仪为光切显微镜。适用于平面、外圆表面检测,在车间、实验室均可应用	0.4～25			
干涉法	用光波干涉原理对被测表面的微观不平度和光波波长进行比较,检测表面粗糙度,常用量仪为干涉显微镜。适用于在实验室对平面、外圆表面检测	0.008～0.2	印模法	用塑性材料黏合在被测表面上,将被检表面轮廓复制成印模,然后测量印模。适用于对深孔、盲孔、凹槽、内螺纹、大工件及其难测部位检测	0.1～100

3.5　机械加工误差影响因素分析

3.5.1　工艺系统的几何误差对加工精度的影响

3.5.2　工艺系统受力变形对加工精度的影响

3.5.3　工艺系统受热变形对加工精度的影响

3.5.4　工件内应力重新分布引起的误差

3.5.5　其他误差

3.5.6　提高加工精度的途径

3.6　机械加工表面质量

3.6.1　表面质量概述

3.6.2　影响机械加工表面粗糙度的工艺因素

3.6.3　影响加工表面层物理、力学性能的因素

3.6.4　机械加工过程中的振动

第4章 车削加工

4.1 车床

车削是工件旋转作主运动，车刀作进给运动的切削方法。车床是切削加工中使用最广泛的一种加工设备。车床的种类很多，如：仪表车床；落地及卧式车床；立式车床；单轴或多轴半自动、自动车床；回轮车床；转塔车床；轮、轴、辊、锭及铲齿车床；曲轴、凸轮轴车床；仿形车床；数控车床；车削加工中心等。其中，落地车床、立式车床用来加工尺寸大的、重的零件上的回转表面；仪表车床用于电子、仪器、仪表的小型零件上的回转表面；曲轴、凸轮轴车床专门用于汽车、拖拉机等车辆工程；轮、轴、辊、锭车床用于重型机械、冶金机械、铁路机车等行业；数控车床、车削加工中心用于军工、航空航天领域。320～630mm卧式车床和数控车床广泛用于机械制造行业。

4.1.1 卧式车床

（1）卧式车床的工艺范围

卧式车床主要用于车削零件上各种回转表面，如用车刀车内外圆柱面、圆锥面、螺纹表面、成形表面、端面、沟槽等，还可以用钻头、铰刀、丝锥、滚花等工具进行加工，如图4.1所示。

（2）卧式车床的结构组成

CA6140型卧式车床由主轴箱、进给箱、溜板箱、刀架、尾座、床身、床腿等零、部件组成，如图4.2所示。

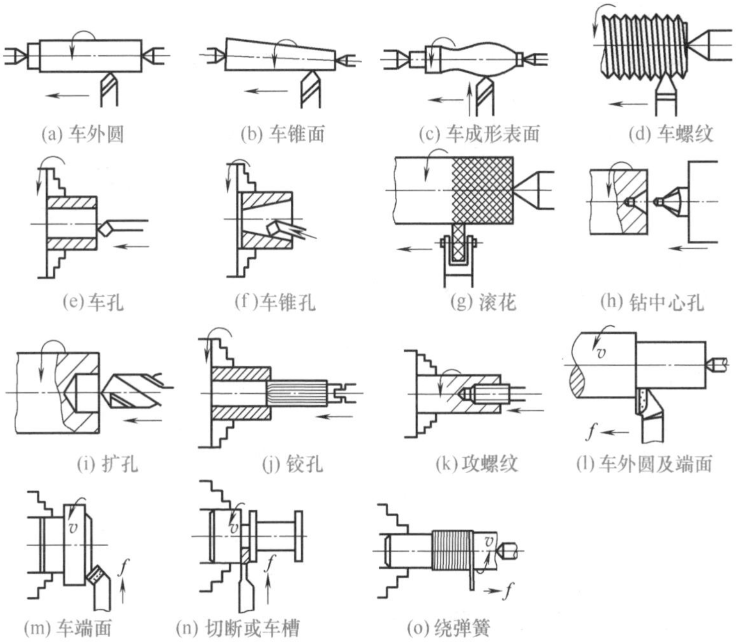

图 4.1　卧式车床的工艺范围

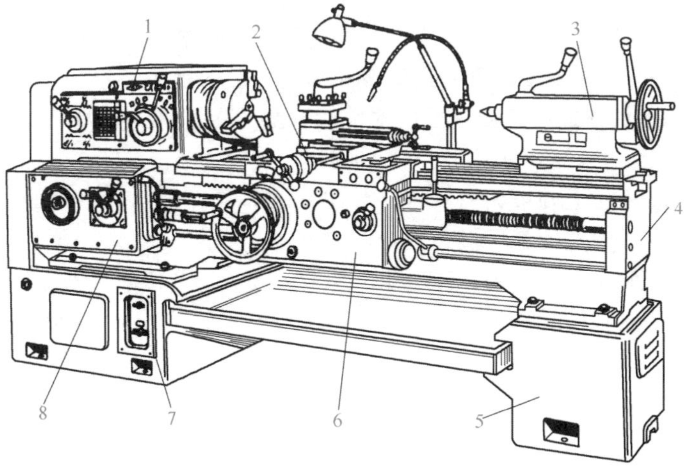

图 4.2　CA6140 型卧式车床外形

1—主轴箱；2—刀架；3—尾座；4—床身；5—右床腿；6—溜板箱；7—左床腿；8—进给箱

主轴箱 1 固定在床身 4 的左上部，箱内装有主轴、传动和变速机构等。主轴前端可安装卡盘、花盘等夹具，用以装夹工件，主轴箱的功能是支承主轴并将动力经变速机构和传动机构传给主轴，使主轴带动工件按一定的转速旋转，实现主运动。

刀架 2 安装在床身 4 上的刀架导轨上，刀架部件由多层滑板和方刀架组成，可带着夹持在其上的车刀移动，实现纵向、横向和斜向进给运动。

尾座 3 安装在床身 4 的尾座导轨上，可沿此导轨调整纵向位置，它的功能是用后顶尖支承工件，也可安装钻头、铰刀及中心钻等孔加工工具进行孔加工。

床身 4 固定在左床腿 7 和右床腿 5 上，用来支承各种部件，并使部件在工作时保持准确的相对位置或运动轨迹。

溜板箱 6 与刀架 2 的纵向溜板连接。车削时，通过光杠传动实现刀架的机动进给，车螺纹时，通过开合螺母使丝杠传动带动刀架纵向移动。在溜板箱内的互锁机构和操纵机构，可以实现光杠传动与丝杠传动的互锁、刀架纵向与横向移动的互锁。溜板箱的右下侧装有快速电机，用于使刀架纵向或横向快速移动，并通过超越离合器实现不断开工作进给就能进行快速进给。

进给箱 8 固定在床身 4 的左端前侧，箱内装有进给运动传动和变速机构，用来实现不同进给量和螺纹导程的加工要求。

（3）卧式车床的主要技术性能参数（以 CA6140 型卧式车床为例）

① 床身上的最大回转直径：400mm；

② 刀架上的最大回转直径：210mm；

③ 最大工件长度：750mm、1000mm、1500mm、2000mm；

④ 主轴转速级数：正转 24 级，10～1400r/min，反转 12 级，14～1580r/min；

⑤ 进给量：纵向 64 种 0.028～6.33mm/r，横向 64 种 0.014～3.16mm/r；

⑥ 车削螺纹：公制 44 种，英制 20 种等；

⑦ 主电机：7.5kW，1450r/min。

4.1.2　立式车床

① 立式车床的组成　立式车床分单柱式和双柱式两类，主要用于车削大而重的箱体类、盘类工件上的回转表面。立式车床主要由回转工作台、立柱、横梁、刀架等部件组成，如图 4.3 所示。

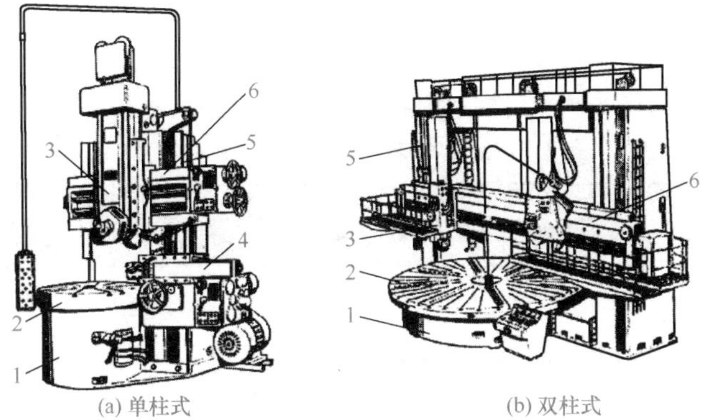

图 4.3　立式车床

1—底座；2—工作台；3—垂直刀架；4—侧刀架；5—立柱；6—横梁

② 立式车床的工艺范围　如图 4.4 所示。

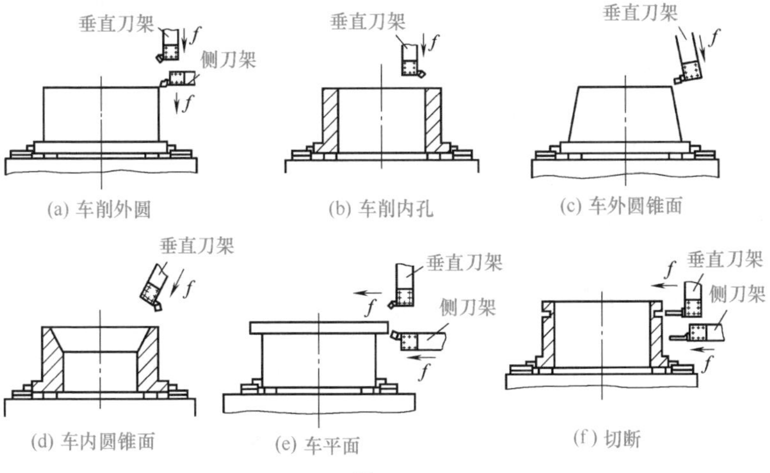

图 4.4

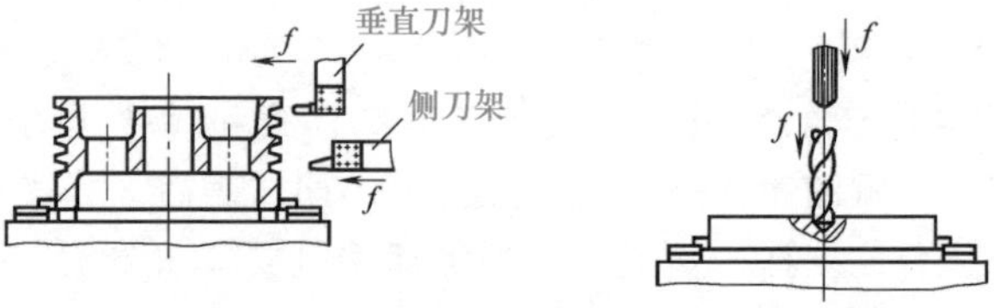

(g) 切槽　　(h) 钻、铰孔

图 4.4　立式车床工艺范围

③ 立式车床上工件常用的装夹方式　见表 4.1。

表 4.1　立式车床上工件常用的装夹方式

装夹方式	简图	适用范围	注意事项
卡盘夹紧	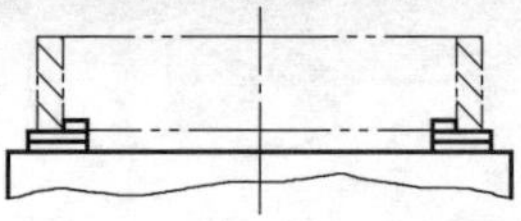	刚性较好的工件	夹紧力大，工件易受力变形，大型工件在卡盘卡爪之间要加千斤顶
压板顶紧	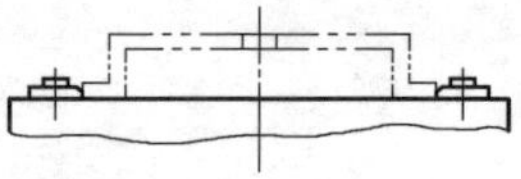	加工环状、盘类工件	压板顶紧位置要对称、均匀，安装高度合适，顶紧力位于同一平面内。对厚度较薄的工件，顶紧力不宜过大
压板压紧	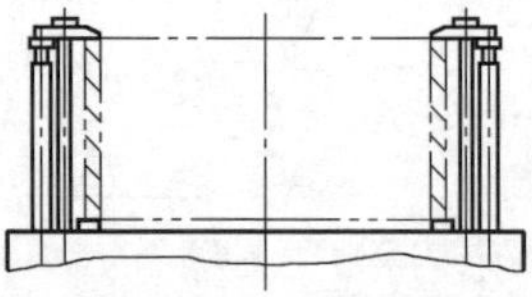	加工套类工件、带台阶工件、不对称工件及块状工件	基准面要精加工，压板布置均匀、对称，压紧力大小一致，压板的支承要高于工件被压紧面 1mm 左右
压夹联合装夹	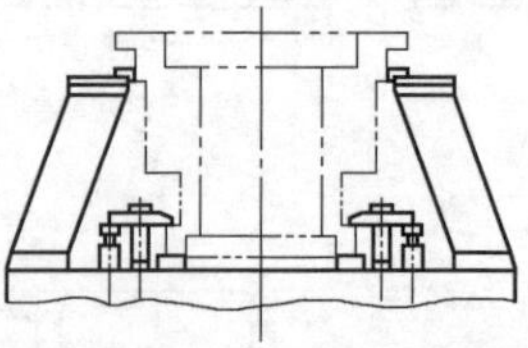	加工支承面小且较高的工件	夹和压要对称布置，防止工件倾倒

4.1.3　CA6140 型卧式车床的传动系统分析

在分析机床运动的传动系统时，首先根据机床所加工工件表面的类型、表面成形运动，确定各运动传动链的端件；然后以传动链的形式将每个成形运动逐一进行分析；最后根据表面成形运动需要调整的参数，确定机床运动传动链的运动参数调整关系。同时也分析实现机床运动所采用的传动机构和调整机构。必要时，亦可对机床其他运动传动链进行分析。CA6140 型卧式车床的传动系统图如图 4.5 所示，图中表示了机床的全部运动及其传动关系。根据该机床车外圆、车端面、车螺纹的成形运动及其他运动，该机床运动传动系统的主要端件是：主电机、主轴、刀架。

（1）主运动传动链分析

在分析传动链时，首先确定该传动链的两末端件（动力源-执行件，或执行件-执行件）及其计算位移，然后沿末端件的一端向另一端逐一地对其组成的传动链进行分析。采用的分析步骤一般为：

① 确定传动链的两末端件：电机-主轴。

② 确定两末端件的计算位移：$n_{电}$(r/min)-$n_{主}$(r/min)。

③ 写出该传动链的传动路线表达式。

④ 列出两末端件的运动平衡方程式，计算两末端件的运动关系位移量。

由于传动链的性质不同，分析的内容和达到的目的也不同。外联系传动链的分析目的主要是为了调整计算，确定运动的速度参数，如主运动的分析结果要给出主轴上的各级转速，进给运动的各级进给量，供机床调整和使用。内联系传动链的分析目的主要是确定两末端件的运动关系，供机床调整计算和使用，如，必要时填写机床操作计算卡片。

传动链分析表达的方式有：叙述形式和传动路线表达式。叙述形式的表述细致、有说明，便于理解。传动路线表达式的表达简洁、准确。

CA6140 型卧式车床主运动传动链是主电机到主轴的传动链，它是动力源的运动和动力传给机床主轴，实现主轴带动工件完成主运动，并使主轴实现启动、停止、变速和变向等功能。该传动链属于一条外联系传动链。

1）主运动传动链的表述　主运动传动链是由主电动机到机床

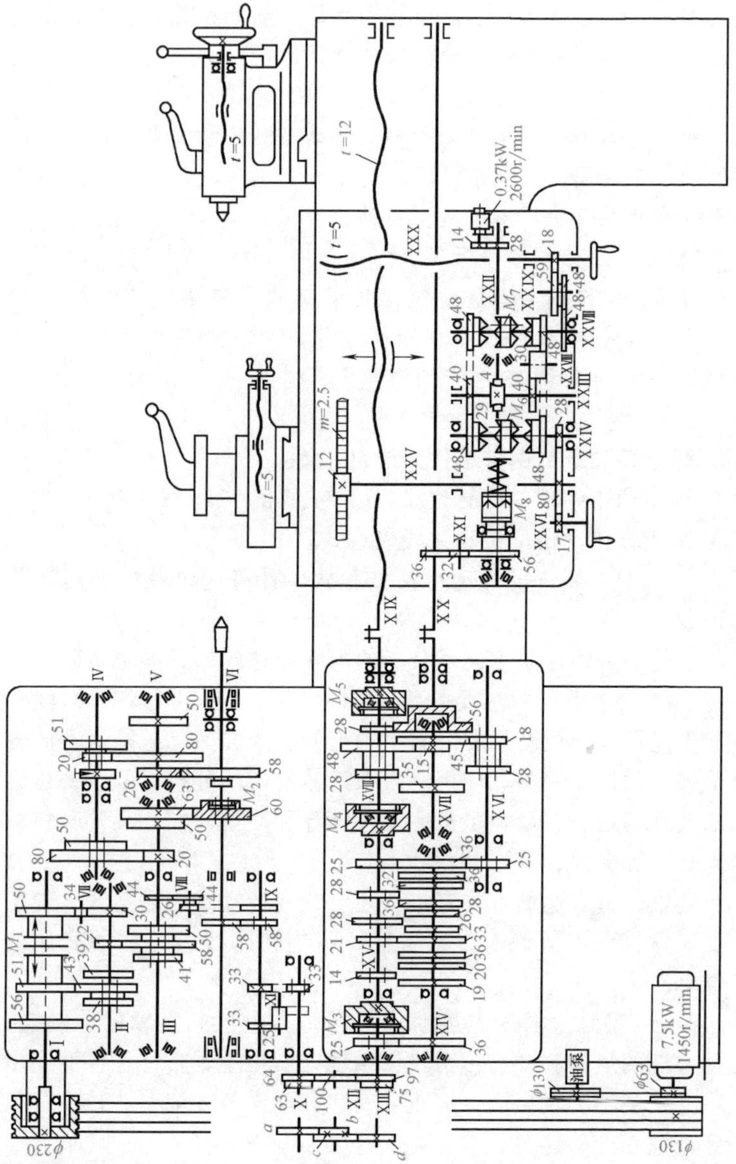

图 4.5　CA6140 型卧式车床传动系统图

主轴的一条外联系传动链，其两末端件是主电动机和主轴。主运动传动链的分析过程叙述为：

运动由电动机（7.5kW，1450r/min）经皮带轮传动副 ϕ130mm/ϕ230mm 传至主轴箱中的轴Ⅰ。在轴Ⅰ上装有双向片式摩擦离合器 M_1，能使主轴实现正转、反转或停止。当压紧离合器 M_1 左边部分的摩擦片时，轴Ⅰ的运动经 M_1、齿轮副$\frac{56}{38}$或$\frac{51}{43}$传给轴Ⅱ，齿轮 38 或齿轮 43 与轴Ⅱ通过花键连接，使轴Ⅱ获得两种转速。当压紧离合器 M_1 右边部分的摩擦片时，轴Ⅰ的运动经 M_1、齿轮 50（齿数）、轴Ⅶ上的空套齿轮 34 传给轴Ⅱ上的固定齿轮 30。与压紧离合器 M_1 左边部分的摩擦片相比较，由于轴Ⅰ至轴Ⅱ间多一个中间齿轮 34，故轴Ⅱ的转向与经 M_1 左部传动时相反，反转转速只有一种。当离合器处于中间位置时，左、右摩擦片都没有被压紧，轴Ⅰ的运动不能传至轴Ⅱ，所以机床主轴是不转的。

轴Ⅱ的运动可通过轴Ⅱ和轴Ⅲ间三对齿轮中的任一对传至轴Ⅲ，故轴Ⅲ正转有 2×3＝6 种转速。

运动由轴Ⅲ传往主轴有两条路线：

高速传动路线：轴Ⅲ→主轴Ⅵ。此时，主轴上的齿轮 50 滑移到左边与轴Ⅲ上的齿轮 63 啮合，运动由这一对齿轮直接传至主轴，可使主轴得到 6 级高转速。

低速传动路线：轴Ⅲ→轴Ⅳ→轴Ⅴ→轴Ⅵ。此时，主轴上的齿轮 50 移到右边与主轴上的齿式离合器 M_2 啮合。轴Ⅲ的运动经齿轮副$\frac{20}{80}$或$\frac{50}{50}$传给轴Ⅳ，又经齿轮副$\frac{20}{80}$或$\frac{51}{50}$传给轴Ⅴ，再经固定齿轮副$\frac{26}{58}$及齿式离合器 M_2 传给主轴，可使主轴得到 24 级理论低转速。

2）主运动传动链的传动路线表达式　CA6140 型卧式车床主运动传动链的组成结构和传动特点分析，用传动路线表达式的形式可以表达为：

$$\text{主电动机}\binom{7.5\text{kW}}{1450\text{r/min}}-\frac{\phi130\text{mm}}{\phi230\text{mm}}-\text{I}-\left\{\begin{array}{l}\begin{array}{c}M_1\text{（左）}\\\text{（正转）}\end{array}-\left\{\begin{array}{c}\frac{56}{38}\\\frac{51}{43}\end{array}\right\}-\\\begin{array}{c}M_1\text{（右）}\\\text{（反转）}\end{array}-\frac{50}{34}-\text{VII}-\frac{34}{30}\end{array}\right\}-\text{II}-$$

$$\left\{\begin{array}{c}\frac{39}{41}\\\frac{30}{50}\\\frac{22}{58}\end{array}\right\}-\text{III}-\left\{\begin{array}{c}-\frac{63}{50}-\\\left\{\begin{array}{c}\frac{20}{80}\\\frac{50}{50}\end{array}\right\}-\text{IV}-\left\{\begin{array}{c}\frac{20}{80}\\\frac{51}{50}\end{array}\right\}-\text{V}-\frac{26}{58}-M_2\text{（右移）}\end{array}\right\}-\text{VI（主轴）}$$

该传动路线表达式说明的内容与叙述的形式一致，表达形式更简洁。

3）主轴的转速级数和转速计算　对于滑移齿轮分级变速系统，在计算主轴的转速级数时，首先根据表达式和传动系统图，确定从前一根轴到后一根轴之间的传动路线的数目，然后根据两轴间传动路线数目的连乘积得到两轴间的理论转速级数。例如，在计算CA6140型卧式车床主轴正转时，从轴Ⅰ到轴Ⅱ可通过双联滑移齿轮（38和43）两条传动路线得到两种转速，从轴Ⅱ到轴Ⅲ可通过三联滑移齿轮（41、58和50）三条传动路线得到三种转速，从轴Ⅲ到主轴Ⅵ有5条传动路线（直接由轴Ⅲ通过63/50到主轴Ⅵ，轴Ⅲ到轴Ⅳ通过20/80或50/50有两种传动路线，从轴Ⅳ到轴Ⅴ通过20/80或51/50有两种传动路线，然后从轴Ⅴ到轴Ⅵ通过26/58有一种传动路线）。由此分析，从轴Ⅰ到主轴Ⅵ的理论转速级数 Z 为：$Z=2\times3\times(1+2\times2\times1)=30$（级）。

对有些机床，主轴上的转速有重复，因此，需要进一步分析或逐级进行计算才能确定实际的转速级数。从轴Ⅲ到轴Ⅴ的四条传动路线的传动比分别为：

$$u_1=\frac{20}{80}\times\frac{20}{80}=\frac{1}{16}\qquad u_2=\frac{50}{50}\times\frac{20}{80}=\frac{1}{4}$$

$$u_3=\frac{20}{80}\times\frac{51}{50}\approx\frac{1}{4}\qquad u_4=\frac{50}{50}\times\frac{51}{50}\approx1$$

其中：u_2 与 u_3 基本相同，实际上从轴Ⅲ到轴Ⅴ只有三种不同的传动比。因此，从轴Ⅰ到主轴Ⅵ的实际转速级数 $Z=2\times3\times[1+(2\times2-1)]=24$（级）。

同理，主轴反转的级数 $Z=1\times3\times[1+(2\times2-1)]=12$（级）。

主轴各级转速的计算，通过列出从主电机到主轴各级转速的运动平衡方程式（简称运动平衡式）进行计算得到。例如，主轴最低转速的运动平衡方程式为：

$$n_{主}=1450\times\frac{130}{230}\times\frac{51}{43}\times\frac{22}{58}\times\frac{20}{80}\times\frac{20}{80}\times\frac{26}{58}=10\ (\mathrm{r/min})$$

同理，可计算出主轴正转的 24 级转速值为 10～1400r/min，主轴反转的 12 级转速值为 14～1580r/min。

主轴反转通常不用于切削，主要用于车削螺纹时的退刀。这样，可在退刀时不断开主轴与刀架之间的传动链，以免“乱扣”。为了节省退刀时间，主轴反转的速度比正转的高，并且转速级数比正转时的少。为了使通用机床主轴上各级转速的最大相对转速损失相等，主轴转速是按等比数列排列的。

4）主轴的转速图　在机床设计和机床使用说明书中，经常用转速图来表达主运动传动链的传动关系。CA6140 型卧式车床主运动传动链的转速图如图 4.6 所示。图中，通过横线、竖线、斜线、圆圈、数字和符号把主运动的传动顺序、传动关系、各级转速和转速级数表示出来。

① 竖线代表传动轴。图中，七条间距相等的竖线，分别用轴号“电、Ⅰ、Ⅱ、Ⅲ、Ⅳ、Ⅴ、Ⅵ”代表主运动传动系统的轴，是按照运动从电机到主轴的传动顺序，在图中从左到右顺序排列。

② 横线代表转速值。图中横线（纵向坐标）表示不同的转速大小，由于主轴转速一般是按等比级数排列的，所以纵向坐标采用对数坐标，等间距表示相同公比 φ。

③ 竖线上的圆圈代表传动轴的转速。转速图中，每条竖线上的小圆圈（双圆圈表示重复）表示各传动轴和主轴具有的实际转

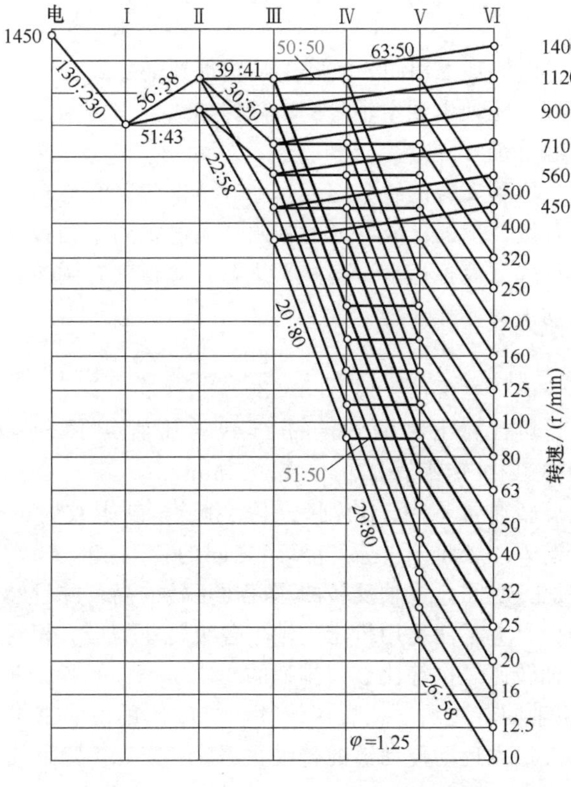

图 4.6 CA6140 型卧式车床主运动传动链的转速图

速。主轴上的转速按照标准转速（实际转速圆整为标准转速）标注在主轴的右侧，图中“10、12.5、…、1400”表示主轴得到的 24 级标准转速（r/min）。Ⅲ轴到Ⅵ轴的高 6 级转速跨越了Ⅳ轴和Ⅴ轴。

④ 竖线间的连线代表传动副。连线的倾斜程度代表传动副传动比，传动比用数字符号表示，如电机轴到Ⅰ轴皮带传动采用 $\phi130:\phi230$ 表示，Ⅰ轴到Ⅱ轴的传动比分别为 56∶38 和 51∶43，…。

转速图可以清楚地了解传动链的传动关系和主轴上的转速分布

情况，表达简洁、清楚，掌握它对进行传动设计和传动分析有很大的帮助。

(2) 进给运动传动链分析

为便于分析，先给出 CA6140 型卧式车床进给运动传动链的组成框图，如图 4.7 所示。由图可知，进给运动传动链有三条传动路线。车削螺纹的进给运动传动路线为：主轴—进给箱—丝杠—纵溜板（刀架）；车外圆的进给运动传动路线为：主轴—进给箱—光杠—纵溜板（刀架）；车端面的进给运动传动路线为：主轴—进给箱—光杠—横溜板（刀架）。

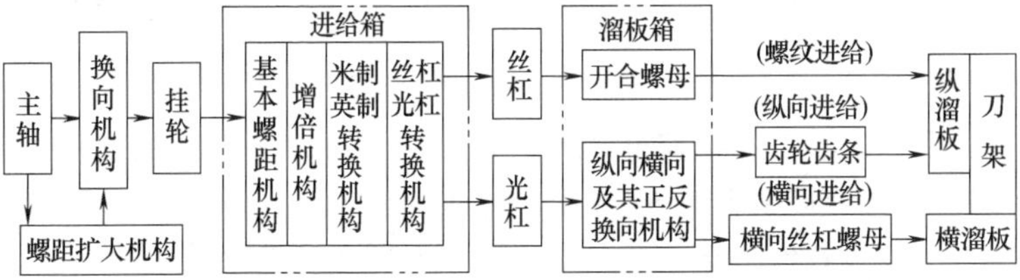

图 4.7　CA6140 型卧式车床进给运动传动链组成框图

在 CA6140 型卧式车床上，能够车削公制螺纹、英制螺纹、模数螺纹（公制蜗杆）、径节螺纹（英制蜗杆）四种标准螺纹，以及非标螺距螺纹。

1) 车削公制螺纹　公制螺纹是我国常用的螺纹，国家标准规定的标准螺距如表 4.2 所示。

表 4.2　国家标准规定的标准螺距值（GB/T 193—2003）　mm

	1		1.25		1.5
1.75	2	2.25	2.5		3
3.5	4	4.5	5	5.5	6
7	8	9	10	11	12
14	16	18	20	22	24

由表 4.2 可以看出，标准螺距是按分段等差数列的规律排列，即标准螺距按分段等差级数关系（表 4.2 中列之间的关系），段之间成倍数关系（表 4.2 中行与行之间的关系）。为了能加工这些螺距的螺纹，车床进给箱中的传动比也应按该规律进行排列。在

CA6140 型卧式车床上，通过进给箱中基本组传动比的等差级数排列，实现车标准螺纹的等差级数排列的螺距，通过进给箱中增倍组传动比的倍数排列，实现车标准螺纹的螺距倍数关系。车削公制螺纹的传动路线为：

车削公制螺纹时，进给箱中的齿式离合器 M_3 和 M_4 脱开，M_5 接合。此时，运动由主轴Ⅵ经齿轮副$\frac{58}{58}$、换向机构$\frac{33}{33}$（车左螺纹时经$\frac{33}{25}\times\frac{25}{33}$）、挂轮$\frac{63}{100}\times\frac{100}{75}$传入进给箱轴ⅩⅢ，由齿轮副$\frac{25}{36}$传到ⅩⅣ，由轴ⅩⅣ经双轴滑移变速机构中的八对齿轮副（这八对齿轮副称为基本组，用 u_j 来表示）之一传至轴ⅩⅤ，然后经齿轮副$\frac{25}{36}\times\frac{36}{25}$传至轴ⅩⅥ，轴ⅩⅥ的运动再经轴ⅩⅥ与ⅩⅧ间的齿轮副（可变四种传动比，称为增倍组，用 u_b 来表示）传至轴ⅩⅧ，最后经由 M_5 传至丝杠ⅩⅨ，当溜板箱中的开合螺母与丝杠相啮合时，就可带动刀架车削公制螺纹。

车削公制螺纹的传动路线表达式为：

$$
\text{主轴Ⅵ}-\frac{58}{58}-\text{Ⅸ}-\begin{bmatrix}\frac{33}{33}\ (\text{右螺纹})\\ \frac{33}{25}-\text{Ⅺ}-\frac{25}{33}\ (\text{左螺纹})\end{bmatrix}-\text{Ⅹ}-\frac{63}{100}\times\frac{100}{75}-\text{ⅩⅢ}-
$$

$$
\frac{25}{36}-\text{ⅩⅣ}-u_j\ (\text{基本组})-\text{ⅩⅤ}-\frac{25}{36}\times\frac{36}{25}\times\text{ⅩⅥ}-u_b\ (\text{增倍组})-\text{ⅩⅧ}-
$$

M_5 啮合—丝杠ⅩⅨ—刀架

其中轴ⅩⅣ与ⅩⅤ间的基本组可变换 8 种不同的传动比：

$$
u_{j1}=\frac{26}{28}=\frac{6.5}{7},\ u_{j2}=\frac{28}{28}=\frac{7}{7},\ u_{j3}=\frac{32}{28}=\frac{8}{7},\ u_{j4}=\frac{36}{28}=\frac{9}{7}
$$

$$
u_{j5}=\frac{19}{14}=\frac{9.5}{7},\ u_{j6}=\frac{20}{14}=\frac{10}{7},\ u_{j7}=\frac{33}{21}=\frac{11}{7},\ u_{j8}=\frac{36}{21}=\frac{12}{7}
$$

基本组是螺距变换机构，组内传动副的传动比 7/7、8/7、9/7、10/7、11/7、12/7 为等差级数，因此，改变 u_j 值，就能车削出按等差级数排列的螺纹导程。

轴 XV 与轴 XVIII 间的增倍组可有四种不同的传动：

$$u_{b1}=\frac{18}{45}\times\frac{15}{48}=\frac{1}{8},\ u_{b2}=\frac{28}{35}\times\frac{15}{48}=\frac{1}{4}$$

$$u_{b3}=\frac{18}{45}\times\frac{35}{28}=\frac{1}{2},\ u_{b4}=\frac{28}{35}\times\frac{35}{28}=1$$

以上四种传动比成倍数关系排列，改变 u_b 值就可将基本组的传动比成倍地增大（或缩小），满足车削螺纹的螺距倍数关系。

车削公制螺纹时，两末端件及其计算位移为：

主轴转 1（r）—刀架移动一个被加工螺纹的导程 S（mm），公制螺纹的螺距与导程的关系为：

$$S=KT$$

式中　S——被加工螺纹的导程，mm；

T——被加工螺纹的螺距，mm；

K——被加工螺纹的头数（线数）。

主轴转 1 转，刀架移动的距离应与被加工螺纹的导程 S 相同，其运动平衡关系式为

$$S=KT=1_{(主轴)}\times\frac{58}{58}\times\frac{33}{33}\times\frac{63}{100}\times\frac{100}{75}\times\frac{25}{36}\times u_j\times\frac{25}{36}\times\frac{36}{25}\times u_b\times 12\text{mm}$$

化简后得：　　$S=7u_j\ u_b$

该式是车削公制螺纹的运动计算换置公式，根据 S 值，选取不同的 u_j 和 u_b 值来调整机床，这就是机床的调整计算。生产中，用 CA6140 型卧式车床车削公制螺纹，可通过查表 4.3，找出 S 与 u_j 和 u_b 所对应的关系，进行机床调整。

表 4.3　CA6140 型卧式车床的公制螺纹导程

增倍组传动比 / 螺纹的导程 S/mm / 基本组传动比	$u_{b1}=\frac{18}{45}\times\frac{15}{48}=\frac{1}{8}$	$u_{b2}=\frac{28}{35}\times\frac{15}{48}=\frac{1}{4}$	$u_{b3}=\frac{18}{45}\times\frac{35}{28}=\frac{1}{2}$	$u_{b4}=\frac{28}{35}\times\frac{35}{28}=1$
$u_{j1}=\frac{26}{28}=\frac{6.5}{7}$				
$u_{j2}=\frac{28}{28}=\frac{7}{7}$		1.75	3.5	7

续表

增倍组传动比 / 螺纹的导程 S/mm / 基本组传动比	$u_{b1}=\frac{18}{45}\times\frac{15}{48}=\frac{1}{8}$	$u_{b2}=\frac{28}{35}\times\frac{15}{48}=\frac{1}{4}$	$u_{b3}=\frac{18}{45}\times\frac{35}{28}=\frac{1}{2}$	$u_{b4}=\frac{28}{35}\times\frac{35}{28}=1$
$u_{j3}=\frac{32}{28}=\frac{8}{7}$	1	2	4	8
$u_{j4}=\frac{36}{28}=\frac{9}{7}$		2.25	4.5	9
$u_{j5}=\frac{19}{14}=\frac{9.5}{7}$				
$u_{j6}=\frac{20}{14}=\frac{10}{7}$	1.25	2.5	5	10
$u_{j7}=\frac{33}{21}=\frac{11}{7}$			5.5	11
$u_{j8}=\frac{36}{21}=\frac{12}{7}$	1.5	3	6	12

从表 4.3 中可见，能加工的公制螺纹的最大导程为 12mm。当需要车削更大导程的螺纹，如镗杆上的油槽，可将轴Ⅸ上的滑移齿轮 z_{58} 向右移，与轴Ⅷ上的齿轮 z_{26} 啮合，即车螺纹采用扩大螺距的传动路线。在 CA6140 型卧式车床上，车螺纹正常螺距和扩大螺距的传动路线为：

$$
\text{主轴Ⅵ}—\begin{bmatrix} —\frac{58}{58}\ \text{正常螺距}— \\ \frac{58}{26}—\text{Ⅴ}—\frac{80}{20}—\text{Ⅳ}—\begin{bmatrix}50/50\\80/20\end{bmatrix}—\text{Ⅲ}—\frac{44}{44}—\text{Ⅷ}—\frac{26}{58} \end{bmatrix}—\text{Ⅸ}\cdots
$$

采用扩大螺距传动路线，自轴Ⅸ后的传动路线与正常螺距时相同，从主轴Ⅵ至轴Ⅸ的传动比为：

正常螺距时　$u=\frac{58}{58}=1$

扩大螺距时　$u_{扩1}=\frac{58}{26}\times\frac{80}{20}\times\frac{50}{50}\times\frac{44}{44}\times\frac{26}{58}=4$

$$u_{扩2}=\frac{58}{26}\times\frac{80}{20}\times\frac{80}{20}\times\frac{44}{44}\times\frac{26}{58}=16$$

可见，扩大螺距传动路线实际上也是一个增倍组，可将螺距扩大 4 倍或 16 倍。但需注意，扩大螺距的传动路线与主运动的实际传动路线有关，只有主轴处于低速状态才能采用扩大螺距的传动路线，并且当主轴转速确定后扩大螺距的倍数也就确定了，即当主轴转速为 10～32r/min 的最低 6 级转速时，扩大螺距只能采用 16 倍，当主轴转速为 40～125r/min 的 6 级转速时，扩大螺距只能采用 4 倍。

2）车削模数螺纹　模数螺纹主要是公制蜗杆。模数螺纹（公制蜗杆）的螺距 $T_m=\pi m$（mm），导程 $S_m=K_mT_m=K\pi m$（mm）。式中，m 为模数，国家标准已规定了 m 的标准值，也是按分段等差数列排列的。与加工公制螺纹相比较，模数螺纹导程 $S_m=K\pi m$ 中含有特殊因子“π”。由于模数螺纹导程特殊因子“π”，在传动链调整计算时很不方便，在 CA6140 型车床上，将挂轮换为 $\frac{64}{100}\times\frac{100}{97}$ 凑出 π 的近似值。车削模数螺纹的传动路线分析与车削公制螺纹时相同，其运动平衡式为：

$$\begin{aligned}S_m&=K\pi m\\&=1_{(主轴)}\times\frac{58}{58}\times\frac{33}{33}\times\frac{64}{100}\times\frac{100}{97}\times\frac{25}{36}\times u_j\times\frac{25}{36}\times\frac{36}{25}\times u_b\times 12\text{mm}\end{aligned}$$

其中

$$\frac{64}{100}\times\frac{100}{97}\times\frac{25}{36}\approx\frac{7\pi}{48}$$

经化简后得：

$$S_m=K\pi m=\frac{7\pi}{4}u_ju_b$$

车削模数螺纹的调整计算，也是根据导程 S_m 值，选取不同的 u_j 和 u_b 值来调整机床，当导程 $S_m>12$mm 时，可采用扩大螺距的传动路线。

3）车削英制螺纹　英制螺纹在采用英寸制的国家中应用较广泛。我国的管螺纹目前也采用英制螺纹。

英制螺纹用每英寸长度上的螺纹扣（牙）数 a（扣/in）表示。参数 a 的标准值也是按分段等差级数排列的。英制螺纹的螺距 T_a 与参数 a 的关系为：

$$T_a=\frac{1}{a}(\text{in})=\frac{25.4}{a}(\text{mm})$$

由于英制螺纹的参数 a 是按分段等差级数排列的，所以英制螺纹的螺距是分段的调和级数排列（分母是分段的等差数列）。此外，英制螺纹的螺距转换为公制时，计算式中包含一个特殊因子“25.4”。

在CA6140型机床上，为了解决既要车削公制螺纹又要车削英制螺纹的问题，在进给箱中采用了移换机构，解决英制螺纹的螺距为调和级数的问题，即将基本组中的主动轴与从动轴对调（轴ⅩⅤ变为主动轴，轴Ⅳ变为从动轴），为了在调整计算时消除特殊因子“25.4”，传动链中的移换机构通过齿轮副25/36中两齿轮的巧妙组合实现。移换机构由ⅩⅢ轴、ⅩⅣ轴间的齿轮副25/36、齿式离合器 M_3、ⅩⅣ轴、ⅩⅤ轴、ⅩⅤ轴上右端齿轮 z_{36} 及其紧靠的空套、ⅩⅥ上的滑移齿轮 z_{25} 组成。移换机构的功能是改变基本组的主动轴与从动轴的传动关系，实现车削公、英制螺纹传动路线的转换，同时凑出特殊因子“25.4”。

车削英制螺纹的传动路线为：进给箱中的齿式离合器 M_3 啮合（ⅩⅢ轴上的滑移齿轮 z_{25} 处于右边的位置)，使运动通过ⅩⅢ轴、基本组、ⅩⅣ轴，ⅩⅣ轴上右端固定齿轮 z_{36}（靠近空套齿轮）与ⅩⅥ轴左端的滑移齿轮 z_{25}（移至左面位置）啮合运动传到ⅩⅣ轴，再经轴增倍组（M_4 必须处于脱开位置)、M_5 传至丝杠。车削英制螺纹的运动平衡式为：

$$S_a=KT_a=1_{(主轴)}\times\frac{58}{58}\times\frac{33}{33}\times\frac{63}{100}\times\frac{100}{75}\times\frac{1}{u_j}\times\frac{36}{25}\times u_b\times12\text{mm}$$

其中

$$\frac{63}{100}\times\frac{100}{75}\times\frac{36}{25}\approx\frac{25.4}{21}$$

$$S_a=\frac{4}{7}\times25.4\frac{u_b}{u_j}\text{mm}$$

$$S_a=KT_a=\frac{25.4K}{a}=\frac{4}{7}\times25.4\frac{u_b}{u_j}\text{mm}$$

可通过车削英制螺纹运动平衡的换置公式，选取不同的 u_j 和 u_b 值，车削出多种标准螺距的英制螺纹。

4）车削径节螺纹　径节螺纹主要是英制蜗杆。它用径节DP

来表示，DP 的标准值也是按分段等差数列规律排列的。DP 是蜗轮或齿轮折算到 1in 分度圆直径上的齿数，即 $DP=z/D$（z 为齿轮齿数，D 为分度圆直径）。英制蜗杆的轴向齿距（相当于径节螺纹的螺距）为：

$$T_{DP}=\frac{\pi}{DP}(\text{in})=\frac{25.4\pi}{DP}\ (\text{mm})$$

在 CA6140 型卧式车床上车削径节螺纹与车削英制螺纹的传动路线相同，但采用的挂轮为$\frac{64}{100}\times\frac{100}{97}$，其运动平衡式为：

$$\begin{aligned}T_{DP}&=1_{\text{转(主轴)}}\times\frac{58}{58}\times\frac{33}{33}\times\frac{64}{100}\times\frac{100}{97}\times\frac{1}{u_j}\times\frac{36}{25}\times u_b\times 12\\&\approx\frac{25.4\pi}{84}\times\frac{1}{u_j}\times u_b\times 12\\&=\frac{25.4\pi}{7}\times\frac{u_b}{u_j}\end{aligned}$$

式中
$$\frac{64}{100}\times\frac{100}{97}\times\frac{36}{25}\approx\frac{25.4\pi}{84}$$

通过选取不同的 u_j 和 u_b 值，可车削出不同螺距的径节螺纹。

5）车削非标准螺纹　车削非标准螺纹时，不使用进给箱的变速机构。此时，将 M_3、M_4 及 M_5 全部啮合，运动经轴 XIII、XV、XVIII 直接传到丝杠 XIX。被加工螺纹的导程依靠挂轮的传动比 $u_{挂}$ 来实现。运动平衡式为：

$$S_{非标}=1_{(主轴)}\times\frac{58}{58}\times\frac{33}{33}\times u_{挂}\times 12\text{mm}$$

换置公式：
$$u_{挂}=\frac{a}{b}\times\frac{c}{d}=\frac{S_{非标}}{12}$$

若 $u_{挂}$ 的选配精度高，则可加工精度较高的螺纹。

（3）纵向机动进给运动传动链分析

在车削内、外圆柱面时，可使用纵向机动进给。为了避免丝杠磨损而影响螺纹的加工精度，机动进给运动是由光杠经溜板箱传动的。机动进给时，由主轴 VI 至轴 XVIII 的传动路线与车削公制或英制螺纹时的传动路线相同，其后 M_5 脱开，轴 XⅧ 的运动经齿轮副 $\frac{28}{56}$ 传至光杠 XX，光杠 XX 的运动经溜板箱中齿轮副 $\frac{36}{32}\times\frac{32}{56}$（超越离合器）及安全离合器 M_8，轴 XXⅡ、蜗杆蜗轮副 $\frac{4}{29}$ 传至轴 XXⅢ。运动由轴 XXⅢ 经齿轮副 $\frac{40}{48}$ 或 $\frac{40}{30}\times\frac{30}{48}$、双向离合器 M_6、轴 XXⅣ、齿轮副 $\frac{28}{80}$、轴 XXⅤ 传至小齿轮 z_{12}，小齿轮 z_{12} 与固定在床身上的齿条相啮合，小齿轮转动时，就使刀架作纵向机动进给运动。其传动路线表达式为：

$$\text{主轴 Ⅵ}-\begin{bmatrix}\text{公制螺纹传动路线}\\ \text{英制螺纹传动路线}\end{bmatrix}-\text{XⅧ}-\frac{28}{56}-\text{XX（光杠）}-\frac{36}{32}\times\frac{32}{56}-\text{XXⅡ}-\frac{4}{29}-\text{XXⅢ}-\begin{bmatrix}M_6\uparrow\frac{40}{48}\\ M_6\downarrow\frac{40}{30}\times\frac{30}{48}\end{bmatrix}-\text{XXⅣ}-\frac{28}{80}-\text{XXⅤ}-z_{12}/\text{齿条}\text{——纵向机动进给}$$

在 CA6140 型卧式车床上可获得 64 种纵向机动进给量，分别由 4 种传动路线实现。车削时进给量常用主轴转 1 转，刀具纵向移动的距离 f 表示，单位为 mm/r。

通过公制螺纹正常螺距的传动路线时，纵向机动进给量的运动平衡式为：

$$f_{\text{纵}}=1_{(\text{主轴})}\times\frac{58}{58}\times\frac{33}{33}\times\frac{63}{100}\times\frac{100}{75}\times\frac{25}{36}\times u_j\times\frac{25}{36}\times\frac{36}{25}\times u_b\times\frac{28}{56}\times\frac{36}{32}\times\frac{32}{56}\times\frac{4}{29}\times\frac{40}{30}\times\frac{30}{48}\times\frac{28}{80}\times\pi\times2.5\times12\text{mm/r}$$

将 u_j、u_b 代入上式可得到 32 种正常的纵向机动进给量，如表 4.4 所示。这 32 种纵向机动进给量应用最广泛，在操作机床时，可根据加工需要的进给量，从表中选择与之接近的较小一种，然后调整机床即可。

表 4.4　32 种正常的纵向机动进给量　　mm/r

基本组传动比	增倍组传动比			
	$u_{b1}=\frac{18}{45}\times\frac{15}{48}=\frac{1}{8}$	$u_{b2}=\frac{28}{35}\times\frac{15}{48}=\frac{1}{4}$	$u_{b3}=\frac{18}{45}\times\frac{35}{28}=\frac{1}{2}$	$u_{b4}=\frac{28}{35}\times\frac{35}{28}=1$
$u_{j1}=\frac{26}{28}=\frac{6.5}{7}$	0.08	0.16	0.33	0.66
$u_{j2}=\frac{28}{28}=\frac{7}{7}$	0.09	0.18	0.36	0.71
$u_{j3}=\frac{32}{28}=\frac{8}{7}$	0.10	0.20	0.41	0.81
$u_{j4}=\frac{36}{28}=\frac{9}{7}$	0.11	0.23	0.46	0.91
$u_{j5}=\frac{19}{14}=\frac{9.5}{7}$	0.12	0.24	0.48	0.96
$u_{j6}=\frac{20}{14}=\frac{10}{7}$	0.13	0.26	0.51	1.02
$u_{j7}=\frac{33}{21}=\frac{11}{7}$	0.14	0.28	0.56	1.12
$u_{j8}=\frac{36}{21}=\frac{12}{7}$	0.15	0.30	0.61	1.22

运动经公制螺纹扩大螺距的传动路线，主轴处于 6 级高速（450～1400r/min，其中 500r/min 除外）状态，且 $u_b=\frac{18}{45}\times\frac{15}{48}\times\frac{1}{8}$时，可得从 0.028～0.054mm/r 的 8 种细纵向机动进给量。

通过英制螺纹正常螺距的传动路线时，选择 $u_b=1$，可得到从 0.86～1.59mm/r 的 8 种较大的纵向机动进给量。

通过英制螺纹扩大螺距的传动路线，且主轴处于 12 级低速（10～125r/min），$u_b=1/4$ 和 1/8 与 $u_{扩}=4$ 或 $u_{扩}=16$ 进行组合，可得从 1.71～6.33mm/r 的 16 种更大的纵向机动进给量。

（4）横向机动进给运动传动链分析

在轴 XXIII 之前的运动与纵向机动进给运动相同。当运动由轴

XXIII 经齿轮副$\frac{40}{48}$或$\frac{40}{30}\times\frac{30}{48}$、双向离合器 M_7、轴 XXVIII 及齿轮副$\frac{48}{48}\times\frac{59}{18}$传至横向进给丝杠 XXX 后，就使横刀架作横向机动进给运动。其传动路线表达式为：

$$-\begin{bmatrix} M_7\uparrow\frac{40}{48} \\ M_7\downarrow\frac{40}{30}\times\frac{30}{48}\end{bmatrix}-\text{XXVIII}-\frac{48}{48}-\text{XXIX}-\frac{59}{18}-\text{横向丝杠 XXX}\ (t=5\text{mm})\text{——横向机动进给}$$

横向机动进给量及级数的分析与纵向的相同。当传动路线相同时，横向机动进给量大约为纵向机动进给量的一半。

(5) 刀架的快速进给传动链分析

当需要刀架机动地快速接近或离开工件时，可按下快移按钮，使快速电动机（370W，2600r/min）启动。快速电动机的运动经齿轮副$\frac{14}{28}$使轴 XXII 高速转动，再经蜗轮副$\frac{4}{29}$传给溜板箱内的传动机构，使刀架实现纵向或横向的快速移动。

为了缩短辅助时间和操作简便，在刀架快速移动过程中，光杠仍可继续转动，不必脱开进给传动链。为了避免光杠和快速电动机同时转动轴 XXII 而发生运动干涉，在齿轮 z_{56} 与轴 XXII 之间装有超越离合器，当快速运动加到轴 XXII 上时，超越离合器将光杠传来的运动脱开，避免了轴 XXII 上有两种运动速度传动。

单向超越离合器的结构如图 4.8 所示，其工作原理是：当刀架机动进给时，由光杠传来的运动传至齿轮 z_{56}（图中的 5），此时齿轮 z_{56} 按逆时针方向旋转，三个短圆柱滚子 6 分别在弹簧 8 的弹力及滚子 6 与外环 5 间的摩擦力的作用下，楔紧在外环 5 和星体 4 之间，外环 5 通过滚子 6 带动星体 4 一起转动，于是运动便由星体 4 通过键连接传到安全离合器 M_8 左半部分 3，在弹簧 1 的作用下传至安全离合器 M_8 右半部分 2，通过花键连接，将运动传至轴 XXII，经溜板箱内的传动链实现机动进给。

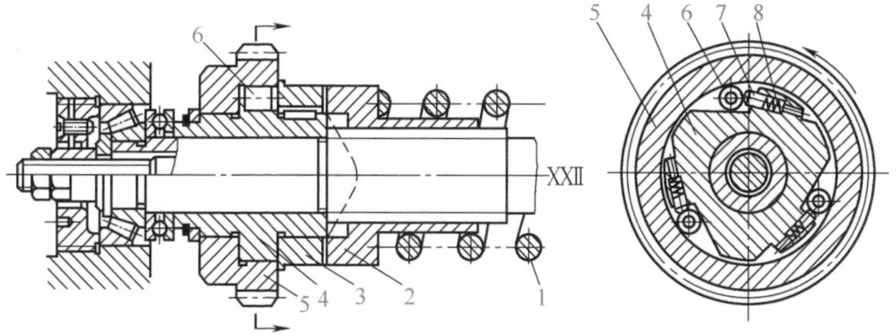

图 4.8　单向超越离合器

当快速电动机启动时，运动经齿轮副$\frac{18}{24}$传至轴 XXII，轴 XXII 及星体 4 获得一个与齿轮 z_{56} 转向相同，而转速较高的旋转运动。这时，由于滚子 6 与 5 及 4 之间有摩擦力，就使滚子 6 压缩弹簧 8 而向楔形槽较宽的方向滚动，从而脱开外环 5 与星体 4（及轴 XXII）间的传动联系。这时光杠 XX 及齿轮 z_{56} 虽均在旋转，但却不能将运动传到 XXII 上。因此，刀架快速移动时不必停止光杠的运动。快速移动的方向仍由溜板箱中的双向离合器 M_8 和 M_7 控制。由于该超越离合器是单向的，所以该机床的光杠转动方向和快速电机的转动方向只能有一个方向。

4.2　车刀及辅具

4.2.1　车刀的分类

车刀的种类很多，按车削表面的类型分为外圆车刀、端面车刀、螺纹车刀、成形车刀、切槽和切断车刀等。

在车床上车刀的应用最广泛，主要用来车削外圆、内孔、端面、螺纹、切槽和切断等，常用车刀的种类及其车削表面与机床的运动如图 4.9 所示。

按刀具切削部分材料不同分为：高速钢车刀、硬质合金车刀、陶瓷车刀、金刚石车刀等。

按刀具切削部分与刀体的结构可分为：整体式、焊接式、机夹可转位式车刀，其结构形状如图 4.10 所示（一般刀具的装夹部分

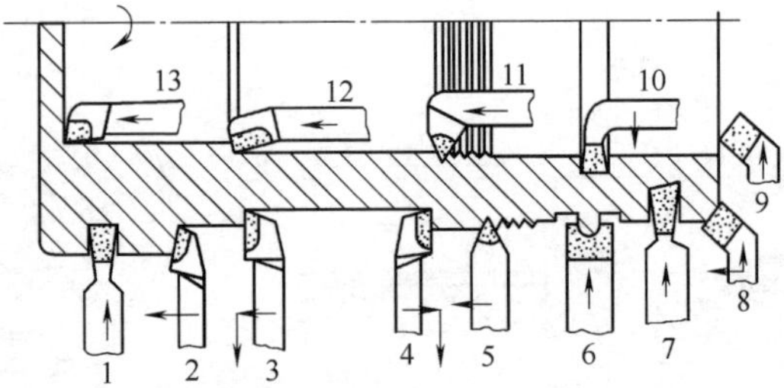

图 4.9　车刀的类型及应用

1—切槽刀；2—75°外圆车刀；3—右偏刀；4—左偏刀；5—外螺纹车刀；
6—成形车刀；7—切断刀；8—45°车刀（车外圆或倒角）；9—45°车刀（车端面）；
10—内沟槽车刀；11—内螺纹车刀；12—通孔车刀；13—盲孔车刀

称刀柄，车刀称刀杆）。整体式车刀一般为高速钢，经淬火磨制而成，目前应用较少。焊接式车刀的刀片材料一般为硬质合金，可以重复刃磨。机夹可转位式车刀由刀体、夹紧机构和刀片组成，刀片的材料一般为硬质合金，已标准化，刀具的一个切削刃损坏后不再刃磨，通过转位更换一个切削刃即可，该结构刀具目前应用最广泛。

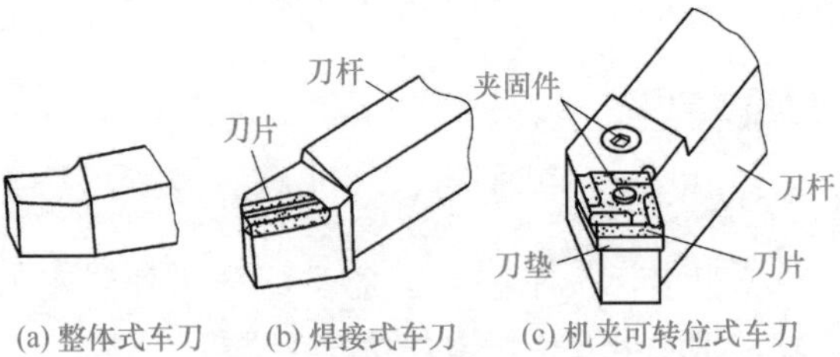

图 4.10　车刀的结构

成形车刀是一种加工回转体成形表面的专用刀具，它的刃形是根据工件的轮廓设计的。按成形车刀的结构一般分为平体、棱体和圆体三类，如图 4.11 所示。

平体成形车刀结构简单，使用方便，但重磨次数少，使用寿命短，一般用于加工宽度不大的简单成形表面。

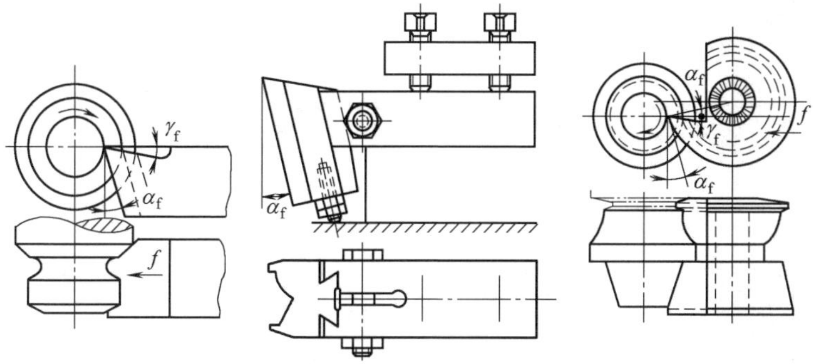

(a) 平体成形车刀　　(b) 棱体成形车刀　　(c) 圆体成形车刀

图 4.11　成形车刀示意图

棱体成形车刀的刀体呈棱柱体，强度高，重磨次数多，主要用于加工外成形表面。

圆体成形车刀的刀体为回转体，切削刃为刀体回转体的回转母线。重磨次数多，可用来加工外成形表面，也可用来加工内成形表面。

4.2.2　切削刀具用可转位刀片的型号规格

（1）切削刀具用可转位刀片的型号的表示方法

《切削刀具用可转位刀片　型号表示规则》规定，用九个代号表征刀片的尺寸及其他特性，代号①～⑦是必需的，代号⑧和⑨在需要时添加。对于镶片式刀片，用十二个代号表征刀片的尺寸及其他特性，代号①～⑦和⑪、⑫是必需的，代号⑧、⑨和⑩在需要时添加，代号⑪和⑫用短横线隔开。

刀片型号 TPGN150608EN 中的代号含义如下。

T：三角形；P：11°法后角；G：允许偏差 G 级；N：无固定孔、无断屑槽；15：刀片长度 15.875mm；06：刀片厚度 6.35mm；08：刀尖圆弧半径 0.8mm；E：倒圆刀刃；N：双向切削。

可转位刀片型号表示规则中各代号的含义如表 4.5 所示。位置、意义如图 4.12 所示。

表 4.5　切削刀具用可转位刀片型号的表示方法（GB/T 2076—2021）

号位	代号示例	表示特征	代号规定
1	T	刀片形状	见下表（1）
2	P	刀片法后角	见下表（2）
3	G	允许偏差等级	见下表（3）

（1）刀片形状

T	W	S	P	H	O	L	R	V	D	E	C	M	K	B	A
								35°	55°	75°	80°	86°	55°	82°	85°

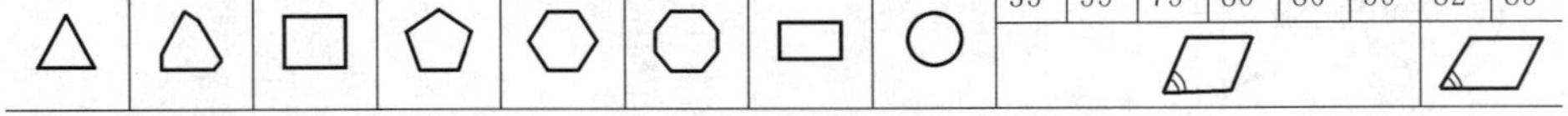

（2）刀片法后角

代号	法后角	代号	法后角
A	3°	F	25°
B	5°	G	30°
C	7°	N	0°
D	15°	P	11°
E	20°	O	其他需专门说明的法后角

（3）允许偏差等级

偏差等级代号	允许偏差/mm			偏差等级代号	允许偏差/mm		
	刀片内切圆直径 d	刀尖位置尺寸 m	刀片的厚度 s		刀片内切圆直径 d	刀尖位置尺寸 m	刀片的厚度 s
A	±0.025	±0.005	±0.025	J	±0.05～±0.15	±0.005	±0.025
F	±0.013	±0.005	±0.025	K	±0.05～±0.15	±0.013	±0.025
C	±0.025	±0.013	±0.025	L	±0.05～±0.15	±0.025	±0.025
H	±0.013	±0.013	±0.025	M	±0.05～±0.15	±0.08～±0.2	±0.13
E	±0.025	±0.025	±0.025	N	±0.05～±0.15	±0.08～±0.2	±0.025
G	±0.025	±0.025	±0.13	U	±0.08～±0.25	±0.13～±0.38	±0.13

续表

<table>
<tr><th>号位</th><th>代号示例</th><th>表示特征</th><th colspan="4">代号规定</th></tr>
<tr><td rowspan="5">4</td><td rowspan="5">N</td><td rowspan="5">夹固形式及有无断屑槽</td><td>代号</td><td>固定方式</td><td>断屑槽</td><td>示意图</td></tr>
<tr><td>R</td><td>无固定孔</td><td>单面有断屑槽</td><td></td></tr>
<tr><td>M</td><td>有圆形固定孔</td><td>单面有断屑槽</td><td></td></tr>
<tr><td>T</td><td>单面有 40°～60°固定沉孔</td><td>单面有断屑槽</td><td></td></tr>
<tr><td>H</td><td>单面有 70°～90°固定沉孔</td><td>单面有断屑槽</td><td></td></tr>
<tr><td rowspan="4">5</td><td rowspan="4">16</td><td rowspan="4">刀片长度</td><td colspan="2">刀片形状类别</td><td colspan="2">数字代号</td></tr>
<tr><td colspan="2">等边形刀片</td><td colspan="2">在采用公制单位时,用舍去小数部分的刀片切削刃长度值表示。如果舍去小数部分后,只剩下一位数字,则必须在数字前加“0”
如:切削刃长度 15.5mm,表示代号为 15
切削刃长度 9.525mm,表示代号为 09</td></tr>
<tr><td colspan="2">不等边形刀片</td><td colspan="2">通常用主切削刃或较长的边的尺寸值作为表示代号。刀片其他尺寸可以在④号位用符号 X 表示,并附示意图或加以说明
在采用公制单位时,用舍去小数部分后的长度值表示
如:主切削刃长度 19.5mm,表示代号为 19</td></tr>
<tr><td colspan="2">圆形刀片</td><td colspan="2">在采用公制单位时,用舍去小数部分后的数值表示
如:刀片尺寸 15.875mm,表示代号为 15</td></tr>
</table>

续表

号位	代号示例	表示特征	代号规定
6	03	刀片厚度	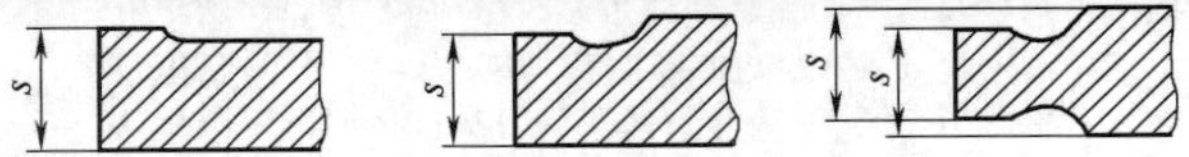 (a) (b) (c) 数字代号表示规则 在采用公制单位时，用舍去小数部分的刀片厚度值表示。若舍去小数部分后，只剩下一位数字，则必须在数字前加“0” 如：刀片厚度 3.18mm，表示代号为 03 当刀片厚度整数值相同，而小数值部分不同，则将小数部分大的刀片代号用“T”代替 0，以示区别 如：刀片厚度 3.97mm，表示代号为 T3
7	08	刀尖形状	数字或字母代号 ①若刀尖角为圆角，则其代号表示为： 在采用公制单位时，用按 0.1mm 为单位测量得到的圆弧半径值表示，如果数值小于 10，则在数字前加“0” 如：刀尖圆弧半径 0.8mm，表示代号为 08 如果刀尖角不是圆角时，则表示代号为 00 ②若刀片具有修光刃（见示意图），则用 κ_r 和 α_n' 表示： 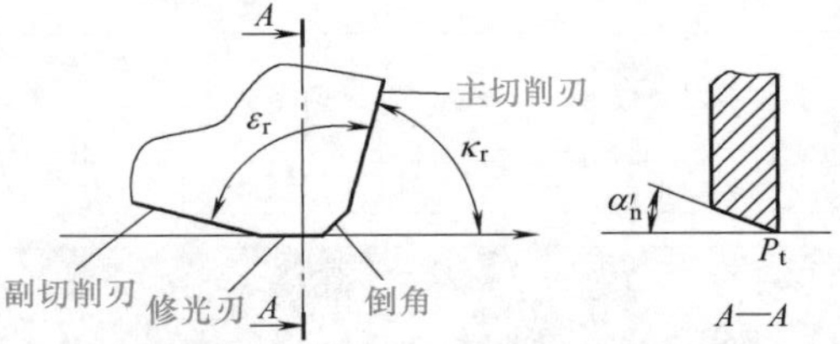 表示主偏角 κ_r 的大小：A—45°，D—60°，E—75°，F—85°，P—90°，Z—其他角度 表示修光刃法后角 α_n' 的大小：A—3°，B—5°，C—7°，D—15°，E—20°，F—25°，G—30°，N—0°，P—11°，Z—其他修光刃法后角 ③圆形刀片直径采用公制单位时，用“M0 表示”

续表

号位	代号示例	表示特征	代号规定			
			代号	刀片切割刃截面形状	代号	刀片切割刃截面形状
8	E	切削刃 截面形状	F	尖锐刀刃 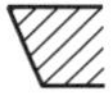	S	倒棱 侧圆刀刃 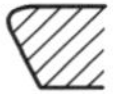
			E	倒圆刀刃 	Q	双倒棱刀刃 
			T	倒棱刀刃 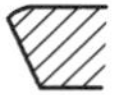	P	双倒棱 倒圆刀刃 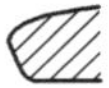
9	N	切削方向	右切 R 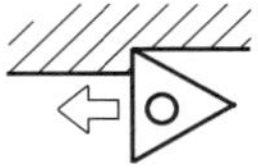	左切 L 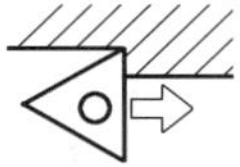	双切 N 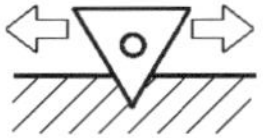	

①	字母代号表示	刀片形状	表征可转位刀片的必需代号
②	字母代号表示	刀片法后角	
③	字母代号表示	尺寸允许偏差等级	
④	字母代号表示	夹固形式及有无断屑槽	
⑤	数字代号表示	刀片长度	
⑥	数字代号表示	刀片厚度	
⑦	字母或数字代号表示	刀尖形状	
⑧	字母代号表示	切削刃截面形状	可转位刀片和镶片式刀片的可选代号
⑨	字母代号表示	切削方向	
⑩	数字代号表示	切削刃截面尺寸	镶片式刀片的可选代号
⑪	字母代号表示	镶嵌或整体切削刃类型及镶嵌角数量	
⑫	字母或数字代号表示	镶刃长度	
⑬	制造商代号或符合ISO 513规定的切削材料表示代号		

图 4.12　可转位刀片型号代号的位置和意义

(2) 机夹可转位车刀刀片夹紧方式（见表 4.6）

表 4.6　机夹可转位车刀刀片夹紧方式

名称	简图	特点及应用
偏心销式	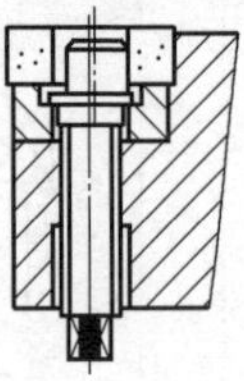	刀片以偏心销定位，利用偏心的自锁力夹紧刀片。结构简单紧凑，刀头部位尺寸小，易于制造。但是在断续切削及振动情况下易松动。主要用于中、小型刀具和连续切削的刀具
杠杆式	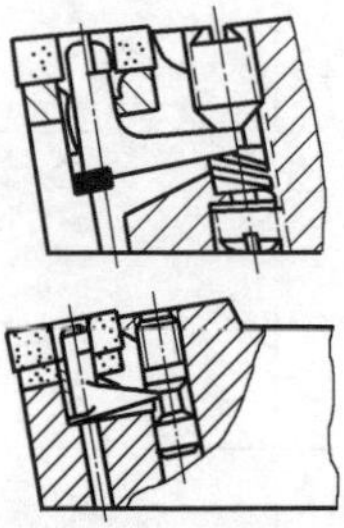	当压紧螺钉向下移动时杠杆摆动，杠杆一端的圆柱形头部将刀片压紧。刀片装卸方便、迅速，定位夹紧稳定可靠，定位精度高。但结构较复杂，制造困难，适用于专业化生产的车刀

续表

名称	简图	特点及应用
压板式	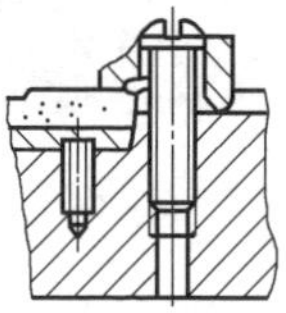	用压板压紧刀片(无孔),结构简单,夹紧稳定可靠。适用于粗加工、间断切削及切削力变化较大的情况下,压板对排屑有阻碍
楔钩式	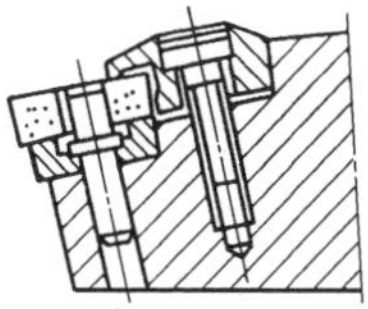	刀片除受楔钩向外推的力压向中心定位销外,还受到楔钩下压的力,即上压侧挤。夹紧力大,适用于切削力大及有冲击的情况。楔钩制造精度要求高。楔钩对排屑有阻碍
拉垫式	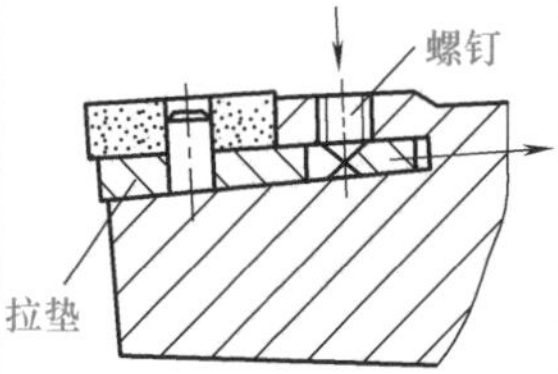	利用螺钉推(拉)动和刀垫结为一体的“拉垫”,拉垫上的圆柱销插入刀片孔,带动刀片靠向刀片槽定位面将刀片夹紧 结构简单,制造方便,夹紧可靠。车刀头刚性较差,不宜用于大的切削用量
压孔式	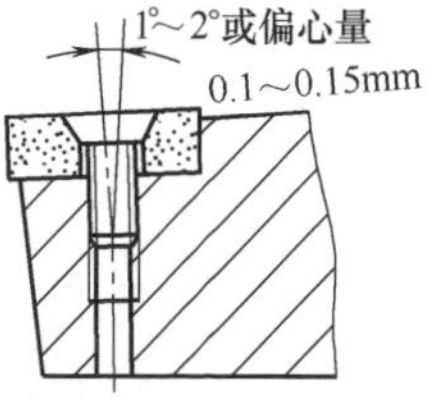	用于沉孔刀片。利用压紧螺孔中心线和刀片孔中心线有一个倾斜角度,或压紧螺孔中心和刀片孔中心相对于刀片槽定位面有一个偏心量,在旋紧螺钉过程中,使螺钉压紧刀片 结构简单,零件少,刀头部分尺寸小,特别适用于内孔车刀

(3)常用切削刀具用可转位刀片的结构参数(见表 4.7)

表 4.7　常用切削刀具用可转位刀片的结构参数　　mm

刀片简图	参数					
	L	d		$s\pm0.13$	$d_1\pm0.08$	r_e
		尺寸	公差			
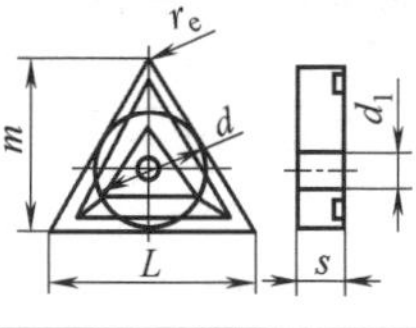	16.5	9.525	±0.05	4.76	3.81	0.8
						1.2
	22.0	12.70	±0.08	4.76	5.16	1.2
						1.6

续表

刀片简图	参数					
	L	d		$s\pm0.13$	$d_1\pm0.08$	r_e
		尺寸	公差			
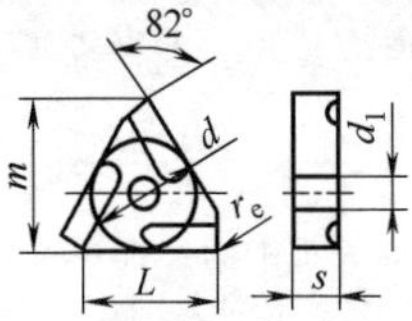	11	9.525	±0.05	4.76	3.81	0.2
						0.4
	15	12.70	±0.08	4.76	5.16	0.2
						0.4
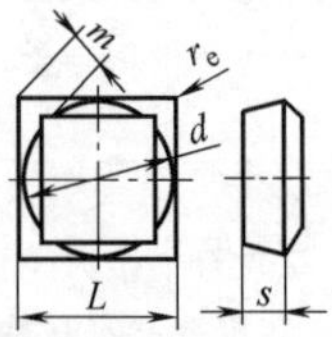	9.525	9.525	±0.05	3.18	—	0.2
						0.4
	12.70	12.70	±0.08	3.18	—	0.4
						0.8
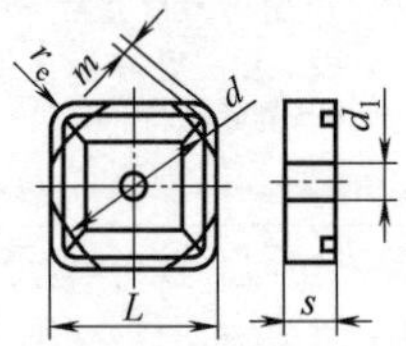	9.525	9.525	±0.05	3.18	3.81	0.4
						0.8
	12.70	12.70	±0.08	5.16	5.16	0.4
						0.8
	19.05	19.05	±0.10	7.93	7.93	1.2
						1.6
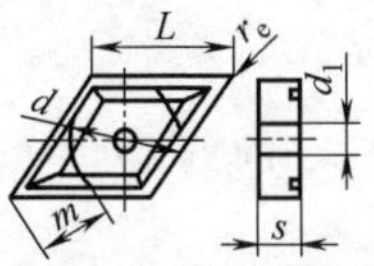	15.5	12.70	±0.08	4.76	5.16	0.8
						1.2
	15.5	12.70	±0.08	6.35	5.16	0.8
						1.2
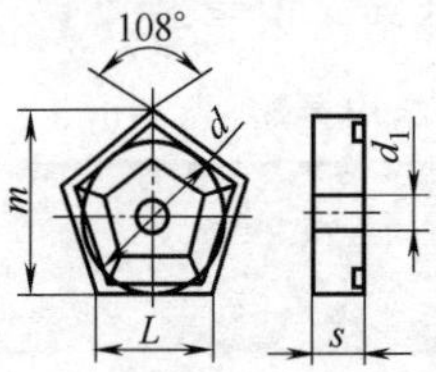	11.56	15.875	±0.10	6.35	6.35	—
	13.87	19.05	±0.10	7.93	7.93	
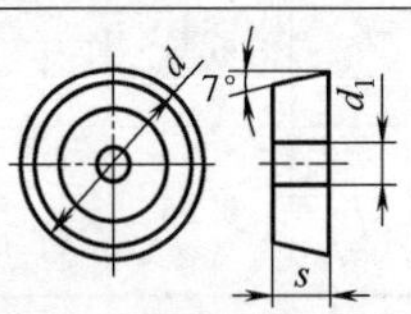	—	9.525	±0.05	3.18	3.18	
		12.70	±0.08	4.76	5.16	
		15.875	±0.10	6.35	6.35	
		19.05	±0.10	6.35	7.93	
		25.40	±0.13	7.93	9.12	

4.2.3 车刀几何参数选择

(1) 车刀前刀面几何参数选择(见表 4.8)

表 4.8 车刀前刀面几何参数及应用

<table>
<tr><th colspan="2">名称</th><th>Ⅰ型(平面型)</th><th>Ⅱ型(平面带倒棱型)</th><th>Ⅲ型(卷屑槽带倒棱型)</th></tr>
<tr><td rowspan="2">高速钢车刀</td><td>简图</td><td>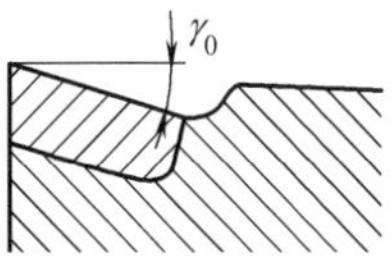</td><td>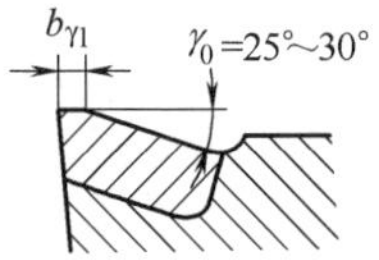</td><td>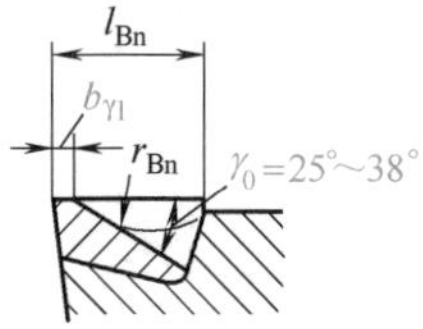</td></tr>
<tr><td>应用</td><td>加工铸铁;在 $f \leqslant 0.2$mm/r 时加工钢料</td><td>在 $f > 0.2$mm/r 时加工钢料</td><td>加工钢料时保证卷屑</td></tr>
<tr><td rowspan="2">硬质合金车刀</td><td>简图</td><td>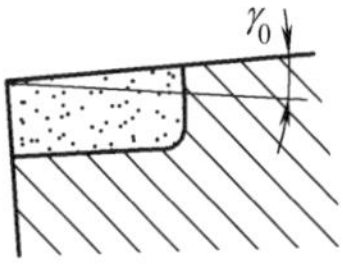</td><td>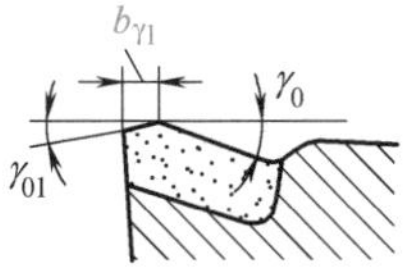</td><td>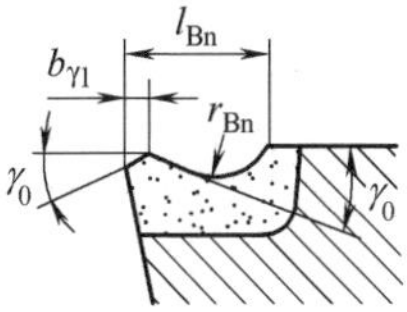</td></tr>
<tr><td>应用</td><td>当前角为负值时,在系统刚性很好时加工 $\sigma_b > 0.784$GPa 的钢料
当前角为正值时,加工脆性材料,在切削深度及进给量很小时精加工 $\sigma_b \leqslant 0.784$GPa 的钢料</td><td>加工灰铸铁和可锻铸铁,加工 $\sigma_b \leqslant 0.784$GPa 的钢料,在系统刚性较差时,加工 $\sigma_b > 0.784$GPa 的钢料</td><td>在 $a_p = 1 \sim 5$mm,$f \leqslant 0.3$mm/r 时,加工 $\sigma_b \leqslant 0.784$GPa 的钢料,保证卷屑</td></tr>
</table>

(2) 车刀角度的选用(见表 4.9~表 4.16)

表 4.9 车刀的前角和后角

<table>
<tr><th>项目</th><th colspan="2">工件材料</th><th>前角 γ_0/(°)</th><th>后角 α_0/(°)</th></tr>
<tr><td rowspan="9">高速钢车刀</td><td rowspan="2">钢、铸钢</td><td>σ_b=0.392~0.490GPa</td><td>25~30</td><td>8~12</td></tr>
<tr><td>σ_b=0.686~0.981GPa</td><td>5~10</td><td>5~8</td></tr>
<tr><td colspan="2">镍铬钢和铬钢 σ_b=0.686~0.784GPa</td><td>5~15</td><td>5~7</td></tr>
<tr><td rowspan="2">灰铸铁</td><td>16~180HBW</td><td>12</td><td>6~8</td></tr>
<tr><td>220~260HBW</td><td>6</td><td>6~8</td></tr>
<tr><td rowspan="2">可锻铸铁</td><td>140~160HBW</td><td>15</td><td>6~8</td></tr>
<tr><td>170~190HBW</td><td>12</td><td>6~8</td></tr>
<tr><td colspan="2">铜、铝、巴氏合金</td><td>25~30</td><td>8~12</td></tr>
</table>

续表

项目	工件材料		前角 γ_0/(°)	后角 α_0/(°)
高速钢车刀	中硬青铜、黄铜		10	8
	硬青铜		5	6
	钨		20	15
	铌		20～25	12～15
	钼合金		30	10～12
	镁合金		25～35	10～15
硬质合金车刀	结构钢、合金钢及铸钢	$\sigma_b \leqslant 0.784$GPa	10～15	6～8
		$\sigma_b = 0.784 \sim 0.981$GPa	5～10	6～8
	高强度钢及表面有夹杂的铸钢 $\sigma_b > 0.981$GPa		−5～−10	6～8
	不锈钢		15～30	8～10
	耐热钢 $\sigma_b = 0.686 \sim 0.981$GPa		10～12	8～10
	锻造高温合金		5～10	10～15
	铸造高温合金		0～5	10～15
	钛合金		5～15	10～15
	淬火钢 40HRC 以上		−5～−10	8～10
	高锰钢		−5～5	8～12
	铬锰钢		−2～−5	8～10
	灰铸铁、青铜、脆性黄铜		5～15	6～8
	韧性黄铜		15～25	8～12
	纯铜		25～35	8～12
	铝合金		20～30	8～12
	铸铁		25～35	8～10
	纯钨铸锭		5～15	8～12
	纯钼铸锭及烧结钼棒		15～35	6

注：材料硬度高时，前角取表中小值，硬度低时取大值；精加工时，后角取表中较大值，粗加工时取小值。

表 4.10 车刀主偏角 κ_r (°)

加工状况或工件材质	工艺系统刚度好	工艺系统刚度差
粗车	45～15	75～90
精车	45	60～75
高强度钢	45	45～60
高锰钢	45	60
冷硬铸铁、淬火钢	45	
细长轴、薄壁件	90～95	
中间切入	45～72.5	
仿形	93～107.5	
车阶梯表面、车端面、车槽、切断	—	90～93

表 4.11　车刀副偏角κ_r'　　(°)

加工状况	副偏角κ_r'
宽刃车刀及具有修光刃的车刀	0
车槽、切断	1～3
精车	5～10
粗车、刨削	10～15
粗镗	15～20
有中间切入的切削	30～45

表 4.12　车刀刃倾角 λ_s　　(°)

加工状况	刃倾角 λ_s
精车、精镗	0～5
用 $\kappa_r=90°$的车刀车削、车孔、车槽及切断	0
对钢料的粗车外圆及粗车孔	－5～0
对铸铁的粗车外圆及粗车孔	－10
带有冲击的不连续车削、刨削	－15～－10
带冲击加工淬火钢	－45～－30

表 4.13　车刀刀尖圆弧半径　　mm

车刀种类及材料		加工性质	刀杆尺寸($B\times H$)				
			12×20	16×25 20×20	20×30 25×25	25×40 30×30	30×45 40×40 以上
			刀尖圆弧半径 r_ε				
外圆车刀、内孔车刀、端面车刀	高速钢	粗加工	1～1.5	1～1.5	1.5～2.0	1.5～2.0	—
		精加工	1.5～2.0	1.5～2.0	2.0～3.0	2.0～3.0	—
	硬质合金	粗、精加工	0.3～0.5	0.4～0.8	0.5～1.0	0.5～1.5	1.0～2.0
切断及车槽刀			0.2～0.5				

表 4.14　车刀过渡刃尺寸

车刀种类	过渡刃长度 b_ε/mm	过渡刃偏角κ_r''/(°)
车槽刀	≈0.25B	75
切断刀	0.5～1.0	45
硬质合金外圆车刀	≤2.0	$=1/2\kappa_r$

注：B 为切断刀的宽度。

表 4.15　车刀倒棱前角及倒棱宽度

刀具材料	工件材料	倒棱前角 γ_{01}/(°)	倒棱宽度 $b_{\gamma 1}$/mm
高速钢	结构钢	0～5	(0.8～1)f

续表

刀具材料	工件材料	倒棱前角 γ_{01}/(°)	倒棱宽度 $b_{\gamma1}$/mm
硬质合金	低碳钢、不锈钢	−10～−5	≤0.5f
	中碳钢、合金钢	−15～−10	(0.3～0.8)f
	灰铸铁	−10～−5	≤0.5f

表 4.16　车刀卷屑槽尺寸　　mm

刀具材料	卷屑槽尺寸	刀杆尺寸($B\times H$)				
		12×20	16×25 20×20	20×30 25×25	25×40 30×30	
高速钢	圆弧半径 R_n	21～25	26～30	31～40	41～50	
	卷屑槽宽 W_n	5.5～7.0	7.5～8.5	9～10	11～13	
硬质合金	进给量 f/(mm/r)	0.3	0.5	0.7	0.9	1.2
	倒棱宽 $b_{\gamma1}$	0.2	0.3	0.45	0.55	0.6
	圆弧半径 R_n	2.5	4	5	6.5	9.5
	卷屑槽宽 W_n	2.5	3.5	5	7	8.5
	卷屑槽深 d_a	0.3	0.4	0.7	0.95	1.0

4.2.4　车刀的手工刃磨

根据车削工件的要求，按需要的刀具角度及几何参数进行手工刃磨。

(1) 砂轮的选择

刃磨车刀常用的砂轮有两种：一种是白刚玉（WA）砂轮，其砂粒韧性较好，比较锋利，硬度稍低，适用于刃磨高速钢车刀（一般选用 F46～F60 粒度）；另一种是绿碳化硅（Gc）砂轮，其砂粒硬度高，切削性能好，适用于刃磨硬质合金车刀（一般选用 F46～F60 粒度）。

(2) 刃磨的步骤

① 先把车刀前刀面、主后刀面和副后刀面等处的焊渣磨去，并磨平车刀的底平面。

② 粗磨刀杆部分的主后刀面和副后刀面，其后角应比刀片的后角大 2°～3°，以便刃磨刀片的后角。

③ 粗磨刀片上的主后刀面、副后刀面和前刀面，粗磨出来的主后角、副后角应比所要求的后角大 2°左右，如图 4.13 所示。

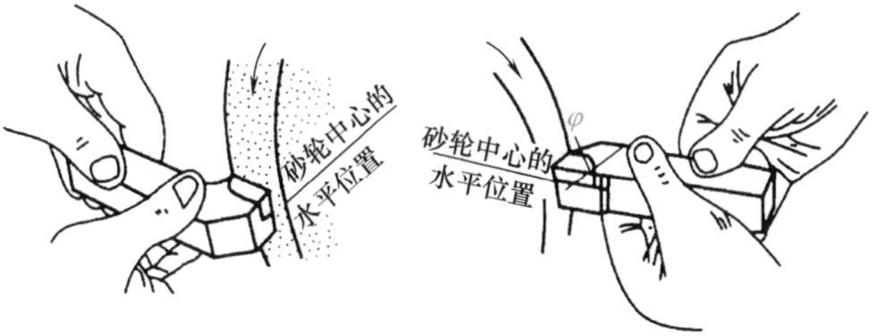

(a) 粗磨主后角　　(b) 粗磨副后角

图 4.13　粗磨主后角、副后角

④ 精磨前刀面及断屑槽。断屑槽一般有两种形状，即直线形和圆弧形。刃磨圆弧形断屑槽，必须把砂轮的外圆与平面的交接处修磨成相应的圆弧。刃磨直线形断屑槽，砂轮的外圆与平面的交接处应修整得尖锐。刃磨时，刀尖应向上或向下磨削（见图 4.14），应注意断屑槽形状、位置及前角大小。

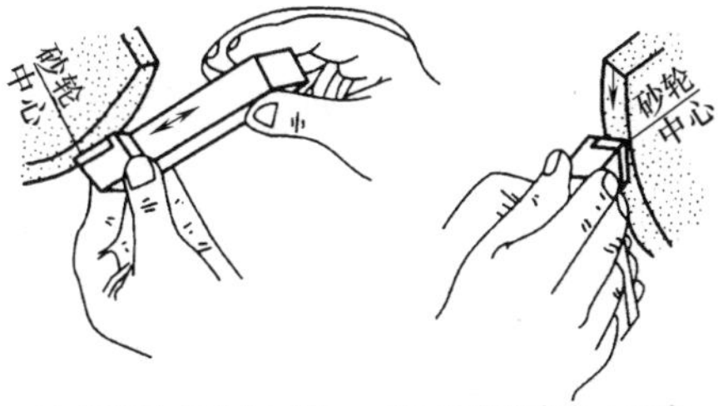

(a) 在砂轮右角上刃磨　　(b) 在砂轮左角上刃磨

图 4.14　磨断屑槽

⑤ 精磨主后刀面和副后刀面。刃磨时，将车刀底平面靠在调整好角度的台板上，使切削刃轻靠住砂轮端面进行刃磨，刃磨后的刃口应平直。精磨时，应注意主、副后角的角度，如图 4.15 所示。

⑥ 磨负倒棱。刃磨时，用力要轻，车刀要沿主切削刃的后端向刀尖方向摆动。磨削时可以用直磨法和横磨法，如图 4.16 所示。

⑦ 磨过渡刃。过渡刃有直线形和圆弧形两种，刃磨方法和精磨后刀面时基本相同（图 4.17）。

对于车削较硬材料的车刀，也可以在过渡刃上磨出负倒棱。对

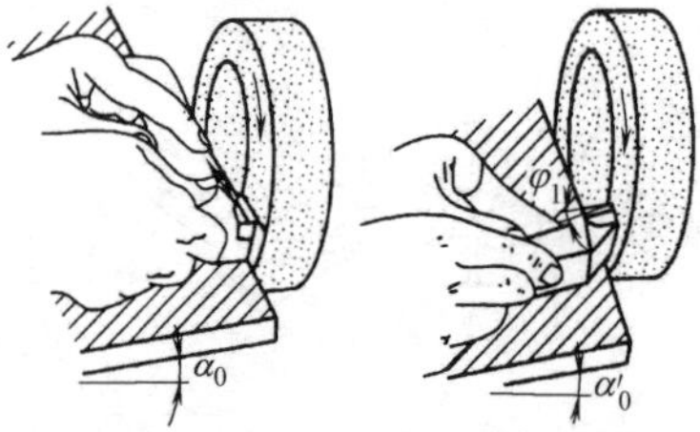

(a) 精磨主后刀面　(b) 精磨副后刀面

图 4.15　精磨主、副后刀面

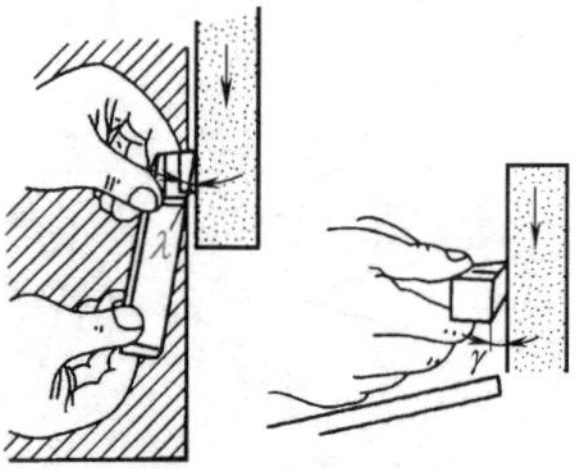

(a) 直磨法　(b) 横磨法

图 4.16　磨负倒棱

于大进给量车刀，可用相同方法在副切削刃上磨出修光刃，如图 4.18 所示。

刃磨后的切削刃一般不够平滑光洁，刃口呈锯齿形，切削时会影响工件的表面粗糙度，所以手工刃磨后的车刀，应用磨石进行研磨，以消除刃磨后的残留痕迹。

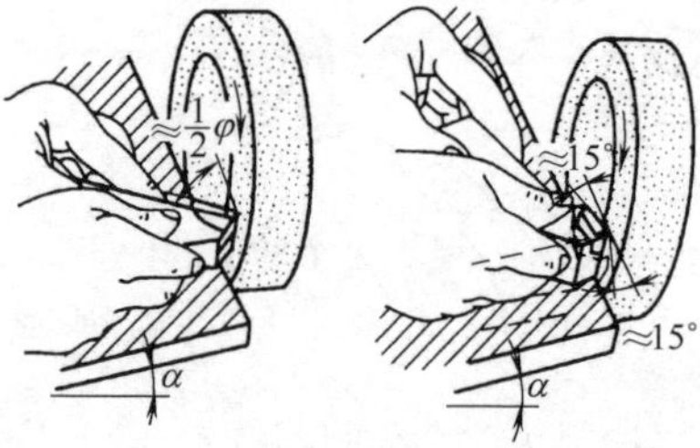

(a) 磨直线形过渡刃　(b) 磨圆弧形过渡刃

图 4.17　磨过渡刃

图 4.18　磨修光刃

4.2.5　车刀的安装

（1）车刀在方刀架上的安装

车刀安装在方刀架上，刀尖一般应与车床中心等高。对刀时，移动刀架，将刀尖对准尾座顶尖。车刀刀尖高于或低于车床中心都会引起车刀切削角度的变化，加工直径变化，如图 4.19 所示。

车刀的安装步骤是：刀头前刀面朝上，垫刀片要放得平整，刀体与工件轴线垂直；车刀在方刀架上伸出的长短要合适，刀头伸出

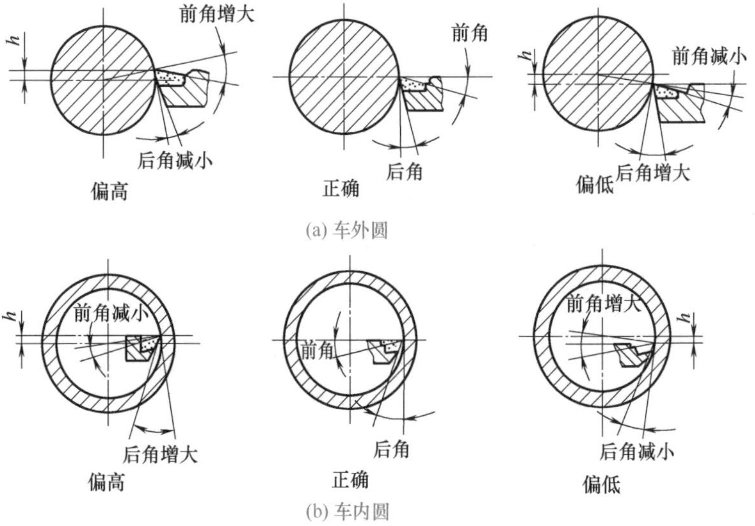

图 4.19　刀尖的高低对车刀切削角度的影响

长度<2 倍刀体高度；车刀刀体与方刀架通过螺钉锁紧。正确的车刀安装如图 4.20 所示。错误的车刀安装如图 4.21 所示。

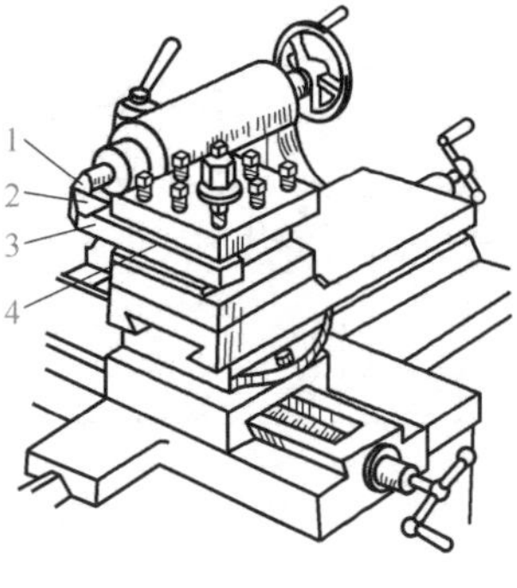

图 4.20　正确的车刀安装

1—刀尖对准顶尖；2—刀头前刀面朝上；

3—刀头伸出长度<2 倍刀体高度；

4—刀体与工件轴线垂直

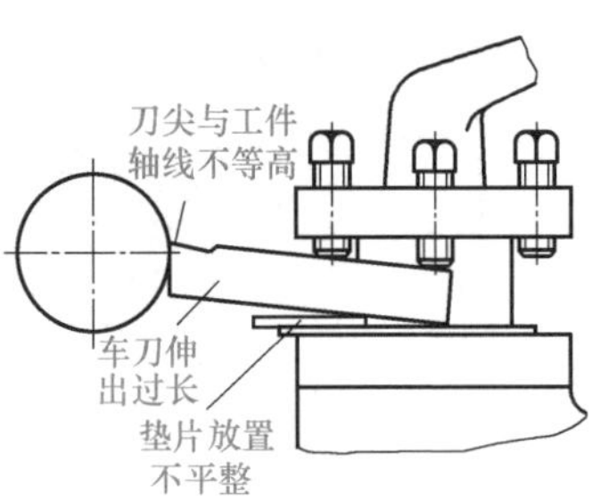

图 4.21　错误的车刀安装

（2）机械夹固车刀刀片安装

硬质合金刀片焊接在刀体上时，刀片的硬度下降，使用时刀片易脱落或产生裂纹，影响硬质合金刀片的寿命，还浪费大量的刀体材料。

图 4.22 是一种机械夹固车刀，利用螺钉 1、压楔块 2，将刀片 3 紧固在刀槽内。刀片后部的螺钉 4 既起支持作用，又起在重磨时调节刀片伸出长度的作用。在刀体上铣出一定角度，使刀片放上后就有一定的刃倾角和前角。后角则由刃磨得到。刀片下的刀垫 5 起保护刀杆与增加支承面强度的作用。这种车刀在用钝后，可用螺钉 4 将刀片顶出一小段，经过刃磨后重新使用。机夹刀也有 90°偏刀、45°弯头刀、镗孔刀、螺纹刀、切断刀等多种。

图 4.23 是一种机械夹固不重磨车刀，利用螺钉压楔块，将刀片内孔压紧在圆柱销上。

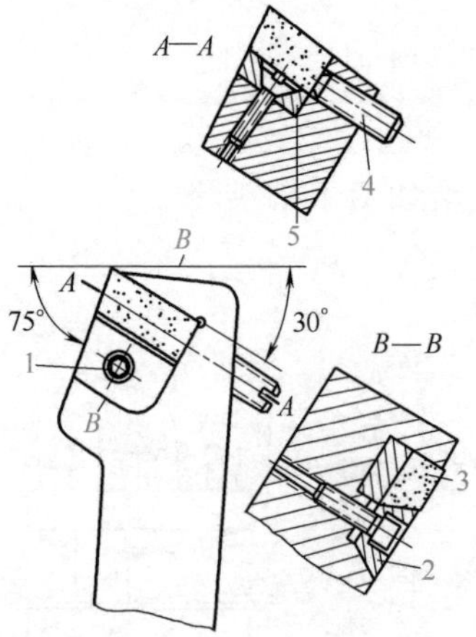

图 4.22 侧压楔块式机夹车刀

1，4—螺钉；2—压楔块；

3—刀片；5—刀垫

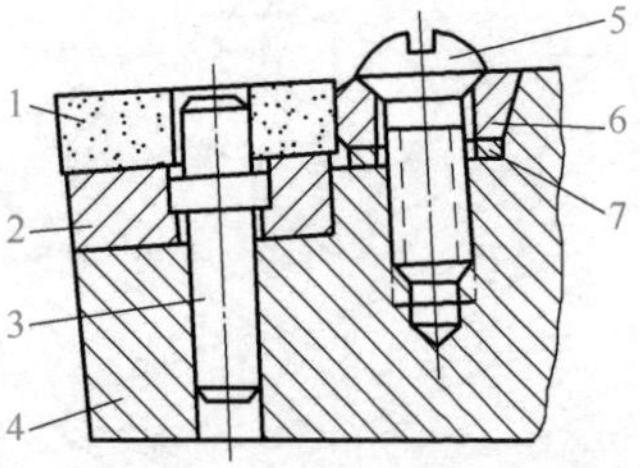

图 4.23 螺钉-楔块夹紧式不重磨车刀

1—刀片；2—垫片；3—圆柱销；4—刀杆；

5—夹紧螺钉；6—楔块；7—弹簧垫片

不重磨刀片可以是正三边形、凸三边形、四边形、五边形等，如图 4.24 所示。刀片的每一个边就是一个切削刃。刀刃磨损后，

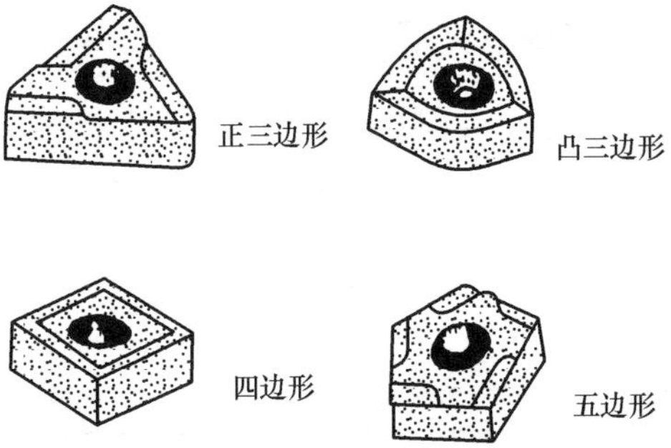

图 4.24　不重磨刀片形状

换一个新边即可照常进行切削，不需重磨。

4.2.6　车床辅具

车床辅具包括各种刀杆、刀杆夹、夹头、刀架、接套等。

（1）刀杆

一般情况下，车刀安装在车床的四方刀架上，切削部分与刀杆是一体的（包括整体的、焊接刀片的、机夹可转位刀片的），刀杆的截面形状是矩形或方形。多用刀杆（见表 4.17）扩展了刀具的安装形式，扩大了机床的工艺范围；莫式锥柄工具用夹持器（见表 4.18）用于夹持孔加工刀具；微调圆盘车刀刀杆（见表 4.19）用于夹持成形车刀；它们都安装在车床的四方刀架上。

表 4.17　多用刀杆（JB/T 3411.2—1999）　　mm

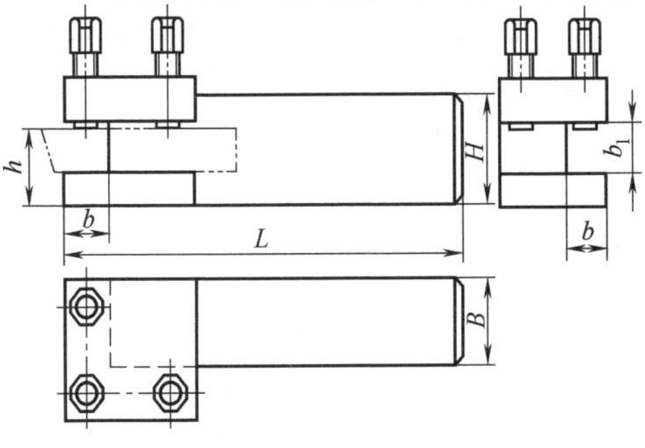

标记示例：

h＝25mm 的多用刀杆：刀杆 25　JB/T 3411.2—1999

续表

h	H	B	L	b	b_1
16	20	16	120	8	8.5
20	25	20	140	10	10.5
25	32	25	160	12	12.5
32	40	32	180	16	16.5
40	50	40	210	20	21

表 4.18 莫式锥柄工具用夹持器（JB/T 3411.12—1999） mm

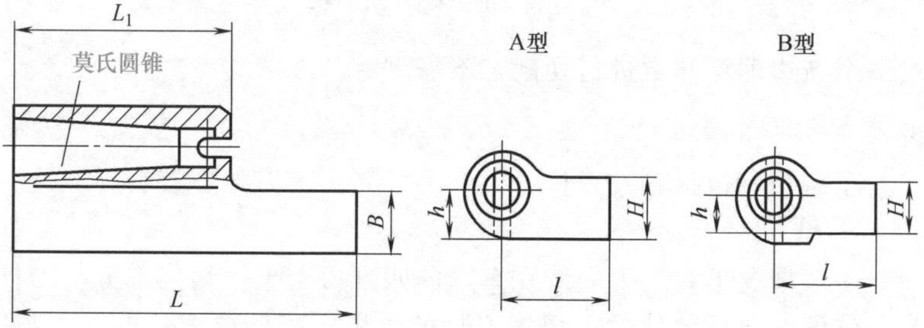

标记示例：

莫氏圆锥 1 号，h=16mm 的莫氏锥柄工具用夹持器：

夹持器 1-16　JB/T 3411.12—1999

<table>
<tr><th>形式</th><th>莫氏圆锥号</th><th>h</th><th>H</th><th>B</th><th>L</th><th>L1</th><th>l</th><th>适用车床型号</th></tr>
<tr><td rowspan="2">A</td><td>1</td><td rowspan="3">16</td><td rowspan="3">20</td><td rowspan="3">16</td><td>90</td><td>60</td><td>26</td><td rowspan="3">C-250</td></tr>
<tr><td>2</td><td rowspan="2">100</td><td>72</td><td>32</td></tr>
<tr><td>B</td><td>3</td><td>92</td><td rowspan="2">35</td></tr>
<tr><td rowspan="2">A</td><td>2</td><td rowspan="3">20</td><td rowspan="3">25</td><td rowspan="3">20</td><td rowspan="2">110</td><td>72</td><td rowspan="3">C-320</td></tr>
<tr><td>3</td><td>92</td><td>40</td></tr>
<tr><td>B</td><td>4</td><td rowspan="3">120</td><td>115</td><td rowspan="2">45</td></tr>
<tr><td rowspan="2">A</td><td>3</td><td rowspan="3">25</td><td rowspan="3">32</td><td rowspan="3">25</td><td>92</td><td rowspan="3">C-400</td></tr>
<tr><td>4</td><td>115</td><td>50</td></tr>
<tr><td>B</td><td>5</td><td>155</td><td>145</td><td>60</td></tr>
<tr><td rowspan="4">A</td><td>3</td><td rowspan="3">32</td><td rowspan="3">40</td><td rowspan="3">32</td><td rowspan="2">130</td><td>92</td><td>50</td><td rowspan="3">C-500
C-630</td></tr>
<tr><td>4</td><td>115</td><td>55</td></tr>
<tr><td rowspan="2">5</td><td>155</td><td rowspan="2">145</td><td>65</td></tr>
<tr><td>40</td><td>50</td><td>40</td><td>175</td><td>70</td><td>C-800　C-1000</td></tr>
</table>

注：莫氏圆锥的尺寸和偏差按 GB/T 1443—1996《机床和工具柄用自夹圆锥》。

表 4.19　微调圆盘车刀刀杆及圆盘车刀（JB/T 3411.4—1999）

mm

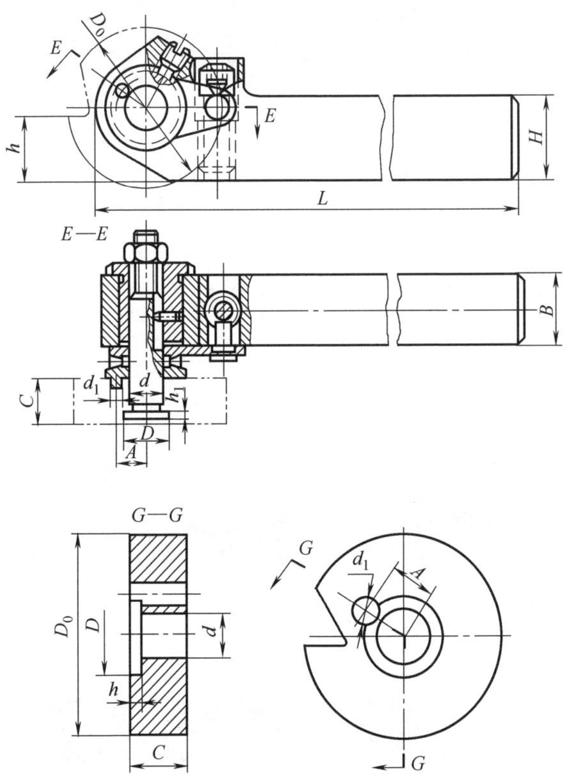

微调圆盘车刀刀杆尺寸

h	H	B	L	D_0	D	C	h_1	d 基本尺寸	d 极限偏差 h6	d_1 基本尺寸	d_1 极限偏差 h12	A 基本尺寸	A 极限偏差 JS12
16	20	20	140	52	18	10～20	3	12	0 −0.011	6	0 −0.120	11	±0.090
20	25												
25	32	25	180	68	22	15～30	4	16		8	0 −0.150	14	
32	40	32	200										
40	50		250										

续表

圆盘车刀刀杆尺寸

D_0	D	C	h	d		d_1		A	
				基本尺寸	极限偏差 H7	基本尺寸	极限偏差 D12	基本尺寸	极限偏差 JS12
52	18.5	10～20	3.5	12	+0.018 0	6.36	+0.150 +0.030	11	±0.090
68	22.5	15～30	4.5	16		8.36	+0.190 +0.040	14	

注：外圆表面形状根据需要设计。

（2）切制螺纹、丝锥夹套和板牙夹套的型式和尺寸（见表 4.20）

表 4.20　切制螺纹、丝锥夹套和板牙夹套的型式和尺寸

（JB/T 3411.15、JB/T 3411.14、JB/T 3411.13—1999）　mm

切制螺纹夹头的型式和尺寸

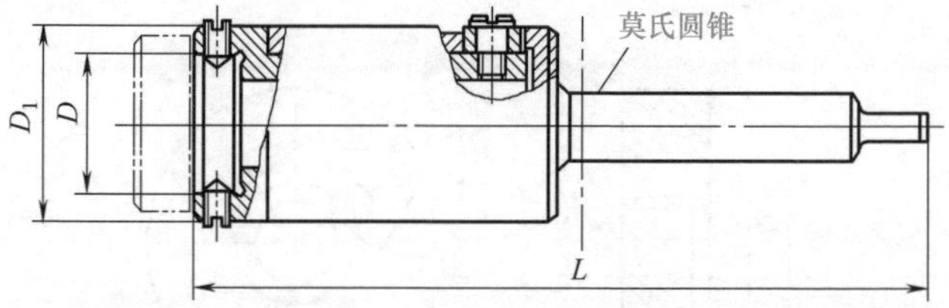

莫氏圆锥号	D		D_1	L
	基本尺寸	极限偏差 H7		
3	36	+0.025 0	55	215
4	50		70	255

丝锥夹套的型式和尺寸

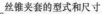

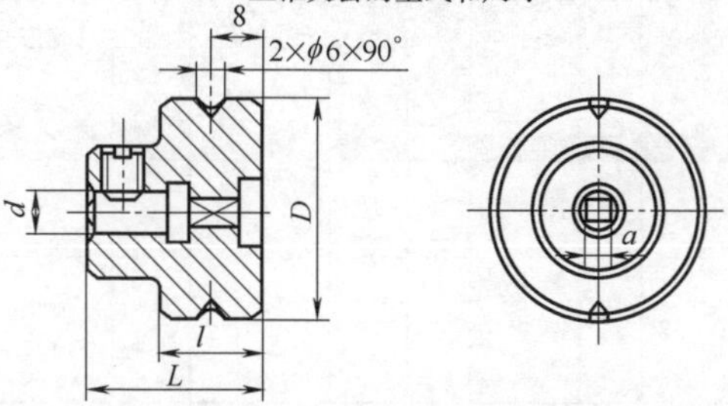

续表

a		D		d		L	l
基本尺寸	极限偏差 D11	基本尺寸	极限偏差 f7	基本尺寸	极限偏差 H9		
2.50	+0.080 +0.020	36	−0.025 −0.050	3.15	+0.030 0	20	15.5
3.15	+0.105 +0.030			4.00			
3.55				4.50			
4.00				5.00		22	
4.50				5.60			
5.00				6.30	+0.036 0		
6.30	+0.130 +0.040			8.00			
7.10				9.00		30	
8.00				10.00			
10.00				12.50	+0.043 0		
11.20	+0.160 +0.050	50		14.00		38	16.5
12.50				16.00			
14.00				18.00			
16.00				20.00	+0.052 0	50	
18.00				22.40			
20.00	+0.195 +0.065			25.00			

板牙夹套的型式和尺寸

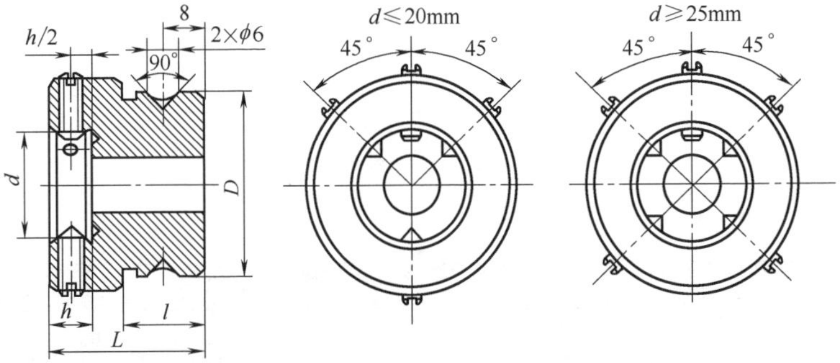

d		h	D		L	l
基本尺寸	极限偏差 H9		基本尺寸	极限偏差 f7		
20	+0.052 0	5	36	−0.025 −0.050	26	15.5
		7			28	
25		9			30	
30		11			35	

续表

<table>
<tr><th colspan="2">d</th><th rowspan="2">h</th><th colspan="2">D</th><th rowspan="2">L</th><th rowspan="2">l</th></tr>
<tr><th>基本尺寸</th><th>极限偏差 H9</th><th>基本尺寸</th><th>极限偏差 f7</th></tr>
<tr><td rowspan="2">38</td><td rowspan="4">+0.062
0</td><td>10</td><td rowspan="2">36</td><td rowspan="6">−0.025
−0.050</td><td rowspan="3">40</td><td rowspan="2">15.5</td></tr>
<tr><td rowspan="2">14</td></tr>
<tr><td rowspan="2">45</td><td rowspan="4">50</td><td rowspan="4">16.5</td></tr>
<tr><td>18</td><td>45</td></tr>
<tr><td rowspan="2">55</td><td rowspan="2">+0.074
0</td><td>16</td><td>42</td></tr>
<tr><td>22</td><td>48</td></tr>
</table>

注：莫氏圆锥的尺寸和偏差按 GB/T 1443—2016《机床和工具柄用自夹圆锥》。

（3）车内孔方刀杆夹、90° 和 45° 方刀杆的型式及尺寸（见表 4.21）

表 4.21 车内孔方刀杆夹、90°和 45°方刀杆的型式及尺寸
（JB/T 3411.10、JB/T 3411.6、JB/T3411.7—1999） mm

方刀杆夹的型式和尺寸

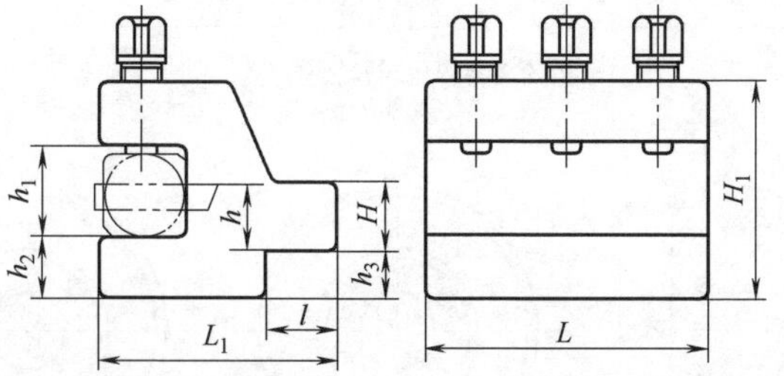

h	H	H_1	L	L_1	l	h_1	h_2	h_3	适用车床型号
16	20	55	100	55	16	23	16	14	C-250
20	25	70		70	20	30	20	17.5	C-320
25	32	85	120	85	25	35	25	22	C-400
32	40	105		100	32	45	30	26	C-500，C-630
40	50	150	140	150	40	70	40	44	C-800
50	63	185		180	50	85	50	56	C-1000，C-1250

续表

90°车内孔方刀杆的型式和尺寸

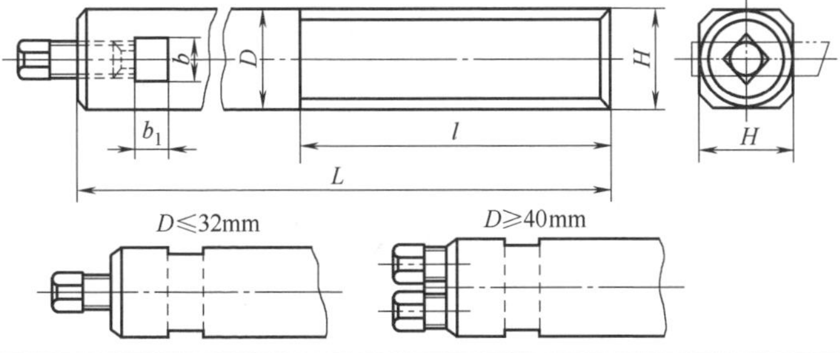

45°车内孔方刀杆的型式和尺寸

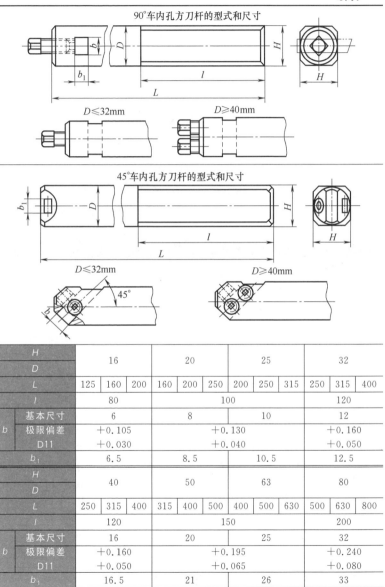

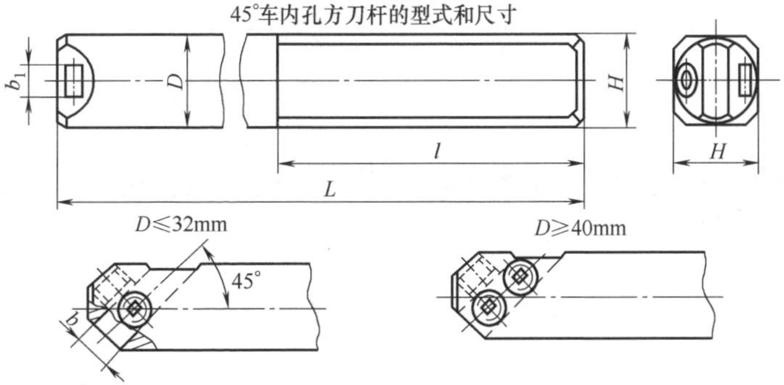

H / D		16			20			25			32	
L		125	160	200	160	200	250	200	250	315	250	315	400
l		80			100						120		
b	基本尺寸	6			8			10			12		
b	极限偏差 D11	+0.105 +0.030			+0.130 +0.040						+0.160 +0.050		
b_1		6.5			8.5			10.5			12.5		
H / D		40			50			63			80		
L		250	315	400	315	400	500	400	500	630	500	630	800
l		120			150						200		
b	基本尺寸	16			20			25			32		
b	极限偏差 D11	+0.160 +0.050			+0.195 +0.065						+0.240 +0.080		
b_1		16.5			21			26			33		

注：D≤20mm 时，刀方孔根据需要可做成圆形。

（4）车内孔圆刀杆夹、90°和 45°圆刀杆的型式及尺寸（见表 4.22）

表 4.22　车内孔圆刀杆夹、90°和 45°圆刀杆的型式及尺寸
（JB/T 3411.11、JB/T 3411.8、JB/T 3411.9—1999）　　mm

圆刀杆夹的型式和尺寸

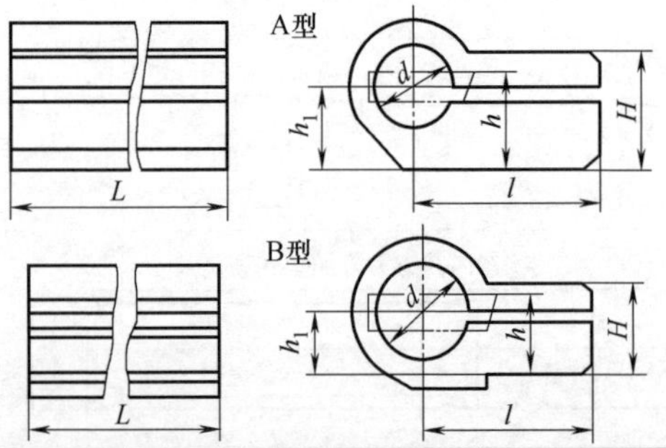

型式	h	d	h_1	H	l	L	适用车床型号
A	20	16	17	25	40	80	C-320
A	20	20	16	25	40	100	C-320
B	20	25	15	25	40	100	C-320
A	25	25	20	32	45	100	C-400
B	25	32	19	32	55	120	C-400
A	32	32	26	40	55	120	C-500 C-630
B	32	40	24	40	65	120	C-500 C-630
A	40	40	32	50	65	120	C-800
B	40	50	30	50	70	150	C-800
B	40	63	28	50	70	150	C-800
A	50	50	40	63	80	150	C-1000 C-1250
B	50	63	38	63	85	150	C-1000 C-1250

90°车内孔圆刀杆的型式和尺寸

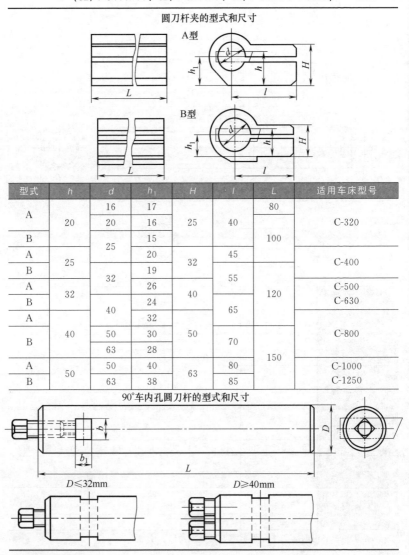

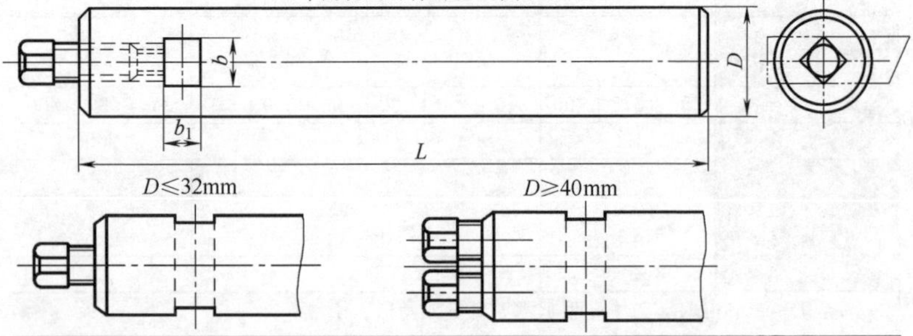

续表

45°车内孔圆刀杆的型式和尺寸

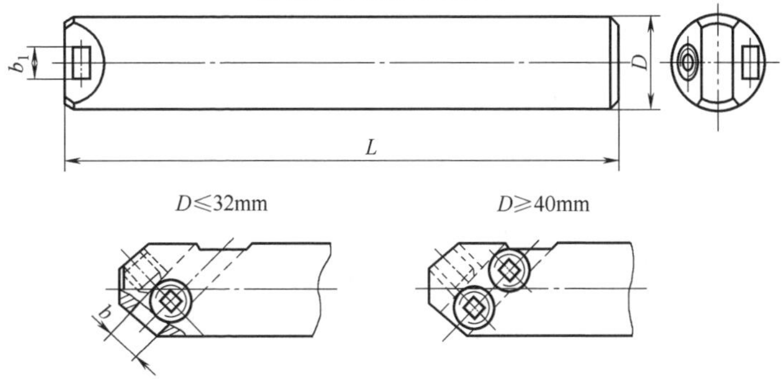

D		16			20			25		
L		125	160	200	160	200	250	200	250	315
b	基本尺寸	6			8			10		
	极限偏差 D11	+0.105 +0.030			+0.130 +0.040					
b_1		6.5			8.5			10.5		

D		32			40			50			63		
L		250	315	400	250	315	400	315	400	500	400	500	630
b	基本尺寸	12			16			20			25		
	极限偏差 D11	+0.160 +0.050						+0.196 +0.065					
b_1		12.5			16.5			21			26		

注：D≤20mm 时，刀方孔根据需要可做成圆形。

4.3　车床夹具、工件装夹和切削用量

4.3.1　常用车床夹具

在卧式车床上，一般用卡盘、顶尖、花盘、中心架来装夹工件，常用的装夹方法见表 4.23。

表 4.23 卧式车床常用装夹方法

方法	简图	应用
三爪定心卡盘装夹	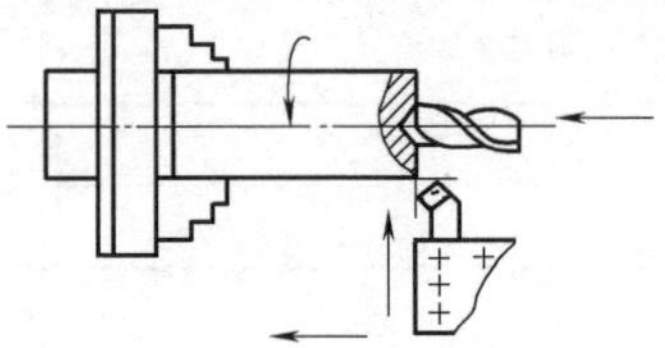	装夹方便，自定心好，精度高，适于车削短小工件
四爪卡盘装夹	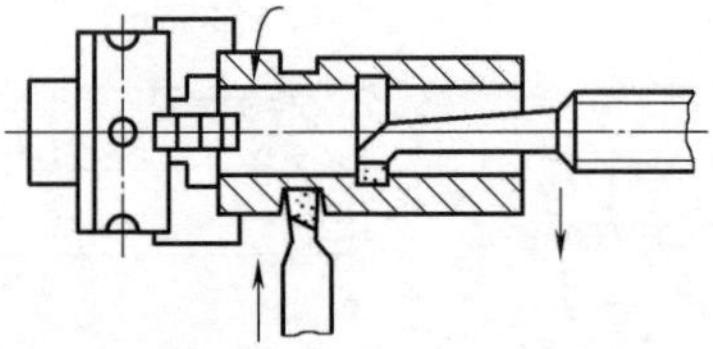	夹紧力大，需找正，适于车方形或不规则形状的工件
花盘角铁装夹	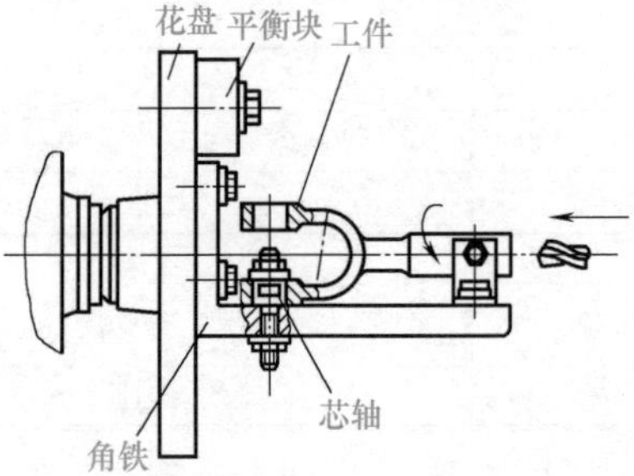	形状复杂和不规则的工件
夹或拨-顶	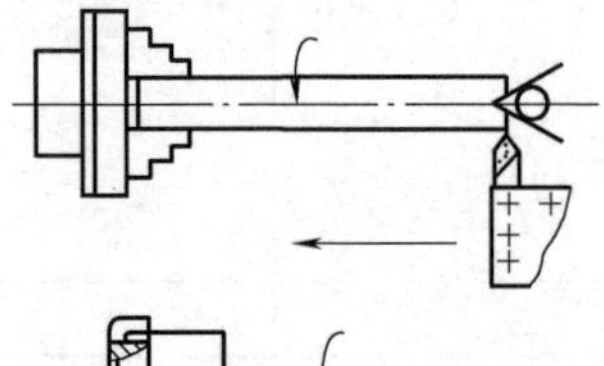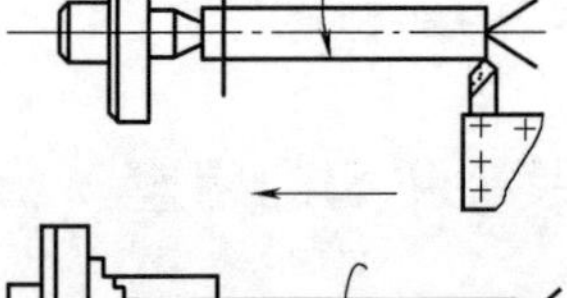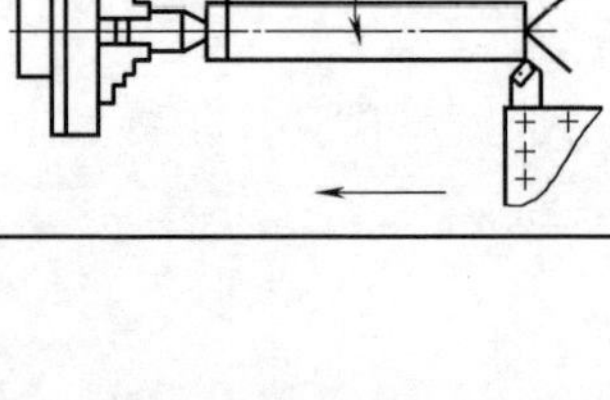	长径比大于 8 的轴类工件的粗、精车

续表

方法	简图	应用
内梅花顶尖拨-顶	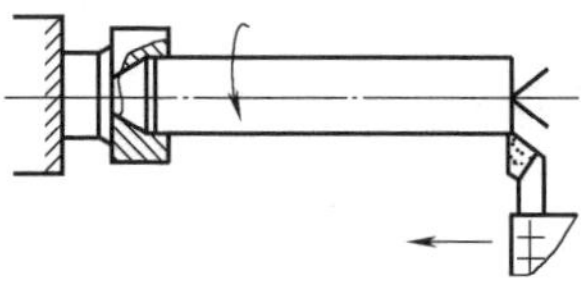 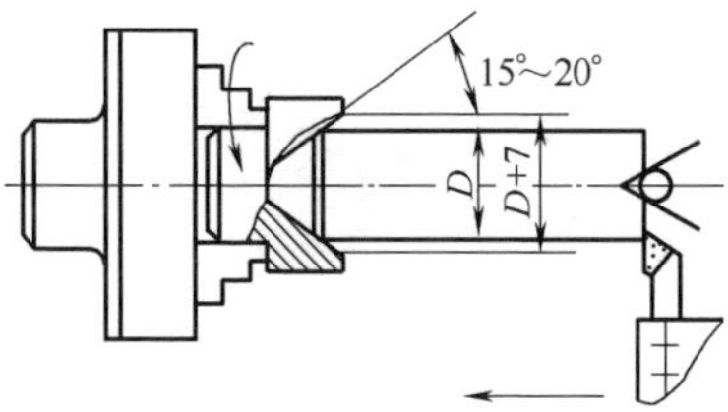	一端有中心孔且余量较小的轴类工件
外梅花顶尖拨-顶	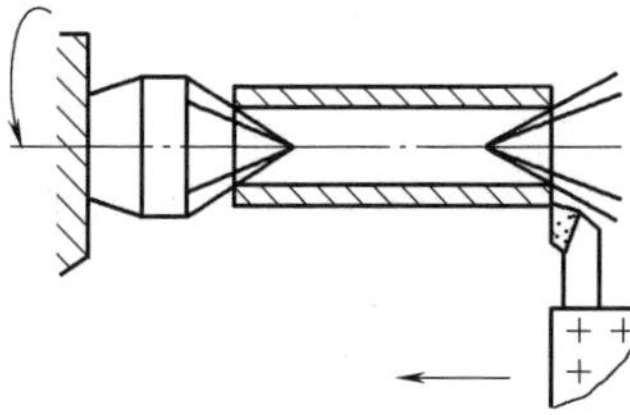	车削两端有孔的轴类工件
光面顶尖拨-顶	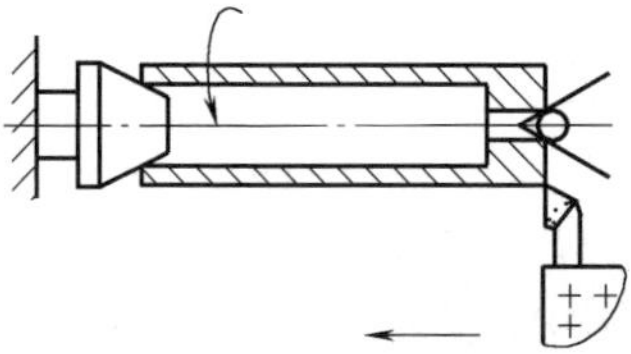 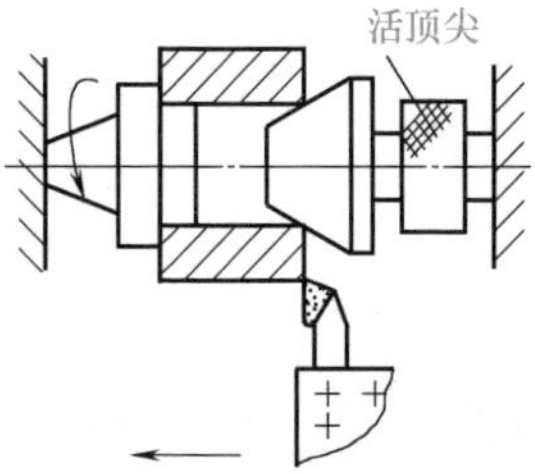	车削余量较小,两端有孔的轴类工件

续表

方法	简图	应用
中心架装夹	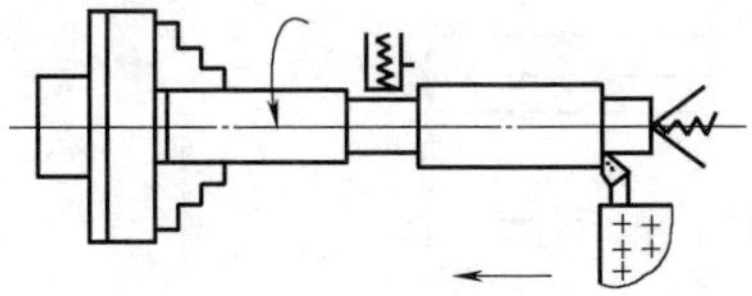	车削长径比较大的轴类工件
跟刀架装夹	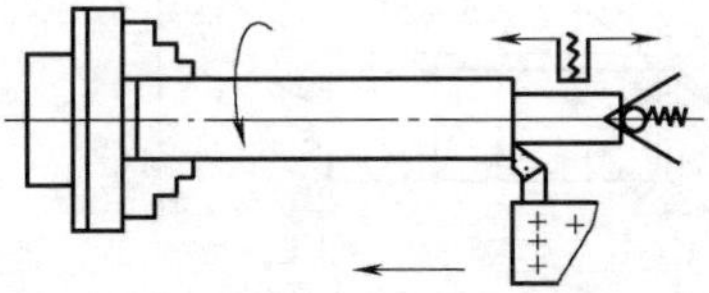	车削长径比较大的轴类工件
尾座卡盘装夹	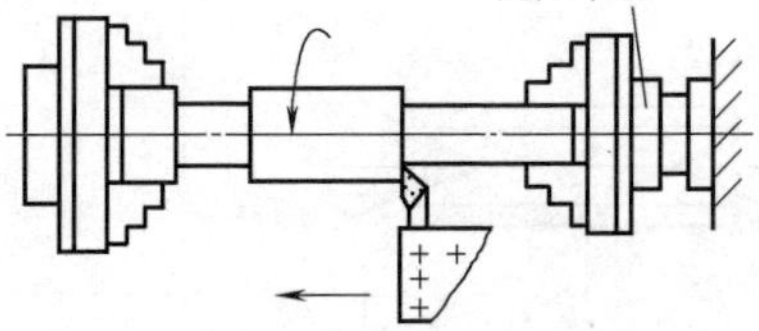	除装夹轴类工件外，还可夹持形状各异的顶尖，以适于各种工件的装夹

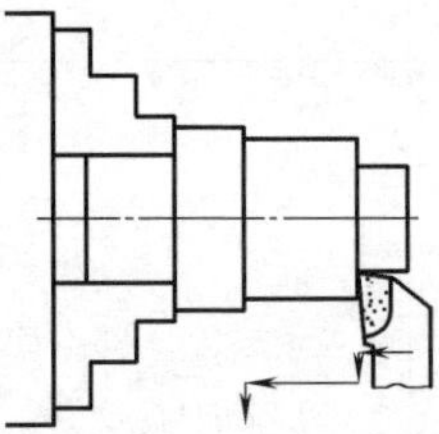
图 4.25 用偏刀车阶梯轴

（1）用三爪定心卡盘装夹工件

用三爪定心卡盘装夹工件时，三个爪同时等距离径向移动，用来夹紧和松开工件，夹持工件具有自动定心功能，由于三个卡爪是同时移动的，用于夹持圆形截面工件可自行对中，其对中的准确度约为 0.05～0.15mm。三爪定心卡盘适合轴向尺寸较小的轴类、套类、盘类、棒料等零件，零件上的被加工表面主要有内、外圆柱表面，内、外沟槽，端面（端平面），倒角等，如用偏刀车削较短的阶梯轴，如图 4.25 所示。三爪定心卡盘的工件夹紧方式有：正爪夹紧（如轴类零件上的外圆）；正爪撑紧（套类、盘类零件上的内圆）；反爪夹紧（盘类零件上的外圆）。

① 三爪定心卡盘装夹工件夹紧的尺寸范围　见表 4.24。

表 4.24　三爪手动自定心卡盘（GB/T4346.1—2008）　mm

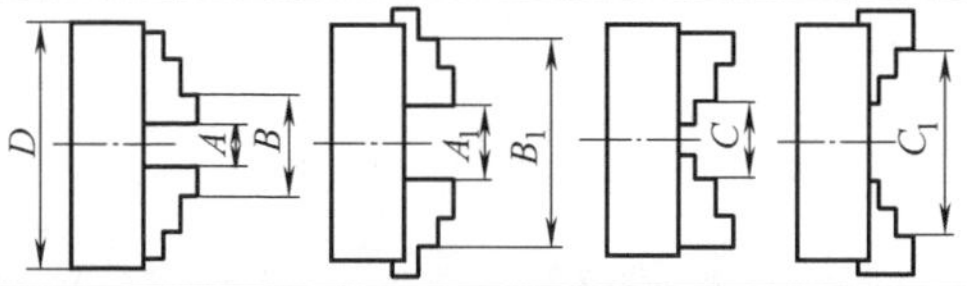

卡盘外径 D	定心直径 D_1	固定尺寸 D_2	孔径 D_3	固定螺纹 M	正爪		反爪
					夹紧尺寸范围	撑紧尺寸范围	夹紧尺寸范围
					$A \sim A_1$	$B \sim B_1$	$C \sim C_1$
80	55	66	16	M6	2～22	25～70	22～63
100	72	84	22	M8	2～30	30～90	30～80
125	95	108	30	M8	2.5～40	38～125	38～110
160	130	142	40	M8	3～55	50～160	55～145
200	165	184	60	M10	4～85	65～200	65～200
250	206	226	80	M12	6～110	80～250	90～250
315	260	285	100	M16	10～140	95～320	100～320
400	340	368	130	M16	15～210	120～400	120～400
500	440	465	220	M16	25～280	150～500	150～500

② 三爪定心卡盘与主轴的连接安装　由于机床主轴头部的结构尺寸已标准化，卡盘上有与之配合的结构尺寸对应。有的可直接与机床主轴匹配进行连接安装（见图 4.26）；有的需要通过过渡盘进行连接安装，C620-1、C620-3 在生产车间应用广泛，其主轴和过渡盘的结构尺寸如图 4.27 所示。如果需要通过主轴莫氏锥孔安装卡盘，可用莫氏锥柄过渡盘与卡盘连接（见图 4.28）。

卡盘与主轴短锥连接形式如图 4.26 所示。

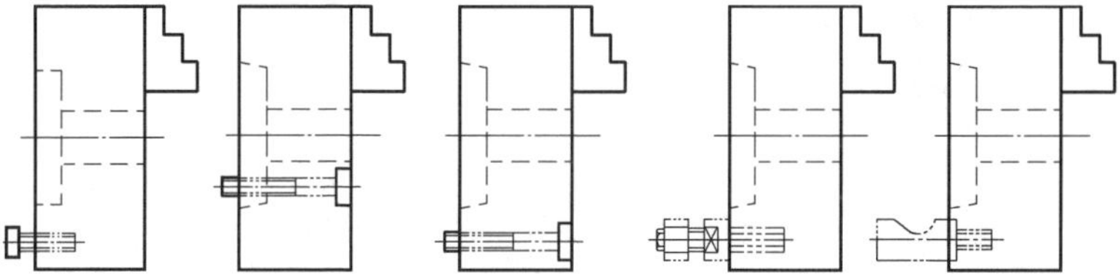

(a) 短圆柱型　(b) 短圆锥A_1型　(c) 短圆锥A_2型　(d) 短圆锥C型　(e) 短圆锥D型

图 4.26　卡盘与主轴短锥连接形式

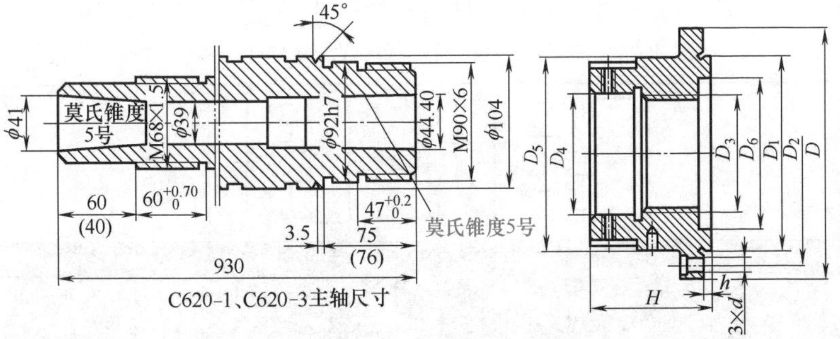

图 4.27　C620-1、C620-3 的主轴和过渡盘

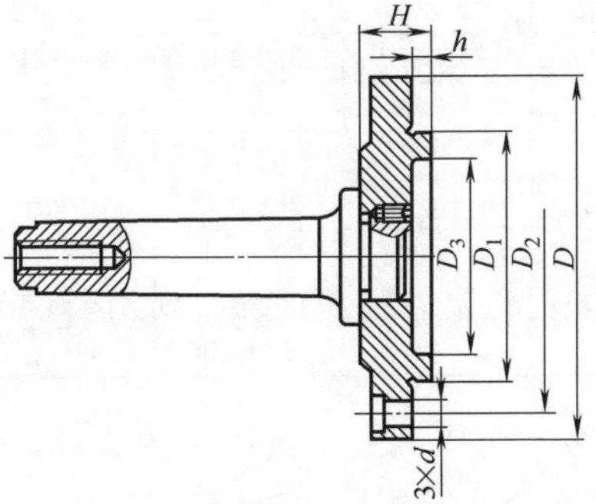

图 4.28　莫氏锥柄过渡盘

(2) 四爪单动卡盘装夹

四爪单动卡盘的外形如图 4.29 所示。它的四个卡爪通过四个调整螺钉独立移动，既可以装卡截面是圆形的工件，也可以装卡截面是方形、长方形、椭圆或其它不规则形状的工件，如图 4.30 所示。在圆盘上车偏心孔也常用四爪卡盘装卡。此外，四爪卡盘较三爪卡盘的卡紧力大，所以也用来装卡较重的圆形截面工件。如果把四个卡爪各自调头安装到卡盘体上，起到“反爪”作用，即

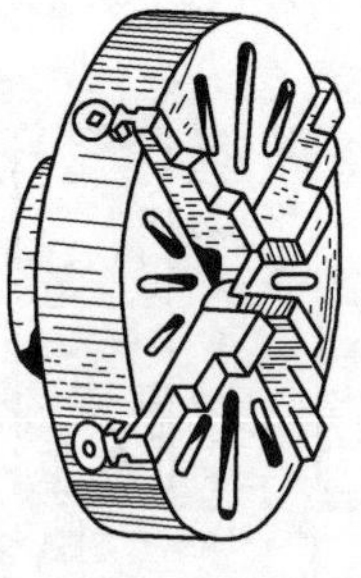

图 4.29　四爪单动卡盘

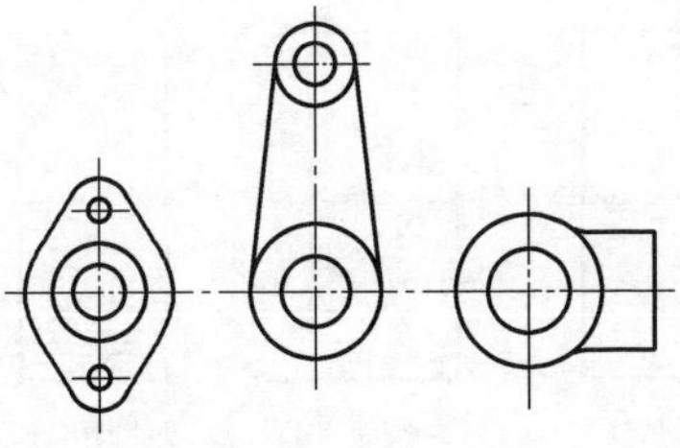

图 4.30　适合四爪卡盘装卡的零件举例

可安装较大的工件［图 4.31（a）］。

由于四爪卡盘的四个卡爪是独立移动的，安装工件必须进行仔细找正。一般用划针盘按工件外圆表面或内孔表面找正，也常按预先在工件上划的线找正，如图 4.31（a）所示。如零件的安装精度要求很高，三爪卡盘不能满足安装精度要求，也往往在四爪卡盘上安装。此时，须用百分表找正，如图 4.31（b）所示，安装精度可达 0.01mm。

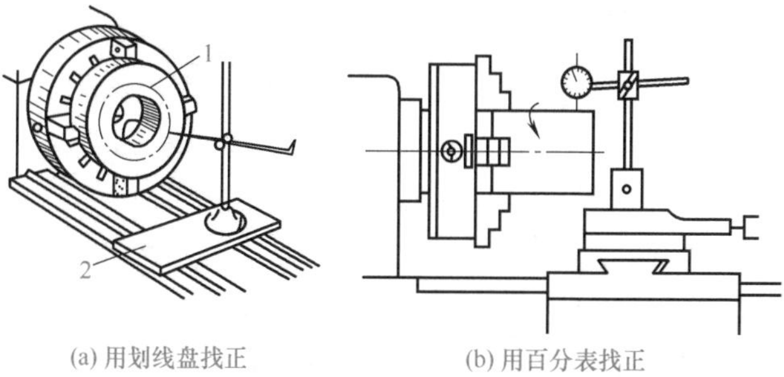

图 4.31　用四爪卡盘安装工件时的找正

1—孔的加工界线；2—木板

（3）顶尖装夹工件

① 顶尖的类型　顶尖的种类很多，顶尖主要用于卧式车床、铣床、外圆磨床上，与中心孔配合来装夹工件。顶尖类型可根据机床的类型、零件的类型、生产类型、加工精度等要求进行选择，如固定顶尖一般用在车床上车削，半缺硬质合金顶尖用在铣床和磨床上，回转顶尖精度高，用于精加工，重型或重型弹性回转顶尖用在大型零件，伞型适合套类零件，内拨和外拨顶尖装夹工件快，用于大批量加工套类和轴类零件。顶尖的尺寸规格要与机床和被加工工件的尺寸相匹配。顶尖的型式与尺寸规格见表 4.25。

② 车床上用顶尖装夹工件的组成　在车床上加工轴类工件时，一般采用顶尖装夹工件，如图 4.32 所示。把被加工工件放在前后两个顶尖上，前顶尖装在主轴的锥孔内，与主轴一起旋转，后顶尖装在尾架套筒内，前后顶尖就确定了轴的位置。将卡箍卡紧在轴端上，

表 4.25　顶尖的型式与尺寸规格（GB/T 9204—2008）　　mm

产品名称	型号	莫氏号	锥大端直径×总长	备注
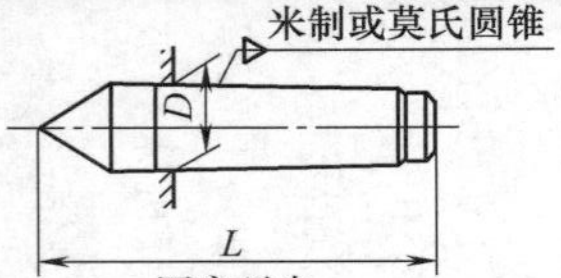	D110	0	ϕ9.045×70	
	D111	1	ϕ12.065×80	
	D112	2	ϕ17.780×100	
	D113	3	ϕ23.825×125	
	D114	4	ϕ31.267×160	
	D115	5	ϕ44.399×200	
固定顶尖	D116	6	ϕ63.348×280	
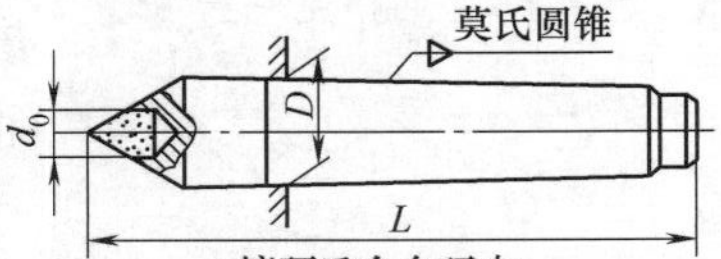	D120	0	ϕ9.045×70	d_0
	D121	1	ϕ12.065×80	ϕ6
	D122	2	ϕ17.780×100	ϕ8
	D123	3	ϕ23.825×125	ϕ12
	D124	4	ϕ31.267×160	ϕ15
	D125	5	ϕ44.399×200	ϕ18
镶硬质合金顶尖	D126	6	ϕ63.348×280	ϕ24
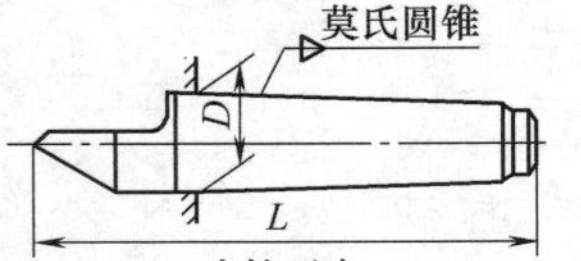	D130	0	ϕ9.045×70	
	D131	1	ϕ12.065×80	
	D132	2	ϕ17.780×100	
	D133	3	ϕ23.825×125	
	D134	4	ϕ31.267×160	
	D135	5	ϕ44.399×200	
半缺顶尖	D136	6	ϕ63.348×280	
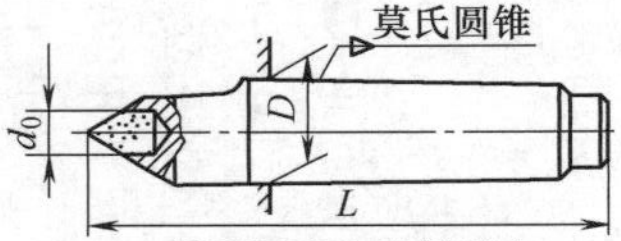				d_0
	D141	1	ϕ12.065×80	ϕ6
	D142	2	ϕ17.780×100	ϕ8
	D143	3	ϕ23.825×125	ϕ12
	D144	4	ϕ31.267×160	ϕ15
	D145	5	ϕ44.399×200	ϕ18
镶硬质合金半缺顶尖	D146	6	ϕ63.348×280	ϕ24

产品名称	型号	莫氏号	锥大端直径×总长	备注
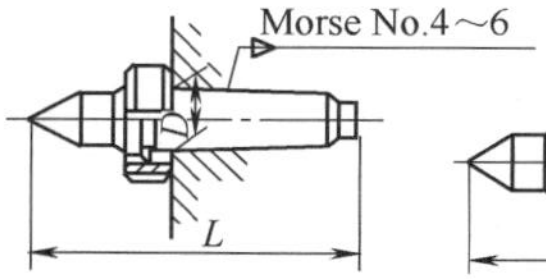 带压出圆螺母顶尖 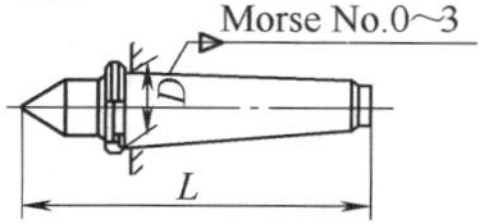 带压出六角螺母顶尖	D151 D152 D153 D154 D155 D156	1 2 3 4 5 6	ϕ12.065×85 ϕ17.780×105 ϕ23.825×130 ϕ31.267×170 ϕ44.399×210 ϕ63.348×290	
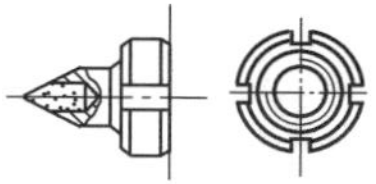 镶硬质合金带压出圆螺母顶尖 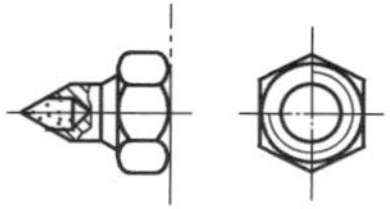 镶硬质合金带压出六角螺母顶尖	D160 D161 D162 D163 D164 D165 D166	0 1 2 3 4 5 6	ϕ9.045×75 ϕ12.065×85 ϕ17.780×105 ϕ23.825×125 ϕ31.267×160 ϕ44.399×200 ϕ63.348×280	
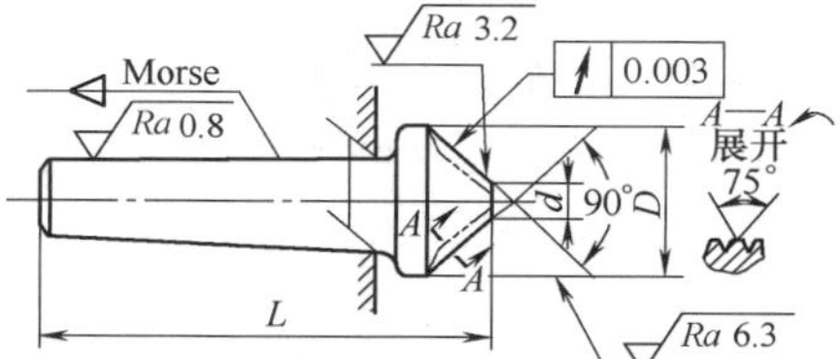 内拨顶尖	D212 D213 D214 D215 D216	2 3 4 5 6	ϕ30×85 ϕ50×110 ϕ75×150 ϕ95×190 ϕ120×250	*d* 6 15 20 30 50

续表

产品名称	型号	莫氏号	锥大端直径×总长	备注		
				小径 d	大径	工件范围
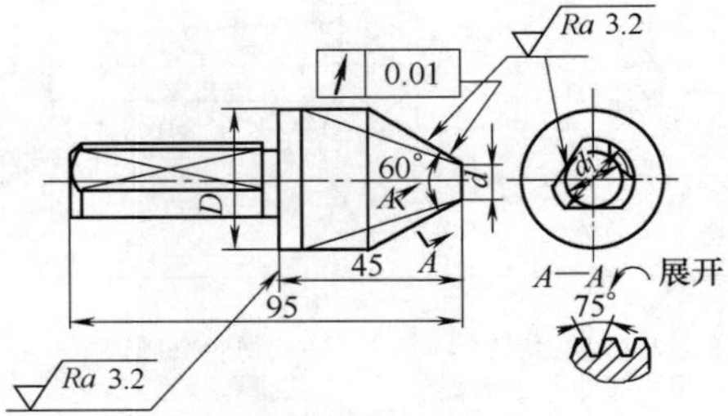 夹持式内拨顶尖	D2120 D2125 D2130 D2145 D2150 D2160	$d_1=20$ $d_1=25$ $d_1=30$ $d_1=45$ $d_1=50$ $d_1=60$	$\phi35\times95$ $\phi45\times95$ $\phi50\times95$ $\phi45\times95$ $\phi50\times95$ $\phi60\times95$	12、16	35、40	12～40
				20	45	20～45
				25、32	50、55	20～45
				40、50	63、75	40～75
				63、80	90、110	63～110
				100	125	100～125
				小径 d		夹头宽度
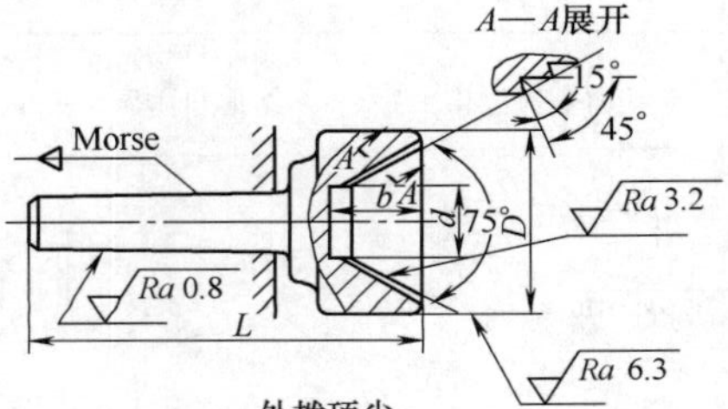 外拨顶尖	D222 D223 D224 D225 D226	2 3 4 5 6	$\phi34\times86$ $\phi64\times120$ $\phi100\times160$ $\phi110\times190$ $\phi140\times250$	8		16
				12		30
				40		36
						39
				90		42

续表

产品名称	型号	莫氏号	锥大端直径×总长	备注			
				d	d_1	α	l
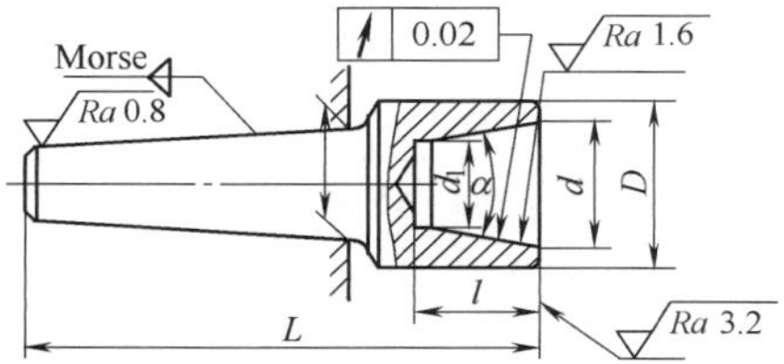 内锥孔顶尖		4	ϕ30×140	18	6	16°	48
			ϕ39×160	26	12		55
			ϕ48×160	34	20		
		5	ϕ56×200	42	28		
			ϕ65×200	50	36		
			ϕ74×210	58	44		
			ϕ84×220	67	48	24°	60
			ϕ95×220	77	58		
			ϕ105×220	87	68		
			ϕ116×220	97	78		
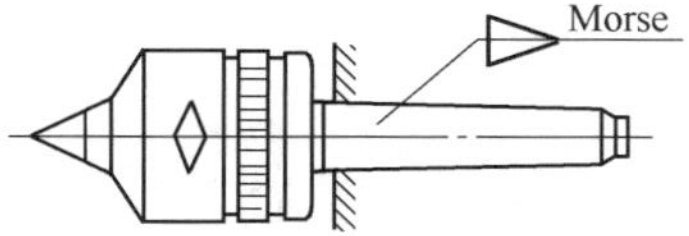 轻型回转顶尖				径向载荷/N		极限速度/(r/min)	
	D311	1	ϕ35×114	800		5000	
	D312	2	ϕ42×134	1000		5000	
	D313	3	ϕ52×170	1500		4200	
	D314	4	ϕ62×205	2500		3200	
	D315	5	ϕ79×265	2800		1200	
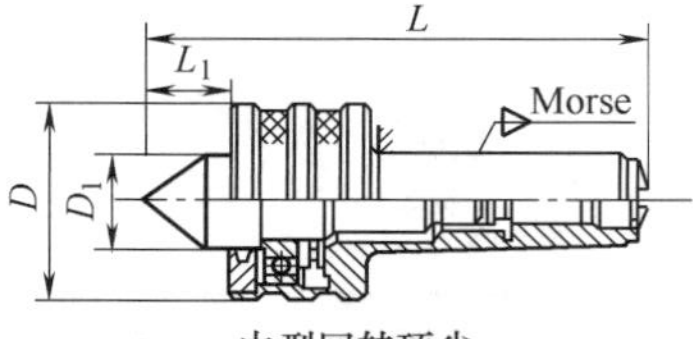 中型回转顶尖				径向载荷/N		极限速度/(r/min)	
	D411	1	ϕ18	900		5000	
	D412	2	ϕ25	1500			
	D413	3	ϕ28×160	2000		4200	
	D414	4	ϕ32×195	3200		3200	
	D415	5	ϕ45×255	6300		1000	
	D416	6	ϕ75×355	9800		800	

续表

产品名称	型号	莫氏号	锥大端直径×总长	备注	
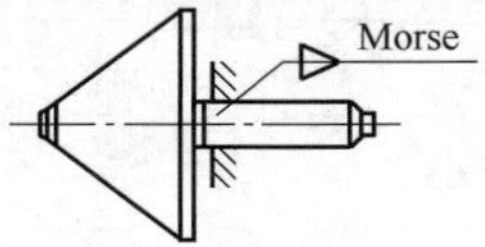伞型回转顶尖	D422 D423 D424 D425 D426	2 3 4 5 6	$\phi85\times125$ $\phi100\times160$ $\phi150\times210$ $\phi200\times252$ $\phi250\times335$	径向载荷/N 1200 1800 3000 4500 6000	极限速度/(r/min) 1200 1000 800 600
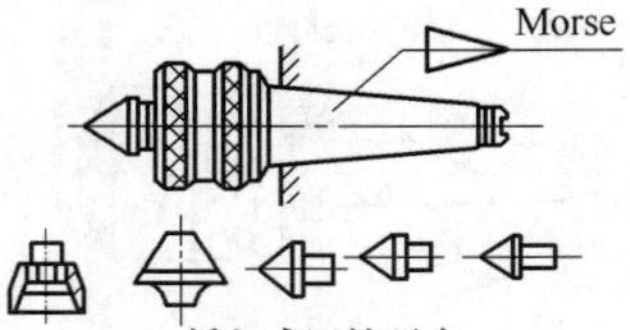插入式回转顶尖	D432 D433 D434 D435 D436	2 3 4 5 6	$\phi45\times135$ $\phi57\times168$ $\phi65\times197$ $\phi90\times255$ $\phi110\times328$	径向载荷/N 1400 1800 2800 4500 6000	极限速度/(r/min) 1500 1200 800 600
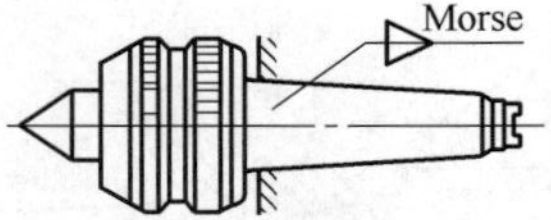重型弹性回转顶尖	D565 D566	5 6	$\phi95\times265$ $\phi140\times380$	径向载荷/N 1500 2000	极限速度/(r/min) 2000 1500
强应力顶尖	D444 D445	4 5	$\phi62\times210$ $\phi92\times272$	径向载荷/N 2200 3000	极限速度/(r/min) 1400 1200
调压顶尖、示力顶尖					

卡箍的尾部伸入到拨盘的槽中，拨盘安装在主轴上（与安装三爪卡盘方式相同）并随主轴一起转动，通过拨盘带动卡箍使被加工轴转动。用顶尖装夹轴类工件，由于两端都是锥面定位，其定位精度高，即使多次装卸与调头，零件的轴线始终是两端锥孔中心的连线，保证了轴的中心线位置不变。

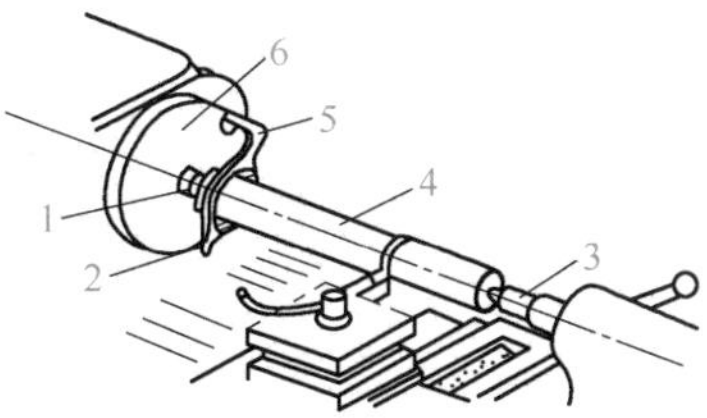

图 4.32　用顶尖安装工件的组成
1—前顶尖；2—夹紧螺钉；3—后顶尖；4—工件；5—鸡心夹头；6—拨盘

常用的顶尖有普通顶尖（也叫死顶尖）和活顶尖两种，其形状如图 4.33 所示。

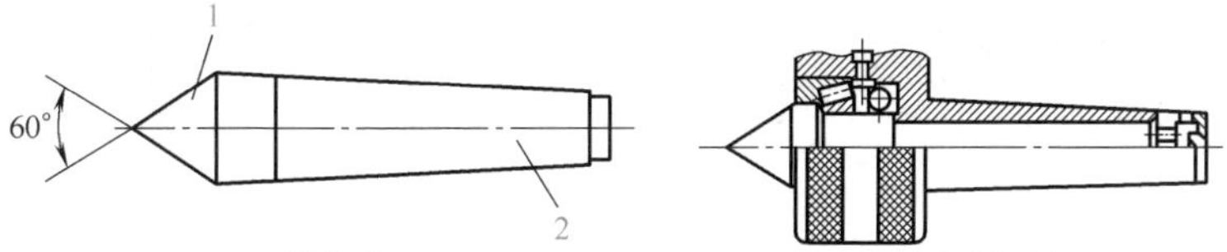

(a) 普通顶尖　　(b) 活顶尖

图 4.33　顶尖
1—夹持工件部分；2—安装部分（尾部）

③ 顶尖的选择　前顶尖用死顶尖。在高速切削时，为了防止后顶尖与轴上的中心孔转动摩擦发热过大而被磨损或烧坏，常采用活顶尖。由于活顶尖的准确度不如死顶尖高，故一般用于轴的粗加工或半精加工。轴的精度要求比较高时，后顶尖也应用死顶尖，但要合理选择切削速度。

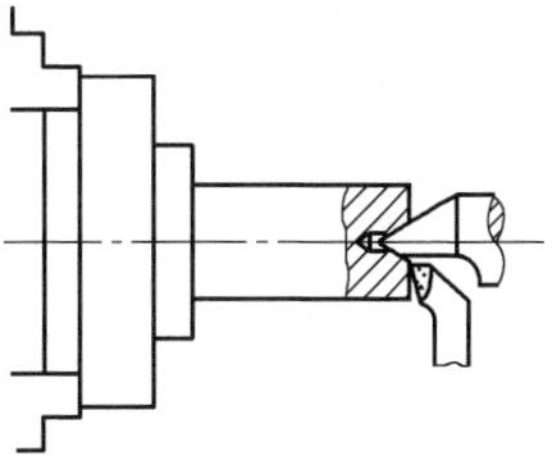

图 4.34　采用半顶尖车出全部端面

半顶尖可以车出完整的端面，如图 4.34 所示。

内拨顶尖用来夹持无中心孔的轴类零件，外拨顶尖用来夹持套类零件，它们取代了夹头和拨盘的作用，可带动工件转动。内拨、外拨顶尖的结构简单，装夹工件方便快捷，但传动的动力较小，一般用作精车或磨削。

用顶尖夹持工件，主要适合轴向尺寸较大的轴类和套类工件上内、外回转表面。当车削长径比较大、轴向尺寸又较长的工件时，如长径比大于25，可采用中心架或跟刀架来增加工艺系统的刚性。

④ 安装、校正顶尖　顶尖尾部锥面与主轴（或尾架套筒）锥孔的配合要装紧，安装顶尖时，必须先擦净锥孔和顶尖，然后用力推紧，否则装不牢或装不正。

校正顶尖时，把尾架移向床头箱，检查前后两个顶尖的轴线是否重合。如果发现不重合，必须将尾架体作横向调节达到要求，否则出现锥面，如图4.35所示。

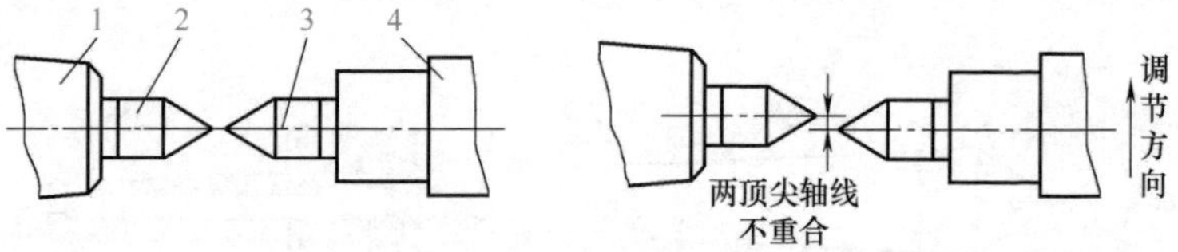

(a) 两顶尖轴线必须重合　(b) 横向调节尾架体使顶尖轴线重合

图 4.35　校正顶尖

1—主轴；2—前顶尖；3—后顶尖；4—尾架

⑤ 工件装夹卡箍　首先在被加工轴的一端安装卡箍（见图4.36），稍微拧紧卡箍的螺钉，在另一端的中心孔里涂上黄油，如用活顶尖就不必涂黄油了。对于不再进行加工的精表面，装卡箍时，应垫上一个开缝套筒以免夹伤工件表面，如图4.36所示。

⑥ 轴类工件在顶尖上装夹的步骤　见图4.37。

（4）中心架与跟刀架的使用

加工细长轴时，为了防止被加工轴受切削力的作用产生弯曲变形，需要加用中心架和跟刀架。

① 中心架　中心架固定在床身上，中心架上的三个爪用于支承零件预先加工的外圆表面。图4.38（a）是利用中心架车外圆，零件的右端加工完毕，调头再加工另一端。一般用于加工细长的阶梯轴。

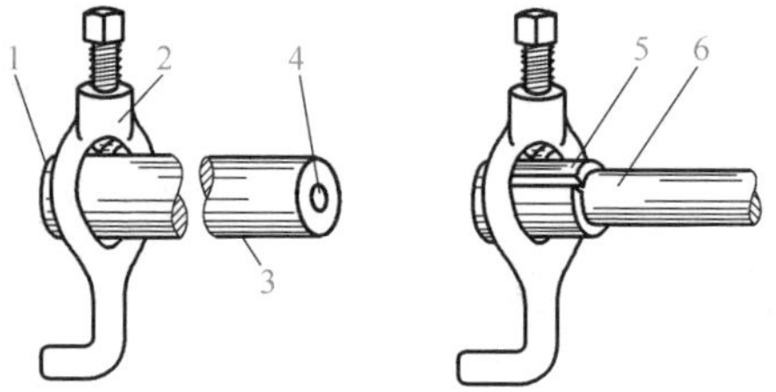

图 4.36　装卡箍

1—工件伸出量要适当；2—卡箍；3—粗表面；
4—加黄油；5—开缝套筒；6—不再加工的精表面

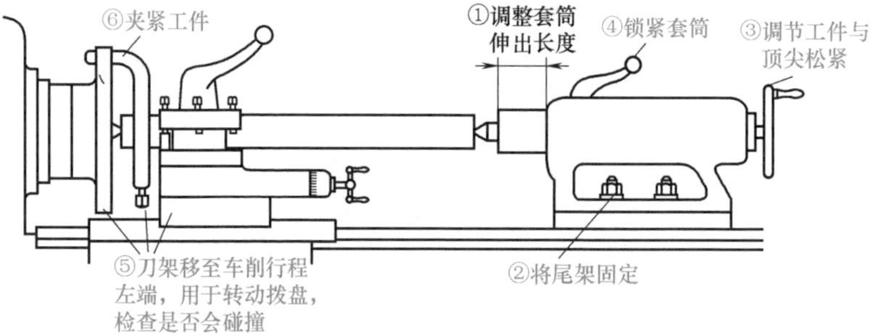

图 4.37　工件在顶尖上装夹步骤

加工长轴的端面和轴端的内孔时，往往用卡盘夹持轴的左端，用中心架支承轴的右端来进行加工，如图 4.38（b）所示。

② 跟刀架　跟刀架固定在刀架滑板上的左侧，随刀架一起移动，只有两个支承爪。使用跟刀架需先在工件上靠后顶尖的一端车出一小段外圆，根据它来调节跟刀架的支承，然后再车出零件的全长。跟刀架多用于加工细长的光轴。跟刀架的应用见图 4.39。

图中使用了卡盘、顶尖装夹工件形式。卡盘装夹工件方便，当工件轴向尺寸较长时，为了提高系统刚性，提高加工精度，一般采用尾座顶尖作辅助支承。

应用跟刀架或中心架时，工件被支承部分应是加工过的外圆表面，需要加机油润滑。工件的转速不能很高，以免工件与支承爪之间摩擦过热而烧坏或磨损工件表面。

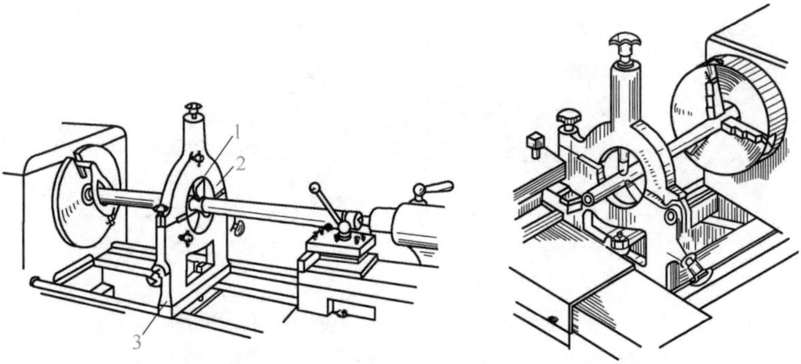

(a) 用中心架车外圆　　(b) 用中心架车端面

图 4.38　中心架的应用

1—可调节支承爪；2—预先车出的外圆面；3—中心架

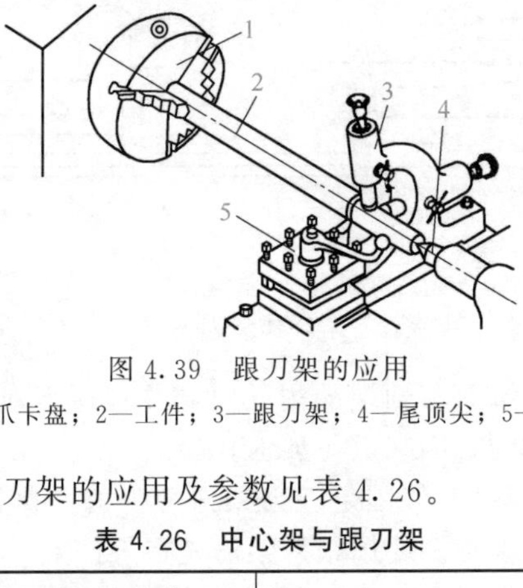

图 4.39　跟刀架的应用

1—三爪卡盘；2—工件；3—跟刀架；4—尾顶尖；5—刀架

中心架和跟刀架的应用及参数见表 4.26。

表 4.26　中心架与跟刀架　　mm

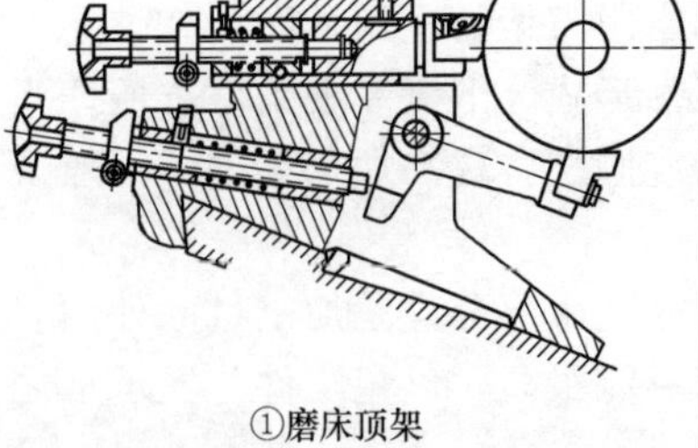 ①磨床顶架	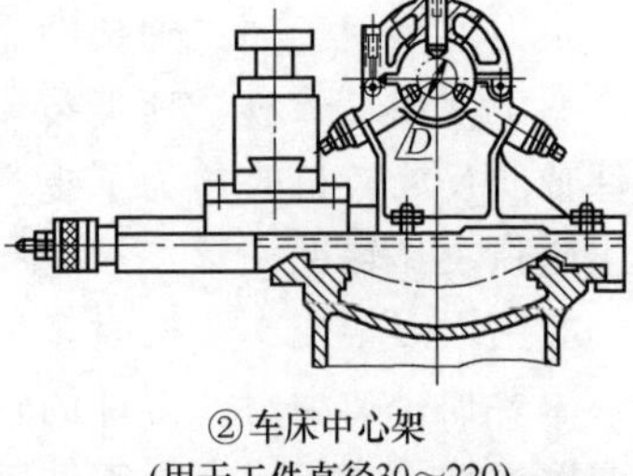 ②车床中心架 (用于工件直径30～220)

续表

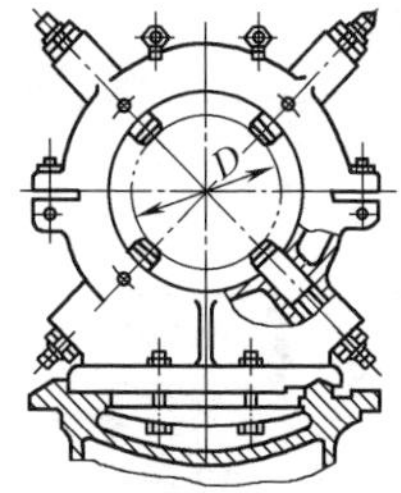

③车床中心架
(用于工件直径70～900)

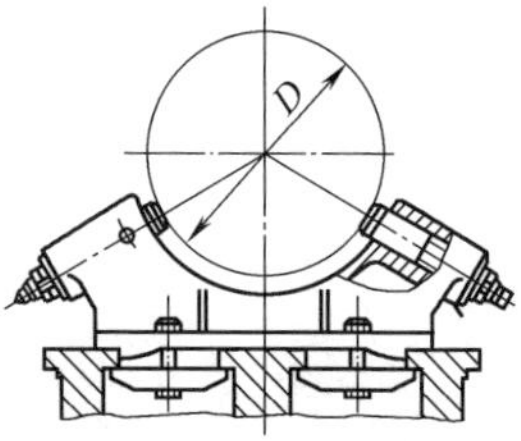

④车床中心架(开式)
(用于工件直径800～1660)

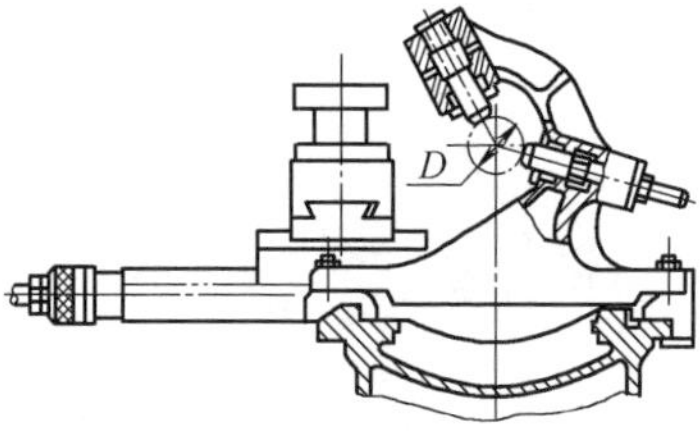

⑤车床跟刀架
(用于工件直径40～180)

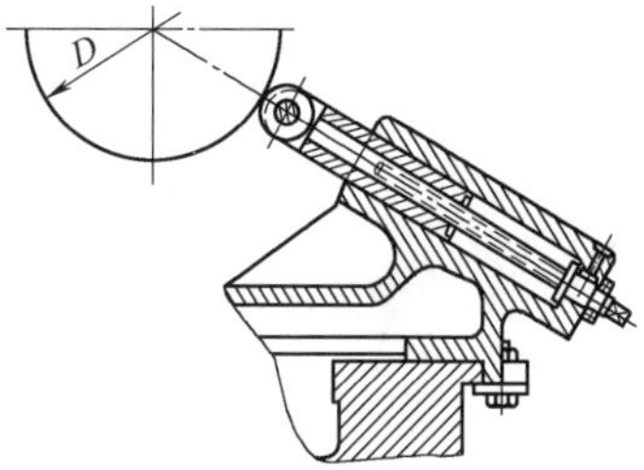

⑥ 车床跟刀架
(用于工件直径40～180)

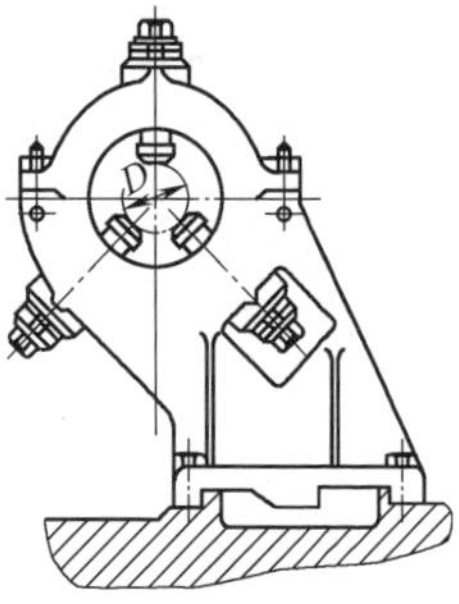

⑦ 车床中心架
(用于工件直径70～350)

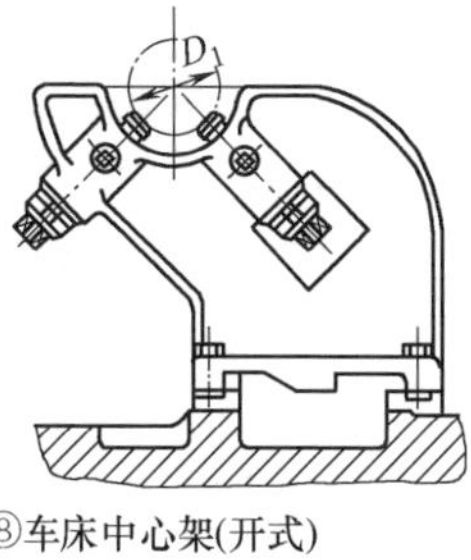

⑧车床中心架(开式)
(用于工件直径200～500)

续表

车床中心架和跟刀架夹持工件的范围							
种类	机床中心高	夹持工件直径		种类	机床中心高	夹持工件直径	
		最大	最小			最大	最小
中心架	200	100	20	跟刀架	200	80	20
	300	145	20		300	115	20
	500	470	70		500	350	70

应采用的磨床顶架数量											
工件直径	工件长度										
	150	300	450	600	750	900	1050	1200	1500	1800	2100
20 以下	1	2	3	4	5	6	7				
20～25		2	2	3	4	5	6	7			
26～35		1	2	2	3	4	4	5	7		
36～50		1	1	2	2	3	3	4	5	7	
51～60			1	1	2	2	2	3	4	5	6
61～75			1	1	2	2	2	2	3	4	5
76～100				1	1	1	2	2	3	4	5
100～125				1	1	1	2	2	2	3	4
126～150				1	1	1	1	2	2	3	4
151～200					1	1	1	1	2	2	3
201～250						1	1	1	1	2	2
251～300							1	1	1	1	2

（5）用芯轴装夹工件

芯轴种类很多，常用的有锥度芯轴和圆柱体芯轴。主要用于加工套类工件。

在图 4.40 中，1 为锥度芯轴，锥度一般为（1：1000）～（1：5000）；工件 2 压入后靠摩擦力与芯轴固紧。这种芯轴装卸方便，对中准确，但不能承受较大的切削力。多用于精加工盘套类零件。

在图 4.41 中，1 为圆柱体芯轴，工件与芯轴一般为间隙配合，定位精度较前者低，工件装入后加上垫圈，拧紧螺母夹紧工件。

（6）用花盘、直角铁及压板、螺栓安装工件

在车床上加工大而扁且形状不规则的零件，或要求零件的一个面与安装面平行，或要求孔、外圆的轴线与安装面垂直时，可以把工件直接压在花盘上加工。花盘是安装在车床主轴上的一个大圆

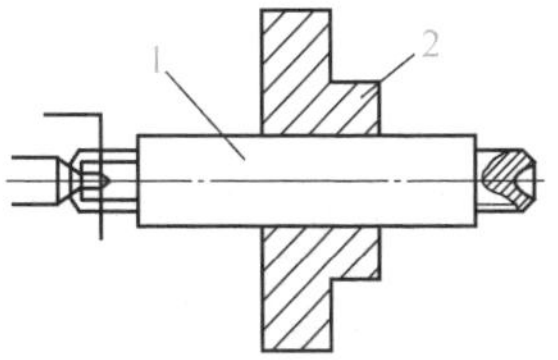

图 4.40 锥度芯轴

1—芯轴；2—工件

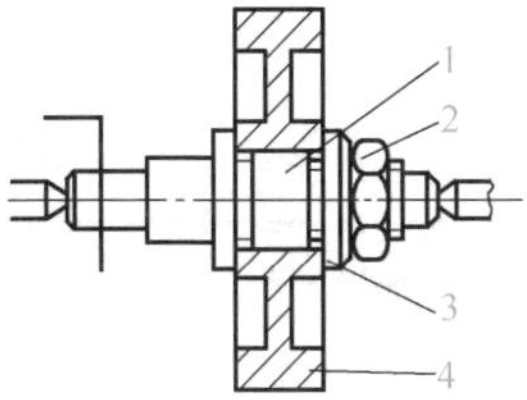

图 4.41 圆柱体芯轴

1—芯轴；2—螺母；3—垫圈；4—工件

盘，端面上的许多长槽用以穿压紧螺栓，如图 4.42 所示。花盘的端面必须平整、与主轴中心线垂直。在花盘上装夹工件需要仔细地找正和平衡。

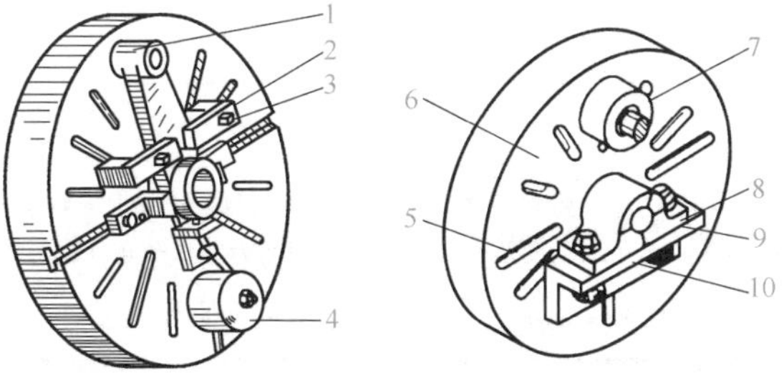

(a) 用压板安装工件　　(b) 用直角铁装夹工件

图 4.42 在花盘上安装零件

1，8—工件；2—压板；3—螺钉；4，7—平衡铁；5—螺栓孔槽；
6—花盘；9—安装基面；10—直角铁

4.3.2 车削用量选择

切削用量选择与刀具材料、工件材料切削加工性、加工精度、表面粗糙度、切削液、刀具几何参数、工艺系统刚度有关。通常情况下（强度 0.7GPa，硬度 150HB，无切削液，主偏角 90°），可以参考下列表格进行选择，必要时进行修正，使切削难度增加时减小切削用量，反之增大，如工件材料的强度、硬度更高，切削用量就减小。

(1) 常用刀具材料车削不同工件材料的切削用量（见表 4.27~表 4.30）

表 4.27　高速钢车刀常用的切削速度和进给量

工件材料及其抗拉强度/GPa		进给量 f/(mm/r)	切削速度 v/(m/min)
碳钢	$\sigma_b \leqslant 0.50$	0.2 0.4 0.8	30～50 20～40 15～25
	$\sigma_b \leqslant 0.70$	0.2 0.4 0.8	20～30 15～25 10～15
灰铸铁 $\sigma_b = 0.18 \sim 0.28$		0.2 0.4 0.8	15～30 10～15 18～10
铝合金 $\sigma_b = 0.10 \sim 0.30$		0.2 0.4 0.8	55～130 35～80 25～55

注：1. 刀具寿命 $T \geqslant 60$min；粗加工时背吃刀量 $a_p \leqslant 5$mm；精加工时，f 取小值，v 取大值。

2. 成形车刀和切断刀的切削速度约取表中平均值的 60%，进给量取 $f = 0.02 \sim 0.08$mm/r。成形车刀的切削宽度宽时取小值，而切断力的切削宽度窄时取小值。

表 4.28　用高速钢车刀车外圆的切削速度　m/min

材料	切削深度 a_p/mm	进给量 f/(mm/r)											
		0.1	0.15	0.2	0.25	0.3	0.4	0.5	0.6	0.7	1.0	1.5	2
碳钢 $\sigma_b = 0.735$GPa 加冷却液	1		92	85	79	69	58	50	44	40			
	1.5		85	76	71	62	52	45	40	36			
	2			70	66	59	49	42	37	34			
	3			64	60	53	44	38	34	31	24		
	4				56	49	41	35	31	28	22	17	
	6					45	37	32	28	26	20	15	13
	8						35	30	26	24	19	14	12
	10						32	28	25	22	18	13	11
	15							25	22	20	16	12	10
可锻铸铁 150HB 加冷却液	1	116	104	97	92	84							
	1.5	107	96	90	85	78	67						
	2		91	85	80	73	63	56	52				
	3			79	73	68	58	52	48	44	37		
	4				69	64	55	49	45	42	35	30	
	6					59	51	45	42	38	32	27	23
	8						48	43	39	36	30	26	22

续表

材料	切削深度 a_p/mm	进给量 f/(mm/r)											
		0.1	0.15	0.2	0.25	0.3	0.4	0.5	0.6	0.7	1.0	1.5	2
灰口铸铁 180～200HB	1	49	44	40	37	35							
	1.5	47	41	38	36	34	30						
	2		39	36	35	32	29	27	26				
	3			34	33	31	29	26	25	23	20		
	4				33	31	27	25	24	22	19	17	
	6					29	26	24	22	21	18	16	14
	8						25	23	21	20	17	15	13
	12							22	20	19	16	14	12
青铜 QAl9-4 100～140HB	1	162	151	142	127	116							
	1.5	157	143	134	120	110	95						
	2	151	138	127	115	105	91	82	75				
	3			123	111	100	88	80	71	66	56		
	4				107	98	84	76	69	63	53	45	
	6					93	80	73	66	61	51	43	36
	8						78	71	64	58	50	41	35
	12						74	66	60	55	47	39	33

注：本表所述高速钢车刀材料为 W18Cr4V。

表 4.29　硬质合金车刀常用的切削速度　　m/min

工件材料	硬度 (HBS)	刀具材料		精车 (a_p=0.3～2mm f=0.1～0.3mm/r)	刀具材料		半精车 (a_p=2.5～6mm f=0.35～0.65mm/r)	粗车 (a_p=6.5～10mm f=0.7～1mm/r)
碳素钢 合金 结构钢	150～200 200～250 250～325 325～400	P 类	YT15	120～150 110～130 75～90 60～80	P 类	YT5	90～110 80～100 60～80 40～60	60～75 50～65
易切钢	200～250			140～180		YT15	100～120	70～90
灰铸铁	150～200 200～250	K 类	YG6	90～110 70～90	K 类	YG8	70～90 50～70	45～65 35～55
可锻铸铁	120～150			130～150		YG8	100～120	70～90
铝 铝合金				300～600		YG8	200～400	150～300

注：1. 刀具寿命 T=60min，a_p、f 选大值时，v 选小值，反之，v 选大值。

2. 成形车刀和切断车刀的切削速度可取表中粗加工栏中的数值，进给量 f=0.04～0.15mm/r。

表 4.30 陶瓷车刀和金刚石车刀常用切削用量

陶瓷车刀常用切削用量					
工件材料及其抗拉强度/GPa		进给量 f/(mm/r)		切削速度 v/(m/min)	
		半精加工	精加工	半精加工	精加工
碳素钢 合金结构钢	$\sigma_b \leqslant 0.735$ $\sigma_b \leqslant 0.980$	0.3～0.5 0.2～0.4	0.1～0.3 0.1～0.3	100～300 90～250	200～500 150～400
淬硬钢	45～55HRC	0.12～0.3	0.08～0.2	30～180	50～200
铸钢	$\sigma_b \leqslant 0.50$	0.3～0.6	0.1～0.3	100～300	200～500
铸铁	$\sigma_b = 0.18 \sim 0.28$	0.3～0.8	0.1～0.3	100～300	180～400
铝合金	—	0.3～0.8	0.1～0.3	500～600	800～1500

注：切削深度：半精加工 $a_p \leqslant 2$mm，精加工 $a_p \leqslant 0.4$mm。

金刚石车刀常用切削用量			
工件材料	切削深度 a_p/mm	进给量 f/(mm/r)	切削速度 v/(m/min)
铝合金 紫铜	0.05 0.5	0.05 0.1	200～750 150～200
黄铜	0.5 1.4	0.03～0.08 0.03～0.08	400～500 700～1000
硬质合金	0.2	0.03	35～60

注：精加工时，a_p 和 f 取小值，半精加工时，a_p 和 f 可取大值。

(2) 外圆车削用量（见表 4.31、表 4.32）

表 4.31 粗车外圆进给量

工件材料	刀杆直径/mm	工件直径/mm	外圆车刀(硬质合金)					外圆车刀(高速钢)		
			切削深度 a_p/mm							
			3	5	8	12	>12	3	5	8
			进给量 f/(mm/r)							
结构碳钢、合金钢及耐热钢	16×25	20	0.3～0.4	—	—	—	—	0.3～0.4	—	—
		40	0.4～0.5	0.3～0.4	—	—	—	0.4～0.6	—	—
		60	0.5～0.7	0.4～0.6	0.3～0.5	—	—	0.6～0.8	0.5～0.7	0.4～0.6
		100	0.6～0.9	0.5～0.7	0.5～0.6	0.4～0.5	—	0.7～1.0	0.6～0.9	0.6～0.8
		400	0.9～1.2	0.8～1.0	0.6～0.8	0.5～0.6	—	1.0～1.3	0.9～1.1	0.8～1.0

续表

工件材料	刀杆直径/mm	工件直径/mm	外圆车刀(硬质合金)					外圆车刀(高速钢)		
			切削深度 a_p/mm							
			3	5	8	12	>12	3	5	8
			进给量 f/(mm/r)							
结构碳钢、合金钢及耐热钢	20×30 25×25	20	0.3~0.4	—	—	—	—	0.3~0.4	—	—
		40	0.4~0.5	0.3~0.4	—	—	—	0.4~0.5	—	—
		60	0.6~0.7	0.5~0.7	0.4~0.6	—	—	0.7~0.8	0.6~0.8	—
		100	0.8~1.0	0.7~0.9	0.5~0.7	0.4~0.7	—	0.9~1.1	0.8~1.0	0.7~0.9
		600	1.2~1.4	1.0~1.2	0.8~1.0	0.6~0.9	0.4~0.6	1.2~1.4	1.1~1.4	1.0~1.2
	25×40	60	0.6~0.9	0.5~0.8	0.4~0.7	—	—	—	—	—
		100	0.8~1.2	0.7~1.1	0.8~0.9	0.5~0.8	—	—	—	—
		1100	1.2~1.5	1.1~1.5	0.9~1.2	0.8~1.0	0.7~0.8	—	—	—
	30×45	500	1.1~1.4	1.1~1.4	1.0~1.2	0.8~1.2	0.7~1.1	—	—	—
	40×60	2500	1.3~2.0	1.3~1.8	1.2~1.6	1.1~1.5	1.0~1.5	—	—	—
铸铁及铜合金	16×25	40	0.4~0.5	—	—	—	—	0.4~0.5	—	—
		60	0.6~0.8	0.5~0.8	0.4~0.6	—	—	0.6~0.8	0.5~0.8	0.4~0.6
		100	0.8~1.2	0.7~1.0	0.6~0.8	0.5~0.7	—	0.8~1.2	0.7~1.0	0.6~0.8
		400	1.0~1.4	1.0~1.2	0.8~1.0	0.6~0.8	—	1.0~1.4	1.0~1.2	0.8~1.0
	20×30 25×25	40	0.4~0.5	—	—	—	—	0.4~0.5	—	—
		60	0.6~0.9	0.5~0.8	0.4~0.7	—	—	0.6~0.9	0.5~0.8	0.4~0.7
		100	0.9~1.3	0.8~1.2	0.7~1.0	0.5~0.8	—	0.9~1.3	0.8~1.2	0.7~1.0

续表

工件材料	刀杆直径/mm	工件直径/mm	外圆车刀(硬质合金)					外圆车刀(高速钢)		
			切削深度 a_p/mm							
			3	5	8	12	>12	3	5	8
			进给量 f/(mm/r)							
铸铁及铜合金	20×30 25×25	600	1.2~1.8	1.2~1.6	1.0~1.3	0.9~1.1	0.7~0.9	1.2~1.8	1.2~1.6	1.1~1.4
	25×40	60	0.6~0.8	0.5~0.8	0.4~0.7	—	—	0.6~0.8	0.5~0.8	0.4~0.7
		100	1.0~1.4	0.9~1.2	0.8~1.0	0.6~0.9	—	1.2~1.4	0.9~1.2	0.8~1.0
		1000	1.5~2.0	1.2~1.8	1.0~1.4	1.0~1.2	0.8~1.0	1.5~2.0	1.2~1.8	1.0~1.4
	30×45	500	1.4~1.8	1.2~1.6	1.0~1.4	1.0~1.3	0.9~1.2	—	—	—
	40×60	2500	1.6~2.4	1.6~2.0	1.4~1.8	1.3~1.7	1.2~1.7	—	—	—

注：1. 加工耐热钢及其合金钢，不采用大于1mm/r的进给量。

2. 有冲击的加工（断续切削和荒车），本表的进给量应乘上系数0.75~0.85。

3. 加工无外皮工件时，本表的进给量应乘上系数1.1。

表4.32 用硬质合金车刀车外圆的切削速度 m/min

工件材料	刀具材料	切削深度 a_p/mm	进给量 f/(mm/r)									
			0.1	0.15	0.2	0.3	0.4	0.5	0.7	1.0	1.5	2.0
钢 σ_b=0.735GPa	YT5	1		177	165	152	138	128	114			
		1.5		165	156	143	130	120	106			
		2			151	138	124	116	103			
		3			141	130	118	109	97	83		
		4				124	111	104	92	80	66	
		6				117	105	97	87	75	62	60
		8					191	94	84	72	59	52
		10					97	90	81	69	57	50
		15						85	76	64	54	48
	YT15	1		277	258	235	212	198	176			
		1.5		255	241	222	200	186	164			
		2			231	213	191	177	158			
		3			218	200	181	168	149	128		
		4				191	172	159	142	123	102	
		6				180	162	150	134	116	96	91
		8					156	145	129	110	91	81
		10					148	139	124	106	88	78
		15						131	117	99	83	73

续表

工件材料	刀具材料	切削深度 a_p/mm	进给量 f/(mm/r)									
			0.1	0.15	0.2	0.3	0.4	0.5	0.7	1.0	1.5	2.0
耐热钢 1Cr18Ni9Ti 141HB	YT15	1	318	266	233	194	170	154				
		1.5	298	248	218	181	160	144				
		2		231	202	169	149	134	115			
		3		214	187	156	137	124	107	91		
		4			176	147	129	117	100	86		
		6				136	119	108	93	79		
		8				128	112	102	87	74		
		10				122	107	97	83	71		

工件材料	刀具材料	切削深度 a_p/mm	进给量 f/(mm/r)								
			0.15	0.2	0.3	0.4	0.5	0.7	1.0	1.5	2.0
灰口铸铁 180～200HB	YG6	1	189	178	164	155	142	124			
		1.5	178	167	154	145	134	116			
		2		162	147	139	127	111			
		3		145	134	126	120	105	91		
		4			132	125	114	101	87	74	
		6			125	118	108	95	82	70	63
		8				113	103	91	79	67	60
		10				109	100	88	76	65	58
		15					94	82	71	61	54
可锻铸铁 150HB	YG8	1	204	192	177	167					
		1.5	188	177	163	154					
		2				129	117	100			
		3				122	110	94	81		
		4				116	105	90	77	64	
		6				110	99	86	72	61	53
		8				104.5	94	81	69.2	57.6	50.7
		10				101.2	91	78.5	67	55.8	49.1
		15					85.5	74	63	52.3	46.2
青铜 200～240HB	YG8	1	590	555	513	484	472	412			
		1.5	555	525	483	457	432	377			
		2		507	467	442	408	357			
		3		480	442	418	377	330	286		
		4			427	403	356	311	271	231	
		6			404	381	327	286	248	212	188
		8				369	309	271	235	201	178
		10				359	296	259	224	191	170

（3）车孔切削用量（见表 4.33）

表 4.33　粗车孔的进给量

背吃刀量 a_p/mm	车刀圆截面的直径/mm				
	10	12	16	20	25
	车刀伸出部分的长度/mm				
	50	60	80	100	125
	进给量 f/(mm/r)				
钢和铸钢					
2	<0.08	≤0.10	0.08～0.20	0.15～0.40	0.25～0.70
3		<0.08	≤0.12	0.10～0.25	0.15～0.40
5			≤0.08	≤0.10	0.08～0.20
铸铁					
2	0.08～0.12	0.12～0.20	0.25～0.40	0.50～0.80	0.90～1.50
3	≤0.08	0.08～0.12	0.15～0.25	0.30～0.50	0.50～0.80
5		≤0.08	0.08～0.12	0.15～0.25	0.25～0.50

（4）车端面、切断及车槽的进给量（见表 4.34、表 4.35）

表 4.34　车端面、切断及车槽的进给量

切断刀				车槽刀					
切断刀宽度/mm	刀头长度/mm	工件材料		车槽刀宽度/mm	刀头长度/mm	刀杆截面/mm	工件材料	
		钢	灰铸铁				钢	灰铸铁
		进给量 f/(mm/r)					进给量 f/(mm/r)	
2	15	0.07～0.09	0.10～0.13	6	16	10×16	0.17～0.22	0.24～0.32
3	20	0.10～0.14	0.15～0.20	40	20		0.10～0.14	0.15～0.21
5	35	0.19～0.25	0.27～0.37	6	20	12×20	0.19～0.25	0.27～0.36
	65	0.10～0.13	0.12～0.16	8	25		0.16～0.21	0.22～0.30
6	45	0.20～0.26	0.28～0.37	12	30		0.14～0.18	0.20～0.26

注：加工 σ_b≤0.588GPa 钢及硬度≤180HBS 铸铁，用大进给量；反之，用小进给量。

表 4.35　切断及车槽的切削速度　　m/min

进给量 f/(mm/r)	高速钢车刀 W18Cr4V		YT5(P 类)	YG6(K 类)
	工件材料			
	碳钢 σ_b=0.735GPa	可锻铸铁 150HBS	钢 σ_b=0.735GPa	灰铸铁 190HBS
	加切削液		不加切削液	
0.08	35	59	179	83
0.10	30	53	150	76
0.15	23	44	107	65

续表

进给量 f/(mm/r)	高速钢车刀 W18Cr4V		YT5(P 类)	YG6(K 类)
	工件材料			
	碳钢 σ_b=0.735GPa	可锻铸铁 150HBS	钢 σ_b=0.735GPa	灰铸铁 190HBS
	加切削液		不加切削液	
0.20	19	38	87	58
0.25	17	34	73	53
0.30	15	30	62	49
0.40	12	26	50	44
0.50	11	24	41	40

（5）成形车削切削用量（见表 4.36）

表 4.36　成形车削切削用量

车刀宽度 B/mm	工件直径 D/mm							
	10	15	20	25	30	40	50	60～100
	进给量 f/(mm/r)							
8	0.02～0.04	0.02～0.06	0.03～0.08	0.04～0.09	0.04～0.09	0.04～0.09	0.04～0.09	0.04～0.09
10	0.015～0.035	0.02～0.052	0.03～0.07	0.04～0.088	0.04～0.088	0.04～0.088	0.04～0.088	0.04～0.088
15	0.01～0.027	0.02～0.04	0.02～0.055	0.035～0.077	0.04～0.082	0.04～0.082	0.04～0.082	0.04～0.082
20	0.01～0.024	0.015～0.032	0.02～0.048	0.03～0.059	0.035～0.072	0.04～0.08	0.04～0.08	0.04～0.08
25	0.008～0.018	0.015～0.032	0.02～0.042	0.025～0.052	0.03～0.063	0.04～0.08	0.04～0.08	0.04～0.08
30	0.008～0.018	0.01～0.027	0.02～0.037	0.025～0.046	0.025～0.055	0.035～0.07	0.035～0.07	0.035～0.07
35	—	0.01～0.025	0.015～0.034	0.02～0.043	0.025～0.05	0.030～0.065	0.03～0.065	0.03～0.065
40	—	0.01～0.023	0.015～0.031	0.02～0.039	0.02～0.046	0.03～0.06	0.03～0.06	0.03～0.06
50	—	—	0.01～0.027	0.015～0.034	0.02～0.04	0.025～0.055	0.025～0.055	0.025～0.055
60	—	—	0.01～0.025	0.015～0.031	0.02～0.037	0.025～0.05	0.025～0.05	0.025～0.05

续表

车刀宽度 B/mm	工件直径 D/mm							
	10	15	20	25	30	40	50	60～100
	进给量 f/(mm/r)							
75	—	—	—	—	0.015～0.031	0.02～0.042	0.025～0.048	0.025～0.05
90	—	—	—	—	0.01～0.028	0.015～0.038	0.02～0.048	0.025～0.05
100	—	—	—	—	0.01～0.025	0.015～0.034	0.02～0.042	0.025～0.05

注：加工复杂形状及 $\sigma_b>0.784$GPa 钢件时，用小进给量；加工简单零件及 $\sigma_b\leqslant 0.784$GPa 钢件时，用大进给量。

4.4 圆锥面、成形面和球面车削

4.4.1 车削圆锥面方法及机床调整

(1) 圆锥体的有关名称、尺寸及其计算公式（见表 4.37）

表 4.37 圆锥体各部分尺寸的计算公式

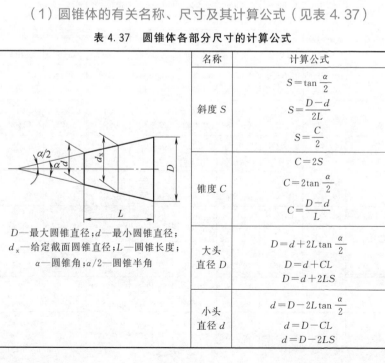

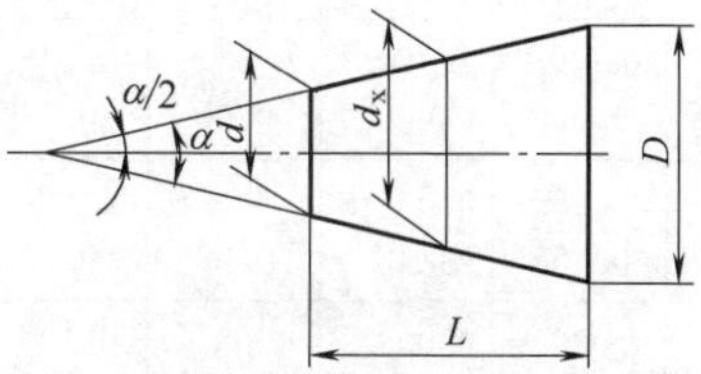

D—最大圆锥直径；d—最小圆锥直径；d_x—给定截面圆锥直径；L—圆锥长度；α—圆锥角；$\alpha/2$—圆锥半角

名称	计算公式
斜度 S	$S=\tan\frac{\alpha}{2}$ $S=\frac{D-d}{2L}$ $S=\frac{C}{2}$
锥度 C	$C=2S$ $C=2\tan\frac{\alpha}{2}$ $C=\frac{D-d}{L}$
大头直径 D	$D=d+2L\tan\frac{\alpha}{2}$ $D=d+CL$ $D=d+2LS$
小头直径 d	$d=D-2L\tan\frac{\alpha}{2}$ $d=D-CL$ $d=D-2LS$

(2) 用小刀架车锥体方法

圆锥长度较短、斜角 $\alpha/2$ 较大时采用小刀架车锥体，如图 4.43 所示。工件通过卡盘装夹，车削前，按照零件要求的锥度，把小滑板转动一个圆锥半角 $\alpha/2$。调好角度后把小滑板锁紧，通过小滑板上的手轮手动进给来车削圆锥面。进给量根据加工精度和表面质量要求确定，粗加工、表面粗糙度要求低时，进给量大些，精加工、表面粗糙度要求高时，进给量小点。车标准锥度和常用锥度时小刀架和靠模板转动角度见表 4.38。

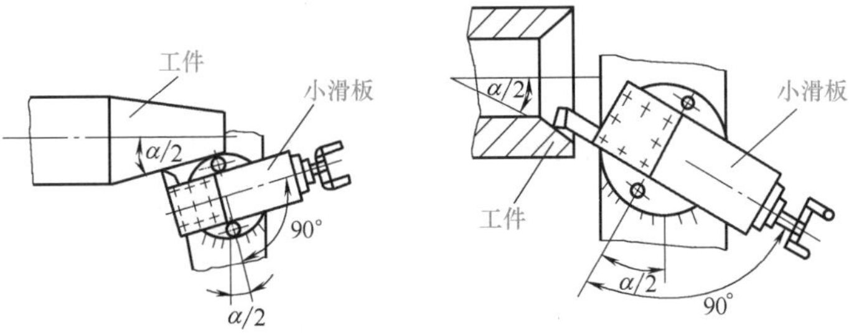

(a) 车削外锥面　　(b) 车削内锥面

图 4.43　转动小刀架车锥体

表 4.38　车标准锥度和常用锥度时小刀架和靠模板转动角度

锥体名称		锥度	小刀架和靠模板转动角度(锥体斜角)	锥体名称	锥度	小刀架和靠模板转动角度(锥体斜角)
莫氏	0	1∶19.212	1°29′27″	常用锥度	1∶200	0°08′36″
	1	1∶20.047	1°25′43″		1∶100	0°17′11″
	2	1∶20.020	1°25′50″		1∶50	0°34′23″
	3	1∶19.922	1°26′16″		1∶30	0°57′17″
	4	1∶19.254	1°29′15″		1∶20	1°25′56″
	5	1∶19.002	1°30′26″		1∶15	1°54′33″
	6	1∶19.180	1°29′36″		1∶12	2°23′09″
30°		1∶1.866	15°		1∶10	2°51′45″
45°		1∶1.207	20°30′		1∶8	3°34′35″
60°		1∶0.866	30°		1∶7	4°05′08″
75°		1∶0.652	37°30′		1∶5	5°42′38″
90°		1∶0.5	45°		1∶3	9°27′44″
120°		1∶0.289	60°		7∶24	8°17′46″

（3）用偏移尾座车削锥体方法

如图 4.44 所示，圆锥精度要求不高，锥体较长而锥度又较小时采用此方法。工件通过顶尖夹持，车削用量同外圆车削。

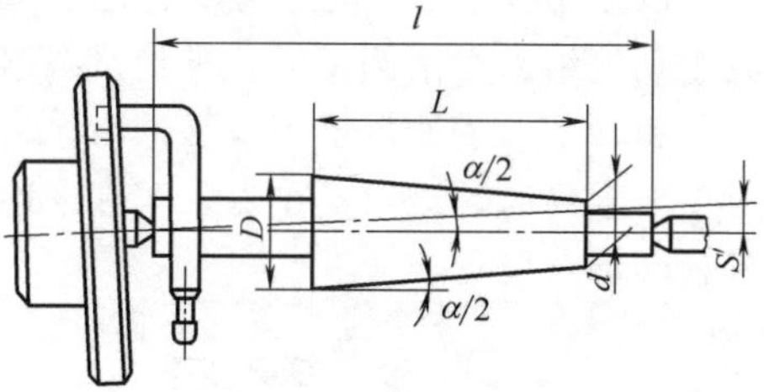

图 4.44 用偏移尾座车削锥体

当工件全长 l 不等于锥形部分长度 L 时，偏移量（或斜度）：

$$\left.\begin{aligned} S' &= \frac{l}{2}\times\frac{D-d}{L} \\ S' &= \frac{l}{2}C \text{ 或 } S'=lS \end{aligned}\right\} \tag{4.1}$$

当工件全长 l 等于锥形部分长度 L 时：$S'=\dfrac{D-d}{L}$

（4）用靠模板车锥体方法

用靠模板车锥体，靠模板安装在床身上，刀架的横向进给丝杆不起作用，而是通过靠模控制刀架的横向进给运动，车前的机床调整量大，适合圆锥精度高、角度小、尺寸相同和数量较多时采用，如图 4.45 所示。

$$\left.\begin{aligned} B &= H\,\frac{D-d}{2L}=H\tan\frac{\alpha}{2} \\ B &= \frac{H}{2}C(\text{锥度}) \end{aligned}\right\} \tag{4.2}$$

式中 H——靠模板转动中心到刻线处的距离，称为支距；

$\frac{\alpha}{2}$——靠模板旋转角度，它等于圆锥体的斜角，计算公式与小刀架转动角度相同；

B——靠模板的偏移量。

（5）用宽刀刃车锥体方法

当锥体较短、锥度较大时，可采用宽刀刃法车锥体。可通过刀具刃磨或刀具安装调整，使刀刃与主轴轴线的夹角等于工件圆锥半角 $\alpha/2$ 的车刀，直接车出圆锥面，如图 4.46 所示。

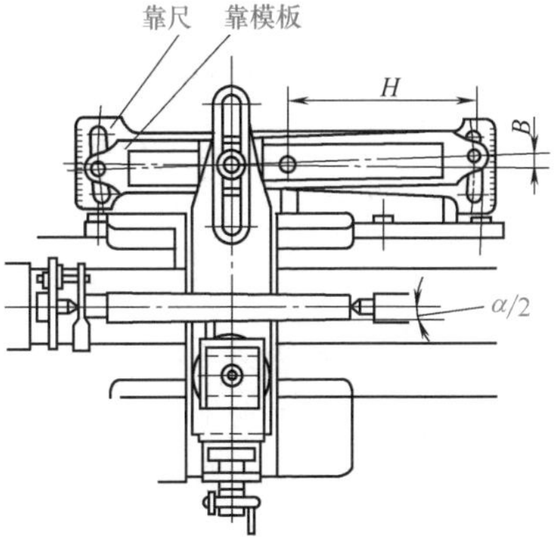

图 4.45　用靠模板车锥体

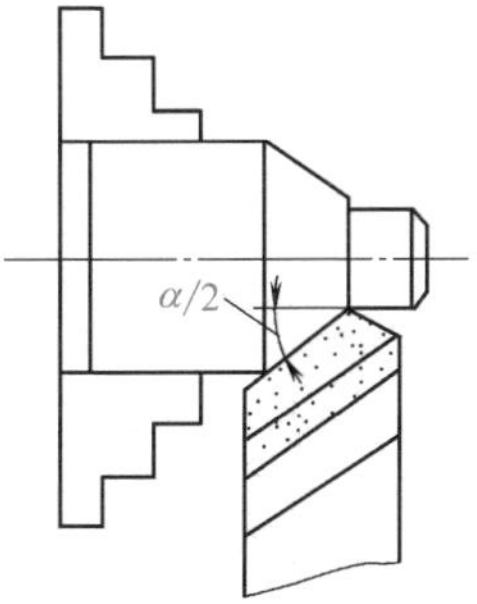

图 4.46　用宽刀刃车锥体

（6）车削圆锥面检验

在车削圆锥工件时，一般是用套规或塞规检验工件的锥度和尺寸。当锥度已车准，而尺寸未达到要求时，必须再进给车削。当用量规测量出长度口后（见图 4.47），可用以下方法确定横向进给量。

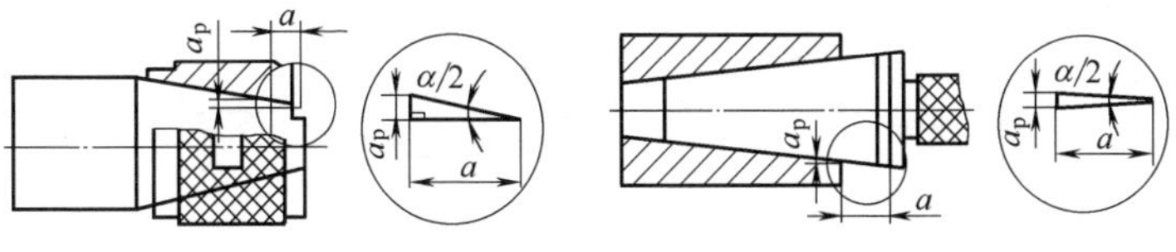

(a) 圆锥体套规　　(b) 圆锥孔塞规

图 4.47　圆锥尺寸控制方法

① 计算法　计算公式为：

$$a_p = a\tan\frac{\alpha}{2} \text{或者} a_p = a\frac{C}{2} \tag{4.3}$$

式中　a_p——界限量规刻线或阶台中心离开工件端面的距离为 a 时的背吃刀量，mm；

$\frac{\alpha}{2}$——圆锥斜角；

C——锥度。

例 1　已知工件的圆锥斜角 $\frac{\alpha}{2}=1°30'$，用套规测量时，工件小端离开套规台阶中心为 4mm，问背吃刀量多少才能使小端直径尺寸合格？

解：$a_p = a\tan\frac{\alpha}{2} = 4\times\tan 1°30' = 4\times 0.02619 = 0.105$（mm）

例 2　已知工件锥度为 1∶20，用套规测量工件小端时，小端离开套规台阶中心为 2mm，问背吃刀量多少才能使小端直径尺寸合格？

解：$a_p = a\frac{C}{2} = 2\times\frac{\frac{1}{20}}{2} = 2\times\frac{1}{40} = 0.05$（mm）

② 移动床鞍法　当用界限量规量出长度 a 后（见图 4.48），取下量规，使车刀轻轻接触工件小端面；接着移动小滑板，使车刀

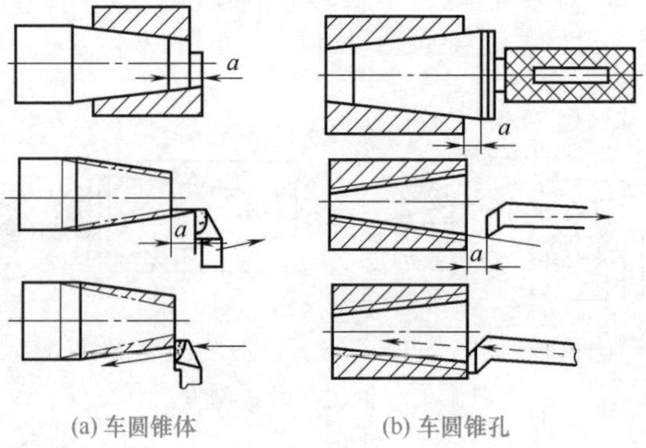

图 4.48　移动床鞍法

离开工件端面一段 a 的距离；然后移动床鞍，使车刀同工件端面接触后即可进行车削。

③ 车削圆锥面的尺寸、锥度和接触面积的检验　见圆锥面磨削。

4.4.2 车削成形面

（1）成形面车削方法（见表 4.39）

表 4.39　成形面车削方法

名称	简图	说明
成形刀（样板刀）车削	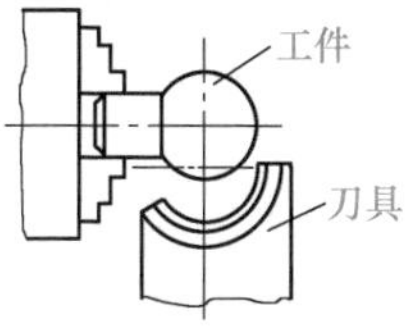	工件的精度主要靠刀具保证。适于加工具有大圆角、圆弧槽以及变化范围小但又比较复杂的成形面
液压仿形车削	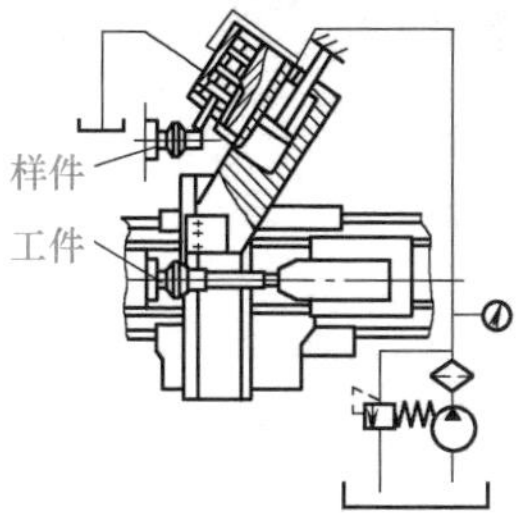	运动平稳，惯性小，能达到较高的加工精度，适于车削多台阶的长轴类工件
纵向靠模板车削	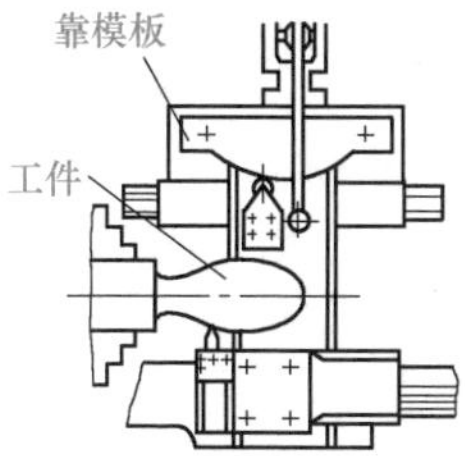	适于加工切削力不大的短轴成形面

续表

名称	简图	说明
横向靠模板车削	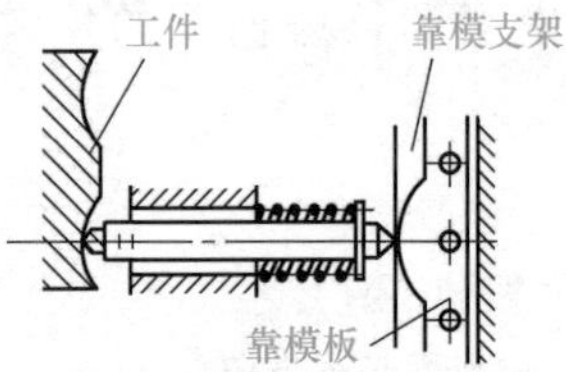	靠模板由靠模支架固定在车床尾座上。拆除小刀架，将装有刀杆的板架装于中滑板上，车削时，中滑板横向进给，适于加工成形端面
同轴摆动车削	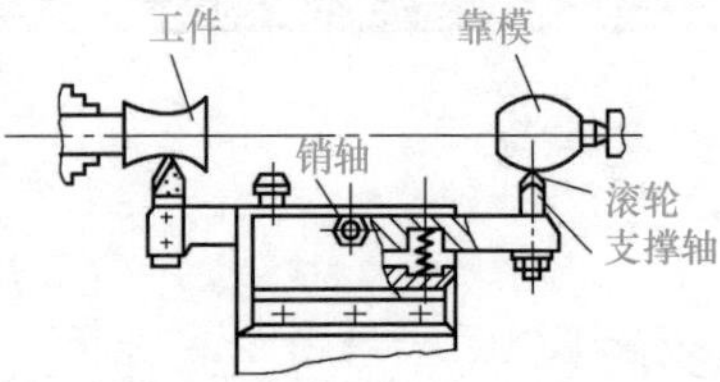	靠模与工件形状相反。车削时，大滑板纵向进给，车刀绕销轴摆动。制造和安装工件时应使车刀刀尖至销轴的距离与支撑轴至销轴的距离一致，并使车刀伸出长度与滚轮伸出长度一致。适于加工成形短轴
同轴推动车削	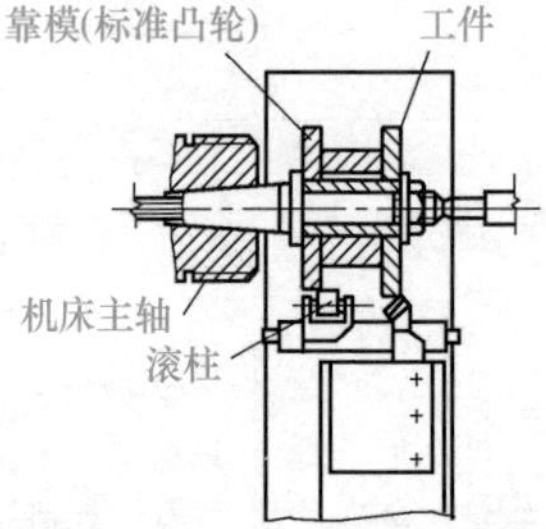	适于加工凸轮等盘类成形工件，注意滚柱应适当加长，以防纵进给时滚柱和靠模脱开

(2)成形刀的进给方式(见表4.40)

表4.40 成形刀的进给方式

名称	简图	说明
径向进给	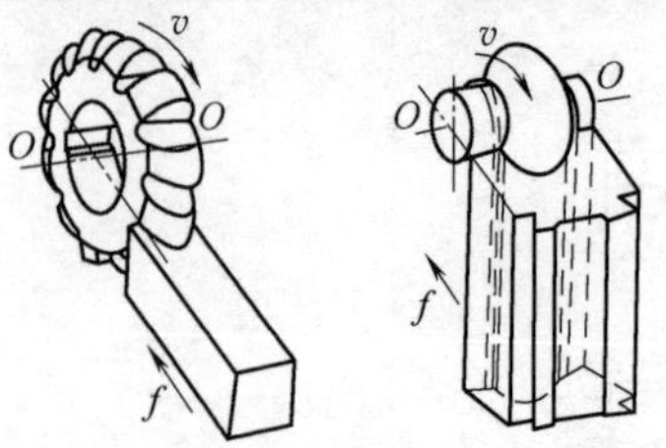(a)普通成形刀　(b)棱形成形刀	车削时，刀具沿工件径向进给

续表

名称	简图	说明
径向进给	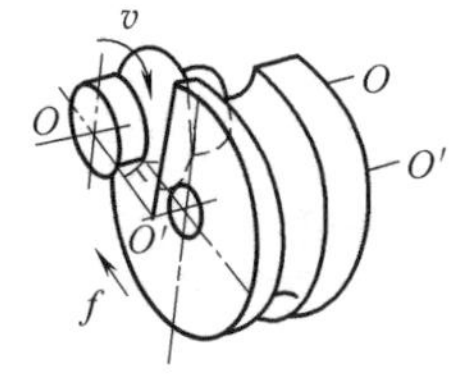 (c) 圆形成形刀	车削时，刀具沿工件径向进给
切向进给	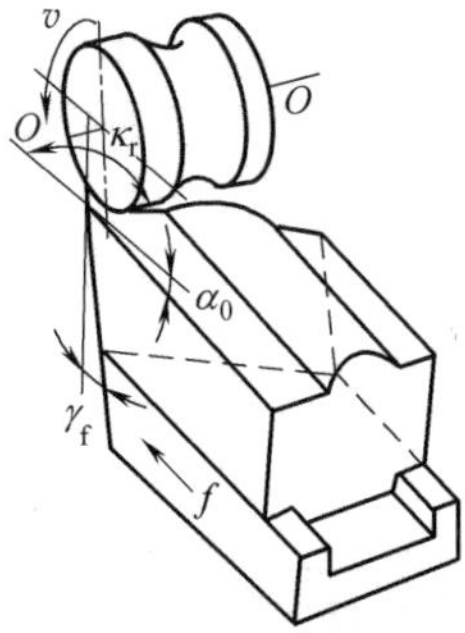	车削时，刀具从工件被加工表面的切线方向进给。由于这种方式切削力较小，所以主要用于加工轮廓深度小、刚度差和精度较高的零件
斜向进给	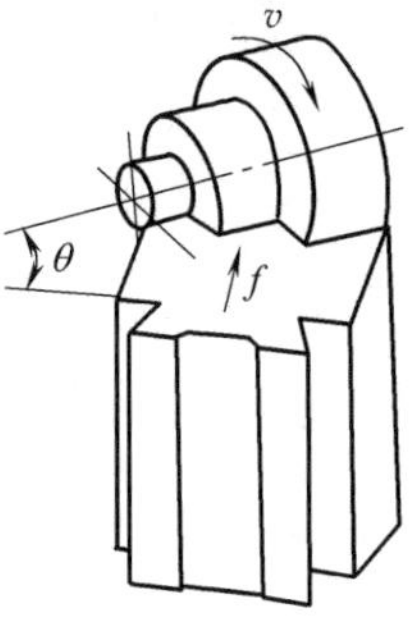	车削时，刀具进给方向与工件轴线倾斜成一个角度 θ，用它切削端面时，在端面处能获得较合理的后角

4.4.3 车削球面

车削球面的原理是一个旋转的刀具沿着一个旋转的物体运动，两轴线相交，但又不重合，那么刀尖在物体上形成的轨迹为一球面。在实际生产中，车削球面大都采用专用辅助工具进行加工，见表 4.41。

表 4.41 车削球面的方法

<table>
<tr><th>名称</th><th>简图</th><th>说明</th></tr>
<tr><td>用蜗杆副传动装置车削外球面</td><td>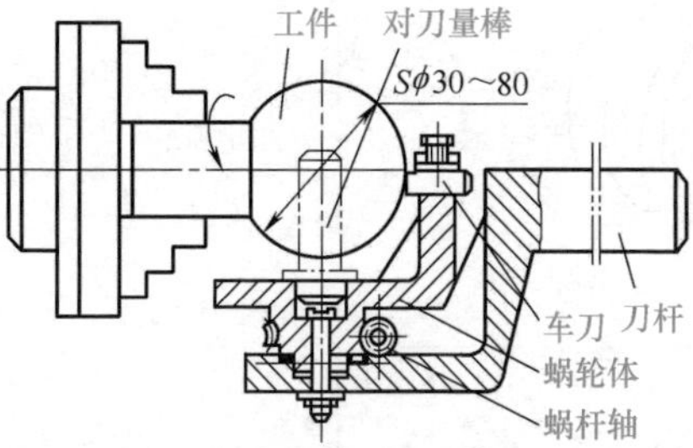
</td><td>该装置安装在车床小刀架上，蜗轮与刀架作为一体，用螺栓安装在刀杆上，蜗轮与刀杆配合处的间隙不大于0.01mm。同时蜗轮与安装在刀杆上的蜗杆啮合。转动蜗杆轴上的手柄，车出球面。适于车削 $S\phi30\sim80$mm 的外球面，形状精度可达 0.02mm，表面粗糙度小于 $Ra1.6\mu m$</td></tr>
<tr><td>用蜗杆副传动装置车削内球面</td><td>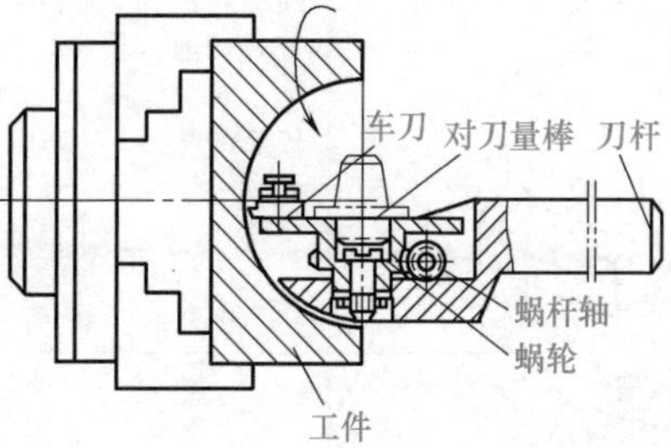
</td><td>转动蜗杆轴上的手柄，车出球面。适于车削 $S\phi30\sim80$mm 的内球面，形状精度可达 0.02mm，表面粗糙度小于 $Ra1.6\mu m$</td></tr>
<tr><td>用杠杆摆动装置车削</td><td>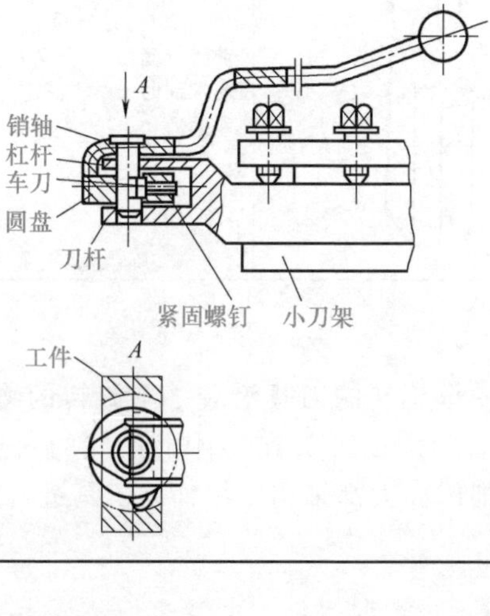
</td><td>该装置由一销轴安装在刀杆一端，圆盘与销轴光滑表面的配合间隙不大于 0.01mm，刀具装夹在圆盘方孔内，摆杆和弯下部分嵌入圆盘内，扳动摆杆便可使刀具沿规定直径的曲线作圆周运动。适于车削内球面；精度可达 0.03mm，表面粗糙度小于 $Ra1.6\mu m$</td></tr>
</table>

续表

名称	简图	说明
旋风车削带柄圆球	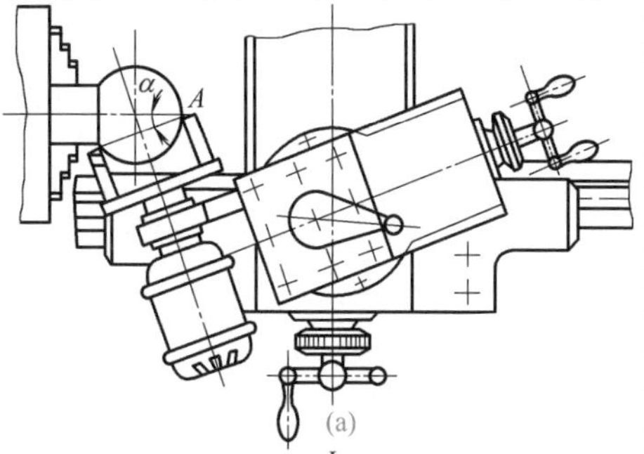 (a) 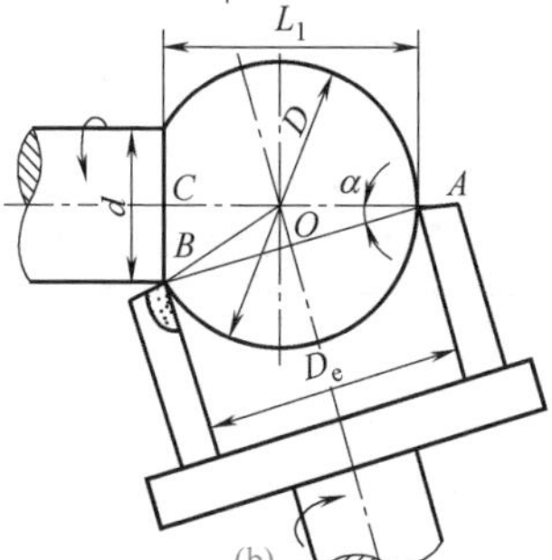 (b)	刀架的转动角度 α： $\tan\alpha=\frac{BC}{AC}=\frac{\frac{d}{2}}{L_1}=\frac{d}{2L_1}$ $L_1=\frac{D+\sqrt{D^2-d^2}}{2}$ 对刀直径 D_e： $D_e=\sqrt{\left(\frac{d}{2}\right)^2+L_1^2}$ 或$\frac{D_e}{2}=OA\cos\alpha=R\cos\alpha$ 所以 $D_e=2R\cos\alpha=D\cos\alpha$
旋风车削整圆球	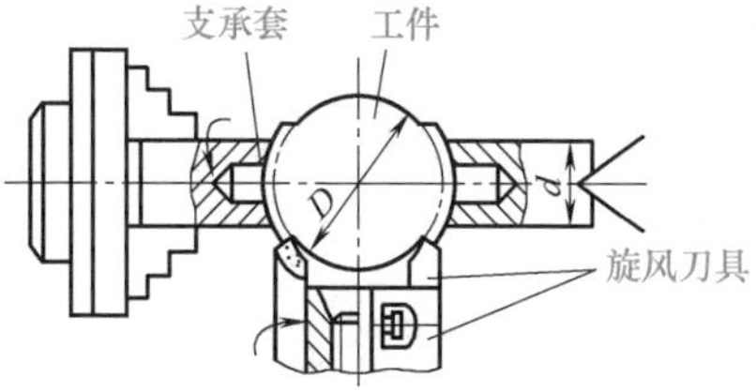 (a) 第一次车削 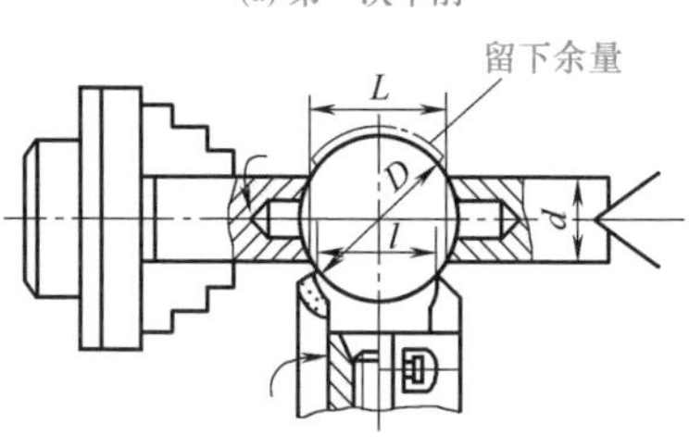 (b) 第二次车削(工件转90°)	旋风车削整球面，刀尖距 l 应在 $L>l>R$ 范围内调节。$l>L$，会切坏支承套，$l<R$，余量切不掉，故 $l\approx L$ 为宜 $L=\sqrt{D^2-d^2}$ $D=2R$

4.5 车螺纹

车螺纹是加工螺纹最常用的方法。在车床上车削螺纹的工艺范围十分广泛，不仅可车削外螺纹，也可车削内螺纹。既可车削三角形螺纹，又可车削梯形、方牙、锯齿形、平面等螺纹，还可车削公制螺纹、英制螺纹、模数制螺纹和径节制螺纹。车削的螺纹精度可达 GB 197—2018 规定的 4～6 级精度，螺纹表面粗糙度 Ra 可达 0.8～3.2μm。

4.5.1 螺纹车刀

螺纹车刀的结构简单，制造容易，通用性强。

(1) 刀具材料的选用（表 4.42）

表 4.42 刀具材料的选用

高速钢	适用范围	硬质合金	适用范围
W18Cr4V	低速、粗精车不长的螺钉、丝杠	YT15	高速粗、精车螺栓及较短的丝杠
W6Mo5Cr4V2Al	低速、粗精车难加工材料或加工长丝杠	YG8	高速粗车较长丝杠
W2Mo9Cr4VCo8		YW2	高速粗精车较难加工材料的螺栓或丝杠

(2) 三角形螺纹车刀几何形状的要求

① 当车刀的径向前角 $\gamma=0°$时，车刀的刀尖角 ε 应等于牙型角 α，如 $\gamma\neq0°$，应进行修正（图 4.49）。

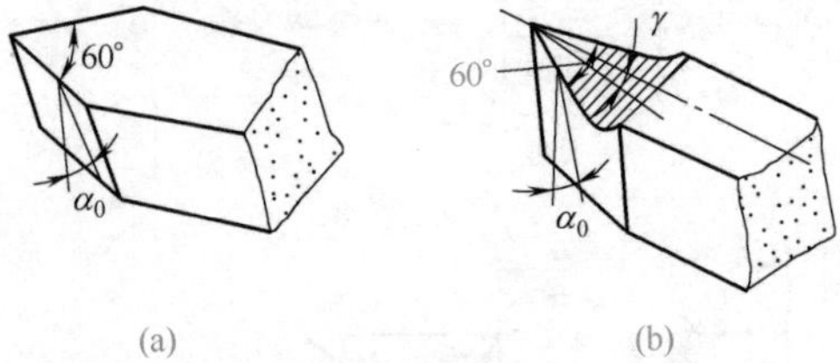

图 4.49 螺纹车刀前角与车刀

$$\tan\frac{\varepsilon'}{2}=\tan\frac{\alpha}{2}\cos\gamma \tag{4.4}$$

式中 ε'——有径向角的刀尖角；

α——牙型角；

γ——螺纹车刀的径向前角。

② 车刀进刀后角因螺旋角的影响应磨得大一些。

③ 车刀的左右切削刀刃必须是直线。

④ 刀尖角对于刀具轴线必须对称。

（3）螺纹车刀刀尖宽度的尺寸

① 车梯形螺纹的车刀刀尖宽度尺寸见表4.43。

表4.43　车梯形螺纹的车刀刀尖宽度尺寸（牙型角=30°） mm

计算公式:刀尖宽度= 0.366×螺距−0.536×间隙					
螺距	刀尖宽度	螺距	刀尖宽度	螺距	刀尖宽度
2	0.598	8	2.660	24	8.248
3	0.964	10	3.292	32	11.176
4	1.330	12	4.124	40	14.104
5	1.562	16	5.320	48	17.032
6	1.928	20	6.784		

注：间隙值可查梯形螺纹基本尺寸表。

② 车模数蜗杆的车刀刀尖宽度尺寸见表4.44。

表4.44　车模数蜗杆的车刀刀尖宽度尺寸（牙型角=40°） mm

计算公式:刀尖宽度=0.843×模数−0.728×间隙(若取间隙=0.2×模数,则刀尖宽度=0.697×模数)					
模数	刀尖宽度	模数	刀尖宽度	模数	刀尖宽度
1	0.697	(4.5)	3.137	12	8.364
1.5	1.046	5	3.485	14	9.758
2	1.394	6	4.182	16	11.152
2.5	1.743	(7)	4.879	18	12.546
3	2.091	8	5.576	20	13.940
(3.5)	2.440	(9)	6.273	25	17.425
4	2.788	10	6.970	(30)	20.910

注：括号内的尺寸尽量不采用。

③ 车径节蜗杆的车刀刀尖宽度尺寸见表4.45。

（4）螺纹车刀的安装

装刀时，车刀刀尖的位置一般应对准工件轴线。为防止硬质合金车刀高速切削时扎刀，刀尖允许高于工件轴线1%螺纹大径；用高速钢车刀低速车削螺纹时，允许刀尖位置略低于工件轴线。

表 4.45　车径节蜗杆的车刀刀尖宽度尺寸（牙型角=29°）　mm

计算公式:刀尖宽=25.4×0.9723/径节(P)=24.6964/P					
径节(P)	刀尖宽度	径节(P)	刀尖宽度	径节(P)	刀尖宽度
1	24.696	8	3.087	18	1.372
2	12.348	9	2.744	20	1.235
3	8.232	10	2.470	22	1.123
4	6.174	11	2.245	24	1.029
5	4.939	12	2.058	26	0.950
6	4.116	14	1.764	28	0.882
7	3.528	16	1.544	30	0.823

注：刀尖宽度=螺纹槽底宽度，通常采用这个尺寸做磨刀样板（精车）。

车刀的牙型角的分角线应垂直于螺纹轴线。

车刀伸出刀座的长度不应超过刀杆截面高度的 1.5 倍。

1）对刀方法

① 用中心规（螺纹角度卡板）安装外螺纹车刀［图 4.50（a)］及安装内螺纹车刀［图 4.50（b)］。对刀精度低，适用于一般螺纹车削。

② 用带有 V 形块的特制螺纹角度卡板，卡板后面做一 V 形角尺面，装刀时，放在螺纹外圆上，作为基准，以保证螺纹车刀的刀尖角对分线与螺纹工件的轴线垂直［图 4.50（c)］。这种方法对刀精度较高，适用于车削精度较高的螺纹工件。

③ 在使用工具磨床刃磨车刀的刀尖角时，选用刀杆上一个侧面作为刃磨基准面，在装刀时，用百分表校正这个基准面的平面度，这样可以保证装刀的偏差［图 4.50（d)］。这种方法对刀精度最高，适用于车削精密螺纹。

2）法向安装车刀方法　法向安装螺纹车刀，使两侧刃的工作前、后角相等，切削条件一致。切削顺利，但会使牙型产生误差。法向安装车刀（图 4.51）主要适用于粗车螺纹升角 ψ 大于 3°的螺纹以及车削法向直廓蜗杆。

3）轴向安装车刀方法　轴向安装螺纹车刀，车刀两侧刃的工作前、后角不等，一侧刃的工作前角变小，后角增大，而另一侧刃正相反（图 4.52）。轴向安装车刀主要适用于各种螺纹的精车以及车削轴向直廓蜗杆。

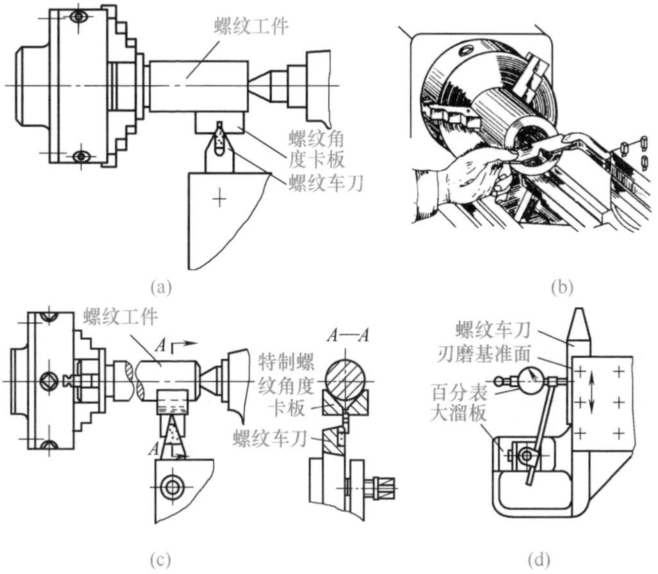

图 4.50　对刀方法

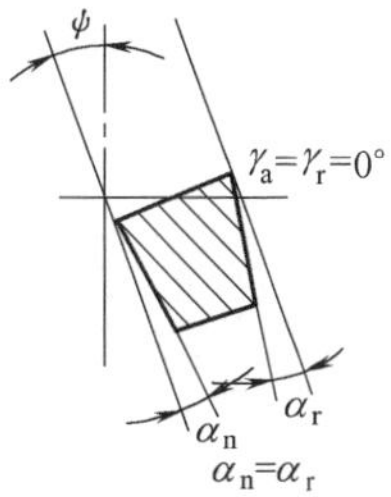

图 4.51　法向安装车刀方法

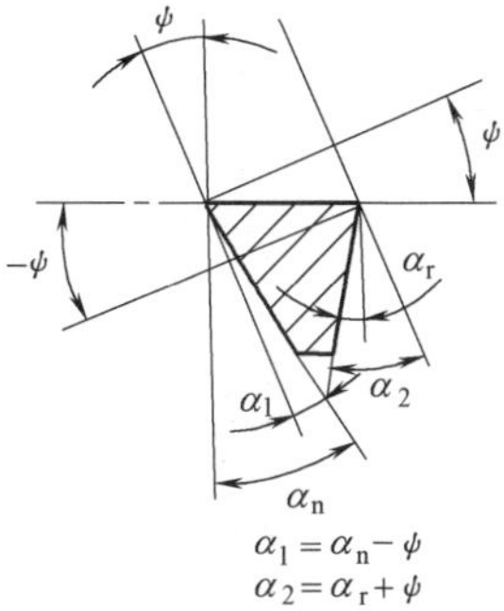

图 4.52　轴向安装车刀方法

4.5.2　螺纹车削方法

（1）螺纹车削的进给方式

三角形螺纹车削方法见表 4.46，梯形螺纹车削方法见表 4.47，方牙螺纹车削方法见表 4.48。

表 4.46　三角形螺纹车削方法

螺距/mm	$P<3$	$P\geqslant3$
车削方法	用一把硬质合金车刀,径向进给车螺纹 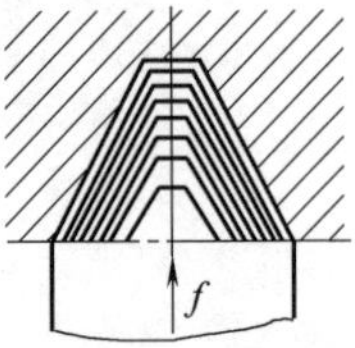	首先用粗车刀斜向进给粗车,然后用精车刀径向进给精车。若为精密螺纹,精车时,应用轴向进刀分别精车牙型两侧 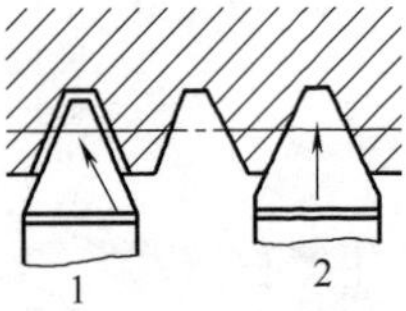

表 4.47　梯形螺纹车削方法

螺距/mm	$P<3$	$P\geqslant3$
车削方法	用一把车刀,径向进给粗、精车螺纹 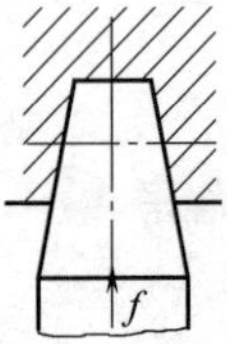	首先用比牙型角小 2°的粗车刀径向进刀车至底径,而后用精车刀径向进刀精车 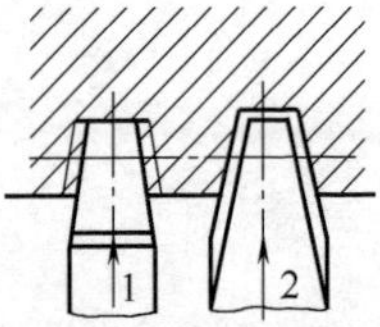
	首先用切槽车刀径向进刀车至底径,再用刃形小于牙型角 2°的粗车刀径向进刀粗车,最后用开有卷屑槽的精车刀径向进刀精车 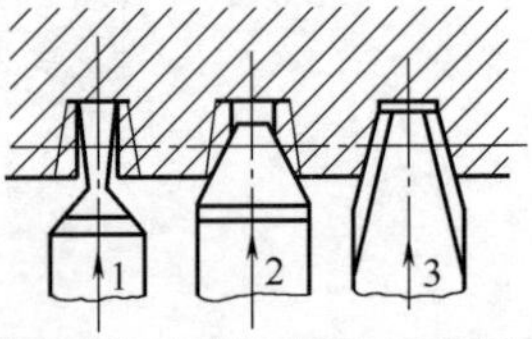	先用切刀径向进刀粗车至底径,再用左、右偏刀轴向进刀粗车两侧,最后用精车刀径向进刀精车 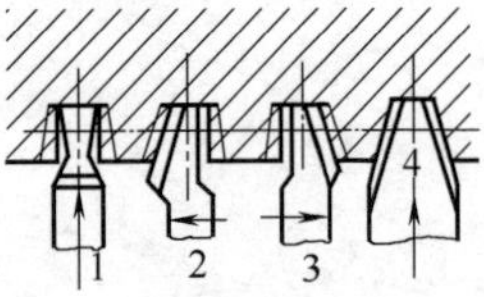

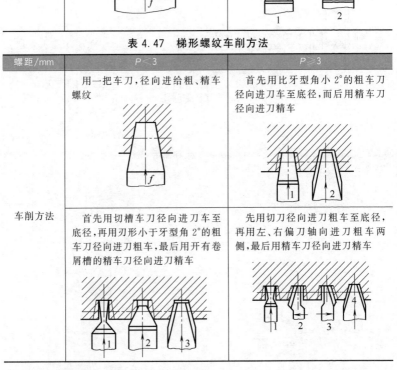

(2) 螺纹车床的交换齿轮调整

在普通螺纹车床上车标准螺距的螺纹时，不需要进行交换齿轮的计算、调整，只有车削非标准螺距或精密螺纹时，才进行交换齿轮的计算、调整。由于各种螺纹车床的传动链各异，交换齿轮的计算公式也不同，一般的计算公式为：

表 4.48　方牙螺纹车削方法

螺距/mm	$P \leqslant 4$	$P \leqslant 12$	$P > 12$
车削方法	用一把车刀，径向进刀车成，精密螺纹用两把刀，径向进刀，粗、精车 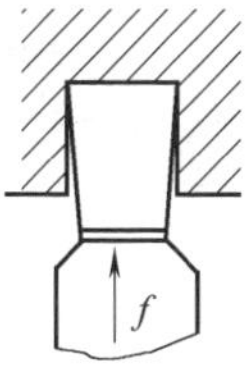	分别用粗、精车刀径向进刀粗、精车 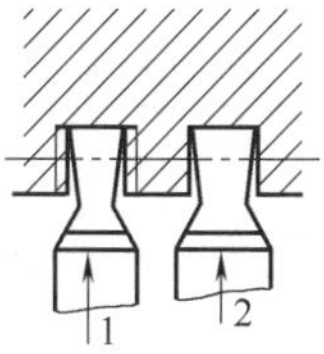	先用切刀径向进刀车至底径，后用左、右精车偏刀分别精车牙型两侧（轴向进刀） 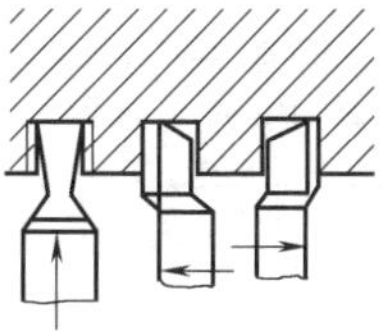

$$\frac{z_1 z_3}{z_2 z_4}=\frac{P_W}{kP_S} \tag{4.5}$$

式中　z_1，z_2——主动齿轮的齿数；

z_3，z_4——被动齿轮的齿数；

P_W，P_S——工件螺纹、机床丝杠的螺距，mm；

k——由螺纹车床传动链决定的常数。

普通车床直连丝杠时的交换齿轮公式见表 4.49。

表 4.49　普通车床直连丝杠时的交换齿轮公式

车床型号	C615、C616、C616A	C618	C620-1、C620-3、CM6140
交换齿轮公式	$\frac{z_1 z_3}{z_2 z_4}=\frac{P_W}{3}$	$\frac{z_1 z_3}{z_2 z_4}=\frac{P_W}{6}$	$\frac{z_1 z_3}{z_2 z_4}=\frac{P_W}{12}$

车削加大螺距的螺纹时，应根据机床传动系统图推导出有关公式。对于模数、径节、英制螺纹，应按表 4.50 的公式换算成毫米，方可计算交换齿轮。

表 4.50　单位换算表

螺纹	模数螺纹	径节螺纹	英制螺纹
螺距/mm	$m\pi$	$25.4\pi/P'$	$25.4/n$

注：m 为模数，mm；n 为每英寸牙数；P'为径节数。

4.5.3　螺纹加工的切削用量选择

高速钢刀具车削螺纹的切削用量见表 4.51，硬质合金 YT 类

(P 类) 刀具车削螺纹的切削用量见表 4.52，硬质合金 YG 类 (K 类) 刀具车削螺纹的切削用量见表 4.53，不同材料螺纹的切削用量的选择见表 4.54。

表 4.51　高速钢刀具车削螺纹的切削用量

螺距 P /mm	外螺纹				内螺纹			
	粗加工		精加工		粗加工		精加工	
	行程次数	v_c/(m/s)	行程次数	v_c/(m/s)	行程次数	v_c/(m/s)	行程次数	v_c/(m/s)
三角形螺纹								
1.5	4	0.48	2	0.85	5	0.38	3	0.68
2.0	6	0.48	3	0.85	7	0.38	4	0.68
2.5	6	0.48	3	0.85	7	0.38	4	0.68
3.0	6	0.41	3	0.75	7	0.33	4	0.60
4.0	7	0.36	4	0.64	9	0.32	4	0.53
5.0	8	0.32	4	0.56	10	0.25	5	0.44
6.0	9	0.29	4	0.51	12	0.23	5	0.40
梯形螺纹								
4.0	10	0.45	7	0.85	12	0.36	8	0.68
6.0	12	0.36	9	0.85	14	0.30	10	0.68
8.0	14	0.32	9	0.85	17	0.25	10	0.68
10.0	18	0.32	10	0.85	21	0.25	12	0.68
12.0	21	0.30	10	0.85	25	0.24	12	0.68
16.0	28	0.28	10	0.69	33	0.23	12	0.55
20.0	30	0.26	10	0.69	42	0.21	12	0.55

使用条件变换时，切削速度修正系数					
工件材料	σ_b/MPa	539～735	784～882	931～1030	1039～1226
	硬度(HBS)	180～215	228～267	268～305	305～360
钢的类别		修正系数 R_{MV}			
碳钢(C≤0.6%)及镍钢		1.0	0.77	0.59	0.46
镍铬钢		0.90	0.72	0.57	0.46
碳钢(C>0.6%)、铬钢及镍铬钨钢		0.80	0.62	0.47	0.37
铬锰钢、铬硅钢及铬硅锰钢		0.70	0.56	0.44	0.36

注：1. 表中切削速度是按耐用度为 60min 计算的。

2. 车制 4H～6H 或 4h～6h 的内、外螺纹时，除粗、精车进给次数外，尚需增加 2～4 次行程，以进行光车，其切削速度 v_c=0.06～0.1m/s。

3. 车制双头、多头三角形螺纹时，每头螺纹行程次数要比单头行程次数增加 1～2 次。

表 4.52 YT 类（P 类）硬质合金刀具车削螺纹的切削用量

刀具材料	螺纹形式	螺距 P 或模数 m /mm	工件材料												
			碳钢、铬钢、镍铬钢及铬硅锰钢									碳钢 铬钢 镍铬钢		铬硅锰钢	
			抗拉强度 σ_b/MPa												
			637			735			833			1128		1422	
			行程次数（粗）	v_c /(m/s)	P_m /kW	行程次数（粗）	v_c /(m/s)	P_m /kW	行程次数（粗）	v_c /(m/s)	P_m /kW	行程次数（粗）	v_c /(m/s)	行程次数（粗）	v_c /(m/s)
YT15	三角形外螺纹	$P=1.5$	2	1.47	3.4	3	1.38	2.1	3	1.25	2	4	0.98	5	0.82
		$P=2$	2	1.35	4.2	4	1.36	2.9	4	1.22	2.8	6	0.95	6	0.78
	三角形外螺纹及梯形外螺纹	$P=3$	3	1.30	6.2	5	1.26	4.4	5	1.13	4.3	6	0.90	8	0.75
		$P=4$	4	1.28	7.9	6	1.21	5.3	6	1.10	5.1	7	0.83	10	0.72
		$P=5$	6	1.31	10	8	1.21	6.6	8	1.10	6.4	9	0.82	12	0.70
		$P=6$	7	1.28	11.3	9	1.18	90	9	1.00	8.4	11	0.82	15	0.70
	梯形外螺纹	$P=8$	9	1.29	15	11	1.13	13.2	11	1.17	12.9	—	—	—	—
		$P=10$	11	1.23	20	13	1.10	15	13	0.98	14.1	—	—	—	—
		$P=12$	13	1.20	21.4	15	1.08	18	15	0.96	17.3	—	—	—	—
		$P=16$	16	1.17	28.2	19	1.03	23	19	0.93	23.1	—	—	—	—
	模数外螺纹	$m=2$	7	1.28	11.3	9	1.18	9.6	9	1.05	9	—	—	—	—
		$m=3$	10	1.23	16.9	12	1.12	14.4	12	1.00	14.1	—	—	—	—
		$m=4$	14	1.23	21.4	16	1.10	19.2	16	0.98	18.6	—	—	—	—
		$m=5$	16	1.21	28.2	19	1.07	23.4	19	0.95	23.1	—	—	—	—

续表

刀具材料	螺纹形式	螺距 P 或模数 m /mm	工件材料												
			碳钢、铬钢、镍铬钢及铬硅锰钢									碳钢 铬钢 镍铬钢		铬硅锰钢	
			抗拉强度 σ_b/MPa												
			637			735			833			1128		1422	
			行程次数(粗)	v_c /(m/s)	P_m /kW	行程次数(粗)	v_c /(m/s)	P_m /kW	行程次数(粗)	v_c /(m/s)	P_m /kW	行程次数(粗)	v_c /(m/s)	行程次数(粗)	v_c /(m/s)
YT15	三角形内螺纹	P=1.5	3	1.61	3.4	4	1.50	1.9	4	1.33	1.7	6	1.06	7	0.88
		P=2	3	1.47	4.4	5	1.43	2.6	5	1.28	2.4	7	1.02	8	0.83
		P=3	4	1.40	6.4	6	1.33	4	6	1.18	4	8	0.93	10	0.78
		P=4	5	1.37	8.2	7	1.27	5.8	7	1.13	5.7	9	0.88	12	0.75
		P=5	7	1.37	10	9	1.25	6.6	9	1.12	6.4	11	0.87	14	0.72
		P=6	8	1.33	12.4	10	1.23	8.4	10	1.10	8.4	13	0.85	17	0.72

注：1. 粗、精加工用同一把螺纹车刀时，切削速度应降低20%～30%。

2. 刀具耐用度改变时，切削速度及功率修正系数如下：

刀具耐用度 T/min	20	30	60	90	120
修正系数 $K_{Tv}=K_{Tpm}$	1.08	1.0	0.87	0.8	0.76

表 4.53　YG 类（K 类）硬质合金刀具车削螺纹的切削用量

螺纹形式	螺距 P /mm	粗行程次数	精行程次数	灰铸铁 硬度(HBS) 170 v_c /(m/s)	170 P_m /kW	190 v_c /(m/s)	190 P_m /kW	210 v_c /(m/s)	210 P_m /kW	230 v_c /(m/s)	230 P_m /kW
三角形外螺纹	2	2	2	0.93	1.0	0.83	0.9	0.75	0.9	0.65	0.8
	3	3	2	1.06	1.9	0.93	1.8	0.83	1.7	0.73	1.6
	4	4	2	1.13	3.0	1.00	2.8	0.90	2.6	0.78	2.5
	5	4	2	1.13	4.5	1.00	4.2	0.91	3.9	0.78	3.7
	6	5	2	1.21	5.9	1.06	5.6	0.96	5.3	0.85	4.9
三角形内螺纹	2	3	2	0.85	0.7	0.75	0.7	0.66	0.7	0.58	0.6
	3	4	2	0.90	1.4	0.80	1.3	0.71	1.2	0.63	1.2
	4	5	2	0.98	2.3	0.86	2.2	0.76	2.0	0.68	1.9
	5	5	2	0.98	3.5	0.86	3.2	0.76	3.0	0.68	2.8
	6	6	2	1.03	4.5	0.91	4.2	0.81	4.0	0.71	3.7

注：1. 表中的精行程次数，适于加工 7H 级精度螺纹。

2. 使用条件变换时，切削速度及功率修正系数如下：

与刀具的耐用度有关	刀具耐用度 T/min	20	30	60	90	120
	修正系数 $K_{Tv}=K_{Tpm}$	1.14	1.0	0.8	0.69	0.63
与刀具的材料有关	刀具牌号	YG8	YG6	YG4	YG3	YG2
	修正系数 $K_{Tv}=K_{Tpm}$	0.83	1.0	1.1	1.14	1.3

表 4.54　不同材料螺纹的切削用量

加工材料	硬度(HBS)	螺纹直径/mm	每一次走刀的横向进给/mm 第一次走刀	每一次走刀的横向进给/mm 最后一次走刀	切削速度/(m/min) 高速钢车刀	切削速度/(m/min) 硬质合金车刀	备注
易切碳钢、碳钢、碳钢铸件、合金钢、合金钢铸件、高强度钢、马氏体时效钢、工具钢、工具钢铸件	100～225	≤25	0.50	0.013	12～15	18～60	高速钢车刀使用 W12Cr4V5Co5 及 W2Mo9Cr4VCo8 等含钴高速钢
		>25	0.50	0.013	12～15	60～90	
	225～375	≤25	0.40	0.025	9～12	15～46	
		>25	0.40	0.025	12～15	30～60	
	375～535HBW	≤25	0.25	0.05	1.5～4.5	12～30	
		>25	0.25	0.05	4.5～7.5	24～40	
易切不锈钢、不锈钢、不锈钢铸件	135～440	≤25	0.40	0.025	2～6	20～30	高速钢车刀使用 W12Cr4V5Co5 及 W2Mo9Cr4VCo8 等含钴高速钢
		>25	0.40	0.025	3～8	24～37	
灰铸铁	100～320	≤25	0.40	0.013	8～15	26～43	
		>25	0.40	0.013	10～18	49～73	

续表

加工材料	硬度(HBS)	螺纹直径/mm	每一次走刀的横向进给/mm		切削速度/(m/min)		备注
			第一次走刀	最后一次走刀	高速钢车刀	硬质合金车刀	
可锻铸铁	100～400	≤25	0.40	0.013	8～15	26～43	高速钢车刀使用 W12Cr4V5Co5 及 W2Mo9Cr4VCo8 等含钴高速钢
		>25	0.40	0.013	10～18	49～73	
铝合金及其铸件 镁合金及其铸件	30～150	≤25	0.50	0.025	25～45	30～60	
		>25	0.50	0.025	45～60	60～90	
钛合金及其铸件	110～440	≤25	0.50	0.013	1.8～3	12～20	使用 W12Cr4V5Co5 及 W2Mo9Cr4VCo8 等含钴高速钢
		>25	0.50	0.013	2～3.5	17～26	
铜合金及其铸件	40～200	≤25	0.25	0.025	9～30	30～60	
		>25	0.25	0.025	15～45	60～90	
镍合金及其铸件	80～360	≤25	0.40	0.025	6～8	12～30	使用 W12Cr4V5Co5 及 W2Mo9Cr4VCo8 等含钴高速钢
		>25	0.40	0.025	7～9	14～52	
高温合金及其铸件	140～230	≤25	0.25	0.025	1～4	20～26	
		>25	0.25	0.025	1～6	24～29	
	230～400	≤25	0.25	0.025	0.5～2	14～21	
		>25	0.25	0.025	1～3.5	15～23	

4.5.4 用板牙和丝锥车削螺纹

板牙套螺纹一般用在不大于 M16 或螺距小于 2mm 的外螺纹。丝锥适用于加工直径或螺距较小的内螺纹。

(1) 用板牙套螺纹

板牙的安装见图 4.53，切制螺纹夹头 4 安装在车床的尾座套筒内，靠莫式锥配合；板牙夹套 2 安装在螺纹夹头 4 内，靠螺钉 3 固定；板牙安装在板牙夹套 2 内，用螺钉 1 固定。

(2) 丝锥攻螺纹孔

用丝锥攻螺纹可以用类似的方法安装丝锥，把板牙夹套变成丝锥夹套即可。还可以将丝锥安装在锥柄夹持器上，锥柄夹持器夹紧在四方刀架上。

丝锥（方柄）安装在锥柄夹套上，锥柄夹套安装在车床的尾座套筒内，如图 4.54 所示。

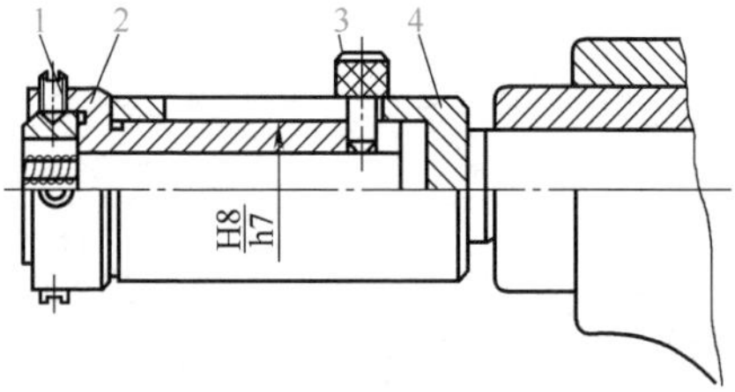

图 4.53　板牙的安装

1—板牙紧固螺钉；2—板牙夹套；3—紧固板牙夹套螺钉；4—螺纹夹头

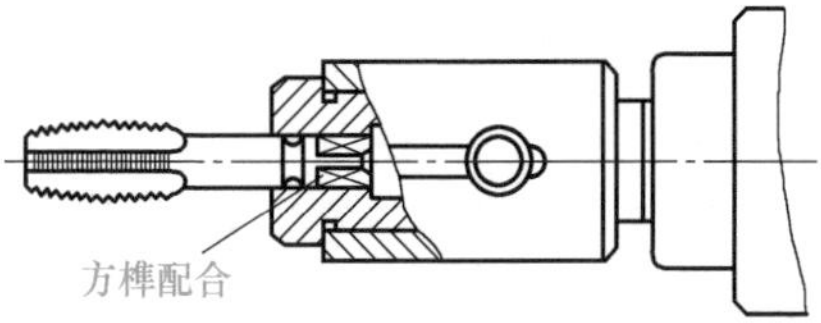

图 4.54　丝锥锥柄安装在车床的尾座套筒内

攻螺纹的切削用量见表 4.55。

表 4.55　攻螺纹的切削用量

螺纹直径/mm	螺距/mm	丝锥类型及材料				
		高速钢螺母丝锥 W18Cr4V		高速钢机动丝锥 W18Cr4V		
		工件材料				
		碳钢 σ_b = 0.49～0.784GPa	碳钢、镍铬钢 σ_b = 0.735GPa	碳钢 σ_b = 0.49～0.784GPa	碳钢、镍铬钢 σ_b = 0.735GPa	灰铸铁 190HBS
		切削速度 v/(m/min)				
5	0.5	12.5	11.3	9.4	8.5	10.2
	0.8			6.3	5.7	6.8
6	0.75	15.0	13.5	8.3	7.5	8.9
	1.0			6.4	5.8	6.9
8	1.0	20.0	18.0	9.0	8.2	9.8
	1.25			7.4	6.7	8.0
10	1.0	25.0	22.5	11.8	10.7	12.8
	1.5			8.2	7.4	8.9
12	1.25	26.6	24.0	12.0	10.8	12.1
	1.75	23.4	21.1	8.9	8.0	9.6
14	1.5	27.4	24.7	12.6	11.3	12.5
	2.0	23.7	21.4	9.7	8.7	10.2
16	1.5	29.4	26.4	15.1	13.6	15.5
	2.0	25.4	22.9	11.7	10.5	12.0

续表

螺纹直径/mm	螺距/mm	丝锥类型及材料				
		高速钢螺母丝锥 W18Cr4V		高速钢机动丝锥 W18Cr4V		
		工件材料				
		碳钢 σ_b = 0.49～0.784GPa	碳钢、镍铬钢 σ_b = 0.735GPa	碳钢 σ_b = 0.49～0.784GPa	碳钢、镍铬钢 σ_b = 0.735GPa	灰铸铁 190HBS
		切削速度 v/(m/min)				
20	1.5	33.2	29.4	19.3	17.3	20.3
	2.0	28.4	25.5	14.9	13.4	15.7
	2.5	25.8	22.6	12.1	10.9	12.8
24	1.5	35.8	32.1	24.0	21.6	25.2
	2.0	31.1	27.9	18.6	16.7	19.5
	2.5	27.8	24.8	15.1	13.6	15.9

4.6 车削偏心工件

偏心轴、曲轴、偏心套（轮）等都属于偏心工件。工件的形状、数量和精度要求不同，车削偏心时采用的工件装夹方法也不同。车偏心工件的关键是保证所要加工的偏心部分轴线与车床主轴旋转轴线重合。

4.6.1 车削偏心工件的装夹方法

（1）用顶尖装夹工件

当加工较长的偏心轴时，加工前应在工件两端划出光轴中心孔和偏心中心孔的位置，加工出中心孔，用前、后顶尖夹持工件。加工完光轴的外圆后，用偏心中心孔夹持工件，便可加工偏心轴，如图 4.55（a）所示。

当偏心轴的偏心距较小时，在钻工件上光轴中心孔与偏心轴的

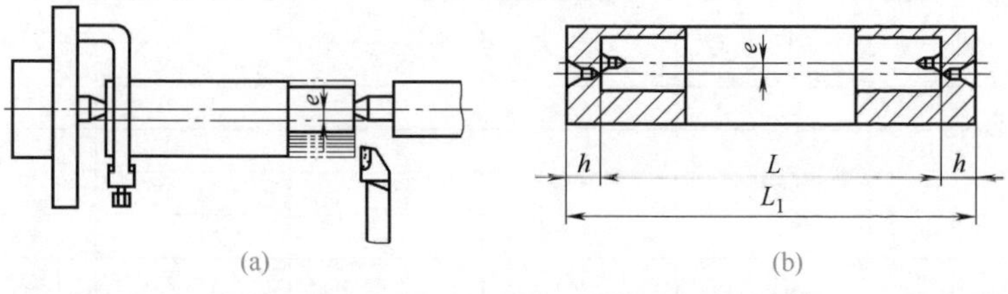

图 4.55　用顶尖装夹工件

中心孔时可能产生干涉，为此，将工件的长度放长两个中心孔的深度（俗称增加工艺搭子），如图 4.55（b）所示，先把毛坯车成光轴，然后车去两端中心孔至工件长度，再划线，钻偏心中心孔，车偏心轴（图中未打剖面线的部分）。

（2）用偏心套筒装夹工件

如图 4.56 所示，车完主轴的轴颈后，用偏心套筒装夹工件，再通过顶尖夹持套筒的装夹方法来加工偏心轴颈。

（3）用四爪单动卡盘装夹工件

这种方法适用于加工偏心距较小、精度要求不高、轴向尺寸较短、数量较少的偏心工件，如图 4.57 所示。

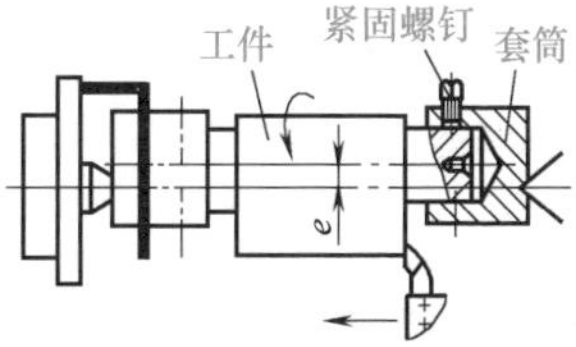

图 4.56　用偏心套筒装夹工件

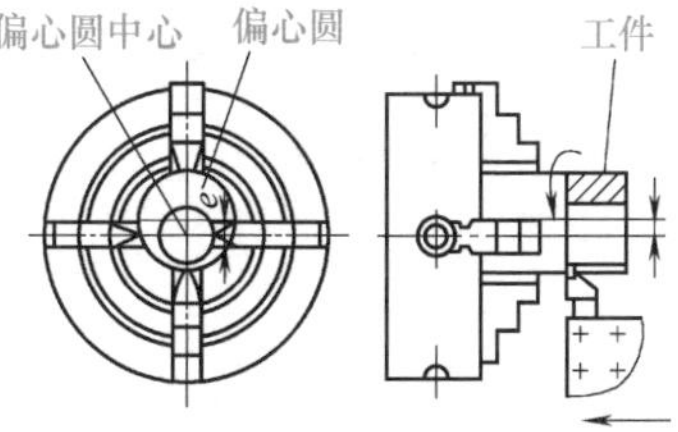

图 4.57　用四爪单动卡盘装夹工件

（4）用三爪自定心卡盘装夹工件

在三爪自定心卡盘上，通过加垫片实现工件偏心的装夹，如图 4.58 所示。这种方法适合加工数量较大、长度较短、偏心距较小、精度要求不高的偏心工件，关键是确定垫片的厚度。垫片的厚度为：

$$x = 1.5e \pm K \tag{4.6}$$

式中　K——修正系数，$K = 1.5\Delta e$；

Δe——实测偏心距误差，实测偏心距 $e' < e$ 用“+”，实测偏心距 $e' > e$ 用“−”。

（5）用花盘装夹工件

这种方法适用于加工工件长度较短、直径大、精度要求不高的偏心孔工件，如图 4.59 所示。

（6）用双卡盘装夹工件

这种方法适用于加工长度较短、偏心距较小、数量较大的偏心工件，如图 4.60 所示。

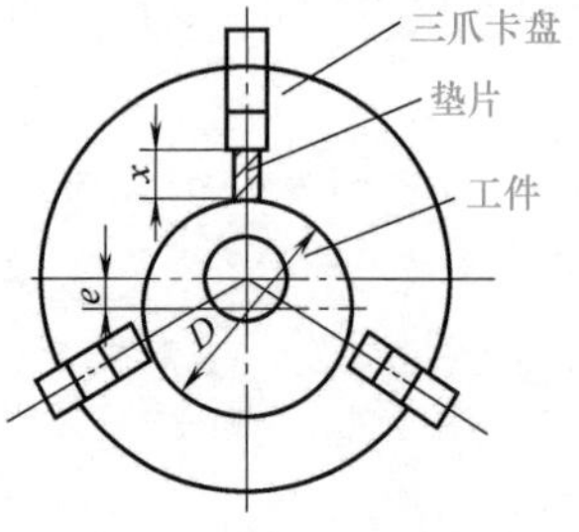

图 4.58　三爪自定心卡盘装夹

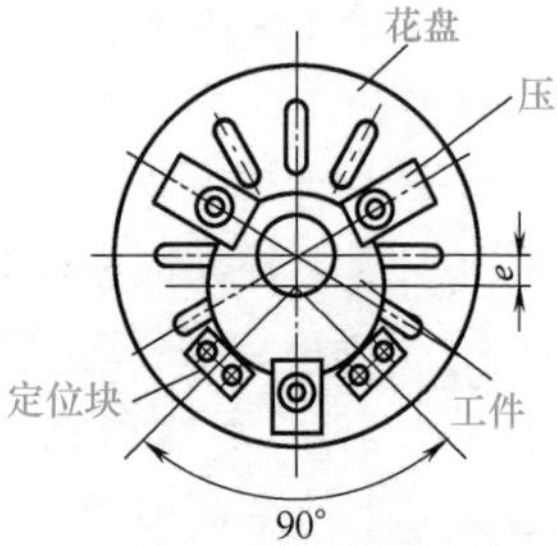

图 4.59　花盘装夹

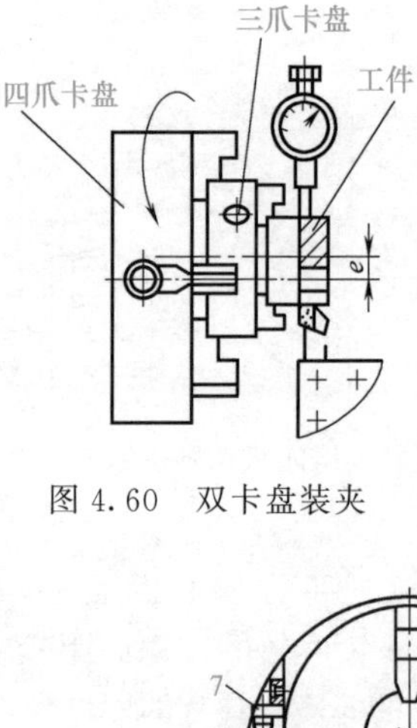

图 4.60　双卡盘装夹

（7）用偏心卡盘装夹工件

这种方法适用于加工短轴、盘、套类较精密的偏心工件，如图 4.61 所示。其优点是装夹方便，偏心距可以调整，能保证加工质量，并能获得较高的精度，通用性强。

4.6.2　车削曲轴的装夹方法

曲轴实际就是多拐偏心轴，其加工原理跟加工偏心轴基本相同，采用的装夹方法如表 4.56 所示。

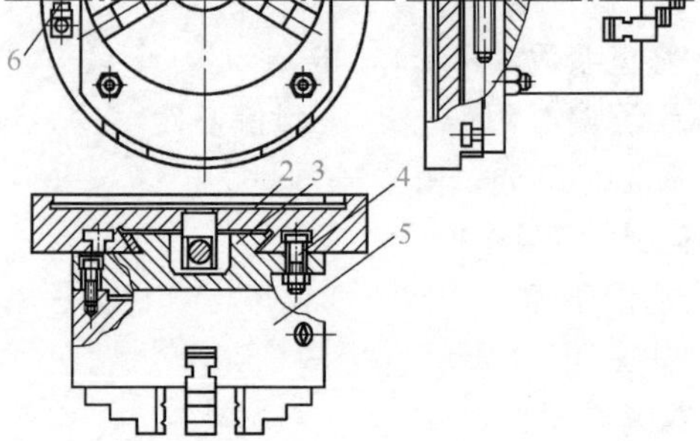

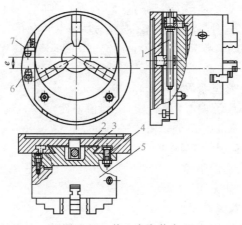

图 4.61　偏心卡盘装夹

1—丝杠；2—花盘；3—偏心体；4—螺钉；5—三爪自定心卡盘；6，7—测量头

表 4.56　车削曲轴的装夹方法

名称	简图	说明
单拐曲轴	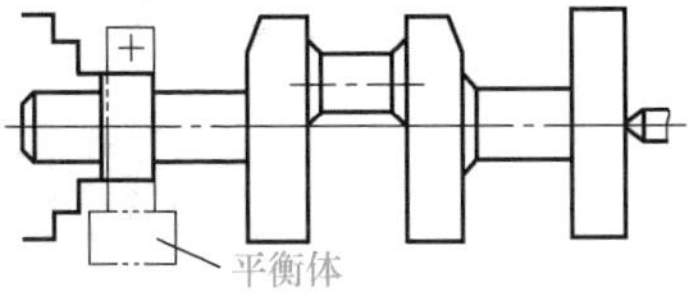	主轴一端用卡盘夹轴颈，尾座一端用顶尖顶夹法兰盘，加工轴颈，并配有配重
双拐曲轴	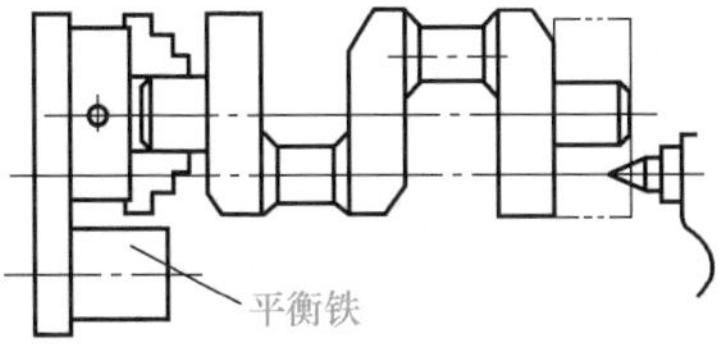	主轴一端花盘上安装卡盘，调整偏心距，夹其轴颈。尾座一端专用法兰盘上配有偏心的中心孔，用顶尖顶夹，加工拐颈
三拐曲轴	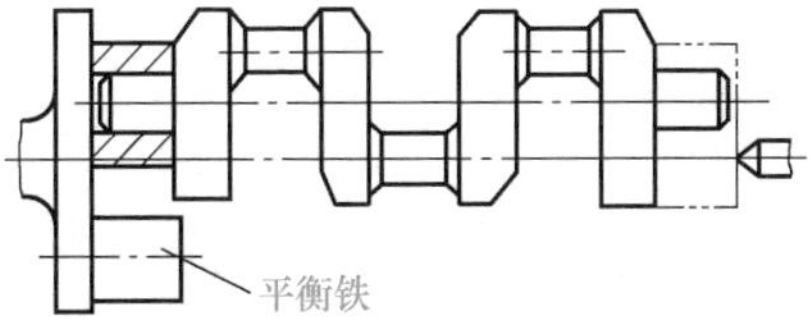	主轴一端按偏心距配作专用夹具装夹轴颈，尾座一端专用法兰盘上配有偏心的中心孔，用顶尖顶夹，加工拐颈
多拐曲轴	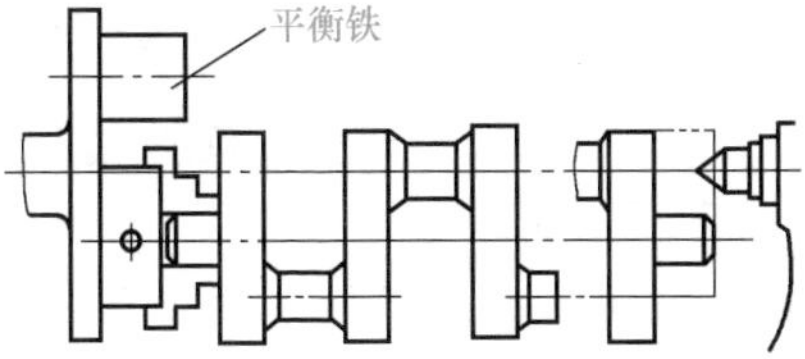	主轴一端花盘上安装卡盘，调整偏心距，夹其轴颈。尾座一端专用法兰盘上配有偏心的中心孔，用顶尖顶夹，加工拐颈

对于大型多拐曲轴，一般用锻件（锻钢）或铸件（铸钢或球墨铸铁）。加工这类曲轴时一般在带有偏心卡盘的专用曲拐车床上加工或用大型普通机床时应设计制造专用工装，其中包括对机床尾座的改装，以提高装夹刚性。

第5章 铣削加工

铣削是铣刀旋转作主运动，工件或铣刀作进给运动的切削加工方法。铣削主要设备是铣床。铣削属于多刃切削，切削效率较高；铣刀旋转作主运动，铣床与分度头等附件配合时，能获得多种进给运动，适合加工各种形状较复杂的零件。

5.1 铣床及其工艺范围

(1) 铣床的类型

铣床是一种用途广泛的机床，可加工平面、斜面、沟槽、台阶、凸轮、齿轮等分齿零件、刀具等螺旋形表面等。铣床的主运动是铣刀的旋转运动。铣床的切削速度较高，采用多刃连续切削，切削效率较高。铣床的类型很多，根据其构造特点及用途分为：卧式铣床、立式铣床、龙门铣床、工具铣床等。

① 卧式铣床　卧式升降台铣床的主轴是水平布置的，其外形如图 5.1 (a) 所示。它由床身 1、悬梁 2 及悬梁支架 6、铣刀轴（刀杆）3、升降台 7、滑座 5、工作台 4 以及底座 8 等零部件组成。在铣削加工时，将工件安装在工作台 4 上，将铣刀装在铣刀轴 3 上。铣刀的旋转作主运动，工件（工作台）移动作进给运动。升降台 7 安装在床身的导轨上，可做竖直方向运动；升降台 7 上面的水平导轨上装有滑座 5，滑座 5 带着工作台 4 和工件可做横向移动；工作台 4 装在滑座 5 的导轨上，可作纵向移动。这样，固定在工作台上的工件，通过工作台、滑座和升降台，可以在相互垂直的三个方向实现任一方向的调整或进给。卧式升降台铣床可以加工平面、

沟槽、特性面、分齿零件、螺旋槽等工件。

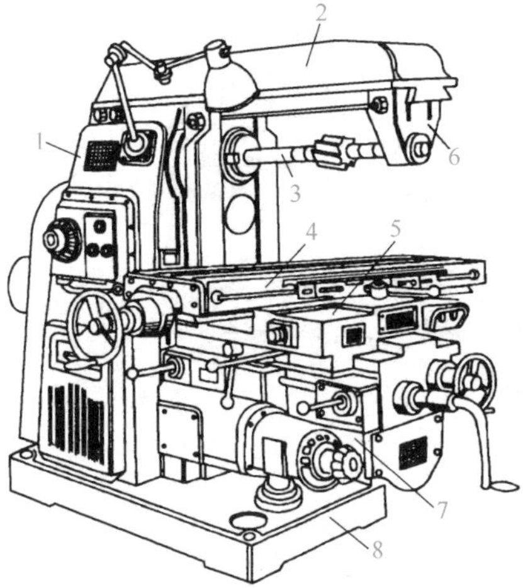

(a) 卧式升降台铣床

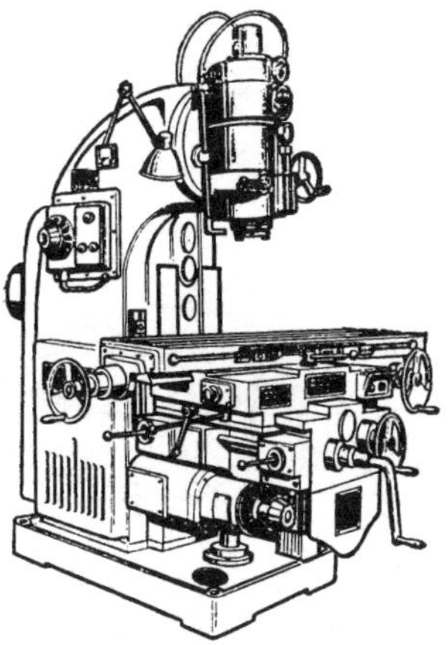

(b) 立式升降台铣床

图 5.1　铣床外形图

1—床身；2—悬梁；3—铣刀轴；4—工作台；5—滑座；
6—悬梁支架；7—升降台；8—底座

② 立式铣床　如图 5.1（b）所示为立式升降台铣床的外形图，立式铣床的主要特征是铣床主轴轴线与工作台台面垂直，主轴呈竖立位置，铣削时将铣刀安装在与主轴相连接的刀轴上，随主轴作旋转运动，被切工件装夹在工作台面上对铣刀作相对运动，从而完成切削工作。通常在立铣中应用立铣刀、端铣刀、特形铣刀等铣削沟槽、表面。利用机床附件可以加工圆弧、曲线外形、齿轮、螺旋槽、离合器等较复杂的工件。

③ 龙门铣床　龙门铣床是一种大型高效通用铣床，主要用于加工各类大型工件上的平面、沟槽等，其外形如图 5.2 所示。在龙门铣床的横梁和立柱上均可安装铣削头，每个铣削头都是一个独立的主运动部件，龙门铣床根据铣削动力头的数量分别有单轴、双轴、四轴等多种形式。适宜加工各类大型工件上的平面、沟槽及多表面加工。

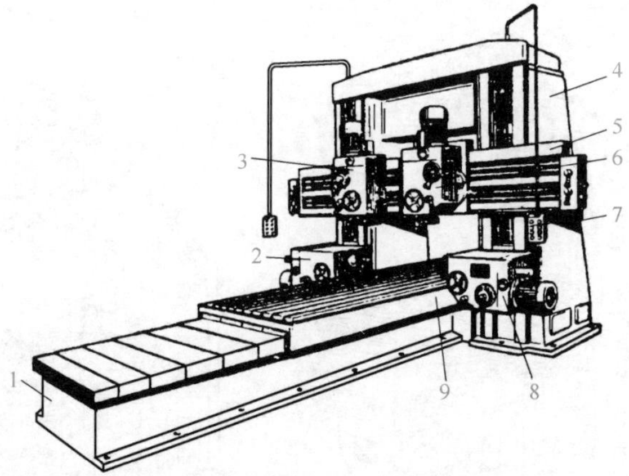

图 5.2　龙门铣床外形图

1—床身；2,8—卧铣头；3,6—立铣头；4—立柱；
5—横梁；7—悬挂式按钮钻；9—工作台

（2）铣削加工范围（见表 5.1）

表 5.1　铣削加工范围

名称	加工简图及说明
铣平面	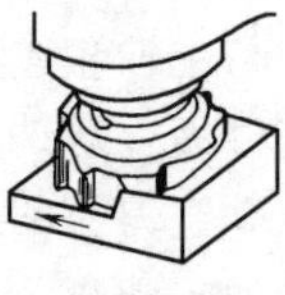 (a) 套式面铣刀铣平面 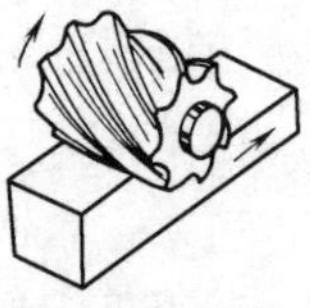 (b) 圆柱形铣刀铣平面 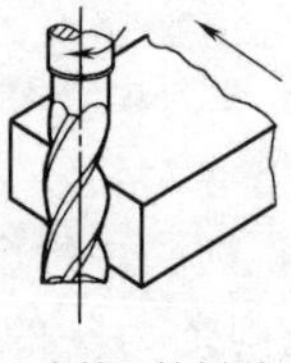 (c) 立铣刀铣侧面  (d)组合铣刀铣双侧面

续表

名称	加工简图及说明
铣沟槽	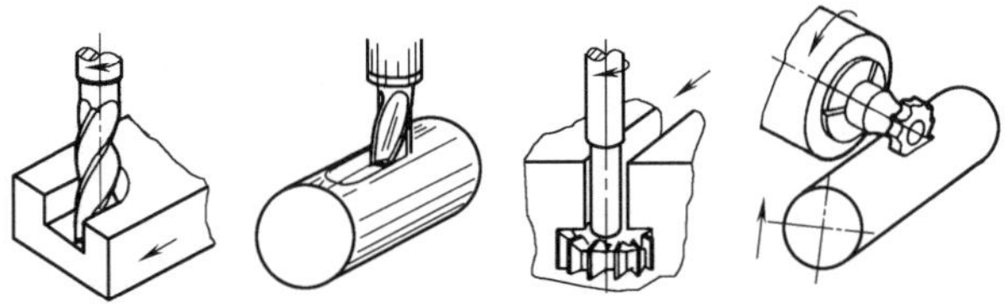 (a) 柱铣刀铣槽　(b) 铣键槽　(c) 铣T形槽　(d) 铣半圆键槽 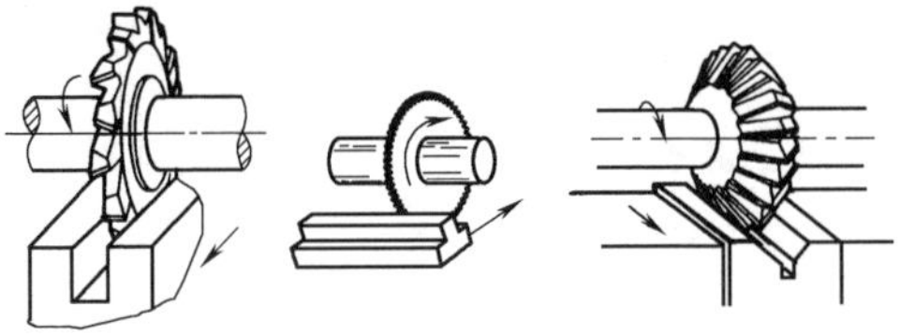 (e) 盘铣刀铣槽　(f) 锯片铣刀割断　(g) 铣V形槽
铣齿类	 (a) 指形模数铣刀铣齿条　(b) 盘形模数铣刀铣齿轮　(c) 用三面刃铣刀铣牙嵌式离合器
铣曲面	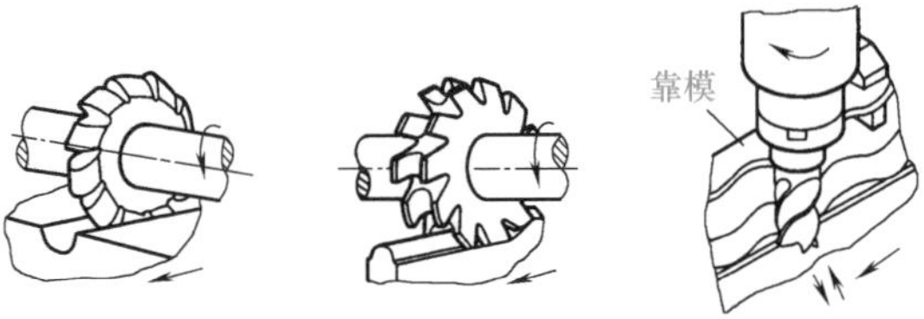 (a) 凸半圆铣刀铣凹半圆　(b) 凹半圆铣刀铣凸半圆　(c) 利用靠模铣曲面

续表

名称	加工简图及说明
铣曲面	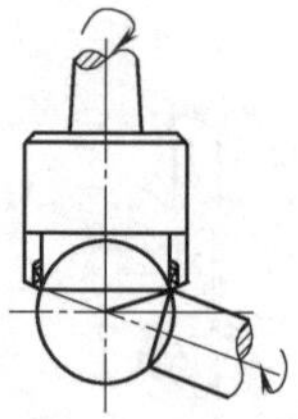 (d) 铣刀盘铣圆球  (e) 铣螺旋槽

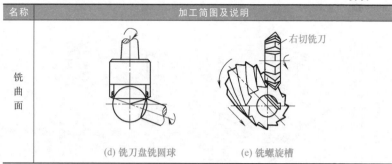

5.2 铣刀及辅具

5.2.1 铣刀的种类及用途

表 5.2 为铣刀的种类及用途。

表 5.2 铣刀的种类及用途

分类	铣刀名称	用途
加工平面用铣刀	圆柱形铣刀，包括粗齿圆柱形铣刀、细齿圆柱形铣刀	粗、半精加工各种平面
	端铣刀(或面铣刀)，包括镶齿套式端铣刀、硬质合金端铣刀、硬质合金可转位端铣刀	粗、半精、精加工各种平面
加工沟槽、台阶表面用铣刀	立铣刀，包括粗齿立铣刀、中齿立铣刀、细齿立铣刀、套式立铣刀、模具立铣刀	加工沟槽表面；粗、半精加工平面、台阶表面；加工模具的各种表面
	三面刃铣刀、两面刃铣刀，包括直齿三面刃铣刀、错齿三面刃铣刀、镶齿三面刃铣刀	粗、半精、精加工沟槽表面
	锯片铣刀，包括粗齿、中齿、细齿锯片铣刀	加工窄槽表面；切断
	螺钉槽铣刀	加工窄槽，螺钉槽表面
	镶片圆锯	切断
	键槽铣刀，包括平键槽铣刀、半圆键槽铣刀	加工平键键槽、半圆键键槽表面
	T 形槽铣刀	加工 T 形槽表面
	燕尾槽铣刀	加工燕尾槽表面

续表

分类	铣刀名称	用途
加工沟槽、台阶表面用铣刀	角度铣刀，包括单角铣刀、对称双角铣刀、不对称双角铣刀	加工各种角度沟槽表面(角度为 18°～90°)
加工成形表面用铣刀	成形铣刀，包括铲齿成形铣刀，尖齿成形铣刀、凸半圆铣刀、凹半圆铣刀、圆角铣刀	加工凸、凹半圆曲面、圆角；加工各种成形表面

(1) 加工平面用铣刀(表 5.3～表 5.6)

表 5.3　圆柱形铣刀 (GB/T 1115.1—2002)　　mm

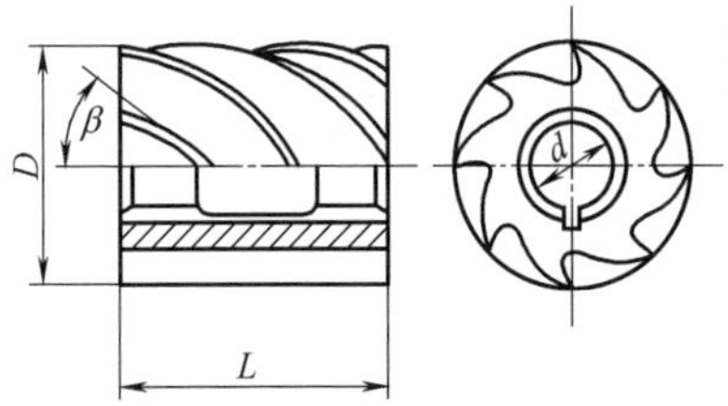

D	L	d	齿数 粗齿	齿数 细齿
50	50	22	6	8
	63			
	80			
63	50	27		10
	63			
	80			
	100			

D	L	d	齿数 粗齿	齿数 细齿
80	63	32	8	12
	80			
	100			
	125			
100	80	40	10	14
	100			
	125			
	160			

表 5.4　镶齿三面刃铣刀 (JB/T 7953—1999)　　mm

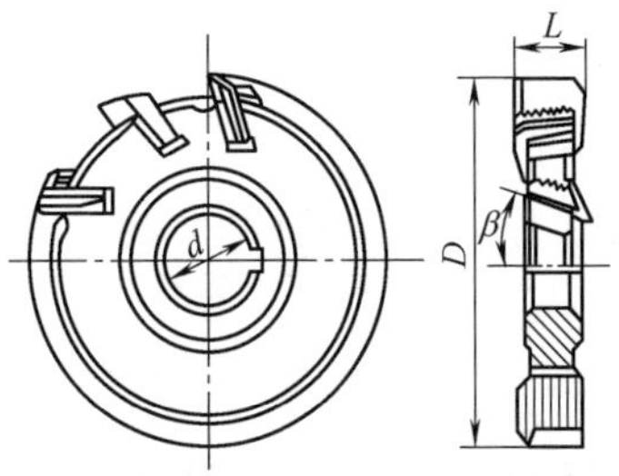

标记示例：

$D=100$mm，$L=18$mm 的镶齿三面刃铣刀：

镶齿三面刃铣刀　100×18　JB/T 7953—1999

D	L	d	齿数
80	12	22	10
	14		
	16		
	18		
	20		

D	L	d	齿数
100	12	27	12
	14		
	16		
	18		
	20		10

D	L	d	齿数
100	22	27	10
	25		
125	12	32	14
	14		
	16		

D	L	d	齿数
125	18	32	14
	20		12
	22		
	25		
160	14	40	18

续表

D	L	d	齿数	D	L	d	齿数	D	L	d	齿数	D	L	d	齿数
160	16	40	18	200	18	50	22	250	20	50	24	315	25	50	24
	20				22		20		25		22		32		
	25		16		28				28				36		
	28				32		18		32				40		
200	14	50	22	250	16		24	315	20		26				

表 5.5 粗加工立铣刀的形式和尺寸（GB/T 14328—2008） mm

示意图

削平型直柄粗加工立铣刀 A 型

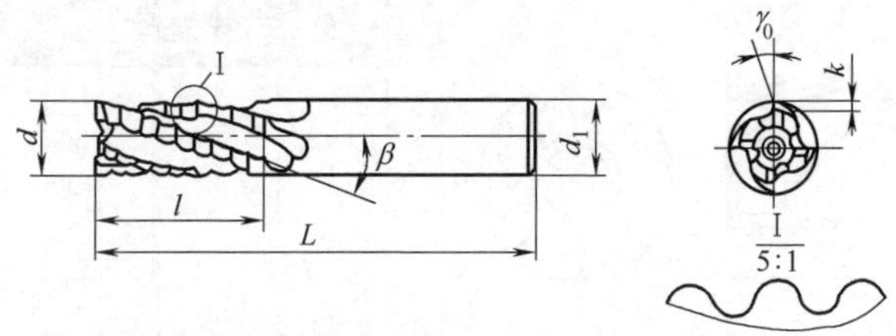

外径 d=10mm 的 A 型标准型的削平型直柄粗加工立铣刀：

削平型直柄粗加工立铣刀 A10 GB/T 14328—2008

削平型直柄粗加工立铣刀 B 型

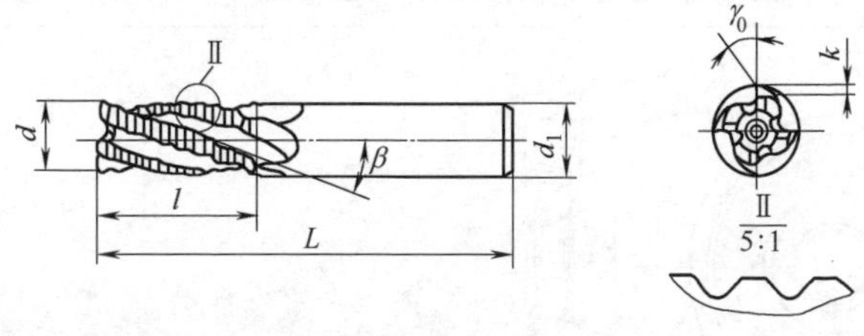

外径 d=10mm 的 B 型长型的削平型直柄粗加工立铣刀：

削平型直柄粗加工立铣刀 B10 长 GB/T 14328—2008

参数									
d js15	d_1 h6	标准型		长型		参考			
		l min	L js16	l min	L js16	β	γ_0	k	齿数
8	10	19	69	38	88	20°～35°	6°～16°	1.0～1.5	4
9	10	19	69	38	88			1.5	

续表

参数									
		标准型		长型		参考			
d js15	d_1 h6	l min	L js16	l min	L js16	β	γ_0	k	齿数
10	10	22	72	45	95	20°～35°	6°～16°	1.5～2.0	4
11	12	22	79	45	102			1.5～2.0	
12	12	26	83	53	110			2.0	
14	12	26	83	53	110			2.0～2.5	
16	16	32	92	63	123			2.5～3.0	
18	16	32	92	63	123			3.0	
20	20	38	104	75	141			3.0～3.5	
22	20	38	104	75	141			3.5～4.0	
25	25	45	121	90	166			4.0～4.5	
28	25	45	121	90	166			3.0～3.5	
32	32	53	133	106	186			3.5～4.0	6
36	32	53	133	106	186			4.0～4.5	
40	40	63	155	125	217			4.0～4.5	
45	40	63	155	125	217			4.5～5.0	
50	50	75	177	150	252			5.5～6.0	
56	50	75	177	150	252			4.5～5.0	8
63	63	90	202	180	292			5.0～5.5	

示意图

莫氏锥柄粗加工立铣刀 A 型

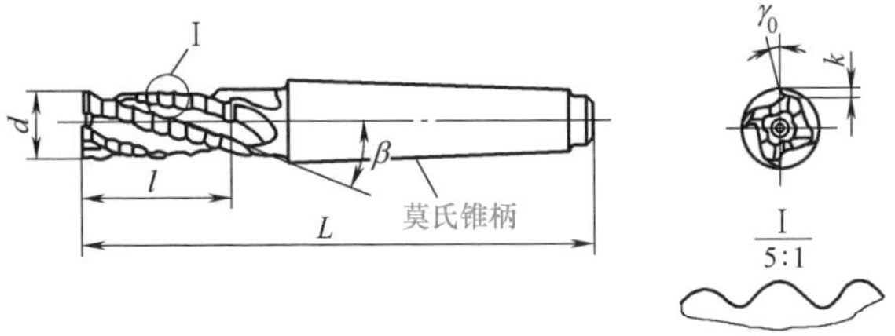

外径 d＝32mm 的 A 型标准型 4 号莫氏锥柄粗加工立铣刀：
莫氏锥柄粗加工立铣刀 A32 MT4 GB/T 14328—2008

续表

示意图

莫氏锥柄粗加工立铣刀　B 型

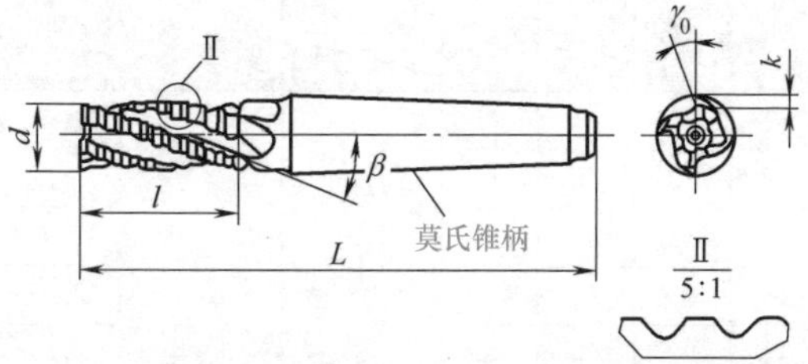

外径 d=32mm 的 B 型长型 3 号莫氏锥柄粗加工立铣刀：
莫氏锥柄粗加工立铣刀　B32　长　MT3　GB/T 14328—2008

参数									
d js15	标准型		长型		莫氏锥柄号	参考			
	l min	L js16	l min	L js16		β	γ_0	k	齿数
10	22	92	45	115	1	20°～35°	6°～16°	1.5～2.0	4
11	22	92	45	115				1.5～2.0	
12	26	96	53	123				2.0	
14	26	111	53	138	2			2.0～2.5	
16	32	117	63	148				2.5～3.0	
18	32	117	63	148				3.0	
20	38	123	75	160				3.0～3.5	
22	38	140	75	177	3			3.5～4.0	
25	45	147	90	192				4.0～4.5	
28	45	147	90	192				3.0～3.5	
32	53	155	106	208				3.5～4.0	6
32	53	178	106	231	4			3.5～4.0	
36	53	155	106	208	3			4.0～4.5	
36	53	178	106	231	4			4.0～4.5	
40	63	188	125	250				4.0～4.5	
40	63	221	125	283	5			4.0～4.5	
45	63	188	125	250	4			4.5～5.0	
45	63	221	125	283	5			4.5～5.0	
50	75	200	150	275	4			5.5～6.0	
50	75	233	150	308	5			5.6～6.0	
56	75	200	150	275	4			4.5～5.0	8

续表

<table>
<tr><th colspan="10">参数</th></tr>
<tr><th rowspan="2">d
js15</th><th colspan="2">标准型</th><th colspan="2">长型</th><th rowspan="2">莫氏锥柄号</th><th colspan="4">参考</th></tr>
<tr><th>l
min</th><th>L
js16</th><th>l
min</th><th>L
js16</th><th>β</th><th>γ_0</th><th>k</th><th>齿数</th></tr>
<tr><td>56</td><td>75</td><td>233</td><td>150</td><td>308</td><td rowspan="3">5</td><td rowspan="4">20°～35°</td><td rowspan="4">6°～16°</td><td>4.5～5.0</td><td rowspan="4">8</td></tr>
<tr><td>63</td><td>90</td><td>248</td><td>180</td><td>338</td><td>5.0～5.5</td></tr>
<tr><td>71</td><td>90</td><td>248</td><td>180</td><td>338</td><td>5.5～6.0</td></tr>
<tr><td>80</td><td>106</td><td>320</td><td>212</td><td>426</td><td>6</td><td>6.0～6.5</td></tr>
</table>

表 5.6 莫式锥柄立铣刀（GB/T 6117.2—2010） mm

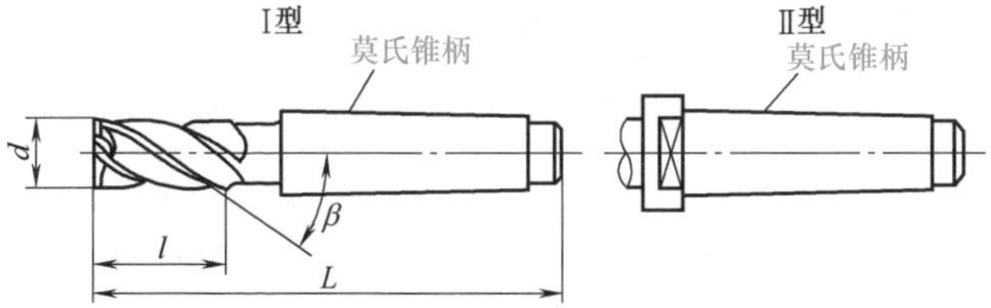

标记示例：

d=12mm，总长 L=96mm 的标准系列中齿莫氏锥柄立铣刀：

中齿莫氏锥柄立铣刀 12×96 GB/T 6117.2—2010

<table>
<tr><th colspan="2" rowspan="2">直径范围
d</th><th colspan="2" rowspan="3">推荐直径
d</th><th colspan="2">l</th><th colspan="4">L</th><th rowspan="3">莫氏圆锥号</th><th colspan="3">齿数</th></tr>
<tr><th rowspan="2">标准系列</th><th rowspan="2">长系列</th><th colspan="2">标准系列</th><th colspan="2">长系列</th><th rowspan="2">粗齿</th><th rowspan="2">中齿</th><th rowspan="2">细齿</th></tr>
<tr><th>></th><th>≤</th><th>Ⅰ型</th><th>Ⅱ型</th><th>Ⅰ型</th><th>Ⅱ型</th></tr>
<tr><td>5</td><td>6</td><td>6</td><td>—</td><td>13</td><td>24</td><td>83</td><td rowspan="13">—</td><td>94</td><td rowspan="13">—</td><td rowspan="6">1</td><td rowspan="12">3</td><td rowspan="12">4</td><td rowspan="3">—</td></tr>
<tr><td>6</td><td>7.5</td><td>—</td><td>7</td><td>16</td><td>30</td><td>86</td><td>100</td></tr>
<tr><td rowspan="2">7.5</td><td rowspan="2">9.5</td><td>8</td><td>—</td><td rowspan="2">19</td><td rowspan="2">38</td><td rowspan="2">89</td><td rowspan="2">108</td></tr>
<tr><td>—</td><td>9</td><td rowspan="4">5</td></tr>
<tr><td>9.5</td><td>11.8</td><td>10</td><td>11</td><td>22</td><td>45</td><td>92</td><td>115</td></tr>
<tr><td rowspan="2">11.8</td><td rowspan="2">15</td><td rowspan="2">12</td><td rowspan="2">14</td><td rowspan="2">26</td><td rowspan="2">53</td><td>96</td><td>123</td></tr>
<tr><td>111</td><td>138</td><td rowspan="3">2</td></tr>
<tr><td>15</td><td>19</td><td>16</td><td>18</td><td>32</td><td>63</td><td>117</td><td>148</td><td rowspan="5">6</td></tr>
<tr><td rowspan="2">19</td><td rowspan="2">23.6</td><td rowspan="2">20</td><td rowspan="2">22</td><td rowspan="2">38</td><td rowspan="2">75</td><td>123</td><td>160</td></tr>
<tr><td>140</td><td>177</td><td rowspan="4">3</td></tr>
<tr><td rowspan="2">23.6</td><td rowspan="2">30</td><td>24</td><td rowspan="2">28</td><td rowspan="2">45</td><td rowspan="2">90</td><td rowspan="2">147</td><td rowspan="2">192</td></tr>
<tr><td>25</td></tr>
<tr><td rowspan="2">30</td><td rowspan="2">37.5</td><td rowspan="2">32</td><td rowspan="2">36</td><td rowspan="2">53</td><td rowspan="2">106</td><td>155</td><td>208</td><td rowspan="2">4</td><td rowspan="2">6</td><td rowspan="2">8</td></tr>
<tr><td>178</td><td>201</td><td>231</td><td>254</td><td>4</td></tr>
</table>

续表

直径范围 d		推荐直径 d		l		L				莫氏圆锥号	齿数		
				标准系列	长系列	标准系列		长系列			粗齿	中齿	细齿
>	≤					Ⅰ型	Ⅱ型	Ⅰ型	Ⅱ型				
37.5	47.5	40	45	63	125	188	211	250	273	4	4	6	8
						221	249	283	311	5			
47.5	60	50	—	75	150	200	223	275	298	4			
						233	261	308	336	5			
		—	56			200	223	275	298	4	6	8	10
						233	261	308	336	5			
60	75	63	71	90	180	248	276	338	366				

（2）加工沟槽台阶表面用铣刀（表 5.7～表 5.21）

表 5.7　直柄立铣刀（GB/T 6117.1—2010）　mm

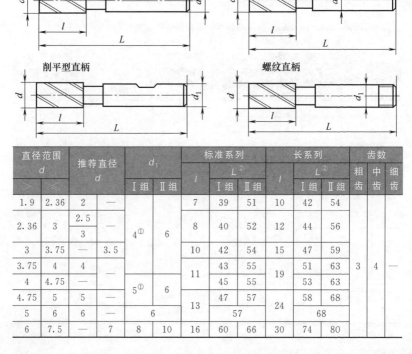

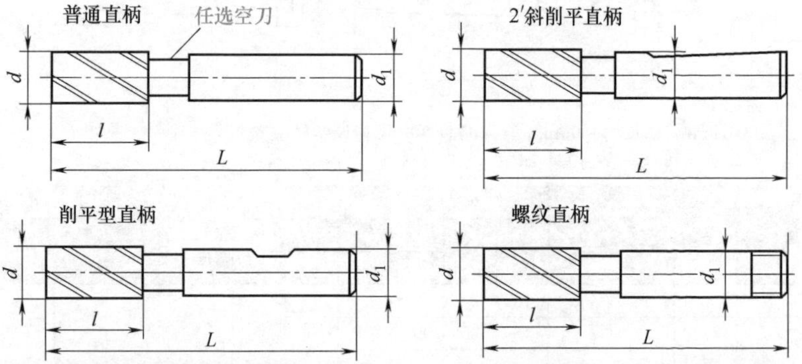

直径范围 d		推荐直径 d		d_1		标准系列			长系列			齿数		
						l	L②		l	L②		粗齿	中齿	细齿
>	≤			Ⅰ组	Ⅱ组		Ⅰ组	Ⅱ组		Ⅰ组	Ⅱ组			
1.9	2.36	2	—	4①	6	7	39	51	10	42	54	3	4	—
2.36	3	2.5	—			8	40	52	12	44	56			
		3												
3	3.75	—	3.5			10	42	54	15	47	59			
3.75	4	4	—			11	43	55	19	51	63			
4	4.75	—		5①	6		45	55		53	63			
4.75	5	5	—			13	47	57	24	58	68			
5	6	6	—	6			57			68				
6	7.5	—	7	8	10	16	60	66	30	74	80			

续表

直径范围 d		推荐直径 d		d_1		标准系列			长系列			齿数		
						l	L②		l	L②		粗齿	中齿	细齿
>	≤			Ⅰ组	Ⅱ组		Ⅰ组	Ⅱ组		Ⅰ组	Ⅱ组			
7.5	8	8	—	8	10	19	63	69	38	82	88	3	4	—
8	9.5	—	9	10			69			88				5
9.5	10	10	—			22	72		45	95				
10	11.8	—	11	12			79			102				
11.8	15	12	14			26	83		53	110				
15	19	16	18	16		32	92		63	123				6
19	23.6	20	22	20		38	104		75	141				
23.6	30	25	28	25		45	121		90	166				
30	37.5	32	36	32		53	133		106	186		4	6	8
37.5	47.5	40	45	40		63	155		125	217				
47.5	60	50	—	50		75	177		150	252				
		—	56									6	8	10
60	67	63	—	50	63	90	192	202	180	282	292			
67	75	—	71	63			202			292				

① 只适用于普通直柄。
② 总长 L 的Ⅰ组和Ⅱ组分别与 d_1 的Ⅰ组和Ⅱ组相对应。

表 5.8　直柄键槽铣刀（GB/T 1112.1—2010）　　mm

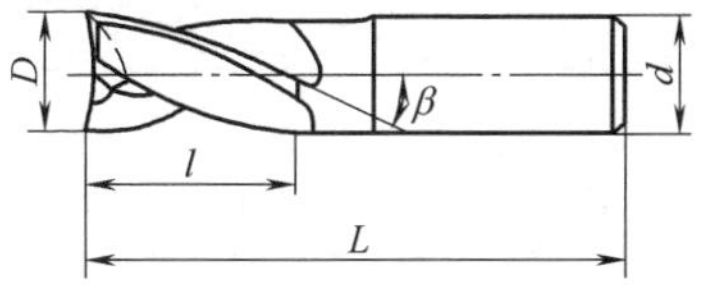

D	L	l	d		D	L	l	d	D	L	l	d	
2	30	4	3	4	6	45	10	6	14	70	24	14	12
3	32	5			8	50	14	8	16	75	28	16	
4	36	7	4		10	60	18	10	18	80	32	18	16
5	40	8	5		12	65	22	12	20	85	36	20	

表 5.9　锥柄键槽铣刀（GB/T 1112.2—2010）　　mm

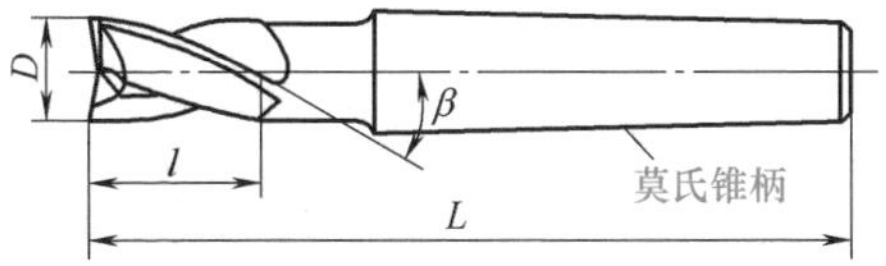

续表

D	L	l	莫氏号	D	L	l	莫氏号	D	L	l	莫氏号
14	110	24	2	22	125	36	2	36	185	55	4
16	115	28		25	145	40	3	40	190	60	
18	120	32		28	150	45		45	195	65	
20	125	36		32	155	50		50			

表 5.10　半圆键槽铣刀（GB/T 1127—2007）　mm

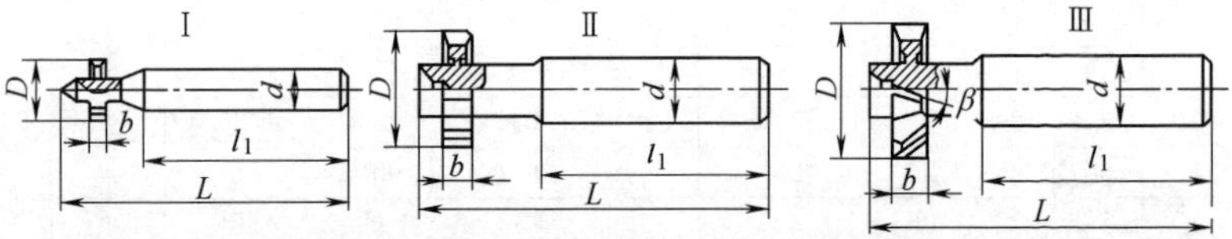

键的公称尺寸（宽×直径）	D	b	L	d	铣刀型式	齿数	键的公称尺寸（宽×直径）	D	b	L	d	铣刀型式	齿数
1×4	4.25	1	48	6	Ⅰ	6	5×16	16.9	5	60	10	Ⅱ	8
1.5×7	7.40	1.5					4×19	20.10	4				
2×7		2					5×19		5				
2×10	10.60		50				5×22	23.20			12		
2.5×10		2.5					6×22		6			Ⅲ	
3×13	13.80	3	60	10	Ⅱ	8	6×25	26.50					
3×16	16.9						8×28	29.70	8	65			10
4×16		4					10×32	33.90	10				

表 5.11　直柄 T 形槽铣刀（GB/T 6124.1—2007）
和硬质合金直柄 T 形槽铣刀（GB/T 10948—2006）　mm

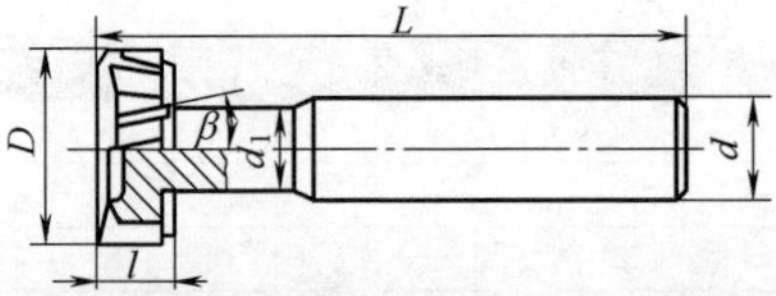

硬质合金直柄 T 形铣槽刀的 T 形槽基本尺寸为 10～36mm，没有（　）内第二系列尺寸，其余尺寸相同

T 形槽基本尺寸	D	l	L	d	d_1	T 形槽基本尺寸	D	l	L	d	d_1	T 形槽基本尺寸	D	l	L	d	d_1
5	11	3.5	53.5	10	4	14	25	11	82	16	12	(24)	45	20	112	25	21
6	12.5	6	57		5	(16)	29	12.5	85		13	28	50	22	124	32	25
8	16	8	62		7	18	32	14	90		15	(32)	57	24	131		28
10	18		70	12	8	(20)	36	15.5	101	25	17	36	60	28	139		30
12	21	9	74		10	22	40	18	108		19						

表5.12 削平型直柄T形槽铣刀 mm

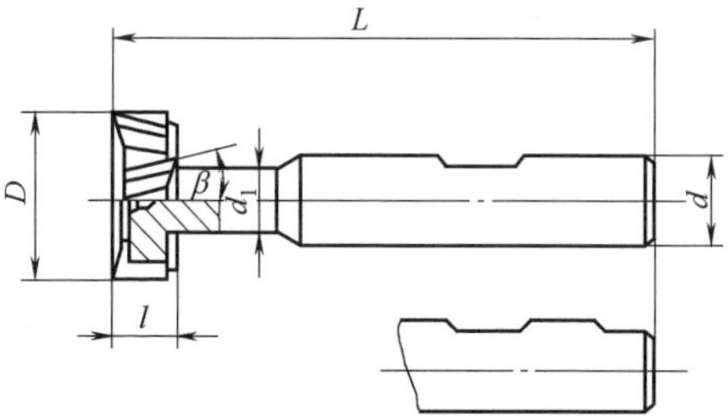

T形槽基本尺寸	D	l	L	d	d_1	T形槽基本尺寸	D	l	L	d	d_1	T形槽基本尺寸	D	l	L	d	d_1
5	11	3.5	53.5	10	4	14	25	11	82	16	12	(24)	45	20	112	25	21
6	12.5	6	57		5	(16)	29	12.5	85		13	28	50	22	124	32	25
8	16	8	62		7	18	32	14	90		15	(32)	57	24	131		28
10	18		70	12	8	(20)	36	15.5	101	25	17	36	60	28	139		30
12	21	9	74		10	22	40	18	108		19						

表5.13 莫式锥柄T形槽铣刀(GB/T 6124.2—2007) mm

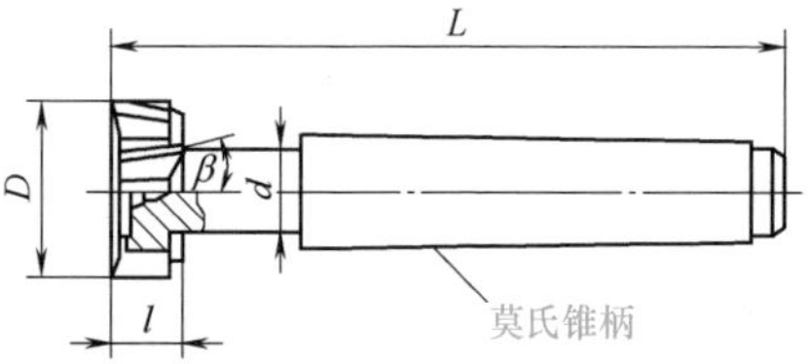

硬质合金锥柄T形槽铣刀的T形槽基本尺寸为12～54mm，其中32和( )内尺寸没有，L尾数为5或0，其余尺寸相同

T形槽基本尺寸	D	l	L	d	莫氏号	T形槽基本尺寸	D	l	L	d	莫氏号	T形槽基本尺寸	D	l	L	d	莫氏号
10	18	8	82	8	1	(20)	36	15.5	130	17	3	36	60	28	188	30	4
12	20	9	98	10	2	22	40	18	138	19		42	72	35	229	36	5
14	25	11	103	12		(24)	45	20	140	21		48	85	40	240	42	
(16)	29	12.5	105	13		28	50	22	173	25	4	54	95	44	251	44	
18	32	14	111	15		32	57	24	180	28							

表 5.14　直柄燕尾槽铣刀和直柄反燕尾槽铣刀（GB/T 6338—2004）

mm

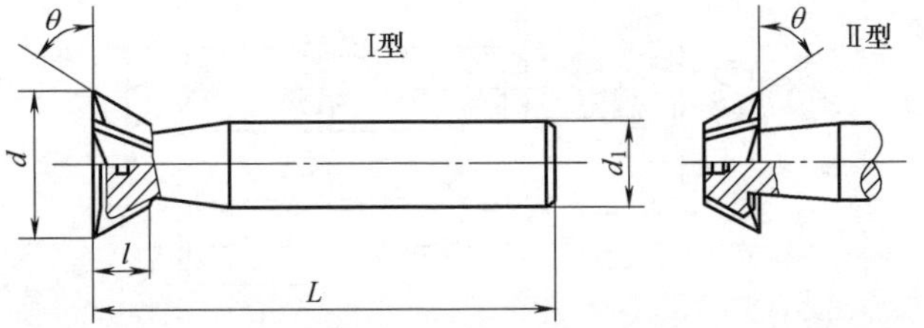

d	θ	l	L	d_1	型式	齿数	d	θ	l	L	d_1	型式	齿数
16	45°	4	60	12	Ⅰ和Ⅱ	6～8	16	55°	6.3	60	12	Ⅰ	6～8
20		5	63			8～10	20		8	63			8～10
25		6.3	67			10～12	25		10	67			10～12
32		3	71	16		12～14	32		12.5	71	16		12～14
16	50°	5	60	12	Ⅰ	6～8	16	60°	6.3	60	12	Ⅰ和Ⅱ	6～8
20		6.3	63			8～10	20		8	63			8～10
25		8	67			10～12	25		10	67			10～12
32		10	71	16		12～14	32		12.5	71	16		12～14

表 5.15　凸半圆铣刀（GB/T 1124.2—2007）　mm

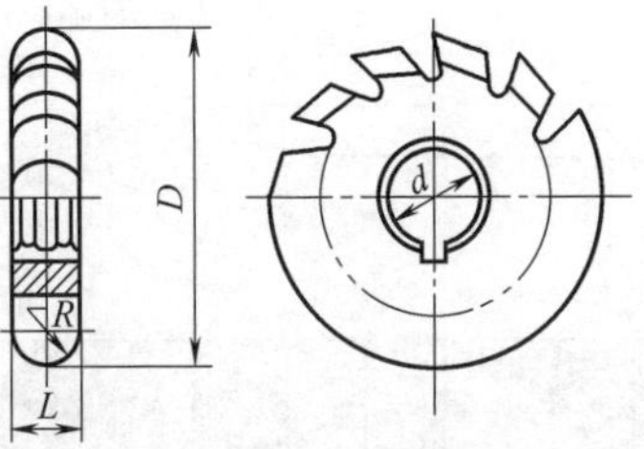

R	D	d	L	齿数	R	D	d	L	齿数	R	D	d	L	齿数
1	50	16	2	14	3	63	22	6	12	10	100	32	20	10
1.25			2.5		4			8		12			24	
1.6			3.2		5			10		16	125		32	
2			4		6	80	27	12	10	20			40	
2.5	63	22	5	12	8			16		—	—	—	—	—

表 5.16　凹半圆铣刀　　mm

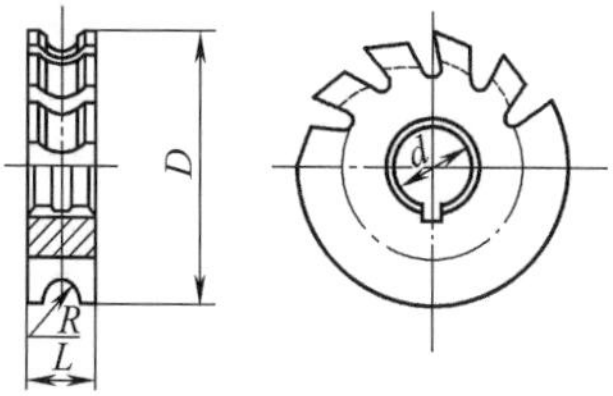

R	D	d	L	齿数	R	D	d	L	齿数	R	D	d	L	齿数
1	50	16	6	14	3	63	22	12	12	10	100	32	36	10
1.25					4			16		12			40	
1.6			8		5			20		16	125		50	
2			9		6	80	27	24	10	20			60	
2.5	63	22	10	12	8			32		—	—	—	—	—

表 5.17　圆角铣刀　　mm

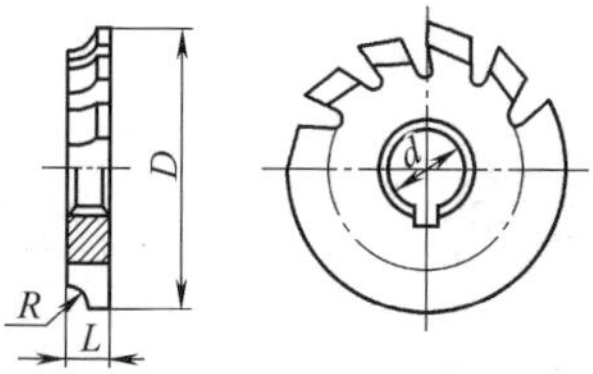

R	D	d	L	齿数	R	D	d	L	齿数	R	D	d	L	齿数
1	50	16	4	14	3	63	22	6	12	10	100	32	18	10
1.25					4			8		12			20	
1.6			5		5			10		16	125		24	
2				12	6	80	27	12	10	20			28	
2.5	63	22			8			16		—	—	—	—	—

表 5.18　单角铣刀　　mm

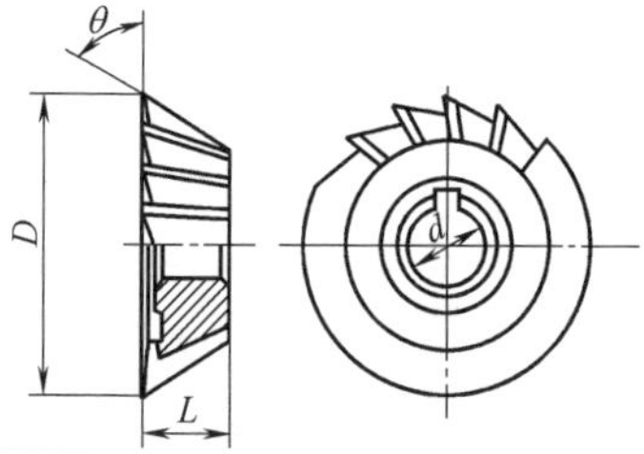

续表

D	θ	L	d	齿数
40	45°,50°,55°,60°	8	13	18
40	65°,70°,75°	10	13	18
40	80°,85°,90°	10	13	18
50	45°,50°,55°,60°,65°,70°	13	16	20
50	75°,80°,85°,90°	13	16	20
63	18°	6	22	20
63	22°	7	22	20
63	25°	8	22	20
63	30°,40°	9	22	20
63	45°,50°,55°,60°,65°,70°	16	22	20
63	75°,80°,85°,90°	20	22	20
80	18°	10	22	22
80	22°	12	22	22
80	25°	13	22	22
80	30°,40°	15	22	22
80	45°,50°,55°,60°,65°,70°	22	27	22
80	75°,80°,85°,90°	24	27	22
100	18°	12	32	24
100	22°	14	32	24
100	25°	16	32	24
100	30°,40°	18	32	24

表 5.19 不对称双角铣刀 mm

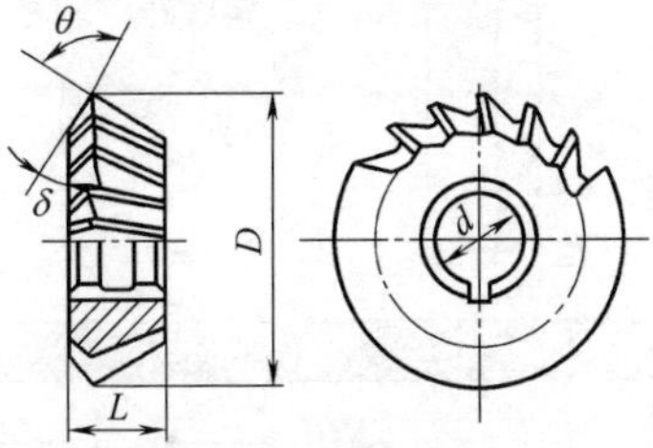

D	θ	δ	L	d	齿数
40	55°	15°	6	13	18
40	60°	15°	6	13	18
40	65°	15°	6	13	18
40	70°	15°	8	13	18
40	75°	15°	8	13	18
40	80°	15°	10	13	18
40	85°	15°	10	13	18
40	90°	20°	10	13	18
40	100°	25°	13	13	18
50	55°	15°	8	16	20
50	60°	15°	8	16	20
50	65°	15°	8	16	20
50	70°	15°	10	16	20
50	75°	15°	10	16	20
50	80°	15°	13	16	20
50	85°	15°	13	16	20
50	90°	20°	16	16	20
50	100°	25°	16	16	20
63	55°	15°	10	22	20
63	60°	15°	10	22	20
63	65°	15°	10	22	20
63	70°	15°	13	22	20
63	75°	15°	13	22	20
63	80°	15°	16	22	20
63	85°	15°	16	22	20
63	90°	15°	16	22	20
63	100°	15°	16	22	20
80	50°	15°	13	27	22
80	55°	15°	13	27	22
80	60°	15°	16	27	22
80	65°	15°	16	27	22
80	70°	15°	20	27	22
80	75°	15°	20	27	22

续表

D	θ	δ	L	d	齿数	D	θ	δ	L	d	齿数	D	θ	δ	L	d	齿数
80	80°	15°	20	27	22	100	55°	15°	20	32	24	100	70°	15°	30	32	24
	85°		24				60°		24				75°				
	90°	20°					65°						80°				
100	50°	15°	20	32	24												

表 5.20　对称双角铣刀　　mm

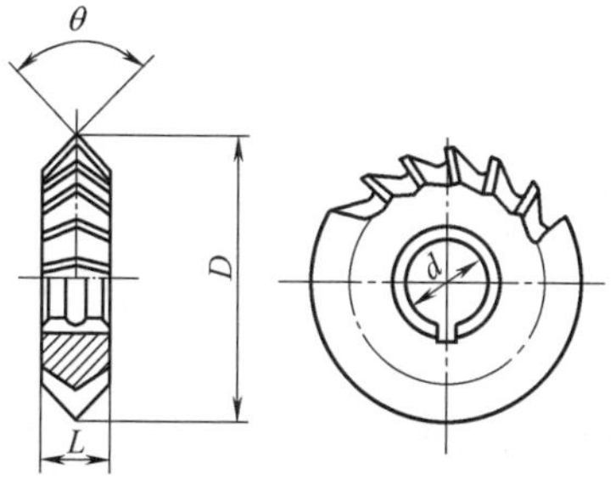

D	θ	L	d	齿数	D	θ	L	d	齿数	D	θ	L	d	齿数
50	45°	8	16	20	63	60°	14	22	20	80	90°	22	27	22
	60°	10				90°	20			100	18°	10	32	24
	90°	14			80	18°	8	27	22		22°	12		
63	18°	5	22			22°	10				25°	13		
	22°	6				25°	11				30°,40°	14		
	25°	7				30°	2				45°	18		
	30°,40°	8				40°,45°	12				60°	25		
	45°,50°	10				60°	18				90°	32		

表 5.21　锯片铣刀（GB/T 6120—2012）　　mm

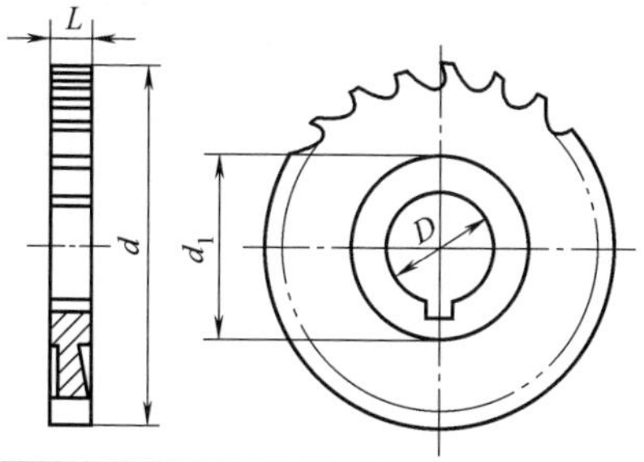

续表

d(js16)	32	40	50	63	80	100	125	160	200	250	315
D(H7)	8	10(13)	13	16	22	22(27)		32			40
d_{1min}	—				34			47	63		80
L(js11)	齿数(参考)										
0.30	40	48	64	64	—	—	—	—	—	—	—
0.40			48								
0.50		40									
0.60	32			48	64						
0.80			40			64					
1.00		32			48		80				
1.20	24			40			64	80			
1.60			32			48			80		
2.00		24			40			64		100	
2.50	20			32			48			80	100
3.00			24			40			64		
4.00	—	20			32			48			80
5.00		—		24			40			64	
6.00			—			32			48		

5.2.2 铣刀的几何角度、直径及其选择

(1) 常用铣刀的几何角度及代号(见图 5.3)

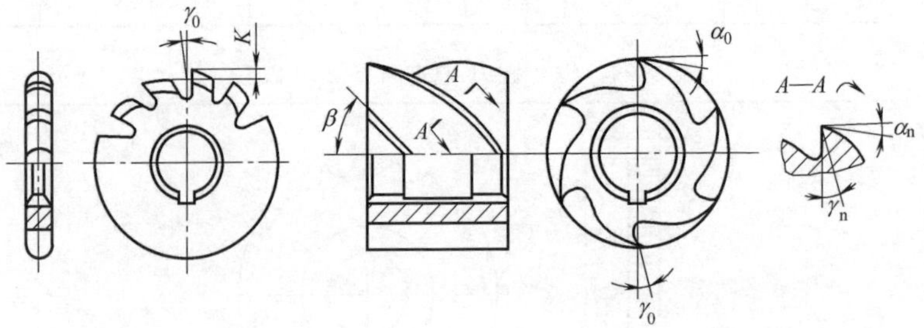

(a) 凸半圆铣刀　　(b) 圆柱形铣刀

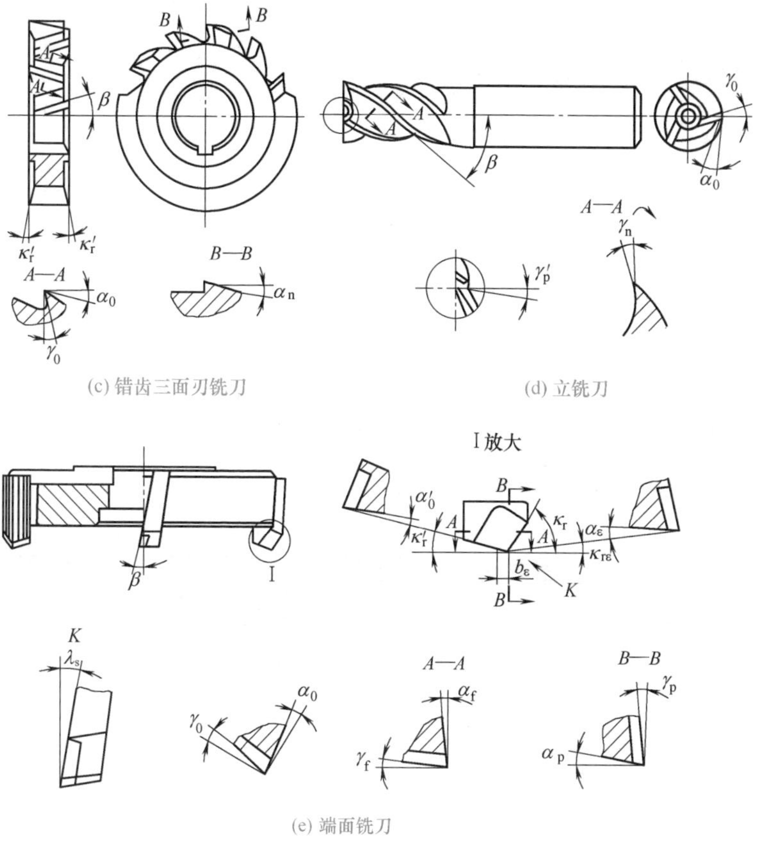

(c) 错齿三面刃铣刀　　(d) 立铣刀

(e) 端面铣刀

图 5.3　常用铣刀的几何角度及代号

γ_0—前角；γ_p—切深前角；γ_f—进给前角；γ_n—法向前角；γ'_p—副切深前角；
α_0—后角；α'_0—副后角；α_p—切深后角；α_f—进给后角；α_n—法向后角；
α_ε—过渡刃后角；κ_r—主偏角；κ'_r—副偏角；$\kappa_{r\varepsilon}$—过渡刃偏角；λ_s—刃倾角；
β—螺旋角；b_ε—过渡刃宽度；K—铲背量

（2）铣刀几何参数的选择

① 高速钢铣刀几何参数的选择见表 5.22～表 5.24。

② 硬质合金铣刀几何参数的选择见表 5.25。

表 5.22 高速钢铣刀前角 γ_0 的选用

加工材料		端铣刀、圆柱形铣刀、盘铣刀、立铣刀	切槽铣刀、切断铣刀		成形铣刀、角度铣刀	
			≤3mm	>3mm	粗细	精铣
碳钢及合金钢 σ_b/MPa	≤600	20			15	10
	600～1000	15	5	10		5
	>1000	10			10	
耐热钢		10～15	—	10～15	5	—
铸铁(HBS)	≤150	15			15	
	150～220	10	5	10	10	5
	>220	5				
铜合金		10	5	10	10	5
铝合金		25	25	25	—	—
塑料		6～10	8	10	—	—

注：1. 用圆柱形铣刀铣削 σ_b<600MPa 钢料，当刀齿螺旋角 β>30°时，取 γ_0=15°。

2. 当 γ_0>0°的成形铣刀铣削精密轮廓时，铣刀外形需要修正。

3. 用端铣刀铣削耐热钢时，前角取表中较大值；用圆柱形铣刀铣削时，则取较小值。

表 5.23 高速钢铣刀后角、偏角及过渡刃的选用

铣刀类型		α_0	α_0'	κ_r	κ_r'	$\kappa_{r\varepsilon}$	b_ε/mm
端铣刀	细齿	16	8	90	1～2	45	1～2
	粗齿	12		30～90		15～45	
圆柱形铣刀	整体细齿	16	8	—	—	—	—
	粗齿及镶齿	12					
两面刃及三面刃铣刀	整体	20	6	—	1～2	45	1～2
	镶齿	16					
切槽铣刀		20	—	—	1～2	—	—
切断铣刀(L>3mm)		20	—	—	0.25～1	45	0.5
立铣刀		14	8	—	3	45	0.5～1.0
成形铣刀及角度铣刀	夹齿	16	8	—	—	—	—
	铲齿	12					
键槽铣刀	D≤16mm	20	8	—	1.5～2	—	—
	D>16mm	16					

注：1. 端铣刀 κ_r 主要按工艺系统刚性选取。系统刚性较好，铣削用量较小时，取 κ_r=30°～45°；中等刚性而余量较大时，取 κ_r=60°～75°；铣削相互垂直表面的端面铣刀，κ_r=90°。

2. 用端铣刀铣削耐热钢时，取 κ_r=30°～60°。

3. 刃磨铣刀时，在后刀面上可沿刀刃留一刃带，其宽度不得超过 0.1mm，但槽铣刀和切断铣刀（圆锯）不留刃带。

表 5.24　高速钢铣刀螺旋角 β 的选用

<table>
<tr><th colspan="2">铣刀类型</th><th>螺旋角 β/(°)</th><th colspan="3">铣刀类型</th><th>螺旋角 β/(°)</th></tr>
<tr><td rowspan="2">端铣刀</td><td>整体</td><td>25～40</td><td rowspan="8">盘铣刀</td><td colspan="2">两面刃</td><td>15</td></tr>
<tr><td>镶齿</td><td>10</td><td colspan="2">三面刃</td><td>8～15</td></tr>
<tr><td rowspan="3">圆柱形铣刀</td><td>细齿</td><td>30～45</td><td colspan="2">错齿三面刃</td><td>10～15</td></tr>
<tr><td>粗齿</td><td>40</td><td rowspan="2">镶齿三面刃</td><td>L>15mm</td><td>12～15</td></tr>
<tr><td>镶齿</td><td>20～45</td><td>L≤15mm</td><td>8～10</td></tr>
<tr><td colspan="2">立铣刀</td><td>30～45</td><td colspan="2" rowspan="2">组合齿三面刃</td><td rowspan="2">15</td></tr>
<tr><td colspan="2">键槽铣刀</td><td>15～25</td></tr>
</table>

（3）铣刀直径的选择计算（表 5.26）

5.2.3　铣刀的安装方式

（1）卧式铣刀的安装

卧式铣刀如三面刃铣刀、槽铣刀等，一般通过刀杆安装在机床上。刀杆上有圆锥的一端与机床主轴锥孔配合，并通过拉杆固定安装在机床主轴上，另一端安装在机床的悬梁支架上。刀具安装有两项精度要求：径向圆跳动和端面圆跳动。对于铣削各种直槽、成形面以及相互垂直两平面，以保证铣刀端面圆跳动为主；铣水平面应以径向圆跳动为主，见表 5.27。

（2）立式铣刀的安装

立式铣刀和键槽铣刀等一般通过拉杆安装在机床的主轴孔内。其安装精度主要是径向圆跳动；端面齿铣刀安装时主要测量其端面圆跳动，有时也要考虑其径向圆跳动。对于不同刀柄的铣刀安装要求如表 5.28 所示。

（3）端面铣刀的安装

端面铣刀安装在刀杆上，刀杆通过拉杆连接到机床主轴上，其安装要求见表 5.29。

5.2.4　铣床辅具

① 7∶24 锥柄铣刀杆、莫氏锥柄铣刀杆、调整垫圈、轴套、螺母（见表 5.30）用于圆柱铣刀刀杆并通过铣床拉杆与卧式铣床连接。

表 5.25　硬质合金铣刀角度和选用

（°）

铣刀类型	加工材料		γ_0	铣削宽度 a_c/mm		α_0'	α_{0e}/mm	β（或 λ_s）	κ_r	κ_r'	$\kappa_{r\varepsilon}$	b_ε/mm
				a_f<0.25mm/z	a_f≥0.25mm/z							
端铣刀	钢 σ_b/MPa	<650	+5	12～16	6～8	8～10	$=a_c$	$\lambda_s=-12$～-15	20～75	5	$\kappa_r/2$	1～1.5
		650～1000	−5									
		1000～1200	−10									
	耐热钢		+8	10	10	8～10	10	$\lambda_s=0$	20～75	10	—	—
	灰铸铁（HB）	<200	+5	12～15	6～8	8～10	$=a_c$	$\lambda_s=-12$～-15	20～75	5	$\kappa_r'/2$	1～1.5
		200～250	0									
	可锻铸铁		+7	6～8	6～8	8～10	6～8	$\lambda_s=-12$～-15	60	2	$\kappa_r/2$	1～1.5
圆柱形铣刀	碳钢和合金钢 σ_b<750MPa		+5	17	17	—	—	24～23	—	—	—	—
	铸铁<200HB											
	青铜<140HB											
	碳钢和合金钢 σ_b=750～1100MPa		0									
	铸铁>200HB											
	青铜>140HB											
	碳钢和合金钢 σ_b>1100MPa		−5	15	15							
	耐热钢，钛合金		6～15	15	15	—	—	20	—	—	—	—

续表

铣刀类型	加工材料		γ_0	铣削宽度 a_c/mm		α_0'	a_{0e} /mm	β (或 λ_s)	κ_r	κ_r'	$\kappa_{r\varepsilon}$	b_ε /mm
				a_f <0.25 mm/z	a_f ≥0.25 mm/z							
圆盘铣刀	钢 σ /MPa	≤800	−5	20		4	20	8～15	—	2～5	45	1
		>800	−10	20～25			20～25					
	灰铸铁		+5	10～15		4	10～15	8～15	—	2～5	45	1
	耐热钢，钛合金		10～15	15		—	—	—	—	—	—	—
立铣刀	碳钢和合金钢 σ_b<750MPa		+5	17		6	17	22～40	—	3～4	45	0.8～1.3
	铸铁<200HB											
	青铜<140HB											
	碳钢和合金钢 σ_b=750～1100MPa		0	17		6	17	22～40	—	3～4	45	0.8～1.3
	铸铁>200HB											
	青铜>140HB											
	碳钢和合金钢 σ_b>1100MPa		−5	15		6	17	22～40	—	3～4	45	0.8～1.3
	耐热钢，钛合金		10～15	15		—	—	—	—	—	—	—

注：1. 端铣刀在半精铣和精铣钢（σ_b=600～800MPa）时，γ_0=−5°，α_0=5°～10°。

2. 端铣刀在上等工艺系统刚性下，铣削余量小于 3mm 时，取 κ_r=20°～30°；在中等刚性下，余量为 3～6mm 时，取 κ_r=45°～75°。

3. 端铣刀对称铣削，初始铣削 a_p=0.05mm 时，取 λ_s=−15°，非对称铣削时，取 λ_s=−5°。当以 κ_r=45°的端面铣刀铣削铸铁时，取 λ_s=−20°；当 κ_r=60°～75°时，取 λ_s=−10°。

4. 圆盘铣刀当工艺系统刚性差及铣削截面大时（$a_p \geq d_0$，$a_c \geq 0.5d_0$），以及 v_c<100m/min 时，γ_0=5°～8°。

5. 立铣刀端齿前角 γ_0=+3°～−3°，铣削软钢时用大值，铣削硬钢时用小值。

表 5.26　铣刀直径选择

mm

铣刀名称	高速钢圆柱形铣刀			硬质合金端铣刀					
铣削深度 a_p	≤70	～90	～100	≤4	～5	～6	～6	～8	～10
铣削宽度 a_c	≤5	～8	～10	≤60	～90	～120	～180	～260	～350
铣刀直径 d	～80	80～100	100～125	～80	100～125	160～200	200～250	315～400	400～500

铣刀名称	圆盘铣刀				槽铣刀及切断铣刀			
铣削深度 a_p	≤8	～12	～20	～40	≤5	～10	～12	～25
铣削宽度 a_c	～20	～25	～35	～50	≤4	≤4	～5	～10
铣刀直径 d	～80	80～100	100～160	160～200	～63	63～80	80～100	100～125

表 5.27　卧式铣刀的安装

图示	安装要点
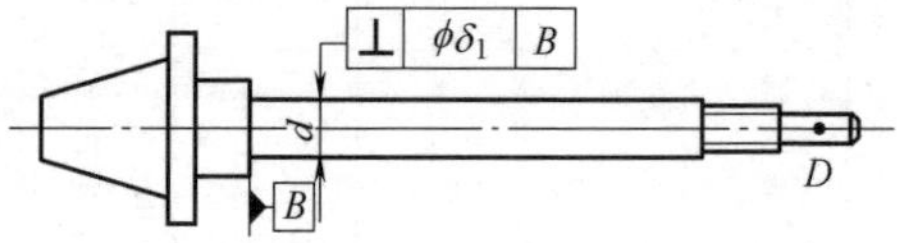	刀杆的圆柱部分与锥体的同轴度，一般小于0.01mm，如刀杆弯曲过大，应校直后再用 B 端面与垫刀套接触，是铣刀的轴向定位面，它与轴心线的垂直度要求一般在0.005mm以内
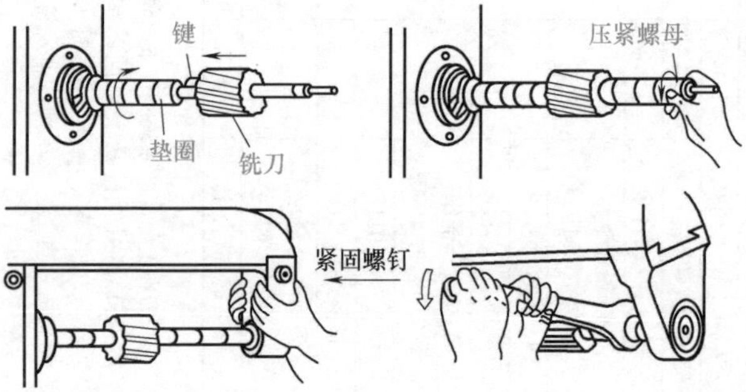	在刀杆上套上几个垫刀套（调整铣刀位置），装键，套铣刀，然后在铣刀另一边的刀杆上再套上几个垫刀套，拧上压紧螺母，即将铣刀安装在刀杆上 将刀杆装在吊架上，紧固吊架，将刀装正后用力拧紧螺母

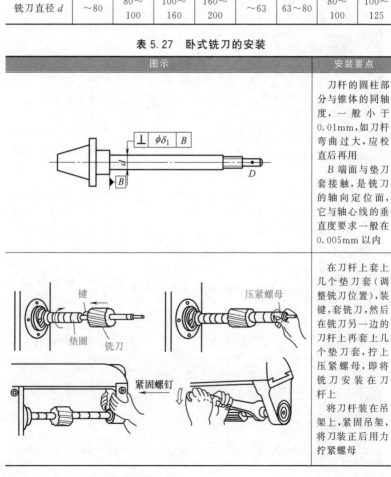

续表

图示	安装要点
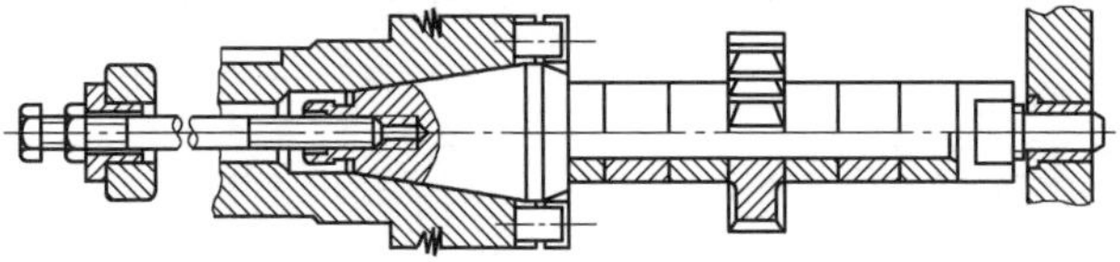 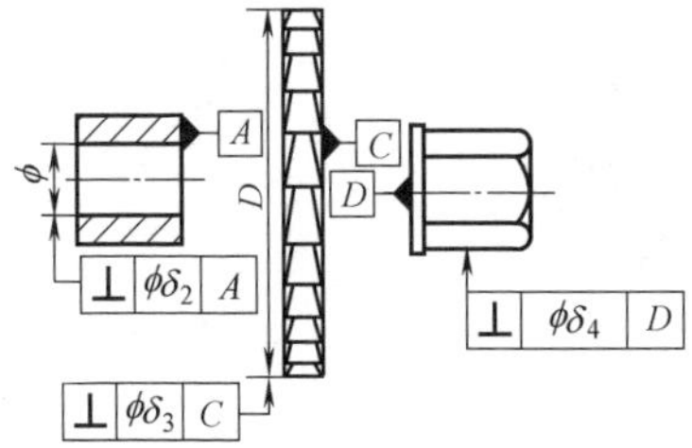	刀杆用螺杆拉紧在主轴锥孔内 垫刀套和卧式铣刀两个端面与其轴心线的垂直度一般小于 0.005mm。紧刀螺母端面与轴线的垂直度要求在 0.04mm 以内

表 5.28　立式铣刀的安装

图示	安装要点
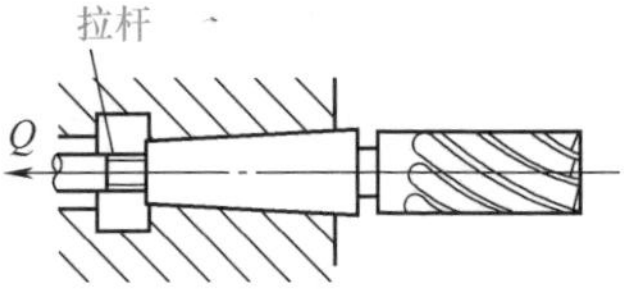	圆锥柄立铣刀通过拉杆安装在主轴上
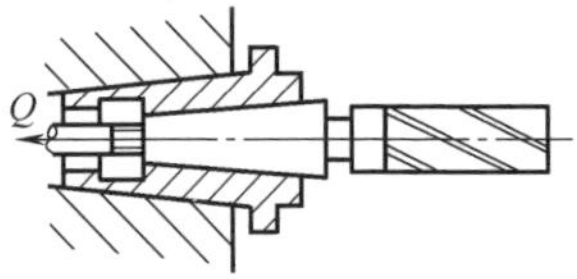	若刀柄锥径小于主轴锥孔，需增用锥面衬套并通过拉杆安装在主轴上
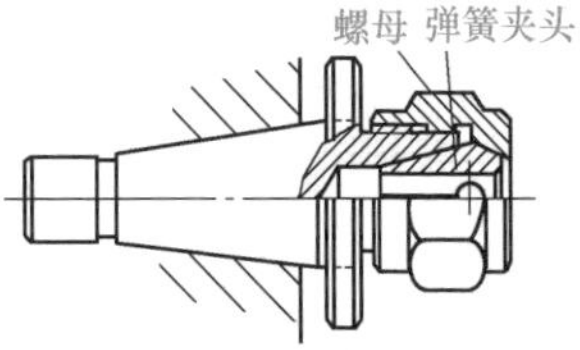	直柄立铣刀需要通过圆柱孔夹头夹紧，夹头与机床连接同锥柄铣刀，注意：安装时，应先擦拭干净配合锥面，然后左右转动到吻合性好的位置，再楔紧

表 5.29 端面铣刀的安装

图示	安装要点
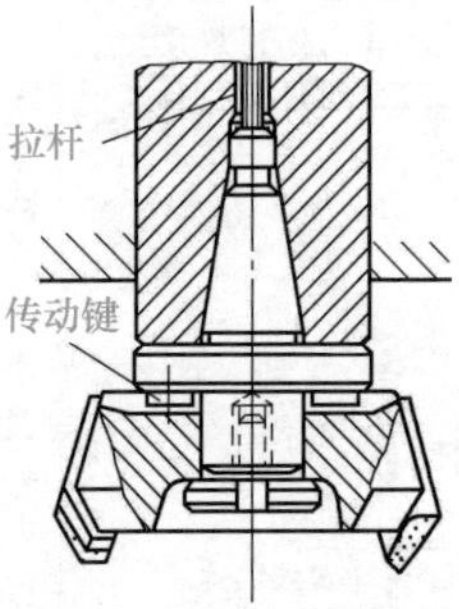	端铣刀装在芯轴端部，用键传递铣削力，用大头螺钉把铣刀固定在芯轴端面锥柄上端，用拉杆拉紧。这种安装方式，各个接触面间有足够的形状精度和位置精度，铣刀转动平稳、可靠
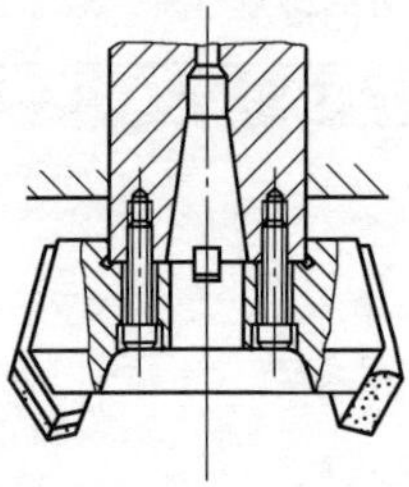	用几个圆周均布螺钉把铣刀固定在芯轴端面上，不用拉杆
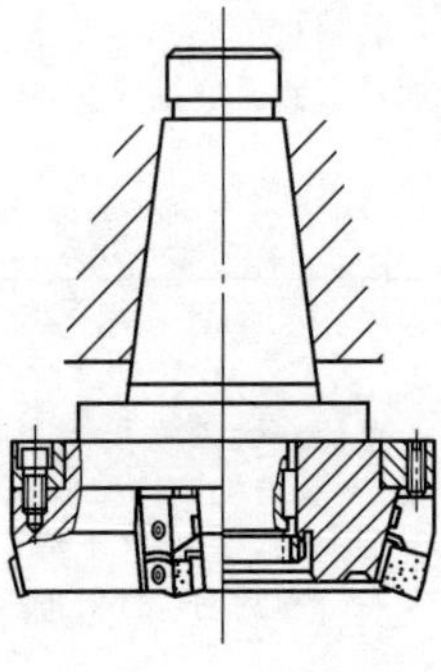	用螺钉把铣刀固定在芯轴上

续表

图示	安装要点
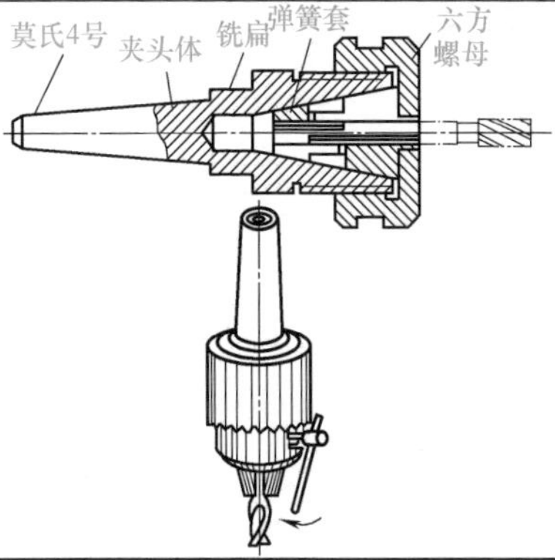	夹头体在主轴锥孔中用螺杆拉紧 将直柄铣刀插入弹性夹头中，拧动六方螺母，将直柄铣刀刀柄夹紧 用钻夹头安装直柄铣刀

② 7∶24 圆锥柄带纵键端面铣刀杆和莫氏圆锥柄带纵键端面铣刀杆（见表 5.31）用于带纵键槽的端面铣刀，并通过铣床拉杆与铣床连接，卧式铣床上铣侧面，立式铣床上铣顶面，其安装传动形式如图 5.4 所示。莫氏圆锥柄带纵键端面铣刀杆应与铣床主轴端部莫氏锥孔相对应，如 X8126 工具铣床的主轴锥孔是莫氏 4 号。

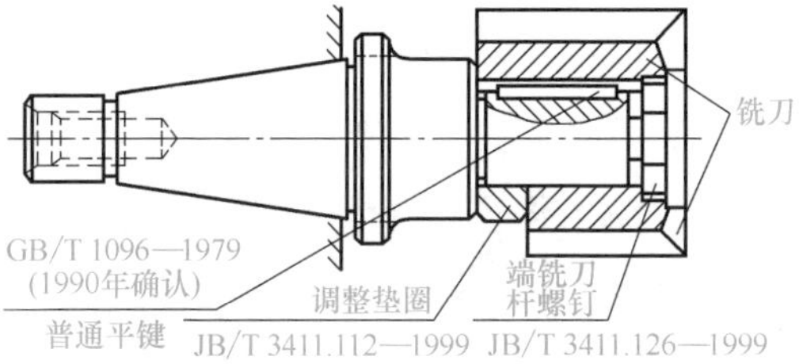

图 5.4　端面铣刀安装传动形式

③ 7∶24 圆锥柄和莫氏圆锥柄带端键端面铣刀杆（见表 5.32），用于带端面键槽端面铣刀，并通过铣床拉杆与铣床连接，卧式铣床上铣侧面，立式铣床上铣顶面。端面键用作传动（实线表示的键与铣刀端面键槽配合，虚线表示的键槽与铣床主轴端面键配合），螺纹孔通过螺钉紧固铣刀。

④ 莫氏锥柄莫氏锥孔中间套和 7∶24 圆锥柄莫氏圆锥孔中间套（JB/T 3411.109—1999）见表 5.33，7∶24 圆锥/莫式圆锥中间套（JB/T 3411.101—1999）见表 5.34，7∶24 圆锥/强制传动的莫式圆锥中间套（JB/T 3411.104—1999）见表 5.35，铣床用铣夹头见表 5.36，铣夹头锥柄型号与参数（JB/T 6350—2008）见表 5.37，铣床用拉杆见表 5.38。

表 5.30　7∶24 锥柄铣刀杆、莫氏锥柄铣刀杆、调整垫圈、轴套、螺母（JB/T 3411.110～3411.114—1999）

mm

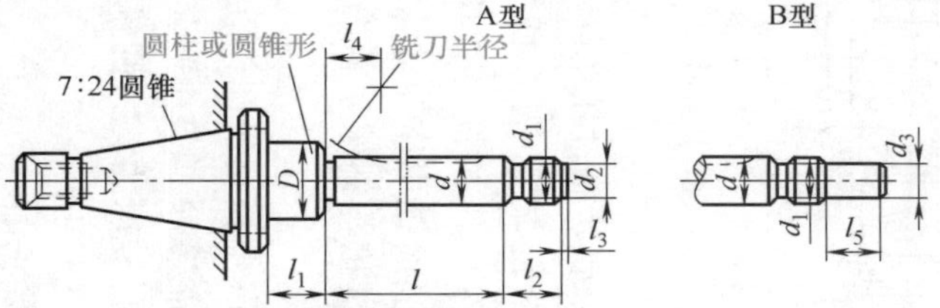

7∶24 锥柄铣刀杆JB/T 3411.110—1999

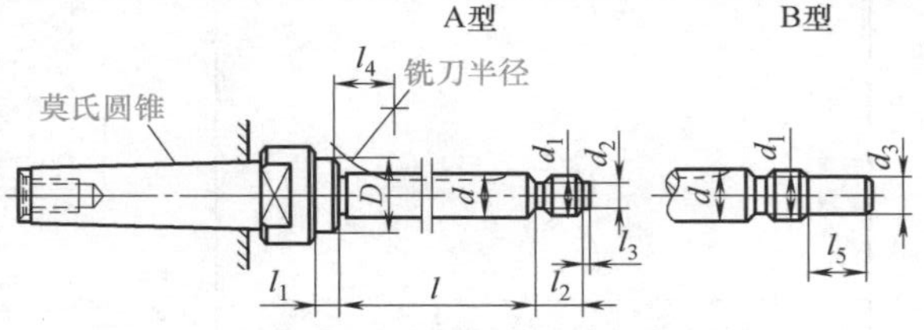

莫氏锥柄铣刀杆JB/T 3411.111—1999

7/24	莫氏	d 基本尺寸	d 极限偏差 h6	有效长度 l A型			A型　B型								D_{min}	d_1	d_2	d_3 基本尺寸	d_3 极限偏差 g6	l_1	l_2	l_{3min}	l_4	l_5
30	3	16	0 −0.011	63	100	160	200	250	315						27	M16×1.5	13	13	−0.006 −0.017	20	(1～1.25)d_1+2	2	23	20
		22	0 −0.013	63	100	160	200	250	315	400					34	M20×2	16	16					25	25
		27		63	100	160	200	250	315	400					41	M24×2	20	20	−0.007 −0.020				26	32
40	4	16	0 −0.011	63	100	160	200	250	315	400					27	M16×1.5	13	13	−0.006 −0.017	25			23	20
		22	0 −0.013	63	100	160	200	250	315	400	500 (450)				34	M20×2	16	16					25	25
		27		63	100	160	—	250	315	400	500 (450)	630 (560)			41	M24×2	20	20	−0.007 −0.020				26	32

续表

7/24	莫氏	d 基本尺寸	d 极限偏差 h6	有效长度 l A型			有效长度 l A型　B型								D_{min}	d_1	d_2	d_3 基本尺寸	d_3 极限偏差 g6	l_1	l_2	l_{3min}	l_4	l_5
40	4	32	0 −0.016	63	100	160	—	250	315	400	500 (450)	630 (560)			47	M27 ×2	23	23	−0.007 −0.020	25	$(1\sim1.25)d_1+2$	2	27	32
		40		—	100	160	—	—	315	400	500 (450)	630 (560)			55	M33 ×2	29	29					28	
45	4	22	0 −0.013	63	100	160	200	250	315	400					34	M20 ×2	16	16	−0.006 −0.017	30			25	25
		27		63	100	160	—	250	315	400	500 (450)				41	M24 ×2	20	20	−0.007 −0.020				26	32
		32	0 −0.016	63	100	160	—	—	315	400	500 (450)	630 (560)			47	M27 ×2	23	23					27	
		40		—	100	160	—	—	—	400	500 (450)	630 (560)			55	M33 ×2	29	29					28	
50	5	22	0 −0.013	63	100	160	200	250	315	400	500 (450)	630 (560)			34	M20 ×2	16	16	−0.006 −0.017				25	25
		27		63	100	160			315	400	500 (450)	630 (560)	800 (710)		41	M24 ×2	20	20	−0.007 −0.020				26	32
		32	0 −0.016	63	100	160			315	400	500 (450)	630 (560)	800 (710)	1000 (900)	47	M27 ×2	23	23					27	
		40			100	160				400	500 (450)	630 (560)	800 (710)	1000 (900)	55	M33 ×2	29	29					28	

续表

7/24	莫氏	d 基本尺寸	d 极限偏差 h6	有效长度 l A型	有效长度 l A型 B型				D_{min}	d_1	d_2	d_3 基本尺寸	d_3 极限偏差 g6	l_1	l_2	l_{3min}	l_4	l_5
50	5	50	0 −0.016	400	500 (450)	630 (560)	800 (710)	1000 (900)	69	M39 ×2	34	34	−0.009 −0.025	30	$(1\sim1.25)d_1+2$	3	29	56
	6	60	0 −0.019	400	500 (450)	630 (560)	800 (710)	1000 (900)	84	M45 ×3	40	40					30	
60	6	50	0 −0.016			630 (560)	800 (710)	1000 (900)	69	M39 ×3	34	34		40			29	
		60	0 −0.019			630 (560)	800 (710)	1000 (900)	84	M45 ×3	40	40					30	
		80					800 (710)	1000 (900)	109	M56 ×4	49	—	—			5	31	—
		100	0 −0.022				800 (710)	1000 (900)	134	M68 ×4	61	—	—				33	—

注:1. 7∶24 圆锥的尺寸和偏差按 GB/T 3837.3 的规定。

2. 括号中的有效长度 l 尽可能不采用。

调整垫圈型式和尺寸

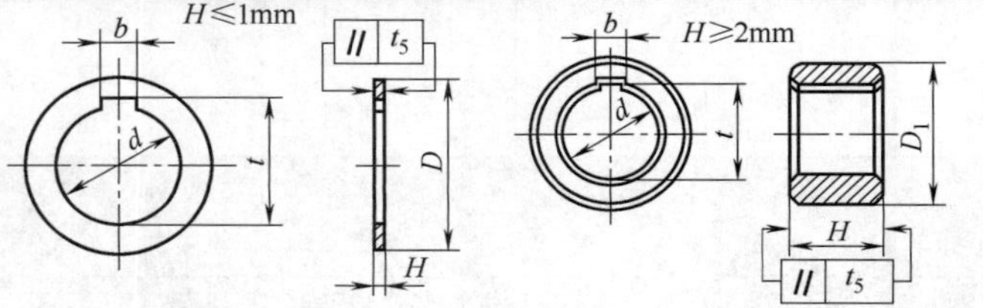

注:对于厚垫圈，可以有一个直径等于d+1mm，长度等于$\frac{H}{2}$mm的空刀。

调整垫片尺寸

d	16	22	27	32	40	50	60	80	100
D_1	27	34	41	47	55	69	84	109	134
H	(0.03、0.04)、0.05、0.1、0.2、0.3、0.6、1、2、3、6、10、(12、13、16)、20、30、60、100								

续表

铣刀杆轴套的型式和尺寸

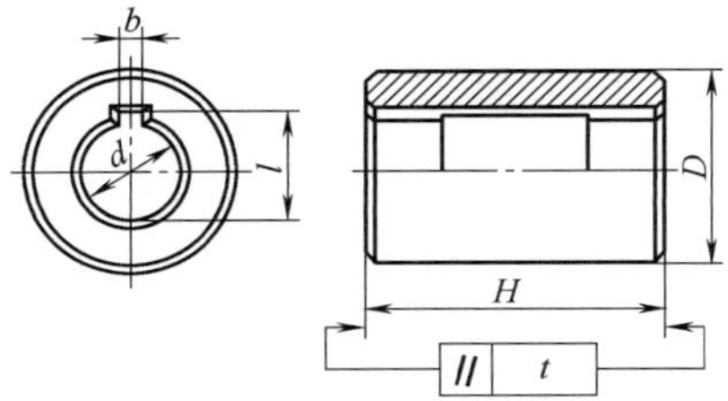

注：如果空刀，其尺寸为：直径等于d+1mm，长度等于$\frac{H}{2}$mm。

d 基本尺寸	d 极限偏差 H7	b 基本尺寸	b 极限偏差 C11	t 基本尺寸	t 极限偏差
16	+0.018 0	4	+0.145 +0.070	17.7	+0.1 0
22	+0.021 0	6		24.1	
27		7	+0.170 +0.080	29.8	+0.2 0
32	+0.025 0	8		34.8	
40		10		43.5	
50		12	+0.205 +0.095	53.5	
60	+0.030 0	14		64.2	
80		18		85.5	
100	+0.035 0	25	+0.240 +0.110	107.0	

D	42	48	56	70	85	110	140
H	60	70	80	100	120	140	160

螺母的型式和尺寸

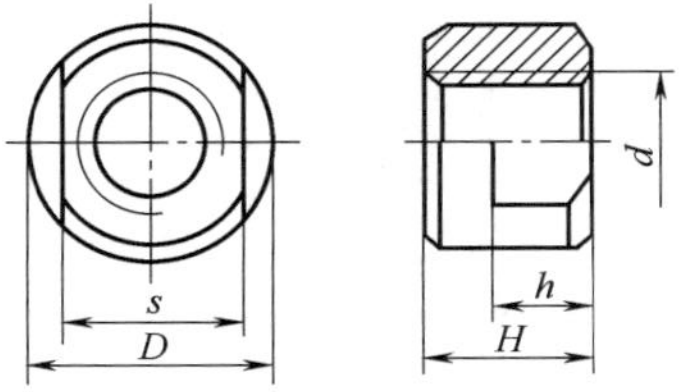

d	M16×1.5	M20×2	M24×2	M27×2	M33×2	M39×3	M45×3	M56×4	M68×4
D≈	27	34	41	47	55	69	84	109	134
H	(1～1.25)d								
s	22	27	32	41	46	55	70	85	105
h	大于相应扳手的宽度								
适用刀杆直径	16	22	27	32	40	50	60	80	100

表 5.31　7：24 圆锥柄和莫氏圆锥柄带纵键端铣刀杆及其紧固用螺钉扳手尺寸（JB/T 3411.115/116—1999）

mm

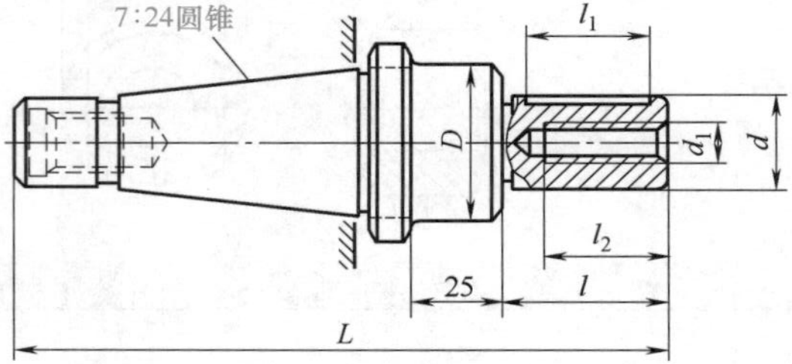

标记示例：

7：24 圆锥 40 号，$d=27$mm，$L=61$mm 的锥柄带纵键端铣刀杆：

刀杆　40-27×61　JB/T 3411.115—1999

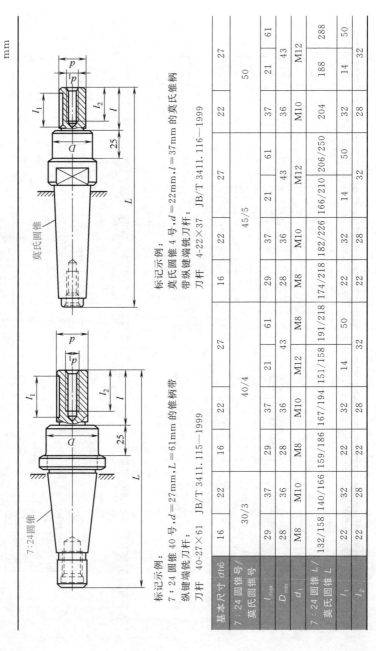

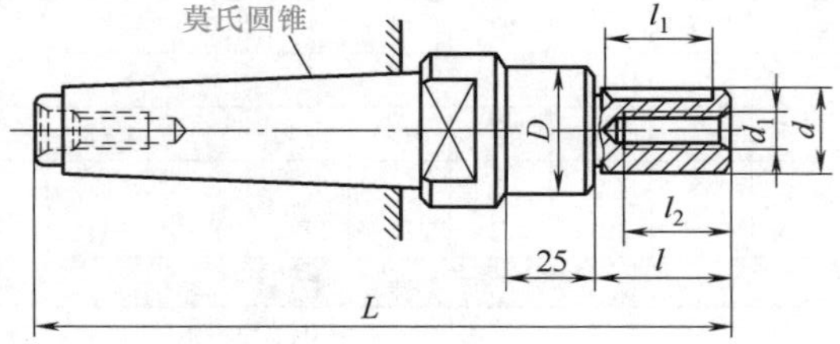

标记示例：

莫氏圆锥 4 号，$d=22$mm，$l=37$mm 的莫氏锥柄带纵键端铣刀杆：

刀杆　4-22×37　JB/T 3411.116—1999

基本尺寸 dh6	16	22	16	22	27		16	22	27		22	27	
7：24 圆锥号/莫氏圆锥号	30/3		40/4				45/5				50		
l_{max}	29	37	29	37	21	61	29	37	21	61	37	21	61
D_{min}	28	36	28	36	43		28	36	43		36	43	
d_1	M8	M10	M8	M10	M12	M8	M8	M10	M12		M10	M12	
7：24 圆锥 L/莫氏圆锥 L	132/158	140/166	159/186	167/194	151/158	191/218	174/218	182/226	166/210	206/250	204	188	288
l_1	22	32	22	32	14	50	22	32	14	50	32	14	50
l_2	22	28	22	28	32		22	28	32		28	32	

续表

端铣刀杆螺钉型式和尺寸 JB/T 3411.126—1999

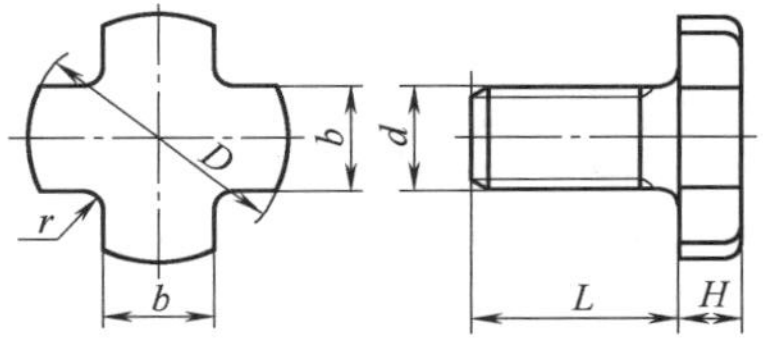

d	b	D_{max}	L_{min}	H	r	适用刀杆直径
M8	8	20	16	6	2	16
M10	10	28	18	7	3	22
M12	12	35	22	8		27
M16	16	42	26	9		32
M20	20	52	30	10	4	40
M24	24	63	36			50

端铣刀杆螺钉扳手的型式和尺寸 JB/T 3411.127—1999

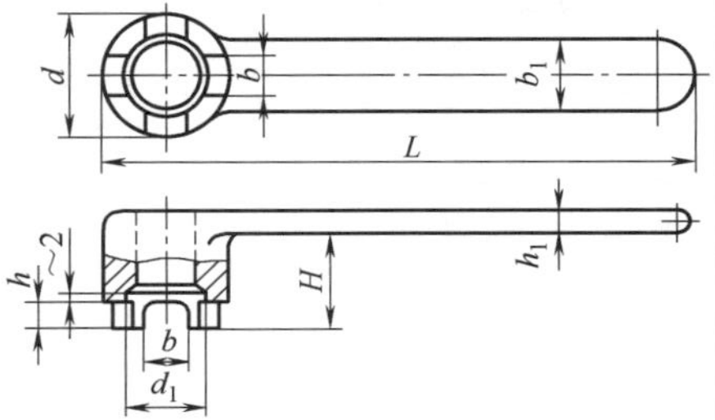

公称直径（螺纹直径）	b 基本尺寸	b 极限偏差 H11	$b_1 \approx$	d	d_1	L	H	h	$h_1 \approx$
8	8.1	+0.090 0	12	20	15	180	20	6.2	5
10	10.1		16	28	19	200	25	7.2	6
12	12.1	+0.110 0	20	35	22	225	32	8.5	8
16	16.2		25	40	28	250	36	9.5	
20	20.2	+0.130 0	30	52	35	280	40	11.0	
24	24.2			63	41	315	45		

表 5.32　7∶24 圆锥柄和莫氏圆锥柄带端键端铣刀杆（JB/T 3411.117/118—1999）　　mm

标记示例：

7∶24 圆锥 40 号，$d=22$mm，$l=315$mm 的 A 型锥柄铣刀杆：

刀杆 A40-22×315　JB/T 3411.117—1999

7∶24 圆锥号	d 基本尺寸	d 极限偏差 h6	有效长度 l A型						有效长度 l A型 B型					D_{min}	d_1	d_2	d_3 基本尺寸	d_3 极限偏差 g6	l_1	l_2	l_{3min}	l_4	l_5
30	16	0 −0.011	63	100	160	200	250	315						27	M16×1.5	13	13	−0.006 −0.017	20	$(1\sim1.25)d_1+2$	2	23	20
	22	0 −0.013	63	100	160	200	250	315	400					34	M20×2	16	16					25	25
	27		63	100	160	200	250	315	400					41	M24×2	20	20	−0.007 −0.020				26	32
40	16	0 −0.011	63	100	160	200	250	315	400					27	M16×1.5	13	13	−0.006 −0.017	25			23	20
	22	0 −0.013	63	100	160	200	250	315	400	500 (450)				34	M20×2	16	16					25	25
	27		63	100	160	—	250	315	400	500 (450)	630 (560)			41	M24×2	20	20	−0.007 −0.020				26	32

续表

7∶24 圆锥号	d 基本尺寸	d 极限偏差 h6	有效长度 l A型			有效长度 l A型　B型								D_{min}	d_1	d_2	d_3 基本尺寸	d_3 极限偏差 g6	l_1	l_2	l_{3min}	l_4	l_5
40	32	0 −0.016	63	100	160	—	250	315	400	500 (450)	630 (560)			47	M27×2	23	23	−0.007 −0.020	25	(1～1.25)d_1+2	2	27	32
	40		—	100	160	—	—	315	400	500 (450)	630 (560)			55	M33×2	29	29					28	
45	22	0 −0.013	63	100	160	200	250	315	400					34	M20×2	16	16	−0.006 −0.017	30			25	25
	27		63	100	160	—	250	315	400	500 (450)				41	M24×2	20	20	−0.007 −0.020				26	32
	32	0 −0.016	63	100	160	—	—	315	400	500 (450)	630 (560)			47	M27×2	23	23					27	
	40		—	100	160	—	—	—	400	500 (450)	630 (560)			55	M33×2	29	29					28	
50	22	0 −0.013	63	100	160	200	250	315	400	500 (450)	630 (560)			34	M20×2	16	16	−0.006 −0.017				25	25
	27		63	100	160			315	400	500 (450)	630 (560)	800 (710)		41	M24×2	20	20	−0.007 −0.020				26	32
	32	0 −0.016	63	100	160			315	400	500 (450)	630 (560)	800 (710)	1000 (900)	47	M27×2	23	23					27	
	40			100	160				400	500 (450)	630 (560)	800 (710)	1000 (900)	55	M33×2	29	29					28	

续表

7∶24圆锥号	d 基本尺寸	d 极限偏差 h6	有效长度 l A型	有效长度 l A型 B型					D_{min}	d_1	d_2	d_3 基本尺寸	d_3 极限偏差 g6	l_1	l_2	l_{3min}	l_4	l_5
50	50	0 −0.016		400	500 (450)	630 (560)	800 (710)	1000 (900)	69	M39 ×23	34	34	−0.009 −0.025	30	$(1\sim1.25)d_1+2$	3	29	56
	60	0 −0.019		400	500 (450)	630 (560)	800 (710)	1000 (900)	84	M45 ×3	40	40					30	
60	50	0 −0.016				630 (560)	800 (710)	1000 (900)	69	M39 ×3	34	34		40			29	
	60	0 −0.019				630 (560)	800 (710)	1000 (900)	84	M45 ×3	40	40					30	
	80						800 (710)	1000 (900)	109	M56 ×4	49	—	—			5	31	—
	100	0 −0.022					800 (710)	1000 (900)	134	M68 ×4	61	—	—				33	—

注：1. 7∶24 圆锥的尺寸和偏差按 GB/T 3837.3 的规定。
2. 括号中的有效长度 l 尽可能不采用。

表 5.33　莫氏锥柄莫氏锥孔中间套和 7∶24 圆锥柄莫氏圆锥孔中间套 (JB/T 3411.109—1999)

mm

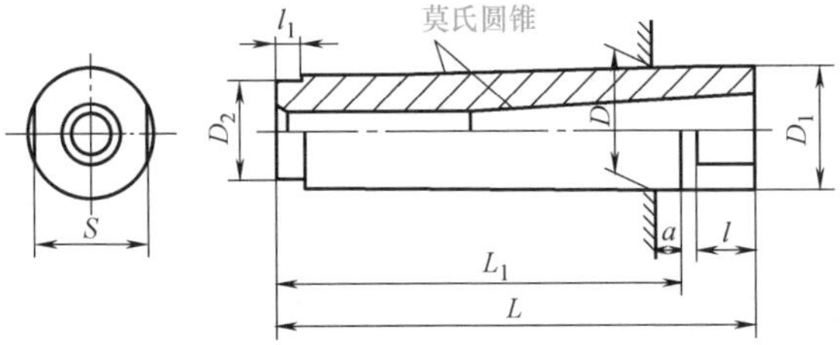

标记示例：
外锥为 3 号、内锥为 1 号的莫氏圆锥中间套：
中间套 3-1　JB/T 3411.109—1999

莫氏圆锥号 外锥	莫氏圆锥号 内锥	D	D_1 ≈	D_{2max}	L_{max}	L_1	a	l	l_{1max}	S
3	1	23.825	24.1	19.0	80	65	5	12	7	21
4	2	31.267	31.6	25.0	90	70	6.5		9	27
	3									
5	2	44.399	44.7	35.7	110	85			10	36
	3									
	4									
6	5	63.348	63.8	51.0	130	105	8	15	16	55

注：莫氏圆锥的尺寸和偏差按 GB/T 1443 的规定。

表 5.34　7∶24 圆锥/莫式圆锥中间套 (JB/T 3411.101—1999)

mm

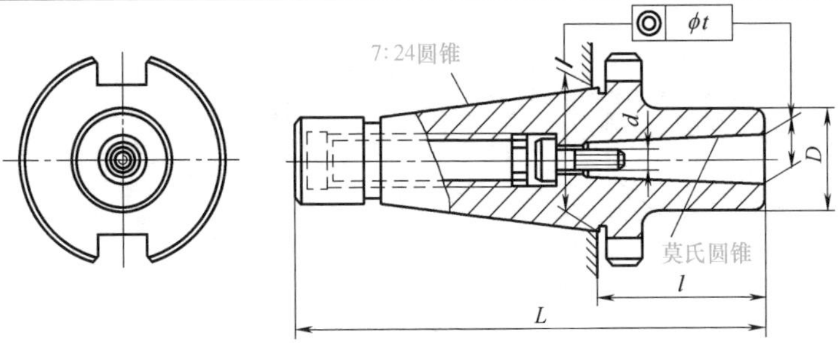

注：螺钉的形状和固定方法仅作为一个示例。
标记示例：
外锥为 7∶24 圆锥 40 号，内锥为莫氏圆锥 2 号的 7∶24 圆锥/莫氏圆锥中间套：
中间套 40-2　JB/T 3411.101—1999

续表

7∶24 圆锥号	莫氏圆锥号	D	d	L_{max}	l_{max} ≈	t
30	1	25	M6	118	50	0.012
	2	32	M10			
40	1	25	M6	143		0.016
	2	32	M10			
	3	40	M12	158	65	
	4	48	M16	188	95	
45	2	32	M10	157	50	
	3	40	M12			
	4	48	M16	182	75	
50	2	32	M10	187	60	0.020
	3	40	M12	192	65	
	4	48	M16	212	85	
	5	63	M20	247	120	
55	3	40	M12	225	60	
	4	48	M16			
	5	63	M20	260	95	
60				291	85	
	6	80	M24	327	120	

注：1. 7∶24 圆锥的尺寸和偏差按 GB/T 3837.3 的规定。

2. 莫氏圆锥的尺寸和偏差按 GB/T 1443 的规定。

表 5.35 7∶24 圆锥/强制传动的莫式圆锥中间套（JB/T 3411.104—1999）

mm

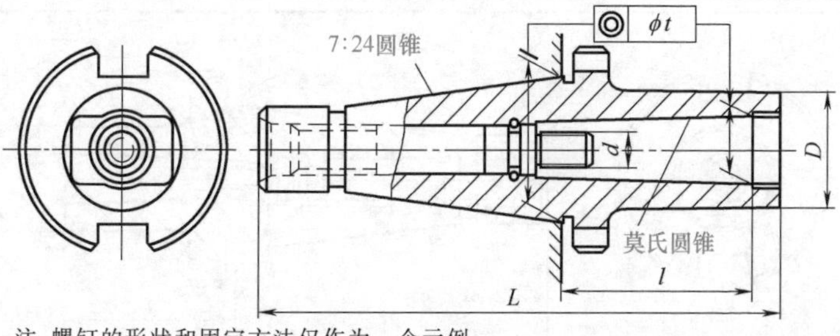

注：螺钉的形状和固定方法仅作为一个示例。

标记示例：

外锥为 7∶24 圆锥 50 号，内锥为莫氏圆锥 4 号的 7∶24 圆锥/强制传动的莫氏圆锥中间套：

中间套 50-4 JB/T 3411.104—1999

续表

7∶24 圆锥号	莫氏圆锥号	D	d	L_{max}	l_{max} ≈	t
40	4	63	M16	203	95	0.016
45				197	75	
50				227	85	0.020
	5	78	M20	265	120	
55	4	63	M16	240	60	
	5	78	M20	278	95	
60				310	85	
	6	124	M24	352	120	

注：1. 7∶24 圆锥的尺寸和偏差按 GB/T 3837.3 的规定。
2. 莫氏圆锥的尺寸和偏差按 GB/T 4133 的规定。

表 5.36　铣夹头的型式及夹头尺寸（JB/T 6350—2008）　mm

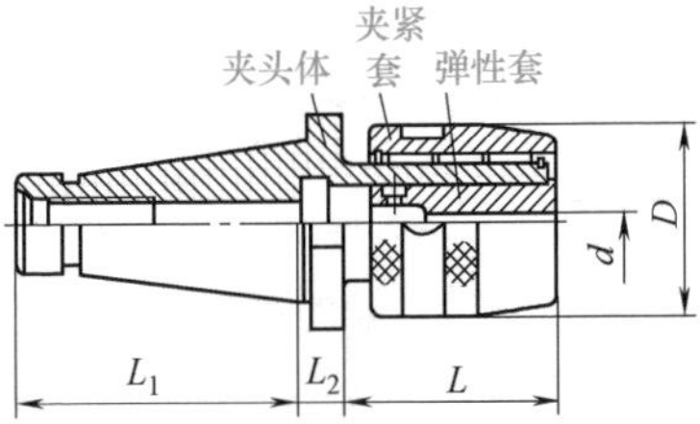

型式Ⅰ　滚针铣夹头

最大夹持孔直径 d	夹持范围	D	L	L_1	L_2	圆锥柄型号					
						7∶24				莫氏	
16	4～16	54	56	见附表		XT	30	KT	30	MS QMS	3
25	6～25	70	70			XT JT	40 45 50		40 45		4 5
32	10～32	90	100				50				5

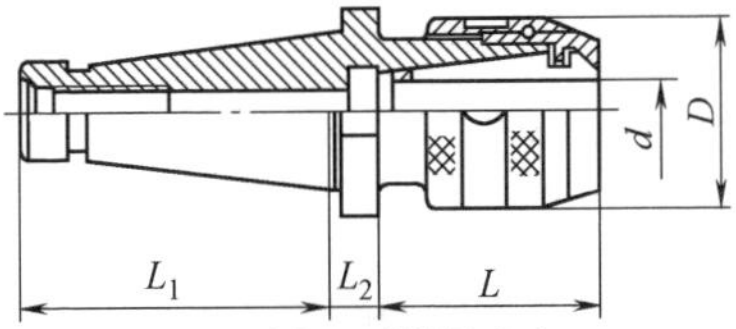

型式Ⅱ　弹性铣夹头

续表

<table>
<tr><th rowspan="2">最大夹持孔直径 d</th><th rowspan="2">夹持范围</th><th rowspan="2">D</th><th rowspan="2">L</th><th rowspan="2">L_1</th><th rowspan="2">L_2</th><th colspan="6">圆锥柄型号</th></tr>
<tr><th colspan="4">7∶24</th><th colspan="2">莫氏</th></tr>
<tr><td>16</td><td>4～16</td><td>42</td><td>50</td><td colspan="2" rowspan="3">见附表</td><td>XT</td><td>30</td><td rowspan="3">KT</td><td>30</td><td rowspan="3">MS
QMS</td><td>3</td></tr>
<tr><td>32</td><td>6～32</td><td>70</td><td>65</td><td rowspan="2">XT
JT</td><td>40
45</td><td rowspan="2">40
45</td><td>4</td></tr>
<tr><td>40</td><td>6～40</td><td>94</td><td>80</td><td>50</td><td>5</td></tr>
</table>

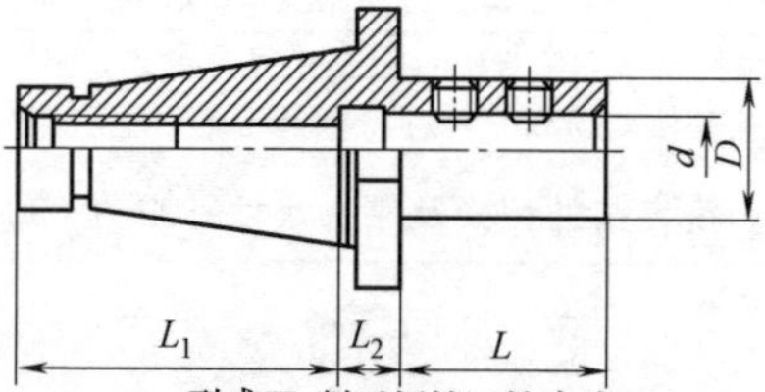

型式Ⅲ 削平柄铣刀铣夹头

注：$d \leqslant 20$mm 时，只有一个紧固螺钉

<table>
<tr><th rowspan="2">夹持孔直径 d</th><th rowspan="2">D</th><th rowspan="2">L</th><th rowspan="2">L_1</th><th rowspan="2">L_2</th><th colspan="6">圆锥柄型号</th></tr>
<tr><th colspan="4">7∶24</th><th colspan="2">莫氏</th></tr>
<tr><td>6</td><td>25</td><td rowspan="4">30</td><td colspan="2" rowspan="11">见附表</td><td rowspan="11">XT
JT</td><td rowspan="5">40
45
50</td><td rowspan="8">XT
KT</td><td rowspan="5">30
40
45</td><td rowspan="8">QMS</td><td rowspan="5">3
4
5</td></tr>
<tr><td>8</td><td>28</td></tr>
<tr><td>10</td><td>35</td></tr>
<tr><td>12</td><td>42</td></tr>
<tr><td>16</td><td>48</td><td>40</td></tr>
<tr><td>20</td><td>52</td><td>50</td><td rowspan="3">40
45
50</td><td rowspan="3">40
45</td><td rowspan="3">4
5</td></tr>
<tr><td>25</td><td>65</td><td rowspan="2">60</td></tr>
<tr><td>32</td><td>72</td></tr>
<tr><td>40</td><td>90</td><td>70</td><td>45
50</td><td colspan="4" rowspan="3">—</td></tr>
<tr><td>50</td><td>100</td><td>80</td><td rowspan="2">50</td></tr>
<tr><td>63</td><td>130</td><td>90</td></tr>
</table>

续表

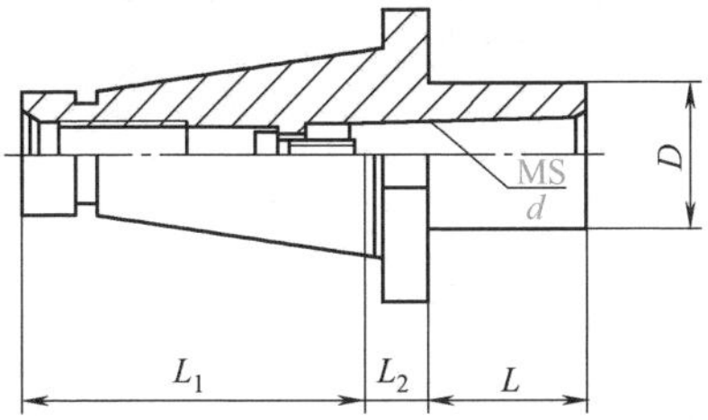

型式Ⅳ　锥柄铣刀铣夹头

<table>
<tr><th colspan="2">夹持孔圆锥号
d</th><th>D</th><th>L</th><th>L_1</th><th>L_2</th><th colspan="4">圆锥柄型号
(7∶24)</th></tr>
<tr><td rowspan="5">MS</td><td>1</td><td>25</td><td>35</td><td colspan="2" rowspan="5">见附表</td><td rowspan="5">XT
JT</td><td rowspan="3">40
45
50</td><td rowspan="5">XT
KT</td><td rowspan="3">30
40
45</td></tr>
<tr><td>2</td><td>32</td><td>50</td></tr>
<tr><td>3</td><td>40</td><td rowspan="2">70</td></tr>
<tr><td>4</td><td>50</td><td>40
45
50</td><td>40
45</td></tr>
<tr><td>5</td><td>63</td><td>85</td><td>45
50</td><td>45</td></tr>
</table>

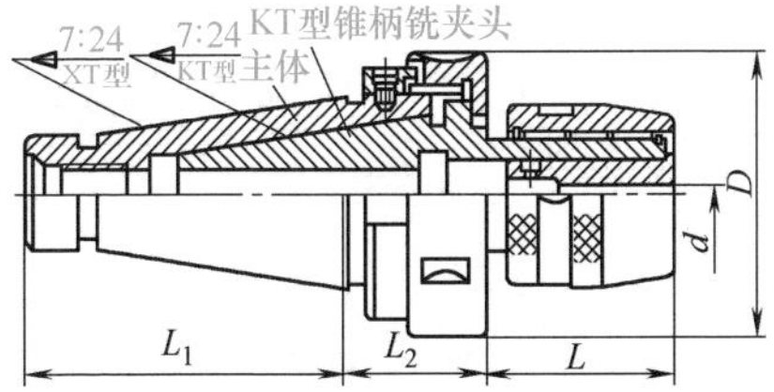

型式Ⅴ 快换铣夹头

<table>
<tr><th colspan="2">主体夹持孔
圆锥号</th><th>d</th><th>L</th><th>D</th><th>L_1</th><th>L_2</th><th colspan="2">圆锥柄型号
(7∶24)</th></tr>
<tr><td rowspan="3">KT</td><td>30</td><td colspan="2" rowspan="3">见本表中各型式的相关参数</td><td>80</td><td rowspan="3">见附表</td><td>35</td><td rowspan="3">XT</td><td>40</td></tr>
<tr><td>40</td><td rowspan="2">100</td><td rowspan="2">45</td><td rowspan="2">50</td></tr>
<tr><td>45</td></tr>
</table>

注：

附表（JB/T 6350—2008） mm

圆锥柄				简图	尺寸	
锥度	型号		标准号		L_1	L_2
7∶24	XT	30	GB/T 3837	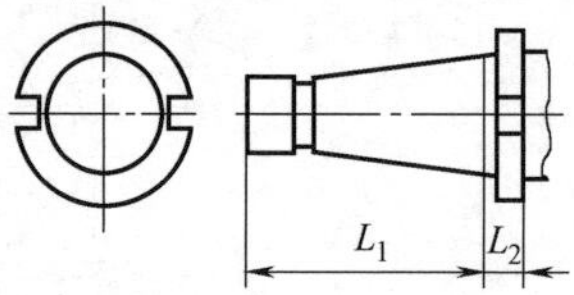	68.40	9.60
		40			93.40	11.60
		45			106.80	13.20
		50			126.80	15.20
	JT	40	GB/T 10944.1	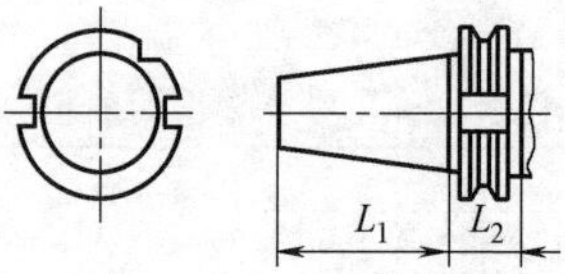	68.40	35.00
		45			82.70	
		50			101.75	
	KT①	30	—	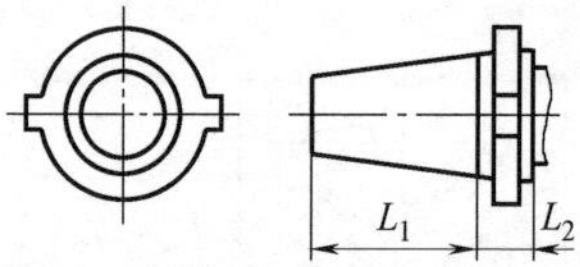	48.40	—
		40			65.40	
		45			82.80	
莫氏	MS	3	GB/T 1443	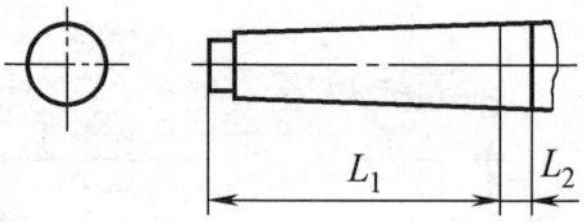	81.00	5.00
		4			102.50	6.50
		5			129.50	
	QMS	3	GB/T 4133	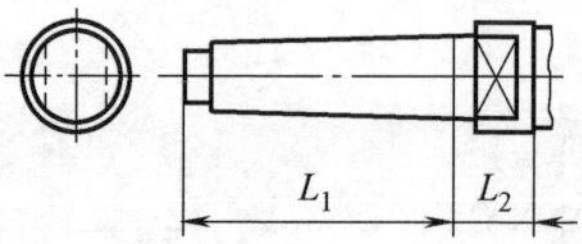	81.00	23.00
		4			102.50	29.50
		5			129.50	34.50

① KT 型圆锥柄只限于与快换铣夹头主体配套使用。

表 5.37　铣夹头锥柄型号与参数（JB/T 6350—2008）　　mm

圆锥锥度	锥柄型号	简图	l_1	l_2	应用举例：简图	应用举例：夹持圆锥	应用举例：D	应用举例：l
7∶24 圆锥	XT30	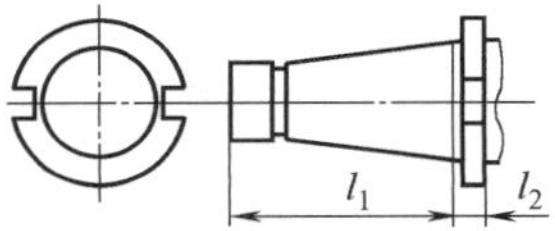	68.4	9.6	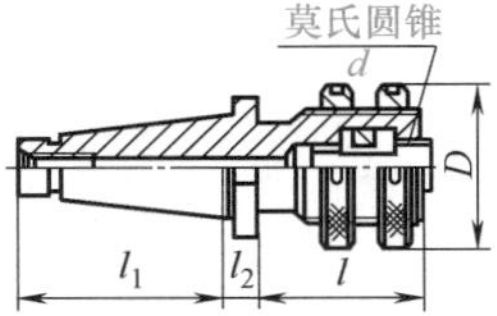标记示例： 最大夹持孔为莫氏圆锥 3 号，圆锥柄为 MS4 的 P 级锥柄铣刀铣夹头标记为： 铣夹头 JT63/MS4 JB/T 6350—2008	3	72	50
	XT40		93.4	11.6		3	72	50
	XT45		106.8	13.2		3/4	72/78	50/63
	XT50		126.8	15.2		4	78	63
	JT40	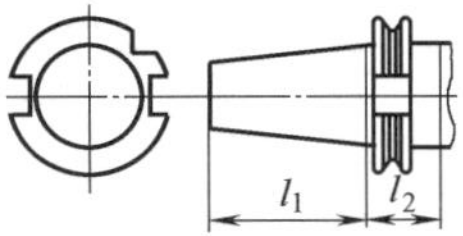	68.40	35		3	72	50
	JT45		82.70			3/4	72/78	50/63
	JT50		101.75			4	78	63
	KT30	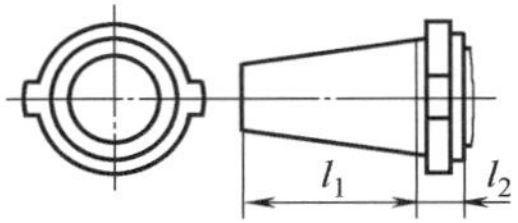	48.4			3	72	50
	KT40		65.4			3	72	50
	KT45		82.8			4	78	63
莫氏圆锥	QMS3	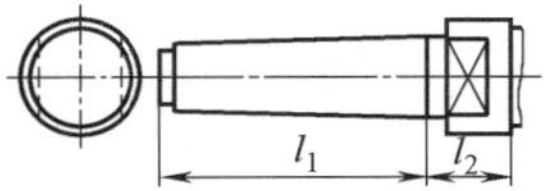	81	23		3	72	50
	QMS4		102.5	29.5		3	72	50
	QMS5		129.5	34.5		4	78	63

续表

圆锥锥度	锥柄型号	简图	l_1	l_2	应用举例			
					简图	夹持圆锥	D	l
莫氏圆锥	MS3	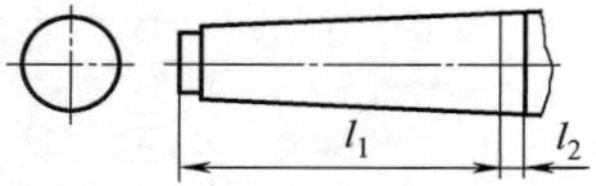	81					
	MS4		102.5					
	MS5		129.5					

表 5.38 铣床用拉杆

mm

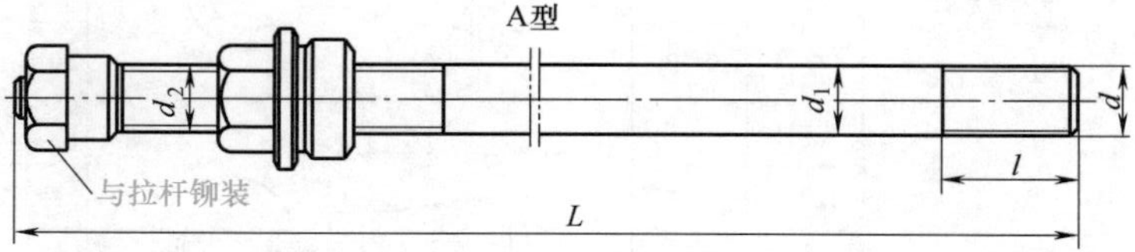

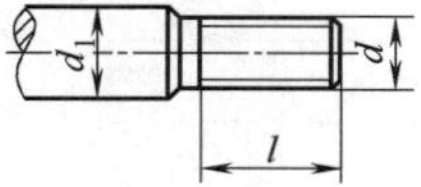

标记示例：

d=M12，d_1=25mm，L=700mm 的铣床用 B 型拉杆：

拉杆 B　M12×25×700　JB/T 3411.125—1999

续表

<table>
<tr><th>型别</th><th>d</th><th>d_1</th><th>d_2</th><th>l</th><th colspan="30">L</th></tr>
<tr><td rowspan="3">B</td><td>M10</td><td rowspan="2">16</td><td rowspan="2">M16</td><td rowspan="3">25</td><td rowspan="9">400</td><td rowspan="9">500</td><td rowspan="9">550</td><td rowspan="9">575</td><td rowspan="9">600</td><td rowspan="9">625</td><td rowspan="9">650</td><td rowspan="12">700</td><td rowspan="12">720</td><td rowspan="12">750</td><td rowspan="12">775</td><td rowspan="12">800</td><td rowspan="12">850</td><td rowspan="12">875</td><td rowspan="12">900</td><td rowspan="12">950</td><td rowspan="12">975</td><td rowspan="12">1000</td><td rowspan="12">1050</td><td rowspan="12">1100</td><td rowspan="12">1150</td><td rowspan="12">1200</td><td rowspan="12">1250</td><td rowspan="12">1300</td><td rowspan="12">1350</td><td rowspan="12">1400</td><td rowspan="12">1450</td><td rowspan="12">1500</td><td colspan="6" rowspan="5"></td></tr>
<tr><td rowspan="2">M12</td></tr>
<tr><td>25</td><td>M24</td></tr>
<tr><td>A</td><td rowspan="2">M16</td><td>16</td><td>M16</td><td rowspan="2">32</td></tr>
<tr><td>B</td><td>25</td><td>M24</td></tr>
<tr><td>A</td><td rowspan="2">M20</td><td>20</td><td>M20</td><td rowspan="2">40</td><td rowspan="7">1550</td><td rowspan="7">1600</td><td colspan="4" rowspan="2"></td></tr>
<tr><td rowspan="6">B</td><td rowspan="2">25</td><td rowspan="2">M24</td></tr>
<tr><td rowspan="2">M24</td><td rowspan="2">50</td><td rowspan="5">1650</td><td rowspan="5">1700</td><td colspan="2" rowspan="2"></td></tr>
<tr><td rowspan="2">32</td><td rowspan="2">M32</td></tr>
<tr><td>M30</td><td>63</td><td colspan="7"></td><td rowspan="3">1800</td><td rowspan="3">1900</td></tr>
<tr><td>M36</td><td>40</td><td>M40</td><td>80</td><td colspan="7"></td></tr>
<tr><td>M48</td><td>52</td><td>M52</td><td>100</td><td colspan="7"></td></tr>
</table>

注：铣床用拉杆的长度 L 可根据机床规格按需要在表中选取。

5.3 铣削方式、工件装夹和铣削用量

5.3.1 铣削方式

按铣刀铣削刃与其回转轴的位置关系分为：圆周铣削和端面铣削（端铣）。按切削刃切入时和切出时的厚薄分：顺铣和逆铣。切削厚度由厚到薄为顺铣，反之为逆铣。

（1）圆柱形铣刀的铣削方式（圆周铣削）（见表 5.39）

表 5.39 圆柱形铣刀的铣削方式（圆周铣削）

圆周铣削	特点
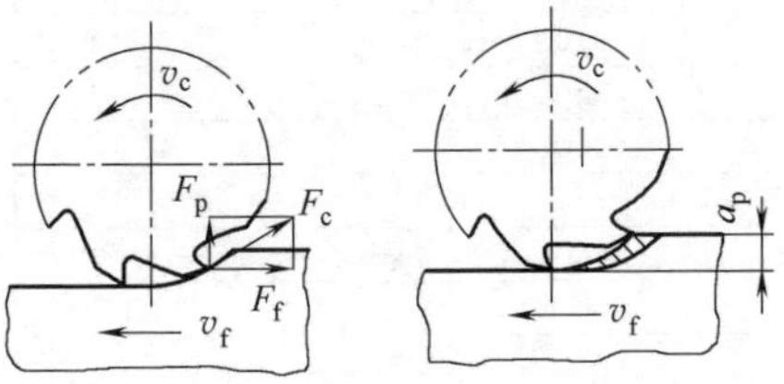 (a) (b) 逆铣	①工件的进给方向与铣刀切削运动（切削力 F_f）方向相反，见图(a) ②铣削力的垂直分力向上，工件需要较大的夹紧力，进给运动驱动力要求较大 ③铣削厚度从零开始逐渐增至最大[图(b)]，后刀面与工件产生挤压和摩擦，会加速刀齿的磨损，降低铣刀耐用度和工件加工质量 ④切削力冲击小，对进给传动影响较小
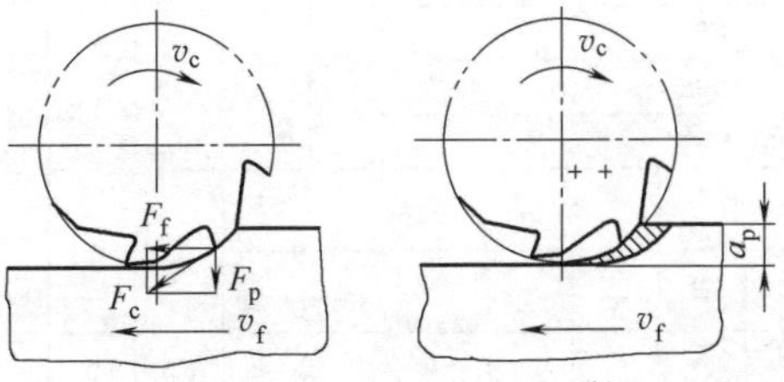 (a) (b) 顺铣	①工件的进给方向与铣削运动方向相同[图(a)] ②铣削的垂直分力向下，将工件压向工作台，夹紧力要求较小 ③刀齿切入工件时铣削厚度最大，而后逐渐减小至0[见图(b)]，后刀面与工件挤压、摩擦，切削冲击较大，降低铣刀耐用度 ④当工作台的进给丝杠与螺母有间隙时，影响进给运动平稳性，一般情况不宜采用顺铣

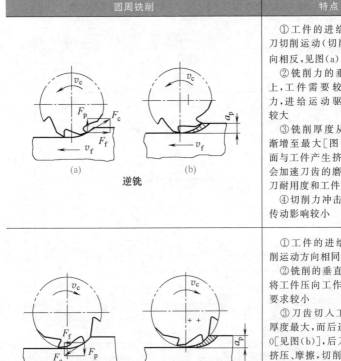

（2）面铣刀的铣削方式（端面铣削）（见表 5.40）

表 5.40　面铣刀的铣削方式（端面铣削）

端面铣削		特点
对称铣削	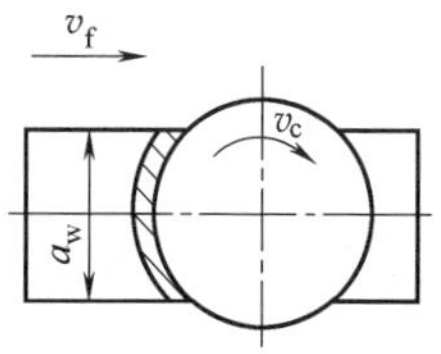	铣刀位于工件宽度的对称线上，切入和切出处铣削厚度最小且不为零。对铣削有冷硬层的淬硬钢有利。其切入边为逆铣，切出边为顺铣
不对称逆铣	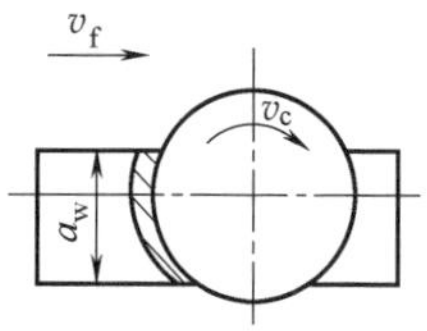	铣刀以最小铣削厚度（不为零）切入工件，以最大厚度切出工件。因切入厚度较小，减小了冲击。对提高铣刀耐用度有利，适合铣削碳钢和一般合金钢
不对称顺铣	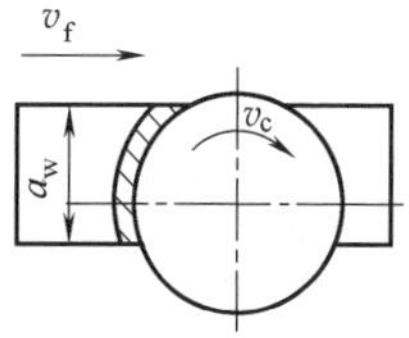	铣刀以较大铣削厚度切入工件，以较小厚度切出工件。虽然切削时具有一定的冲击性，但可以避免切入冷硬层，适合加工冷硬性材料与不锈钢、耐热合金等

5.3.2　工件的装夹

（1）铣床夹具的类型

铣床夹具按使用范围，可分为通用铣床夹具、专用铣床夹具和组合夹具三类。按工件在铣床上的加工运动特点，可分为直线进给夹具、圆周进给夹具、沿曲线进给夹具三类。

通用夹具是能加工两种或两种以上的工件的同一夹具，一般是指已经规格化，应用广泛或已经标准化了。铣床上常用的通用夹具及零部件有：平口虎钳、轴用虎钳、正弦规、分度头、圆转台、直角铁、顶尖、斜楔、压板等。

专用夹具是为某一特定工件的某一个工序加工要求而专门设计制造的，当工件或工序改变时就不能再使用了。这类夹具结构紧凑，使用维护方便，加工精度容易控制，产品质量稳定。

组合夹具由可循环使用的通用、标准的夹具零部件组装成易于连接和拆卸的夹具。组合夹具设计周期短、能反复使用，但生产效率和加工精度不如专用夹具，通常用于新产品试制、多品种单件小批生产。

（2）工件在铣床上的装夹方式（见表 5.41）

表 5.41　工件在铣床上的装夹方式

装夹方式	图示	特点
工件直接装夹在工作台面上	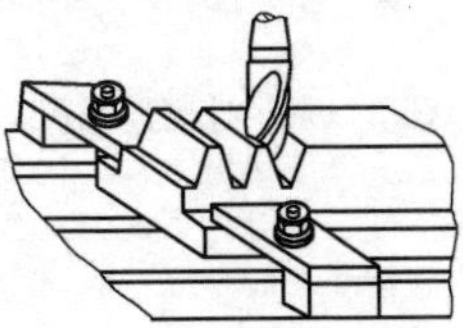	对于尺寸较大、几何形状复杂的工件，如机床床身、工作台、箱体等，加工尺寸超过机床工作台行程，如长齿条、长轴上180°对称沟槽加工等。当加工细长轴上的键槽时，将工件直接用压板装夹在工作台T形槽槽口上，以代替V形铁。此方法装夹方便，节约校正时间，装夹刚性好
用平口虎钳装夹工件	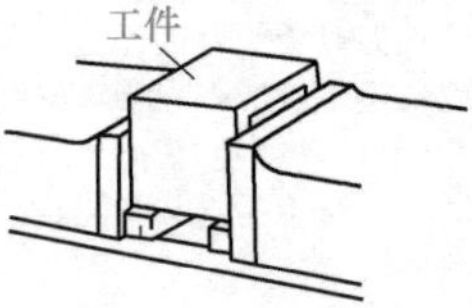	相互平行垂直的矩形工件，可选用平口虎钳装夹
用V形铁和压板装夹	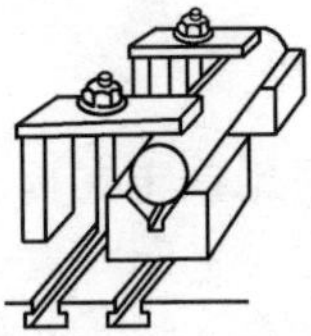	以外圆柱面定位的工件，可选用V形块定位，用压板将工件夹紧。也可选用轴用虎钳装夹
用分度头装夹工件	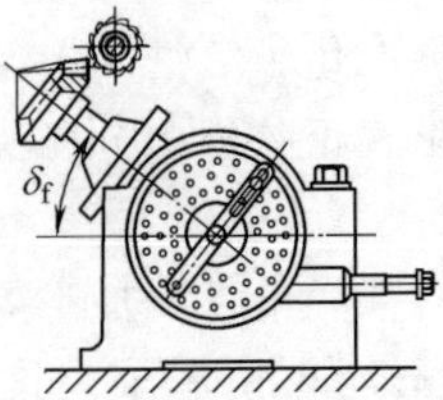	对于齿轮工件，精度要求高的轴、盘类工件上的角度面、沟槽、刀具齿槽、曲面加工，可选用分度头或回转台装夹

续表

装夹方式	图示	特点
用分度头装夹工件	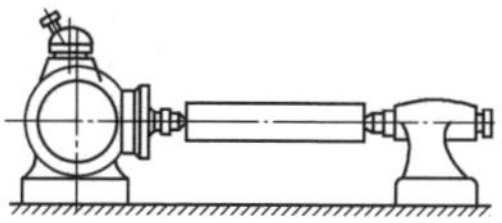	用分度头主轴和尾架两顶尖装夹工件，工件轴线位置不会因直径变化而变化。因为无论在卧式铣床，还是在立式铣床上加工，键槽的对称性均不会受工件直径的变化影响
用专用夹具装夹工 件	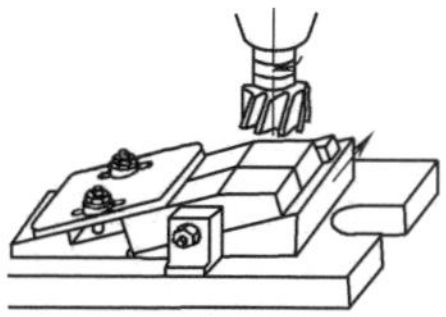	专用夹具是专门加工某一加工部位或工序而专门设计的。其优点是工件定位准确，夹紧方便牢固，适用于大批量生产
回转台装夹工件	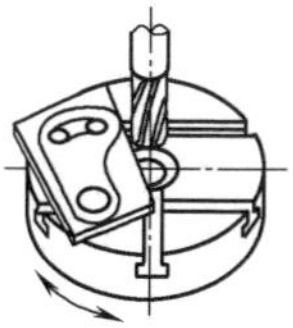	曲面加工，可选用回转台装夹

5.3.3　铣削用量

（1）铣削用量各要素的定义及计算（见表 5.42）

表 5.42　铣削用量各要素的定义及计算公式

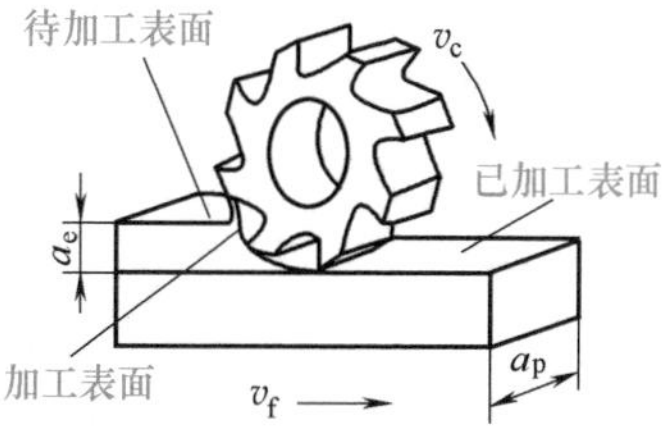

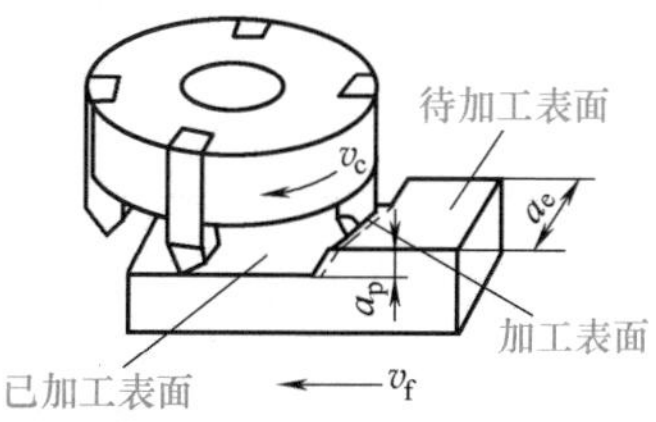

名称	定义	计算公式	举例
铣削深度 a_p /mm	沿铣刀轴线方向测量的刀具切入工件的深度		
铣削宽度 a_e /mm	沿垂直于铣刀轴线方向测量的工件被切削部分的尺寸		

续表

名称	定义	计算公式	举例
每齿进给量 f_z/(mm/z)	铣刀每转过一个齿，工件相对铣刀移动的距离	$f_z=\frac{f}{z}=\frac{v_f}{zn}$ 式中，v_f 为铣刀每分钟进给量，mm/min；z 为铣刀齿数；n 为铣刀转速，r/min	例　已知铣刀每分钟进给量 $v_f=375$mm/min，铣刀每分钟转数 $n=150$r/min，铣刀齿数 $z=14$，求铣刀每齿进给量 f_z 解　$f_z=\frac{v_f}{zn}=\frac{375}{14\times150}\approx0.18$(mm/z)
每转进给量 f/(mm/r)	铣刀每转过一转，工件相对铣刀移动的距离	$f=f_zz$	例　已知 $f_z=0.05$mm/z，$z=16$，$n=300$r/min，求 f 及 v_f 解　$f=f_zz=0.05\times16=0.80$(mm/r) $v_f=f_zzn=0.05\times16\times300=240$(mm/min)
每分钟进给量 v_f/(mm/min)	铣刀旋转一分钟，工件相对铣刀移动的距离	$v_f=fn=f_zzn$	
铣削速度 v_c/(m/min)	主运动的线速度，也就是铣刀刃部最大直径处在一分钟内所经过的距离	$v_c=\frac{\pi d_0n}{1000}$ 式中，d_0 为铣刀外径，mm；n 为铣刀转速，r/min 在实际工作中，一般先确定铣削速度 v_c 的大小，然后按上式算出转速 n，来调整铣床的主轴转速	例　铣刀外径 $d_0=80$mm，铣削速度 $v_c=30$m/min，试求在X6132(X62W)铣床上铣刀转速 n 解　$n=\frac{1000v_c}{\pi d_0}=\frac{1000\times30}{3.14\times80}\approx119$(r/min) 根据铣床主轴转速表，取铣刀转速 $n=118$r/min

（2）铣削用量选择原则

铣削用量选择顺序为铣削深度 a_p、每齿进给量 f_z 和切削速度 v_c。

① 铣削深度 a_p 的选择　根据不同的加工要求，a_p 的选择有三种情况。

a. 当工件表面粗糙度 Ra 为 12.5μm，一般可通过一次粗铣达到尺寸要求，但是，当工艺系统刚性很差，或者机床动力不足，或余量很大时，可考虑分两次铣削。此时，第一刀的铣削深度应尽可能大些，以使刀尖避开工件表面的锻、铸硬皮。通常，铣削无硬皮的钢料时，a_p＝3～5mm；铣削铸钢或铸铁时，a_p＝5～7mm。

b. 当工件表面粗糙度 Ra 为 6.3～3.2μm 时，可分粗铣及半精铣两步。粗铣后留 0.5～1.0mm 余量，由半精铣切除。

c. 当工件表面粗糙度 Ra 为 1.6～0.8μm 时，可分粗铣、半精铣及精铣。半精铣 a_p＝1.5～2.0mm；精铣 a_p＝0.5mm 左右。

② 每齿进给量 f_z 的选择　a_p 选定后，应尽可能选取较大的 f_z。粗铣时，限制 f_z 的是铣削力及铣刀容屑空间的大小，当工艺系统的刚性越好、铣刀齿数越少时，f_z 可取得越大；半精铣及精铣时，限制 f_z 的是工件表面粗糙度，粗糙度要求越小，f_z 应越小。有关各种常用铣刀的每齿进给量可分别参照表 5.43～表 5.46。

表 5.43　硬质合金端铣刀、盘铣刀加工平面和台阶时的进给量 f_z

mm/z

机床功率/kW	钢		铸铁及铜合金	
	不同牌号硬质合金的每齿进给量			
	YT15	YT5	YG6	YG8
＜5	0.06～0.15	0.07～0.15	0.10～0.20	0.12～0.24
5～10	0.09～0.18	0.12～0.18	0.14～0.24	0.20～0.29
＞10	0.12～0.18	0.16～0.24	0.18～0.28	0.25～0.38

注：1. 用盘铣刀铣沟槽时，表中所列进给量应减小 50%。

2. 用端铣刀铣平面时，采用对称铣削取最小值；不对称铣削取最大值。主偏角 κ_r≥75°时，取最小值；主偏角 κ_r＜75°时，取最大值。

3. 加工材料的强度或硬度大时，进给量取小值，反之取大值。

表 5.44　硬质合金立铣刀加工平面和台阶时的进给量 f_z　mm/z

立铣刀类型	铣刀直径/mm	铣削深度/mm			
		1～3	5	8	12
		每齿进给量			
带整体硬质合金刀头的立铣刀	10～12	0.03～0.02	—	—	—
	14～16	0.06～0.04	0.04～0.03	—	—
	18～22	0.08～0.05	0.06～0.04	0.04～0.03	—
镶螺旋形硬质合金刀片的立铣刀	20～25	0.12～0.07	0.10～0.05	0.10～0.05	0.08～0.05
	30～40	0.18～0.10	0.12～0.08	0.10～0.06	0.10～0.05
	50～60	0.20～0.10	0.16～0.10	0.12～0.08	0.12～0.06

注：1. 在功率较大的机床上，在装夹系统刚性较好的情况下，进给量取大值；在功率中等的机床上，进给量取小值。

2. 用立铣刀铣沟槽时，表列进给量应适当减小。

表 5.45 高速钢面铣刀、圆柱铣刀和盘铣刀的进给量 f_z mm/z

机床功率/kW	装夹系统刚性	粗齿和镶齿铣刀				细齿铣刀			
		面铣刀及盘铣刀		圆柱铣刀		面铣刀及盘铣刀		圆柱铣刀	
		钢	铸铁及铜合金	钢	铸铁及铜合金	钢	铸铁及铜合金	钢	铸铁及铜合金
>10	较好	0.20～0.30	0.40～0.60	0.30～0.50	0.45～0.70	—	—	—	—
	一般	0.15～0.25	0.30～0.50	0.25～0.40	0.40～0.60				
	较差	0.10～0.15	0.20～0.30	0.15～0.30	0.25～0.40				
5～10	较好	0.12～0.20	0.30～0.50	0.20～0.30	0.25～0.40	0.08～0.12	0.20～0.35	0.10～0.15	0.12～0.20
	一般	0.08～0.15	0.20～0.40	0.12～0.20	0.20～0.30	0.06～0.10	0.15～0.30	0.06～0.10	0.10～0.15
	较差	0.06～0.10	0.15～0.25	0.10～0.15	0.12～0.20	0.04～0.08	0.10～0.20	0.06～0.08	0.08～0.12
<5	一般	0.04～0.06	0.15～0.30	0.10～0.15	0.12～0.20	0.04～0.06	0.12～0.20	0.05～0.08	0.06～0.12
	较差	0.03～0.05	0.10～0.20	0.06～0.10	0.10～0.15	0.03～0.05	0.08～0.15	0.03～0.06	0.05～0.10

注：1. 铣削深度和铣削宽度较小时，进给量取大值，反之取小值。

2. 铣削耐热钢时，进给量与铣钢相同，但不大于 0.3mm/z。

3. 表中所列进给量适用于粗铣。

表 5.46 高速钢立铣刀、角铣刀、半圆铣刀、切口铣刀和锯片铣刀的进给量 f_z mm/z

铣刀直径 d_0/mm	铣刀类型	铣削深度 a_p/mm									
		3	5	6	8	10	12	15	20	25	30～50
		每齿进给量 f_z									
16	立铣刀	0.08～0.05	0.06～0.05	—	—	—	—	—	—	—	—
20		0.10～0.05	0.07～0.04	—	—	—	—	—	—	—	—
25		0.12～0.07	0.09～0.05	0.08～0.04	—	—	—	—	—	—	—
36		0.16～0.10	0.12～0.07	0.10～0.05	—	—	—	—	—	—	—

续表

铣刀直径 d_0/mm	铣刀类型	铣削深度 a_p/mm									
		3	5	6	8	10	12	15	20	25	30～50
		每齿进给量 f_z									
35	角铣刀	0.08～0.06	0.07～0.05	0.06～0.04	—	—	—	—	—	—	—
40	立铣刀	0.20～0.12	0.14～0.08	0.12～0.07	0.08～0.05	—	—	—	—	—	—
40	切口铣刀	0.01～0.05	0.007～0.005	0.01～0.005	—	—	—	—	—	—	—
45	半圆铣刀和角铣刀	0.09～0.05	0.07～0.05	0.06～0.03	0.06～0.03	—	—	—	—	—	—
50	立铣刀	0.20～0.12	0.15～0.10	0.13～0.08	0.10～0.07	—	—	—	—	—	—
50	切口铣刀	0.01～0.006	0.01～0.005	0.012～0.008	0.012～0.008	—	—	—	—	—	—
60	半圆铣刀和角铣刀	0.10～0.06	0.08～0.05	0.007～0.04	0.06～0.04	0.05～0.03	—	—	—	—	—
63	切口铣刀	0.013～0.008	0.01～0.005	0.015～0.01	0.015～0.01	0.015～0.01	—	—	—	—	—
63	锯片铣刀	—	—	0.025～0.015	0.022～0.012	0.02～0.01	—	—	—	—	—
75	半圆铣刀和角铣刀	0.12～0.08	0.10～0.06	0.09～0.05	0.07～0.05	0.06～0.04	0.06～0.03	—	—	—	—
80	切口铣刀	—	0.015～0.005	0.025～0.01	0.022～0.01	0.02～0.01	0.017～0.008	0.015～0.007	—	—	—
80	锯片铣刀	—	—	0.03～0.015	0.027～0.012	0.025～0.01	0.022～0.01	0.02～0.01	—	—	—
90	半圆铣刀和角铣刀	0.12～0.07	0.12～0.05	0.11～0.05	0.10～0.05	0.09～0.04	0.08～0.04	0.07～0.03	0.05～0.03	—	—
100	锯片铣刀	—	—	0.03～0.023	0.03～0.02	0.03～0.02	0.025～0.02	0.025～0.02	0.025～0.015	0.02～0.01	—
125～200	锯片铣刀	—	—	—	—	—	—	0.03～0.02	0.025～0.015	0.02～0.01	0.015～0.01

注：1. 表中所列进给量适合于加工钢料；加工铸铁、铜及铝合金时，进给量可按表列数值增加 30%～40%。

2. 铣削宽度小于 5mm 时，切口铣刀和锯片铣刀采用细齿；铣削宽度大于 5mm 时，采用粗齿。

3. 表中半圆铣刀的进给量适用于凸半圆铣刀；对于凹半圆铣刀，进给量应减少 1/3。

③ 铣削速度 v_c 的选择　铣削深度 a_p 及每齿进给量 f_z 选定后，应在保证正常的铣刀耐用度及在机床动力和刚性允许的条件下，尽可能取较大的切削速度 v_c。选择 v_c 时，首先应考虑的因素是刀具材料及工件材料的性质。刀具材料的耐热性越好，v_c 可取得越高；而工件材料的强度、硬度越高，v_c 则应当适当减小。但在加工不锈钢之类的难加工材料时，其强度及硬度可能比一般钢材还要低些，可是它的冷硬、粘刀倾向大，导热性差，铣刀磨损严重，因此，v_c 值应比铣一般钢材时低些。常用材料的铣削速度见表 5.47。

表 5.47　常用材料的铣削速度

加工材料	硬度(HBS)	铣削速度 v_c/(m/min)	
		硬质合金刀具	高速钢刀具
低、中碳钢	<220	80～150	21～40
	225～290	60～115	15～36
	300～425	40～75	9～20
高碳钢	<220	50～130	18～36
	225～325	53～105	14～24
	325～375	36～48	9～12
	375～425	35～45	6～10
合金钢	<220	55～120	15～35
	225～325	40～80	10～24
	325～425	30～60	5～9
工具钢	200～250	45～83	12～23
灰铸铁	100～140	110～115	24～36
	150～225	60～110	15～21
	230～290	45～90	9～18
	300～320	21～30	5～10
可锻铸铁	110～160	100～200	42～50
	160～200	83～120	24～36
	200～240	72～110	15～24
	240～280	40～60	9～21
铝镁合金	95～100	360～600	180～300

注：1. 粗铣时，切削负荷大，v_c 应取小值；精铣时，为了减小表面粗糙度，v_c 应取大值。

2. 采用机夹式或可转位硬质合金铣刀，v_c 可取较大值。

3. 经实际铣削后，如发现铣刀耐用度太低，则应适当减小 v_c。

4. 铣刀结构及几何角度改进后，v_c 可以超过表列值。

5.3.4　分度头简单使用

(1) 分度头的组成结构及简单分度(见表 5.48)

表 5.48　分度头的组成结构及简单分度

简图	说明
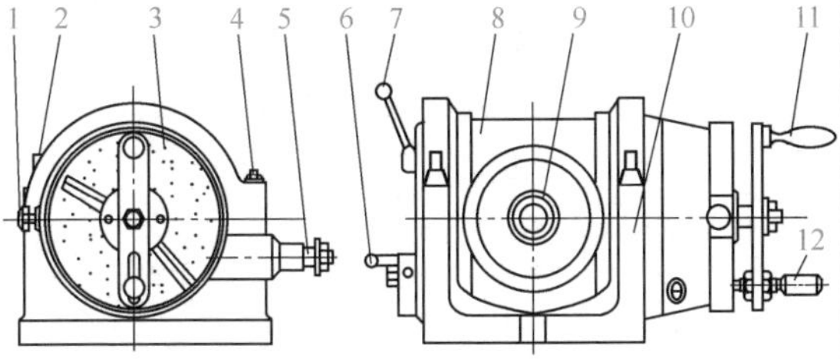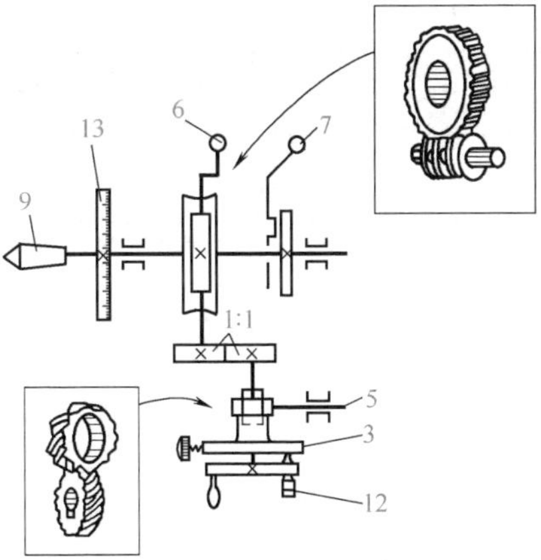1—分度盘紧固螺钉；2—分度叉；3—分度盘；4—螺母；5—交换齿轮轴；6—蜗杆脱落手柄；7—主轴锁紧手柄；8—回转体；9—主轴；10—基座；11—分度手柄；12—分度定位销；13—刻度盘	分度头的蜗杆蜗轮传动比为 1∶40，称分度头定数(40)。分度盘各圈的孔数：24、25、28、34、37、38、39、41、42、43、46、47、49、51、53、54、57、58、59、62、66 例　铣齿轮齿数 $z=12$，求每次分度头手柄的转数。 解　$n=\frac{40}{z}=\frac{40}{12}=3\frac{4}{12}=3\frac{8}{24}$ 即：铣完一齿后，分度头手柄摇 3 转，再在 24 的孔圈上转过 8 个孔距 角度头手柄的转数：$n=\theta°/9°$ 或 $\theta'/540'$ 或 $\theta''/32400''$ 例　要在工件外圆上铣两条夹角为 24°20′的槽，求每次分度头手柄的转数。 解　$\theta'=24\times60'+20'=1460'$ $n=\frac{\theta'}{540'}=\frac{1460'}{540'}=2\frac{38}{54}$ 即铣好一条槽后，分度头手柄摇 2 转，再在 54 的孔圈上转过 38 个孔距 其交换齿轮齿数为：25、30、35、40、50、55、60、70、80、90、100。用于差动分度

（2）差动分度

当被分度的等分数或角度不满足分度盘各圈的孔数时，应采用差动分度法，就需要用分度头的交换齿轮装置来进行差动分度。分度头的交换齿轮装置如图5.5所示。分度等分与交换齿轮的关系如表5.49所示。

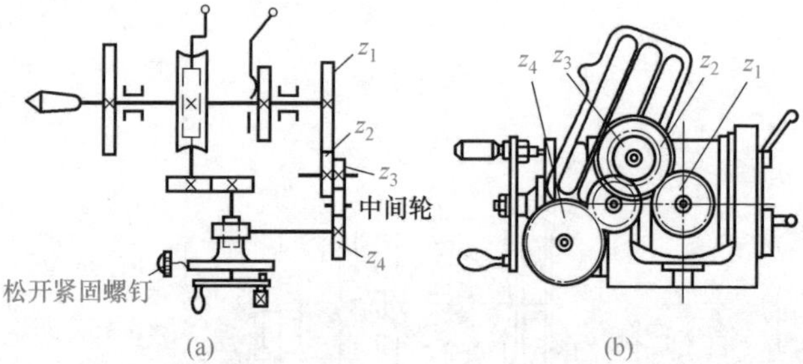

图5.5　分度头的交换齿轮装置

表5.49　分度等分与交换齿轮的关系

z_1 和 z 相比	传动比 i	手柄和分度盘回转方向	一对交换齿轮	二对交换齿轮
$z_1>z$	正	相同	加一个中间轮	不加中间轮
$z_1<z$	负	相反	加两个中间轮	加一个中间轮

注：所选的工件假设等分数 z_1 必须能够进行单式分度，并且要比较接近工件实际等分数 z。

差动分度法计算：

$$每次分度头手柄的转数\ n=\frac{40}{z_1}$$

$$传动比\ i=\frac{40(z_1-z)}{z_1}$$

式中　40——分度头的定数；

z——工件实际等分数；

z_1——工件假设等分数。

例1　铣一齿轮，齿数 $z=111$，求分度头手柄转数和交换齿轮，并决定分度头手柄与分度盘回转方向。

解　设假定齿数 $z_1=110$，计算分度手柄转数 n。

$$n=\frac{40}{z_1}=\frac{40}{110}=\frac{4}{11}=\frac{24}{66}$$

即：分度头手柄应在 66 孔圈上转过 24 个孔距。

计算交换齿轮

$$i=\frac{40(z_1-z)}{z_1}=\frac{40\times(110-111)}{110}=-\frac{40}{110}=-\frac{20}{55}=-\frac{40}{55}\times\frac{25}{50}$$

即：$z_1=40$、$z_2=55$、$z_3=25$、$z_4=50$。因 z_1 小于 z，z_1z_3/z_2z_4 为负值，所以取中间轮的数目应保证分度盘回转方向相反。

（3）近似分度

近似分度法的计算公式为：

$$n=\frac{40}{z}NM$$

式中　n——分度头手柄应转过的转数；

z——工件的等分数；

N——所选择的分度盘孔圈孔数；

M——扩大的倍数（跳齿数）。

例 2　有一直齿锥齿轮，齿数 $z=93$，计算分度头手柄的转数。

解　先按简单分度法得到分度头手柄所要摇的转数：

$$n=\frac{40}{z}=\frac{40}{93}$$

由于此数不能约简，分度盘上也没有 93 孔的孔圈，因此无法进行分度。如果在分度盘上任意选一孔圈，如 $N=59$，那么每次分度时手柄应摇的孔距数是：

$$\frac{40}{93}\times59=\frac{2360}{93}=25.37634$$

因为所得的是小数，没法摇手柄，这时可将 25.37634 扩大一个倍数，设法使其接近一个整数，现将此数扩大 8 倍得：

$$25.37634\times8\approx203.01072$$

此数接近 203 整数，因此可以按 203 个孔距在 59 孔的孔圈上进行分度，其手柄转数应是：$n=\frac{203}{59}=3\frac{26}{59}$

即：铣完一齿后，手柄摇 3 转，然后在 59 孔的孔圈上再转过 26 个孔距。

因孔距数乘上 8，所以这时所摇的孔距数是原来所要摇的孔距数的 8 倍，也就是跳齿数 $M=8$。即铣完第一齿后，再铣的是第九齿，这样连续下去，就可以把工件的全部齿铣完。

(4) 直线移距分度法

直线移距分度法是将分度头主轴或侧轴和纵向工作台丝杠用交换齿轮连接起来，移距时只要转动分度头手柄，通过齿轮传动，使纵向工作台作精确的移距。这种方法适用于加工精度较高的齿条和直尺刻线等的等分移距分度。

常用的直线移距法有两种：主轴交换齿轮法和侧轴交换齿轮法。

主轴交换齿轮法是在分度头主轴与纵向工作台传动丝杠之间，安装交换齿轮，如图 5.6 所示。在转动分度头手柄时，利用分度头的 1∶40 的蜗杆蜗轮减速，主轴的传动传至纵向丝杠，使工作台移动一个较小的距离。

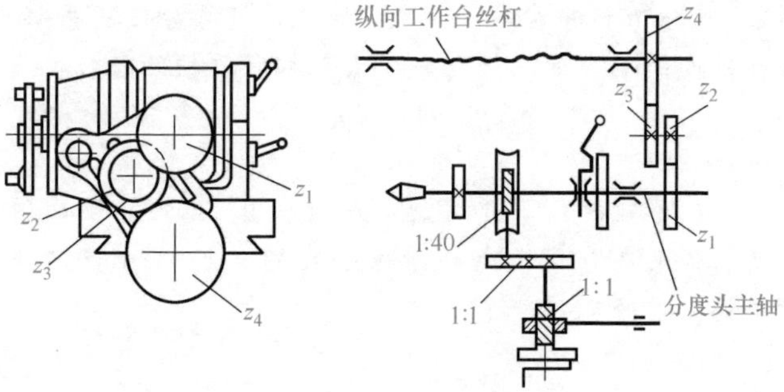

图 5.6 主轴交换齿轮法

交换齿轮比计算公式为：

$$\frac{40S}{np}=\frac{z_1z_3}{z_2z_4}$$

式中 z_1，z_3——主动交换齿轮齿数；

z_2，z_4——从动交换齿轮齿数；

40——分度头定数；

S——工件每格距离，mm；

n——每次移距时分度头手柄转数；

p——铣床纵向工作台丝杠螺距，mm。

交换齿轮传动比尽可能小于 2.5，式中 n 虽然可以为任意选取，但为了保证计算配置齿轮的传动平稳，n 尽可能不要选得太大，n 应取在 1～10 之间。

例 3　在 X6132 型铣床上用 F11125 分度头采用主轴交换齿轮法进行刻线，工件每格距离 $S=1.75$mm，机床纵向丝杠 $p_{丝}=6$mm。试决定分度手柄转数和挂轮齿数。

解　取分度头手柄转数 $n=5$，根据公式：

$$\frac{z_1 z_3}{z_2 z_4}=\frac{40S}{np}=\frac{40\times1.75}{5\times6}=\frac{70}{30}$$

即：主动交换齿轮 $z_1=70$，从动交换齿轮 $z_4=30$，每次分度头手柄转数为 5 转。

侧轴交换齿轮法是将分度侧轴与纵向丝杠之间安装交换齿轮，如图 5.7 所示。因不通过 1∶40 的蜗杆蜗轮减速传动，故用于较大的移距量。

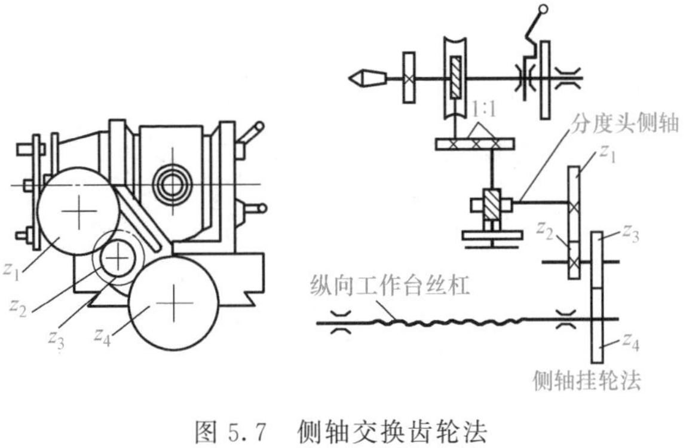

图 5.7　侧轴交换齿轮法

交换齿轮计算公式为：

$$\frac{S}{np}=\frac{z_1 z_3}{z_2 z_4}$$

采用此法时，分度头手柄的插销不能拔出。分度盘的紧固螺钉应松开，使分度盘连同手柄一起转动。为了准确地控制分度手柄转数，可将分度盘的紧固螺钉改为定位销。

例 4 在 X6132 型铣床上用 F11125 分度头进行刻线，每格距离为 $S=8.75\text{mm}$，纵向工作台丝杠 $p_{丝}=6\text{mm}$。求分度头手柄转数和挂轮齿数。

解 取分度头手柄转数 $n=1$，根据公式：

$$\frac{z_1z_3}{z_2z_4}=\frac{S}{np}=\frac{8.75}{1\times 6}=\frac{8.75\times 4}{6\times 4}=\frac{35}{24}=\frac{7\times 5}{6\times 4}=\frac{70\times 50}{60\times 40}$$

即：主动交换齿轮 $z_1=70$，$z_3=50$；从动交换齿轮 $z_2=60$，$z_4=40$，每次分度头手柄转数为 1 转。

（5）双分度头复式分度法

双分度头复式分度法的实质是通过两次简单分度来达到分度的目的，而两次简单分度是通过两个分度头分别完成的。如图 5.8 所示，分度头Ⅰ及Ⅱ同时安装在铣床工作台面上，并用 1∶1 的交换齿轮 z_a 和 z_b 将分度头Ⅰ的侧轴与分度头Ⅱ的主轴连接起来，工件安装在分度头Ⅰ的主轴上。当工件每分度一次，转过 $1/z$ 时，分度头Ⅰ的分度手柄应转过 $n=40/z$，转数 n 将由两部分组成：

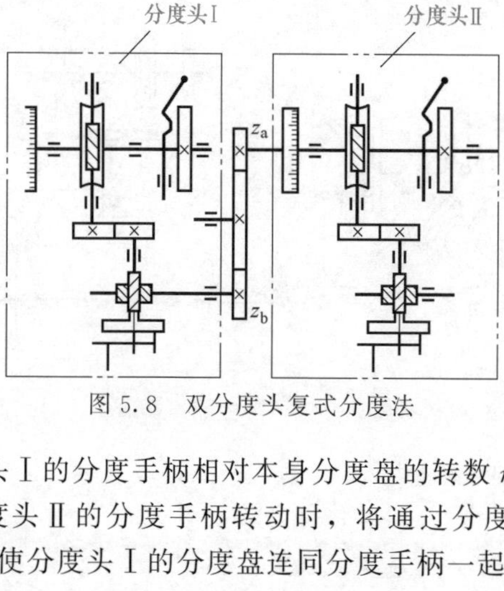

图 5.8 双分度头复式分度法

1）分度头Ⅰ的分度手柄相对本身分度盘的转数 n_1。

2）当分度头Ⅱ的分度手柄转动时，将通过分度头Ⅱ的主轴，经过交换齿轮使分度头Ⅰ的分度盘连同分度手柄一起转动。如分度头Ⅱ的分度手柄转过 n_2 转时，分度头Ⅰ的分度盘连同分度手柄将转过 $n_2/40$。所以分度头复合分度法的计算公式如下：

$$\frac{40}{z}=n_1+\frac{n_2}{40}$$

由上式直接确定 n_1 及 n_2 比较困难，具体计算时可按以下步骤进行：

① 取一个与工件等分数相接近的，并可作单式分度的假定等分数 z_0。按简单分度法确定分度头Ⅰ的分度手柄相对分度盘的转数 $n_1=40/z_0$。

② 将 n_1 代入上式计算 n_2 得：

$$n_2=\frac{1600(z_0-z)}{zz_0}$$

从上式可知，当 $z_0>z$ 时，n_2 为正值，这表明分度头Ⅱ的分度手柄转动的方向，应使分度头Ⅰ的分度盘转向和 n_1 相同；反之当 $z_0<z$ 时，n_2 为负值，分度头Ⅰ的分度盘转向应和 n_1 相反。实践证明，当选用 $z_0>z$ 时，操作较方便，并能使分度均匀。

③ 用角度分度表，按 n_2 值查取最接近的分度头Ⅱ的分度盘孔圈孔数，以及每次分度时分度手柄应转过的孔距数和折合手柄转数。

例 5 采用双分度头复式分度法铣削模数 $m=1.5\text{mm}$，$z=127$ 的直尺圆柱齿轮，该分度圆直径为 $d=190.5\text{mm}$。试求分度数据及齿距最大累积误差 Δt_{Σ}。

解 ① 取假定等分数 $z_0=130$，则按简单分度法公式计算：

$$n_1=\frac{40}{z_0}=\frac{40}{130}=\frac{12}{39}$$

即：分度头Ⅰ的分度盘孔圈孔数为 39，每次分度时分度手柄应转过 12 个孔距。

② 计算 n_2 得：

$$n_2=\frac{1600(z_0-z)}{zz_0}=\frac{1600\times(130-127)}{127\times130}=0.2907$$

③ 由角度分度表查得，最近的分度手柄转数为 0.3051，所以

$n_2=18/59$，即分度头Ⅱ的分度盘孔数为59，每次分度时分度手柄转过18个孔距，因 $z_0>z$，n_2 为正值，其转动方向，应使分度头Ⅰ的分度盘转向和 n_1 相同。

④ 由上面计算可知，每次分度时分度头Ⅱ的分度手柄有转角误差 $\Delta_{n2}=0.3051-0.2907=0.0144$，反映到分度头Ⅰ的分度手柄上，每次分度的转角误差

$$\Delta_n=\frac{\Delta_{n2}}{40}=\frac{0.0144}{40}=0.00036$$

所以造成每次分度后工件齿距误差为

$$\Delta_p=\frac{\Delta_n 9°}{360°}\pi d=\frac{0.00036}{40}\times 3.14\times 190.5=0.00538353\ (\text{mm})$$

所有齿铣好，共需分度 $z-1=127-1=126$（次）。故齿轮最大累积误差为

$$\Delta_{p\Sigma}=\Delta_p(z-1)=0.00538353\times 126=0.6783\ (\text{mm})$$

(6) 圆工作台的分度方法

在立式铣床上使用圆工作台可以铣削等分槽一类工件。把圆工作台固定在铣床工作台上，将圆工作台的手柄卸下，换上分度盘和分度手柄，就可以进行分度工作。

圆工作台内部的蜗杆为单线，蜗轮齿数有60齿、90齿和120齿三种。它们的分度定数 N 为60、90、120。分度盘手柄转数计算公式见表5.50。

表5.50 圆工作台分度计算公式

圆工作台分度定数 N	圆工作台简单分度计算公式	圆工作台角度分度计算公式
60	$n=\frac{60}{z}$	$n=\frac{60\theta}{360°}=\frac{\theta}{6°}$
90	$n=\frac{90}{z}$	$n=\frac{90\theta}{360°}=\frac{\theta}{4°}$
120	$n=\frac{120}{z}$	$n=\frac{120\theta}{360°}=\frac{\theta}{3°}$

式中 n——圆工作台分度手柄转数

z——工件等分数

注：其计算和分度方法与使用分度头时相同。

5.4　平面、斜面和球面铣削

5.4.1　平面和垂直面铣削

（1）平面铣削（见表 5.51）

表 5.51　平面铣削

图示	采用的方法与说明
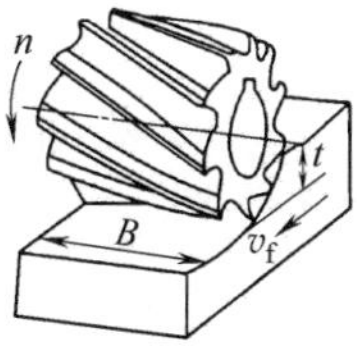(a) 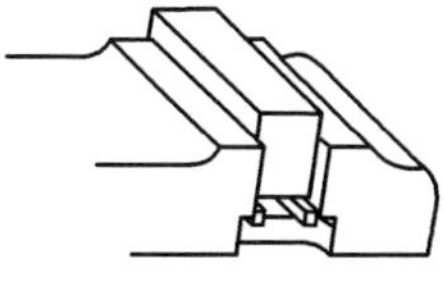(b)	铣刀选择：中小型平面常在卧式铣床上采用圆柱形铣刀铣削平面，如图(a)，圆柱形铣刀刀齿分布在圆柱表面上，可分为直齿和螺旋齿两种。由于螺旋齿圆柱形铣刀的每一个刀齿是逐渐切入和切离工件的，所以其工作过程平稳，加工表面粗糙度 Ra 值小 铣削方式：在没有丝杠、螺母消除装置的铣床上进行工件加工或工艺刚性不足时，应采用逆铣加工，有硬皮的铸件或锻件毛坯最好采用逆铣。目前生产中多数还是采用逆铣 装夹方式：采用平口虎钳夹具装夹工件，如图(b)，在铣削平行平面时： ①虎钳导轨面和平行垫铁与工作台面不平行。校正方法：临时的可在虎钳底面与台面之间垫铜皮或纸片，应垫在工件厚的一方；永久措施是修正虎钳导轨面和平行垫铁 ②用周边铣削时，刀杆与工作台不平行以及铣刀有锥度 ③用端面铣削时，铣床主轴与进给方向不垂直 ④工件基准面与平行垫铁和虎钳导轨面不贴合 ⑤工件上和固定钳口贴合的平面与基准面不垂直。若靠活动钳口的一端尺寸较薄，则把铜皮垫在固定钳口的上部，可改善情况，在铣削精度高的平行面时，可用杠杆式百分表校正工件下平面的四角

续表

图示	采用的方法与说明
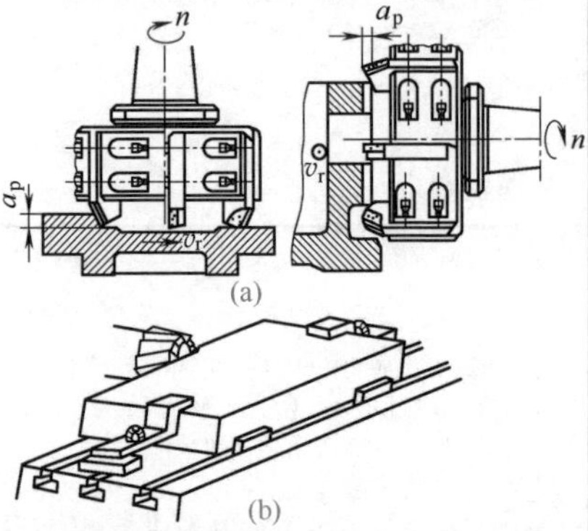	装夹方式：如图(b)所示工件直接装夹在工作台上时，将工件装夹在工作台面上加工，主要适用于尺寸较大的工件。可采用定位块使基准面与工作台面垂直并与进给方向平行，这时用端铣刀铣出的平面即为平行面。采用这种装夹方法加工平行面时，加工前必须检查其垂直度 铣削方式：用端铣刀进行逆铣时，由于不会产生工作台窜动现象，所以一般都采用逆铣方式 铣刀选择：镶齿面铣刀可安装在立式铣床或卧式铣床上，分别铣削水平面或垂直面，刀盘直径一般为 ϕ75～300mm，主要铣削大平面，可进行高速切削，切削速度可达 100～150m/min
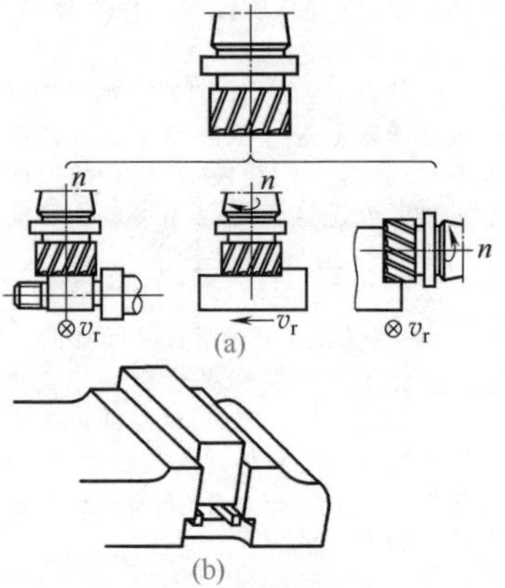	铣刀选择：套式面铣刀如图(a)，直径一般为 ϕ63～100mm，圆周面和端面上均有刀齿，可在立式铣床和卧式铣床上使用，适宜铣削平面尺寸不大的工件 装夹方式：采用平口虎钳夹具装夹工件，如图(b)
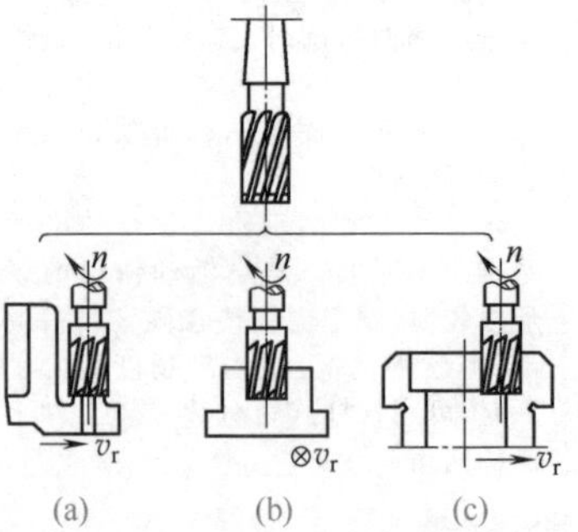	用端铣刀和立铣刀在立式铣床上铣平面，产生的热量较小，刀具耐用度高。立铣中使用的刀轴比卧铣短，能减小加工中振动，可以提高切削用量 铣削的方式：如图(a)所示用端铣刀进行对称铣削时，适用于加工短而宽或较厚的工件，不宜铣削狭长或较薄的工件。如图(b)、图(c)所示。图(b)铣削法相当于圆柱铣刀铣平面的顺铣法，在加工中会产生工作台窜动，所以不常用。图(c)铣削法相当于圆柱铣刀铣平面的逆铣法，用端铣刀进行逆铣时，由于不会产生工作台窜动现象，所以一般都采用逆铣方式 装夹方式：采用通用夹具装夹工件

（2）垂直面铣削（见表 5.52）

表 5.52　垂直面铣削

方法	图示	说明
用平口虎钳装夹	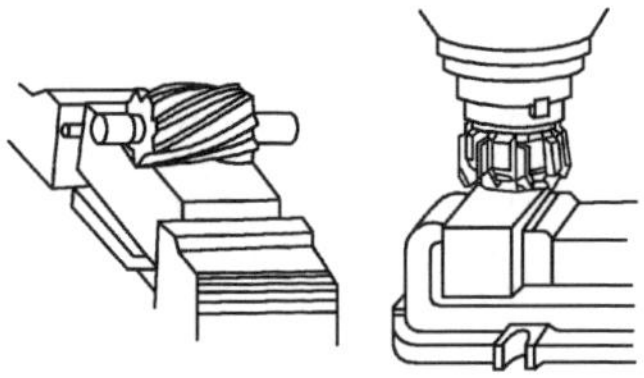	用平口虎钳装夹简便和牢固。铣削时，造成垂直度误差超过允差的原因和校正方法有： ①固定钳口与工作台面不垂直。校正的临时措施是垫铜片、纸片，当工件的加工面与基准面夹角小于90°时，垫在固定钳口的上方，永久措施是修正钳口 ②工件基准面与固定钳口不贴合，处理措施是：擦干净贴合部分表面；在活动钳口处放铜棒或厚纸条 ③夹紧时夹紧力太大，使固定钳口外倾 ④工件基准面平面度差 ⑤用图示方式铣削时，立铣头与工作台不垂直，用纵向进给并作非对称铣削或用横向进给。处理措施是校正立铣头
用压板装夹	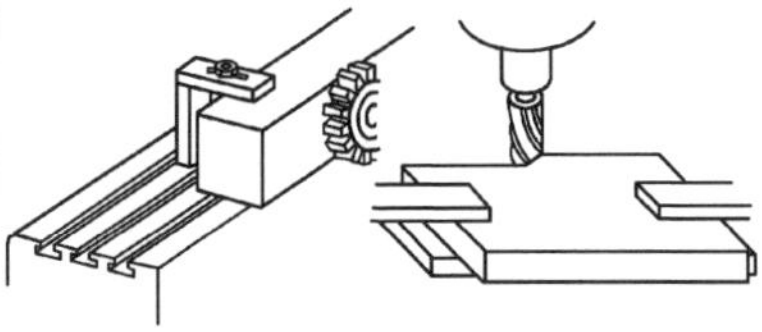	①图示是用压板把工件直接压牢在工作台上，造成不垂直的原因是基准面与工作台之间有杂物和毛刺以及进给方向与铣床主轴不垂直 ②图示的装夹方法适用于工件宽大而不厚的情况，造成不垂直的原因是铣刀有锥度或基准面与工作台不平行；在用横向进给时，立铣头“零位”不准
用角铁装夹	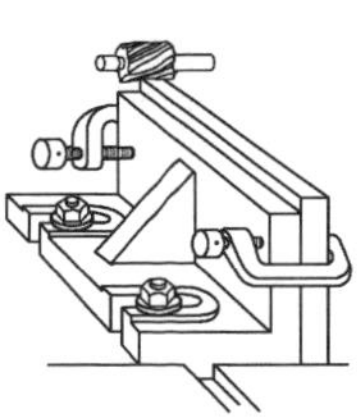	图示的装夹方法与用平口虎钳装夹基本相同。其不同处有： ①适宜装夹较宽大的工件 ②夹紧力较大时，角铁垂直面不会外倾 ③刚度比较差 ④用如图所示的进给方向，当铣刀有锥度时，对垂直度有影响，用虎钳装夹时也一样

续表

方法	图示	说明
用平口虎钳装夹铣削端部垂直面	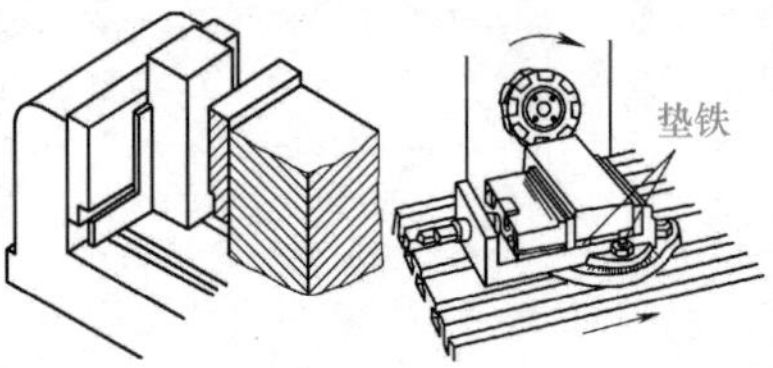	①图示适宜小型工件的单件生产。造成不垂直的原因，除与用平口钳装夹具有相同的情况外，还与角尺的精度和操作准确度有关，而且每件都要用角尺校正工件 ②图示在安装虎钳时，必须把固定钳口校正到与进给方向垂直；虎钳的导轨面和平行垫铁必须与工作台平行，造成不垂直的原因是：工件侧面与固定钳口、底面与平行垫铁不贴合 当工件较大时，用一块平行垫铁或角铁代替固定钳口，把工件直接压牢在工作台上面

5.4.2 斜面铣削

表 5.53 为斜面铣削。

表 5.53 斜面铣削

方法	图示	说明
转动平口虎钳	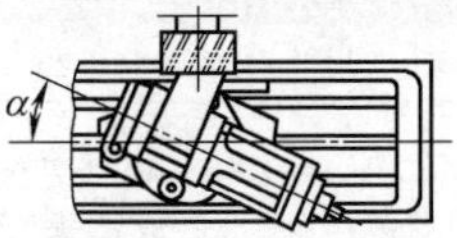	用平口虎钳、可倾斜虎钳和可倾斜工作台转动一定的角度来装夹工件铣削斜面，适用于单件或小批生产。调整时，夹具需转过的角度 α 与斜面的夹角 θ 之间的关系为：在夹具转过角度之前，若基准面与加工平面平行，则 $\alpha=\theta$ 在 $\theta>90°$ 时，$\alpha=180°-\theta$ 在夹具转过角度之前，若基准面与加工平面垂直，则 $\alpha=90°-\theta$ 在 $\theta>90°$ 时，$\alpha=\theta-90°$
倾斜虎钳	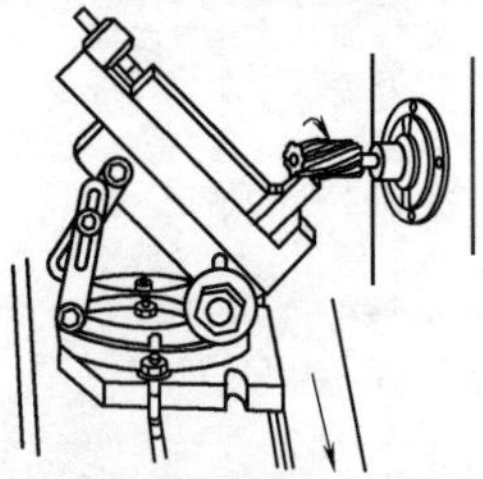	
倾斜工作台	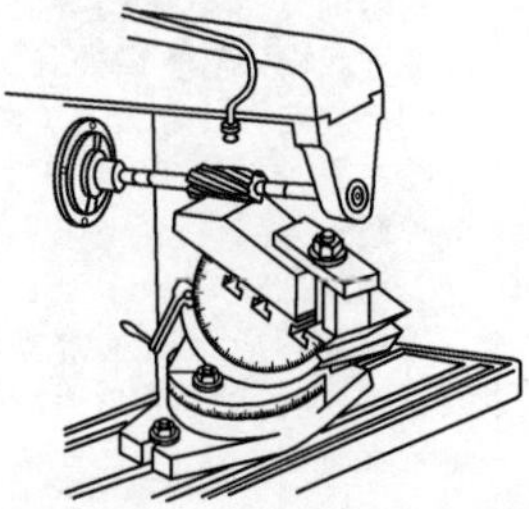	

续表

方法	图示	说明
倾斜垫铁	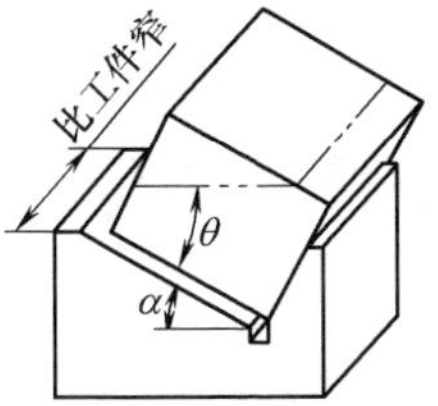	当工件数量较多时，可用倾斜垫铁与平口虎钳联合装夹工件
倾斜专用夹具	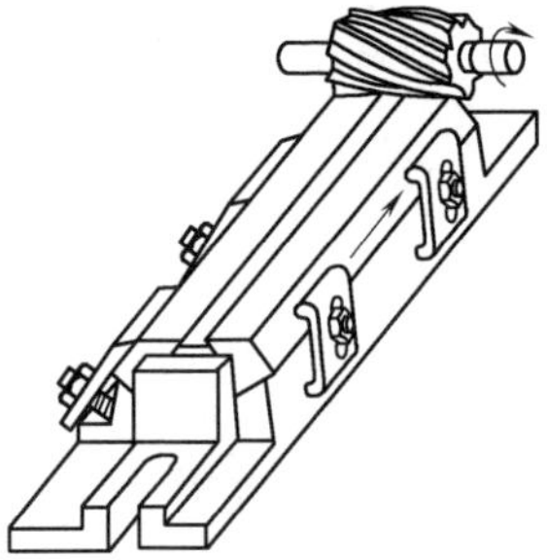	当批量很大时，可用专用夹具装夹铣削斜面
把铣刀转成所需角度	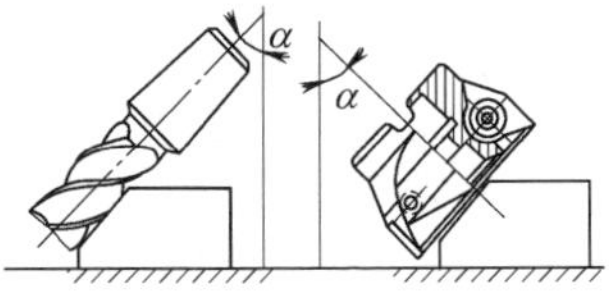	在立式铣床上，可以利用转动立铣头的方法改变铣刀的倾斜角度铣削斜面，如图所示。立铣头的转动角度应根据工件被加工表面的倾斜角度确定。铣削方式（加工时）可按照装夹时工件基准面与加工平面位置直接换算，也可用查表法。铣削时工作台必须做横向进给，才能铣出斜面。这种方法适用于铣削较小斜面
用角度铣刀铣斜面	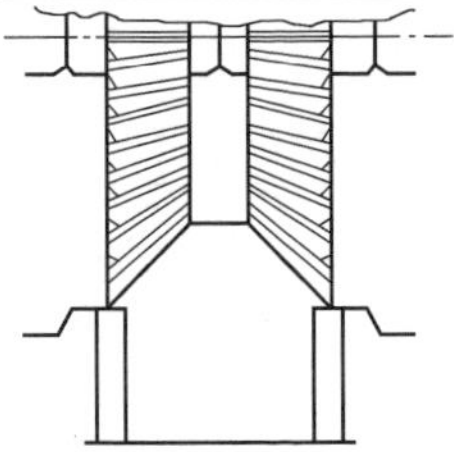	较小的斜面可用角度铣刀直接铣成，所铣出的斜面的倾斜角度由铣刀的角度保证，所以铣刀的角度应根据工件的倾斜角度选择。在成批生产中可将多把角度铣刀组合起来进行铣削，例如采用两把规格相同、刃口相反的单角铣刀同时铣削工件上的两个斜面
利用分度头铣削斜面	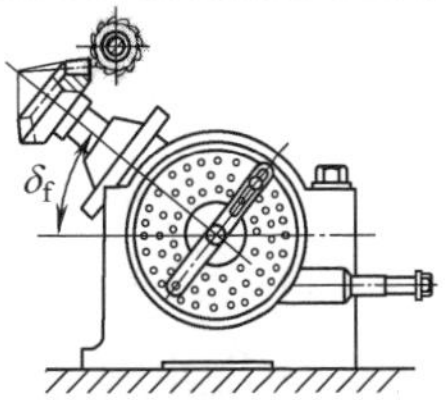	在圆柱形工件上铣削斜面时，可先将工件装夹在分度头的三爪卡盘上，再根据斜面的倾斜角度调整分度头的仰角进行铣削

5.4.3 平面铣削质量检验与控制

表 5.54 为平面铣削质量检验与控制。

表 5.54 平面铣削质量检验与控制

平面铣削质量检验	平面铣削质量控制
矩形工件的精度检验包括平面度、平行度、垂直度、表面粗糙度及尺寸精度等 ①平面度的检验 采用刀刃直尺检验,检测时应在平面的任意方向上用直尺检验,目测或用塞尺测量缝隙的大小,其最大缝隙为平面度误差。平面度的检测还可采用万用表测量及用着色检验 ②平行度的检验 当工件的平行度要求不高时,可用被测平面与基准面之间的尺寸变动量近似表示为平行度误差,当工件的平行度要求较高时,可在平台上检测,将工件基准面贴合在平台上推移工件用万用表检测,表值之差即平行度误差 ③垂直度的检验 两个平面的垂直度,一般用角尺检验,误差的大小可用塞尺测定。精度较高的垂直度,将工件放在平板上,用标准角铁和百分表进行测量,百分表的读数即是垂直度误差 ④尺寸检验 根据尺寸公差的大小分别采用游标卡尺和千分尺测量,大批量生产时采用卡规检验 ⑤表面粗糙度的检验 检验已加工表面的加工痕迹的深浅程度。检验时一般应用不同痕迹的标准样板与所检表面的痕迹比较检验,通常根据判断,但都以计量单位的检验结果为准 ⑥斜面倾斜度的检验 斜面与基准面之间的夹角,一般用万能量角器测量,角度精度较高时,可采用正弦规测量	①正确调整铣床 调整立式铣床的立铣头或万能铣床的回转台的“0”位,控制铣床主轴的轴向窜动及径向跳动,避免用端铣刀铣削时平面和基准面倾斜及内凹现象发生 ②选择正确的铣削用量及铣削方式 ③改进刀齿的修光刃 ④采用圆弧修光刃、小偏角修光刃,提高工件的表面粗糙度 ⑤铣刀的刃磨质量 刀齿刃磨后,刀面光洁度越高,则刃口平直光滑程度也越高,这样可以提高加工表面粗糙度及延长铣刀耐用度 ⑥采用不等齿距的铣刀 采用不等齿距的铣刀可以改变铣削负荷波动的周期,避免共振发生,从而提高加工表面光洁度。但要考虑到刀体的强度,此方法适用于粗齿铣刀 ⑦采用高速精铣 高速精铣一般采用带负前角的硬质合金铣刀铣削,在铣削钢件时 $v_c=200\sim300\text{m/min}$;铣削铝合金时 $v_c=600\text{m/min}$; $f_z=0.03\sim0.10\text{mm/z}$; $t=1\text{mm}$。当铣削 45 钢工件表面粗糙度 Ra 可达 $0.8\mu\text{m}$

5.4.4 铣削平面和斜面零件实例

(1) 零件图的分析

如图 5.9 所示为垫铁工件，材料为 45 钢，热处理调质至 220～

250HBW，需要铣削两侧斜面，斜面与两侧面斜角 24°±6′，顶面宽度（22±0.1）mm，斜面的表面粗糙度值为 Ra1.6μm。

（2）机械加工工艺路线

① 下料：用轧制的方钢在锯床上下料。

② 粗铣：左侧斜面留 1.5～2.0mm 余量，右侧斜面留 1.5～2.0mm 余量。

③ 热处理调质至 220～250HBW。

④ 半精铣：顶面、底面精加工至图样要求，左、右侧及斜面留 0.5～1mm 磨削余量。

⑤ 精铣：精铣左、右侧及斜面至尺寸要求。

⑥ 检验。

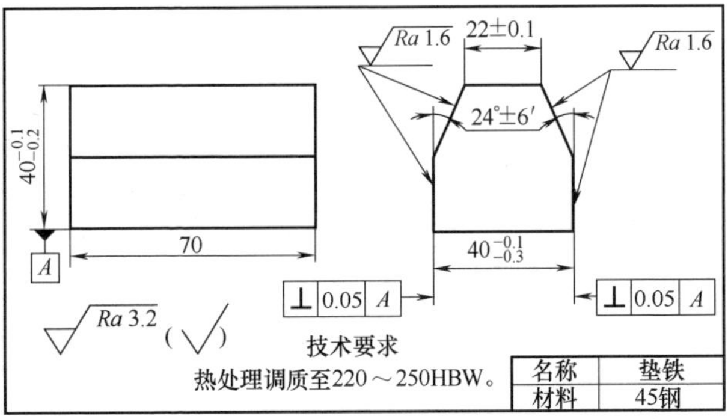

图 5.9　垫铁

（3）主要工艺装备及切削用量

铣削选用 X5032 型铣床；φ16～20mm 的立铣刀；平口虎钳。

铣削用量的选择：粗铣时，铣刀转速为 n=30～375r/min，背吃刀量 a_p=2～4.5mm，铣刀每转进给量 f=0.8～1mm/r；精铣时铣刀转速为 n=750～950r/min，背吃刀量 a_p=0.5～1mm，铣刀每转进给量 f=0.4～0.5mm/r。

（4）加工路线和加工步骤

1）加工路线：粗铣左侧斜面→半精铣左侧斜面→粗铣右侧斜面→半精铣右侧斜面→精铣右侧斜面→精铣左侧斜面。

2）加工步骤。

① 操作前检查、准备。

a. 检查工件尺寸及加工余量，清理工作台，清除工件表面毛刺。

b. 找正虎钳安装位置，使虎钳口与工作台横向运动方向一致。

c. 转动立铣头。安装好立铣刀，将立铣头顺时针方向转动24°，使得立铣刀轴线与铅垂方向成同一倾角。

② 装夹工件。将工件装夹在虎钳上，工件下面垫上垫铁，用千分表找正侧面与机床纵向进给方向平行后夹紧。

③ 粗铣左侧斜面。先用较大的切削用量切去角上大部分余量，粗铣出一段斜面后，再以正常的切削用量继续铣削。粗铣左侧斜面留 1.5～2.0mm 余量。

④ 半精铣左侧斜面。半精铣时，需用游标万能角度尺检查斜角的大小，若有误差，需要调整铣刀头转动角度，铣一次测量一次所铣角度，若有误差再微调铣刀头角度，直至符合要求。半精铣左侧斜面留 0.5～1mm 余量，斜角为 $24° \pm 6'$，表面粗糙度值为 $Ra3.2\mu m$ 以下。

⑤ 粗铣右侧斜面。将工件转 180°，调头装夹粗铣右侧斜面，留 1.5～2.0mm 余量。

⑥ 半精铣右侧斜面留 0.5～1mm 余量，斜角为 $24° \pm 6'$，表面粗糙度值为 $Ra3.2\mu m$ 以下。

⑦ 精铣右侧斜面。精铣至图样要求，保证斜角为 $24° \pm 6'$，表面粗糙度值为 $Ra1.6\mu m$。

⑧ 精铣左侧斜面。调头装夹精铣至图样要求，保证斜角为 $24° \pm 6'$，顶面宽度为（22±0.1）mm，表面粗糙度值为 $Ra1.6\mu m$。

5.4.5 球面铣削

在铣床上铣削圆球的原理与车床上旋风车削是一样的，即一个旋转的刀具沿着一个旋转的物体运动，两轴线相交，但又不重合，那么刀尖在物体上形成的轨迹则为一球面。

铣削时，工件中心线与刀盘中心线要在同一平面上。工件由电动机减速后带动或用机床纵向丝杠（拿掉丝杠螺母）通过交换齿轮带动旋转，如图 5.10 所示。

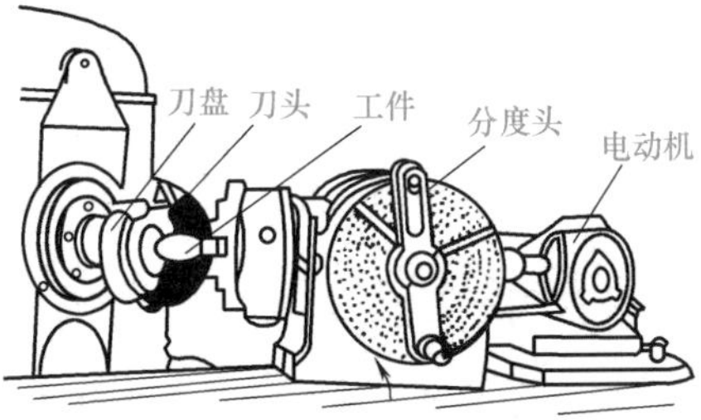

图 5.10　球面铣削装夹及传动机构

(1) 球面铣削的调整与计算（见表 5.55）

表 5.55　球面铣削的调整与计算

加工形式	图示	调整与计算
加工整球	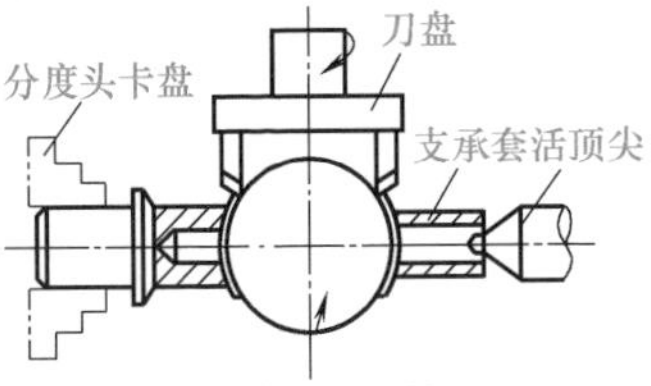 (a) 第一次铣削 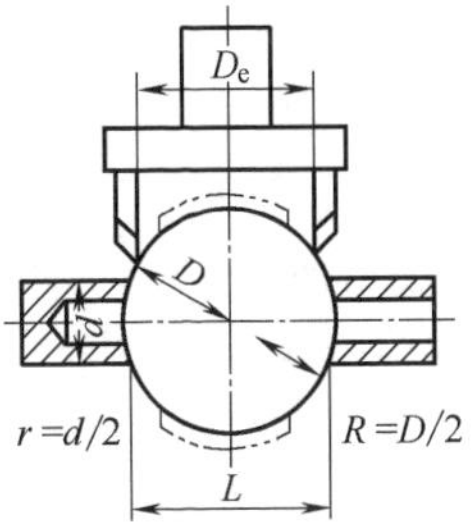 (b) 第二次铣削	①整圆球铣削一般要分两次加工 ②对刀直径 D_c 应控制在 $L>D_c>\sqrt{2}R$ 的范围内 $L=\sqrt{D^2-d^2}=2\sqrt{R^2-r^2}$ 式中　L——两支承套间距离，mm D——工件的直径，mm R——工件的半径，mm d——支承套的直径，mm r——支承套的半径，mm

续表

加工形式	图示	调整与计算
加工 单柄球面	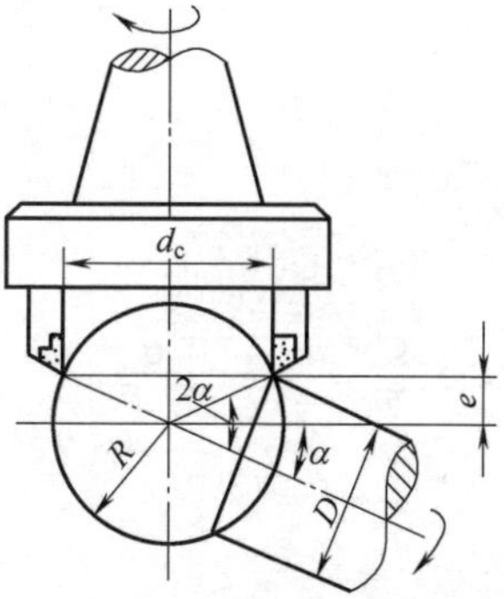	这种工件一般采用硬质合金铣刀盘加工，单柄球面的加工如图所示，刀盘或工件的倾斜角 α 的计算公式为 $$\sin 2\alpha=\frac{D}{2R}$$ 或 $$\alpha=\frac{1}{2}\arcsin\frac{D}{2R}$$ 式中 α——刀盘或工件的倾斜角 D——工件柄部直径 R——球面半径 刀盘刀尖回转直径 d_c 的计算公式为 $$d_c=2R\sin\alpha$$
加工相等 直径的双 柄球面	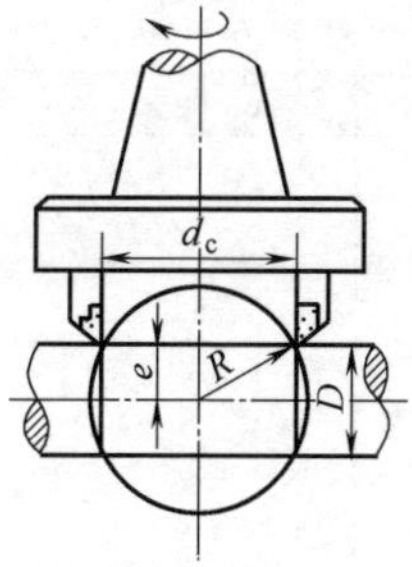	两端轴径相等的双柄球面，如图，铣削这种球面时，轴交角 β 为 90°，即倾斜角 α 为 0°，铣刀刀尖回转直径 d_c 可按下式计算 $$d_c=\sqrt{4R^2-D^2}$$
加工两端 轴径不相 等的双 柄球面	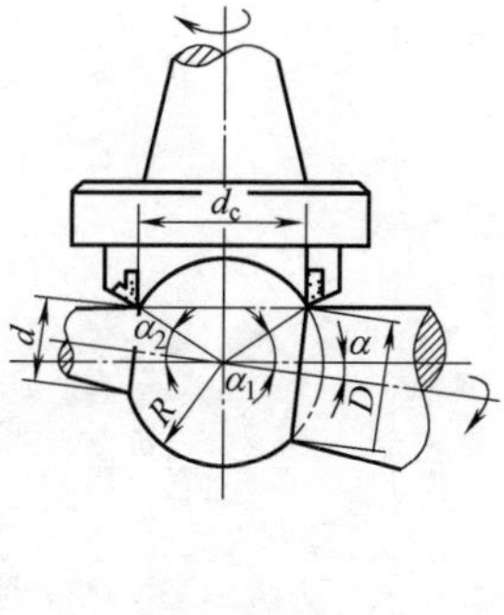	两端轴径不相等的双柄球面，由图可知 $$\sin\alpha_1=\frac{D}{2R}$$ $$\sin\alpha_2=\frac{d}{2R}$$ 而 $$\alpha_2+\alpha=\alpha_1-\alpha$$ 故 $$\alpha=\frac{\alpha_1-\alpha_2}{2}$$ 因此，铣刀刀尖回转直径 d_c 可按下式计算 $$d_c=2R\cos(\alpha_1-\alpha)$$ 或 $$d_c=2R\cos(\alpha_2+\alpha)$$ 式中 α——刀盘或工件的倾斜角 D——工件柄部直径 R——球面半径

（2）大半径外球面的铣削（见表 5.56）

表 5.56　大半径外球面的铣削

<table>
<tr><th>图示</th><th>调整与计算</th></tr>
<tr><td>
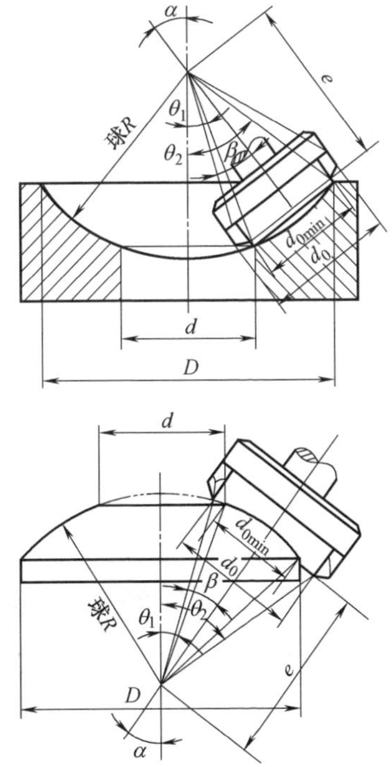

</td><td>
铣削大半径球面，采用硬质合金端铣刀或铣刀盘来加工。工件安装在回转台上，使其轴线与铣床工作台面相垂直，然后用主轴倾斜法加工，如图所示。加工时，刀盘刀尖的直径应保证将所需要的球面加工出来，其最小值可按下列公式计算

$$\sin\theta_1=\frac{d}{2R}$$

$$\sin\theta_2=\frac{D}{2R}$$

$$d_{0\min}=2R\sin\frac{\theta_2-\theta_1}{2}$$

式中　D，d——工件球面两端截形圆直径，mm
R——球面半径，mm

在具体确定刀盘刀尖直径时，可使 d_0 略大于 $d_{0\min}$

刀盘直径 d_0 确定后，主轴倾斜角 α 可在一定范围内选择，其最大值及最小值可按下列公式计算

$$\sin\beta=\frac{d_0}{2R}$$

$$\alpha_{\max}=\theta_1+\beta$$

$$\alpha_{\min}=\theta_2-\beta$$
</td></tr>
</table>

（3）内球面的铣削

铣削内球面可用立铣刀或镗刀加工。立铣刀适用于铣削半径较小的内球面，而镗刀可铣削半径较大的内球面。

① 用立铣刀铣削内球面　见表 5.57。

② 用镗刀铣削内球面　见表 5.58。

（4）球面加工质量分析

球面加工的常见弊病及原因见表 5.59。

表 5.57 用立铣刀铣削内球面

图示	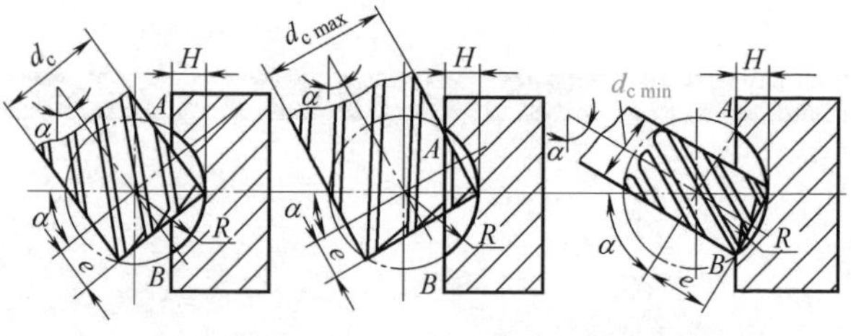(a) (b) (c)
调整与计算	用立铣刀铣削内球面如图所示。此时应计算出立铣刀铣削回转直径 d_c 的选择范围的计算公式： $$d_{cmin}=D\sqrt{2RH}$$ $$d_{cmax}=2\sqrt{R^2-\frac{RH}{2}}$$ 式中 R——球面半径，mm H——球面深度，mm 在具体确定 d_c 值时，应选用较大直径的立铣刀，然后根据铣刀直径 d_c，按下式计算倾斜角 α 的数值 $$\cos\alpha=\frac{d_c}{2R}$$

表 5.58 用镗刀铣削内球面

加工形式	图示	调整与计算
用镗刀铣削外球心内球面	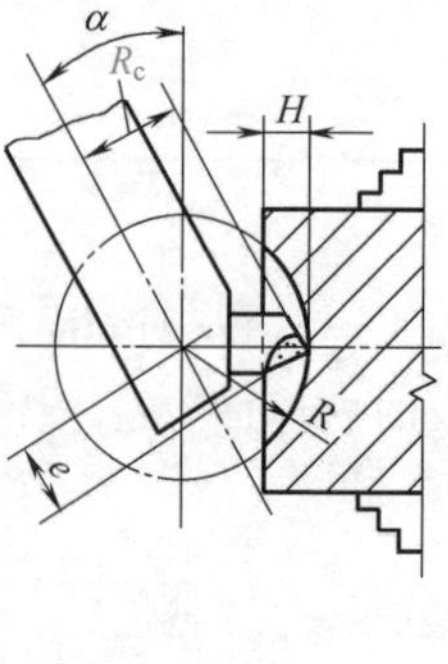	用镗刀铣削外球心内球面，如图所示。由于镗刀回转直径大于镗杆，并且能按需要进行调节，因而加工范围广。可以加工外球心内球面和内球心内球面 用镗刀加工外球心内球面，加工时应先确定倾斜角 α。由于镗杆小于镗刀回转直径，因而当球面深度 H 不太大时，α_{min} 有可能取零度，α_{min} 可按下式计算： $$\cos\alpha_{min}=\sqrt{\frac{H}{2R}}$$ 倾斜角 α 值确定时，应尽可能取小值。确定 α 后，可按下式计算镗刀半径 R_c $$R_c=R\cos\alpha$$

续表

加工形式	图示	调整与计算
用镗刀加工内球心内球面	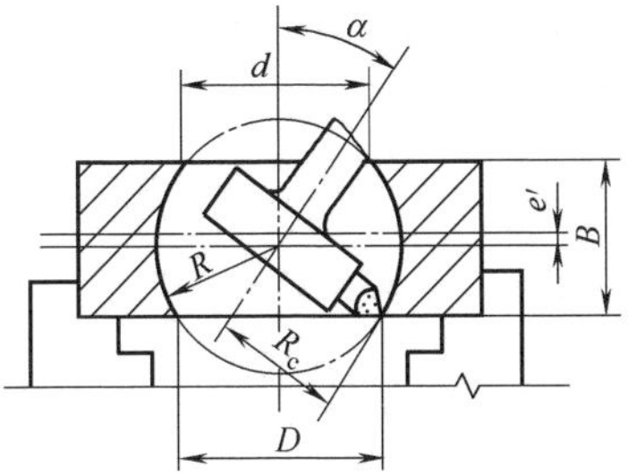	用镗刀加工内球心内球面，如图所示。这种内球面的球心不在工件厚度的对称平面上，故称作偏心内球面。加工这种偏心内球面时，在能铣出球面的前提下，尽可能取 $\alpha=\alpha_{\min}$ 倾斜角 $\alpha_{\min}$ 的计算公式： $$\tan\alpha_{\min}=\frac{2B}{D+d}$$ 其中 $D=2\sqrt{R^2-\left(\frac{B}{2}-e'\right)^2}$ $d=2\sqrt{R^2-\left(\frac{B}{2}+e'\right)^2}$ 式中　B——工件厚度，mm e'——球心偏移工件厚度对称平面距离，mm 镗刀回转半径 R_c 计算公式： $$R_c=\frac{B}{2\sin\alpha_{\min}}$$

表 5.59　球面铣削的质量问题

现　　象	原　　因
球面表面呈单向切削“纹路”，形状呈橄榄形	铣刀轴线和工件轴线不在同一平面内： ①工件与夹具不同轴 ②夹具安装、校正不好 ③工作台调整不当
内球面加工后，表面呈交叉形切削“纹路”，外口直径扩大，底部出现凸尖	铣刀刀尖运动轨迹未通过工件端面中心： ①对刀不正确 ②划线错误 ③工件倾斜法加工时，移动量计算错误
球面半径不符合要求	①铣刀刀尖回转直径调整不当 ②铣刀沿轴向进给量过大
球面粗糙度达不到要求	①镗刀切削角度刃磨不当 ②铣刀磨损 ③铣削量过大，圆周进给不均匀 ④顺、逆铣选择不当，引起窜动、梗刀

（5）单柄外球面铣削实例

1）零件图的分析　如图 5.11 所示为一球头轴，材料为 45 钢，热处理淬硬至 42HRC，需铣削端部球面尺寸为 $SR39_{-0.10}^{-0.05}$mm，球面轮廓度公差为 0.10mm，柄部与球体相接直径为 $\phi 52_{-0.10}^{0}$mm，其与球体的同轴度公差 ϕ0.08mm；柄部为 ϕ58mm，球心到柄部端面的尺寸为 150mm。球体表面粗糙度为 Ra6.3μm；$\phi 52_{-0.10}^{0}$mm 表面粗糙度为 Ra1.6μm，其余 Ra 均为 3.2μm。

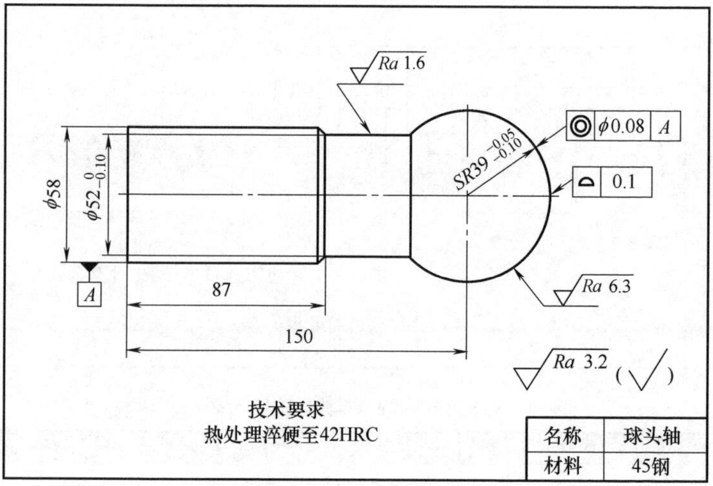

图 5.11　球头轴

2）机械加工工艺路线

① 下料。在锯床上，下 ϕ85mm 圆棒料。

② 车床加工。车至球面 ϕ80mm，车外圆 $\phi 52_{-0.10}^{0}$mm 留磨削余量，车外圆 ϕ58mm 至图样要求。

③ 热处理淬火至 42HRC。

④ 磨床加工。磨 $\phi 52_{-0.10}^{0}$mm 外圆至图样要求。

⑤ 铣削加工。粗铣球形面，精铣球面至图样技术要求。

⑥ 检验。

3）主要工艺装备

① 选择机床：选用 X5032 型万能立式铣床。

② 选择铣刀：选用镶硬质合金刀片的铣刀盘。

③ 装夹夹具：F11125 分度头。

4）加工步骤

① 操作前检查、准备。

a. 清理工作台、清理分度头。

b. 检查 $\phi 52_{-0.10}^{\ 0}$ mm 柄部尺寸是否符合图纸要求；测量坯件球面的实际尺寸，确定工件的加工余量。

c. 安装分度头。

② 装夹工件。将工件柄部装夹在分度头三爪自定心卡盘上，找正后固紧，工件外圆径向圆跳动误差不大于 0.02mm。

③ 计算工件的倾斜角 α，刀盘刀尖回转直径 d_0。

a. 采用立铣床主轴倾斜法铣削，主轴倾斜角 α 的计算：

$$\sin 2\alpha = \frac{D}{2SR} = \frac{52}{2\times 39} \approx 0.6667$$

$$2\alpha = 41°48',\ \alpha = 20°54'$$

b. 刀盘刀尖回转直径 d_0 的计算：

$$d_0 = 2SR\cos\alpha = 2\times 39\times \cos 20°54' = 78\times 0.9342 = 72.87\ (\text{mm})$$

④ 铣刀刀尖回转直径的调整。

将刀盘装在铣床主轴上，用拉杆拉紧，把内切 90°偏刀紧固在刀盘上，刀具应装成如图 5.12（a）所示形状（这是因为铣刀内侧面与工作台面成大于 90°夹角时，便于测量出 d_0 值的大小）。用目测使铣刀回转直径稍大于 d_0 即可，在工作台面上压好试刀板，开车后，用铣刀在试刀板上划出 1～2mm 深的刀痕后，停车退刀。

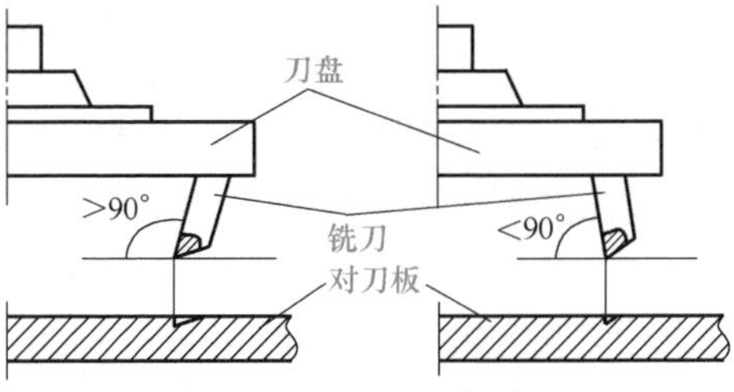

图 5.12　刀具装夹位置示意图

用卡尺仔细测量刀痕内径，如图 5.13 所示，根据测量数值对铣刀位置进行调整。重新试铣刀痕，直至将铣刀回转直径调到符合 $d_0=72.87\text{mm}$ 为止。

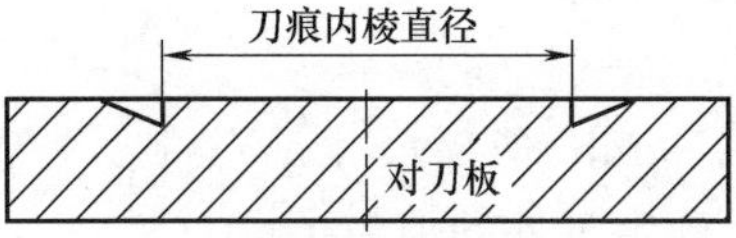

图 5.13　测量刀痕内棱直径

5）铣床调整　先将机床主轴扳转一个倾角 α，$\alpha=20°54'$。再在主轴上装好标准试棒，用万能角度尺测量，检查扳起角度是否正确。

6）对刀

① 扳正工件的轴线位置，使其与分度头的轴线结合。

② 将立铣主轴倾斜一个角度，然后用对中心方法，使立铣头轴线和分度头的轴线落在同一平面上，以确定横向工作台与铣床主轴的相对位置。

球面半径控制，可直接移动立铣头轴向进刀来改变偏心距 e 的大小，控制球面半径，而铣刀轴线与工件球心相对位置，则可通过纵向工作台移动来控制。

$$\text{偏心距 } e=\frac{d_0}{2}\tan\alpha=\frac{72.87}{2}\times\tan20°54'=13.9112\ (\text{mm})$$

把铣刀转到最右端，并处于工件球面与柄部相接圆的正上方，锁紧纵向工作台。调整横向工作台，使铣刀轴线与工件轴线大致在同一平面内，即可开车试铣对刀。边进刀边使工件旋转，如果工件表面出现单向切削纹路，应继续调整横向工作台，当出现交叉纹路时，将横向工作台锁紧，即可进刀铣削。

7）铣削　铣削中进刀依靠升高工作台面控制。每进一次刀，工件应旋转一周。

① 粗铣球面。开动机床，提升工作台，使铣刀盘沿轴线向工件进给，摇动分度头上工件粗铣球面，球径留 0.6～0.8mm 余量。

② 精铣球面。方法同粗铣球面，精铣球面至要求，球半径为 $SR39_{-0.10}^{-0.05}$mm，面轮廓度误差不大于 0.10mm，球面表面粗糙度为 $Ra6.3\mu m$；外圆 $\phi52_{-0.10}^{0}$mm 球体的同轴度误差不大于 $\phi0.08$mm。当球面端部未铣削到的圆较小时，应加强测量，控制进给量进行精铣。最后的精铣进刀量应控制在 0.10mm 之内，使球面表面粗糙度达到图纸要求。

5.5 键槽、T 形槽、V 形槽和燕尾槽铣削

(1) 直角键槽的铣削

① 试切法　用盘形铣刀试切法铣键槽时，应先大致对中，垂直进给，铣出切痕，按切痕对中。用指形铣刀铣键槽时，先大致对中，垂直上刀、横向进给，铣出切痕，再按切痕对中。通过试切、测量、调整的反复进行，直到被加工尺寸达到要求。这种方法对刀精度不高，铣刀单侧受力，测量和调整有误差，适合单件小批生产、加工精度要求不高的情况，见图 5.14。

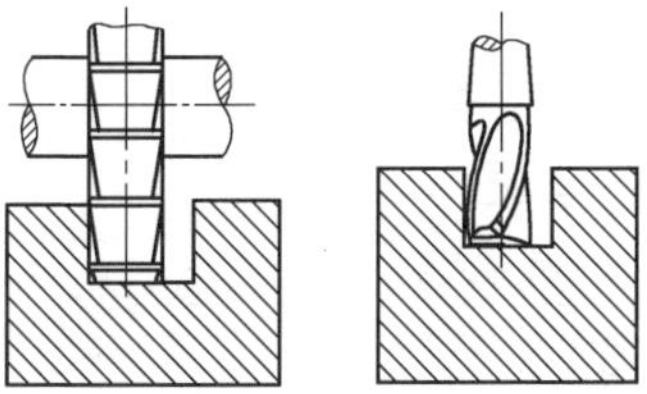
(a) 用盘形铣刀铣削　(b) 用指形铣刀铣削

图 5.14　用试切法加工

② 定尺寸刀具法　即用刀具的相应尺寸来保证工件的尺寸（见表 5.60）。

表 5.60　用定尺寸刀具法加工

简图	说明
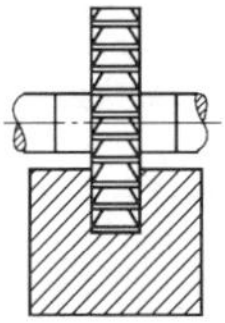 用三面刃铣刀铣削	①用定尺寸刀具法加工时，一般都采用精密级的三面刃铣刀，在使用前，对刃磨过的铣刀必须进行检测 ②三面刃铣刀等盘形铣刀，影响尺寸精度的主要因素是铣刀宽度的精度和铣刀两侧面与刀杆的垂直度以及进给方向与主轴的垂直度 ③当铣刀宽度略小于槽宽时，可把铣刀两侧垫得与刀杆倾斜，以获得所需尺寸 ④三面刃铣刀特别适宜加工较窄和较深的敞开式或半封闭式直角沟槽。对槽宽尺寸精度要求较高的沟槽，通常分两次或两次以上铣削才能达到要求

续表

简图	说明
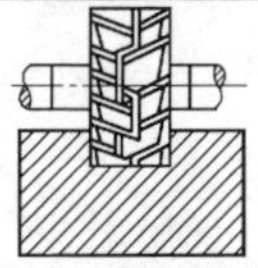 用合成铣刀铣削	①适用于成批加工较宽的直通沟槽 ②铣刀在刃磨后,中间可增加铜皮或垫圈的厚度,来调节铣刀的宽度
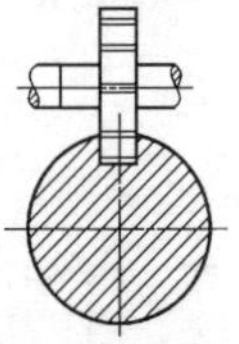 用盘形槽铣刀铣削	①适用于加工较窄的直角通槽和通的键槽 ②铣刀在用钝后应刃磨前刀面,即使是夹齿槽铣刀,也尽量刃磨前刀面,以减小铣刀宽度
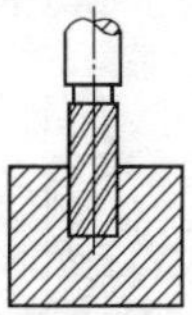 用立铣刀铣削	①立铣刀只能加工精度低的直角槽,因其切削部分直径的极限偏差为js14 ②在加工两端封闭的槽时,必须预先钻落刀孔 ③指形铣刀等铣刀,影响尺寸精度的因素主要是铣刀直径的精度和铣刀轴线与铣床主轴的同轴度 ④当铣刀直径略小于槽宽时,可在刀柄处垫窄长的纸片或铜皮,用增加铣刀与主轴的同轴度误差来增大宽度
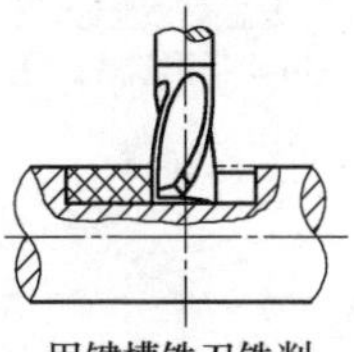 用键槽铣刀铣削	①封闭式键槽一般都用键槽铣刀加工,不需预先钻落刀孔 ②键槽铣刀的极限尺寸有e8和d18两种,使用时要注意区别 ③铣削时影响位置精度(如与轴线的对称度)的主要因素是:对刀的准确度以及铣削时产生"偏让"。因此,必要时可分粗铣和精铣,以减少"偏让"量 ④铣刀用钝后,不应刃磨圆柱面刀刃,而应把铣刀磨短,以保持其尺寸精度

(2) T形槽的铣削(见表5.61)

表5.61 T形槽的铣削方法

简图	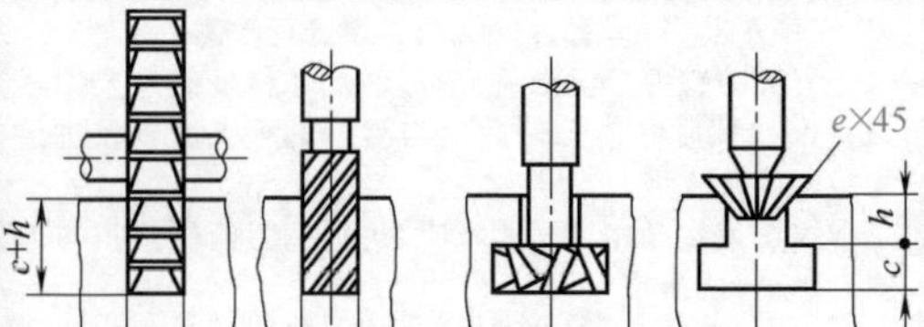 (a) (b) (c)	T形槽的工艺要求: T形槽可分为直角槽和底槽两部分,底槽一般要求比较低,只需要达到槽的尺寸要求,并使槽的中心与直槽中心基本重合即可。由于直角槽除了安装螺钉外,还常作为定位槽,所以要求较高

续表

说明	(1)工件的装夹 铣削 T 形槽前应在工件表面上划线,装夹时按照线找正并确定铣刀切削位置。较小的工件可装夹在虎钳上铣削,较大的工件可直接装夹在工作台面上铣削。用百分表先将定位平铁的安装位置找正,使它与工作台纵向进给平行,然后使工件的侧面靠紧定位平铁的侧面,再用压板将工件压紧 (2)铣刀的选择 选择立式铣刀和 T 形槽铣刀。铣削直角槽采用立铣刀或三面铣刀,根据 T 形槽的直角槽宽度选择合适的铣刀直径或宽度。选择 T 形槽铣刀时,要使直径和高度符合 T 形槽的高度和宽度 (3)铣削方法 ①铣削直角槽:如图(a)所示,在立式铣床上用立铣刀或在卧式铣床上用三面刃铣刀铣出直角槽 ②在立式铣床上用 T 形槽铣刀铣出底槽:如图(b)所示,校正工件,使直角槽侧面与工作台平行,并装夹牢固;安装 T 形槽铣刀,调整工作台使 T 形槽铣刀的端面与直角槽的槽底对齐,退出工件,启动机床,调整工作台使铣刀外圆刃同时碰到直角槽槽侧进行铣削 ③铣削倒角:如图(c)所示,铣好 T 形槽后,装上燕尾式铣刀铣削倒角

(3) V 形槽的铣削

V 形槽的工艺要求：V 形槽的两侧是对称槽中心的两个斜面，槽底是一条窄槽，它在铣削中起防止刀尖损坏及精加工磨削时退刀等作用。V 形槽的夹角一般选用 90°、120°；V 形槽的中心和窄槽中心重合，常对称于矩形工件的两侧；窄槽略深于 V 形槽的交线。

V 形槽的铣削需要窄槽加工和 V 形面加工两个步骤。窄槽加工方法与前面介绍的直角沟槽相同，V 形槽 V 形面的铣削方法如表 5.62 所示。

表 5.62　V 形槽 V 形面的铣削

简图	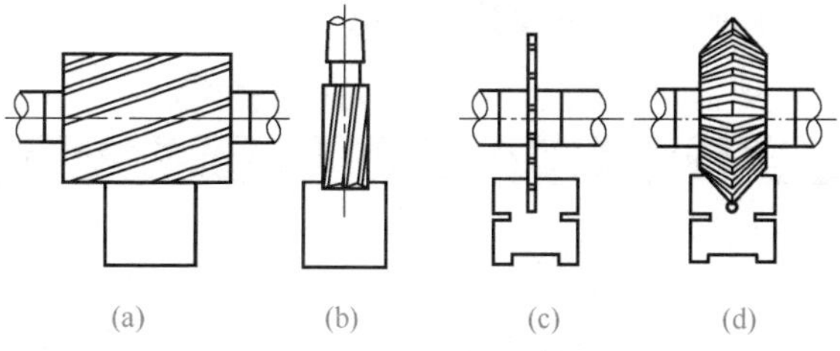

续表

说明	①用三面刃铣刀把工件铣削成矩形体，如图(a)所示 ②用立铣刀把工件铣削成直角沟槽，如图(b)所示 ③用锯片铣刀铣削三条 2mm 宽的窄槽，如图(c)所示 ④铣 V 形槽两 V 形面。加工上面和左侧的 V 形槽，可采用 90°双角铣刀加工，如图(d)所示，为保证铣出合格的 V 形槽，所选用的铣刀的宽度必须大于槽宽；铣右侧 V 形槽时，采用 60°的单角铣刀加工

(4) 燕尾槽和燕尾块的铣削

燕尾槽和燕尾块是在配合下使用的。用作导轨配合时，燕尾槽用 1∶50 的镶条来调整导轨的配合间隙。燕尾槽和燕尾块的角度、宽度、深度要求很高，燕尾槽和燕尾块的铣削方法如表 5.63 所示。

表 5.63 燕尾槽和燕尾块的铣削方法

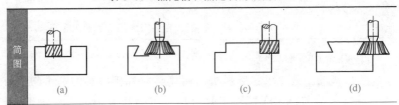

简图	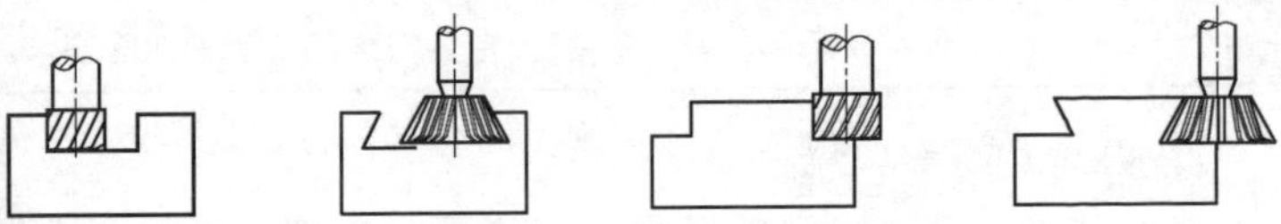 (a) (b) (c) (d)
说明	(1)铣直角槽和阶台 用立铣刀或端铣刀铣直角槽或阶台，如图(a)、(c)所示。由于燕尾槽尺寸比较宽，故对刀具的选择要求不严，直角槽的宽度应按图纸尺寸铣成，槽的深度应留出 0.3～0.5mm 的余量，待加工燕尾时一起将余量铣去，这样不会留下接刀痕 (2)铣燕尾槽或燕尾块 用燕尾槽铣刀铣燕尾槽或燕尾块，如图(b)、(d)所示。选择燕尾铣刀的角度与燕尾角相符。在满足加工条件的同时应尽量选用直径大些的燕尾铣刀，这样会增加铣刀的刚性。采用逆铣方式铣削。铣削带斜度的燕尾槽时，先铣削槽子的一侧；再将工件按规定方向调整到与进给方向成一定斜度后固定，重新调整切削位置，铣削燕尾槽的另一侧

(5) 键槽沟槽的质量分析（见表 5.64）

表 5.64 键槽沟槽的质量分析

质量分析	产生原因	预防措施
槽宽尺寸超差	刀轴弯曲，盘铣刀端刃轴向摆差太大	调换刀轴、铣刀
	立铣刀，键槽铣刀周刃径向摆差太大	重新安装或调换铣刀

续表

质量分析	产生原因	预防措施
槽形上宽下窄、两侧呈凹弧面	用盘铣刀铣削时机床工作台“0”位不准	精确校正工作台“0”位
槽底面与工件轴线不平行(槽深尺寸不一致)	工件轴线与台面不平行	校正工件轴线与台面不平行
	立铣刀、键槽铣刀铣削时被向下的铣削抗力拉动位移	夹紧铣刀,适当减少铣削用量
槽底面呈凹面	立铣刀“0”位不准,且用立铣刀纵向进给铣削	精确校正立铣头“0”位
槽侧与工件侧母线不平行	工件轴线与进给方向不平行	精确校正工件侧母线与进给方向平行
	轴类工件有锥度或圆柱度不准	返修工件或选合格工件
封闭槽的长度超差	移距计算不准,进给位移不准	计算准确,正确移距
	工作台机动进给停止不及时	及早停止机动进给,改用手动进给到位
键槽对称度超差	铣刀对中偏差太大,铣刀让刀量太大	对中准确。分粗、精铣减少让刀
	修正切削位置时,偏差方向搞错	辨清偏差方向,准确调整切削位置

5.6　铣削离合器

（1）离合器的种类、特点及工艺要求

离合器分齿式离合器（也称牙嵌式离合器）和摩擦离合器。摩擦离合器靠摩擦传动，齿式离合器靠端面上的齿牙相互嵌入或脱开来进行传递或切断运动和动力。

1）齿式离合器的种类和特点　齿式离合器按其齿形可分为矩形齿、梯形齿、尖齿、锯齿形齿和螺旋形齿等，其种类和特点如表 5.65 所示。

2）齿式离合器齿槽加工的工艺要求　齿式离合器的齿槽一般在卧式或立式铣床上进行铣削。为了满足传动需要，对齿式离合器齿槽铣削的一般工艺要求是：

表 5.65　齿式离合器的种类和特点

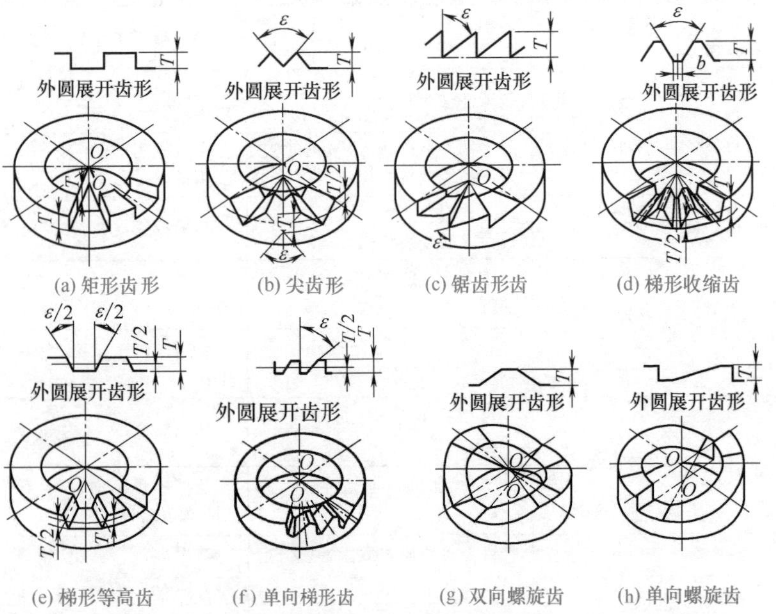

(a) 矩形齿形　(b) 尖齿形　(c) 锯齿形齿　(d) 梯形收缩齿

(e) 梯形等高齿　(f) 单向梯形齿　(g) 双向螺旋齿　(h) 单向螺旋齿

名称	特点
矩形齿形离合器	齿侧平面通过工件轴线
尖齿形离合器	整个齿形向轴线上一点收缩
锯齿形齿离合器	直齿面通过工件轴线，斜齿面向轴线上一点收缩
梯形收缩齿离合器	齿顶及槽底在齿长方向都等宽，而且中心线通过离合器轴线
梯形等高齿离合器	齿顶面及槽底面平行，并且垂直于离合器轴线，齿侧高度不变，齿侧中线汇交于离合器轴线
单向梯形齿离合器	齿顶面及槽底平行，并且垂直于离合器轴线，齿高度不变。直齿面为通过轴线的径向平面，斜齿面的中线交于离合器轴线
双向螺旋齿离合器	离合器接合面为螺旋面，其他特点与梯形等高齿离合器相同
单向螺旋齿离合器	离合器接合面为螺旋面，其他特点与单向梯形齿离合器相同

① 齿形：为了保证离合器齿的径向贴合，其齿形都应通过本身轴线，即从轴向看，其端面齿或齿槽呈辐射状；为了保证离合器齿侧良好贴合，必须使相接合的一对离合器齿形角一致；为了满足传动要求，还需要保证齿槽有一定的深度。

② 同轴度：齿式离合器一般装在传动轴上工作，成对出现，为了保证离合器齿形能正确完全贴合，必须使两个离合器轴心线与装配基准重合，即保证每个离合器的齿形加工与其装配基准孔心线同心。

③ 等分度：为了保证一对离合器上所有的齿都能紧密贴合和操作时的插入脱开，还应保证每个齿的等分均匀，即分度精度要求。

④ 表面粗糙度：为了满足使用要求，牙嵌式离合器的工作面（齿侧）的表面粗糙度 Ra 应达到 3.2μm，槽底面无明显的加工刀痕。

(2) 矩形齿离合器的铣削

矩形齿离合器有矩形奇数齿和矩形偶数齿两种，矩形奇数齿离合器的工艺性较好，应用广泛。矩形齿离合器的铣削方法如表 5.66 所示。铣削矩形齿离合器（内槽）的铣刀尺寸如表 5.67 所示。

表 5.66　矩形齿离合器的铣削方法

名称	图示	调整与计算
矩形齿离合器铣削方法	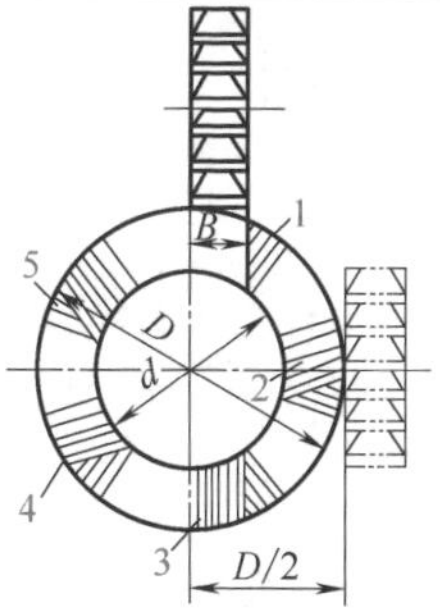 (a) 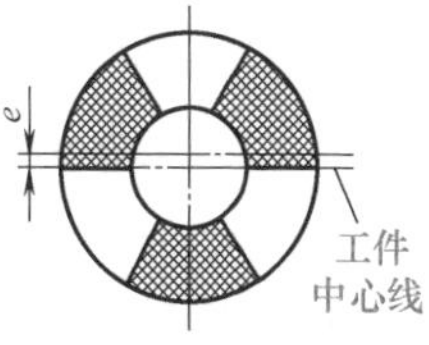 (b)	①刀具选择：采用三面刃铣刀，当齿槽宽度较大或没有合适的三面刃铣刀时，也可用立铣刀加工，铣刀宽度（或立铣刀直径）计算式： $B=\frac{d}{2}\sin\frac{180°}{z}$ 式中　B——铣刀最大宽度，mm d——离合器的孔径，mm z——离合器的齿数 ②工件装夹：工件应装夹在分度头上，安装工件前应调整分度头，在卧式铣床上加工，分度头主轴应在垂直位置；在立式铣床上加工，分度头主轴应在水平位置。工件的轴线应与分度头主轴轴线重合 ③铣削方法：将铣刀一侧对准工件中心[图(a)]，铣削时，铣刀应铣过槽 1 和 3 的一侧，分度后再铣槽 2 和 4 的一侧，每次进给同时铣出两个齿的不同侧面，依次铣削即可

续表

<table>
<tr><th>名称</th><th>图示</th><th>调整与计算</th></tr>
<tr><td>矩形齿离合器铣削方法</td><td>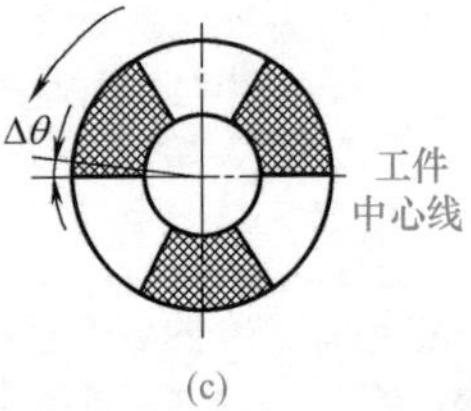

(c)</td><td>④加工离合器齿侧间隙的方法：将离合器齿的各齿侧面都铣得偏过中心一个距离，如图(b)所示，即可在对刀时，调整铣刀侧刃，使其超过中心 $e=0.1\sim0.5\text{mm}$ 来达到。这种方法不增加铣削次数，但由于齿侧面不通过中心，离合器接合时齿侧面只有外圆处接触，影响承载能力，所以这种方法适用于要求不高的离合器
将齿槽角铣得略大于齿面角，如图(c)所示，这种方法是在离合器铣削之后，再使离合器转过一个角度 $\Delta\theta=1^\circ\sim2^\circ$，再铣一次，将所有齿的左侧和右侧切去一部分。此法也适用于齿槽角大于齿面角的宽齿离合器，此时 $\Delta\theta=\dfrac{\text{齿槽角}-\text{齿面角}}{2}$。用这种方法铣削离合器其齿侧面仍是通过轴心的径向平面，齿侧面贴合好，但增加铣削次数，所以一般用于要求较高的离合器加工</td></tr>
<tr><td>矩形偶数齿离合器铣削过程</td><td>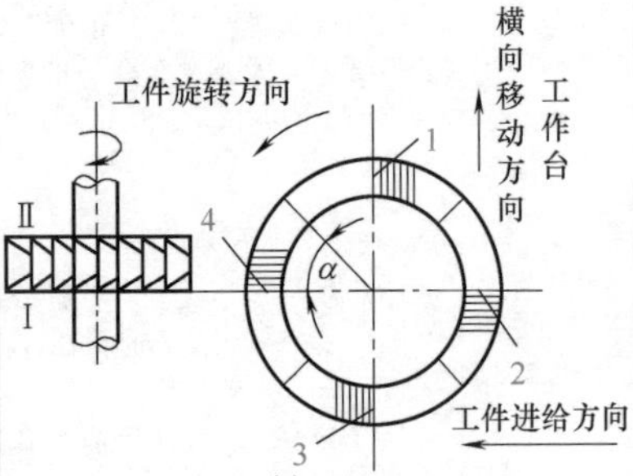

(a)
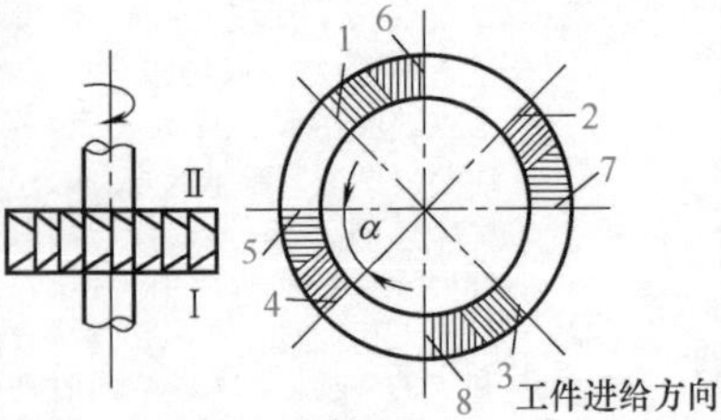

(b)</td><td>① 矩形偶数齿离合器铣削时的工件装夹、对刀方法和铣刀宽度的选择与奇数齿离合器相同
② 偶数齿离合器要分两次铣削才能铣出正确的齿形，第一次铣削时，使铣刀的一侧刀刃Ⅰ对准工件中心，将各齿槽的相同侧面铣出，如图(a)中1、2、3、4
③ 在第一次铣削完成后，使铣刀相对工件横向移动等于刀宽 B 的一段距离，让铣刀的另一侧刀刃Ⅱ对准工件中心，同时将工件转过一个齿槽角 α，然后开始第二次铣削，依次铣出各齿槽的另一侧面，如图(b)中所示的5、6、7、8
④ 为了确保偶数齿离合器的齿侧留有一定间隙，齿槽角应大于齿面角。为此，在第二次铣削前，工件转过一个齿槽角 α 为 $1^\circ\sim2^\circ$。一般齿槽角应大于齿面角 $2^\circ\sim4^\circ$</td></tr>
</table>

表 5.67　铣削矩形齿离合器（内槽）铣刀尺寸　mm

(a)铣削矩形齿内离合器的铣刀宽度 B														
工件齿数 z	工件齿部内径 d_1													
	10	12	16	20	24	25	28	30	32	35	36	40	45	50
3	4	5	6	8	10	10	12	12	12	14	14	16	16	20
4	3	4	5	6	8	8	8	10	10	12	12	14	14	16
5		3	4	5	6	6	8	8	8	10	10	10	12	14
6		3	4	5	6	6	6	6	8	8	8	10	10	12
7			3	4	4	5	6	6	6	6	6	8	8	10
8				3	4	4	5	5	6	6	6	6	8	8
9				3	4	4	4	5	5	6	6	6	6	8
10					3	3	4	4	5	5	5	6	6	6
11					3	3	4	4	4	4	5	5	6	6
12					3	3	3	3	4	4	4	5	5	6
13						3	3	3	3	4	4	4	5	6
14							3	3	3	3	4	4	5	5
15								3	3	3	3	4	4	5

当内径大于 50mm 时，可根据表中数值按比例算出。例如内径为 60mm，则查 30mm 的一列后乘以 2 即可；内径为 80mm，则查 40mm 列的数值乘以 2 即可。

(b)铣削偶数齿时三面刃铣刀的最大直径								
齿部内径 d_1	齿深 t	齿数 z						
		4	6	8	10	12	14	16
16	≤3	63	80					
	≤3.5	63*	63					
20	≤4	63	80	80				
	≤5	63*	63	63				
	≤6	63*	63*	63				
24	≤4	80	100	100	100	100		
	≤6	63*	63	63	80	80		
	≤10	63*	63	63	63	63		
30	≤6	80	125	125	125	125	125	
	≤8	63	100	100	100	100	100	
	≤12	63*	63	80	80	80	80	
35	≤6	100	125	125	125	125	125	125
	≤8	80	100	125	125	125	125	125
	≤14	80*	80	80	80	80	80	80
40	≤6	100	125	125	125	125	125	125
	≤12	80	100	125	125	125	125	125
	≤18	80*	80	80	80	100	100	100

注：带 * 号表示应采用宽度较小规格的铣刀来加工。

（3）梯形等高齿离合器的铣削

梯形等高齿离合器的铣削如图 5.15（a）所示，其铣削方法与铣削矩形齿离合器类似，其不同处有以下两点。

① 用刀刃锥面夹角与齿形角 ε 相同的梯形铣刀加工，铣刀顶刃宽度 B（mm）可按下式计算：

$$\left.\begin{aligned} B &\leqslant \frac{d_1}{2}\sin\alpha - \frac{t}{2}\tan\frac{\varepsilon}{2} \\ \text{或 } B &\leqslant \frac{d_1}{2}\sin\frac{180^\circ}{2} - \frac{t}{2}\tan\frac{\varepsilon}{2} \end{aligned}\right\}$$

式中 d_1——离合器齿内部直径；

α——齿槽角；

t——齿深；

ε——齿形角；

z——离合器齿数。

② 应使铣刀侧刃上距顶刃 $t/2$ 处的一点通过工件中心，如图 5.15（b）所示。

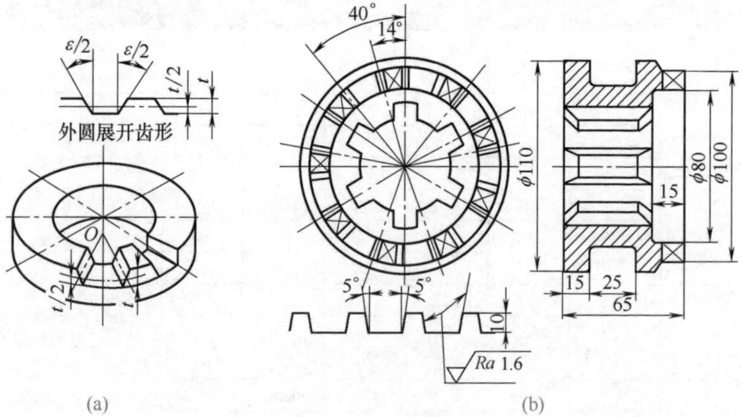

图 5.15　梯形等高齿离合器的铣削

在单件生产或没有合适的梯形铣刀时，可用三面刃铣刀或立铣刀加工。铣削时，只要把工件或立铣头偏转一个角度 ε/2 即可，如图 5.16 所示。

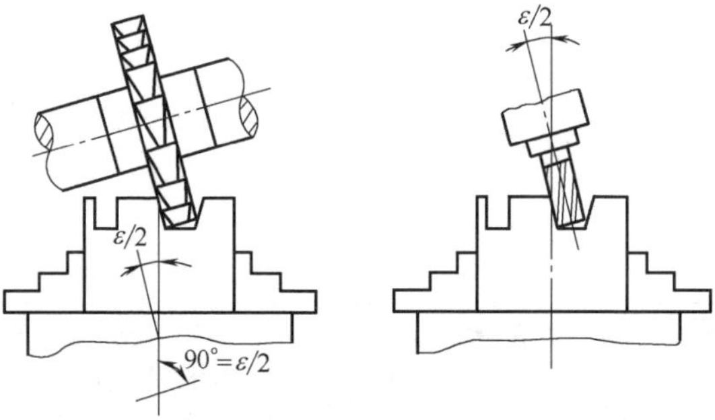

(a)　　　　(b)

图 5.16　用通用铣刀铣削梯形齿侧面

(4) 尖齿和梯形收缩齿离合器的铣削与计算(表 5.68)

表 5.68　尖齿和梯形收缩齿离合器的铣削与计算

图示	铣削与计算
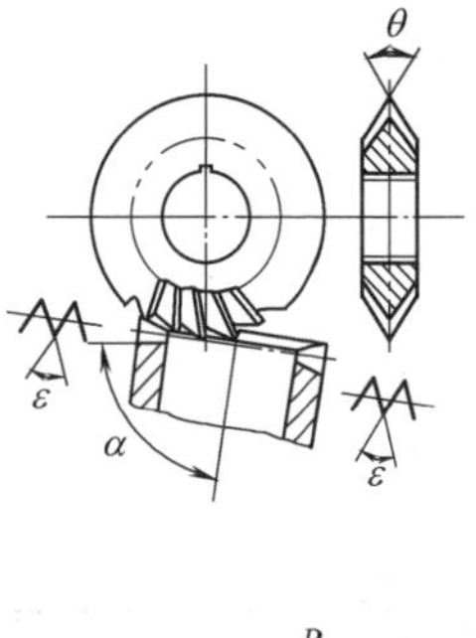 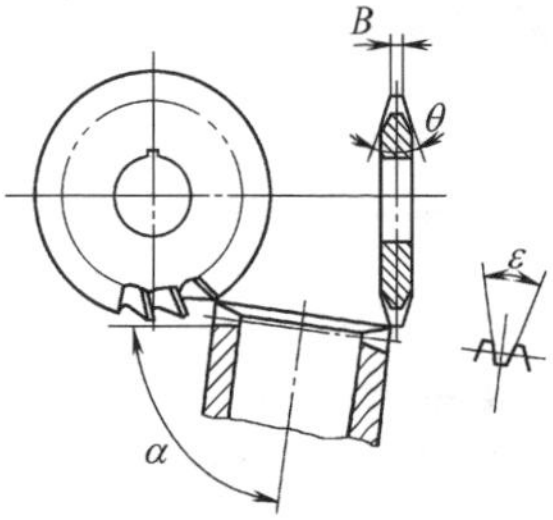	①铣削尖齿离合器时,用廓形角 θ 等于齿形角 ε 的双角铣刀 ②铣削梯形收缩齿离合器时,用廓形角 θ 等于齿形角 ε 的梯形铣刀加工,梯形铣刀的顶刃宽度 B(mm)按下式计算: $B=D\sin\frac{90°}{z}-t\tan\frac{\theta}{2}$ 式中,D 为离合器齿部外径,mm;z 为离合器齿数;t 为外径处齿深,mm;θ 为双角铣刀廓形角,(°) ③铣刀对称线需通过工件中心 ④铣削时分度头仰角 α 按下式计算 $\cos\alpha=\tan\frac{90°}{z}-\cot\frac{\theta}{2}$ 式中,z 为离合器齿数;θ 为梯形铣刀廓形角,(°)

加工尖齿、锯齿形和梯形收缩齿等离合器，由于在铣削时分度头和工件轴线与进给方向倾斜一个 α 角，故铣得的齿形角 ε 不等于铣刀的廓形角 θ。但用同一把铣刀加工的一对离合器，它们的占角是相等的，故能很好地啮合。

（5）螺旋齿离合器的铣削（见表 5.69）

表 5.69　螺旋齿离合器的铣削与计算

图示	铣削与计算
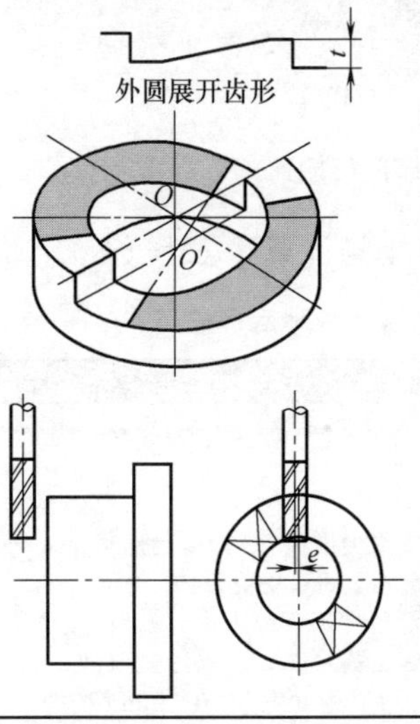	①槽底和螺旋面分两次铣削 ②铣槽底的方法和步骤与加工矩形齿离合器相同，只是计算和调整时应以底槽角 α_1 来代替齿槽角 ③用立铣刀在立式铣床上加工螺旋面时，需先把将要被铣去的槽侧面处于垂直位置，在卧式铣床上加工时，处于水平位置 ④为了获得较精确的径向直廓螺旋面，需使立铣刀的轴线偏离工件中心（螺旋面侧面）一个距离 e(mm) $$e=\frac{d_0}{2}\sin\frac{1}{2}\left(\operatorname{arccot}\frac{p_z}{\pi D}+\operatorname{arccot}\frac{p_z}{\pi d_1}\right)$$ 式中，d_0 为立铣刀直径，mm；p_z 为螺旋面导程，mm；D 为离合器齿部外径，mm；d_1 为离合器齿部内径，mm ⑤铣削螺旋面时，按导程 p_z 计算交换齿轮齿数

（6）离合器铣削的质量分析（见表 5.70）

表 5.70　离合器铣削的质量分析

质量问题	齿形	原因
齿侧工作表面粗糙度达不到要求	各种齿形	①铣刀钝或刀具跳动 ②进给量太大 ③装夹不固定 ④传动系统间隙过大 ⑤未充注切削液
槽底未接平，有较明显的凸台	矩形齿 梯形等高齿	①分度头主轴与工作台面不垂直 ②盘铣刀柱面齿刃口缺陷；立铣刀端刃缺陷或立铣头轴线与工作台不垂直 ③升降工作台走动，刀轴松动或刚性差

续表

质量问题	齿形	原因
一对离合器接合后接触齿数太少或无法嵌入	矩形齿 尖齿 梯形齿 锯齿形齿	①分度误差较大 ②齿槽角铣得太小 ③工件装夹不同轴 ④对刀不准
	螺旋齿	螺旋面起始位置不准或各螺旋面不等高
一对离合器接合后贴合面积不够	各种齿形	①工件装夹不同轴 ②对刀不准
	直齿面齿形	分度头主轴与工作台面不垂直或不平行
	螺旋齿	偏移距计算或调整错误
	斜齿面齿形	刀具廓形角不符或分度头仰角计算、调整错误
一对尖齿或锯齿形离合器接合后齿侧不贴合	尖齿 锯齿形齿	①铣得太深，造成齿顶过尖，使齿顶搁在槽底，齿侧不能贴合 ②分度头仰角计算或调整错误

（7）铣削离合器实例

1）零件图分析　图 5.17 所示为一锯齿形离合器，材料为 40Cr，热处理调质至 220～260HBW，工件外圆为 $\phi100_{-0.1}^{0}$mm，凹台内圆为 $\phi60_{0}^{+0.1}$mm，深 12mm，内孔为 $\phi30_{0}^{+0.027}$mm，齿数

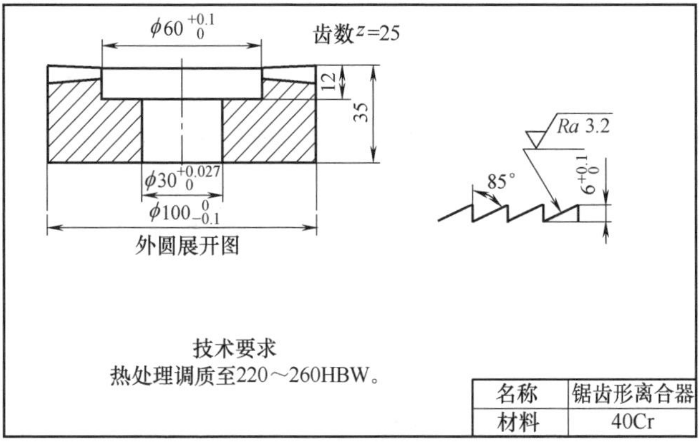

图 5.17　锯齿形离合器

$z=25$，齿形角为 85°，外圆齿深 $t=6^{+0.1}_{0}$mm，各齿等分误差不大于 5′，齿距累积误差不大于 10′，齿面表面粗糙度为 $Ra3.2\mu m$。

2）机械加工工艺路线

① 下料。用 ϕ110mm 圆棒在锯床上下料。

② 车床加工。车外圆 $\phi100_{-0.1}^{0}$mm、内圆 $\phi60^{+0.1}_{0}$mm，内孔为 $\phi30^{+0.027}_{0}$mm，车至图样要求并留有磨削余量 0.2～0.3mm。

③ 热处理调质至 220～260HBW。

④ 磨床加工。磨外圆 $\phi100_{-0.1}^{0}$mm、内圆 $\phi60^{+0.1}_{0}$mm 及孔的端面，内孔为 $\phi30^{+0.027}_{0}$mm，磨至图样要求。

⑤ 铣削加工。粗铣各齿形，精铣各齿形，至图示技术要求。

⑥ 检验。

3）主要工艺装备

① 选择机床：选用 X6132 型万能卧式铣床。

② 选择铣刀：采用单角铣刀铣削。铣刀的廓形角等于工件的齿形角，即 85°。

③ 装夹夹具：ϕ30mm 的芯轴，芯轴的卡盘夹持部分与中部定位外圆同轴度误差均不应大于 0.01mm，F11125 型分度头。

4）加工路线和加工步骤

① 加工路线：粗铣各齿形—精铣各齿形。

② 加工步骤：

a. 操作前的检查、准备。

• 检查工件内孔圆跳动的大端端面跳动，误差均应在 0.02mm，用芯轴装夹后，也应检查芯轴夹持部分外圆的圆跳动量和所夹工件端面的跳动量，误差均不大于 0.02mm。

• 安装分度。将分度头主轴扳转垂直方向。

b. 装夹工件。将装有工件的芯轴装夹在分度头三爪自定心卡盘上。装夹后应找正工件 ϕ100mm 外圆与端面的跳动量误差不大于 0.02mm。

c. 计算分度头仰角 α，$\cos\alpha=\tan\dfrac{180°}{z}\cot\varepsilon=\tan\dfrac{180°}{25}\times\cot85°=$ 0.011

式中　α——分度头仰角；

ε——单角铣刀齿形角；

z——离合器齿数。

经计算扳转分度头主轴仰角 $\alpha=89°22'$，并锁紧分度头主轴和机床工作台。

d. 铣削方法：按划线对刀，使单角铣刀的端面侧刃通过工件轴心，可先按划线对中心，再进行试切，移动机床纵向和横向工作台，使单角铣刀侧刃端面与划线对齐，并在工件端面上铣出一条很浅的线状切痕，然后纵向退出工件，将分度头主轴转过 180°，在此铣切原来的部位，若两线重合，则表示铣刀侧刃端面就通过工件中心。如果不重合，则仔细调整横向工作台位置，隔两齿分度，在另一齿的端面上重复用以上方法试刀，直至两次线痕重合为止。单角铣刀侧面对中心后，需将横向工作台固紧。工件回到起始位置方可进行铣削。经试切合乎要求后，以工件外圆大端最高点为基准，摇动机床升降台作垂直进给粗铣齿形。

e. 粗铣各齿。粗铣一齿后，分度粗细铣各齿，各留 1.5mm 左右精铣余量。为控制等分点的齿距累积误差，可采用隔齿分度法，即铣出第一齿后，接着分度铣出 5、9、13、17、21、25 齿，接着仍按 4 齿分度，铣出第 4、8、12、16、20、24，再继续铣出第 3、7、11、15、19、23 齿和 2、6、10、14、18、22，完成一次铣削循环。隔齿分度时，分度头手柄转数应为 $n=\frac{40}{25}\times4=6\ \frac{2}{5}=6\ \frac{12}{30}$(r)，即每次分度手柄摇过 6 圈再在 30 孔圈内摇过 12 个孔距。粗铣齿槽时，首次背吃刀量不能大于齿高的 1/2，即 6/2＝3mm 左右。铣削时应充分供应切削液。

f. 精铣各齿。仍用隔齿分度法，精铣齿槽时，铣削速度可适当加大，以降低工件的表面粗糙度，铣削时应充分供应切削液。精铣各齿至要求，保证齿深 $6^{+0.1}_{0}$mm，各齿等分误差不大于 5′，齿距累积误差不大于 10′，齿面表面粗糙度为 $Ra3.2\mu m$。

5.7 等速凸轮的铣削

（1）等速凸轮的要素及计算

凸轮的种类比较多，常用的有圆盘凸轮（见图 5.18）、圆柱凸柱（见图 5.19）。通常在铣床上铣削加工的是等速凸轮，等速凸轮是当凸轮周边上某一点转过相等的角度时，便在半径方向上移动相等的距离，等速凸轮的工作型面一般都采用阿基米德螺旋面。

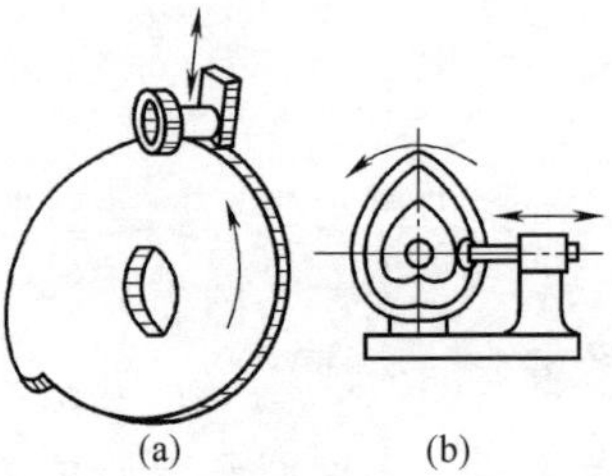

图 5.18 圆盘凸轮

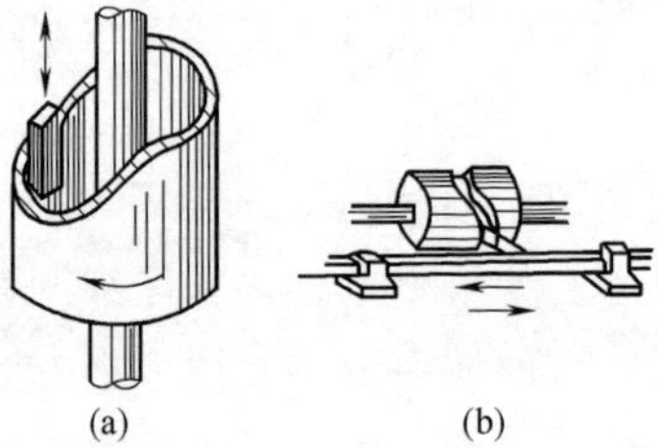

图 5.19 圆柱凸轮

1）凸轮传动的三要素

① 升高量 H：凸轮工作曲线最高点半径与最低点半径之差。

② 升高率 h：凸轮工作曲线旋转一个单位角度或转过等分圆周的一等分时，被动件上升或下降的距离。

凸轮圆周按 360°等分时，升高率 h 应为：

$$h=\frac{H}{\theta}$$

式中 h——升高率，mm/(°)；

H——升高量，mm；

θ——动作角，(°)。

凸轮圆周按 100 等分时，升高率 h 应为：

$$h=\frac{H}{N}$$

式中 N——工作曲线在圆周上所占的格数。

③ 导程 p_z：工作曲线按一定的升高率，旋转一周时的升高量。

凸轮圆周按 360°等分时，导程 p_z 应为：

$$p_z=h\times360^\circ=\frac{360^\circ H}{\theta}$$

凸轮圆周按 100 等分时，导程 p_z 应为：

$$p_z=h\times100=\frac{100H}{N}$$

2）圆柱螺旋线的计算　见表 5.71。

表 5.71　圆柱螺旋线的计算

图示	计算
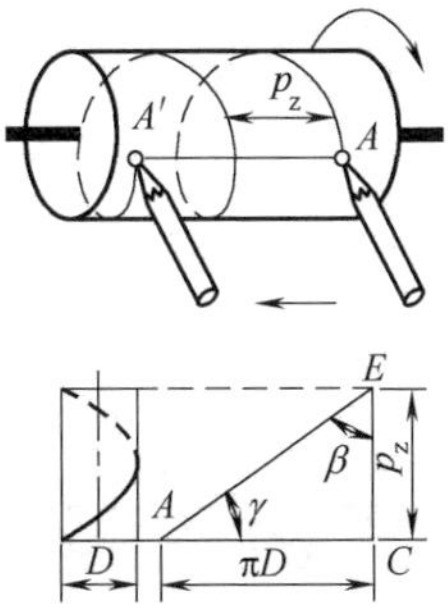 (a) 右螺旋线 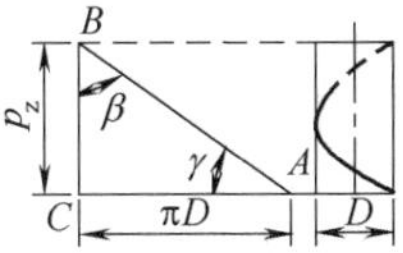 (b) 左螺旋线	计算公式 $\tan\beta=\frac{\pi D}{p_z}$；$p_z=\pi D\cot\beta$ 式中，β 为螺旋角，(°)；D 为直径，mm；p_z 为导程，mm 例　已知圆柱直径为 80mm，螺旋角为 30°，求导程 p_z 解　$p_z=\pi D\cot\beta=3.1416\times80\times\cot30^\circ=435.31$(mm)

3）圆盘螺旋线的计算　见表 5.72。

表 5.72　圆盘螺旋线的计算

图示	计算
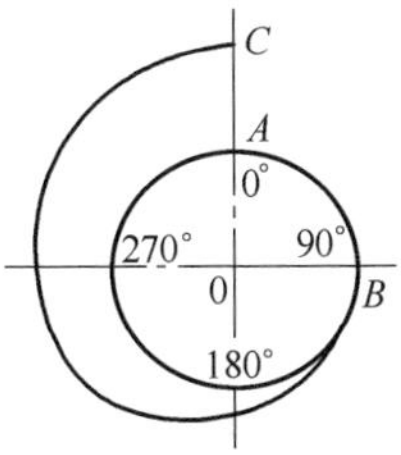	圆周以度数表示，螺旋线自 B 至 C，其计算公式为 $h=\frac{H}{\theta}\left(图中为\ h=\frac{AC}{360^\circ-90^\circ}\right)$ $p_z=h\times360^\circ=\frac{360^\circ H}{\theta}$ 式中，h 为升高率，mm/(°)；H 为升高量，mm；θ 为动作角，(°)；p_z 为导程，mm 例　已知凸轮上动作曲线的动作角为 270°，升高量 H 为 20mm，求升高率 h 和导程 p_z 解　$h=\frac{H}{\theta}=\frac{20}{270^\circ}\approx0.074$(mm/°) $p_z=h\times360^\circ=0.074\times360^\circ=26.67$(mm)

续表

示图	计算
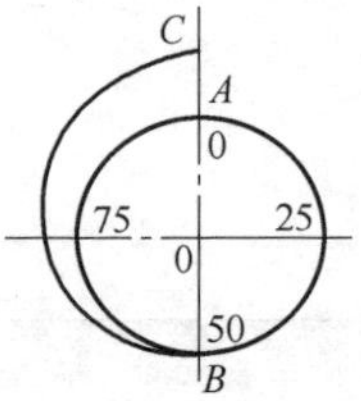	圆周以 100 等分表示，螺旋线自 B 至 C，其计算公式为 $h=\frac{H}{N}$ $p_z=h\times 100=\frac{100H}{N}$ 式中，h 为升高率，mm/格；H 为升高量，mm；N 为动作曲线包含的格数 例　已知凸轮上动作曲线的升高量为 15mm，包含 50 格，求升高率 h 和导程 p_z 解　$h=\frac{H}{N}=\frac{15}{50}=0.3$(mm/格) $p_z=h\times 100=0.3\times 100=30$(mm)

(2) 等速圆盘凸轮的铣削

① 垂直铣削法铣削等速圆盘凸轮　见表 5.73。

表 5.73　垂直铣削法铣削等速圆盘凸轮

图示	调整与计算
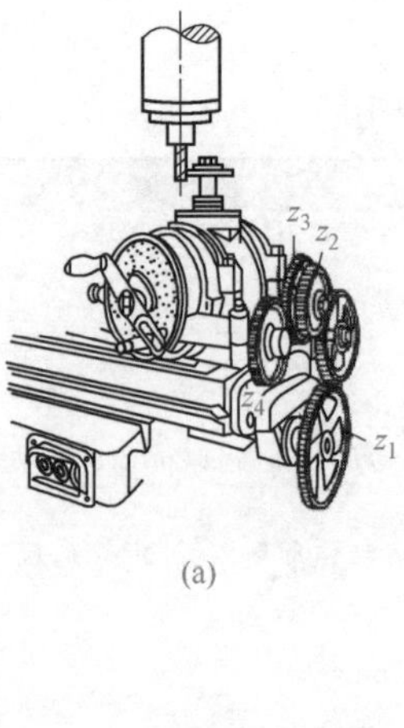 (a)	①垂直铣削法用于仅有一条工作曲线，或者虽然有几条工作曲线，但它们的导程都相等的圆盘凸轮。并且所铣凸轮外径较大，铣刀能靠近轮坯而顺利切削[图(a)] ②选择铣刀。立铣刀直径应与凸轮从动件滚子直径相同 ③分度头交换齿轮轴与工作台丝杠的交换齿轮计算： $i=\frac{z_1z_3}{z_2z_4}=\frac{40p_{丝}}{P_h}$ 式中　40——分度头定数 $p_{丝}$——工作台丝杠螺距，mm P_h——凸轮导程 ④调整铣削位置。圆盘凸轮铣削时的对刀位置，必须根据从动件的位置来确定

续表

图示	调整与计算
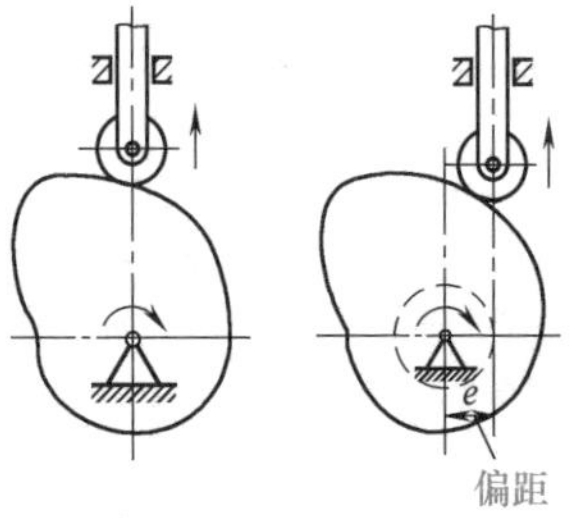(b)　(c)	若从动件是对心直动式的圆盘凸轮[见图(b)]，对刀时应将铣刀和工件的中心连线调整到与纵向进给方向一致；若从动件是偏置直动式的圆盘凸轮[见图(c)]，使铣刀对中后再偏移一个距离，这个距离必须等于从动件的偏距 e，并且偏移的方向也必须和从动件的偏置方向一致 ⑤铣削方法。铣削时，可先将分度头分度手柄插销拔出，转动分度头手柄，使凸轮工作曲线起始径向线位置对准铣刀切削部位，然后移动纵向工作台使铣刀切入工件。切入一定深度后，再将分度头手柄插销插入分度盘的孔中，摇动分度头手柄，使凸轮一面转动，一面作纵向移动，从而铣出凸轮工作型面

② 用圆转台铣削圆盘凸轮　见表 5.74。

表 5.74　用圆转台铣削圆盘凸轮

图示	调整与计算
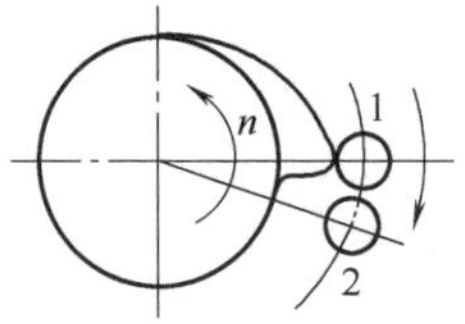(a) 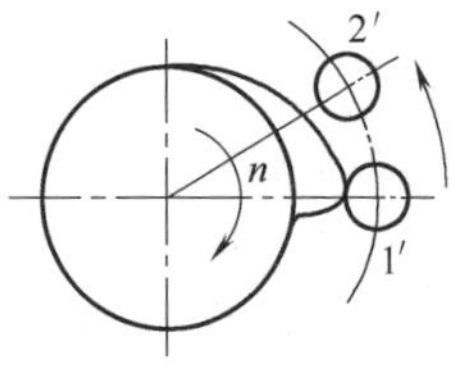(b) 对一些外形尺寸较大的圆盘凸轮和较大直径的阿基米德螺旋槽圆盘凸轮，通常是将工件装夹在圆转台上，在圆转台和纵向工作台之间交换齿轮，采用垂直铣削法进行加工	①圆转台交换齿轮轴与工作台丝杠的交换齿轮计算： $i=\frac{z_1z_3}{z_2z_4}=\frac{Np_{丝}}{P_h}$ 式中　N——圆转台的定数 $p_{丝}$——工作台丝杠螺距，mm P_h——凸轮导程 常用的圆转台的定数(即蜗轮齿数)有 90、120、180 等。配置交换齿轮时，需要在圆转台上装上万向轴和附加交换齿轮装置 ②铣削方法。在铣削过程中，如需脱开圆转台主轴和纵向工作台丝杠之间的传动链时，可利用机动、手动离合器手柄，使万向轴与蜗杆脱开，以便作圆弧铣削和进刀、退刀运动[见图(a)、(b)] ③进刀和退刀。凸轮铣削时的进刀和退刀，通过改变螺旋面的起始位置来达到

③ 用倾斜法铣削凸轮　见表 5.75。

表 5.75　倾斜法铣削凸轮

图示	调整与计算
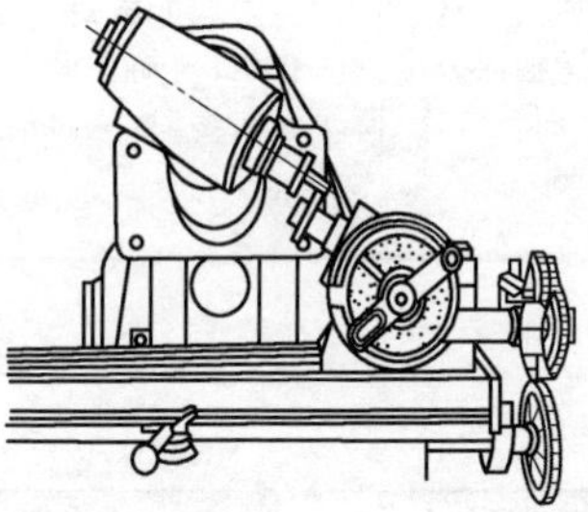	1)倾斜铣削法用于有几条工作曲线,各条曲线的导程不相等,或者凸轮导程是大质数、零星小数、选配齿轮困难等 2)分度头主轴与工作台板角度计算 为了使分度头主轴与铣刀轴线平行,分度头主轴的仰角与立铣头的转动角应互为余角 ①计算凸轮的导程 P_h。选择 P'_h(P'_h可以自己决定,但 P'_h应大于 P_h 并能分解因子) $P_h=\sin\alpha P'_h$ ②计算分度头转动角度 α $\sin\alpha=\dfrac{P_h}{P'_h}$ 式中　α——分度头仰角,(°) P'_h——假定交换齿轮导程 ③计算传动比(按选择的 P'_h计算) $i=\dfrac{40p_{丝}}{P'_h}$ ④计算立铣刀的转动角度 β $\beta=90°-\alpha$ ⑤计算铣刀长度(mm) $L=B+H\cot\alpha+10$ 式中　B——凸轮厚度,mm 10——多留出的切削刃长度,mm α——分度头仰角,(°) H——被加工凸轮曲线的升高量,mm 3)铣削方法与垂直铣削法基本相同

④ 等速圆柱凸轮的铣削　等速圆柱凸轮分螺旋槽凸轮和端面凸轮，其中螺旋槽凸轮铣削方法和铣削螺旋槽基本相同。所不同的是，圆柱螺旋槽凸轮工作型面往往是由多个不同导程的螺旋面（螺旋槽）所组成。它们各自所占的中心角是不同的，而且不同的螺旋面（螺旋槽）之间常用圆弧进行连接，因此导程的计算就比较麻烦。在实际生产中，应根据图样给定的不同条件，采用不同的方法来计算凸轮曲线的导程。

等速圆柱螺旋槽凸轮导程的计算。若加工图样上给定螺旋角 β 时，导程计算公式为：

$$P_h=\pi d\cot\beta$$

等速圆柱凸轮（端面）的铣削见表 5.76。

表 5.76　垂直铣削法铣削等速圆柱凸轮（端面）

图示	调整与计算
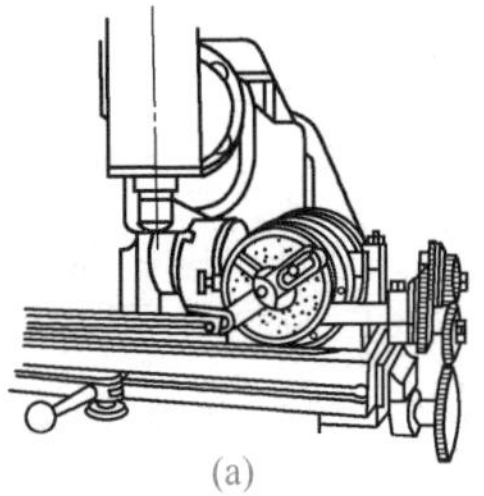 (a) 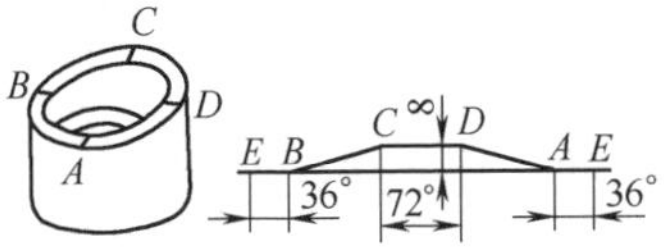 (b)	等速圆柱凸轮一般是在立式铣床上进行铣削的，铣削圆柱凸轮通常选用立铣刀或键槽铣刀 分度头侧轴交换齿轮法： 分度头交换齿轮法是通过各种不同的交换齿轮比，来达到圆柱凸轮上各种不同的导程要求 ①具体的计算和交换齿轮的配置与圆盘凸轮铣削时基本相同。只是分度头主轴应平行于工作台[图(a)] ②铣削时调整计算方法与用垂直铣削法铣削等速圆盘凸轮相同 ③圆柱凸轮曲线的上升和下降部分需要分两次铣削[图(b)]。铣削中，以增减中间轮来改变分度头主轴的旋转方向，即完成左、右旋工作曲线 ④铣刀偏移距离的计算： a. 铣削螺旋端面偏移距离 e 的计算 $$e=R_0\sin\frac{1}{2}(\gamma_D+\gamma_d)$$ 式中　R_0——铣刀半径，mm γ_D——工件外径处的螺旋角，(°) γ_d——工件内径处的螺旋角，(°) b. 铣削螺旋槽凸轮铣刀偏移距离 e_x、e_y 的计算 $$\cot\gamma_{cp}=\frac{P_h}{\pi(D-T)}$$ 式中　γ_{cp}——螺旋面平均直径处的螺旋升角，(°) P_h——凸轮导程 D——工件外径，mm T——工件槽深，mm $$e_x=(R-r_0)\sin\gamma_{cp}$$ $$e_y=(R-r_0)\cos\gamma_{cp}$$ 式中　R——滚子半径，mm r_0——铣刀半径，mm

⑤ 凸轮铣削的质量分析　见表5.77。

表5.77　凸轮铣削的质量分析

现象	原因
表面粗糙度达不到要求	①铣刀不锋利；铣刀太长，刚性差 ②进给量过大；铣削方向选择不当 ③工件装夹不稳固 ④传动系统间隙过大
升高量不正确	①计算错误：如导程、交换齿轮比、倾斜角等 ②调整精度差：如分度头主轴位置、铣刀切削位置 ③铣刀直径选择不当 ④交换齿轮配置错误：如齿轮齿数错误；主、从动轮颠倒
工作型面形状误差大	①铣刀偏移中心切削，偏移量计算错误 ②铣刀几何形状差：如锥度、素线不直等 ③分度头和立铣头相对位置不正确

（3）等速圆盘凸轮铣削实例

1）零件图分析　如图5.20所示为等速圆盘凸轮，材料为40Cr，热处理调质至220～260HBW，凸轮厚度为12mm，在0°～200°范围内是升程曲线，升高量为18.5mm，在200°～360°范围内是回程曲线，回程量也是18.5mm，该凸轮从动件的滚子直径为ϕ20mm，凸轮曲面表面粗糙度为Ra3.2μm。

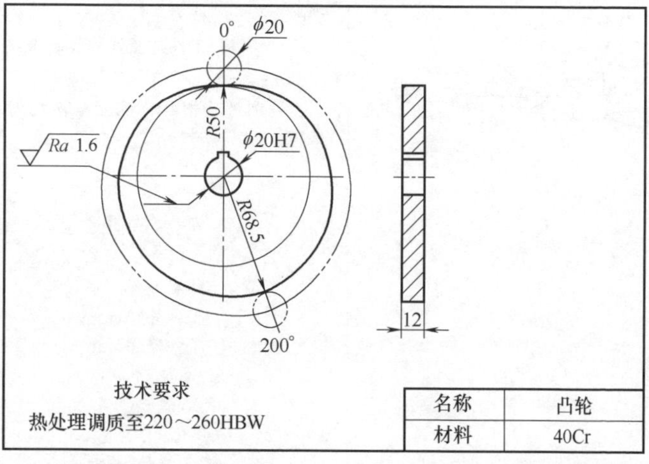

图5.20　凸轮

2）机械加工工艺路线

① 下料。用气割在板料上下 ϕ140mm、厚度为 15mm 料。

② 车床加工。车至外圆 ϕ137mm，车两端面至工件厚度为 12mm，车内孔为 ϕ20H7。

③ 热处理调质至 228～260HBW。

④ 划线。

⑤ 铣削加工。粗铣型面，按线留 2～2.5mm 均匀余量，铣削升程曲线螺旋面，铣削回程曲线螺旋面至图样技术要求。

⑥ 检验。

3）主要工艺装备

① 选择机床：选用 X5032 型万能立式铣床。

② 选择铣刀：因凸轮从动件的滚子直径为 ϕ20mm，故选用直径为 ϕ20mm 的立铣刀铣削。其切削刃长度也符合铣削时的需要。计算铣刀长度：

$$L=B+\frac{H}{\tan\alpha}+(5\sim10)=12+\frac{18.5}{\tan52°7'}+(5\sim10)=36.4\ (\text{mm})$$

式中　L——铣刀切削部分的有效长度，mm；

B——工件厚度，mm；

α——分度头仰角，(°)，本例采用分度头主轴仰角为 $\alpha_2=52°7'$；

H——被加工凸轮曲线的升高量，mm。

③ 装夹夹具：F11125 型分度头，芯轴，拉杆螺钉，螺母，垫圈等。

4）加工路线和加工步骤

划线—粗铣型面，按线留 2～2.5mm 均匀余量，铣削升程曲线螺旋面，铣削回程曲线螺旋面。

加工步骤：

① 划线。在工件两平面划出凸轮的外形曲线，并打上样冲眼。特别注意准确地划出螺旋线起点和终点的位置，并作出标记。

② 粗铣型面，按线留 2～2.5mm 均匀余量。

③ 铣螺旋面前操作的检查、准备。

a. 清理工作台、分度头和工件表面毛刺，检查划线的清晰度，必要时补划。

b. 安装分度头及接长轴。

④ 装夹工件。工件通过芯轴安装在分度头上。先将芯轴的锥柄插入分度头主轴锥孔中，找正后用拉杆螺钉拉紧，然后装上工件用螺母、垫圈压紧。

⑤ 计算及安装交换齿轮。在分度头接长轴和机床纵向传动丝杠上安装交换齿轮。

a. 计算凸轮导程

$$P_h = \frac{360°H}{\theta}$$

式中 P_h——凸轮导程，mm；

H——螺旋面升高量，mm；

θ——凸轮曲线的圆心角，(°)。

铣削升程曲线的导程：$P_{h1} = \frac{360° \times 18.5}{200°} = 33.3$ (mm)

铣削回程曲线的导程：$P_{h2} = \frac{360° \times 18.5}{160°} = 41.6$ (mm)

b. 计算交换齿轮。配置交换齿轮的导程 P_h 应按凸轮最大导程选取，故选取 $P_{h2} = 41.6$mm。为了便于配置交换齿轮的齿数，因 $P_{h2} = 41.6$mm，现选取 $P'_h = 45$mm。

$$i = \frac{z_1 z_3}{z_2 z_4} = \frac{40 p_{丝}}{P'_h} = \frac{40 \times 6}{45} = \frac{100}{25} \times \frac{80}{60}$$

即 $z_1 = 100$，$z_2 = 25$，$z_3 = 80$，$z_4 = 60$。

c. 分度头主轴仰角 α 和立铣头倾斜角 β 的计算。用倾斜铣削法铣削凸轮时，分度头主轴和水平方向应成一仰角 α，立铣头也相应倾斜一个 α 角的余角 β。这样工作台水平移动一个假定交换齿轮导程 P'_h 的距离，它和工件的实际导程 P_h 的关系：$P_h = P'_h \sin\alpha$

$$\sin\alpha = \frac{P_h}{P'_h}$$

式中 P_h——工件实际导程，mm；

P'_h——假定交换齿轮导程，mm；

α——分度头主轴仰角，(°)。

铣削升程曲线时：$\sin\alpha_1=\frac{P_{h1}}{P'_h}=\frac{33.3}{45}=0.74$，$\alpha_1=47°44'$，$\beta_1=42°16'$

铣削回程曲线时：$\sin\alpha_2=\frac{P_{h2}}{P'_h}=\frac{41.6}{45}=0.9244$，$\alpha_2=67°35'$，$\beta_2=22°25'$

⑥ 扳转分度头主轴仰角 $\alpha_1=47°44'$，立铣头倾斜角 $\beta_1=42°16'$。

⑦ 对刀。使铣刀轴心线与凸轮上 0°和 180°的连线在一个平面内。也可以在工件安装前对刀，即在分度头装上芯轴后，利用芯轴对刀，使铣刀轴心线与芯轴轴线对正，也就是与分度头主轴轴线对正。装上工件后，再转动分度头找正凸轮上 0°和 180°的连线与工作台纵向运动方向平行，即视为对刀位置已正确。

⑧ 铣削凸轮升程曲线螺旋面。固紧工作台横向移动机构，拔出分度头手柄定位销，移动工作台，将铣刀靠近工件，摇动工作台升降机构，提升工作台进刀，纵向移动工作台，将铣刀切入工件，到达所定深度后，再将分度手柄定位销插入分度板孔眼内，摇动分度头手柄开始铣削。此时，工作台纵向移动，并作回转运动，铣刀切出螺旋表面，工件回转 200°时，铣升程曲线螺旋面。

⑨ 铣削凸轮回程曲线螺旋面。反向摇转分度头手柄回转 200°，使铣刀回到 0°位置，改变分度头主轴和铣刀的倾斜角即 $\alpha_2=67°35'$，$\beta_2=22°25'$，并在配置的交换齿轮中加一中间轮，使工件旋转方向与铣削凸轮回程曲线螺旋面相反，同时改变铣刀转向，从凸轮 0°（即 360°）处方向回转铣削 200°止。

5.8　刀具齿槽铣削

（1）铣削刀具齿槽

刀具齿槽的铣削是指对成形刀齿、刃口和容屑空间的加工过程。多刃刀具的刀齿形式较多。按刀齿的所在表面分类有：圆柱面齿、锥面齿和端面齿。按刀齿的齿向分类有：直齿和螺旋齿。

① 前角 $\gamma_0=0°$的铣刀铣削齿槽　见表 5.78。

表 5.78　前角 $\gamma_0=0°$的铣刀铣削齿槽

工作铣刀	图示	调整与计算
采用单角铣刀铣削齿槽	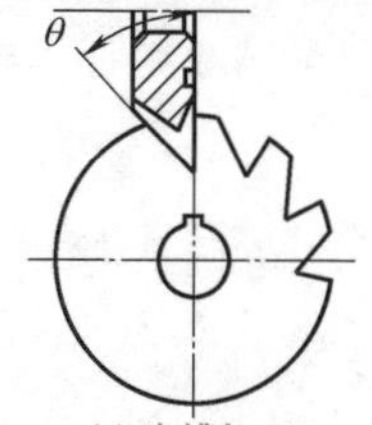 (a) 齿槽加工 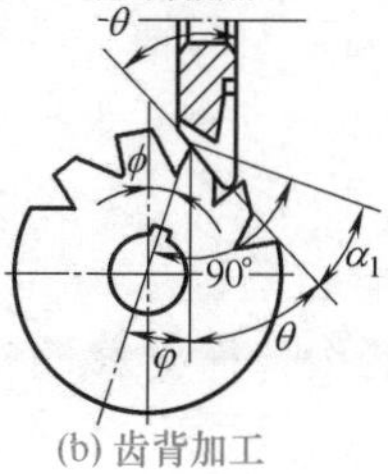 (b) 齿背加工	①选择铣刀　选择工作铣刀的角度必须与所要加工铣刀的齿槽角 θ 相等 ②齿槽加工　将铣刀的刀刃对准工件中心，然后切至所要求的齿槽深度，依次将全部齿槽铣出 ③齿背加工　可直接用单角铣刀进行，但应将工件转过一个 φ 角度 $\varphi=90°-\theta-\alpha_1$ 式中　φ——分度头主轴的回转角，(°) θ——工件的齿槽角，(°) α_1——工件的齿背角，(°) 按下式计算分度头手柄转数 n： $n=\frac{\varphi}{9°}=\frac{90°-\theta-\alpha_1}{9°}$
采用双角铣刀铣削齿槽	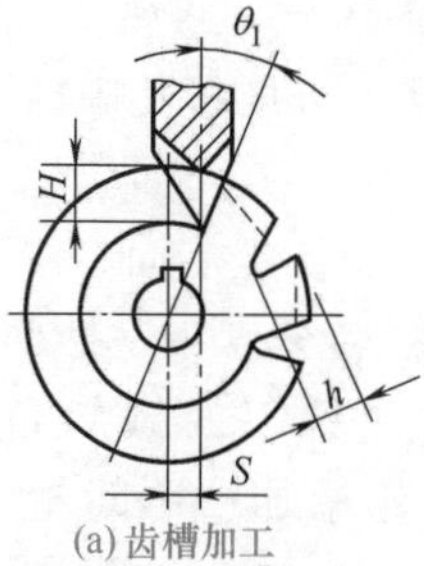 (a) 齿槽加工 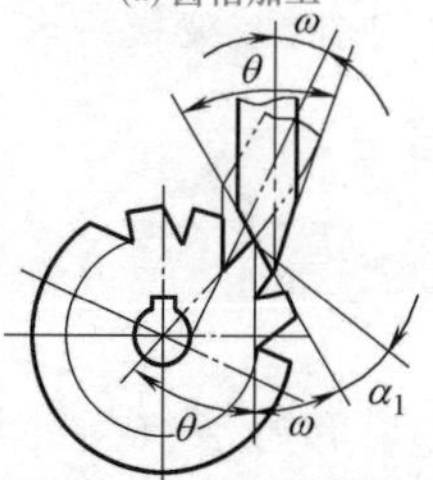 (b) 齿背加工	①选择铣刀　选择工作铣刀的角度必须与所要加工铣刀的齿槽角 θ 相等 ②齿槽加工　工作铣刀相对工件中心偏移一个距离 S 及偏移后升高量 H 的计算： $S=\left(\frac{D}{2}-h\right)\sin\theta_1$ $H=\frac{D}{2}-\left(\frac{D}{2}-h\right)\cos\theta_1$ 式中　D——工件外径，mm h——工件齿槽深度，mm θ_1——双角铣刀的小角度，(°) ③齿背加工　分度头主轴回转角 φ 的计算和分度方法与用单角铣刀加工 $\gamma_0=0°$的齿背时相同，但公式中 θ 是代表双角铣刀的角度(包括小角度 θ_1 在内)

续表

工作铣刀	图示	调整与计算
采用双角铣刀开齿简易对刀法	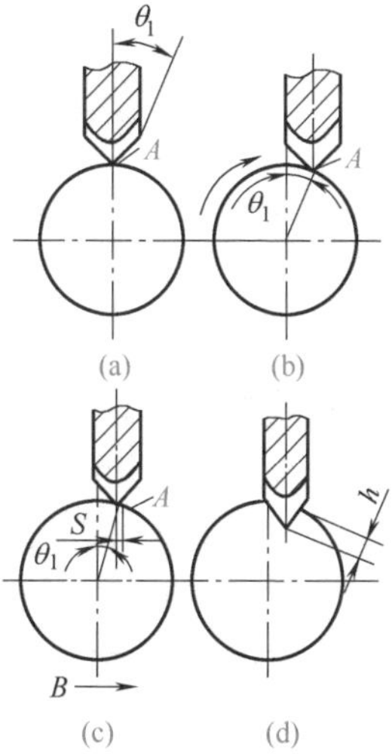	①刀尖与工件中心线对正后，铣出浅印 A，如图(a) ②将工件转过一个工作铣刀小角度 θ_1，并使刀尖对正浅印 A，如图(b) ③降低工作台，使工件按图(c)箭头 B 的方向离开刀尖一个距离 S： $S=h\sin\theta_1$ 式中　h——工件齿槽深度，mm θ_1——双角铣刀的小角度，(°) ④升高工作台进行铣削。铣刀刀齿铣到浅印 A 后如图(d)，其切削深度已达到尺寸

② 铣削前角 $\gamma_0>0°$ 的齿槽　见表 5.79。

表 5.79　铣削前角 $\gamma_0>0°$的齿槽

工作铣刀	图示	调整与计算
采用单角铣刀铣削齿槽	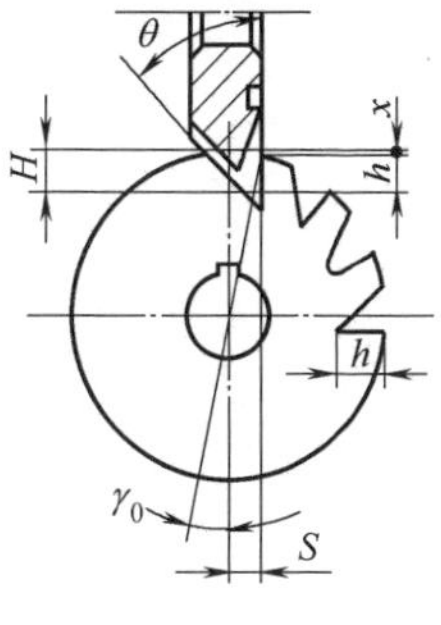 (a) 齿槽加工	①选择铣刀　选择工作铣刀的角度必须与所要加工铣刀的齿槽角 θ 相等 ②齿槽加工　工作铣刀相对工件中心偏移一个距离 S 及偏移后升高量 H 的计算： $S=\frac{D}{2}\sin\gamma_0$ $H=\frac{D}{2}(1-\cos\gamma_0)+h$ 式中　D——工件外径，mm γ_0——工件前角，(°) h——工件齿槽深度，mm

续表

工作铣刀	图示	调整与计算
采用单角铣刀铣削齿槽	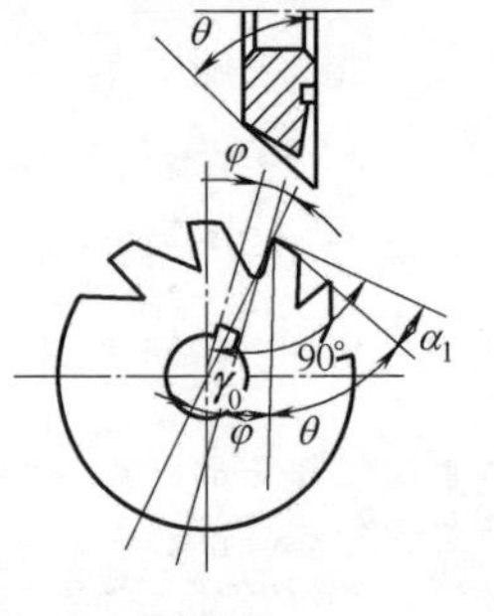 (b) 齿背加工	③齿背加工　可直接用单角铣刀进行，但应将工件转过一个 φ 角度 $\varphi=90°-\theta-\alpha_1-\gamma_0$ 式中　φ——分度头主轴的回转角，(°) θ——工件的齿槽角，(°) α_1——工件的齿背角，(°) γ_0——工件前角，(°)
采用单角铣刀铣削齿槽简易对刀法	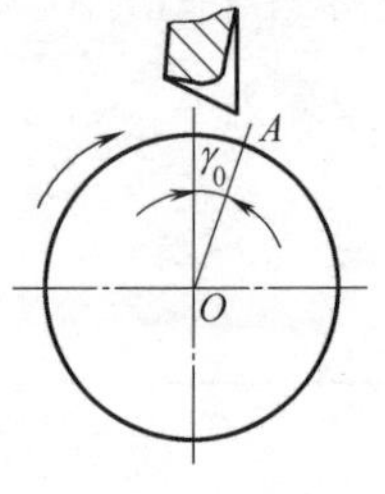	①先使单角铣刀端面刀刃对准工件中心，并铣出浅印 A ②按图中箭头方向转动一个工件前角 γ_0 再重新使铣刀刀尖与浅印 A 对准 ③工作台升高一个齿槽深 h 后，即可进行铣削
采用双角铣刀铣齿槽	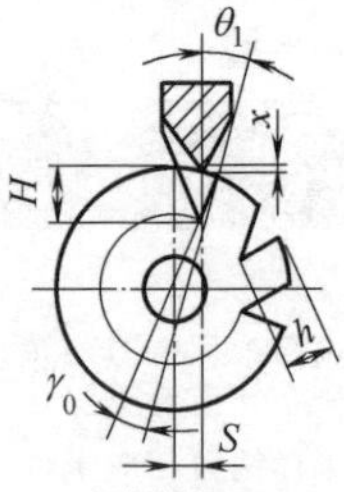 (a) 齿槽加工 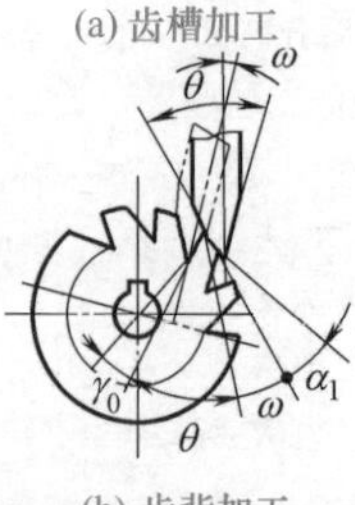 (b) 齿背加工	①选择铣刀　选择工作铣刀的角度必须与所要加工铣刀的齿槽角 θ 相等 ②齿槽加工　工作铣刀相对工件中心偏移一个距离 S 及偏移后升高量 H 的计算： $S=\frac{D}{2}\sin(\theta_1+\gamma_0)-h\sin\theta_1$ $H=\frac{D}{2}[1-\cos(\theta_1+\gamma_0)]+h\cos\theta_1$ 式中　D——工件外径，mm γ_0——工件前角，(°) θ_1——双角铣刀的小角度，(°) h——工件齿槽深度，mm ③齿背加工　φ 的计算和分度方法与用单角铣刀加工 $\gamma_0>0°$ 的齿背时相同

③ 圆柱螺旋齿刀具齿槽的铣削　见表 5.80。

表 5.80　圆柱螺旋齿刀具齿槽的铣削

图示	调整与计算
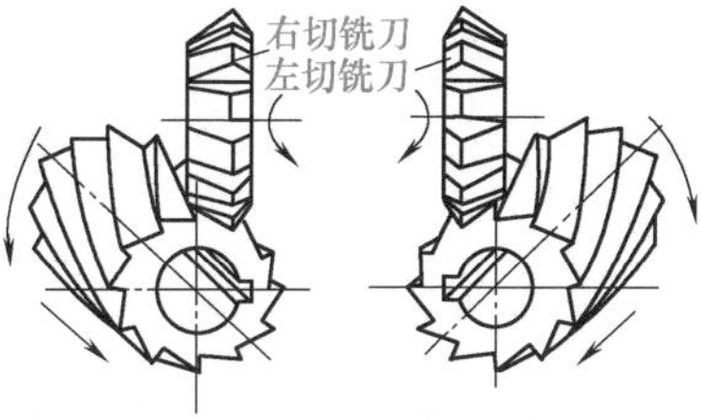 用双角铣刀铣削	①选择铣刀　若工件的旋向为右旋时，应选用左切双角铣刀，若工件的旋向为左旋时，应选用右切双角铣刀 ②确定工作台转角 a. 若螺旋角 $\beta<20°$时，工作台转角 β_1 等于工件螺旋角 β。铣削右旋齿槽时工作台应逆时针转动一个螺旋角；铣削左旋齿槽时工作台应顺时针转动一个螺旋角 b. 若螺旋角 $\beta>20°$时，工作台实际转角 β_1 要小于工件螺旋角 β。具体数值按下式计算： $$\tan\beta_1=\tan\beta\cos(\delta+\gamma_0)$$ 式中　β——工件螺旋角，(°) β_1——工作台实际转角，(°) δ——双角铣刀的小角度，(°) γ_0——工件的法向前角，(°) c. 若用左切双角铣刀加工左旋齿槽或用右切双角铣刀加工右旋齿槽时，工作台应多扳 3°左右，以免“内切” ③传动比计算 $$i=\frac{z_1z_3}{z_2z_4}=\frac{40p_{丝}}{P_h}=\frac{40p_{丝}}{\pi D\cot\beta}$$ 式中　z_1,z_3——主动交换齿轮齿数 z_2,z_4——从动交换齿轮齿数 40——分度头定数 $p_{丝}$——机床纵向丝杠螺距，mm P_h——工件导程，mm D——工件直径，mm β——工件螺旋角，(°) ④偏移量 S 和升高量 H 的计算： $$S=\frac{D}{2}\sin(\theta_1+\gamma_0)-h\sin\theta_1$$ $$H=\frac{D}{2}[1-\cos(\theta_1+\gamma_0)]+h\cos\theta_1$$ 式中　D——工件外径，mm γ_0——工件法向前角，(°) θ_1——工作铣刀的小角度，(°) h——工件齿槽深度，mm

④ 端面刀齿的铣削　见表 5.81。

表 5.81　端面刀齿铣削

图示	调整与计算
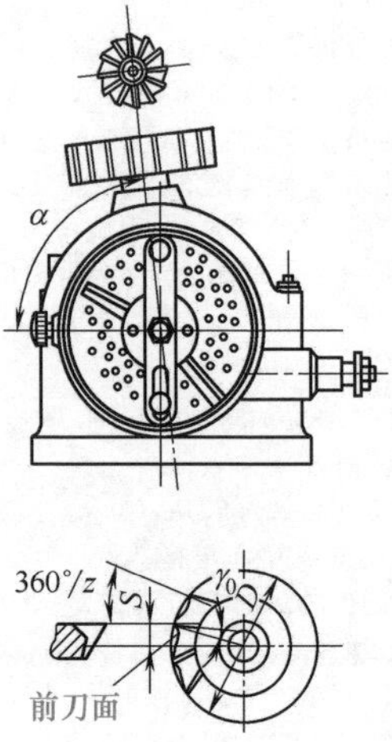 **单角铣刀铣削**	①选择铣刀　选择工作铣刀的角度必须与所要加工铣刀的齿槽角 θ 相等 ②计算分度头仰角 α $$\cos\alpha=\tan\frac{360°}{z}\cot\theta$$ 式中　z——工件齿数 θ——工件端面齿槽角,(°) ③偏移量 S 的计算　当被加工工件前角 $\gamma_0=0°$时,工作铣刀(单角铣刀)的端面刀刃对准工件中心,然后转动分度头手柄,即可进行铣削 当被加工工件前角 $\gamma_0>0°$时,工作铣刀端面刀刃对准工件中心后,还需将工作台向铣刀锥面方向移动一个偏移量 S,然后转动分度头手柄,使工件前刀面与工作铣刀端面刀刃对准,即可进行试切削。偏移量 S 的计算按下式进行 $$S=\frac{D}{2}\sin\gamma_{0S}$$ 式中　D——工件外径，mm γ_{0S}——工件刀齿端面前角，(°) 实际生产中，虽然计算出偏移量 S 值，但为了保证端面刀刃和圆周刀刃互相对齐，平滑连接，往往采用试切方法对刀

⑤ 锥面刀齿的铣削　见表 5.82。

表 5.82　锥面刀齿的铣削

图示
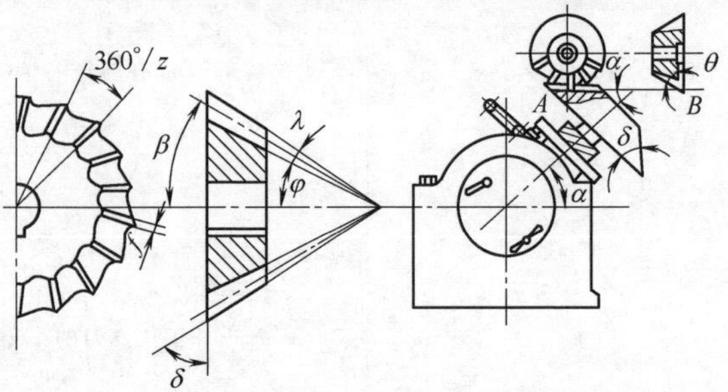

续表

调整与计算
①工作铣刀的选用及横向偏移量 S 的计算与铣削端面齿相同 ②计算分度头仰角 α $$\alpha=\beta-\lambda$$ $$\tan\beta=\cos\frac{360°}{z}\cot\delta$$ $$\sin\lambda=\tan\frac{360°}{z}\cot\theta\sin\beta$$ 式中　β——工件刀齿齿高中线与工件中心线间夹角,(°) λ——工件刀齿中线与齿槽底线间夹角,(°) z——工件刀齿数 δ——工件外锥面锥底角,(°) θ——工件锥面齿齿槽角,(°) ③计算铣削吃刀量 h 铣削吃刀量可通过试切法确定,也可用下式计算 $$h=\frac{R\cos(\alpha+\delta)}{\cos\delta}$$ 式中　α——分度头仰角,(°) R——刀坯大端半径,mm

⑥ 刀具齿槽铣削的质量分析　见表 5.83。

表 5.83　刀具齿槽铣削的质量分析

现象	原因
前角值偏差过大	①偏移量 S 计算错误 ②机床偏移距离不准确 ③工作台偏移方向错误 ④用划线法对刀时,切线错误 ⑤螺旋齿铣削时,切削方向选择不正确,过切量大 ⑥螺旋齿铣削时,工作台转角选择不当,过切量大
棱带不符合要求	①升高量 H 计算错误或调整不当 ②用试切法时,试切量过深 ③铣齿背时转角 φ 不准确或铣切过深 ④工作铣刀廓形角偏差过大 ⑤工件坯料或夹具校正精度差 ⑥工件装夹不合理,铣削时走动或发生形变 ⑦铣端面齿或锥面齿时,仰角 α 不正确
分齿不均匀	①铣刀廓形不正确 ②铣削时工件松动 ③工件与夹具同轴度差

续表

现象	原因
齿槽形状偏差大	①铣刀廓形不正确 ②用角度铣刀铣螺旋齿槽时，工作台转角不恰当 ③铣刀刀尖圆弧选择不当
刀齿碰坏工件其他部位有残留刀痕	①铣削过程中工件松动或操作不慎 ②工作铣刀直径或方向选择不当，影响退刀 ③铣端面齿时，分度装置有误差或校正对刀不准确

(2) 铣削圆柱面直齿刀具实例

1）零件图分析　如图5.21所示为一凹半圆圆柱直齿铣刀，材料为W18Cr4V，热处理淬硬至62～64HRC，铣刀直径$D=100$mm，前角$\gamma_0=6°$，齿槽角$\theta=25°$，槽底圆弧半径$R=2$mm，齿槽深$h=15$mm，齿数$z=12$，工件内孔$D_1=\phi27H7$，厚度$B=30_{-0.02}^{0}$ mm，外圆尺寸为$\phi100$mm。现需要在圆柱面上开齿，齿面表面粗糙度为$Ra6.3$mm。

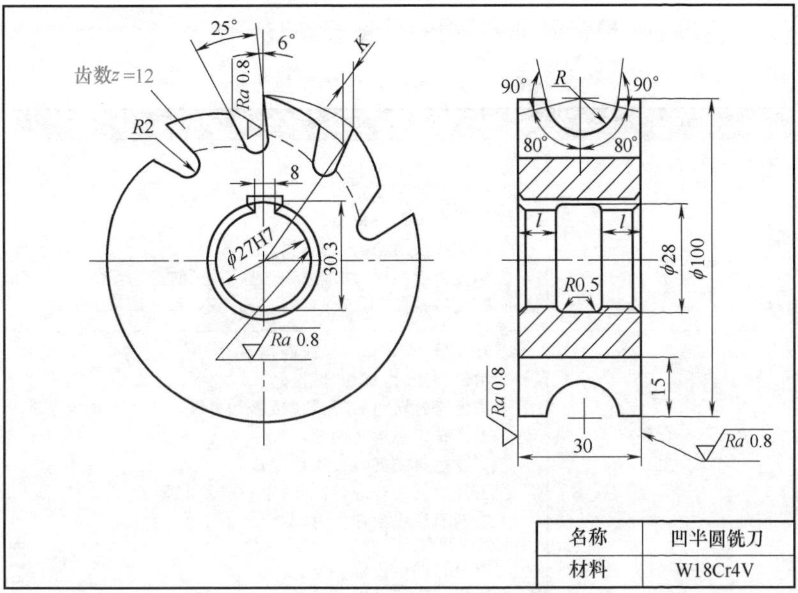

图5.21　凹半圆铣刀

2）机械加工工艺路线

① 下料。用圆棒料在锯床上下料。

② 锻造。将棒料锻成外圆尺寸为 ϕ112mm、厚度为 34mm 圆形毛坯。

③ 退火。经过锻造的毛坯必须进行退火，以消除锻造后的内应力，并改善其加工性能。

④ 车床加工。外圆尺寸车至 ϕ100.8mm，工件厚度车至 31mm，工件内孔车至 27.4mm。外圆及凹半圆车至图样要求。

⑤ 插床加工。插键槽。

⑥ 磨床加工。磨削外圆、内孔、端面留加工余量。

⑦ 铣床加工。铣出全部齿槽。

⑧ 热处理淬硬至 62～64HRC。

⑨ 磨床加工。精磨外圆、内孔、端面及齿槽。

⑩ 检验。

3）主要工艺装备

① 选择机床。选用 X6132 型万能卧式铣床加工。

② 选用工作铣刀。单角铣刀应根据工件齿槽角 θ 和槽底圆弧半径 r 来确定，其外径按齿槽深度 h 来选择。故选用 $\theta_1=25°$，刀尖圆弧半径 $\gamma_1=2$mm，外径为 ϕ80mm 的单角铣刀。

③ 装夹的夹具：F11125 分度头，尾座，工件用芯轴。

4）加工步骤

① 操作前检查、准备：

a. 清理工作台，清理分度头。

b. 清理工件毛刺，检查工件尺寸。

c. 安装工作铣刀。

d. 安装分度头及尾座。

② 装夹工件。工件用芯轴安装，装夹在分度头主轴和尾座两顶尖之间，用鸡心夹头夹紧、拨盘带动。装夹时，应找正工件外圆，径向圆跳动误差不大于 0.02mm。

5）调整与计算

① 调整单角铣刀的工作位置。要使单角铣刀正确地铣出工件

齿槽的形状，必须对其工作位置进行调整。调整方法是使工作台横向偏移一个距离 E 及将工作台升高一个高度 H。E 和 H 的计算公式：

$$E=\frac{D}{2}\sin\gamma_0$$

$$H=\frac{D}{2}(1-\cos\gamma_0)+h$$

式中 E——工作台横向移动偏移量，mm；

D——工件外径，mm；

γ_0——工件前角，(°)；

h——工件齿槽深度，mm；

H——工作台升高量，mm。

$$E=\frac{D}{2}\sin\gamma_0=\frac{100.8}{2}\times\sin6°=5.27\ (\mathrm{mm})$$

$$H=\frac{D}{2}(1-\cos\gamma_0)+h=\frac{100.8}{2}\times(1-\cos6°)+15=15.28\ (\mathrm{mm})$$

考虑工件外径的加工余量，取 $H=15.68$mm。

② 计算分度头手柄转数。手柄应摇转 $n=\frac{40}{z}=\frac{40}{12}=3\frac{1}{3}=3\frac{22}{66}$r，即铣完一齿后，分度头手柄摇 3 转，再在 66 的孔圈上转过 22 个孔距。

6）对刀　采用划线对刀或切痕对刀法，使角铣刀端面切削刃通过工件中心线。对刀后，以半角铣刀尖部圆弧底面接触工件外圆最高点，纵向移动工作台，退出。

7）横向偏移工作台　将工作台横向移动一个偏移量 $E=5.27$mm，紧固横向工作台。

8）提升工作台　将工作台提升一个升高量 $H=15.68$mm，紧固升降工作台。

9）铣削第一齿槽　锁紧分度头，开动机床移动纵向工作台，进行开齿铣削，铣出第一齿槽。

10）分度逐步铣出全部齿槽　分度时，分度一次，分度头手柄摇 3 转，再在 66 的孔圈上转过 22 个孔距。每分度一次必须锁紧分度头。

第6章

刨削和插削加工

刨削是用刨刀对工件作水平相对直线往复运动的切削加工方法，主要设备是刨床，适合工件上窄长平面、沟槽加工。插削是用插刀对工件作垂直直线往复运动的切削加工方法，主要设备是插床，适合工件上内表面直线沟槽加工。

6.1 刨床及其工艺范围

(1) 刨床

刨床类机床主要用于加工各种平面和沟槽。牛头刨床由工作台、滑板、刀架 、滑枕、床身、底座等部件组成，其外形如图 6.1

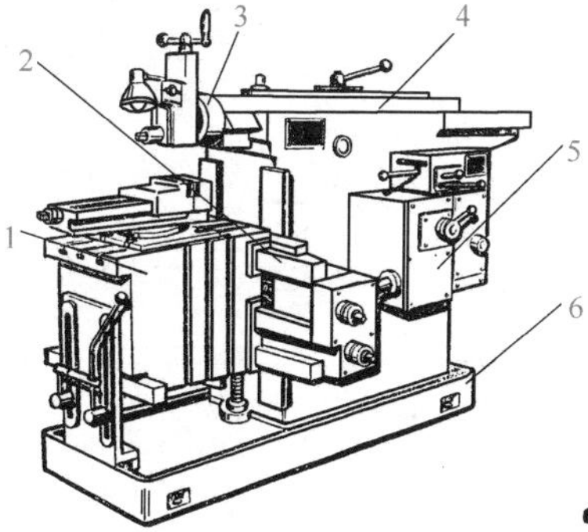

图 6.1 牛头刨床

1—工作台；2—滑板；3—刀架；4—滑枕；5—床身；6—底座

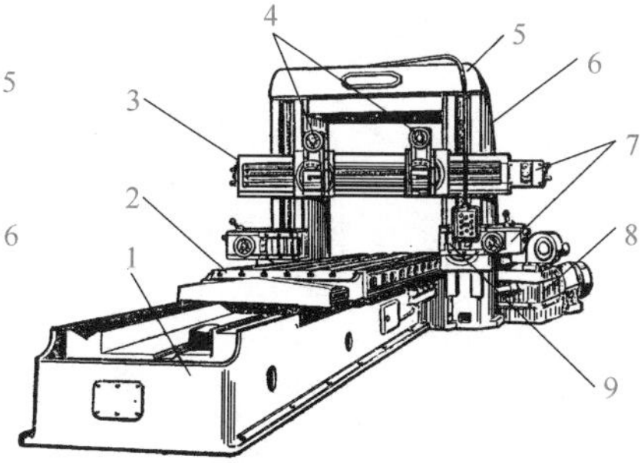

图 6.2 龙门刨床

1—床身；2—工作台；3—横梁；4—立刀架；5—顶梁（横撑）；6—立柱；7,8—进给箱；9—侧刀架所示。牛头刨床的刀具作往复运动为主运动，进给运动为滑板的移动，其生产率较低，多用于单件、小批生产。

龙门刨床由床身、工作台、横梁、立柱、顶梁、立刀架、侧刀架等部件组成，工作台作往复运动为主运动，其外形如图 6.2 所示，主要用于中、小批生产，加工长而窄的平面，如导轨面和沟槽，或在工作台上安装几个中、小型零件，进行多件加工。

（2）牛头刨床常用的加工方法（见表 6.1）

表 6.1　牛头刨床常用加工方法

刨平面	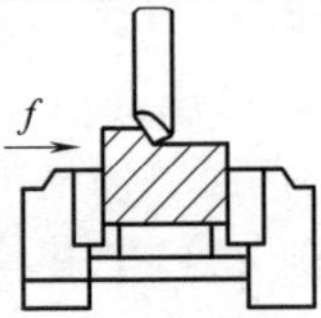	刨槽	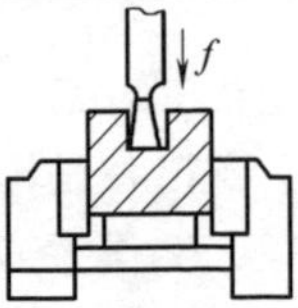
刨侧面	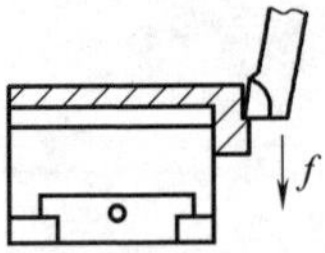	刨孔内槽	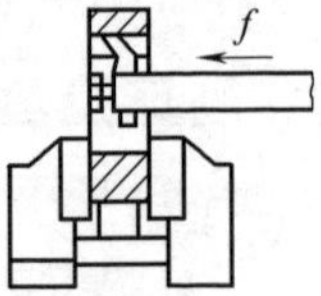
刨台阶	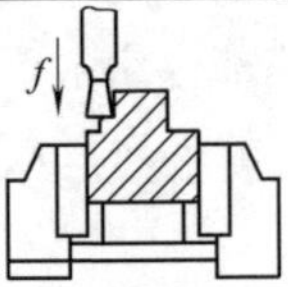	刨 V 形槽	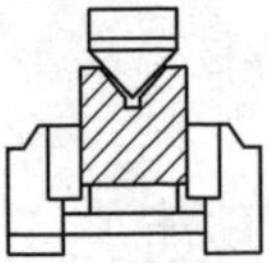
刨斜面	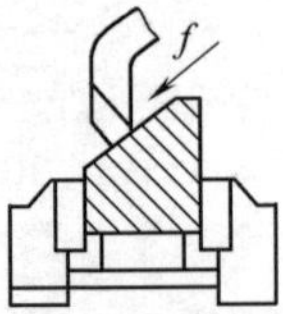	刨燕尾槽	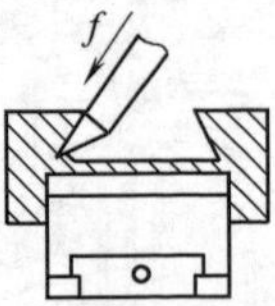
刨 T 形槽	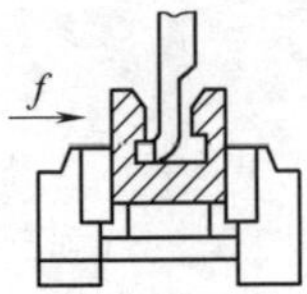	可转刀杆刨凹圆柱面	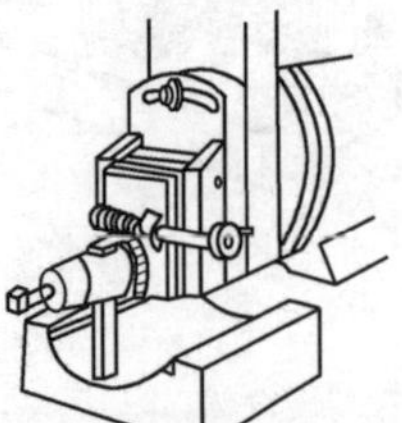

续表

刨曲面		仿形法刨圆弧面	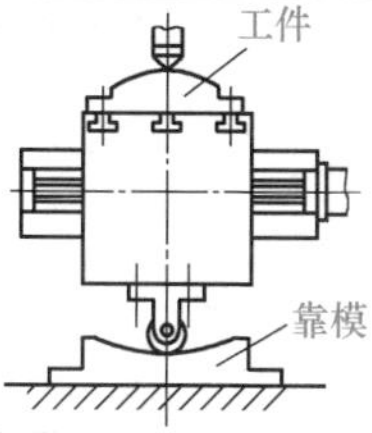
刨齿条	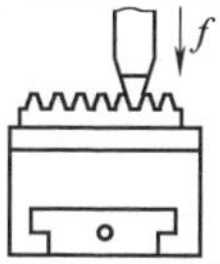		

(3) 龙门刨床常用的加工方法 (见表 6.2)

表 6.2　龙门刨床常用加工方法

图示	说明	图示	说明
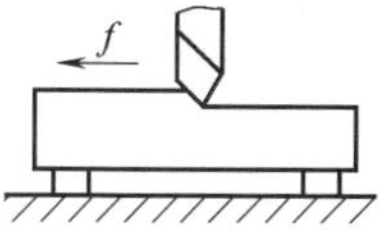	用垂直刀架加工一个平面	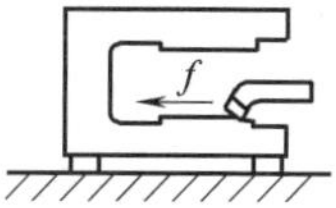	用水平刀架加工内表面
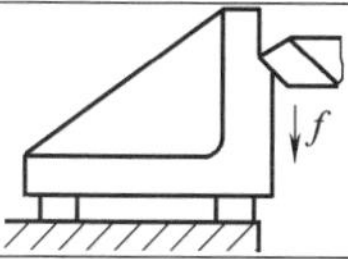	用水平刀架加工一个平面	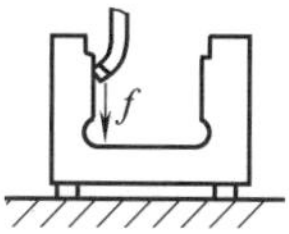	用垂直刀架加工内表面
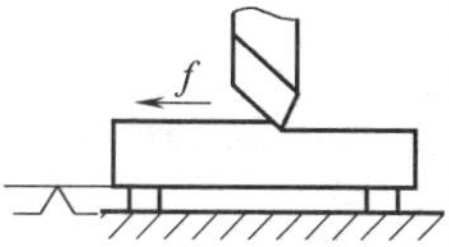	用垂直刀架加工一个与基准面平行的平面(用垫铁调整方法)	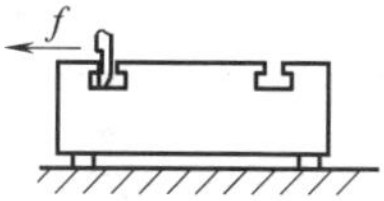	用垂直刀架加工上面的 T 形槽
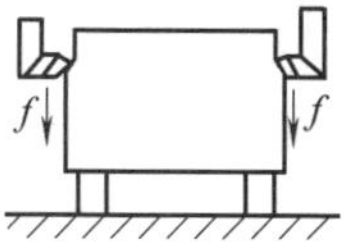	用两个垂直刀架同时加工两侧面	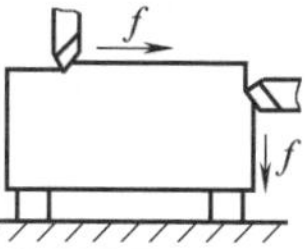	用垂直刀架与水平刀架同时加工上平面与侧面
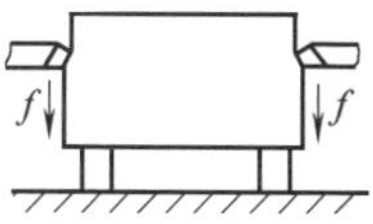	用两个水平刀架同时加工两侧面	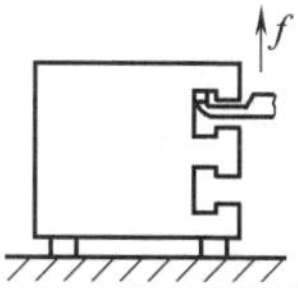	用水平刀架加工侧面上的 T 形槽

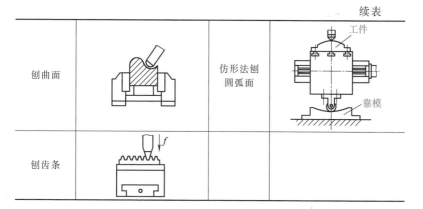

续表

图示	说明	图示	说明
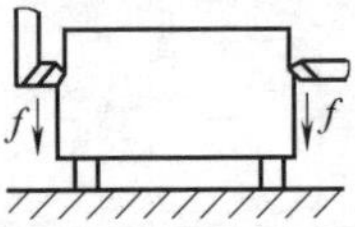	用垂直刀架与水平刀架同时加工两侧面	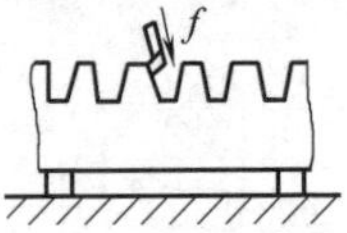	用垂直刀架加工齿条
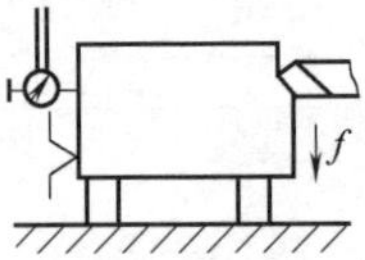	用水平刀架加工一个与基准面平行的平面(基准面用百分表校准)	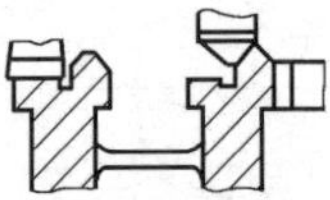	用两个垂直刀架和一个水平刀架同时加工导轨面
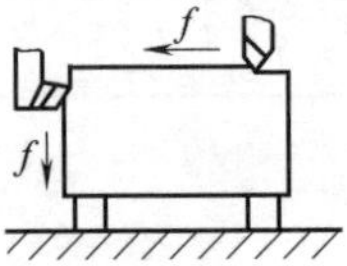	用两个垂直刀架同时加工上平面与侧面	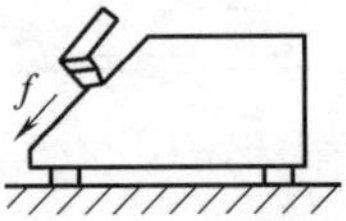	用垂直刀架扳角度加工斜面
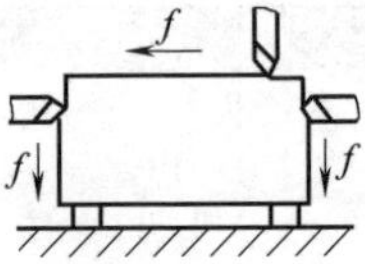	用两个水平刀架及一个垂直刀架同时加工上平面与侧面	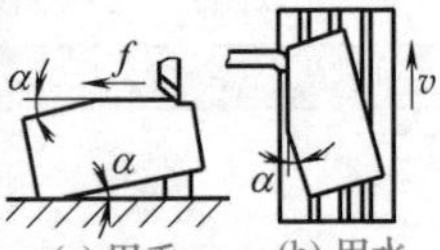 (a)用垂直刀架 (b)用水平刀架	把工件装成斜度加工斜面

6.2 刨刀

(1)刨刀的结构形式(见表6.3)

表 6.3 刨刀的结构形式

种类	图示	特点及用途
粗刨刀	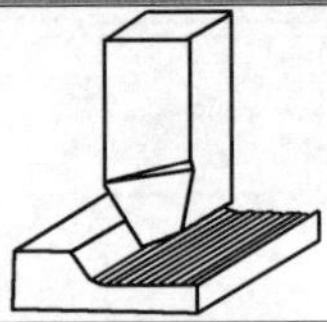	粗加工表面用刨刀。多为强力刨刀,以提高切削效率
精刨刀	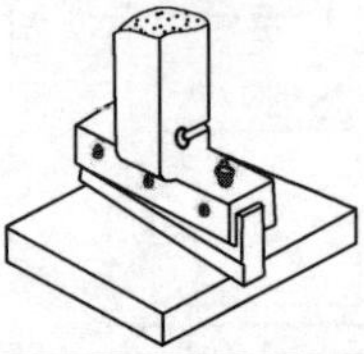	精细加工用刨刀。多为宽刃形式,以获得较低表面粗糙度的表面

续表

种类	图示	特点及用途
整体刨刀	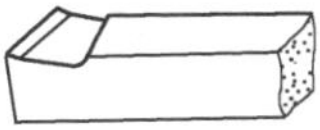	刀头与刀杆为同一材料制成，一般高速钢刀具多是此种形式
焊接刨刀	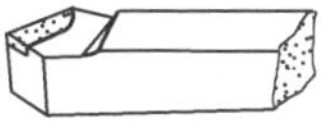	刀头与刀杆由两种材料焊接而成。刀头一般为硬质合金刀片
机械夹面式刨刀		刀头与刀杆为不同材料，用压板、螺栓等把刀头紧固在刀杆上

（2）常用刨刀的种类及用途（见表 6.4）

表 6.4　常用刨刀的种类及用途

种类	图示	特点及用途
直杆刨刀	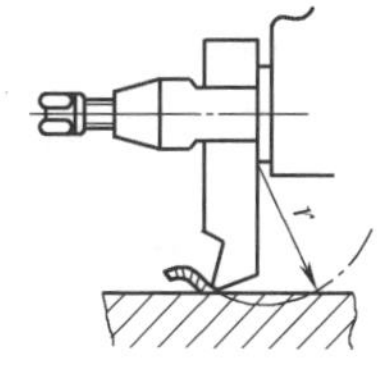	刀杆为直杆。粗加工用
弯颈刨刀	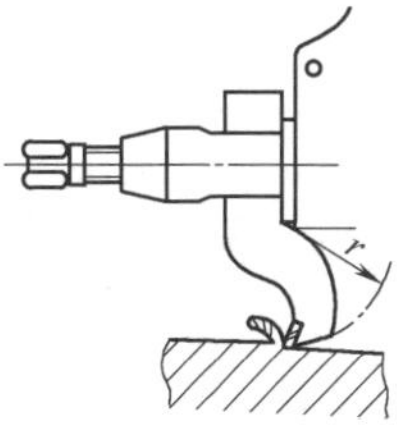	刀杆的刀头部分向后弯曲。在刨削力作用下，弯曲弹性变形，不扎刀。切断、切槽、精加工用
弯头刨刀	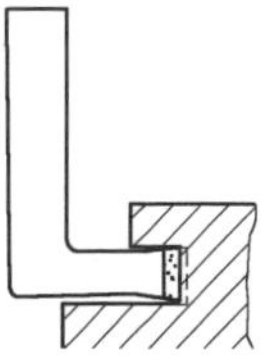	刀头部分向左或右弯曲。用于切槽

续表

种类	图示	特点及用途
平面刨刀	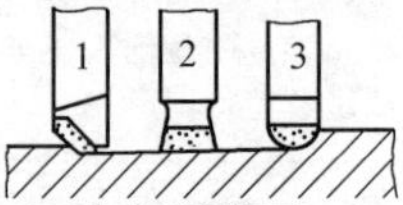 1—尖头平面刨刀； 2—平头平面刨刀； 3—圆头平面刨刀	粗、精刨平面用
偏刀	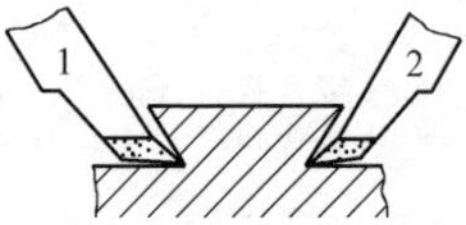 1—左偏刀；2—右偏刀	用于加工互成角度的平面、斜面、垂直面等
内孔刀	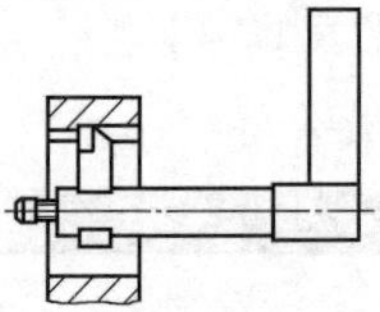	加工内孔表面与内孔槽
切刀	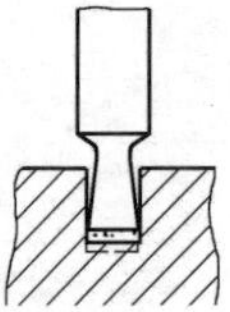	用于切槽、切断、刨台阶
弯切刀	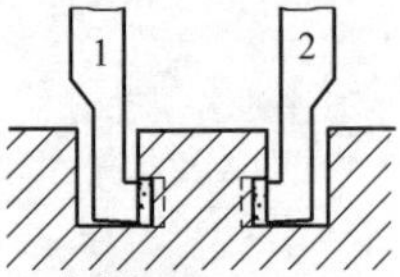 1—左弯切刀； 2—右弯切刀	加工 T 形槽、侧面槽等
成形刀	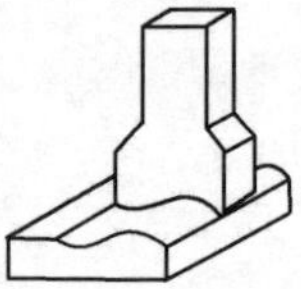	加工特殊形状表面。刨刀刀刃形状与工件表面一致，一次成形

（3）刨刀切削角度的选择（见表 6.5）

表 6.5　刨刀切削角度的选择　　（°）

加工性质	工件材料	刀具材料	前角 γ_0	后角 α_0[①]	刃倾角 λ_s	主偏角 κ_r[②]
粗加工	铸铁或黄铜	W18Cr4V	10～15	7～9	－10～－15	45～75
		YG8，YG6	10～13	6～8	－10～－20	
	钢 σ_b＜750MPa	W18Cr4V	15～20	5～7	－10～－20	45～75
		YW2，YT15	15～18	4～6	－10～－20	
	淬硬钢	YG8，YG6X	－15～－10	10～15	－15～－20	10～30
	铝	W18Cr4V	40～45	5～8	－3～－8	
精加工	铸铁或黄铜	W18Cr4V	－10～0	6～8	5～15	0～45
		YG8，YG6X	－15～－10[③] 10～20	3～5	0～10	
	钢 σ_b＜750MPa	W18Cr4V	25～30	5～7	3～15	
		YW2，YG6X	22～28	5～7	5～10	
	淬硬钢	YG8，YG8A	－15～－10	10～20	15～20	10～30
	铝	W18Cr4V	45～50	5～8	－5～0	

① 精刨时，可根据情况在后刀面上磨出消振棱。一般倒棱后角 $\alpha_{\alpha1}=-1.5°\sim0°$，倒棱宽度 $b_{\alpha1}=0.1\sim0.5$mm。

② 机床功率较小、刚性较差时，主偏角选大值，反之，选小值。主刀刃和副刀刃之间宜采用圆弧过渡。

③ 两组推荐值都可用，视具体情况选用。

6.3 工件装夹方法

表 6.6 为刨削常用装夹方法。

表 6.6　刨削常用装夹方法

方法		图示
压板装夹	平压板和弯头压板	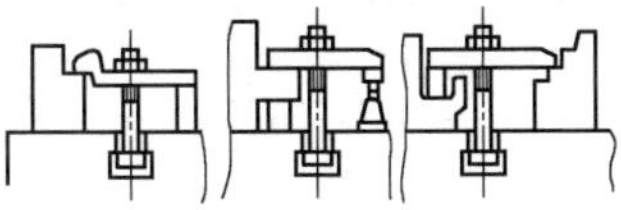
	可调压板	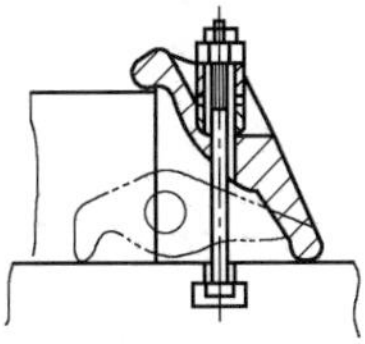

续表

方法		图示
压板装夹	孔内压板	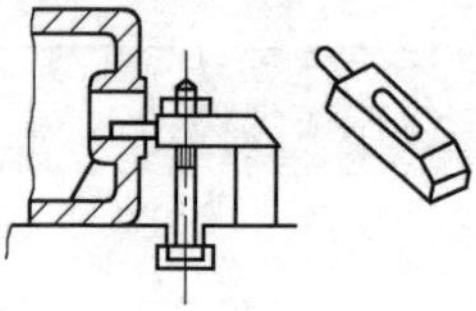
虎钳装夹	刨一般平面	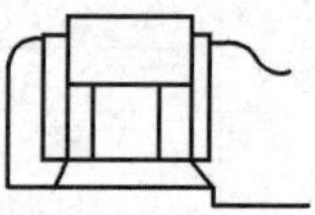
	平面(1、2)有垂直度要求时	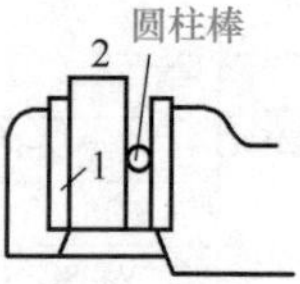
	平面(3、4)有平行度要求时	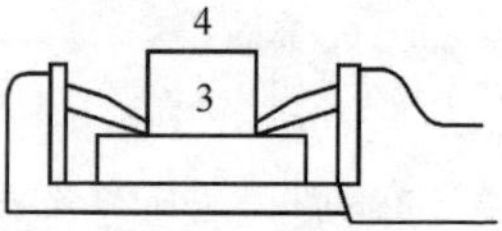
圆柱与圆管工件装夹	斜口挡板装夹	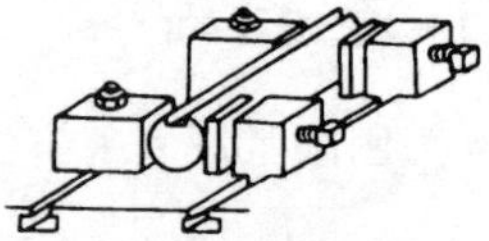
	用螺栓将压板拉紧在管件两端，然后放在平垫铁上压紧	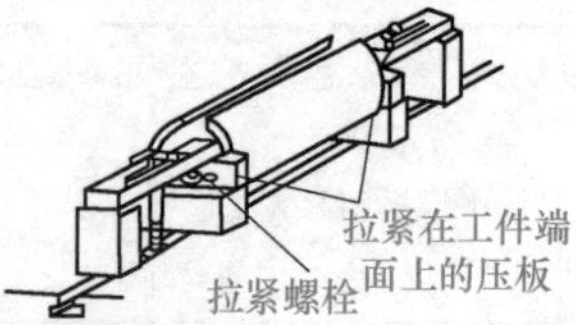
弯板装夹	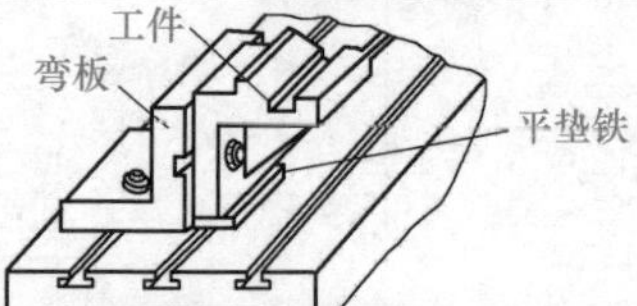	

续表

方法		图示
薄板工件装夹	电磁吸盘吸紧	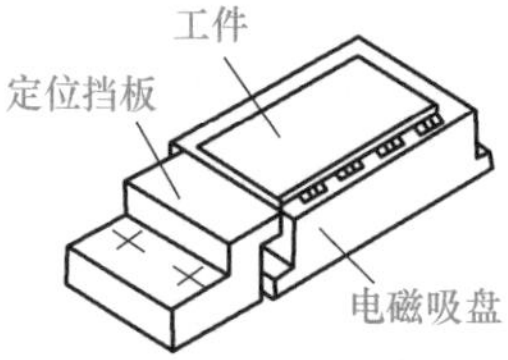 为防止工件的移动，在对着切削力方向的一端应装有定位板。适于加工基面平整和尺寸不大的工件
	斜口挡板侧挤夹紧	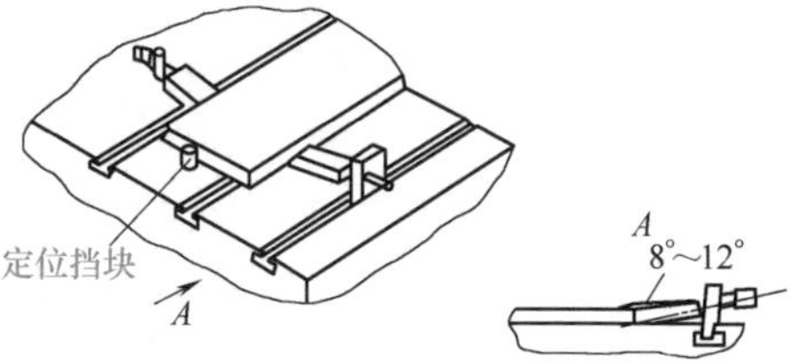 斜口挡板在工件侧面由水平向下倾斜 8°～12°，压紧螺钉伸出量为螺钉直径的 1～2 倍，适于加工狭长薄板
	楔铁夹紧	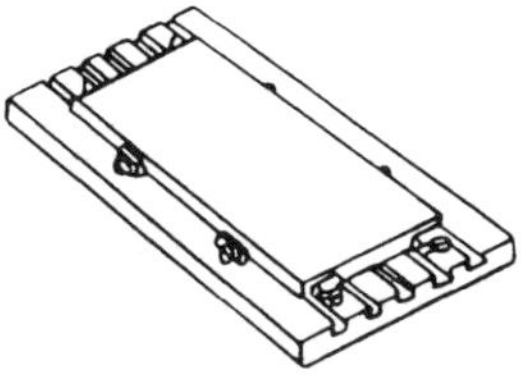 楔铁斜度采用 1∶100，适于加工薄而大的工件。粗加工时，考虑热变形的影响，必须将纵向的楔铁适当放松些，且工件两面应轮流翻转，多次重新装夹加工，使两加工面的内应力接近平衡
	虎钳与螺栓配合装夹	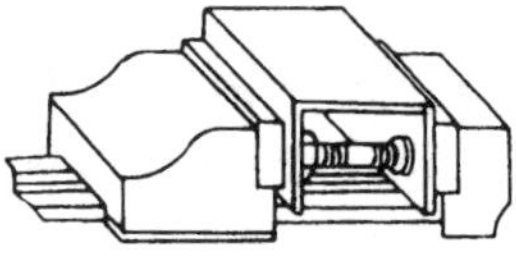

续表

<table>
<tr><th colspan="2">方法</th><th>图示</th></tr>
<tr><td>薄板工件装夹</td><td>压板与千斤顶配合装夹</td><td>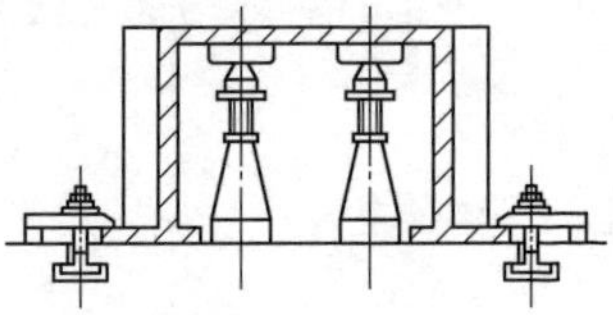</td></tr>
<tr><td>弧形工件装夹</td><td colspan="2">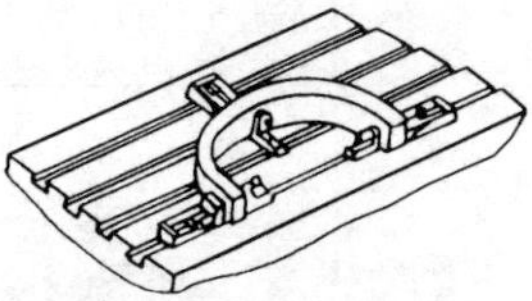</td></tr>
<tr><td>不规则工件装夹</td><td colspan="2">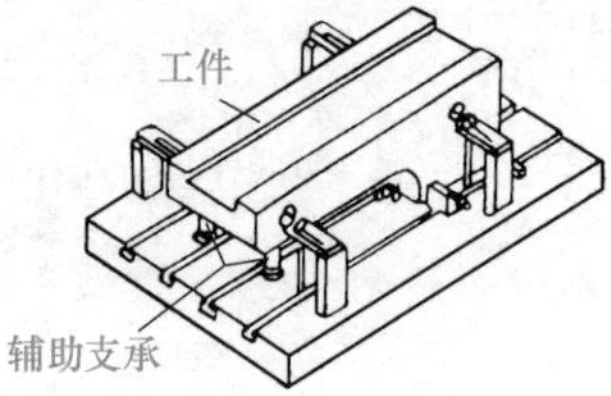
</td></tr>
</table>

6.4 刨削方法及其刨削用量

(1) 槽类工件的刨削与切断(见表 6.7)

(2) 镶条的刨削(见表 6.8)

(3) 精刨

① 精刨的类型及特点　见表 6.9。

② 精刨刀常用的研磨方法　见表 6.10。

(4) 刨削用量

① 龙门刨床常用的切削用量　见表 6.11～表 6.13。

② 牛头刨床常用的切削用量　见表 6.14、表 6.15。

③ 龙门刨床和牛头刨床刨槽的切削速度　见表 6.16。

④ 使用条件变换时刨、插削速度修正系数　见表 6.17。

⑤ 刨、插削速度和切削力计算公式　见表 6.18。

表 6.7　槽类工件的刨削与切断

类别	图示	加工方法
直角沟槽	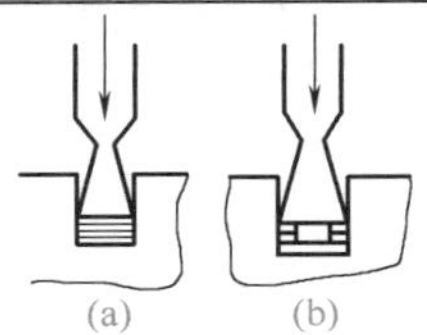	当槽的精度要求不高且又较窄时，可按图(a)一次将槽刨完，当精度要求较高且宽度又较大，可按图(b)先用较窄的切槽刀开槽，然后用等宽的切槽刀精刨
	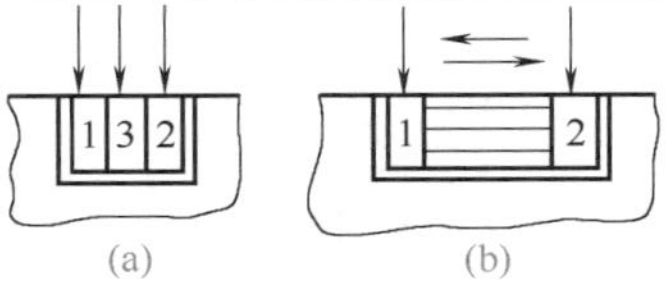	宽度很宽的槽，按下列两种方法加工： 图(a)是按 1、2、3 顺序用切刀垂直进给，三面各留余量 0.1～0.3mm，粗切后再进行精刨 图(b)是先用切槽刀刨出 1、2 槽，再用尖头刨刀粗刨中间，三面各留余量 0.1～0.3mm，最后换切槽刀精刨
轴上直通槽	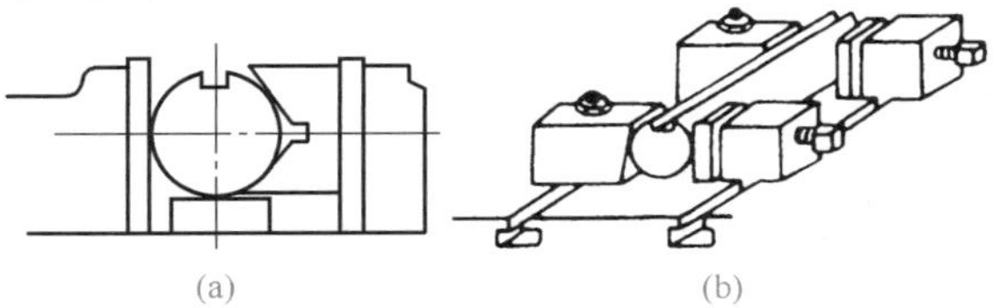 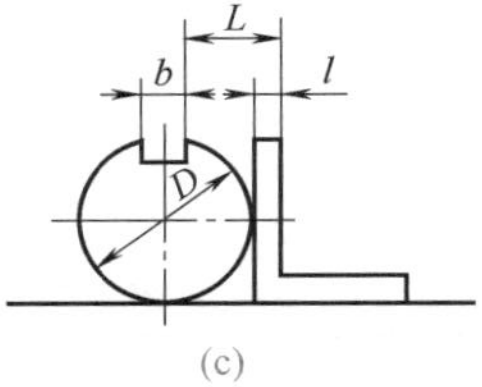	短的工件可按图(a)用虎钳装夹。长的工件可按图(b)直接装夹在工作台台面上 为了保证槽侧与轴线的平行度，装夹时应用百分表找正侧母线 粗刨直通槽方法与刨直角沟槽相同 精刨时，先用切槽刀垂直进给精刨一个侧面，此时要特别注意保证键槽对轴线的对称度，测量方法可参照图(c)，其中 $L=\frac{D-b}{2}+l$（D——轴的实际尺寸；b——键槽按中间公差的宽度），L 值可用卡尺或公法线千分尺测量。精刨完一侧后，再精刨另一侧达到槽宽要求

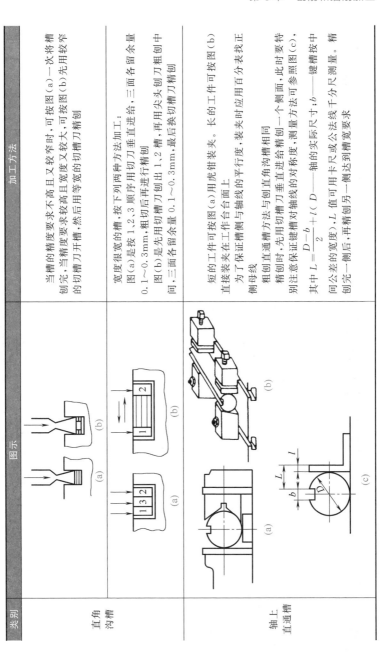

续表

类别	图示	加工方法
V 形槽	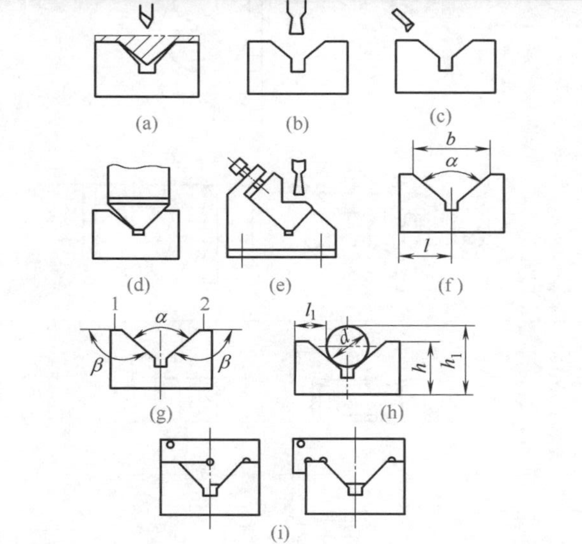	(1)加工方法 ①按尺寸划线,用水平走刀粗刨大部分余量,见图(a) ②按图(b)切空刀槽 ③倾斜刀架,用偏刀刨两斜面,见图(c) ④尺寸小的 V 形槽,可用样板刀精刨,见图(d) ⑤可按图(e)用夹具刨 V 形槽 (2)测量方法[V 形槽尺寸要素见图(f)] ①以 1、2 顶面为基准按图(g)检查两 β 角,$\beta=90°+\frac{\alpha}{2}$。如 β 正确,则 α 角正确且 α 的角平分线与 1、2 面垂直 ②按图(h)测量 l_1,$l=l_1+\frac{d}{2}$ ③按图(h)测量 h_1,$h_1=\frac{d}{2\sin\frac{\alpha}{2}}+h+\frac{d}{2}-\frac{b}{2}\cos\frac{\alpha}{2}$,如 h_1 准确,则尺寸 b 准确 ④成批生产时,可用样板检查,见图(i)
T 形槽	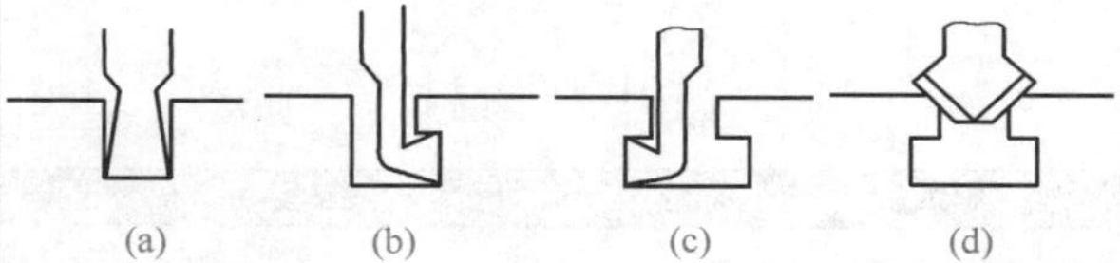	①用直槽刀按图(a)切直槽 ②按图(b)用左弯头刀加工一侧面凹槽 ③按图(c)用右弯头刀加工另一侧面凹槽 ④用 45°倒角刀按图(d)倒角 注意:刨 T 形槽时切削用量要小;刨刀回程时,必须将刀具抬出 T 形槽外

续表

<table>
<tr><th>类别</th><th>图示</th><th>加工方法</th></tr>
<tr><td>燕尾槽</td><td>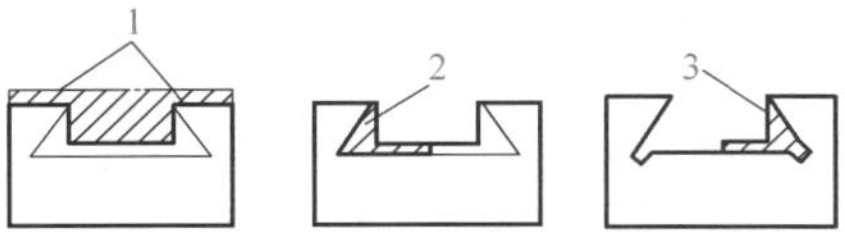
(a) (b) (c)
斜燕尾在水平面内的斜度(1∶K_a)和应偏转的斜角 θ_a
<table><tr><th>斜镶条的斜度 1∶K_b</th><th>斜镶条的斜角 θ_b</th><th>燕尾的倾斜角 α</th><th>斜燕尾在水平面内的斜度 1∶K_a</th><th>斜燕尾在水平面内应偏转的斜角 θ_a</th></tr><tr><td rowspan="2">1∶50</td><td rowspan="2">1°9′</td><td>55°</td><td>1∶40.95</td><td>1°24′</td></tr><tr><td>60°</td><td>1∶43.3</td><td>1°19′</td></tr><tr><td rowspan="2">1∶60</td><td rowspan="2">0°57′</td><td>55°</td><td>1∶40.15</td><td>1°10′</td></tr><tr><td>60°</td><td>1∶51.96</td><td>1°6′</td></tr><tr><td rowspan="2">1∶100</td><td rowspan="2">0°34′</td><td>55°</td><td>1∶81.9</td><td>0°42′</td></tr><tr><td>60°</td><td>1∶83.3</td><td>0°40′</td></tr></table></td><td>①按要求找正装夹后,精刨1面到尺寸
②按图(a)用切槽刀刨直角槽,直角槽宽略小于燕尾槽小头宽度,直角槽深略小于燕尾槽深度
③扳转刀架和拍板座,用偏刀刨斜面的方法,先粗刨后精刨一斜面2[见图(b)],并刨槽底相应部分到尺寸
④反方向扳转刀架和拍板座,换反方向偏刀,如果是直燕尾槽,可直接加工另一斜面3[见图(c)]及相应槽底到尺寸,如果是斜燕尾槽,工件需偏转一角度 θ_a 后再刨斜面和槽底到尺寸。注意 θ_a 的方向和斜面在哪一边均有规定要求,从加工第一个燕尾斜面时就不能搞错。当燕尾槽所用的斜镶条的斜角为斜镶条纵剖面之值时(无特殊说明的斜镶条均如此),θ_a 的值可由左表查出
⑤切空刀槽、倒角(可分别穿插在③、④项中进行)</td></tr>
<tr><td>切断</td><td>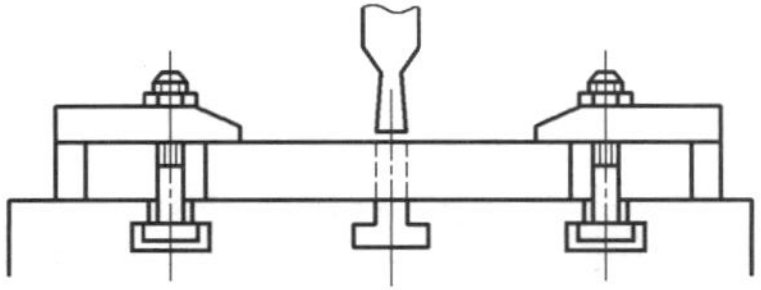</td><td>①根据图样要求,按划线或用钢板尺进行对刀切断
②工件接近切断时进给量要减小
③如工件较厚,可把工件翻身装夹,两面各刨一半
④注意切断过程中切口尺寸不能因夹紧力而变小</td></tr>
</table>

表 6.8　镶条的刨削

类别	图示	加工方法
直镶条	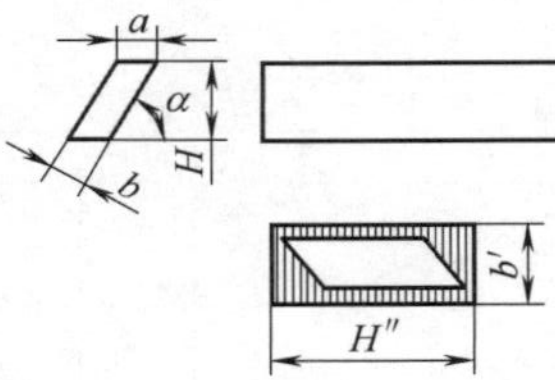	①粗刨成矩形，每面留 1～1.5mm 余量，分粗、精刨的目的是减少变形，便于装夹 ②精刨两宽面，控制厚度 $b=a\sin\alpha$，表面粗糙度为 $Ra3.2\mu m$，并留 0.1～0.2mm 刮削余量或 0.3～0.4mm 磨削余量，注意两面的平行度 ③用百分表校正平口钳钳口与滑枕行程方向平行。按 α 角大小扳转刀架刨一窄面，并在锐角的一边刨 0.15～0.25mm 宽的倒角 ④翻转工件刨另一窄面，并倒角。注意方向不要搞错，以免刨成梯形截面
斜镶条	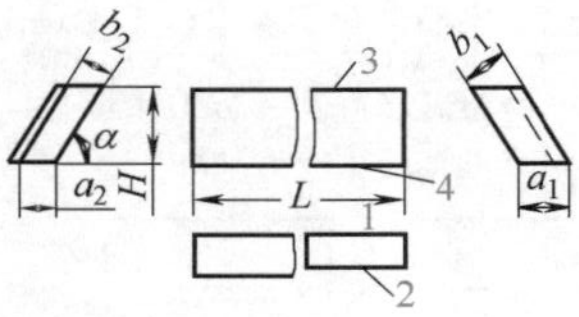(a) 斜镶条 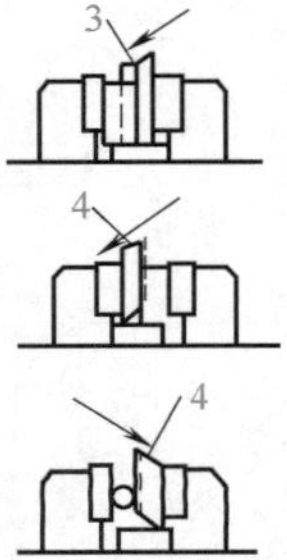(b) 工件装夹示意	①粗刨成矩形，每面留 1～1.5mm 余量 ②精刨基准宽面 1 ③以 1 面为基准，用与工件斜度相同的斜垫铁（其斜度 $S=\frac{b_1-b_2}{L}=\frac{(a_1-a_2)\sin\alpha}{L}$，在修配工作中，可借用与其相同的旧镶条）垫在工件底下，用撑板夹持工件，刨宽面 2，并注意留适当的刮削余量 ④按图(b)装夹刨小窄面 3，并倒角 注意：固定钳口与滑枕方向要平行；扳转角度为 α，方向不要搞错 ⑤按图(b)中间图装夹刨小窄面 4 并倒角 也可按图(b)下面图装夹刨小窄面 4，但要注意刀架扳转方向

表 6.9 精刨的类型及特点

类别		简图	特点与应用
直线刃精刨	一般宽刀精刨	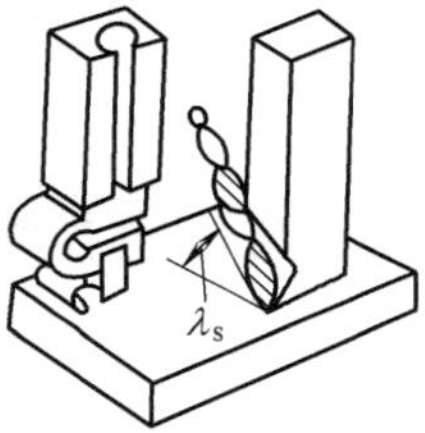	①一般刃宽 10～60mm ②自动横向进给 ③适用于在牛头刨床上加工铸铁和钢件。加工铸铁时，取 $\lambda_s=3°\sim8°$；加工钢件时，取 $\lambda_s=10°\sim15°$ ④表面粗糙度可达 $Ra1.6\sim0.8\mu m$
	宽刃刀精刨	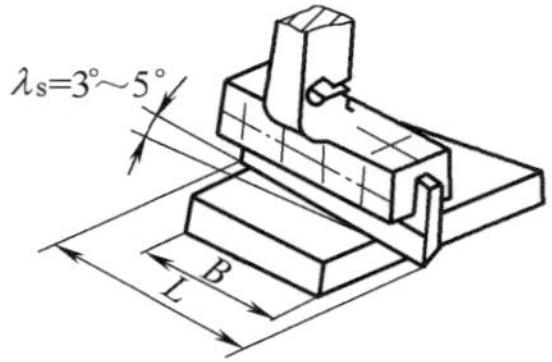	①一般刃宽 $L=100\sim240$mm ② $L>B$ 时，没有横向进给，只有垂直进给；$L\leqslant B$ 时，一般采用排刀法，常取进给量 $f=(0.2\sim0.6)L$，用千分表控制垂直进给量 ③适于在龙门刨床上加工铸铁和钢件 ④表面粗糙度可达 $Ra1.6\sim0.8\mu m$
曲线刃精刨	圆弧刃精刨	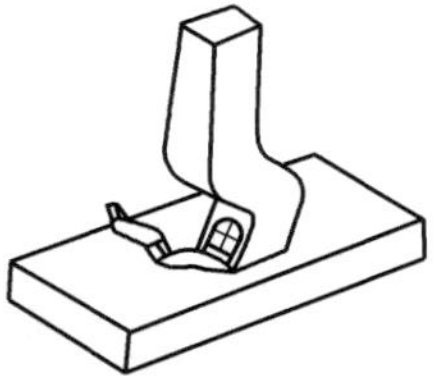	①采用圆弧刃，在同样的切削用量下，单位刃长的负荷轻，刀尖强度高，耐冲击，因而耐用度高 ②刀刃上每点的刃倾角都是变化的，可增大前角，减小切削变形，因此在同样切削用量下，可减小刨削力和使切屑流畅排出，并能微量进给(0.01～0.1mm) ③适用于加工碳素工具钢和合金工具钢，比直线刃可提高效率 2～3 倍 ④表面粗糙度可达 $Ra1.6\sim0.8\mu m$

续表

类别			简图	特点与应用
曲线刃精刨	圆形刃精刨	不转圆形刃精刨	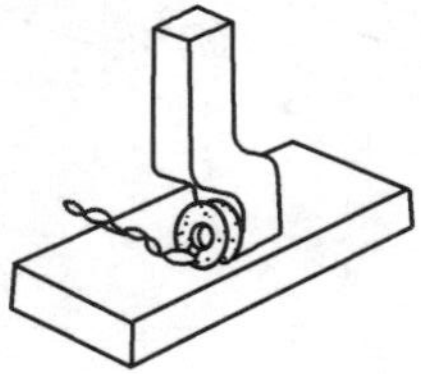	①除具有圆弧刃的特点外，刃磨一次可分段使用，这样相对耐用度高 ②节省辅助时间 ③适用于加工中碳钢 ④表面粗糙度可达 $Ra3.2\sim1.6\mu m$
		滚切精刨	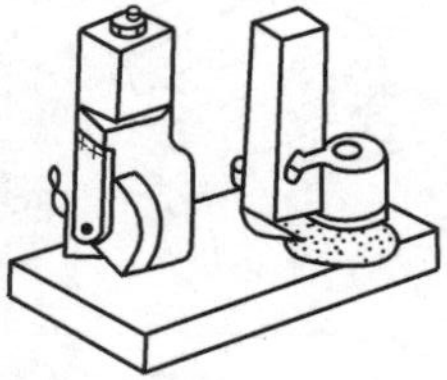	①显著提高切削效率和刀具耐用度 ②在后刀面上有一个压光棱带 $\alpha_{01}=0°, b_{\alpha1}=0.2\sim1mm$ 因而可提高表面加工质量 ③适用于加工铸铁、钢件、石材等多种材料 ④表面粗糙度可达 $Ra1.6\sim0.8\mu m$

表 6.10　精刨刀常用的研磨方法

类别	研磨简图	说明
平直前刀面的研磨	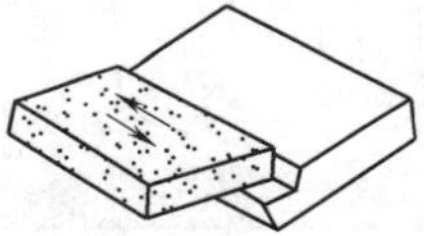	研磨前，先将油石研平，按图示角度和方向研磨。为了防止把油石研出沟痕，油石在垂直于刀刃方向上有微小窜动 长方油石：粗研用 $240^{\#}\sim200^{\#}$，精研用 W28～W14

续表

类别	研磨简图	说明
带断屑槽前刀面的研磨	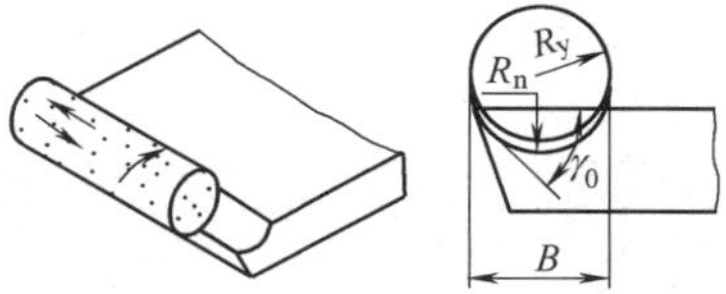	一般取圆柱油石半径 $R_y=(1.2\sim1.3)R_n$(mm)，研磨后 $\gamma_0=\arcsin\dfrac{B}{2R_y}$（$R_n$——刀具断屑槽半径） 研磨时，应使油石不断地转动，以防把刀口研钝。圆柱油石粒度同第一栏。在精研时，也可用铸铁或紫铜做成研棒，加上金刚砂研磨
后刀面的研磨	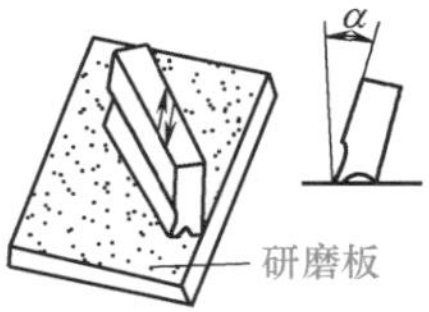	研磨时，不要沿刀刃方向运动，否则会将刃口研钝 研磨板用铸铁做成，刀片平面度应比工件高1～2级，表面粗糙度参数值不大于 $Ra0.4\mu m$。金刚砂粒度W28～W14
滚切刀具的研磨	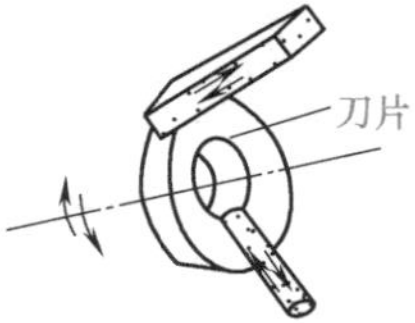	一定要在刀片旋转下进行研磨 研磨外锥面用长方油石；研磨内锥面用圆柱油石。圆柱油石的直径一般取10～20mm 油石的粒度同第一栏

表 6.11　龙门刨床粗刨平面的切削深度　mm

工件特性	工作台外形尺寸				
	1300×3000	2000×4000	2300×5000	4000×8000	4800×12000
刚度足的	15	20	25	35	35
刚度不足的	3～8	4～10	5～12	6～15	8～20

表 6.12 龙门刨床刨削进给量

粗加工平面

工件材料	刀杆截面/mm^2	切削深度 a_p/mm 8	12	20
		进给量 f/(mm/双行程)		
钢	25×40	1.2～0.9	0.8～0.5	—
	30×45	1.8～1.3	1.2～1.0	0.6～0.4
	40×60	3.5～2.5	2.2～1.6	1.4～0.8
铸铁	25×40	2.0～1.6	1.5～1.1	—
	30×45	3.0～2.4	2.0～1.6	1.4～0.8
	40×60	4.0～3.5	3.0～2.5	2.4～1.8

精加工平面

刀具型式			表面粗糙度/μm	工件材料	副偏角 κ_r'/(°)	切削深度 a_p/mm	进给量 f/(mm/双行程)
通切刀			Ra10～5	钢	5～10*	≤2	1.5～2.5
				铸铁	5～10*	≤2	3.0～4.0
宽刀 YG6	通切刀	精加工	Ra10～5	铸铁	0	≤2	10～20
		预加工	Ra2.5～1.25			0.15～0.30	10～20
		最后加工				0.05～0.10	12～16

刨槽及切断

工件材料	刨刀宽度 B/mm 5	8	10	12	16	20
	进给量 f/(mm/双行程)					
钢	0.10～0.18	0.12～0.24	0.15～0.27	0.27～0.33	0.34～0.38	0.40～0.48
铸铁	0.28～0.35	0.35～0.42	0.45～0.50	0.50～0.60	0.60～0.70	0.70～0.85

注：1. 多刀加工将切削余量分成几个切削深度时，进给量应按切削深度最大的一把刨刀确定。
2. 多刀加工将进给量分成几个时，进给量应按一把刨刀的进给量考虑。切削速度也应按一把刨刀考虑。
3. 用刨槽刀刨 T 形槽侧部时，其进给量应降低 20%～25%。
4. 有 * 记号的表示在过渡刃上 $\kappa_r=0°$。

表 6.13 龙门刨床刨平面的切削速度

m/min

工件材料	刀具材料	切削深度 a_p/mm	进给量 f/(mm/双行程)							
			0.3	0.4	0.5	0.6	0.75	0.9	1.1	1.4
结构碳钢、铬钢、镍铬钢 $\sigma_b=0.735GPa$	W18Cr4V	1.0		47.7	41.1	36.5	31.3	27.9	24.4	
		2.5		37.8	32.7	29	25	22.2	19.4	
		4.5			28	24.9	21.5	19	16.6	14.2
		8			24.5	21.7	18.6	16.5	14.5	12.4
		14	29.8	24.7	21.3	18.9	16.3	14.4		
		20	27.2	22.5	19.5	17.2	14.8	13.2		
铸钢 $\sigma_b=0.735GPa$	W18Cr4V	1		43.8	37.0	32.8	28	25	22	
		2.5		34	29.4	26	22.5	20	17.5	
		4.5		28.6	25.3	22.5	19.7	17.3	15	
		8			22.0	19.6	16.8	15	13.1	11.2
		14		22.2	18.4	17	14.7	13		
		20		20	17.6	15.6	13.3	11.9		
			进给量 f/(mm/双行程)							
			0.25	0.35	0.55	0.75	1.1	1.5	2.1	2.9
灰口铸铁 190HB	W18Cr4V	1	41.1	35.9	29.9	26.3	22.7	20		
		2.5		31.3	26.1	22.9	19.8	17.4	15.2	
		6.5			23.3	20.5	17.7	15.6	13.6	12
		16	27	23.5	19.8	17.4	15	13.2		
		30	24.5	21.5	18	15.8	13.7	12.2		

续表

<table>
<tr><th rowspan="2">工件材料</th><th rowspan="2">刀具材料</th><th>切削深度</th><th colspan="8">进给量 f/(mm/双行程)</th></tr>
<tr><th>a_p/mm</th><th>0.40</th><th>0.55</th><th>0.75</th><th>1.0</th><th>1.4</th><th>1.8</th><th>2.5</th><th>3.3</th></tr>
<tr><td rowspan="8">灰口铸铁
190HB</td><td rowspan="4">YG8</td><td>1.5</td><td>82</td><td>72</td><td>64</td><td>57</td><td>49.5</td><td>45</td><td></td><td></td></tr>
<tr><td>4</td><td></td><td></td><td>57</td><td>49</td><td>43</td><td>38.5</td><td>34</td><td>30.5</td></tr>
<tr><td>9</td><td>63</td><td>55</td><td>49</td><td>43.5</td><td>37</td><td>34.5</td><td></td><td></td></tr>
<tr><td>20</td><td>55.7</td><td>49</td><td>43.3</td><td>38.6</td><td>33.7</td><td>30.5</td><td></td><td></td></tr>
<tr><td rowspan="4">YG8
宽刨刀</td><td rowspan="4">≤2
0.15～0.3

0.05～0.1</td><td>进给量/(mm/双行程)</td><td>v/(m/min)</td><td>行程次数</td><td colspan="2">加工表面粗糙度/μm</td><td colspan="3" rowspan="4">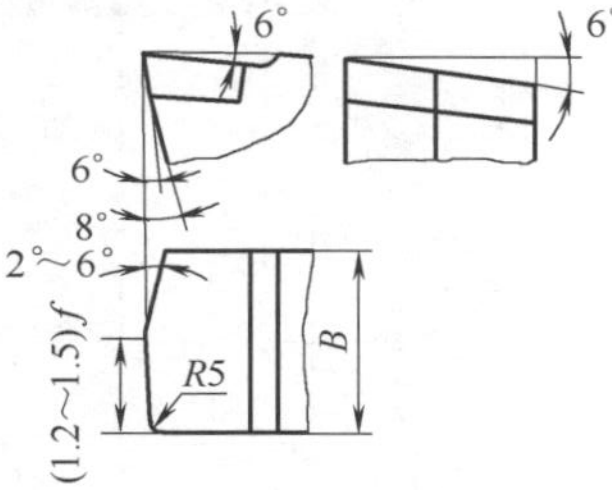</td></tr>
<tr><td>10～20</td><td>14～18</td><td>1</td><td>精加工</td><td>Ra10～5</td></tr>
<tr><td>10～20</td><td>5～15</td><td>1</td><td>光整</td><td>Ra10～5</td></tr>
<tr><td>12～16</td><td>4～15</td><td>1～2</td><td>最后光整</td><td>Ra2.5～1.25</td></tr>
</table>

宽刨刀精刨时根据加工面的尺寸允许的最大切削速度					
加工面的尺寸/m^2	6	8	13	17	20
最大切削速度(保证在工作过程中不换刀)/(m/min)	15	11	7	5	4

注：1. 使用条件变换时的修正系数见表 6.17。

2. 宽刨刀精刨表面粗糙度减小至 Ra2.5～1.25μm 时，必须：

① 将刀刃直线部研磨至 Ra0.16μm，用样板光隙检查其直线度；

② 将宽刀装上机床时，与水平面齐平，进行光隙检查；

③ 用煤油润滑加工面。

表 6.14　牛头刨床常用进给量

	工件材料	刀杆截面/mm^2	牛头刨床			插床		
			切削深度 a_p/mm					
			3	5	8	3	5	8
			进给量 f/(mm/双行程)					
粗加工平面	钢	16×25 20×30 30×40	1.2～1 1.6～1.3 2.0～1.7	0.7～0.5 1.2～0.8 1.6～1.2	0.4～0.3 0.7～0.5 1.2～0.9	1.2～1.0 1.6～1.3 2.0～1.7	0.7～0.5 1.2～0.8 1.6～1.2	0.4～0.3 0.7～0.5 1.2～0.9
	铸铁及铜合金	16×25 20×30 30×40	1.4～1.2 1.8～1.6 2.0～1.7	1.2～0.9 1.6～1.3 2.0～1.7	1.0～0.6 1.4～1.0 1.6～1.3	1.4～1.2 1.8～1.6 2.0～1.7	1.2～0.8 1.6～1.3 2.0～1.7	1.0～0.6 1.4～1.0 1.6～1.3

	表面粗糙度/μm	工件材料	副偏角 κ_r'/(°)	牛头刨床			插床		
				刀尖半径或刃口宽度/mm					
				1	2	3	1	2	3
				进给量 f/(mm/双行程)					
精加工平面	Ra10	钢、铸铁及铜合金	3～4 5～10	0.9～1.0 0.7～0.8	1.2～1.5 1.0～1.2	1.2～1.5 1.0～1.2	0.9～1.0 0.7～0.8	1.2～1.5 1.0～1.2	1.2～1.5 1.0～1.2
	Ra5	钢、铸铁及铜合金	2～3	0.25～0.4 0.35～0.5	0.5～0.7 0.6～0.8	0.7～0.9 0.9～1.0	0.25～0.4 0.35～0.5	0.5～0.7 0.6～0.8	0.7～0.9 0.9～1.0

	工件材料	刨刀宽度 B/mm			
		5	8	10	>12
		进给量 f/(mm/双行程)			
刨槽及切断	钢、铸铁及铜合金	0.12～0.14 0.22～0.27	0.15～0.18 0.28～0.32	0.18～0.20 0.30～0.36	0.18～0.22 0.35～0.40

表 6.15 牛头刨床刨平面的切削速度

m/min

工件材料	刀具材料	切削深度 a_p/mm	进给量 f/(mm/双行程) 0.3	0.4	0.5	0.6	0.75	0.9	1.1
结构碳钢、铬钢、镍铬钢 σ_b=0.735GPa	W18Cr4V	10		39	33.5	29.2	25.6	22.9	19.9
		2.5		30.9	26.7	23.8	20.4	18.1	15.9
		4.5	32.2	26.5	22.9	20.3	17.4	15.6	
		8.0	28.2	23.2	20	17.6	15.2	13.6	
铸钢件	W18Cr4V	1.0		35.1	30.2	26.3	23	20.7	18
		2.5		27.8	24	21.4	18.4	16.2	14.4
		4.5	28.9	23.9	20.7	18.2	15.6	14	
		8.0	25.4	20.9	18	15.8	13.7	12.2	

工件材料	刀具材料	切削深度 a_p/mm	进给量 f/(mm/双行程) 0.28	0.40	0.55	0.75	1.0	1.5
灰口铸铁 190HB	W18Cr4V	0.7	34	30	26	23	20	18
		1.5	30	26	23	20	18	16
		4.0	26	23	20	18	16	14.1
		10	23	20	18.1	16	14.1	12.3
	YG8	0.7	—	118	112	92	84	—
		1.5	—	65	57	51	45.5	40
		4	62	56	51	45.5	40	34
		9	56	51.5	44	40	35	30

工件材料	刀具材料	切削深度 a_p/mm	铸造外皮	主偏角 κ_r/(°)	进给量 f/(mm/双行程) 0.3	0.35	0.45	0.58	0.74	0.94	1.2	1.5
中等硬度铜合金	W18Cr4V	4.5	无	60	>70	69	61	54	48	43	38	34
				90	64	57	51	45	40	36	32	28
			有	60	>70	62	55	49	43	38	34	30
				90	57	50	45	40	35	31	28	25
		12	无	60	69	61	54	48	43	38	34	30
				90	57	51	45	40	36	32	28	25
			有	60	62	55	49	43	38	34	30	27
				90	50	45	40	35	31	28	25	22

注：使用条件变换时的修正系数见表 6.17。

表 6.16　龙门刨床和牛头刨床刨槽的切削速度　　m/min

进给量 f /(mm/双行程)	机床型式			
	龙门刨床		牛头刨床	
	工件材料			
	灰口铸铁 190HB			
	刀具材料			
	W18Cr4V	YG8	W18Cr4V	YG8
0.08	26.1	40.3	20.9	32.3
0.12	22.2	34.3	17.8	27.5
0.17	19.4	29.9	15.5	23.9
0.25	16.6	25.6	13.3	20.5
0.30	15.4	23.9	12.3	19.1
0.46	12.9	20	10.3	16
0.65	11.3	17.5	9.0	14
0.90	9.9	15.3	7.9	12.3

进给量 f /(mm/双行程)	机床型式			
	龙门刨床		牛头刨床	
	刀具材料			
	W18Cr4V			
	工件材料 $\sigma_b=0.735$GPa			
	轧钢件及锻件	铸钢件	轧钢件及锻件	铸钢件
0.10	21.7	19.6	17.4	15.7
0.12	19.3	17.4	15.4	13.9
0.15	16.7	15.1	13.3	12
0.18	14.7	13.3	11.8	10.6
0.23	12.6	11.3	10	9.1
0.28	11.1	10	8.9	8
0.35	9.5	8.6	7.6	6.9
0.40	8.7	7.9	7	6.3
0.50	7.6	6.8	6.1	5.5
0.60	6.7	6	5.4	4.8
0.75	5.8	5.2	4.6	4.1

使用条件变换时的修正系数

刀具耐用度 t/min		60	90	120	180	240	360
修正系数	W18Cr4V	1.11	1.05	1	0.94	0.9	0.85
	YG8	1.15	1.06	1	0.92	0.87	0.8

刀具耐用度 t/min	60	90	120	180	240	360
修正系数	1.19	1.08	1	0.9	0.84	0.76

表 6.17　刨、插削速度修正系数

	机床型式	工件材料	刀具材料	加工方式	耐用度 t/min 60	90	120	180	240	360
					修正系数					
刀具耐用度修正	龙门刨床及牛头刨床	钢	W18Cr4V	平面	1.09	1.03	1.0	0.95	0.91	0.87
				槽	1.19	1.08	1.0	0.90	0.84	0.76
		灰口铸铁	YC8	平面	1.15	1.05	1.0	0.92	0.87	0.80
				槽	—	—	—	—	—	—
			W18Cr4V	平面	1.07	1.03	1.0	0.96	0.93	0.90
				槽	1.11	1.05	1.0	0.94	0.90	0.85
		铜合金		平面	1.09	1.03	1.0	0.95	0.91	0.87
	插床	钢		平面	1.2	1.13	1.09	1.04	1.0	0.96
				槽	1.41	1.28	1.19	1.07	1.0	0.9
		灰口铸铁		平面	1.15	1.1	1.07	1.03	1.0	0.96
				槽	1.23	1.17	1.11	1.04	1.0	0.94

	刀具材料	结构钢、碳钢及合金钢 σ_b/GPa					铸铁 (HB)			铜合金						
										非均质合金						
		0.441	0.539	0.637	0.735	0.833	170	190	230	高硬度	中等硬度	铜铅合金（不均质结构）	均质合金	均质结构含铅量10%	铜	含铅小于15%
工件材料修正	YG8	—	—	—	—	—	1.13	1.0	0.79	—	—	—	—	—	—	—
	W18Cr4V	2.3	1.76	1.28	1	0.8	1.18	1.0	0.72	0.7	1.0	1.7	2.0	4.0	8.0	12

续表

主偏角修正	刀具材料	工件材料	主偏角 κ_r				
			30°	45°	60°	75°	90°
	YG8	铸铁	1.2	1.0	0.88	0.83	0.73
	W18Cr4V	钢	1.26	1.0	0.84	0.74	0.66
		铸铁	1.2	1.0	0.88	0.79	0.73
		铜合金	—	—	1.0	—	0.83

副偏角修正	刀具材料	副偏角 κ_r'				
		10°	15°	20°	30°	45°
	W18Cr4V	1.0	0.94	0.94	0.91	0.87

前面形状修正	刀具材料	工件材料	前面形状	
			平面形或曲线形有倒棱	平面形无倒棱
	W18Cr4V	钢	1.0	0.95

刀尖半径修正	刀具材料	工件材料	刀尖半径/mm			
			1	2	3	5
	W18Cr4V	钢	—	0.97	1.0	1.0
		铸铁	—	0.94	1.0	1.0
		铜合金	0.9	1.0	1.06	1.06

后面磨耗值修正	刀具材料	工件材料		磨耗值 h_s/mm							
				0.5	0.9	1.0	1.2	1.5	2.0	3.0	4.0
	YG8	铸铁		—	—	1.0	—	1.2	1.2	—	—
	W18Cr4V	钢	插平面刀	0.93	—	0.95	—	0.97	1.0	—	—
			插槽刀	0.85	—	1.0	—	—	—	—	—
		铸铁	插平面刀	—	—	0.86	—	0.90	0.93	0.95	1.0
			插槽刀	0.85	—	0.90	—	0.95	1.0	—	—

刀杆截面修正	刀具材料	工件材料	刀杆截面/mm^2					
			16×25	20×30	25×40	30×45	40×60	60×90
	W18Cr4V	钢	0.90	0.93	0.97	1.0	1.04	1.10
		铸铁	0.95	0.96	0.98	1.0	1.02	1.05
		铜合金	—	0.96	0.98	1.0	1.02	—

续表

毛坯表面情况修正	刀具材料	工件材料	无外皮	铸造外皮	砂土外皮	无外皮		有外皮			
						型钢及锻件	铸件	型钢	铸件及锻件		
									>160HB	160～200HB	>200HB
	YG8	铸铁	1.0	0.8～0.85	0.5～0.6	—	—	—	—	—	—
	W18Cr4V	钢	—	—	—	1.0	0.9	0.9	0.75	0.80	0.85
		铸铁	1.0	0.8～0.85	0.5～0.6	—	—	—	—	—	—
		铜合金	1.0	0.9～0.95	—	—	—	—	—	—	—

表 6.18　刨、插削速度和切削力计算公式

工件材料	刀具材料	加工方式	切削速度/(m/min)	切削力/N
灰口铸铁 190HB	YG8	平面	$v=\dfrac{162}{t^{0.2}a_p^{0.15}f^{0.4}}$	$N_z=902a_p^{1.0}f^{0.75}$
		槽	$v=\dfrac{38.2}{t^{8.2}f^{0.4}}$	$N_z=1548a_p^{1.0}f^{1.0}$
	W18Cr4V	平面	$v=\dfrac{39.2}{t^{0.1}a_p^{0.15}f^{0.4}}$	$N_z=1225a_p^{1.0}f^{0.75}$
		槽	$v=\dfrac{19.5}{t^{0.15}f^{0.4}}$	$N_z=1548a_p^{1.0}f^{1.0}$
碳钢、铬钢、镍铬钢 $\sigma_b=0.637$GPa	W18Cr4V	平面	$v=\dfrac{61.1}{t^{0.12}a_p^{0.25}f^{0.66}}$	$N_z=1892a_p^{1.0}f^{0.75}$
		槽	$v=\dfrac{20.2}{t^{0.25}f^{0.66}}$	$N_z=2099a_p^{1.0}f^{1.0}$
铜合金	W18Cr4V	平面	$v=\dfrac{167}{t^{0.23}a_p^{0.12}f^{0.5}}$	$N_z=539a_p^{1.0}f^{0.66}$

注：t—刀具耐用度，min；f—进给量，mm/双行程；a_p—切削深度，mm；v—切削速度，m/min；N_z—切向切削力，N。

6.5　刨削常见问题、产生原因及解决方法

① 刨平面常见问题、产生原因及解决方法　见表 6.19。

表 6.19　刨平面常见问题、产生原因及解决方法

问题	产生原因	解决方法
表面粗糙度参数值不符合要求	光整精加工切削用量选择不合理	最后光整精刨时采用较小的 a_p、f、v
	刀具几何角度不合理、刀具不锋利	合理选用几何角度，刀具磨钝后及时刃磨
工件表面产生波纹	机床刚性不好，滑动导轨间隙过大，切削产生振动	调整机床工作台、滑枕、刀架等部分的压板、镶条及地脚螺钉等
	工件装夹不合理或工件刚性差，切削时振动	注意装夹方法，垫铁不能松动，增加辅助支承，使工件薄弱环节的刚性得到加强
	刀具几何角度不合理或刀具刚性差，切削振动	合理选用刀具几何角度，加大 γ_0、κ_r、λ_s；缩短刨刀伸出长度，采用减振弹性刀
平面出现小沟纹或微小台阶	刀架丝杆与螺母间隙过大；调整刀架后未锁紧刀架	调整丝杆与螺母间隙或更新丝杆、螺母。调整刀架后，必须将刀架溜板锁紧
	拍板、滑枕、刀架溜板等配合间隙过大	调整间隙
	刨削时中途停车	精刨平面时避免中途停车
工件开始吃刀的一端形成倾斜倒棱	拍板、滑枕、刀架溜板间隙过大，刀架丝杆上端轴颈锁紧螺母松动	调整拍板、滑枕、刀架溜板间隙及刀架侧面镶条与导轨间隙。锁紧刀架丝杆上端螺母
	刨削深度太大，刀杆伸出量过长	减小刨削深度和刀杆伸出量
	刨刀 κ_r 和 γ_0 过小，吃刀抗力增大	适当选用较大的 κ_r 和 γ_0 角
平面局部有凹陷现象	牛头刨床大齿轮曲柄销的丝杆一端锁紧螺母松动，造成滑枕在切削中有瞬时停滞现象	应停车检查，将此螺母拧紧
	在切削时，突然在加工表面停车	精刨平面时，不应在加工表面停车
	工件材质、余量不均，引起“扎刀”现象	选用弯颈式弹性刨刀，避免“扎刀”；多次分层切削，使精刨余量均匀

续表

问题	产生原因	解决方法
平面的平面度不符合要求	工件装夹不当，夹紧时产生弹性变形	装夹时应将工件垫实，夹紧力应作用在工件不易变形的位置
	刨刀几何角度、刨削用量选用不合适，产生较大的刨削力、刨削热而使工件变形	合理选用刨刀几何角度和刨削用量，必要时可等工件冷却一定时间再精刨
两相对平面不平行，两相邻平面不垂直	夹具定位面与机床主运动方向不平行或机床相关精度不够	装夹工件前应找正夹具基准面，调整机床精度
	工件装夹不正确，基准选择不当，定位基准有毛刺、异物，工件与定位面未贴实	正确选择基准面和定位面，并清理毛刺、异物。检查工件装夹是否正确

② 刨垂直面和阶台常见问题、产生原因及解决方法　见表 6.20。

表 6.20　刨垂直面和阶台常见问题、产生原因及解决方法

问题	产生原因	解决方法
垂直平面与相邻平面不垂直 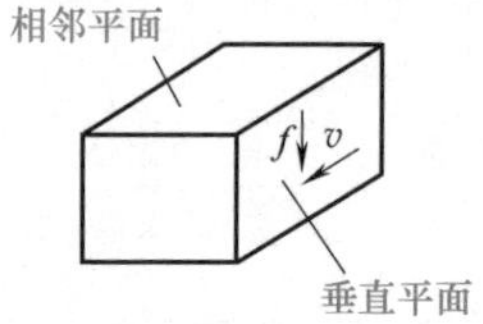 	刀架垂直进给方向与工作台面不垂直	调整刀架进给方向，使之与工作台面垂直
	刀架镶条间隙上下不一致，使升降时松紧不一，造成受力后靠向一边	调整刀架镶条间隙，使之松紧一致
	工件装夹时在水平方向没校正，两端高低不平，或工件伸出太长，切削时受力变形	找正工件；被加工面尽量减小伸出量
	工作台或刀架溜板水平进给丝杆与螺母间隙未消除	精切时应消除丝杆、螺母副的间隙
	刀架或刨刀伸出过长，切削中产生让刀；刀具刃口磨损	缩短刀架、刀杆伸出长度，选用刚性好的刀杆，及时刃磨
垂直平面与相邻侧面不垂直  	平口钳钳口与主运动方向不垂直	装夹前应找正钳口与主运动方向垂直
	刨削力过大，产生振动和移动	工件装夹牢固，合理选择刨削用量与刀具角度

续表

问题	产生原因	解决方法
表面粗糙度达不到要求	刀具几何角度不合适，刀头太尖，刀具实际安装角度使副偏角过大	选择合适的刀具几何角度，加大刀尖圆弧半径，正确安装刨刀
	刨削深度与进给量过大	精加工时选用较小的刨削深度与进给量
阶台与工件基准面不平行 ($A \neq A'$、$B \neq B'$) 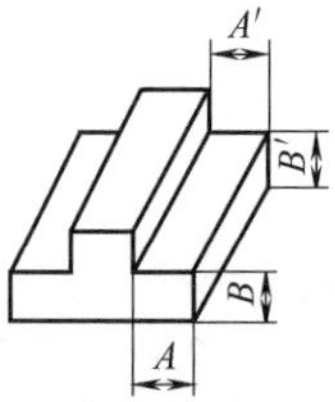	工件装夹时未找正基准面	装夹工件时应找正工件的水平与侧面基准
	工件装夹不牢固，切削时工件移位或切削让刀	工件和刀具要装夹牢固，选用合理的刨刀几何角度与刨削用量，以减小刨削力
阶台两侧面不垂直	刀架不垂直，龙门刨床横梁溜板紧固螺钉未拧紧而让刀	加工前找正刀架对工作台的垂直度，锁紧横梁溜板

③ 切断、刨直槽及 T 形槽常见问题、产生原因及解决方法见表 6.21。

表 6.21　切断、刨直槽及 T 形槽常见问题、产生原因及解决方法

问题	产生原因	解决方法
切断面与相邻面不垂直	刀架与工作台面不垂直	刨削时，找正刀架垂直行程方向与工作台垂直
	切刀主切削刃倾斜让刀	刃磨时使主切削刃与刀杆中心线垂直，装刀时主切削刃不应歪斜
切断面不光	进给量太大或进给不匀	自动进给时，选用合适的进给量，手动时，要均匀进给
	切刀副偏角、副后角太小	加大刀具副后角、副偏角
	抬刀不够高，回程划伤	抬刀应高出工件
直槽上宽下窄或槽侧有小阶台	刀架不垂直，刀架镶条上下松紧不一，刀架拍板松动	找正刀架垂直，调整镶条间隙，解决拍板松动
	刨刀刃磨不好或中途刃口磨钝后主切削刃变窄	正确刃磨切刀，提高耐用度

续表

问题	产生原因	解决方法
槽与工件中心线不对称	分次切槽时，横向走刀造成中心偏移	由同一基准面至槽两侧应分别对刀，使其对称
T形槽左、右凹槽的顶面不在同一平面	一次刨成凹槽时，左、右弯头切刀主切削刃宽度不等	刃磨时左、右弯头切刀主切削刃宽度应一致
	多次切成凹槽时，对刀不准确	对刀时左、右应一致
T形槽两凹槽与中心线不对称	刨削左、右凹槽时，横向走刀未控制准确	控制左、右横向走刀一致

④ 刨斜面、V形槽及镶条常见问题、产生原因及解决方法见表6.22。

表6.22 刨斜面、V形槽及镶条常见问题、产生原因及解决方法

问题	产生原因	解决方法
斜面与基面角度超差	装夹工件歪斜，水平面左、右高度不等	找正工件，使其符合等高要求
	用样板刀刨削时，刀具安装对刀不准	样板刀角度与切削安装实际角度一致，对刀正确
	刀架上、下间隙不一致或间隙过大	调整刀架镶条，使间隙合适
长斜面工件斜面全长上的直线度和平面度超差	精刨夹紧力过大，工件弯曲变形	精刨时适当放松夹紧力，消除装夹变形
	工件材料内应力致使加工后出现变形	精加工前工件经回火或时效处理
	基准面平面度不好或有异物存在	修正基准面，装夹时清理干净基面和工作台面
斜面粗糙度达不到要求	进给量太大，刀杆伸出过长，切削时发生振动	选用合适的进给量，刀杆伸出长度合理，用刚性好的刀杆
	刀具磨损或刀刃无修光刃	及时刃磨刀具，刀刃磨出1～1.5mm修光刃
V形槽与底面、侧面的平行度和V形槽中心平面与底面的垂直度及与侧面的对称度不合要求	平行度误差由定位基准与主运动方向不一致造成	定位装夹时，找正侧面、底面与主运动方向平行
	垂直度误差与对称度误差由加工及测量方法不当造成	采用正确的加工与测量方法或用定刀精刨：精刨V形第一面后将刀具和工件定位，工件调转180°并以相同定位刨第二面

续表

问题	产生原因	解决方法
镶条弯曲变形	刨削用量过大，刀尖圆弧半径过大，切削刃不锋利，使刨削力和刨削热增大	减小刨削用量，刃磨刀具使切削刃锋利，改变刀具几何角度使切削轻快，减少热变形
	装夹变形	装夹时将工件垫实再夹紧，避免强行校正
	加工翻转次数少，刨削应力未消除	加工中多翻转工件反复刨削各面或增加消除应力的工序

⑤ 精刨表面常见问题、产生原因及解决方法 见表 6.23。

表 6.23 精刨表面常见问题、产生原因及解决方法

表面波纹的形状	产生原因	消除措施
有规律的直纹	外界振动引起	消除外界振源
	刨削速度偏高	选择合适的刨削速度
	刨削钢件时前角过小，刃口不锋利	选择合适的刀具前角，按要求研磨刃口
	刀具没有弹簧槽，抗振性差	增设开口弹性槽或垫硬质橡胶
	刀具后角过大	应加消振倒棱，常取 $\alpha_{01}=0°$，$b_{\alpha1}=0.2\sim0.5$mm
鱼鳞纹	刀杆与拍板、拍板与刀架体及拍板与销轴等接触不良	按精刨要求调整配合关系
	工作台传动蜗杆与齿条啮合间隙过大	必要时调整啮合间隙
	刀具后角过小	采用双后角：$\alpha_{01}=3°\sim4°$，$\alpha_0=6°\sim8°$
	工件定位基面不平	调平垫实基面，提高工件刚性
交叉纹	导轨在水平面内直线度超差	按精刨要求调整机床导轨
	两导轨平行度误差引起工作台移动倾斜	

6.6 插削加工

(1) 插床及其工艺范围

① 插床　插床由工作台、滑枕、立柱、滑座等部件组成，其外形如图6.3所示。插削时，滑枕2带着插刀沿立柱3上下往复运动为主运动，工件安装在圆工作台1上，圆工作台的回转作间歇的圆周进给运动或分度运动。上滑座6和下滑座5可带动工件作纵向和横向进给运动。插床主要用于单件小批量生产中插削槽平面和成形表面。

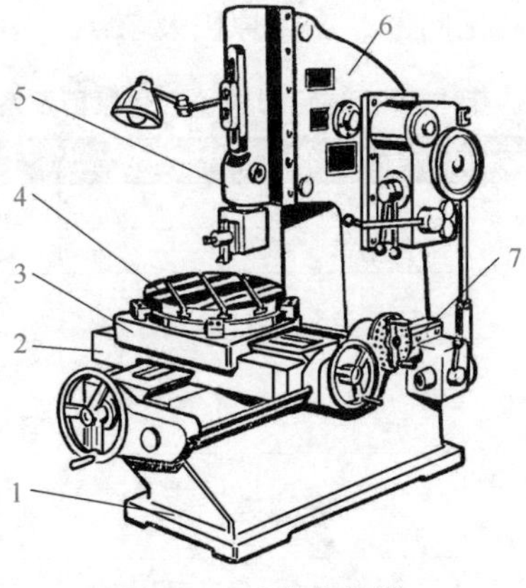

图6.3　插床的外形

1—工作台；2—滑枕；3—立柱；4,7—进给箱；5—下滑座；6—上滑座

② 常用插削方式及其操作方法　见表6.24。

表6.24　常用插削方式及其操作方法

插削方式	图示	操作方法
插削垂直面		将工件安装在工作台中间位置的两块等高垫铁上，并将划针安装在滑枕上，使滑枕上下移动，找正工件侧面上已划好的垂直线，然后横向移动工作台。用划针检查插削面与横向进给方向的平行度，最后进行插削

续表

插削方式	图示	操作方法
插斜面	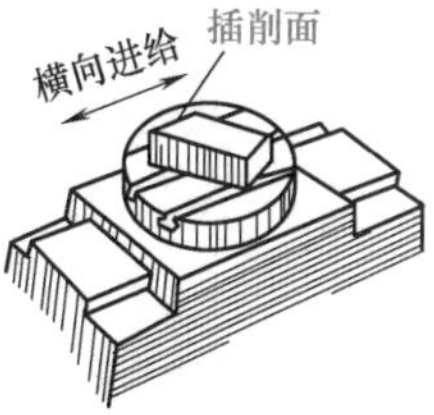	将工件放在工作台上，按划线找正工件，使加工面与横向进给方向平行，然后采用插削垂直面的方法进行插削
	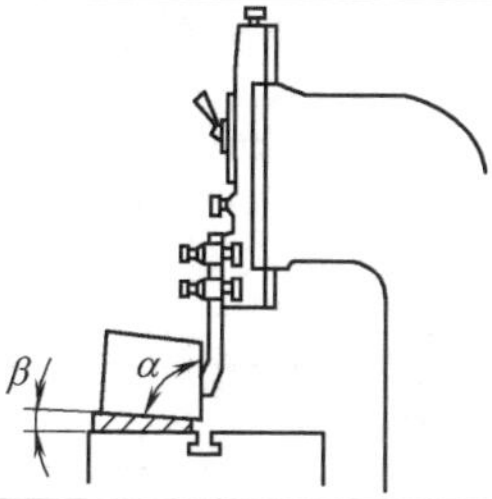	用斜垫铁将工件垫起，使待加工表面处于垂直状态，然后用插削垂直面的方法进行插削。垫铁角度为 90°－α，这种方法适用于 β≤11°25′的工件
	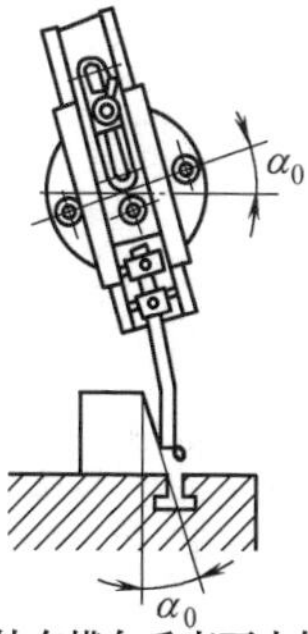 滑枕在横向垂直面内倾斜 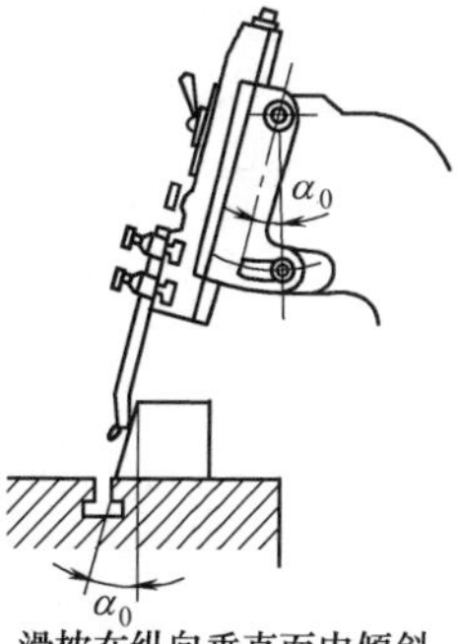 滑枕在纵向垂直面内倾斜	工件平放在工作台上，将滑枕按工件的斜度倾斜一个角度进行插削

续表

<table>
<tr><th>插削方式</th><th>图示</th><th>操作方法</th></tr>
<tr><td>插斜面</td><td>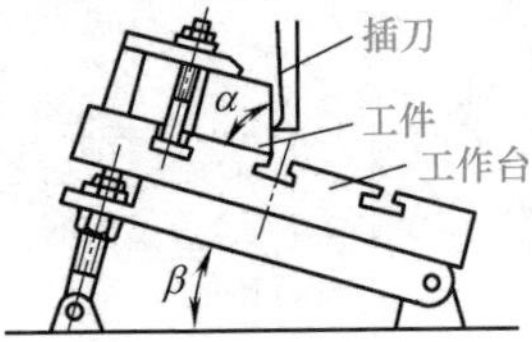
</td><td>将工作台倾斜 $\beta(\beta=90°-\alpha)$ 角，然后按插削垂直面的方法插削斜面，此方法只适用于工作台可倾斜成一定角度的插床或在工作台上加一个可倾斜的工作台</td></tr>
<tr><td rowspan="3">插曲面</td><td>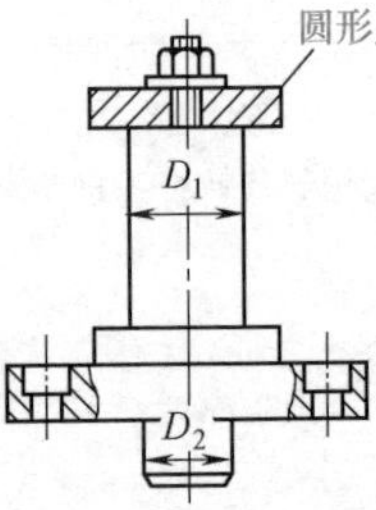

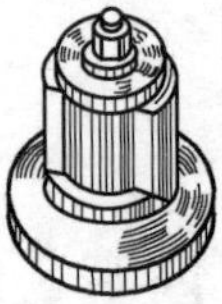</td><td>将夹具的定位圆置于工作台中心定位孔内，将夹具压紧在工作台上，然后把工件安装并夹紧在夹具上，按照插削垂直面的方法进行插削，工作台作圆周进给。若工件批量较小时，可用三爪卡盘或用压板螺栓直接在工作台上装夹工件</td></tr>
<tr><td>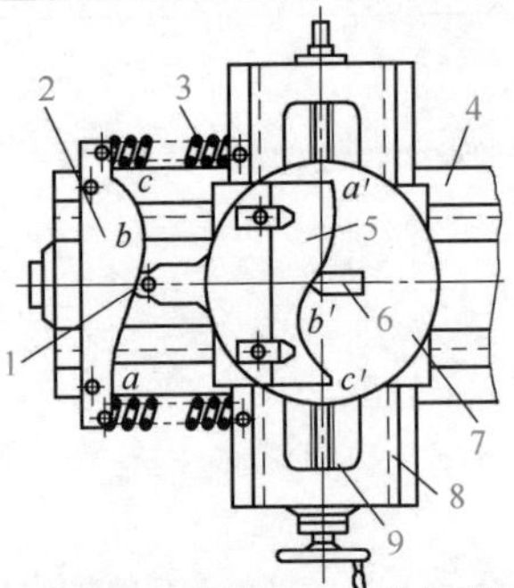

1—滚轮；2—靠模板；3—拉力弹簧；4—纵溜板座；5—工件；6—插刀；7—工作台；8—横溜板座；9—横向进给丝杠</td><td>在插床纵向导轨上固定一块靠模板，将纵向进给丝杠拆去，并用弹簧拉紧，使滚轮紧靠靠模板，这样利用工作台的横向进给，就可以插出与靠模板曲线形状相反的曲面</td></tr>
<tr><td>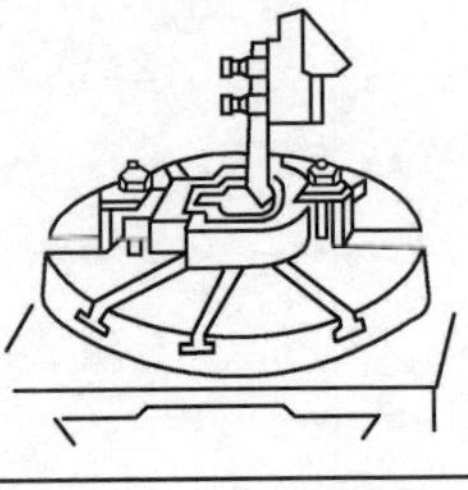</td><td>插削复杂的成形面时，先用划针按划线找正，利用工作台圆周进给加工圆弧表面，利用纵向或横向进给加工直线部分
插削简单的圆弧面可采用赶弧法，插削批量较大的小尺寸成形内孔面时，可采用成形刀插削</td></tr>
</table>

续表

插削方式	图示	操作方法
插方孔		插小方孔时，采用整体方头插刀插削，插削前调整刀刃的四条刃口与工作台二个移动方向平行，然后旋转圆工作台使工件划线和插刀头对齐
	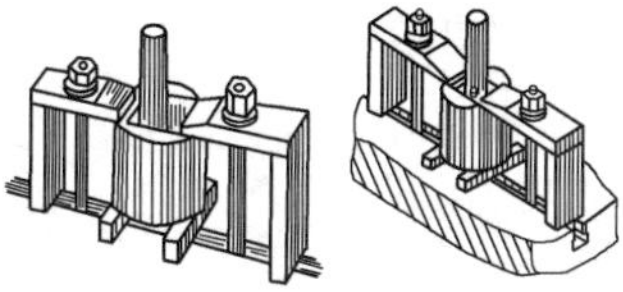 (a)　(b)	按划线找正粗插各边[见图(a)]，每边留余量0.2～0.5mm，然后将工作台转45°，用角度刀头插去四个内角上未插去的部分[见图(b)]，然后精插第一边，测量该边至基面的尺寸，符合要求后将工作台精确转180°，精插其相对的一边，并测量方孔宽度尺寸，符合要求后，再将工作台精确转90°，用上述方法插削第二边及第四边
插键槽	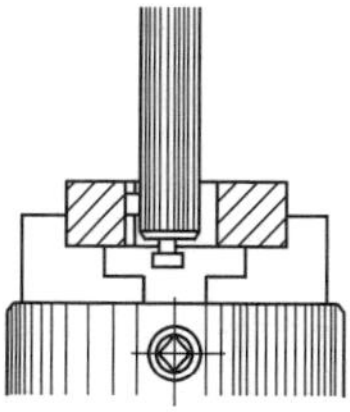	按工件端面上的划线找正对刀后，插削键槽，先用手动进给至0.5mm深时，停车检查键槽宽度尺寸及键槽的对称度，调整正确后继续插削至要求 找正插刀时，将百分表固定在工作台上，使百分表测头触及插刀侧面，纵向移动工作台，测得插刀侧面的最高点，将工作台准确地转180°，按上述方法测得插刀另一侧面的最高点，前后两次读数差的一半即为主刀刃中心与工作台轴线的不重合度数值，此时可移动横向工作台，使插刀处于正确位置

(2) 插刀

① 常用插刀类型及用途　见表6.25。

表 6.25　常用插刀类型及用途

类型	图示	用途
尖刀		多用于粗插或插削多边形孔
切刀	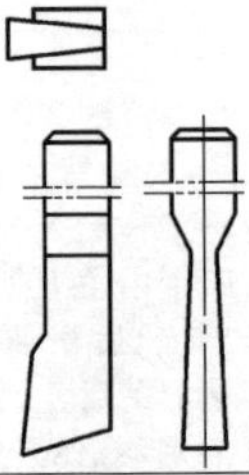	常用于插削直角形沟槽和各种多边形孔
成形刀	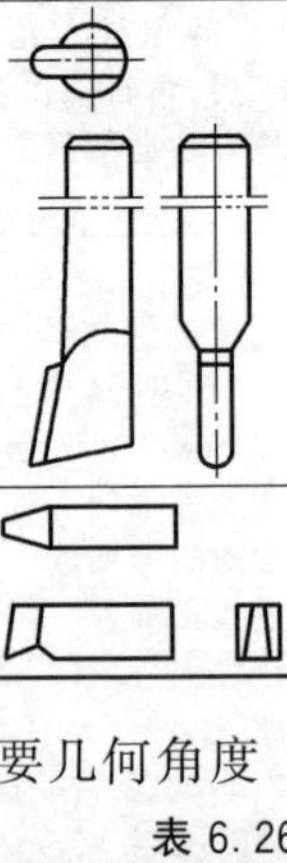	根据工件表面形状需要刃磨而成，按形状分为角度、圆弧和齿形等成形刀
小刀头		可按加工要求刃磨成各种形状，装夹在刀杆中，适用于粗、精和成形加工。因受刀杆限制不适宜加工小孔、窄槽或盲孔

② 插刀主要几何角度　见表 6.26。

表 6.26　插刀主要几何角度　(°)

图示	前角 γ_0			后角 α_0	副偏角 κ_r'	副后角 α_0'
	普通钢	铸铁	硬韧钢			
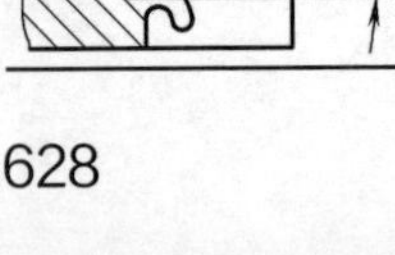	5～12	0～5	1～3	4～8	1～2	1～2

（3）插削用量

插削方法与刨削类似，插削用量见表 6.27～表 6.29。

表 6.27　插床插槽进给量

机床-工件-工具系统的刚度	工件材料	槽的长度/mm	槽宽 B/mm 5	8	10	>12
			进给量 f/(mm/双行程)			
足够的	钢	—	0.12～0.14	0.15～0.18	0.18～0.20	0.18～0.22
	铸铁	—	0.22～0.27	0.28～0.32	0.30～0.36	0.35～0.40
不足的（加工零件孔径<100mm 孔内的槽）	钢	100	0.10～0.12	0.11～0.13	0.12～0.15	0.14～0.18
		200	0.07～0.10	0.09～0.11	0.10～0.12	0.10～0.13
		>200	0.05～0.07	0.06～0.09	0.07～0.08	0.08～0.11
	铸铁	100	0.18～0.22	0.20～0.24	0.22～0.27	0.25～0.30
		200	0.13～0.15	0.16～0.18	0.18～0.21	0.20～0.24
		>200	0.10～0.12	0.12～0.14	0.14～0.17	0.16～0.20

表 6.28　高速钢（W18Cr4V）插刀插槽的切削速度　m/min

工件材料		进给量 f/(mm/双行程) 0.07	0.08	0.1	0.12	0.15	0.18	0.23	0.28	0.34
钢 σ_b=0.735GPa	轧制件、锻件	14.6	12.8	11.2	9.8	8.6	7.6	6.6	5.8	5
	铸件	13.3	11.5	10	9	7.8	6.8	6	5.2	4.6

工件材料	进给量 f/(mm/双行程) 0.08	0.12	0.17	0.25	0.3	0.46
灰口铸铁　190HB	13.4	11.7	10.2	9	7.8	6.9
修正系数						
刀具耐用度 t/min	60	90	120	180	240	260
钢	1.41	1.28	1.19	1.07	1	0.9
灰口铸铁	1.23	1.17	1.11	1.04	1	0.94

注：小进给量用于槽宽≤8mm 或槽长>150mm。

表 6.29　插平面的切削速度　　m/min

工件材料		刀具材料	切削深度 a_p/mm	进给量 f/(mm/双行程)							
				0.15	0.20	0.25	0.30	0.40	0.50	0.60	0.75
钢 σ_b=0.735 GPa	结构碳钢、铬钢、镍铬钢	W18Cr4V	1.6	53	46.8	40.6	35.9	31.2	27.3	24.2	21
			2.8	46.8	40.6	35.9	31.2	27.3	24.2	21	18.7
			4.7	40.6	35.9	31.2	27.3	24.2	21	18.7	16.4
			8.0	35.9	31.2	27.3	24.2	21	18.7	16.4	14
	铸钢件		1.6	48.4	42.9	37.4	32.8	28.9	25	21.8	19.5
			2.8	42.9	37.4	32.8	28.9	25	21.8	19.5	17.2
			4.7	37.4	32.8	28.9	25	21.8	19.5	17.2	14.7
			8.0	32.8	28.9	25	21.8	19.5	17.2	14.7	12.6
灰铸铁 190HB			切削速度 a_p/mm	进给量 f/(mm/双行程)							
				0.25	0.40	0.55	0.75	1.1	1.5		
			1.0	29	26	22	19.7	17.3	15.1		
			2.5	26	22	19.7	17.3	15.1	13.2		
			6.5	22	19.7	17.3	15.1	13.2	11.6		
			16	19.7	17.3	15.1	13.2	11.6	10.1		

第7章 钻削、扩削和铰削加工

钻削是钻头或扩孔钻头在工件上加工孔的方法。在工件上钻孔的主要设备是钻床。孔是机器零件上最常见的一种表面。钻头是孔加工最常用的刀具。根据孔的尺寸、精度和表面质量要求不同，孔加工的方法不同，采用孔加工的刀具也不同。孔加工刀具的类型及应用如表 7.1 所示。

表 7.1 孔加工刀具的类型及应用

类型	刀具名称	应用
钻头	中心钻	用来加工标准类型的中心孔
	麻花钻	一般用于实体材料上孔的粗加工，精度为 IT13～IT11，表面粗糙度 Ra50～6.3μm，钻孔尺寸范围 ϕ0.1～80mm
	扁钻	适合大尺寸孔 ϕ25～500mm
	深孔钻	深孔一般指孔深与直径之比大于 5～10 的孔。外排屑深孔钻用来钻削 ϕ2～30mm 的孔，孔的长径比可超过 100，尺寸精度 IT10～IT8，表面粗糙度 Ra3.2～0.8μm。内排屑深孔钻，用来钻削 ϕ12～120mm 的孔，孔的长径比可超过 100，尺寸精度 IT9～IT6，表面粗糙度 Ra3.2μm。喷吸钻，用来钻削 ϕ16～65mm 的孔，尺寸精度 IT9～IT6，表面粗糙度 Ra3.2μm。套料钻用来钻削大于 ϕ65mm 的孔
扩孔钻		用于半精加工，扩孔的精度达 IT10～IT9，表面粗糙度 Ra6.3～3.2μm
锪钻		用于在孔的端面上加工圆柱形沉头孔、锥形沉头孔、端面或凸台表面
铰刀		适合中小孔的精加工，铰孔尺寸精度可达 IT8～IT6，表面粗糙度 Ra1.6～0.4μm
镗刀		适合较大孔径的粗、半精和精加工
复合刀具		多表面复合加工

7.1 钻床及其工艺方法

(1) 钻床

钻床的主要类型分为立式钻床、台式钻床、摇臂钻床、深孔钻床及其他钻床等。

立式钻床的主轴轴线垂直布置，其外形如图 7.1 所示，它由主轴箱、进给箱、主轴、工作台、底座等部件构成。加工时主轴在主轴套筒中旋转，同时，由进给箱传来的运动通过小齿轮和主轴套筒上的齿条，使主轴随着主轴套筒作轴向进给运动。进给箱和工作台可沿着立柱的导轨调整上下位置，以适应加工不同高度的工件。

在立式钻床上当加工完一个孔后再钻另一个孔时，需要移动工件，使刀具与另一个孔对准，这对大而重的工件操作很不方便，生产效率低，适用于在单件、小批生产类型中加工中、小型工件。

台式钻床简称为“台钻”，其外形如图 7.2 所示。台式钻床实质上是加工小孔的立式钻床，钻孔直径一般小于 15mm。由于加工

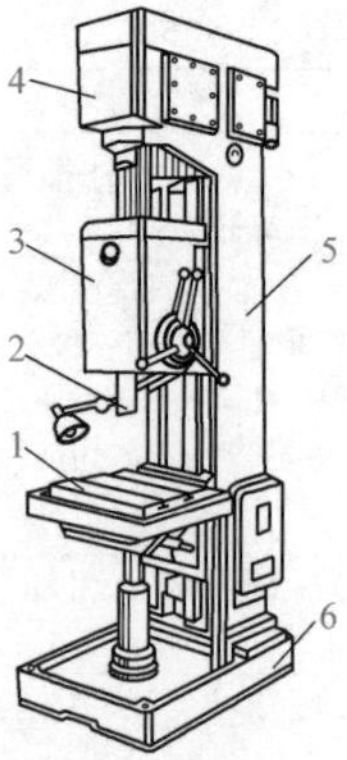

图 7.1　立式钻床

1—工作台；2—主轴；3—进给箱；4—变速箱；5—立柱；6—底座

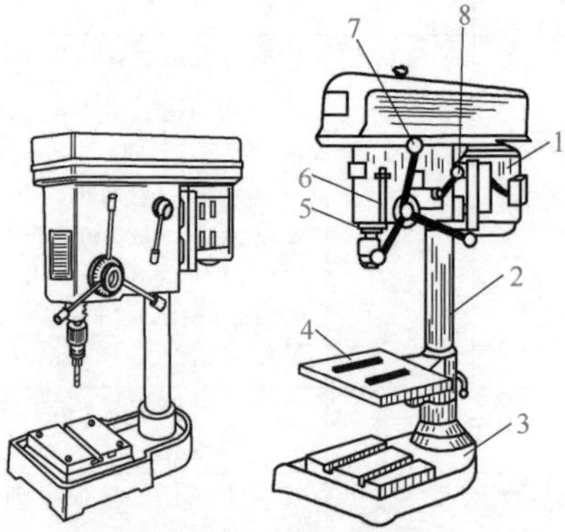

图 7.2　台式钻床

1—电动机；2—立柱；3—底座；4—升降工作台；5—主轴；6—钻孔深度标尺；7—手柄；8—夹紧手柄

孔直径小，所以台钻主轴的转速很高。台钻结构简单、小巧灵活、使用方便，但自动化程度低，工人劳动强度大，在大批量生产中一般不用这种机床。

对于大而重的工件，在立式钻床上加工不方便，希望工件不动，能使主轴在空间任意调整位置，可采用摇臂钻床，其外形如图 7.3 所示。机床主轴箱 5 可沿摇臂 4 的导轨作横向移动调整位置，摇臂可沿外立柱的圆柱面上下移动和绕立柱转动来调整位置，主轴 6 可轴向移动实现进给。摇臂钻床广泛地应用于单件和中、小批生产中加工大中型零件。

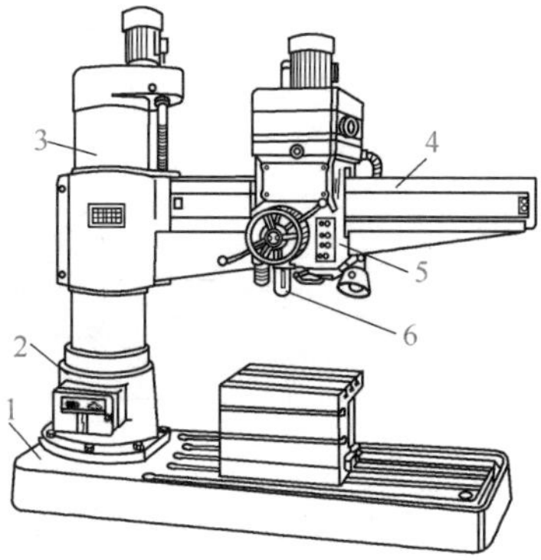

图 7.3　摇臂钻床的外形
1—底盘；2—连接座；3—外立柱；4—摇臂；5—主轴箱；6—主轴

（2）钻床的工艺方法

钻床主要用来加工孔径不大、精度要求较低的孔。其主要加工方法是用钻头在实体材料上钻孔，此外还可以进行扩孔、铰孔、锪平面、攻螺纹等加工。在钻床上加工时，工件不动，刀具旋转作主运动，同时沿轴向移动作进给运动，在钻床上的加工方法如图 7.4 所示。

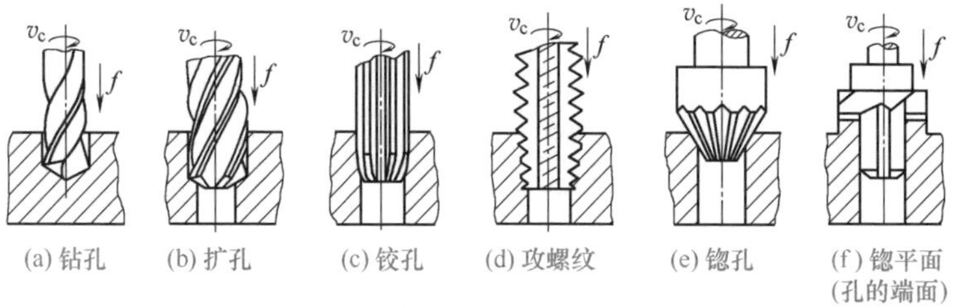

图 7.4　钻床的加工方法

7.2 钻头

(1) 中心钻(见表 7.2)

表 7.2 中心钻 mm

A型中心钻

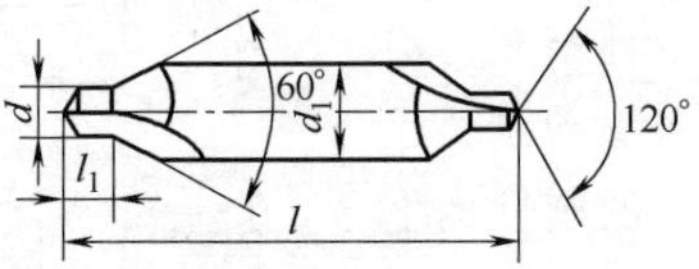

标记示例:

直径 d=2.5mm,d_1=6.3mm 的直槽 A 型中心钻:

中心钻 A2.5/6.3 GB/T 145—2001

d	d_1	l	l_1		d	d_1	l	l_1	
			max	min				max	min
(0.50)	3.15	31.5	1.0	0.8	2.50	6.30	45.0	4.1	3.1
(0.63)			1.2	0.9	3.15	8.00	50.0	4.9	3.9
(0.80)			1.5	1.1	4.00	10.00	56.0	6.2	5.0
1.00			1.9	1.3	(5.00)	12.50	63.0	7.5	6.3
(1.25)			2.2	1.6	6.30	16.00	71.0	9.2	8.0
1.60	4.00	35.5	2.8	2.0	(8.00)	20.00	80.0	11.5	10.1
2.00	5.00	40.0	3.3	2.5	10.00	25.00	100.0	14.2	12.8

B型中心钻

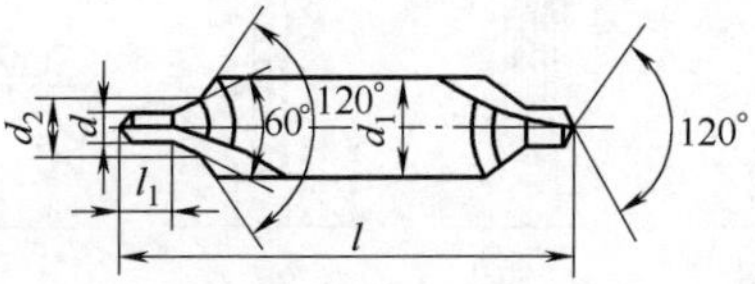

标记示例:

直径 d=2.5mm,d_1=6.3mm 的直槽 B 型中心钻:

中心钻 B2.5/6.3 GB/T 145—2001

续表

d	d_1	d_2	l	l_1		d	d_1	d_2	l	l_1	
				max	min					max	min
1.00	4.0	2.12	35.5	1.9	1.3	4.00	14.0	8.50	67.0	6.2	5.0
(1.25)	5.0	2.65	40.0	2.2	1.6	(5.00)	18.0	10.60	75.0	7.5	6.3
1.60	6.3	3.35	45.0	2.8	2.0	6.30	20.0	13.20	80.0	9.2	8.0
2.00	8.0	4.25	50.0	3.3	2.5	(8.00)	25.0	17.00	100.0	11.5	10.1
2.50	10.0	5.30	56.0	4.1	3.1	10.0	31.5	21.20	125.0	14.2	12.8
3.15	11.2	6.70	60.0	4.9	3.9						

R型中心钻

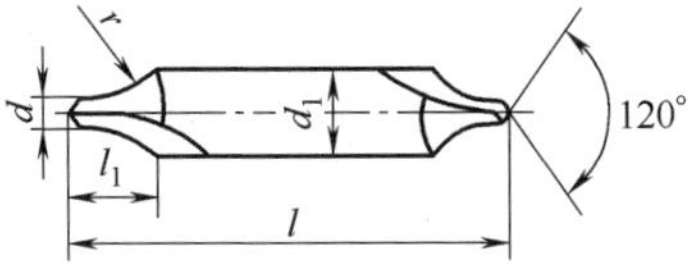

标记示例：

直径 $d=2.5$mm，$d_1=6.3$mm 的直槽 R 型中心钻：

中心钻 R2.5/6.3 GB/T 145—2001

d	d_1	l	l_1	r		d	d_1	l	l_1	r	
				max	min					max	min
1.00	3.15	31.5	3.00	3.15	2.50	4.00	10.00	56.0	10.60	12.50	10.00
(1.25)			3.35	4.00	3.15	(5.00)	12.50	63.0	13.20	16.00	12.50
1.60	4.00	35.5	4.25	5.00	4.00	6.30	16.00	71.0	17.00	20.00	16.00
2.00	5.00	40.0	5.30	6.30	5.00	(8.00)	20.00	80.0	21.20	25.00	20.00
2.50	6.30	45.0	6.70	8.00	6.30	10.00	25.00	100.0	26.50	31.50	25.00
3.15	8.00	50.0	8.50	10.00	8.00						

注：（ ）内尺寸尽可能不用。

（2）麻花钻

1）麻花钻的类型及参数　麻花钻分直柄麻花钻和莫氏锥柄麻花钻，根据容屑槽的尺寸分为短的、正常的、长的和超长的，用于钻不同深度的孔。直柄钻头通过夹头或过渡套或弹性夹紧套的转换安装在钻床主轴上。一些莫氏锥柄钻头可直接安装在钻床主轴上；另一些需要通过夹头或过渡套或弹性夹紧套的转换安装在钻床主轴上。

普通性能麻花钻由高速钢（W6Mo5Cr4V2）轧制或铣制而成，用于通用机床；高性能麻花钻由高速钢（W2Mo9Cr4VCo8 或同性能牌号）磨制而成，用于加工中心和自动线等。麻花钻的结构名称及几何参数如图 7.5 所示。粗直柄小麻花钻见表 7.3，直柄麻花钻见表 7.4，锥柄麻花钻见表 7.5。

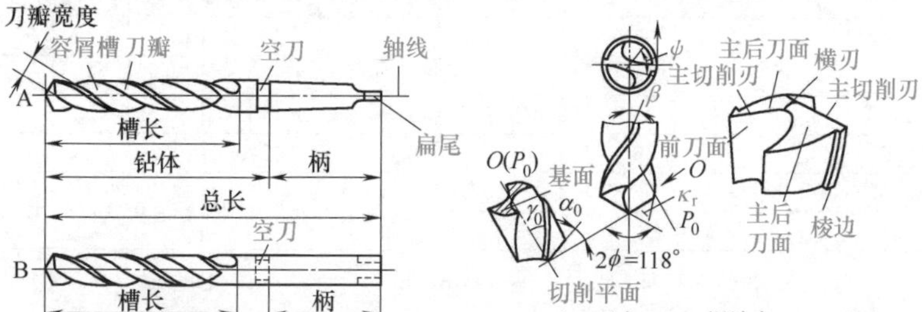

2φ—顶角；β—螺旋角；γ_0—前角；α_0—后角；ψ—横刃斜角

图 7.5　麻花钻的结构名称及几何参数

表 7.3　粗直柄小麻花钻　　mm

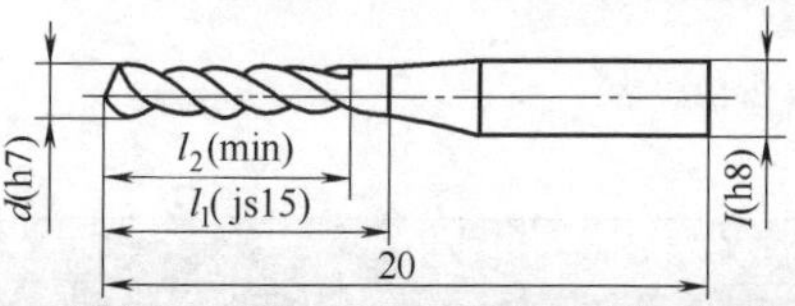

标记示例：
直径 d=0.20mm 粗直柄小麻花钻：
粗直柄小麻花钻　0.20　GB/T 6135.1—2008

d	l_1	l_2	d	l_1	l_2	d	l_1	l_2	d	l_1	l_2
0.10			0.17			0.24	2.5	1.8	0.31		
0.11	1.2	0.7	0.18	2.2	1.4	0.25			0.32		
0.12			0.19			0.26			0.33	3.5	2.8
0.13			0.20			0.27	3.2	2.2	0.34		
0.14	1.5	1	0.21	2.5	1.8	0.28			0.35		
0.15			0.22			0.29					
0.16	2.2	1.4	0.23			0.30					

表 7.4　直柄麻花钻　　mm

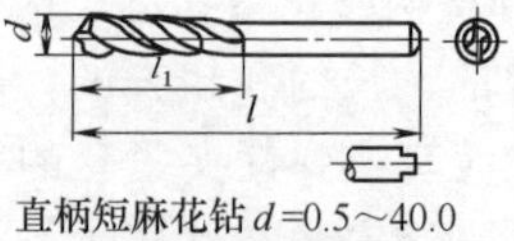

直柄短麻花钻 d=0.5～40.0
GB/T 6135.2—2008

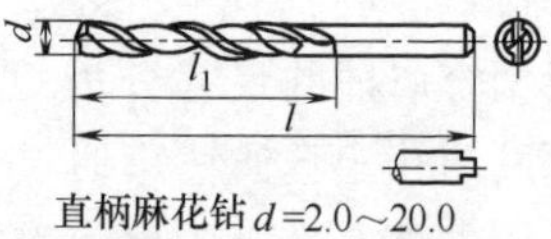

直柄麻花钻 d=2.0～20.0
GB/T 6135.3—2008

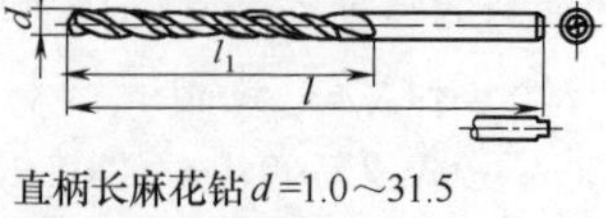

直柄长麻花钻 d=1.0～31.5
GB/T 6135.4—2008

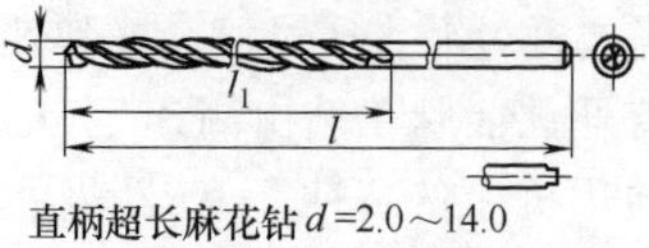

直柄超长麻花钻 d=2.0～14.0
GB/T 6135.5—2008

续表

d	l	l_1	d	l	l_1	d	l	l_1
0.50	20	3	9.80	89	43	19.00	127	64
0.80	24	5	10.00			19.25	131	66
1.00	26	6	10.20			19.50		
1.20	30	8	10.50			19.75		
1.50	32	9	10.80	95	47	20.00		
1.80	36	11	11.00			20.25	136	68
2.00	38	12	11.20			20.50		
2.20	40	13	11.50			20.75		
2.50	43	14	11.80			21.00		
2.80	46	16	12.00	102	51	21.25	141	70
3.00			12.20			21.50		
3.20	49	18	12.50			21.75		
3.50	52	20	12.80	102	51	22.00		
3.80	55	22	13.00			22.25		
4.00			13.20			22.50	146	72
4.20			13.50	107	54	22.75		
4.50	58	24	13.80			23.00		
4.80	62	26	14.00			23.25		
5.00			14.25	111	56	23.50		
5.20			14.50			23.75	151	75
5.50	66	28	14.75			24.00		
5.80			15.00			24.25		
6.00			15.25	115	58	24.50		
6.20	70	31	15.50			24.75		
6.50			15.75			25.00	151	75
6.80	74	34	16.00			25.25	156	78
7.00			16.25	119	60	25.50		
7.20			16.50			25.75		
7.50			16.75			26.00		
7.80	79	37	17.00			26.25		
8.00			17.25	123	62	26.50		
8.20			17.50			26.75	162	81
8.50			17.75			27.00		
8.80	84	40	18.00			27.25		
9.00			18.25	127	64	27.50		
9.20			18.50			27.75		
9.50			18.75			28.00		

续表

d	l	l_1	d	l	l_1	d	l	l_1
28.25	168	84	31.00	174	87	35.50	186	93
28.50			31.25			36.00	193	96
28.75			31.50			36.50		
29.00			31.75	180	90	37.00		
29.25			32.00			37.50		
29.50			32.50			38.00	200	100
29.75			33.00			38.50		
30.00			33.50			39.00		
30.25	174	87	34.00	186	93	39.50		
30.50			34.50			40.00		
30.75			35.00					

表 7.5　锥柄麻花钻

mm

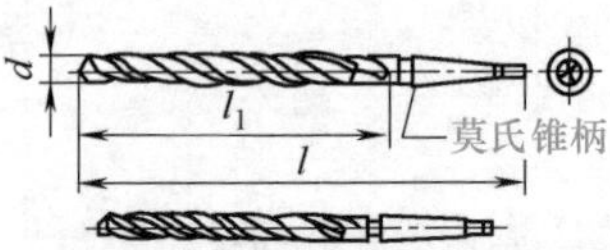

莫氏锥柄麻花钻 d=3.0～100.0
GB/T 1438.1—2008

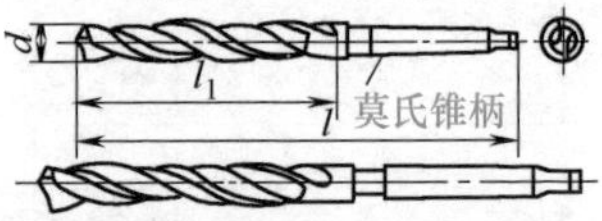

莫氏锥柄长麻花钻 d=5.0～50.0
GB/T 1438.2—2008

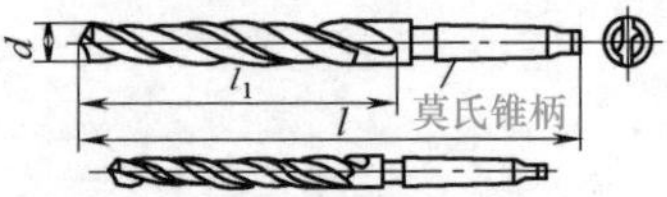

莫氏锥柄加长麻花钻 d=6.0～30.0
GB/T 1438.3—2008

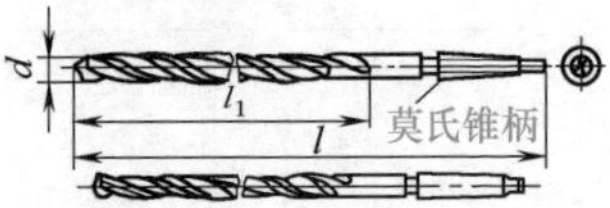

莫氏锥柄超长麻花钻 d=6.0～50.0
GB/T 1438.4—2008

d	l	l_1	莫氏号	d	l	l_1	莫氏号
3.00	114	33	1	5.50	138	157	1
3.20	117	36		5.80			
3.50	120	39		6.00			
3.80	124	43		6.20	144	63	
4.00				6.50			
4.20				6.80	150	69	
4.50	128	47		7.00			
4.80	133	52		7.20			
5.00				7.50			
5.20				7.80	156	75	

续表

<table>
<tr><th>d</th><th>l</th><th>l₁</th><th>莫氏号</th><th>d</th><th>l</th><th>l₁</th><th>莫氏号</th></tr>
<tr><td>8.00</td><td rowspan="3">156</td><td rowspan="3">75</td><td rowspan="25">1</td><td>17.00</td><td>223</td><td>125</td><td rowspan="27">2</td></tr>
<tr><td>8.20</td><td>(17.25)</td><td rowspan="5">228</td><td rowspan="5">130</td></tr>
<tr><td>8.50</td><td>(17.40)</td></tr>
<tr><td>8.80</td><td rowspan="4">162</td><td rowspan="4">81</td><td>17.50</td></tr>
<tr><td>9.00</td><td>(17.75)</td></tr>
<tr><td>9.20</td><td>18.00</td></tr>
<tr><td>9.50</td><td>(18.25)</td><td rowspan="4">233(256)</td><td rowspan="4">135</td></tr>
<tr><td>9.80</td><td rowspan="4">168</td><td rowspan="4">87</td><td>18.50</td></tr>
<tr><td>10.00</td><td>(18.75)</td></tr>
<tr><td>10.20</td><td>19.00</td></tr>
<tr><td>10.50</td><td>(19.25)</td><td rowspan="5">238(261)</td><td rowspan="5">140</td></tr>
<tr><td>10.80</td><td rowspan="5">175</td><td rowspan="5">94</td><td>(19.40)</td></tr>
<tr><td>11.00</td><td>19.50</td></tr>
<tr><td>11.20</td><td>(19.75)</td></tr>
<tr><td>11.50</td><td>20.00</td></tr>
<tr><td>11.80</td><td>(20.25)</td><td rowspan="4">243(266)</td><td rowspan="4">145</td></tr>
<tr><td>12.00</td><td rowspan="6">182(199)</td><td rowspan="6">101</td><td>20.50</td></tr>
<tr><td>(12.20)</td><td>(20.75)</td></tr>
<tr><td>12.50</td><td>21.00</td></tr>
<tr><td>12.80</td><td>(21.25)</td><td rowspan="5">248(271)</td><td rowspan="5">150</td></tr>
<tr><td>13.00</td><td>21.50</td></tr>
<tr><td>(13.20)</td><td>(21.75)</td></tr>
<tr><td>13.50</td><td rowspan="3">189(206)</td><td rowspan="3">108</td><td>22.00</td></tr>
<tr><td>13.80</td><td>(22.25)</td></tr>
<tr><td>14.00</td><td>22.50</td><td rowspan="3">253(276)</td><td rowspan="3">155</td></tr>
<tr><td>(14.25)</td><td rowspan="4">212</td><td rowspan="4">114</td><td rowspan="12">2</td><td>(22.75)</td></tr>
<tr><td>14.50</td><td>23.00</td></tr>
<tr><td>(14.75)</td><td>(23.25)</td><td rowspan="2">276</td><td rowspan="2">155</td><td rowspan="10">3</td></tr>
<tr><td>15.00</td><td>23.50</td></tr>
<tr><td>(15.25)</td><td rowspan="5">218</td><td rowspan="5">120</td><td>(23.75)</td><td rowspan="6">281</td><td rowspan="6">160</td></tr>
<tr><td>(15.40)</td><td>24.00</td></tr>
<tr><td>15.50</td><td>(24.25)</td></tr>
<tr><td>(15.75)</td><td>24.50</td></tr>
<tr><td>16.00</td><td>(24.75)</td></tr>
<tr><td>(16.25)</td><td rowspan="3">223</td><td rowspan="3">125</td><td>25.00</td></tr>
<tr><td>16.50</td><td>(25.25)</td><td rowspan="2">286</td><td rowspan="2">165</td></tr>
<tr><td>(16.75)</td><td>25.50</td></tr>
</table>

续表

d	l	l_1	莫氏号	d	l	l_1	莫氏号
(25.75)	286	165	3	38.00	349	200	4
26.00				38.50			
(26.25)				39.00			
26.50				39.50			
(26.75)	(291)	170		40.00			
27.00				40.50	354	205	
(27.25)	291(319)			41.00			
27.50				41.50			
(27.75)				42.00			
28.00				42.50			
(28.25)	296(324)	175		43.00	359	210	
28.50				43.50			
(28.75)				44.00			
29.00				44.50			
(29.25)				45.00			
29.50				45.50	364	215	
(29.75)				46.00			
30.00				46.50			
(30.25)	301	180		47.00			
30.50				47.50			
(30.75)				48.00	369	220	
31.00				48.50			
(31.25)				49.00			
31.50				49.50			
(31.75)	306	185		50.00			
32.00	334	185	4	50.50	374	225	
32.50				51.00	412	225	5
33.00				52.00			
33.50				(53.00)			
34.00	339	190		54.00	417	230	
34.50				55.00			
35.00				56.00			
35.50				(57.00)	422	235	
36.00	344	195		58.00			
36.50				(59.00)			
37.00				60.00			
37.50				(61.00)	427	240	

续表

d	l	l_1	莫氏号	d	l	l_1	莫氏号
62.00	427	240	5	(82.00)	519	265	6
(63.00)				(83.00)			
(64.00)	432	245		(84.00)			
65.00				(85.00)			
(66.00)				(86.00)	524	270	
(67.00)				(87.00)			
68.00	437	250		(88.00)			
(69.00)				(89.00)			
70.00				(90.00)			
(71.00)				(91.00)	529	275	
72.00	442	255		(92.00)			
(73.00)				(93.00)			
(74.00)				(94.00)			
75.00	447			(95.00)			
(76.00)		260		(96.00)	534	280	
(77.00)	514		6	(97.00)			
78.00				(98.00)			
(79.00)				(99.00)			
80.00				(100.00)			
(81.00)	519	265					

注：1. 硬质合金钻头 d=10～30mm，其中（　　）内尺寸没有，长度 l 为（　　）内尺寸，其余尺寸相同。

2. 直径 d（　　）内的数值为第二系列。

2）麻花钻的刃磨　磨花钻的刃磨质量直接关系到钻孔质量（尺寸精度和表面粗糙度）和钻削效率。麻花钻刃磨时，只需刃磨两个主后面，但同时要保证后角、顶角和横刃斜角的大小适当，所以麻花钻的刃磨是比较困难的。麻花钻刃磨后，必须达到下列两个要求：

① 麻花钻的两条主切削刃应该对称，也就是两主切削刃跟钻头轴线成相等的夹角，并且长度相等。

② 横刃斜角应为 55°。

刃磨后的钻头，如果其几何角度不符合要求，则将严重影响孔的加工质量，如图 7.6 所示。

标准麻花钻的优缺点如表 7.6 所示。为了保证钻削质量，对标准麻花钻采取的修磨措施如表 7.7 所示。

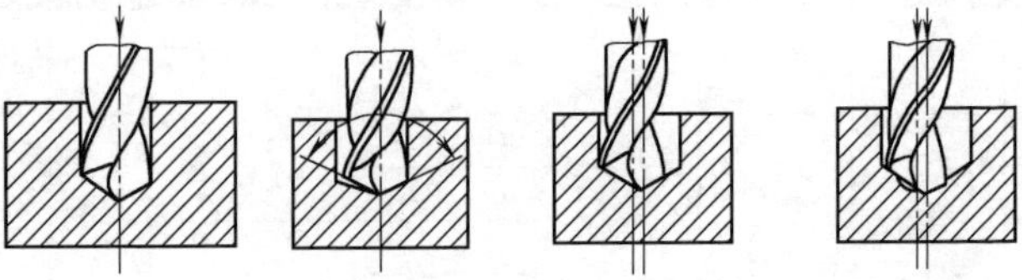

(a) 刃磨正确　(b) 两刃与轴线的夹角不相等　(c) 两刃长度不相等　(d) 两刃与轴线的夹角及长度都不相等

图 7.6　钻头刃磨情况对孔质量的影响

表 7.6　标准麻花钻的优缺点

优点	缺点
①由于两条切削刃是对称的，故作用在切削刃上的径向切削力 F_{Y0} 相互抵消 ②麻花钻的通用性较好，能进行钻、扩、锪等作业 ③有较长的导向部分作为切削的后备部分，因此使用寿命较长 ④有两条对称的螺旋槽，有较大的实际工作前角和便于排屑	①横刃长，且横刃处前角为负值，约为 $-54°\sim-60°$。在切削中，横刃引起的轴向力占 45%～55%，扭矩占 15%，此外横刃长还使钻削时定心情况不好 ②钻头前角分布不合理，即主切削刃上各点的前角变化很大；外缘处大；该处刀口虽很锋利，但过于单薄而近中心处则为负前角，切削不顺利 ③切屑宽，所占空间大，且切削刃上各点切屑流出的速度相差很大，使切屑卷曲成螺管状，不易排出，切削液也不易注入切削区 ④外刃与棱边转角处，切削速度最高，且由于棱边后角为零，该处摩擦所产生的热量大，散热条件又差，故磨损较快

表 7.7　标准麻花钻修磨措施

措施	简图	说明
修磨横刃	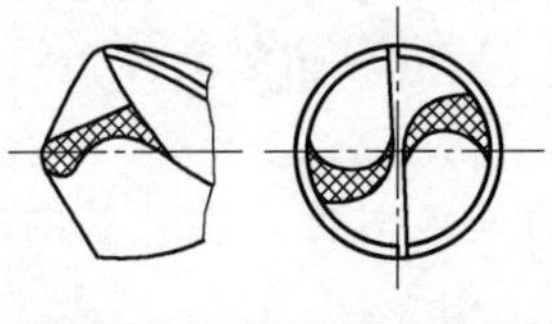	将横刃磨短至原来横刃的 1/3～1/5 或 $b_\gamma=(0.04\sim0.06)d_0$，同时磨出横刃处新形成的两条内刃的前角为 $0°\sim-15°$，这样可以减小轴向力，加强定心作用，提高孔的质量和生产效率
修磨刃口倒棱式断屑槽	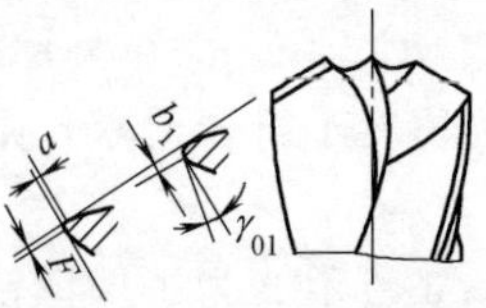	在两主切削刃的前刀面处修磨出倒棱 $b_\gamma=0.1\sim0.2$mm，或磨出浅断屑槽，这样可以提高刃上强度和改善断屑效果，在钻削黄铜、紫铜时修磨成倒棱后可防止扎刀现象

续表

措施	简图	说明
修磨分屑槽	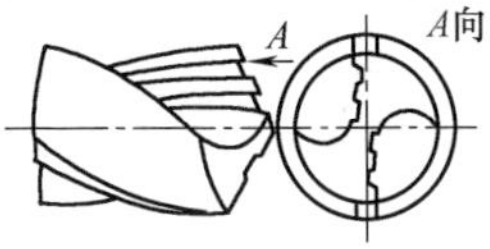	在两主切削刃后刀面处修磨出深度大于进给量 f 的交错小狭槽，使切屑变为狭条，改善分屑、排屑条件，有利于切削液注入，改善散热条件，提高钻削效率，同时再配合修磨横刃，其钻孔效率更高
修磨锋角	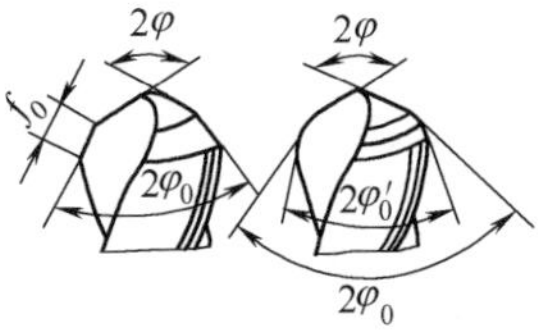	在主切削刃与副切削刃相连的转角处，修磨出直线过渡刃形成双重锋角，或修磨成三重锋角。常用锋角值 $2\varphi=118°$，$2\varphi_0=70°\sim90°$，$2\varphi'_0=50°\sim80°$，减小锋角值可减小轴向分力，改善外刃转角处切削刃强度和散热条件，提高钻头耐用度

（3）扩孔钻（表 7.8～表 7.10）

表 7.8 直柄扩孔钻（GB/T 4256—2004） mm

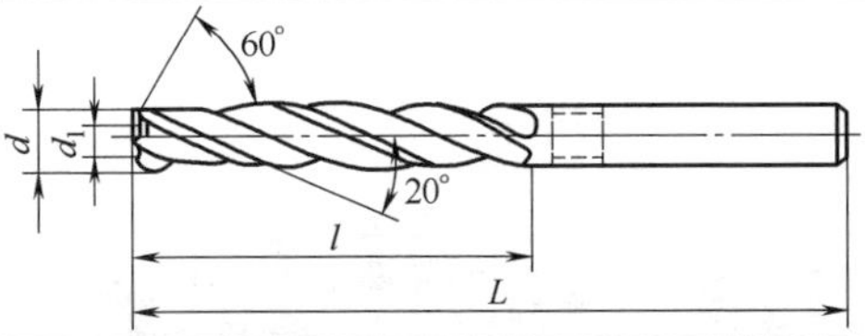

标记示例：
d=20mm 的直柄扩孔钻：
扩孔钻 20 GB/T 4256—2004

d 推荐值	d 分级范围	L	l	d_1
3	～3	61	33	1.2
3.3	＞3～3.35	65	36	1.5
3.5	＞3.35～3.75	70	39	
3.8 4	＞3.75～4.25	75	43	2
4.3 4.5	＞4.25～4.75	80	47	2.6
4.8 5	＞4.75～5.3	86	52	3.2
5.8 6	＞5.3～6	93	57	3.9
		101	63	
	＞6～6.7			
6.8 7	＞6.7～7.5	109	69	4.5

d 推荐值	d 分级范围	L	l	d_1
7.8 8	＞7.5～8.5	117	75	5.2
8.8 9	＞8.5～9.5	125	81	5.8
9.8 10	＞9.5～10	133	87	6.5
—	＞10～10.6	133	87	
10.75 11 11.75	＞10.6～11.8	142	94	7.1
12 12.75 13	＞11.8～13.2	151	101	7.8
				8.1
				8.4
13.75	＞13.2～14	160	108	9.1

续表

d 推荐值	d 分级范围	L	l	d_1
14	>13.2～14	160	108	9.1
14.75 15	>14～15	169	114	9.7
15.75 16	>15～16	178	120	10.4
16.75 17	>16～17	184	125	11

d 推荐值	d 分级范围	L	l	d_1
17.75 18	>17～18	191	130	11.7
18.7 19	>18～19	198	135	12.3
19.7	>19～20	205	140	13

注：*d* 的推荐值为常备规格，需要时可供应“分级范围”内任一直径的扩孔钻。

表 7.9　锥柄扩孔钻（GB/T 4256—2004）　　mm

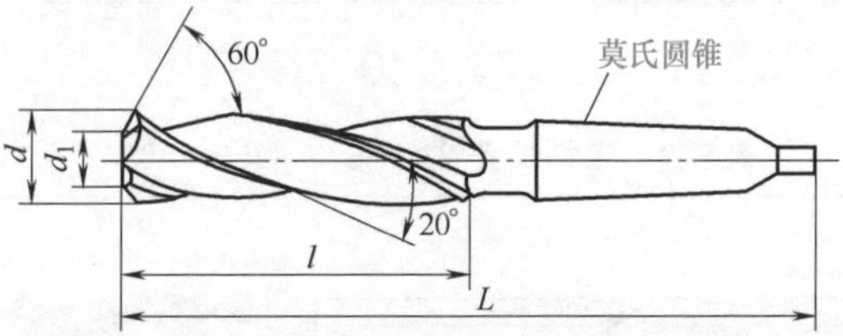

标记示例：d=20mm 的锥柄扩孔钻：扩孔钻　20　GB/T 4256—2004

d 推荐值	d 分级范围	L	l	d_1	莫氏锥柄号
7.8	>7.5～8.5	156	75	5.1	1
8.0					
8.8	>8.5～9.5	162	81	5.8	
9.0					
9.8	>9.5～10	168	87	6.5	
10.0					
—	>10～10.6				
10.75	>10.6～11.8	175	94	7.1	
11.0					
11.75					
12.0	>11.8～13.2	182	101	7.8	
12.75				8.1	
13.0				8.4	
13.75	>13.2～14	189	108	9.1	
14.0					

d 推荐值	d 分级范围	L	l	d_1	莫氏锥柄号
14.75	>14～15	212	114	9.7	2
15.0					
15.75	>15～16	218	120	10.4	
16.0					
16.75	>16～17	223	125	11	
17.0					
17.75	>17～18	228	130	11.7	
18.0					
18.7	>18～19	233	135	12.3	
19.0					
19.7	>19～20	238	140	13	
20.0					
20.7	>20～21.2	243	145	13.6	
21.0					
21.7	>21.2～22.4	245	150	14.3	

续表

d 推荐值	d 分级范围	L	l	d_1	莫氏锥柄号
22.0	>21.2～22.4	248	150	14.3	2
22.7	>22.4～23.02	253	155	15	
23.0					
—	>23.02～23.6	276	155	15	3
23.7	>23.6～25	281	160	15.6	
24.0					
24.7				16.3	
25.0					
25.7	>25～26.5	286	165	17	
26.0					
27.7	>26.5～28.0	291	170	17.6	
28.0				18.3	
29.7	>28.0～30.0	296	175	19	
30.0				19.5	
—	>30～31.5	301	180		4
31.6	>31.5～31.75	306	185	20	
32.0	>31.75～33.5	334	185	21	
33.6	>33.5～35.5	339	190	21.5	
34.0	>33.5～35.5			22	

d 推荐值	d 分级范围	L	l	d_1	莫氏锥柄号
34.6	>33.5～35.5	339	190	22.6	4
35.0				23	
35.6	>35.5～37.5	344	195	23.5	
36.0					
37.6	>37.5～40	349	200	24.5	
38.0					
39.6				25	
40.0				26	
41.6	>40～42.5	354	205	26.5	
42.0				27	
43.6	>42.5～45	359	210	28	
44.0				28.5	
44.6				29	
45.0					
45.6	>45～47.5	364	215	30	
46.0					
47.6	>47.5～50	369	220	30.5	
48.0				31	
49.6				32	
50.0				32.5	

注：d 的推荐为常备规格，需要时可供应“分级范围”内任一直径的扩孔钻。

表 7.10　套式扩孔钻（GB/T 1142—2004，钻杆与铰刀杆相同）

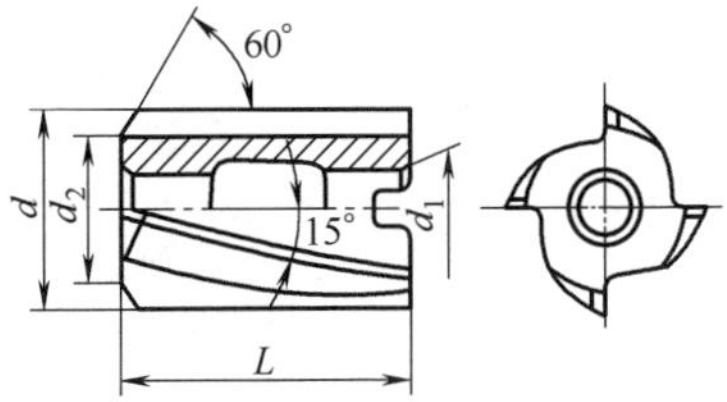

标记示例：d=50mm 的套式扩孔钻：扩孔钻　50　GB/T 1142—2004

续表

d 推荐值	d 分级范围	L	d_1	d_2 最小	d 推荐值	d 分级范围	L	d_1	d_2 最小
25	>23.6~35.5	45	13	20	46	>45~53	56	19	38
26				21	47				39
27				22	48				40
28				23	50				42
29				24	52			22	44
30				25	55	>53~63	63		46
31				26	58				49
32				27	60				51
33				28	62			27	53
34				29	65	>63~75	71		54
35				30	70				59
36	>35.5~45	50	16	30	72				61
37				31	75			32	64
38				32	80	>75~90	80		67
39				33	85				72
40				34	90				77
42				36	95	>90~100	90	40	80
44				38	100				85
45				39					

注：d 的推荐值为常备规格，需要时可供应“分级范围”内任一直径的扩孔钻。

（4）锪钻（表 7.11、表 7.12）

表 7.11　锥面锪钻　mm

60°、90°、120°直柄锥面锪钻
(GB/T 4258—2004)

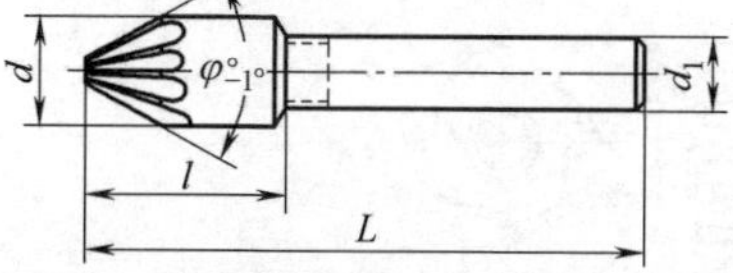

标记示例：d=16mm，
φ=60°直柄锥面锪钻：
锪钻　16×60°　GB/T 4258—2004

60°、90°、120°锥柄锥面锪钻
(GB/T 1143—2004)

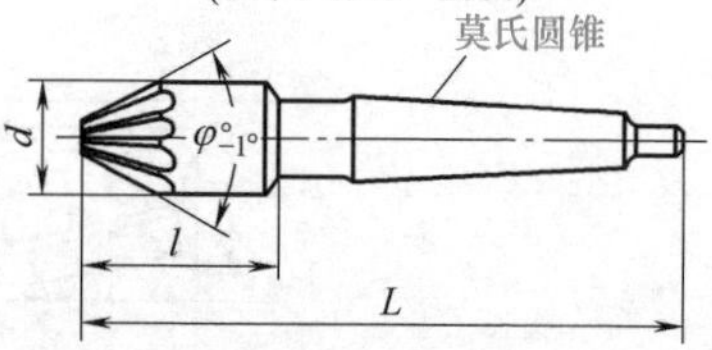

标记示例：d=40mm，
φ=90°锥柄锥面锪钻：
锪钻　40×90°　GB/T 1143—2004

续表

d	d_1	L φ=60°	L φ=90°; 120°	l φ=60°	l φ=90°; 120°	齿数	d	L φ=60°	L φ=90°; 120°	l φ=60°	l φ=90°; 120°	莫氏圆锥	齿数
8	8	48	44	16	12	4	16	97	93	24	20	1	6
10	8	50	46	18	14	4	20	120	116	28	24	2	6
12.5	8	52	48	20	16	4	25	125	121	33	29	2	6
16	10	60	56	24	20	6	31.5	132	124	40	32	2	8
20	10	64	60	28	24	6	40	160	150	45	35	3	8
25	10	69	65	33	29	6	50	165	153	50	38	3	10
							63	200	185	58	43	4	10
							80	215	196	73	54	4	12

表 7.12　带导柱直柄平底锪钻　　mm

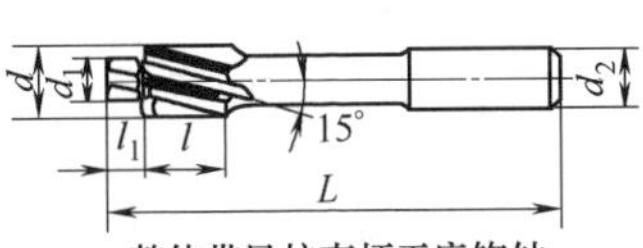

整体带导柱直柄平底锪钻
$d \times d_1$　3.3×1.8～20×12.5
GB/T 4260—2004

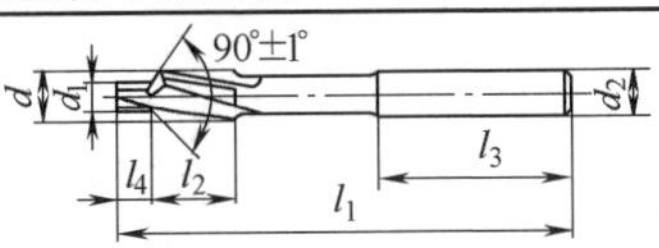

整体带导柱直柄90°锥面锪钻
$d \times d_1$　3.7×1.8～17.6×9
GB/T 4263—2004

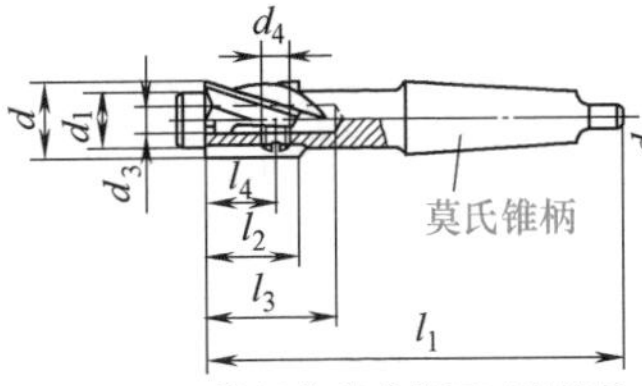

可换导柱莫式锥柄平底锪钻
$d \times d_1$　13×6.6～61×33
GB/T 4261—2004

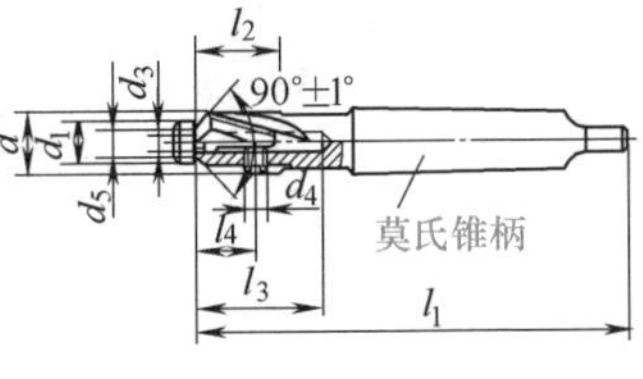

可换导柱直柄90°锥面锪钻
$d \times d_1$　13.8×6.6～40.4×22
GB/T 4264—2004

锪钻代号 $d \times d_1$	d_2	L	l	齿数	适用螺栓螺钉规格	锪钻代号 $d \times d_1$	d_2	L	l	齿数	适用螺栓螺钉规格
2.5×1.2	$d_2=d$	45	7	2	M1	10×3.4	8	80	18	2	M3
2.8×1.4					M1.2	10×5.5					M5
3.2×1.6		56	10		M1.4	11×4.5				4	M4
3.6×1.8					M1.6	12×5.5					M5
4.5×2.4					M2	12×6.6					M6
5×1.8					M1.6	15×6.6	12.5	100	22		M6
5×2.9					M2.5	15×9					M8
6×2.4	5	71	14		M2	18×9					M8
6×3.4					M3	18×11					M10
7.5×2.9					M2.5	20×9					M8
8.5×3.4	8	80	18		M3	20×11					M10
8.5×4.5					M4						

续表

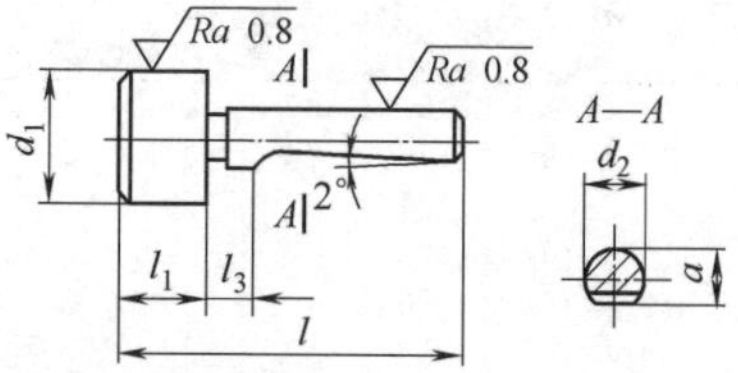

标记示例：
d_2＝8mm，d_1＝12.5mm 的锪钻用可换导柱：
导柱　8×12.5　GB/T 4266—2004

d_2(f7)	d_1(e8) 大于	d_1(e8) 至	$a_{-0.1}^{0}$	l	l_1	l_3	d_2(f7)	d_1(e8) 大于	d_1(e8) 至	$a_{-0.1}^{0}$	l	l_1	l_3
4	5	6.3	3.6	25	5	3	8	20	25	7.5	47	15	5
	6.3	8		26	6			25	28		50	18	
	8	10		27	7		10	12.5	16	9.1		10	
	10	12.5		28	8	4		16	20		52	12	
	12.5	14		30	10			20	25		55	15	
5	6.3	8	4.6	29	6	3		25	31.5		58	18	6
	8	10		30	7			31.5	35.5		62	22	
	10	12.5		31	8	4	12	16	20	11.3		12	5
	12.5	16		33	10			20	25		65	15	
	16	18		35	12			25	31.5		68	18	6
6	8	10	5.5		7			31.5	40		72	22	
	10	12.5		36	8			40	45		77	27	
	12.5	16		38	10		16	20	25	15.2	75	15	
	16	20		40	12	5		25	31.5		78	18	
	20	22.4		43	15			31.5	40		82	22	
8	10	12.5	7.5	40	8	4		40	50		87	27	
	12.5	16		42	10			50	56		90	30	
	16	20		44	12	5							

7.3　钻床辅具

钻头的种类很多，在安装到机床上时，需要用到辅具。如直柄钻头需用带锥柄的钻夹头夹住［图 7.7（a)］，再将钻夹头插入主轴锥孔，若钻夹头的锥柄与机床不匹配时，可通过钻套［图 7.7（b)］，将不同类型、尺寸的钻头柄与主轴锥孔规格匹配。辅具见表 7.13～表 7.21。

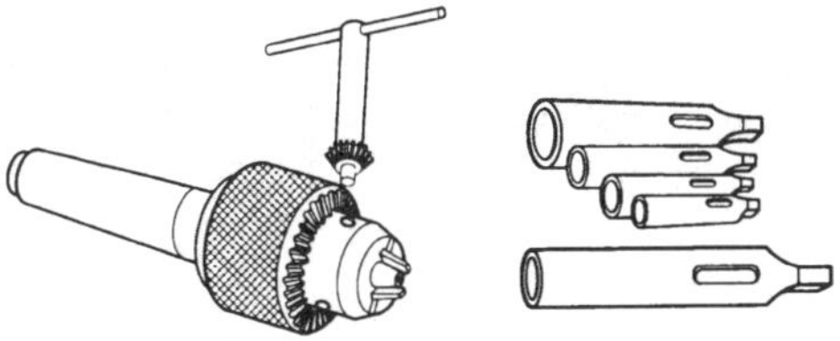

(a) 钻夹头　　(b) 钻套

图 7.7　钻夹头及钻套

表 7.13　锥柄工具接长套（JB/T 3411.68—1999）　　mm

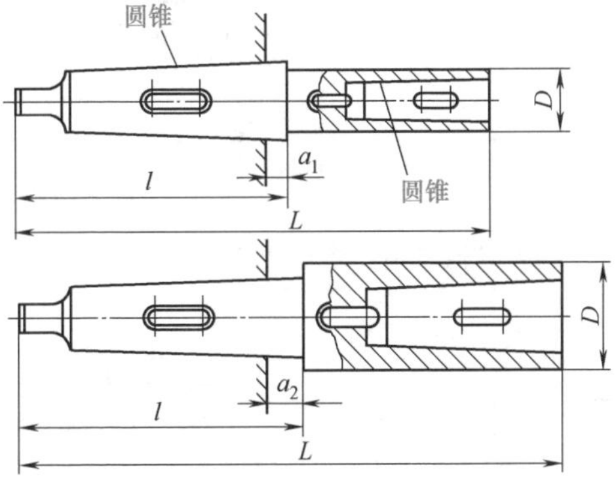

标记示例：
外锥为莫氏圆锥 5 号、内锥为莫氏圆锥 4 号的锥柄工具接长套：
接长套 5-4　JB/T 3411.68—1999

<table>
<tr><th colspan="2">外圆锥号</th><th colspan="2">内圆锥号</th><th rowspan="2">D</th><th rowspan="2">L</th><th rowspan="2">l</th><th rowspan="2">a_1</th><th rowspan="2">a_2</th></tr>
<tr><th>莫氏</th><th>米制</th><th>莫氏</th><th>米制</th></tr>
<tr><td>1</td><td rowspan="12">—</td><td rowspan="2">1</td><td rowspan="12">—</td><td rowspan="2">20</td><td>145</td><td>69</td><td>—</td><td>7.0</td></tr>
<tr><td rowspan="2">2</td><td>160</td><td rowspan="2">84</td><td rowspan="2">—</td><td rowspan="2">9.0</td></tr>
<tr><td>2</td><td>30</td><td rowspan="2">175</td></tr>
<tr><td rowspan="3">3</td><td>1</td><td>20</td><td>99</td><td>5.0</td><td>—</td></tr>
<tr><td>2</td><td>30</td><td>194</td><td rowspan="2">103</td><td rowspan="2">—</td><td rowspan="2">9.0</td></tr>
<tr><td>3</td><td>36</td><td rowspan="2">215</td></tr>
<tr><td rowspan="3">4</td><td>2</td><td>30</td><td>124</td><td>6.5</td><td>—</td></tr>
<tr><td>3</td><td>36</td><td>240</td><td rowspan="2">128</td><td rowspan="2">—</td><td rowspan="2">10.5</td></tr>
<tr><td>4</td><td>48</td><td>265</td></tr>
<tr><td rowspan="3">5</td><td>3</td><td>36</td><td>268</td><td>156</td><td>6.5</td><td>—</td></tr>
<tr><td>4</td><td>48</td><td>300</td><td rowspan="2">163</td><td rowspan="2">—</td><td rowspan="2">13.5</td></tr>
<tr><td>5</td><td>63</td><td>335</td></tr>
</table>

续表

外圆锥号		内圆锥号		D	L	l	a_1	a_2
莫氏	米制	莫氏	米制					
6	—	4	—	48	355	218	80	—
		5		63	390			
—	80	4		48	365	228	8.0	—
		5		63	400			
		6		85	470	235	—	15.0
	100	5		63	445	270	10.0	—
		6		85	510			
		—	80	106	535	278	—	18.0
	120	6	—	85	550	312	120	—
		—	80	106	570			
			100	132	620	320	—	20.0

注：1. 制出锁紧槽或不制出锁紧槽，由设计决定。

2. 莫氏圆锥和米制圆锥的尺寸和偏差按 GB/T 1443—1985 的规定。

表 7.14　锥柄工具过渡套（JB/T 3411.67—1999）　　mm

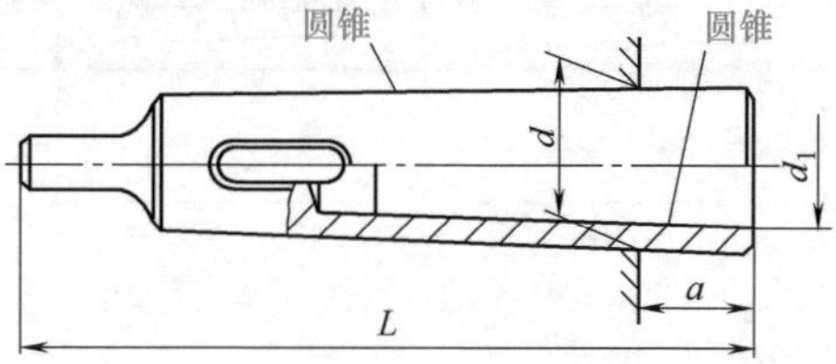

标记示例：

外圆锥为米制 100 号，内圆锥为莫氏 6 号的锥柄工具过渡套：

过渡套 100-6　JB/T 3411.67—1999

外圆锥号		内圆锥号		d	d_1	a	L
莫氏	米制	莫氏	米制				
2	—	1	—	17.780	12.065	17	92
2				23.825		5	99
		2			17.780	18	112
3				31.267		6.5	124
		3			23.825	22.5	140
4				44.399		6.5	156
		4			31.267	21.5	171
5		3		63.348	23.825	8	218
		4			31.267		

续表

外圆锥号		内圆锥号		d	d_1	a	L
莫氏	米制	莫氏	米制				
6	—	5	—	63.348	44.399	8	218
—	80			80			228
		6			63.348	60	280
	100			100		36	296
		—	80		80	50	310
	120			120		21	321
			100		100	65	355

注：莫氏圆锥和米制圆锥的尺寸和偏差按 GB/T 1443—1985 的规定。

表 7.15　直柄工具弹性夹紧套（JB/T 3411.70—1999）　mm

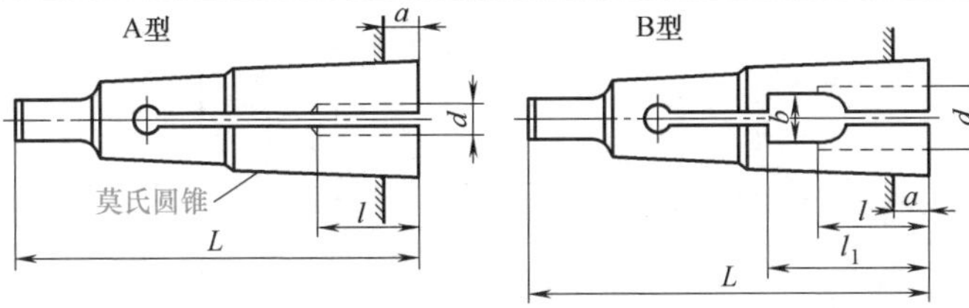

标记示例：

莫氏圆锥 1 号、d=5.80mm 的 A 型直柄工具弹性夹紧套：夹紧套 1-A5.80 JB/T 3411.70—1999

莫氏圆锥 2 号、d=10.80mm 的 B 型直柄工具弹性夹紧套：夹紧套 2-B10.80 JB/T 3411.70—1999

形式	d	b_{min}	l	l_1	莫氏圆锥									
					1		2		3		4		5	
					a	L	a	L	a	L	a	L	a	L
A	>1.50～2.00	—	11	—	4.5	66.5								
	>2.00～2.50		12											
	>2.50～3.00		14											
	>3.00～3.75		15											
	>3.75～4.75		16											
	>4.75～6.00		17											

续表

形式	d	b_{min}	l	l_1	莫氏圆锥									
					1		2		3		4		5	
					a	L	a	L	a	L	a	L	a	L
	>3.00~3.75	2.30	15	18										
	>3.75~4.75	2.90	16	20										
	>4.75~6.00	3.60	17	22	4.5	66.5								
	>6.00~7.50	4.50	19	25										
	>7.50~9.50	5.60	21	28			6.0	81.0						
B	>9.50~11.80	7.00	23.5	32										
	>11.80~13.20	8.90	25	35					6.0	100				
	13.20~15.00													
	>15.00~19.00	11.00	28	40							9.5	127		
	>19.00~23.60	13.60	31	45									11	160.5
	>23.60~30.00	17.50	33	50										

注：莫氏圆锥和米制圆锥的尺寸和偏差基本上按 GB/T 1443 的规定，其中尺寸 a 和 L 比 GB/T 1443 相对应尺寸稍大。

表 7.16　丝锥用弹性夹紧套（JB/T 3411.71—1999）　mm

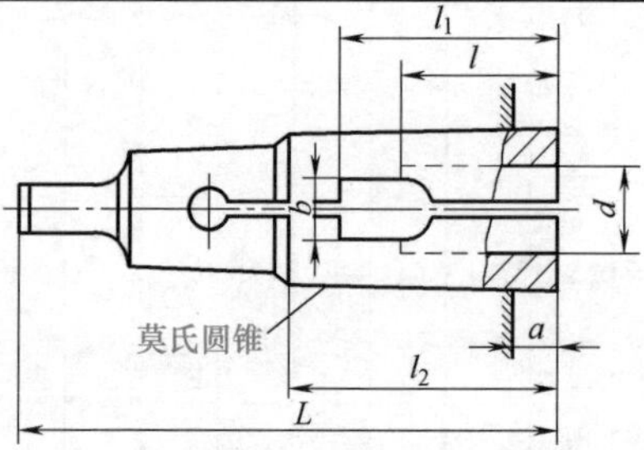

标记示例：

莫氏圆锥 2 号、d=8mm 的丝锥用弹性夹紧套：

夹紧套 2-8　JB/T 3411.71—1999

续表

d	b	莫氏圆锥 1 a	1 L	1 l_2	2 a	2 L	2 l_2	3 a	3 L	3 l_2	4 a	4 L	4 l_2	5 a	5 L	5 l_2	l	l_1
>2.36～2.65	2.05																15	19
>2.65～3	2.3																17	21
>3～3.35	2.6																18	22
>3.35～3.75	2.9																	
>3.75～4.25	3.3																	24
>4.25～4.75	3.7	3.5	65.5	36													19	
>4.75～5.3	4.2																	25
>5.3～6	4.7																	
>6～6.7	5.2																22	28
>6.7～7.5	5.8				5	80	42											
>7.5～8.5	6.5																23	30
>8.5～9.5	7.4																24	32
>9.5～10.6	8.3																23	

续表

<table>
<tr><th rowspan="3">d</th><th rowspan="3">b</th><th colspan="15">莫氏圆锥</th><th rowspan="3">l</th><th rowspan="3">l_1</th></tr>
<tr><th colspan="3">1</th><th colspan="3">2</th><th colspan="3">3</th><th colspan="3">4</th><th colspan="3">5</th></tr>
<tr><th>a</th><th>L</th><th>l_2</th><th>a</th><th>L</th><th>l_2</th><th>a</th><th>L</th><th>l_2</th><th>a</th><th>L</th><th>l_2</th><th>a</th><th>L</th><th>l_2</th></tr>
<tr><td>>10.6～11.8</td><td>9.3</td><td></td><td></td><td></td><td>5</td><td>80</td><td>42</td><td rowspan="4">5</td><td rowspan="4">99</td><td rowspan="4">50</td><td></td><td></td><td></td><td rowspan="4"></td><td rowspan="4"></td><td rowspan="4"></td><td rowspan="2">26</td><td rowspan="2">36</td></tr>
<tr><td>>11.8～13.2</td><td>10.3</td><td></td><td></td><td></td><td></td><td></td><td></td><td rowspan="5">6.6</td><td rowspan="5">124</td><td rowspan="5">63</td></tr>
<tr><td>>13.2～15</td><td>11.5</td><td></td><td></td><td></td><td></td><td></td><td></td><td>29</td><td>40</td></tr>
<tr><td>>15～17</td><td>12.8</td><td></td><td></td><td></td><td></td><td></td><td></td><td>32</td><td>45</td></tr>
<tr><td>>17～19</td><td>14.4</td><td></td><td></td><td></td><td></td><td></td><td></td><td></td><td></td><td></td><td rowspan="5">6.5</td><td rowspan="5">156</td><td rowspan="5">80</td><td>36</td><td rowspan="2">50</td></tr>
<tr><td>>19～21.2</td><td>16.4</td><td></td><td></td><td></td><td></td><td></td><td></td><td></td><td></td><td></td><td>34</td></tr>
<tr><td>>21.2～23.6</td><td>18.4</td><td></td><td></td><td></td><td></td><td></td><td></td><td></td><td></td><td></td><td></td><td></td><td></td><td>38</td><td>56</td></tr>
<tr><td>>23.6～26.5</td><td>20.4</td><td></td><td></td><td></td><td></td><td></td><td></td><td></td><td></td><td></td><td></td><td></td><td></td><td>41</td><td>60</td></tr>
<tr><td>>26.5～30</td><td>22.8</td><td></td><td></td><td></td><td></td><td></td><td></td><td></td><td></td><td></td><td></td><td></td><td></td><td>46</td><td>67</td></tr>
</table>

注：1. 表中尺寸 d 值公差采用 H7。

2. 莫氏圆锥的尺寸和偏差按 GB/T 1443 的规定。

表 7.17 扳手夹紧式钻夹头 mm

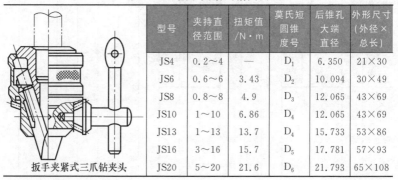

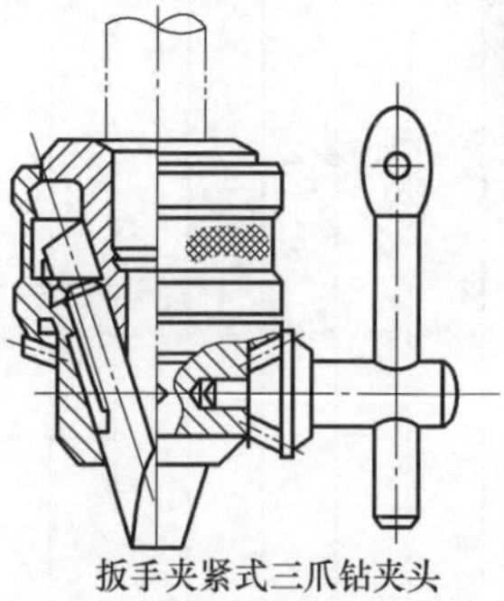

扳手夹紧式三爪钻夹头

型号	夹持直径范围	扭矩值/N·m	莫氏短圆锥度号	后锥孔大端直径	外形尺寸（外径×总长）
JS4	0.2～4	—	D_1	6.350	21×30
JS6	0.6～6	3.43	D_2	10.094	30×49
JS8	0.8～8	4.9	D_3	12.065	43×69
JS10	1～10	6.86	D_4	12.065	43×69
JS13	1～13	13.7	D_4	15.733	53×86
JS16	3～16	15.7	D_5	17.781	57×93
JS20	5～20	21.6	D_6	21.793	65×108

表 7.18　自紧夹紧式钻夹头　mm

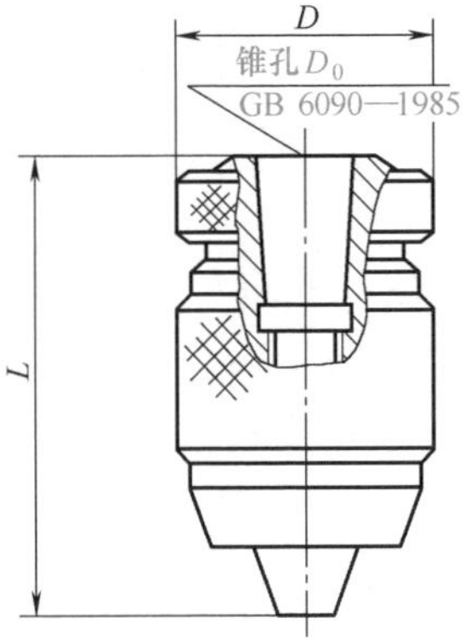

(a) 型式Ⅰ锥孔连接

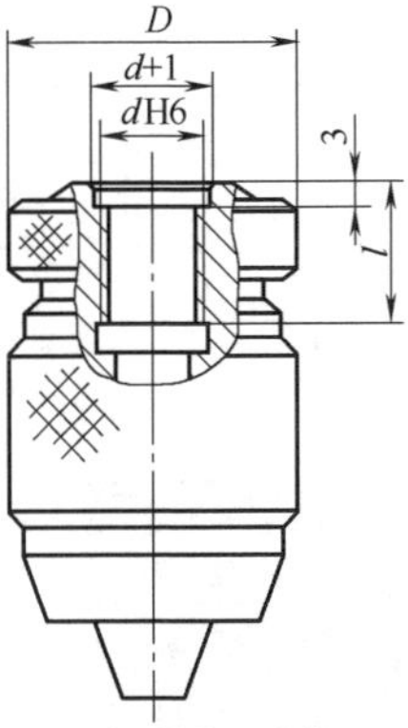

(b) 型式Ⅱ螺纹孔连接

最大夹持直径	型式Ⅰ		型式Ⅱ		D max	L max	夹持范围
	锥孔 D_0		连接螺纹 d	螺纹深度			
	莫氏短锥	贾格短锥					
4	—	0	—	—	28	50	0.3～4
6	B_{10}	1	M10×1	14	35	65	0.5～6
8	B_{12}	2	M10×1	14	40	80	0.5～80
			M12×1.25	16			
10	B_{12}	2	M10×1	14	45	92	1～10
			M12×1.25	16			
13	B_{16}	3	M12×1.25	16	50	1.5	1～13
16	B_{16}	6	M12×1.25	16	56	110	3～16
			M16×1.5	18			

表 7.19 快换钻夹头 mm

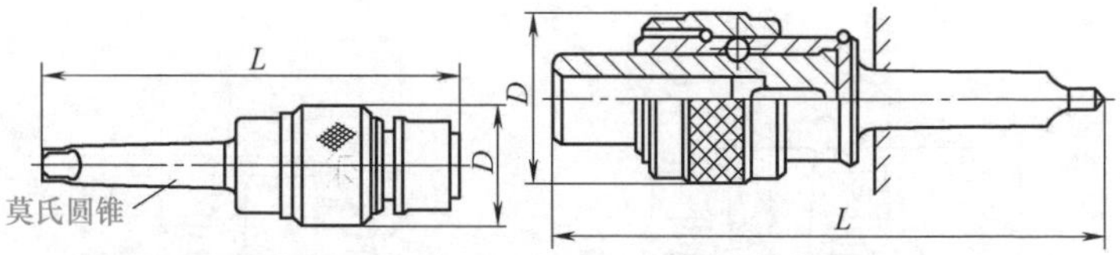

可在不停车的情况下快速更换刀具，适用于成批生产的钻扩铰加工

莫氏圆锥号	2	3	4	5
直径 D	50	60	70	90
长度 L	175	125	249	325
附带套体数	3	3	4	4
切削扭矩/N·m	125.5	267.7	647.2	1255
加工范围	6～23.5	6～23.5	15.6～49.5	23.6～65

表 7.20 丝锥夹头 mm

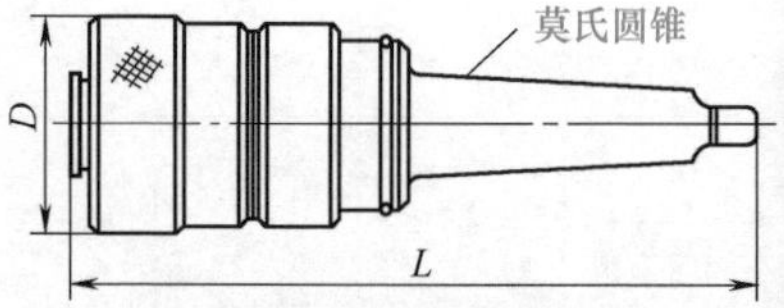

可不停机更换丝锥。每种规格产品带有数个套体，以适应加工不同规格螺纹

莫氏圆锥号	2	3	4	5
D	55	65	75	90
L	185	200	247	320
最大扭矩/N·m	390	935	2850	8800
加工范围	M5～M16	M10～M22	M16～M33	M27～M52

表 7.21　综合式丝锥夹头　　mm

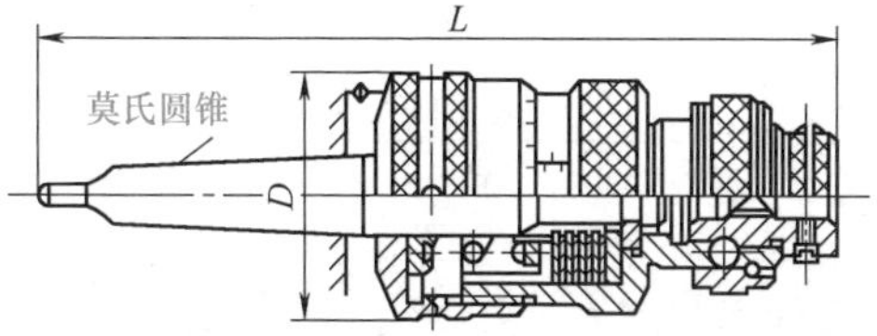

该夹头借助压紧帽调整扭矩；摩擦片可过载保护；更换丝锥方便，每种规格附有数个方孔套，适于加工不同规格的螺纹

莫氏锥度号	D	L	加工范围	最大扭矩/N·m	方孔套数
2	58	195	M5～M16	38.3	7
3	75	242	M8～M22	91.72	8
4	95	300	M16～M33	279.6	8
5	120	365	M27～M52	863.3	9

7.4　工件装夹及钻削用量

（1）工件装夹

单件小批生产，钻孔径较小的小型工件时，可用平口虎钳夹住工件，手扶着工件进行加工。钻孔径较大工件时，钻削的扭矩大，为安装牢固和操作安全起见，需用压板、螺栓固定虎钳。在钻孔之前，可在工件上通过划线确定所需钻孔的中心点，并在此中心点用锥形冲头冲出锥坑（样冲眼），以便钻头容易对准孔的中心。

若工件批量生产，孔的位置精度要求较高，则需用钻模来保证。相同孔径的小孔，可以手扶着工件夹具进行加工；孔径较大时，采用转位钻床夹具；较大箱体工件可采用摇臂钻床。

（2）钻削用量

① 钻削要素　见表 7.22。

② 钻削用量的选择　钻削适合尺寸精度为 IT12～IT13、表面粗糙度为 $Ra12.5\mu m$ 的孔加工，一般采用高速钢和硬质合金刀具材料的钻头，常用的钻削速度 v_c 和进给量 f 如表 7.23、表 7.24 所示。

表 7.22　钻削要素

<table>
<tr><th>简图</th><th colspan="3">名称</th><th>代号</th><th>说明</th></tr>
<tr><td rowspan="7">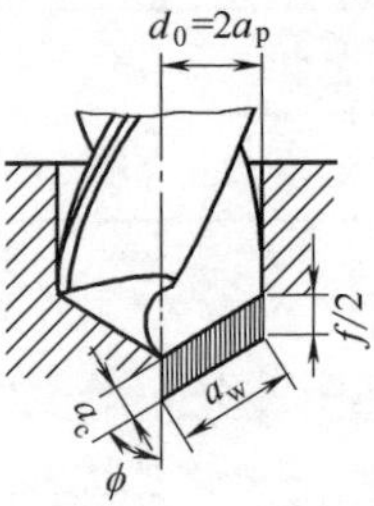</td><td rowspan="4">切削用量要素</td><td colspan="2">切削速度</td><td>v_c</td><td>$v_c=\frac{\pi dn}{1000}$ (r/min)</td></tr>
<tr><td rowspan="2">进给量</td><td>进给量</td><td>f</td><td>钻头每转一周沿进给方向移动的距离(mm/r)</td></tr>
<tr><td>每齿进给量</td><td>a_f</td><td>由于钻头有两个刀齿,故每个刀齿的进给量 a_f 为:$a_f=f/2$ (mm/齿)</td></tr>
<tr><td colspan="2">切削深度</td><td>a_p</td><td>沿钻头半径方向测得的切削尺寸。钻实心孔时,钻削深度 a_p 为钻头直径 d_0 的一半,$a_p=\frac{d_0}{2}$(mm)</td></tr>
<tr><td rowspan="3">切削层要素</td><td colspan="2">切削厚度</td><td>a_c</td><td>沿垂直于主切削刃的基面上投影的方向所测出的切削层厚度:
$a_c=a_f\sin\kappa_n=\frac{f}{2}\sin\kappa_n$(mm)
$a_c=a_f\sin\kappa_r=\frac{f}{2}\sin\kappa_r$(mm)
由于主切削刃各点的 κ_r 不相等,因此各点的切削厚度也不相等,可近似地用平均切削厚度表示:
$a_c=a_f\sin\phi=\frac{f}{2}\sin\phi$</td></tr>
<tr><td colspan="2">切削宽度</td><td>a_w</td><td>沿主切削刃在基面上投影测量的切削层宽度,近似地表示为:$a_w=\frac{a_p}{\sin\kappa_r}=\frac{a_p}{\sin\phi}$</td></tr>
<tr><td colspan="2">切削面积</td><td>A_c</td><td>钻头每个刀齿切下的切削面积为:$A_c=a_ca_w=a_fa_p$(mm^2)</td></tr>
</table>

表 7.23　高速钢刀具的钻削速度 v_c 和进给量 f

加工直径/mm	铸件		钢(铸钢)		铜铝	
	v_c/(m/min)	f/(mm/r)	v_c/(m/min)	f/(mm/r)	v_c/(m/min)	f/(mm/r)
3～6	26～38	0.1～0.2	28～40	0.06～0.1	30～50	0.1～0.2
6～10	24～36	0.15～0.3	26～38	0.1～0.3	28～45	0.15～0.3
10～20	22～34	0.2～0.4	24～36	0.12～0.4	26～42	0.2～0.4

续表

加工直径/mm	铸件		钢(铸钢)		铜铝	
	v_c/(m/min)	f/(mm/r)	v_c/(m/min)	f/(mm/r)	v_c/(m/min)	f/(mm/r)
20～30	20～32	0.25～0.6	22～34	0.15～0.6	24～40	0.25～0.6
30～40	18～30	0.3～0.8	20～32	0.2～0.8	22～38	0.3～0.8
40～50	16～28	0.4～1.0	18～30	0.25～1.0	20～36	0.4～1.0
50～60	14～26	0.5～1.2	16～28	0.3～1.0	18～34	0.5～1.2
>60	12～24	0.6～1.5	14～26	0.3～1.0	16～32	0.6～1.2

表 7.24　硬质合金刀具的钻削速度 v_c 和进给量 f

加工直径/mm	铸铁		铜、铝及其合金	
	v_c/(m/min)	f/(mm/r)	v_c/(m/min)	f/(mm/r)
10～20	50～80	0.2～0.4	60～90	0.2～0.5
20～30	45～75	0.3～0.6	55～85	0.3～0.8
30～40	40～70	0.4～0.8	50～80	0.4～1.0
40～50	35～65	0.5～1.0	45～75	0.5～1.2
>50	30～60	0.6～1.2	40～70	0.6～1.5

7.5　深孔钻削

(1) 深孔的钻削

一般孔的长度超过 5 倍孔径时称为深孔，深孔排屑方法一般有外排屑和内排屑两种（表 7.25）。外排屑切削液从钻中心流入，通过钻杆与孔壁之间的间隙，依靠切削液的一定压力带着切屑一起向外排出；内排屑的切削液以钻杆外圆与工件孔壁间隙流入，通过钻杆中心依靠切削液的一定压力，带着切屑一起向外排出。

① 在采用标准麻花钻或特长麻花钻钻削深孔时，钻到一定深度后应退出工件，借以排除切屑，并冷却刀具，然后继续钻削。这种钻削方法适用于加工直径较小的深孔，但生产率和加工精度都比较低。

② 在深孔机床上实现一次进给的加工方法，需采用各种类型的深孔钻头，并配备相应的钻杆、传动器、导向器、切削液输入器等，一般有内排屑和外排屑两种形式，其生产率、加工直线度及表面粗糙度都优于其他方法。

表 7.25 外排屑深孔钻及内排屑深孔钻

类型	简图	排屑特点
外排屑深孔钻	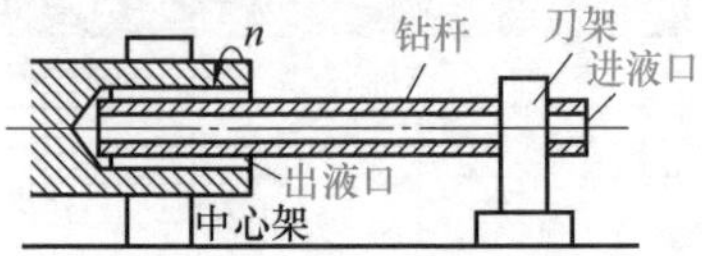	刀具结构简单，容屑空间大，一般适用于小直径深孔钻削及深孔套料钻削
内排屑深孔钻	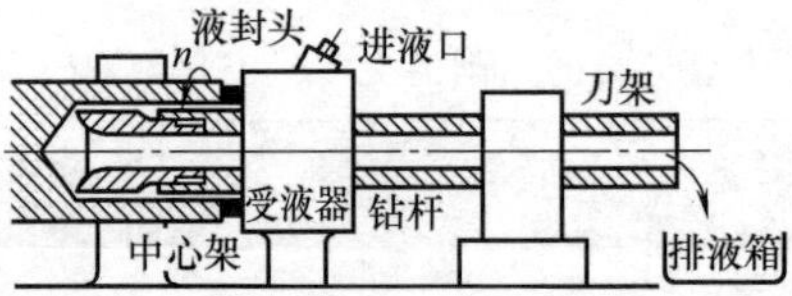	钻杆外径大，刚性好，有利于提高进给量，从而提高生产率，用一定压力的切削液使切屑从钻杆内冲出来。冷却、排屑效果好，但机床必须具有液压装置与变压器，并须附设一套供液系统，内排屑适用于直径16mm以上的深孔钻削加工

（2）深孔钻头的结构

深孔钻的种类和结构见表 7.26。

表 7.26 深孔钻的种类和结构

名称	简图
单刃外排屑深孔钻	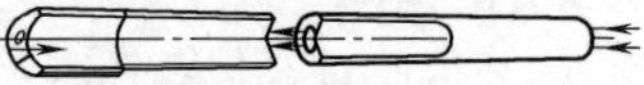
错齿内排屑深孔钻	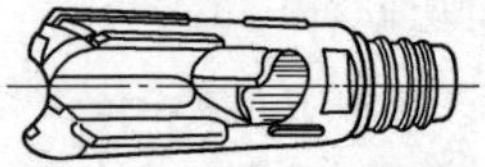
内排屑可转位刀片深孔钻	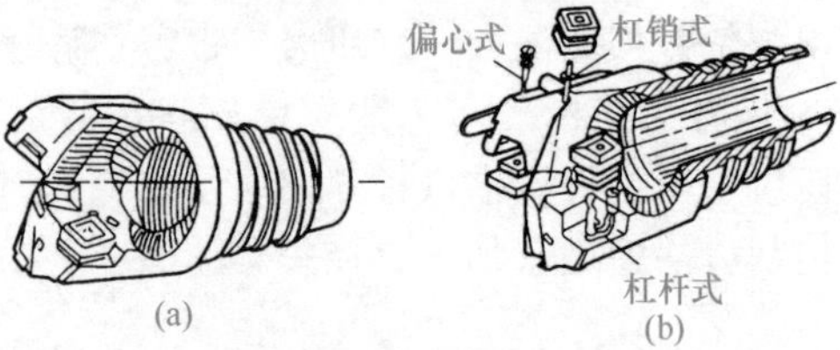
喷吸钻	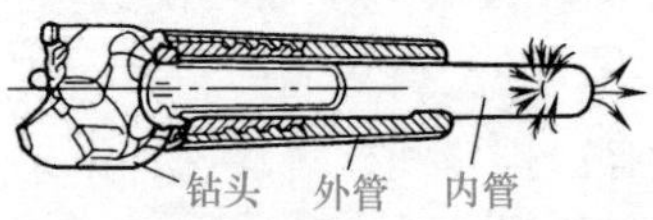

续表

名称	简图
机夹单刃内排屑深孔镗刀	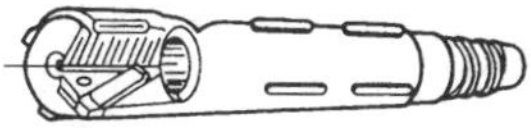
盲孔套料刀	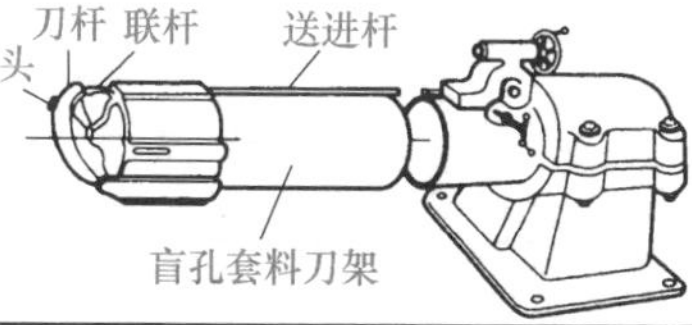

（3）内排屑深孔钻钻孔中常见问题的原因和解决方法（见表 7.27）

表 7.27　内排屑深孔钻钻孔中常见问题的原因和解决方法

问题内容	产生原因	解决办法
孔表面粗糙	①切屑黏结 ②同轴度不好 ③切削速度过低，进给量过大或不均匀 ④刀具几何形状不合适	①降低切削速度；避免崩刃；换用极压性能高的切削液，并改善过滤情况，提高切削液的压力与流量 ②调整机床主轴与钻套的同轴度，采用合适的钻套直径 ③采用合适的切削用量
孔口喇叭形	同轴度不好	改变切削几何角度与导向块的形状，调整机床主轴、钻套和支承套的同轴度，采用合适的钻套直径，及时更换磨损过大的钻套
钻头折断	①断屑不好，切屑排不出 ②进给量过大、过小或不均匀 ③钻头过度磨损 ④切削液不合适	①改变断屑槽的尺寸，避免过长、过浅，及时发现崩刃情况并更换；加大切削液的压力、流量，采用材料组织均匀的工件 ②采用合适的切削用量 ③定期更换钻头，避免磨损 ④采用合适的切削液并改善过滤情况
钻头寿命低	①切削速度过高或过低，进给量过大 ②钻头不合适 ③切削液不合适	①采用合适的切削液及切削用量 ②更换刀具材料，变动导向块的位置与形状 ③换用极压性高的切削液，增大切削液的压力流量；改善切削液过滤情况

续表

问题内容	产生原因	解决办法
①切屑成带状 ②切屑过小 ③切屑过大	①断屑槽几何形状不合适，切削刃几何形状不合适；进给量过小，工件材料组织不均匀 ②断屑槽过短或过深，断屑槽半径过小 ③断屑槽过长或过浅，断屑槽半径过大	①变动断屑槽及切削刃的几何形状，增大进给量，采用材料组织均匀的工件 ②变动断屑槽的几何形状

7.6 扩孔、锪孔与锪端面

(1) 扩孔钻及其特点（见表 7.28）

表 7.28 扩孔钻及其特点

名称	简图	特点
扩孔钻	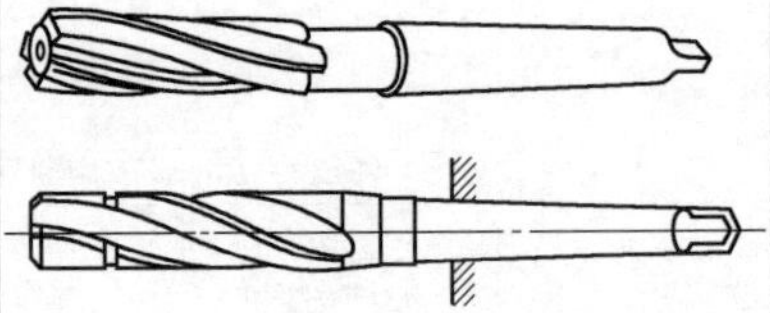	用来扩大孔径，提高孔的加工精度的工具，其外形和麻花钻类似，因其加工余量小，主刀刃短，容屑槽浅，钻心直径大，齿数比麻花钻多，故刚性好，加工后孔的精度可达 IT10～IT11 级，粗糙度为 Ra6.3～3.2μm 直径 ϕ10～32mm 的扩孔钻做成整体，ϕ25～80mm 的做成套装

(2) 扩孔用量选择（见表 7.29）

表 7.29 高速钢和硬质合金扩孔时的进给量

扩孔钻直径 d_0/mm	加工不同材料的进给量 f/(mm/r)		
	钢及铸钢	铸铁、铜合金及铝合金	
		≤200HBS	>200HBS
≤15	0.5～0.6	0.7～0.9	0.5～0.6
>15～20	0.6～0.7	0.9～1.1	0.6～0.7
>20～25	0.7～0.9	1.0～1.2	0.7～0.8
>25～30	0.8～1.0	1.1～1.3	0.8～0.9
>30～35	0.9～1.1	1.2～1.5	0.9～1.0
>35～40	0.9～1.2	1.4～1.7	1.0～1.2
>40～50	1.0～1.3	1.6～2.0	1.2～1.4

续表

扩孔钻直径 d_0/mm	加工不同材料的进给量 f/(mm/r)		
	钢及铸钢	铸铁、铜合金及铝合金	
		≤200HBS	>200HBS
>50～60	1.1～1.3	1.8～2.2	1.3～1.5
>60～80	1.2～1.5	2.0～2.4	1.4～1.7

注：1. 加工强度及硬度较低的材料时，采用较大值；加工强度及硬度较高的材料时，采用较小值。

2. 在加工不通孔时，进给量可取 0.3～0.6mm/r。

3. 表中进给量适用于加工低于 IT12～IT13 的孔。

4. 加工精度要求较高的孔时，表中数据应乘系数 0.7，以便后续加工。

（3）扩孔钻孔中常见问题的原因和解决方法（见表 7.30）

表 7.30　扩孔钻孔中常见问题的原因和解决方法

问题内容	产生原因	解决办法
孔径增大	①扩孔钻切削刃摆差大 ②扩孔钻刃口崩刃 ③扩孔钻刃带上有切屑瘤 ④安装扩孔钻时，锥柄表面油污未擦干净或锥面被碰伤	①刃磨时保证摆差在允许范围内 ②及时发现崩刃情况，更换刀具 ③将刃带上的切屑瘤用油石清除 ④安装扩孔钻前必须将扩孔钻锥柄及机床主轴锥孔内部油污擦干净，锥面有碰伤处用油石修光孔
表面粗糙	①切削用量过大 ②切削液供给不足 ③扩孔钻过度磨损	①适当降低切削用量 ②切削液喷嘴对准加工孔口，加大切削液流量 ③定期更换扩孔钻，刃磨时把磨损部分全部磨去
孔位置精度超差	①导向套配合间隙大 ②主轴与导向套同轴度误差大 ③主轴轴向松动	①位置公差要求较高时，导向套与刀具配合要精密些 ②校正机床与导向套位置 ③调整主轴轴承间隙

（4）锪孔与锪端面及其特点

锪孔与锪端面属于自引导。加工各种沉头孔和锪端面，靠工件原有孔导向，以保证所锪表面与孔的同轴度或垂直度。锪钻可用高速钢或硬质合金做成。

7.7　铰削加工

铰削是用铰刀从工件孔壁上切除微量金属层，以提高其尺寸精度和表面粗糙度的方法。铰削一般用铰刀对孔进行半精加工和精加工。铰孔的尺寸精度一般为IT6～IT8级，表面粗糙度为$Ra1.6$～$0.4\mu m$。

（1）铰刀

铰刀用于孔的精加工，如钻、扩、铰、精铰削，也可以用于磨孔或研孔前的预加工。铰削的加工余量很小，切削刃的切削厚度很薄（0.01～0.03mm），铰刀校准部分的修光刃，对工件起挤压作用，铰削的实质是切削与挤刮共同作用的结果。铰刀的结构及几何参数如表7.31所示。

表7.31 铰刀的结构及几何参数

简图

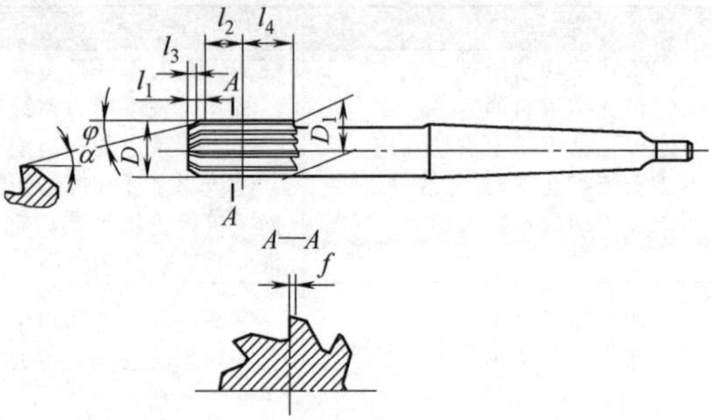

项目	名称		代号	作用
结构	工作部分	引导锥	l_3	便于将铰刀引入孔中
		切削部分	l_1	起主要的切削作用
		圆柱部分		起导向、校准和修光的作用
	颈部			连接工作部分与柄部
	柄部			有直柄和圆锥柄两种
几何参数	齿数		z	直径越大，齿数越多，导向性好，每齿负荷小，铰孔质量高
	齿形与齿槽方向			刃齿通常作直线齿背，折线齿背；齿槽方向可做成直槽和螺旋槽（后者切削平稳），通孔为左旋、不通孔为右旋，β为其螺旋角
	切削锥角		κ_r	κ_r小时，切屑薄，轴向分力小，切入时导向好，但切削变形大，切入和切出的时间长，通常取$\kappa_r=0.5°$～$1°$（机动铰刀可大些）

续表

项目	名称	代号	作用
几何参数	前角和后角	γ_0 α_0	一般取 $\gamma_0=0°$，为减小切削变形可取 $\gamma_0=5°\sim10°$，因 a_c 很小，故后角 α_0 应较大，一般取 $\alpha_0=6°\sim10°$，校准部分必须留有刃带 $b_{01}=0.05\sim0.3$mm，以修光和校准，并便于制造和检验刀齿
	轴向刃倾角	λ_{ax}	直槽铰刀切削刃与轴线间的倾角，常取 $\lambda_{ax}=-15°\sim-20°$，使切屑向前排出，不致擦伤已加工表面
铰刀的极限偏差值			指校准部分的直径与公差，铰刀公称直径应等于被铰孔公称直径 d，而其公差则与被加工孔公差、铰刀制造公差备磨量及铰削后孔径可能产生的扩张量或收缩量有关，其上偏差=2/3 孔公差，下偏差=1/3 孔公差

在生产实际中，铰削除用作机械加工的精加工外，在装配、钳工、维修等工作中也经常用铰刀进行手工操作，有时需要铰刀能够微量调整。常用手用铰刀、机用铰刀和微调铰刀的结构参数如表 7.32～表 7.35 所示。

表 7.32　手用铰刀（GB/T 1131.1—2004）和 1∶50 圆锥销子铰刀（JB/T 20774—2006）　mm

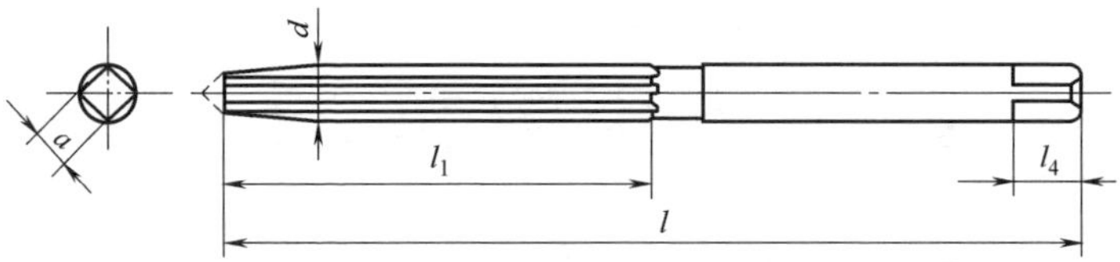

d	l_1	l	a	l_4	d	l_1	l	a	l_4
(1.5)	20	41	1.12	4	4.0	38	76	3.15	6
1.6	21	44	1.25		4.5	41	81	3.55	
1.8	23	47	1.40		5.0	44	87	4.00	7
2.0	25	50	1.60		5.5	47	93	4.50	
2.2	27	54	1.80		6.0				
2.5	29	58	2.00		7.0	54	107	5.60	8
2.8	31	62	2.24	5	8.0	58	115	6.30	9
3.0					9.0	62	124	7.10	10
3.5	35	71	2.80		10.0	66	133	8.00	11

续表

d	l_1	l	a	l_4	d	l_1	l	a	l_4
11.0	71	142	9.00	12	(34)	142	284	28.00	31
12.0	76	152	10.00	13	(35)				
(13.0)					36				
14.0	81	163	11.20	14	(38)	152	305	31.5	34
(15.0)					40				
16.0	87	175	12.50	16	(42)				
(17.0)					(44)	163	326	35.50	38
18.0	93	188	14.00	18	45				
(19.0)					(46)				
20.0	100	201	16.00	20	(48)	174	347	40.00	42
(21.0)					50				
22	107	215	18.00	22	(52)				
(23)					(55)	184	367	45.00	46
(24)	115	231	20.00	24	56				
25					(58)				
(26)					(60)				
(27)	124	247	22.40	26	(62)	194	387	50.00	51
28					63				
(30)					67				
32	133	265	25.00	28	71	203	406	56.00	56

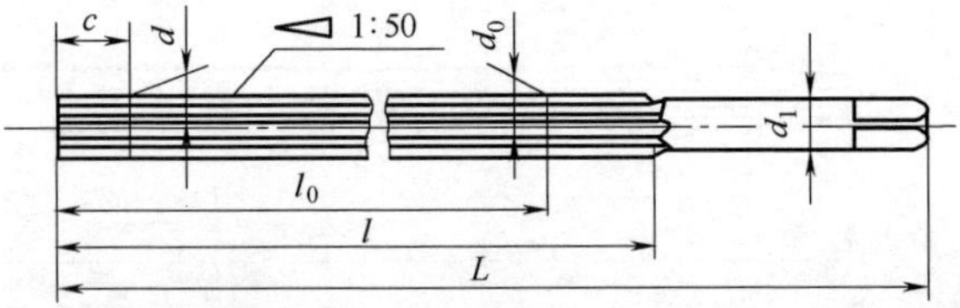

d	d_1	L	l	c	l_0	d_0	d	d_1	L	l	c	l_0	d_0
0.6	3.15	38	20	5	13	0.76	6	8	135	105	5	95	7.8
0.8		42	24		17	1.04	8	10	180	145		135	10.6
1.0		46	28		21	1.32	10	12.5	215	175		165	13.2
1.2		50	32		25	1.60	12	14	255	210	10	190	15.6
1.5		57	37		30	2.0	16	18	280	230		210	20.0
2.0		68	48		40	2.7	20	22.4	310	250		230	24.4
2.5		68	48		40	3.2	25	28	370	300	15	255	29.8
3.0	4	80	58		50	3.9	30	31.5	400	320		275	35.2
4	5	93	68		60	5.1	40	40	430	340		295	45.6
5	6.3	100	73		65	6.2	50	50	460	360		315	56.0

表 7.33　直柄和套式机用铰刀　　mm

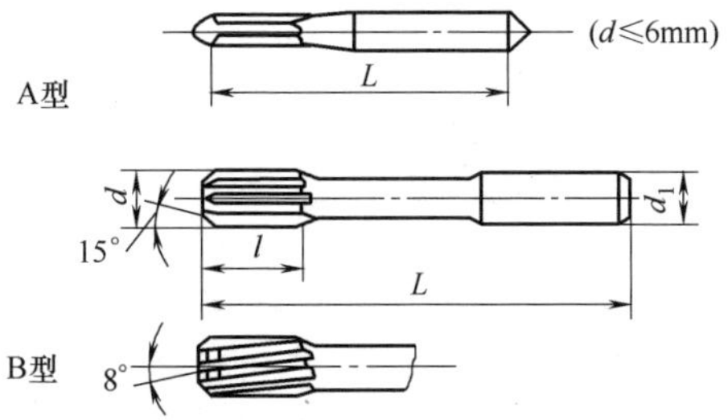

标记示例：d＝10mm，A 型，加工 H8 级精度孔的直柄机用铰刀：
机用铰刀 10AH8　GB/T 1132—2004

d		d_1	L	l	d		d_1	L	l
推荐值	分级范围				推荐值	分级范围			
1	＞1～1.32	2	30	8	6	＞5.3～6	5.6	93	26
1.2	＞1～1.32		35		—	＞6～6.7	6.3	101	28
1.4	＞1.32～1.5		40		7	＞6.7～7.5	7.1	109	31
(1.5)	＞1.32～1.5		40		8	＞7.5～8.5	8	117	33
1.6	＞1.5～1.7	＝d	43	9	9	＞8.5～9.5	9	125	36
1.8	＞1.7～1.9		46	10	10	＞9.5～10	10	133	38
2	＞1.9～2.12		49	11	—	＞10～10.6	10	133	38
2.2	＞2.12～2.36		53	12	11	＞10.6～11.8	10	142	41
2.5	＞2.36～2.65		57	14	12	＞11.8～13.2		151	44
2.8	＞2.65～3		61	15	(13)	＞11.8～13.2		151	44
3	＞2.65～3		61	15	14	＞13.2～14	12.5	160	47
3.2	＞3～3.35		65	16	(15)	＞14～15		162	50
3.5	＞3.35～3.75		70	18	16	＞15～16		170	52
4	＞3.75～4.25		75	19	(17)	＞16～17	14	175	54
4.5	＞4.25～4.75		80	21	18	＞17～18		182	56
5	＞4.75～5.3		86	23	(19)	18～19	16	189	58
5.5	＞5.3～6	5.6	93	26	20	＞19～20		195	60

注：1. 铰刀精度为加工 H7、H8、H9 级孔的三种。
2. d 的"推荐值"为常备规格，需要时可供应"分级范围"内任一直径的铰刀。

续表

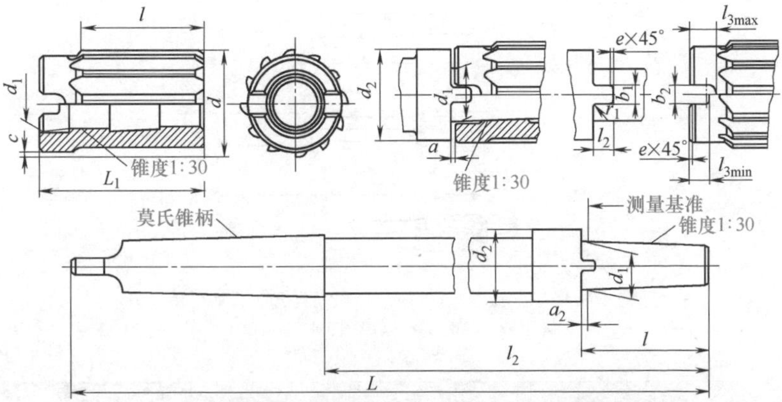

套式机用铰刀和芯轴　GB/T 1135—2004

铰刀直径范围 d		d_1	l h16	L_1	L	莫氏锥柄号	b_1 h12	l_2 h12	b_2 H13	l_3	
大于	至									最小	最大
19.9	23.6	10	40	140	220	2	4	4.6	4.3	5.4	7.0
23.6	30.0	13	45	151	250	3					
30.0	35.5	16	50	162	261		5	5.6	5.4	6.2	8.3
35.5	42.5	19	56	174	298	4	6	6.7	6.4	7.8	10.2
42.5	50.8	22	63	188	312		7	7.7	7.4	8.6	11.3
50.8	60.0	27	71	203	359	5	8	8.8	8.4	9.3	12.5
60.0	71.0	32	80	220	376		10	9.8	10.4	10.5	14.5
71.0	85.0	40	90	240	396		12	11.0	12.4	11.2	16.2
85.0	101.6	50	100	260	416		14	12.0	14.4	13.1	18.7

表 7.34　锥柄机用铰刀　　mm

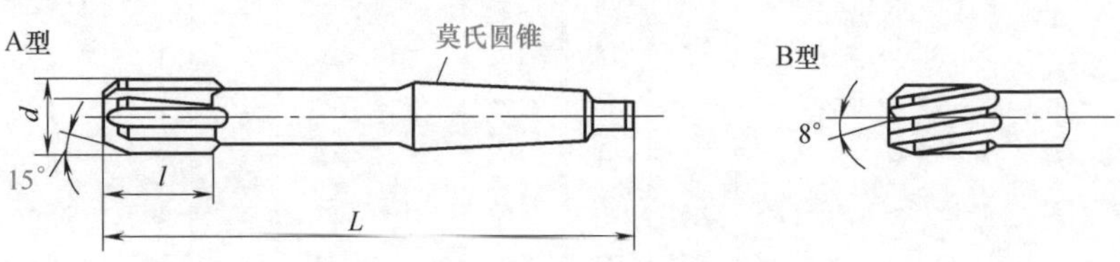

标记示例：$d=20$mm，A 型，加工 H7 级精度孔的锥柄机用铰刀：

机用铰刀　20AH7　GB/T 1132—2004

续表

d 推荐值	d 分级范围	L	l	莫氏圆锥	d 推荐值	d 分级范围	L	l	莫氏圆锥
5.5	>5.3～6	138	26	1	(24)	>23.02～24.6	264	66	3
6	>5.3～6	138	26		25	>24.6～25	268	68	
—	>6～6.7	144	28		(26)	>25～26.5	273	70	
7	>6.7～7.5	150	31		(27)	>26.5～28	277	71	
8	>7.5～8.5	156	33		28	>26.5～28	277	71	
9	>8.5～9.5	162	36		(30)	>28～30	281	73	
10	>9.5～10	168	38		—	>30～31.5	285	75	
—	>10～10.6	168	38		—	>31.5～31.75	290	77	
11	>10.6～11.8	175	41		32	>31.75～33.5	317	77	4
12	>11.8～13.2	182	44		(34)	>33.5～35.5	321	78	
(13)	>11.8～13.2	182	44		(35)	>33.5～35.5	321	78	
14	>13.2～14	189	47		36	>35.5～37.5	325	79	
(15)	>14～15	204	50	2	(38)	>37.5～40	329	81	
16	>15～16	210	52		40	>40～42.5	333	82	
(17)	>16～17	214	54		(42)	>40～42.5	333	82	
18	>17～18	219	56		(44)	>42.5～45	336	83	
(19)	>18～19	223	58		45	>42.5～45	336	83	
20	>19～20	228	60		(46)	>45～47.5	340	84	
(21)	>20～21.2	232	62		(48)	>47.5～50	344	86	
22	>21.2～22.4	237	64		50	>47.5～50	344	86	
(23)	>22.4～23.02	241	66						

表 7.35　硬质合金可调节浮动铰刀（JB/T 7426—2006） mm

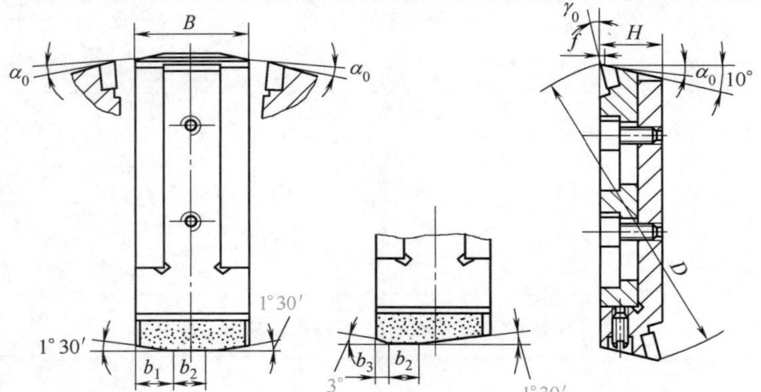

A、AC型　　B、BC型

注：图中角度值仅供参考。

A 型用于加工通孔铸铁件；B 型用于加工盲孔铸铁件；AC 型用于加工通孔钢件；BC 型用于加工盲孔钢件。

铰刀代号	调节范围	D		B		H		参考							
		基本尺寸	极限偏差	基本尺寸	极限偏差	基本尺寸	极限偏差	b_1	b_2	b_3	硬质合金刀片尺寸（长×宽×厚）	γ_0 A、B型	γ_0 AC、BC型	α_0	f
30～33-20×8	30～33	30	0 −0.52	20	−0.007 −0.028	8	−0.005 −0.020	7	6	1.5	18×3×2	0°	12°	0°～4°	0.10～0.15
33～36-20×8	33～36	33	0 −0.62												
36～40-25×12	36～40	36		25		12	−0.006 −0.024	9.5			23×5×3		15°		

续表

铰刀代号	调节范围	D 基本尺寸	D 极限偏差	B 基本尺寸	B 极限偏差	H 基本尺寸	H 极限偏差	参考 b_1	参考 b_2	参考 b_3	参考 硬质合金刀片尺寸(长×宽×厚)	参考 γ_0 A、B型	参考 γ_0 AC、BC型	参考 α_0	参考 f
40～45-25×12	40～45	40	0 −0.62	25	−0.007 −0.028	12	−0.006 −0.024	9.5	6	1.5	23×5×3	0°	15°	0°～4°	0.10～0.15
45～50-25×12	45～50	45											12°		
50～55-25×12	50～55	50													
55～60-25×12	55～60	55	0 −0.74										10°		
(60～65-25×12)	60～65	60													
(65～70-25×12)	65～70	65													
(70～80-25×12)	70～80	70													
(50～55-30×16)	50～55	50	0 −0.62	30		16		11	8	1.8	28×8×4		15°		
(55～60-30×16)	55～60	55	0 −0.74												
60～65-30×16	60～65	60											12°		
65～70-30×16	65～70	65													

续表

铰刀代号	调节范围	D		B		H		参考							
		基本尺寸	极限偏差	基本尺寸	极限偏差	基本尺寸	极限偏差	b_1	b_2	b_3	硬质合金刀片尺寸(长×宽×厚)	γ_0 A、B型	γ_0 AC、BC型	α_0	f
70～80-30×16	70～80	70	0 −0.74	30	−0.007 −0.028	16	−0.006 −0.024	11	8	1.8	28×8×4	0°	12°	0°～4°	0.10～0.15
80～90-30×16	80～90	80													
90～100-30×16	90～100	90	0 −0.87												
100～110-30×16	100～110	100											6°		
110～120-30×16	110～120	110													
120～135-30×16	120～135	120													
135～150-30×16	135～150	135	0 −1.00												
(80～90-35×20)	80～90	80	0 −0.74	35	−0.009 −0.034	20	−0.007 −0.028	13	9	2	33×10×5		12°		
(90～100-35×20)	90～100	90	0 −0.87										10°		
(100～110-35×20)	100～110	100													
(110～120-35×20)	110～120	110													

续表

铰刀代号	调节范围	D 基本尺寸	D 极限偏差	B 基本尺寸	B 极限偏差	H 基本尺寸	H 极限偏差	参考 b_1	b_2	b_3	硬质合金刀片尺寸(长×宽×厚)	γ_0 A、B型	γ_0 AC、BC型	α_0	f
(120～135-35×20)	120～135	120	0 −0.87	35	−0.009 −0.034	20	−0.007 −0.028	13	9	2	33×10×5	0°	6°	0°～4°	0.10～0.15
(135～150-35×20)	135～150	135	0 −1.00												
150～170-35×20	150～170	150													
170～190-35×20	170～190	170													
(190～210-35×20)	190～210	190	0 −1.15												
(210～230-35×20)	210～230	210													
(150～170-40×25)	150～170	150	0 −1.00	40		25		15	10		38×14×5				
(170～190-40×25)	170～190	170													
190～210-40×25	190～210	190	0 −1.15										4°		
210～230-40×25	210～230	210													

注：带括号铰刀规格尽量不采用。

（2）铰削用量的选择

铰削用量的选择见表 7.36。

表 7.36 机铰刀铰孔时的进给量 mm/r

铰刀直径/mm	高速钢铰刀				硬质合金钢铰刀			
	钢		铸铁		钢		铸铁	
	σ_b= 0.883GPa	σ_b> 0.883GPa	≤170 HBS 铸铁、铜及铝合金	>170 HBS	未淬火钢	淬火钢	≤170HBS	>170HBS
≤5	0.2～0.5	0.15～0.35	0.6～1.2	0.4～0.8				
>5～10	0.4～0.9	0.35～0.7	1.0～2.0	0.65～1.3	0.35～0.5	0.25～0.35	0.9～1.4	0.7～1.1
>10～20	0.65～1.4	0.55～1.2	1.5～3.0	1.0～2.0	0.4～0.6	0.30～0.40	1.0～1.5	0.8～1.2
>20～30	0.8～1.8	0.65～1.8	2.0～4.0	1.3～2.6	0.5～0.7	0.35～0.45	1.2～1.8	0.9～1.4
>30～40	0.95～2.1	0.8～1.8	2.5～5.0	1.6～3.2	0.6～0.8	0.40～0.50	1.3～2.0	1.0～1.5
>40～60	1.3～2.8	1.2～2.3	3.2～6.4	2.1～4.2	0.7～0.9		1.6～2.4	1.25～1.8
>60～80	1.5～3.2	1.2～2.6	3.75～7.5	2.6～5.0	0.9～1.2		2.0～3.0	1.5～2.0

注：1. 表面进给量用于加工通孔，加工不通孔时进给量应取为 0.2～0.5mm/r。

2. 大进给量用于在钻孔或扩孔之后、精铰孔之前的粗铰孔。

3. 中等进给量用于粗铰之后精铰 IT7 级精度的孔以及精镗之后精铰 IT7 级精度的孔；对硬质合金的铰刀，中等进给量用于精铰 IT8～IT9 级精度的孔。

4. 最小进给量用于抛光或珩磨之前的精铰孔以及用一把铰刀精铰 IT8～IT9 级精度的孔；对硬质合金的铰刀，最小进给量用于精铰 IT7 精度的孔。

(3)铰孔中常见问题、原因和解决方法(见表 7.37)

表 7.37 多刃铰刀铰孔中常见问题、原因和解决方法

问题内容	产生原因	解决方法
孔径扩大	①铰刀外径尺寸设计值偏大或铰刀刃口有毛刺 ②切削速度过高,切削液不足,铰刀发热 ③进给量不当或加工余量太大 ④切削液选择不当 ⑤铰刀弯曲 ⑥铰刀刃口上黏附着切屑瘤 ⑦刃磨时铰刀刃口摆差过大 ⑧铰刀主偏角过大 ⑨安装铰刀时,锥柄表面油污未擦干净或锥面有被碰伤 ⑩锥柄的扁尾偏位,装入机床主轴后影响锥柄与主轴的同轴度 ⑪主轴弯曲或主轴轴承间隙过大或损坏 ⑫铰刀浮动不灵活,与工件不同轴 ⑬手铰孔时两手用力不均匀,使铰刀摆动	①根据具体情况适当减小铰刀外径,将铰刀刃口毛刺修光 ②降低切削速度,加大切削液流量 ③适当调整进给量或减少加工余量 ④选择冷却性能较好的切削液 ⑤校直或报废弯曲铰刀 ⑥用油石仔细修整 ⑦控制摆差在允许范围内 ⑧适当减小主偏角 ⑨安装铰刀前必须将铰刀锥柄及机床主轴锥孔内部油污擦干净,锥面有被碰伤处用油石修光 ⑩修磨铰刀扁尾 ⑪调整或更换主轴轴承 ⑫重新调整浮动卡头、并调整同轴度 ⑬用力均匀
孔径小	①铰刀外径尺寸设计值偏小 ②切削液选择不合适 ③铰刀已磨损,刃磨时磨损部分未磨出 ④铰薄壁钢件时,铰孔后孔内弹性恢复使孔径缩小 ⑤铰钢料时,余量太大或铰刀不锋利,已加工表面产生弹性回复,使孔径缩小	①更改铰刀外径尺寸 ②选择润滑性能好的油性切削液 ③定期更换铰刀,正确刃磨铰刀切削部分 ④设计铰刀尺寸时应考虑此因素,或根据实际情况取值 ⑤做试验性切削,取合适余量,将铰刀磨锋利
内孔不圆	①铰刀过长,刚性不足,铰削时产生振动 ②铰孔前扩孔不圆,使铰孔余量不均匀,铰刀晃动 ③使铰刀产生抖动	①刚性不足的铰刀可采用不等分齿距的铰刀;铰刀的安装应采用刚性连接 ②保证铰孔前孔的圆度 ③采用等齿距铰刀铰精密的孔时,对机床主轴间隙与导向套的配合度要求较高

续表

问题内容	产生原因	解决方法
孔表面粗糙度值大	①切削速度过快 ②切削液选择不适当 ③铰孔余量过大 ④铰孔余量不均匀或太小,局部表面未铰到 ⑤铰刀刃口不锋利,刀面粗糙 ⑥铰刀刃带过宽 ⑦铰刀过度磨损 ⑧铰孔的排屑不良 ⑨铰刀碰伤,刃口留有毛刺或崩刃 ⑩刃口有积屑瘤	①降低切削速度 ②根据加工材料选择切削液 ③适当减小铰孔余量 ④提高铰孔前底孔位置精度与质量,或增加铰孔余量 ⑤选用合格铰刀 ⑥修磨刃带宽度 ⑦根据具体情况减少铰刀齿数,加大容屑空间,或采用带刃倾角铰刀,使排屑顺利 ⑧定期更换铰刀;刃磨时把磨损区全部磨去 ⑨铰刀在刃磨、使用及运输过程中应采取保护措施,避免被碰伤;对已碰伤的铰刀,应用特细的油石将被碰伤处修好或更换铰刀 ⑩用油石修整到合格
铰刀寿命低	①铰刀材料不合适 ②铰刀在刃磨时烧伤 ③切削液选择不合适,切削液未能顺利地流到切削处 ④铰刀刃磨后表面粗糙度值大	①根据加工材料选择铰刀材料,可采用硬质合金铰刀或涂层铰刀 ②严格控制刃磨切削用量,避免烧伤 ③根据加工材料正确选择切削液;经常清除切屑槽内的切屑,用足够压力的切削液 ④通过精磨或研磨达到要求
孔位置精度超差	①导向套磨损 ②导向套底端距工件太远,导向套长度短,精度差 ③主轴轴承松动	①定期更换导向套 ②加长导向套,提高导向套与铰刀间的配合精度 ③及时维修机床,调整主轴轴承间隙
铰刀刃齿崩刃	①铰孔余量大 ②工件材料硬度过高 ③切削刃摆差过大,切削负荷不均匀 ④铰刀主偏角太小,使切削宽度增大 ⑤铰深孔或盲孔时,切屑严重堵塞,不及时消除	①修改预加工的孔径尺寸 ②降低材料硬度,或改用负前角铰刀或硬质合金铰刀 ③控制摆差在合格范围内 ④加大主偏角 ⑤注意及时清除切屑或采用带刃倾角铰刀

续表

问题内容	产生原因	解决方法
铰刀柄部折断	①铰孔余量过大 ②铰锥孔时，粗、精铰削余量分配不当，切削用量选择不合适 ③铰刀刀齿容屑空间小，切屑堵塞	①减小余量 ②修改余量分配，合理选择切削用量 ③减小铰刀齿数，加大容屑空间，或将刀齿间隙磨去一齿
铰孔后孔的轴线不直	①铰孔前的钻孔不直，特别是孔径较小时，由于铰刀刚性较差，不能纠正原有的弯曲度 ②铰刀主偏角过大，导向不良，使铰刀在铰削中偏离方向 ③切削部分倒锥过大 ④铰刀在断续孔中部间隙处位移 ⑤手铰孔时，在一个方向上用力过大，迫使铰刀向一边偏斜，破坏了铰孔的垂直度	①增加扩孔或镗孔工序，校正孔 ②减小主偏角 ③调换合适的铰刀 ④调换有导向部分或切削部分加长的铰刀 ⑤注意正确操作

第8章 镗削加工

镗削是镗刀旋转作主运动，工件或镗刀作进给运动的切削加工方法。镗削的主要加工设备是镗床，其特点是工件安装在机床工作台或其它装置上固定不动，主运动是刀具随镗床主轴的旋转运动，进给运动是主轴或工作台的移动，镗削适合加工大型、复杂的箱体类零件上的孔。

8.1 镗床

镗床的主要类型有：卧式镗床、立式镗床、坐标镗床、落地镗铣床等。镗床的工艺范围很广，可以镗削单孔和孔系，锪、铣平面，镗止口及镗车端面，还可以切槽、车螺纹、镗锥孔及球面等，可以保证孔径（H7～H6）、孔距（0.015mm 左右）的精度和表面粗糙度（Ra1.6～0.8μm）。

（1）卧式镗床

卧式镗床是一种主轴水平布置并可轴向进给，主轴箱沿前立柱导轨垂直移动，工作台可绕立轴旋转或纵、横向移动并能进行铣削的机床。其组成如图 8.1 所示。

卧式镗床的工艺范围广泛，除镗孔以外，还可以进行镗端面、镗凸缘的外圆、镗螺纹和铣平面等工作，如表 8.1 所示。

（2）坐标镗床

坐标镗床主要用于孔本身精度及位置精度要求都很高的孔系加工，如钻模、镗模和量具等零件上的精密孔加工。这种机床的主要零部件的制造和装配精度都很高，并具有良好的刚性和抗振性。依

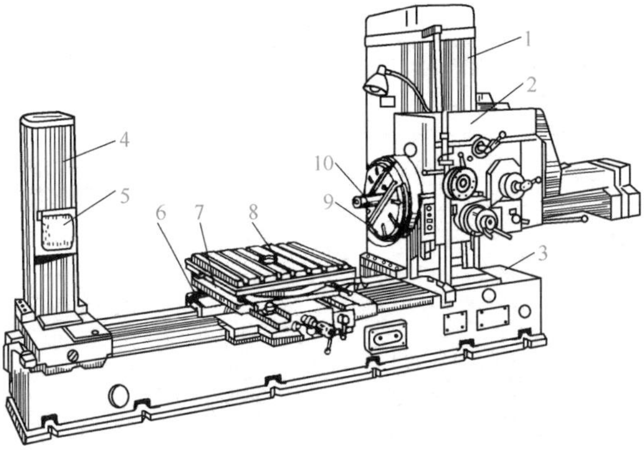

图 8.1　卧式镗床

1—前立柱；2—主轴箱；3—床身；4—后立柱；5—支承座；6—下滑座；7—上滑座；8—工作台；9—平旋盘；10—主轴

表 8.1　卧式镗床的加工范围

简图	说明
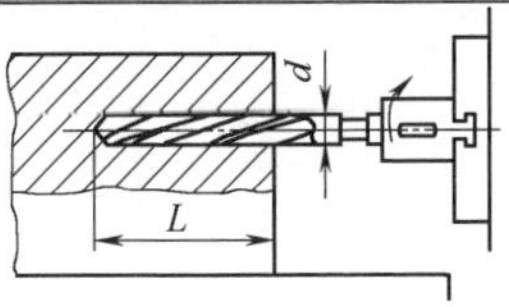	麻花钻钻孔。初步定位，用于孔径 $d<80$mm 及 $L/d<10$
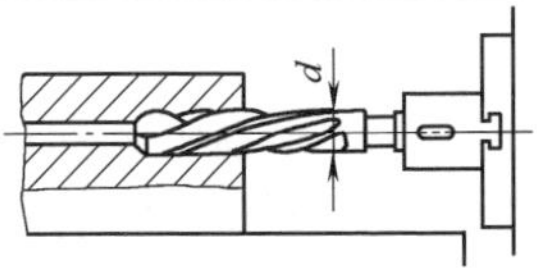	整体或套式扩孔钻扩孔。保证孔的直线性，用于孔径 $d<80$mm
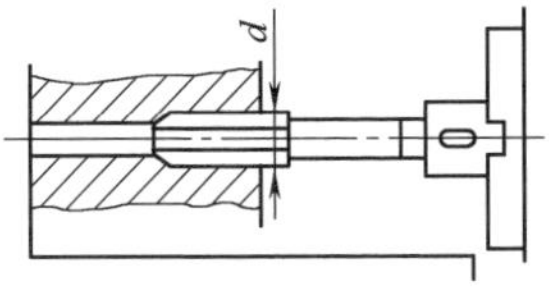	整体或套式铰刀铰孔。保证孔径尺寸精度和表面粗糙度，用于孔径 $d<80$mm
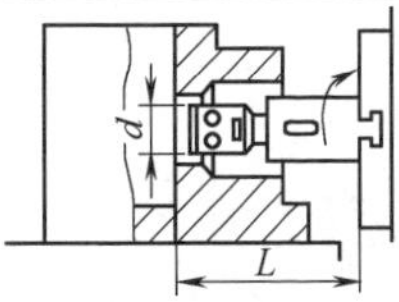	单面镗孔（不用支承）。主轴刚性好，吃刀量大，用于 $L<5d$

续表

简图	说明
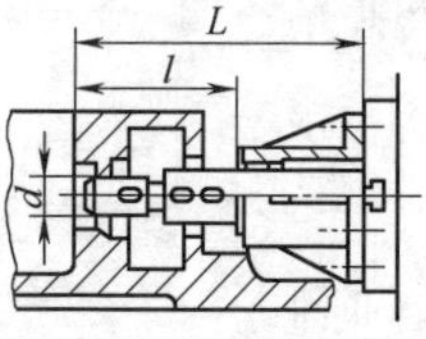	单面镗孔（在花盘上安置支承）。用于 $l<5d\sim6d$ 及 $L>5d\sim6d$ 的孔
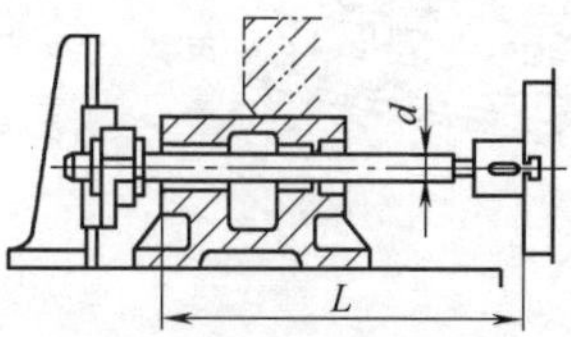	利用后支承架支承镗杆镗孔。用于 $L>5d\sim6d$
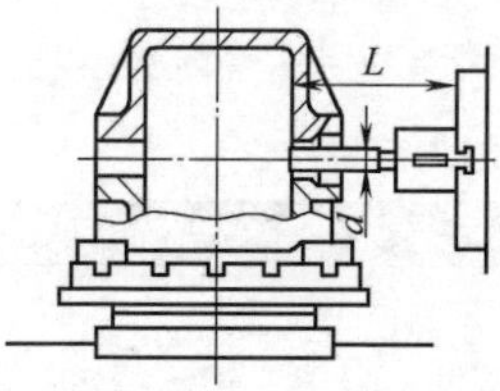	调头镗孔。加工前后孔系只要一次装夹，用于 $L>5d\sim6d$，并需配置回转工作台
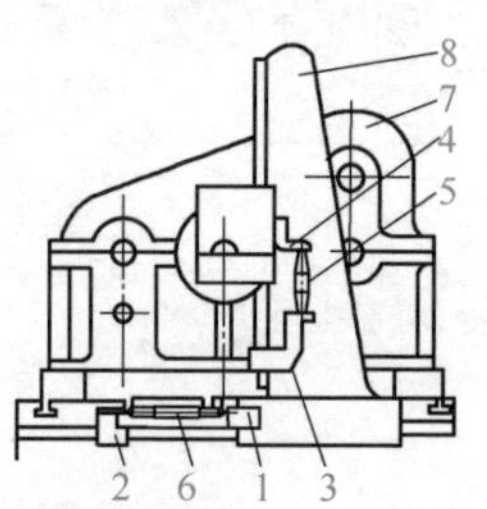 1，4—活动定位块；2，3—固定定位块；5，6—内径规；7—工件；8—镗床立柱	用坐标法镗孔（孔距用内径规测量），用于多孔系加工，如主轴箱体等工件
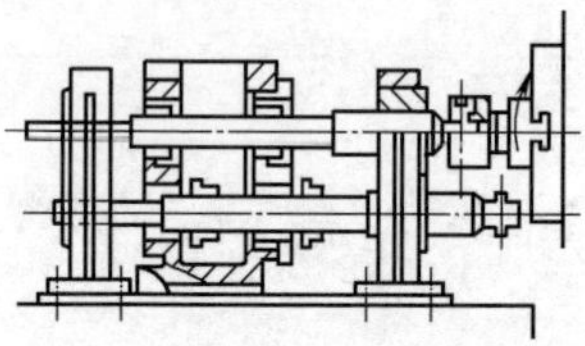	用镗模镗孔。保证各孔之间、孔与基面的形位要求，用于同轴度较高的主轴箱

续表

简图	说明
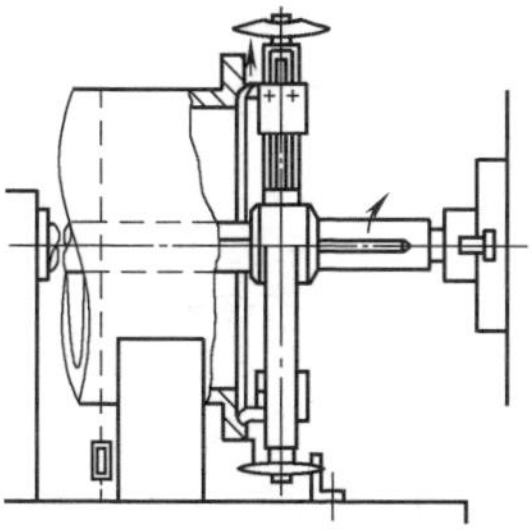	用飞刀架镗端面。保证大孔径工件的端面与孔的垂直度和两端面的平行度
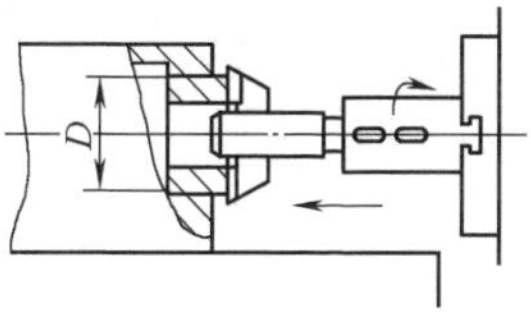	锪端面。保证端面与孔垂直度，用于加工余量和直径不大的工件
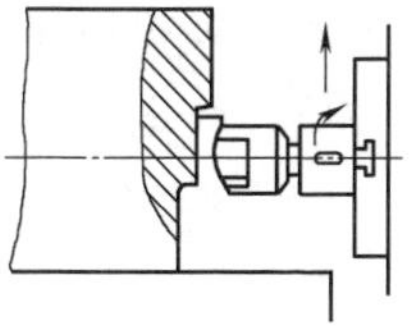	镗端面。用于加工余量较大的工件
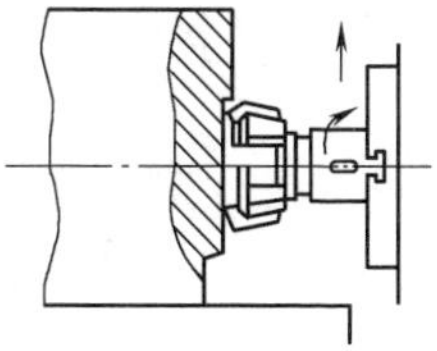	铣端面。吃刀量较大，用于端面余量很大的工件
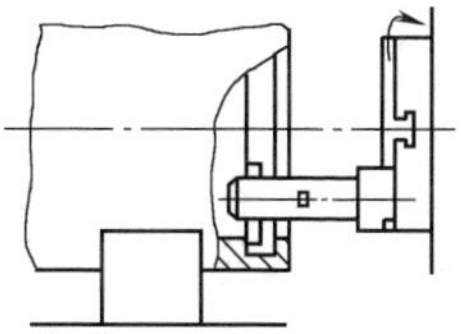	用径向刀架车槽。保证槽与孔的同轴度，用于备有径向刀架的镗床

续表

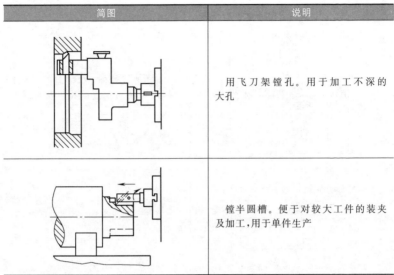

简图	说明
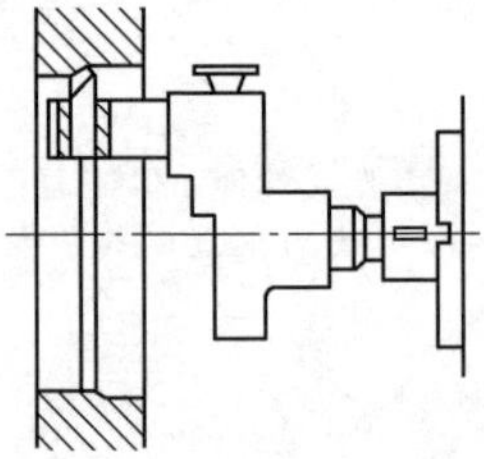	用飞刀架镗孔。用于加工不深的大孔
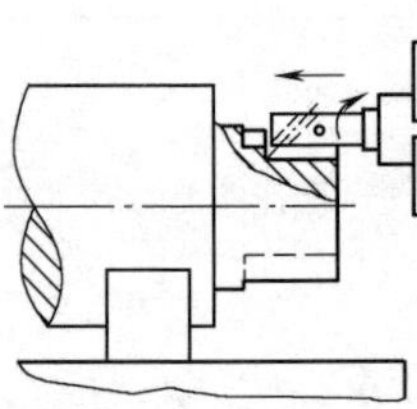	镗半圆槽。便于对较大工件的装夹及加工，用于单件生产

靠坐标测量装置，能精密地确定工作台、主轴箱等移动部件的位移量，实现工件和刀具的精确定位。例如，工作台面宽 200～300mm 的坐标镗床，定位精度可达到 0.002mm。坐标镗床的工艺范围很广，除镗孔、钻孔、扩孔、铰孔以及精铣平面沟槽外，还可进行精密刻线和划线以及进行孔距和直线尺寸的精密测量工作。坐标镗床主要用于工具车间单件生产和生产车间加工孔距要求较高的零件，如飞机、汽车和机床上箱体的轴承孔。

坐标镗床按其布局形式分为单柱、双柱和卧式等类型。立式单柱坐标镗床如图 8.2 所示。工件固定在工作台 3 上，带有主轴部件的主轴箱 5 装在立柱 4 的垂直导轨上，可上下调整位置，以适应加工不同高度的工件。主轴由精密轴承支承在主轴套筒中，由主传动机构带动其旋转，完成主运动。当进行镗孔、钻孔、铰孔等工序时，主轴由主轴套筒带动，在垂直方向作机动或手动进给运动。镗孔坐标位置由工作台沿床鞍 2 导轨的纵向移动和床鞍 2 沿床身 1 导轨的横向移动来确定。当进行铣削时，则由工作台在纵向或横向移动完成进给运动。

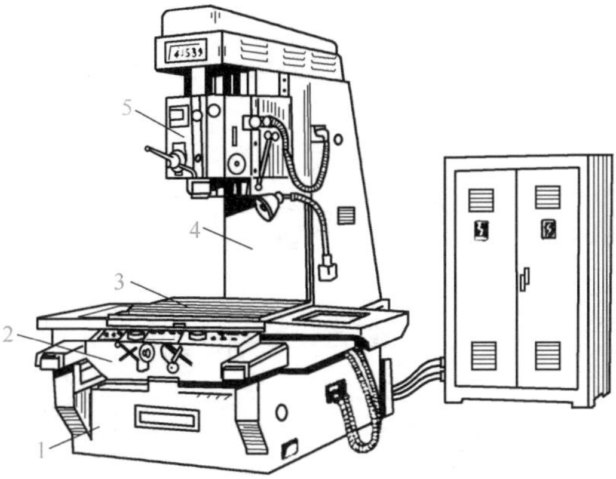

图 8.2　立式单柱坐标镗床外形

1—床身；2—床鞍；3—工作台；4—立柱；5—主轴箱

8.2　镗刀、镗杆和镗套

(1) 镗刀

① 单刃镗刀与镗杆的装夹方式见表 8.2。

表 8.2　单刃镗刀装夹在镗杆上的方式

简图	说明
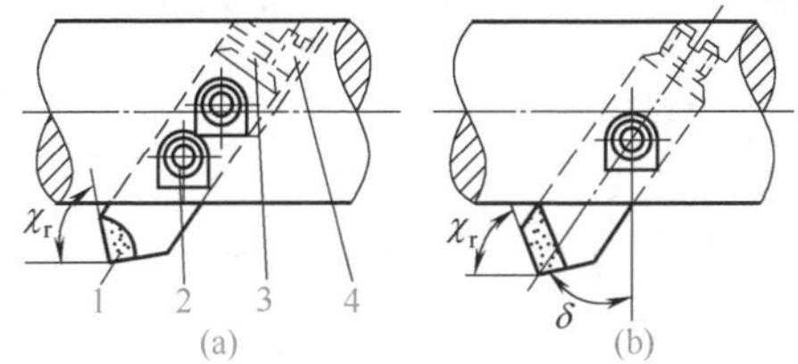 1—镶刀头；2—固定螺钉；3—镶块；4—调节螺钉	镗刀插在镗杆的槽内，通过螺钉 4 调节、螺钉 2 固定。调节比较方便，精度较高，适用于精镗
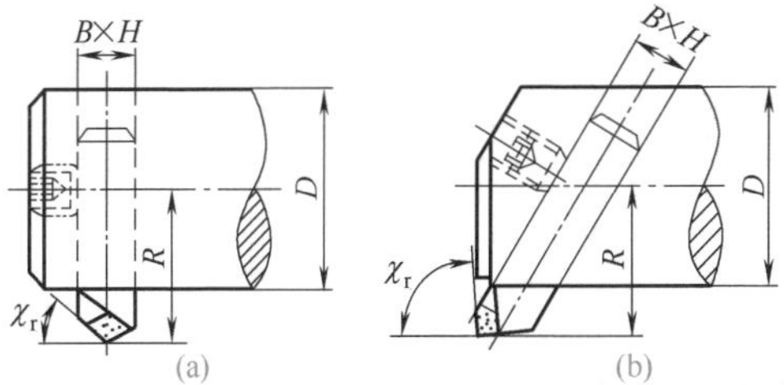	镗刀插在镗杆的槽内，通过螺钉调节和固定。结构比较简单，调节精度较低，适用于粗镗与半精镗

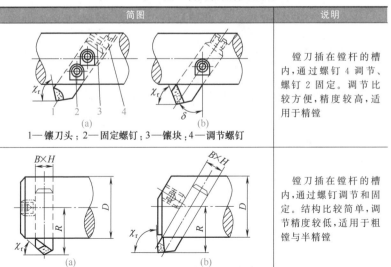

续表

简图	说明
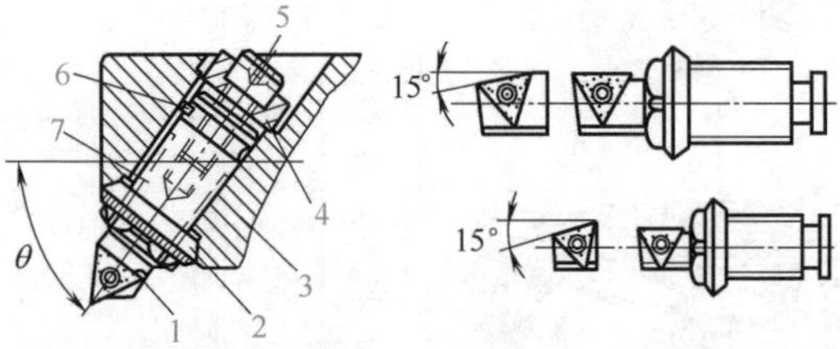 1—刀片；2—调节刻度螺母；3—刀杆；4—拉紧垫圈； 5—内六角螺钉；6—导向螺钉；7—刀体	微调镗刀与镗杆螺纹连接，通过调节带刻度的螺母2调节镗刀尺寸，通过螺钉5固定镗刀。结构简单，精度较高（一般可达H6），使用范围较广（因为刀体大小规格齐全），微调器每小格镗刀径向移动0.01mm。适用于半精镗、精镗通孔和盲孔 微调镗刀在镗杆上的安装角度通常采用直角型和倾斜型，倾斜角度$\theta=53°8'$
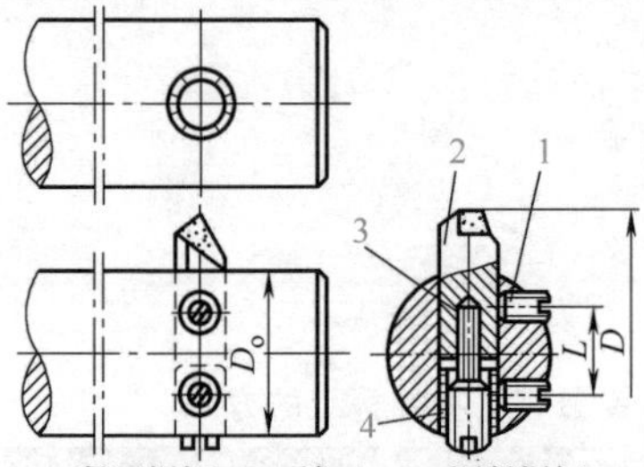 1—紧固螺钉；2—镗刀；3—调紧螺钉； 4—定位块	差动调节镗刀与镗杆槽为过渡配合，通过螺钉3上不同螺距的螺纹与镗刀和定位块实现差动调节，通过螺钉1将镗刀和定位块固定在刀杆上。这种结构比较简单，孔径调节范围小，适用于精镗及半精镗。差动调节器每小格镗刀径向移动0.005mm
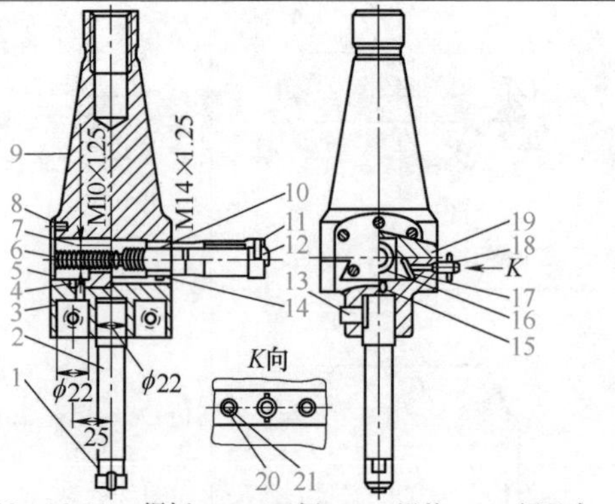 1，8，13～16，21—螺钉；2—刀柄；3—滑体；4—螺母座； 5—盖板；6—差动螺杆；7，20—螺母；9—滑座； 10—螺母套筒；11—套筒；12—销子；17—塞铁； 18—调节螺钉；19—顶柱	精度高，镗排有足够刚性和强度，使用方便，镗孔直径为10～120mm，微调行程为5mm。差动微调器为每小格镗刀径向移动0.05mm 适用于半精镗及精镗

续表

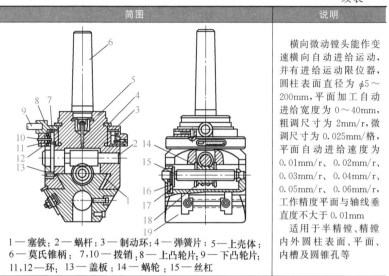

简图	说明
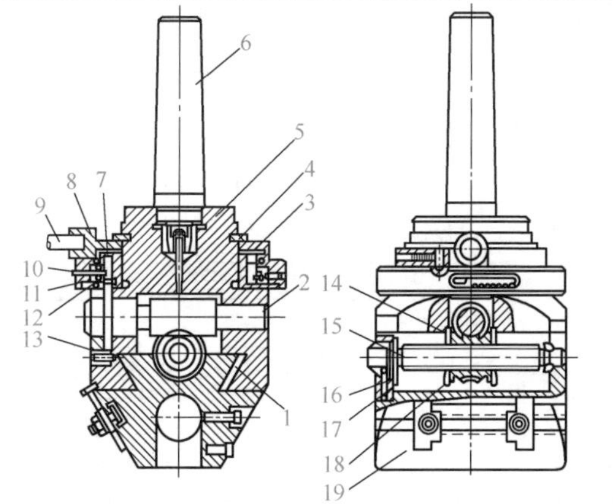 1—塞铁；2—蜗杆；3—制动环；4—弹簧片；5—上壳体；6—莫氏锥柄；7,10—拨销；8—上凸轮片；9—下凸轮片；11,12—环；13—盖板；14—蜗轮；15—丝杠	横向微动镗头能作变速横向自动进给运动，并有进给运动限位器，圆柱表面直径为 ϕ5～200mm，平面加工自动进给宽度为 0～40mm，粗调尺寸为 2mm/r，微调尺寸为 0.025mm/格，平面自动进给速度为 0.01mm/r、0.02mm/r、0.03mm/r、0.04mm/r、0.05mm/r、0.06mm/r，工作精度平面与轴线垂直度不大于 0.01mm 适用于半精镗、精镗内外圆柱表面、平面、内槽及圆锥孔等

② 单刃镗刀的规格见表 8.3～表 8.5。

表 8.3　单刃镗刀刀杆尺寸　　mm

简图	参数		
	$B\times H$	L	f
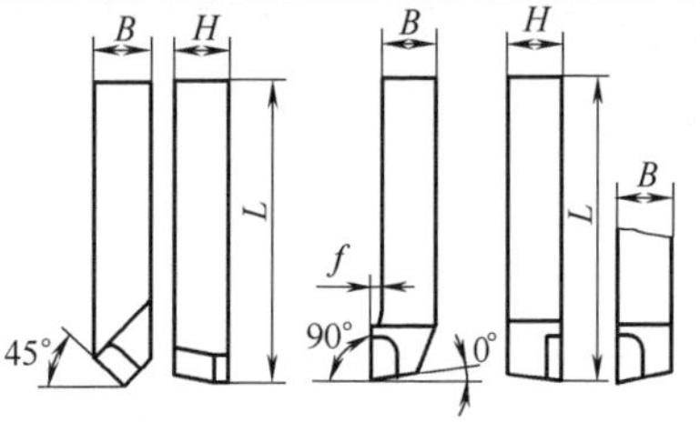	8×8	25～40	2
	10×10	30～50	
	12×12	50～70	
	16×16	70～90	4
	20×20	80～100	

表 8.4　机夹单刃镗刀的系列尺寸　　mm

简图
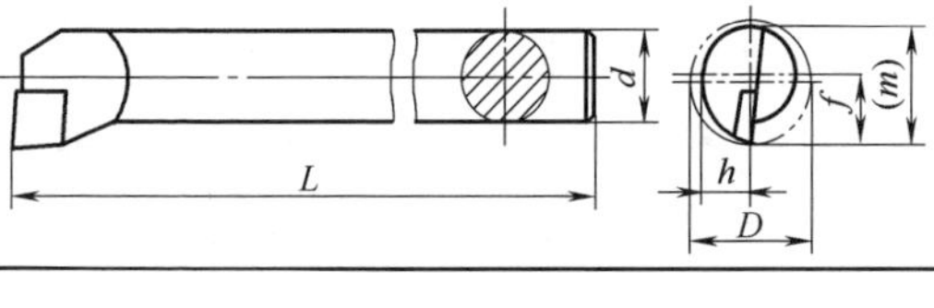

续表

参数											
杆部直径 d(g7)		8	10	12	16	20	25	32	40	50	60
总长 L	优选系列	80	100	125	150	180	200	250	300	350	400
	第二系列	100	125	150	200	250	300	350	400	450	500
尺寸 $f_{-0.25}^{0}$		6	7	9	11	13	17	22	27	35	43
最小镗孔直径 D		11	13	16	20	25	32	40	50	63	80

表 8.5 机夹单刃镗刀 mm

简图

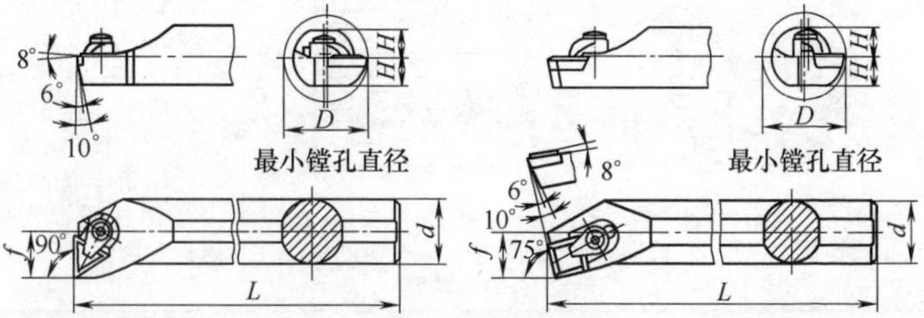

参数						
d	L	f	H	D 最小镗孔直径	刀片内切圆直径	
					三角形刀片	四方形刀片
16	200	11	7	20	6.35	9.525
20	250	13	9	25		
25	300	17	11	32	9.525	12.70
32	350	22	14	40		

③ 双刃镗刀。

双刃镗刀分整体镗刀块和可调镗刀块两大类。整体镗刀块与镗杆有固定和浮动两种装夹形式。整体镗刀块固定安装在镗杆上时，两切削刃与镗杆中心线的对称度主要取决于镗刀块的制造、刃磨精度。

整体双刃镗刀块插在镗杆槽内，通过螺钉与刀块上的定位槽将刀块固定在镗杆上，如图 8.3 所示，其尺寸不可调节，精度靠制造、刃磨保证，适用于粗加工和半精加工。

图 8.4 所示整体双刃镗刀块插在镗杆槽内，通过刀块上的凹槽与镗杆定位，通过斜楔将刀块固定在镗杆上，其尺寸不可调节，精度靠制造、刃磨保证。

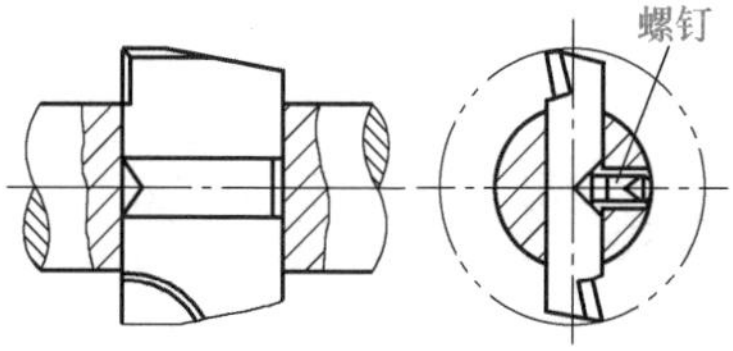

图 8.3　双刃镗刀块螺钉装夹

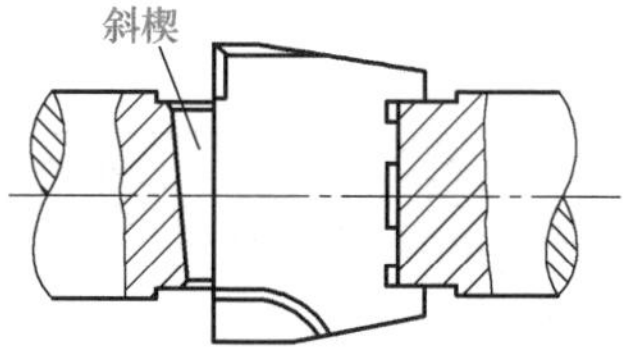

图 8.4　双刃镗刀块斜楔装夹

可调双刃镗刀块 6 插在镗杆槽内，拧紧螺钉 1 通过楔销 2、垫块 9 将刀块顶紧固定在镗杆上，如图 8.5 所示。刀刃调节时，将螺钉 1 松开，去掉垫块 9，松开螺母 3，通过螺钉 8，调节镗刀 7 在镗刀块 6 槽中的位置，调好后，拧紧螺母 3，通过螺钉 5 的圆锥体，推动滑块 4 将镗刀 7 夹紧在镗刀块 6 的槽中。这种镗刀块的镗杆直径不宜小于 35mm，可用于半精加工和精加工。

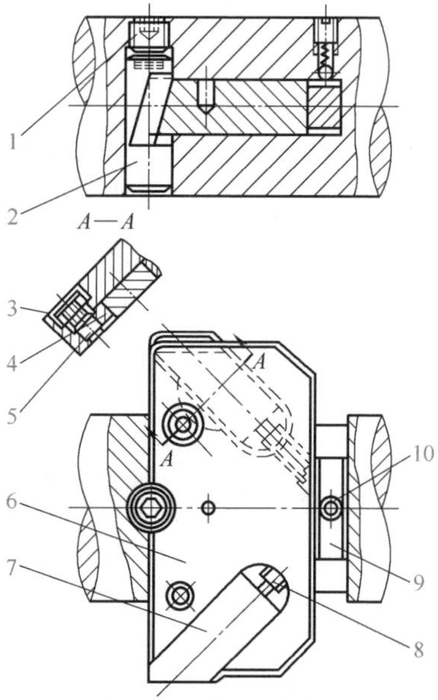

图 8.5　双刃镗刀块的装夹方式

1,5,8,10—螺钉；2—楔销；3—螺母；4—滑块；6—镗刀块；7—镗刀；9—垫块

④ 浮动镗刀块。

浮动镗刀块在镗杆的矩形槽中可以滑动，镗削时，借助切削刃上的切削力来自动平衡其切削位置，因此，能抵偿镗刀块、镗杆的制造、安装误差，获得较高的孔径精度和较低的表面粗糙度值。浮动镗刀块通常做成可调的，适用于孔的终加工。

双刃可调扩孔钻目前已由工具厂作为商品生产，适用于镗床的粗加工。

整体定装镗刀块、浮动镗刀块和双刃可调扩孔钻的规格系列见表 8.6～表 8.8。

表 8.6 整体定装镗刀块 mm

简图	参数					
	公称直径 *D*	*B*	*H*	公称直径 *D*	*B*	*H*
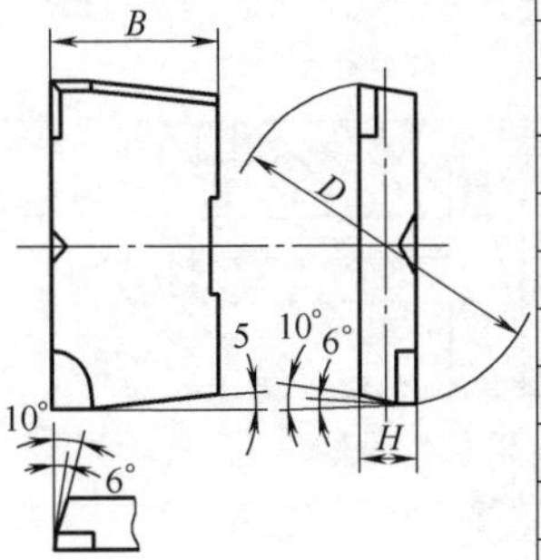	25～30	20	8	100～105	35	12
	30～35			105～110		
	35～40			110～115		
	40～45	30	10	115～120	35	14
	45～50			120～125		
	50～55	35	12	125～130		
	55～60	30	10	130～135		
	60～65			135～140		
	65～70	35	12	140～145		
	70～75			145～150		
	75～80			150～155		
	80～85			155～160		
	85～90			160～165		
	90～95			165～170		
	95～100			170～175		

表 8.7 浮动镗刀块 mm

简图
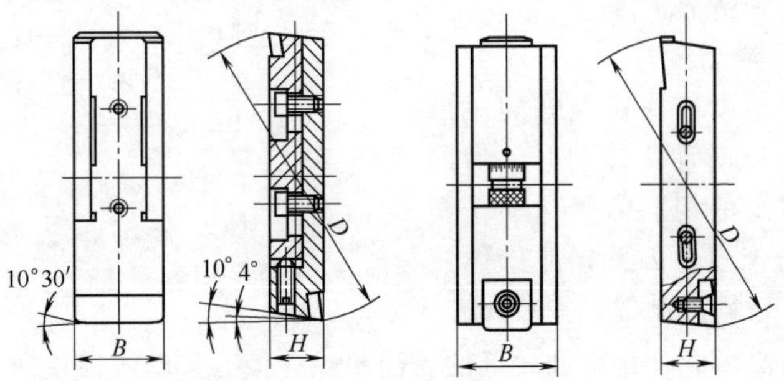

续表

参数							
公称直径 D	直径调节范围	B	H	公称直径 D	直径调节范围	B	H
20	20～22	20	8	80	80～90	30	16
22	22～24			90	90～100		
24	24～27			100	100～110		
27	27～30			110	110～120		
30	30～33	20	8	120	120～135	30	16
33	33～36			135	135～150		
36	36～40	25	12	150	150～170		
40	40～45			170	170～190	35	20
45	45～50	25	12	190	190～210	40	25
50	50～55			210	210～230		
55	55～60			230	230～250		
60	60～65			250	250～270		
65	65～70	30	16	270	270～300	45	30
70	70～80			300	300～330		

表 8.8　双刃可调扩孔钻　mm

简图

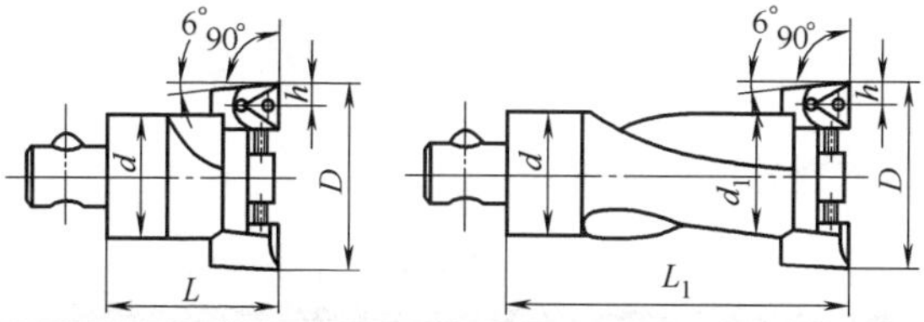

参数						
D	L	L_1	d	d_1	h	最大进给量/(mm/r)
30～41	50	70	25	25	4	0.25
30～41	—	85	32	25	4	0.3
39～51	60	100	32	35	6	0.3
39～51	—	120	40	35	6	0.4
49～71	60	120	40	40	6.5	0.35
49～71	—	135	50	40	6.5	0.5
64～91	70	135	50	50	7.5	0.4
83～121	70	155	63	63	9	0.5
109～157	90	175	80	80	9	0.6
139～204	125	240	100	100	11	0.7

(2) 镗杆

① 镗杆的结构要素。

镗杆的结构要素见图 8.6，一般为专用。按适用的镗刀可分两种形式：一是在镗杆上开方孔或圆孔，安装单刃镗刀；二是开矩形槽，安装镗刀块。采用单刃镗刀时，刀头要通过导向结构，使导套上的定向键顺利进入键槽，拔销与浮动卡头连接，安装在镗床主轴孔中，即可带动镗杆回转。

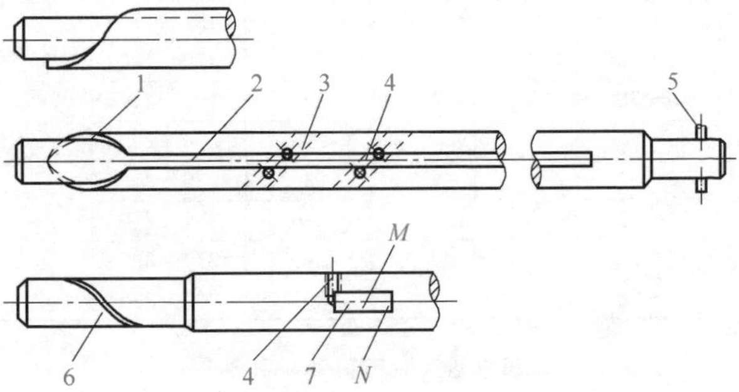

图 8.6 镗杆的结构要素

1—螺旋导向；2—键槽；3—刀孔；4—螺孔；5—拔销；6—导向部分；7—矩形槽

② 镗杆端部导向结构见表 8.9。

表 8.9 镗杆端部导向结构形式

简图	特点与主要用途
	结构简单，镗杆与导套接触面积大，润滑条件差，工作时镗杆与导套易“咬死”。适用于低速回转，工作时注意润滑
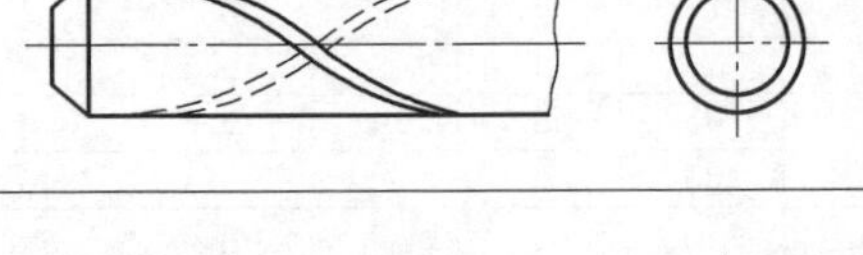	导向部分开有直沟槽和螺旋沟槽，可减少与导套的接触面积，前者制造较简单。沟槽中能存屑，但仍不能完全避免“咬死”。在直径小于 60mm 的镗杆上使用，切削速度不宜大于 20m/min

续表

简图	特点与主要用途
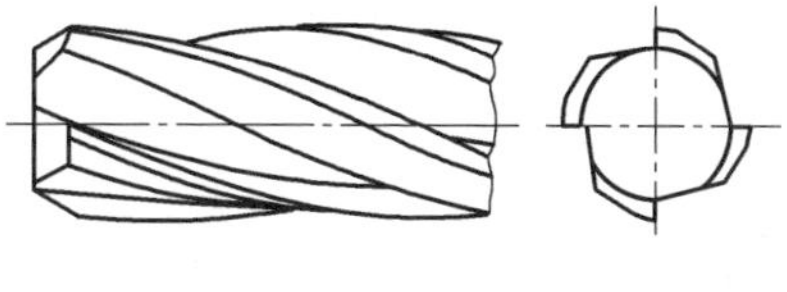	导向部分开有直沟槽和螺旋沟槽，可减少与导套的接触面积，前者制造较简单。沟槽中能存屑，但仍不能完全避免“咬死”。在直径小于 60mm 的镗杆上使用，切削速度不宜大于 20m/min
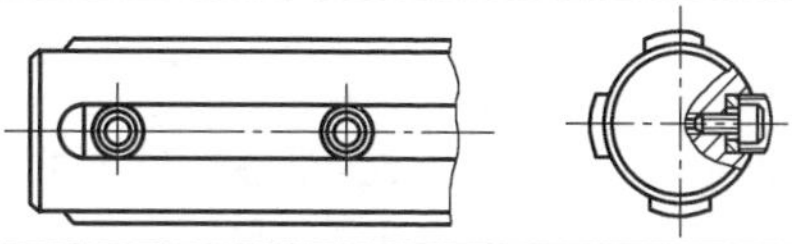	导向部分装有镶块，与导套的接触面积小，转速可比开沟槽的高，但镶块磨损较快。钢镶块比铜镶块耐用，但摩擦因数较大
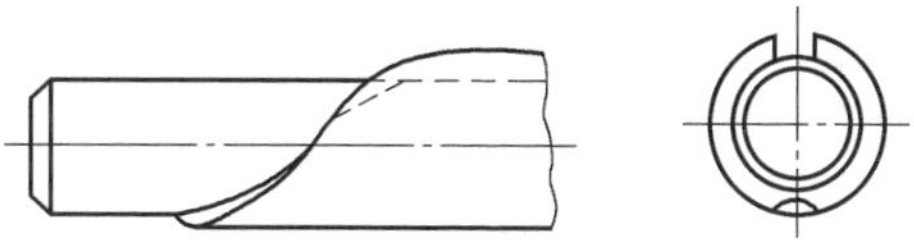	导向部分制出螺旋角小于 45°的螺旋导向，并与镗杆的长键槽相连，使导套上的定向键顺利进入键槽，从而保证镗刀准确地进入导套的引刀槽中

③ 镗杆柄部的连接形式见表 8.10。

表 8.10　镗杆柄部连接形式（包括浮动卡头）

简图	特点与主要用途
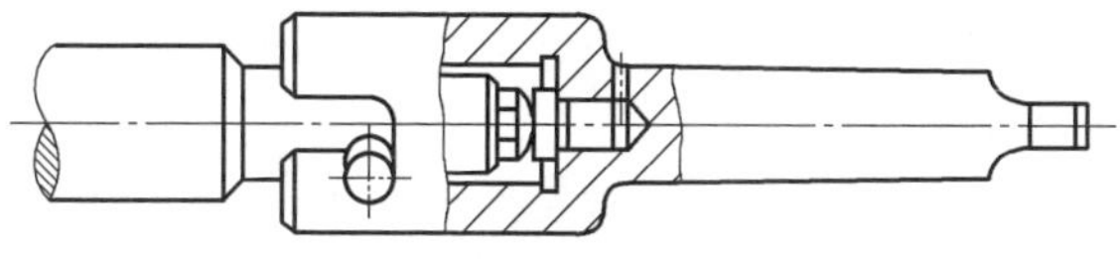	结构简单，装拆方便，常用于批量生产
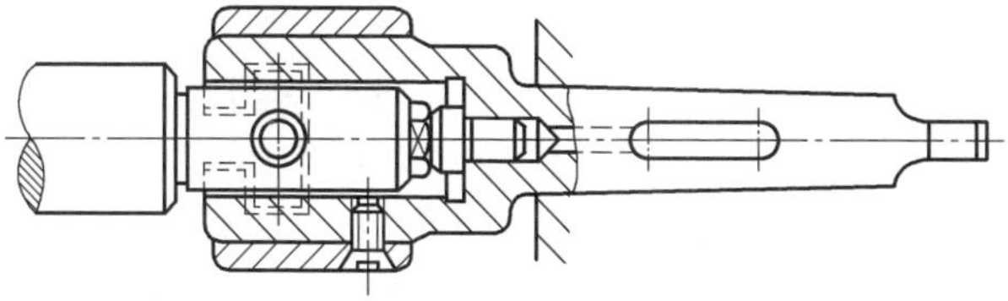	结构与前者基本类似，常用于批量生产
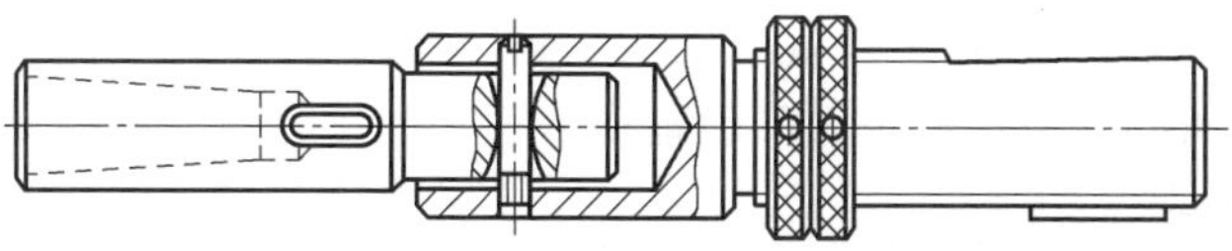	结构简单，浮动效果不如下图，常用于大量生产

续表

简图	特点与主要用途
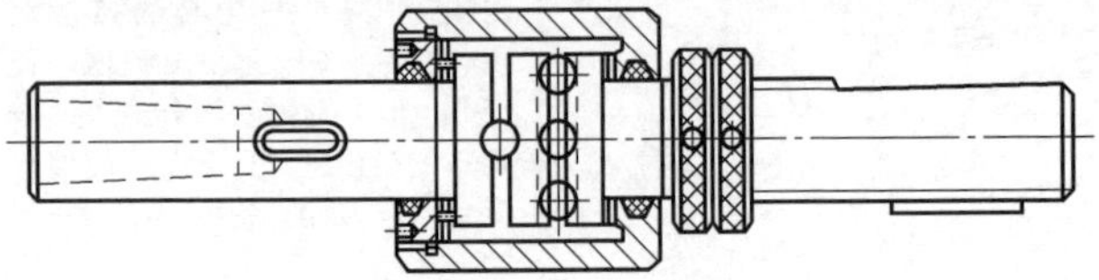	结构较复杂，浮动效果好，常用于大量生产

（3）镗套与衬套

可在同一根镗杆上采用两种回转式镗套的结构见图 8.7。后导向采用内滚式镗套，前导向采用外滚式镗套。内滚式镗套是将回转部分与镗杆做成一体，装上轴承，镗杆和轴承内环一起转动，导套 3 与固定衬套 2 只做相对移动。外滚式镗套的导套 5 装上轴承，与轴承内环一起转动，镗杆在导套 5 内做相对移动。

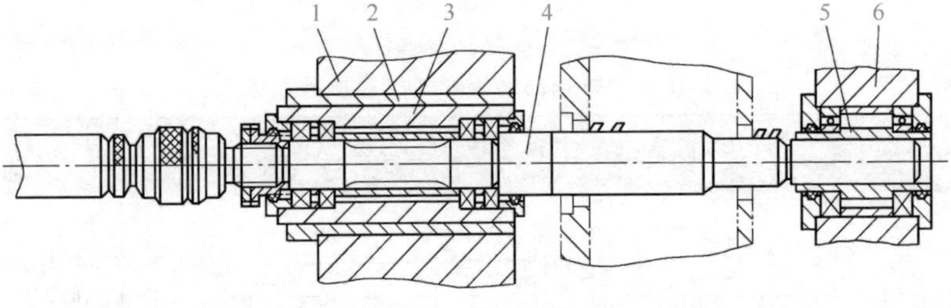

图 8.7　采用两种回转式镗套的结构

1，6—导向支架；2—固定衬套；3，5—导套；4—镗杆

可采用多支承回转式镗套和专用镗杆进行多孔镗削，见图 8.8。由于镗孔直径大于镗套内径，回转镗套均采用外滚式结构，并在导套内孔开有引刀槽。为使镗杆进入导套时，镗刀 3 能顺利地进入引刀槽，必须保证镗刀槽的相互位置和机床主轴的准确定位。镗杆端部螺旋导向 5 用来使导套上的尖头键 1（也有用钩头键的）顺利地进入键槽 4，以保证镗刀准确地进入引刀槽中。镗刀套的结构形式与特点见表 8.11。

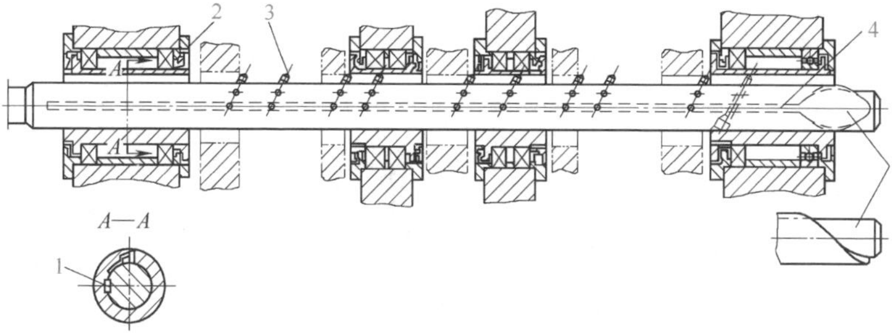

图 8.8　多支承回转式镗套的应用

1—尖头键；2—引刀槽；3—镗刀；4—键槽；5—螺旋导向

表 8.11　镗刀套的结构形式与特点

名称	简图	特点
固定镗套	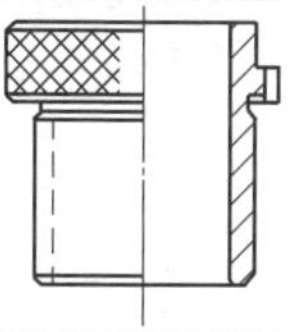	外形尺寸小，结构简单，同轴度好，适用于转速较低的工具
自润滑固定镗套	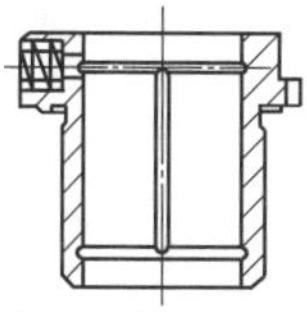	同上，并能自润滑，以减小镗杆与镗套间磨损
立式滚动镗套	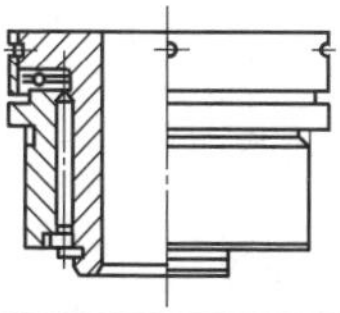	径向尺寸小，刚性、回转精度略差，除作为回转引导，尚可用作刀具轴向定位
立式滚动下镗套	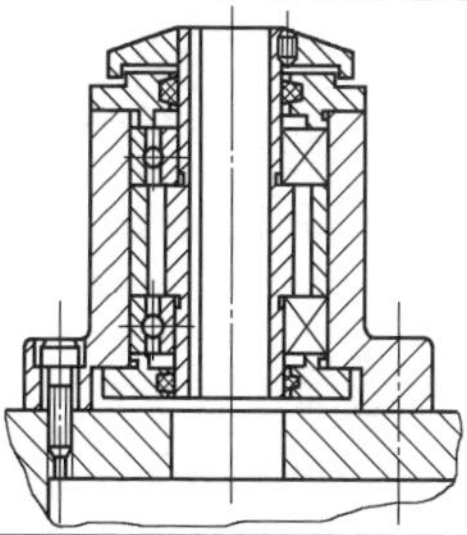	回转精度稍低，但刚性较好。专用于立式机床，因下镗套工作条件差，故在套上加设防护帽

续表

名称	简图	特点
滑动轴承内滚式镗套	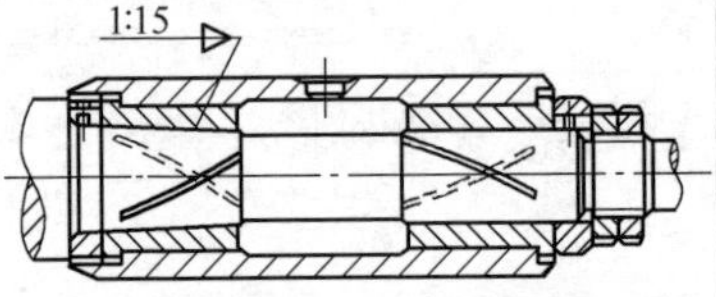	结构精度高，润滑良好时有较好的抗振性，适用于半精镗和精镗孔
滚锥轴承内滚式镗套	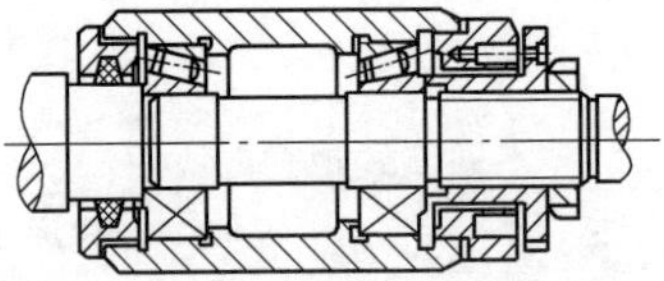	结构精度较差，但刚性好，适用于切削负荷较重的粗加工和半精加工
滑动轴承外滚式镗套	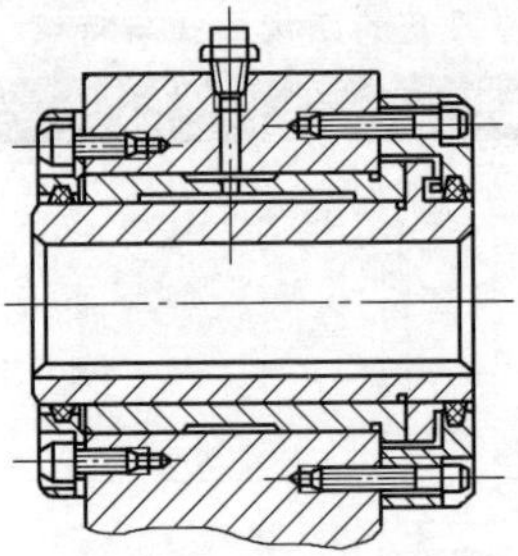	镗套的径向尺寸小，有较好的抗振性，适用于孔距小、转速不高的半精加工
滚珠轴承外滚式镗套	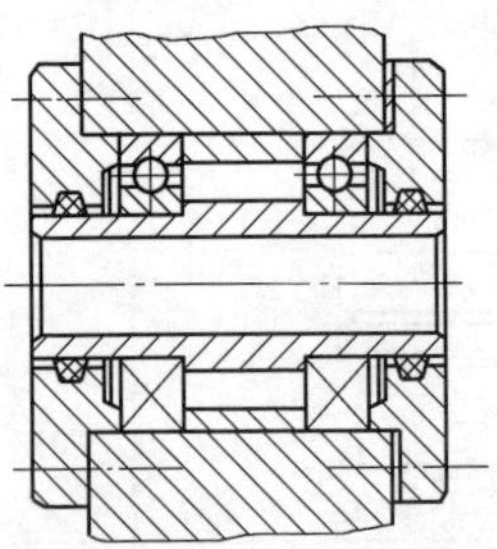	回转精度略低，但刚性较好，适用于转速高的精加工和半精加工
滚针轴承外滚式镗套	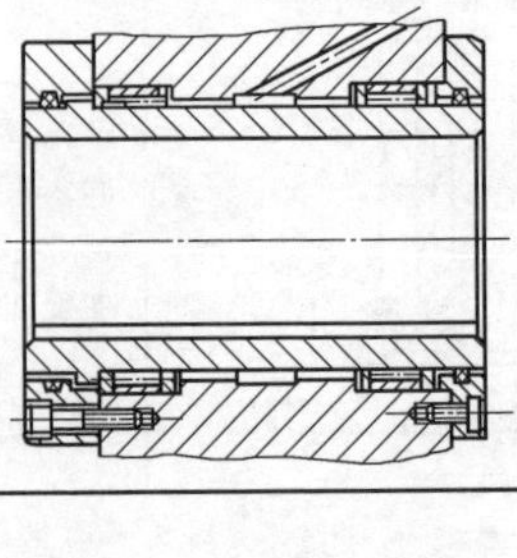	结构紧凑，径向尺寸小，但回转精度、刚性差，仅在孔距受限制时，用于切削力不大的精加工

续表

名称	简图	特点
带钩头键的外滚式镗套	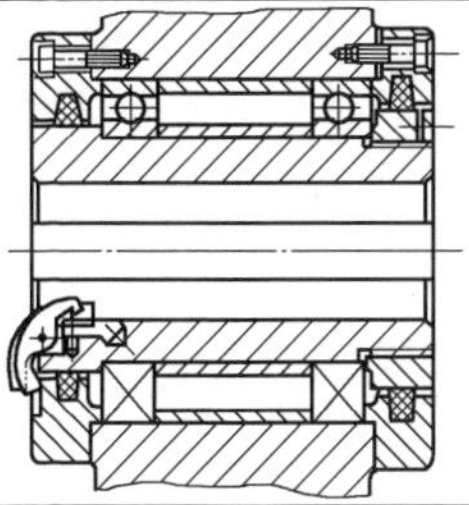	能保证装有镗刀头的镗杆顺利进出镗套,适用于大批量加工

8.3 镗孔的基本方法

(1) 对刀

提高镗孔的加工质量，除靠机床、附件、夹具等的精度和正确选用刀具、提高刃磨质量等来保证外，对刀对有效地控制镗孔尺寸，也起着决定性的作用。镗孔直径尺寸的控制方式有：调刀试切、借助微动调刀装置、采用定径刀具（如固定镗刀块、浮动镗刀块，整体和套装铰刀等）。

① 百分表对刀法　百分表对刀法多用于单件小批生产，调试单刃镗刀。调整时，一般先将百分表测头触及镗孔样块上，记住刻度，然后将百分表 V 形支架块放在镗杆上，使百分表测头触及刀头，拧动镗刀后端的螺钉（或调节环节或轻击镗刀的后端），使百分表指针转到所需数值即可，如图 8.9 所示。

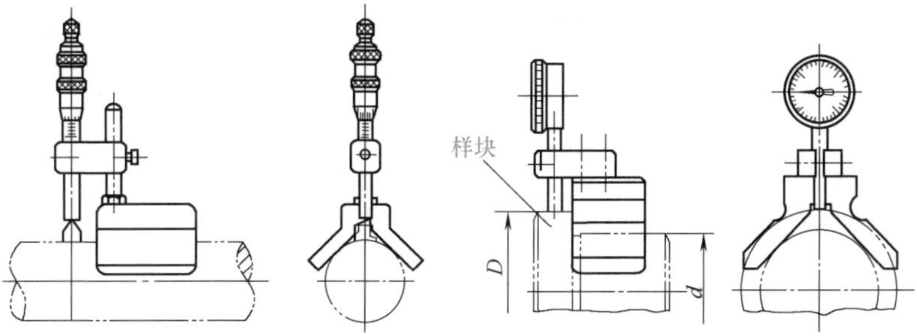

(a) 镗杆直径　　(b) 镗孔直径

图 8.9　镗刀百分表对刀

调刀试切多用此，一般先将百分表测头触及刀头，然后用此法。

② 对刀规对刀法　在大中批量生产时，通常配备相应的对刀规对镗刀进行对刀，常用的对刀规见图 8.10，微量进刀方法同百分表对刀法。

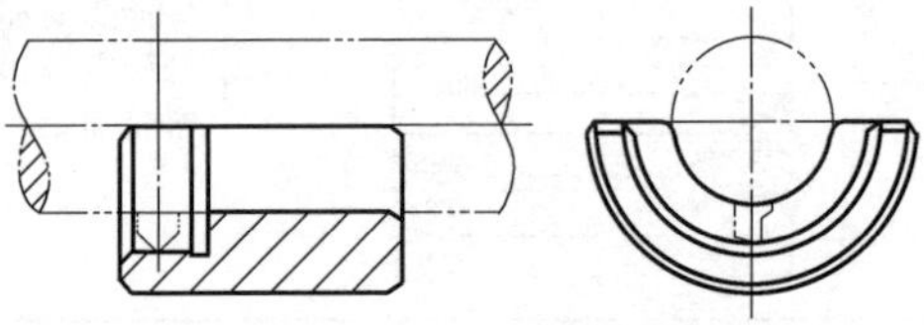

图 8.10　镗刀对刀规对刀

（2）镗孔加工方案（见表 8.12）

表 8.12　镗孔加工方案

加工方法	简图	特点
单面镗孔	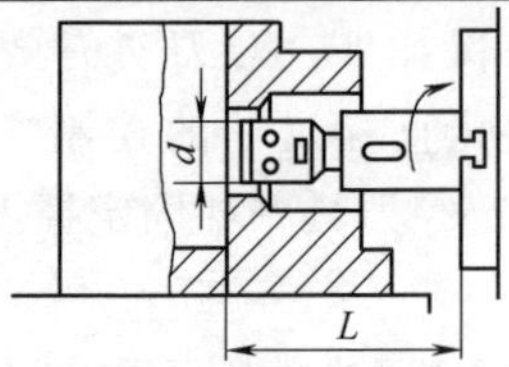	镗杆直接安装在主轴上，要求主轴的刚性好，操作测量方便，适用于 $L<5d$，孔径精度H7，大、中、小批生产
	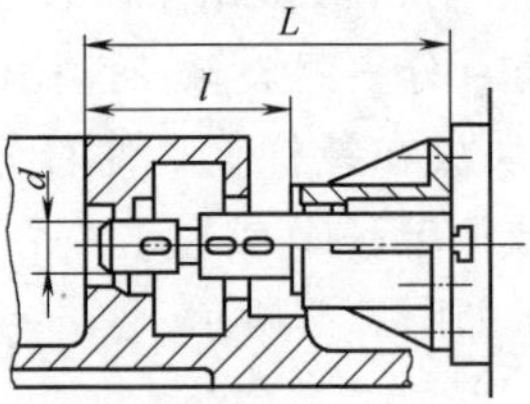	镗杆直接安装在主轴上，在花盘上设置了支承，增加了镗杆的刚性，适用于 $L>5d\sim6d$，孔径精度 H7 的大、中、小批生产
利用尾架支承镗杆进行镗孔	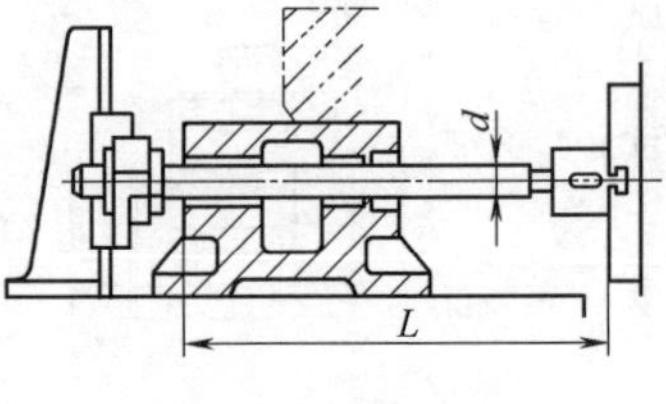	准备周期短，镗杆直接安装在主轴上，镗杆的另一端由尾架支承来保证前后孔的同轴度，用于 $L>5d\sim6d$、孔径精度 H7～H8 的单件小批生产。刀杆支承套配合为 H7/h6，镗高精度孔时可取 H6/h6 或 H7/h5，长度为刀杆直径的 1.5～2.5 倍。镗短孔采用主轴进给，大于 200mm 的长孔采用工作台进给

续表

加工方法	简图	特点
镗模镗孔	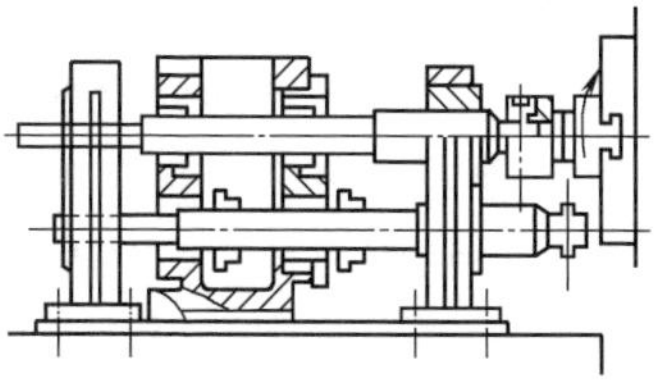	镗模准备周期长，定位精度靠镗模保证，尺寸精度靠刀具保证，效率高，质量好，操作简单，适合孔径精度 H7 的大批量生产。要求：夹具上孔距公差，取工件上对应孔距公差的 1/3～1/5；刀杆与夹具导套孔的配合取 H7/f7，精加工用 H7/h6 或 H6/h6 或保证配合间隙为 0.01～0.02mm；镗杆与主轴一般采用浮动连接
调头镗孔	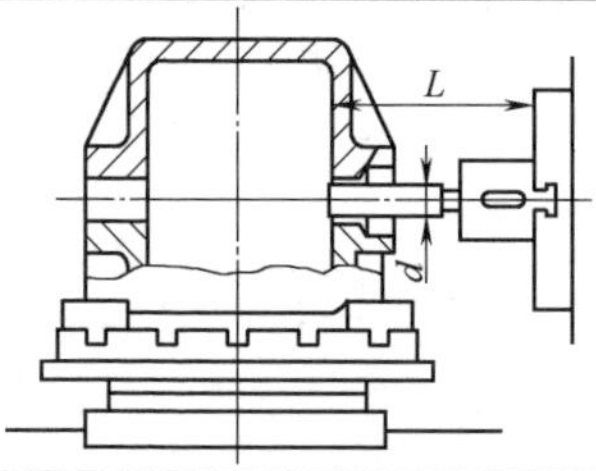	加工前后孔系只要一次装夹，需配置回转工作台，用于 $L<5d\sim6d$ 的单件、中批生产 要求工件上孔的中心线与机床主轴中心线平行，测量误差小于 0.01mm，要求工作台的回转定位误差小于 0.01mm
用坐标法镗孔	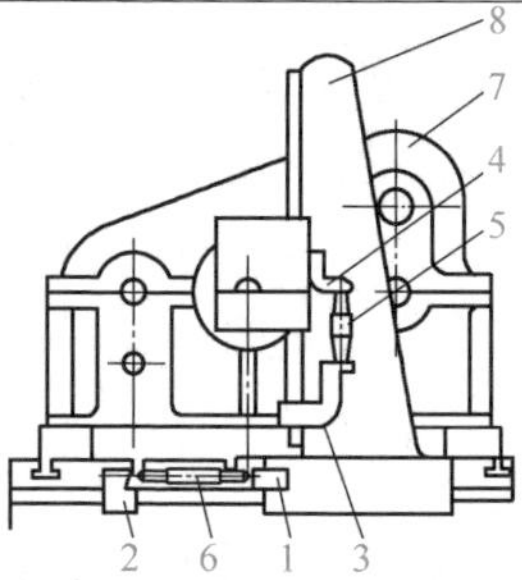 1，4—活动定位块；2，3—固定定位块；5，6—内径规；7—工件；8—镗床立柱	用于多孔系加工，如主轴箱体等工件

(3) 同轴孔系的镗削

同轴孔系的主要技术要求是保证各孔的同轴度。工件上的同轴孔系的加工与生产批量有关，当成批或大量生产时，采用镗模镗同轴孔系，单件或小批生产时，一般采用穿镗法和调头镗法镗同轴孔系。

① 穿镗法　利用一根镗杆，从孔壁一端进行镗孔，逐渐深入，

这种镗削法称为穿镗法。具体加工方法有下面几种：

悬伸镗孔：用短镗杆不加支承从一端进行镗孔，普遍适用于中小型箱体、箱壁间距不大的镗削加工。镗杆进给时，镗杆的悬伸长度在不断伸长，镗杆由于切削产生的变形也是变化的，并且由于镗杆自重引起的镗杆下垂，随着悬伸长度的增加而增加，这两方面的因素均使两个同轴孔产生同轴度误差。若由工作台进给镗孔，镗杆伸出长度不变，因而镗杆因自重及切削力而引起的变化对孔的各个截面的影响是一致的，但由于导轨的直线度误差及镗杆与导轨的平行度误差，也将影响孔的同轴度误差。

用导向支承套镗孔：当两壁间距较大或镗同一轴线上的几个同轴孔时，可以将第一个孔镗好后，在该孔内装上一个导向套作为支承，继续加工后面的孔。

用长镗杆与尾架联合镗孔：当同一轴线上有两个以上的同轴孔，而且同轴度要求较高时，宜用长镗杆与尾架联合镗孔。采用这种方法镗孔时，必须使尾架支承套轴线与主轴回转轴线重合，需经仔细找正，找正方法如下。

用百分表直接找正尾架的支承套，先使主轴轴线与被镗工件孔轴线同轴，然后将百分表装到镗杆端部，直接用百分表找正尾架支承套。此法只适于两孔壁间相距不太远的情况，否则，由于镗杆悬伸过长，找正误差较大。

用水平仪找正镗杆，使其水平，然后按工件所划的线来调整尾架支承套轴线与主轴回转轴线一致。

② 调头镗法　从工件孔壁两端进行镗孔，其特点是镗杆伸出短，刚性好，镗孔时可以选用较大的切削用量。但由于两端面孔分别是在两个工位上加工的，有可能存在安装误差。假如工件一次安装，镗完一端孔后，需将镗床工作台回转 180°，再镗另一端的孔。这种镗削方法适于中小型工件在卧式镗床上镗孔。镗孔精度主要取决于镗床工作台的回转精度，若工作台回转轴线相对于镗床主轴轴线有偏心误差，则会使两孔的同轴度误差增加 2 倍。因此，用调头镗方法加工时，工件的回转轴线与回转角度一定要准确。

为了保证调头镗的镗削精度，可采用下述方法进行安装及找正。

在安装工件时，用百分表在与所镗孔轴线相平行的箱体平面或工艺基准面上找正。

使找正基准面和镗床的主轴轴线相平行。当工件回转 180°后，仍用百分表按基准面重新校正。这样，可保证回转工作台回转180°后的精度。

若工件外形复杂，没有相关的基准面或工艺基准面时，可预先在工作台面上安装经找正的挡铁平板或平尺。

（4）平行孔系的镗削

平行孔系的主要技术要求是各平行孔轴线之间、孔轴线与基准面之间的距离精度和平行度误差。单件小批生产中的中小型箱体及大型箱体或机架上的平行孔系，一般皆在卧式镗床或落地镗床上用试镗法和坐标法来加工；批量较大的中小型箱体常采用镗模法镗孔。

① 试切法镗平行孔系　首先将第一孔按图样尺寸镗到直径 D_1，然后根据划线，将镗杆主轴调整到第二个孔的中心处，并把此孔镗到直径 D'_2（小于 D_2），见图 8.11。量出孔间距 $A_1=\frac{D_1}{2}+\frac{D'_2}{2}+L_1$，再根据 A_1 与图样要求的孔中心距 A 之差，进一步调整主轴位置，进行第二次试切，通过多次试切，逐渐接近中心距 A 的尺寸，直到中心距符合图样要求时，再将第二个孔镗到图样规定的直径。这样依次镗削其他孔。应用试切法镗孔，其精度和生产率较低，适用于单件小批生产。

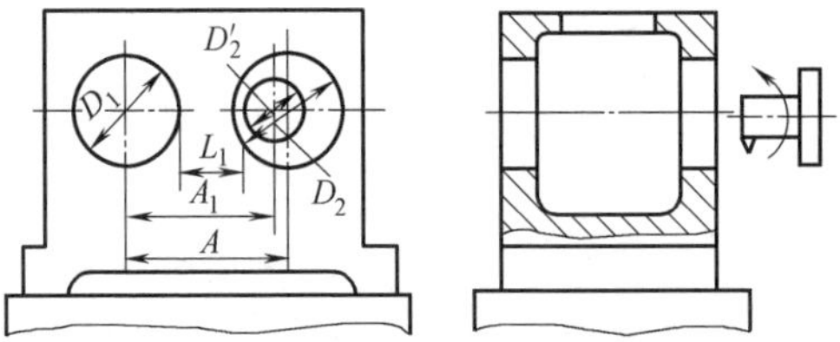

图 8.11　试切法镗平行孔系

② 坐标法镗平行孔系　坐标法镗孔是把被加工孔系间的位置尺寸换算成直角坐标的尺寸关系，用镗床上的标尺或其他装置来定镗轴、中心坐标。当位置精度要求不高时，一般直接采用镗床上的

游标尺放大镜测量装置，其误差为±0.1mm。目前，国内外多数卧式镗床、落地镗铣床在镗杆移动的三个方向带有精密的读数装置，镗杆移动距离可以在读数装置中直接获得。如采用经济刻线尺与光学读数头进行测量，其读数精度为0.01mm。另外，还有光栅数字显示装置和感应同步器测量系统及数码显示装置等，读数精度一般在1m内为0.01mm，这样，就大大提高了加工平行孔系的精度及生产率。

③ 用镗模镗平行孔系　在成批生产或大批量生产中，普遍应用镗模来加工中小型工件的孔系，能较好地保证孔系的精度，生产率较高。用镗模加工孔系时，镗模和镗杆都要有足够的刚度，镗杆与机床主轴为浮动连接，镗杆两端由镗模套支承，被加工孔的位置精度完全由镗模的精度来保证。

（5）垂直孔系的镗削

几个轴线相互垂直的孔构成垂直孔系。除各孔自身的精度要求外，其他技术要求可根据箱体功用不同而有所区别，如锥齿轮的减速箱体，对轴线有垂直度误差和位置精度误差要求；蜗轮副箱体则要求两孔轴线间的距离精度和垂直度误差。

垂直孔系的镗削基本上采用两种方式。

① 回转法镗削垂直孔系　利用回转工作台的定位精度，来镗削如图8.12所示工件的A、B孔。首先将工件安装在镗床工作台上，并按侧面或基面找正、校直，使要镗削孔轴的线平行于镗床主轴，开始镗削A孔。镗好A孔后，将工作台逆时针回转90°，镗削B孔。回转法镗削主要依靠镗床工作台的回转精度来保证孔系的垂直度误差。

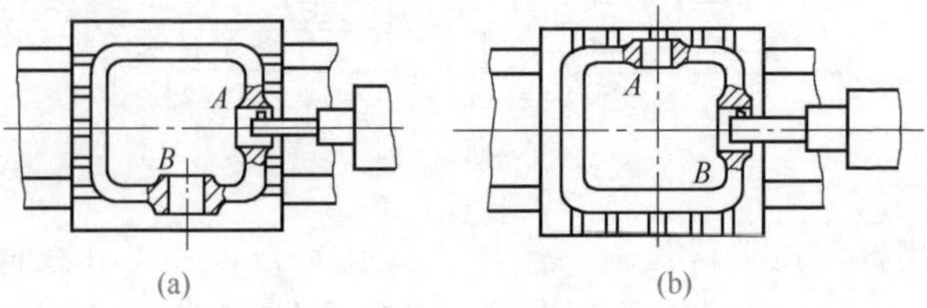

图8.12　回转法镗削垂直孔系

② 芯轴校正法镗削垂直孔系　镗床工作台回转精度不够理想时，不能保证垂直度误差，此时，可利用已加工好的 B 孔，选配同样直径的检验芯轴插入 B 孔中，用百分表校对芯轴的两端对零，见图 8.13，即可镗削 C 孔。另一种方法是如果工件结构许可，可在镗削 B 孔时，同时铣出找正基准面 A，然后转动工作台，找正，使之与镗床主轴轴线平行，然后镗削 C 孔，即可保证孔系的垂直度误差要求。

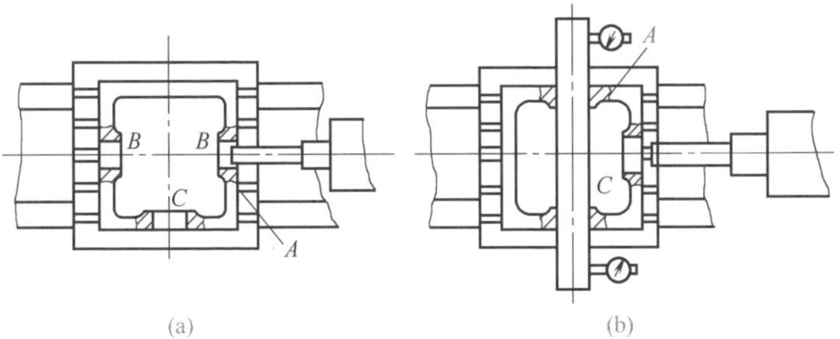

图 8.13　芯轴校正法镗削垂直孔系

8.4　镗削用量

（1）卧式镗床的加工精度与镗削用量（见表 8.13、表 8.14）

表 8.13　卧式镗床的加工精度

加工方式	加工精度/mm	
	孔径公差	孔距公差(±)
粗镗	H12～H10	0.5～1.0
半精镗	H9～H8	0.1～0.3
精镗	H8～H6①	0.02～0.05
铰孔	H9～H7	0.02～0.05

加工方式	表面粗糙度 Ra/μm		
	铸铁	钢(铸钢)	铜铝及其合金
粗镗	25～12.5	25	25～12.5
半精镗	12.5～6.3	25～12.5	12.5～6.3
精镗	3.2～1.6	6.3～1.6	3.2～0.8
铰孔	3.2～1.6	3.2～1.6	3.2～0.8

① 当加工精度为 H6 及表面粗糙度 Ra0.8μm 以上的孔，需采取相应措施。

表 8.14　卧式镗床的镗削用量

<table>
<tr><th rowspan="2">加工方式</th><th rowspan="2">刀具材料</th><th rowspan="2">刀具类型</th><th colspan="2">铸铁</th><th colspan="2">钢(包括铸钢)</th><th colspan="2">铜、铝及其合金</th><th rowspan="2">a_p
(在直径上)
/mm</th></tr>
<tr><th>v_c/
(m/min)</th><th>f/
(mm/r)</th><th>v_c/
(m/min)</th><th>f/
(mm/r)</th><th>v_c/
(m/min)</th><th>f/
(mm/r)</th></tr>
<tr><td rowspan="4">粗镗</td><td rowspan="2">高速钢</td><td>刀头</td><td>20~35</td><td>0.3~1.0</td><td>20~40</td><td>0.3~1.0</td><td>100~150</td><td>0.4~1.5</td><td rowspan="4">5~8</td></tr>
<tr><td>镗刀块</td><td>25~40</td><td>0.3~0.8</td><td></td><td></td><td>120~150</td><td>0.4~1.5</td></tr>
<tr><td rowspan="2">硬质合金</td><td>刀头</td><td>40~80</td><td>0.3~1.0</td><td>40~60</td><td>0.3~1.0</td><td>200~250</td><td>0.4~1.5</td></tr>
<tr><td>镗刀块</td><td>35~60</td><td>0.3~0.8</td><td></td><td></td><td>200~250</td><td>0.4~1.0</td></tr>
<tr><td rowspan="6">半精镗</td><td rowspan="3">高速钢</td><td>刀头</td><td>25~40</td><td>0.2~0.8</td><td>30~50</td><td>0.2~0.8</td><td>150~200</td><td>0.2~1.0</td><td rowspan="2">1.5~3</td></tr>
<tr><td>镗刀块</td><td>30~40</td><td>0.2~0.6</td><td></td><td></td><td>150~200</td><td>0.2~1.0</td></tr>
<tr><td>粗铰刀</td><td>15~25</td><td>2.0~5.0</td><td>10~20</td><td>0.5~3.0</td><td>30~50</td><td>2.0~5.0</td><td>0.3~0.8</td></tr>
<tr><td rowspan="3">硬质合金</td><td>刀头</td><td>60~100</td><td>0.2~0.8</td><td>80~120</td><td>0.2~0.8</td><td>250~300</td><td>0.2~0.8</td><td rowspan="2">1.5~3</td></tr>
<tr><td>镗刀块</td><td>50~80</td><td>0.2~0.6</td><td></td><td></td><td>250~300</td><td>0.2~0.6</td></tr>
<tr><td>粗铰刀</td><td>30~50</td><td>3.0~5.0</td><td></td><td></td><td>80~120</td><td>3.0~5.0</td><td>0.3~0.8</td></tr>
<tr><td rowspan="6">精镗</td><td rowspan="3">高速钢</td><td>刀头</td><td>15~30</td><td>0.15~0.5</td><td>20~35</td><td>0.1~0.6</td><td>150~200</td><td>0.2~1.0</td><td rowspan="2">0.6~1.2</td></tr>
<tr><td>镗刀块</td><td>8~15</td><td>1.0~4.0</td><td>6.0~12</td><td>1.0~4.0</td><td>20~30</td><td>1.0~4.0</td></tr>
<tr><td>精铰刀</td><td>10~20</td><td>2.0~5.0</td><td>10~20</td><td>0.5~3.0</td><td>30~50</td><td>2.0~5.0</td><td>0.1~0.4</td></tr>
<tr><td rowspan="3">硬质合金</td><td>刀头</td><td>50~80</td><td>0.15~0.5</td><td>60~100</td><td>0.15~0.5</td><td>200~250</td><td>0.15~0.5</td><td rowspan="2">0.6~1.2</td></tr>
<tr><td>镗刀块</td><td>20~40</td><td>1.0~4.0</td><td>8.0~20</td><td>1.0~40</td><td>30~50</td><td>1.0~4.0</td></tr>
<tr><td>精铰刀</td><td>30~50</td><td>2.5~5.0</td><td></td><td></td><td>50~100</td><td>2.0~5.0</td><td>0.1~0.4</td></tr>
</table>

(2)坐标镗床的加工精度与镗削用量(表 8.15～表 8.18)

表 8.15　坐标镗床的加工精度

加工过程	孔距精度/mm	孔径精度	加工表面粗糙度值 Ra/μm	适用孔径/mm
钻中心孔—钻—精钻 钻—扩—精钻	1.5～3	H7	3.2～1.6	<6
钻—半精镗—精钻	1.2～2			
钻中心孔—钻—精铰 钻—扩—精铰	1.5～3			<50
钻—半精镗—精铰	1.2～2		1.6～0.8	
钻—半精镗—精镗 粗镗—半精镗—精镗		H7～H6		一般

表 8.16　坐标镗床的切削用量

加工方法	刀具材料	v_c/(m/min)					f/(mm/r)	a_p/mm
		软钢	中硬钢	铸铁	铝、镁合金	铜合金		
半精镗	高速钢	18～25	15～18	18～22	50～75	30～60	0.1～0.3	0.05～0.4
	硬质合金	50～70	40～50	50～70	150～200	150～200	0.08～0.25	
精镗	高速钢	25～28	18～20	22～25	50～75	30～60	0.02～0.08	0.025～0.1
	硬质合金	70～80	60～65	70～80	150～200	150～200	0.02～0.06	
钻孔	高速钢	20～25	12～18	14～20	30～40	60～80	0.08～0.15	—
扩孔		22～28	15～18	20～24	30～50	60～90	0.1～0.2	1～2.5
精钻、精铰		6～8	5～7	6～8	8～10	8～10	0.08～0.2	0.025～0.05

注：1. 加工精度高、工件材料硬度高时，切削用量选低值。

2. 刀架不平衡或切屑飞溅大时，切削速度选低值。

表 8.17　坐标镗床镗削淬火钢的切削用量

加工方法	刀具材料	v_c/(m/min)	f/(mm/r)	a_p/mm
粗加工	YT15、YT30 YN10 或立方氮化硼	50～60	0.05～0.07	<0.3
精加工			0.04～0.06	<0.1

注：工件硬度不高于 45HRC。

表 8.18 坐标镗床的铣削用量

加工方法	刀具材料	v_c/(m/min)					f/(mm/r)	a_p/mm
		软钢	中硬钢	铸铁	铝、镁合金	铜合金		
半精铣	高速钢	18～20	10～12	16～18	100～150	40～50	0.10～0.20	0.2～0.5
	硬质合金	50～55	30～40	50～60	200～250	—		
精铣	高速钢	20～25	12～15	20～22	150～200	30～40	0.05～0.08	0.05～0.2
	硬质合金	55～60	40～45	60～70	250～300	—		

（3）金刚镗床的加工精度及镗削用量（表 8.19～表 8.22）

表 8.19 金刚镗床的加工精度

工件材料	刀具材料	孔径精度	孔的形状误差/mm	表面粗糙度值 Ra/μm
铸铁	硬质合金	H6	0.004～0.005	3.2～1.6
钢(铸钢)				3.2～0.8
铜、铝及其合金	金刚石	H6	0.002～0.003	1.6～0.2

表 8.20 铸铁的精密镗削用量

工件材料	刀具材料	v_c /(m/min)	f /(mm/r)	a_p /mm	加工表面粗糙度 Ra/μm
HT100	YG3X	80～160	0.04～0.08	0.1～0.3	6.3～3.2
	立方氮化硼	160～200	0.04～0.06	0.05～0.3	3.2
HT150 HT200	YG3X	100～160	0.04～0.08	0.1～0.3	
	立方氮化硼	300～350	0.04～0.06		3.2～1.6
HT200 HT250	YG3X	120～160	0.04～0.08		
	立方氮化硼	500～550	0.04～0.06		1.6
KTH300-06 KTH380-08	YG3X	80～140	0.03～0.06		6.3～3.2
	立方氮化硼	300～350			3.2
KTZ450-05 KTZ600-03	YG3X	120～160			
	立方氮化硼	500～550			3.2～1.6
高强度铸铁	YG3X	120～160	0.04～0.08		
	立方氮化硼	500～550	0.04～0.06		1.6

表 8.21 钢的精密镗削用量

工件材料	刀具材料	v_c/(m/min)	f/(mm/r)	a_p/mm	加工表面粗糙度 Ra/μm
优质碳素结构钢	YT30	100～180	0.04～0.08	0.1～0.3	3.2～1.6
	立方氮化硼	550～600	0.04～0.06		1.6～0.8
合金结构钢	YT30	120～180	0.04～0.08		
	立方氮化硼	450～500	0.04～0.06		0.8

续表

工件材料	刀具材料	v_c/(m/min)	f/(mm/r)	a_p/mm	加工表面粗糙度 Ra/μm
不锈钢 耐热合金	YT30	80～120	0.02～0.04	0.1～0.2	1.6～0.8
	立方氮化硼	200～220			0.8
铸钢	YT30	100～160	0.02～0.06	0.1～0.3	3.2～1.6
	立方氮化硼	200～230			1.6
调质结构钢 26～30HRC	YT30	120～180	0.04～0.08		3.2～0.8
	立方氮化硼	350～400	0.04～0.06		1.6～0.8
淬火结构钢 40～45HRC	YT30	70～150	0.02～0.05	0.1～0.2	1.6
	立方氮化硼	300～350	0.02～0.04		1.6～0.8

表 8.22　精密镗削铜、铝及其合金的镗削用量

工件材料	刀具材料	v_c/(m/min)	f/(mm/r)	a_p/mm	加工表面粗糙度 Ra/μm
铝合金	YG3X	200～600	0.04～0.08	0.1～0.3	1.6～0.8
	立方氮化硼	300～600	0.02～0.06	0.05～0.3	0.8～0.4
	天然金刚石	300～1000	0.02～0.04	0.05～0.1	0.4～0.2
青铜	YG3X	150～400	0.04～0.08	0.1～0.3	1.6～0.4
	立方氮化硼	300～500	0.02～0.06	0.1～0.3	0.8～0.4
	天然金刚石	300～500	0.02～0.03	0.05～0.1	0.4～0.2
黄铜	YG3X	150～250	0.03～0.06	0.1～0.2	1.6～0.8
	立方氮化硼	300～350	0.02～0.04	0.1～0.2	0.4～0.2
	天然金刚石	300～350	0.02～0.03	0.05～0.1	0.4～0.2
紫铜	YG3X	150～250	0.03～0.06	0.1～0.15	1.6～0.8
	立方氮化硼	250～300	0.02～0.04	0.1～0.15	0.8～0.4
	天然金刚石	250～300	0.01～0.03	0.04～0.08	0.4～0.2

(4)金刚镗刀几何参数的选择与刃磨(表 8.23~表 8.26)

表 8.23 硬质合金金刚镗刀几何参数的选择

工件材料	加工条件	几何参数							特点
		$\kappa_r/(°)$	$\gamma_0/(°)$	$\lambda_s/(°)$	r_a/mm	$\kappa_r'/(°)$	$\alpha_0/(°)$	$\alpha_0'/(°)$	
铸铁	加工中等直径和大直径浅孔,镗杆刚性好	45~60	−3~−6	0	0.4~0.6	10~15	6~12	12~15	主偏角不能小于 45°,否则会引起振动。刀具寿命长,表面质量好
	镗杆刚性差	75~90	0~3		0.1~0.2				能减小振动
钢(铸钢)	镗杆刚性和排屑尚好	45~60	−5~−10	连续切削 0° 断续切削 −5~−15	0.1~0.3 加工 20Cr 时,可取 1	10~20	6~12	10~15	刀尖强度大,寿命长,可以得到较好的加工质量
	镗杆刚性差,排屑较好	75~90	≥0		0.05~0.1	10~20	6~12	10~15	能减小引起镗杆振动的径向力
	排屑条件较差		−5~−10		≤0.3				当前刀面沿主、副切削刃做 0.3~0.8mm 宽的 10°~15°的倒棱时,能很好地卷屑
	加工盲孔	90	3~6		0.5				能使切屑从镗杆和孔壁的间隙中排出
铜、铝及其合金	系统刚性强	45~60	8~18	—	0.5~1	8~12	6~12	10~15	刀具寿命长,加工表面质量好
	系统刚性差	75~90			0.1~0.3				

表 8.24　精密镗削铸铁的刀具几何参数

工件材料	刀具材料	刀具几何参数($\kappa_r=45°\sim60°$;$\lambda_s=0°$)					
		$\kappa_r'/(°)$	$\gamma_0/(°)$	$\alpha_0/(°)$	$\alpha_0'/(°)$	r_s/mm	b_s/mm
HT100	YG3X	15	−3	12	12	0.5	0.2~0.4
	立方氮化硼					0.3	
HT150 HT200	YG3X	10	−6	12	12	0.5	
	立方氮化硼					0.3	
HT200 HT250	YG3X	10	−6	8	10	0.5	
	立方氮化硼					0.3	
KTH300-06 KTH330-08	YG3X	15	0	12	15	0.5	
	立方氮化硼					0.3	
KTZ450-05 KTZ600-03	YG3X	15	0	12	15	0.5	
	立方氮化硼					0.3	
高强度铸铁	YG3X	10	−6	8	10	0.5	
	立方氮化硼					0.3	

表 8.25　精密镗削钢的刀具几何参数

工件材料	刀具材料	刀具几何参数($\kappa_r=45°\sim60°$;$\lambda_s=0°$)					
		$\kappa_r'/(°)$	$\gamma_0/(°)$	$\alpha_0/(°)$	$\alpha_0'/(°)$	r_s/mm	b_s/mm
优质碳素结构钢	YT30	10	−5	8	12	0	0.2
	立方氮化硼		−10	10			0.3
合金结构钢	YT30	20	−5	8	12	0	0.3
	立方氮化硼	10	−10	10		5	
不锈钢 耐热合金	YT30	20	−5	12	15	5	0.1
	立方氮化硼	10	−10	10	12		0.3
铸钢	YT30	20	−10	12	15	10	0.2
	立方氮化硼	10		10	12	5	0.3
调质结构钢 26~30HRC	YT30	10	−5	8	12	0	0.2
	立方氮化硼		−10	10		5	0.3
淬火结构钢 40~45HRC	YT30	20	−5	8	12	0	0.1
	立方氮化硼	10	−10	10		5	0.3

表 8.26　精密镗削铜、铝及其合金的刀具几何参数

工件材料	刀具材料	刀具几何参数					
		$\kappa_r/(°)$	$\kappa_r'/(°)$	$\gamma_0/(°)$	$\alpha_0/(°)$	$\alpha_0'/(°)$	r_s/mm
铜、铝及其合金	YG3X 立方氮化硼	45~90	8~12	8~18	6~12	10~15	0.1~1.0
	天然金刚石	45~90	0~10	−3~5	6~8		0.2~0.8
黄铜、紫铜				0~3	8~12		

8.5 影响镗削加工质量的因素与解决措施

影响镗削加工质量的因素很多，常见的有：机床精度、夹辅具精度、镗杆与导向套配合间隙、镗杆刚性、刀具几何角度、切削用量、刀具磨损和刃磨质量、工件的材质和内应力、热变形和受力变形、量具的精度和测量误差及操作方法等。

卧式镗床加工中常见的质量问题与解决措施见表8.27，机床精度变化对加工质量的影响见表8.28，镗杆、浮动镗刀等问题对加工质量的影响见表8.29，影响加工孔距精度的因素与解决措施见表8.30。

表8.27 卧式镗床加工中常见的质量问题与解决措施

质量问题	影响因素	解决措施
尺寸精度超差	精镗的切削深度没掌握好	调整切削深度
	镗刀块刀刃磨损，尺寸起变化	调换合格的镗刀块
	镗刀块定位面间有脏物	清除脏物，重新安装
	用对刀规对刀时产生测量误差	利用样块对照仔细测量
	铰刀直径选择不对	试铰后选择直径合适的铰刀
	切削液选择不对	调换切削液
	镗杆刚性不足，有让刀	改用刚性好的镗杆或减小切削用量
	机床主轴径向跳动过大	调整机床
表面粗糙度参数值超差	镗刀刃口磨损	重新刃磨镗刀刃口
	镗刀几何角度不当	合理改变镗刀几何角度
	切削用量选择不当	合理调整切削用量
	刀具用钝或有损坏	调换刀具
	没有用切削液或选用不当	使用合适的切削液
	镗杆刚性差，有振动	改用刚性好的镗杆或镗杆支承形式
圆柱度超差	用镗杆送进时，镗杆挠曲变形	采用工作台送进，增强镗杆刚性，减少切削用量
	用工作台送进时，床身导轨不平直	维修机床
	刀具的磨损	提高刀具的耐用度，合理选择切削用量
	刀具的热变形	使用切削液，降低切削用量，合理选择刀具角度
	主轴的回转精度差	维修、调整机床

续表

质量问题	影响因素	解决措施
圆度超差	工作台送进方向与主轴轴心线不平行	维修、调整机床
	镗杆与导向套的几何精度和配合间隙不当	使镗杆和导向套的几何形状符合技术要求，并控制合适的配合间隙
	加工余量不均匀 材质不均匀	适当增加走刀次数 合理安排热处理工序 精加工采用浮动镗削
	切削深度很小时，多次重复走刀，形成“溜刀”	控制精加工走刀次数与切削深度，采用浮动镗削
	夹紧变形	正确选择夹紧力、夹紧方向和着力点
	铸造内应力	进行人工时效，粗加工后停放一段时间
	热变形	粗、精加工分开，注意充分冷却
同轴度超差	镗杆挠曲变形	减少镗杆的悬伸长度，采用工作台送进、调头镗，增加镗杆刚性
	床身导轨不平直	维修机床，修复导轨精度
	床身导轨与工作台的配合间隙不当	恰当地调整导轨与工作台间的配合间隙，镗同一轴线孔时采用同一送进方向
	加工余量不均匀不一致，切削用量不均衡	尽量使各孔的余量均匀一致，切削用量相近；增强镗杆刚性，适当降低切削用量，增加走刀次数
平行度超差	镗杆挠曲变形	增强镗杆刚性，采用工作台送进
	工作台与床身导轨不平行	维修机床

表 8.28　机床精度变化对加工质量的影响

影响因素	对工件精度的影响	解决办法
床身导轨的磨损	①移动工作台使工件做进给运动时，导轨磨损引起被加工孔的圆柱度误差 ②降低工作台回转精度，加工同水平面上的相交孔时，致使各轴线不共面，并与工件底面不平行 ③工作台部件随磨损后的床身下沉，使光杠与孔、齿轮间的间隙变化，形成工作台运动不平稳，使工件孔的表面粗糙度不理想	对工件精度和机床工作情况进行综合分析后，对有关机床部件进行精度复检和维修。具体检测方法见机床精度检验标准
工作台部件的误差	①当工作台两侧导轨不平行或不等高时，移动工作台加工同一水平面上的不同孔，会引起各孔中心高不等 ②工作台下滑座的上、下导轨不垂直时，误差反映到工件上，使加工孔与工件的工艺基准面（与孔轴线垂直的端面）不垂直	
前立柱的误差	①前立柱的导轨面在走刀方向铅垂平面不垂直于工作台面时（即从操作位置看立柱向左或右倾斜），机床主轴便不和工作台面平行，用主轴进给加工出的孔轴线不平行于工件底面。铣削加工时，铣削面与底面不垂直 ②前立柱导轨面在垂直于走刀方向的铅垂平面不垂直于工作台面时（即从操作位置看，立柱向前或后倾斜），主轴箱上、下移动，所镗各孔的轴线与工件侧基面不等距	
主轴轴线与后支承座孔轴心线不同轴	①用长镗杆同时镗工件上的几个孔时，由于工作台进给方向与镗杆轴线不平行，使镗出的各孔不同轴 ②后支承座在镗孔时，有时因自重而下降，影响工件上各孔的同轴度	

表 8.29　镗杆、浮动镗刀等问题对工件质量的影响

影响因素	对工件精度的影响	解决办法
刀杆锥柄与主轴锥孔配合不好	使孔出现椭圆	尽量避免使用变径套，锥部配合的密合率在 75%
安装浮动镗刀的矩形孔与镗杆轴线不垂直或不平行	使孔出现径扩大而超差	应控制在 0.01/100 之内，超差后应返修
新的浮动镗刀刃口太锋利，当刀尖高于孔中心线时，前角相对减小，后角相对增大，加工时刀具颤动	使工件表面产生直条纹，表面粗糙度数值增大	①对于小直径尺寸的浮动镗刀，降低切削速度、进给量及使润滑冷却充分即可 ②用油石修一下浮动刀片，磨出一个 $-2°\sim-4°$ 的负后角，宽 0.1～0.2mm 即可
镗杆与后支承座衬套的配合间隙不合适或衬套内孔、镗杆支承轴颈不圆	镗出的孔出现椭圆	①衬套与镗杆轴颈的圆度公差应小于 0.01mm ②镗杆锥部与镗杆轴颈的同轴度应小于 0.01mm ③镗杆与衬套配合间隙为 0.02～0.04mm ④安装衬套时，椭圆长轴应在铅垂方向
镗杆两支承间的距离过大	孔的位置精度差，表面粗糙度不好	①两支承间距离与镗杆直径比，取小于 10∶1，如大于 10∶1 时，应考虑增加中间支承，否则刀杆刚性不足，不能校正毛坯孔的偏斜 ②减少切削深度
镗杆悬伸过长	镗杆进给时，孔成喇叭形，开始时大，逐渐变小	①改主轴进刀为工作台走刀 ②能在刀杆上装两把刀时，应使两刀受力方向相反
毛坯孔偏斜太多	毛坯孔偏斜未能纠正，孔不圆或一串孔的同轴度差	半精加工前分次切去余量，最后两刀的切削深度在 0.15～0.25mm
工艺系统刚性差	孔的形状位置精度超差，表面粗糙度不好	①加强刀、夹、辅具的刚性 ②机床有关部位应锁紧，调整主轴与轴承的配合间隙在 0.01～0.03mm

续表

影响因素	对工件精度的影响	解决办法
刀具材料选择不当或刀具角度不对	孔精度下降，表面粗糙度不好	①按不同工件材料选择刀具材料 ②选择合理的刀具角度和刀尖半径，以增加刀具的耐用度，减少切屑瘤的形成
工步或工序安排不合理	孔变形，达不到工件图纸要求	合理安排粗、半精、精加工工序或工步，如粗、精加工在一次安装后进行，可在粗加工后将压工件的压板全部松开，稍待片刻后，再轻紧压板，进行精加工

表 8.30　影响加工孔距精度的因素与解决措施

影响因素		简图	影响情况	解决措施
机床坐标定位精度		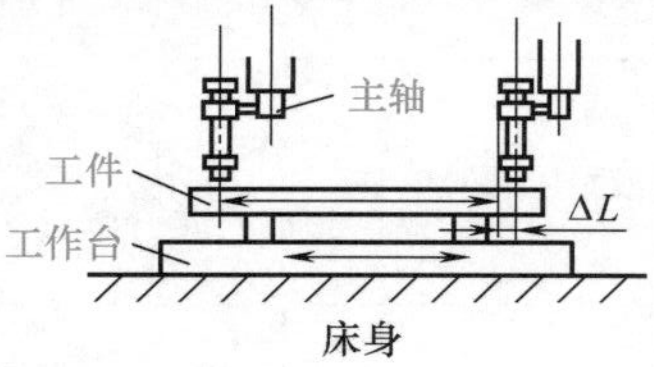	直接影响孔距精度	注意维护坐标测量检测元件和读数系统的精度，防止磨损、发热及损伤
机床几何精度	坐标移动直线度	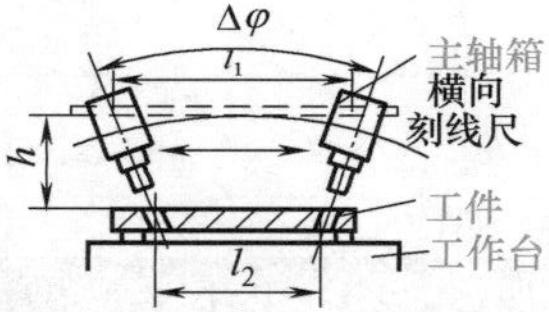	直线度误差（弧度）引起加工孔距误差为 $\Delta l=l_1+l_2=h\times\Delta\varphi$	①注意导轨的维护，保持清洁、润滑良好 ②工件安装位置尽量接近检验机床定位精度时的基准尺位置 ③尽量减少坐标移动和主轴套筒移动 ④正确调整机床基准水平

续表

影响因素		简图	影响情况	解决措施
机床几何精度	纵、横坐标移动方向的垂直度	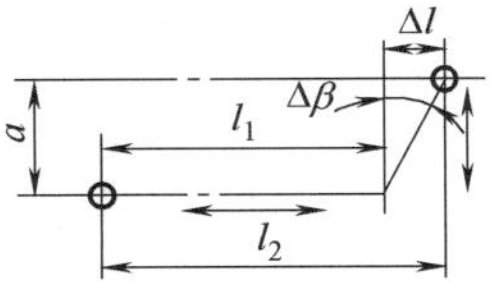	垂直度误差(弧度)引起加工孔距误差为 $\Delta l=a\times\Delta\beta$	①注意导轨的维护，保持清洁、润滑良好 ②工件安装位置尽量接近检验机床定位精度时的基准尺位置 ③尽量减少坐标移动和主轴套筒移动 ④正确调整机床基准水平
	主轴套筒移动方向对工作台面的垂直度	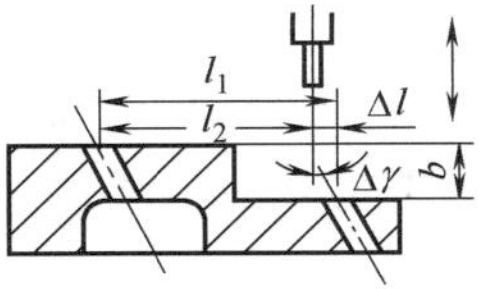	垂直度误差 $\Delta\gamma$(弧度)引起加工孔距误差为 $\Delta l=b\times\Delta\gamma$	
机床刚性		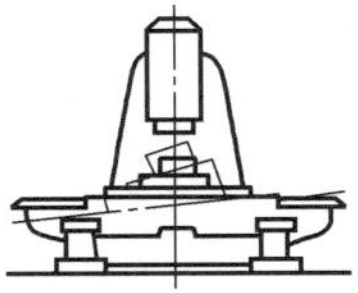	在切削力和工件重力作用下，机床构件系统产生弹性变形，影响机床的几何精度和加工精度	①工件尽量安放在工作台中间 ②加强刀具系统刚性，主轴套筒不宜伸出过长 ③合理选用切削用量
机床热变形	影响机床几何精度的改变	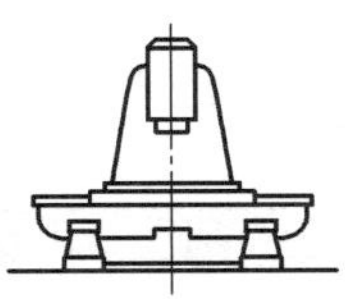	机床各部分产生明显温差，引起机床几何精度改变，从而影响加工孔距精度	①隔离机床外部热源(如阳光、采暖设备等) ②控制环境温度，温度变化小于1℃为宜

续表

影响因素		简图	影响情况	解决措施
机床热变形	影响主轴轴线产生位移	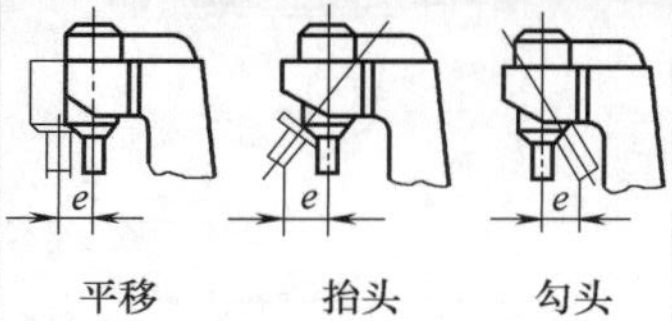	主轴部分受热变形，产生平移和倾斜，影响加工孔距精度	③控制机床内部热源：对液压系统、传动系统热源采用风扇冷却、循环冷却散热；对照明热源采用短时自动关闭或散热措施 ④加工前先空运转，在热变形稳定后加工 ⑤合理选用切削量，避免积累大量切削热（切削深度不能过大） ⑥精镗工序应连续进行，避免隔班、隔日，保持机床热变形稳定
	坐标测量基准元件与工件的温差引起的热变形误差	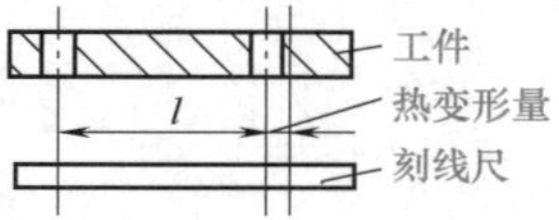	检测元件与工件的温差引起热变形量不同，影响加工孔距误差为： $\Delta l=[\alpha(t-20)-\alpha_0(t_0-20)]t$ 式中，t、t_0 为检测元件和工件的温度；α、α_0 为检测元件和工件的线胀系数	
工件的安装调整		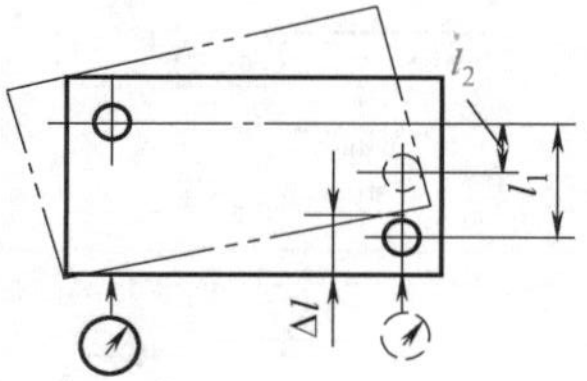	调整、找正精度直接影响加工孔距精度。加工孔距误差为： $\Delta l=l_1-l_2$ 装夹不当引起工件变形，影响孔距精度	①安装基准面准确可靠 ②装夹位置适当，夹紧力不能过大 ③数次安装中应校正统一基准（基准面不变原则） ④工艺基准尽量与设计基准重合（基准重合原则） ⑤减少安装调整次数，一次安装后尽量加工较多的部位
前道工序加工精度低		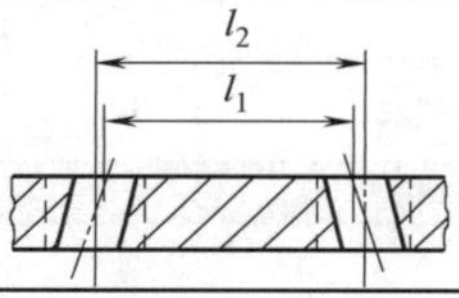	为了消除前道工序孔轴线的倾斜，需使孔距自 l_1 改变至 l_2，影响孔距精度	前道工序要保证孔的正确位置，误差要小于 0.5mm

第9章
齿轮、螺纹等其他切削加工

9.1 齿轮加工

(1) 齿轮及其加工方法

齿轮类零件主要用于传动和连接。如齿轮传动、锥齿轮传动、弧齿锥齿轮传动、蜗轮蜗杆传动、齿轮齿条传动、链轮链条传动等齿轮是传动用齿轮；如矩形花键连接、渐开线齿轮连接、三角齿连接等齿式联轴器的齿类零件是连接用齿轮。

铸造、锻造、冲压等方法制造的齿轮精度低，可用作齿轮的毛坯。常用的齿轮加工方法有切削和磨削。切削用于软齿面的粗加工和精加工与硬齿面的粗加工和半精加工。磨削用于软、硬齿面齿轮的精加工。

齿轮切削成形原理分为成形法和展成法（也称范成法、滚切法）。展成法的加工精度高、生产率高，在生产中应用广泛。

① 成形法切削加工齿轮　成形法加工齿轮是在铣床上用成形齿轮刀具加工齿轮的齿槽，一次切削加工一个齿槽，通过分度头分度将齿轮上所有齿槽加工出来的一种切削加工方法，这种方法在齿轮切削中要求配备多种模数的成形刀具，加工精度和加工效率较低，在硬齿面齿轮磨削和数控机床中应用。

② 展成法加工齿轮　展成法是根据齿轮啮合原理，把啮合的齿轮副（如蜗轮-蜗杆、齿轮-齿条）中简单的一个转化为刀具，在机床上使刀具和工件的运动传动关系与齿轮传动的运动

关系相同，刀具与工件在相对运动、相互作用下将工件切削成要求的齿面。

齿轮法剖面的轮廓线称齿形，用作齿形线的有：直线、渐开线、摆线、圆弧和椭圆线等。直线和渐开线齿轮在机械传动中应用最广，齿轮的模数和压力角是渐开线齿形最主要的两个参数，只要模数和压力角相同，任意两个齿轮就可以进行传动，因此，在齿轮加工机床上，一把刀具可以加工任意齿数的齿轮。

（2）齿轮加工工艺方案

软齿面圆柱直齿轮和斜齿轮适用于滚齿机上进行滚齿的粗加工和半精加工，然后在剃齿机上进行剃齿精加工。

硬齿面圆柱齿轮适用于滚齿机上进行滚齿粗加工和半精加工，淬火后，在磨齿机或珩齿机上进行磨齿或珩齿精加工。必要时，在研齿机上进行研齿精加工。

插齿适用于软齿面直齿圆柱内齿轮、间距较小的双联或多联直齿圆柱齿轮的粗加工和精加工；硬齿面在粗插和半精插后进行淬火处理，在磨齿机或研齿机上进行磨齿或研齿精加工。

拉齿适用于圆柱直齿轮内齿轮和外齿轮的大批大量生产。

圆锥直齿轮一般在刨齿机上进行粗加工和半精加工；精加工在磨齿机上进行精磨。

弧齿锥齿轮一般在铣齿机上进行粗加工和半精加工，精加工在磨齿机上进行精磨。

蜗杆加工与螺纹加工工艺类同，一般粗车、半精车、淬火后，在螺纹磨床上磨削。

蜗轮、链轮加工工艺方法同圆柱直齿轮加工。

花键轴加工一般在铣床或花键轴铣床上粗铣、半精铣、花键轴磨床磨削。

花键内表面加工可插削，大批大量采用拉削，淬火表面精加工采用磨削或研磨。

齿轮加工的工作原理及其说明见表 9.1。

表 9.1　齿轮加工的工作原理及其说明

工作原理简图	说明
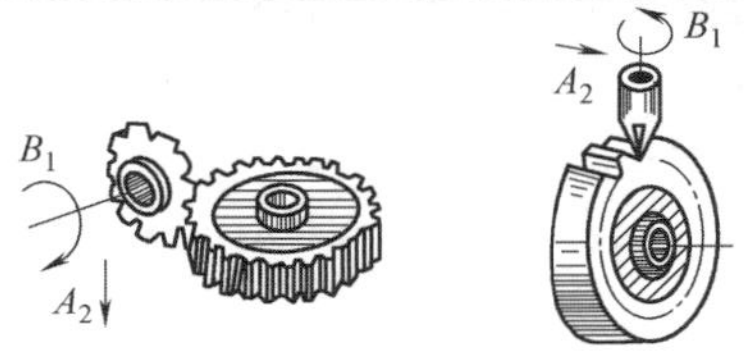 成形法铣齿轮	模数较小时，用盘形成形齿轮铣刀在卧式铣床上用分度头装夹工件并完成分度工作。模数较大时，用指状成形齿轮铣刀在立式铣床上加工
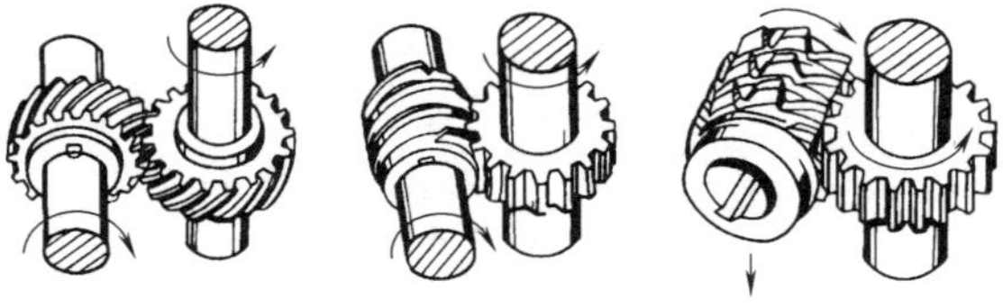 (a)　(b)　(c) **滚齿**	滚齿机上滚切直齿轮时，滚刀的转动是主运动，滚刀转动一转齿轮转动一个齿是展成运动（其原理同蜗杆-蜗轮啮合传动），滚刀沿齿轮轴向移动是进给运动 滚切斜齿轮时，机床还要进行附加运动的传动链调整（满足滚刀沿齿轮轴向移动 1 个螺距，齿轮附加转 1 转的关系）、滚动安装角等的调整
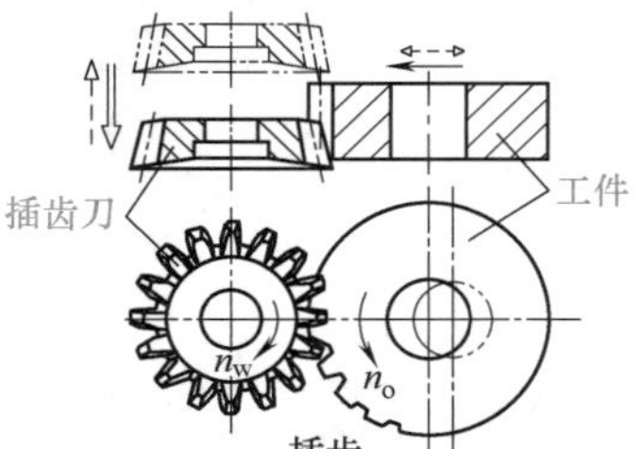 **插齿**	插齿机上插削直齿轮是模拟一对直齿圆柱齿轮的啮合传动过程，插刀模拟的那个齿轮称铲形齿轮。铲形齿轮由刀具材料制成，并具备切削用的刀具参数 插齿时，刀具沿工件轴向作高速往复直线运动，形成切削的主运动，同时作齿轮啮合的回转运动（进给运动），为了避免刀具与齿轮摩擦，回程时工件作辅助让刀运动

续表

工作原理简图	说明
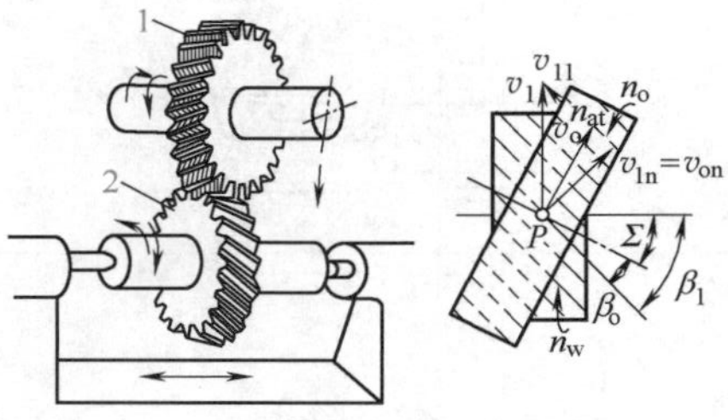(a) (b) 剃齿	剃齿刀齿面上有像梳子一样的切削刃，剃齿刀轴线与工件轴线空间交叉，如同螺旋齿轮啮合传动，剃齿刀带动齿轮运动并施加一定的轴向力，刀具与工件无侧隙啮合运动中，相对运动（滑移速度）将工件上的金属余量切除。图中1是剃齿刀，2是工件
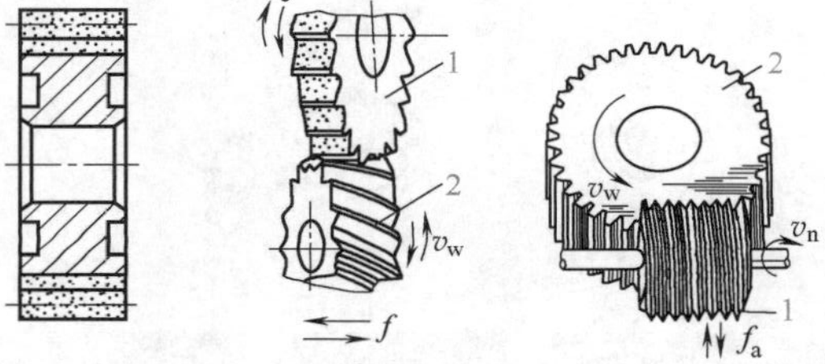珩齿	珩齿与剃齿的原理相同，把剃齿刀换成珩磨轮，珩磨轮是用金刚砂磨料加入环氧树脂等材料作结合剂浇铸或热压而成的磨料齿轮，通过与工件齿轮的啮合，凭借珩磨轮上的磨料，并沿齿轮径向施加一定的压力，在它们传动啮合中把多余的金属切除，这是一种精加工方法。图中，1是珩磨轮，2是工件

续表

工作原理简图	说明
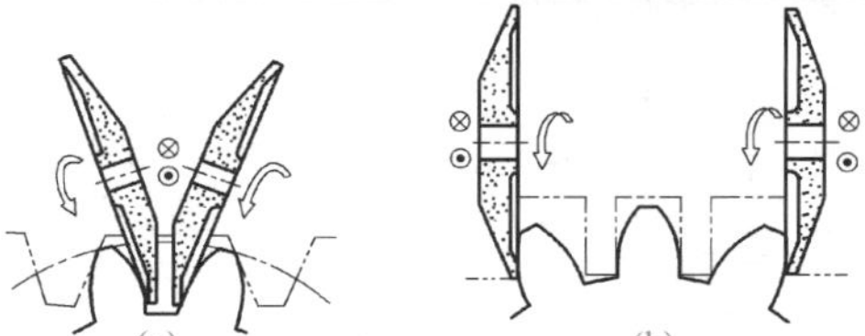 磨齿	磨齿机上齿轮的加工精度高，但效率不高。图(a)为20°安装角磨削法；图(b)为0°安装角磨削法。砂轮转动是磨削的主运动，齿轮的轴向往复直线移动是进给运动；齿轮摆动加平动是展成运动；齿轮作轴向往复移动，同时作摆动加平动，每完成一次，可磨削左、右各一个齿面，然后进行分齿运动，磨下一个齿，直到磨完所有齿面
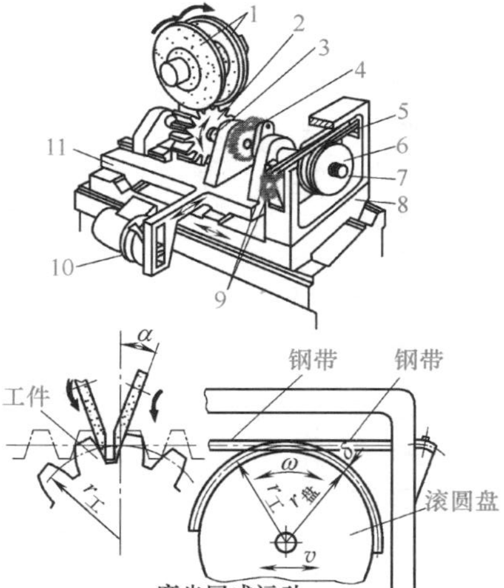 磨齿展成运动	磨齿展成运动是模拟齿轮在齿条上的啮合原理，齿条(砂轮)1轴向固定，齿轮在齿条上纯滚动，即转动加平动，由曲柄盘10、滑块带动切向滑板11作往复直线移动。齿轮2、芯轴3安装在滑板11上，并与分度机构4、滚动圆盘6连接，滚动圆盘在钢带5和9上作往复摆动，即纯滚动。钢带5和9的一端固定在机架7上，另一端固定在滚圆盘上，水平是拉紧的。机架7固定在轴向滑板8上，齿轮基圆直径等于滚动圆盘5的直径，滚动圆盘的直径与被加工齿轮的参数相同，实现了展成运动 分齿运动是滑板8沿工件轴向往复直线运动一次，同时展成运动也完成一次，即加工完成一个齿面，分齿机构分齿，加工下一个齿，直到连续完成所有齿面加工

(3) 滚切直齿圆柱齿轮

① 滚切直齿圆柱齿轮的成形运动分析　如图 9.1 所示，根据滚切直齿圆柱齿轮的成形运动分析，用滚刀加工直齿圆柱齿轮必须具备以下两个运动：一个是形成渐开线齿廓所需的展成运动（B_{11} 和 B_{12}）；另一个是切出整个齿宽所需的滚刀沿工件轴线的垂直进给运动（A_2），图中 ω 为滚刀的螺旋升角，δ 为滚刀的安装角。

根据滚切直齿圆柱齿轮所需要的成形运动以及在机床上实现每个运动具备的基本部分，滚切直齿圆柱齿轮的传动原理图如图 9.2 所示，滚切直齿圆柱齿轮需要主运动传动链、展成运动传动链和垂直进给运动传动链 3 条传动链。

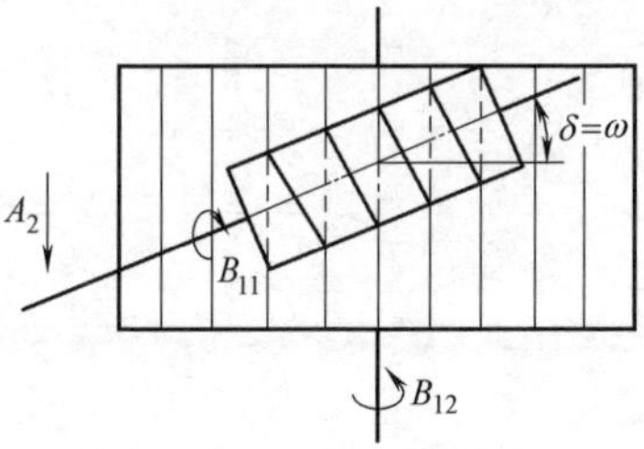

图 9.1　滚切直齿圆柱齿轮所需的运动

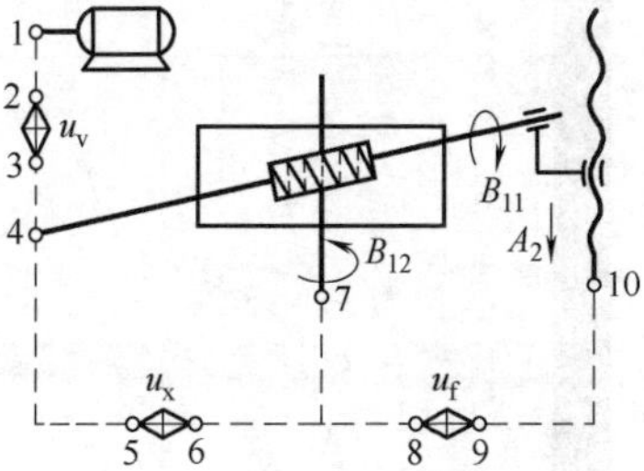

图 9.2　滚切直齿圆柱齿轮的传动原理图

a. 主运动传动链　主运动传动链是由电动机至滚刀的传动链，其传动联系为：电动机—1－2－u_v－3－4－滚刀，属于外联系传动链，主要用来调整主运动的转速 B_{11}（即速度参数），保证生产效率和滚刀的耐用度（使用寿命）。

b. 展成运动传动链　展成运动是滚刀与工件相啮合形成渐开线齿廓的运动。它分解成两部分：滚刀的旋转运动 B_{11} 和工件的旋转运动 B_{12}。展成运动是个复合运动（$B_{11}+B_{12}$），构成 B_{11} 与 B_{12} 之间的传动链是一条内联系传动链，该链的传动联系为：滚刀—4－5－u_x－6－7－工件。滚刀与工件间的运动关系为：滚刀转 1 转，工件转 $\frac{k}{z}$ 转（z 为工件的齿数，k 为滚刀的头数）。该运动关系直接影响齿轮（渐开线）的形状精度。

c. 垂直进给运动传动链　滚刀架沿工件轴线作垂直进给运动 (A_2)，切出整个齿槽。进给运动的进给量 f mm/r 即工件转 1 转，滚刀垂直进给的距离。垂直进给运动传动链的传动联系为：工件—7—8—u_f—9—10—滚刀架（升降丝杠），属于一条外联系传动链。垂直进给运动的大小主要影响切槽的速度和被加工齿面的粗糙度。

② 滚切直齿圆柱齿轮的滚刀安装　在滚齿时，应使滚刀在切削点处的切削速度方向与被加工齿轮的齿槽方向一致。因此，需要保证滚刀的安装角 δ 正确。加工直齿轮时，$\delta=\omega$（ω 为滚刀的螺旋升角)，如图 9.3 所示。

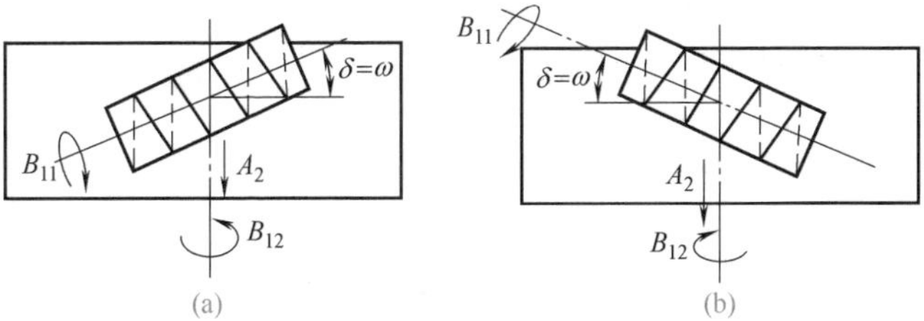

图 9.3　滚切直齿圆柱齿轮时滚刀安装角

(4) 滚切斜齿圆柱齿轮

① 机床的成形运动和传动原理　斜齿圆柱齿轮与直齿圆柱齿轮相比，端面齿廓也是渐开线，但齿槽的方向不是直线，而是螺旋线。加工斜齿圆柱齿轮时，除需要一个形成渐开线的展成运动外，还需要一个形成螺旋线的运动。形成渐开线的展成运动与加工直齿相同。加工斜齿轮时的进给运动是螺旋运动，是一个复合运动。在机床上，将这一复合运动分解为滚刀的直线运动 A_{21} 和工件的旋转运动 B_{22}，滚切斜齿轮的成形运动如图 9.4 所示。

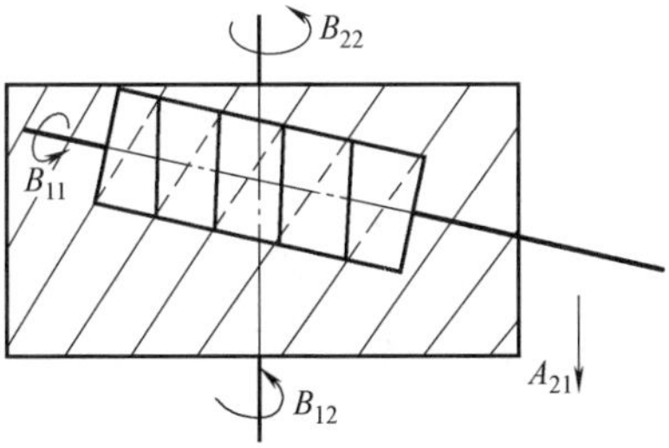

图 9.4　滚切斜齿圆柱齿轮所需的运动

根据滚切斜齿圆柱齿轮所需要的成形运动以及在机床上实现每个运动具备的基本部分，滚切斜齿轮的传动原理图如图 9.5 所示。滚切斜齿轮时，主运动传动链、展成运动传动链和垂直进给运动传动链均与加工直齿轮时相同。

为了形成螺旋线，需要将刀架移动 A_{21} 和工件的附加转动 B_{22} 构成一个内联系传动链，以保证工件附加转动一转，滚刀架直线移动的距离为被加工斜齿轮螺旋线的一个导程 T。这条传动链的传动联系为：滚刀架－12－13－u_y－14－15－Σ－6－7－u_x－8－9－工件，此传动链称为差动传动链。因为工件的实际转动为 $B_{12}+B_{22}$，所以采用合成机构，将运动 B_{12} 和 B_{22} 合成后传给工件。因为机床工作台（工件）同时完成 B_{12} 和 B_{22} 两种旋转运动，故 B_{22} 也称为附加转动，该传动链也称为附加转动传动链。

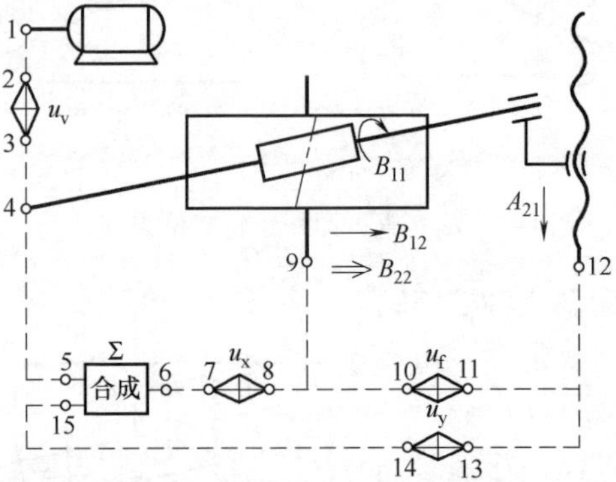

图 9.5　滚切斜齿圆柱齿轮传动原理图

② 工件附加运动的方向　工件附加转动 B_{22} 的方向如图 9.6 所示。图中，假设使用右旋滚刀，安装在工件前面（图中未画出），滚刀由上至下进给运动，ac'表示斜齿圆柱齿轮的齿槽线。滚刀在位置Ⅰ时，切削点为 a 点，当滚刀下降 Δf 到位置Ⅱ时，切削点在 b 点，而加工斜齿轮要求在 b'点，因此，就需要工件比切削直齿时多转或少转一些，使 b'点转至滚刀对着的 b 点位置上。

附加运动的方向与刀具的进给方向、滚刀的旋向和齿轮的旋向有关。用右旋滚刀加工右旋齿轮的附加转动 B_{22} 的方向如图 9.6

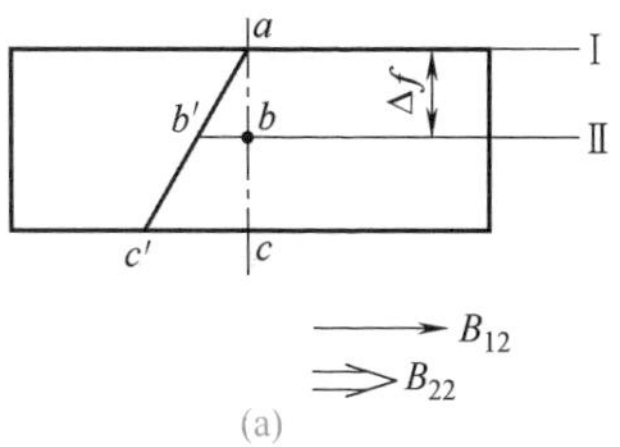

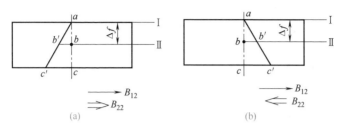

图 9.6　滚切斜齿轮时工件附加转动的方向

(a) 所示，这时工件应比加工直齿时多转一些，故 B_{22} 与 B_{12} 同向。用右旋滚刀加工左旋齿轮的附加转动 B_{22} 的方向如图 9.6 (b) 所示，这时工件应比加工直齿时少转一些，故 B_{22} 与 B_{12} 反向。

附加转动 B_{22} 的速度大小为：滚刀架向下移动一个齿槽螺旋线的导程 T (mm)，工件应多转 1 转（右旋齿轮）或少转 1 转（左旋齿轮）。

③ 滚刀的安装　在滚切斜齿轮时，滚刀安装角 δ 不仅与滚刀的螺旋方向和螺旋升角 ω 有关，还与被加工齿轮的螺旋方向和螺旋角 β 有关，当滚刀与齿轮的螺旋方向相同时，滚刀的安装角 $\delta=\beta-\omega$，如滚刀和齿轮均为右旋的情况，滚刀的安装如图 9.7 (a) 所示。当滚刀与齿轮的螺旋线方向相反时，滚刀的安装角 $\delta=\beta+\omega$，如滚刀为右旋、齿轮为左旋的情况，滚刀的安装如图 9.7 (b) 所示。

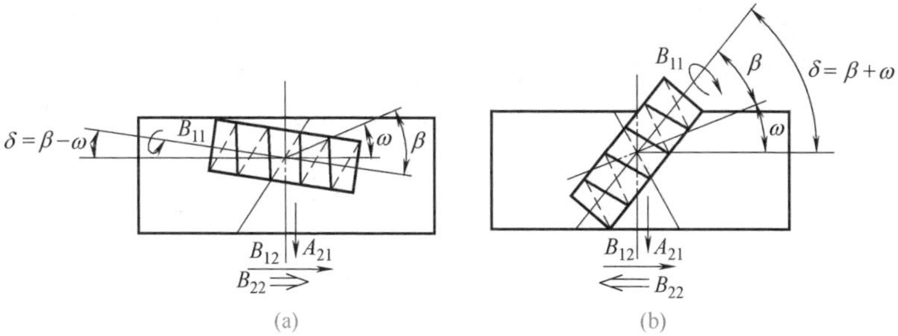

图 9.7　滚切斜齿圆柱齿轮时滚刀安装角

在滚齿机上，既能加工直齿轮，也能加工斜齿圆柱齿轮。当加工直齿轮时，需将差动传动链断开，把合成机构设定成联轴器的作用。

（5） Y3150E型滚齿机的用途、布局和技术参数

Y3150E型滚齿机主要用于滚切直齿圆柱齿轮、斜齿圆柱齿轮、花键轴和用手动径向进给法滚切蜗轮。Y3150E型滚齿机组成结构的外形及其布局如图9.8所示。

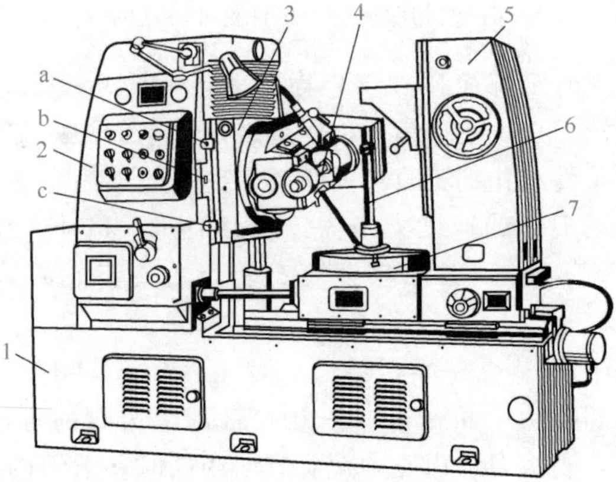

图9.8 Y3150E型滚齿机

1是床身，2是立柱，3是刀架，4是滚刀主轴，5是小立柱，6是工件芯轴，7是工作台。刀架3可沿立柱2上的导轨上下直线运动，还可绕刀架转盘转动一个角度，以调整滚刀的安装角度。滚刀装在滚刀主轴4上作旋转运动。小立柱5除用作工件芯轴支承外，还可以连同工作台一起作水平方向移动，以适应不同直径的工件及在用径向进给法切削蜗轮时作进给运动。工件装在工件芯轴6上，随工作台7一起旋转。

Y3150E型滚齿机主要技术参数为：

最大加工直径为500mm；

最大加工宽度为250mm；

最大加工模数为8mm；

最小齿数 $z_{min}=5k$（k 为滚刀头数）；

滚刀主轴转速：40r/min、50r/min、63r/min、80r/min、100r/

min、125r/min、160r/min、200r/min、250r/min；

刀架轴向进给量：0.4mm/r、0.56mm/r、0.63mm/r、0.87mm/r、1mm/r、1.16mm/r、1.41mm/r、1.6mm/r、1.8mm/r、2.5mm/r、2.9mm/r、4mm/r（工件）；

外形尺寸：2439mm×1272mm×1770mm。

（6）滚切直齿圆柱齿轮的传动链分析计算

滚齿机传动系统比较复杂，在进行传动链分析时，会遇到很多分支，对初学者来说，不知道该沿哪一个分支进行分析。比较常用的办法是：首先根据机床的传动原理图，确定要分析哪个运动，明确该运动的两末端件及其运动关系和传动路线，然后根据该机床的传动系统图，确定该运动传动链的两末端件及其计算位移，列出运动平衡式，由运动平衡式导出换置公式。

由机床运动分析知，滚切直齿轮时需要三条传动链：主运动传动链、展成运动传动链和垂直进给传动链。Y3150E 型滚齿机的传动系统图如图 9.9 所示。

1）主运动传动链分析　Y3150E 型滚齿机的主运动传动链是一条外联系传动链，主要作用是为滚刀提供合适的转速。调整计算的目的是为滚刀选择合适的转速 $n_{刀}$。对该传动链分析的目的是了解该传动链的变速形式，进行机床调整。Y3150E 型滚齿机的主运动传动链的两末端件为：电动机-滚刀，其计算位移是：$n_{电}$ r/min（电动机）-$n_{刀}$ r/min（滚刀），然后根据该机床的传动系统图，对其主运动传动链进行分析，写出传动路线表达式。

Y3150E 型滚齿机的主运动传动链采用交换齿轮变速挂轮 A/B 和三联滑移齿轮组合的变速形式。交换齿轮变速结构简单，操作不够方便，一般用于变速不频繁的情况。

机床上滚刀主轴的转速，可通过列出运动平衡式进行计算：

$$n_{刀}=1430\times\frac{115}{165}\times\frac{21}{42}\times u_{变}\times\frac{A}{B}\times\frac{28}{28}\times\frac{28}{28}\times\frac{28}{28}\times\frac{20}{80}(\mathrm{r/min})$$

式中，A/B 的传动比分别为：24/48、36/36、48/24，$u_{变}$ 的传动比分别为：27/43、31/39、35/35，其计算结果如表 9.2 所示。

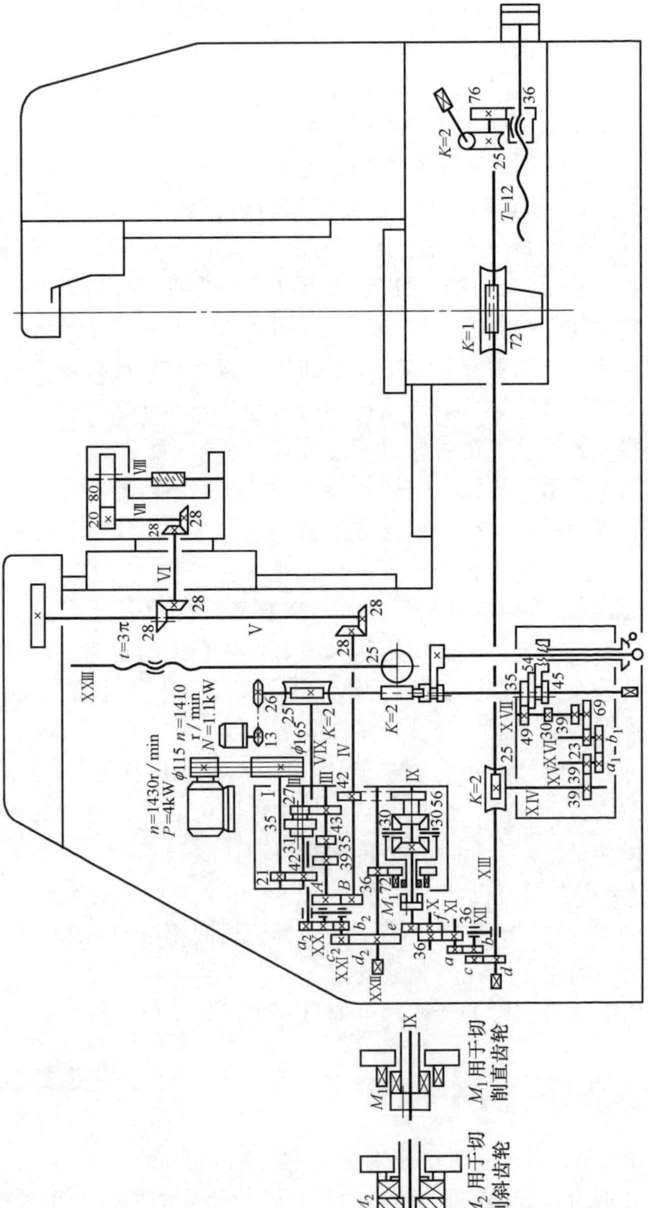

图 9.9 Y3510E 型滚齿机的传动系统

表 9.2　Y3150E 型滚齿机的滚刀主轴的转速　　r/min

A/B		24/48	36/36	48/24
$u_{变}$	27/43	40	80	160
	31/39	50	100	200
	35/35	63	125	250

滚刀的理论转速 $n_{刀}$（r/min）要根据刀具的材料、被加工齿轮的材料、要求的切削速度 v_c（m/min）、滚刀的外径 D（mm）来确定，其关系为：$n_{刀}=\dfrac{1000v_c}{\pi D}$（r/min）。滚刀的理论转速是满足滚刀耐用度的合理切削速度，但是，机床上分级的、有限的转速不一定与滚刀的理论转速吻合，这时就要选择与滚刀的理论转速相近的较低的那级转速。

2）展成运动传动链　Y3150E 型滚齿机的展成运动传动链是一条内联系传动链，主要用来调整控制展成运动的轨迹参数，它直接影响齿轮（渐开线）的形状精度，因此需要精确调整计算。其分析步骤为：

① 确定两末端件：滚刀-工件。

② 确定两末端件的计算位移：滚刀转 1r-工件转$\dfrac{k}{z_{工}}$r。

③ 列出两末端件的运动平衡方程式：$1\times\dfrac{80}{20}\times\dfrac{28}{28}\times\dfrac{28}{28}\times\dfrac{28}{28}\times\dfrac{42}{56}\times u_{合}\times\dfrac{e}{f}\times\dfrac{a}{b}\times\dfrac{c}{d}\times\dfrac{1}{72}=\dfrac{k}{z_{工}}$。其中，$u_{合}$ 为合成机构的传动比，滚切直齿轮时 $u_{合}=1$。

④ 确定换置器官，导出传动链调整计算的换置公式：$u_x=\dfrac{a}{b}\times\dfrac{c}{d}=\dfrac{f}{e}\times\dfrac{24k}{z_{工}}$。

换置器官 $u_x=\dfrac{a}{b}\times\dfrac{c}{d}$；$a$、$b$、$c$、$d$ 是换置器官 u_x 的调整机构，即挂轮；e、f 是一对“结构性挂轮”，可根据被加工齿轮的齿数进行选择，避免 a、b、c、d 挂轮的分子与分母的齿数相差过大。

当 $5\leqslant\frac{z_{工}}{k}\leqslant20$ 时，取 $e=48$，$f=24$；

当 $21\leqslant\frac{z_{工}}{k}\leqslant142$ 时，取 $e=36$，$f=36$；

当 $143\leqslant\frac{z_{工}}{k}$ 时，取 $e=24$，$f=48$。

3）轴向进给传动链　Y3150E 型滚齿机的轴向进给运动传动链是一条外联系传动链，主要用来调整轴向进给运动的速度参数，即进给量。进给量的大小主要影响切槽的速度和被加工齿面的粗糙度。Y3150E 型滚齿机的轴向进给运动传动链的两末端件为：工作台-刀架，其计算位移为：1r（工作台或工件）-$f$mm（刀架垂直进给）。对该运动传动链分析的目的是在机床上确定一种合适的进给量。Y3150E 型滚齿机的轴向进给运动的变速装置为进给箱，变速采用进给交换挂轮 a_1/b_1 和三联滑移齿轮变速，交换挂轮 a_1/b_1 有 4 种传动比，三联滑移齿轮有 3 种传动比，所以 Y3150E 型滚齿机的轴向进给量有 12 种。轴向进给量可用运动平衡式 $f=1\times\frac{72}{1}\times\frac{2}{25}\times\frac{39}{39}\times\frac{a_1}{b_1}\times\frac{23}{69}\times u_{进}\times\frac{2}{25}\times3\pi$（mm/r）进行计算，计算结果如表 9.3 所示。

进给量 f 可根据齿坯材料、齿面粗糙度和加工精度的要求、采用的铣削方式（顺铣或逆铣）等情况确定。垂直进给传动链是外联系传动链，f 不需要有严格数值。

表 9.3　Y3150E 型滚齿机的轴向进给量 f　　mm/r

$u_{进}$	a_1/b_1			
	26/52	32/46	46/32	52/26
30/54	0.4	0.56	1.16	1.6
39/45	0.63	0.87	1.80	2.50
49/35	1.00	1.41	2.90	4.00

例 1　用高速钢单头滚刀（Ⅱ型）滚切 7 级精度、表面粗糙度

为 $Ra2.5\mu m$ 的钢质齿轮，已知滚刀的直径 $d_e=100mm$，头数 $k=1$，模数 $m=3mm$，孔径 $D=32mm$，齿轮的齿数 $z_{工件}=63$，模数 $m=3mm$，试确定：

① 滚刀主轴的转速 $n_{刀}$；

② 展成挂轮 a、b、c、d 的齿数；

③ 滚刀架的进给量 f。

解　① 根据齿轮加工工艺守则（JB/T 9168.9—1998），模数在 20mm 以下，采用粗滚和精滚各一次，粗切后齿厚留 0.50～1.00mm 的精滚余量；模数在 20mm 以上，滚切次数采用粗滚、半精滚和精滚各一次，粗滚全齿深的 70%～80%，半精滚后齿厚留 1.00～1.50mm 的精滚余量。根据"齿轮与花键加工切削用量"，粗加工的切削速度 $v_c=29$ m/min；精加工的切削速度 $v_c=38$m/min。

粗加工时滚刀的理论转速 $n_{刀}=\dfrac{1000v_c}{\pi D}=\dfrac{1000\times 29}{100\pi}=92$ (r/min)

精加工时滚刀的理论转速 $n_{刀}=\dfrac{1000v_c}{\pi D}=\dfrac{1000\times 38}{100\pi}=121$ (r/min)

粗加工时滚刀的理论转速 $n_{刀}=92$r/min，它在机床滚刀主轴转速 100r/min 和 80r/min 之间，为了不降低刀具的耐用度，粗加工时滚刀主轴的转速取 80 r/min；精加工时滚刀的理论转速 $n_{刀}=121$r/min，在机床滚刀主轴转速 125r/min 和 100r/min 之间，取 100 r/min。滚刀的实际转速选取机床上接近理论转速的较低一级转速。

② 因为 Y3150E 型滚齿机备有的挂轮齿数分别为：20、20、23、24、24、25、26、30、31、32、33、34、35、36、36、37、40、41、43、45、45、46、47、48、48、50、52、52、55、57、58、59、60、60、61、62、65、67、70、71、73、74、75、77、79、80、82、83、85、86、89、90、92、94、95、97、98、100，所以在调整机床展成运动传动链时，选用的挂轮必须是机床备有的。

根据 Y3150E 型滚齿机展成运动传动链的调整计算换置公式，

将滚刀的头数和被加工齿轮的齿数代入式中，若被加工齿轮的齿数在机床备有挂轮齿数中没有，可采用公约数分解的形式进行试凑，直到分解为机床备有的挂轮齿数形式为止，即 $u_x=\frac{a}{b}\times\frac{c}{d}=\frac{24k}{z_{工}}=\frac{24}{63}=\frac{4\times5\times4\times6}{5\times7\times4\times9}=\frac{20}{35}\times\frac{24}{36}$。挂轮 $a=20$、$b=35$、$c=24$、$d=36$ 就是调整计算的结果，正确的结果还可能有多种。

若被加工齿轮的齿数在上列齿数之中，其调整计算就十分方便，如 45 齿的齿轮，则 $u_x=\frac{a}{b}\times\frac{c}{d}=\frac{24k}{z_{工}}=\frac{24}{45}=\frac{24}{36}\times\frac{36}{45}$。

③ 根据"齿轮与花键加工切削用量"，粗加工进给量 $f=2.1\sim2.7$mm/r；精加工进给量 $f=0.7\sim0.9$mm/r。根据表 9.3，在本机床选取粗加工进给量 $f=2.50$mm/r；精加工进给量 $f=0.87$mm/r。

(7) 滚切斜齿圆柱齿轮的传动链分析计算

从运动分析可知，滚切斜齿圆柱齿轮与直齿圆柱齿轮的差别在于增加一条差动运动（附加运动）传动链。这条传动链要完成齿槽的螺旋线，属于内联系传动链。

1）主运动传动链和轴向进给运动传动链　滚切斜齿圆柱齿轮的主运动传动链、轴向进给运动传动链与滚切直齿轮时完全相同。

2）展成运动传动链　由于滚切斜齿轮时需要运动合成，这时展成运动传动链的 $u_{合}=-1$，其调整计算与滚切直齿轮相同。但其旋转方向改变，所以在展成运动传动链调整时，要按机床使用说明的规定使用或不使用惰轮来调整 B_{12} 的转动方向。

3）差动运动（附加运动）传动链　差动运动（附加运动）传动链要完成齿槽螺旋线的成形，属于内联系传动链，要保证齿槽螺旋线形状轨迹精度，其分析步骤为：

① 确定两末端件：刀架-工件（或工作台）。

② 确定两末端件的计算位移：Tmm（刀架垂直移动）-1r（工件或工作台附加转动）。

③ 列出两末端件的运算平衡式：$\frac{T}{3\pi}\times\frac{25}{2}\times\frac{2}{25}\times\frac{a_2}{b_2}\times\frac{c_2}{d_2}\times\frac{36}{72}\times$

$$u_{合}\times\frac{e}{f}\times u_{x}\times\frac{1}{72}=1$$

式中，T 为被加工斜齿轮螺旋线导程，由图 9.10 螺旋线的展开图可知：$T=\frac{\pi m_{端} z_{I}}{\tan\beta}$，$m_{端}=\frac{m_{法}}{\cos\beta}$，则 $T=\frac{\pi m_{法} z_{I}}{\sin\beta}$，其中 $m_{端}$ 为齿轮的端面模数；$m_{法}$ 为齿轮的法面模数；β 为齿轮的螺旋角；在差动链中 $u_{合}=2$。

④ 确定换置器官，导出传动链调整计算的换置公式：$u_{y}=\frac{a_2}{b_2}\times\frac{c_2}{d_2}=9\frac{\sin\beta}{m_{法} k}$

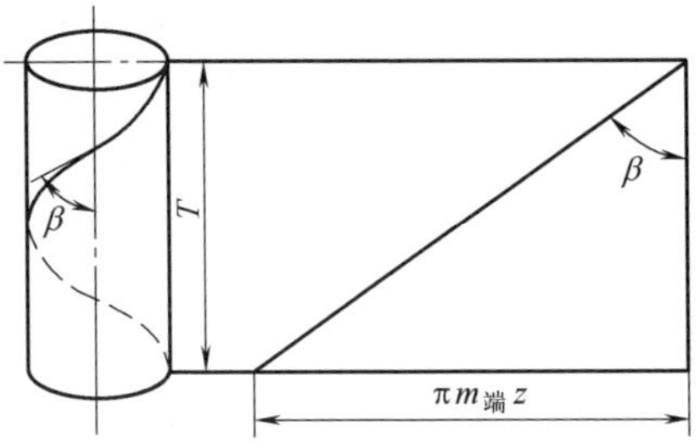

图 9.10　螺旋线的展开图

滚刀架的轴向进给丝杠采用了模数螺纹（3π），使平衡式中的π得以消去。差动传动链传给工件附加运动的方向，可能与展成运动工件的转向相同或相反，安装差动挂轮时，可按说明书的规定使用或不使用惰轮。

（8）刀架快速移动传动链

刀架快速移动主要用于调整机床、加工时刀具快速接近或退离工件。当加工工件需采用几次吃刀（分粗、精加工）时，在每次加工后，要将滚刀快退回起始位置。在滚切斜齿轮时，滚刀应按螺旋线轨迹退出，以免出现“乱扣”。

刀架快速移动是通过快速电动机实现的，把改变转向的快速运动直接传入差动传动链而使刀架快速退出。在接通快速电动机前，应切断主电动机与差动传动链之间的传动。操作时，通过手柄使轴 XⅧ上的三联滑移齿轮处于空挡位置，然后启动快速电动机（图 9.9）。为了安全起见，三联滑移齿轮的脱开和快速电动机的启动是靠电气实现互锁的。滚刀架快速移动传动路线为：

$$快速电动机\quad n=1410\text{r/min}—\frac{13}{26}—\frac{2}{25}—刀架垂直进给丝杠\ \text{XXIII}$$

$P=1.1\mathrm{kW}$

当刀架快速退回时，主电动机运动与否均可，因为它与快速电动机分属两个不同的独立运动。

9.2 螺纹加工

(1) 螺纹常用的加工方法

对于零件上的螺纹表面一般采用车削，如轴上外螺纹、端面螺纹，套类零件的内螺纹；零件上的螺纹孔，如箱体上的螺纹孔、轴的法兰上螺纹孔等；用作连接的，一般采用钻螺纹底孔，然后攻螺纹；精度要求高的、传动精密零件上的螺纹，一般采用车削后磨削螺纹。对于常用的标准件螺纹，一般采用滚压法加工，如搓丝和滚丝等。

(2) 螺纹刀具

① 螺纹刀具的种类和用途　见表 9.4。

表 9.4　螺纹刀具的种类和用途

分类	螺纹刀具名称	用途
用切削法加工螺纹的刀具	螺纹车刀,包括平体螺纹车刀、圆体螺纹车刀	加工各种内、外螺纹,加工尺寸范围广,通用性好
	螺纹梳刀,包括平体螺纹梳刀、棱体螺纹梳刀、圆体螺纹梳刀	加工内、外螺纹,加工效率高,适于成批生产
	板牙,包括手用板牙和机用板牙	加工外螺纹的标准刀具之一,应用广泛,效率较高,但加工螺纹精度较低
	丝锥,有手用丝锥、机用丝锥、螺母丝锥、无槽丝锥、拉削丝锥、螺旋槽丝锥	加工内螺纹的标准刀具之一,适用于中、小尺寸螺纹范围。拉削丝锥可加工梯形、方牙螺纹
	螺纹铣刀,包括盘形螺纹铣刀、梳形螺纹铣刀	用铣削方式加工内外螺纹,生产效率高,但精度较低,适于一般精度螺纹加工或作预加工用
	自动开合螺纹切头,包括自动开合板牙头和自动开合丝锥	加工内、外螺纹,生产效率高,精度高,适于大批大量生产
用滚压法加工螺纹的刀具	滚丝轮、搓丝板	利用塑性变形原理加工外螺纹,生产效率高。加工螺纹的精度高,表面粗糙度小,力学性能好

② 常见的螺纹刀具的结构　手用和机用丝锥用来加工内螺纹，其结构如图 9.11 所示。

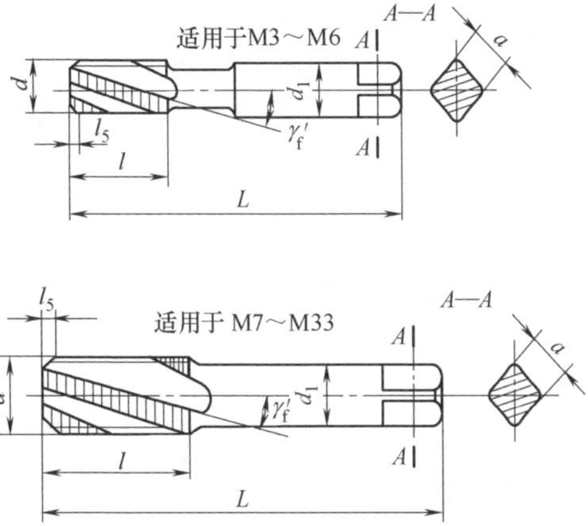

图 9.11　螺旋槽丝锥

手用和机用板牙用来加工外螺纹，其结构如图 9.12 所示。

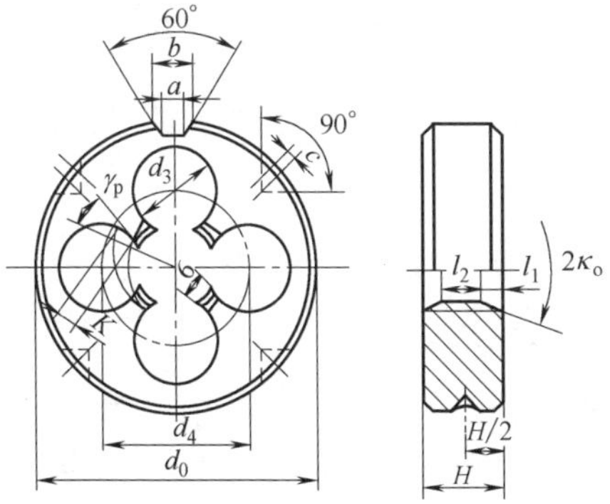

图 9.12　板牙

除常用螺纹车刀车螺纹外，还用平体螺纹梳刀、棱体螺纹梳刀和圆体螺纹梳刀加工螺纹，其结构如图 9.13 所示。

用滚压法加工外螺纹，生产效率高，采用的刀具是滚丝轮和搓丝板，其结构如图 9.14、图 9.15 所示。

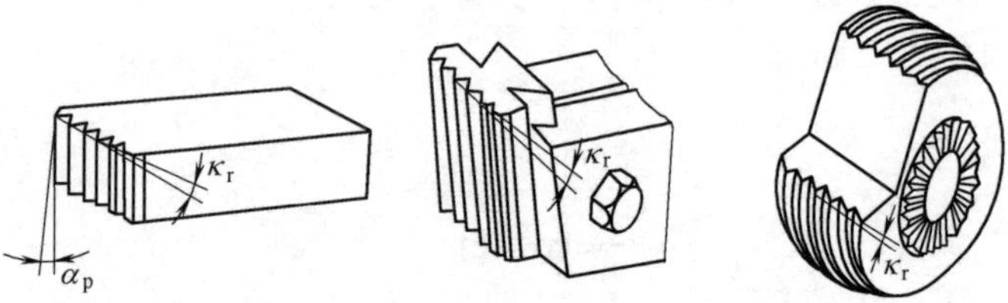

(a) 平体螺纹梳刀　(b) 棱体螺纹梳刀　(c) 圆体螺纹梳刀

图 9.13　螺纹梳刀

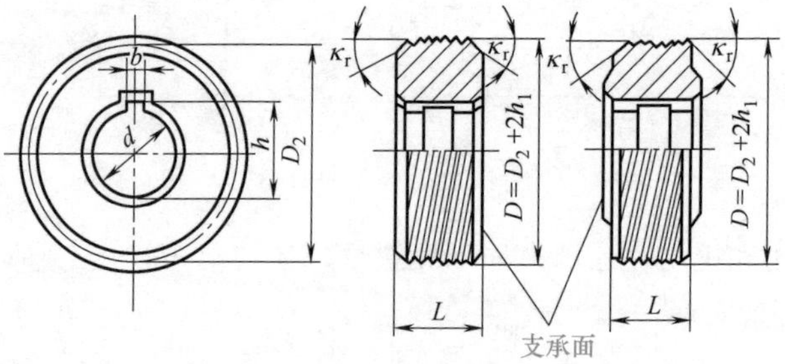

图 9.14　滚丝轮的型式和尺寸

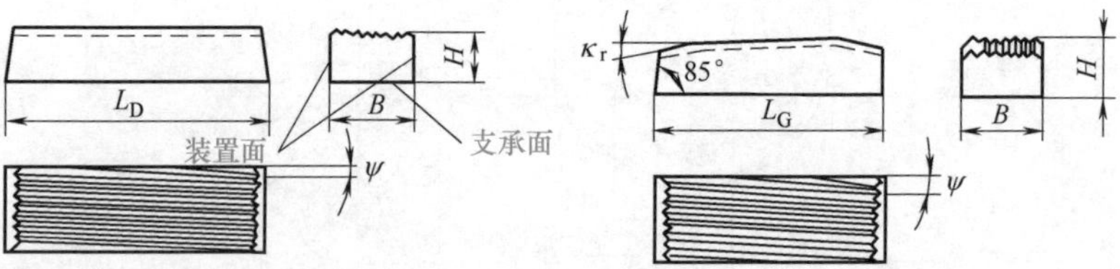

(a) 活动搓丝板　(b) 固定搓丝板

图 9.15　粗、细牙普通螺纹用搓丝板

(3) 螺纹滚轧方法

螺纹车刀车削螺纹、板牙和丝锥加工螺纹见车削加工。螺纹滚轧的方法及其应用见表 9.5。

表 9.5　螺纹滚轧方法及其应用

滚轧方法		简图	应用示例
切向进给滚切法	用搓丝模滚轧	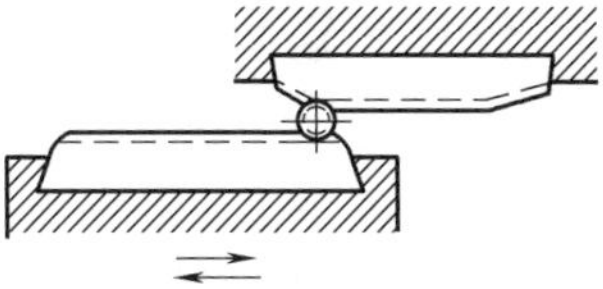	滚轧螺钉、螺柱、螺杆、木螺钉，滚轧轴或杆上的直槽花纹或斜槽花纹。工件直径 2～25mm，生产率在自动进料时为 60～120 件/min，在手动进料时为 30～50 件/min。工件平放或斜放
	用弓形滚丝机滚轧（单工位或多工位）	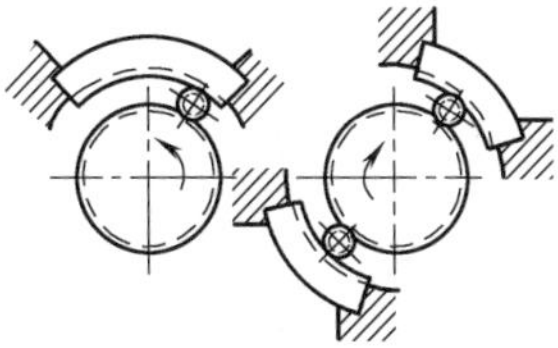	滚轧螺钉、螺柱、螺杆，直径 2～10mm。在单工位机床或装置上工件平放，生产率为 20～30 件/min。在三或四工位的特殊机床上工件直放，生产率为 40～100 件/min
	用环形滚丝模及圆丝柱滚轧（连续滚轧）	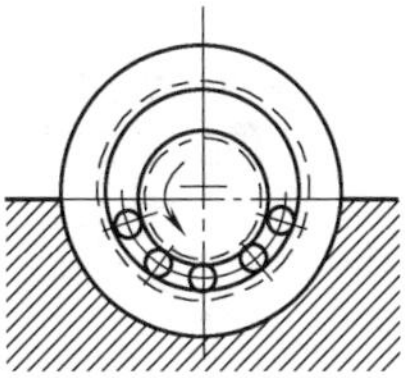	滚轧螺钉、螺杆、螺柱，直径 3～10mm，机床连续工作，工件直放或平放，生产率为 100～200 件/min
	用成型双滚丝模滚轧	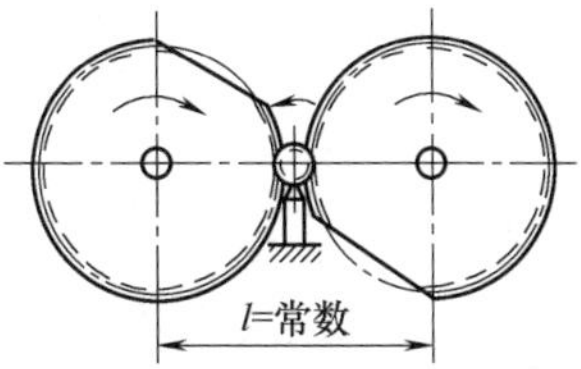	滚轧螺钉、螺杆、丝锥及其他圆柱形或圆锥形的三角螺纹，工件平放，生产率 2～6 件/min
	双滚丝模的螺纹滚轧头	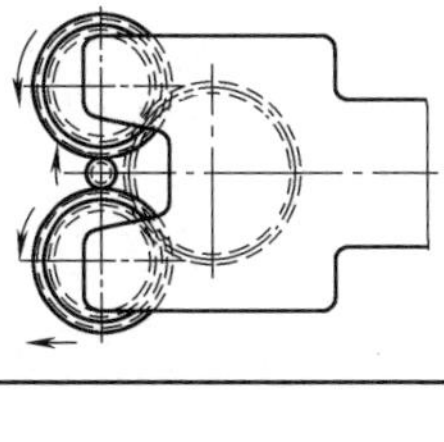	在车床、六角车床、自动车床上滚轧螺钉、螺杆以及其他带有螺纹的零件，直径 6～30mm

续表

滚轧方法		简图	应用示例
径向进给滚切法	双滚丝模滚轧	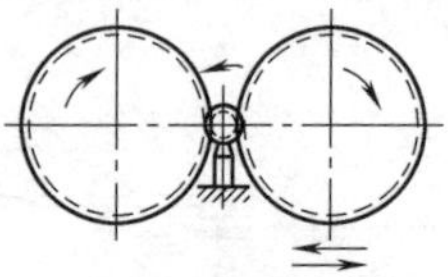	滚轧丝锥、螺纹量规、公制和梯形螺杆、螺钉、螺柱等，工件直径 0.3～120mm，工件平放，生产率为 3～20 件/min
	三滚丝模滚轧	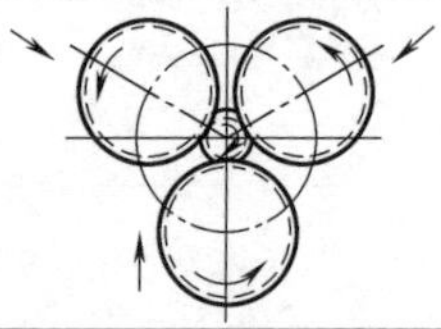	滚轧螺钉、螺杆、空心的螺纹零件，工件平放，生产率为 10～40 件/min
轴向进给滚切法	双滚丝模滚轧	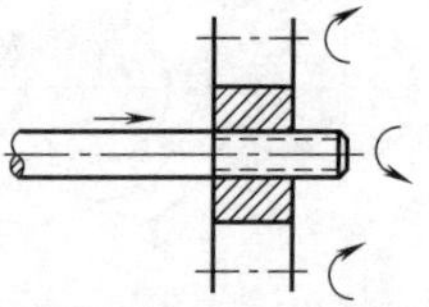	滚轧具有三角及浅梯形螺纹的长螺钉，螺距 3～5mm，工件平放
	具有强制转动机构的双滚丝模	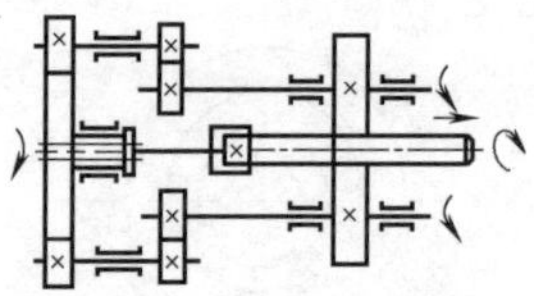	滚轧深梯形螺纹的长螺钉，工件平放
	三滚丝模螺纹滚轧头	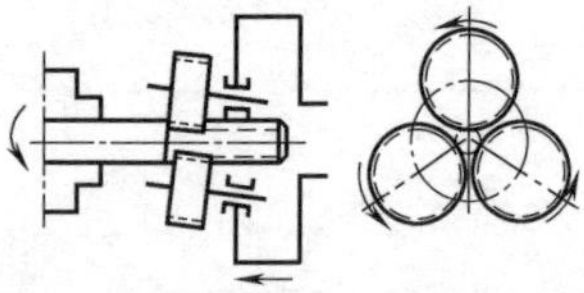	滚轧长的三角螺纹零件，直径 3～25mm，可装在车床、螺纹切割机、六角车床和自动车床上

注：表内生产率的上限适用于小直径工件，下限适用于大直径工件。

9.3 拉床及其主要技术参数

(1) 拉削的工艺范围

拉床上的拉削只有一个直线移动的主运动，用于拉削各种内外平行直母表面，其断面形状如图 9.16 所示。拉床有卧式和立式两种形式，主参数是额定拉力。拉削时拉刀作低速直线运动，一次将被加工表面拉削成形，完成粗加工、半精加工和精加工，生产率较高，适用于大批大量生产。拉刀结构复杂，成本较高，拉削力大，是拉削的技术关键。

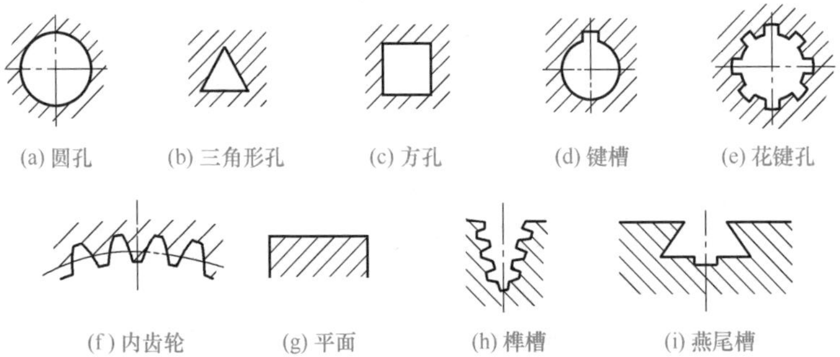

图 9.16　拉削的表面断面形状

（2）拉床

拉床有卧式拉床和立式拉床。

卧式拉床结构示意见图 9.17。床身 5 的左侧装有液压缸 1，由压力油驱动活塞，通过活塞杆 2 右部的刀夹 4（由随动支架 3 支承）夹持拉刀 6 沿水平方向向左作主运动。拉削时，工件 8 以其基准面紧靠在拉床支承座 7 的端面上。拉刀尾部支架 10 和支承滚柱 9 用于承托拉刀。一件拉完后，拉床将拉刀送回到支承座右端，将工件穿入拉刀，将拉刀左移使其柄部穿过拉床支承座插入刀夹内，即可第二次拉削。拉削开始后，支承滚柱下降不起作用，只有拉刀尾部支架随行。

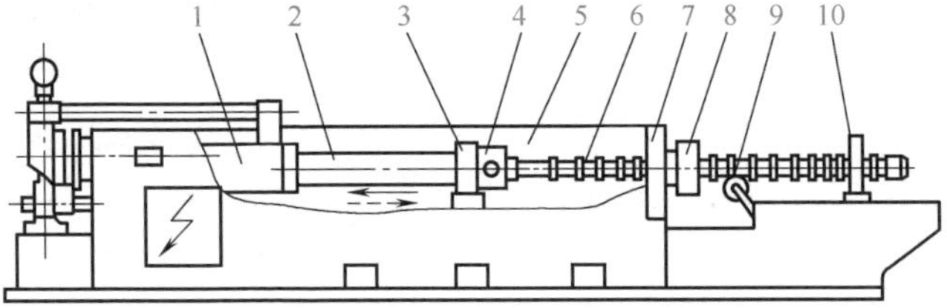

图 9.17　卧式拉床示意图

1—液压缸；2—活塞杆；3—随动支架；4—刀夹；5—床身；6—拉刀；7—支承座；8—工件；9—支承滚柱；10—拉刀尾部支架

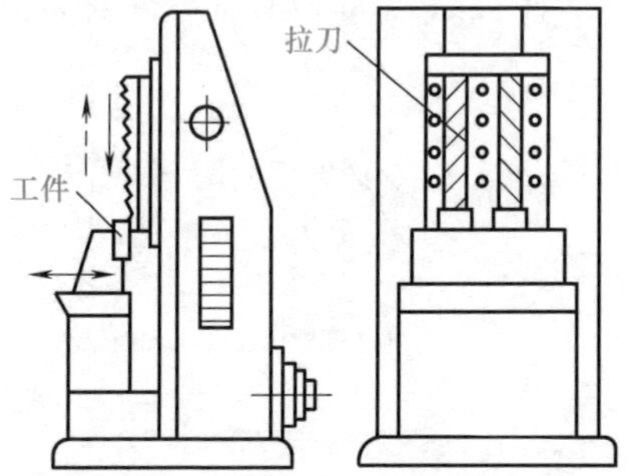

图 9.18　立式外表面拉床示意图

图 9.18 为立式外表面拉床示意。工件紧固在工作台上，外表面拉刀随滑板垂直移动。

（3）拉刀

拉刀虽有多种类型，但其主要组成部分类同。以圆孔拉刀为例，介绍其结构和各组成部分（图 9.19）。

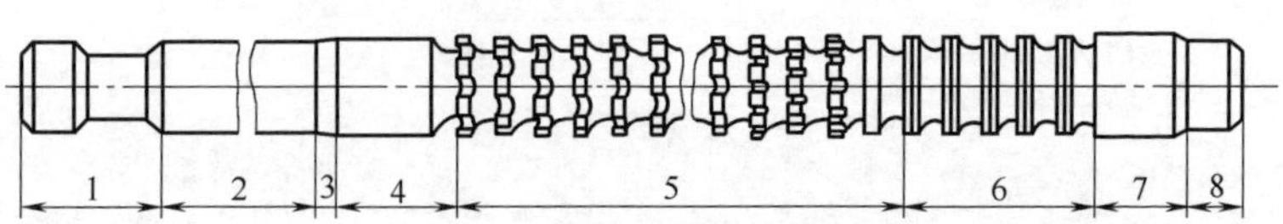

图 9.19　圆孔拉刀的组成

图中：

1——前柄部：与拉床连接，用以传递动力。

2——颈部：前柄部与过渡锥之间的连接部分，打标记处。

3——过渡锥：引导拉刀前导部进入工件预制孔的锥体。

4——前导部：工件预制孔套在前导部上，用以保持孔与拉刀的同轴度，引导拉刀进入孔内，并能检查预制孔是否太小。

5——切削齿：粗切齿、过渡齿、精切齿的总称。各齿直径依次递增，用于切除全部拉削余量。

6——校准齿拉刀：最后几个尺寸、形状相同，起修光、校准尺寸和储备作用的刀齿。

7——后导部：与拉好的孔具有同样的尺寸和形状，保证拉刀切离工件时具有正确的位置。

8——后柄部：装在拉床尾部支架中，防止拉刀下垂。

图 9.20 为常用的几种拉刀类型。

（4）拉削加工工艺特点

拉削一次行程就能加工完一个工件，生产率特别高。工件尺寸和形状完全决定于拉刀，只要拉刀做得精确，工件的尺寸精度和形

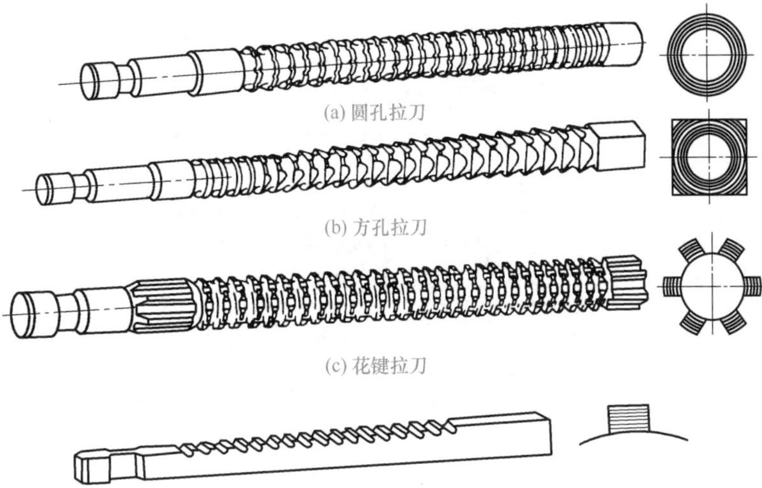

(a) 圆孔拉刀

(b) 方孔拉刀

(c) 花键拉刀

(d) 键槽拉刀

图 9.20　常用的几种拉刀

状精度就能得到保证。拉削在低速（一般 $v_c=2\sim8\text{m/min}$）下进行，可避免积屑瘤。因此，拉削精度较高。

拉削时工件不需要夹紧，只是靠在拉床支承座的端面上。拉刀与拉床刀夹是浮动连接的，受切削力的作用，工件以它的端面靠紧在拉床的支承座上，拉刀以工件的预制孔引导，自动定心，因此拉削不能校正原有孔的位置误差。当工件端面与预制孔的垂直度误差较大时，可以使用球面垫圈支承（图 9.21），以便在切削力的作用下，使工件预制孔的轴线自动调节到与拉刀轴线一致。

由于拉刀结构复杂，制造成本高，所以拉削主要适用于成批、大量生产中。

9.4　冷压加工

（1）常用冷压加工方法的类型

① 加工方法特点　滚压加工的目的是：减小零件的表面粗糙度，提高硬度、耐磨性和疲劳强度，改善相互摩擦零件的工作性

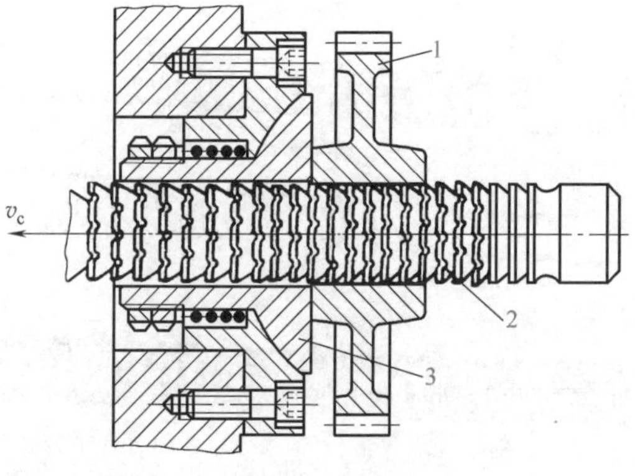

图 9.21　工件支承在球面垫圈上拉孔
1—工件；2—拉刀；3—球面垫圈

能，保证轴颈静配合的压合强度，代替磨光、抛光等磨料加工，在个别情况下还可代替热处理加工。根据加工的性质，滚压加工可分为光精加工和强化加工两种。光精加工主要用来减小零件的表面粗糙度。加工时使用的压力较小，强化层较薄，主要用在精密机械零件和仪表零件的制造。强化加工主要是用来提高零件的表面硬度和强度，加工时压力较大，强化层较厚，主要用在大中型零件的制造，如机车车辆的轮轴、鼓风机转轴轴颈、不淬硬的曲轴颈、活塞杆、锻锤杆、液压和气动设备的缸体内壁等，尤其对承受交变载荷零件的疲劳强度的提高效果显著。被加工的材料一般为有色金属、碳素钢或合金钢。

② 常用的零件表面冷压加工方法　见表 9.6。

（2）滚轮滚压加工

1）滚轮滚压原理　滚轮滚压加工是利用带滚轮的滚压工具，在车床、刨床等机床上，使用一定压力对零件表面进行滚压。滚轮滚压外圆表面如图 9.22 所示。带滚轮的滚压工具在零件表面上作相对滚动，进行滚压。滚轮在工具上可自由转动。滚轮滚压加工的压力传递到滚轮上的方式有机械的（刚性的）、弹簧的和液压的。用机械的方式工具结构简单，但加工后的零件表面质量不均匀。液

表9.6 常用的零件表面冷压加工方法

序号	加工方法	示意图	加工表面	预计加工效果				加工零件举例
				强化层厚度/mm	硬化提高/%	达到精度等级	表面粗糙度/μm	
1	滚轮滚压	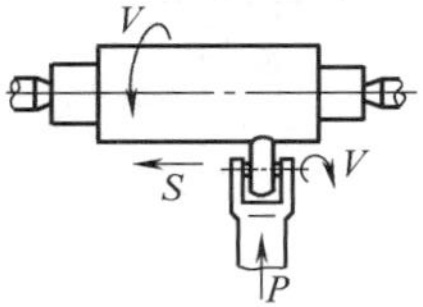	圆柱体表面	0.2～1.5 ～15 (重型机械)	10～40	2～3	0.4～0.63 0.2～0.32 0.1～0.16	轴、轴颈
2	滚轮滚压	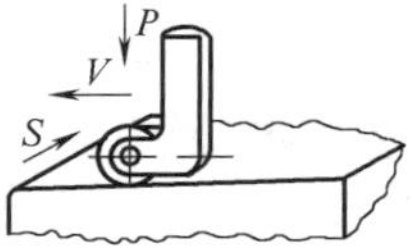	平面或型面	0.2～0.5 ～3	20～50	2～3	0.4～0.63	平板、薄板、导轨、各种平面
3	滚轮滚压	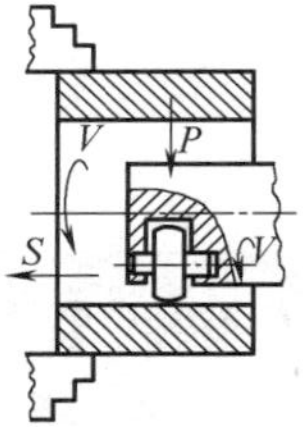	圆柱形内表面	0.2以上	<40	2～3	0.4～0.63 0.2～0.32 0.1～0.16	零件上直径大于30mm的孔

续表

序号	加工方法	示意图	加工表面	预计加工效果				加工零件举例
				强化层厚度/mm	硬化提高/%	达到精度等级	表面粗糙度/μm	
4	滚珠滚压	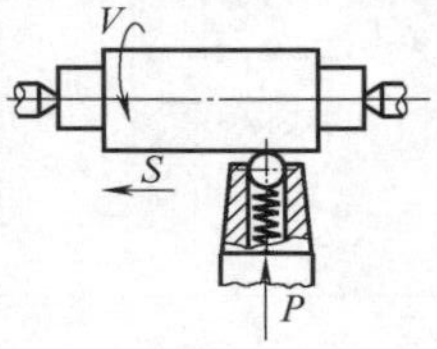	圆柱体表面	<5	20～50	1～2	0.4～0.63 0.2～0.32 0.1～0.16 0.05～0.08	轴、轴颈
5	滚珠滚压	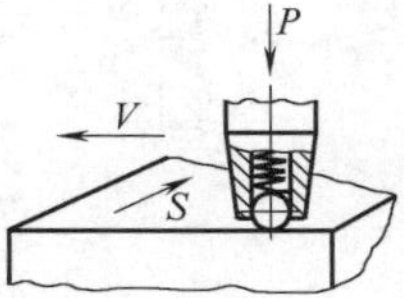	平面或型面	<1	20～50	2	0.4～0.63 0.2～0.32	零件的平面、型面或端面
6	滚珠滚压	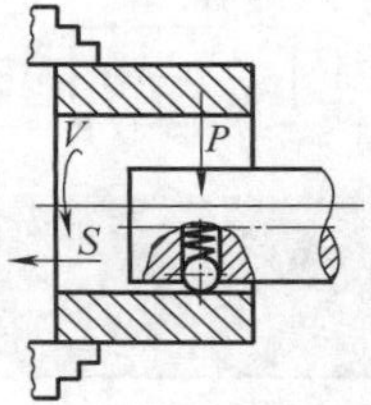	圆柱形内表面	<1	20～50	2	0.4～0.63 0.2～0.32 0.1～0.16	零件上直径大于30mm的通孔

续表

序号	加工方法	示意图	加工表面	预计加工效果				加工零件举例
				强化层厚度/mm	硬化提高/%	达到精度等级	表面粗糙度/μm	
7	离心滚珠冲击加工	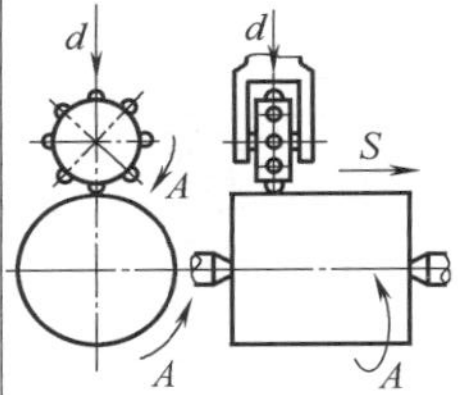	圆柱体表面	0.5～1.0	20～80	2	0.4～0.63 0.2～0.32 0.1～0.16	轴、轴颈
8	离心滚珠冲击加工	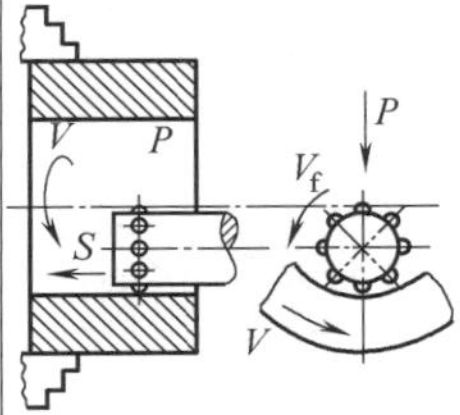	圆柱形内表面	0.2～1.0	20～80	2	0.4～0.63 0.2～0.32 0.1～0.16	零件上直径大于50mm的孔
9	孔的滚珠挤压	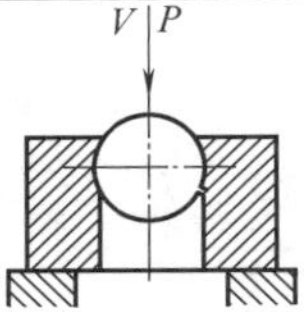	圆柱形孔	<0.5	<40	1～2	0.2～0.32 0.1～0.16	零件上直径大于1mm的通孔

续表

序号	加工方法	示意图	加工表面	预计加工效果				加工零件举例
				强化层厚度/mm	硬化提高/%	达到精度等级	表面粗糙度/μm	
10	用单环挤压工具挤孔	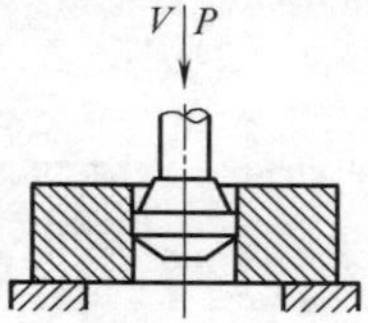	各种截面形状的孔	<0.5	<40	1~2	0.2~0.32 0.1~0.16	零件上不同形状截面的孔
11	用多环挤压工具挤孔	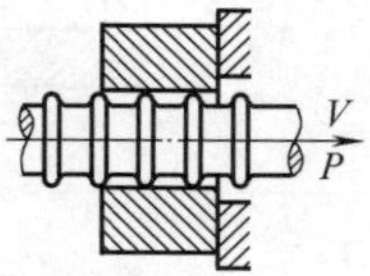	圆孔	<0.5	20~40	1~2	0.1~0.16 0.05~0.08	零件上的圆形通孔
12	喷丸强化	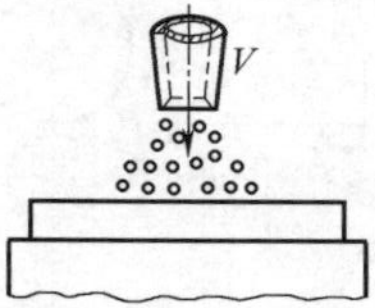	简单形状表面及旋转表面	<2	—	—	12.5~20 6.3~10 3.2~5 1.6~2.5	各种形状零件表面
13	滚花	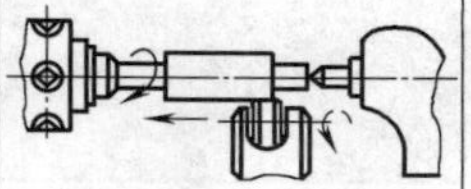	旋转体表面或平面	—	—	—	—	各种螺母、螺钉及把手的握手处等

续表

序号	加工方法	示意图	加工表面	预计加工效果				加工零件举例
				强化层厚度/mm	硬化提高/%	达到精度等级	表面粗糙度/μm	
14	用搓丝模滚轧螺纹	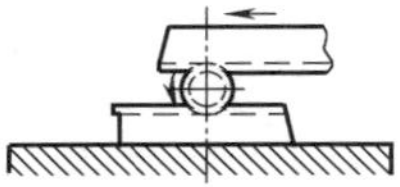	螺纹表面	<1.7	20～40	2～3	0.4～0.63 0.2～0.32	螺钉、螺栓等
15	用滚丝模滚轧螺纹	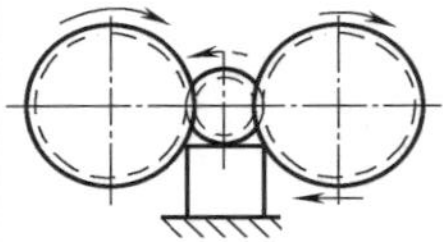	螺纹表面	<1.7	20～40	1～2	0.2～0.32 0.1～0.16 0.05～0.08	螺钉、螺栓等其他带螺纹零件
16	滚轧齿形（用两个或三个轧辊）		模数1以下的齿轮齿形	<1	30～40	7～8	0.4～0.63 0.2～0.32	小模数齿轮
17	用标准齿轮精轧齿形	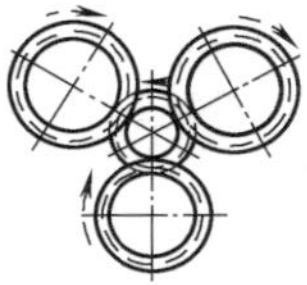	圆柱齿轮齿形	<0.3	10～20	8	0.1～0.16 0.05～0.08 0.025～0.04	

压的方式多用于滚压大型零件上，需要较大压力处，压力均匀，但工具结构比较复杂。弹簧的方式，工具比液压的简单，压力也比较均匀，压力调节也比较方便，故滚压中大型零件时用得较多。

如零件的刚度较小，则须用 2 个或 3 个滚轮在相对的方向上同时进行滚压，以免零件弯曲变形，见图 9.23。

不同外表面滚压形式如图 9.24 所示。

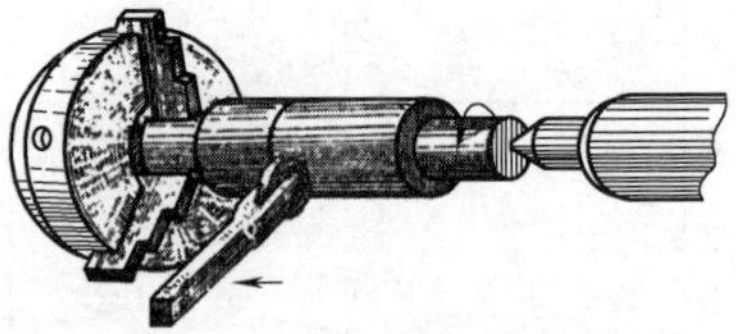

图 9.22　单滚轮滚压圆柱形外表面

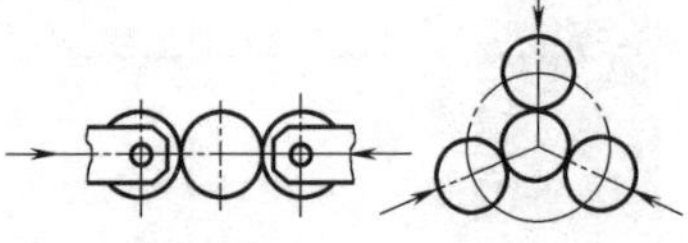

(a) 双滚轮　　(b) 三滚轮

图 9.23　多滚轮滚压圆柱形外表面原理图

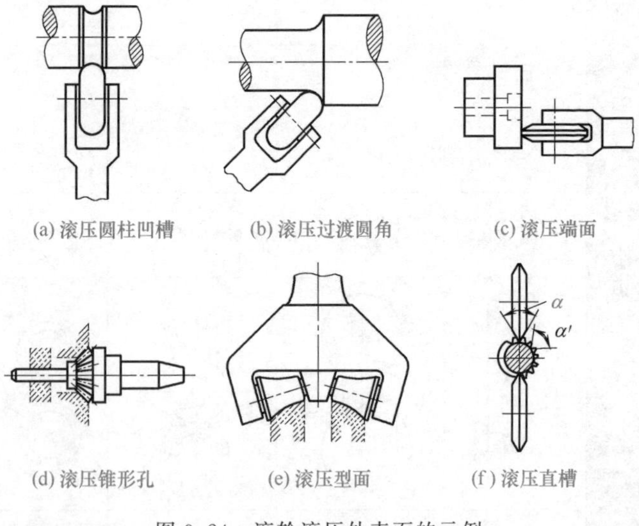

(a) 滚压圆柱凹槽　(b) 滚压过渡圆角　(c) 滚压端面

(d) 滚压锥形孔　(e) 滚压型面　(f) 滚压直槽

图 9.24　滚轮滚压外表面的示例

滚压前零件表面一般为精车、精镗或精铣，较少采用磨料加工。

滚轮滚压效果决定于下列各项因素：

① 加工材料的性质（结构组成、硬度、塑性）；

② 零件加工前的表面状况（表面粗糙度、波纹度、显微硬度）；

③ 滚压方式；

④ 滚压工具的结构、滚轮的几何形状以及与被加工零件的相对位置；

⑤ 加工用量（滚压压力、进给量、滚压速度、滚压次数）。

2）滚压工具　滚压工具是由滚轮和支座组成。几种常用的滚轮形状如图 9.25 所示。图 9.25（a）、（b）滚轮用于滚压长度不受严格限制的圆柱形表面或平面；图 9.25（a）滚轮的圆柱形部分宽度 b，在滚压小零件时为 2～5mm，滚压大零件时为 12～15mm，$\alpha=5^{\circ}$；图 9.25（b）滚轮用在滚压刚度较差的零件，$R=4\sim50$mm；图 9.25（c）滚轮用在滚压零件上凹槽及凹圆角；图 9.25（d）滚轮可用来滚压端面及凹形面等；图 9.25（e）滚轮用在滚压特殊的形状。

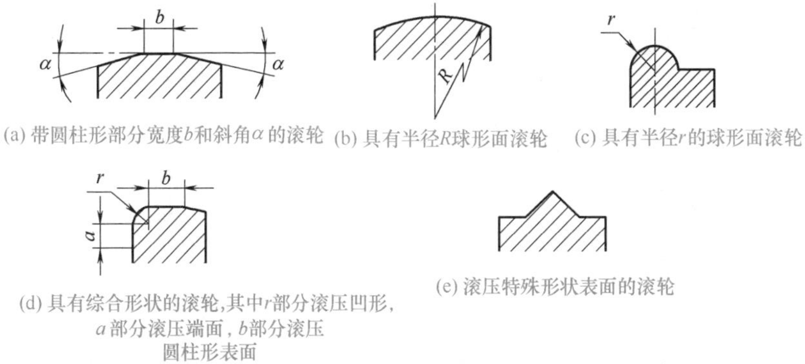

(a) 带圆柱形部分宽度b和斜角α的滚轮　(b) 具有半径R球形面滚轮　(c) 具有半径r的球形面滚轮

(d) 具有综合形状的滚轮，其中r部分滚压凹形，a部分滚压端面，b部分滚压圆柱形表面　(e) 滚压特殊形状表面的滚轮

图 9.25　滚轮滚压部分的形状

滚轮材料可用 T10A 或 T12A 钢，表面硬度 58～65HRC。

单滚轮滚压工具的结构如图 9.26 所示。

在刨床上滚压平面如图 9.27 所示。具有调节弹簧的滚压工具如图 9.28 所示。

滚压圆柱形内表面（孔壁）的滚压工具如图 9.29 所示。

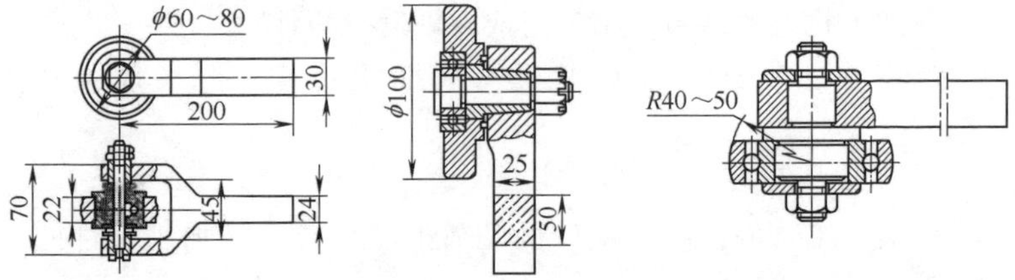

(a) 双面支承的滚轮　(b) 单面支承的滚轮　(c) 滚珠轴承与滚轮合成一体

图 9.26　单滚轮滚压工具的结构

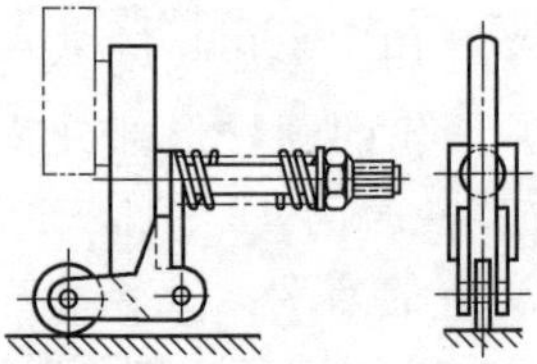

图 9.27　刨床上滚压平面工具

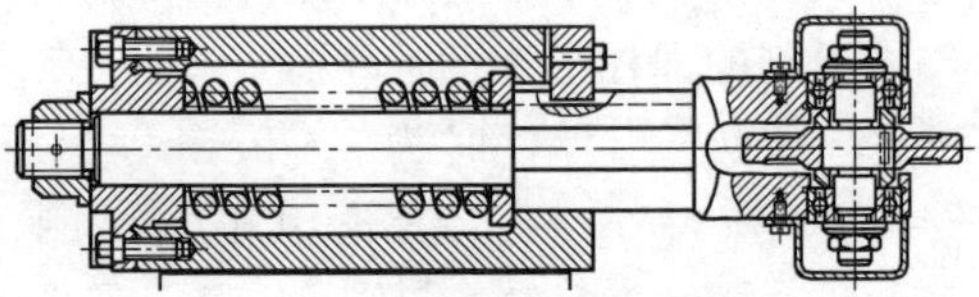

图 9.28　具有调节弹簧的滚压工具

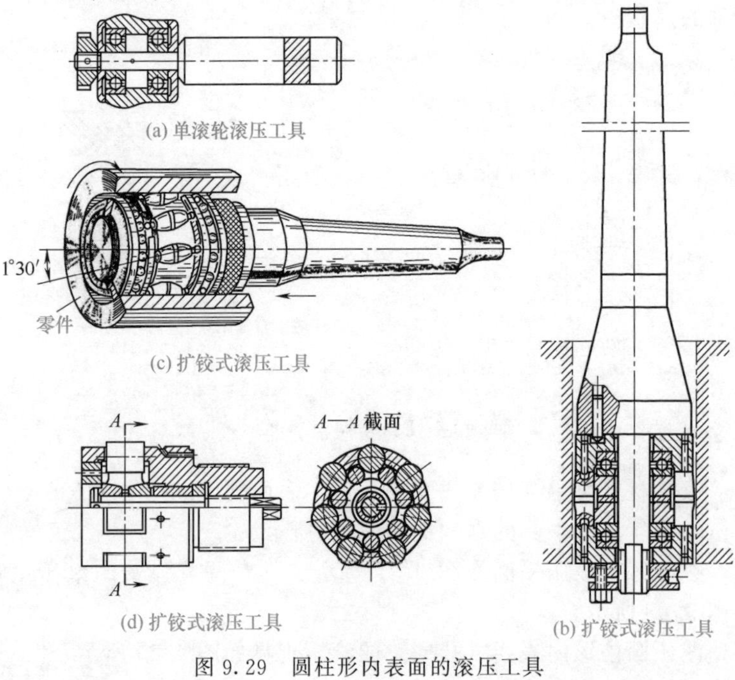

(a) 单滚轮滚压工具

(c) 扩铰式滚压工具

(d) 扩铰式滚压工具

(b) 扩铰式滚压工具

图 9.29　圆柱形内表面的滚压工具

3）滚压用量　滚压用量包括滚压压力、进给量、滚压速度和滚压次数。滚压用量对零件的生产率、表面粗糙度、硬化程度与深度、残余应力以及零件的使用性能有很大影响。滚压压力起主要作用。

滚压压力可用滚轮对工件表面的压力或比压。比压 p 是滚轮上每毫米有效滚压宽度 b 所受的压力。滚压次数、比压和表面粗糙度的关系如图 9.30 所示。

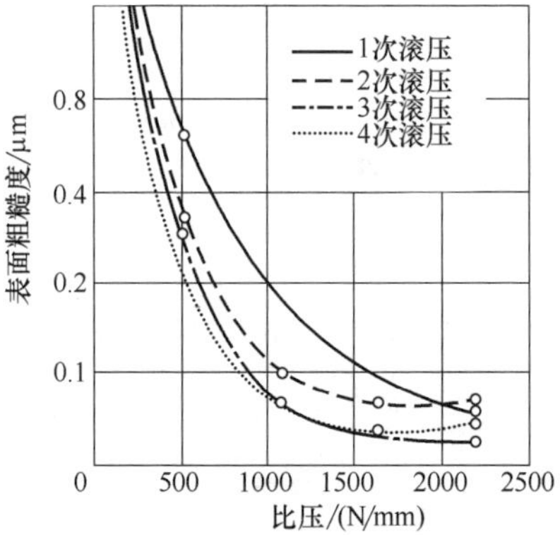

图 9.30　滚压时滚压次数、比压与表面粗糙度的关系

（3）滚珠滚压加工

① 加工方法特点　滚珠滚压加工与滚轮滚压加工的区别，在于前者的滚压工具上以滚珠来代替后者的滚轮。由于滚轮滚压加工存在着一定的缺点，主要的如滚压零件的圆柱面作轴向进给时，滚轮表面和工件表面之间有滑动摩擦，使滚轮的轴向负荷增大，从而必须增加滚压压力，以及滚轮必须自行制造，加工费用较大等，因此滚珠滚压加工目前获得了较广泛的应用。

② 车削及滚珠滚压的联合加工　对轴件及管件外表面同时进行车削及滚珠滚压的联合加工，效果良好，提高了生产率。加工方法见图 9.31。

③ 滚珠滚压工具　几种滚压外表面的滚珠滚压工具如图 9.32 所示。图 9.32（a）、（b）为单滚珠滚压工具。这种工具可装在车床上滚压各种回转体外表面及端面，也可装在刨床上滚压平面。图 9.32（c）为三滚珠的滚压工具，可装在车床上滚压轴类的外表面，滚压压力可通过螺母 7 及弹簧 5 来进行调节。

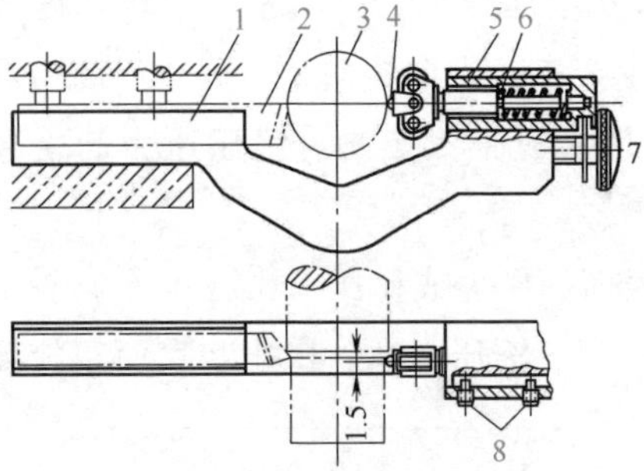

(a) 加工轴件

1— 架座；2— 车刀；3— 工件；4— 滚压工具；5— 套筒；
6 — 压紧弹簧；7 — 调节螺钉；8 — 防止套筒5旋转的导向螺钉

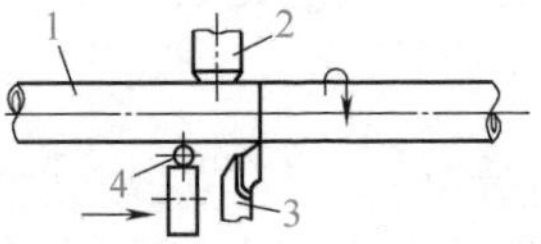

(b) 加工长管件

1 — 工件；2 — 顶杆；
3 — 车刀；4 — 滚压工具

图 9.31　车削与滚珠滚压联合加工

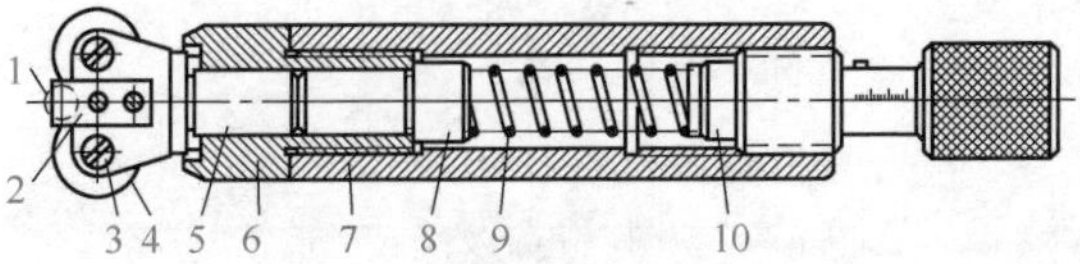

(a) 支承在两个滚珠轴承上的单滚珠滚压工具

1— 滚珠；2— 防止滚珠移动及脱出的青铜罩；
3 — 螺钉芯轴；4 — 滚珠轴承；5— 支持柄；
6— 接套；7— 工具体；8— 弹簧垫；
9— 调节弹簧；10— 调节螺杆

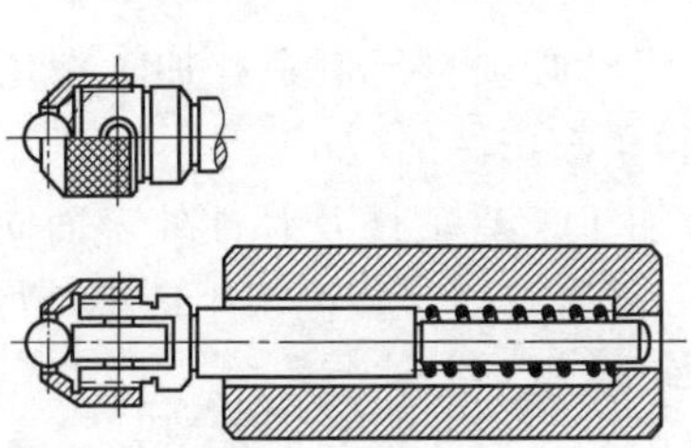

(b) 支承在一个滚珠轴承上的单滚珠滚压工具

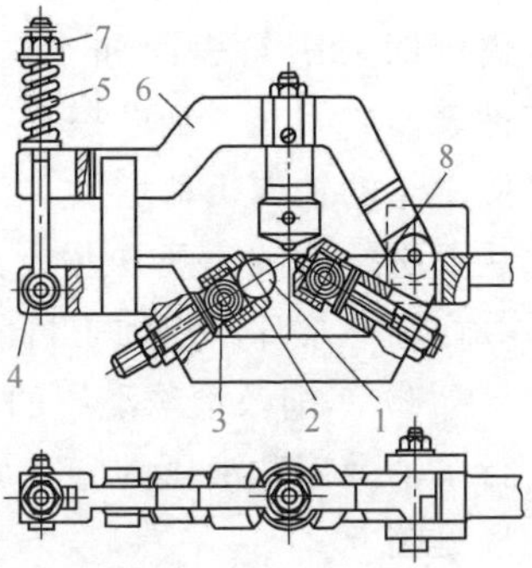

(c) 三滚珠滚压工具

1—滚珠；2—青铜罩；3—滚珠轴承；
4— 工具底座；5—弹簧；6—摇臂；
7—调节螺母；8—支座

图 9.32　滚珠滚压工具

④ 铣床上滚珠滚压工具　图 9.33 为安装在立铣床上的多滚珠滚压工具。滚压时，工件装夹在机床的台面上，滚压工具则装在机床主轴上滚压平面。

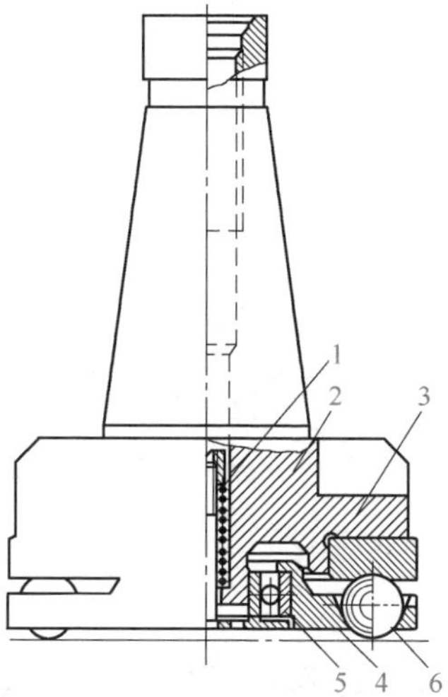

(a) 刚性的滚压工具

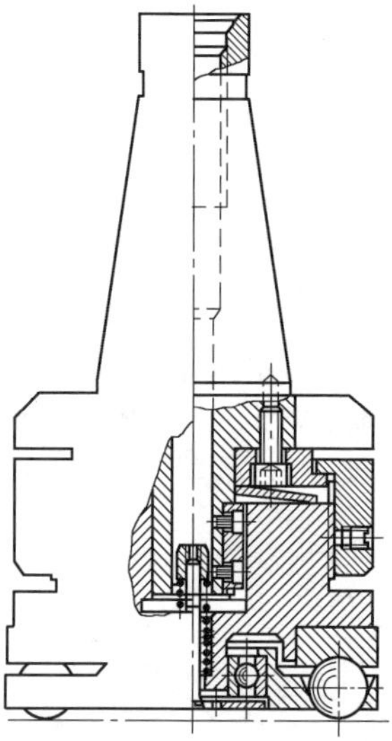

(b) 弹性的滚压工具,工具体中有盆式弹簧,使滚压时具有弹性

图 9.33　平面滚珠滚压工具

1—螺旋弹簧；2—工具体；3—滚珠上环；4—分隔器；5—滚珠轴承；6—滚珠

（4）离心钢珠冲击加工

① 加工方法特点　离心钢珠冲击加工是金属表面强化的有效加工方法之一，加工时用圆周表面装有许多钢珠的圆盘，在快速旋转下，钢珠受离心力作用，突出在圆盘表面，在金属上连续进行冲击，使金属表面强化。同时，零件对钢珠圆盘作相对的转动（圆柱形零件）或推进（平面零件）及进给运动。图 9.34 为这种加工方法的示意图。钢珠圆盘由电动机通过皮带进行传动。零件可装夹在车床或圆磨床的主轴上。

② 工具与设备　钢珠圆盘的主体为钢轮，在其周围孔内松装着许多钢珠。孔口直径较钢珠直径稍小，使圆盘旋转时，钢珠受离

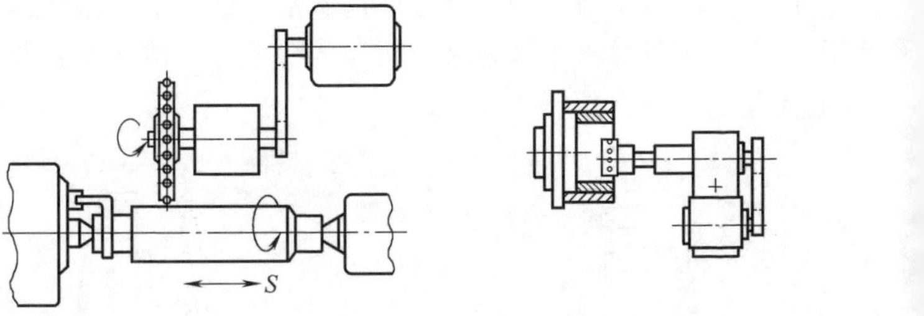

(a) 加工轴类　　　　(b) 加工孔

图 9.34　离心钢珠冲击加工示意图

心力作用，能向圆周表面突出一定高度 h，当与工件表面冲击接触时，缩入孔内，但钢珠不能自孔口脱出。一般情况下采用的钢珠直径为 7～10mm，h = 0.05～0.8mm。一般钢珠圆盘的结构见图 9.35。

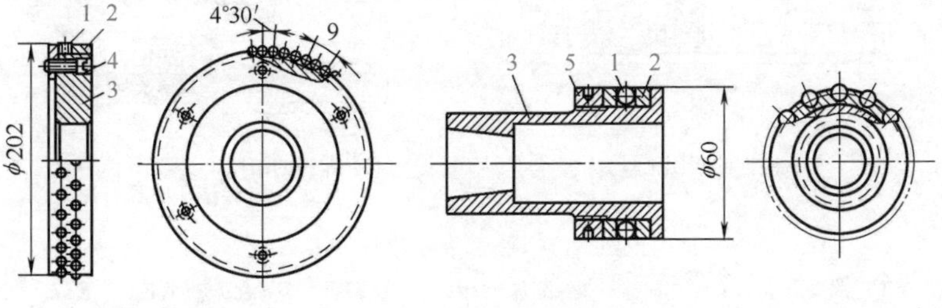

(a) 加工平直面的双排圆盘　　　　(b) 加工90mm直径的孔的圆盘

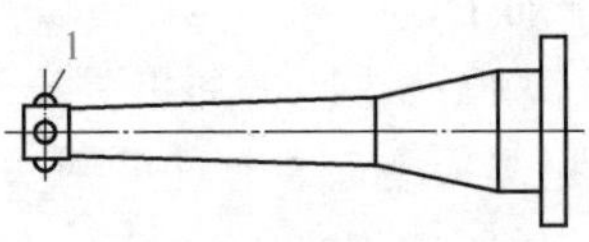

(c) 加工20mm直径的孔的圆盘

图 9.35　钢珠圆盘结构示意图

1—钢珠；2—定位器；3—盘体；4—螺钉；5—紧固螺母

③ 加工用量　零件经离心钢珠冲击加工后可达到的表面强化层的硬度、厚度和表面粗糙度，取决于钢珠的冲击力和在零件表面 $1mm^2$ 单位面积上的冲击数。一般情况下，表面硬度可提高

20%～80%，表面粗糙度可降低 1～2 级。

零件表面在冲击加工前应先经精车、细车或磨削等预加工至表面粗糙度 0.4～2.5μm，然后冲击加工到 0.1～0.63μm，加工后零件的尺寸变化不大。预加工表面粗糙度为 0.4～0.63μm 的钢制零件，尺寸的变化约 0.01mm。润滑剂可采用锭子油或煤油。

9.5 喷丸硬化加工

(1) 加工方法的特点

喷丸硬化也称喷弹硬化，是零件在机械加工和热处理后，通过大量高速的弹丸的冲击作用，使残余应力沿零件断面上形成良好的分布，从而提高在交变载荷下的零件的疲劳强度、表面硬度和使用寿命。这种加工所用的设备比较简单，生产效率很高，对外形复杂的黑色和有色金属零件能进行有效强化。该工艺方法也可以用作铸件清理，零件表面除锈、消除内应力等。

喷丸硬化对螺旋弹簧、汽车和车辆弹簧、汽车和飞机曲轴柄、变速箱齿轮及焊缝等加工，效果特别显著，能提高寿命达几倍以至几十倍之多。

(2) 喷丸硬化所用的弹丸

可采用直径为 0.4～2mm 的钢弹或铸铁弹丸。弹丸直径越大，则加工后的零件强化程度越高；直径越小，则零件的表面粗糙度越低。

铸铁弹丸是由含有下列成分的铸铁制成：碳 3.45%，硅 1.8%，锰 0.55%，硫 0.55%，磷 0.46%。弹丸应有较高的硬度，直径为 0.8～1.0mm 的弹丸能经受 180kg 的载荷而不致破裂。

(3) 加工用量

加工的效果，取决于弹丸的冲击速度、弹丸的直径、冲击密度以及在零件表面上的冲击角度。弹丸的方法有重力的、气动的和机械的三种。上述参数在气动弹丸时决定于空气的压力、喷嘴孔径及喷嘴数；在机械弹丸时决定于转盘的周速；此外还决定于零件通过弹流时的行进速度和零件相对于喷嘴或转盘的位置。加工各种零件适用的参数举例如下：①汽车阀门弹簧加工：钢弹直径 0.6～

0.8mm，弹丸速度 60m/s；可同时进行强化 200～300 只弹簧；加工时间 10～12min。②汽车主动轴加工：钢弹直径 0.8～1.2mm，弹丸速度 90m/s；在双转盘弹丸设备中加工时间为 3.5min，主动轴的旋转速度为 30～50r/min。

加工后零件表面出现了残余的压缩应力，在强化层下面则出现拉伸应力，从而降低了由于外力所引起的表面拉伸应力的数值。加工后能大大减少表面应力集中的影响，提高零件抗荷载强度和疲劳强度，零件使用寿命显著延长。

（4）弹丸硬化的设备

用于弹丸硬化的设备有三类，即重力的、气动的和机械的。

① 重力弹丸机的弹丸是借重力自由落下的，构造简单，主要用来加工硬化层很薄的精密零件。图 9.36 是这种设备的原理图。由于这种设备功率小、生产率低，在实际生产中较少采用。

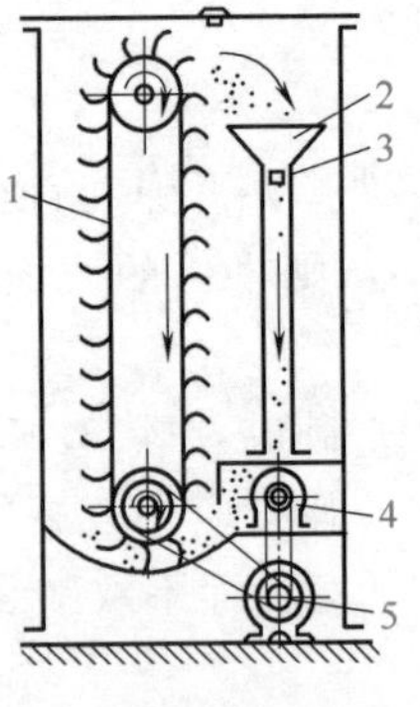

图 9.36　重力喷丸机原理图

1—斗式弹丸提升机；2—漏斗；3—调节挡板；4—安放工件的转轴；5—拖动转轴和提升机的电动机

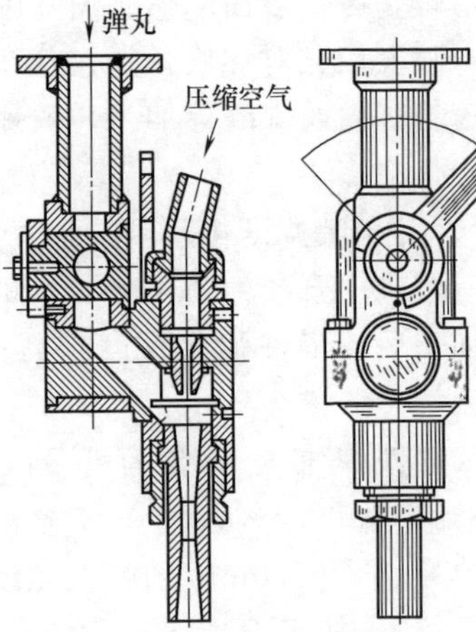

图 9.37　气动喷丸机的喷嘴

② 气动喷丸机是借压缩空气的气流来喷射弹丸。这种设备生

产率高，可用于大量生产。设备顶部有漏斗，弹丸由提升机装入漏斗，再由漏斗进入喷嘴。喷嘴（图 9.37）同时通入 4～6 个大气压的压缩空气。喷出的弹丸有 50～70m/s 的速度。工件和喷嘴均装在工作室中，工件约离喷嘴口 250～300mm。工作室的内壁衬以橡胶，以防止弹丸打碎。喷嘴工作直径约 9mm，接压缩空气的管接头的孔径约 5mm。

③ 机械弹丸设备的弹丸是由快速旋转的喷轮来喷射的。弹丸由加弹漏斗进入，然后通过增速器加速，由增速器带到调节套筒的上部开口，进入喷轮的径向叶片，弹丸即向下喷射。工件放置在喷轮下的弹流中。喷轮直径为 200～500mm，转速为 2000～3500r/min。增速器和叶片都装在喷轮上，一同旋转。弹丸在弹丸机喷轮叶片和增速器内的运动轨迹见图 9.38。

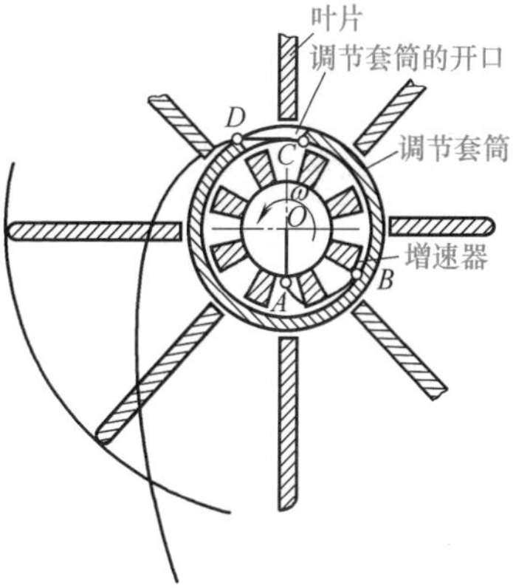

图 9.38　弹丸在喷轮及增速器内的运动轨迹

（5）加工实例

整套的机械弹丸设备可以根据工件的形状和产量来进行设计和制造，除喷轮外，还包括：工作室、工件传送带、输送弹丸的螺旋输送机和提升机、使已用过的完整弹丸和破碎弹片分离的分离器、补充新弹丸的漏斗和供给器等。图 9.39 为加工板簧用的喷丸设备。

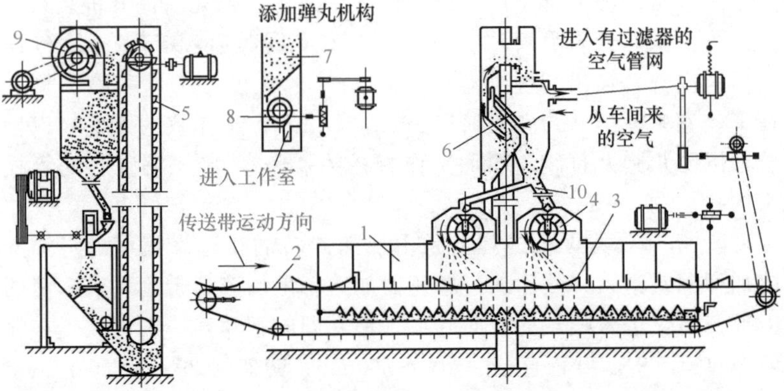

图 9.39 加工板簧的喷丸设备传动系统图

1—工作室；2—工件传送带；3—工件；4—喷轮；5—提升机；6—分离器；7—添加弹丸机构的漏斗；8—供给器；9—供给清除破碎弹丸的气流的抽风机；10—调节气流的阀门

第10章 磨削加工

磨削是用磨料、磨具切除工件上多余材料的加工方法。磨削的应用范围很广，一般用于精加工、减小工件表面粗糙度和光整加工。磨床的类型很多，可以加工各种各样的表面。磨削是用磨料磨具进行加工的，其应用很灵活，磨削形式和方法有很多。

10.1 磨削过程与磨料磨具

10.1.1 磨削过程

（1）磨削加工的特点

随着科学技术的发展，零件材料的广泛应用，以及零件加工精度和表面质量的高要求，磨削的应用范围越来越广。磨削与切削相比，主要有以下特点：

① 磨削的速度快、温度高。磨削速度为砂轮线速度，为车削和铣削速度的10～20倍，因此，磨削变形快、磨削区内产生大量的热，使磨削区的温度高。

② 磨削加工精度高及表面粗糙度值小。通常尺寸精度等级为IT6～IT5，表面粗糙度 $Ra0.8 \sim 0.01\mu m$，形位公差可达 $1\mu m$ 以内。

③ 适应性强。能磨削的工件材料范围广，可以加工硬度很高的材料，如各种淬硬钢件、高速钢刀具和硬质合金等，还可以加工非金属材料，如木材、玻璃、陶瓷、塑料等，这些材料用金属切削刀具很难加工，甚至根本不能加工。

④ 磨削加工是一种少切屑加工。随着精密毛坯制造技术（精密锻造、精密铸造等）的应用，使某些零件有可能不经其他切削加工，而直接由磨削加工完成，这将使磨削加工在大批量生产中得到更广泛的应用。

⑤ 砂轮具有自锐作用。磨削刃磨钝时，作用在磨粒上的力增大，磨粒局部被压碎形成新刃或磨粒脱落露出新的磨粒，这种重新获得锋锐磨削刃的作用称自锐作用。

（2）磨削加工的分类

随着科学技术的发展，磨削的应用范围越来越广，为了满足不同的工艺目的和要求，磨削加工有各种各样的工艺方法，并朝着精密、低粗糙度、高速、高效和自动磨削方向发展。为了便于使用和管理，可根据不同的依据，对磨削加工进行分类。

按磨削精度分为：粗磨、半精磨、精磨、精密磨削。

按进给形式分为：切入磨削、纵向磨削、缓进给磨削、无进给磨削、定压珩磨、定量珩磨。

按磨削形式分为：砂带磨削、无心磨削、行星磨削、端面磨削、周边磨削、宽砂轮磨削、成形磨削、仿形磨削、振动磨削、高速磨削、强力磨削、恒压力磨削、研磨、珩磨等。

按加工表面类型分为：外圆磨削、内圆磨削、平面磨削、刃磨、螺纹磨削、齿轮磨削等。

按磨削工具的类型分为：固结磨粒磨具的磨削加工方法和游离磨粒的磨削加工方法。固结磨粒磨具的磨削加工方法主要包括砂轮磨削、珩磨、砂带磨削、电解磨削等；游离磨粒磨削的加工方法主要包括研磨、抛光、喷射加工、磨料流动加工等。

按砂轮的线速度 v_s 高低分为：普通磨削 $v_s<45\text{m/s}$ 和高速磨削 $v_s\geqslant45\text{m/s}$。

按采用的新技术情况分为：传统磨削、磁性研磨、电化学抛光等。

（3）磨削过程

磨削过程是指磨粒与工件从开始接触到切除工件表面层材料，形成切屑的过程。磨具表面上随机排列着大量的磨粒，每个磨粒就像一把小切刀对工件表面层材料进行切削。由于磨具工作表面上的磨粒形状和几何角度都不相同，分布不均匀，高低不一致，每个磨粒的磨削作用效果也就不同，这就使得磨削过程比切削过程复杂得多。为了说明问题，以单个磨粒为例来说明磨粒的磨削过程。当磨粒相对工件运动时，磨粒将切除工件上的一层金属，形成切屑。这个过程经历了滑擦、耕犁、切削形成切屑三个阶段，如图 10.1 所示。

第一阶段称为滑擦阶段。磨粒与工件表面发生接触，磨粒挤压工件表面，接触区内产生弹性变形，随着磨粒与工件表面相对运动，弹性变形逐渐增大，产生的摩擦力也随着增大，磨粒与工件表面产生相对滑移和摩擦，简称滑擦。

第二阶段称为耕犁阶段。随着滑擦加剧，产生大量的热，工件表面层金属的温度升高，材料的屈服应力下降，磨粒的切削刃就被压入材料塑性基体中，由于磨粒与工件的相对运动，磨粒把塑性变形的金属推向磨粒的前方和侧面，致使工件表面产生隆起现象，形成犁沟或刻划出痕迹，如图 10.2 所示。

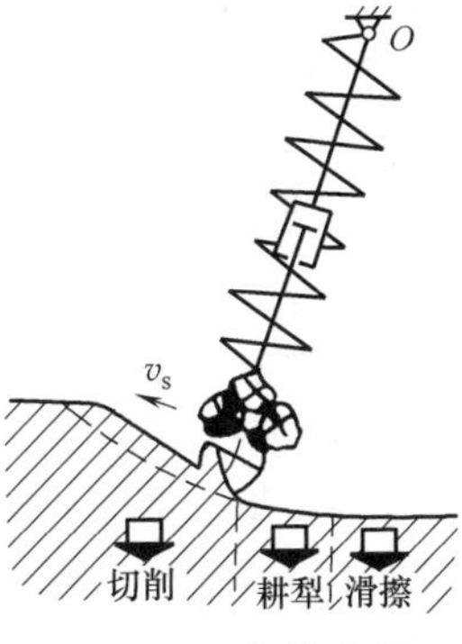

图 10.1　磨削过程

图 10.2　磨削过程的隆起

第三阶段称为切屑形成阶段。在上述两个阶段中，没有切屑产生。随着耕犁阶段使磨粒的切削刃前面的隆起增大，其磨削厚度增大，当磨削厚度达到某一临界值时，磨粒对工件切削层材料产生挤压剪切，将材料层切除，并沿磨削刃的前面滑出，从而形成切屑。

如图 10.3 所示，仔细观察磨削下来的切屑，可以看到有挤裂切屑、带状切屑和磨削灰烬，如图 10.4 所示。图 10.4 中的蝌蚪形切屑是由于磨削温度高，切屑的一端熔化形成的，磨削时人们看到的火花就是切屑离开工件后氧化和燃烧的现象。

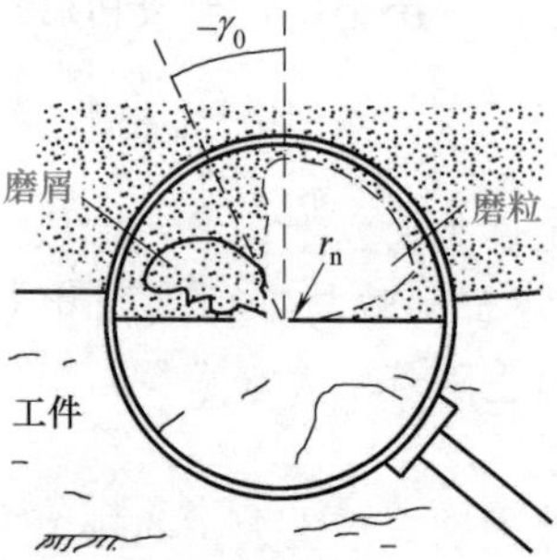

图 10.3 磨屑的形成

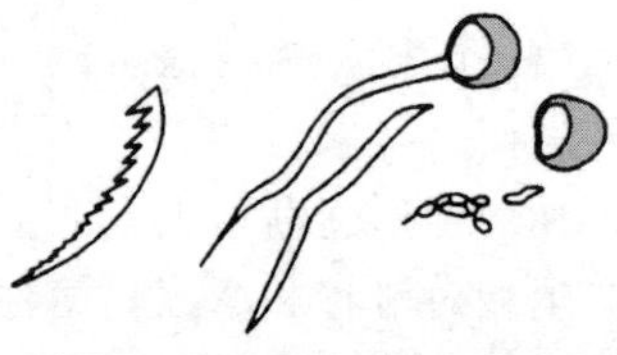

(a) 挤裂 (b) 带状 (c) 灰烬

图 10.4 磨屑的形态

10.1.2 普通磨料磨具

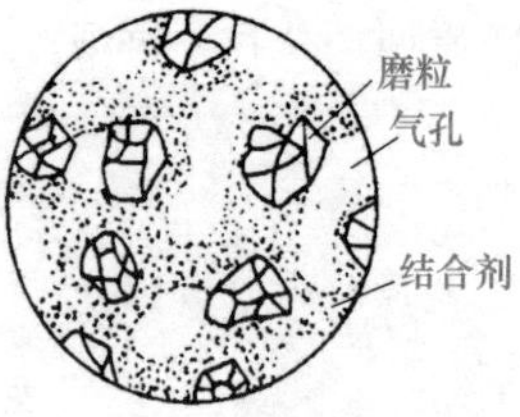

图 10.5 磨具结构示意图

磨具是由许多细小的磨粒用结合剂固结成一定尺寸形状的磨削工具，如砂轮、磨头、油石、砂瓦等。磨具是由磨粒、结合剂和空隙（气孔）三要素组成，其结构如图 10.5 所示。磨具的磨粒是切削刃，对工件起切削作用。磨粒的材料称磨料。磨具结合剂的作用是将磨粒固结成为一定的尺寸和形状。磨具的空隙（气孔）的作用是容纳切屑和切削液以及散热等。为了改善磨具的性能，往往在空隙内浸渍一些填充剂，如硫、二硫化钼、蜡、树脂等起润滑作用，人们把这些填充物看作是固结磨具的第四要素。磨具的制造工艺一般是：混料、加工成形、干燥、烧结、整形、平衡、硬度检测、回旋试验等。

（1）普通磨料的品种、代号、特点和应用

普通磨料包括刚玉系和碳化物系，其品种、代号、特点及应用范围如表 10.1 所示。磨具的工作特性是指磨具的磨料、粒度、结合剂、硬度、组织、强度、形状和尺寸等，其特点和应用下面论述。

表 10.1　普通磨料的品种、代号及应用（GB/T 2476—2016）

类别	名称	代号	特性	适用范围
刚玉系	棕刚玉	A	棕褐色。硬度高，韧性大，价格便宜	磨削和研磨碳钢、合金钢、可锻铸铁、硬青铜
	白刚玉	WA	白色。硬度比棕刚玉高，韧性比棕刚玉低	磨削、研磨、珩磨和超精加工淬火钢、高速钢、高碳钢及磨削薄壁工件
	单晶刚玉	SA	浅黄或白色。硬度、韧性比白刚玉高	磨削、研磨和珩磨不锈钢和高钒高速钢等高强度、韧性大的材料
	微晶刚玉	MA	颜色与棕刚玉相似。强度高，韧性和自励性能良好	磨削或研磨不锈钢、轴承钢、球墨铸铁，并适于高速磨削
	铬刚玉	PA	玫瑰红或紫红色。韧性比白刚玉高，磨削表面粗糙度小	磨削、研磨或珩磨淬火钢、高速钢、轴承钢和磨削薄壁工件
	锆刚玉	ZA	黑色。强度高，耐磨性好	磨削或研磨耐热合金、耐热钢、钛合金和奥氏体不锈钢
	黑刚玉	BA	黑色。颗粒状，抗压强度高，韧性大	重负荷磨削钢锭
碳化物系	黑碳化硅	C	黑色有光泽。硬度比白刚玉高，性脆而锋利，导热性和导电性良好	磨削、研磨、珩磨铸铁、黄铜、陶瓷、玻璃、皮革、塑料等
	绿碳化硅	GC	绿色。硬度和脆性比黑碳化硅高，具有良好的导热和导电性能	磨削、研磨、珩磨硬质合金、宝石、玉石及半导体材料等
	立方碳化硅	SC	淡绿色。立方晶体，强度比黑碳化硅高，磨削力较强	磨削或超精加工不锈钢、轴承钢等硬而黏的材料
	碳化硼	BC	灰黑色。硬度比黑绿碳化硅高，耐磨性好	研磨或抛光硬质合金刀片、模具、宝石及玉石等

（2）普通磨料粒度

粒度是指磨料颗粒的大小。粒度有两种测定方法：筛分法和光电沉降仪法（或沉降管粒度仪法）。筛分法是以网筛孔的尺寸来表示、测定磨料粒度。微粉是以沉降时间来测定的。粒度号越大，磨粒的颗粒越小。磨料的粒度标记及尺寸如表 10.2 所示，微粉粒度标记及尺寸如表 10.3 所示。

表 10.2 磨料的粒度（GB/T 2481.1—1998）

粒度标记	最粗粒			粗粒			基本粒			混合粒			细粒		
	基本尺寸		允许偏差/μm	基本尺寸		允许偏差/μm	基本尺寸		允许偏差/μm	基本尺寸		允许偏差/μm	基本尺寸		允许偏差/μm
	mm	μm		mm	μm		mm	μm		mm	μm		mm	μm	
F4	8.00	—	0	5.60	—	+4	4.75	—	−4	4.75 4.00	—	−4	3.35	—	—
F5	6.70	—	0	4.75	—	+4	4.00	—	−4	4.00 3.35	—	−4	2.80	—	—
F6	5.60	—	0	4.00	—	+4	3.35	—	−4	3.35 2.80	—	−4	2.36	—	—
F7	4.75	—	0	3.35	—	+4	2.80	—	−4	2.80 2.36	—	−4	2.00	—	—
F8	4.00	—	0	2.80	—	+4	2.36	—	−4	2.36 2.00	—	−4	1.70	—	—
F10	3.35	—	0	2.36	—	+4	2.00	—	−4	2.00 1.70	—	−4	1.40	—	—
F12	2.80	—	0	2.00	—	+4	1.70	—	−4	1.70 1.40	—	−4	1.18	—	—
F14	2.36	—	0	1.70	—	+4	1.40	—	−4	1.40 1.18	—	−4	1.00	—	—
F16	2.00	—	0	1.40	—	+4	1.18	—	−4	1.18 1.00	—	−4	—	850	—
F20	1.70	—	0	1.18	—	+4	1.00	—	−4	1.00 —	850 —	−4	—	710	—
F22	1.40	—	0	1.00	—	+4	—	850	−4	—	850 710	−4	—	600	—
F24	1.18	—	0	—	850	+4	—	710	−4	—	710 600	−4	—	500	—
F30	1.00	—	0	—	710	+4	—	600	−4	—	600 500	−4	—	425	—
F36	—	850	0	—	600	+4	—	500	−4	—	500 425	−4	—	355	—
F40	—	710	0	—	500	+4	—	425	−4	—	425 355	−4	—	300	—
F46	—	600	0	—	425	+4	—	355	−4	—	355 300	−4	—	250	—
F54	—	500	0	—	355	+4	—	300	−4	—	300 250	−4	—	212	—
F60	—	425	0	—	300	+4	—	250	−4	—	250 212	−4	—	180	—
F70	—	355	0	—	250	+3	—	212	−3	—	212 180	−3	—	150	—
F80	—	300	0	—	212	+3	—	180	−3	—	180 150	−3	—	125	—
F90	—	250	0	—	180	+3	—	150	−3	—	150 125	−3	—	106	—
F100	—	212	0	—	150	+3	—	125	−3	—	125 106	−3	—	75	—
F120	—	180	0	—	125	+3	—	106	−3	—	106 90	−3	—	63	—
F150	—	150	0	—	106	+3	—	75	−3	—	75 63	−3	—	45	—
F180	—	125	0	—	90	+3	—	75 63	−3	—	75 63 53	−3	—	—	—
F220	—	106	0	—	75	+3	—	63 53	−3	—	63 53 45	−3	—	—	—

表 10.3　微粉的粒度（GB/T 2481.2—2009）

粒度标记	基本尺寸/μm	允许偏差/μm
F230	82～34	+3.5～−1.5
F240	70～28	
F280	59～22	+2.5～−0.8
F320	49～16.5	
F360	40～12	
F400	32～8	
F500	25～5	+2.0～−0.5
F600	19～3	
F800	14～2	
F1000	10～1	+1.5～−0.4
F1200	7～1	
F1500	5～0.8	+1.0～−0.3
F2000	3.5～0.5	+1.0～−0.2

（3）普通磨具结合剂代号性能及应用

结合剂的作用是将磨粒固结成为一定的尺寸和形状的磨具。结合剂直接影响磨料黏结的牢固程度，这主要与结合剂本身的耐热、耐腐蚀性能等有关。结合剂的种类及其性能，还影响磨具的硬度和强度。结合剂的名称、代号、性能及应用范围如表 10.4 所示。

表 10.4　结合剂的名称、代号、性能及应用范围

名称及代号	性能	应用范围
陶瓷结合剂 V	化学性能稳定、耐热、抗酸碱、气孔率大，磨耗小、强度高、能较好地保持外形，应用广泛 含硼的陶瓷结合剂，强度高，结合剂的用量少，可相应增大磨具的气孔率	适于内圆、外圆、无心、平面、成形及螺纹磨削、刃磨、珩磨及超精磨等。适于加工各种钢材、铸铁、有色金属及玻璃、陶瓷等磨削 适于大气孔率砂轮
树脂或其他热固性有机结合剂 B	结合强度高，具有一定弹性，高温下容易烧毁，自锐性好、抛光性较好、不耐酸碱 可加入石墨或铜粉制成导电砂轮	适于珩磨、切割和自由磨削，如薄片砂轮、高速、重负荷、低粗糙度磨削，打磨铸、锻件毛刺等砂轮及导电砂轮
纤维增强树脂结合剂 BF	树脂结合剂加入玻璃纤网增加砂轮强度	适于高速砂轮（$v_s=60\sim90$m/s），薄片砂轮，打磨焊缝或切断

续表

名称及代号	性能	应用范围
橡胶结合剂 R	强度高,比树脂结合剂更富弹性,气孔率较小,磨粒钝化后易脱落。缺点是耐热性差(150℃),不耐酸碱、磨时有臭味	适于精磨、镜面磨削砂轮,超薄型片状砂轮,轴承、叶片、钻头沟槽等用抛光砂轮,无心磨导轮等
增强橡胶结合剂 RF		
热塑性塑料结合剂 PL		
菱苦土结合剂 Mg	结合强度较陶瓷结合剂差,但有良好的自锐性能,工作时发热量小,因此在某些工序上磨削效果反而优于其他结合剂。缺点是易水解,不宜湿磨	适于磨削热传导性差的材料及磨具与工件接触面大的磨削 适于石材、切纸刀具、农用刀具、粮食加工、地板及胶体材料加工等,砂轮速度一般小于20m/s

(4)磨具的硬度代号及应用

磨具的硬度是指结合剂黏结磨粒的牢固程度。磨具的硬度愈高，磨粒愈不易脱落。注意不要把磨具的硬度与磨料的硬度（指显微硬度）混同起来。磨具的硬度代号及应用如表 10.5 所示。

(5)磨具组织号及其应用

磨具的组织是指磨具中磨粒、结合剂和空隙（气孔）三者之间体积的比例关系，用磨粒率表示，指磨粒所占磨具体积的百分比。磨粒所占的体积百分比越大，空隙就越小，磨具的组织越紧密；反之，空隙越大，磨具的组织越疏松。磨具组织号与磨粒率的关系如表 10.6 所示。组织号越大，磨粒率越小，组织越疏松，磨削时不易被磨屑堵塞，切削液和空气能带入切削区以降低磨削温度，但磨具的磨耗快，使用寿命短，不易保持磨具形状尺寸，降低了磨削精度。反之，组织越紧密，磨具的寿命越长，磨削精度容易保证。

(6)磨具的强度

磨具的强度是指磨具高速旋转时，抵抗由离心力引起磨具破碎的能力。砂轮在高速旋转时，产生的离心力与砂轮的圆周速度平方成正比，当圆周速度大到一定程度时，离心力超过砂轮粘贴剂的结

表 10.5　磨具的硬度代号及应用（GB/T 2484—2018）

<table>
<tr><td>硬度</td><td colspan="19">硬度由软——→硬</td></tr>
<tr><td rowspan="2">代号</td><td>A</td><td>B</td><td>C</td><td>D</td><td>E</td><td>F</td><td>G</td><td>H</td><td>J</td><td>K</td><td>L</td><td>M</td><td>N</td><td>P</td><td>Q</td><td>R</td><td>S</td><td>T</td><td>Y</td></tr>
<tr><td colspan="4">极软</td><td colspan="3">很软</td><td colspan="3">软</td><td colspan="3">中级</td><td colspan="4">硬</td><td>很硬</td><td>极硬</td></tr>
<tr><td rowspan="8">应用范围</td><td></td><td></td><td></td><td></td><td></td><td></td><td></td><td></td><td colspan="4">外圆磨削</td><td></td><td></td><td></td><td></td><td></td><td></td><td></td></tr>
<tr><td></td><td></td><td></td><td></td><td></td><td></td><td></td><td></td><td colspan="5">无心磨和螺纹磨</td><td></td><td></td><td></td><td></td><td></td><td></td></tr>
<tr><td></td><td></td><td></td><td></td><td></td><td></td><td colspan="5">平面磨削</td><td></td><td></td><td></td><td></td><td></td><td></td><td></td><td></td></tr>
<tr><td></td><td></td><td></td><td></td><td></td><td></td><td colspan="6">工具磨削</td><td></td><td></td><td></td><td></td><td></td><td></td><td></td></tr>
<tr><td></td><td></td><td></td><td></td><td></td><td></td><td colspan="5">超精（低粗糙度）磨削</td><td></td><td></td><td></td><td></td><td></td><td></td><td></td><td></td></tr>
<tr><td></td><td></td><td></td><td></td><td></td><td></td><td></td><td></td><td></td><td colspan="7">珩磨</td><td></td><td></td><td></td></tr>
<tr><td></td><td></td><td></td><td></td><td></td><td colspan="4">缓进给磨削</td><td></td><td></td><td></td><td colspan="6">去毛刺磨削</td><td></td></tr>
<tr><td></td><td></td><td></td><td></td><td></td><td></td><td></td><td></td><td></td><td></td><td></td><td></td><td></td><td colspan="6">重负荷磨削</td></tr>
</table>

表 10.6　磨具的组织号及其应用

<table>
<tr><td>组织号</td><td colspan="15">0、1、2、3、4、5、6、7、8、9、10、11、12、13、14</td></tr>
<tr><td>磨粒率</td><td colspan="15">磨粒率由大——→小</td></tr>
<tr><td colspan="16">GB/T 2484—2018</td></tr>
<tr><td>组织号</td><td>0</td><td>1</td><td>2</td><td>3</td><td>4</td><td>5</td><td>6</td><td>7</td><td>8</td><td>9</td><td>10</td><td>11</td><td>12</td><td>13</td><td>14</td></tr>
<tr><td>磨粒率/%</td><td>62</td><td>60</td><td>58</td><td>56</td><td>54</td><td>52</td><td>50</td><td>48</td><td>46</td><td>44</td><td>42</td><td>40</td><td>38</td><td>36</td><td>34</td></tr>
<tr><td>应用范围</td><td colspan="3">重负荷磨削，成形、精密磨削，间断磨削及自由磨削，或加工硬脆材料等</td><td colspan="3">无心磨、内圆磨、外圆磨和工具磨，淬火钢工件磨削及刀具刃磨等</td><td colspan="4">粗磨和磨削韧性大、硬度不高的工件，机床导轨和硬质合金刀具磨削，适合磨削薄壁、细长工件或砂轮与工件接触面大以及平面磨削等</td><td colspan="5">磨削热敏性较大的钨银合金、磁钢、有色金属以及塑料、橡胶等非金属材料</td></tr>
</table>

合能力时，砂轮就会破碎。为了保证磨削工件时砂轮不破碎，一般进行回转试验。GB 2494—2003 规定了不同类型、不同结合剂的砂轮的最高工作速度，如表 10.7 所示，GB 2494—2014 给出了更加具体的应用条件。如最高工作速度为 50m/s，表示回转试验速度是以最高工作速度乘以安全系数（1.6）即 50×1.6=80（m/s），进行回转试验 30s 的速度。

表 10.7　砂轮最高工作速度（GB 2494—2014）

序号	磨具类别	形状代号	最高工作速度/(m/s)				
			陶瓷结合剂	树脂结合剂	橡胶结合剂	菱苦土结合剂	增强树脂结合剂
1	平形砂轮	1	35	40	35	—	—
2	丝锥板牙抛光砂轮	1	—	—	20	—	—
3	石墨抛光砂轮	1	—	30	—	—	—
4	镜面磨砂轮	1	—	25	—	—	—
5	柔性抛光砂轮	1	—	—	23	—	—
6	磨螺纹砂轮	1	50	50	—	—	—
7	重负荷修磨砂轮	1	—	50～80	—	—	—
8	筒形砂轮	2	25	30	—	—	—
9	单斜边砂轮	3	35	40	—	—	—
10	双斜边砂轮	4	35	40	—	—	—
11	单面凹砂轮	5	35	40	35	—	—
12	杯形砂轮	6	30	35	—	—	—
13	双面凹一号砂轮	7	35	40	35	—	—
14	双面凹二号砂轮	8	30	30	—	—	—
15	碗形砂轮	11	30	35	—	—	—
16	碟形砂轮	12a 12b	30	35	—	—	—
17	单面凹带锥砂轮	23	35	40	—	—	—
18	双面凹带锥砂轮	26	35	40	—	—	—
19	钹形砂轮	27	—	—	—	—	60～80
20	砂瓦	31	30	30	—	—	—
21	螺栓紧固平形砂轮	36	—	35	—	—	—
22	单面凸砂轮	38	35	—	—	—	—
23	薄片砂轮	41	35	50	50	—	60～80
24	磨转子槽砂轮	41	35	35	—	—	—
25	碾米砂轮	JM1-7	20	20	—	—	—
26	菱苦土砂轮	1、2、2a、2b、2c、2d、6、6a	—	—	—	20～30	—

续表

序号	磨具类别	形状代号	最高工作速度/(m/s)				
			陶瓷结合剂	树脂结合剂	橡胶结合剂	菱苦土结合剂	增强树脂结合剂
27	蜗杆砂轮	PMC	35～40	—	—	—	—
28	高速砂轮	—	50～60	50～60	—	—	—
29	磨头	52 53	25	25	—	—	—
30	棕刚玉粒度为 F30 及更粗，且硬度等级为 M 及更硬的砂轮	—	35、40、50	35、40、50	—	—	—
31	深切缓进给磨砂轮	1、5、11、12b	35	—	—	—	—

（7）磨具的形状尺寸

磨具的选择，应根据磨床的类型和工件的形状而定。GB/T 2484—2018 规定了砂轮、磨头、砂瓦的形状尺寸代号，常用的如表 10.8 所示。

表 10.8 磨具的名称代号和尺寸标记（GB/T 2484—2018）

砂轮代号	名称	断面图	形状尺寸标记	基本用途
1	平形砂轮	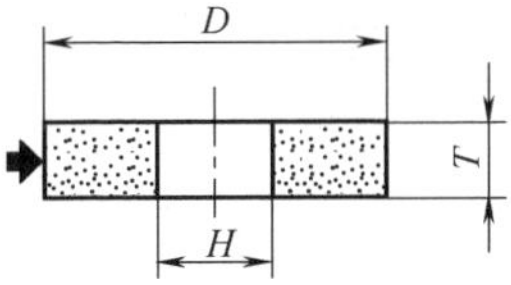	1 型 $D \times T \times H$	外圆、内圆、平面、无心磨及刃磨等
2	筒形砂轮	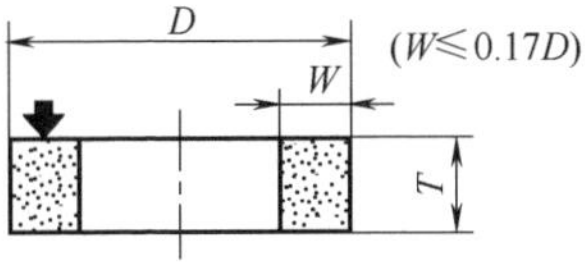	2 型 $D \times T$-W	用于立式平面磨床
3	单斜边砂轮	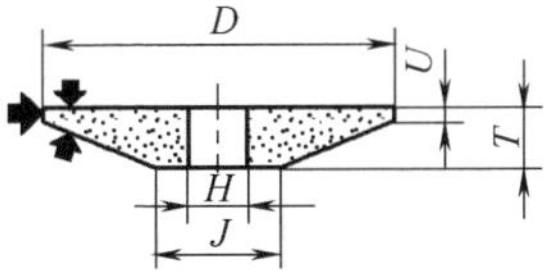	3 型 $D/J \times T/U \times H$	刃磨铣刀、铰刀及插齿刀等

续表

砂轮代号	名称	断面图	形状尺寸标记	基本用途
4	双斜边砂轮	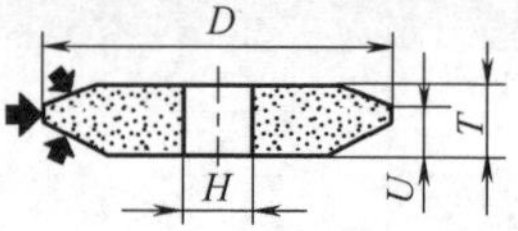	4 型 $D\times T/U\times H$	单线螺纹和齿轮磨削等
5	单面凹砂轮	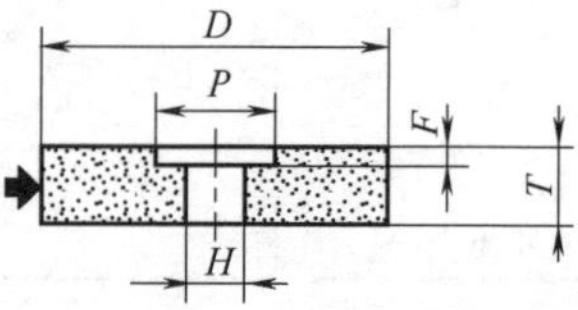	5 型 $D\times T\times H$-P,F	磨削内圆和平面,外径较大者可用于磨外圆
6	杯形砂轮	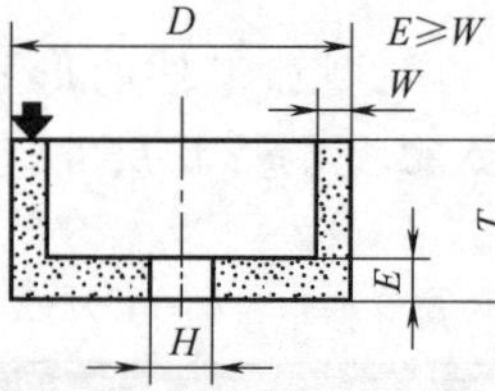	6 型 $D\times T\times H$-W,E	用其端面磨削平面或刃具刃磨,也可用圆柱面磨削内圆
7	双面凹一号砂轮	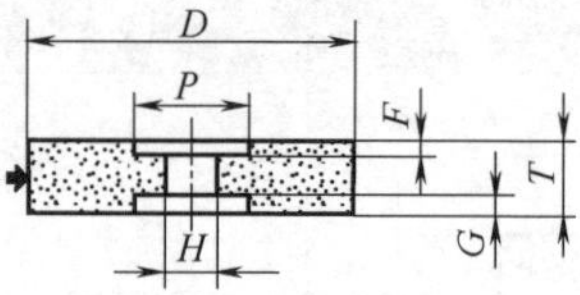	7 型 $D\times T\times H$-P,F,G	
8	双面凹二号砂轮	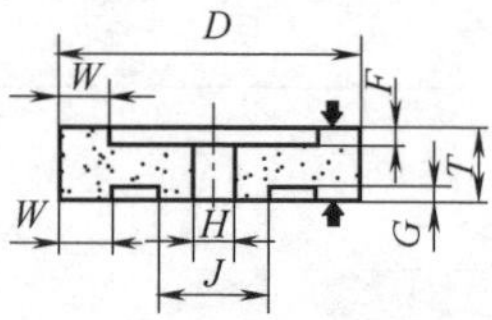	8 型 $D\times T\times H$-W,J,F,G	外圆、平面、无心磨削及刃磨
11	碗形砂轮	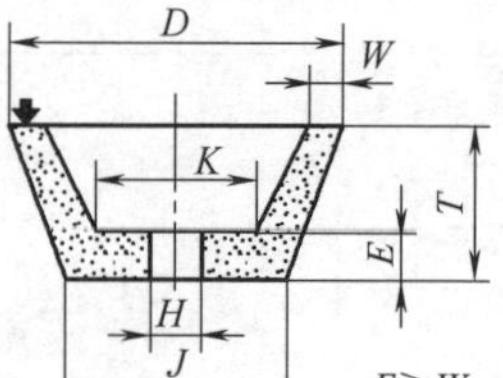	11 型 $D/J\times T\times H$-W,E,K	刃磨各种刀具及机床导轨

续表

砂轮代号	名称	断面图	形状尺寸标记	基本用途
12a	碟形一号砂轮	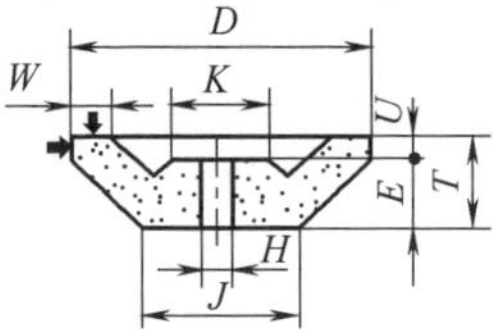	12a 型 $D/J\times T/U\times H\text{-}W, E, K$	刃磨各种刀具，大型碟形砂轮可磨削齿轮齿面
12b	碟形二号砂轮	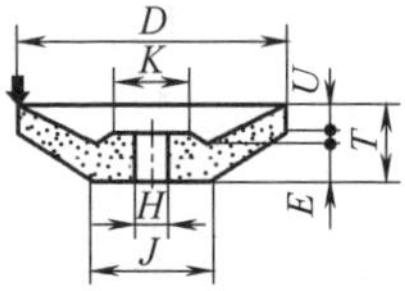	12b 型 $D/J\times T/U\times H\text{-}E, K$	主要用于磨锯条齿
23	单面凹带锥砂轮	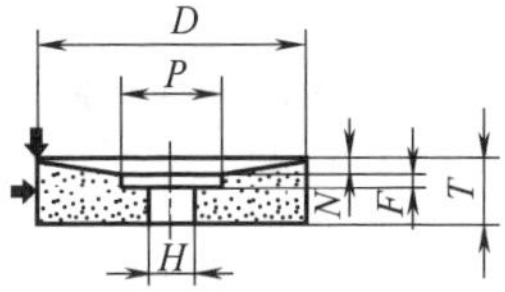	23 型 $D\times T/N\times H\text{-}P, F$	磨削外圆兼靠端面
26	双面凹带锥砂轮	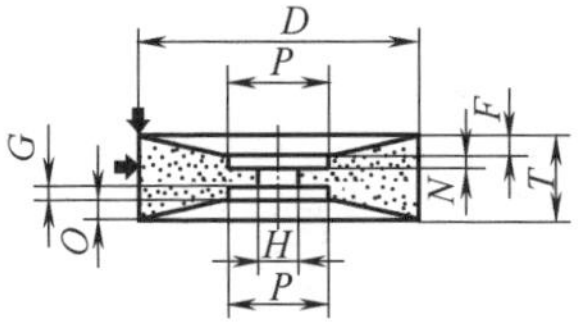	26 型 $D\times T/N/O\times H\text{-}P, F, G$	磨削外圆兼靠端面
27	钹形砂轮	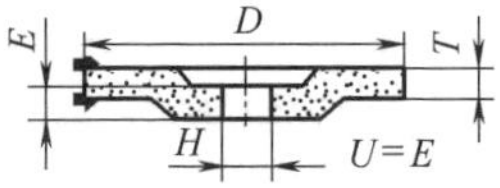	27 型 $D\times U\times H$	
36	螺栓紧固平形砂轮	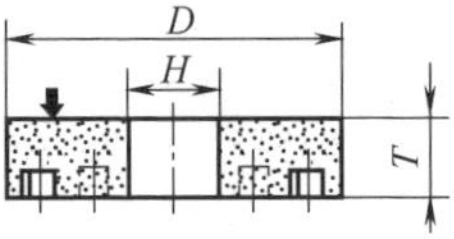	36 型 $D\times T\times H$	主要用于磨削表面平整的部件
38	单面凸砂轮	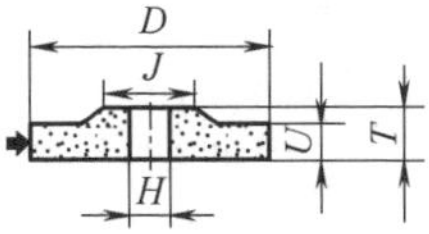	38 型 $D/J\times T/U\times H$	主要用于磨削轴承沟槽及开槽

续表

砂轮代号	名称	断面图	形状尺寸标记	基本用途
41	薄片砂轮	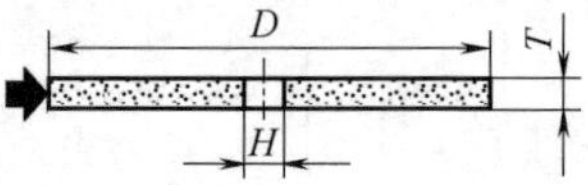	41 型 $D \times T \times H$	开槽和切割

（8）普通磨料磨具的标记

磨具的各种特性可以用标记表示。根据 GB/T 2484—2018 规定，在磨具标记中，各种特性代号的表达顺序为：磨具名称－产品标准号－基本形状代号－圆周型面代号－尺寸－磨料牌号－磨料种类－磨料粒度－硬度等级－组织号－结合剂种类－最高工作速度。

标记示例：

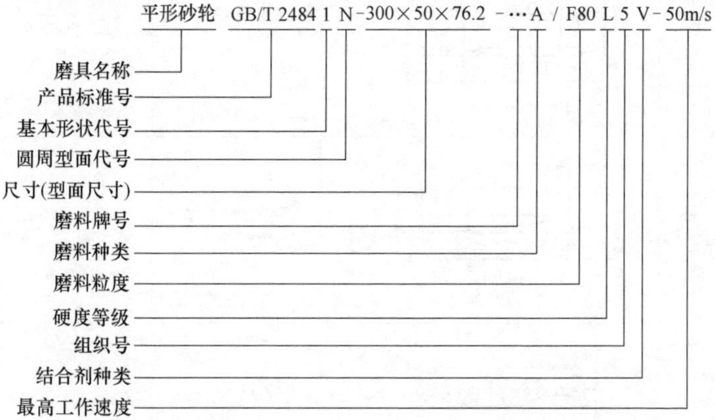

10.1.3 超硬磨料磨具

超硬磨料是指硬度显著高的金刚石和立方氮化硼磨料。

金刚石磨粒棱角锋利、耐用、磨削能力强、磨削力小，有利于提高工件精度和降低表面粗糙度。金刚石砂轮磨削温度低，可避免工件表面烧伤、裂纹和组织变化等。金刚石砂轮的耐热性较低（700～800℃），切削温度高时会丧失切削能力。金刚石与铁元素亲和能力很强，造成化学磨损，一般不宜磨削钢铁材料。

立方氮化硼磨具的热稳定性好，耐热温度高达 1200℃ 以上，不易与铁族元素产生化学反应，故适于加工硬而韧性高的钢件（如超硬高速钢）及高温时硬度高、热导率低的材料，耐磨性好，如磨削合金工具钢，有利于实现加工自动化。在加工硬质合金等材料时，金刚石砂轮优于立方氮化硼砂轮；但加工高速钢、耐热钢、模具钢等合金钢时，其金属切除率是金刚石砂轮的 10 倍，是白刚玉砂轮的 60～100 倍。立方氮化硼适于磨钢铁类材料，磨削时不宜用水剂冷却液，多用干磨或用轻质矿物油（煤油、柴油）冷却。

（1）超硬磨料的品种、代号及应用（见表 10.9、表 10.10）

表 10.9　人造金刚石品种、代号及适用范围（GB/T 23536—2009）

人造金刚石品种、代号		适用范围	
品种	代号	粒度 窄范围	推荐用途
磨料级	RVD	35/40～325/400	陶瓷、树脂结合剂磨具；研磨工具等
	MBD		金属结合剂磨具；电镀制品等
锯切级	SMD	16/18～70/80	锯切、钻探工具、电镀制品等
修整级	DMD	30/35 及以上	修整工具；单粒或多粒修整器等
微粉	MPD	M0/0.5～M36/54	精磨、研磨、抛光工具；聚晶复合材料等

表 10.10　立方氮化硼的品种及代号（GB/T 6405—2017）

品种			代号
无镀层	单晶		CBN
	微粉		CBNM
	多晶		CBNP
有镀层	单晶	镀镍	CBNN
		镀钛	CBNT
		镀铜	CBNC
	微粉	镀镍	CBNMN
		镀钛	CBNMT
		镀铜	CBNMC
	多晶	镀镍	CBNPN
		镀钛	CBNPT
		镀铜	CBNPC

（2）超硬磨料的粒度（见表 10.11～表 10.13）

表 10.11　超硬磨料窄范围粒度（GB/T 6406—2016）

粒度标记		试样量		上限筛	上检查筛		下检查筛			下限筛
本标准粒度标记	ISO粒度标记	200mm 筛	75mm 筛	最少 99.9% 通过的筛孔尺寸	筛孔尺寸	筛上物（最多）	筛孔尺寸	筛上物（最少）	筛下物（最多）	最多 0.5% 通过的筛孔尺寸
		g	g	μm	μm	%	μm	%	%	μm
16/18	1181	80～120	9.6～14.5	1830	1280	5	1010	93	5	710
18/20	1001			1530	1080		850			600
20/25	851	80～120	9.6～14.5	1280	915	5	710	93	5	505
25/30	711			1080	770		600			425
30/35	601	80～120	9.6～14.5	915	645	5	505	93	5	360
35/40	501	80～120	9.6～14.5	770	541	5	425	93	5	302
40/45	426			645	455		360			255
45/50	356	80～120	9.6～14.5	541	384	5	302	93	5	213
50/60	301			455	322		255			181
60/70	251	80～120	9.6～14.5	384	271	5	213	93	5	151
70/80	213			322	227		181			127
80/100	181	40～60	4.8～7.2	271	197	7	151	90	7	107
100/120	151			227	165		127			90
120/140	126			197	139		107			75
140/170	107	40～60	4.8～7.2	165	116	8	90	88	8	65
170/200	91			139	97		75			57
200/230	76	20～30	2.4～3.6	116	85		65			49
230/270	64			97	75		57			41
270/325	54			85	65	12	49	83	12	32
325/400	46			75	57		41			28
400/500	39			65	49	15	32	80	15	25
500/600	33			57	41		28			20

表 10.12　超硬磨料窄范围粒度（GB/T 6406—2016）

粒度标记		试样量		上限筛	上检查筛		下检查筛			下限筛
本标准粒度标记	ISO粒度标记	200mm 筛	75mm 筛	最少 99.9% 通过的筛孔尺寸	筛孔尺寸	筛上物（最多）	筛孔尺寸	筛上物（最少）	筛下物（最多）	最多 0.5% 通过的筛孔尺寸
		g	g	μm	μm	%	μm	%	%	μm
16/20	1182	80～120	9.6～14.5	1830	1280	5	850	93	5	600
20/30	852			1280	915		600			425
25/35	712			1080	770		505			360
30/40	602			915	645		425			302
35/45	502			770	541		360			255
40/50	427			645	455		302			213
45/60	357			541	384		255			181
50/70	302			455	322		213			151
60/80	252			384	271		181			127

表 10.13　超硬磨料微粉的粒度尺寸范围和粒度分布（JB/T 7990—2012）

粒度标记	公称尺寸范围 D/μm	D_5（最小值）/μm	D_{50}/μm	D_{95}（最大值）/μm	最大颗粒/μm	设备要求和技术推荐
M0/0.25	0～0.25	0.0	0.125±0.025	0.25	0.75	检测限：低≤0.02μm 高≥30μm 标样准确率误差：1% 重复性误差：5% 推荐技术：离心力沉降、激光衍射
M0/0.5	0～0.5	0.0	0.25±0.050	0.5	1.50	
M0/1	0～1	0.0	0.5±0.10	1.0	3.0	
M0.5/1	0.5～1	0.5	0.75±0.15	1.0	3.0	
M1/2	1～2	1.0	1.5±0.22	2.0	6.0	

续表

粒度标记	公称尺寸范围 D/μm	D_5(最小值) /μm	D_{50} /μm	D_{95}(最大值) /μm	最大颗粒 /μm	设备要求和技术推荐
M2/4	2～4	2.0	3.0±0.30	4.0	9.0	检测限：低≤0.5μm 高≥300μm 标样准确率误差：1% 重复性误差：5% 推荐技术：电阻传感、光学显微镜、激光衍射
M3/6	3～6	3.0	4.5±0.45	6.0	12.0	
M4/8	4～8	4.0	6.0±0.6	8.0	15.0	
M5/10	5～10	5.0	7.5±0.75	10.0	18.5	
M6/12	6～12	6.0	9.0±0.9	12.0	20.0	
M8/16	8～16	8.0	12.0±1.2	16.0	24.0	
M10/20	10～20	10.0	15.0±1.5	20.0	26.0	
M15/25	15～25	15.0	20.0±2.0	25.0	34.0	
M20/30	20～30	20.0	25.0±2.5	30.0	40.0	
M25/35	25～35	25.0	30.0±3.0	35.0	48.0	
M30/40	30～40	30.0	35.0±3.5	40.0	52.0	
M35/55	35～55	35.0	45.0±4.5	55.0	71.5	
M40/60	40～60	40.0	50.0±5.0	60.0	78.0	
M50/70	50～70	50.0	60.0±6.0	70.0	90.0	

注：本标准规定了一般工业应用人造金刚石和立方氮化硼微粉的粒度尺寸范围，特殊应用的粒度尺寸范围可由供需双方协商确定。表中的 D_5 是指在累计粒度分布曲线中，体积达到5%时所对应的粒径，D_5 常用来表示粉体细端的粒度指标；D_{50} 是指在累计粒度分布曲线中，体积达到50%时所对应的粒径，D_{50} 也叫中位径；D_{95} 指在累计粒度分布曲线中，体积达到95%时所对应的粒径，D_{95} 常用来表示粉体粗端的粒度指标。

（3）超硬磨具的结合剂

结合剂的主要作用是黏结超硬磨料并使磨具有正确几何形状。超硬磨料磨具结合剂的类型代号、性能与应用范围如表 10.14 所示。

表 10.14　超硬磨料结合剂及其代号、性能和应用范围

结合剂及其代号	性能	应用范围
树脂结合剂 B	磨具自锐性好，故不易堵塞，有弹性，抛光性能好，但结合强度差，不宜结合较粗磨粒，耐磨耐热性差，故不适于较重负荷磨削，可采用镀敷金属衣磨料，以改善结合性能	金刚石磨具主要用于硬质合金工件及刀具以及非金属材料的半精磨和精磨；立方氮化硼磨具主要用于高钒高速钢刀具的刃磨以及工具钢、不锈钢、耐热合金钢工件的半精磨与精磨
陶瓷结合剂 V	耐磨性较树脂结合剂高，工作时不易发热和堵塞，热膨胀量小，且磨具易修整	常用于精密螺纹、齿轮的精磨及接触面较大的成形磨，并适于加工超硬材料烧结体的工件
金属结合剂 M(青铜)	结合强度较高，形状保持性好，使用寿命较长，且可承受较大负荷，但磨具自锐性能差，易堵塞发热，故不宜结合细粒度磨料，磨具修整也较困难	金刚石磨具主要用于对玻璃、陶瓷、石料、半导体等非金属硬脆材料的粗、精磨及切割、成形磨以及对各种材料的珩磨；立方氮化硼磨具用于合金钢等材料的珩磨，效果显著
电镀金属结合剂	结合强度高，表层磨粒密度较高，且均裸露于表面，故切削刃口锐利，加工效率高，但由于镀层较薄，因此使用寿命较短	多用于成形磨削，制造小磨头、套料刀、切割锯片及修整滚轮等；电镀金属立方氮化硼磨具用于加工各种钢类工件的小孔，精度好，效率高，对小径盲孔的加工效果尤显优越

（4）超硬磨具的浓度和硬度

① 超硬磨具的浓度　超硬磨具的浓度是指磨具工作层内每立方厘米体积内超硬磨料的含量，浓度越高，说明超硬磨料的含量越高。浓度代号与超硬磨料含量如表 10.15 所示。

浓度的选择直接影响磨削效率和加工成本，浓度过高时，会造成砂轮磨粒过早脱落磨损和成本增加，浓度主要与结合剂有关，常用结合剂、超硬磨料浓度及适用范围如表 10.16 所示。

② 超硬磨具的硬度　超硬磨具的硬度取决于结合剂的性质、成分、数量以及磨具的制造工艺，直接影响磨削效率和磨具磨损，

目前尚未统一标准，由生产厂家自行控制。超硬磨料磨具的磨削性能比普通的好，加工表面质量也高，目前，陶瓷结合剂、金属结合剂与电镀砂轮，一般不标注硬度，树脂结合剂超硬砂轮一般标注J（软）、N（中）、R（中硬）、S（硬）四个硬度级。

表 10.15 浓度代号与超硬磨料含量（GB/T 35479—2017）

浓度	磨料含量/(g/cm^3)		代号
	金刚石	立方氮化硼	
25%	0.22	0.22	25
50%	0.44	0.44	50
75%	0.66	0.65	75
100%	0.88	0.87	100
125%	1.10	1.09	125
150%	1.32	1.30	150
175%	1.54	1.52	175
200%	1.76	1.74	200

表 10.16 常用结合剂、超硬磨料浓度及适用范围

结合剂	金刚石砂轮浓度/%	CBN 砂轮浓度/%	适用范围
树脂 B	50～75	75～100	半精磨、精磨、工作面较宽、抛光、研磨
陶瓷 V	75～100	75～125	半精磨、精磨
金属烧结 M	100～150	100～150	粗磨、半精磨、小面积磨削、磨槽
金属电镀 Me	100～150	150～200	成形磨、小孔磨削、切割

（5）超硬磨具结构、形状和尺寸

超硬磨具的结构由磨料层、过渡层和基体三部分组成，如图 10.6 所示。磨料层由超硬磨料和结合剂组成。过渡层不含磨料，由结合剂和其他材料组成，其作用是将超硬磨料层牢固地黏合在基体上，保证磨料层能全部被利用。基体支撑超硬磨料层工作和便于装卡，金属结合剂一般采用铜或铜合金作基体材料；树脂结合剂采用铝、铝合金或电木作基体材料；陶瓷结合剂则采用陶瓷作基体材料。

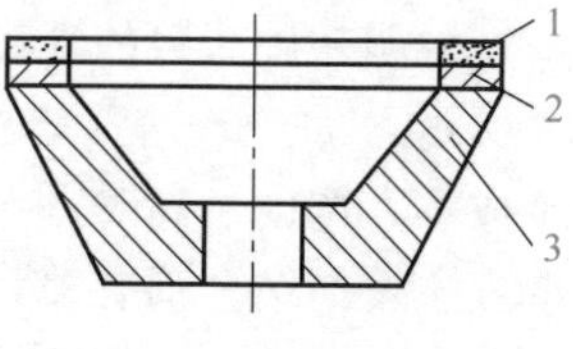

图 10.6 超硬磨具结构

1—磨料层；2—过渡层；3—基体

① 超硬砂轮、油石及磨头的尺寸代号　见表 10.17。

表 10.17　超硬砂轮、油石及磨头的尺寸代号

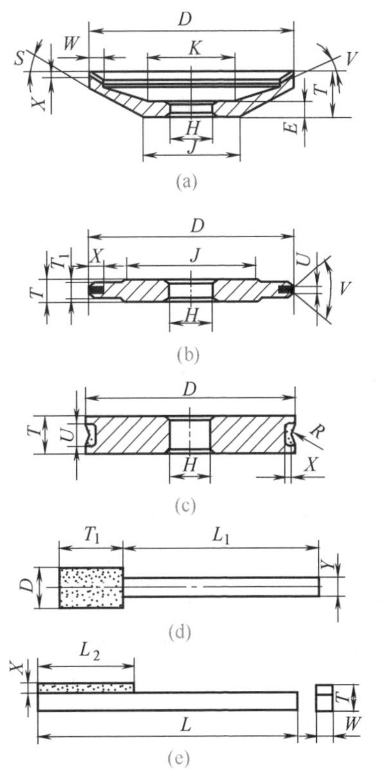

尺寸	代号	名称
	D	直径
	E	孔处厚度
	H	孔径
	J	台径
	K	凹面直径
	L	柄长
	L_1	轴长
	L_2	磨料层长度
	R	半径
	S	基体角度
	T	总厚度
	T_1	基体厚度
	U	磨料层厚度 （当小于 T 或 T_1 时）
	V	面角(磨料层)
	W	磨料层宽度
	X	磨料层深度
	Y	芯轴直径

② 超硬磨具的形状代号　超硬磨具的形状代号用数字和字母来表示，包括：基体形状结构变型代号（见表 10.18）、磨料层断面形状代号（见表 10.19）、磨料层在基体上的位置代号（见表 10.20）。

③ 超硬砂轮、油石及磨头的形状代号　超硬砂轮、油石及磨头的形状代号是由超硬磨具基体基本形状代号、超硬磨料层断面形状代号和超硬磨料层在基体上的位置代号组合而成，见表 10.21。

表 10.18　超硬磨具基体基本形状的改型及代号（GB/T 35479—2017）

代号	形状	说明
B	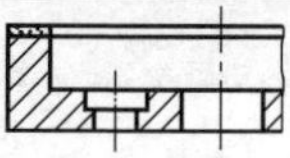	基体内有沉孔
C	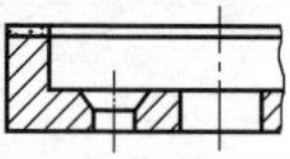	基体内有埋头孔
H	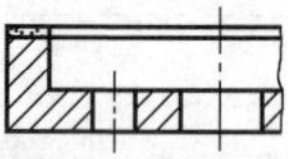	基体内有直孔
K	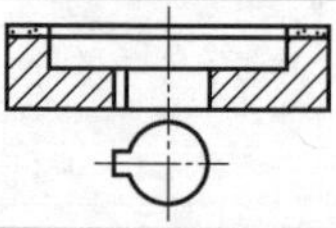	基体内有带键槽的孔
M	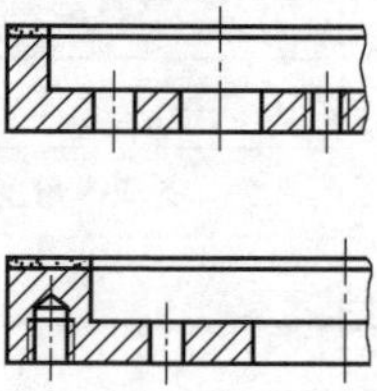	基体内有混合孔(既有直孔又有螺纹孔)
P	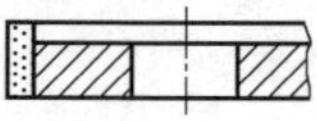	基体的一端面减薄,其厚度小于磨料层的厚度
Q	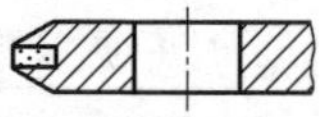	磨料层三个面部分或整个地嵌入基体
R	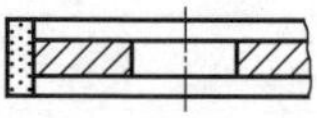	基体的两端面减薄,其厚度小于磨料层的厚度
S	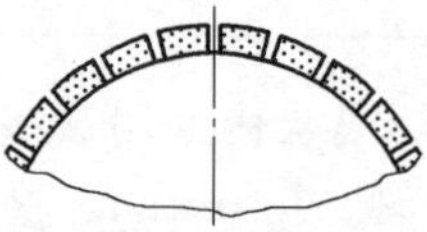	金刚石结块装于整体的基体上(结块间隙与槽的定义无关)
SS	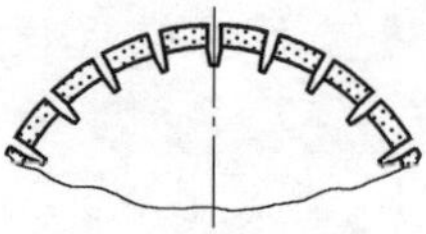	金刚石结块装于带槽的基体上
T		基体带螺纹孔

续表

代号	形状	说明
V	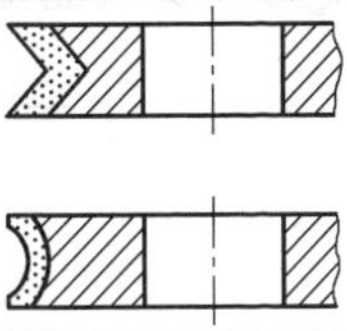	镶嵌在基体上磨料层的任一内角或弧面的凹面朝外，称磨料层反镶
W	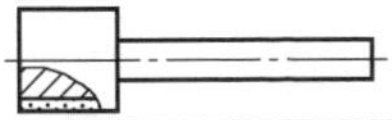	带有磨料层的基体和安装轴连为一体
Y	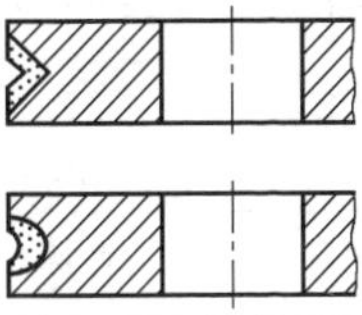	见 Q 和 V 说明

表 10.19　磨料层断面形状及代号（GB/T 35479—2017）

代号	断面形状	代号	断面形状
A	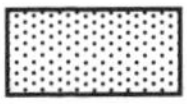	DD	
AA	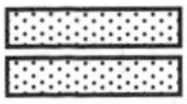	E	
AF		EE	
B	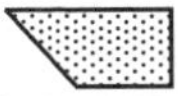	EF	
BF		EH	
BH		ER	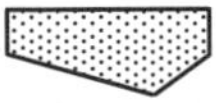
BT	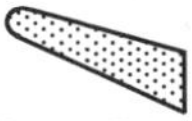	ET	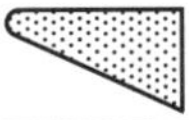
C	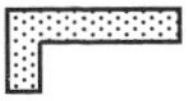	F	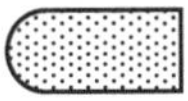
CH		FF	
D	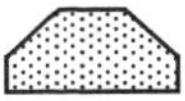	G	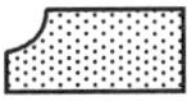

续表

代号	断面形状	代号	断面形状
GN	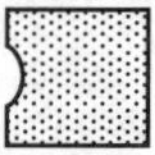	R	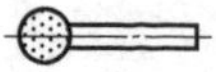
H		S	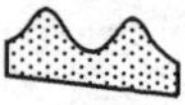
J		T	
K		U	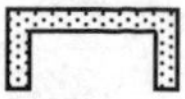
L	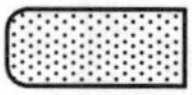	V	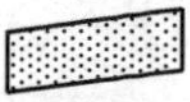
LL		VF	
M	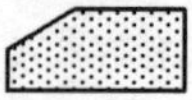	VL	
P	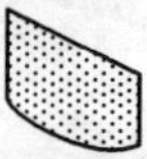	VV	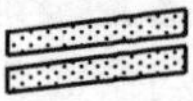
Q	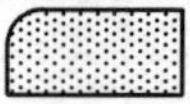	Y	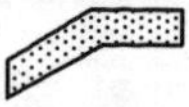
QV		—	

注：表中列出的只是最常见形状。

表 10.20　磨料层在基体上的位置及代号（GB/T 35479—2017）

代号	位置	形状	说明
1	周边	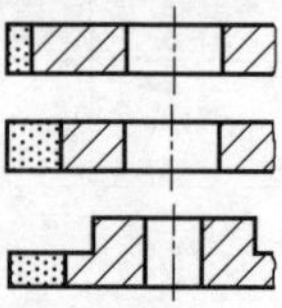	磨料层位于基体的周边，并延伸于周边整个厚度（轴向），其厚度可大于、等于或小于磨料层的宽度（径向）
2	端面	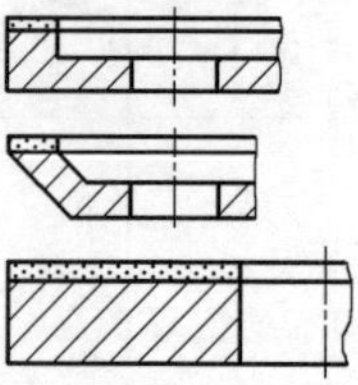	磨料层位于基体的端面。它可覆盖或不覆盖整个端面

续表

代号	位置	形状	说明
3	双端面	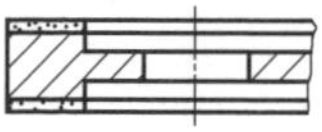	磨料层位于基体的两端面。它可覆盖或不覆盖整个端面
4	内斜面或弧面	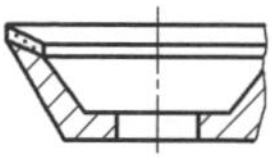	此代号应用于 2 型、6 型、10 型、11 型、12 型、13 型或 15 型的基体，磨料层位于基体端面壁上。该壁以一个角度或弧度从周边较高点向中心较低点延伸
5	外斜面或弧面	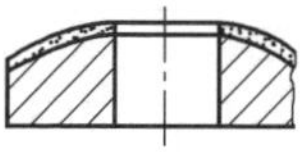	此代号应用于 2 型、6 型、11 型或 15 型的基体，磨料层位于基体端面壁上。该壁以一个角度或弧度从周边较低点向中心较高点延伸
6	周边一部分	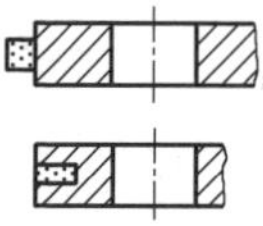	磨料层位于基体的周边，但不占有整个基体厚度
7	端面一部分	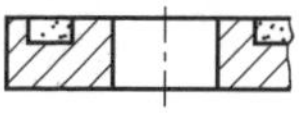	磨料层位于基体的端面，而不延伸至基体的周边。但它可以或不延伸至中心
8	整体	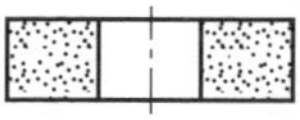	无基体，全部由磨料和结合剂组成
9	边角	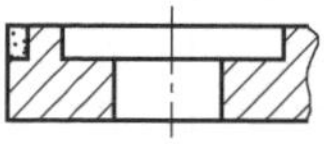	磨料层只占基体周边上的一角，而不延伸至另一角
10	内孔	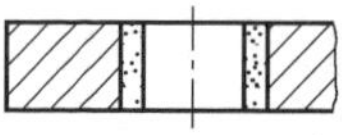	磨料层位于基体的内孔

表 10.21　超硬砂轮、油石及磨头的形状代号

系列	名称	形状	代号	主要用途
平形系	平形砂轮		1A1	外圆、内圆、平面、无心磨、刃磨、螺纹磨、电解磨等
	平形倒角砂轮	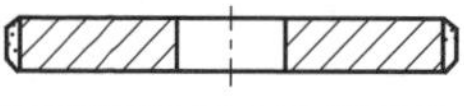	1L1	
	平形加强砂轮	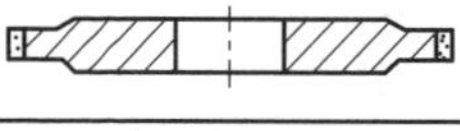	14A1	

续表

系列	名称	形状	代号	主要用途
平形系	弧形砂轮	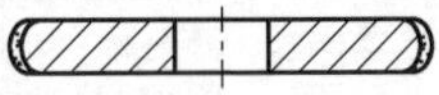	1FF1	外圆、内圆、平面、无心磨、刃磨、螺纹磨、电解磨等
		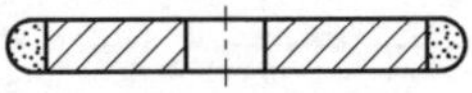	1F1	
	平形燕尾砂轮	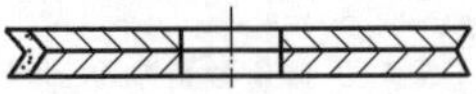	1EE1V	
	双内斜边砂轮	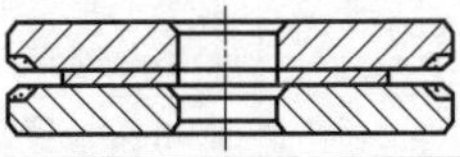	1V9	
	切割砂轮	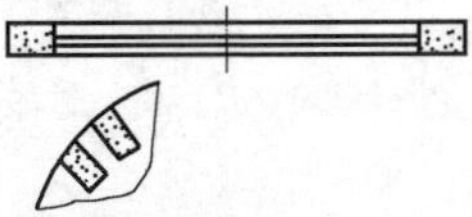	1AQ6	切割非金属材料
	薄片砂轮	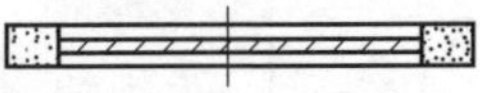	1A1R	
	平形小砂轮	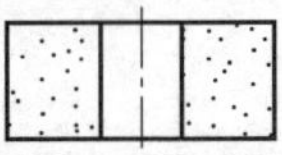	1A8	磨内孔、模具整形
	双斜边砂轮	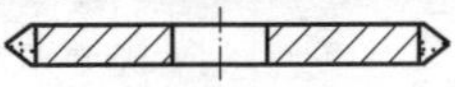	1E6Q	外圆、内圆、平面、无心磨、刃磨、螺纹磨、电解磨、磨槽、磨齿等
		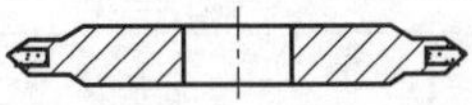	14E6Q	
		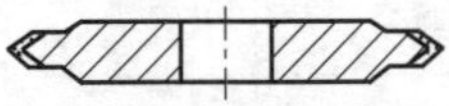	14EE1	
		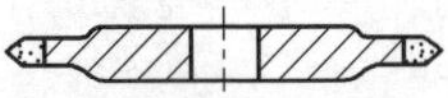	14E1	
		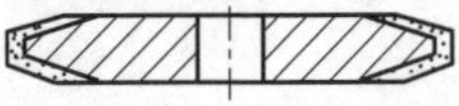	1DD1	
	单斜边砂轮	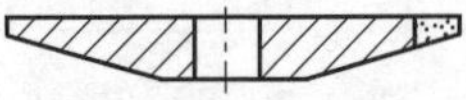	4B1	
	单面凹砂轮	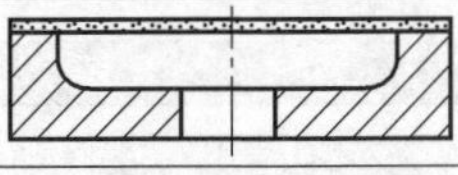	6A2	
	双面凹砂轮	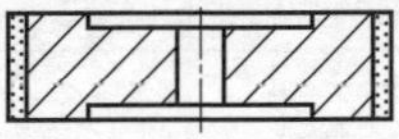	9A1	
		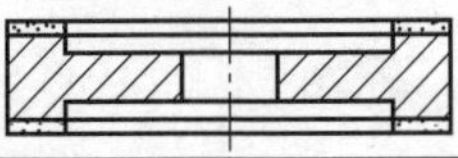	9A3	

续表

系列	名称	形状	代号	主要用途
筒形系	筒形砂轮	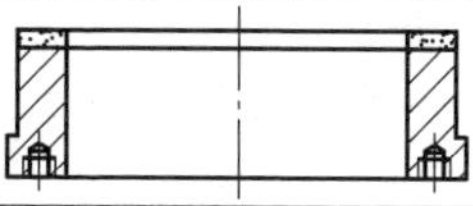	6A2T	磨光学玻璃平面、球面、弧面等
	筒形 1 号砂轮	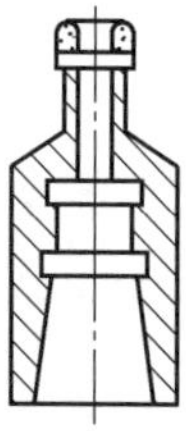	2F2/1	
	筒形 2 号砂轮	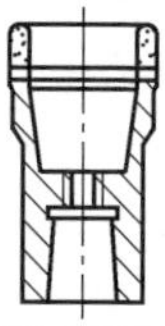	2F2/2	
	筒形 3 号砂轮	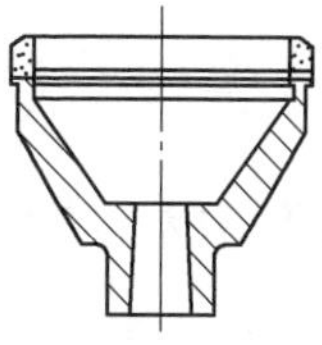	2F2/3	
杯形系	杯形砂轮	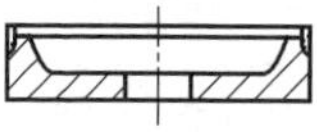	6A9	刃磨
	碗形砂轮		11A2	刃磨、电解磨
		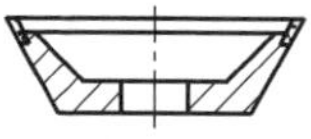	11V9	磨齿形面
蝶形系	蝶形砂轮		12A2/20°	磨铣刀、拉刀、铰刀、齿轮、锯齿、端面、平面、电解磨等
		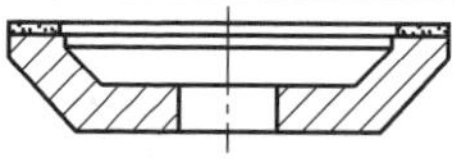	12A2/45°	
		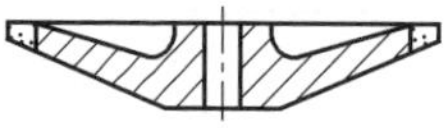	1ZD1	

续表

系列	名称	形状	代号	主要用途
蝶形系	蝶形砂轮	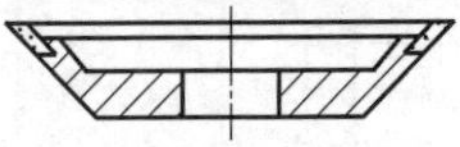	12V9	磨铣刀、拉刀、铰刀、齿轮、锯齿、端面、平面、电解磨等
		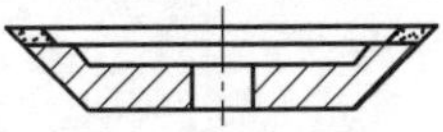	12V2	
专用加工系	磨边砂轮	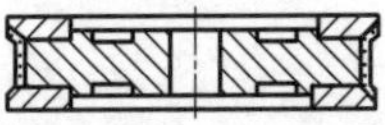	1DD6Y	光学镜片、玻璃磨边
		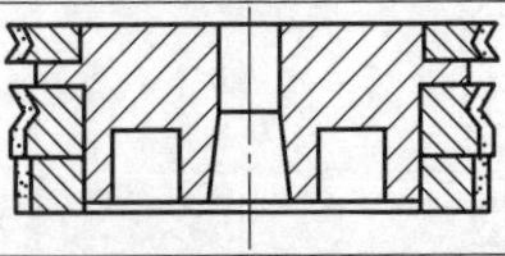	2EEA1V	
	磨盘	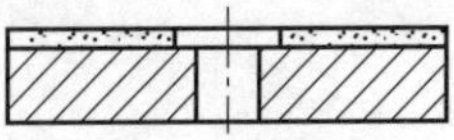	1A2	
		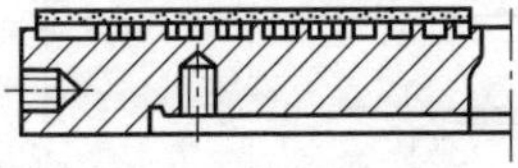	10X6A2T	
油石类	带柄平形油石		HA	修磨硬质合金、钢制模具
	带柄弧形油石		HH	
	带柄三角油石	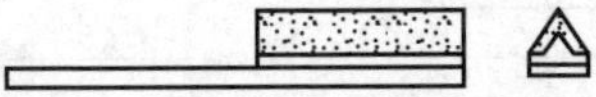	HEE	
	平形带弧油石	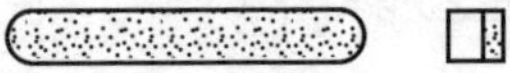	HMA/1	
	平形油石	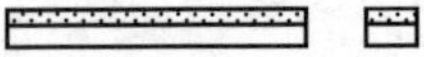	HMA/2	精密珩磨淬火钢、不锈钢、渗氮钢等内孔
	弧形油石	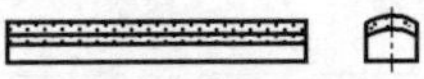	HMH	
	平形带槽油石		2HMA	
	基体带斜油石		HMA/5°	

续表

系列	名称	形状	代号	主要用途
磨头类	磨头		1A1W	雕刻、内孔和复杂面磨削
锯类	基体无槽圆锯片	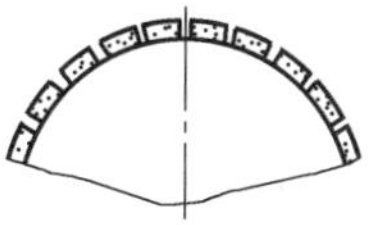	1A1RS	切割
	基体宽槽圆锯片	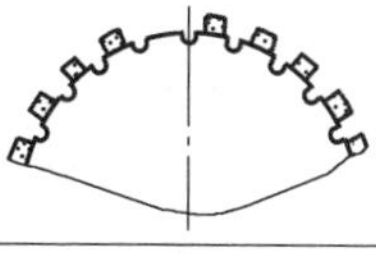	1A1RSS/C_1	
	基体窄槽圆锯片	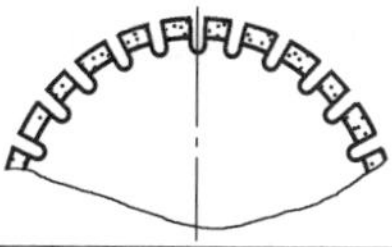	1A1RSS/C_2	
	框架锯条	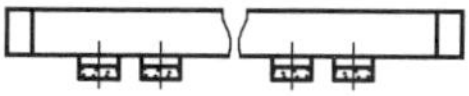	BA2	

(6) 超硬磨具的标记

例 1　单面凹形砂轮，标记为：6A2C 型。其代号含义如图 10.7 所示。

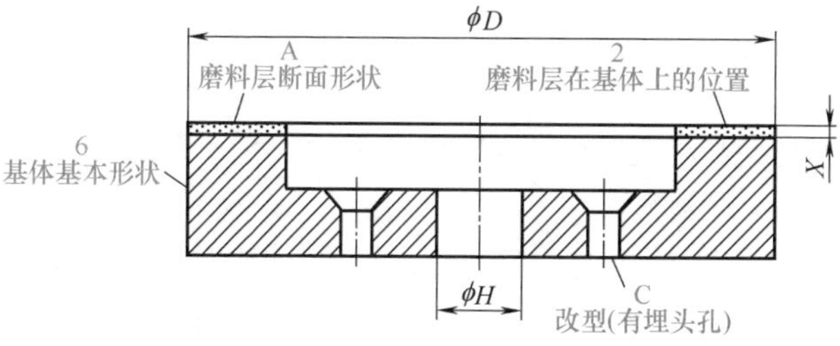

图 10.7　单面凹形砂轮—6A2C 型

图和标记符号的含义：6—基体的基本形状；A—超硬磨料层断面形状；2—磨料层所在的端面；C—砂轮的基体结构上有锥形埋头孔，通过锥形埋头螺钉将砂轮与机床主轴连接。

例 2　平形砂轮标记符号的含义解释见图 10.8。

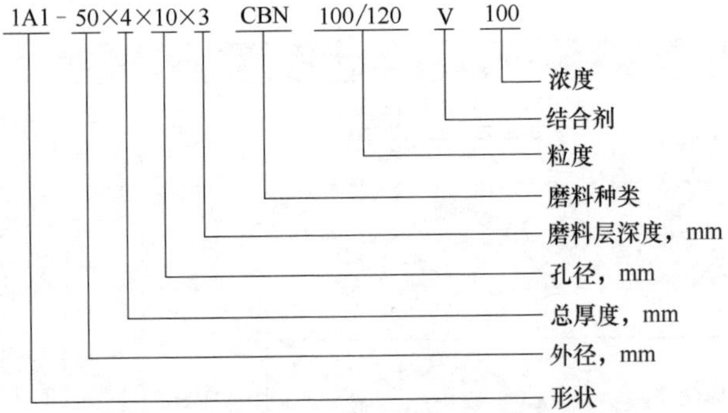

图 10.8 平形砂轮标记符号的含义解释

例 3 圆锯片标记符号的图形含义见图 10.9。

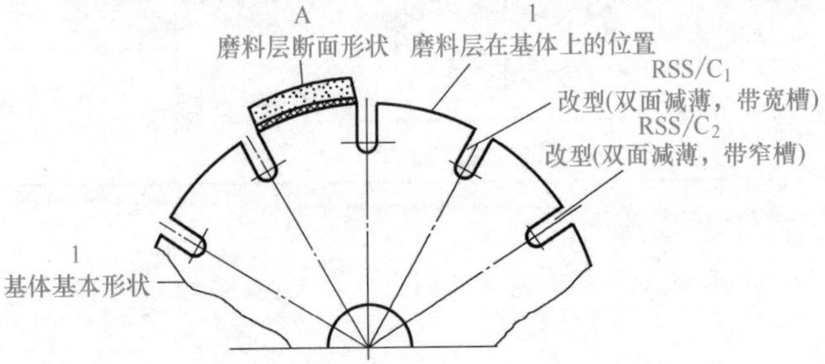

图 10.9 圆锯片—1A1RSS/C_1 型或 1A1RSS/C_2 型

例 4 圆锯片标记符号的含义解释见图 10.10。

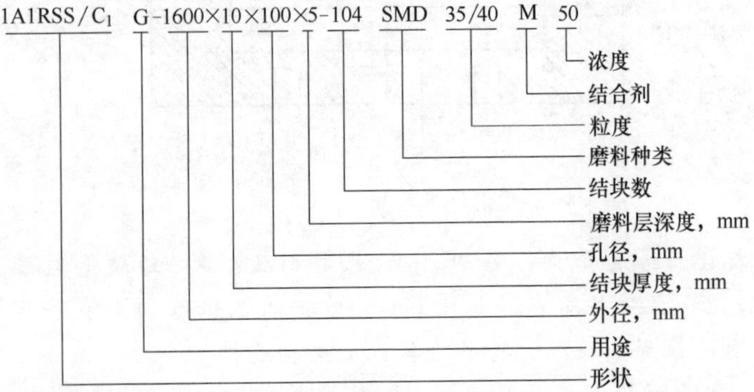

图 10.10 圆锯片标记符号的含义解释

10.2 各种表面磨削

10.2.1 外圆磨削

外圆磨削应用最广泛，一般在外圆磨床和无心外圆磨床上磨削轴、套筒等零件上的外圆柱面、圆锥面、轴上台阶和端面等，磨削外圆表面的尺寸精度可达 IT7～IT6 级，表面粗糙度达 Ra0.8～0.2μm。

（1）外圆磨削方法

外圆磨削的方法很多，常用的有纵向磨削法、切入磨削法、分段磨削法和深切缓进磨削法。

1）纵向磨削法　纵向磨削法是砂轮旋转，工件反向转动（作圆周进给运动），工作台（工件）或砂轮作纵向直线往复进给运动，如图 10.11 所示。为了使工件的砂轮作周期性横向进给运动，当每一纵向行程或往复行程终了时，砂轮按规定的磨削深度作一次横向进给，每次的进给量很小，磨削余量需要在多次往复行程中磨除。纵向磨削法的特点为：

① 砂轮整个宽度上磨粒的工作状况不同，处于纵向进给运动方向前面部分的磨粒，因为与未切削过的工件表面接触，所以起主要切削作用，而后面部分的磨粒与已切削过的工件表面接触，主要起减小工件表面粗糙度值的修光作用，未发挥所有磨粒的切削作用，因此，纵向磨削法的磨削效率低。为了获得较高的加工精度和较小的表面粗糙度值，可适当增加“光磨”次数来获得。

② 纵向磨削的背吃刀量较小，工件的磨削余量需经多次进给切除，机动时间长，生产效率低。

③ 纵向磨削的磨削力和磨削热小，适于加工圆柱面较长、精密、刚度较差的薄壁的轴或套类工件。

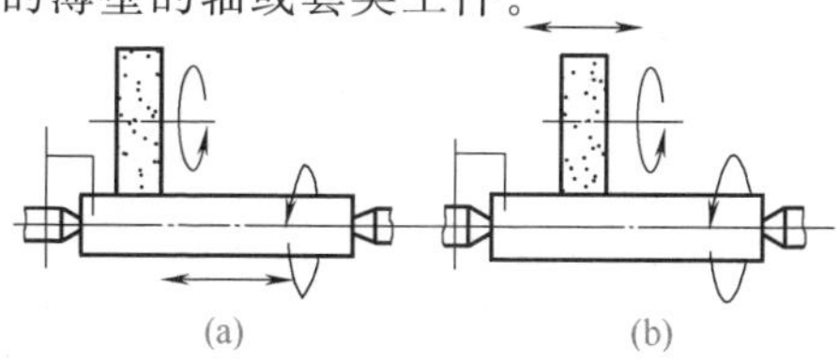

图 10.11　纵磨法磨削外圆

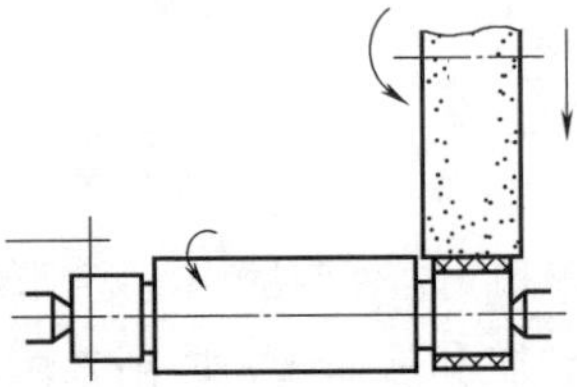
图 10.12　横磨法磨削外圆

2）切入磨削法　切入磨削法是砂轮旋转，工件反向转动（作圆周进给运动），工作台（工件）或砂轮无纵向进给运动，而砂轮以很慢速度连续地向工件横向（径向）切入运动，直到磨去全部的余量为止，如图 10.12 所示。这种磨削方法又称横向磨削法，一般情况下，砂轮宽度大于工件长度，粗磨时可用较高的切入速度，但砂轮压力不宜过大，精磨时切入速度要低，切入磨削无纵向进给运动。与纵向磨削法相比，其特点是：

① 砂轮工作面上磨粒负荷基本一致，充分发挥所有磨粒的切削作用，由于采用连续的横向进给，缩短了机动时间，故生产率较高。

② 由于无纵向进给运动，砂轮表面的形态（修整痕迹）会复映到工件表面上，为了消除这一缺陷，可在切入法终了时，作微量的纵向移动。

③ 砂轮整个表面连续横向切入，排屑困难，砂轮易堵塞和磨钝，产生的磨削热多，散热差，工件易烧伤和发热变形，因此切削液要充分。

④ 磨削时径向力大，工件易弯曲变形，适合磨削长度较短的外圆表面、两边都有台阶的轴颈及成形表面。

3）分段磨削法　分段磨削法又称混合磨削法，也就是先用切入磨削法将工件进行分段粗磨，相邻两段有 5～15mm 的重叠，磨后使工件留有 0.01～0.03mm 的余量，然后用纵向磨削法在整个长度上磨至尺寸要求，如图 10.13 所示。

这种方法的特点是：

① 既利用了切入磨削法生产率高的优点，又利用了纵向磨削法加工精度高的优点，适用于磨削余量大、刚性好的工件。

② 考虑到磨削效率，分段磨削应选用较宽的砂轮，以减少分段数目。当加工长度为砂轮宽度的 2～3 倍且有台阶的工件时，用此法最为适合。分段磨削法不宜加工长度过长的工件，通常分段数

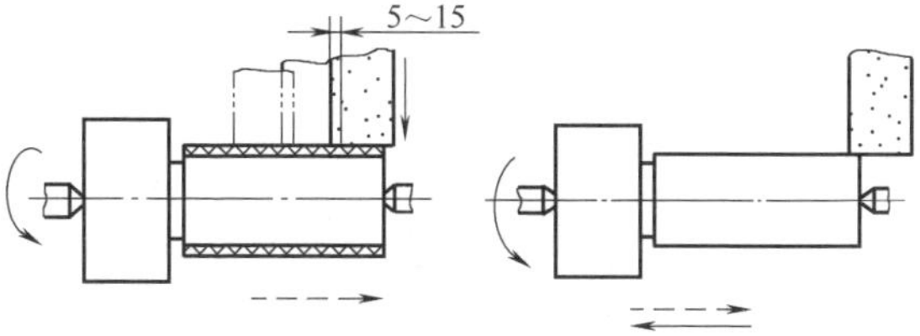

图 10.13　分段法磨削外圆

大都为 2～3 段。

4）深切缓进磨削法　深切缓进磨削法是采用较大的背吃刀量以缓慢的进给速度（$f_{纵}=0.08B\sim0.15B$mm/r，B 为砂轮宽度），在一次纵向走刀中磨去工件全部余量（0.20～0.60mm）的磨削方法，其生产率高，是一种高效磨削方法。采用这种磨削方法，需要把砂轮修整成前锥或阶梯形，如图 10.14 所示。

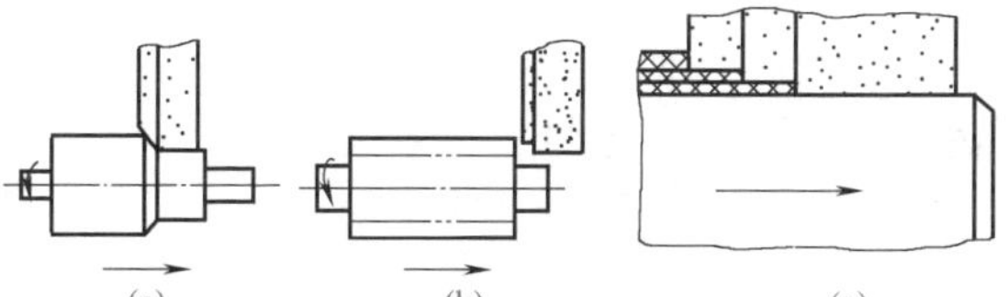

图 10.14　深切缓进磨削法

5）外圆磨削方法的特征与选择　不同的外圆磨削方法各有特点，分别适合不同的情况，一般可根据工件形状、尺寸、磨削余量、生产类型和加工要求选择合适的机床和磨削方法。外圆磨削方法磨削的工件表面、砂轮工作表面、磨削运动和特点如表 10.22 所示。

（2）外圆磨削的工件装夹

工件装夹得是否正确、稳定、可靠，直接影响工件的加工精度和表面质量，装夹是否快捷、方便，将影响生产效率。外圆磨削时的工件装夹，主要与工件的形状、尺寸、精度和生产率等因素有关，常用的工件装夹方法有：用前后顶尖装夹、用三爪定心卡盘或用四爪单动卡盘装夹、用卡盘和后顶尖装夹。

表 10.22　外圆磨削的特征

磨削方法	磨削表面特征	轮砂工作表面	图示	砂轮运动	工件运动	特点
纵向磨削法	光滑外圆面	1	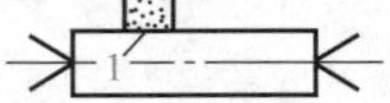	①旋转 ②横进给	①旋转 ②纵向往复	①磨削时，砂轮左（或右）端面边角担负切除工件大部分余量，其他部分只担负减小工件表面粗糙度值的作用。磨削深度小，工件余量需多次进给切除，故机动时间长，生产效率低 ②由于大部分磨粒担负磨光作用，且磨削深度小，切削力小，所以磨削温度低，工件精度易提高，表面粗糙度值低 ③由于切削力小，特别适宜加工细长工件 ④为保证工件精度，尤其磨削带台肩轴时，应分粗、精磨
	带端面及退刀槽的外圆面	1 2	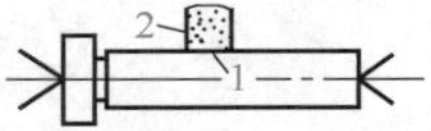	①旋转 ②横进给	①旋转 ②纵向往复 在端面处停靠	
	带端面及圆角的外圆面	1 2 3	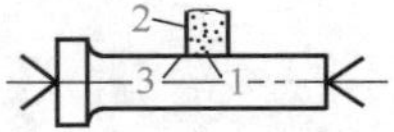	①旋转 ②横进给	①旋转 ②纵向往复 在端面处停靠	
	长外圆锥面	1	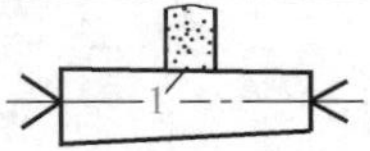 工作台转一角度	①旋转 ②横进给	①旋转 ②纵向往复	
	短圆锥面	1	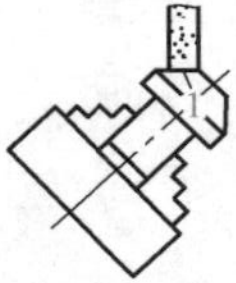 头架转一角度	①旋转 ②横进给	①旋转 ②纵向往复	
		1	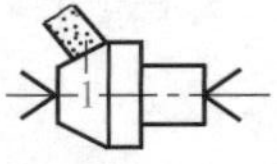 砂轮架转一角度	①旋转 ②纵向往复	①旋转 ②横进给	

续表

磨削方法	磨削表面特征	轮砂工作表面	图示	砂轮运动	工件运动	特点
切入磨削法	光滑短外圆面	1	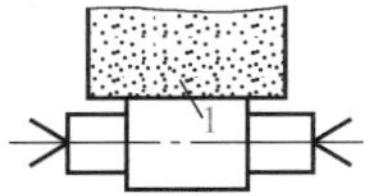	①旋转 ②横进给	旋转	①磨削时，砂轮工作面磨粒负荷基本一致，且在一次磨削循环中，可分粗、精、光磨，效率比较高 ②由于无纵向进给，磨粒在工件上留下重复磨痕，粗糙度值较大，一般为 $Ra0.32 \sim 0.16\mu m$ ③砂轮整个表面连续横向切入，排屑困难，砂轮易堵塞和磨钝；同时，磨削热大，散热差，工件易烧伤和发热变形，因此磨削液要充分 ④磨削时径向力大，工件容易弯曲变形，不宜磨细长件，适宜磨长度较短的外圆表面、两边都有台阶的轴颈及成形表面
	带端面的短外圆面	1 2	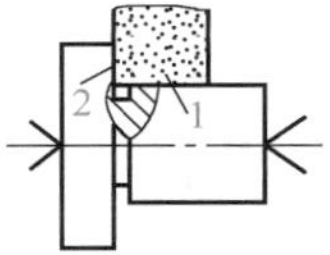	①旋转 ②横进给	①旋转 ②纵向往复在端面处停靠	
	带端面的短外圆面	1 2	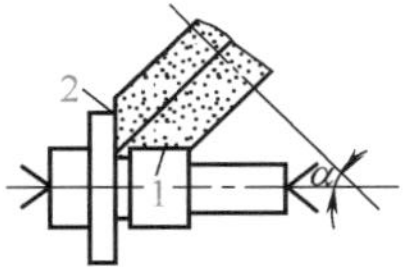 修整砂轮成形	①旋转 ②横进给	旋转	
	端面	1	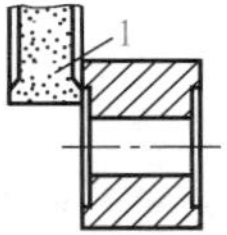	①旋转 ②横进给	旋转	

续表

磨削方法	磨削表面特征	轮砂工作表面	图示	砂轮运动	工件运动	特点
切入磨削法	短圆锥面	1	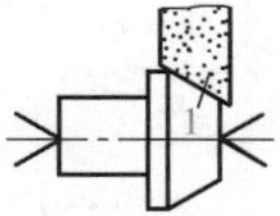	①旋转 ②横进给	旋转	①磨削时,砂轮工作面磨粒负荷基本一致,且在一次磨削循环中,可分粗、精、光磨,效率比较高 ②由于无纵向进给,磨粒在工件上留下重复磨痕,粗糙度值较大,一般为 $Ra0.32 \sim 0.16\mu m$ ③砂轮整个表面连续横向切入,排屑困难,砂轮易堵塞和磨钝;同时,磨削热大,散热差,工件易烧伤和发热变形,因此磨削液要充分 ④磨削时径向力大,工件容易弯曲变形,不宜磨细长件,适宜磨长度较短的外圆表面、两边都有台阶的轴颈及成形表面
	同轴间断光滑阶梯轴	1 1	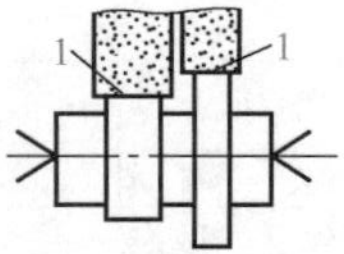 多砂轮磨削	①旋转 ②横进给	旋转	
	间断等径外圆面	1	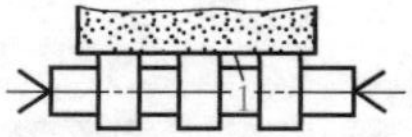 宽砂轮磨削	①旋转 ②横进给	旋转	

续表

磨削方法	磨削表面特征	轮砂工作表面	图示	砂轮运动	工件运动	特点
分段磨削法	带端面的短外圆面	1 2	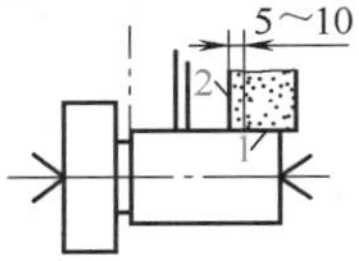	①旋转 ②分段横进给	①旋转 ②纵向间歇运动 ③小距离纵向往复	①是切入磨削法与纵向磨削法的混合应用。先用切入磨削法将工件分段粗磨，相邻两段有5～10mm的重叠，工件留有0.01～0.03mm余量，最后用纵向磨削法精磨至尺寸 ②适用于磨削余量大、刚性好的工件 ③加工表面长度为砂轮宽的2～3倍时最宜
	曲轴拐径	1 2	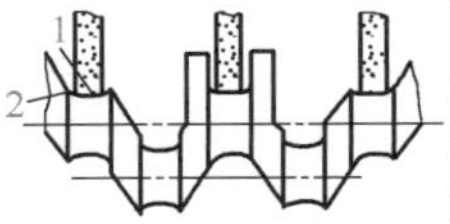	①旋转 ②分段横进给	①旋转 ②纵向间歇运动 ③小距离纵向往复	
深切缓进磨削法	过渡圆锥与圆面	1 2	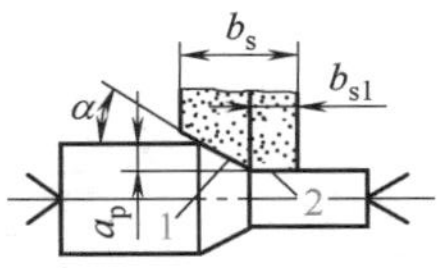砂轮修整成形	①旋转 ②横进给	①旋转 ②纵向进给	①以较小的纵向进给量在一次纵磨中磨去工件全部余量，粗、精磨一次完成，生产率高 ②砂轮修成阶梯状，阶梯数及台阶深度按工件长度和磨削余量确定，一般一个台阶深度在0.3mm左右 ③适用于大批大量生产 ④要求磨床功率大和刚性好
	光滑外圆面	1 2 3	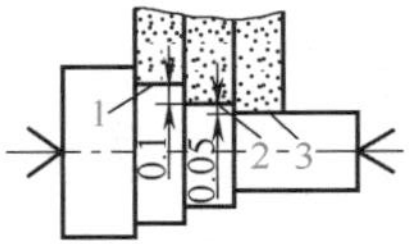砂轮修整成阶梯形	①旋转 ②横进给	①旋转 ②纵向进给	

1）用前后顶尖装夹　由于外圆磨削工件的类型主要是轴类工件，用前、后顶尖装夹工件是外圆磨削最常用的装夹方法。用前、后顶尖装夹工件具有装夹方便、加工精度高的特点。由于轴类工件上一般有多个外圆表面，其设计基准为轴心线，为了保证这些外圆表面的同轴度要求，根据基准重合和基准统一原则，工件上的定位表面一般用两端面的中心孔作定位表面。装夹时，把工件支承在磨床头架和尾座的顶尖上，并由头架上的拨盘带动夹紧在工件上的夹头使工件旋转，如图 10.15 所示。

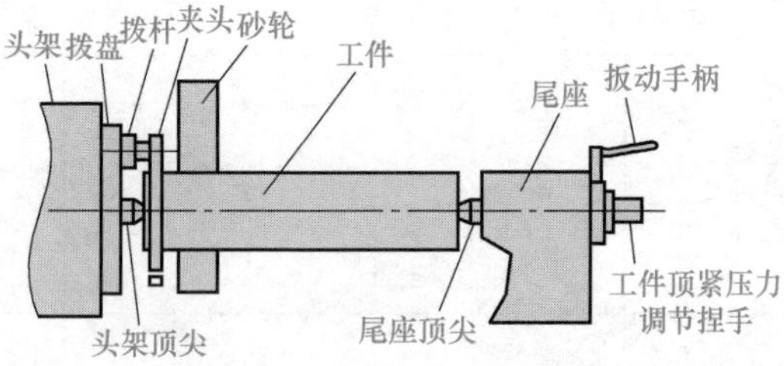

图 10.15　前后两顶尖装夹工件

由于磨床上的前后顶尖不随工件转动，称为“死顶尖”，目的是消除头架的回转误差对工件加工精度的影响，通过工件上的中心孔在前后顶尖作转动副，以保证磨削外圆与轴心线的同轴度。

根据磨床头架和尾座的莫氏锥孔和工件的结构尺寸可选择顶尖的结构和规格。

根据工件的结构尺寸可选择夹头的结构和规格。

中心孔是外圆磨削的定位基准，在外圆磨削中有着重要作用，常见的误差如图 10.16 所示。为了保证磨削质量，外圆磨削对中心孔提出的要求是：60°中心孔内锥面的圆度误差尽量小，锥面角度要准确，孔深不能过深和过浅，工件中心孔应在同一轴线上，径向圆跳动和轴向跳动控制在 1μm 以内，粗糙度为 $Ra0.1 \sim 0.2\mu m$，不得有碰伤、划痕和毛刺等缺陷，要求中心孔与顶尖的接触面积大于 80%。若不符要求，须进行清理或修研，淬火后的工件要修研中心孔，符合要求后，在中心孔内涂抹适量的润滑脂后再进行工件装夹。

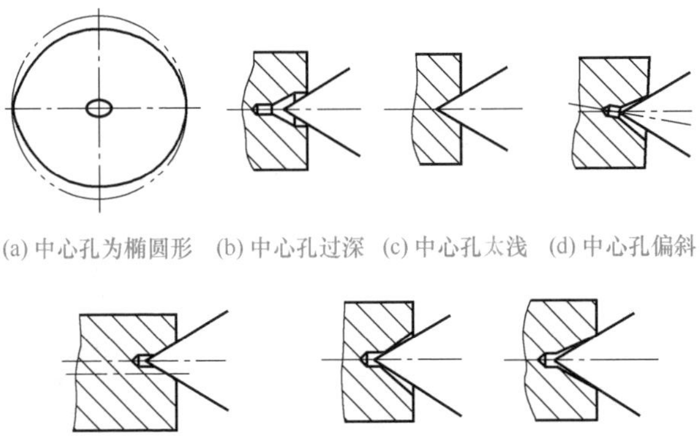

(a) 中心孔为椭圆形 (b) 中心孔过深 (c) 中心孔太浅 (d) 中心孔偏斜

(e) 两中心孔不同轴 (f) 锥角有误差 (g) 锥角有误差

图 10.16 中心孔的误差

为了保证加工精度，避免中心孔和顶尖的接触质量对工件的加工精度有直接的影响，在磨削过程中经常需要对中心孔进行修研。常用的中心孔修研方法有以下几种：

① 用油石或橡胶砂轮等进行修研。先将圆柱形油石或橡胶砂轮装夹在车床卡盘上，用装在刀架上的金刚石笔将其前端修成 60°顶角，然后将工件顶在油石和车床尾座顶尖之间，开动车床进行研磨，如图 10.17 所示。修研时，在油石上加入少量润滑油（轻机油），用手把持工件，移动车床尾座顶尖，并给予一定压力，这种方法修研的中心孔质量较高，一般生产中常用此法。

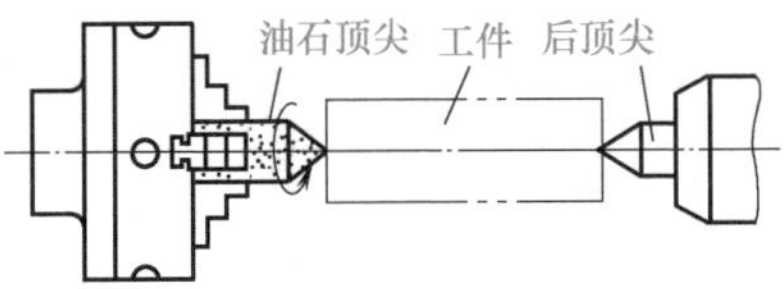

图 10.17 油石顶尖修研中心孔

② 用铸铁顶尖修研。此法与上一种方法基本相同，用铸铁顶尖代替油石或橡胶砂轮顶尖。将铸铁顶尖装在磨床的头架主轴孔内，与尾座顶尖均磨成 60°顶角，然后加入研磨剂进行修研，则修磨后中心孔的接触面与磨床顶尖的接触会更好，此法在生产中应用较少。

③ 用成形圆锥砂轮修磨中心孔。这种方法主要适用于长度尺寸较短和淬火变形较大的中心孔。修磨时，将工件装夹在内圆磨床

卡盘上，校正工件外圆后，用圆锥砂轮修磨中心孔，此法在生产中应用也较少。

④ 用硬质合金顶尖刮研中心孔。刮研用的硬质合金顶尖上有4条60°的圆锥棱带，如图10.18（a）所示，相当于一把四刃刮刀，刮研在如图10.18（b）所示的立式中心孔研磨机上进行。刮研前在中心孔内加入少量全损耗系统用油调和好的氧化铬研磨剂。

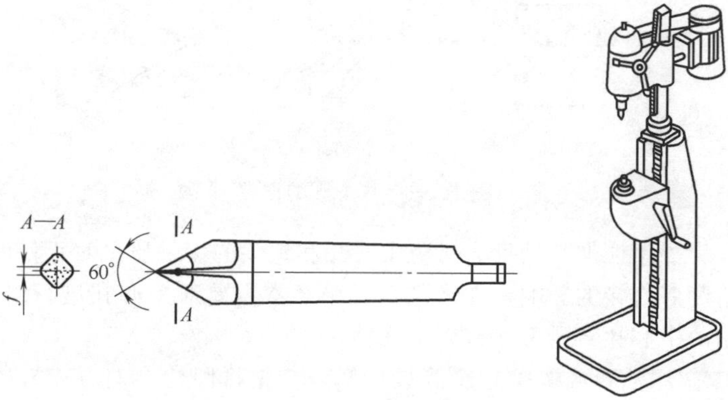

(a)　　(b)

图10.18　四棱顶尖和中心孔研磨机

⑤ 用中心孔磨床修研。修研使用专门的中心孔磨床。修磨时砂轮作行星磨削运动，并沿30°方向作进给运动。中心孔磨床及其运动方式如图10.19所示。适宜修磨淬硬的精密工件的中心孔，能

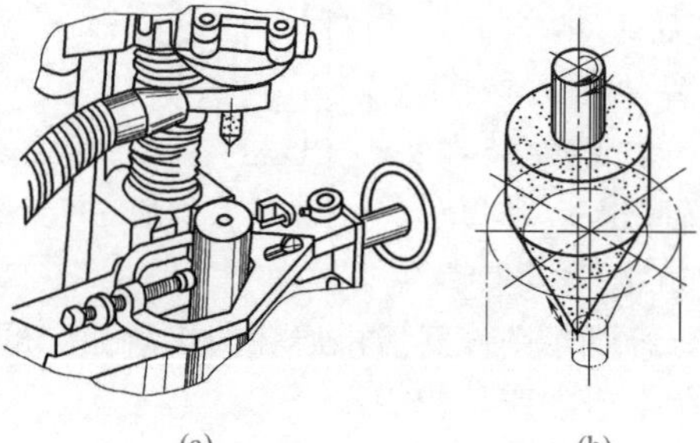

(a)　　(b)

图10.19　中心孔磨床

达到圆度公差为 0.0008mm，轴类专业生产厂家常用此法。

2）用三爪定心卡盘　三爪定心卡盘用来装夹没有中心孔的圆柱形工件，四爪单动卡盘用来装夹外形不规则的工件。

三爪自定心卡盘的结构和工作原理如图 10.20 所示。用扳手通过方孔 1 转动小锥齿轮 2 时，就带动大锥齿轮 3 转动，大锥齿轮 3 的背面有平面螺纹 4，它与三个卡爪后面的平面螺纹相啮合，当大锥齿轮 3 转动时，就带动三个卡爪 5 同时作向心或离心的径向运动。

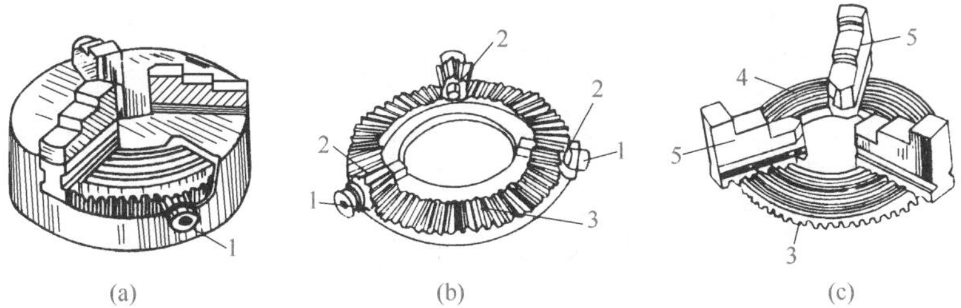

图 10.20　三爪自定心卡盘

1—方孔；2—小锥齿轮；3—大锥齿轮；4—平面螺纹；5—卡爪

三爪自定心卡盘具有较高的自动定心精度，装夹迅速方便，不用花费较长时间去校正工件。但它的夹紧力较小，而且不便装夹形状不规则的工件。因此，只适用于中、小型工件的加工。

3）用四爪单动卡盘装夹　四爪单动卡盘俗称四爪卡盘，卡盘上有四个卡爪，每个卡爪都单独由一个螺杆来移动。每个卡爪 1 的背面有螺纹与螺杆 2 啮合，因而，任一卡爪可单独移动，如图 10.21 所示。

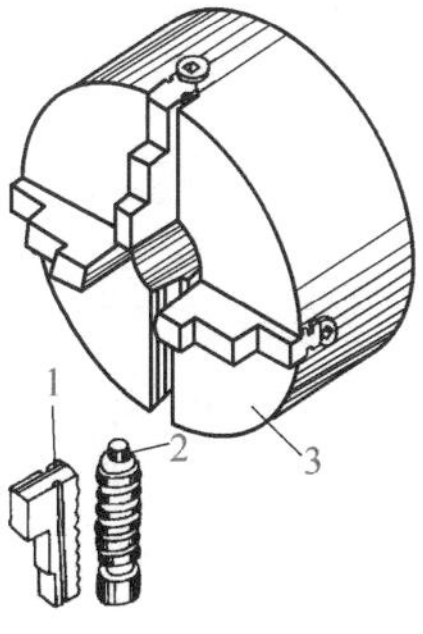

图 10.21　四爪单动卡盘

1—卡爪；2—螺杆；3—卡盘体

三爪自定心卡盘和四爪单动卡盘都有正爪夹紧、反爪夹紧和反撑夹紧三种装夹方法，四爪单动卡盘还可装夹外形不规则的工件，以及定心精度要求高的工件（四爪单动卡盘装夹工件时，须按加工要求采用划线或百分表找正工件位置），如图 10.22 所示。

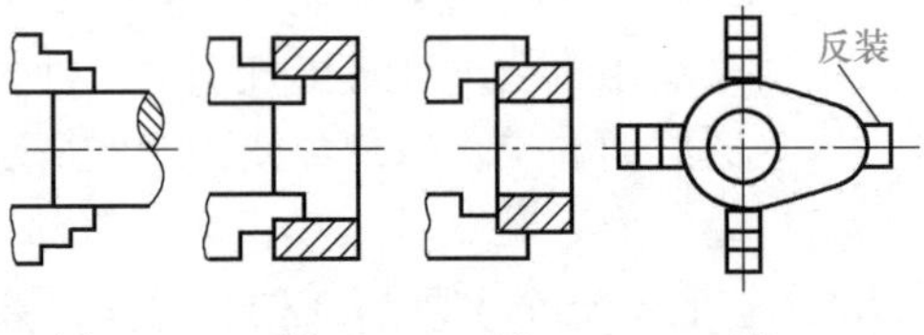

图 10.22　卡盘夹持工件的方法

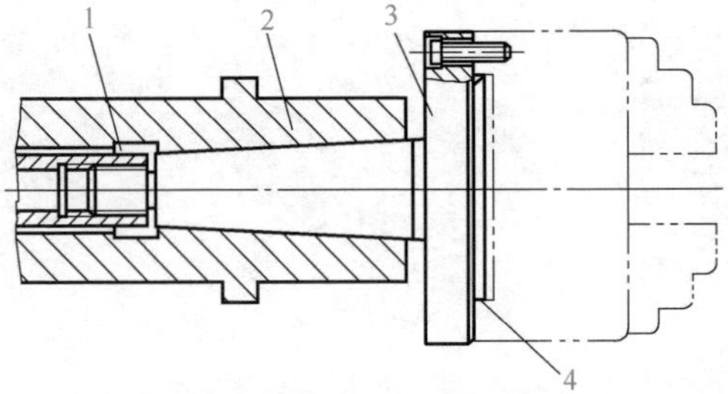

图 10.23　带锥柄的法兰盘

1—拉杆；2—主轴；3—法兰盘；4—定心圆柱面

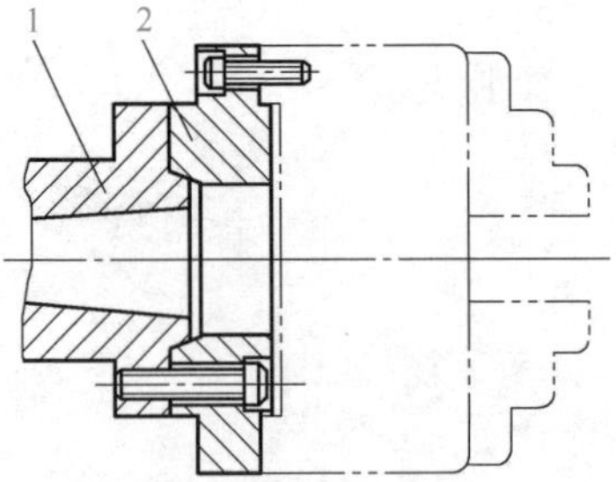

图 10.24　带内锥孔的法兰盘

1—主轴；2—法兰盘

根据磨床主轴结构不同，三爪自定心卡盘或四爪单动卡盘一般通过带有锥柄的法兰盘和带有内锥孔的法兰盘与磨床主轴连接。带有锥柄的法兰盘的结构如图 10.23 所示，它的锥柄与主轴前端内锥孔配合，用通过主轴贯穿孔的拉杆拉紧法兰盘。带有内锥孔的法兰盘的结构如图 10.24 所示，它的内锥孔与主轴的外圆锥面配合，法兰盘用螺钉紧固在主轴前端的法兰上。安装时，需要用百分表检查它的端面跳动量，并校正跳动量不大于 0.015mm，然后把卡盘安装在法兰盘上。

4）用卡盘和后顶尖装夹　用卡盘和后顶尖装夹是一端用卡盘，另一端用后顶尖装夹工件的方法，也称“一夹一顶”装夹，如图 10.25 所示。这种方法装夹牢固、安全、刚性好，但应保证磨床主轴的旋转轴线与后顶尖在同一直线上。

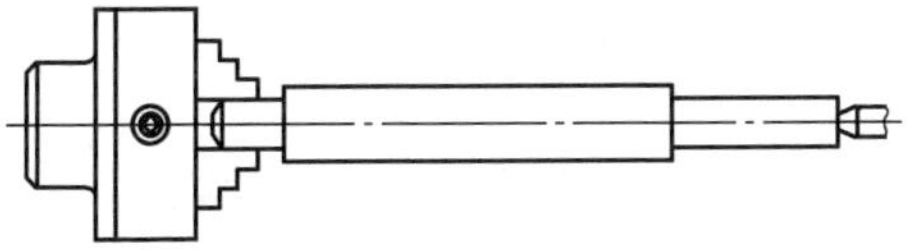

图 10.25　一夹一顶安装工件

5）用芯轴和堵头装夹　磨削套类零件时，多数要求要保证内外圆同轴度。这时一般都是先将工件内孔磨好，然后再以工件内表面为定位基准磨外圆。这时就需要使用芯轴装夹工件。

芯轴两端有中心孔，将芯轴装夹在机床前后顶尖中间，夹头则夹在芯轴外圆上进行外圆磨削，一般用于较长的套类工件或多件磨削，如图 10.26 所示。

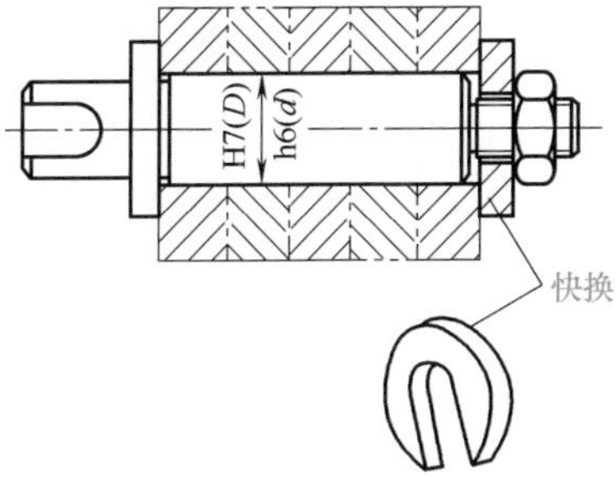

图 10.26　用台阶式芯轴装夹工件

对于较短的套类工件，芯轴一端做成与磨床头架主轴莫氏锥度相配合的锥柄，装夹在磨床头架主轴锥孔中。

对于定位精度要求高的工件，用小锥度芯轴装夹工件，芯轴锥度为（1∶1000）～（1∶5000），如图 10.27 所示。这种芯轴制造简单，定位精度高，靠工件装在芯轴上所产生的弹性变形来定位并胀紧工件。缺点是承受切削力小，装夹不太方便。

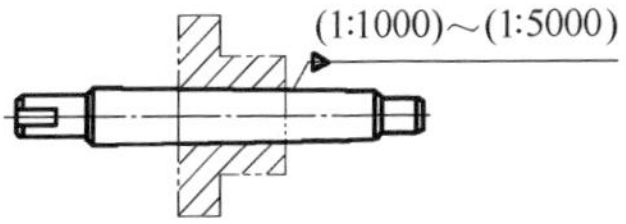

图 10.27　用小锥度芯轴装夹工件

用胀力芯轴装夹工件如图 10.28 所示。胀力芯轴依靠材料弹性变形所产生的胀力来固定工件，由于装夹方便，定位精度高，目前使用较广泛。零星工件加工用胀力芯轴可采用铸铁做成。

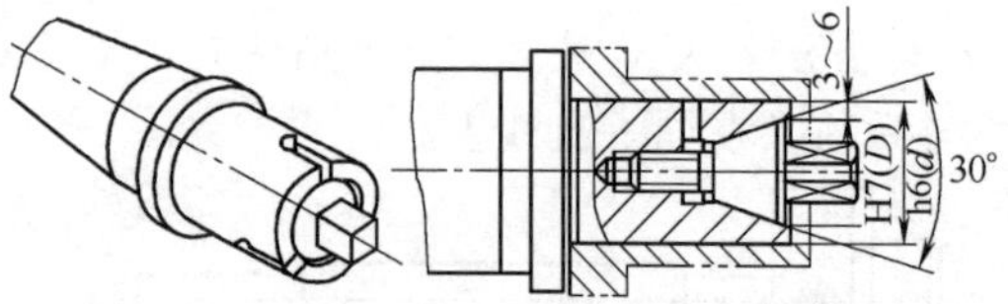

图 10.28　用胀力芯轴装夹工件

用堵头装夹工件。由于磨削长的空心工件，不便使用芯轴装夹，可在工件两端装上堵头，如图 10.29 所示，堵头上有中心，左端的堵头 1 压紧在工件孔中，右端堵头 2 以圆锥面紧贴在工件锥孔中，堵头上的螺纹供拆卸时用。

如图 10.30 所示的法兰盘式堵头，适用于两端孔径较大的工件。

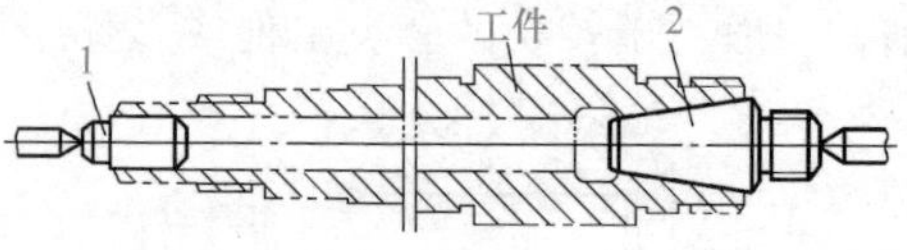

图 10.29　圆柱、圆锥堵头

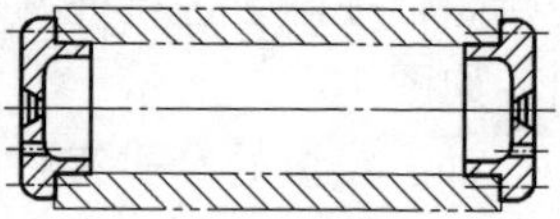

图 10.30　法兰盘式堵头

(3) 外圆磨削砂轮

1) 外圆磨削砂轮特性的选择　合理选择砂轮的特性，对外圆磨削质量有较大的影响。选择砂轮特性时考虑的影响因素较多，一般可参考表 10.23 进行选择，此外，还需注意：

① 磨削导热性能差的金属材料及树脂、橡胶等有机材料，磨削薄壁件及采用深切缓进给磨削等应选择硬度低一些的砂轮，镜面磨削应选择超软磨具。

② 工件材料相同，磨削外圆比磨削平面、内孔，或成形磨削等，应选择硬度高一些的砂轮。

③ 高速、高精密、间断表面磨削、钢坯荒磨、工件去毛刺等，应选择较硬磨具。

④ 工作时自动进给比手动进给，湿磨比干磨，树脂结合剂比陶瓷结合剂砂轮，选择硬度均应高些。

表 10.23　外圆磨削砂轮的选择

加工材料	磨削要求	磨料	磨料代号	粒度	硬度	结合剂
未淬火的碳钢、合金钢	粗磨	棕刚玉	A(GZ)	F36～F46	M～N	V
	精磨			F46～F60	M～Q	
淬火的碳钢、合金钢	粗磨	白刚玉	WA(GB)	F46～F60	K～M	
	精磨	铬刚玉	PA(GG)	F60～F100	L～N	
铸铁	粗磨	黑碳化硅	C(TH)	F24～F36	K～L	
	精磨			F60	K	
不锈钢	粗磨	单晶刚玉	SA(GD)	F36～F46	M	
	精磨			F60	L	
硬质合金	粗磨	绿碳化硅	GC(TL)	F46	K	V
	精磨	人造金刚石	RVD($JR_{1,2}$)	F100		B
高速钢	粗磨	白刚玉	WA(GB)	F36～F40	K～L	V
	精磨	铬刚玉	PA(GG)	F60		
软青铜	粗磨	黑碳化硅	C(TH)	F24～F36	K	
	精磨			F46～F60	K～M	
紫铜	粗磨	黑碳化硅	C(TH)	F36～F60	K～L	B
	精磨	铬刚玉	PA(GG)	F60	K	V

2）外圆磨削的砂轮安装　外圆磨床与砂轮的装配结构如图10.31所示。砂轮的装配结构如图10.32所示。

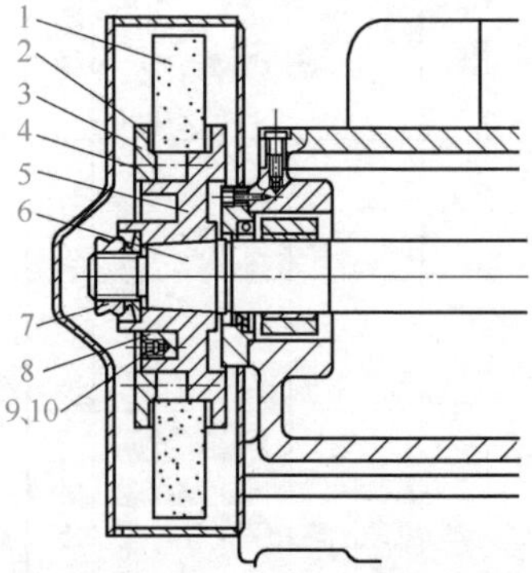

图 10.31　砂轮装配图

1—砂轮；2—衬垫；3—端盖；4，9—螺钉；5—法兰底座；6—主轴；7—左旋螺母；8—平衡块；10—钢球

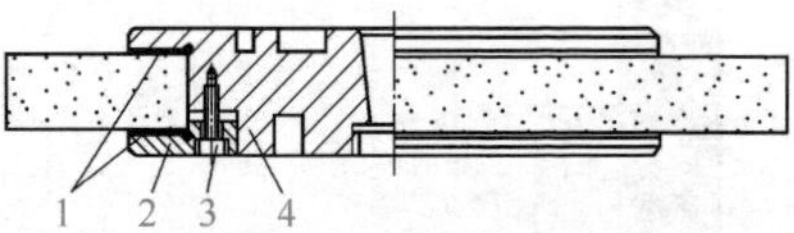

图 10.32　平形砂轮的安装

1—衬垫；2—端盖；3—内六角螺钉；4—法兰盘底座

在砂轮安装之前，首先要仔细检查砂轮是否有裂纹，方法是将砂轮吊起，用木锤轻敲听其声音。无裂纹的砂轮发出的声音清脆，有裂纹的砂轮则声音嘶哑。发现表面有裂纹或敲时声音嘶哑的砂轮应停止使用。砂轮安装的步骤如下：

① 清理擦净法兰盘，在法兰盘底座上放一片衬垫，并将法兰盘垂直放置，如图10.33（a）所示。

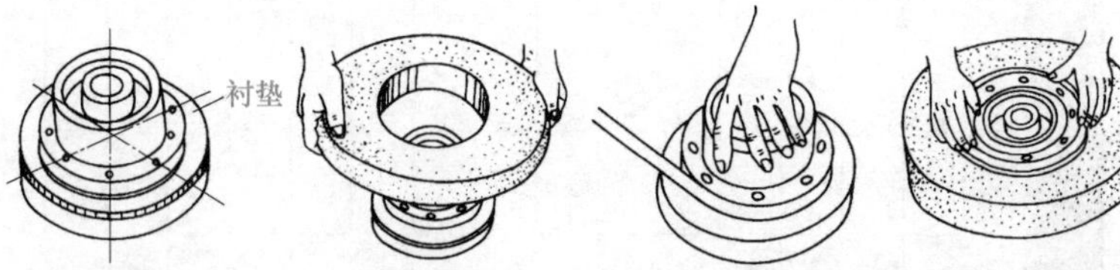

(a) 法兰盘底座垂直放置　(b) 装入砂轮　(c) 减小法兰底座芯轴间隙　(d) 放入端盖

图 10.33　砂轮装配过程

② 按图10.33（b）所示装入砂轮。在装入前检查砂轮内孔与法兰盘底座定心轴颈之间的配合间隙是否适当，间隙应为0.1～

0.2mm，如间隙过小，不可用力压入。

③ 当砂轮内孔与法兰盘底座定心轴颈之间的间隙较大时，可在法兰盘底座定心轴颈处粘一层胶带，如图 10.33（c）所示，以减小配合间隙，防止砂轮偏心。

④ 放入衬垫和端盖，如图 10.33（d）所示。

⑤ 对准法兰盘螺孔位置，放入螺钉。用内六角扳手拧紧图 10.32 中的内六角螺钉 3。紧固时，用力要均匀，以使砂轮受力均匀，一般可按对角顺序逐步拧紧。

3）外圆磨削的砂轮平衡　砂轮安装后，应作初步平衡，再将砂轮装于磨床主轴端部。若砂轮存在不平衡质量，砂轮在高速旋转时就会产生离心力，引起砂轮振动，在工件表面产生多角形的波纹度误差。同时，离心力又会成为砂轮主轴的附加压力，会损坏主轴和轴承。当离心力大于砂轮强度时，还会使砂轮破裂。因此，砂轮的平衡是一项十分重要的工作。

由于砂轮的制造误差和在法兰盘上的安装产生了一定的不平衡量，因此需要通过作静平衡来消除。

砂轮静平衡手工操作常用的工具有平衡芯轴、平衡架、水平仪和平衡块等。

平衡芯轴由芯轴 1、垫圈 2 和螺母 3 组成，如图 10.34 所示。芯轴两端是等直径圆柱面，作为平衡时滚动的轴心，其同轴度误差极小，芯轴的外锥面与砂轮法兰锥孔相配合，要求有 80%以上的接触面。

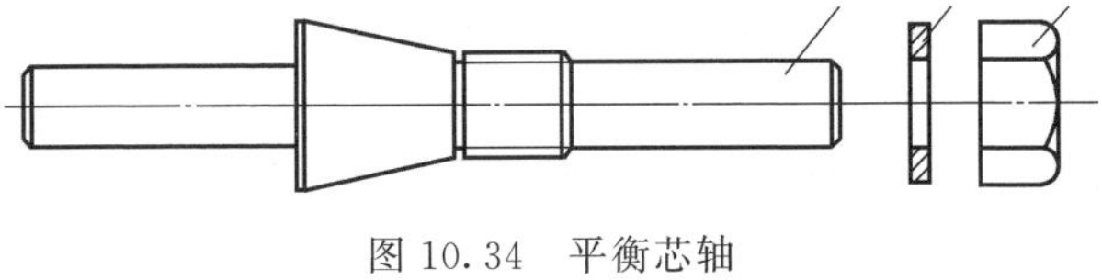

图 10.34　平衡芯轴

1—芯轴；2—垫圈；3—螺母

平衡架有圆棒导柱式和圆盘式两种。常用的为圆棒导柱式平衡架，如图 10.35 所示。圆棒导柱式平衡架主要由支架和导柱组成，导柱为平衡芯轴滚动的导轨面，其素线的直线度、两导柱的平行度都有很高的要求。

常用的水平仪有框式水平仪和条式水平仪两种，如图 10.36 所示。水平仪由框架和水准器组成。水准器的外表为硬玻璃，内部盛有液体，并留有一个气泡。当测量面处于水平时，水准器内的气泡就处于玻璃管的中央（零位）；当测量面倾斜一个角度时，气泡就偏于高的一侧。常用水平仪的分度值为 0.02mm/1000mm，相当于倾斜 4"的角度。水平仪用于调整平衡架导柱的水平位置。

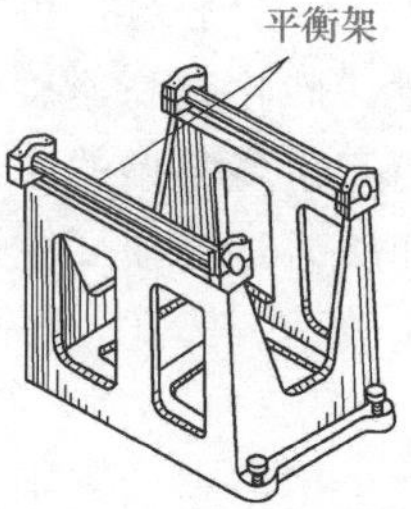

图 10.35 圆棒导柱式平衡架

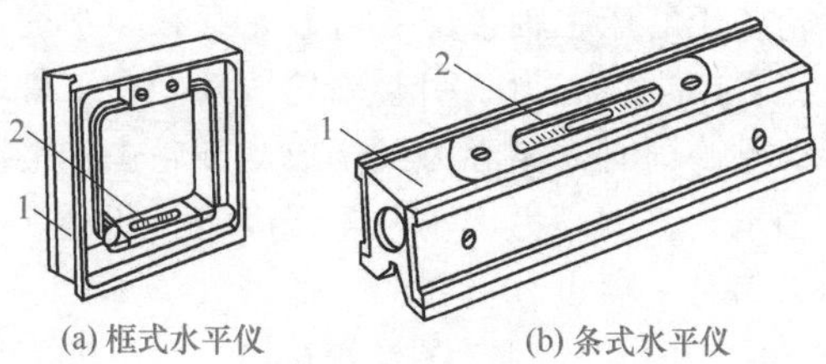

图 10.36 水平仪

1—框架；2—水准器

根据砂轮的不同大小，有不同的平衡块。一般情况下，平衡块安装在砂轮法兰盘底座的环形槽内，按平衡需要，放置若干数量的平衡块，不断调整平衡块在环形槽内圆周上的位置，即可达到平衡的目的。砂轮平衡后，通过平衡块上的螺钉将其紧固在砂轮法兰盘底座的环形槽内。

砂轮静平衡的步骤如下：

① 调整平衡架导柱面至水平面平衡前，擦净平衡架导轨表面，在导轨上放两块等高的平行铁，并将水平仪放在平行铁上，调整平衡架右端两螺钉，使水准器气泡处于中间位置，如图 10.37（a）所示。横向水平位置调好后，将水平仪转 90°安放，调整左端螺钉，使平衡架导轨表面纵向处于水平位置，如图 10.37（b）所示。

② 反复调整平衡架，使水平仪在纵向和横向的气泡偏移读数均在一格刻度之内。

③ 安装平衡芯轴。擦净平衡芯轴和法兰盘内锥孔，将平衡芯轴装入法兰盘内锥孔中。安装时可加适量润滑油，将法兰盘缓缓推入芯轴外锥，然后固定，如图 10.38 所示。

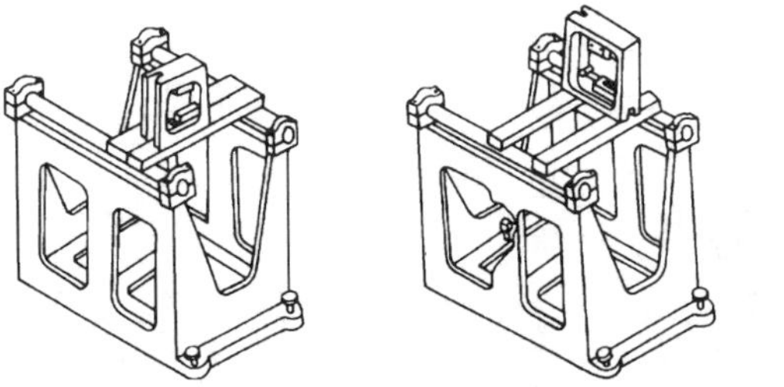

(a) 调整平衡架横向水平位置 (b) 调整平衡架纵向水平位置

图 10.37 调整平衡架导柱水平面

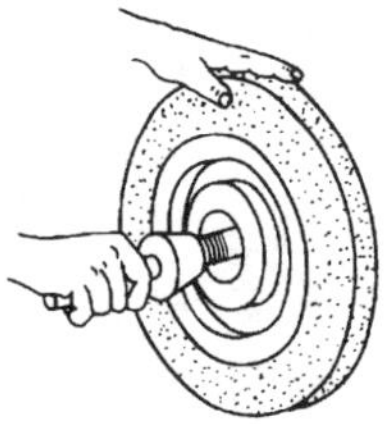

图 10.38 安装平衡芯轴

④ 调整平衡芯轴。将平衡芯轴放在平衡架导轨上，并使平衡芯轴的轴线与导轨的轴线垂直。

⑤ 找不平衡位置。用手轻轻推动砂轮，让砂轮法兰盘连同平衡芯轴在导轨上缓慢滚动，如果砂轮不平衡，则砂轮就会来回摆动，直至停摆。此时，砂轮不平衡量必在其下方。可在砂轮的另一侧作出记号（A），如图 10.39（a）所示。

⑥ 装平衡块。在记号 A 的相应位置装上第一块平衡块，并在其两侧装上另两块平衡块，如图 10.39（b）、（c）所示。

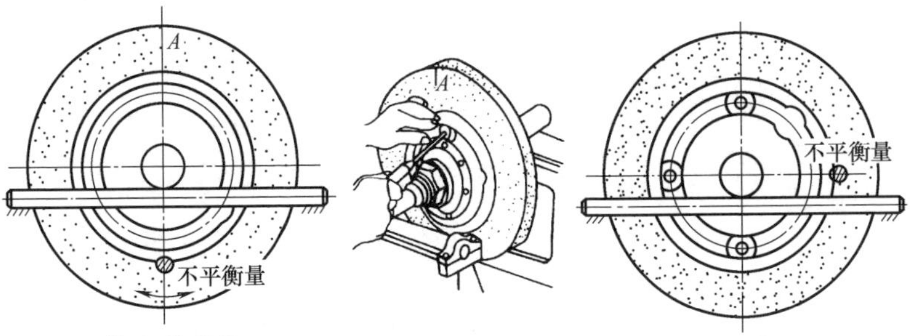

(a) 找不平衡位置 (b) 装平衡块 (c) 平衡

图 10.39 砂轮平衡的方法

⑦ 调整平衡块，检查砂轮是否平衡，如果仍不平衡，可同时移动两侧的平衡块，直至平衡为止。

⑧ 用手轻轻拨动砂轮，使砂轮缓慢滚动，如果在任何位置都能使砂轮静止，则说明砂轮静平衡已做好。

⑨ 作好平衡后须将平衡块上紧固螺钉拧紧。

4）砂轮与主轴的安装　砂轮安装在主轴上的步骤：

① 打开砂轮罩壳盖，如图 10.40（a）所示。

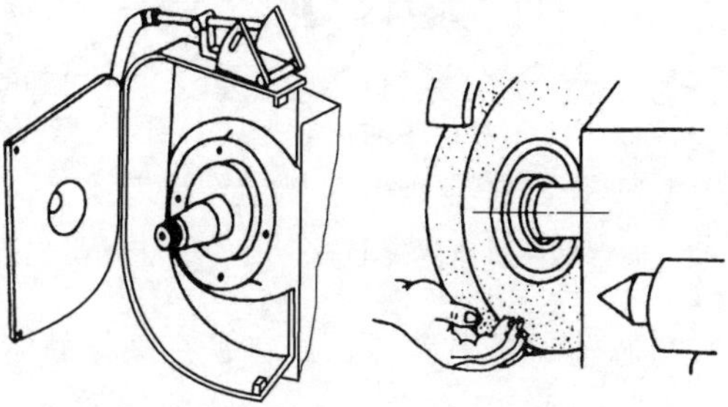

(a) 磨床砂轮主轴头部　　(b) 砂轮装入主轴

图 10.40　砂轮与主轴装配

② 清理罩壳内壁。

③ 擦净砂轮主轴外锥面及法兰盘内锥孔表面。

④ 将砂轮套在主轴锥体上，并使法兰盘内锥孔与砂轮主轴外锥面配合，如图 10.40（b）所示。

⑤ 放上垫圈，拧上左旋螺母，并用套筒扳手按逆时针方向拧紧螺母。

⑥ 合上砂轮罩壳盖。

砂轮安装在主轴上的注意事项：

① 安装时要使法兰盘内锥孔与砂轮主轴外锥面接触良好。

② 注意主轴端螺纹的旋向（该螺纹为左旋），以防止损伤主轴轴承。

③ 安装前要检查砂轮法兰的平衡块是否齐全、紧固。

④ 安装时要防止损伤砂轮，不能用铁锤敲击法兰盘和砂轮主轴。

5）从主轴上拆卸砂轮　从主轴上拆卸砂轮时，用套筒扳手拆卸螺母，然后卸砂轮拔头，将砂轮从主轴上拆下，如图 10.41（a）所示。拆卸砂轮应注意：

① 由于砂轮主轴与法兰盘是锥面配合，具有一定的自锁性，拆卸时应采用如图 10.41（b）、（c）所示的专用工具，以方便地将砂轮拉出。

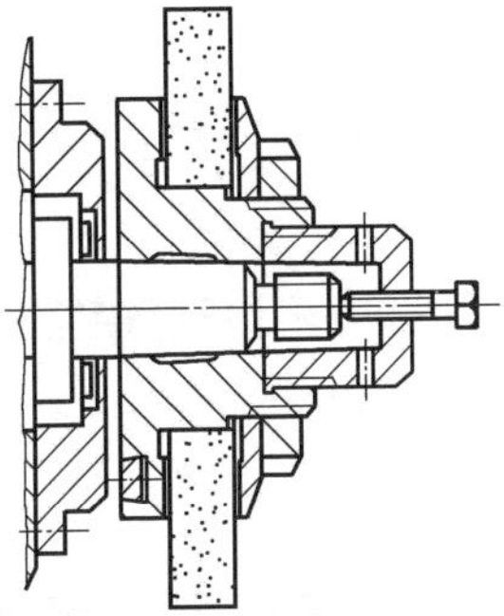

(a) 从主轴上拆卸砂轮

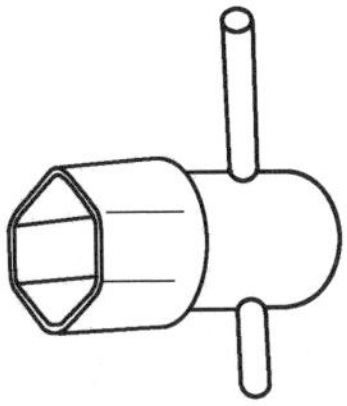

(b) 装砂轮的套筒扳手

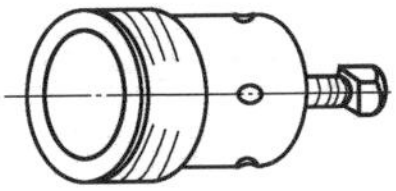

(c) 拆卸砂轮的拔头

图 10.41　砂轮与主轴的专用装卸工具

② 一般须两人同时操作，为防止砂轮掉落，可先在机床上放好木块支撑。

6）外圆磨削的砂轮修整　普通磨料砂轮的修整方法主要有车削法、滚轧法和磨削法三种。

车削法是将修整工具视为车刀，被修砂轮视为工件，对砂轮表面进行修整。使用的修整工具为单粒金刚石笔，如图 10.42（a）所示。

滚轧法是将滚轮以一定的压力与砂轮接触，砂轮以其接触面间的摩擦力带动滚轮旋转而进行修整。滚压修整法可分为切入滚压修整法和纵向滚压修整法。所谓切入滚压修整是指修整工具轴线与砂轮轴线相平行。纵向滚压修整是指两轴线除相平行外，也可以将修整工具相对砂轮轴线倾斜一个角度，如图 10.42（b）所示。

磨削法修整是采用磨料圆盘或金刚石滚轮仿效磨削过程来修整

砂轮。这种修整方法亦可分为切入磨削修整法和纵向磨削修整法，如图 10.42（c）所示。

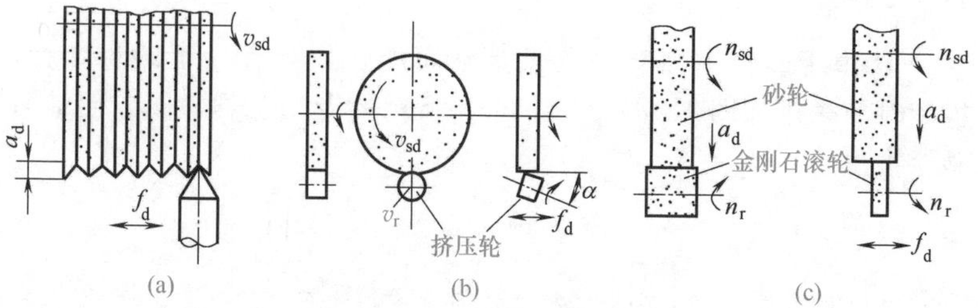

图 10.42　砂轮修整方法

（4）外圆磨削用量选择

合理确定轴类零件外圆磨削的磨削用量和确定磨削余量是基本而重要的工作。

① 纵向磨削法粗磨外圆的磨削用量　见表 10.24。

表 10.24　粗磨外圆磨削用量

磨削用量要素	工件直径 d_w/mm				
	≤30	30～80	80～120	120～200	200～300
砂轮的速度 v_s/(m/s)	$v_s=\pi d_s n_s/1000\times60$(m/s) d_s 为砂轮直径，mm；n_s 为砂轮转速，r/min 一般情况下，外圆磨削的砂轮的速度 v_s=30～50m/s				
工件速度 v_w/(m/min)	10～22	12～26	14～28	16～30	18～35
工件转 1 转，砂轮的轴向进给量 f_a/(mm/r)	f_a=(0.4～0.8)B，B 为砂轮的宽度，mm。铸铁件取大值，钢件取小值				
工作台单行程，砂轮的背吃刀量 a_p/(mm/st)	0.007～0.022	0.007～0.024	0.007～0.025	0.008～0.026	0.009～0.028
	工件速度 v_w 和轴向进给量 f_a 较大时，背吃刀量 a_p 取小值，反之取大值				

② 精磨外圆的磨削用量　见表 10.25。

表 10.25　精磨外圆磨削用量

磨削用量要素	工件直径 d_w/mm				
	≤30	30～80	80～120	120～200	200～300
砂轮的速度 v_s/(m/s)	$v_s=\pi d_s n_s/1000\times60$(m/s) d_s 为砂轮直径，mm；n_s 为砂轮转速，r/min				

续表

磨削用量要素	工件直径 d_w/mm				
	≤30	30～80	80～120	120～200	200～300
工件速度 v_w/(m/min)	15～35	20～50	30～60	35～70	40～80
工件转 1 转，砂轮的轴向进给量 f_a/(mm/r)	Ra=0.8μm 时，f_a=(0.4～0.6)B Ra=0.4μm 时，f_a=(0.2～0.4)B B 为砂轮的宽度，mm				
工作台单行程，砂轮的背吃刀量 a_p/(mm/st)	0.001～0.010	0.001～0.014	0.001～0.015	0.001～0.016	0.002～0.018
	工件速度 v_w 和轴向进给量 f_a 较大时，背吃刀量 a_p 取小值，反之取大值				

③ 砂轮修整的磨削参数　在生产中修整砂轮的目的，一是消除砂轮外形误差；二是修整已磨钝的砂轮表层，恢复砂轮的切削性能。在粗磨和精磨外圆时，一般采用单颗粒金刚石笔车削方法对砂轮进行修整。金刚石笔的安装和修整参数如图 10.43 所示。金刚石颗粒的大小依据砂轮直径选择，砂轮直径 D_0<100mm，选 0.25 克拉的金刚石，D_0>300～400mm，选 0.5～1 克拉的金刚石，要求金刚石笔尖角 φ 一般研成 70°～80°。M1432A 磨床的砂轮直径为 400mm，选 0.5 克拉的金刚石。砂轮的修整参数可参考表 10.26 选择。

④ 磨削余量　磨削余量留得过大，需要的磨削时间长，增加磨削成本，磨削余量留得过小，保证不了磨削表面质量，合理选择磨削余量，对保证加工质量和降低磨削成本有很大的影响。磨削余量可参考表 10.27 进行选择，对于单件磨削，表中数据可以适当增大一点。

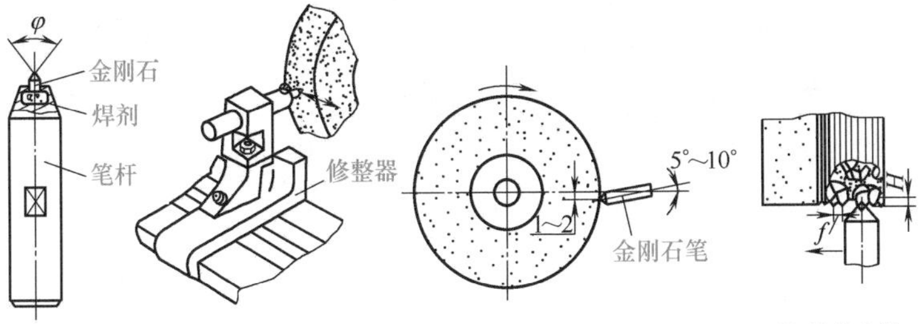

(a) 单颗粒金刚石笔 (b) 金刚石笔的安装　(c) 安装角度　(d) 修整参数

图 10.43　金刚石笔的安装和修整参数

表 10.26 单颗粒金刚石修整用量

修整参数		磨削工序				
		粗磨	半精(精)磨	精密磨	超精磨	镜面磨
1	砂轮速度 $v/(\mathrm{m/s})$	与磨削速度相同				
2	修整导程 $f/(\mathrm{mm/r})$	0.05～0.10	0.03～0.08	0.02～0.04	0.01～0.02	0.005～0.01
3	修整层厚度 H/mm	0.1～0.15	0.06～0.10	0.04～0.06	0.01～0.02	0.01～0.02
4	修整深度 $a_p/(\mathrm{mm/st})$	0.01～0.02	0.007～0.01	0.005～0.007	0.002～0.003	0.002～0.003
5	修光次数	0	1	1～2	1～2	1～2

表 10.27 磨削余量（直径） mm

工件直径	余量限度	磨削前								粗磨后精磨前	精磨后研磨前
		未经热处理的轴				经热处理的轴					
		轴的长度									
		100以下	101～200	201～400	401～700	100以下	101～300	301～600	601～1000		
≤10	max	0.20	—	—	—	0.25	—	—	—	0.020	0.008
	min	0.10	—	—	—	0.15	—	—	—	0.015	0.005
11～18	max	0.25	0.30	—	—	0.30	0.35	—	—	0.025	0.008
	min	0.15	0.20	—	—	0.20	0.25	—	—	0.020	0.006
19～30	max	0.30	0.35	0.40	—	0.35	0.40	0.45	—	0.030	0.010
	min	0.20	0.25	0.30	—	0.25	0.30	0.35	—	0.025	0.007
31～50	max	0.30	0.35	0.40	0.45	0.40	0.50	0.55	0.70	0.035	0.010
	min	0.20	0.25	0.30	0.35	0.25	0.30	0.40	0.50	0.028	0.008
51～80	max	0.35	0.40	0.45	0.55	0.45	0.55	0.65	0.75	0.035	0.013
	min	0.20	0.25	0.30	0.35	0.30	0.35	0.45	0.50	0.028	0.008
81～120	max	0.45	0.50	0.55	0.60	0.55	0.60	0.70	0.80	0.040	0.014
	min	0.25	0.35	0.35	0.40	0.35	0.40	0.45	0.45	0.032	0.010
121～180	max	0.50	0.55	0.60	—	0.60	0.70	0.80	—	0.045	0.016
	min	0.30	0.35	0.40	—	0.40	0.50	0.55	—	0.038	0.012
181～260	max	0.60	0.60	0.65	—	0.70	0.75	0.85	—	0.050	0.020
	min	0.40	0.40	0.45	—	0.50	0.55	0.60	—	0.040	0.015

（5）外圆磨削的检测控制

1）磨前的检查准备

① 检查工件中心孔。用涂色法检查工件中心孔，要求中心孔与顶尖的接触面积大于 80%。若不符要求，须进行清理或修研，符合要求后，应在中心孔内涂抹适量的润滑脂。

② 找正头架、尾座的中心，不允许偏移。移动尾座使尾座顶尖和头架顶尖对准，如图 10.44 所示。生产中采用试磨后，检测轴的两端尺寸，然后对机床进行调整。如果顶尖偏移，工件的旋转轴线也将歪斜，纵向磨削的圆柱表面将产生锥度，切入磨削的接刀部分也会产生明显接刀痕迹。

③ 修整砂轮，检查是否满足加工要求。

④ 检查工件磨削余量。

⑤ 调整工作台行程挡铁位置，控制工件装夹的接刀长度和砂轮越出工件长度。如图 10.45 所示，砂轮接刀长度应尽可能小，一般为（B+10～15）mm，B 为夹头的宽度，B 与装夹工件的直径大小有关，B_1＝10～20mm。

⑥ 试磨中的检测。试磨时，用尽量小的背吃刀量，磨出外圆表面，用千分尺检测工件两端直径差不大于 0.003mm。若超出要求，则调整找正工作台至理想位置。

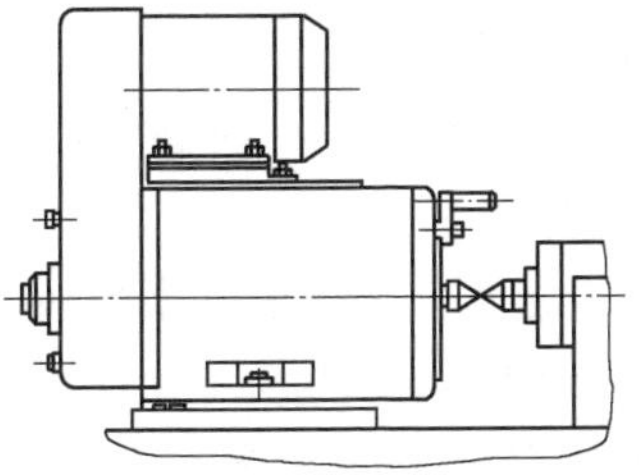

图 10.44　校对头架、尾座中心

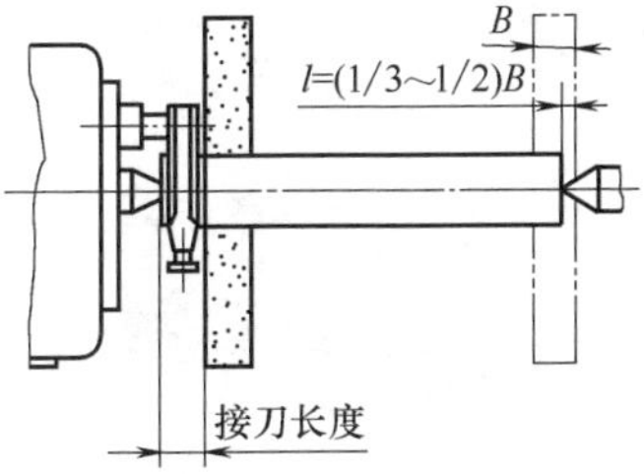

图 10.45　接刀长度的控制

2）测量外径　在单件、小批生产中，外圆直径的测量一般用千分尺检验，在加工中用千分尺测量工件外径的方法如图 10.46 所示。测量时，砂轮架应快速退出，从不同长度位置和直径方向进行测量。

在大批量生产中，常用极限卡规测量外圆直径尺寸。

3）测量工件的径向圆跳动　在加工中测量工件的径向圆跳动如图 10.47 所示。测量时，先在工作台上安放一个测量桥板，然后将百分表（或千分表）架放在测量桥板上，使百分表（或千分表）量杆与被测工件轴线垂直，并使测头位于工件圆周最高点上。外圆柱表面绕轴线轴向回旋时，在任一测量平面内的径向跳动量（最大值与最小值之差）为径向跳动（或替代圆度）。外圆柱表面绕轴线连续回旋，同时千分表平行于工件轴线方向移动，在整个圆柱面上的跳动量为全跳动（或替代圆柱度）。

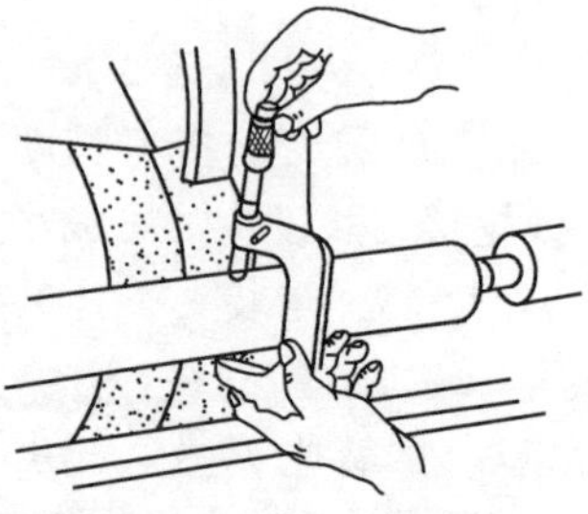

图 10.46　测量工件的外径

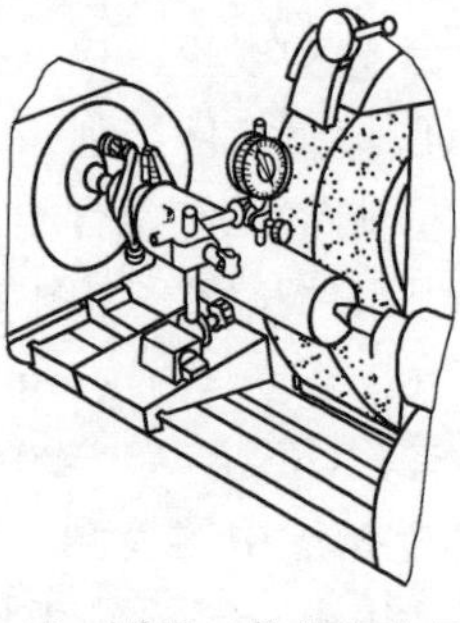

图 10.47　测量工件的径向圆跳动

图 10.48　粗糙度样块测量图

4）检验工件的表面粗糙度　工件的表面粗糙度通常用目测法，即用表面粗糙度样块与被测表面进行比较来判断，如图 10.48 所示。检验时把样块靠近工件表面，用肉眼观察比较。重点练习用肉眼判断 $Ra0.8\mu m$（▽7）、$Ra0.4\mu m$（▽8）、$Ra0.2\mu m$（▽9）三个表面粗糙度等级。

5）工件外圆的圆柱度和圆度测量　用 V 形架检查圆度和圆柱度误差参考图 10.49 所示示意图进行，将被测零件放在平板上的 V 形架内，利用带指示器的测量架进行测量。V 形架的长度应大于被测零件的长度。

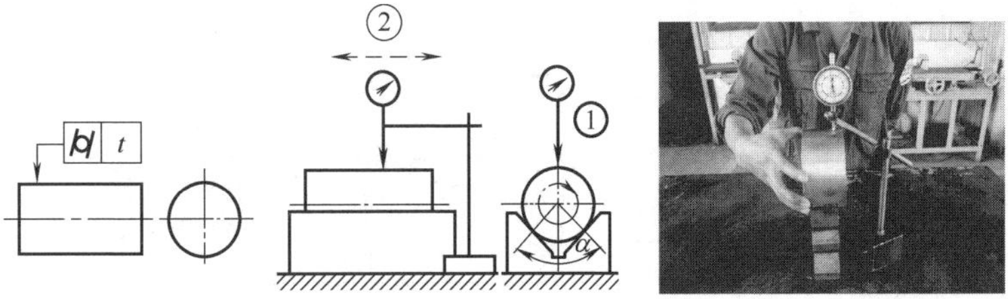

(a) 标注示例　(b) 测量过程　(c) 一个圆周截面圆度测量操作

图 10.49　测量圆度和圆柱度误差的示意图

在被测零件无轴向移动回转一周过程中，测量一个垂直轴线横截面上的最大与最小读数之差，可近似地看作该截面的圆度误差。按上述方法，连续测量若干个横截面，然后取各截面内测得的所有读数中最大与最小读数的差值，作为该零件的圆柱度误差。为了测量准确，通常应使用夹角 $\alpha=90°$ 和 $\alpha=120°$ 的两个 V 形架，分别测量，取测量结果的平均值。

在生产中，一般采用两顶尖装夹工件，用千分表测圆度和圆柱度，精密零件用圆度仪进行测量。

6）用光隙法测量端面的平面度　如图 10.50 所示，把样板平尺紧贴工件端面，测量其间的光隙，如果样板平尺与工件端面间不透光，就表示端面平整。轴肩端面的平面度误差有内凸、内凹两种，一般允许内凹，以保证端面和与之配合的表面良好接触。

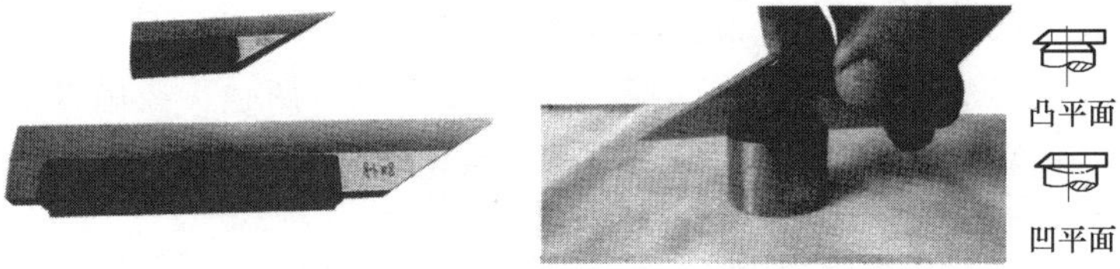

(a) 样板平尺的外形　(b) 端面平面度测量

图 10.50　端面平面度误差测量

7）工件端面的磨削花纹　工件端面的磨削花纹也反映了端面是否磨平。由于尾座顶尖偏低，磨削区在工件端面上方，磨出端面为内凹，端面花纹为单向曲线，如图 10.51（a）所示。端面为双

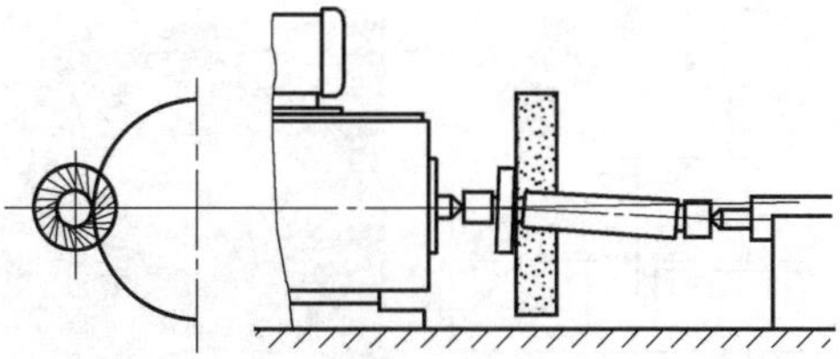

(a) 单向花纹

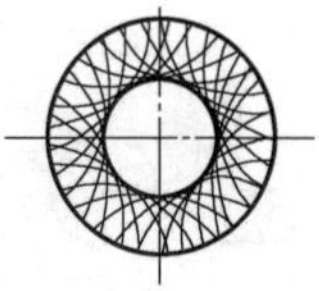

(b) 双向花纹

图 10.51　端面的磨削花纹

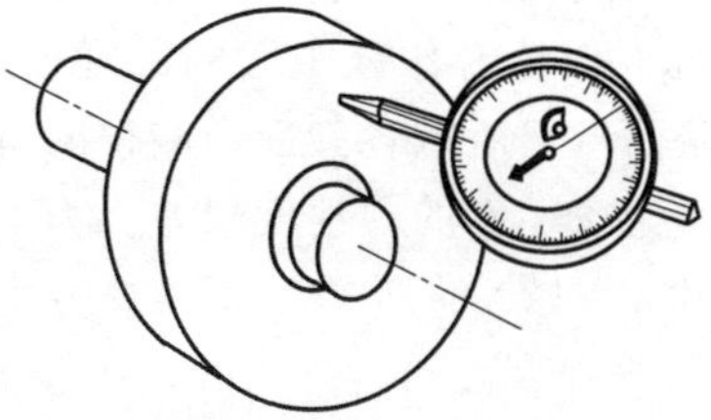

图 10.52　测量台阶端面圆跳动误差

花纹，则表示端面平整，如图 10.51（b）所示。

8）用百分表测量端面圆跳动　台阶端面圆跳动误差的测量一般用百分表。将百分表量杆垂直于端面放置，转动工件，百分表的读数差即为端面圆跳动误差，如图 10.52 所示。

（6）磨削外圆常见质量问题及改进措施

1）磨削外圆出现形位精度问题及改进措施　磨削外圆最容易出现质量问题的是细长轴磨削。在磨削细长轴时，由于让刀、工件的弯曲变形和热变形，磨削表面出现腰鼓形、锥形、椭圆形、细腰形等几何形状误差。针对这些问题，可采取如下措施：

① 调整好机床各部分的间隙，不能过松，两顶尖要确保同轴度，保持顶尖间良好的润滑，不能过紧，最好采用弹性尾顶尖。

② 磨削深度要小，工件转速低一些。

③ 砂轮保持锋利，经常修整砂轮以减小径向分力。

④ 冷却液浇注要充分、均匀。

⑤ 工件较长时，要用托架支承。

2）磨削外圆保证尺寸精度和表面质量采取的措施　为了使工件达到良好的尺寸精度及表面粗糙度，可采取以下措施：

① 合理选择砂轮的线速度，并使工件的圆周速度与砂轮的线

速度合理匹配。例如，砂轮速度为 30～35m/s，工件速度为 15～50m/min。

② 精磨时进给量要小，一般在 0.005～0.02mm/r 之间。

③ 合理选择砂轮。

3）磨削外圆常见质量问题的原因及改进措施　见表 10.28。

表 10.28　磨削外圆常见质量问题的原因及改进措施

质量问题	影响因素	改进措施
工件表面产生直波纹	①砂轮法兰与主轴锥度配合不良 ②顶尖与头尾架套筒的莫氏锥度配合不良 ③头架主轴轴承磨损，间隙过大，精度超差，径向跳动及轴向窜动 ④电机无隔振装置或失灵 ⑤横向进给导轨或滚柱磨损 ⑥皮带卸荷装置失灵 ⑦尾架套筒与壳体配合间隙过大 ⑧砂轮主轴轴承磨损，间隙过大，精度超差，径向跳动及轴向窜动 ⑨砂轮平衡不良 ⑩砂轮硬度过高或不均匀 ⑪砂轮已用钝或磨损不均匀 ⑫工件直径过大或重量过重 ⑬工件中心孔不良 ⑭工件转速过高 ⑮刚修整的砂轮不锋利 ⑯V 带长度不一致 ⑰电动机平衡不良	①勿使锥面磕碰弄脏 ②调整修配 ③调整、修复或更换轴承 ④增添或修复隔振装置 ⑤修刮导轨或更换滚柱 ⑥修复 ⑦更换套筒 ⑧调整、修复或更换轴承（轴瓦） ⑨按要求进行平衡 ⑩根据工件特点及磨削要求正确选用砂轮 ⑪应掌握工件的特点及精度变化规律及时修整砂轮 ⑫增加辅助支承，适当降低转速 ⑬修研工件中心孔 ⑭适当降低工件转速 ⑮金刚石已磨损应及时更换，砂轮修整用量过细应选用正确的修整用量 ⑯调整或更换 V 带 ⑰做好电动机平衡
工件表面产生螺旋形波纹	①磨削力过大，进给太大（纵向、横向） ②砂轮修整过细 ③修整砂轮时机床热变形不稳定 ④砂轮修整不及时，磨损不均匀 ⑤修整砂轮时磨削液不足	①正确选用磨削用量，砂轮不锋利时，应及时修整和适当减小磨削用量 ②选用正确的修整方法及用量 ③注意季节，掌握开机后热变形规律 ④掌握工件的特点及精度变化规律，及时修整砂轮 ⑤加大磨削液供给

续表

质量问题	影响因素	改进措施
工件表面产生螺旋形波纹	⑥磨削时磨削液供给不足(压力小、流量小、喷射位置不当) ⑦工作台导轨润滑油过多，供油压力过大，产生漂移 ⑧工作台有爬行现象 ⑨砂轮主轴轴向窜动，间隙过大 ⑩砂轮主轴翘头或低头过度使砂轮母线不直 ⑪砂轮主轴轴线与头尾架轴线不同轴 ⑫修整砂轮时金刚石不运动，中心线与砂轮轴线不平行 ⑬砂轮架偏，使砂轮与工件接触不好 ⑭机床热变形不稳定	⑥调整压力、流量及喷射位置 ⑦调整润滑油的供给压力及流量 ⑧修复机床或打开放气阀，排除液压系统中的空气 ⑨调整、修复或更换轴承(轴瓦) ⑩修刮砂轮架或调整轴瓦 ⑪调整或修复使之恢复精度 ⑫调整或修刮运动导轨的精度 ⑬修刮或更换滚柱(注意选配) ⑭注意季节，掌握开机后热变形规律，待稳定后再进行工作
工件表面拉毛划伤	①精磨余量太少(留有上道工序的磨纹) ②磨削液供应不足(压力小、流量小、喷射位置不当) ③磨削液不清洁 ④砂轮磨粒脱落 ⑤磨料选择不当，或砂轮粒度选用不当 ⑥修整砂轮后表面留有或嵌入空穴的磨粒	①严格控制精磨余量 ②调整压力、流量及喷射位置 ③更换磨削液 ④选用优质砂轮，并将砂轮两端倒角 ⑤应根据工件特点及磨削要求正确选用砂轮 ⑥修整后用细铜丝刷一遍
工件表面烧伤	①磨削用量过大 ②工件转速太低 ③砂轮硬度太硬或粒度过细，磨料及结合剂选用不当 ④砂轮修整过细 ⑤砂轮用钝未及时修整 ⑥磨削液压力及流量不足，喷射位置不当 ⑦磨削液选用不当 ⑧磨削液变质	①正确选用磨削用量 ②合理调整工件转速 ③根据工件材料及硬度等特点选用合适的砂轮 ④根据磨削要求选用正确的修整方法及用量 ⑤应掌握工件的特点及精度变化规律及时修整砂轮 ⑥调整压力、流量及喷射位置 ⑦合理选用磨削液 ⑧及时更换

续表

质量问题	影响因素	改进措施
工件呈锥形	①磨削用量过大 ②工件中心孔不良 ③工件旋转轴线与工件轴向运动方向不平行 ④工作台导轨润滑油过多 ⑤机床热变形不稳定(液压系统及砂轮主轴头) ⑥砂轮磨损不均匀或不锋利 ⑦砂轮修整不良	①正确选用磨削用量,在砂轮锋利情况下,减小磨削用量,增加光磨次数 ②修研中心孔 ③在检查工件中心孔确认良好后,调整机床 ④调整润滑油的供给压力及流量 ⑤注意季节,掌握规律,开机后待热变形稳定后再工作 ⑥掌握工件的特点及精度变化规律及时修整砂轮 ⑦选用正确的修整方法及用量
工件呈鼓形或鞍形	①机床导轨水平面内直线度差 ②磨削用量过大,使工件弹性变形产生鼓形,顶尖顶得太紧,磨削用量又过大,工件受磨削热伸张变形产生鞍形 ③中心架调整不当,支承压力过大 ④工件细长,刚性差 ⑤砂轮不锋利	①修刮、恢复其精度 ②应减小磨削用量,增加光磨次数,注意工件的热伸张,调整顶尖压力 ③调整支承点,支承力不宜过大 ④用中心架支承,减小磨削用量,增加光磨次数,顶尖不宜顶太紧 ⑤根据工件的特点及时修整砂轮
工件圆度超差	①尾架套筒与壳体配合间隙过大 ②消除横向进给机构螺母间隙的压力太小 ③砂轮主轴与轴承间隙过大 ④头架轴承松动(用卡盘装夹工件时) ⑤主轴径向跳动过大(用卡盘装夹工件时) ⑥砂轮不锋利或磨损不均匀 ⑦中心孔不良或因润滑不良中心孔和顶尖磨损 ⑧工件顶得过紧或过松 ⑨工件刚性差,产生弹性变形 ⑩顶尖与套筒锥孔接触不良 ⑪夹紧工件的方法不当	①更换套筒 ②调整消除间隙的压力或修复 ③调整修复或更换轴承(轴瓦) ④调整、修复或更换轴承 ⑤更换主轴 ⑥根据工件特点及精度变化规律及时修整砂轮 ⑦修研中心孔,注意文明生产 ⑧适当调紧力 ⑨合理调整磨削用量,适当增加光磨次数 ⑩勿使锥面磕碰弄脏 ⑪掌握正确的夹紧方法,增大夹紧点的面积,使其压强减小
阶梯轴各轴颈同轴度超差	①顶尖与套筒锥孔接触不良 ②磨削工步安排不当 ③中心孔不良	①勿使锥面磕碰弄脏 ②粗精磨应分开,在一次装夹中完成精磨 ③修研中心孔

10.2.2 内圆磨削

内圆磨削主要磨削零件上的通孔、盲孔、台阶孔和端面等，内圆磨削表面可达到的尺寸精度为IT7～IT6级，表面粗糙度为$Ra0.8 \sim 0.2\mu m$。

(1) 内圆磨削方法

1) 内圆磨削方式　按内圆磨削工件和砂轮的运动及采用的机床，内圆磨削方式分为：中心内圆磨削、行星内圆磨削和无心内圆磨削三种。

① 中心内圆磨削是工件和砂轮均作回转运动，一般在普通内圆磨床或万能外圆磨床上磨削内孔，适用于套筒、齿轮、法兰盘等零件内孔的磨削，生产中应用普遍，如图10.53 (a) 所示。

② 行星内圆磨削是工件固定不动，砂轮既绕自己的轴线作高速旋转，又绕所磨孔的中心线作低速度旋转，以实现圆周进给，如图10.53 (b) 所示。这种磨削方式主要用来加工大型工件和不便于回转工件。

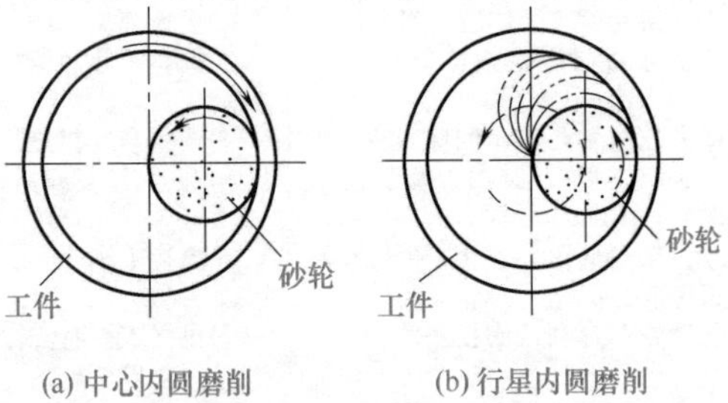

图10.53　内圆磨削方式

③ 无心内圆磨削是在无心磨床上进行，与中心内圆磨削不同的是工件的回转运动由支承轮、压轮和导轮实现，砂轮仍穿入工件孔内作回转运动。这种磨削方式适宜磨削薄壁环形零件的内圆和大量生产的滚动轴承套圈内圆等。

此外，这三种磨削方式的砂轮或工件还可能作纵向进给运动、横向进给运动等，来满足不同类型工件的要求。

2) 内圆磨削的特点　与外圆磨削相比，内圆磨削有以下特点：

① 内圆磨削受到工件内孔直径的限制，所用砂轮的直径较小，砂轮转速高，一般内圆磨具的转速在 10000～20000r/min，磨削速度一般在 20～30m/s 之间。

② 内圆磨削时，砂轮外圆与工件内孔成内切圆接触，其接触弧长比外圆磨削大，因此，磨削中产生的磨削力和磨削热较大，磨粒容易磨钝，工件也容易发热或烧伤、变形。

③ 内圆磨削时，冷却条件较差，切削液不易进入磨削区域，磨屑也不易排出，当磨屑在工件内孔中积聚时，容易造成砂轮堵塞，影响工件的表面质量。特别在磨削铸铁等脆性材料时，磨屑和切削液混合成糊状，更容易使砂轮堵塞，影响砂轮的磨削性能。

④ 磨内孔砂轮需要接刀杆，磨削时，其受力条件属悬臂梁结构，刚性较差，容易产生弯曲变形和振动，对加工精度和表面粗糙度都有很大的影响，同时也限制了磨削用量的提高。

⑤ 内圆磨削内孔的测量空间较小，工件的检测困难，尤其深孔和小孔磨削时测量不便，一般采用塞规、三爪内径千分尺和内径百分表进行检测。

3）内圆磨削的方法　内圆磨削按获得工件尺寸形状所采用的进给运动形式，其磨削方法分为纵向磨削法和切入磨削法，原理与外圆磨削相似。

内圆磨削的磨削方法、磨削工件表面类型、砂轮的工作表面、磨削运动特征如表 10.29 所示。

（2）内圆磨削的工件装夹

内圆磨削时，工件的装夹方法很多，常用三爪自定心卡盘、四爪单动卡盘、花盘、卡盘与中心架组合、吸盘等装夹。一般根据工件的形状、尺寸选用适合的夹具进行装夹。

1）用三爪自定心卡盘装夹　三爪自定心卡盘俗称三爪卡盘，适于装夹套类和盘类工件。三爪自定心卡盘除正爪夹紧外，还有反爪夹紧，如图 10.54（b）所示，反撑夹紧如图 10.54（c）所示。

三爪自定心卡盘具有装夹方便、能自动定心、但定心精度不高的特点，一般中等尺寸工件夹紧后的径向圆跳动误差为 0.08mm，高精度的三爪自定心卡盘的径向圆跳动误差为 0.04mm。对于成批

表 10.29 内圆磨削的特征

磨削方法	磨削表面特征	砂轮工作表面	图示	砂轮运动	工件运动
纵向进给磨削法	通孔	1	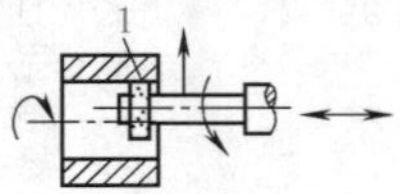	①旋转 ②纵向往复 ③横向进给	旋转
	锥孔	1	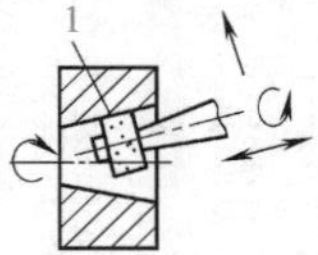 磨头扳转角度	①旋转 ②纵向往复 ③横向进给	旋转
	锥孔	1	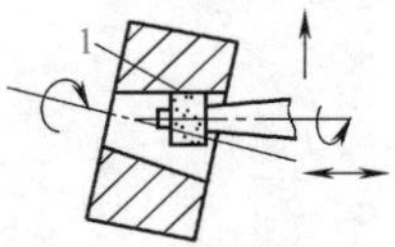 工件扳转角度	①旋转 ②纵向往复 ③横向进给	旋转
	盲孔	1 2	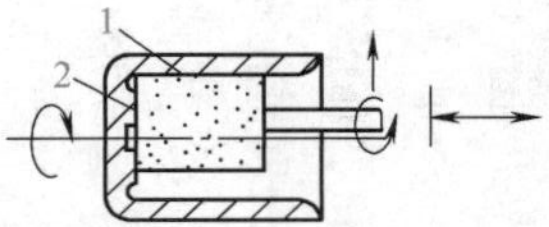	①旋转 ②纵向往复 ③靠端面	旋转

续表

磨削方法	磨削表面特征	砂轮工作表面	图示	砂轮运动	工件运动
纵向进给磨削法	台阶孔	1 2	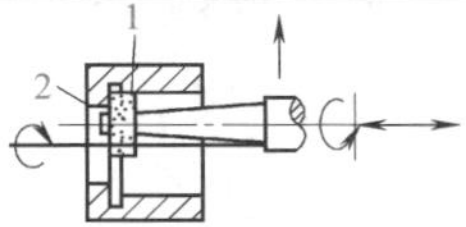	①旋转 ②纵向往复 ③靠端面	旋转
	小直径深孔	1	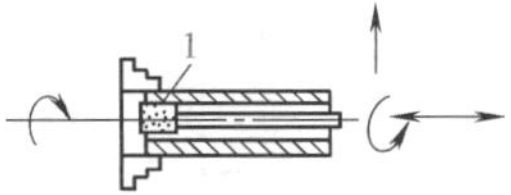	①旋转 ②纵向往复 ③横向进给	旋转
	间断表面通孔	1	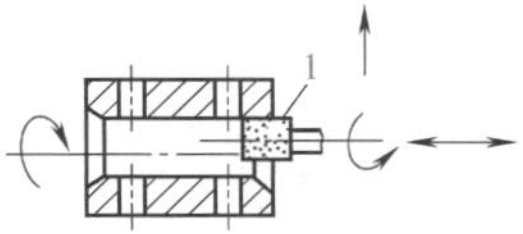	①旋转 ②纵向往复 ③横向进给	旋转
行星磨削法	通孔	1	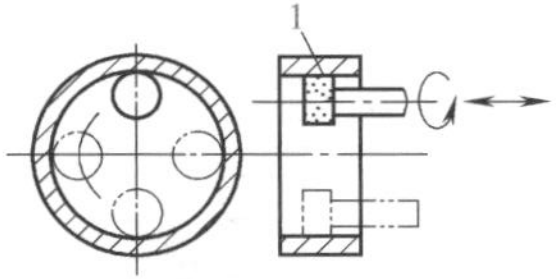	①绕自身轴线旋转 ②砂轮轴线绕孔中心线旋转 ③纵向往复	固定
	台阶孔	1 2	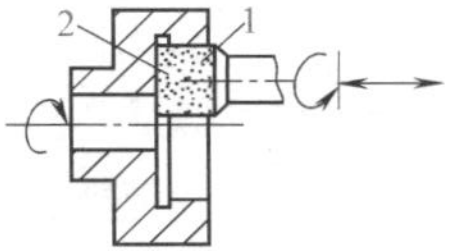	①绕自身轴线旋转 ②砂轮轴线绕孔中心线旋转 ③端面停靠	固定

续表

磨削方法	磨削表面特征	砂轮工作表面	图示	砂轮运动	工件运动
切入磨削法	窄通孔	1	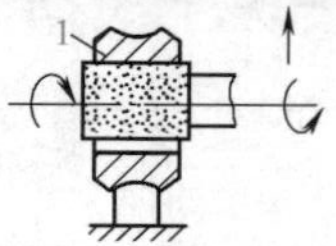	①旋转 ②横向进给	旋转
	端面	2	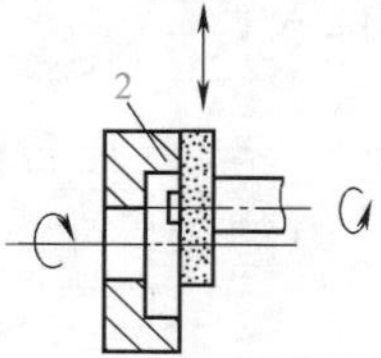	①旋转 ②横向进给	旋转
	带环状沟槽内圆面	1	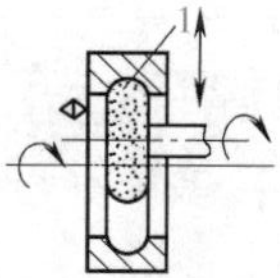	①旋转 ②横向进给	旋转
成形磨削法	凹球面	1	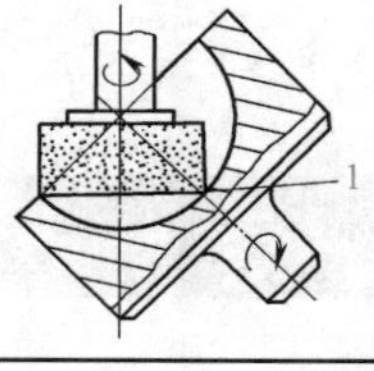	①旋转 ②沿砂轮轴线微量位移	旋转

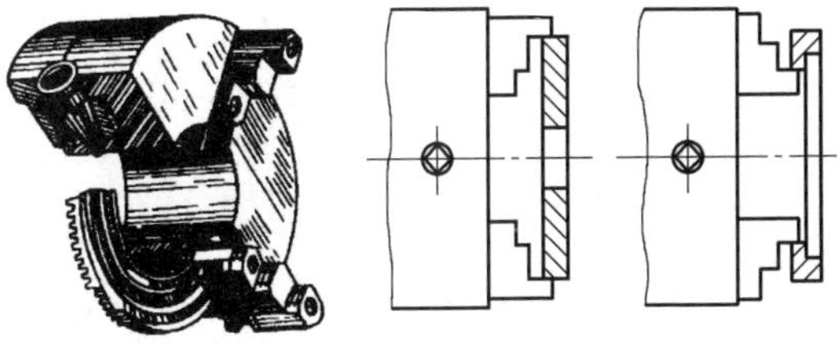

(a) 三爪自定心卡盘的结构 (b) 反爪夹紧 (c) 反撑夹紧

图 10.54 三爪自定心卡盘

磨削径向圆跳动量公差较小的零件，可以用调整卡盘自身定心精度的办法来提高装夹工件的定心精度，调整后的自定心精度可使工件径向圆跳动误差在 0.02～0.01mm。

用三爪自定心卡盘装夹较短的工件时，工件端面易倾斜，须用百分表找正，如图 10.55（a）所示。找正时先用百分表测量出工件端面圆跳动量，然后用铜棒敲击工件端面圆跳动的最大处，直至跳动量符合要求为止。

用三爪自定心卡盘装夹较长的工件时，工件的轴线容易发生偏斜，需要找正工件远离卡盘端外圆的径向圆跳动误差。找正时用百分表测量出工件外圆径向圆跳动量的最大处，然后用铜棒敲击跳动量最大处，直至跳动量符合要求为止，如图 10.55（b）所示。

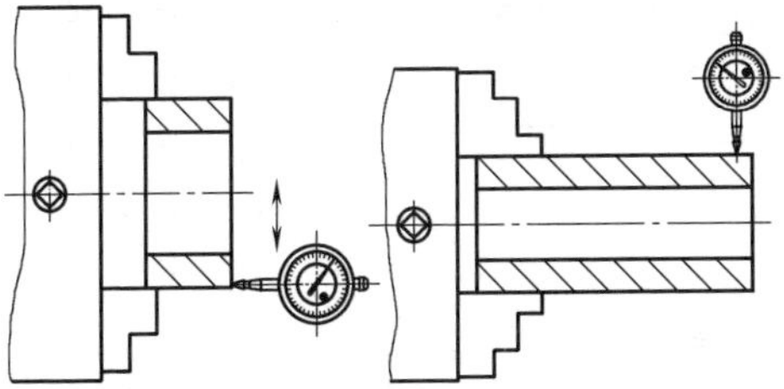

(a) 较短工件的装夹找正 (b) 较长工件的装夹找正

图 10.55 工件在三爪卡盘上找正

当工件直径较大时，可采用反爪装夹工件，其找正方法与前述相同。使用时，拆卸卡盘卡爪，然后再装为反爪形式。拆卸时退出卡爪后要清理卡爪、卡盘体和丝盘并加润滑油，再将卡爪对号装入。

2）用四爪单动卡盘装夹　四爪单动卡盘用来装夹尺寸较大或外形不太规则的工件，经校正可以达到很高的定心精度，适合定心精度较高、单件及小批量生产。

在四爪单动卡盘上校正工件，工件在卡盘上大致夹紧后，依据工件的基准面进行校正。用千分表可将基准面的跳动量校正在 0.005mm 以内。如果基准面本身留有余量，则跳动量可以控制在磨削余量的 1/3 范围内。在四爪单动卡盘中安装校正时应注意以下几点：

① 在卡爪和工件间垫上铜衬片，这样既能避免卡爪损伤工件外圆，又利于工件的校正。铜衬片可以制成 U 形，用较软的螺旋弹簧固定在卡爪上，铜衬片与工件接触面要小一些。

② 装夹较长工件时，工件夹持部分不要过长，夹持 10～15mm。先校正靠近卡爪的一端，再校正另一端，如图 10.56 所示。按照工件的要求校正时可分别使用划针盘或千分表，用千分表校正精度可达 0.005mm 以内。

③ 盘形工件以外圆和端面作为校正基准，如图 10.57 所示。

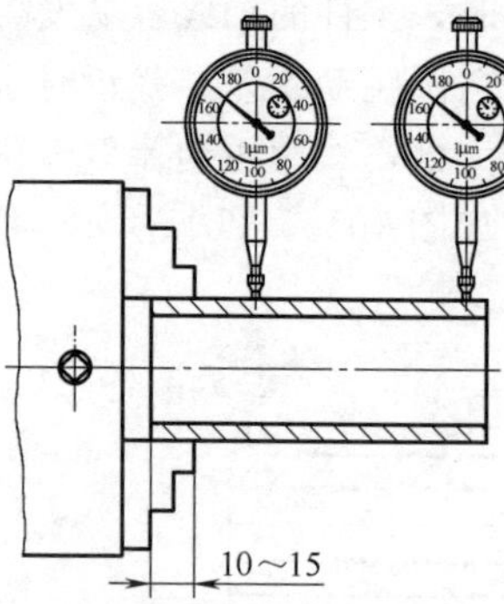

图 10.56　长形工件在四爪单动卡盘上校正

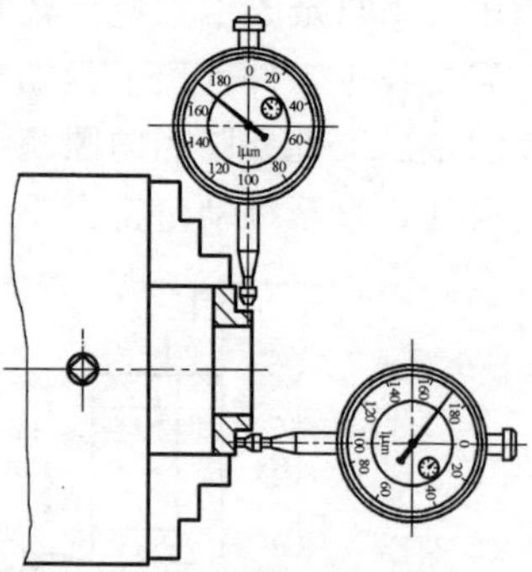

图 10.57　盘形工件在四爪单动卡盘上校正

3）用卡盘和中心架组合装夹　磨削较长的轴套类工件内孔时，可采用卡盘和中心架组合装夹，以提高工件的安装稳定性，如图 10.58 所示。

卡盘与中心架组合使用时，应保持中心架的支承中心与头架主轴的回转轴线一致。调整中心架的方法如下：

① 先将工件在卡盘上夹紧，并校正工件左右两端的径向跳动量在 0.005～0.01mm 以内。然后调整中心架三个支承，使其与工件轻轻接触。为防止调整时工件中心偏移，调整每一支承时，均用百（千）分表顶在支承的相应位置，如图 10.59 所示。

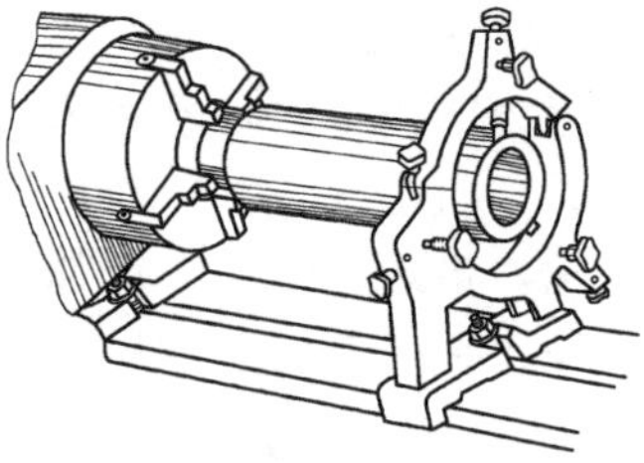

图 10.58　用卡盘和中心架安装工件

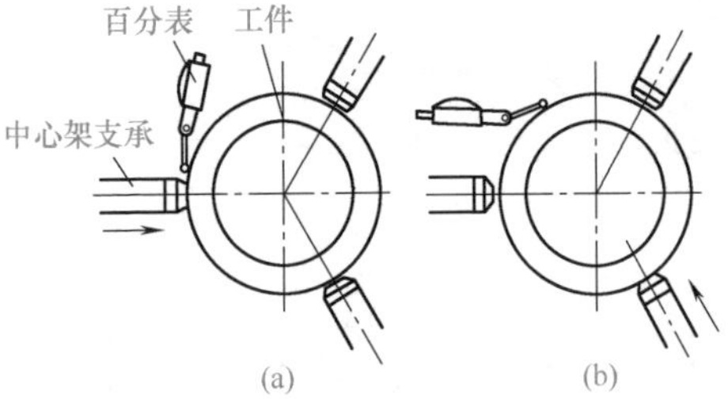

图 10.59　调整中心架的方法

② 利用测量桥板和百（千）分表进行校正，如图 10.60 所示。先用已校正的测量棒校正桥板，然后装上工件，推动桥板测量工件外圆母线和侧母线（图中 a、b 两处），直至校正到工件转动时百（千）分表读数不变为止。

4）用花盘装夹　用花盘装夹一些形状不规则的工件，装夹时注意以下两点：

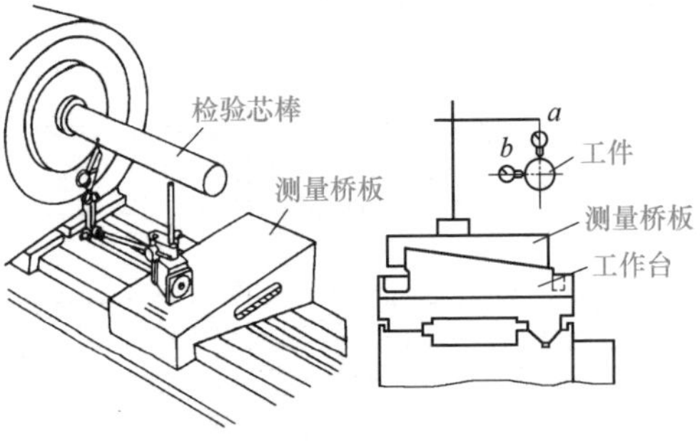

图 10.60　用测量桥板和百分表调整中心

① 用几个压板压紧工件时，压板要放平整，夹紧力要均匀，夹紧力的作用方向要垂直工件的定位基准面，作用点选定工件刚性大的方向位置，夹紧力增力机构，正确的装夹情况如图 10.61（a）所示，错误的装夹情况如图 10.61（b）所示，分别错在作用点、杠杆比是减力机构、夹紧力的作用方向不垂直工件的定位基准面。

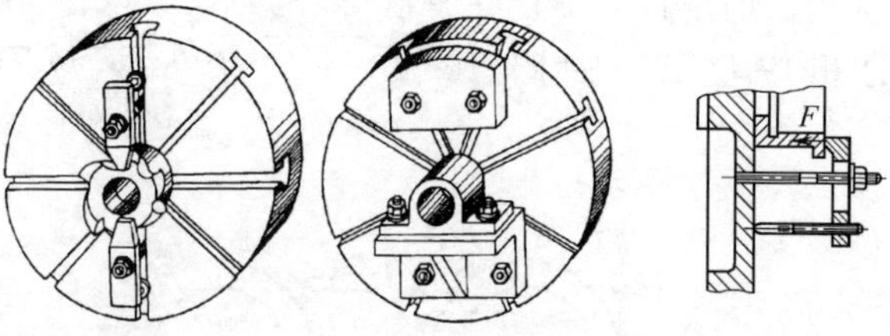

(a) 正确

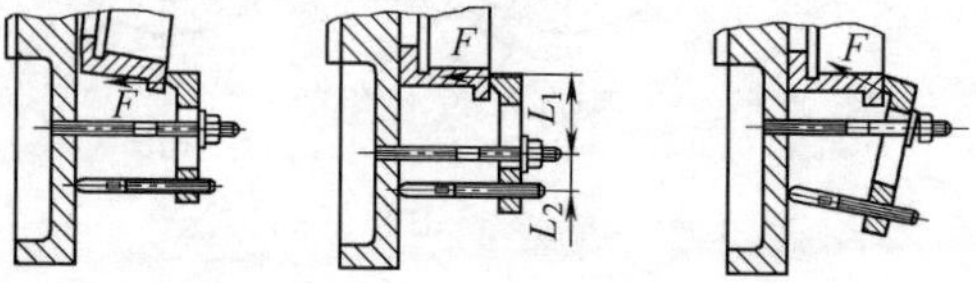

(b) 错误

图 10.61　花盘装夹及装夹正误

② 装夹不对称的工件时，应加平衡块对花盘进行平衡，以免旋转时引起振动。

5）用简易箍套装夹　薄壁套磨内圆时，用如图 10.62 所示简易箍套装夹工件，来减小工件的变形。

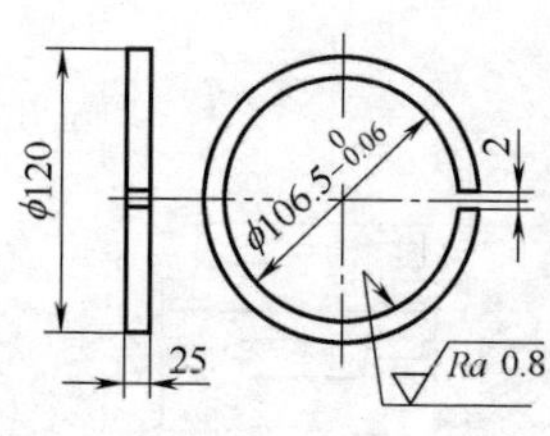

(a) 简易箍套

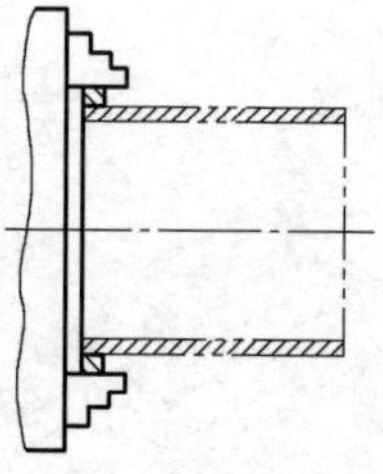

(b) 用箍套装夹

图 10.62　用箍套装夹

6）用专用夹具装夹　根据工件的结构特点和工艺要求，内圆磨削也经常采用专用夹具装夹工件。如图 10.63 所示夹具，夹紧力方向为轴向，避免了薄壁套径向刚度差而径向夹紧引起的变形。

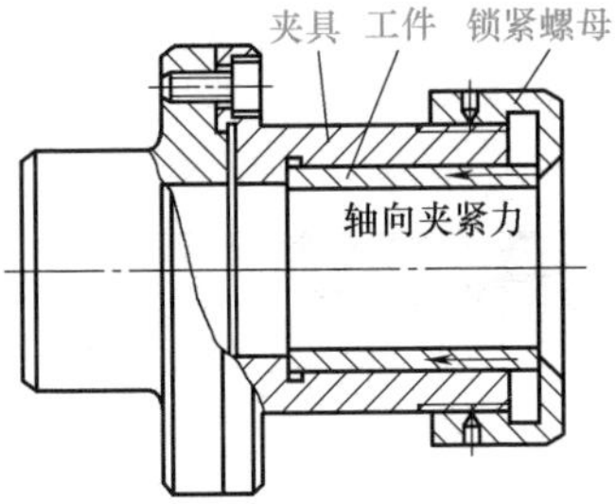

图 10.63　用专用夹具装夹工件

（3）内圆磨削的砂轮

1）内圆砂轮的特性选择

① 砂轮形状的选择。内圆磨削常用的砂轮形状有筒形砂轮和杯形砂轮两种。筒形砂轮主要磨削通孔，杯形砂轮除磨削内孔外，还可磨削台阶孔的端面。

② 砂轮直径的选择。在内圆磨削中，为了获得较理想的磨削速度，最好采用接近孔径尺寸的砂轮，但当砂轮直径增大后，砂轮与工件的接触弧也随之增大，致使磨削热增大，且冷却和排屑更加困难。为了取得良好的磨削效果，砂轮直径与被磨工件孔径应有适当的比值，这一比值通常在 0.5～0.9 之间。当工件孔径较小时，主要矛盾是砂轮圆周速度低，此时可取较大的比值；当工件孔径较大时，砂轮的圆周速度较高，而发热量和排屑成为主要问题，故应取较小的比值。孔径 $\phi12$～100mm 范围内选择砂轮直径如表 10.30 所示。当工件直径大于 $\phi100$mm 时，要注意砂轮的圆周速度不应超过砂轮的安全圆周速度。

表 10.30　内圆砂轮直径的选择　　mm

被磨孔的直径	砂轮直径 D_0	被磨孔的直径	砂轮直径 D_0
12～17	10	45～55	40
17～22	15	55～70	50
22～27	20	70～80	65
27～32	25	80～100	75
32～45	30		

③ 砂轮宽度的选择。采用较宽的砂轮，有利于降低工件表面粗糙度值和提高生产效率，并可降低砂轮的磨耗。但砂轮也不能选得太宽，否则会使磨削力增大，从而引起砂轮接长轴的弯曲变形。

在砂轮接长轴的刚性和机床功率允许的范围内，砂轮宽度可以按工件长度选择，参见表10.31。

表10.31　内圆砂轮宽度的选择　　mm

磨削长度	14	30	45	>50
砂轮宽度	10	25	32	40

④ 砂轮的磨料、粒度、硬度和结合剂选择。内圆砂轮的特性（磨料、粒度、硬度和结合剂）选择，可依据工件的材料、加工精度等情况，参考表10.32进行选择。内圆磨削所用砂轮的组织应比外圆砂轮组织疏松1～2号。

表10.32　内圆砂轮特性的选择

加工材料	磨削要求	砂轮的特性			
		磨料	粒度	硬度	结合剂
未淬火的碳素钢	粗磨	A	24～46	K～M	V
	精磨	A	46～60	K～N	V
铝	粗磨	C	36	K～L	V
	精磨	C	60	L	V
铸铁	粗磨	C	24～36	K～L	V
	精磨	C	46～60	K～L	V
纯铜	粗磨	A	16～24	K～L	V
	精磨	A	24	K～M	B
硬青铜	粗磨	A	16～24	J～K	V
	精磨	A	24	K～M	V
调质合金钢	粗磨	A	46	K～L	V
	精磨	WA	60～80	K～L	V
淬火的碳钢及合金钢	粗磨	WA	46	K～L	V
	精磨	PA	60～80	K～L	V
渗氮钢	粗磨	WA	46	K～L	V
	精磨	SA	60～80	K～L	V
高速钢	粗磨	WA	36	K～L	V
	精磨	PA	24～36	M～N	B

2）内圆砂轮的安装　内圆砂轮一般都安装在砂轮接长轴的一端，而接长轴的另一端与磨头主轴连接，也有些磨床内圆砂轮是直接安装在内圆磨具的主轴上的。内圆砂轮的紧固一般采用螺纹紧固和用粘接剂紧固两种方法。

用螺纹紧固内圆砂轮牢固，安装方法如图 10.64（a）、（b）所示。用螺纹紧固内圆砂轮时，应注意以下事项：

① 砂轮内孔与接长轴的配合间隙要适当，不要超过 0.2mm。如果间隙过大，可以在砂轮内孔与接长轴间垫入纸片，以免砂轮装偏心而产生振动或造成砂轮工作时松动。筒砂轮常用的内孔直径为：ϕ6mm、ϕ10mm、ϕ13mm、ϕ16mm 和 ϕ20mm。

② 砂轮的两个端面必须垫上纸质等软性衬垫，衬垫厚度以 0.2～0.3mm 为宜，这样可以使砂轮夹紧力均匀、紧固可靠。

③ 承压砂轮的接长轴端面要平整，接触面不能太小，否则会减少摩擦面积，不能保证砂轮紧固的可靠性。

④ 紧固螺钉的承压端面与螺纹要垂直，以使砂轮受力均匀。

⑤ 紧固螺钉的旋转方向应与砂轮旋转方向相反，在磨削力作用下，可以保证砂轮不会松动。

用粘接剂紧固内圆砂轮，一般用于直径 ϕ7mm 以下的小砂轮，粘接剂紧固的结构如图 10.64（c）所示。常用的粘接剂为磷酸溶液（H_3PO_4）和氧化铜（CuO）粉末调配而成的一种糊状混合物。粘接时，接长轴与砂轮应有 0.2～0.3mm 的间隙，为提高砂轮的粘牢程度，可以将接长轴的外圆压成网纹状，粘接剂应充满砂轮与接长轴之间的间隙，待自然干燥或烘干，冷却 5min 左右即可。

（4）内圆磨削的磨削用量

① 内圆磨削用量的选择　砂轮速度受砂轮直径及磨头转速的

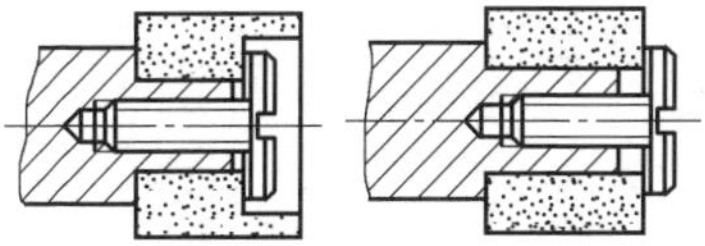

(a) 杯形砂轮螺纹紧固连接 (b) 筒形砂轮螺纹紧固连接

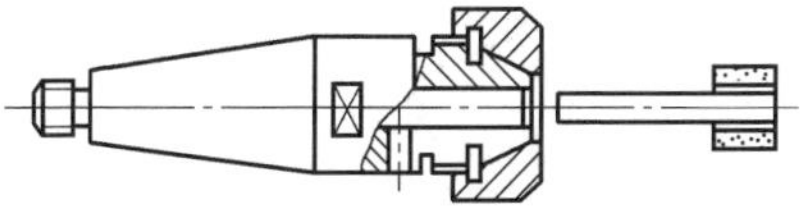

(c) 用粘接剂紧固

图 10.64　内圆砂轮的安装

限制，一般在15～25m/s之间。在可能的情况下，应尽量采用较高的砂轮速度。

工件速度一般在15～25m/min之间。表面粗糙度要求高时取小值，粗磨或砂轮与工件接触面积大时取较大值。

粗磨时纵向进给速度一般为1.5～2.5m/min，精磨时为0.5～1.5m/min。

一般情况下，内圆磨削粗磨时的磨削用量按表10.33进行选择，精磨时的磨削用量按表10.34进行选择。

表10.33 粗磨内圆磨削用量

(1)工件速度									
工件磨削表面直径 d_w/mm	10	20	30	50	80	120	200	300	400
工件速度 v_w/(m/min)	10～20	10～20	12～24	15～30	18～36	20～40	23～46	28～56	35～70
(2)纵向进给量									
$f_a=(0.5\sim0.8)B$　　B—砂轮宽度,mm									

(3)背吃刀量 a_p					
工件磨削表面直径 d_w/mm	工件速度 v_w/(m/min)	工件纵向进给量 f_a(以砂轮宽度计)			
		0.5	0.6	0.7	0.8
		工作台一次往复行程背吃刀量 a_p/(mm/行程)			
20	10	0.0080	0.0067	0.0057	0.0050
	15	0.0053	0.0044	0.0038	0.0033
	20	0.0040	0.0033	0.0029	0.0025
25	10	0.0100	0.0083	0.0072	0.0063
	15	0.0066	0.0055	0.0047	0.0041
	20	0.0050	0.0042	0.0036	0.0031
30	11	0.0109	0.0091	0.0078	0.0068
	16	0.0075	0.00625	0.00535	0.0047
	20	0.006	0.0050	0.0043	0.0038
35	12	0.0116	0.0097	0.0083	0.0073
	18	0.0078	0.0065	0.0056	0.0049
	20	0.0059	0.0049	0.0042	0.0037

续表

(3)背吃刀量 a_p					
工件磨削表面直径 d_w/mm	工件速度 v_w/(m/min)	工件纵向进给量 f_a(以砂轮宽度计)			
		0.5	0.6	0.7	0.8
		工作台一次往复行程背吃刀量 a_p/(mm/行程)			
40	13	0.0123	0.0103	0.0088	0.0077
	20	0.0080	0.0067	0.0057	0.0050
	26	0.0062	0.0051	0.0044	0.0038
50	14	0.0143	0.0119	0.0102	0.0089
	21	0.0096	0.00795	0.0068	0.0060
	29	0.0069	0.00575	0.0049	0.0043
60	16	0.0150	0.0125	0.0107	0.0094
	24	0.0100	0.0083	0.0071	0.0063
	32	0.0075	0.0063	0.0054	0.0047
80	17	0.0188	0.0157	0.0134	0.0117
	25	0.0128	0.0107	0.0092	0.0080
	33	0.0097	0.0081	0.0069	0.0061
120	20	0.024	0.020	0.0172	0.015
	30	0.016	0.0133	0.0114	0.010
	40	0.012	0.010	0.0086	0.0075
150	22	0.0273	0.0227	0.0195	0.0170
	33	0.0182	0.0152	0.0130	0.0113
	44	0.0136	0.0113	0.0098	0.0085
180	25	0.0288	0.0240	0.0206	0.0179
	37	0.0194	0.0162	0.0139	0.0121
	49	0.0147	0.0123	0.0105	0.0092
200	26	0.0308	0.0257	0.0220	0.0192
	38	0.0211	0.0175	0.0151	0.0132
	52	0.0154	0.0128	0.0110	0.0096
250	27	0.0370	0.0308	0.0264	0.0231
	40	0.0250	0.0208	0.0178	0.0156
	54	0.0185	0.0154	0.0132	0.0115
300	30	0.0400	0.0333	0.0286	0.025
	42	0.0286	0.0238	0.0204	0.0178
	55	0.0218	0.0182	0.0156	0.0136
400	33	0.0485	0.0404	0.0345	0.0302
	44	0.0364	0.0303	0.0260	0.0227
	56	0.0286	0.0238	0.0204	0.0179

续表

背吃刀量 a_p 的修正系数									
与砂轮耐用度有关 k_1						与砂轮直径 d_s 及工件孔径 d_w 之比有关 k_2			
T/s	≤96	150	240	360	600	$\frac{d_s}{d_w}$	0.4	≤0.7	>0.7
k_1	1.25	1.0	0.8	0.62	0.5	k_2	0.63	0.8	1.0

与砂轮速度及工件材料有关 k_3			
工件材料	v_s/(m/s)		
	18～22.5	≤28	≤35
耐热钢	0.68	0.76	0.85
淬火钢	0.76	0.85	0.95
非淬火钢	0.80	0.90	1.00
铸铁	0.83	0.94	1.05

注：工作台单行程的背吃刀量 a_p 应将表列数值除以 2。

表 10.34 精磨内圆磨削用量

(1)工件速度 n_w/(m/min)		
工件磨削表面直径 d_w/mm	工件材料	
	非淬火钢及铸铁	淬火钢及耐热钢
10	10～16	10～16
15	12～20	12～20
20	16～32	20～32
30	20～40	25～40
50	25～50	30～50
80	30～60	40～60
120	35～70	45～70
200	40～80	50～80
300	45～90	55～90
400	55～110	65～110

(2)纵向进给量 f_a

表面粗糙度 $Ra1.6\sim0.8\mu m$ $f_a=(0.5\sim0.9)B$

表面粗糙度 $Ra0.4\mu m$ $f_a=(0.25\sim0.5)B$

(3)背吃刀量 a_p									
工件磨削表面直径 d_w/mm	工件速度 v_w/(m/min)	工件纵向进给量 f_a/(mm/r)							
		10	12.5	16	20	25	32	40	50
		工作台一次往复行程背吃刀量 a_p/(mm/行程)							
10	10	0.00386	0.00308	0.00241	0.00193	0.00154	0.00121	0.000965	0.000775
	13	0.00296	0.00238	0.00186	0.00148	0.00119	0.00093	0.000745	0.000595
	16	0.00241	0.00193	0.00150	0.00121	0.000965	0.000755	0.000605	0.000482

续表

(3)背吃刀量 a_p									
工件磨削表面直径 d_w /mm	工件速度 v_w /(m/min)	工件纵向进给量 f_a/(mm/r)							
		10	12.5	16	20	25	32	40	50
		工作台一次往复行程背吃刀量 a_p/(mm/行程)							
12	11	0.00465	0.00373	0.00292	0.00233	0.00186	0.00146	0.00116	0.000935
	14	0.00366	0.00294	0.00229	0.00183	0.00147	0.00114	0.000915	0.000735
	18	0.00286	0.00229	0.00179	0.00143	0.00114	0.000895	0.000715	0.000572
16	13	0.00622	0.00497	0.00389	0.00311	0.00249	0.00194	0.00155	0.00124
	19	0.00425	0.00340	0.00265	0.00212	0.00170	0.00133	0.00106	0.00085
	26	0.00310	0.00248	0.00195	0.00155	0.00124	0.00097	0.000775	0.00062
20	16	0.0062	0.0049	0.0038	0.0031	0.0025	0.00193	0.00154	0.00123
	24	0.0041	0.0033	0.0026	0.00205	0.00165	0.00129	0.00102	0.00083
	32	0.0031	0.0025	0.00193	0.00155	0.00123	0.00097	0.00077	0.00062
25	18	0.0067	0.0054	0.0042	0.0034	0.0027	0.0021	0.00168	0.00135
	27	0.0045	0.0036	0.0028	0.0022	0.00179	0.00140	0.00113	0.00090
	36	0.0034	0.0027	0.0021	0.00168	0.00134	0.00105	0.00084	0.00067
30	20	0.0071	0.0057	0.0044	0.0035	0.0028	0.0022	0.00178	0.00142
	30	0.0047	0.0038	0.0030	0.0024	0.0019	0.00148	0.00118	0.00095
	40	0.0036	0.0028	0.0022	0.00178	0.00142	0.00111	0.00089	0.00071
35	22	0.0075	0.0060	0.0047	0.0037	0.0030	0.0023	0.00186	0.00149
	33	0.0050	0.0040	0.0031	0.0025	0.0020	0.00155	0.00124	0.00100
	45	0.0037	0.0029	0.0023	0.00182	0.00146	0.00114	0.00091	0.00073
40	23	0.0081	0.0065	0.0051	0.0041	0.0032	0.0025	0.0020	0.00162
	25	0.0053	0.0042	0.0033	0.0027	0.0021	0.00165	0.00132	0.00106
	47	0.0039	0.0032	0.0025	0.00196	0.00158	0.00123	0.0099	0.00079
50	25	0.0090	0.0072	0.0057	0.0045	0.0036	0.0028	0.0023	0.00181
	37	0.0061	0.0049	0.0038	0.0030	0.0024	0.0019	0.00153	0.00122
	50	0.0045	0.0036	0.0028	0.0023	0.00181	0.00141	0.00113	0.00091
60	27	0.0098	0.0079	0.0062	0.0049	0.0039	0.0031	0.0025	0.00196
	41	0.0065	0.0052	0.0041	0.0032	0.0026	0.0020	0.00163	0.00130
	55	0.0048	0.0039	0.0030	0.0024	0.00193	0.00152	0.00121	0.00097
80	30	0.0112	0.0089	0.0070	0.0056	0.0045	0.0035	0.0028	0.0022
	45	0.0077	0.0061	0.0048	0.0038	0.0030	0.0024	0.0019	0.00153
	60	0.0058	0.0046	0.0036	0.0029	0.0023	0.0018	0.00143	0.00115
120	35	0.0141	0.0113	0.0088	0.0071	0.0057	0.0044	0.0035	0.0028
	52	0.0095	0.0076	0.0059	0.0048	0.0038	0.0030	0.0024	0.0019
	70	0.0071	0.0057	0.0044	0.0035	0.0028	0.0022	0.00176	0.00141

续表

(3)背吃刀量 a_p									
工件磨削表面直径 d_w/mm	工件速度 v_w/(m/min)	工件纵向进给量 f_a/(mm/r)							
		10	12.5	16	20	25	32	40	50
		工作台一次往复行程背吃刀量 a_p/(mm/行程)							
150	37	0.0164	0.0131	0.0102	0.0082	0.0065	0.0051	0.0041	0.0033
	56	0.0108	0.0087	0.0068	0.0054	0.0043	0.0034	0.0027	0.0022
	75	0.0081	0.0064	0.0051	0.0041	0.0032	0.0025	0.0020	0.00161
180	38	0.0189	0.0151	0.0118	0.0094	0.0076	0.0059	0.0047	0.0038
	58	0.0124	0.0099	0.0078	0.0062	0.0050	0.0039	0.0031	0.0025
	78	0.0092	0.0074	0.0057	0.0046	0.0037	0.0029	0.0023	0.00184
200	40	0.0197	0.0158	0.0123	0.0099	0.0079	0.0062	0.0049	0.0039
	60	0.0131	0.0105	0.0082	0.0066	0.0052	0.0041	0.0033	0.0026
	80	0.0099	0.0079	0.0062	0.0049	0.0040	0.0031	0.0025	0.0020
250	42	0.0230	0.0184	0.0144	0.0115	0.0092	0.0072	0.0057	0.0046
	63	0.0153	0.0122	0.0096	0.0077	0.0061	0.0048	0.0038	0.0031
	85	0.0113	0.0091	0.0071	0.0057	0.0045	0.0036	0.0028	0.0023
300	45	0.0253	0.0202	0.0158	0.0126	0.0101	0.0079	0.0063	0.0051
	67	0.0169	0.0135	0.0106	0.0085	0.0068	0.0053	0.0042	0.0034
	90	0.0126	0.0101	0.0079	0.0063	0.0051	0.0039	0.0032	0.0025
400	55	0.0266	0.0213	0.0166	0.0133	0.0107	0.0083	0.0067	0.0053
	82	0.0179	0.0143	0.0112	0.0090	0.0072	0.0056	0.0045	0.0036
	110	0.0133	0.0106	0.0083	0.0067	0.0053	0.0042	0.0033	0.0027

背吃刀量 a_p 的修正系数													
与直径余量和加工精度有关 k_1						与加工材料和表面形状有关 k_2			与磨削长度对直径之比有关 k_3				
精度等级	直径余量/mm					工件材料	表面		$\frac{l_w}{d_w}$	≤1.2	≤1.6	≤2.5	≤4
	0.2	0.3	0.4	0.5	0.8		无圆角的	带圆角的					
IT6 级	0.5	0.63	0.8	1.0	1.25	耐热钢	0.7	0.56	k_3	1.0	0.87	0.76	0.67
IT7 级	0.63	0.8	1.0	1.25	1.6	淬火钢	1.0	0.75					
IT8 级	0.8	1.0	1.25	1.6	2.0	非淬火钢	1.2	0.90					
IT9 级	1.0	1.26	1.6	2.0	2.5	铸铁	1.6	1.2					

注：背吃刀量 a_p 不应大于粗磨的 a_p。

② 内圆磨削的磨削余量　内圆磨削的磨削余量如表 10.35 所示。

表 10.35　内圆的磨削余量　　mm

孔径范围	余量限度	磨削前								粗磨后粗磨前
		未经淬火的孔				经淬火的孔				
		孔长								
		50 以下	50～100	101～200	201～300	50 以下	50～100	101～200	201～300	
≤10	max	—	—	—	—	—	—	—	—	0.020
	min	—	—	—	—	—	—	—	—	0.015
11～18	max	0.22	0.25	—	—	0.25	0.28	—	—	0.030
	min	0.12	0.13	—	—	0.15	0.18	—	—	0.020
19～30	max	0.28	0.28	—	—	0.30	0.30	0.35	—	0.040
	min	0.15	0.15	—	—	0.18	0.22	0.25	—	0.030
31～50	max	0.30	0.30	0.35	—	0.35	0.35	0.40	—	0.050
	min	0.15	0.15	0.20	—	0.20	0.25	0.28	—	0.040
51～80	max	0.30	0.32	0.35	0.40	0.40	0.40	0.45	0.50	0.060
	min	0.15	0.18	0.20	0.25	0.25	0.28	0.30	0.35	0.050
81～120	max	0.37	0.40	0.45	0.50	0.50	0.50	0.55	0.60	0.070
	min	0.20	0.20	0.25	0.30	0.30	0.30	0.35	0.40	0.050
121～180	max	0.40	0.42	0.45	0.50	0.55	0.60	0.65	0.70	0.080
	min	0.25	0.25	0.25	0.30	0.35	0.40	0.45	0.50	0.060
181～260	max	0.45	0.48	0.50	0.55	0.60	0.65	0.70	0.75	0.090
	min	0.25	0.28	0.30	0.35	0.40	0.45	0.50	0.55	0.065

注：表中推荐的数据，适合成批生产，要求有完整的工艺装备和合理的工艺规程，可根据具体情况选用。

（5）内圆磨削的检测控制

1）内圆磨削的工作行程和砂轮越出长度控制　磨削较长的通孔时，磨削的工作行程和砂轮越出长度对孔的形状精度影响较大，对其控制，一般根据工件孔径和长度选择砂轮直径和接长轴（接刀杆）。接长轴的长度只需略大于孔的长度，如图 10.65（a）所示。若接长轴太长，其刚性较差，磨削时容易产生振动，影响磨削效率和加工质量。

工作台的行程长度 L 应根据工件孔长 L' 和砂轮在孔端越出长度 L_1 进行计算调整。

$$L = L' + 2L_1$$

$$L_1 = (1/3 \sim 1/2)B$$

式中，B 为砂轮的宽度，如图 10.65（b）所示。若 L_1 太小，孔端磨削时间短，则两端孔口磨去的金属较少，从而使内孔产生中间大、两端小的现象，如图 10.65（c）所示。如果 L_1 太大，甚至使砂轮全部越出工件孔口，磨削金属量大，接长轴弹性变形减小，使内孔两端磨成喇叭口，如图 10.65（d）所示。

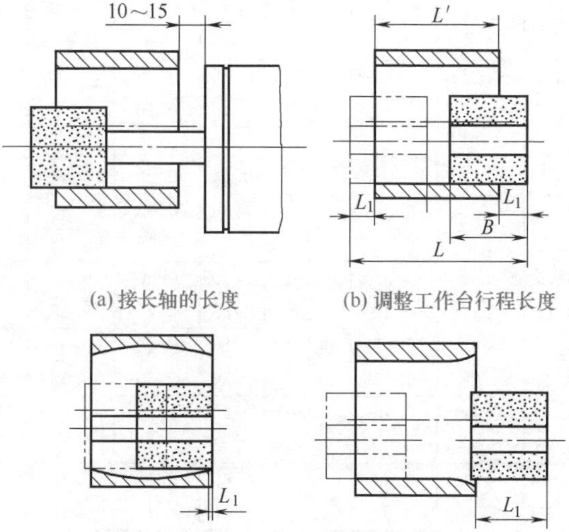

(a) 接长轴的长度　(b) 调整工作台行程长度

(c) 砂轮越出孔端长度太小　(d) 砂轮越出孔端长度太大

图 10.65　纵向磨削法

2）内孔的尺寸精度检验　内孔的尺寸精度检验，一般采用塞规、三爪内径千分尺和内径百（千）分表进行检验。

用塞规检验。塞规的通端能顺利通过孔的全长，而止端不能进入孔内，则内孔的实际尺寸符合图样要求。检验时应注意以下几点：

① 根据图样要求选好合适的塞规，测量时应严格做好内孔表面的清洁工作。

② 塞规应放平使用，轻轻朝孔内塞。禁止敲击和摇晃塞规。

③ 要注意内孔的热胀冷缩，防止塞规在孔内取不出来。

用图 10.66 三爪内径千分尺检验内孔时，由于三爪内径千分尺有定中心准确、测量力恒定和检验使用方便等优点，故使用较广泛。

用图 10.67 所示内径百（千）分表测量孔径时，与用千分尺或块规组的标准尺寸比较，测量时需要按图 10.67 所示左右摇动，故

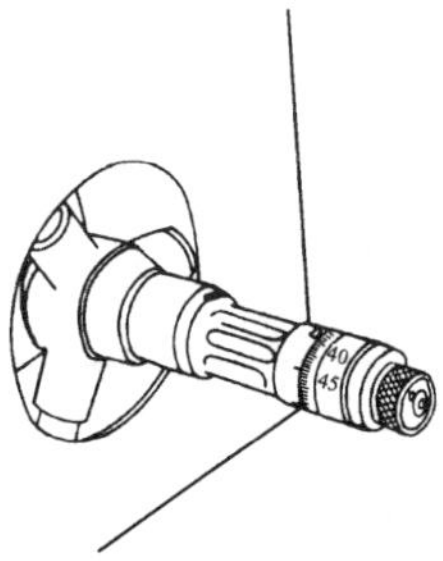

图 10.66　用三爪内径千分尺测量内孔

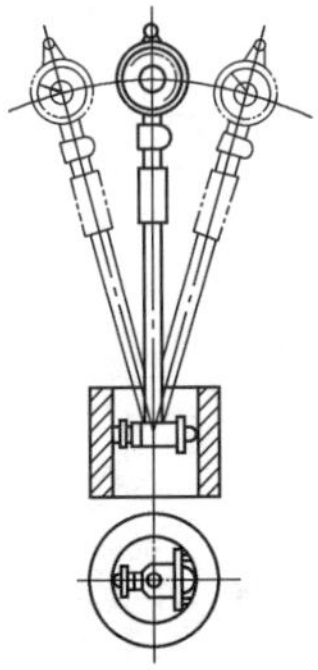

图 10.67　用内径百分表测量内孔

也称摇表。使用内径百（千）分表时注意以下几点：

① 校对内径百分表时，预先“切入”数一般在 0.1mm 即可。太大了要影响内孔的测量精度，百分表也不容易保持本身精度。

② 使用前要检查活动测量头的接触端是否出现小平面，假如用活动测量头的小平面去接触孔壁，则百分表上反映的读数会与孔的实际尺寸不符合。

③ 要经常检查预先校对好的百分表“零位”是否有变化。在批量生产中可磨准一只工件的内孔，作为校对百分表使用，这样既方便又省时。

3）孔的圆度误差检验　孔的圆度误差是在孔的半径方向计量的，要用一定的计量仪器。目前实际生产中使用最普遍的是通用量具，如内径百（千）分表，这时圆度误差应以直径最大差值之半来评定。这种方法称为两点法，测量精度低，但有一定的实用价值，如图 10.68（a）所示。

4）孔的圆柱度误差检验　孔的圆柱度误差检验的要求和方法与检验外圆柱面的圆柱度误差相同。实际生产中要准确检验孔的圆柱度误差困难较多，一般用内孔表面母线的平行度来控制，即可以控制圆柱面的鼓形、鞍形和锥形等项误差。这几项误差可以用一般通用量具检验和控制，既方便又实用。

5）孔的同轴度误差检验　孔的同轴度是指被测圆柱面轴线，对基准轴线不共轴的程度。如图 10.68（b）所示，可采用综合量规来检验两孔的同轴度误差。量规能通过基准孔和被测孔，则同轴度合格，通不过则不合格。此时要求综合量规的台阶直径均应在两孔的尺寸公差之内，并要求两孔的形状误差较小。

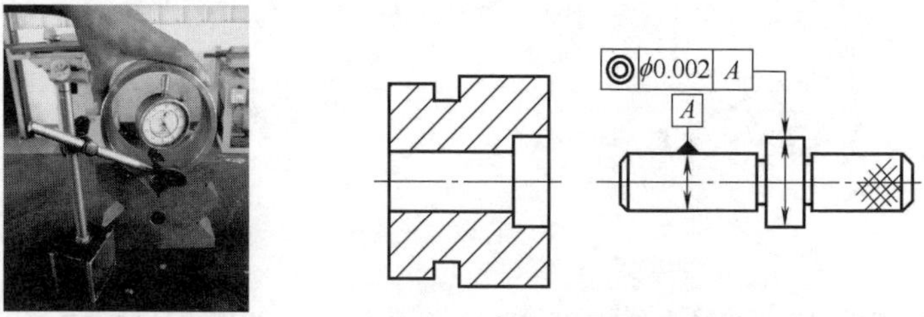

(a) 用千分表测量孔的圆度　　(b) 用量规测量孔的同轴度

图 10.68　孔的圆度、同轴度误差检验

（6）内圆磨削常见的工件缺陷、产生原因及解决方法

内圆磨削常见的工件缺陷、产生原因及解决方法如表 10.36 所示。

表 10.36　内圆磨削常见的工件缺陷、产生原因及解决方法

缺陷名称	产生原因	解决方法
表面有振痕、粗糙、烧伤	①砂轮直径小 ②头架轴承松动，砂轮芯轴弯曲，砂轮修整不圆等原因产生强烈振动，使工件表面产生波纹 ③砂轮堵塞 ④散热不良 ⑤砂轮粒度过细、硬度高或修整不及时 ⑥进给量大，磨削热增加	①砂轮直径尽量选得大些 ②高速轴瓦间隙过大，修整砂轮 ③选取粒度较粗、组织较疏松、硬度较软的砂轮，使其具有“自觉性” ④供给充分的磨削液 ⑤选取较粗、较软的砂轮，并及时修理 ⑥减小进给量
喇叭口	①轴向进给不均匀 ②砂轮有锥度 ③接长轴细长，刚性差 ④砂轮超过孔口长度太长	①适当控制停留时间，调整砂轮杆伸出长度不超过砂轮宽度的一半 ②正确修整砂轮 ③根据工件内孔大小及长度合理选择接长轴的粗细，选用刚性好的材料制造接长轴 ④缩小超越长度

续表

缺陷名称	产生原因	解决方法
锥形孔	①头架调整角度不正确 ②轴向进给不均匀，径向进给过大 ③砂轮在两端的越程不等 ④砂轮磨损不均匀	①重新调整角度 ②减小进给量 ③调整使越程相等 ④及时修整砂轮
圆度误差及内外圆同轴度差	①工件装夹不牢 ②薄壁工件夹得过紧而产生弹性变形 ③调整不准确，内外表面不同轴 ④卡盘松动，主轴与轴承间间隙过大 ⑤接长轴刚性差	①固紧工件 ②夹紧力要适当 ③细心找正 ④调整松紧量 ⑤重新设计接长轴
端面与孔轴线不垂直	①找正不正确 ②进给量太大 ③头架偏转角度	①细心找正 ②减小进给量 ③调整头架位置
螺旋痕迹	①轴向进给量太大 ②砂轮钝化 ③接长轴弯曲	①减小轴向进给量 ②及时修整砂轮 ③增强接长轴刚性

10.2.3 圆锥面磨削

圆锥面分为外圆锥面和内圆锥面，外圆锥面也称外圆锥体，内圆锥面称为圆锥孔。在机械结构中，圆锥面的应用很广，如机床主轴轴颈、安装刀具或夹具的锥孔、顶尖等。

(1) 圆锥面各部分名称及计算

1) 圆锥的各部分名称　圆锥是一条与轴线成一定角度的直线段 AB（母线）围绕定轴线 AO 旋转形成的表面，称为圆锥体，如图 10.69 (a) 所示，斜边直线段 AB 称为圆锥的母线，又称素线。如果将圆锥的尖端截去，即成为圆台，如图 10.69 (b) 所示。圆锥的各部分名称如图 10.69 所示。图中，D 为最大圆锥直径，简称大端直径，mm；d 为最小圆锥直径，简称小端直径，mm；α 为圆锥角，$\alpha/2$ 称圆锥半角，又称斜角，(°)；L 为最大圆锥直径与最小圆锥直径之间的轴向距离，简称锥形部分长度或锥长，mm。

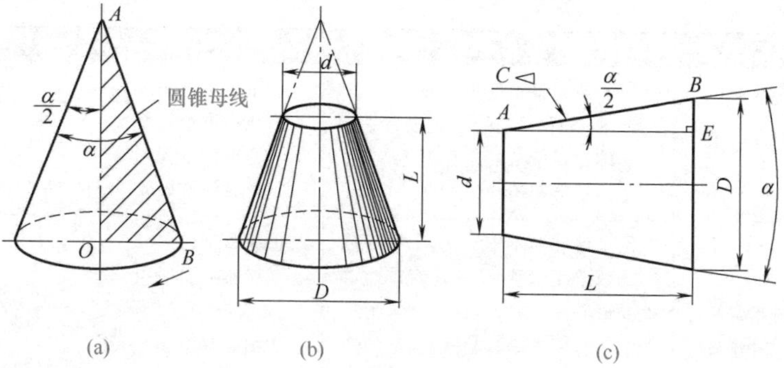

图 10.69　圆锥的形式及要素

C—锥度

2）圆锥面的参数计算　圆锥半角 $\alpha/2$、最大圆锥直径 D、最小圆锥直径 d 和锥形部分的长度 L 称为圆锥的四个基本参数。在这四个参数中，已知任意三个量，都可以求出另外一个未知量。

① 锥度（C）定义为：圆锥大、小端直径之差与长度之比称为锥度，即

$$C=\frac{D-d}{L}=2\tan\frac{\alpha}{2} \tag{10.1}$$

② 圆锥的斜度定义为：

$$S=\tan\frac{\alpha}{2}=\frac{D-d}{2L} \tag{10.2}$$

③ 圆锥四个基本参数之间具有确定的关系，在图 10.69（c）的△ABE 中，$BE=\dfrac{D-d}{2}$，$AE=L$，则 $\tan\dfrac{\alpha}{2}=\dfrac{BE}{AE}=\dfrac{D-d}{2L}$

显然，$C=2\tan\dfrac{\alpha}{2}$

其他三个参数与 α 的关系：

$$\left.\begin{aligned}D&=d+2L\tan\frac{\alpha}{2}\\ d&=D-2L\tan\frac{\alpha}{2}\end{aligned}\right\} \tag{10.3}$$

图纸上一般只标注其中的任意三个，如 D、d、L，但在磨圆

锥时，需要计算出圆锥半角 $\frac{\alpha}{2}$。其他参数可以利用三角函数关系求出。

（2）圆锥面的磨削方法

圆锥面磨削时，一般要使工件的旋转轴线相对于砂轮与工件轴向运动方向偏斜一个圆锥半角，即圆锥母线与圆锥轴线的夹角（$\alpha/2$）。外圆锥面的磨削运动、磨削特征和磨削用量与外圆磨削类同。内圆锥面的磨削运动、磨削特征和磨削用量与内圆磨削类同。

外圆锥面一般在外圆磨床或万能外圆磨床上磨削，根据工件的形状和锥度大小不同，形成偏斜角的方法也不同，常用的外圆锥面磨削方法如表 10.37 所示。

表 10.37　外圆锥面磨削的几种方法

磨削方法	图示	说明
转动工作台磨外圆锥面	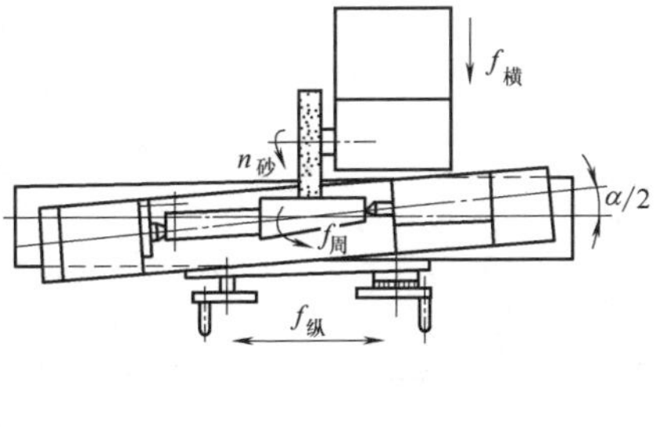	这种方法适用于锥度不大的外圆锥面。磨削时，把工件装夹在两顶尖之间，将上工作台相对下工作台逆时针转过 $\frac{\alpha}{2}$（工件圆锥半角）即可 磨削时，一般采用纵磨法。工作台转动角度时，应按工作台右端标尺上的刻度（标尺右边的刻度为锥度，左边为相应的角度），但按刻度转动角度，并不十分精确，必须经试磨后再进行调整 在顶尖距为 1m 的外圆磨床上，工作台回转角度逆时针一般为 6°～9°，顺时针为 3°。因此，用这种方法只能磨削圆锥角小于 12°～18°的外圆锥 这种方法工件装夹简单，机床调整方便，精度容易保证

续表

<table>
<tr><th>磨削方法</th><th>图示</th><th>说明</th></tr>
<tr><td>转动头架磨外圆锥面</td><td>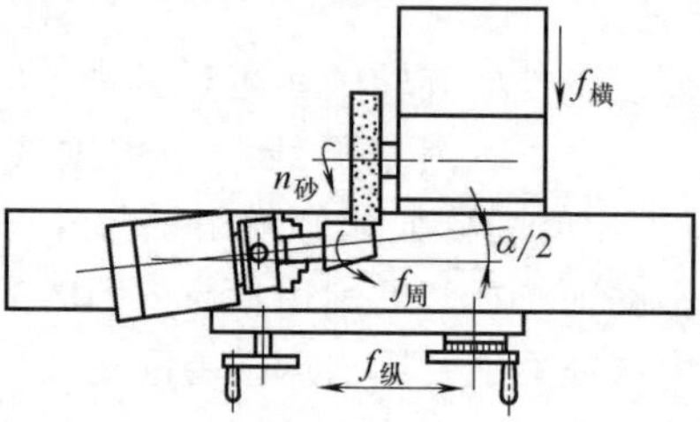
</td><td>当工件的圆锥半角超过上工作台所能回转的角度时，可采用转动头架的方法来磨削外圆锥面。此法是把工件装夹在头架卡盘中，将头架逆时针转过$\frac{\alpha}{2}$（工件圆锥半角）即可。角度值可从头架下面底座刻度盘上确定。但是，头架刻度并不十分精确，必须经试磨后再进行调整</td></tr>
<tr><td>同时转动工作台和头架磨外圆锥面</td><td>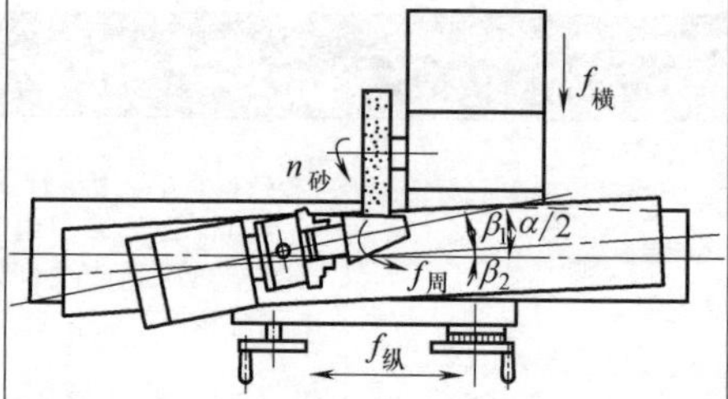
</td><td>当采用转动头架磨外圆锥面时，有时遇到工件伸出较长，或外圆锥较大，砂轮架已退到极限位置，工件与砂轮相碰不能磨削，如果距离相差又不多时，可采用这种方法，即把上工作台逆时针偏移一个角度β_2，这样使头架转动角度比原来小些，工件相对就退出了一些。这时头架转动的角度β_1跟工作台转过的角度β_2之和应等于$\frac{\alpha}{2}$（工件圆锥半角）</td></tr>
<tr><td>转动砂轮架磨外圆锥面</td><td>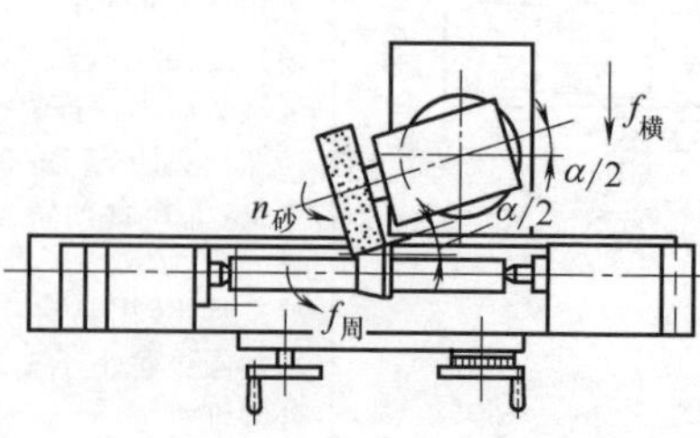
</td><td>这种方法适用于磨削锥度较大而又较长的工件。这种方法砂轮架应转过$\frac{\alpha}{2}$（工件圆锥半角），磨削时必须注意工作台不能作纵向进给，只能用砂轮的横向进给来进行磨削。当工件圆锥母线长度大于砂轮的宽度时，只能用分段接刀的方法进行磨削
修整砂轮时必须将砂轮架转回到“零位”，这样来回调整比较麻烦。而且磨削时工作台不能纵向运动，这样会影响加工精度和表面粗糙度值，所以一般情况下很少采用</td></tr>
</table>

内圆锥面一般在内圆磨床或万能外圆磨床上磨削，根据工件的形状和锥度大小不同，常用的内圆锥面磨削方法如表 10.38 所示。

表 10.38　内圆锥面磨削的几种方法

磨削方法	图示	说明
转动工作台磨内圆锥面	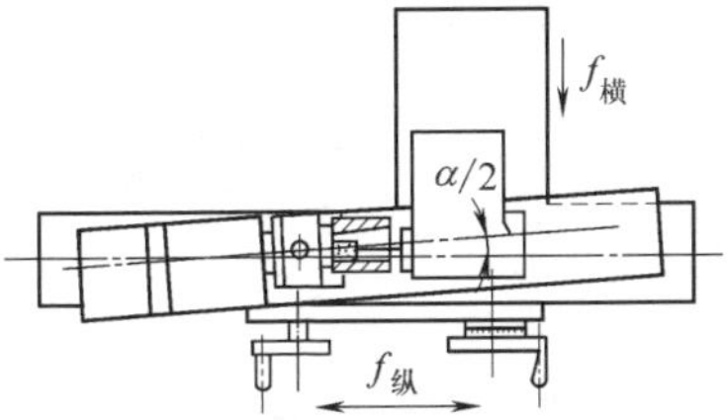	将工作台转过 $\frac{\alpha}{2}$（工件圆锥半角），工作台作纵向往复运动，砂轮作横向进给 这种方法仅限于磨削圆锥角小于 18°（因受工作台转角的限制）较长的内圆锥
转动头架磨内圆锥面	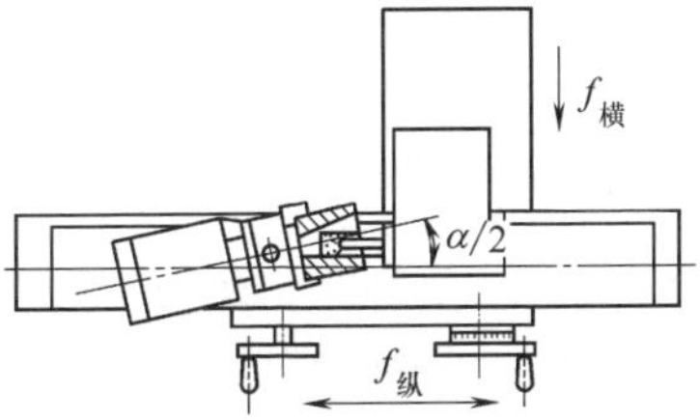	将头架转过 $\frac{\alpha}{2}$（工件圆锥半角），工作台作纵向往复运动，砂轮作微量横向进给 这种方法适用于锥度较大、长度较短的内圆锥
转动头架磨内圆锥面	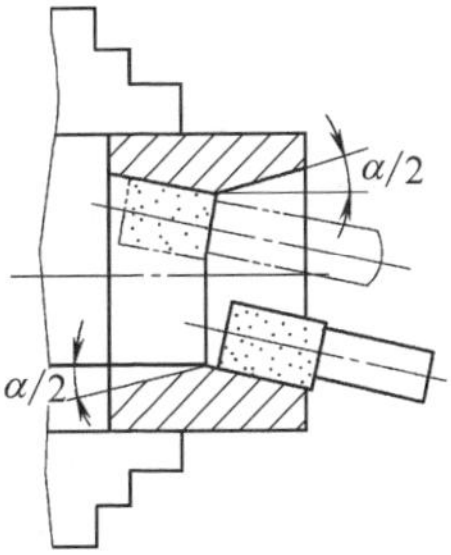	若工件两端有左右对称的内圆锥时，先把外端内圆锥面磨削正确，不变动头架的角度，将内圆砂轮摇向对面，再磨削里面一个内圆锥。这样可以保证两内圆锥的同轴度

外圆锥面磨削的工件装夹方法与外圆磨削的基本相同；内圆锥面磨削的工件装夹方法与内圆磨削的基本相同。

（3）圆锥面的检测与控制

外圆锥面的精度主要从控制锥度和锥面大端或小端的直径尺寸来保证。检测圆锥面常用的量具和仪器有圆锥量规、角度样板、游标万能角度尺和正弦规等。

① 用圆锥量规检测锥度和直径尺寸　用圆锥量规检验锥面又称“涂色法”检验。最常用的量具是圆锥套规和圆锥塞规，如图 10.70 所示。圆锥套规用于检验标准外圆锥体，圆锥塞规用于检验标准内圆锥孔。

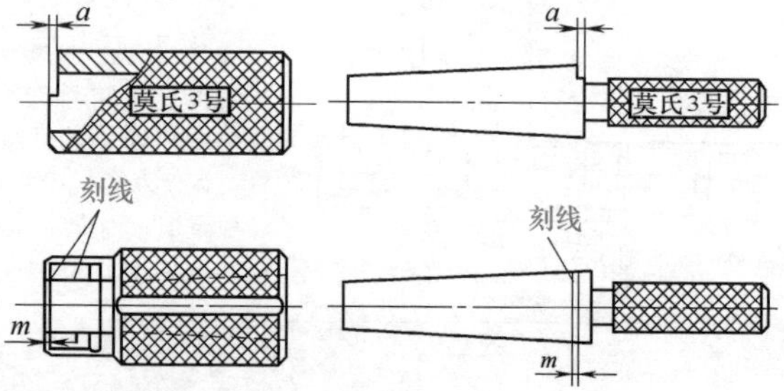

(a) 圆锥套规　(b) 圆锥塞规

图 10.70　圆锥量规

用圆锥套规检验外圆锥体时，先在工件表面顺着素线方向（全长上）均匀地涂上三条（三等分分布）极薄的显示剂，厚度按国家标准规定为 2μm，显示剂为红油、蓝油或特种红丹粉，涂色宽度为 5～10mm，然后将套规擦净，套进工件，使锥面相互贴合，用手紧握套规在±30°范围内转动一次，适当向素线方向用力，在转动时不能在径向发生摇晃，取出套规仔细观察显示剂擦去的痕迹。如果三条显示剂的擦痕均匀，说明圆锥面接触良好，锥度正确。如果大端擦着小端无擦痕，则说明外圆锥体的锥角大了，反之，锥角小了。如果工件表面在圆周方向上的某个局部无擦痕，则说明圆锥体不圆。出现这些问题，应及时找出原因，采取措施进行修磨。

用圆锥塞规检验内锥孔的方法与之基本相同，但显示剂应涂在塞规的锥面素线上。

用涂色法检验锥度时，要求工件锥体表面接触处靠近大端，根据锥面的精度，接触长度规定如下：

高精度：接触长度为工件锥长的≥85％；

精密：接触长度为工件锥长的≥80％；

普通：接触长度为工件锥长的≥75%。

在图 10.70（a）所示圆锥套规中，在锥面大端或在锥面小端处有一个刻线台，用来测量和控制外圆锥体大端或小端的直径尺寸。在图 10.70（b）所示圆锥塞规的锥面大端处有一个刻线台或两圈刻线，用来测量和控制内圆锥孔大端的直径尺寸。这些刻度线和刻线台就是工件圆锥大端（或小端）直径的公差范围。

用圆锥塞规检验锥孔时，如果大端处的两条刻线都进入锥孔的大端，就表明锥孔的直径尺寸大了。如果两条刻线都未进入锥孔的大端，则表明锥孔的直径尺寸小了。如果工件锥孔大端在圆锥塞规大端两条刻线之间，则确认锥孔的直径尺寸符合要求，如图 10.71（a）所示。用圆锥套规检验外锥体小端直径，由套规小端的刻线台来测量。测量时工件外锥体小端直径应在套规的刻线台之间，就确认为合格，如图 10.71（b）所示。

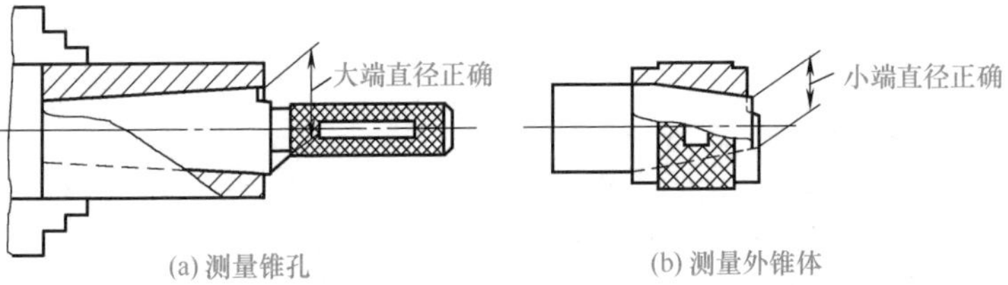

图 10.71　用锥度量规测量

② 用圆锥量规确定锥面直径余量　用上述方法检验，若大端或小端尚未达到尺寸要求时，还要进给磨削，要确定磨去的余量多少才能使大、小端尺寸合格，可用量规测量出工件端面到量规台阶中间平面的距离 a，如图 10.72 所示，直径余量的计算如下：

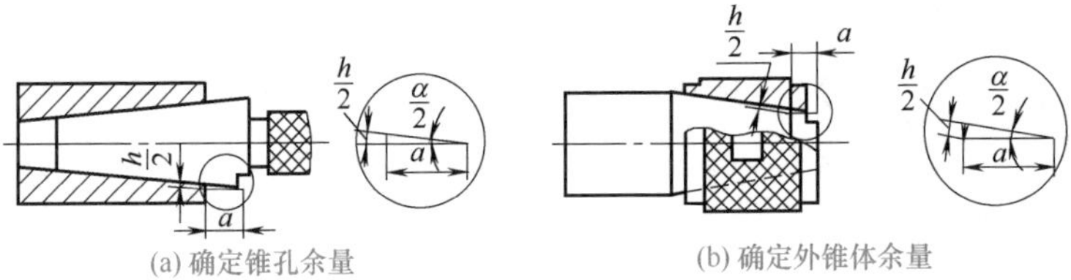

图 10.72　圆锥尺寸的余量确定

$$\frac{h}{2}=a\sin\frac{\alpha}{2}$$

$$h=2a\sin\frac{\alpha}{2} \tag{10.4}$$

当$\alpha/2<6°$时，$\sin\frac{\alpha}{2}\approx\tan\frac{\alpha}{2}$；又$\tan\frac{\alpha}{2}=\frac{C}{2}$，则

$$h=aC \tag{10.5}$$

式中　h——需要磨去的余量，mm；

a——工件端面到量规台阶平面的距离，mm；

C——圆锥的锥度。

③ 用正弦规检测锥面　正弦规是利用三角中正弦关系来计算测量角度的一种精密量具，主要用于检验外锥面，在制造有圆锥的工件中，使用得比较普遍。

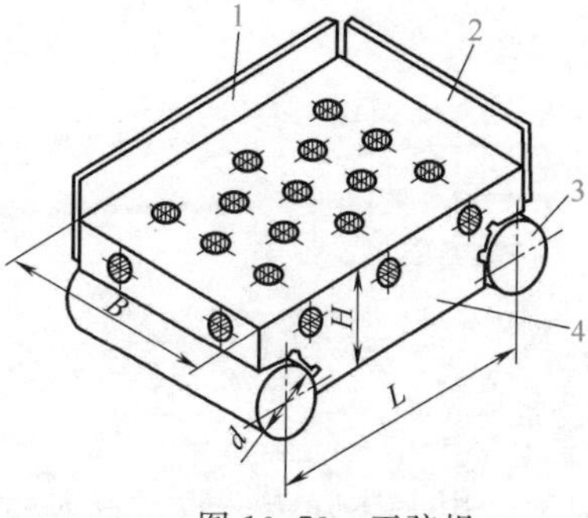

图 10.73　正弦规
1—后挡板；2—侧挡板；3—精密圆柱；4—工作台

正弦规的结构如图 10.73 所示，它由后挡板 1、侧挡板 2、两个精密圆柱 3 及工作台 4 等组成。根据两圆柱中心距 L 和工作台平面宽度 B，正弦规分成宽型和窄型两种，具体规格见表 10.39。正弦规两个圆柱中心距的精度很高，如 L=100mm 的宽型正弦规的偏差为±0.003mm；L=100mm 的窄型正弦规的偏差为±0.002mm；工作台的平面度误差以及两个圆柱之间的等高度误差很小，一般用于精密测量。

表 10.39　正弦规的基本尺寸　mm

正弦规型式	L	B	H	d
宽型	100	80	40	20
	200	150	65	30
窄型	100	25	30	20
	200	40	55	30

测量时，将正弦规放在精密平板上，一根圆柱与平板接触，另一根圆柱垫在量块组上，量块组的高度 H 可根据正弦规两圆柱中心距 L 和被测工件的圆锥角 α 的大小进行计算后求得。正弦规工作台平面与平板间的角度为被测锥面的锥角，H 的计算式为：

$$\sin\alpha = \frac{H}{L}$$

$$H = L\sin\alpha \tag{10.6}$$

式中　α——圆锥角，(°)；

H——量块组的高度，mm；

L——正弦规两圆柱的中心距，mm。

例 1　使用 $L=200$mm 的正弦规，测量莫氏 4 号锥度的塞规，确定应垫量块组的高度 H。

解　将莫氏 4 号锥度的圆锥角 $\alpha=2°58'30.4''$代入上式中得

$$H = L\sin\alpha = 200\times0.051905 = 10.381(\text{mm})$$

表 10.40 是检验莫氏锥度垫的量块组的尺寸，检验常用锥度垫量块组的尺寸如表 10.41 所示。

表 10.40　检验莫氏锥度垫的量块组高度尺寸

莫氏锥度号数	锥度 C	量块组高度 H/mm	
		正弦规中心距 $L=100$mm	正弦规中心距 $L=200$mm
No. 0	0.05205	5.20145	10.4029
No. 1	0.04988	4.98489	9.9697
No. 2	0.04995	4.99188	9.9837
No. 3	0.05020	5.01644	10.0328
No. 4	0.05194	5.19023	10.3806
No. 5	0.05263	5.25901	10.5180
No. 6	0.05214	5.21026	10.4205

表 10.41　检验常用锥度垫的量块组高度尺寸

锥度 C	$\tan\alpha$	量块组高度 H/mm	
		正弦规中心距 $L=100$mm	正弦规中心距 $L=200$mm
1∶200	0.005	0.5000	1.0000
1∶100	0.010	1.0000	2.0000
1∶50	0.0199	1.9998	3.9996
1∶30	0.0333	3.3324	6.6648

续表

锥度 C	$\tan\alpha$	量块组高度 H/mm	
		正弦规中心距 $L=100$mm	正弦规中心距 $L=200$mm
1∶20	0.0499	4.9969	9.9938
1∶15	0.0665	6.6593	13.3185
1∶12	0.0831	8.3189	16.6378
1∶10	0.0997	9.9751	19.9501
1∶8	0.1245	12.4514	24.9027
1∶7	0.1421	14.2132	28.4264
1∶5	0.1980	19.8020	39.6040
1∶3	0.3243	32.4324	64.8649

垫好量块后，将工件锥面放在正弦规上，用挡板挡住使工件在测量时不移动，并用插销插入工作台上的小孔中来限制工件锥面的位置，此时，工件锥面上的素线与平板平面平行，一般用千分表或用电感测微仪进行测量锥角或锥度。

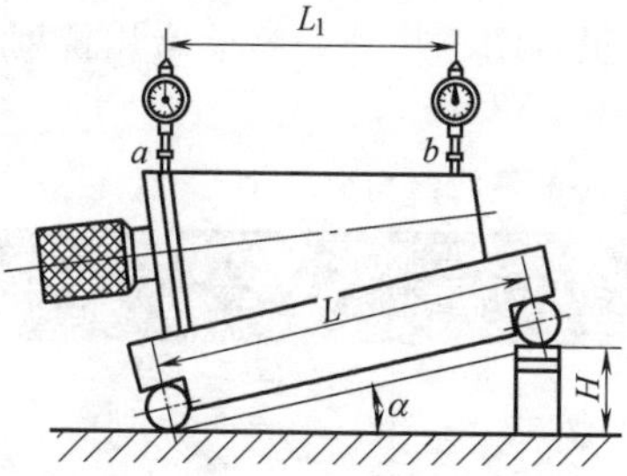

图 10.74　用千分表在正弦规上测量圆锥塞规

在正弦规上，通过千分表测量圆锥体的锥度如图 10.74 所示。如果千分表在 a 点和 b 点两处的读数相同，则表示工件锥度正确；如果两处的读数不同，则说明工件锥度有误差。当 a 点高于 b 点表明工件锥角大了，若 b 点高于 a 点则表明工件锥角小了。锥度误差 ΔC 可按下面近似式计算：

$$\Delta C=\frac{e}{L_1}(\mathrm{rad}) \tag{10.7}$$

式中　e——a、b 两点读数之差，mm；

L_1——a、b 两点之间的距离，mm。

由于 $1\mathrm{rad}=57.3\times60\times60''=206280''\approx2\times10^5{}''$，将上式的弧度换算成角度，得圆锥角误差为：

$$\Delta\alpha=\Delta C\times2\times10^5('') \tag{10.8}$$

（4）圆锥面磨削产生缺陷的原因及消除措施（见表10.42）

表10.42　圆锥面磨削产生缺陷的原因及消除措施

缺陷	产生原因	消除措施
锥度不正确	磨削时，因显示剂涂得太厚或用圆锥量规测量时摇晃造成测量误差。没有将工作台、头架或砂轮架角度调整正确	显示剂应涂得极薄和均匀，圆锥量规测量时不能摇晃，转动角度要在±30°以内。应确实测量准确后，固定工作台、头架或砂轮架的位置再进行磨削
	用磨钝的砂轮磨削时，因弹性变形的影响，使锥度发生变动	经常修整砂轮。精磨时需光磨到火花基本消失为止
	磨削直径小而长的内锥体时，由于砂轮接长轴细长，刚性差，再加上砂轮圆周速度低，切削能力差而引起	砂轮接长轴尽量选得短而粗些；减小砂轮宽度；精磨余量留少些
圆锥母线不直（双曲线误差） 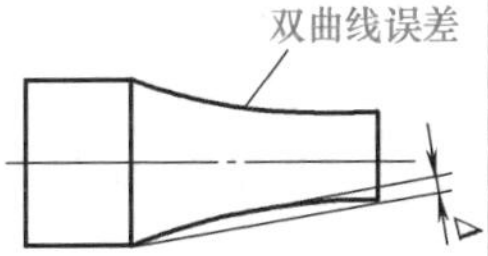 (a) 外圆锥 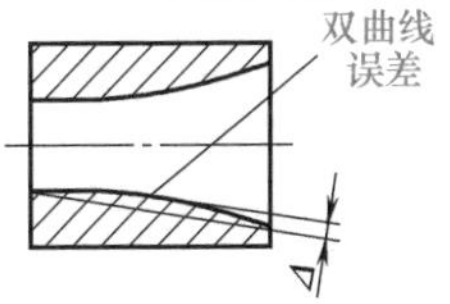 (b) 内圆锥	砂轮架（或内圆砂轮轴）的旋转轴线与工件旋转轴线不等高而引起	修理或调整机床，使砂轮架（或内圆砂轮轴）的旋转轴线与工件的旋转轴线等高

10.2.4　平面磨削

平面是机械零件上最常见的表面，典型平面类零件的结构形状有板类、块状、条状类零件及其它零件上的沟槽等平面。平面磨削的尺寸精度可达IT5～IT6级，两平面的平行度小于0.01/100，表面粗糙度Ra0.4～0.2μm。

（1）平面的磨削方法

平面磨削常用的机床有卧轴矩台平面磨床、卧轴圆台平面磨床、立轴矩台平面磨床、立轴圆台平面磨床及双端面磨床等。以砂轮工作表面来区分平面磨削形式分为：砂轮周边磨削、砂轮端面磨削和砂轮周边与端面同时磨削三种形式。平面磨削的常用方法和特征如表 10.43 所示。

（2）平面磨削的工件装夹

1）平行平面磨削的工件装夹　相互平行或平行于某一基准的平面是平面磨削工件上最常见的表面，磨削这类平面需要达到的技术要求是：该平面的平面度和粗糙度、两平面间的平行度和尺寸精度。为了满足这些平面磨削后的要求，工件一般采用电磁吸盘装夹工件。

2）垂直平面磨削的工件装夹　垂直平面是指被磨平面与定位基准垂直的平面。磨削这类平面主要保证两平面的平面度和粗糙度、两平面间的垂直度要求。垂直平面磨削的工件装夹方法很多，一般采用精密平口钳装夹工件、精密角铁装夹工件、导磁直角铁装夹工件、精密 V 形铁装夹工件（如图 10.75 所示）、专用夹具装夹工件和找正法装夹工件。

找正法装夹工件一般用于单件小批生产，用以下几种方法通过测量、垫纸、调整来磨削垂直面。

① 用百分表找正垂直面。如图 10.76 所示，将百分表固定在磨头 C 上，并使百分表测量杆与平面 A 接触，升降磨头测量 A 面的垂直度误差值。若百分表在升降中读数有误差，则在工件底部适当部位垫纸。垫纸时要注意方向，垫纸后要用百分表复量，直至百分表上下运动的读数在一定的范围，通过电磁吸盘将工件紧固。磨削 B 面，保证 A、B 两面垂直度要求。

② 用圆柱角尺找正垂直面。将角尺圆柱放在平板上，再将工件已磨好的平面靠在角尺圆柱母线上看其透光大小，如图 10.77 所示。如果上段透光多，应在工件右底面垫纸，下段透光多则在工件左底面垫纸，一直垫到透光均匀为止，并通过电磁吸盘将工件紧固。这样可保证工件上下两平面与侧面垂直度要求。

表 10.43 平面磨削的常用方法和特征

磨削方法	磨削表面特征	简图	磨削要点	夹具
周边纵向磨削	平形平面	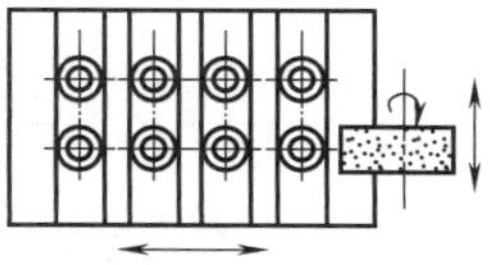	①选准基准面 ②工件摆放在吸盘绝磁层的对称位置上 ③反复翻转 ④小尺寸工件磨削用量要小	电磁吸盘挡板或挡板夹具
	薄片平面	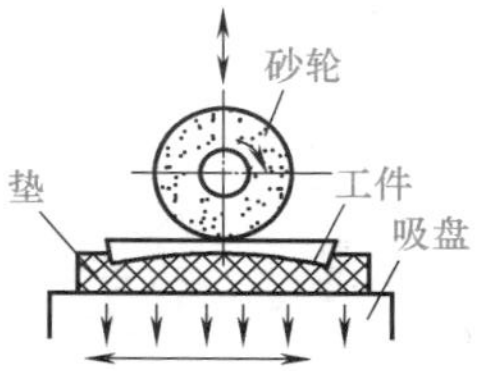	①垫纸、橡胶,涂蜡、低熔点合金等,改善工件装夹 ②选用较软砂轮,常修整以保持锋利 ③采用小切深、快送进,切削液要充分	电磁吸盘
	直角槽	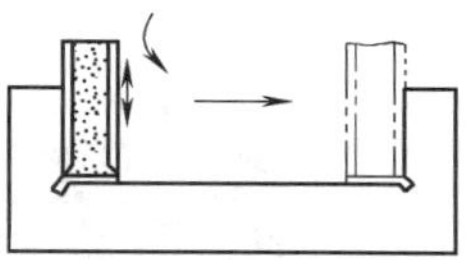	①找正槽外基准侧面与工作台进给方向平行 ②将砂轮两端修成凹形	电磁吸盘

续表

磨削方法	磨削表面特征	简图	磨削要点	夹具
周边纵向磨削	多边形平面	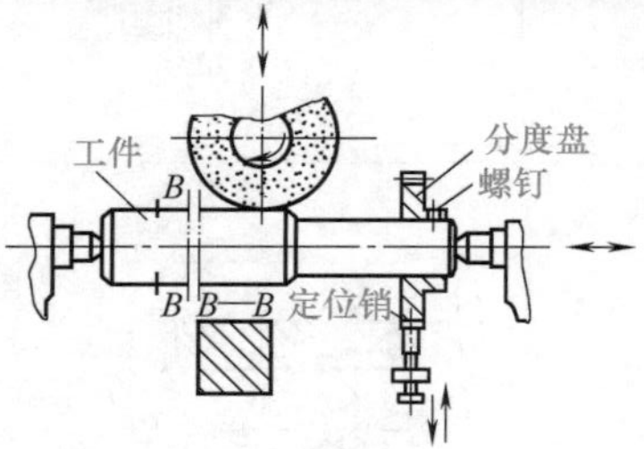	用分度法逐一进行磨削	分度装置
	阶梯平面和侧面	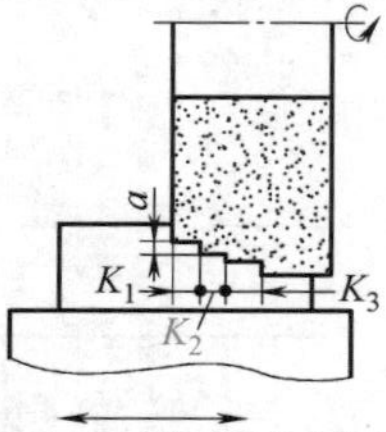	①根据磨削余量将砂轮修整成阶梯砂轮 ②采用较小的纵向进给量	电磁吸盘
周边切入磨削	窄槽	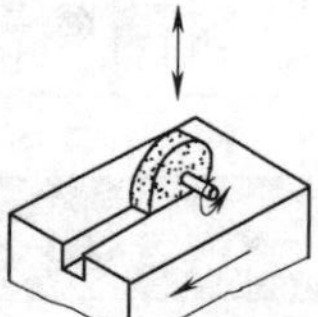	①找正工件 ②调整好砂轮和工件相对位置 ③一次磨出直槽	电磁吸盘

续表

磨削方法	磨削表面特征	简图	磨削要点	夹具
端面纵向磨削	长形平面	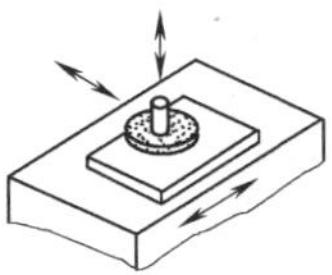	①粗磨时，磨头倾斜一小角度；精磨时，磨头必须与工件垂直 ②工件反复翻转 ③粗、精磨要修整砂轮	电磁吸盘
	垂直平面	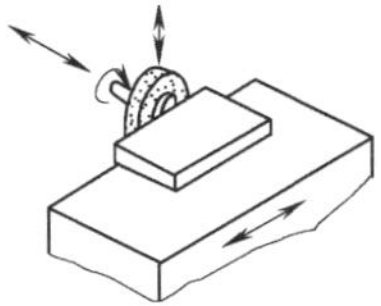	①找正工件 ②正确安装基准面	电磁吸盘
端面切入磨削	环形平面		①圆台中央部分不安装工件 ②工件小、砂轮宜软，背吃刀量宜小	圆吸盘
	扁的圆形零件双端平行平面	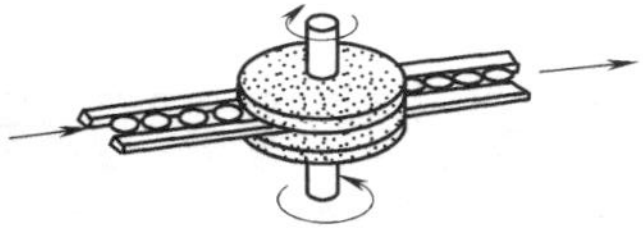	两砂轮水平方向调整成倾斜角，进口为工件尺寸加 2/3 磨削余量，出口为成品尺寸	导板送料机构

续表

磨削方法	磨削表面特征	简图	磨削要点	夹具
端面切入磨削	大尺寸平行平面	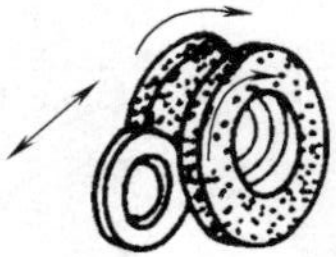	①工件可在夹具中自转 ②两砂轮调整一个倾斜角	专用夹具
导轨磨削	导轨面	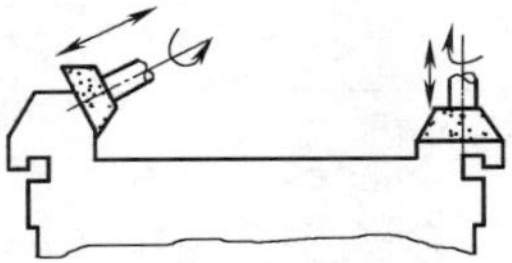	①导轨面的端面磨削 ②导轨要正确支承和固定 ③调整好导轨面和砂轮的位置和方向	垫铁支承，磨头运动时导轨不固定，工件运动时要固定
		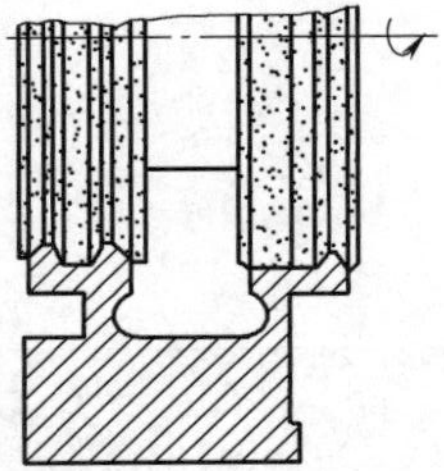	①用组合成形砂轮一次磨出导轨面 ②正确支承和装夹导轨	支承垫铁、压板、螺钉

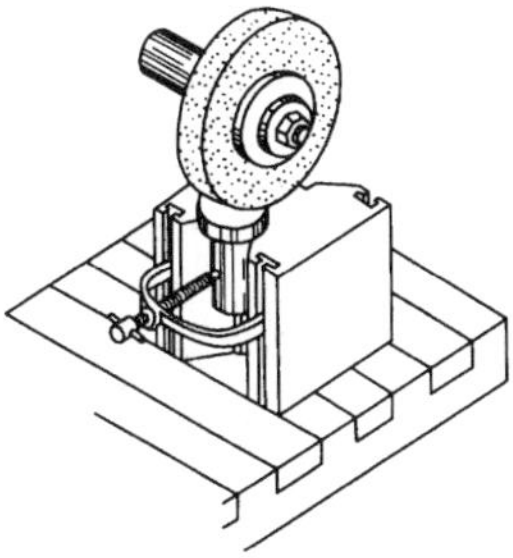

图 10.75 用精密 V 形铁装夹工件

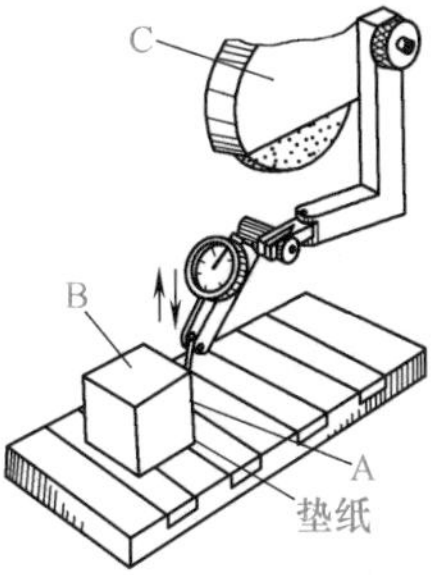

图 10.76 用百分表找正垂直面

③ 用专用百分表座找正垂直面。在专用百分表座上设有定位点，将表针调整到与工件相应的高度，如图 10.78（a）所示。找正工件垂直面前，先校正百分表，方法如图 10.78（b）所示，把圆柱角尺放在平板上，使百分表座的定位点和百分表触点均与圆柱角尺接触，将百分表指针调零。然后，将校正好的专用百分表去找正工件，使百分表座的定位点和百分表触点均与基准面接触，观察百

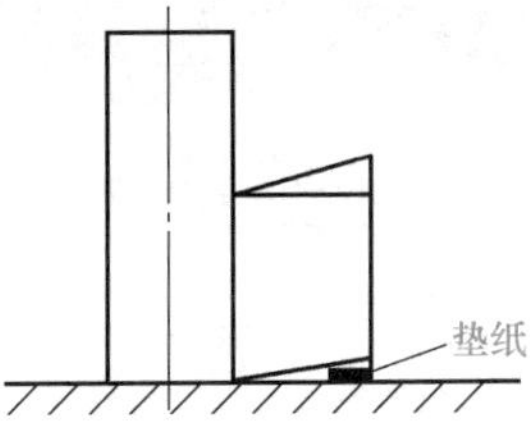

图 10.77 用角尺圆柱找正垂直面

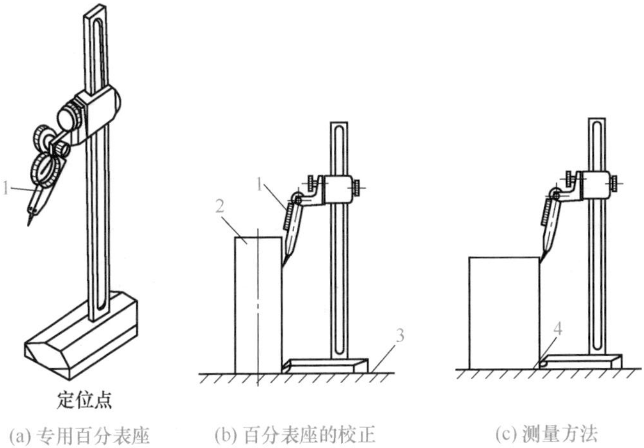

图 10.78 用专用百分表座找正垂直面

1—百分表；2—角尺圆柱；3—精密平板；4—垫纸

分表的读数，如果读数值大了，就在工件底面的右侧垫纸，反之在左侧垫纸，直到百分表的读数对零，最后通过电磁吸盘将工件紧固，如图 10.78（b）所示。

3）倾斜面磨削的工件装夹　倾斜面磨削的工件装夹方法也有很多，一般采用正弦电磁吸盘、正弦精密平口虎钳、导磁 V 形铁和正弦规与精密角铁组合的方法来装夹工件，主要保证被磨斜面与基准面的斜度。

4）薄片平面磨削的工件装夹　见表 10.44。

表 10.44　薄片工件的装夹方法

方法和简图	工作要点
①垫弹性垫片 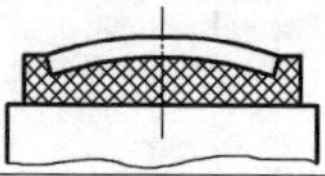	在工件下面垫很薄的橡皮或海绵等弹性物，并交替磨削两平面
②垫纸 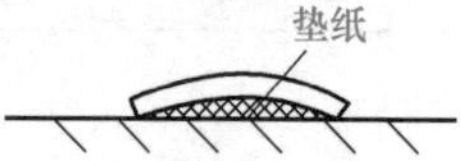	分辨出工件弯曲方向，用电工纸垫入空隙处，以垫平的一面吸在电磁吸盘上，磨另一面。磨出一个基准面，再吸在电磁吸盘上交替磨两平面
③涂蜡 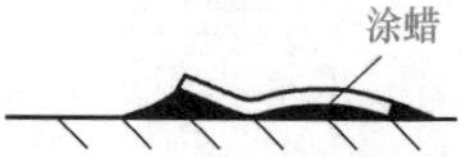	工件一面涂以白蜡，并与工件齐平，吸住该面磨另一面。磨出一个基准面后，再交替磨两平面
④用导磁铁 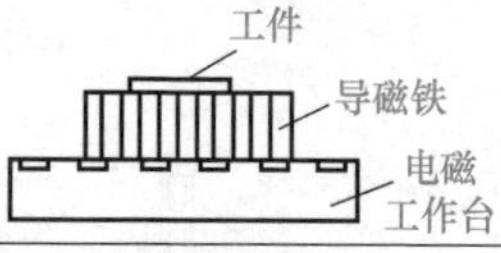	工件放在导磁铁上（减小磁力对工件的吸力，改善弹性变形），使导磁铁的绝磁层与电磁吸盘绝磁层对齐。导磁铁的高度，应保证工件被吸牢
⑤在外圆磨床上装夹 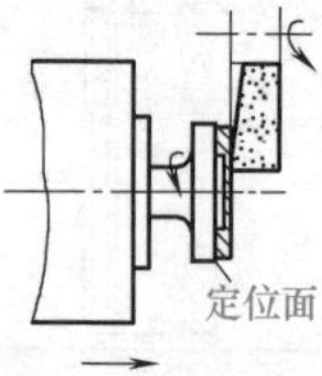	一薄片环形工件空套在夹具端面小台阶上，靠摩擦力带动工件旋转，弹性变形基本不存在。启动头架时，用竹片轻挡工件的被磨削面。两平面交替磨削，工件也可分粗、精磨
⑥先研磨出一个基准面 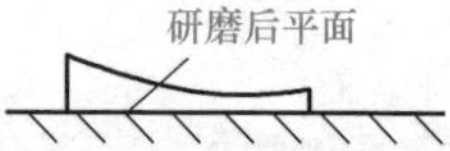	先用手工或机械方法研磨出一个基准面，然后吸住磨另一平面，再交替磨削两平面

续表

方法和简图	工作要点
⑦用工作台剩磁 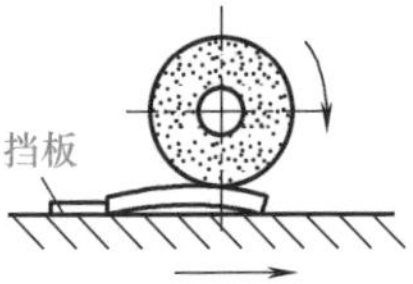 	利用工作台的剩磁吸住工件，减小弹性变形。此时背吃刀量一定要小，并充分冷却

（3）平面磨削砂轮及磨削用量

① 平面磨削的砂轮特性　见表10.45。

表10.45　平面磨削砂轮的选择

工件材料		非淬火的碳素钢	调质的合金钢	淬火的碳素钢、合金钢	铸铁
砂轮的特性	磨料	A	A	WA	C
	粒度	36～46	36～46	36～46	36～46
	硬度	L～N	K～M	J～K	K～M
	组织	5～6	5～6	5～6	5～6
	结合剂	V	V	V	V

② 平面磨削用量　平面磨削的磨削余量参考表10.46进行选择。平面磨削的砂轮速度参考表10.47进行选择。

表10.46　平面磨削余量　mm

加工性质	加工面长度	加工面宽度					
		≤100		>100～300		>300～1000	
		余量	公差	余量	公差	余量	公差
零件在装置时未经校准	≤300	0.3	0.1	0.4	0.12	—	—
	>300～1000	0.4	0.12	0.5	0.15	0.6	0.15
	>1000～2000	0.5	0.15	0.6	0.15	0.7	0.15
零件装置在夹具中或用千分表校准	≤300	0.2	0.1	0.25	0.12	—	—
	>300～1000	0.25	0.12	0.3	0.15	0.4	0.15
	>1000～2000	0.3	0.15	0.4	0.15	0.4	0.15

注：1. 表中数值系每一加工面的加工余量。

2. 如几个零件同时加工时，长度及宽度为装置在一起的各零件尺寸（长度或宽度）及各零件间的间隙之总和。

3. 热处理的零件磨削的加工余量系将表中数值乘以1.2。

4. 磨削的加工余量和公差用于有公差的表面的加工，其他尺寸按照自由尺寸的公差进行加工。

表 10.47　平面磨削砂轮速度选择

磨削形式	工件材料	粗磨/(m/s)	精磨/(m/s)
圆周磨削	灰铸铁	20～22	22～25
	钢	22～25	25～30
端面磨削	灰铸铁	15～18	18～20
	钢	18～20	20～25

不同的平面磨床有不同的磨削参数，矩形工作台往复式平面磨削，粗磨平面的磨削用量参考表 10.48 进行选择。矩形工作台往复式平面磨削，精磨平面的磨削用量参考表 10.49 进行选择。

表 10.48　往复式平面磨粗磨平面磨削用量

(1)纵向进给量						
加工性质	砂轮宽度 b_2/mm					
	32	40	50	63	80	100
	工作台单行程纵向进给量 f_a/(mm/st①)					
粗磨	16～24	20～30	25～38	32～44	40～60	50～75

(2)磨削深度							
纵向进给量 f_a /(以砂轮宽度计)	耐用度 T/s	工件速度 v_w/(m/min)					
		6	8	10	12	16	20
		工作台单行程磨削深度 a_p/(mm/st)					
0.5	540	0.066	0.049	0.039	0.033	0.024	0.019
0.6		0.055	0.041	0.033	0.028	0.020	0.016
0.8		0.041	0.031	0.024	0.021	0.015	0.012
0.5	900	0.053	0.038	0.030	0.026	0.019	0.015
0.6		0.042	0.032	0.025	0.021	0.016	0.013
0.8		0.032	0.024	0.019	0.016	0.012	0.009
0.5	1440	0.040	0.030	0.024	0.020	0.015	0.012
0.6		0.034	0.025	0.020	0.017	0.013	0.010
0.8		0.025	0.019	0.015	0.013	0.0094	0.007
0.5	2400	0.033	0.023	0.019	0.016	0.012	0.009
0.6		0.026	0.019	0.015	0.013	0.009	0.007
0.8		0.019	0.015	0.012	0.009	0.007	0.005

(3)磨削深度 a_p 的修正系数				
k_1(与工件材料及砂轮直径有关)				
工件材料	砂轮直径 d_s/mm			
	320	400	500	600
耐热钢	0.7	0.78	0.85	0.95
淬火钢	0.78	0.87	0.95	1.06

续表

(3)磨削深度 a_p 的修正系数				
k_1(与工件材料及砂轮直径有关)				
工件材料	砂轮直径 d_s/mm			
	320	400	500	600
非淬火钢	0.82	0.91	1.0	1.12
铸铁	0.86	0.96	1.05	1.17

k_2(与工作台充满系数 k_f 有关)								
k_f	0.2	0.25	0.32	0.4	0.5	0.63	0.8	1.0
k_2	1.6	1.4	1.25	1.12	1.0	0.9	0.8	0.71

① st 指单行程。

注：工作台一次往复行程的磨削深度应将表列数值乘 2。

表 10.49　往复式平面磨精磨平面磨削用量

(1)纵向进给量						
加工性质	砂轮宽度 b_t/mm					
	32	40	50	63	80	100
	工作台单行程纵向进给量 f_a/(mm/st)					
精磨	8～16	10～20	12～25	16～32	20～40	25～50

(2)磨削深度									
工件速度 v_w /(m/min)	工作台单行程纵向进给量 f_a/(mm/st①)								
	8	10	12	15	20	25	30	40	50
	工作台单行程磨削深度 a_p/(mm/st①)								
5	0.086	0.069	0.058	0.046	0.035	0.028	0.023	0.017	0.014
6	0.072	0.058	0.046	0.039	0.029	0.023	0.019	0.014	0.012
8	0.054	0.043	0.035	0.029	0.022	0.017	0.015	0.011	0.0086
10	0.043	0.035	0.028	0.023	0.017	0.014	0.012	0.0086	0.0069
12	0.036	0.029	0.023	0.019	0.014	0.012	0.0096	0.0072	0.0058
15	0.029	0.023	0.018	0.015	0.012	0.0092	0.0076	0.0058	0.0046
20	0.022	0.017	0.014	0.012	0.0086	0.0069	0.0058	0.0043	0.0035

(3)磨削深度 a_p 的修正系数											
k_1(与加工精度及余量有关)							k_2(与加工材料及砂轮直径有关)				
尺寸精度 /mm	加工余量/mm						工件材料	砂轮直径 d_s/mm			
	0.12	0.17	0.25	0.35	0.5	0.70		320	400	500	600
0.02	0.4	0.5	0.63	0.8	1.0	1.25	耐热钢	0.56	0.63	0.7	0.8
0.03	0.5	0.63	0.8	1.0	1.25	1.6	淬火钢	0.8	0.9	1.0	1.1
0.05	0.63	0.8	1.0	1.25	1.6	2.0	非淬火钢	0.96	1.1	1.2	1.3
0.08	0.8	1.0	1.25	1.6	2.0	2.5	铸铁	1.28	1.45	1.6	1.75

续表

k_3(与工作台充满系数 k_f 有关)								
k_f	0.2	0.25	0.32	0.4	0.5	0.63	0.8	1.0
k_3	1.6	1.4	1.25	1.12	1.0	0.9	0.8	0.71

① st 指单行程。

注：1. 精磨的 f_a 不应该超过粗磨的 f_a 值。

2. 工件的运动速度，当加工淬火钢时用大值；加工非淬火钢及铸铁时取小值。

圆形工作台回转式平面磨削，粗磨平面的磨削用量参考表 10.50 进行选择。圆形工作台回转式平面磨削，精磨平面的磨削用量参考表 10.51 进行选择。

表 10.50　回转式平面磨粗磨平面磨削用量

(1)纵向进给量						
加工性质	砂轮宽度 b_s/mm					
	32	40	50	63	80	100
	工作台纵向进给量 f_a/(mm/r)					
粗磨	16～24	20～30	25～38	32～44	40～60	50～75

(2)磨削深度								
纵向进给量 f_a (以砂轮宽度计)	耐用度 T/s	工件速度 v_w(m/min)						
		8	10	12	16	20	25	30
		磨头单行程磨削深度 a_p/(mm/st)						
0.5	540	0.049	0.039	0.033	0.024	0.019	0.016	0.013
0.6		0.041	0.032	0.028	0.020	0.016	0.013	0.011
0.8		0.031	0.024	0.021	0.015	0.012	0.0098	0.0082
0.5	900	0.038	0.030	0.026	0.019	0.015	0.012	0.010
0.6		0.032	0.025	0.021	0.016	0.013	0.010	0.0085
0.8		0.024	0.019	0.016	0.012	0.0096	0.008	0.0064
0.5	1440	0.030	0.024	0.020	0.015	0.012	0.0096	0.0080
0.6		0.025	0.020	0.017	0.013	0.010	0.0080	0.0067
0.8		0.019	0.015	0.013	0.0094	0.0076	0.0061	0.0050
0.5	2400	0.023	0.019	0.016	0.012	0.0093	0.0075	0.0062
0.6		0.019	0.015	0.013	0.0097	0.0078	0.0062	0.0052
0.8		0.015	0.012	0.0098	0.0073	0.0059	0.0047	0.0039

(3)磨削深度 a_p 的修正系数				
k_1(与工件材料及砂轮直径有关)				
工件材料	砂轮直径 d_s/mm			
	320	400	500	600
耐热钢	0.7	0.78	0.85	0.95

续表

(3)磨削深度 a_p 的修正系数				
k_1(与工件材料及砂轮直径有关)				
工件材料	砂轮直径 d_s/mm			
	320	400	500	600
淬火钢	0.78	0.87	0.95	1.06
非淬火钢	0.82	0.91	1.0	1.12
铸铁	0.86	0.96	1.05	1.17

k_2(与工作台充满系数 k_f 有关)							
k_f	0.25	0.32	0.4	0.5	0.63	0.8	1.0
k_2	1.4	1.25	1.12	1.0	0.9	0.8	0.71

表 10.51 回转式平面磨精磨平面磨削用量

(1)纵向进给量						
加工性质	砂轮宽度 b_s/mm					
	32	40	50	63	80	100
	工作台纵向进给量 f_a/(mm/r)					
精磨	8～16	10～20	12～25	16～32	20～40	25～50

(2)磨削深度									
工件速度 v_w /(m/min)	工作台纵向进给量 f_a(mm/r)								
	8	10	12	15	20	25	30	40	50
	磨头单行程磨削深度 a_p/(mm/st[①])								
8	0.067	0.054	0.043	0.036	0.027	0.0215	0.0186	0.0137	0.0107
10	0.054	0.043	0.035	0.0285	0.0215	0.0172	0.0149	0.0107	0.0086
12	0.045	0.0355	0.029	0.024	0.0178	0.0149	0.0120	0.0090	0.0072
15	0.036	0.0285	0.022	0.0190	0.0149	0.0114	0.0095	0.0072	0.00575
20	0.027	0.0214	0.018	0.0148	0.0107	0.0086	0.00715	0.00537	0.0043
25	0.0214	0.0172	0.0143	0.0115	0.0086	0.0069	0.00575	0.0043	0.0034
30	0.0179	0.0143	0.0129	0.0095	0.00715	0.0057	0.00477	0.00358	0.00286
40	0.0134	0.0107	0.0089	0.00715	0.00537	0.0043	0.00358	0.00268	0.00215

(3)磨削深度 a_p 的修正系数												
k_1(与加工精度及余量有关)								k_2(与工件材料及砂轮直径有关)				
尺寸精度 /mm	加工余量/mm							工件材料	砂轮直径 d_s/mm			
	0.08	0.12	0.17	0.25	0.35	0.50	0.70		320	400	500	600
0.02	0.32	0.4	0.5	0.63	0.8	1.0	1.25	耐热钢	0.56	0.63	0.70	0.80
0.03	0.4	0.5	0.63	0.8	1.0	1.25	1.6	淬火钢	0.8	0.9	1.0	1.1
0.05	0.5	0.63	0.8	1.0	1.25	1.6	2.0	非淬火钢	0.96	1.1	1.2	1.3
0.08	0.63	0.8	1.0	1.25	1.6	2.0	2.5	铸铁	1.28	1.45	1.6	1.75

续表

k_3（与工作台充满系数 k_f 有关）								
k_f	0.2	0.25	0.3	0.4	0.5	0.6	0.8	1.0
k_3	1.6	1.4	1.25	1.12	1.0	0.9	0.8	0.71

① st 指单行程。

注：1. 精磨的 f_a 不应超过粗磨的 f_a 值。

2. 工件速度，当加工淬火钢时取大值；加工非淬火钢及铸铁时取小值。

（4）平面磨削的检测控制

平面零件的精度检验包括尺寸精度、形状精度和位置精度三项。

1）尺寸精度检测　外形尺寸（长、宽、厚）用外径千分尺测量，深度尺寸用深度千分尺测量，槽宽用内径表或卡规检测。

2）平面度的检验

① 着色法检验。在工件的平面上涂上一层极薄的显示剂（红丹粉或蓝油），然后将工件放在精密平板上，平稳地前后左右移动几下，再取下工件仔细观察平面上的摩擦痕迹分布情况，就可以确定平面度的好坏。

② 用透光法检验。采用样板平尺检测。样板平尺有刀刃式、宽面式和楔式等几种，其中以刀刃式最准确，应用最广，如图 10.79 所示。检测时将样板平尺刃口放在被检测平面上，并对着光源，光从前方照射，此时观察平尺与工件平面之间缝隙透光是否均匀。若各处都不透光，表明工件平面度很高。若有个别地段透光，即可估计出平面度误差的大小。

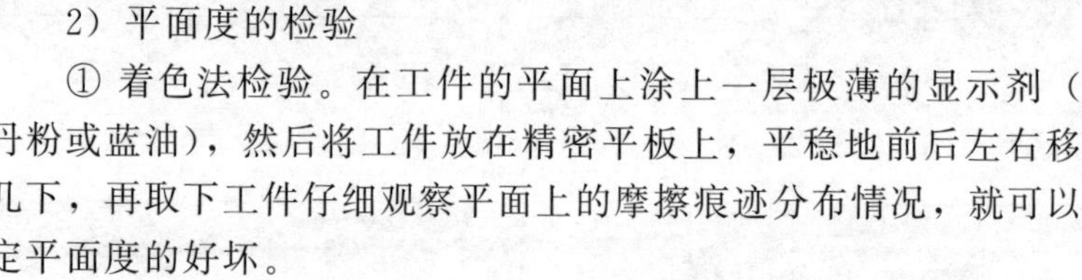

(a) 样板平尺外形　(b) 刀口与工件不同部位接触　(c) 用光隙判断表面是否平整

图 10.79　样板平尺测量平面度误差

③ 用千分表检验。在精密平板上用三只千斤顶将工件支起，并将千分表在千斤顶所顶的工件表面 A、B、C 三个点调至高度相

等，误差不大于 0.005mm，然后用千分表测量整个平面，看千分表读数是否有变动，其变动量即是平面度误差值，如图 10.80 所示。测量时，平板和千分表座要清洁，移动千分表时要平稳。这种方法测量精度较高，可定量测量出平面度误差值。

3）平行度的检验

① 用千分尺或杠杆千分尺测量工件的厚度。通过测量多个点，各点厚度的差值即为平面的平行度误差。

② 用百分表或千分表在平板上检验。如图 10.81 所示，将工件和千分表支架均放在平板上，把千分表的测量头顶在平面上，然后移动工件，千分表读数变动量就是工件平行度误差。测量时应将平板、工件擦干净，以免脏物影响平面平行度和拉毛工件平面。

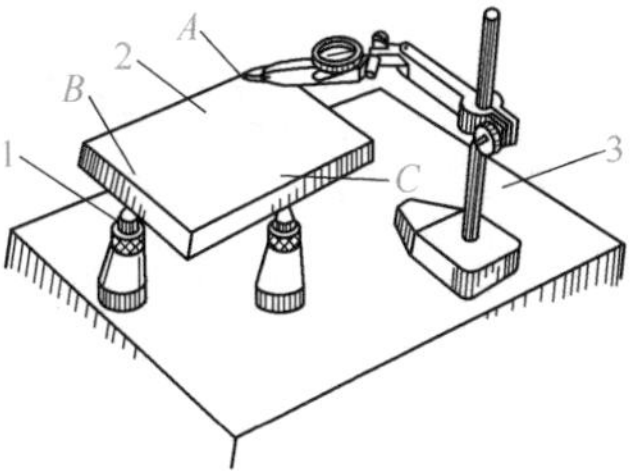

图 10.80　用千分表检验平面度

1—千斤顶；2—被测工件；3—精密平板

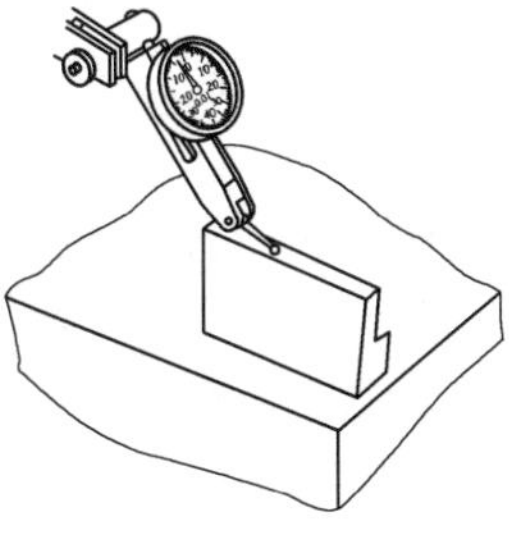

图 10.81　用千分表检验工件平行度

4）垂直度的检验

① 用 90°角尺检测垂直度。检验小型工件两平面垂直度时，可将 90°角尺的两个尺边接触工件的垂直面，检测时，先将一个尺边紧贴工件一面，然后再移动 90°角尺，让另一尺边逐渐接近并靠上工件另一平面，根据透光情况来判断垂直度，如图 10.82 所示。当工件尺寸较大时，可将工件和 90°角尺放在平板上，90°角尺的一边紧靠在工件的垂直平面上，根据尺边与工件表面的透光情况，判断工件的垂直度。

② 用角尺圆柱测量。在实际生产中广泛采用角尺圆柱检测，将角尺圆柱放在精密平板上，使被测工件慢慢向角尺圆柱的母线靠

拢，根据透光情况判断垂直度，如图 10.83 所示。一般角尺圆柱的高度比工件的高，这种测量方法测量方便，精度较高。

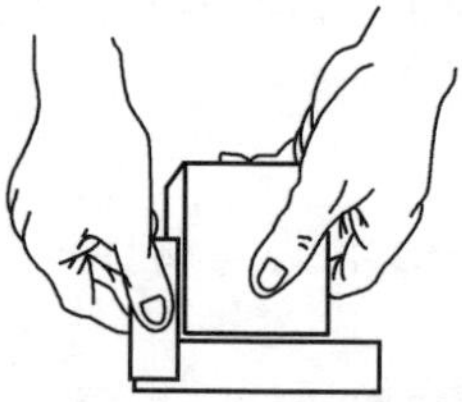

图 10.82　90°角尺检验垂直度

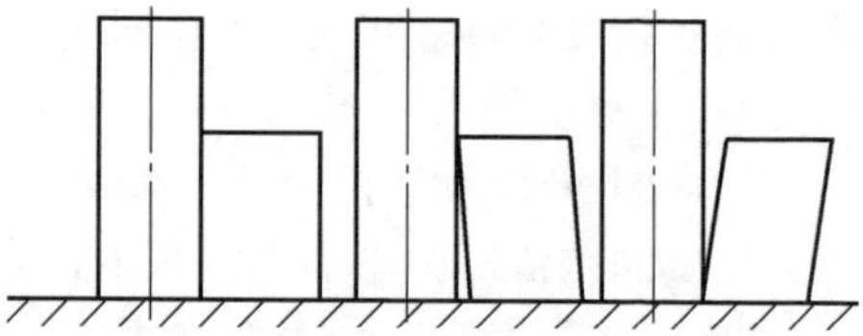

图 10.83　用角尺圆柱检验垂直度

③ 用千分表直接检测。测量装置如图 10.84（a）所示。测量时，先将工件的平行度测量好。将工件的平面轻轻地向圆柱棒靠紧，从千分表上读出数值，然后将工件转向 180°，将工件另一面也轻轻靠上圆柱棒，从千分表上可读出第二个读数。工件转向测量时，应保证千分表、圆柱棒的位置固定不动。两读数差值的二分之一，即为底面与测量平面的垂直度误差。其测量原理如图 10.84（b）所示。

④ 用精密角尺检验垂直度。两平面间的垂直度也可以用百分表和精密角尺在平面上进行检测。测量时，将工件放置在精密平板上，然后将 90°角尺的底面紧贴在工件的垂直平面上并固定，然后用百分表沿 90°角尺的一边向另一边移动，可测出百分表在距离为 L 的 a、b 两点上的读数差，由此可以计算出工件两平面间的垂直度误差值。测量情况如图 10.85 所示。

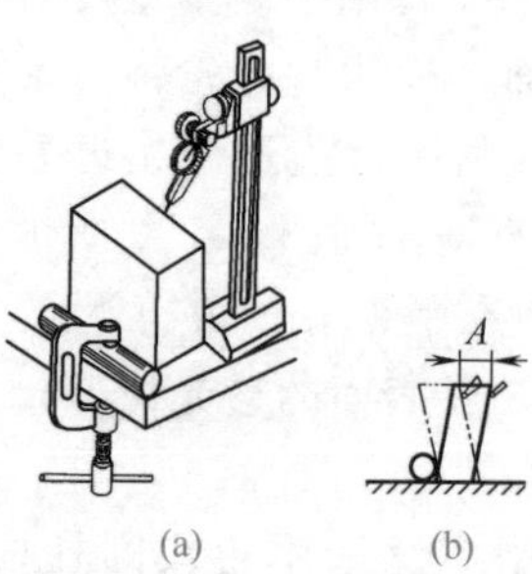

图 10.84　用千分表直接测量垂直度

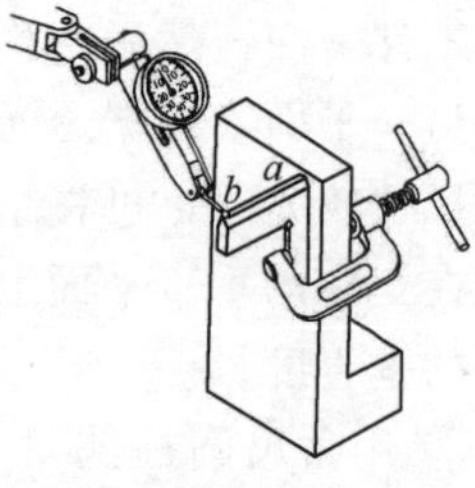

图 10.85　用精密角尺检验垂直度

（5）平面磨削常见的工件缺陷、产生原因及解决方法

平面磨削常见的工件缺陷、产生原因及解决方法如表 10.52 所示。

表 10.52　平面磨削常见的工件缺陷、产生原因和解决方法

工件缺陷	产生原因和解决方法
表面波纹  (a) 直波纹  (b) 两边直波纹  (c) 菱形波纹  (d) 花波纹	①磨头系统刚性不足 ②主轴轴承间隙过大 ③主轴部件动平衡不好 ④砂轮不平衡 ⑤砂轮过硬，组织不均，磨钝 ⑥电动机定子间隙不均匀 ⑦砂轮卡盘锥孔配合不好 ⑧工作台换向冲击，易出现两边或一边的波纹；工作台换向一定时间与砂轮每转一定时间之比不为整倍数时，易出现菱形波纹 ⑨液压系统振动 ⑩垂直进给量过大及外源振动 消除措施：根据波距和工作台速度算出它的频率，然后对照机床上可能产生该频率的部件，采取相应措施消除
线形划伤 	工件表面留有磨屑或细砂，当砂轮进入磨削区后，带着磨屑和细砂一起滑移而引起。调整好切削液喷嘴，加大切削液流量，使工件表面保持清洁
表面接刀痕 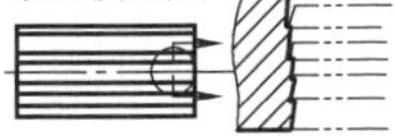	砂轮母线不直，垂直和横向进给量过大 机床应在热平衡状态下修整砂轮，金刚石位置放在工作台面上
侧面呈喇叭口	①轴承结构不合理，或间隙过大 ②砂轮选择不当或不锋利 ③进给量过大 ④可以在两端加辅助工件一起磨削
表面烧伤和拉毛	与外圆磨削相同

10.2.5　成形面磨削

（1）成形面及其磨削方法

① 成形面　成形面分为：旋转体成形面、直母线成形面和立体成形面，如图 10.86 所示。

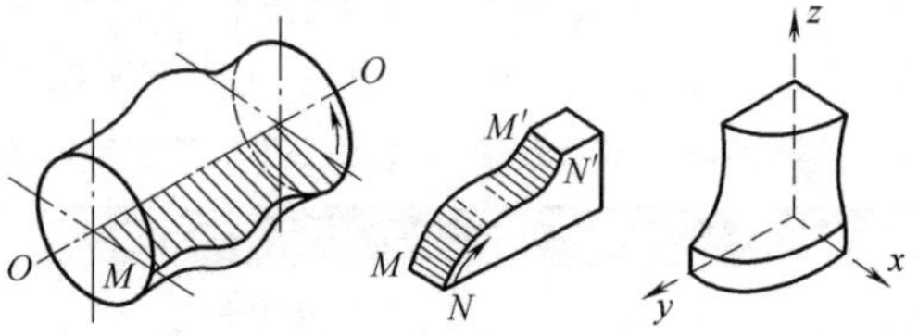

(a) (b) (c)

图 10.86 成形面的分类

旋转体成形面是由一条曲线绕某一轴线回转一周而形成的表面。

直母线成形面是由一条直线（母线）沿某一曲线（封闭或不封闭）运动而形成的表面。

立体成形面是一种空间的曲面体。

② 成形面的磨削方法 成形面的磨削方法主要有：成形砂轮磨削法、成形夹具磨削法、仿形磨削法和坐标磨削法。

成形砂轮磨削法是将砂轮修整成与工件型面完全吻合的反型面，然后切入磨削，以获得所需要的形状。其特点是生产效率高，加工精度稳定，需配置合适的砂轮修整器。

成形夹具磨削法是使用通用或专用夹具，在磨床上对工件的成形面进行磨削。

仿形磨削法是在专用磨床上按放大样板（或靠模）或放大图进行磨削。

坐标磨削法是在坐标磨床上，工作台或磨头按坐标运动及回转，实现所需要的运动轨迹，磨削工件的成形面。

（2）成形砂轮的修整方法

成形面磨削砂轮的形状类型很多，归纳起来可以分为：角度面、圆弧面和由角度圆弧组成的复杂型面三类，常用的形状如图 10.87 所示。成形砂轮的修整，就是将其修整成磨削所要求的角度面、圆弧面和复杂型面。

1）砂轮角度面的修整 砂轮角度面的修整，需要借助夹具来调整要求的角度，其修整角度的控制原理是利用正弦规，通过垫块

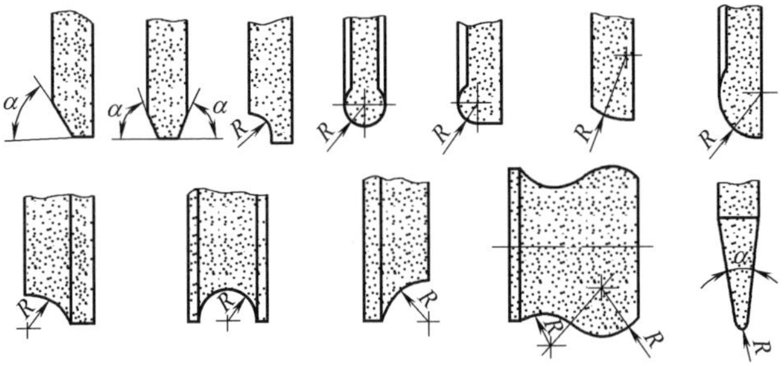

图 10.87　成形砂轮

来控制所需的角度。砂轮角度面卧式修整夹具的结构组成如图 10.88 所示。砂轮修整角度的调整方法如图 10.89 所示。

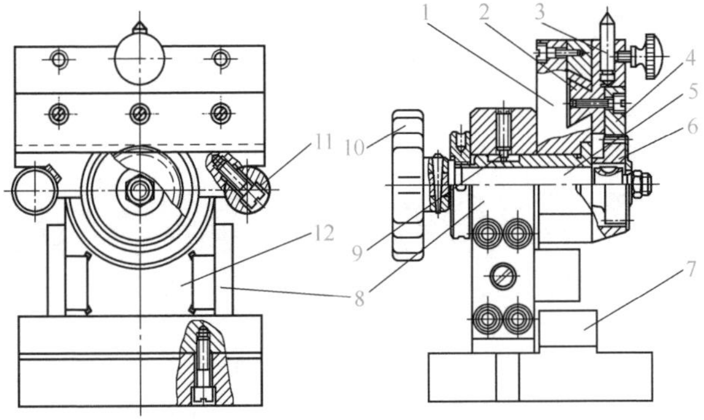

图 10.88　砂轮角度面的修整夹具

1—正弦尺座；2—滑块；3—金刚石笔；4—齿条；5—芯轴；6—小齿轮；7—量块平台；8—量块侧板；9—旋紧螺母；10—手轮；11—正弦圆柱；12—夹具体

首先计算标准块左右两侧的高度：

$$\left.\begin{aligned} H_1 &= P - \frac{A}{2}\sin\alpha - \frac{d}{2} \\ H_2 &= P + \frac{A}{2}\sin\alpha - \frac{d}{2} \end{aligned}\right\} \tag{10.9}$$

式中　P——夹具回转中心到垫块规基面高度，mm；

d——圆柱的直径，mm；

A——夹具两圆柱中心的距离，mm。

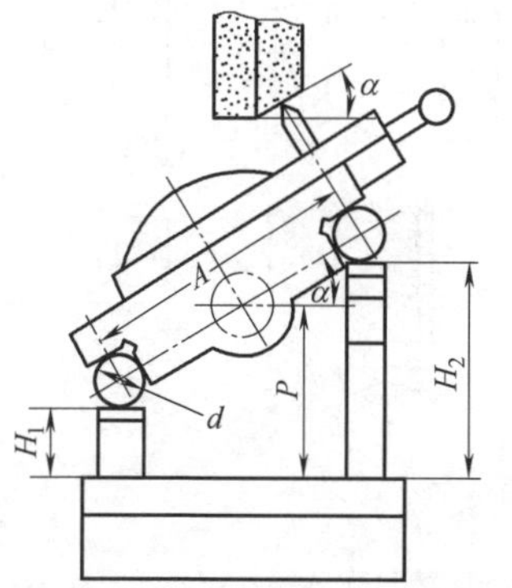

图 10.89 砂轮修整角度的调整

当量块垫好后，使正弦尺调至所需角度，通过旋紧螺母 9 把正弦尺座 1 压紧在夹具体 12 上。修整砂轮时，转动手轮 10，通过小齿轮 6、齿条 4，使装在滑块 2 上的金刚石笔 3 移动，从而实现砂轮角度面的修整。这种方法适合 $\alpha = 0° \sim 75°$ 的砂轮角度修整。

2）砂轮圆弧面的修整　砂轮圆弧面的修整，是通过调整金刚石笔尖到夹具回转中心的距离来控制的。

图 10.90 所示为立式砂轮圆弧面修整夹具，主要由支架、转盘和滑座等组成。

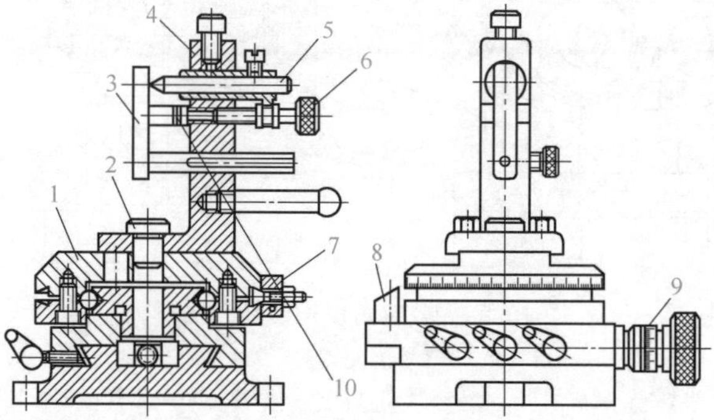

图 10.90 砂轮圆弧面的修整夹具

1—转盘；2—定位销；3—定位板；4—支架；5—金刚石笔；6—转动螺钉；7—撞块；8—固定块；9—刻度；10—量块

支架 4 固定在转盘 1 上，金刚石笔 5 装在支架上，当转动螺钉 6 时，使金刚石笔轴向移动，移动距离可用定位板 3 和量块 10 测量。

修整砂轮时，先按计算尺寸将一组量块垫上，使定位板 3 与之贴紧，紧固金刚石笔，取开定位板 3 和量块 10，参照转盘上的刻度确定撞块 7 的位置，转动转盘，使金刚石笔绕轴承座轴线转动，砂轮进行修整。撞块 7 与固定块 8 相碰控制回转的角度。

砂轮圆弧半径采用垫量块的方法控制，量块高度 H 的计算方法为：$H=P-R$

修整凸圆弧砂轮时，定位销 2 插入位于夹具回转中心的孔中，见图 10.91 (a)。

修整凹圆弧砂轮时，定位销 2 插入夹具的另一孔中，见图 10.91 (b)。

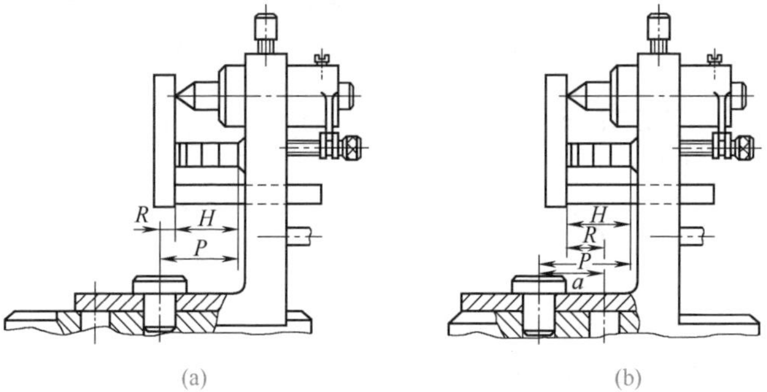

图 10.91 砂轮圆弧面修整夹具的调整方法

$$H=P-a+R \tag{10.10}$$

式中 H——计算的量块高度；

P——当定位销 2 位于夹具回转中心时，支架 4 上的基面至夹具回转中心的距离；

a——转盘上两个定位孔的中心距；

R——砂轮成形半径。

图 10.92 所示为卧式修整工具。该工具主要由摆杆、滑座和夹具体组成。使用时，先按计算尺寸在底面和金刚石笔间垫一组垫块，回转金刚石笔支架进行修整。

修整凸圆弧砂轮时，金刚石笔尖在主轴 3 中心线上方，此时 $H=P+R$ [见图 10.93 (a)]。

修整凹圆弧砂轮时，金刚石笔尖在主轴 3 中心线下方，此时 $H=P-R$ [见图 10.93 (b)]。

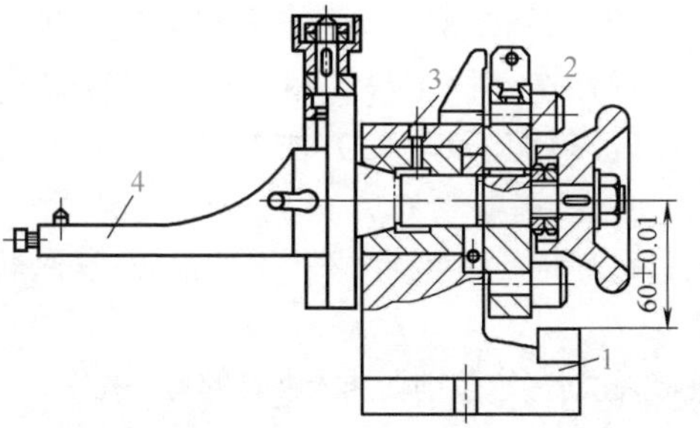

图 10.92 卧式修整工具

1—底座；2—正弦尺分度盘；3—主轴；4—金刚石支架

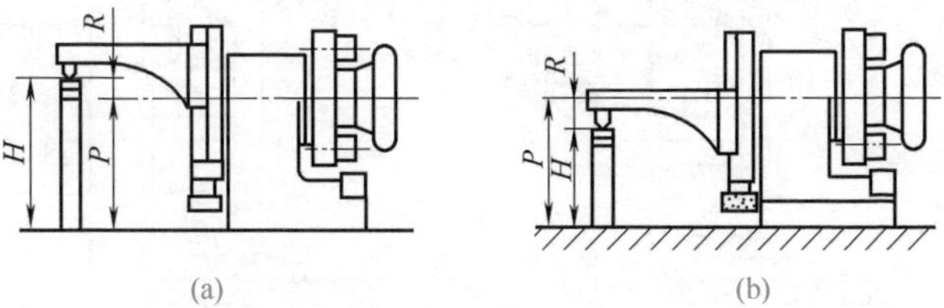

图 10.93 砂轮圆弧面的修整方法

3）成形砂轮的修整要点

① 金刚石笔尖应与夹具回转中心在同一平面内，修整时，应通过砂轮主轴中心。

② 为减少金刚石笔消耗，粗修可用碳化硅砂轮。

③ 砂轮要求修整的型面如果是两个凸圆弧相连接，应先修整大的圆弧；如是一凸一凹圆弧连接，应先修整凹圆弧；若是凸圆弧与直线连接，应先修整直线；若是凹圆弧与直线连接，应先修整凹圆弧。

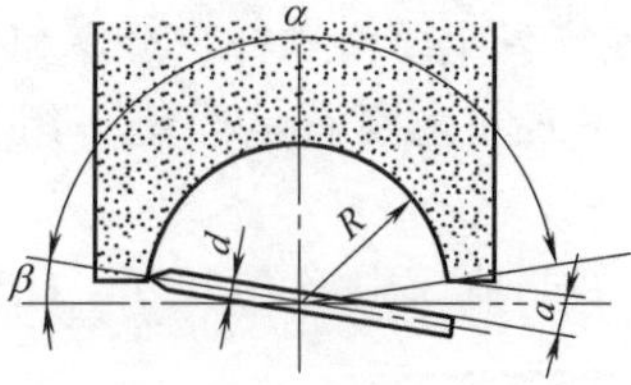

图 10.94 最大圆心角与金刚石笔杆直径的关系

④ 修整凸圆弧时，砂轮半径应比所需磨削半径小 0.01mm；修整凹圆弧时，应比所需磨削半径大 0.01mm。修整凹圆弧时，最大圆心角与金刚石笔杆直径的关系（见图 10.94）由下式求得：

$$\sin\beta=\frac{d+2a}{2R};\alpha=180°-2\beta$$

例 1　圆弧形导轨磨削

（1）零件分析

圆弧形导轨的零件图样如图 10.95 所示，材料 45 钢，热处理淬硬 48～52HRC。高和宽四面均已磨削加工，现要求磨削 ϕ（20±0.04）mm 半圆弧面，圆弧槽深保证（21±0.01）mm，圆弧轴线对底平面的平行度公差为 0.01mm，对侧面的垂直度公差为 0.02mm，表面粗糙度 Ra0.4μm。

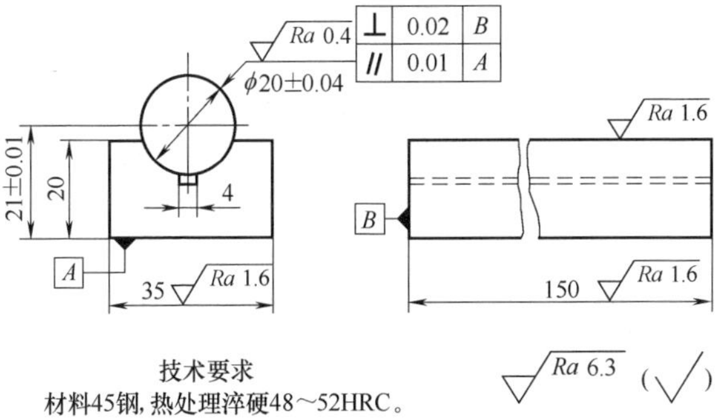

图 10.95　圆弧形导轨

（2）圆弧形导轨的机械加工工艺路线

① 锻坯；

② 回火；

③ 粗铣外形各尺寸；

④ 调质；

⑤ 半精铣外形各尺寸，Ra1.6μm 外形各平面留加工余量单面 0.3～0.35mm；

⑥ 铣圆弧槽，退刀槽铣成，圆弧槽留加工余量单面 0.3～0.35mm；

⑦ 淬火；

⑧ 粗、精磨外形平面；

⑨ 粗、精磨圆弧槽；

⑩ 检测。

（3）磨削操作准备

根据工件材料和技术要求进行如下选择：

① 选择 M7120A 型卧轴矩台平面磨床。

② 选择砂轮特性为：磨料 WA、粒度 F60 、硬度 K、组织号 5、结合剂 V。用修整砂轮工具修整砂轮。

③ 工件用电磁吸盘和平口钳装夹，并用千分表找正工件侧面与工作台纵向的平行度误差在 0.01mm 以内，装夹前应清理工件和工作台。

④ 采用成形砂轮粗、精磨圆弧槽。用圆弧修整工具将砂轮修成 $R10_{-0.03}^{-0.01}$mm 的凸圆弧，并调整金刚石笔位置垫量块组，控制金刚石笔的位置，获得精确的圆弧尺寸。

⑤ 选用乳化液切削液，并注意充分地冷却。

（4）磨削操作步骤

外形表面的磨削见平面磨削，圆弧槽的磨削步骤如下：

① 操作前检查、准备。清理电磁吸盘工作台面，清理工件表面，去除毛刺，将工件装夹在电磁吸盘上；找正工件侧面与工作台纵向运动方向平行，误差不大于 0.01mm.；修整砂轮，用修整圆弧砂轮工具将砂轮修成 $R10_{-0.10}^{-0.05}$mm 凸圆弧；检查磨削余量；调整工作台，找正砂轮与工件圆弧相对位置，并调整工作台行程挡铁位置。

② 粗磨圆弧。用成形法粗磨圆弧槽，留 0.03～0.06mm 精磨余量。

③ 精修整砂轮至 $R10_{-0.03}^{-0.01}$mm 凸圆弧。

④ 精磨圆弧。用成形法精磨圆弧槽，保证圆弧槽尺寸 ϕ（20±0.04）mm，圆弧轴线对底平面的平行度误差不大于 0.01mm，对侧面的垂直度误差不大于 0.02mm，表面粗糙度 $Ra0.4\mu m$。

（5）工件检测

用 3 级 300mm×300mm 平板，ϕ（20±0.005）mm×150mm 的检验棒和百分表检测工件的平行度。

例 2　球面轴磨削零件分析

批量生产的球面轴如图 10.96 所示，材料为 45 钢，球面的尺寸分别为 $S\phi$（25±0.01）mm 和 $S\phi25_{-0.04}^{-0.03}$mm，球面的表面粗糙度为 $Ra0.4\mu m$。工件为批量生产，ϕ12mm 外圆与光轴磨削相同。

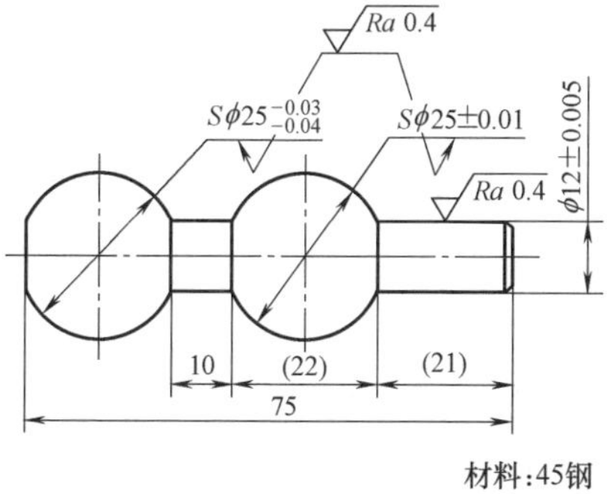

图 10.96　球面轴

（1）球面轴的机械加工工艺路线

①下料；②车端面、打中心孔；③车光轴和球面，留余量，切断；④车另一端面；⑤粗磨球面和光轴；⑥精磨球面和光轴；⑦检验。

（2）球面轴磨削的砂轮特性及修整

在 M1420A 型万能外圆磨床上进行磨削，采用砂轮的特性为：磨料 WA、粒度 F80、硬度 L～K、结合剂 V 的平形砂轮。

磨削时应将砂轮修整成与球面半径 R 相等的凹圆弧面。修整砂轮可用图 10.97 所示的砂轮圆弧修整器。将金刚石笔 1 安装在滑

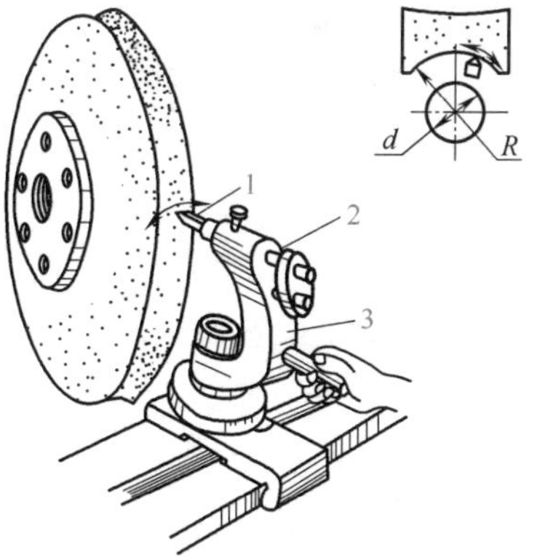

图 10.97　用砂轮圆弧修整器修整砂轮凹圆弧面

1—金刚石笔；2—滑杆；3—回转架

杆2的前端，调整滑杆位置，使金刚石笔尖位于修整器旋转中心前方。调整移动距离为：

$$H=R+\frac{d}{2}=12.5+10=22.5(\text{mm})$$

式中 H——金刚石笔调整距离，mm；

R——球面半径，mm；

d——调整金刚石笔位置的量棒直径，mm。

由于修整时，系统有弹性变形，因此其修整调整距离可放大0.01mm左右。修整时回转架要低速均匀地回转，以获得精细的砂轮型面。特别要防止将砂轮表面修出沟状条纹。为防止受热变形，修整砂轮时还须加切削液进行冷却，并冲洗修整下来的磨粒。

（3）磨削方法及工艺参数

用切入磨削法磨削，由于砂轮与工件的接触面较大，易产生较大的磨削力，背吃刀量要小，切入速度要低。粗磨时，背吃刀量取0.01～0.02mm；精磨时，背吃刀量取0.003～0.006mm。切削液采用含量较低的乳化液，冷却充分。

（4）磨削操作步骤

① 检查、修研左端中心孔。

② 装夹工件。用三爪自定心卡盘夹持右端 ϕ (12±0.005) mm外圆，并用尾座活动顶尖顶住左端中心孔。找正外圆 ϕ (12±0.005) mm的径向圆跳动，误差不大于0.01mm。调整尾座顶尖的顶紧力。

③ 修整砂轮。砂轮周边修成凹圆弧，尺寸为 $R12.5^{+0.05}_{+0.03}$ mm。

④ 检查球面磨削余量，并对已成形砂轮与工件的相对位置用切入磨削法粗磨球面，型面火花保证均匀。

⑤ 粗磨两球面。用切入法磨削，留精磨余量0.03～0.05mm。表面粗糙度为 $Ra0.8\mu m$ 以下，加大冷却液流量。

⑥ 精修整砂轮。砂轮凹圆弧尺寸为 $R12.5^{0}_{-0.01}$ mm。

⑦ 精磨球面至尺寸。保证 $S\phi25_{-0.04}^{-0.03}$ mm 和 $S\phi$（25±0.01）mm，表面粗糙度为 $Ra0.4\mu m$。

⑧ 工件检测。用杠杆千分尺测球面直径和光轴直径的尺寸公差，用样块对比测量粗糙度。

10.2.6　螺纹磨削

螺纹磨削是螺纹的精加工方法，用于加工高精度和高硬度螺纹表面，常见的工件类型有精密丝杠、滚珠丝杠、蜗杆、丝锥、螺纹量规 、螺纹铣刀、螺纹梳刀、精密淬火工件上的螺纹及其螺母等。丝杠螺纹（外螺纹）常用的加工工艺路线为：粗车或旋风铣螺纹→淬火→粗磨螺纹→半精磨螺纹→精磨螺纹。

（1）螺纹磨削方法

螺纹磨削根据使用砂轮和进给方式不同，主要分为单线砂轮纵向磨削、多线砂轮纵向磨削和切入磨削三种磨削方法，如图 10.98 所示。

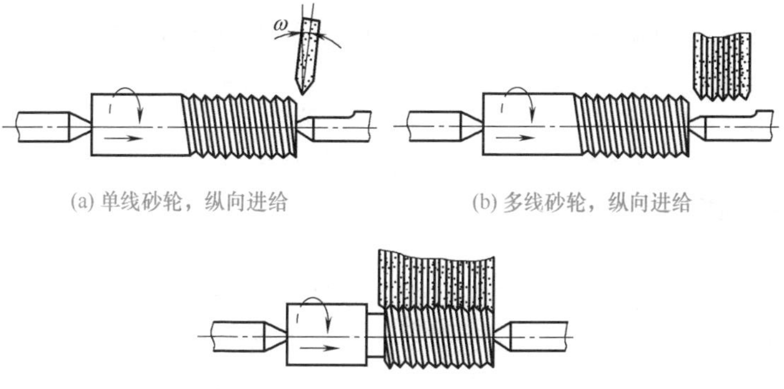

(a) 单线砂轮，纵向进给　(b) 多线砂轮，纵向进给

(c) 多线砂轮，切入进给

图 10.98　螺纹磨削方法

单线砂轮纵向磨削适用于单件小批生产类型的外螺纹和内螺纹，适用不同齿形、不同螺距、不同螺旋升角、不同长径比的螺纹加工，工艺范围广，生产效率低；多线砂轮纵向磨削适用于成批生产类型简单齿形、精度要求较高的外螺纹，生产效率高；多线砂轮

切入磨削适用于小螺距、小螺旋升角、短粗螺纹成批生产，生产效率高。

多线砂轮纵向进给磨削法的砂轮截形和特点如表 10.53 所示。

表 10.53　多线砂轮的截形和特点

砂轮形式	简图	特点
带主偏角砂轮	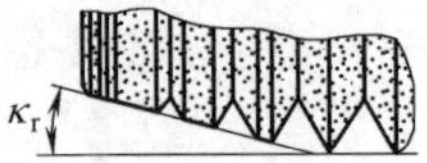	分层磨削，磨削量逐渐减少，修正齿多。主偏角修成 7°30′，当螺距 $P \geqslant 1.75$mm，发生烧伤时，主偏角修成 5°15′
间隔去齿砂轮	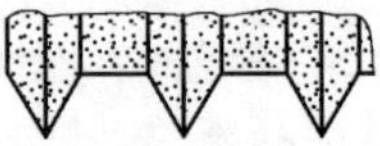	磨削效率高，切削液容易进入磨削区，散热快，磨屑冲出及时
三线砂轮	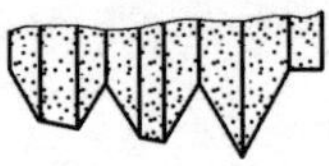	磨削量主要分布在第一粗切齿上，最后一个是修正齿。砂轮可倾斜一个螺纹升角，避免干涉

（2）螺纹磨床的调整计算

① 选择满足螺距要求的交换齿轮　为了保证工件转一转，砂轮轴向走一个螺距的螺旋线轨迹，根据被磨削丝杠的螺距 P，机床挂轮传动比为：

$$i=\frac{a \times c}{b \times d}=\frac{4P}{25.4} \tag{10.11}$$

式中　P——丝杠的螺距，mm。

选取交换齿轮 a、b、c、d，将其擦净后，用芯轴将齿轮安装在交换齿轮架上。控制齿轮的啮合间隙在 0.1mm 左右。注意主动轮和从动轮不要装反，芯轴紧固在交换齿轮板上，不能有松动现象，并润滑交换齿轮与芯轴。

② 调整砂轮架倾斜角　按工件螺纹的螺纹升角将砂轮架同向倾斜相应的角度，螺纹升角为 ψ：

$$\tan\psi=\frac{P}{\pi d_2} \tag{10.12}$$

式中　P——丝杠的螺距，mm；

d_2——丝杠的中径，mm。

（3）螺纹磨削砂轮特性的选择（见表 10.54、表 10.55）

表 10.54　螺纹磨削单线砂轮特性的选择

工件名称	材料及热处理硬度	螺距 P/mm 或粗、精磨	表面粗糙度 Ra/μm	砂轮
机床梯形螺纹丝杠	9Mn2V,CrWMn,56HRC	粗磨	0.8	WA100～80F～G(V)
		精磨	0.4	WA120～100G～H(V)
精密滚珠丝杠	GCr15,58～62HRC	半精磨圆弧螺纹	0.8	WA80F(V)大气孔
		精磨圆弧螺纹	0.4	WA100～80F～G(V)大气孔
60°小螺距长丝杠	9Mn2V,T10A,56HRC	粗磨	0.8	WA220G(V)
		精磨	0.8	WAW20～150G～H(V)
丝锥	W18Cr4V,62～66HRC	$P\leqslant0.8$	0.4	WAW40～W28J～K(V)
		$0.8<P\leqslant1.5$	0.4	WA50～120H～J(V)
		$P>1.5$	0.4	WA 180～1206～ H(V)
螺纹塞规	CrMn,CrWMn,58～65HRC	$P\leqslant0.8$	0.4～0.8	WAW40～W28J～L(V)
		$0.8<P\leqslant1.5$	0.4～0.8	WA240～W40G～J(V)
		$P>1.5$	0.4～0.8	WA120～W50F～G(V)

表 10.55　螺纹磨削多线砂轮特性的选择

螺距 P/mm	材料	结合剂	粒度	硬度	砂轮宽度/mm
1	WA	V	W40	P～Q	16
1.25			W50	N～M	16
1.5～1.75			F240	N～M	20
2～2.5			F180	M～Q	25

（4）砂轮的修整

① 金刚石工具修整　砂轮用金刚石修整工具能修整任何特性的砂轮。粗磨螺纹时，修整量为 0.01～0.02mm/(d · st)。磨小螺距螺纹时，选用尖锐的金刚石修整工具；磨螺纹砂轮硬度较软时，选用较钝的金刚石修整工具。修整砂轮时，只许单方向、由外向里修整，以保证砂轮的尖部。磨螺纹砂轮修整时，用大颗粒金刚石，选用 0.5～1 克拉/粒。用碎颗粒金刚石烧结的粉状金刚石笔，修整小螺距、单线砂轮按表 10.56 选用。

表 10.56　粉状金刚石笔选用

规格	型号	金刚石大小/目	金刚石总含量/克拉	被修砂轮粒度
粉状	F36	36	1	F60～F120
	F46	46	1	F60～F180
	F60	60	1	F180～F240
	F80	80	1	F240～F360(W28)
	F100	100	1	F360～F1000(W28～W7)
	F150	150	0.5	
	F180	180	0.5	

② 滚轮修整砂轮　滚轮可用高速钢、硬质合金或金刚石制成，修整时，滚轮和砂轮对滚，如图 10.99 所示。用高速钢滚轮时，砂轮的线速度为 0.5～2m/s；用金刚石滚轮时，其线速度为 10～15m/s，被修砂轮线速度为 35m/s，修整时砂轮进给量为 0.5～0.8μm/r。

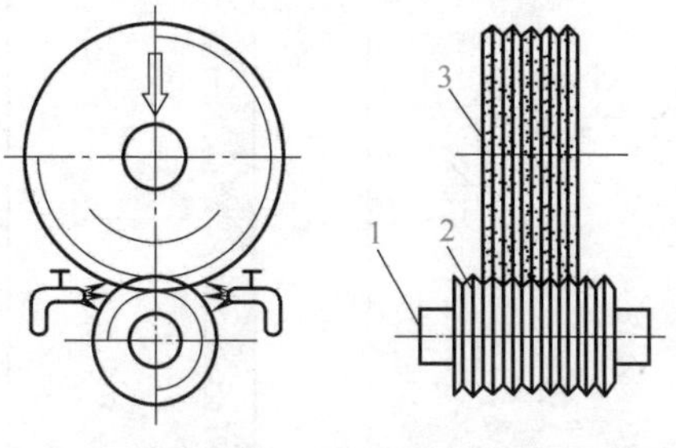

图 10.99　滚轮和砂轮对滚修整

1—滚轮芯轴；2—金刚石滚轮；3—砂轮

③ 展成法修整砂轮　展成法修整砂轮如图 10.100 所示。修整砂轮另一侧锥面时，需用倾角为 $\alpha/2$ 的另一侧修整器。

④ 手动修整砂轮夹具　手动修整砂轮夹具如图 10.101 所示。螺纹牙型半角由定位块 2 调整，由修整器 1 实现微进给。

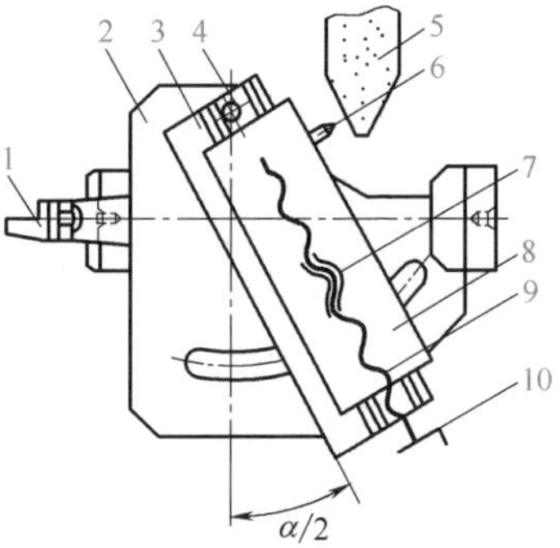

图 10.100　展成法修整砂轮

1—桃头夹头；2—底座；3—滑板座；4—滑板座回转轴；5—砂轮；6—金刚石；7—螺母；8—滑板；9—丝杠；10—手轮

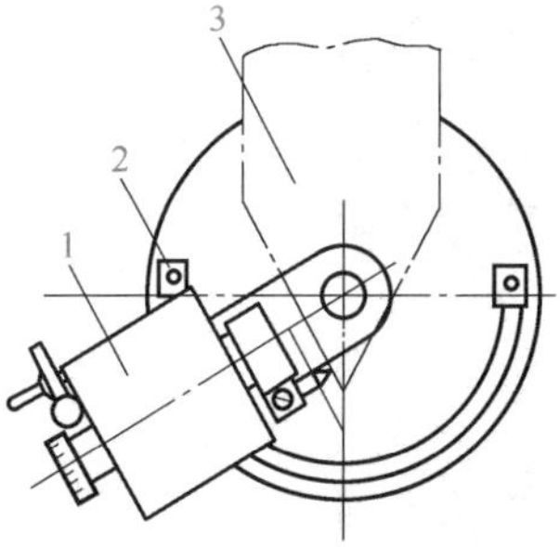

图 10.101　手动修整砂轮夹具

1—修整器；2—定位块；3—砂轮

（5）工艺参数的选择（见表 10.57）

砂轮线速度 v_s 选择：一般取砂轮线速度 v_s＝35～40mm/s。当工件的螺距小、精度较高时，取大值；当工件直径大、长径比大、硬度高时，取小值。

磨削高速钢丝锥时，单线螺纹磨削的工件转速选择如表 10.58 所示，多线螺纹磨削的工件转速选择如表 10.59 所示。

（6）内螺纹磨削

内螺纹磨削砂轮远小于外螺纹磨削，其砂轮线速度一般为 20～30m/s，转速高达 1000～2500r/min，因磨削热量大、排屑困难、表面易烧伤、砂轮易钝化等不利因素，故内螺纹磨削无外螺纹磨削应用广，常见的工件类型有滚珠螺母、汽车换向器螺母、螺纹环规、精密主轴螺母等。常用的内螺纹加工工艺路线为精车或精镗内螺纹→热处理→研磨或磨内螺纹。磨内螺纹使用的机床为万能螺纹磨床和内螺纹磨床。

内螺纹磨削砂轮的磨料一般采用白刚玉、铬刚玉，为了避免烧伤，采用大气孔砂轮，大批量生产时，采用陶瓷 CBN 砂轮。砂轮直径一般取内螺纹小径的 0.7 倍。粗磨时，工件转速 n_w＝10～25r/min，一次磨削深度 a_p＝0.05～0.45mm；精磨时，工件转速

表 10.57 滚珠丝杠、梯形螺纹丝杠单线磨削用量

螺纹类型	工件尺寸/mm			磨削用量					
				粗磨		半精磨		精磨	
	长度 L	直径 d	螺距 P	n_w/(r/min)	a_p/mm	n_w/(r/min)	a_p/mm	n_w/(r/min)	a_p/mm
滚珠丝杠螺纹	≤1000	12～40	2,2.5,3,4,5,6	7～15	0.4～1.2	7～12	0.2～0.8	4～8	0.01～0.04
	≤2000	32～80	4,5,6,8,10,12	7～12	0.4～1.0	6～10	0.2～0.6	4～6	0.01～0.03
	>2000	50～120	8,10,12,16,20,25	6～10	0.3～0.8	4～8	0.2～0.4	2～4	0.01～0.04
丝杠梯形螺纹(齿形角 30°)	≤500	10～40	1,2,3,4,5,6	8～10	2～3	6～8	0.5～1.0	4～6	0.04～0.08
	≤1500	30～60	3,4,5,6,8,10	6～8	1～2	4～6	0.4～0.8	3～4	0.03～0.07
	>1500	50～80	6,8,10,12,16	4～6	1～1.5	2～4	0.2～0.6	2～4	0.02～0.04
普通螺纹	≤2000	50～120	≤3	n_w=0.5～8，a_p=1～4，一次性磨削					

表 10.58 单线磨削工件转速

工件直径/mm	3～4	5～6	8～10	12～14	16～18	20～24	27～30	33～39	42～48
粗磨工件转速/(r/min)	40	40	40	30	24	18	15	12	10
精磨工件转速/(r/min)	35	35	30	20	16	12	9	7	6

表 10.59 多线磨削工件转速

工件直径/mm	10～12	14～16	18～20	22～24	27～30	32～36	36～40	42～45
工件转速/(r/min)	160	160	100	100	63	63	52	40

n_w＝5～10r/min，一次磨削深度 a_p＝0.01～0.02mm。砂轮修整磨削深度为 0.01～0.02mm。

（7）工件检测

普通螺纹一般用螺纹极限量规进行综合检测。高精度螺纹可用精密测量仪器，如万能工具显微镜、测长仪和三坐标测量仪等。螺纹的精度测量主要包括中径、螺距和牙型半角等。

1）螺纹中径的测量

① 外螺纹千分尺测量螺纹中径　对于精度不高的外螺纹中径，可用带有插头的外螺纹千分尺来测量。外螺纹千分尺附带一套不同规格的可换测量插头，其中每对都分别由一锥形和 V 形测头组成，使用时将它们分别插在千分尺的测杆和砧座上。每对测量头只能用来测量一定螺距范围的螺纹，如图 10.102 所示。

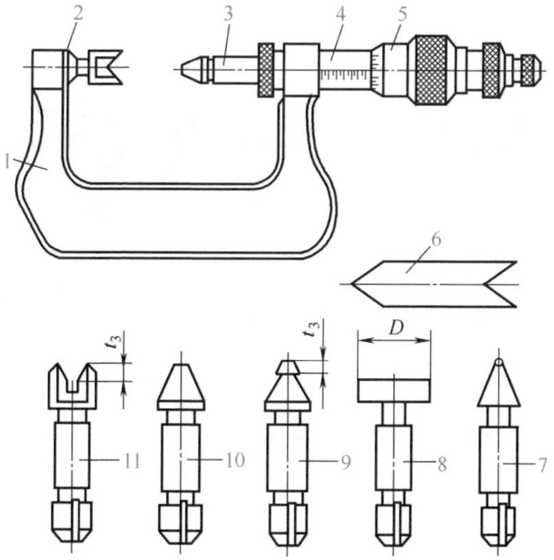

图 10.102　带可换测量插头外螺纹千分尺

1—弓形把；2—砧座；3—测杆；4—刻度套；5—微分筒；6—校正杆；7—球头测头；8—平测头；9—短测头；10—锥形测头；11—V 形测头

用外螺纹千分尺测量螺纹中径时，把 V 形测头端插放在螺纹的牙型上，把锥形测头端插放在螺纹的牙槽间，转动微分筒，使两个测头与螺纹接触，即可读出测量数值。外螺纹千分尺精度不高，用绝对测量法测量时，测量误差为 0.10～0.15mm，用比较法测量时，测量误差为 0.04～0.05mm，因此它只用于普通精度螺纹的测量，或在粗磨螺纹前作检查磨削余量之用。

② 用三针测量法测量螺纹中径　用三针测量法测量螺纹中径是生产实践中应用最广泛、测量精度比较高的方法之一。测量时，把三根直径相等的量针放置在螺纹的牙槽中间，用接触式仪器或专用外径千分尺测量出量针顶点之间的距离，通过计算来求出中径值。三针测量法是一种间接测量法，如图 10.103 所示。

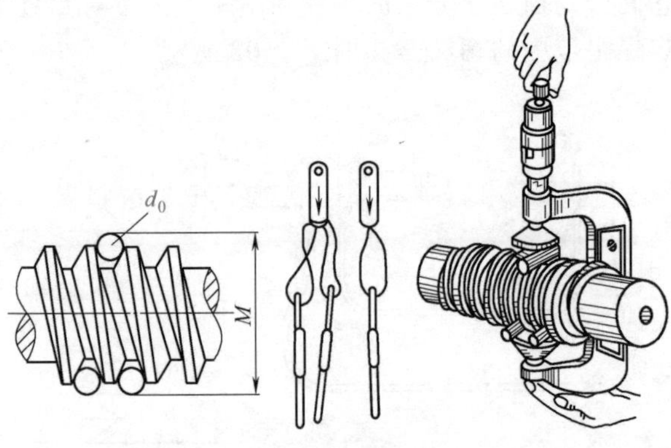

(a) 三针位置　(b) 量针　(c) 测量量针顶点距离

图 10.103　用三针测量法测量螺纹中径

量针顶点之间的距离可按下式计算：

$$M=d_2+d_0\left(1+\frac{1}{\sin\frac{\alpha}{2}}\right)-\frac{P}{2\cot\frac{\alpha}{2}} \tag{10.13}$$

式中　M——外径千分尺读数，mm；

d_2——螺纹中径，mm；

d_0——量针直径，mm；

α——螺纹牙型角，(°)；

P——工件螺纹螺距，mm。

2）螺距和牙型半角的测量　对于普通螺纹的牙型角，可以用螺纹样板进行测量。测量高精度外螺纹的螺距和牙型半角，一般用万能工具显微镜通过影像法和轴切法测量。

（8）螺纹磨床使用注意事项

① 机床趋于热平衡状态需要一段时间，为防止砂轮主轴受热后轴向伸长，粗磨工件前应空转 30min 以上，精磨工件时应空转 60min 以上，对精度很高的梯形螺纹丝杆，磨削时的空转时间必须在 90min 以上，否则磨出的螺纹精度不高。

② 尾座顶尖的压力必须适当，短而粗的工件尾座压力可大些，长而细的工件尾座顶尖的压力要小。

③ 磨工件接近最终尺寸时，横向进给量不能太大，一般为 0.005～0.01mm，否则不能保证尺寸精度。

④ 若用平形砂轮磨螺纹时，应先在车床上改制成形，再装到螺纹磨床主轴上，用金刚石精修。

⑤ 磨削过程切削液必须充分，集中地喷在磨削区内，以便迅速冷却工件和冲刷砂轮脱落的磨粒，防止工件烧伤变形。停机前应关闭切削液，砂轮空转 5min，在离心力作用下，除去砂轮孔隙中的切削液，使砂轮干燥。

⑥ 砂轮装在法兰盘上时，砂轮内孔与法兰盘定位面的间隙应均匀分布，砂轮与法兰盘接触端面必须垫厚软纸。逐步对称拧紧螺钉，防止砂轮受力不均而损坏。

⑦ 要多次平衡砂轮，使砂轮在运动中减少振动。砂轮在第一次静平衡后，装在螺纹磨床主轴上，进行砂轮型面和端面修整，然后取下再进行第二次静平衡并精修整。必要时，可进行第三次静平衡和精修整。台面下导轨润滑油的压力要调整适当，以减小摩擦力或避免产生漂移。

⑧ 砂轮装在法兰盘上不要任意拆下，应一直用至磨损极限，这样可减少磨料、金刚石的消耗和节省安装时间。

⑨ 用多线砂轮磨螺纹时，切削液的流量和压力应大些，切削液箱应能够满足切削液中污物的沉淀和降温。

⑩ 精磨螺纹时，应尽量由尾座至头架方向进行磨削，以减少

由于热变形而引起的螺距误差。

⑪ 磨削过程中，砂轮与螺纹间的位置通常要进行动态对刀，其位置应处在工件螺纹部分的中间，从而可以提高磨削效率和磨削质量。为了识别对刀情况，在工件齿面上要涂上普鲁士蓝油等有色液体。涂普鲁士蓝油时不宜过厚，否则会阻塞砂轮气孔，造成砂轮钝化使工件烧伤。

⑫ 温度很高的螺纹加工，应采用控制切削液温度的淋浴方式冷却，以保证螺纹的加工质量。当无恒温淋浴方式冷却时，应经常调节尾座顶尖的弹簧压力，可以减少一些热变形误差。

⑬ 安装后的跳动量不大于 0.02mm，其角度在保证接触面积大于 75%的同时，应做成大头，以增大丝杆的定位稳定性。

10.2.7 齿轮磨削

齿轮磨削是一种齿轮精加工工艺方法，主要用于磨削高精度、淬硬齿面的齿轮，磨削后的齿轮精度可达 3～6 级，表面粗糙度达 Ra0.63～0.16μm，与剃齿和珩齿相比，加工精度高、可加工硬齿面、可消除热处理产生的变形，但生产效率低、生产成本高。

（1）齿轮磨削方法和特点（见表 10.60）

按形成渐开线齿形的磨齿方法分为成形法和范成法。

① 成形法磨齿原理　成形法磨齿是将砂轮的齿廓形状修整成与被加工齿轮齿形相吻合，砂轮绕轴线旋转作磨削运动、砂轮沿齿槽方向相对工件作进给运动，磨削一个齿槽后，将工件进行分度磨削下一个齿槽，直至完成所有齿槽磨削，一般用于磨削直齿轮。

② 范成法锥面砂轮磨齿原理　范成法锥面砂轮磨齿原理是齿轮和齿条啮合原理。砂轮的两锥面修整为一个齿条的两个侧齿面，砂轮旋转运动和沿齿槽方向往复进给运动组成了磨削运动，工件沿节线作左右纯滚动并通过滚圆盘机构完成展成和分度运动，从而实现对工件左右齿面的磨削。

③ 范成法碟形双砂轮磨齿原理　同锥面砂轮磨齿原理。

④ 范成法大平面砂轮磨齿原理　同锥面砂轮磨齿原理。

⑤ 范成法蜗杆砂轮磨齿原理　相当于螺旋齿轮啮合原理，与滚齿原理相同。

表 10.60　齿轮磨削方法和特点

磨齿方法	简图	典型机床	齿轮模数/mm	磨齿精度等级	砂轮	应用场合
成形砂轮磨削齿轮	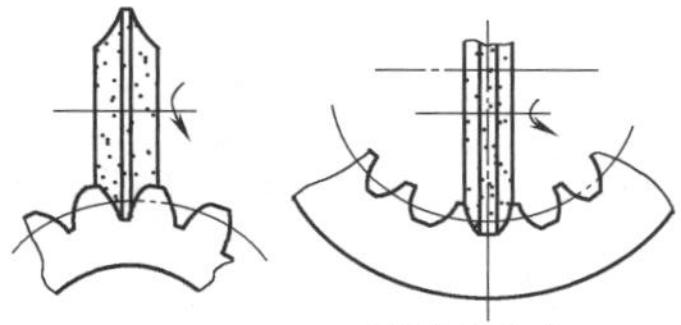 磨直齿外齿　磨直齿内齿	YS7332 VAS385 KAPP	≥2	5～6	WA 46～80 K～L	成批生产
范成法锥面砂轮磨齿	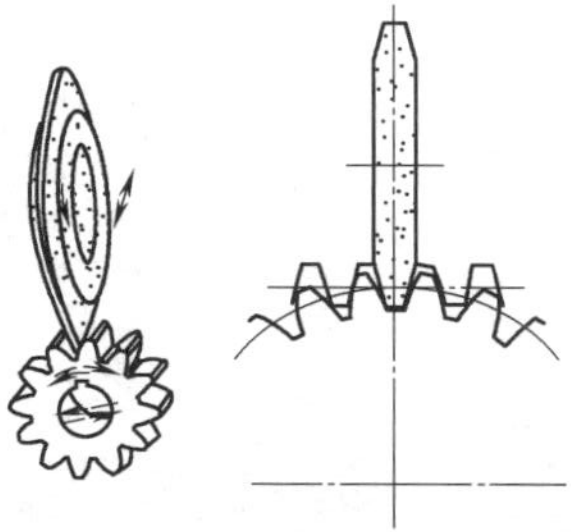	Y7132A	1.5～6	5～6	WA/PA 60～80 K～L	单件、小批生产

续表

磨齿方法	简图	典型机床	齿轮模数/mm	磨齿精度等级	砂轮	应用场合
范成法碟形双砂轮磨齿	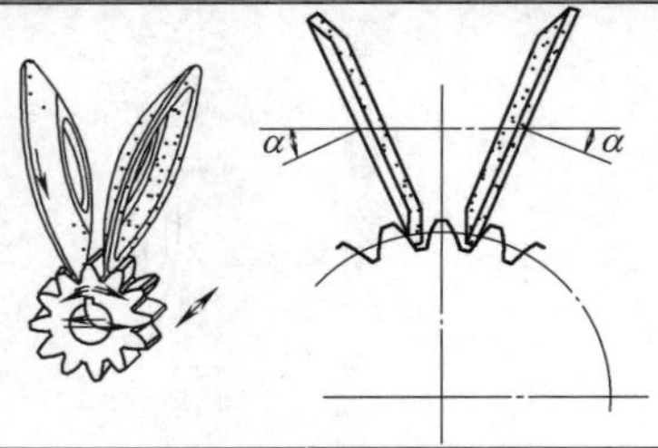	Y7032A 马格 SD-36-X	2～12	3～5	WA/PA 46～80 H～K	中小批生产
范成法大平面砂轮磨齿	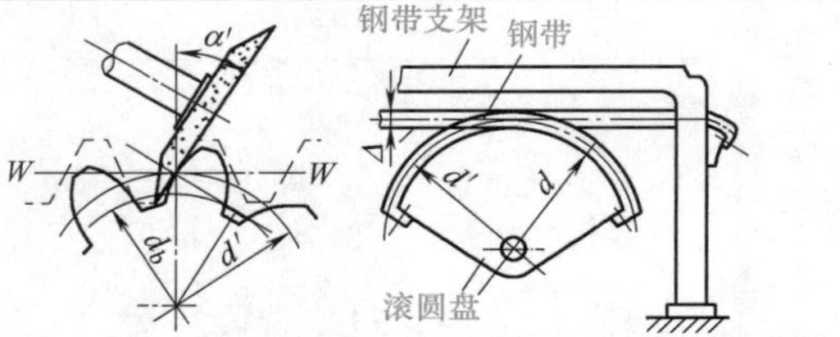 (a) 大平面砂轮磨齿原理 (b) 由钢带和滚圆盘形成展成运动	Y7125A SRS-402	1～8 1～14	3～4	WA/PA 46～100 H～J	单件、 小批生产
范成法蜗杆砂轮磨齿	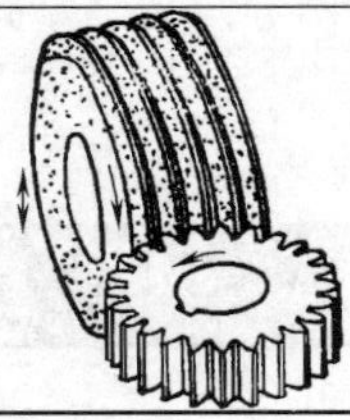	YA7232A RZ301S	1.25～2 4～4.5 5～6	3～5	WA 80～150 K～L	成批、 大批生产

（2）砂轮的选择和平衡

1）砂轮的选择　砂轮一般按以下几项原则进行选择：

① 被磨齿轮的材料一般为各种牌号的淬火合金钢和高速钢（如剃齿刀、插齿刀等），砂轮的材料应选用白刚玉（WA）、铬刚玉（PA）或白刚玉和铬刚玉的混合磨料（WA/PA）。

② 被磨齿轮齿面的硬度越高，表面粗糙度参数值要求越小，选用的砂轮硬度应越软，粒度应越细。当齿轮要求的精度很高而磨削余量很大时，最好选用不同粒度和硬度的砂轮分别进行粗磨和精磨。

③ 用成形砂轮磨齿时，由于砂轮接触面大，容易烧伤，应选用较软的砂轮。但也要注意过软的砂轮磨损快，难以保持形状精度。

④ 干磨时，散热条件差，选用的砂轮硬度应较软，粒度应较粗，组织应较松，但也要考虑其对齿面粗糙度的影响。

⑤ 用蜗杆砂轮磨齿时，为保证齿形精度，齿轮的模数越小，砂轮的粒度应越细，硬度应越高。

2）砂轮的平衡　磨齿机使用的砂轮必须经过仔细平衡，否则磨削时不仅会有振动，影响被磨齿轮的齿面粗糙度，而且也影响被磨齿轮的精度和磨齿机的使用寿命。

大平面砂轮、锥面砂轮和碟形砂轮需要经过两次静平衡：第一次静平衡后，粗修砂轮，然后再进行第二次静平衡，再精修砂轮。对于蜗杆砂轮，由于它的宽度大，重量大，必须经过动平衡，才能保证得到良好的磨齿精度和较小的表面粗糙度。

（3）砂轮修形

1）成形砂轮的修整

① 用展成法原理修整砂轮。利用直尺对基圆作纯滚动的渐开线展成原理修整砂轮，如图 10.104 所示。这种方法精确可靠，但难以磨削基圆直径过小或过大的齿轮。

② 用样板仿形修整砂轮。将齿轮齿槽的形状放大若干倍，做出样板，利用四连杆机构砂轮修整器（见图 10.105）或者其他形式的砂轮修整器修整砂轮。样板的齿形曲线可以做成渐开线，也可

用近似圆弧代替。前者要用光学曲线磨床加工，用投影仪放大测量，制造困难，精度较低；后者，只要计算得当，误差很小，且制造简单而精确。

③ 用圆弧代替渐开线修整砂轮。用圆弧代替渐开线，直接用圆弧砂轮修整器修整砂轮，这种方法简便而精度可靠。计算代替渐开线的圆弧一般都是使用“三点定一圆”的方法，但这种方法计算麻烦而且偏差也较大。

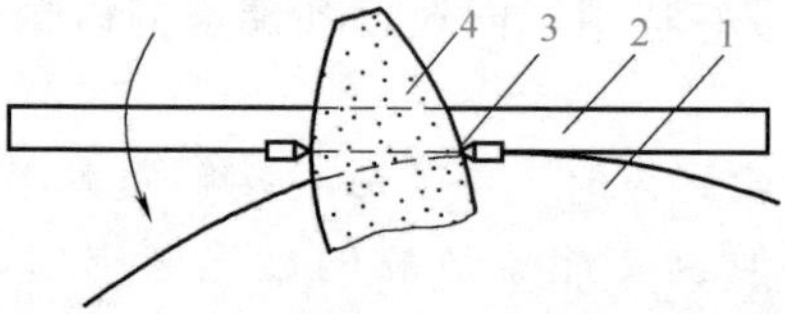

图 10.104　用展成法原理修整砂轮示意图

1—基圆盘；2—展成靠板；3—金刚石；4—砂轮

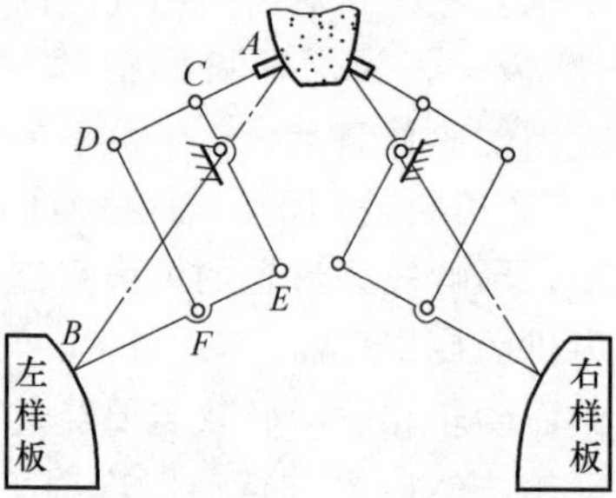

图 10.105　用样板仿形四连杆机构修整砂轮示意图

2）蜗杆砂轮的修形　由于蜗杆砂轮直径很大，而被磨齿轮的模数相对来说又很小，所以蜗杆螺旋升角都很小，轴向齿距又非常近似法向齿距。因此，蜗杆砂轮修形时，其轴向齿形角和轴向齿距都可按照被磨齿轮的法向齿形角和法向齿距进行修整，不需要再进行计算。

① 新蜗杆砂轮修形。新蜗杆砂轮修形可以在卧式车床上或在专门的蜗杆砂轮修形设备上进行。修形的步骤如图 10.106 所示，先用高速钢滚压轮挤压螺纹槽形［见图 10.106（a)］，再用齿根滚压轮挤压齿根槽［见图 10.106（b)］。如果后面的精修砂轮工序不

是用金刚石车刀而是用金刚石滚轮修形，则不需事先挤压出螺纹槽形。

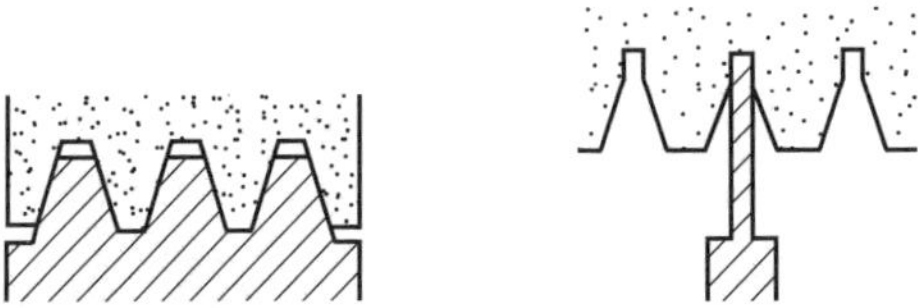

(a) 用滚压法挤压螺纹槽形　　(b) 用滚压法挤压齿根槽

图 10.106　新蜗杆砂轮的修形

② 精修蜗杆砂轮。蜗杆砂轮精修螺旋线齿形（见图 10.107），可以在蜗杆砂轮磨齿机上或在专门的蜗杆砂轮修形设备上进行。

精修蜗杆砂轮分两次进行，第一次精修后进行动平衡，然后再进行第二次精修。精修砂轮使用两把金刚石车刀分别修整两面齿形，如图 10.107（a）所示。如果被磨齿轮的齿根要求圆弧过渡曲线，则可用圆角滚压轮挤压砂轮齿顶，如图 10.107（b）所示。

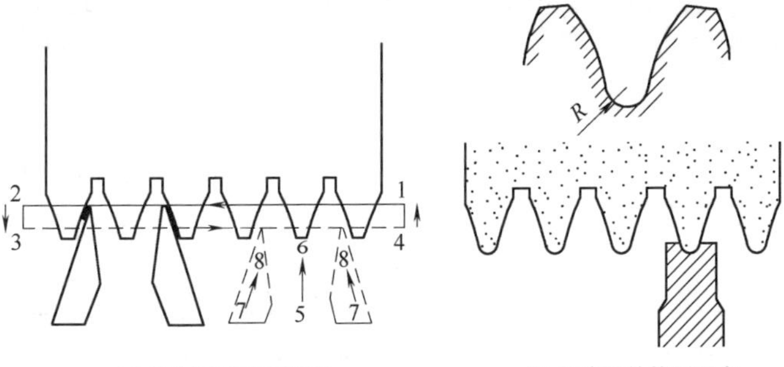

(a) 用金刚石车刀修形　　(b) 用滚压轮挤压圆角

图 10.107　精修蜗杆砂轮

如果被磨齿轮的齿形需要修缘和修根（见图 10.108），可用有圆弧切削刃的金刚石车刀按照样板修整蜗杆砂轮的齿形，如图 10.108（a）所示。如果被磨齿轮的齿形只需齿顶修缘时，可按照适当角度研磨金刚石车刀，直接修整蜗杆砂轮的齿形，如图 10.108（b）所示。

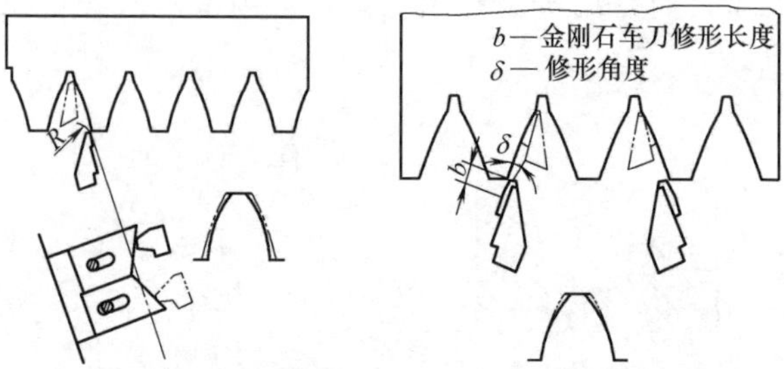

(a) 用金刚石车刀及样板修形　(b) 用研磨成一定角度的金刚石车刀修形

图 10.108　齿轮的齿形需要修根、修缘时蜗杆砂轮的修形

(4) 工艺参数的选择和计算

下面推荐的参数适用于磨削硬度高于 50HRC 的淬火齿轮。当齿轮硬度低于 50HRC 时，可适当加大。

① 背吃刀量 a_p　见表 10.61。

表 10.61　背吃刀量的选择　mm

模数	碟形双砂轮		锥形砂轮		大平面砂轮		成形砂轮	
	粗磨	精磨	粗磨	精磨	粗磨	精磨	粗磨	精磨
<4	0.04～0.08	0.01～0.02	0.05～0.10	0.01～0.02	0.02～0.03	0.01～0.02	0.04～0.10	0.01～0.03
4～8	0.05～0.10	0.01～0.02	0.05～0.12	0.01～0.02	0.03～0.035	0.01～0.02	0.05～0.15	0.01～0.03
>8	0.05～0.12	0.01～0.02	0.05～0.15	0.01～0.02	0.03～0.05	0.01～0.02	0.05～0.20	0.02～0.03

② 马格碟形双砂轮磨齿机的磨削用量　见表 10.62。

③ 锥形砂轮磨齿机的磨削用量　见表 10.63。

④ 成形砂轮磨齿机的磨削用量　见表 10.64。

⑤ 磨削余量　磨削余量的大小取决于热处理前预切齿轮的精度、热处理时的变形以及热处理后精磨内孔形成的径向偏差。总的磨削余量应是在磨光全部齿面后还比规定公法线长度大 0.1mm，以便精磨齿面。为了提高磨齿效率，防止磨齿时形成烧伤和裂纹，保证齿轮质量，必须尽量减小磨削余量，具体的磨削余量见表 10.65。

表 10.62 马格碟形双砂轮磨齿机的磨削用量

模数/mm	每分钟展成的双行程数 n_o							纵向进给量 f/mm			
	齿轮直径/mm							齿面粗糙度 Ra0.8μm		齿面粗糙度 Ra0.4μm	
	<30	30～50	50～100	100～150	150～200	200～300	>300	粗磨	精磨	粗磨	精磨
<3	300	240	240	220	220	220	200	3.7～4.7	1.3	3.7～4.7	1.1
4	—	240	220	220	200	200	180	3.7～4.7	1.3	3.7～4.7	1.1
5	—	220	200	200	180	180	160	3.7～4.7	1.3	3.7～4.7	1.1
6	—	—	200	180	160	130	130	3.7～4.7	1.3	3.7～4.7	1.1
8	—	—	160	130	130	130	130	3.7～4.7	1.3	3.7～4.7	1.1

表 10.63 锥形砂轮磨齿机的磨削用量

模数/mm	纵向进给量 f_a/(m/min)	展成进给量 f_g/mm						
		齿轮齿数						
		10	20	30	40	50	70	>100
2	11～18	0.2	0.3	0.5	1.75	0.95	1.2	1.45
4	11～18	0.25	0.45	0.75	0.95	1.15	1.45	1.8
6	11～18	0.3	0.65	0.95	1.15	1.35	1.7	2.1
8	11～18	0.45	0.75	1.1	1.35	1.6	1.95	1.35
10	11～18	0.55	0.9	1.25	1.55	1.9	2.2	2.6
12	10～20	0.7	1.2	1.6	2.0	2.3	2.55	3.4
16	10～20	0.8	1.4	1.85	2.3	2.65	3.0	3.8
20	10～20	0.9	1.55	2.1	2.55	2.95	3.3	4.2

表 10.64　成形砂轮磨齿机磨削用量

模数/mm	<5		5~10		>10	
纵向进给量 f_a /(m/min)	粗磨	精磨	粗磨	精磨	粗磨	精磨
	10~11	8~9	9~11	8~9	8~10	7~9

表 10.65　齿轮磨齿齿厚余量　　mm

模数	齿轮直径				
	<100	100~200	200~500	500~1000	>1000
<3	0.15~0.20	0.15~0.25	0.18~0.30	—	—
3~5	0.18~0.25	0.18~0.30	0.20~0.35	0.25~0.45	0.30~0.50
5~10	0.25~0.40	0.30~0.50	0.35~0.60	0.40~0.70	0.50~0.80
10~12	0.35~0.50	0.40~0.60	0.50~0.70	0.50~0.70	0.60~0.80
齿厚公差	−0.065~−0.08	−0.10	−0.12	−0.15	−0.18

注：磨削不淬火齿轮或表面淬火齿轮时，磨削余量取表中的较大值，磨削淬火齿轮或表面渗碳齿轮时，磨削余量取表中的较小值。

（5）磨齿机的调整计算

1）成形砂轮磨齿机调整计算　以 Y7550 型内齿轮磨齿机的调整计算为例：

① 分度运动。按工件齿数 z 选用相应槽数的分度盘，并调整分度活塞行程 l，其计算公式为：

$$l=118.4/z\ (\text{mm})$$

② 螺旋运动。当磨削内斜齿轮时，砂轮沿齿轮轴向往复进给运动，工件还必须有一个附加的转动，使砂轮沿齿轮内螺旋面磨削。按工件分度圆螺旋角调整磨头转角。调整钢带滚圆式附加运动机构的曲柄偏心量 e，其计算公式为：

$$e=4800\tan\beta/d$$

式中　d——分度圆直径，mm；

β——分度圆螺旋角，(°)。

2）锥形砂轮磨齿机调整计算　见表 10.66。

3）大平面砂轮磨齿机调整计算　见表 10.67。

10.2.8　其他磨削

（1）球面磨削

球面磨削一般采用成形法和范成法磨削球面。范成法需要选择合适砂轮尺寸形状，成形法需要把砂轮修整成与工件吻合的形状。成形法球面磨削见成形面磨削，范成法磨削球面的特征见表 10.68。

表 10.66　锥形砂轮磨齿机调整计算

机构类型	Y7132A 型磨齿机	YC7150 型磨齿机
展成运动机构	$d_1'=d_y+\delta$ $d_2'=\dfrac{m_n z\cos\alpha_n}{\cos\beta\cos\alpha_n'}$ 当选用的标准滚圆盘直径 d_1' 与理论计算出的滚圆直径 d_2' 不同时，其差值通过展成差动交换齿轮来调整 $i_2=\dfrac{a_2c_2}{b_2d_2}=2\dfrac{d_2'-d_1'}{d_2'}$ 式中　d_y——滚圆盘直径，mm δ——钢带厚度，mm α_n——分度圆上的法向压力角，(°) α_n'——节圆上的法向压力角，(°) β——分度圆上的螺旋角，(°)	$d_1'=d_y+\delta$ $d_2'=\dfrac{m_n z\cos\alpha_n}{\cos\beta\cos\alpha_n'}$ 当选用的标准滚圆盘直径 d_1' 与理论计算出的滚圆直径 d_2' 不同时，其差值则通过展成差动滑板移动行程调整 当一般差动时： $L_1=\left(\dfrac{510}{d_2'}-1\right)L_2$ 当倍速差动时： $L_1'=\left(\dfrac{510}{d_2'}-1\right)\dfrac{L_2}{2}$ 式中　L_1,L_1'——差动行程长度，mm L_2——滚动展成行程长度，mm
分度机构	$i_1=\dfrac{a_1}{b_1}\times\dfrac{c_1}{d_1}=\dfrac{30}{z}$	选用相应槽数的分度盘，按工件齿数 z 调整分度活塞行程 L_p $L_p=\dfrac{985.96}{z}$
螺旋运动机构	按磨削螺旋角调整磨头立柱转角	按磨削螺旋角调整磨头滑座转角

表 10.67 大平面砂轮磨齿机调整计算

机构类型	Y7125 型磨齿机	YT7432 型磨齿机
展成运动机构	选择一个合适的渐开线凸轮，使其基圆直径 d_{b0} 大致等于工件的分度圆直径，按下式确定工件头架的安装角 α_{τ}，最合适的安装角在 13°～25°之间 $\cos\alpha_{\tau}=d_b/d_{b0}$ 式中 d_b——工件基圆直径，mm d_{b0}——凸轮基圆直径，mm	$d'_1=d_y+\delta$ $d'_2=\frac{m_n z\cos\alpha_n}{\cos\beta\cos\alpha'_n}$ d_y 为滚圆盘直径，也可利用现有的直径近似的滚圆盘按上式反算出磨削节圆直径、磨削螺旋角 β' 和磨削压力角 α'_n，按这些算出的角度进行机床调整
分度机构	按照工件齿数 z，选用相应槽数的分度盘，并按下式调整分度交换齿轮 $i_1=\frac{a_2}{b_2}\times\frac{c_2}{d_2}=\frac{24}{z'}$	按照工件的齿数 z，选用相应槽数的分度盘
螺旋运动机构	按照工件的基圆螺旋角 β_b 调整磨头立柱转角 $\sin\beta_b=\sin\beta\cos\alpha_n$	按照磨削螺旋角 β' 调整磨头立柱转角

表 10.68　范成法球面磨削特征

磨削原理	机床调整	砂轮	磨削参数
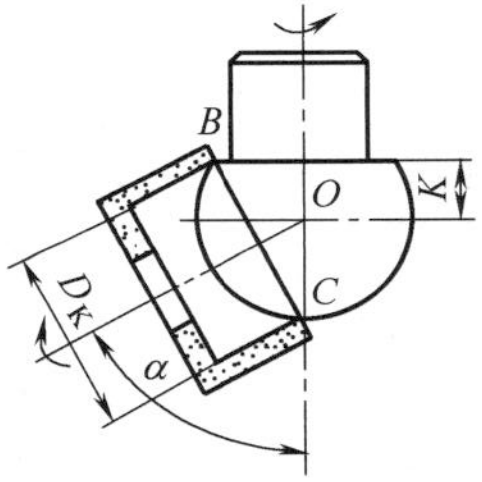 外球面范成法磨削	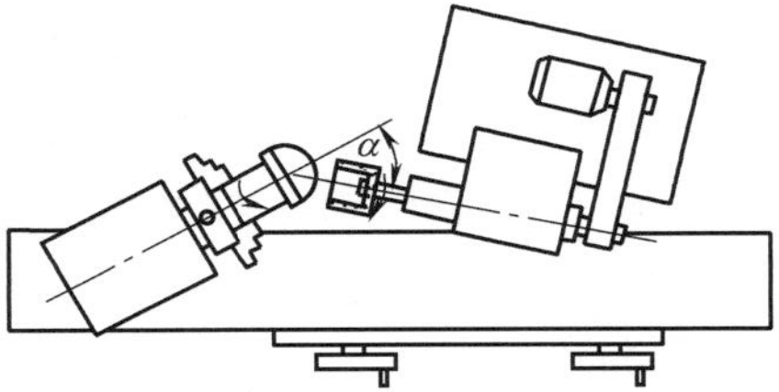 调整砂轮架和头架与工件球面的相对位置及安装角 α：$\sin\alpha = D_K/D$ 找正外圆和球面跳动量小于 0.02mm	杯形砂轮或单面凹砂轮，砂轮直径 D_K 修整： $D_K = \sqrt{D(D/2+K)}$ 磨料 WA 粒度 60～100 硬度 K～L 结合剂 V	$v_s = 15 \sim 20$mm/s $v_w = 1 \sim 5$mm/min 粗磨：$a_p = 0.02 \sim 0.04$mm 精磨：$a_p = 0.002 \sim 0.005$mm
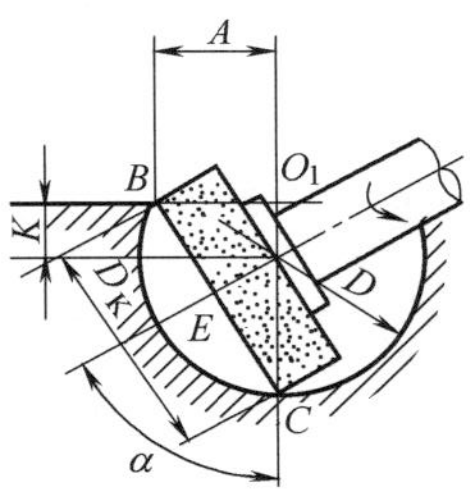 内球面范成法磨削	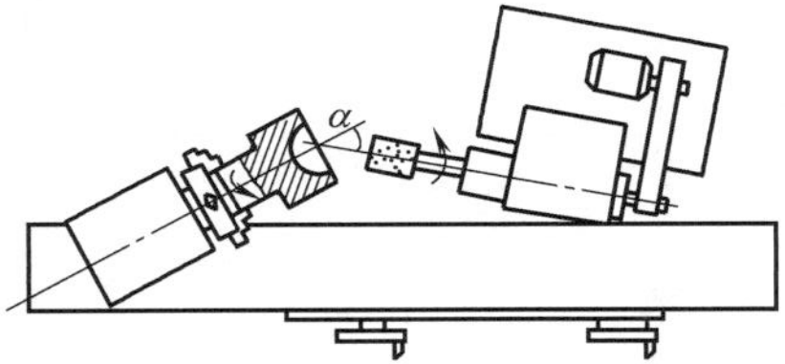 调整砂轮架和头架与工件球面的相对位置及安装角 α：$\sin\alpha = D_K/D$ 找正外圆和球面跳动量小于 0.02mm	平形砂轮，砂轮直径 D_K 修整： $D_K = \sqrt{D(D/2+K)}$ 磨料 WA 粒度 60～100 硬度 K～L 结合剂 V	

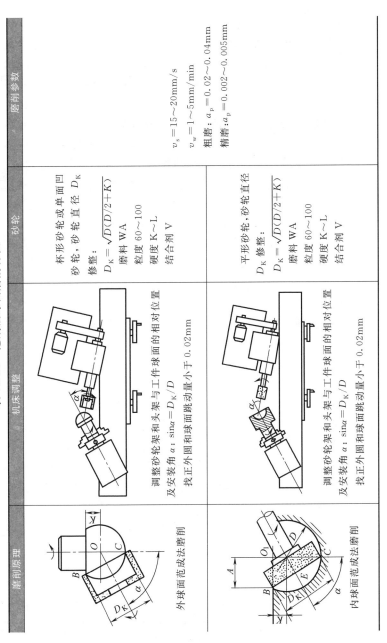

范成法外球面磨削容易产生的问题和注意事项：

① 由于外球面磨削砂轮架转动了一定角度，所以砂轮内孔尺寸的修整应在机床调整前完成。砂轮在磨削过程中产生磨钝现象后不必修整内孔，只要用砂条修整砂轮的端面就可使砂轮既恢复锋利又保证尺寸不变。

② 当砂轮磨钝后，砂轮与工件接触弧宽度增加，影响磨削质量，应及时用砂条修整砂轮端面，以利提高加工精度。

③ 在进行球面磨削时，砂轮轴线与工件轴线不可能绝对等高，反映在工件上会产生一个很小的台阶，影响加工精度，可采用在球面顶端钻一个小于 1mm 的中心孔的措施来避免。

范成法内球面磨削容易产生的问题和注意事项：

① 内球面磨削，砂轮外径大小影响内球面弧度的大小，当砂轮磨钝后，一般不修整外圆，而修整端面，以保持砂轮锋利。

② 砂轮与工件接触面积大，热量不易散发，因此，磨削液必须充分。

③ 砂轮横向进给量不宜太大，否则易发生振动、梗刀，使磨削精度和表面粗糙度受影响。

(2) 刀具刃磨

1) M6025 型万能工具磨床的结构组成　刀具的刃磨通常在刃磨机床上进行，最常用的 M6025 型万能工具磨床装上附件后，可以刃磨铰刀、铣刀、丝锥、拉刀、插齿刀等，同时也可用来磨削内、外圆柱面、圆锥面及平面等。

M6025 型万能工具磨床的结构如图 10.109 所示，该机床主要由床身 1、横向滑板 12、纵向滑板 8、立柱 5、磨头架 6 等组成。工作台 7 装在纵向滑板 8 上可以纵向运动。横向滑板 12 移动可以横向进给。转动手柄 9 可使工作台 7 相对于纵向滑板 8 偏转一个角度。磨头架 6 装在立柱 5 的顶面上，可绕立柱轴线在 360°范围内任意回转角度。转动手轮 2，磨头可上下移动，以调整砂轮的高低位置。

2) M6025 型万能工具磨床主要附件

① 前、后顶尖座可用螺钉固定在工作台上，如图 10.110 所示。

② 万能夹头如图 10.111 所示，主要用来装夹端铣刀、立铣刀、

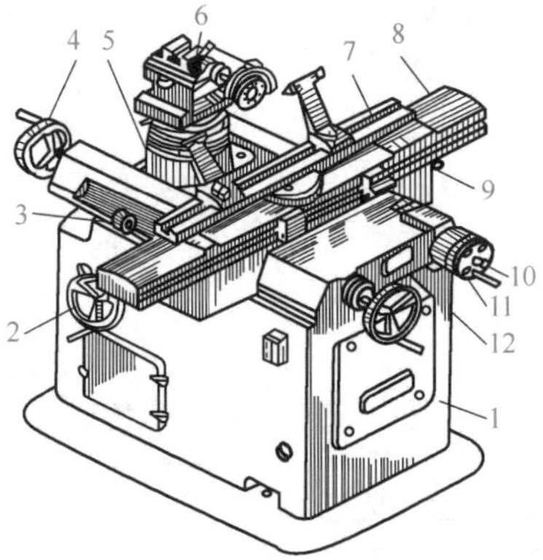

图 10.109　M6025 型万能工具磨床

1—床身；2—磨头竖直移动手轮；3—工作台纵向移动操纵手轮；4—横向滑板移动操纵手轮；5—立柱；6—磨头架；7—工作台；8—纵向滑板；9—工作台转动操纵手柄；10—减速操纵手柄；11—工作台纵向差速移动操纵手轮；12—横向滑板

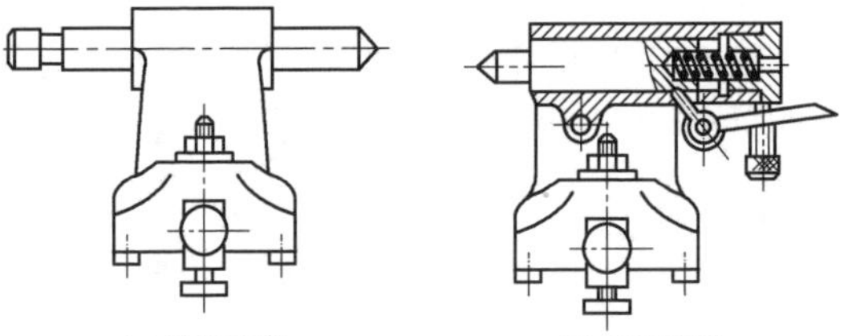

(a) 前顶尖座　　(b) 后顶尖座

图 10.110　前、后顶尖座

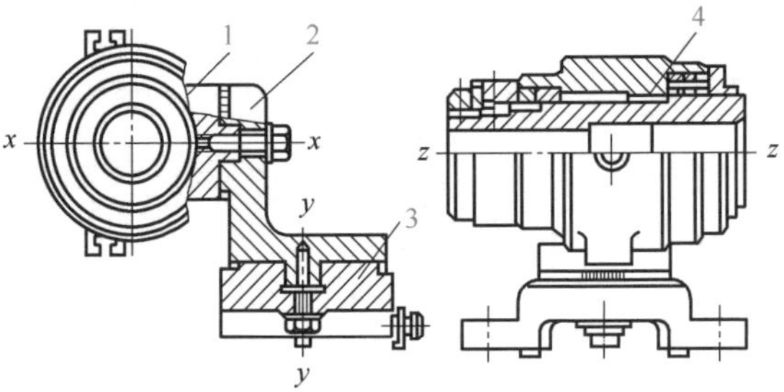

图 10.111　万能夹头

1—夹头体；2—角架；3—底座；4—主轴

三面刃铣刀等，以刃磨其端齿。万能夹头由夹头体1、主轴4、角架2、底座3等组成。夹头体可在角架上绕 x—x 轴线回转360°；角架可绕 y—y 轴线回转360°；装夹工件的主轴则能绕 z—z 轴线回转360°。夹头体的主轴锥孔的锥度为7∶24，用来安装各种芯轴。

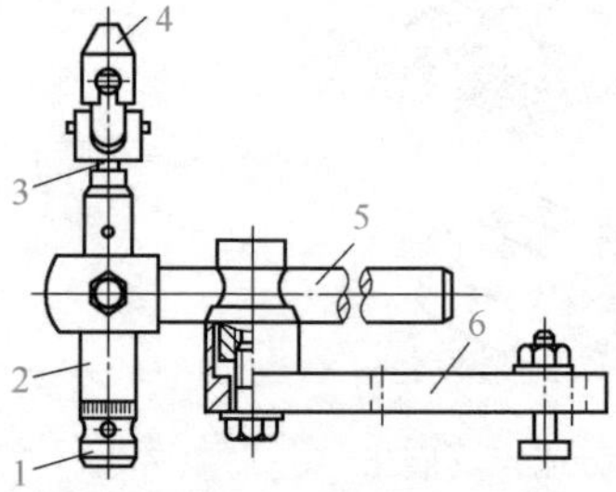

图 10.112　万能齿托架

1—捏手；2—杆；3—螺杆；4—齿托片；5,6—支架

③ 万能齿托架如图10.112所示。它的用途是使刀具刀齿相对于砂轮处于正确的位置上，以刃磨出正确的角度。支架6可由螺钉将齿托架安装在机床适当的位置上。调节捏手1和螺杆3，可调节齿托片4的高低位置。齿托片可绕杆2和支架5的轴线回转一定的角度，以保证齿托片与刀具的刀齿接触良好。

④ 中心规（见图10.113）是用来确定砂轮或顶尖中心高度的工具，由体2、定中心片1组成。体2的 A、B 两个平面经过精加工，

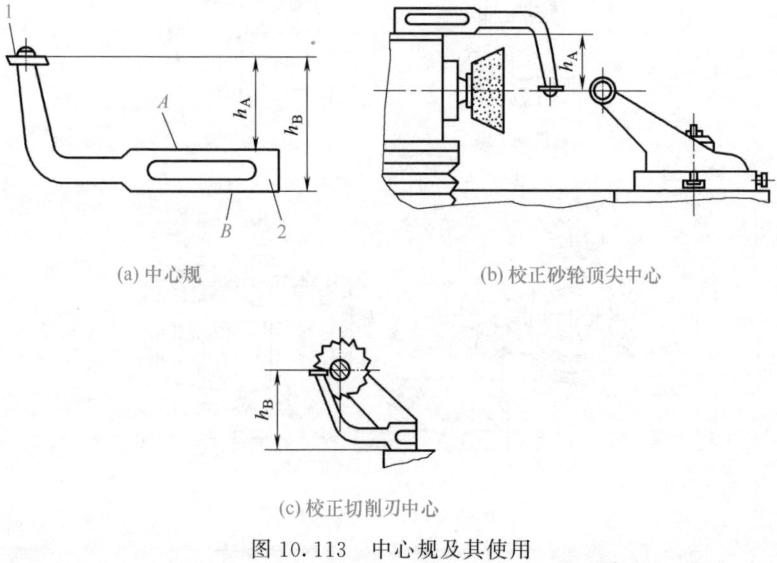

图 10.113　中心规及其使用

平行度误差很小，定中心片 1 可装成图 10.113（a）所示位置，也可调转 180°安装。中心规的 A 面贴住磨头顶面时［图 10.113（b)］，定中心片所指高度即为砂轮中心高 h_A（等于头架顶面至砂轮轴线的距离），升降磨头把定中心片对准顶尖的尖端时，即可将砂轮中心与工件中心调整到同一高度上。如果将中心规的 B 面放在磨床工作台上时［见图 10.113（c)］，定中心片所指高度 h_B 即为前、后顶尖的中心高度，将它与钢直尺配合，就可以调整齿托架齿托片的高度。

3）刃磨刀具的名称及砂轮特性选择　见表 10.69。

4）刃磨砂轮的形状与外径选择　见表 10.70。

在磨削硬质合金时，由于其硬度极高，且热导率小，性脆，刃磨过程中磨粒易变钝，效率低，并由于热应力会造成裂纹。随着磨削技术的不断进步，目前已逐渐采用金刚石砂轮和开槽的砂轮，在刃磨硬质合金刀具时，已取得一定的效果。

开槽砂轮是在砂轮的工作部位沿径向开有一定宽度、深度和数量的沟槽，如图 10.114 所示，使砂轮的磨削过程变为间断磨削。与普通磨削相比较，间断磨削的刃磨效率可提高 1 倍以上，刃磨硬质合金时磨削热降低，刀具散热条件得到改善，刀具表面粗糙度值减小，并可减少磨削裂纹。

砂轮上开槽一般用废锯条以手工进行。当需要开槽的砂轮数量较多时，可在专用设备上进行。

5）砂轮和支片安装位置的确定　见表 10.71。

（3）花键轴磨削

花键连接在机械传动中应用广泛，常用于既要传递扭矩又要轴向相对滑移的连接，如滑移齿轮、离合器摩擦片等，为了传动平稳、滑移灵活，一般要求花键孔的轴心与花键轴的轴心同心。花键的齿形有矩形、梯形、三角形、渐开线形。矩形花键传递扭矩大、工艺性好、应用最广。矩形花键轴常用的定心方式有大径定心［见图 10.115（a)］和小径定心［见图 10.115（b)］。现行标准只规定了小径定心一种方式，应用最广。花键轴主要磨削的表面是花键轴大径、花键轴小径和花键轴侧面。花键轴小径磨削是为了提高花键

表 10.69 刃磨刀具的名称及砂轮特性的选择

刀具名称	刃磨部位	刀具材料	选用砂轮
铰刀（>ϕ3mm）	磨前面	9SiCr，W18Cr4V	WA60～80，J～KV
		YG6，YG8，YT15	GC100～120H～JV
	磨前锥刃和圆周刃后角	9SiCr，W18Cr4V	WA60～80J～KV
		YG6，YG8，YT15	GC100H～JV
立铣刀（ϕ2～5mm）	磨圆周齿、端面齿前面	W18Cr4V，W9Cr4V2	WA80～120J～KV
		YG8，YT15	GC80～120J～KV
	磨圆周齿、端面齿后面	W18Cr4V，W9Cr4V2	WA80J～KV
		YG8，YT15	GC100～120HV
圆柱形铣刀	磨前面、后面	W18Cr4V	WA60～70KV
套式面铣刀	磨圆周刃、端面刃和主切削刃后角	W18Cr4 V	WA46H～JV
		YG8，YT15	GC100HV
三面刃铣刀	磨圆周齿前面	W18Cr4V	WA60～80H～JV
		YG6，YG8，YW2，YT5，YT15	GC100H～JV
	磨端面齿后角、副偏角和圆周齿后角	W18Cr4V	WA60～80J～KV
		YG6，YG8，YW2，YT5，YT15	GC100H～JV
镶硬质合金三面刃铣刀	磨圆周齿、端面齿后角，端面齿副偏角和 45°过渡刃	YG8，YT15	GC46H～JV
切口铣刀和细齿锯片铣刀	磨前面和后面	W18Cr4V	WA46～80KV
		YG8	GC100～120HV
镶齿圆锯片	磨前面和后面	W18Cr4V	WA46～70J～KV
角度铣刀	磨斜面刃前角和后角	W18Cr4V，W9Cr4V2	WA60～80K～LV
齿轮滚刀	磨前面（$m=7$～30mm 镶齿）	W18Cr4V	WA46HV
	磨前面（$m<10$mm）	W18Cr4V	WA60～70HV
	磨前面（$m<1$mm）	YG6，YG6X	金刚石砂轮
插齿刀	粗、精磨前面	W18Cr4V	WA60～80H～KV
	磨后面	W18Cr4V	WA80～100J～KV

续表

刀具名称	刃磨部位	刀具材料	选用砂轮
圆锥齿轮铣刀	磨刀齿前面	W18Cr4V	WA80～100H～JV
	磨顶齿后面	W18Cr4V	WA60～70J～KV
齿轮铣刀	磨前面（m<1mm）	W18Cr4V	WA80KV
	磨前面（m>1mm）	W18Cr4V	WA46～70H～JV
圆拉刀	磨后面	W18Cr4V	WA60～70J～LV
	粗磨前面		WA60～80J～KV
	精磨后面		GC150K～LB
花键拉刀	粗磨前面	W18Cr4V	WA60～80J～KV
	精磨前面		GC150K～LB
键槽拉刀	粗磨后面	W18Cr4V	WA60～70KV
	精磨前面		GC120JB

表 10.70 刃磨一般刀具时砂轮形状与外径的选择

刃磨部位	形状与外径	刃磨范围	说明
刃磨前面	小角度单斜边砂轮 碟形一号砂轮 外径 150mm	用于各种铲齿刀具、铰刀、立铣刀、面铣刀、角度铣刀、槽铣刀、圆柱形铣刀、拉刀、三面刃铣刀等	①当磨不到槽根时应改用外径 50～75mm 的小砂轮 ②刃磨螺旋槽或斜槽刀具的前角，应在砂轮斜面上磨削 ③刃磨直槽刀具的前角，在砂轮的斜面或平面上磨削都可以
	平形砂轮	用于刃磨车刀、钻头、插齿刀等	在刃磨插齿刀前面时，砂轮的直径要小于前面锥形的曲率半径
刃磨后面	碗形砂轮 杯形砂轮 外径 75～125mm	用于各种铰刀、立铣刀、面铣刀、T 形槽铣刀、镶齿铣刀、圆柱形铣刀、三面刃铣刀等	磨削细齿刀具时，砂轮外径应减小至 100 以内，并需把砂轮外径调整到刀具的中心线以下，否则会产生磨坏邻齿的情况

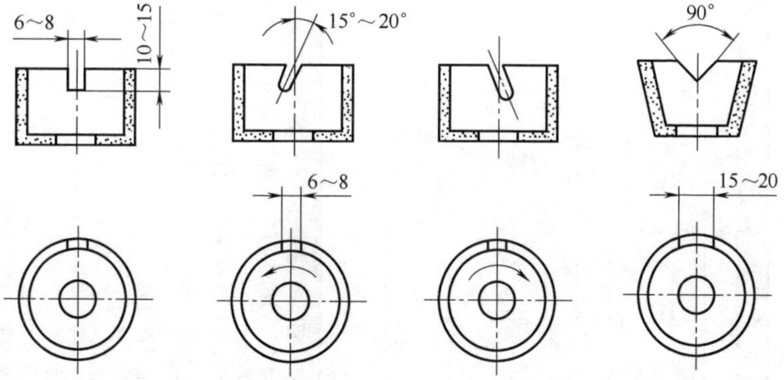

(a) 开矩形槽砂轮　(b) 开倾斜矩形槽砂轮　(c) 开倾斜矩形槽砂轮　(d) 开90°槽砂轮

图 10.114　开槽的砂轮

表 10.71　砂轮和支片安装位置的确定

磨削方式	砂轮形状	图示	说明
前角的刃磨	用碟形砂轮	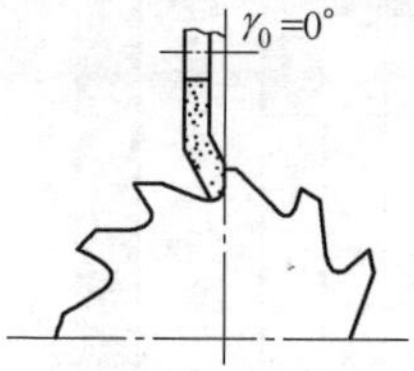	刃磨前角 $\gamma_0=0°$时，砂轮平面的延长线应通过刀具中心
		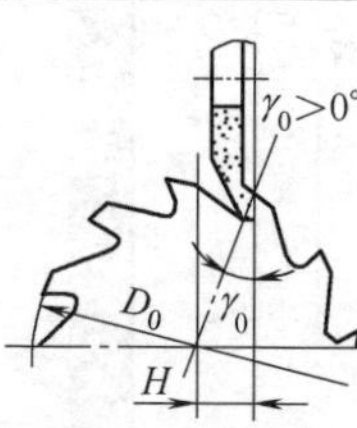	刃磨前角 $\gamma_0>0°$时，砂轮平面应偏移刀具轴线一距离 H $H=\frac{D_0(\text{铣刀直径})}{2}\sin\gamma_0$
后角的刃磨	用杯形或碟形砂轮	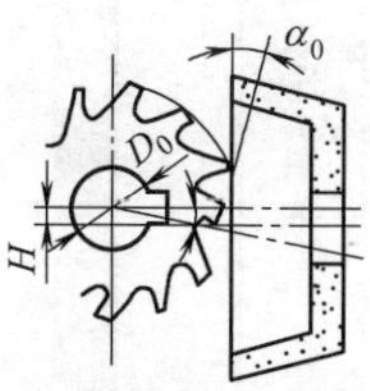	支片顶端相对刀具中心应下降 H 值 $H=\frac{D_0(\text{铣刀直径})}{2}\sin\alpha_0$ 或 $H=0.087D_0$ 式中　α_0——刀具后角

续表

磨削方式	砂轮形状	图示	说明
后角的刃磨	用平形砂轮	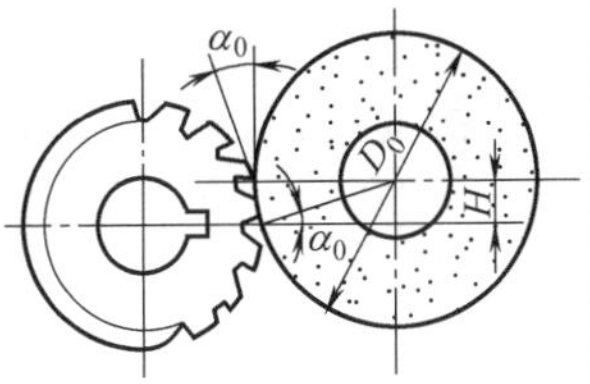	砂轮轴线应高于刀具轴线 H 值 $H=\frac{D_0(\text{砂轮直径})}{2}\sin\alpha_0$

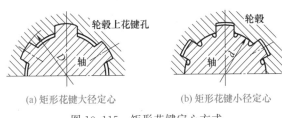

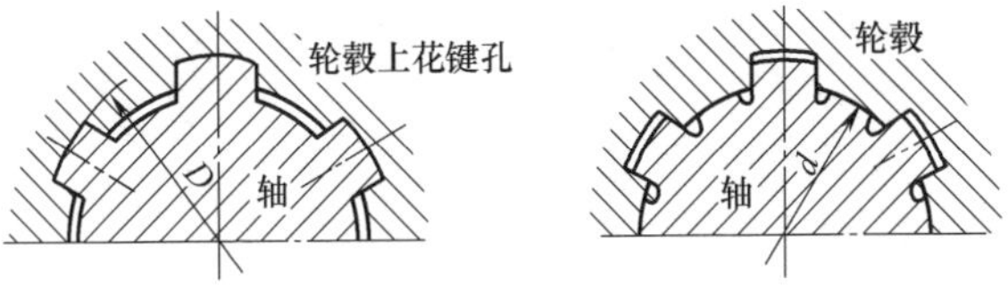

(a) 矩形花键大径定心　　(b) 矩形花键小径定心

图 10.115　矩形花键定心方式

轴小径精度，以提高定心精度。花键轴侧面磨削是为了提高花键侧面分度精度，以提高传递扭矩能力、导向精度和导向灵活性。此外，花键轴磨削是为了消除热处理后的变形。

① 矩形花键轴磨削的方法及特点　花键轴一般在 M8612A 型花键轴磨床上进行磨削。磨削时，工件装夹在机床的两顶尖之间，工作台做纵向进给运动，工件每往复一次行程做一次分度。完成一周磨削后，砂轮做一次垂直进给（吃刀），直至达到工艺要求为止。花键轴的大径磨削在外圆磨床上磨削，与磨外圆方法相同，用于大径定心的花键轴。花键小径和键侧磨削方法及其特点如表 10.72 所示。

② 花键轴磨削砂轮的选择　见表 10.72。

③ 砂轮的修整　图 10.116 是成形砂轮修整器，用来修整成形砂轮的两个侧面和砂轮中间的圆弧面。它可安装在砂轮架的壳体上，修整工具是金刚石笔。

图 10.117 是双砂轮修整器，用来修整两片砂轮的圆锥面和圆柱面。它可以紧固在机床工作台上或磨头壳体上。

表 10.72　花键小径和键侧的磨削方法及其特点

磨削方法	简图	特点	砂轮特性
磨花键轴小径（底径）	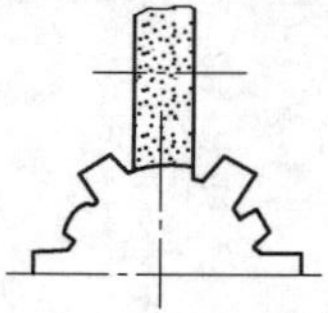	用圆弧形砂轮磨削，其圆弧半径等于花键轴小径的半径，磨削时砂轮作旋转运动，花键轴作纵向进给。工件每往复行程一次退出砂轮，作一次分度动作（手动或用花键轴磨床的自动分度机构）。每完成花键一周磨削后，砂轮垂直进给一次，直至磨到要求为止，这种磨削方法，生产率较高，用于小径定心花键轴	白刚玉（WA）； 棕刚玉（A）； 46～60；R；4；B
用成形砂轮三面磨削	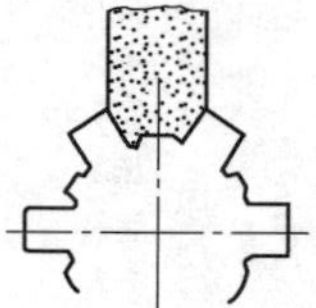	这种磨削方法是在花键轴磨床上进行加工，用成形砂轮一次可磨出花键轴小径与花键两侧面，用机床上的砂轮修整器进行修整，修整简单，调整方便，效率高，用于小径定心的花键轴	白刚玉（WA）； 棕刚玉（A）； 46～60；M～N；5；V
用双角度砂轮磨花键两侧面	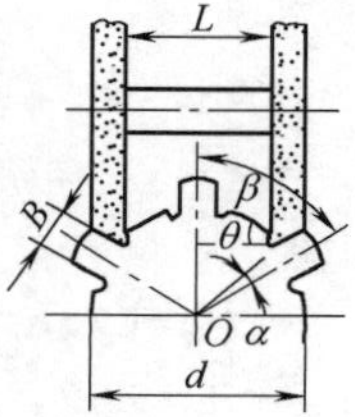	在芯轴上同时安装两个角度砂轮磨削花键两侧面（如左图），砂轮之间距离 L 按下式计算： $L=d\sin\theta=d\sin(\beta-\alpha)$ $=d\sin\left(\frac{360}{N}-\arcsin\frac{B}{d}\right)$ 式中　d——花键轴小径，mm B——键宽，mm N——键数 β——两键中心夹角 砂轮修整简单，调整较方便，尺寸 L 需调整准确，用于大径定心的花键轴	白刚玉（WA）； 棕刚玉（A）； 46～60；S；4；B

续表

磨削方法	简图	特点	砂轮特性
用两个平形砂轮磨花键两侧面	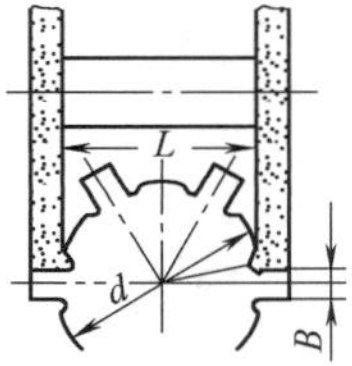	在芯轴上同时安装两个平形砂轮磨削花键两侧面(如左图),砂轮之间距离 L 按下式计算: $L=\sqrt{d^2-B^2}$ 式中　d——花键轴小径,mm B——键宽,mm 此方法调整方便,适用于大径定心的花键轴	白刚玉(WA); 棕刚玉(A); 46～60;S;4;B
用三个砂轮同时磨削花键小径和两侧面	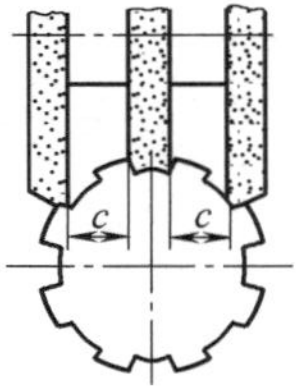	在芯轴上同时安装三个砂轮,磨削花键轴两侧面和小径,尺寸 c 按下式计算: $c=\frac{d}{2}\sin\left(\frac{360}{N}-\arcsin\frac{B}{d}\right)-\frac{B}{2}$ 式中　B——键槽宽度,mm 砂轮修整较复杂,调整较难,尺寸 c 必须调整准确,用于小径定心的多键数花键轴	白刚玉(WA); 棕刚玉(A); 46～60;S;4;B

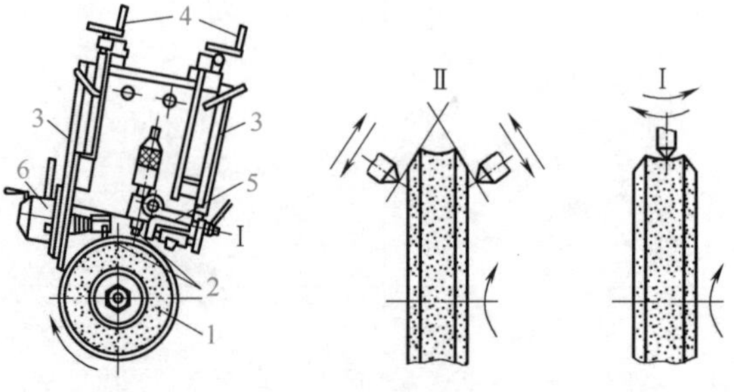

(a) 修整器简图　(b) 修整砂轮侧面简图　(c) 修整砂轮中部简图

图 10.116　砂轮修整器

1—砂轮；2—金刚石笔；3—托架；4—切入进给手轮；
5—修整砂轮中部的旋转支座；6—修整砂轮侧面的支座

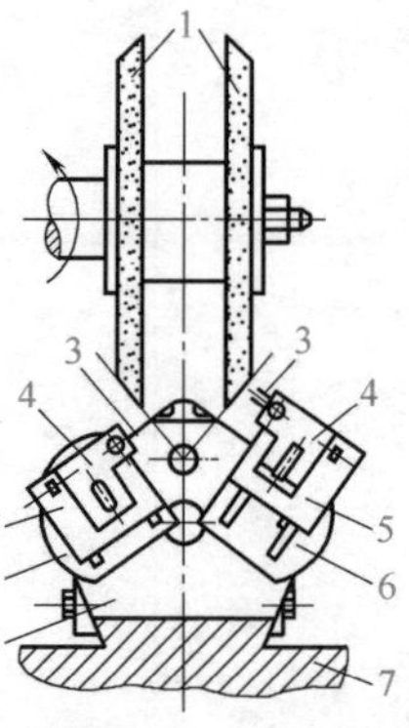

图 10.117　修整组合砂轮侧面的装置

1—砂轮；2—夹具底座；3—金刚石笔；4—支座；
5—移动托架；6—旋转板；7—机床工作台

修整磨削矩形花键轴砂轮的修整机构如图 10.118 所示，它由两个修整侧面和一个圆弧小径的金刚石笔组成，转动带有金刚石笔 4 和 5 的支撑杆 3 和 6 即可修整。花键轴的廓形角是由修整机构的手轮根据角度尺的刻度来实现的。

金刚石笔伸出长度 K（mm）可按照下面的公式计算

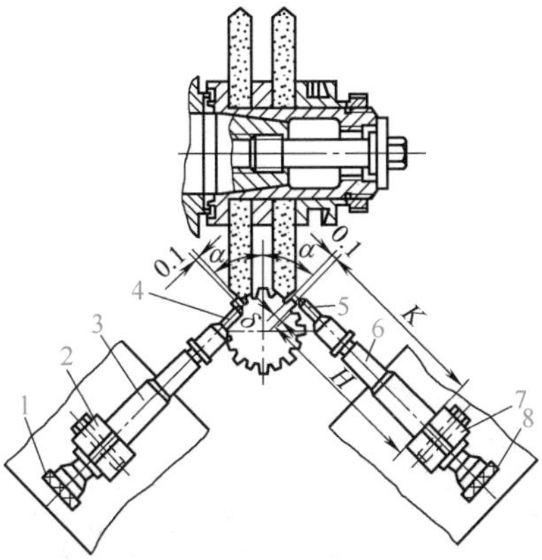

图 10.118　修整机构

1,8—微调螺杆；2,7—摇杆；3,6—支撑杆；4,5—金刚石笔

$$K=H+\frac{b_{max}}{2}-0.1 \tag{10.14}$$

式中　H——由摇杆 2 或 7 的端面到花键轴轴线（在支撑杆上作有标记）之间的距离，mm；

b_{max}——键的最大宽度，mm；

0.1——金刚石笔与被修整砂轮之间的间隙，mm。

调整金刚石笔伸出长度 K 时，先由微调螺杆 1 或 8 调整，然后将支撑杆 3 和 6 装在摇杆 2 和 7 上，并用螺钉夹固。

由支撑杆轴心伸出的径向金刚石笔，其伸出长度 R 可按下面公式计算

$$R=R_{max}+0.1 \tag{10.15}$$

式中　R_{max}——花键轴槽底的最大尺寸，mm。

④ 矩形花键轴磨削工艺参数的选择　矩形外花键（花键轴）和内花键（花键孔）的加工余量和公差选择如表 10.73 所示。

⑤ 磨削用量及其选择　磨削速度 v_s 一般取 25～45m/s，小直径的砂轮磨削时取较小速度。

纵向进给量（工作台运动速度）v_f 取决于花键长度 L 及其键数 N。当键长为 60mm 时，纵向进给量为 5～8m/min，而键长为 250mm 时，它可增大到 16m/min，当用挡块磨削时，工作台的运动速度不应超过 8m/min。

表 10.73 磨削花键的加工余量及公差 mm

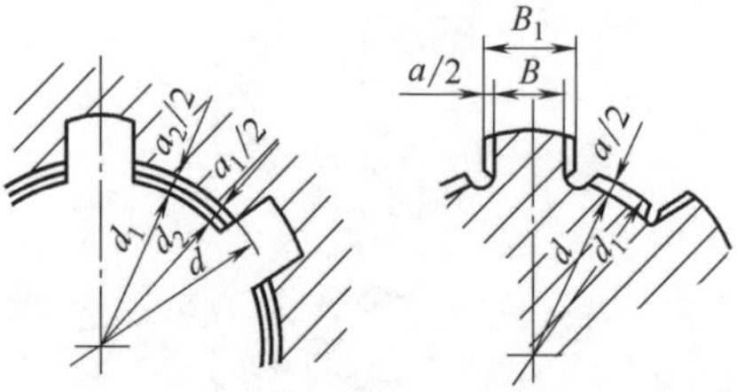

(a) (b)

(1)磨削外花键的加工余量及公差						
花键小径基本尺寸 d	花键键宽基本尺寸 B	磨削余量 a	磨削前			
			小径 d_1	极限偏差(h9)	键宽 B_1	极限偏差(h10)
11	3	0.20	11.20	$_{-0.043}^{0}$	3.20	$_{-0.048}^{0}$
13	3.5		13.20		3.70	
16	4		16.20		4.20	
18	5		18.20	$_{-0.052}^{0}$	5.20	
21	5		21.20		5.20	
23	6		23.20		6.20	$_{-0.058}^{0}$
26	6		26.20		6.20	
28	7		28.20		7.20	
32	6		32.20	$_{-0.062}^{0}$	6.20	
36	7		36.20		7.20	
42	8	0.30	42.30		8.30	
46	9		46.30		9.30	
52	10		52.30	$_{-0.074}^{0}$	10.30	$_{-0.070}^{0}$
56	10		56.30		10.30	
62	12		62.30		12.30	
72	12		72.30		12.30	
82	12		82.30	$_{-0.087}^{0}$	12.30	
92	14		92.30		14.30	
102	16		102.40		16.40	
112	18		112.40		18.40	$_{-0.084}^{0}$

续表

(2)磨削、拉削内花键的加工余量及公差						
花键小径基本尺寸 d	拉削余量 a_1	磨削余量 a_2	拉前小径		拉后小径	
			d_2	极限偏差(H10)	d_1	极限偏差(H7)
11	0.25	0.15	10.60	$^{+0.070}_{0}$	10.85	$^{+0.018}_{0}$
13			12.60		12.85	
16			15.60		15.85	
18			17.60		17.85	
21			20.60	$^{+0.084}_{0}$	20.85	$^{+0.021}_{0}$
23			22.60		22.85	
26	0.30		25.55		25.85	
28			27.55		27.85	
32			31.55	$^{+0.100}_{0}$	31.85	$^{+0.025}_{0}$
36			35.55		35.85	
42			41.55		41.85	
46			45.55		45.85	
52		0.20	51.50	$^{+0.120}_{0}$	51.80	$^{+0.030}_{0}$
56			55.50		55.80	
62			61.50		61.80	
72	0.35	0.25	71.40		71.75	
82			81.40	$^{+0.140}_{0}$	81.75	$^{+0.035}_{0}$
92			91.40		91.75	
102			101.40		101.75	
112			111.40		111.75	

砂轮的径向进给量 f_r 取决于加工方法与被磨表面接触周边长度。当同时磨削键侧面和小径表面时，砂轮周边和花键接触长度小于 10mm 时，其径向进给量为 0.018～0.036mm，其中进给量的大值与工作台运动速度 v_f=6m/min 相适应，随磨削工件的周边长度增加到 20mm，径向进给量应减少到 0.014～0.028mm。

当完成粗磨和半精磨后，尚需进行无径向进给的工作行程，或进给量为 0.002～0.005mm 的工作行程，称为光磨，具体数值见表 10.74。

表 10.74　磨花键的切削用量（淬火钢工件）

单面加工余量 h/mm	工作台运动速度 v_f/(m/min)	径向进给量/mm			行程数			
		行程名称						
		粗磨	半精磨	光磨	粗磨	半精磨	光磨	共计
0.16	8.0	0.032～0.043	0.01	0.003	3	3	1	7
	10.0	0.028～0.038	0.009	0.003	4	3	1	8
	12.5	0.025～0.034	0.009	0.003	4	3	1	8
	16.0	0.022～0.029	0.007	0.002	5	3	1	9
0.20	8.0	0.036～0.048	0.012	0.004	4	2	1	7
	10.0	0.032～0.042	0.010	0.003	4	3	1	8
	12.5	0.028～0.037	0.009	0.003	5	3	1	9
	16.0	0.024～0.032	0.008	0.003	6	3	1	10
0.25	8.0	0.040～0.054	0.014	0.004	5	2	1	8
	10.0	0.035～0.047	0.012	0.004	6	2	1	9
	12.5	0.031～0.042	0.010	0.003	6	3	1	10
	16.0	0.027～0.035	0.009	0.003	7	3	1	11
0.30	8.0	0.046～0.061	0.015	0.005	6	2	1	9
	10.0	0.040～0.054	0.013	0.004	7	2	1	10
	12.5	0.036～0.048	0.012	0.004	8	2	1	11
	16.0	0.030～0.040	0.010	0.003	8	3	1	12
0.40	8.0	0.051～0.068	0.017	0.005	7	2	1	10
	10.0	0.045～0.060	0.015	0.005	8	2	1	11
	12.5	0.040～0.053	0.013	0.004	9	2	1	12
	16.0	0.034～0.045	0.011	0.004	9	3	1	13
0.50	8.0	0.057～0.076	0.019	0.006	8	2	1	11
	10.0	0.050～0.067	0.017	0.005	9	2	1	12
	12.5	0.045～0.059	0.015	0.005	10	2	1	13
	16.0	0.038～0.050	0.013	0.004	11	2	1	14

注：1. 当工件表面粗糙度 $Ra0.4\mu m$ 及节距精度 $\Delta<0.01mm$ 时，须增加无径向进给两次行程。

2. 当同时用两只磨轮磨侧表面时，可减少一次粗行程数。

3. 当加工工件的周边长≥16mm 时，须增加一次粗行程；当加工工件的周边长≤8mm 时，须减少一次粗行程。

4. 当长度与直径之比超过 4 时，须按下表增加行程数

$\frac{L}{D}$	4～6		6～10			>10		
总行程数	≤12	>12	<8	<12	>12	<8	<12	>12
增加行程数	1	2	1	2	3	2	4	6

10.3 高效磨削

10.3.1 高速磨削

(1) 高速磨削特点

当砂轮圆周速度达 45m/s 以上时，称为高速磨削。若将砂轮速度提高到 50～60m/s 时，生产效率可提高 30%～100%，砂轮寿命提高 0.7～1 倍，工件表面粗糙度降低约 50%，可稳定达到 Ra0.8～0.4μm。高速磨削具有以下特点：

① 在一定的金属切除率下，砂轮速度提高，磨粒的切削厚度变薄。因此，磨粒负荷减轻，法向磨削力减小，砂轮的寿命提高，工件加工精度较高，磨削表面粗糙度降低。

② 如果砂轮磨粒切削厚度保持一定，则可以增加金属切除率，生产率提高。

采用高速磨削，需要采取如下措施：

① 砂轮主轴转速必须随 v_s 的提高而相应提高，砂轮传动系统功率和机床刚性必须满足要求。

② 砂轮强度必须足够大，并采取适当的安全防护装置；需要平衡，需要有效的冷却及防磨削液飞溅等。

表 10.75 为高速磨削砂轮修整参数。

表 10.75　高速磨削砂轮修整参数

砂轮速度/(m/s)	修整切深/mm	修整导程/(mm/r)				修整总量/mm	冷却条件
		F46	F60	F80	F100		
50～60	0.01～0.015	0.32	0.24	0.18	0.14	≥0.1	充分冷却
80	0.015～0.02						

(2) 高速磨削用量

① 砂轮速度。砂轮速度目前普遍采用 50～60m/s，有的高达 80m/s。

② 工件速度。一般砂轮速度与工件速度之比在 60～100 之间。对于刚性差的细长轴和不平衡的工件（如曲轴、凸轮轴等），工件速度不宜太高，其比值可取 100～250 之间。

③ 轴向进给量。轴向进给量一般可取（0.2～0.5）B/r（B 为砂轮宽度）。

④ 背吃刀量。一般粗磨 a_p=0.02～0.07mm；精磨 a_p=0.005～0.02mm；磨细长工件宜选较小值；磨短粗工件，宜选大值。

高速磨削用量可参考表 10.76 进行选择。

表 10.76　高速外圆磨削钢材的磨削用量

砂轮速度 v_s /(m/s)	速度比 v_s/v_w	切入磨削 v_f /(mm/min)	纵向磨削	
			纵向进给速度 v_f/(m/s)	背吃刀量 a_p/mm
45	60～90	1～2	0.016～0.033	0.015～0.02
60		2～2.5	0.033～0.042	0.02～0.03
80	60～100	2.5～3	0.042～0.05	0.04～0.05

10.3.2　宽砂轮磨削

宽砂轮磨削是一种高效磨削，它是靠增大磨削宽度来提高磨削效率的。一般外圆磨削砂轮的宽度仅为 50 mm 左右，而宽砂轮外圆磨削砂轮的宽度可达 300mm 左右；平面磨削砂轮的宽度可达 400mm；无心磨削砂轮的宽度可达 800～1000mm。在外圆和平面磨削中，一般采用切入磨削法，在无心磨削中除采用切入磨削法外，还采用通磨。宽砂轮磨削工件精度达 IT6，表面粗糙度可达 Ra0.63μm。

（1）宽砂轮磨削特点

① 宽砂轮通过成形修整进行成形面磨削，易保证零件的形状精度，因采用切入磨削比纵向磨削效率高。

② 由于磨削宽度大，磨削力、磨削功率大，磨削热量多，应加强冷却。

③ 因砂轮宽度大，主轴悬臂伸出较长。

④ 砂轮的硬度不仅要求在圆周方向均匀，而且在轴向也要均匀，使砂轮均匀磨损，避免影响加工工件的精度和表面质量。

此外，在生产线上采用宽砂轮磨削，可减少磨床台数和占地面积。宽砂轮磨削适于大批量生产。

（2）宽砂轮磨削的砂轮特性选择（见表 10.77）

表 10.77　宽砂轮磨削砂轮特性的选择

磨削性质	磨料	粒度	硬度
粗磨	A、SA、PA	46～60	J、K
精磨		60～80	K、L

（3）宽砂轮磨削用量（见表 10.78、表 10.79）

表 10.78　宽砂轮磨削用量的选择

砂轮速度 v/(m/s)	工件速度 v_w/(m/s)	速比 v/v_w
≈35	0.233～0.283	≥120

表 10.79　宽砂轮磨削实例

加工工件		冷锻花键轴外圆	双曲线轧滚成形面	滑阀外圆
		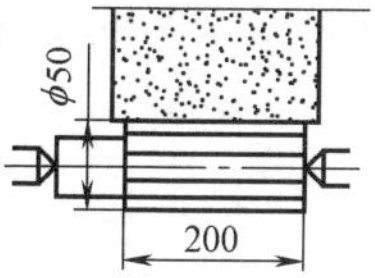 	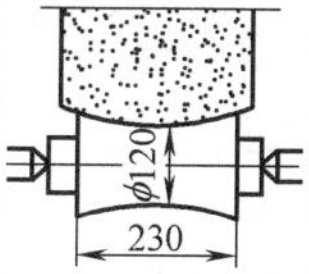 	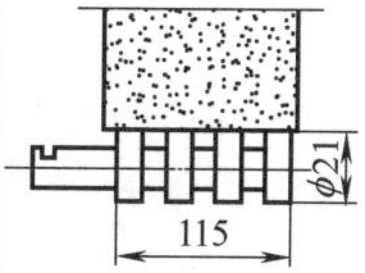
材料		40Cr	9Mn2V 64HRC	20Cr　渗碳淬硬
加工机床		H107 宽砂轮磨床	MB1532	H107 宽砂轮磨床
砂轮		7 型 600×250×305A46KV	7 型 600×300×305A46KV	7 型 600×150×305MA60KV
加工余量/mm		0.5	2	0.25
砂轮速度/(m/s)		35	35	35
砂轮修整用量	f_d/(mm/r)	0.2	0.2	0.4
	a_d/(mm/st)	0.1	0.1	0.1
工件速度/(m/min)		10	10	9.5
径向进给速度/(mm/min)		1.5	手进	1.3
光磨时间/s		火花消失为止	火花消失为止	15
表面粗糙度 Ra/μm		2.5～1.25	0.63～0.20	0.63～0.20
单件工时对比/min	普通外圆纵座	4	1440	2
	宽砂轮切入座	0.33	30	0.5

10.3.3　缓进给磨削

缓进给磨削是一种高效强力磨削，又称深切缓进给磨削，背吃刀量（磨削深度）可达 30mm，约为普通磨削的 100～1000 倍，工作进给速度为 5～300mm/min，经一次或数次行程即可磨到所要求的尺寸和形状精度。缓进给磨削适于磨削高硬度、高韧性材料，如耐热合金钢、不锈钢、高速钢等，主要用于成形磨削和深槽磨削，其加工精度可达 2～5μm，表面粗糙度可达 0.63～0.16μm，生产效率比普通磨削高 1～5 倍。

(1) 连续修整缓进给磨削

连续修整是一种修整砂轮与磨削同时进行的磨削方法。在磨削过程中，金刚石滚轮始终与砂轮保持接触，边磨削、边将砂轮修锐及整形。连续修整缓进给磨削技术与普通往复式磨削、普通缓进给磨削相比具有加工时间短、磨削效率高、加工精度高等优点。连续修整法的磨削参数为：

① 砂轮速度 $v_s=30\sim35\text{m/s}$。

② 工作台进给速度。断续修整时，$v_f<1500\text{mm/min}$；连续修整时，$v_f\geqslant1000\text{mm/min}$。

③ 修整量为 $(0.25\sim0.5)\times10^{-4}\text{mm/r}$，常选取 $0.35\times10^{-4}\text{mm/r}$。

(2) 高速大背吃刀量快进给磨削

为了克服缓进给磨削工件易烧伤问题，在磨削用量上尽量避开高温区，在加大背吃刀量与提高砂轮速度的同时，提高工件进给速度，以提高金属的切除率。这种工艺方法适合于较小工件，如钻头沟槽、转子槽、棘轮等的大批量生产。

10.3.4 无心磨削

(1) 无心磨削的形式及特点

1) 无心磨削的形式　无心磨削是一种适应大批量生产的高效率磨削方法。磨削工件的尺寸精度可达 IT6～IT7 级、圆度公差可达 0.0005～0.001 mm、表面粗糙度 Ra0.1～0.025μm。无心磨削主要有无心外圆磨削和无心内圆磨削，是工件不定中心的磨削，如图 10.119 所示。无心外圆磨削时，工件 2 放置在磨削轮 1 与导轮 3 之间，下部由托板 4 托住，磨削轮起磨削作用，导轮主要起带动工件旋转、推动工件靠近磨削轮和轴向移动的传动作用。无心内圆磨削时，工件 2 装在导轮 3、支承轮 5、压紧轮 6 之间，工作时导轮起传动作用，工件以与导轮相反的方向旋转，磨削轮 1 对工件内

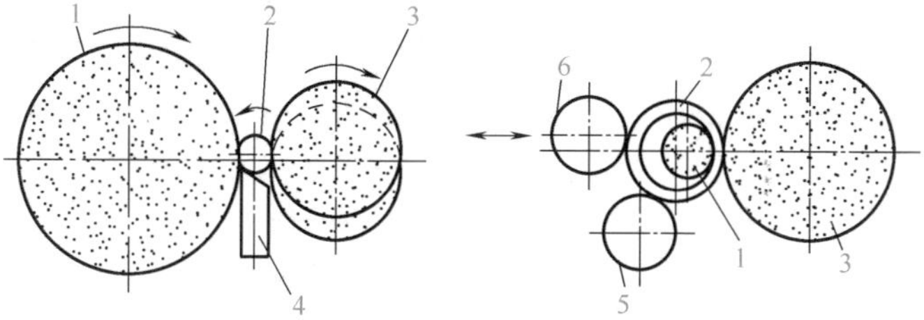

(a) 无心外圆磨削　　(b) 无心内圆磨削

图 10.119　无心磨削的形式

1—磨削轮（砂轮）；2—工件；3—导轮；4—托板；5—支承轮；6—压紧轮

孔进行磨削。

2）无心磨削的特点

① 磨削过程中工件中心不定。工件位置变化的大小取决于它的原始误差、工艺系统的刚性、磨削用量及其他磨削工艺参数（工件中心高、托板角等）。

② 工件的稳定性、均匀性不仅取决于机床传动链，还与工件的形状、重量、导轮及支承的材料、表面状态、磨削用量和其他工艺参数有关。

③ 无心外圆磨削的支承刚性好，无心内圆磨削用支承块的支承刚性较好，可取较大的背吃刀量，而且砂轮的磨损、补偿和定位产生的误差对工件直径误差影响较小。

④ 生产率高。无心外圆磨削和内圆磨削的上下料时间重合，加上一些附件，可实现磨削过程自动化。

⑤ 无心外圆磨削便于实现强力磨削、高速磨削和宽砂轮磨削。

⑥ 无心内圆磨削适合磨削薄壁工件、内孔与外圆的同轴度要求较高的工件。

⑦ 无心磨削不能修正孔与轴的轴线偏移，加工工件的同轴度要求较低。

⑧ 机床调整比较费时，单件小批量生产不经济。

（2）无心磨削常用方法

无心磨削常用方法如表 10.80 所示。

表 10.80　无心磨削常用方法

磨削方法	磨削表面特征	简图	说明
纵向贯穿磨法（通磨外圆）	细长轴	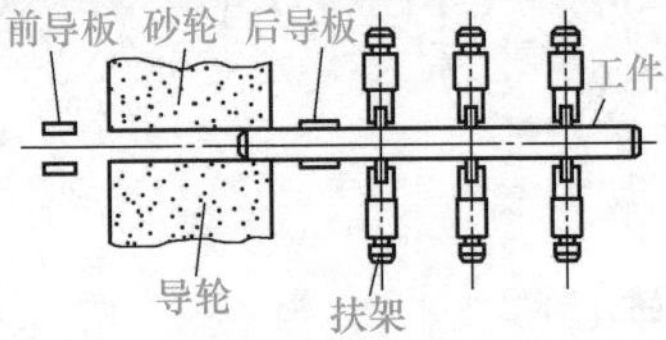	导轮倾角 1°30′～2°30′，若工件弯曲度大需多次磨削时，可为 3°～4°。工件中心应低于砂轮中心，工件直线通过。正确调整导板和托架
	同轴、同径不连续外圆	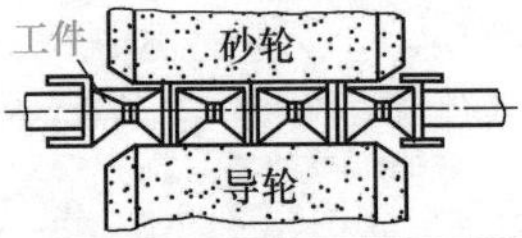	工件较短，磨削重心在磨削轴颈处。要使多个工件靠在一起，形成一个整体，进行贯穿磨削
	外圆锥面	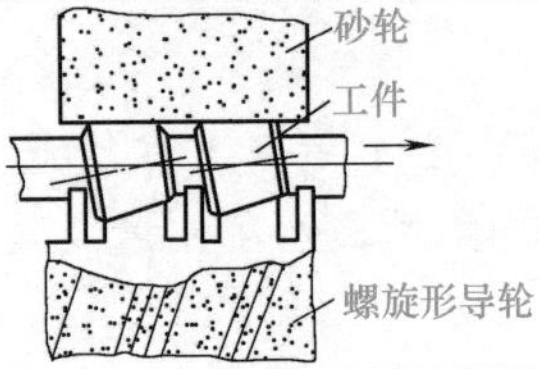	将导轮修成螺旋形，带动工件前进进行磨削，又称强迫通磨。适于大批量生产
	球面滚子外圆	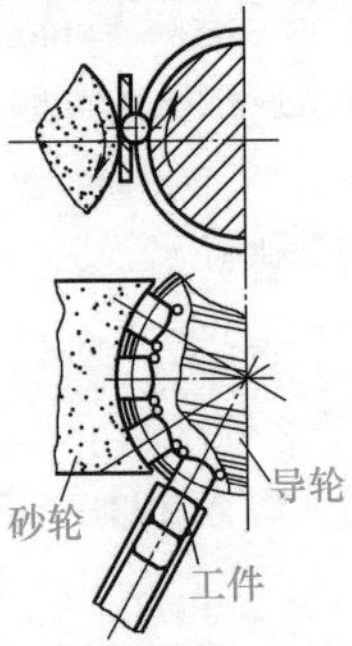	将导轮修成相应形状，进行通磨，适合大批量生产
	圆球面	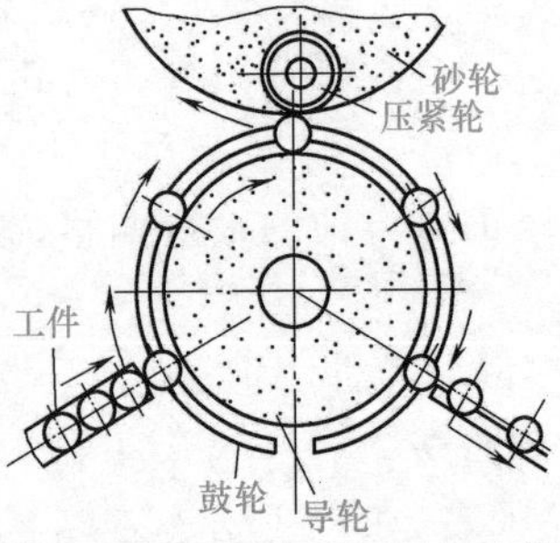	开有槽口的鼓轮围绕常规导轮慢速旋转，每个槽口相当于一个磨削支板，导轮回转使工件自转，压紧轮使工件与导轮保持接触，保证恒速自转

续表

磨削方法	磨削表面特征	简图	说明
切入磨法	台阶轴外圆	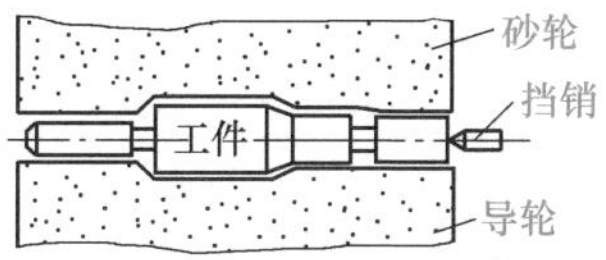	修整导轮和砂轮，使其形状和尺寸与工件相对应，导轮倾斜 15′～30′，工件在很小轴向力作用下紧贴挡销。导轮进给或导轮与砂轮同时进给
		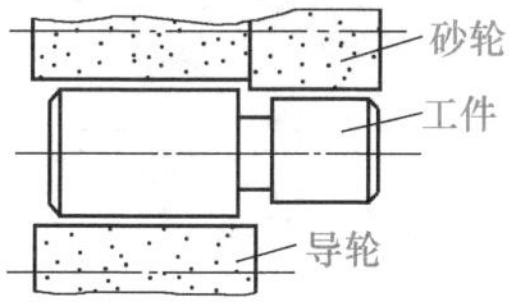	导轮倾斜 15′～30′，砂轮修整成一个台阶，尺寸与工件相对应。一般导轮进给
	球面滚子外圆	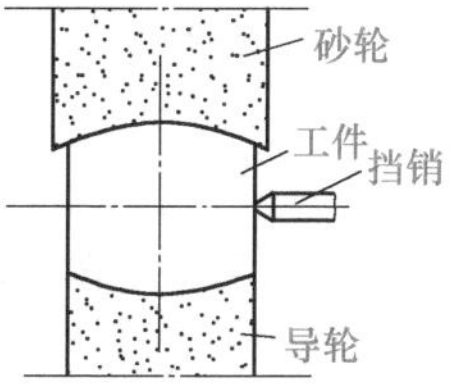	导轮和砂轮都修整成球面，切入磨削
	圆球面	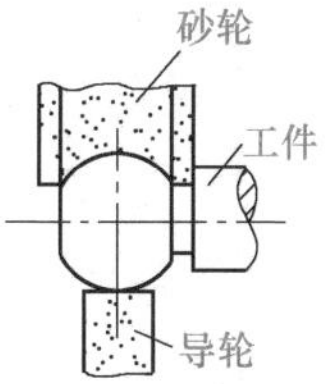	砂轮修整为凹球面，导轮周向进给
	外锥面	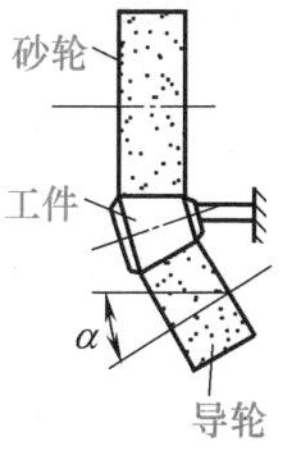	将导轮架转过 α 角(等于工件锥角)。适用于 α 较小场合

续表

磨削方法	磨削表面特征	简图	说明
切入磨法	外锥面	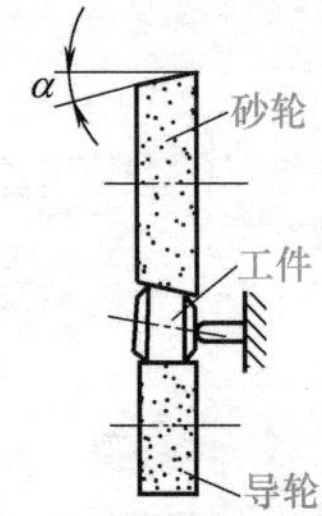	将砂轮修整成斜角为α。适用于α较小场合
		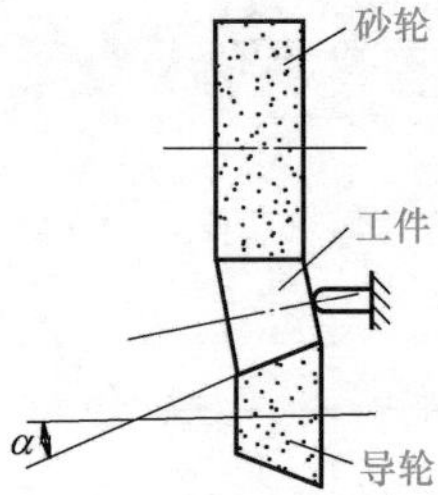	将导轮修整成斜角为α。适用于α较小场合
		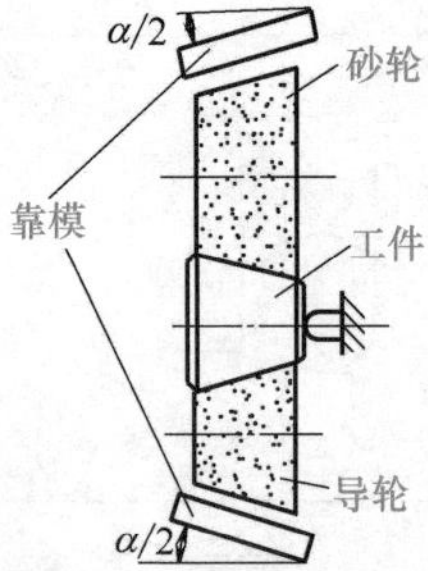	工件锥角α较大时，砂轮和导轮都修整成斜角为$\frac{\alpha}{2}$的锥形。若$\frac{\alpha}{2}$超出机床刻度范围，修整砂轮和导轮时，需采用斜度为$\frac{\alpha}{2}$的靠模
	顶尖形工件外圆	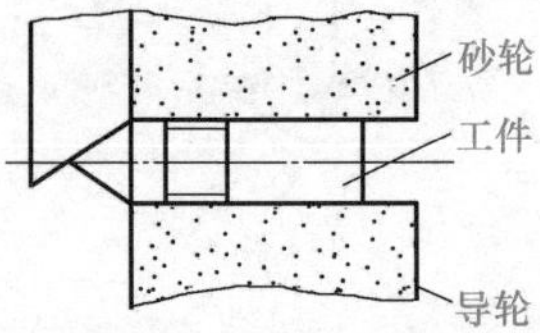	将砂轮修整成相应形状，导轮送进

续表

磨削方法	磨削表面特征	简图	说明
定程磨法	带端面外圆	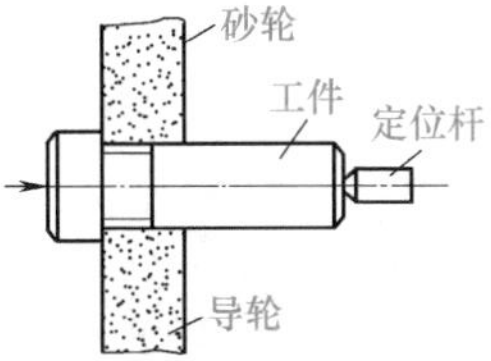	先通磨外圆，工件顶住定位杆后定程磨削，适用于阶梯轴、衬套、锥销等
	带圆角外圆	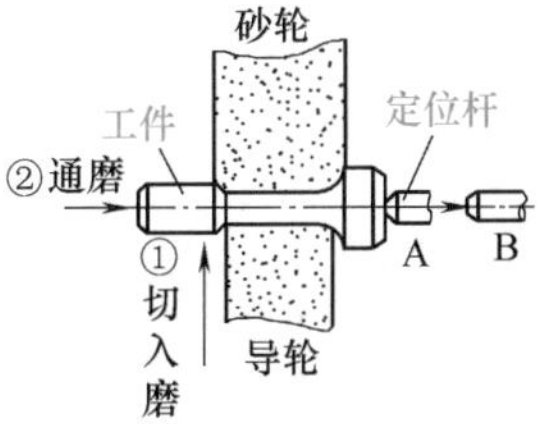	切入磨-通磨混合磨法：切入磨中间部分外圆与圆弧后定位杆由 A 退至 B 位置，通磨小端外圆
混合磨法	带端面外圆	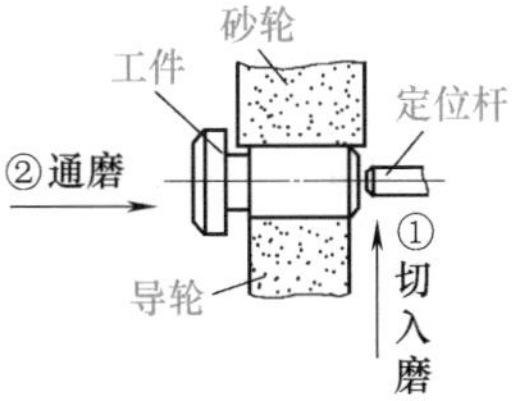	切入磨-通磨-定程磨混合磨法
	阶梯外圆与端面垂直	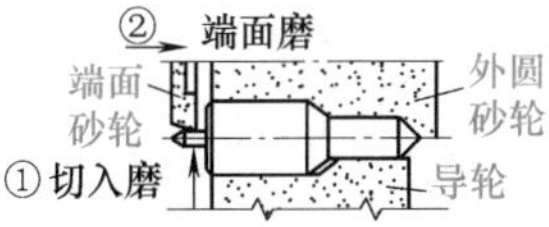	切入磨-端面磨混合磨法：先切入磨出阶梯外圆，再由端面砂轮轴向进给磨出端面

续表

<table>
<tr><th>磨削方法</th><th>磨削表面特征</th><th>简图</th><th>说明</th></tr>
<tr><td rowspan="2">无心顶尖磨削</td><td>光滑外圆、阶梯套筒外圆等</td><td>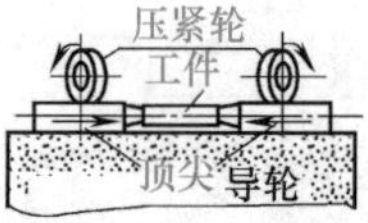
</td><td rowspan="2">对于同轴度和圆度同时要求很高(＜1μm)的细长工件，用普通贯穿法磨削达不到要求，可在工件每端选配一高精度(公差为0.5μm)顶尖，将此组件用两个弹簧加载的压紧轮压在导轮与支板形成的V形内，每个压紧轮可分别调整，使顶尖始终顶住工件。导轮旋转，顶尖也带动工件旋转，砂轮进给，磨削工件
顶尖的外径比工件外径尺寸大，磨削时，顶尖和工件组成的组件形成一个整体，提高了工件的刚性，而且这个组件在磨削时是不定中心的
上图中是阳顶尖，下图中是阴顶尖</td></tr>
<tr><td>外圆面</td><td>
</td></tr>
<tr><td rowspan="2">无心内圆磨削</td><td rowspan="2">内孔</td><td>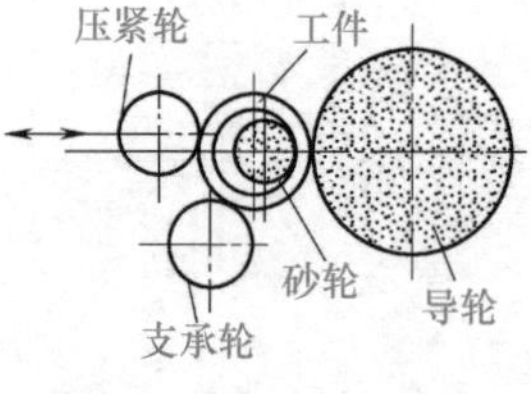
</td><td>工件在导轮带动下，在支承轮上回转，工件和砂轮中心连线与导轮中心等高。支承轮有振摆</td></tr>
<tr><td>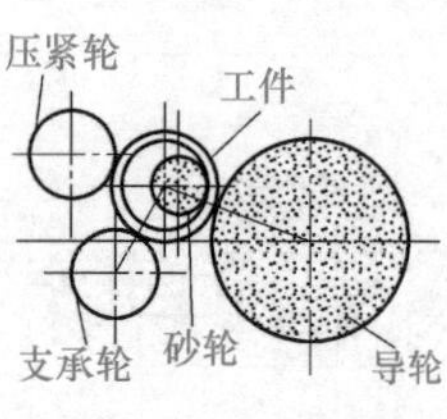
</td><td>工件和砂轮中心连线高于导轮中心，加工精度高</td></tr>
</table>

续表

磨削方法	磨削表面特征	简图	说明
无心内圆磨削	内孔	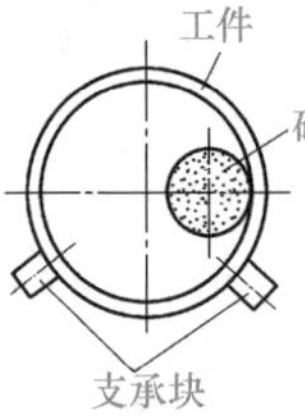	工件靠外圆定位，由支承块支承，刚性好，常用电磁无心夹具装夹
		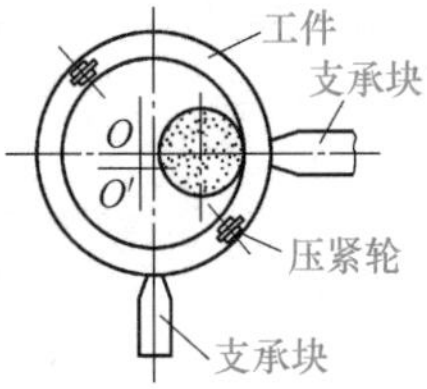	工件被两个压紧轮压在拨盘上，支承块支承，工件中心和主轴中心偏心安装，靠工件端面和拨盘间摩擦力将工件压在支承块上
	旋转滚子轴承圈内球面	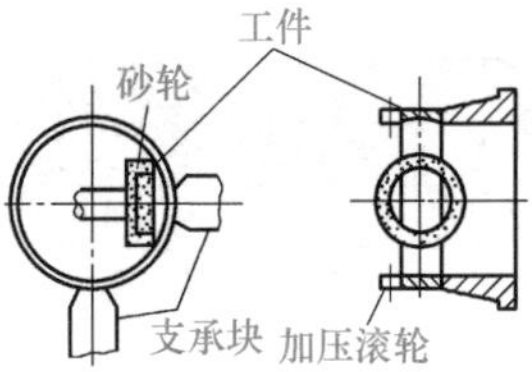	在轴承磨床上，工件和砂轮互成 90°旋转，磨出球面，称为横轴磨削法
	内锥面	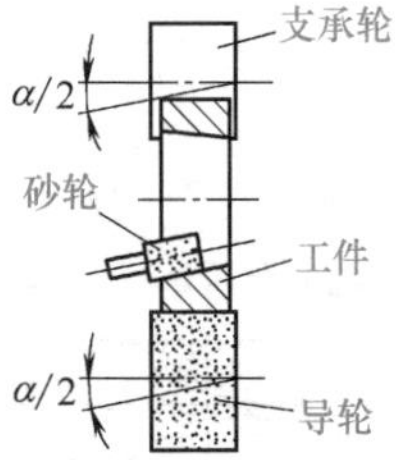	导轮与支承轮一起转过一个角度

（3）无心磨削用量

砂轮速度 v_s 一般为 25～35m/s；高速无心磨削 v_s 可达 60～80m/s。导轮速度为 0.33～33m/s。当 v_s＝25～35m/s 时，其他磨削用量见表 10.81～表 10.83。

表 10.81　无心磨削粗磨磨削用量（通磨钢制工件外圆）

双面的背吃刀量 $2a_p$/mm	工件磨削表面直径 d_w/mm									
	5	6	8	10	15	25	40	60	80	100
	纵向进给速度/(mm/min)									
0.10	—	—	—	1910	2180	2650	3660	—	—	—
0.15	—	—	—	1270	1460	1770	2440	3400	—	—
0.20	—	—	—	955	1090	1325	1830	2550	3600	—
0.25	—	—	—	760	875	1060	1465	2040	2880	3820
0.30	—	—	3720	635	730	885	1220	1700	2400	3190
0.35	—	3875	3200	545	625	760	1045	1450	2060	2730
0.40	3800	3390	2790	475	547	665	915	1275	1800	2380

纵向进给速度的修正系数 与工件材料、砂轮粒度和硬度有关					
非淬火钢		淬火钢		铸铁	
砂轮粒度与硬度	系数	砂轮粒度与硬度	系数	砂轮粒度与硬度	系数
46M	1.0	46K	1.06	—	—
46P	0.85	46H	0.87	—	—
60L	0.90	60L	0.75	46L	1.3
46Q	0.82	60H	0.68	—	—

与砂轮尺寸及寿命有关			
寿命 T/s	砂轮宽度 B/mm		
	150	250	400
540	1.25	1.56	2.0
900	1.0	1.25	1.6
1500	0.8	1.0	1.44
2400	0.63	0.8	1.0

注：1. 纵向进给速度建议不大于 4000mm/min。

2. 导轮倾斜角为 3°～5°。

3. 表内磨削用量能得到加工表面粗糙度 Ra1.6μm。

表 10.82　无心磨削精磨磨削用量（通磨钢制工件外圆）

(1)精磨行程次数 N 及纵向进给速度 v_f/(mm/min)																		
精度等级	工件磨削表面直径 d_w/mm																	
	5		10		15		20		30		40		60		80		100	
	N	v_f	N	v_f	N	v_f	N	v_f	N	v_f	N	v_f	N	v_f	N	v_f	N	v_f
IT5 级	3	1800	3	1600	3	1300	3	1100	4	1100	4	1050	5	1050	5	900	5	800
IT6 级	3	2000	3	2000	3	1700	3	1500	4	1500	4	1300	5	1300	5	1100	5	1000
IT7 级	2	2000	2	2000	3	2000	3	1750	3	1450	3	1200	4	1200	4	1100	4	1100
IT8 级	2	2000	2	2000	2	1750	2	1500	3	1500	3	1500	3	1300	3	1200	3	1200

续表

纵向进给速度的修正系数				
工件材料	壁厚和直径之比			
	>0.15	0.12～0.15	0.10～0.11	0.08～0.09
淬火钢	1	0.8	0.63	0.5
非淬火钢	1.25	1.0	0.8	0.63
铸铁	1.6	1.25	1.0	0.8

(2)与导轮转速及导轮倾斜角有关的纵向进给速度 v_f									
导轮转速/(r/s)	导轮倾斜角								
	1°	1°30′	2°	2°30′	3°	3°30′	4°	4°30′	5°
	纵向进给速度 v_f/(mm/min)								
0.30	300	430	575	720	865	1000	1130	1260	1410
0.38	380	550	730	935	1110	1270	1450	1610	1790
0.48	470	700	930	1165	1400	1600	1830	2030	2260
0.57	550	830	1100	1370	1640	1880	2180	2380	2640
0.65	630	950	1260	1570	1880	2150	2470	2730	3040
0.73	710	1060	1420	1760	2120	2430	2790	3080	3440
0.87	840	1250	1670	2130	2500	2860	3280	3630	4050

纵向进给速度的修正系数						
导轮直径/mm	200	250	300	350	400	500
修正系数	0.67	0.83	1.0	1.17	1.33	1.67

注：1. 精磨用量不应大于粗磨用量。

2. 表内行程次数是按砂轮宽度 $B=150\sim200$mm 计算的。当 $B=250$mm 时，行程次数可减少 40%；当 $B=400$mm 时，减少 60%。

3. 导轮倾斜角磨削 IT5 级精度时用 1°～2°；IT6 级精度用 2°～2°40′；IT8 级精度用 2°30′～3°30′。

4. 精磨进给速度建议不大于 2000mm/min。

5. 磨轮的寿命等于 900s 机动时间。

6. 精磨中最后一次行程的背吃刀量：IT5 级精度为 0.015～0.02mm；IT6 级、IT7 级精度为 0.02～0.03mm；其余几次都是半精行程，其背吃刀量为 0.04～0.05mm。

表 10.83　切入式无心磨磨削用量

(1)粗磨											
磨削直径 d_w/mm	3	5	8	10	15	20	30	50	70	100	120
工件速度 v_w/(m/min)	10～15	12～18	13～20	14～22	15～25	16～27	16～29	17～30	17～35	18～40	20～50
径向进给速度/(mm/min)	7.85	5.47	3.96	3.38	2.54	2.08	1.55	1.09	0.865	0.672	0.592

续表

径向进给速度的修正系数								
与工件材料和砂轮直径有关				与砂轮寿命有关				
工件材料	砂轮直径 d_s/mm			寿命 T/s	360	540	900	1440
	500	600	750					
耐热钢	0.77	0.83	0.95	修正系数	1.55	1.3	1.0	0.79
淬火钢	0.87	0.95	1.06					
非淬火钢	0.91	1.0	1.12					
铸铁	0.96	1.05	1.17					

(2)精磨										
磨削直径 d_w/mm	工件速度/(m/min)		磨削长度/mm							
	非淬火钢及铸铁	淬火钢	25~32	40	50	63	80	100	125	160
			径向进给速度/(mm/min)							
6.3	0.20~0.32	0.29~0.32	0.11	0.09	0.08	0.07	0.06	0.05	0.05	0.04
8	0.21~0.36	0.30~0.36	0.09	0.08	0.07	0.06	0.05	0.05	0.04	0.04
10	0.22~0.38	0.32~0.38	0.08	0.07	0.06	0.06	0.05	0.04	0.04	0.03
12.5	0.23~0.42	0.33~0.42	0.07	0.07	0.06	0.05	0.04	0.04	0.03	0.03
16	0.23~0.46	0.35~0.46	0.07	0.06	0.05	0.04	0.04	0.03	0.03	0.03
20	0.23~0.50	0.37~0.50	0.06	0.05	0.05	0.04	0.03	0.03	0.03	0.02
25	0.24~0.54	0.38~0.54	0.05	0.05	0.04	0.03	0.03	0.03	0.02	0.02
32	0.25~0.60	0.40~0.60	0.05	0.04	0.04	0.03	0.03	0.02	0.02	0.02
40	0.26~0.65	0.42~0.65	0.04	0.04	0.03	0.03	0.02	0.02	0.02	0.02
50	0.27~0.68	0.44~0.68	0.04	0.03	0.03	0.02	0.02	0.02	0.02	0.01
63	0.27~0.77	0.46~0.77	0.03	0.03	0.02	0.02	0.02	0.02	0.01	0.01
80	0.28~0.83	0.48~0.83	0.03	0.03	0.02	0.02	0.02	0.01	0.01	0.01
100	0.28~0.90	0.50~0.90	0.03	0.02	0.02	0.02	0.01	0.01	0.01	0.01
125	0.29~1.00	0.53~1.00	0.03	0.02	0.02	0.02	0.02	0.01	0.01	0.01
160	0.30~1.08	0.55~1.08	0.02	0.02	0.02	0.01	0.01	0.01	0.01	0.01

径向进给速度的修正系数										
与工件材料和砂轮直径有关 k_1					与精度和加工余量有关 k_2					
工件材料	砂轮直径 d_s/mm				精度等级	直径余量/mm				
	400	500	600	750		0.2	0.3	0.5	0.7	1.0
耐热钢	0.55	0.58	0.7	0.8	IT5级	0.5	0.63	0.8	1.0	1.26
淬火钢	0.8	1.9	1.0	1.1	IT6级	0.63	0.8	1.0	1.25	1.6
非淬火钢	0.95	1.1	1.2	1.3	IT7级	0.8	1.0	1.25	1.6	2.0
铸铁	1.3	1.45	1.6	1.75	IT8级	1.0	1.25	1.6	2.0	2.5

注：砂轮圆柱表面的寿命为900s，圆弧表面为300s。

(4)无心外圆磨削参数的调整控制

1）磨削砂轮参数的调整控制　磨削砂轮的形状直接影响磨削质量、生产效率和使用寿命，一般要求砂轮形状适应进料、预磨、精磨、光磨、出料等过程。

贯穿法磨削用砂轮形状如图 10.120 所示。当背吃刀量大时，l_1、l_2 长些，角 γ_1、γ_2 大些；反之，l_3 长些，γ_1、γ_2 小些。

宽砂轮如图 10.121 所示，l_1 是进料区，为 10～15mm；l_2 是预磨区，根据磨削用量确定；l_3 是精磨或光磨区，粗磨时为 5～10mm；A 等于最大磨削余量；Δ_1 为进料口，约 0.5mm；Δ_2 为出料口，约 0.2mm。磨削火花主要集中在预磨区，当工件进入精磨或光磨区后，火花逐渐减少，在出料口前应没有火花。

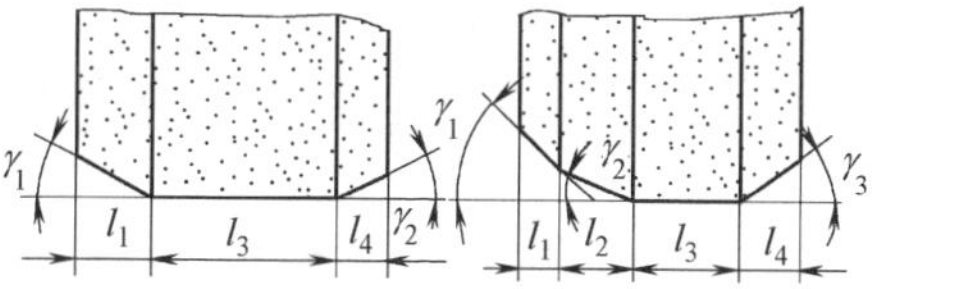

图 10.120　贯穿法磨削砂轮

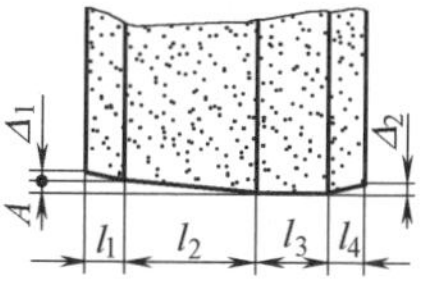

图 10.121　宽砂轮形状

无心磨削砂轮的特性常应与导轮结合起来考虑。砂轮和导轮最大外径及宽度是由机床决定的。贯穿法磨削时，砂轮与导轮同宽；切入法磨削时，一般也相同；磨圆球面工件时，导轮应窄一些，但一般轮宽不小于 25mm。以 M1080 无心磨床为例，砂轮直径 500mm，用贯穿法磨削时，砂轮和导轮宽度为 150～200mm；用切入法磨削时，砂轮和导轮比工件待磨长度长 5～10mm。

无心磨削砂轮的磨料、粒度、硬度，结合剂选择与一般外圆磨削基本相同，硬度通常比一般外圆磨削选得稍硬一些，无心贯穿法磨削砂轮硬度比切入法磨削的稍软一些。多砂轮磨削时，直径小的砂轮比大的稍硬一些。导轮比磨削砂轮要硬一些，粒度要细一些。

2）导轮参数的调整控制　导轮与砂轮一起使工件获得均匀的回转运动和轴向送给运动，由于导轮轴线与磨削轮轴线有一倾角 θ，所以导轮不能是圆柱形的，否则工件与导轮只能在一点接触，不能进行正常的磨削。导轮曲面形状及修整，导轮架扳转的倾角 θ 和导轮速度对磨削质量、生产率和损耗均有很大影响。

实际使用的导轮曲面是一种单叶回转双曲面。导轮曲面形状不正确，会出现下列问题：

① 纵磨时，工件中心实际轨迹与理想轨迹相差很大，会产生凸度、凹度、锥度等误差。

② 磨削时工件与导轮的接触线和理想接触线偏离较大，引起工件中心波动过大，甚至发生振动，会产生圆度误差和振纹。

③ 工件导向不正确，在进入和离开磨削区时，工件表面会局部磨伤。

④ 预磨、精磨、光磨的连续过程不能形成，使生产率降低，影响磨削精度和表面粗糙度，同时难以发挥全部有效宽度的磨削作用，增加砂轮损耗。

导轮倾角 θ 决定工件的纵向进给速度和磨削精度，一般根据磨削方式和磨削工序确定。贯穿法磨削时：粗磨 $\theta=2°\sim6°$，精磨 $\theta=1°\sim2°$；切入磨削时：$\theta=0°\sim0.5°$；长工件磨削时：$\theta=0.5°\sim1.5°$。

确定导轮修整角 θ' 和金刚石位移量 h'：当导轮在垂直面内倾斜 θ 角确定后，修正导轮时，应将导轮修整器的金刚石滑座也转过相同的或稍小的角度 θ'。此外，由于工件的中心比两轮中心连线高 H，而使工件与导轮的接触线比两轮中心连线高出 h，因此，金刚石与接触导轮表面的位置也必须偏移相应距离 h'，使导轮修整为双曲面形状，如图 10.122、图 10.123 所示。

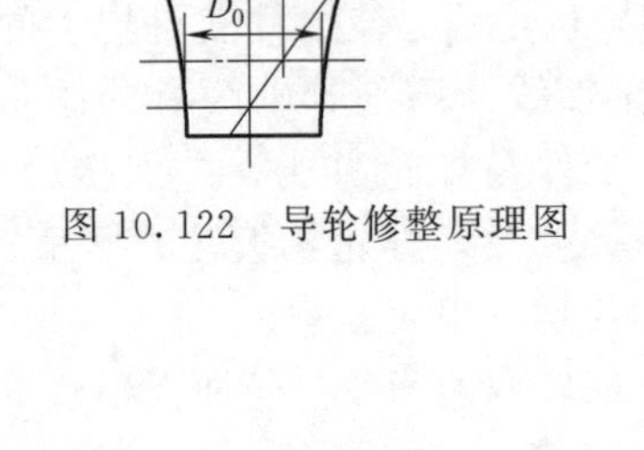

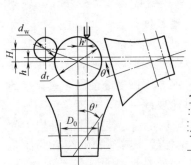

图 10.122 导轮修整原理图

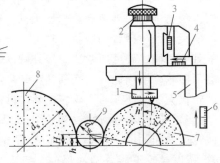

图 10.123 导轮修整器

1—金刚钻偏移刻度板；2—金刚钻进给刻度盘；3—修整器垂直面内倾斜刻度板；4—修整器水平面回转刻度板；5—导轮架；6—导轮垂直面倾斜刻度板；7—导轮；8—磨削轮；9—工件

θ'与 h'的计算方法为：

$$\left.\begin{aligned}\theta' &= \theta\,\frac{D_0+d_w/2}{D_0+d_w}\\ h' &= H\,\frac{D_0+d_w/2}{D_0+d_w}\end{aligned}\right\}\quad(10.16)$$

式中　θ——导轮倾角；

D_0——导轮喉截面直径；

d_w——工件直径；

H——工件中心高。

θ'也可按表 10.84 进行选择。

表 10.84　修整导轮时金刚石滑座的回转角度

θ/(°) \ D_0/d_w	3	3.5	4	5	6	7	12	18	24	48
1	50′	50′	55′	55′	55′	55′	55′	1°	1°	1°
2	1°45′	1°45′	1°50′	1°50′	1°50′	1°55′	1°55′	2°	2°	2°
3	2°35′	2°40′	2°40′	2°45′	2°50′	2°50′	2°55′	2°55′	3°	3°
4	3°30′	3°30′	3°35′	3°40′	3°45′	3°45′	3°50′	3°55′	4°	4°
5	4°20′	4°25′	4°30′	4°35′	4°40′	4°40′	4°50′	4°55′	5°	5°
6	5°15′	5°15′	5°25′	5°30′	5°35′	5°40′	5°45′	5°55′	5°55′	5°55′
7	6°10′	6°10′	6°20′	6°25′	6°30′	6°35′	6°45′	6°50′	6°55′	6°55′

导轮工作速度可按下列条件进行选择：

① 磨削大而重的工件时，取 0.33～0.67m/s；

② 磨削小而轻的工件时，取 0.83～1.33m/s；

③ 磨削细长杆件时，取 0.5～0.75m/s；

④ 工件圆度误差较大时，可适当提高导轮工作速度；

⑤ 贯穿法磨削导轮工作速度比切入法磨削时选高一些。

3）托板参数选择　托板的形状如图 10.124 所示，图 10.124（b）用得最普遍。

托板角的大小影响工件棱圆的边数，一般托板角 $\beta=20°\sim60°$，β 角过大则托板刚性差，磨削时容易发生振动。

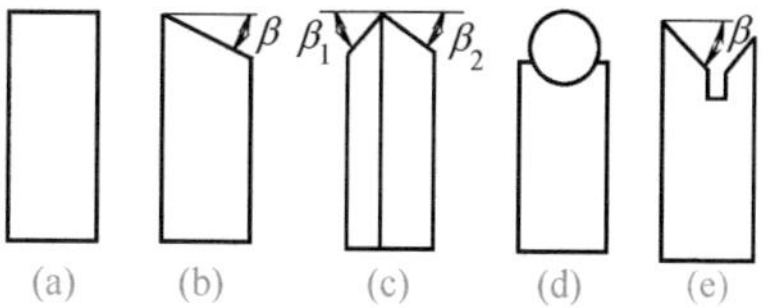

图 10.124　托板的形状

粗磨及磨削大直径工件（>40mm），选取较小的β角；精磨及磨削小直径工件时，选取较大的β角；在磨削直径很小的工件及磨削细长杆件时，且工件中心低于砂轮中心，选取β角为0°，以增加托板刚性。

托板长度参数如图10.125所示。贯穿法磨削时，托板长度为：

$$L=A_1+A_2+B \tag{10.17}$$

式中 A_1——磨削区前伸长度，mm，取1～2倍工件长度；

A_2——磨削区后伸长度，mm，取0.75～1倍工件长度；

B——砂轮宽度，mm。

用切入法磨削时，托板比工件长5～10mm。

托板厚度影响托板的刚性和磨削过程的平稳性，其大小取决于工件的直径。一般托板厚度比工件直径小1.5～2mm。

如图10.126所示，托板高度为：

$$H_1=A-B-d/2+H \tag{10.18}$$

式中 A——砂轮中心至底板距离，mm；

B——托板槽底至底板距离，mm，按表10.81选择；

d——工件直径，mm；

H——工件中心距砂轮中心连线的距离，mm，按表10.85选择；

H_1——斜面中点距托架槽底的距离，mm。

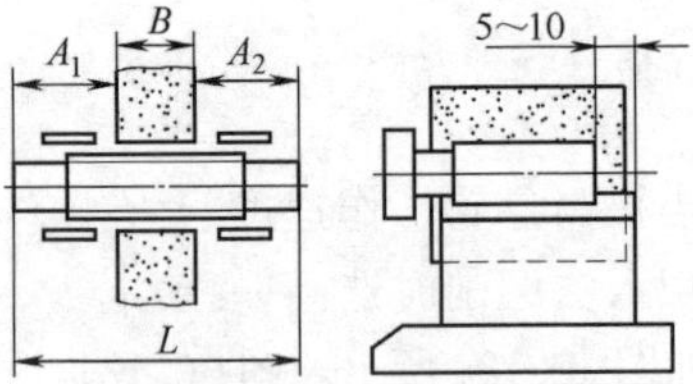

(a) 贯穿磨削　(b) 切入法磨削

图10.125　托板长度

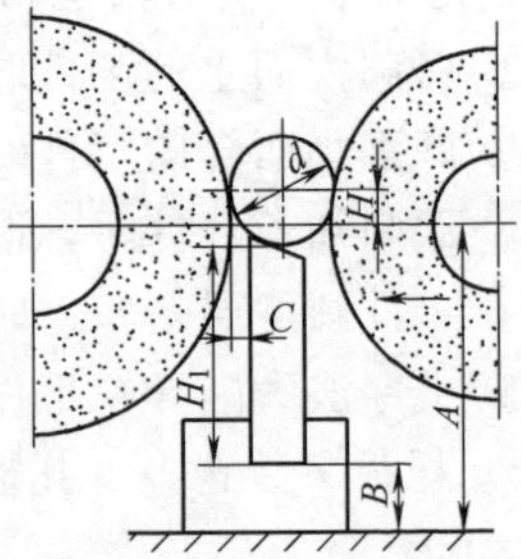

图10.126　托板高度的调整

托板与砂轮的距离C是指托板左侧面与磨削轮在水平面内离开的距离。其值不宜过小，否则会影响冷却与排屑，因为该处为磨削液和排屑的通道，其值按表10.86选择。

表 10.85　工件中心高 H 的数值　mm

导轮直径	300 或 350												
工件直径	2	6	10	14	18	22	26	30	34	38	42	46	50
H	1	3	5	7	9	11	13	14	14	14	14	14	14

表 10.86　无心外圆磨削时 H、B、C 值　mm

工件直径 d	托架槽底至底板距离 B	工件至砂轮中心值 H	托板与磨削轮距离 C
5～12	4～4.5	2.5～6	1～2.4
12～25	4.5～10	6～10	1.65～4.75
25～40	10～15	10～15	3.75～7.5
40～80	15～20	15～20	7.5～10

托板材料应根据工件材料而定，一般用高碳合金钢、高碳工具钢、高速钢或硬质合金制造。磨软金属时，可选用铸铁；磨不锈钢时可选用青铜。

4）导板的选择与调整　导板的作用是正确地将工件通向及引出磨削区域，所以在贯穿磨削法中导板起着重要的作用。导板的长度一般不宜过长，可根据工件的长度进行选择，当工件长度大于100mm 时，导板的长度取工件长度的 0.75～1 倍；当工件长度小于 100mm 时，导板的长度取工件长度的 1.5～2.5 倍。

导板形状如图 10.127 所示。当工件直径小于 12mm 时，选用图 10.127（a）结构；当工件直径大于 12mm 时，选用图 10.127（b）结构，其尺寸由托架结构和工件尺寸决定。导板材料选择与托板同。

导板安装时，前后导板应与托架定向槽平行（平行度应在 0.01～0.02mm 内），而且应与砂轮、导轮工作面间留有合理间隙（见图 10.128）。

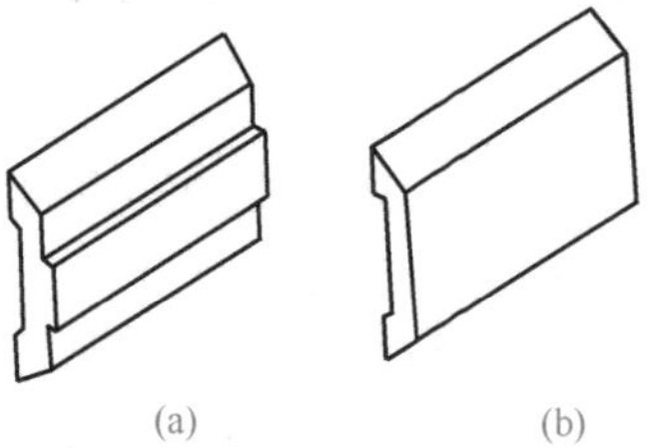

图 10.127　导板形状

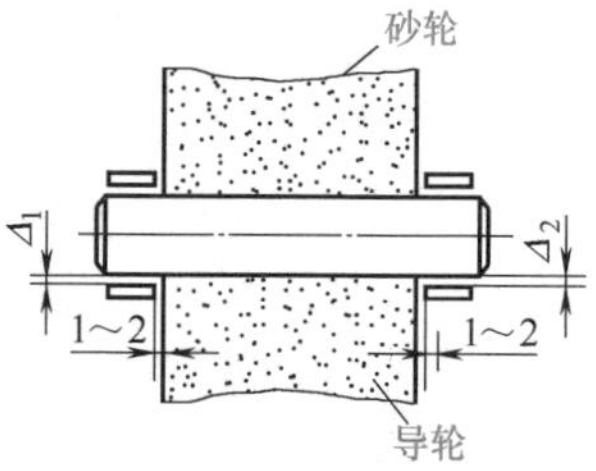

图 10.128　导板的安装与调整

10.3.5 砂带磨削

砂带磨削是用砂带代替砂轮作切削工具对工件表面进行磨削的一种高效磨削方法。砂带磨削适应各种形状和特殊表面的磨削加工，可对金属和非金属材料工件进行粗、精和抛光磨削加工，磨削精度可与砂轮磨削相媲美，磨削效率甚至超过车、铣、刨等加工工艺。

（1）砂带磨削原理、特点和磨削方式

1）砂带磨削的原理　如图 10.129 所示，砂带磨削装置由砂带、接触轮、张紧轮等部件组成。砂带磨削时，砂带上有多个磨粒同时进行磨削，所有的磨粒都能参与磨削，砂带经过接触轮与工件进行接触，由于接触轮的外表面套有一层橡胶或软塑料，在磨削力的作用下产生弹性变形，使磨削接触面积增大、磨粒上的载荷减小，且载荷分布均匀，因此，砂带磨削的效率高、加工精度高、表面质量好。

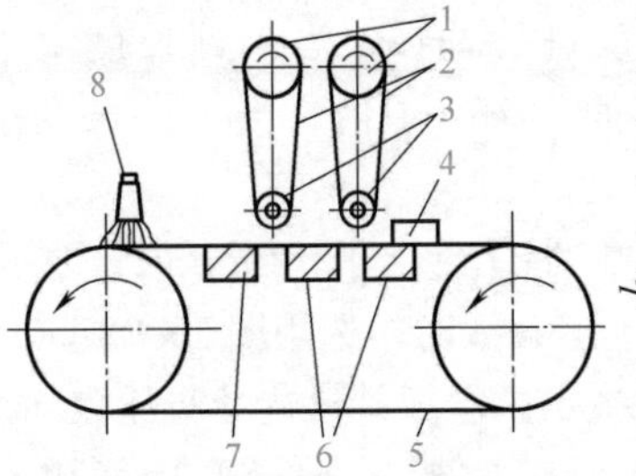

(a) 砂带磨削的组成

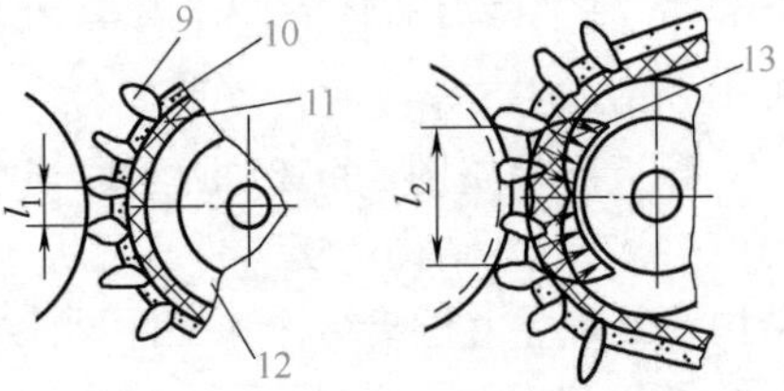

(b) 砂带磨削接触区

图 10.129　砂带磨削

1—张紧轮；2—砂带；3—接触轮；4—工件；5—输送带；6—电磁盘；7—脱磁器；8—清洗刷子；9—磨粒；10—结合剂；11—带基；12—接触轮胶层；13—应力图

2）砂带磨削的特点

① 磨削效率高。砂带上有无数个磨削刃对表面层金属进行切除，其效率是铣削的 10 倍，是普通砂轮磨削的 5 倍。

② 加工精度较高。加工精度一般可达普通砂轮磨削的加工精度，尺寸精度可达±0.005mm，最高可达±0.0012mm，形状精度可达 0.001mm。

③ 表面质量高。由于砂带与工件柔性接触，具有较好的跑合、抛光作用，可磨削形状复杂的表面，工件表面粗糙度可达 Ra0.8～0.2μm，砂带磨削产生的摩擦热量少，且磨粒散热时间间隔长，可有效减少工件变形、烧伤，磨削表面质量高。

④ 设备结构简单，适应性强。砂带磨头可装在普通车床、立车、龙门刨床上对外圆、内圆、平面等进行砂带磨削加工。

⑤ 操作简单、维修方便，安全可靠，砂带不需要像砂轮那样进行平衡和修整，并可更换等。

3）砂带的磨削方式　砂带磨削可以磨削外圆、内圆、平面、曲面等，可以加工各类非金属材料如木材、塑料、石料、混凝土、橡胶、单晶硅体、宝石等，还可以打磨铸件浇冒口残蒂、结渣、飞边，大件及桥梁的焊缝以及大型容器壳体、箱体的大面积除锈、除残漆等。但是，对齿轮、盲孔、阶梯孔以及各种型腔、退刀槽、小于 3mm 的多阶梯外圆，目前还难以加工。对精度要求很高的工件，也不能与砂轮的高精度磨削相媲美。

砂带磨削方式种类很多，按砂带与工件的接触形式可分为：接触轮式、支撑板式、自由接触式和自由浮动接触式；按磨削表面形状分为：砂带外圆、内圆、平面和曲面磨削；按传动工件的方式分为：砂轮导轮式、橡胶导轮式和手动式等。常见的砂带磨削方式及其特点如表 10.87 所示。

表 10.87　砂带磨削方式及其特点

磨削方式		类型	示意简图	特点
砂带外圆磨削	工件无心砂带外圆磨削	砂轮导轮式	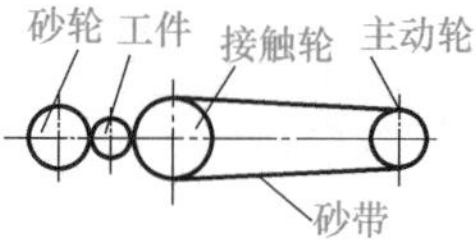	磨削精度一般,但磨削量较大
		橡胶导轮式	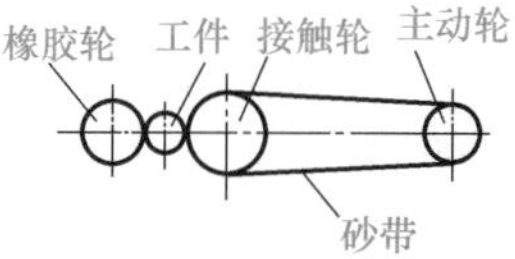	磨削精度一般,但磨削量较大

续表

磨削方式		类型	示意简图	特点
砂带外圆磨削	工件无心砂带外圆磨削	砂带充当导轮式	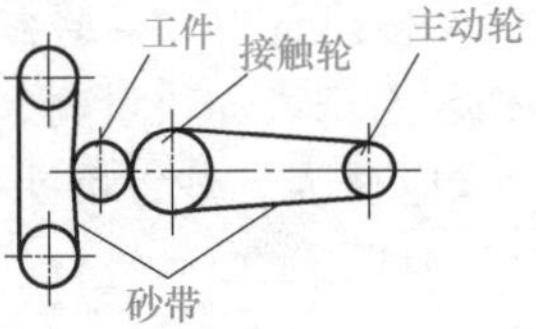	磨削量很大，但磨削精度较低
		橡胶导轮加辅轮式	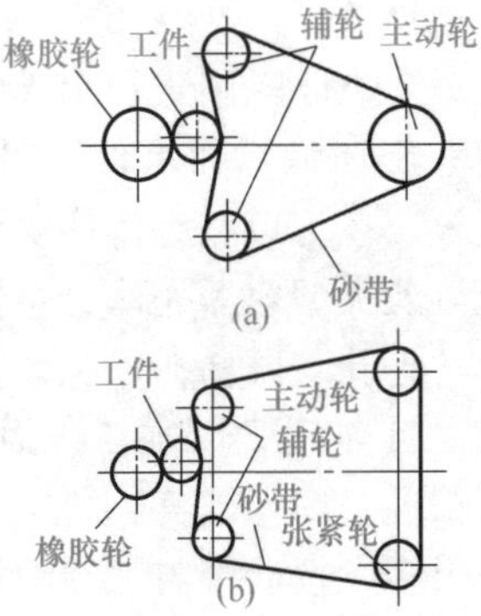	可得到粗糙度很低的表面，但磨削量较小
	工件定心砂带外圆磨削	接触轮式	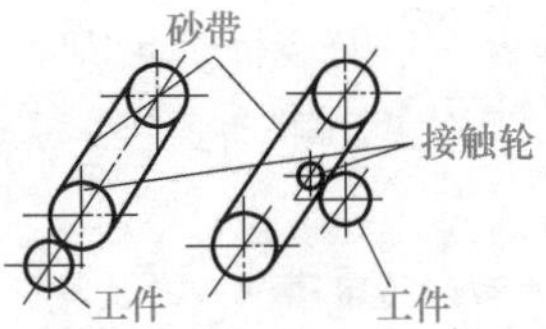	磨削量一般较大，但精度一般
		支承板式	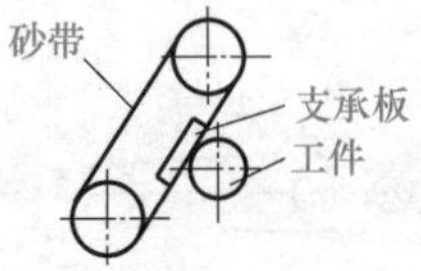	精度较高，但磨削量较小
		接触带式	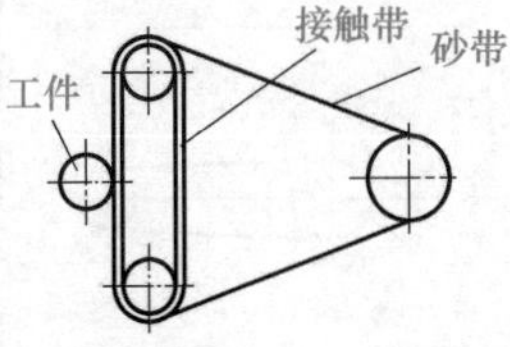	粗糙度低，但其磨削量比接触带式小

续表

<table>
<tr><th colspan="2">磨削方式</th><th>类型</th><th>示意简图</th><th>特点</th></tr>
<tr><td>砂带外圆磨削</td><td>工件定心砂带外圆磨削</td><td>自由式</td><td>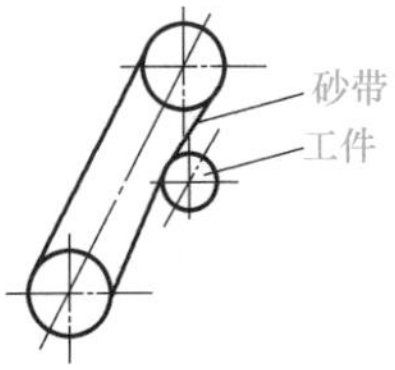</td><td>粗糙度值低，磨削量比接触带式小</td></tr>
<tr><td colspan="2">砂带内圆磨削</td><td>旋转式</td><td>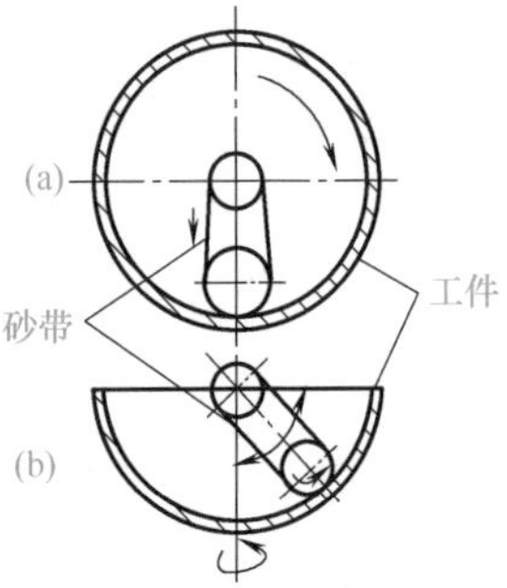</td><td>利用工件旋转，磨头不动或摆动，加工大型筒形[如图(a)]或球形[如图(b)]容器内壁，可获得较低粗糙度值表面</td></tr>
<tr><td colspan="2" rowspan="3">砂带平面磨削</td><td>橡胶接触轮式</td><td>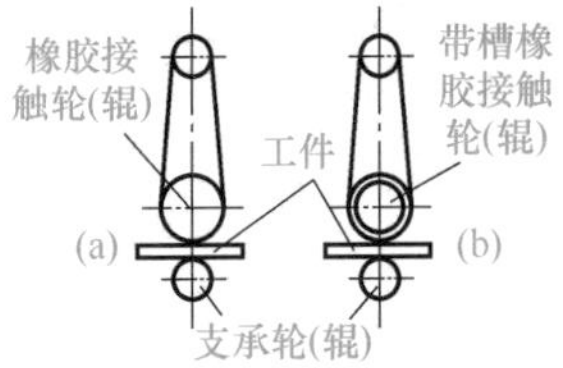</td><td>图(a)中，接触轮外缘为平坦形，以抛光为主，磨削量比较小
图(b)中，接触轮外缘带槽，以切割为主，工件表面粗糙度值较高</td></tr>
<tr><td>滚动压轮式</td><td>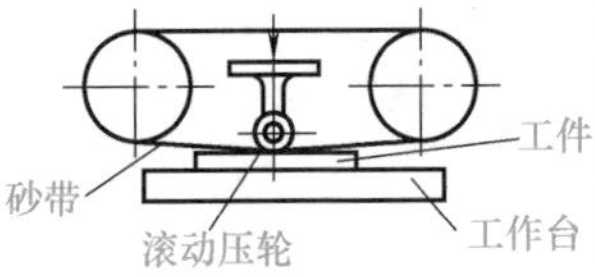</td><td>滚动压轮可使砂带张紧，与砂带只有滚动摩擦，工作时升温更小</td></tr>
<tr><td>多磨头单面磨削组合式</td><td>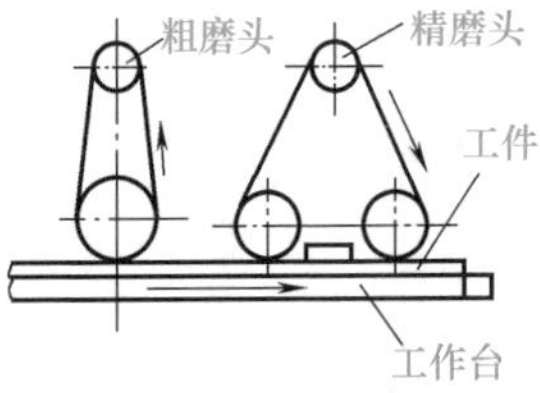</td><td>使用粗精磨两个磨头组合，同时加工，一次磨削一个平面，适于小批量生产</td></tr>
</table>

续表

磨削方式	类型	示意简图	特点
砂带成形磨削	成形接触轮式	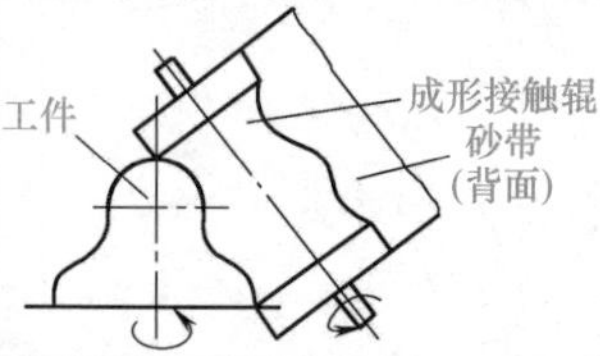	应用成形接触轮，并利用砂带自身的柔性，迫使砂带依接触轮形状变形，磨削工件的成形面，工作时工件旋转

(2) 砂带磨削主要部件的结构

① 砂带磨头的结构　磨头主要由电机、接触轮（或支承轮）、主动轮、张紧轮、张紧机构和固定支座等组成。根据需要还可增设导轮、辅轮、支承轮等，还可以由两个或多个磨头（架）构成专机或生产线。磨头的结构形式很多，在普通车床上进行砂带磨削的一种磨头，是利用接触轮加工，弹簧张紧，如图 10.130 所示。

砂带磨头的传动与皮带传动类似，其传动参数可参考皮带传动选取。

② 接触轮的结构　接触轮是由金属轮及其周边的一层橡胶组成，如图 10.131 所示，其外缘橡胶层表面的形状分平坦形和齿形两种。齿形截面形状如表 10.88 所示。

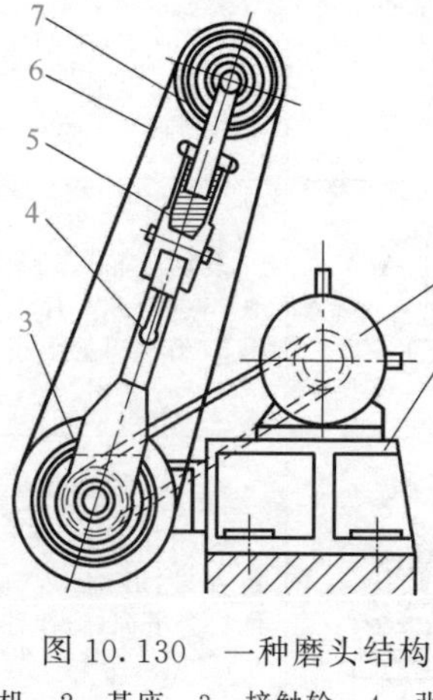

图 10.130　一种磨头结构

1—电机；2—基座；3—接触轮；4—张紧手柄；5—张紧弹簧；6—砂带；7—张紧轮

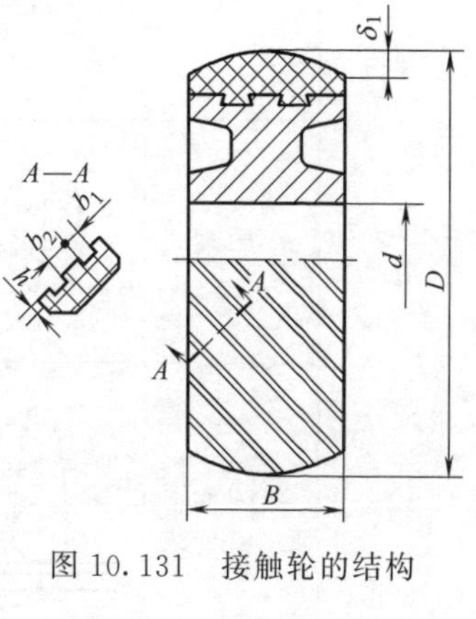

图 10.131　接触轮的结构

表 10.88　接触轮外缘截面形状

类型		外缘截面简图	用途
平坦形		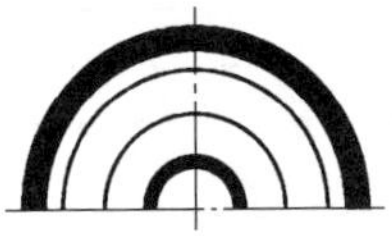	用于细粒度砂带精磨和抛光
齿形	矩齿形	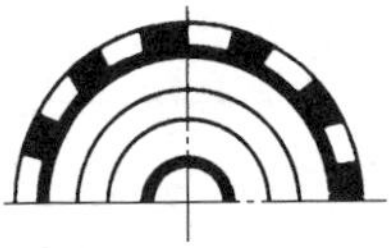	粗磨和精磨
		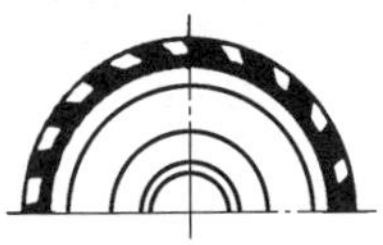	主要用于粗磨
金属填充橡胶		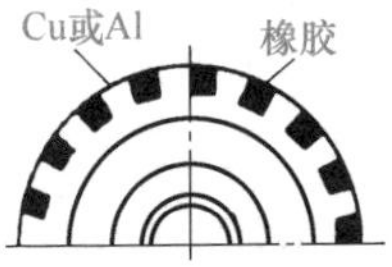	粗磨

接触轮圆柱面上齿槽的螺旋角见图 10.132。螺旋角越大，切削能力越强，但工件上留有震纹，噪声大；反之，则会在工件上产生有规则的纹路。一般选用 30°～60°之间。30°多用于精磨，45°～60°多用于粗磨。

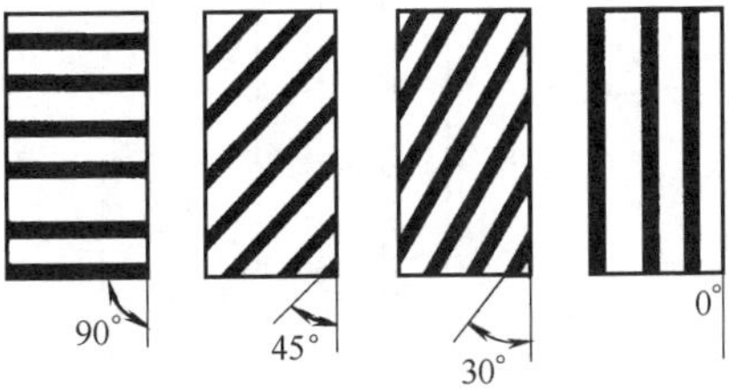

图 10.132　接触轮圆柱面上齿槽的螺旋角

齿形槽的尺寸按下列比例选取：粗磨 $b_2 : b_1 = 1 : 3$；精磨 $b_2 : b_1 = 1 : (0.3 \sim 0.5)$；精磨可按表 10.89 选取，也可选用平坦形外缘。接触轮凸缘高度 δ_1 值可按 $\delta_1 = 0.2\sqrt{B}$ 计算（B 为接触轮的宽度，mm），也可由表 10.90 查得。

表 10.89　精磨用接触轮外缘尺寸　　mm

轮径 D	50～80	80～120	120～200
槽宽 b_1	1.8～2.4	3～4	4.5～6
齿深 b_2	6～8	10～12	15～20
槽深 h	0.5～1	1～2	2～3

表 10.90　δ_1 与 δ_2 数值　　mm

轮宽 B	40～60	60～100	100～150	150～250	250～400
δ_1	1	1.5	2	2.5	3
δ_2	1.5	2	2.5	3	4

接触轮的外缘硬度是接触轮的重要参数之一。实验表明，接触轮外缘硬度越高，切削时有效切削深度也越深，金属切除率越多，但加工表面粗糙度也高。接触轮外缘橡胶硬度用肖氏 A 级（HSA）表示，粗磨一般选 70～90、半精磨选 30～60、精磨则选 20～40。

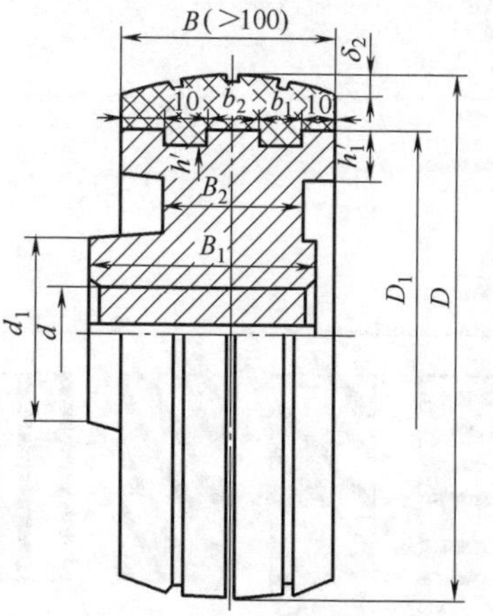

图 10.133　张紧轮和主动轮结构

③ 张紧轮和主动轮　张紧轮和主动轮的外缘也应敷有硫化橡胶，以增大与砂带之间的摩擦力，为了防止两轮橡胶外缘打滑、脱落，轮缘上沿回转方向开平行环形沟槽，沟槽的数量可根据轮宽决定，$B<60$mm 取 2 条沟槽；$B=60～120$mm 取 3 条沟槽；$B=120～200$mm 取 4～5 条沟槽。其结构如图 10.133 所示。

（3）砂带磨削工艺参数

① 砂带速度 v_s　大功率粗磨时，砂带的速度选 12～20m/s；中功率磨削砂带的速度选 20～25m/s；轻负荷精磨砂带的速度选 25～30m/s。砂带速度与被加工材料有关，对难磨材料如镍铬钢，砂带速度应取小值；对非金属材料取较大的值。磨削各种材料推荐的砂带速度如表 10.91 所示。

② 接触压力 F_n　F_n 直接影响磨削效率和砂带寿命，根据工件材质、热处理情况、磨削余量、磨后表面粗糙度要求等进行选择，一般为 50～300N。

表 10.91 磨削不同材料推荐的砂带速度

加工材料		砂带速度/(m/s)	加工材料		砂带速度/(m/s)
有色金属	铝	22～28	铸铁	灰口铸铁 冷硬铸铁	12～18
	紫铜	20～25			
	黄铜、青铜	25～30	非金属	棉纤维 玻璃纤维	30～50
钢	碳钢	20～25			
	不锈钢	12～20		橡胶	25～35
	镍铬钢	10～18		花岗岩	15～20

③ 工件速度 v_w　提高工件速度，磨削力减小，可避免工件表面烧伤，但会导致表面粗糙度升高，过高还会引起工件震动，特别是磨削细长轴。一般粗磨选择 20～30m/min；精磨小于 20m/min。

④ 进给量 f_a 和磨削深度 a_p　进给量和磨削深度在粗磨时选大些，精磨时选小些。轴类工件的磨削用量可参考表 10.92 进行选择。

表 10.92　轴类工件的磨削用量参考值

项目	工件直径 D/mm	工件转速 n_w/(r/min)	磨削深度 a_p/mm	进给量 f_a/(mm/r)
粗磨	50～100	136～68	0.05～0.10	0.17～3.00
	100～200	68～45		
	200～400	45～23		
	400～800	23～12		
	800～1000	12～8		
精磨	50～100	98～48	0.01～0.05	0.40～2.00
	100～200	48～28		
	200～400	28～14		
	400～800	14～7.5		
	800～1000	7.5～5		

⑤ 磨削余量　磨前工件的表面粗糙度的值越小，工件硬度越高，则磨削余量就越小。轴类工件磨削余量见表 10.93。

表 10.93　轴类工件磨削余量

工件材料	磨前表面状况	热处理	直径余量/mm
碳钢 合金钢 不锈钢	工件表面光整,无缺陷,粗糙度在 $Ra1.6\mu m$ 以上	高硬度件	0.03～0.08
		淬火、调质件	0.05～0.10
		未经处理工件	0.10～0.15
碳钢 合金钢 不锈钢	工件表面较光整,无缺陷,粗糙度在 $Ra3.2\mu m$ 以上	高硬度件	0.05～0.10
		淬火、调质件	0.10～0.15
		未经处理工件	0.10～0.20

续表

工件材料	磨前表面状况	热处理	直径余量/mm
碳钢 合金钢 不锈钢	工件表面粗糙,有棱痕,不光整,局部有补焊、局部软硬不均, Ra6.3～3.2μm	高硬度件 淬火、调质件 未经处理工件	0.05～0.12 0.15～0.20 0.20～0.25
黄铜、青铜、铸铁	工件表面光整,无缺陷,粗糙度在 Ra6.3～3.2μm		0.20～0.35

⑥ 接触轮和砂带的选择　通常砂带无需修整，但为了避免砂带少数磨粒的不等高性划伤工件表面，一般在新换砂带进行磨削之前先用试件进行磨削来修整砂带。接触轮和砂带按表 10.94 进行选择。

表 10.94　接触轮和砂带的选择

工件材料	工序	砂带		接触轮	
		磨料	粒度号	外缘形状	硬度 HSA
冷、热延压钢	粗磨 半精磨 精磨	WA WA WA	F30～60 F80～150 F150～500	锯齿形橡胶 平坦形、X 锯齿形橡胶 平坦形或抛光轮	70～90 20～60 20～40
不锈钢	粗磨 半精磨 精磨	WA WA C	F50～80 F80～120 F150～180	锯齿形橡胶 平坦形、X 锯齿形橡胶 平坦形或抛光轮	70～90 30～60 20～60
铝	粗磨 半精磨 精磨	WA、C	F30～80 F100～180 F220～320	锯齿形橡胶 平坦形、X 锯齿形橡胶 平坦形、X 锯齿形橡胶	70～90 30～60 20～50
铜合金	粗磨 半精磨 精磨	WA、C	F36～80 F100～150 F180～320	锯齿形橡胶 平坦形、X 锯齿形橡胶 平坦形、X 锯齿形橡胶	70～90 30～50 20～30
有色金属铸件	粗磨 半精磨 精磨	WA、C	F24～80 F100～180 F220～320	根据使用目的选择硬橡胶轮 平坦形或抛光轮 平坦形或抛光轮	50～70 30～50 20～30
铸铁	粗磨 半精磨 精磨	C	F30～60 F80～150 F120～320	矩齿形或 X 锯齿形橡胶 平坦形或 X 锯齿形橡胶 平坦形或 X 锯齿形橡胶	70～90 30～50 30～40
钛合金	粗磨 半精磨 精磨	WA、C	F36～50 F60～150 F120～240	小直径锯齿形橡胶轮 平坦形或抛光轮 平坦形或抛光轮	70～80 50 20～40
耐热合金	粗磨 半精磨 精磨	WA	F36～60 F40～100 F100～150	平坦形或锯齿形橡胶 锯齿形 平坦形	70～90 50 30～40

⑦ 砂带磨削的冷却液　砂带磨削干磨时采用干磨剂，需加除尘装置。湿磨时磨削液的流量可根据砂带的宽度决定，每 100mm 砂带宽度的流量一般取 56L/min。加工不锈钢、钛合金等难磨材料应加大流量。砂带磨削所用的磨削液和干磨剂可参考表 10.95 进行选择。

表 10.95　砂带磨削的磨削液和干磨剂

种类		特点	应用范围
非水溶性磨削液	矿物油	可提高磨削性能	非铁金属
	混合油	可获得良好精磨表面	金属精磨
	硫化氯化油	可提高磨削性能	铁金属、不锈钢粗磨
水溶性磨削液	乳化型	润滑性能好，价格低廉	金属磨削
	溶化型	冷却、渗透性能好	金属磨削
	液化型	冷却、渗透性能好，防锈性能好	金属磨削
固态脂、蜡助剂		可有效防止砂带堵塞	各种材料的干磨
水		冷却性能好	玻璃、石料、塑料、橡胶等

（4）砂带磨削实例

轧辊零件图样如图 10.134 所示。其材料为 20CrMoWV，热处理 280～300HB，磨前工件 Ra6.3～3.2μm，磨削余量 0.12～0.14mm，工序为粗磨、半精磨、精磨，在 C61160 型普通车床加装砂带头。砂带磨削参数如表 10.96 所示。

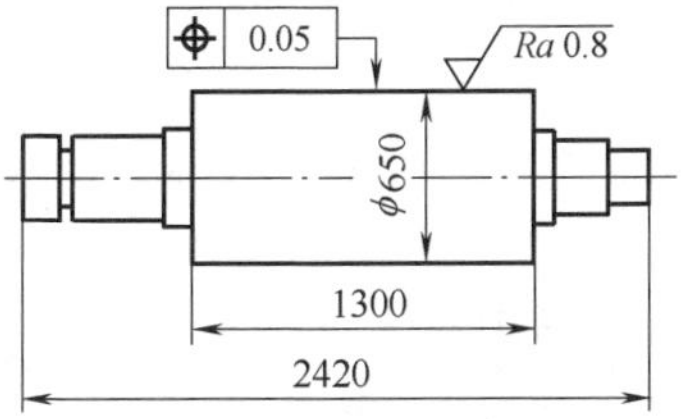

图 10.134　轧辊零件图

表 10.96　轧辊砂带磨削参数

工序	磨削方式	砂带		磨削用量				冷却方式
		磨料	粒度	v_s /(m/s)	n_w /(r/min)	f_a /(mm/r)	F_n /N	
粗磨	接触轮式	棕刚玉(A)	P120	25.17	12.5	4.8	250	干式
半精磨	接触轮式	棕刚玉(A)	P180	25.17	12.5	3	200	干式
精磨	自由式	棕刚玉(A)	P220	25.17	5.5	3	200	干式

（5）砂带磨削的常见问题及改进措施（见表 10.97、表 10.98）

表 10.97　接触轮式砂带磨削的常见问题及改进措施

措施建议 问题	更换		带槽接触轮		改变砂带速度		改变磨削液	加大沟槽槽深	选用更粗粒度砂带
	软的接触轮	硬的接触轮	减窄齿背	加宽齿背	提高	降低			
砂带堵塞		√	√				√		
砂带磨损			√				√	√	
切削能力低		√	√			√	√		√
表面粗糙度高				√	√		√		
出现烧伤			√			√	√		√
加工外形过分硬	√		√			√		√	
出现振动	√		√					√	
磨粒脱落	√①	√②		√		√	√		
出现加工痕迹	√		√						
砂带边缘磨损	√								

① 接触轮宽为 10mm，单位磨削功率低于 0.43kW。
② 接触轮宽为 10mm，单位磨削功率高于 0.43kW 。

表 10.98　砂带的堵塞状态、原因及处理方法

堵塞状态	堵塞原因	处理方法
①正常堵塞	检查、修理或更换	
②过早堵塞	磨削压力过大 相对砂带粒度，磨削压力过大 对被加工物而言，砂带粒度不适当 压磨板的泡沫粘胶硬度不适当或老化严重 接触轮的橡胶硬度不适当或老化严重 砂带湿度过高 被加工物湿度过大 喷气式清洁器的安装位置不当 喷气式清洁器喷出的气体含冷凝水	降低磨削压力 降低磨削压力 正确选择砂带粒度 更换压磨板 更换压磨板 适当干燥，降低砂带湿度 把被加工物（主要指板材）含水率控制在 15%以下 喷孔应距砂面 3～4mm 安装，喷孔的方向与砂面成直角 避免和排除冷凝水
③砂带单侧过早堵塞	压磨板或接触辊与工作台的平行度出现差异 压磨板的某些部位有缺陷 接触辊的某些部位有缺陷 砂架底座有缺陷	调整两者之间的平行度 检查、修理或更换 检查、修理或更换 检查、修理或更换
④砂带两侧过早堵塞	压磨板变形或泡沫橡胶老化 接触辊变形或橡胶老化 砂架底座变形 加工时，被加工物先窄后宽	检查、修理或更换 检查、修理或更换 检查、修理或更换 改变作业方法

续表

堵塞状态	堵塞原因	处理方法
⑤砂带纵向部分堵塞	喷气清洁器的喷孔部分堵塞 压磨板的形状有缺陷 接触辊的形状有缺陷 砂架底座形状有缺陷 含树脂的纤维板表面部分附着有树脂块	检查、修理 检查、修理或更换 检查、修理或更换 检查、修理或更换 改变纤维板的作业方法
⑥砂带纵向较大部分堵塞	喷气清洁器的往复运动停止	检查喷气清洁器的电气或机械故障并排除
⑦砂带接头部位部分堵塞	砂带接头处厚度超过标准 砂带接头处有效切削残存率变小 砂带接头处柔软度较小	检查接头厚度 检查接头质量 检查砂带接头的柔软度
⑧砂带局部堵塞	砂带有皱褶产生 砂带面上附有水滴	注意砂带使用方法，检查砂带质量 注意清理压磨板的冷凝水

10.4　光整加工

光整加工是指不切除或从工件上切除极薄材料层，以减小工件表面粗糙度为目的的加工方法，如低粗糙度磨削、研磨、珩磨、抛光、超精磨削（加工）等。

10.4.1　低粗糙度磨削

低粗糙度磨削包括精密磨削、超精密磨削和镜面磨削，是指磨削表面粗糙度为 Ra0.16～0.006μm 的磨削。低粗糙度磨削是依靠精度高性能优的机床、砂轮精密修整技术、较高操作技能，达到工件表面加工的低粗糙度、较高的形位和尺寸精度的新工艺技术，与手工研磨相比，生产率高、工艺范围广、自动化程度高，精密磨削、超精密磨削和镜面磨削是按表面加工粗糙度划分的，如表 10.99 所示。

表 10.99　精密磨削、超精密磨削和镜面磨削的划分

类型	表面粗糙度值 Ra/μm	应用实例
精密磨削	0.16～0.04	液压滑阀、油嘴油泵针阀、机床主轴、滚动导轨、量规、四棱尺、高精度轴承和滚柱等

续表

类型	表面粗糙度值 $Ra/\mu m$	应用实例
超精密磨削	0.04～0.0125	精密磨床和坐标镗床主轴、高精度滚柱导轨、刻线尺、环规、塞规、伺服阀、量棒、半导体硅片、精磨轧辊
镜面磨削	≤0.01	特殊精密轧辊、精密刻线尺

（1）低粗糙度值磨削原理

精密磨削、超精密磨削和镜面磨削是通过在砂轮工作表面精细修整出大量等高磨粒微刃对工件进行的磨削。精密磨削、超精密磨削和镜面磨削的等高磨粒微刃的作用主要有以下几点：

① 微刃的切削作用。低粗糙度值磨削砂轮采用较小的修整导程和修整进给量需要进行精细修整，使磨粒产生细微的破碎和很多等高微刃。磨削时，用很小的磨削用量进行磨削，在砂轮很多微刃精细切削和摩擦抛光作用下而形成低粗糙度值表面。

② 微刃的等高性作用。砂轮经精细修整后，要求微刃在砂轮表面分布呈等高性，如图 10.135 所示。这些等高的微刃能从工件表面上切除极薄的余量，保证工件的精度，能消除一些微量的缺陷和误差。为了达到等高性要求，除修整用量小以外，机床的精度和震动等也有很大的影响。

图 10.135　磨粒的微刃和等高性

③ 微刃的摩擦抛光作用。砂轮刚修整后得到的微刃比较锋利，切削作用强。随着磨削时间的增加，微刃逐渐被磨钝，微刃的等高性进一步改善，切削作用减弱，而摩擦抛光作用增强。在磨削区高温作用下使金属软化，钝化的微刃在工件表面滑擦挤压碾平，使工件表面变得更光滑平整。

④ 微刃的过余量磨削。过余量磨削是磨削时的实际磨去量小于进给量的现象。采用 F600 细粒度树脂加石墨的砂轮，其微刃等高性好，由于石墨的润滑抛光作用，在过余量磨削下，经过 20 多次反复磨削，使工件上留下的痕迹更趋于平滑，工件表面粗糙度值达到 $Ra0.01\mu m$ 以下，即形成镜面。

精密、超精密和镜面磨削一般在高精度机床上进行，除对磨削用量、砂轮选择与修整有要求外，对磨床几何精度、低速运动稳定性和抗振性要求也高。

（2）低粗糙度磨削的砂轮特性选择（见表 10.100）

表 10.100　精密和超精密磨削砂轮特性的选择

种类	磨料	粒度	结合剂	硬度	组织	表面粗糙度 Ra/μm	特点
精密磨削	WA PA	F60～F80	V	K、L	紧密	0.08～0.025	生产率高、砂轮易供应，但表面易拉毛
超精密磨削	PA WA	F240～F280 F360～F500	B R	H、J	紧密	0.025～0.0125	质量较粗粒度稳定，拉毛现象少
镜面磨削	WA WA+DC 石墨填料	F500 以下微粉	B 或聚丙乙烯	E、F	紧密	0.01	可达到低粗糙度镜面磨削

（3）低粗糙度磨削的砂轮修整

1）修整工具及安装　一般采用单颗金刚石笔修整，金刚石笔要求的顶角为 70°～80°，有锐利的尖锋。否则达不到微刃的要求，达不到磨削表面粗糙度要求，磨削表面发暗，并且易烧伤。采用多颗粒金刚石笔修整，修整效率高。

金刚石笔的安装如图 10.136 所示。安装角一般在 10°左右，金刚石的尖锋应低于砂轮中心 0.5～1.0mm，效果较好。金刚石的安装位置应符合修整时的位置，位于砂轮磨削工件时位置见图 10.136（a），如果位置相差太大［图 10.136（b）］，就会因砂轮架导轨扭曲，导致磨削时出现单面接触，使磨削表面粗糙度变差，引起工件表面出现螺旋线等缺陷。

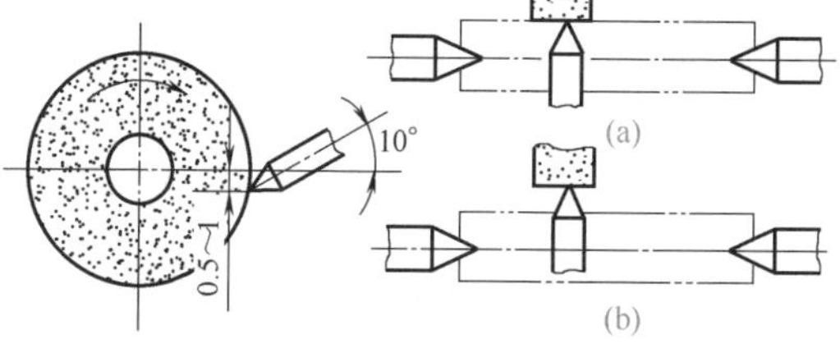

图 10.136　金刚石笔安装位置

2）修整用量

① 修整导程（纵向进给量）f_d。磨粒的微刃性和微刃的等高性与修整导程 f_d 密切相关。f_d 与磨削表面粗糙度 Ra 的关系如图 10.137 所示。随着 f_d 的减小，工件表面粗糙度值降低。一方面，f_d 减小时，修整力较小，磨粒被剥落较细微，有利于产生较多的等高性微刃。当 f_d 太小时，工作台的速度很低，会产生爬行现象，从而影响工件表面粗糙度。另一方面，f_d 太小时，修整的砂轮切削性能差，工件易烧伤和产生螺旋形等缺陷。

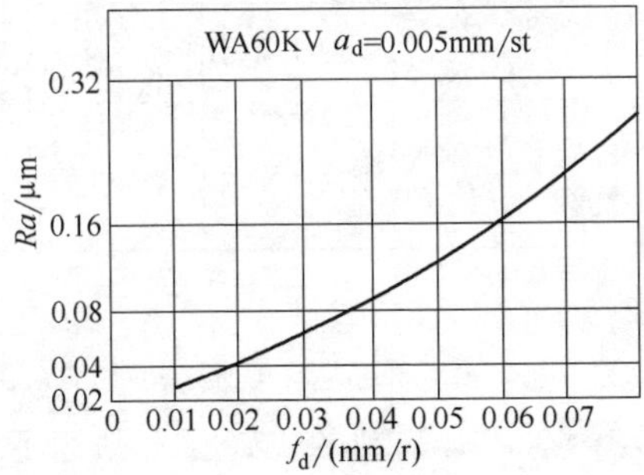

图 10.137　修整导程对表面粗糙度的影响

一般超精磨削，f_d 可选取砂轮每转 0.008～0.012mm。镜面磨削时可参考取较小值。

② 修整深度（横向进给量）a_d。a_d 减小时，金刚石在砂轮表面切痕深度减小，同时修整力也减小，从而使磨粒产生细微剥落，而形成数量多而等高的微刃。a_d 对工件表面粗糙度影响如图 10.138 所

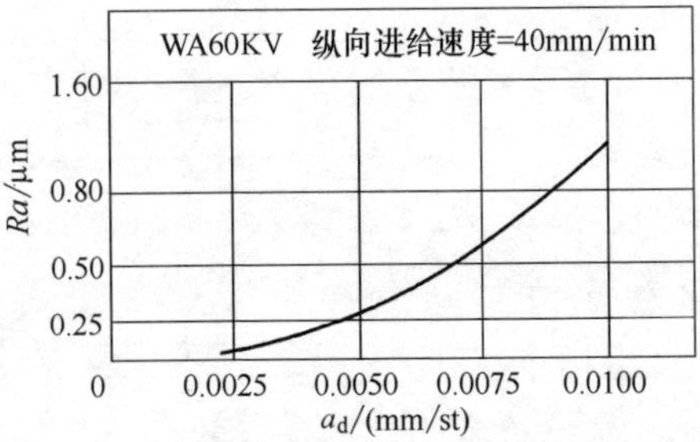

图 10.138　修整深度对表面粗糙度的影响

示。a_d 的合理范围：精密磨削 $a_d \leqslant 0.005$mm/单程；超精磨削和镜面磨削 a_d 为 0.002～0.003mm/单程。

③ 修整次数。在超精磨削和镜面磨削时，砂轮磨损很小，一般修去 0.05mm 就足以使砂轮恢复切削能力，不必将砂轮表面发黑层全部修去。修整次数不必过多，因修整导程小，每修整一次所需时间较长，应选择合理的修整次数。修整时可分粗修与精修。粗修时可采用较大的修整导程和修整深度，每次修整的 f_d 和 a_d 逐次减小，最后取 $f_d=0.01$mm/r，$a_d=0.002$～0.003mm/st，一般精修次数只需 2～3 次。

光修（无横向进给）的目的是去除砂轮表面上个别突出的微刃和已被打松而未脱落的微粒，以免磨削时工件表面被划伤和拉毛；另外，将砂轮表面修平直，避免砂轮与工件产生单角接触而导致磨削表面产生螺旋形缺陷。光修次数不宜过多，一般只光修一次。

（4）低粗糙度磨削的磨削用量

① 砂轮速度 v_s　普通磨削时，砂轮速度增高，可改善表面质量、提高生产效率。但对低粗糙度值磨削，由于砂轮已精细修整，随着 v_s 进一步提高，砂轮切削能力增强，相对摩擦抛光作用减弱，因此，磨削表面粗糙度反不如低速时好。另外，v_s 增高，磨削热增加，机床震动也增大，容易产生烧伤、震纹、螺旋形波纹等缺陷。因此，低粗糙度值磨削宜采用较低的磨削速度，一般取 $v_s=15$～20m/s。

② 工件速度 v_w　工件速度在一般常用范围内对表面粗糙度影响不明显。但 v_w 较高时，则易产生震动，使工件表面波纹深度增加；当 v_w 较低时，工件表面易烧伤和出现螺旋形等缺陷。一般宜采用速比 $q=v_s/v_w=120$～150，镜面磨削时宜选较大速比，也就是说工件速度较低些。

③ 轴向进给量 f_a　当工件轴向进给量增大时，砂轮磨粒的负荷增加，磨削力和磨削热也随着增加，工件易产生烧伤、螺旋形、多角形等缺陷，使表面粗糙度增大。但 f_a 太低，又会影响生产效率。因此在保证不产生螺旋形等缺陷的条件下，f_a 宜适当选大些。镜面磨削时，由于多采用石墨砂轮磨削，一般不会产生明显的螺旋

形，即使产生轻微的螺旋形，也可在以后的光磨时磨去。因此，为了提高生产效率，在磨削开始阶段，宜采用较大的轴向进给量，f_a=0.25～0.5mm/r，磨削一段时间后再采用较小的轴向进给量，f_a=0.06～0.25mm/r。

④ 背吃刀量 a_p 在超精密磨削时，a_p 增加，磨削压力增加，易产生螺旋形和工件烧伤，甚至破坏砂轮的微刃。a_p 的选择原则是不能超过微刃的高度。特别是第一次进刀尽可能选小些。一般采用 $a_p \leqslant$ 0.0025mm/st，超精密磨削直径余量一般为 0.01～0.015mm，因此进给次数为 2～3 次。

镜面磨削时，径向进给量的选择比较困难。磨削余量一般只有 0.002～0.003mm，只进给一次就达到粗糙度要求。镜面磨削是典型的过余量磨削，主要是靠砂轮和工件的摩擦抛光作用来达到要求，合适的 a_p 才可保证合理的磨削压力。镜面磨削只能由操作者凭经验控制进给量，一般 a_p=0.005～0.01mm。

⑤ 光磨 为了降低表面粗糙度，往往需要增加光磨次数。光磨前的一次走刀实际磨去量小于进给量，光磨时，砂轮与工件间仍能维持一定压力，以充分发挥半钝化微刃的摩擦抛光作用。

超精密磨削时，在光磨开始阶段，工件表面粗糙度随光磨次数的增加而降低（如图 10.139 所示）。一般光磨 4～8 个行程后，砂轮的抛光性能就可发挥出来，可达到 Ra0.05～0.025μm。

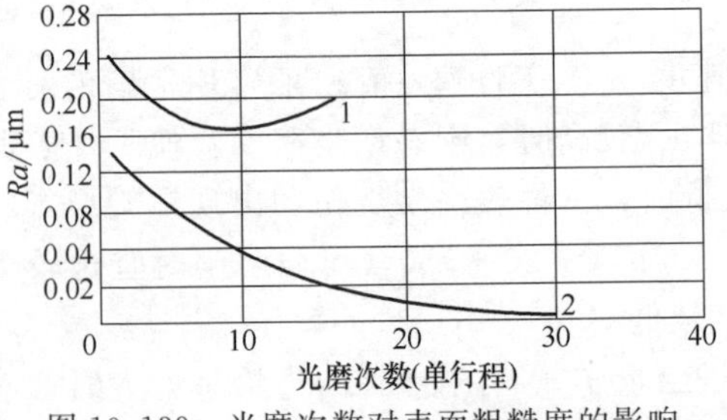

图 10.139 光磨次数对表面粗糙度的影响

1—粗粒度砂轮（PA60KV）；2—细粒度砂轮（WA/GC600KR）

镜面磨削时，光磨次数对工件表面粗糙度影响较大，光磨次数多，表面粗糙度就低。一般只进刀一次磨削后继续光磨，直至达到

$Ra \leqslant 0.01\mu m$，往往需要 20 多个行程。

（5）低粗糙度磨削的缺陷及改进措施

低粗糙度磨削的缺陷及改进措施如表 10.101 所示。

表 10.101　低粗糙度磨削的缺陷及改进措施

问题	原因	措施
产生螺旋线	①砂轮架刚度低、砂轮架前轴承间隙大于后轴承、V 形导轨前后段磨损不一致 ②工作台左右速度不一致，使砂轮外缘修成凹缘或凸缘 ③机床头架热变形，使前顶尖偏移 ④精磨时受力大，超精磨时受力小，由于前后顶尖座与床身刚度差而顶尖偏移 ⑤镜面磨削时砂轮上有残留碎粒、切屑及砂轮修整不平造成	①控制砂轮架前、后轴承间隙及 V 形导轨面的直线性 ②调整机床操纵箱节流阀，使工作台左右速度相等、修整时行程加长待工作台平稳后再修整砂轮，砂轮两侧轮缘修出小圆弧 ③当磨削一段时间后，变形量较大时，调整工作台角度 ④提高顶尖刚度、顶尖尽可能短、多次空行程，使顶尖复位 ⑤重新修整砂轮，修整后用煤油清洗或用冷却液冲洗砂轮
表面产生斑纹	①机床震动引起 ②砂轮选择不当 ③横向进给量大	①采取减震措施 ②适当降低砂轮硬度及选较粗粒度 ③适当减小横向进给量
产生多角形震纹	①砂轮表面钝化 ②砂轮硬度太高 ③用油石修整后表面产生多角形震纹 ④机床本身或外来震动	①重新修整砂轮 ②换稍软的砂轮 ③用油石修整后，微刃未钝化，仍以切削为主，此时，可减小磨削量，重复多次无火花磨削震纹会慢慢消除 ④消除震源
表面有刻痕	①砂轮表面有残留磨粒 ②磨削液不清洁	①冲洗砂轮或重新修整砂轮 ②仔细过滤磨削液
镜面磨削后表面有裂纹	①锻造或淬火后产生，裂纹较深或深浅不一 ②粗磨时，表面烧伤经磨削液冷却淬火造成的裂纹，在表面较浅	①从锻造或淬火工艺解决 ②磨削产生裂纹较浅，如果余量足够，可多磨几次去除

10.4.2　研磨

（1）研磨的特点和机理

1）研磨的特点　研磨是利用涂敷或压嵌在研具上的游离磨料，在一定压力下通过研具与工件的相对运动，对工件表面进行精整的一种磨削方法。

研磨的方法很多，一般按研磨剂使用情况分为：干研、湿研和半干研，其方法、特点和应用如表 10.102 所示。按研磨的操作方式分为：手工研磨和机械研磨。常用的机械研磨设备有研磨动力头、单圆盘研磨机、双圆盘研磨机、方板研磨机、球面研磨机、球磨机、滚针研磨机、玻璃研磨机、中心孔研磨机、无心式研磨机、齿轮研磨机等。研磨的特点如下：

① 研磨精度高。研磨采用一种极细的微粉，在低速、低压下磨去一层极薄的金属。研磨的运动复杂，不受运动精度的影响，研磨的尺寸精度可以达到 0.01μm，形状精度，圆度可达 0.025μm，圆柱度可达 0.1μm，但研磨的位置误差不能得到全部纠正。

② 表面质量高。研磨的切削量很小，产生的热量很小，工件的变形也很小，表面变质层很轻微，而且零件和研具之间的相对运动，使磨粒的运动轨迹不会重复，可以均匀地切除零件表面上的凸峰，表面粗糙度一般可达 Ra0.01μm。

③ 设备简单、工艺性好、应用范围广。研磨不但适宜单件手工生产，也适合成批机械化生产。研磨可加工钢材、铸铁、各种有色金属和非金属。研磨的工件表面类型广，如平面、外圆、内孔、球面、螺纹、成形表面、啮合表面轮廓研磨等。研磨广泛应用于精密零件、块规量具、光学玻璃、精密刀具、半导体元器件等的精密加工。

表 10.102　研磨的方法、特点和应用

分类	研磨方法	特点	应用范围
干研	在一定压力下将磨粒均匀地嵌在研具的表层中，嵌砂后进行研磨加工，因此干研也称嵌砂研磨或压砂研磨	干研可获得很高的加工精度和较低的表面粗糙度，但研磨效率较低	一般用于精研，如块规表面的研磨
湿研	把研磨剂连续加注或涂敷于研具表面，磨料在工件与研具间不停地滚动或滑动，形成对工件的切削运动，也称敷料研磨	湿研的金属切除率高，高于干研 5 倍以上，但加工表面几何形状和尺寸精度不如干研	多用于粗研和半粗研
半干研	类似湿研，采用的研磨剂是糊状的研磨膏		粗、精研磨均可采用

2）研磨机理　在研磨过程中，众多的游离磨粒通过研具对工件进行微量切削，每个磨粒的切削作用如图 10.140 所示。干研磨如图 10.140（a）所示，磨粒镶嵌在研具中，磨粒对工件表面进行挤压、刻划、滑擦。湿研磨如图 10.140（b）所示，游离磨粒在研具与工件间发生滚动，磨粒的锋利微刃刻划工件表面实现磨削。对于硬脆材料的工件，在磨粒的挤压作用下，工件表面可产生裂纹，如图 10.140（c）所示。

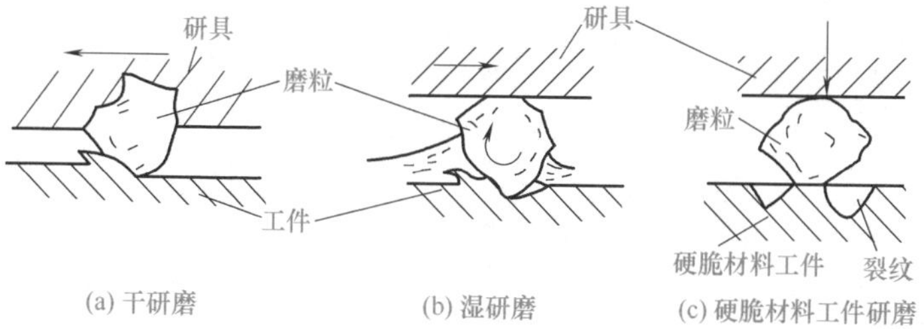

图 10.140　研磨加工磨粒的切削作用

在研磨压力作用下，众多磨粒与工件表面相对运动进行微量切削作用；研磨中采用的氧化铬、硬脂酸、油酸、脂肪酸等活性物质与被研磨工件表面起化学作用；钝化的磨粒对工件起挤压、熨平作用。研磨过程很复杂，可分为三个阶段，如图 10.141 所示。

① 游离磨粒破碎磨圆的切削阶段。由于磨粒大小不均，研磨开始只有较大的磨粒起切削作用，在接触点局部高压高温下，磨粒凸峰被破碎、棱边被磨圆，使得参与切削的磨粒数增多，研磨效率提高。

② 多磨粒均匀研磨，使被研表面发生微小起伏的塑性变形阶段。磨粒棱边进一步被磨圆变钝，在磨粒不断挤压下，研磨点局部温度逐渐升高，使被研表面材料局部软化产生塑性变形，工件表面峰谷在塑性流动中趋于熨平，并在反复变形中冷却硬化，最后断裂形成微切屑。

③ 研具堵塞、活性研磨剂的化学作用阶段。微屑与磨粒的碎粒堵塞研具表面，对工件起滑擦作用。研磨剂的活性物质在工件表面起化学作用，在工件表面形成一层极薄的氧化膜，这层氧化膜容

易被摩擦掉而不伤基体，氧化膜反复地迅速形成，又不断地很快被摩擦掉，从而加快了研磨过程，使工件表面粗糙度值降低。压力增大，材料去除率增加。在研具与工件之间的磨粒作用下，研磨表面产生划痕面；研磨划痕深度不大于 0.01μm 时，形成镜面；当滚动磨粒为不规则多棱体时，各切刃在工件表面上留下深浅不等的划痕，使研磨表面呈无光泽的细点状加工面。

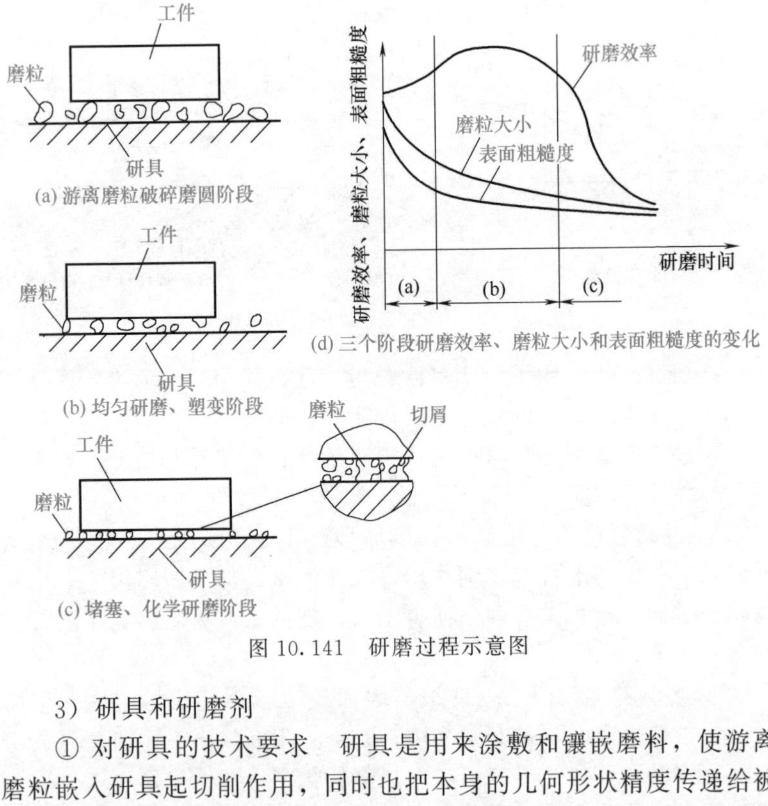

图 10.141　研磨过程示意图

3）研具和研磨剂

① 对研具的技术要求　研具是用来涂敷和镶嵌磨料，使游离磨粒嵌入研具起切削作用，同时也把本身的几何形状精度传递给被研工件和磨粒，因此对研具提出如下技术要求：

a. 研具的几何形状与被研工件的相适应，以保证被研磨工件的几何形状精度。

b. 硬度。研具材料的硬度要比工件材料低，组织均匀致密，无夹杂物，硬度均匀，具有适当的嵌入性。研具太硬，会造成磨粒迅速破碎与磨损，甚至将磨粒挤入工件材料内，破坏加工表面质量；研具太软，会导致磨粒过深地被挤入研具材料中。合理地选择研具硬度，才能使磨粒暂时地被支撑，并迅速地改变它们的位置，使每一颗粒都有新的棱角陆续参与切削。

c. 耐磨。研具应具有良好的耐磨性，使其几何精度保持性好。

d. 刚度。研具应具有足够的刚度，以减小变形。

e. 研具结构要合理，有足够的刚性，便于排屑、散热，能储存多余磨料。研具的工作表面应光整，无裂纹、斑点，几何精度高。

常用研具材料如表 10.103 所示，此外，淬硬合金钢、钡镁合金、钡镁铁合金和锡也可用作研具材料，如用锡研磨光盘的石英基片（制造高精度振动元件）效果良好。

表 10.103　常用研具材料

材料	性能与要求	用途
灰铸铁	120～180HB，金相组织以铁素体为主，可适当增加珠光体比例，用石墨球化及磷共晶等办法提高使用性能	用于湿式研磨平板
高磷铸铁	160～200HB，以均匀细小的珠光体（70%～85%）为基体，可提高平板的使用性能。降低加工表面粗糙度	用于干式研磨平板及嵌砂平板
10，20 低碳钢	强度较高	用于铸铁研具强度不足时，如 M5 以下螺纹孔，$d \leqslant 8$mm 小孔及窄槽等的研磨
黄铜、紫铜	磨粒易嵌入，研磨效率高。但强度低，不能承受过大的压力，耐磨性差，加工表面粗糙度值高	用于余量大的工件，粗研青铜件和小孔研磨
木材	要求木质紧密、细致、纹理平直，无节疤、虫伤	用于研磨铜或其他软金属
沥青	磨粒易嵌入，不能承受大的压力	用于玻璃、水晶、电子元件等的精研与镜面研磨
玻璃	脆性大，一般要求 10mm 厚度，并经 450℃退火处理	用于精研，并配用氧化铬研磨膏，可获得良好的研磨效果

② 研磨剂的磨料和粒度选择　研磨剂是由磨料、研磨液以及辅料调配而成的一种混合物。常用磨料的类型和适用范围如表 10.104 所示。磨料的粒度可参考表 10.105 进行选择。

表 10.104　常用磨料的类型和适用范围

类型	磨料	适用范围
氧化铝系	棕刚玉 A	粗、精研磨钢、铸铁、硬青铜
	白刚玉 WA	粗研淬火钢、高速钢、有色金属
	铬刚玉 PA	研磨低粗糙度表面、各种钢件
	单晶刚玉 SA	研磨高强度、韧性大的零件，如不锈钢等
碳化物系	黑色碳化硅 C	研磨铸铁、黄铜、铝等
	绿色碳化硅 GC	研磨硬质合金、硬铬、玻璃、陶瓷、石材等
	碳化硼 BC	研磨硬质合金、陶瓷、人造宝石等硬度高的材料
超硬磨料系	天然、人造金刚石，RVD	研磨硬质合金、人造宝石、玻璃、陶瓷、半导体材料等高硬难切材料
	立方氮化硼 CBN	研磨高硬淬火钢、高矾高铝高速钢、镍基合金钢等
软磨料系	氧化铁	精细研磨或抛光钢、淬硬钢、铸铁、光学玻璃、单晶硅等。氧化铈的研磨、抛光效率是氧化铁的 1.5～2 倍
	氧化铬	
	氧化铈	

表 10.105　粒度的选择

微粉粒度	适用范围			能达到的表面粗糙度 *Ra*/μm
	连续施加磨粒	嵌砂磨粒	涂敷研磨	
F360	√		√	0.63～0.32
F400	√		√	0.32～0.16
F500	√		√	0.32～0.16
F600			√	0.16～0.08
F800		√	√	0.16～0.08
F1000		√	√	0.08～0.04
＜F1200		√	√	＜0.02

③ 研磨液　研磨液主要起冷却与润滑作用。湿研时，研磨液充当研磨粉的载体，稀释研磨剂，使研磨微粉颗粒均匀地分布在研具的表面上。常用的研磨液如表 10.106 所示。

表 10.106　常用研磨液

工件材料		研磨液
钢	粗研	煤油 3 份，L-AN10 高速全损耗系统用油 1 份，透平油或锭子油(少量)，轻质矿物油(适量)
	精研	L-AN10 高速全损耗系统用油
铸铁		煤油
铜		动物油(熟猪油与磨料拌成糊状后加 30 倍煤油)，锭子油(少量)，植物油(适量)

续表

工件材料	研磨液
淬火钢、不锈钢	植物油、透平油或乳化液
硬质合金	航空汽油
金刚石	橄榄油、圆度仪油或蒸馏水
金、银、铂	酒精或氨水
玻璃、水晶	水

④ 研磨辅料　研磨辅料是一种混合脂，在研磨过程中起着吸附、润滑和化学作用。最常用的辅料有硬脂酸、油酸、脂肪酸、蜂蜡、硫化油和工业甘油等。硬脂酸混合脂的配方如表10.107所示。

表10.107　硬脂酸混合脂配方

种类	成分/%				使用温度/℃	备注
	硬脂酸	石蜡	工业用猪油	蜂蜡		
Ⅰ	44	28	20	8	18～25	将配方按重量称出，加热到100～120℃，搅拌均匀后用脱脂棉过滤，冷凝成块后切片备用
Ⅱ	57	—	26	17	<18	
Ⅲ	47	45	—	8	>25	

⑤ 液态研磨剂的配制　液态研磨剂常用煤油、混合脂加研磨微粉配制而成，用于湿研，配比要求不太严格，微粉粒度越细，其百分比越小，需要混合脂的比例越大。配制时先将硬脂酸和蜂蜡加热熔化，冷却后加入汽油搅拌，再经过滤，最后加入研磨粉和油酸调和而成，其配方如表10.108所示。

表10.108　液态研磨剂推荐配方

原料	百分比/%	原料	百分比/%
白刚玉	8	油酸	7.5
硬脂酸	4	航空汽油	40
蜂蜡	0.5	煤油	40

⑥ 研磨膏　研磨钢铁类零件时主要选用刚玉类研磨膏。研磨硬质合金、陶瓷、玻璃以及半导体等高硬度材料可选用碳化硅、碳化硼类研磨膏。精细研或抛光有色金属选用氧化铬类研磨膏。

金刚石研磨膏以金刚石微粉和其它配合剂精细配制而成，有水溶性和油溶性之分，其中水溶性研磨膏应用比较普遍。金刚石研磨膏主要用来研磨硬质合金等高硬度工件。选用时可参考表10.109进行。

表 10.109 人造金刚石研磨膏

规格	颜色	加工表面粗糙度 $Ra/\mu m$	规格	颜色	加工表面粗糙度 $Ra/\mu m$
M10/20	橘黄	0.16～0.32	M1.5/3	深绿	0.02～0.04
M5/10	玫红	0.08～0.32	M0/2	草绿	0.01～0.02
M4/8	玫红	0.08～0.16	M0.5/1	橘黄	0.008～0.012
M3/6	蓝	0.04～0.08	M0/0.5	浅黄	≤0.01
M2/4	绿	0.04～0.08			

刚玉研磨膏配方如表 10.110 所示。碳化硅、碳化硼研磨膏如表 10.111 所示。

表 10.110 刚玉研磨膏

粒度号	成分及比例/%				用途
	微粉	混合脂	油酸	其他	
F400	52	26	20	硫化油 2 号或煤油少许	粗研
F500	46	28	26	煤油少许	半精研及研窄长表面
F600	42	30	28	煤油少许	半精研
F800	41	31	28	煤油少许	精研及研端面
F1000	40	32	28	煤油少许	精研
F1200	40	26	26	凡士林 8	精细研

表 10.111 碳化硅、碳化硼研磨膏

研磨膏名称	成分及比例/%	用途
碳化硅	碳化硅(F240～F360)83:黄油 17	粗研
碳化硼	碳化硼(F400)65:石蜡 35	半精研
混合研磨膏	碳化硼(F400)35:[白刚玉(F400～F600)+混合脂]各 15:油酸 35	半精研
碳化硼	碳化硼(F800～F1200)76:石蜡 12:羊油 10:松节油 2	精细研

(2) 研磨工艺参数

对研磨工艺影响较大的参数是研磨压力和研磨速度。

① 研磨压力 研磨压力是研磨接触表面单位面积所承受的压力。

研磨压力是一个变量。研磨开始时，零件表面粗糙、不规则，研具与零件的接触面积小，研磨压力较大；随着研磨的进行，实际接触面积逐步增大，研磨压力逐渐降低。一般研磨压力选择 $(0.1\sim3)\times10^5$ Pa。常用的研磨压力如表 10.112 所示。

表 10.112　常用研磨压力　　10^5 Pa

研磨类型	平磨	外圆	内孔	其它
湿磨	1.0～2.5	1.0～2.5	1.2～2.8	0.8～1.2
干磨	0.1～1.0	0.5～1.5	0.4～1.6	0.3～1.0

② 研磨速度　研磨速度是研具相对于工件的运动速度。研磨速度高，研磨作用强，但研磨速度过高，会造成发热现象，甚至烧伤研磨表面，使研磨剂四处飞溅，产生振动，研具磨损加快，影响研磨精度。粗研时采用较高压力、较低速度，精研时则采用低压力、高速度，这样有利于提高研磨效率，保证零件表面质量。常用的研磨速度如表 10.113 所示。

表 10.113　常用研磨速度　　m/min

研磨类型	平面		外圆	内孔	其它
	单面	双面			
湿研	20～120	20～60	50～75	50～100	10～70
干研	10～30	10～15	10～25	10～20	2～8

（3）特种研磨

① 振动研磨　在粗研或表面要求不高的研磨中附加一个振动运动，可以提高 30%～40%的金属切除率，但工件的表面粗糙度 *Ra* 增大。

② 电解研磨　电解研磨是利用电解和磨粒擦划的复合作用，对工件表面进行加工的研磨方式。

研磨时，工件为阳极，工具电极为阴极，通入适量的电流，按机械研磨方式使研具与工件相对运动。这种机械研磨和电解的复合加工，不仅研磨速度高，还可以得到较低粗糙度的加工表面。例如，研磨硬质合金工件，研具材料为紫铜，研磨速度为 10m/s，研磨压力为 1×10^5 Pa，将粒度为 F240～F400 的 SiC 磨料混入电解液（$NaNO_3 \cdot NaNO_2$）中，其配比为 100～300g/m^3，电流密度为 10～80A/cm^2，其研磨速度与电解磨削相近，表面粗糙度不超过 $Ra1\mu m$。

③ 电解振动研磨　在电解研磨的基础上，给研具附加一个小振幅、低频率的振动，即电解振动研磨，适合于研磨内孔，如研磨

棒在运动的同时附加振幅为 0.2mm、频率为 16Hz 的振动，再加上电解作用，可获得精度为±0.01mm、锥度不大于 3∶100 的孔。

10.4.3 珩磨

珩磨主要用来对工件内孔进行精加工和光整加工。珩磨是在珩磨具与工件接触表面上施加一定的压力，通过二者之间的相对旋转运动和往复运动或其他多自由度的运动，进行相互修整、相互作用，以提高工件尺寸精度、形状精度和表面质量的一种低速磨削。工件加工的尺寸精度为 IT6～IT7 级，圆柱度为 0.01mm，表面粗糙度 Ra0.8～0.2μm。

(1) 珩磨的原理、特点

1）珩磨原理　如图 10.142 所示，珩磨具俗称珩磨头，在珩磨头圆周上安装着若干条油石，一般为 4～6 条，由胀开机构将油石沿径向胀开，对工件的孔壁产生一定的压力，珩磨头作旋转运动和往复直线运动，对内孔进行低速磨削和摩擦抛光。珩磨头相对工件的旋转及往复直线运动的结果，使油石上的磨粒在内孔表面上切削成交叉而又不重复的网纹，如图 10.142（c）所示。径向加压运动用来控制油石与工件表面的接触压力和孔径尺寸。

珩磨用的设备称珩磨机。珩磨头通过连接杆与珩磨机主轴连

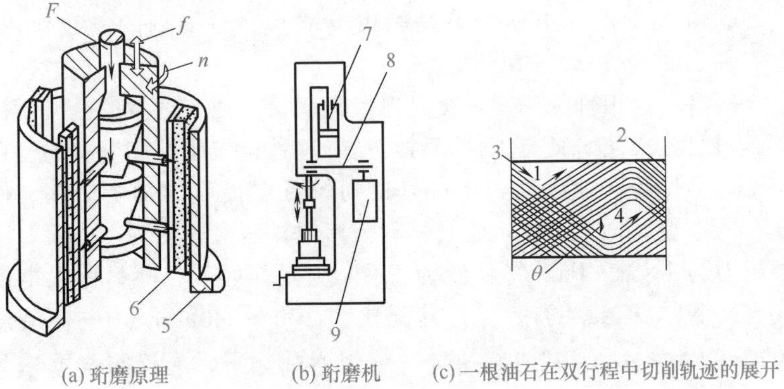

图 10.142　珩磨原理

1～4—形成纹痕的顺序；5—工件；6—油石；7—油缸；8—链条；9—电动机；θ—网纹交叉角（切削角）

接，一般采用浮动连接，采用刚性连接时要配浮动夹具，这样可以减少珩磨机主轴回转中心与被加工孔的同轴度误差对珩磨精度的影响，所以，珩磨可以提高内孔的尺寸精度和表面粗糙度，但纠正不了内孔的位置精度。

珩磨运动由珩磨机主轴带动珩磨头作旋转运动和上下往复直线运动，通过珩磨头中的进给胀锥使油石胀开，向孔壁施加一定的压力并作径向进给运动，保证加工尺寸。

2）珩磨的特点

① 珩磨表面质量高。珩磨可以获得较低的表面粗糙度，一般可达 $Ra0.8 \sim 0.2\mu m$，甚至可低于 $Ra0.025\mu m$，由于珩磨表面上的均匀交叉网纹，有利于存油润滑，表面纹理特性好，而且珩磨时变形层很薄，发热少，表面不易烧伤。

② 珩磨加工精度高。珩磨不仅可以获得较高的尺寸精度，其误差仅为 $2 \sim 3\mu m$，还可以修正珩磨前一道工序加工中出现的形状误差（如圆度、圆柱度）和表面波纹等。珩磨中等孔径，圆度可达 $3 \sim 5\mu m$，珩磨不能修正孔的位置偏差，孔的轴线直线度和孔的位置度等精度必须由珩磨前一道工序（如精镗或精磨）来保证。

③ 珩磨效率高。珩磨头既可以选用多条油石或超硬磨料油石，也可提高珩磨头的往复速度以增大网纹交叉角，能较快地去除珩磨余量与孔形误差，还可以采用强力珩磨工艺来提高珩磨效率。

④ 珩磨工艺较经济。薄壁孔和刚性不足的工件，或较硬的工件表面，用珩磨进行光整加工不需复杂的设备与工装，而且操作方便。

⑤ 珩磨的应用范围广。珩磨广泛应用于汽车、拖拉机和轴承制造业，可珩磨缸套、连杆孔、油泵油嘴与液压阀体的孔等，可以珩磨通孔、台阶孔和盲孔，可以珩磨工件的材料有铸铁、淬火钢、未淬火钢、硬铝、青铜、硬铬与硬质合金、玻璃、陶瓷、晶体与烧结体等。光整或精加工孔径范围为 $\phi 5 \sim 1200mm$，长度可达 12000mm。国内珩磨机工作范围：$\phi 5 \sim 250mm$，孔长 3000mm。

（2）珩磨头

1）珩磨头的结构　珩磨头一般由磨头本体、油石垫座、油石胀开机构等组成，根据珩磨孔径的大小、深度、类型不同，珩磨头采用的结构也不同，按珩磨油石胀开的形式分为滑动式和摆动式两种。滑动式中，按油石径向滑动与轴线的关系又分为对称中心滑动式和不对称中心滑动式，如图 10.143 所示。对称中心滑动式结构磨头的对称性、刚性和工艺性好，生产中应用最广。按油石胀开的操作方式分为手动胀开式和自动胀开式两种。

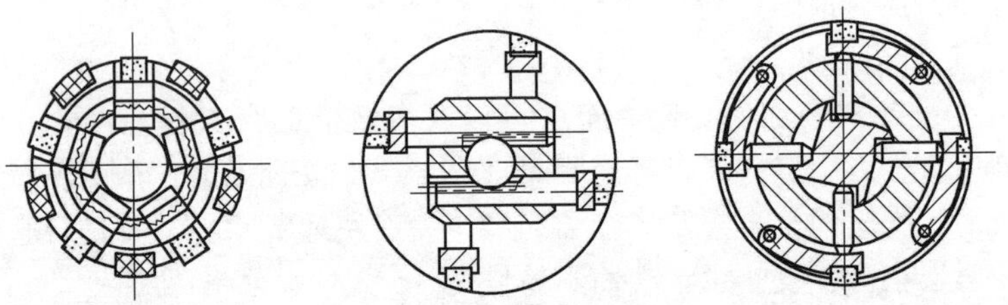

(a) 中心对称式滑动珩磨头　(b) 中心不对称式滑动珩磨头　(c) 摆动式珩磨头

图 10.143　珩磨头的结构

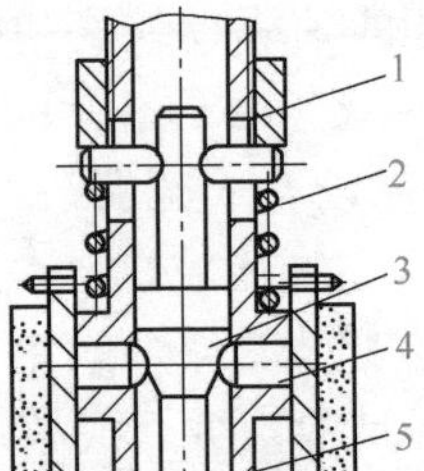

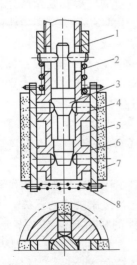

图 10.144　胀开式珩磨头

1—调节螺母；2—弹簧；3—顶杆；4—顶销；5—本体；6—垫块；7—油石；8—弹簧

① 手动胀开式珩磨头。用手动调节油石胀开的磨头结构，如图 10.144 所示。图中，油石 7 与垫块 6 固定连接，并装在本体 5 的槽中，油石与孔壁的压力通过调节螺母 1、带锥面的顶杆 3 和顶销 4 来调节。调松时，反向旋转螺母 1，弹簧 2 将顶杆 3 顶起，在弹簧 8 的作用下顶销 4 径向收缩，使油石脱离工件表面。

② 中等孔径通用珩磨头。如图 10.145 所示是珩磨中等孔径的通用珩磨头，珩磨头的前端有导向锥，珩磨盲孔时，导向锥长一般为 2～5mm，珩磨通孔的前导向锥可长达 15mm 以上。珩磨油石用明矾或无机黏结剂黏结在油石垫座 4 上，油石

（油石座）通过进给胀锥 3 胀开，弹簧圈 2 压缩油石在滑槽中收缩使其脱离工件表面。珩磨头本体一般为棱柱体或圆柱体，用于不同表面珩磨。

③ 小孔珩磨头。小孔珩磨头一般采用单油石，如图 10.146 所示。油石由单面楔进给，通过镶有两个硬质合金导向条增加珩磨头的刚性，提高导向条与油石的长度，可提高小长孔的珩磨精度与效率。

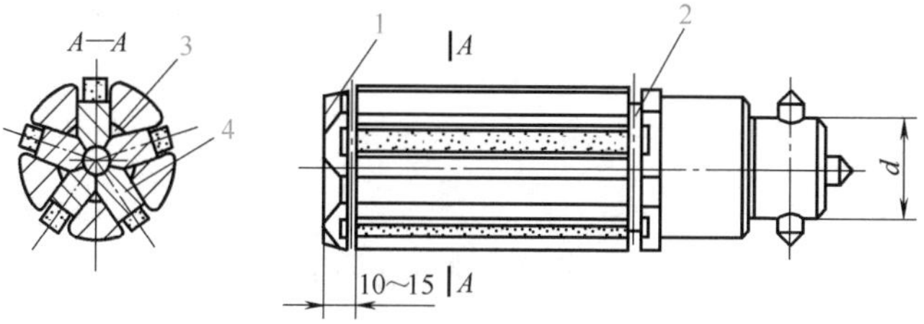

图 10.145　中等孔径通用珩磨头

1—本体前导向；2—弹簧圈；3—进给胀锥；4—油石垫座

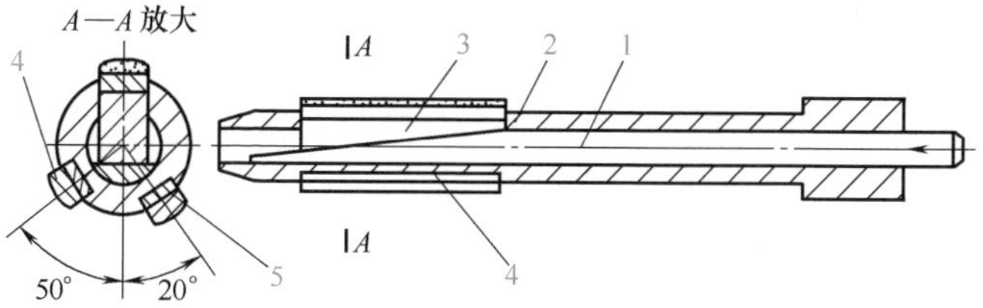

图 10.146　小孔珩磨头

1—胀楔；2—本体；3—油石座；4—辅助导向条；5—主导向条

④ 大孔珩磨头。大孔珩磨头分凸环式大孔珩磨头和可调式大孔珩磨头，如图 10.147 所示。凸环式大孔珩磨头凸环 1 的外径接近珩磨孔径，支承油石座 3、承受珩磨切削力，具有较好的刚性，油石座上的横销 2 紧贴凸环内端面，给油石轴向定位并承受珩磨时的轴向力，移动胀锥 5 可使油石座 3 伸出，借助弹簧圈 4 缩回油石。可调式大孔珩磨头用作一定孔径范围的场合，通过转动中央小齿轮可使齿条胀缩，来调整珩磨孔径的大小，无需更换珩磨头。

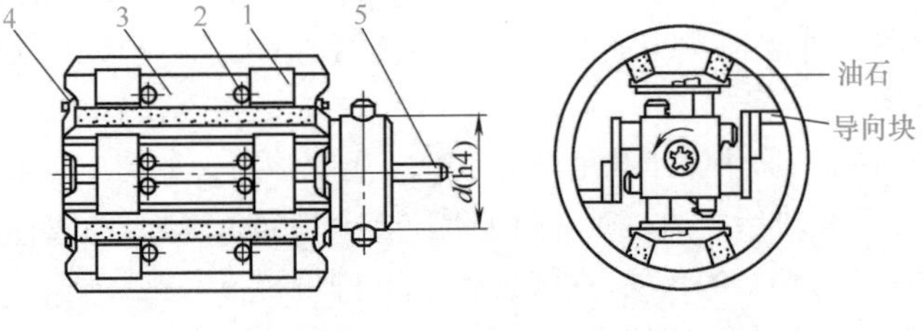

图 10.147 大孔珩磨头

1—本体凸环；2—油石座横销；3—油石座；4—弹簧圈；5—胀锥

⑤ 短孔珩磨头。如图 10.148 所示，珩磨头与连接杆制成一体，刚性连接。珩磨头上嵌有硬质合金导向条 5，其上有喷嘴，用以测量珩磨参量、维持珩磨头工作平稳。前凸部为引入导向，前端为珩磨头工作时在浮动夹具内的定位导向，以保证珩磨孔轴线与端面的垂直度。由于油石较短，所以进给胀锥 4 为一较长的单锥体，以提高进给系统的刚性与精度。所有油石槽（油石座 6 的滑道）的长度与 P 端面的轴向距离有严格的公差要求。

⑥ 盲孔用珩磨头。盲孔用珩磨头的结构如图 10.149 所示。盲孔珩磨需要选用换向精度要求较高的珩磨机，其往复换向误差不大于 0.5mm，珩磨主轴的轴向窜动，珩磨头与油石座的轴向间隙均需严格要求。

⑦ 锥孔用珩磨头。锥孔用珩磨头的结构如图 10.150 所示。其锥形芯轴 1 的锥度必须与珩磨孔要求的锥度一致。珩磨时珩磨头进入工件，芯轴 1 通过键 5 带动本体 2 转动和往复运动，使油石座 3 随芯轴转动并沿轴心移动，从而珩磨出锥孔。锥孔珩磨余量不宜过大，芯轴旋转时的振摆与轴向窜动要小。珩磨头采用刚性连接，并配用固定式夹具。

⑧ 平顶珩磨头。平顶珩磨头的结构如图 10.151 所示，其主要特点是装有粗、精珩磨两副油石，由珩磨机主轴内的双进给液压缸和活塞杆推动珩磨头的内、外锥体，分别进行粗、精珩磨，具有较高的珩磨效率。粗珩时，活塞杆 A 推动套杆 11，使外锥套下移，

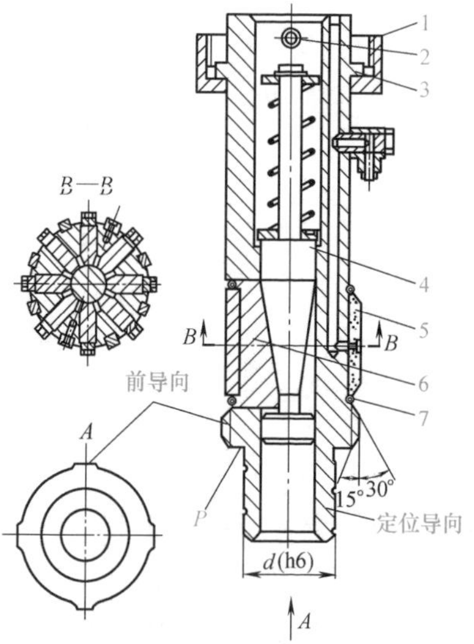

图 10.148　短孔珩磨头

1—连接螺母；2—短销；3—本体；4—胀锥；5—导向条；6—油石座；7—弹簧圈

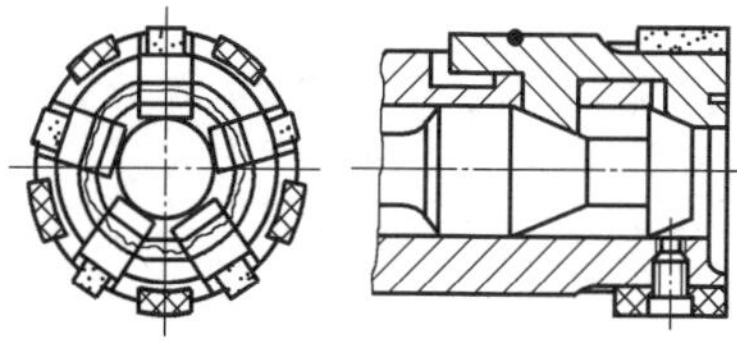

图 10.149　盲孔用珩磨头

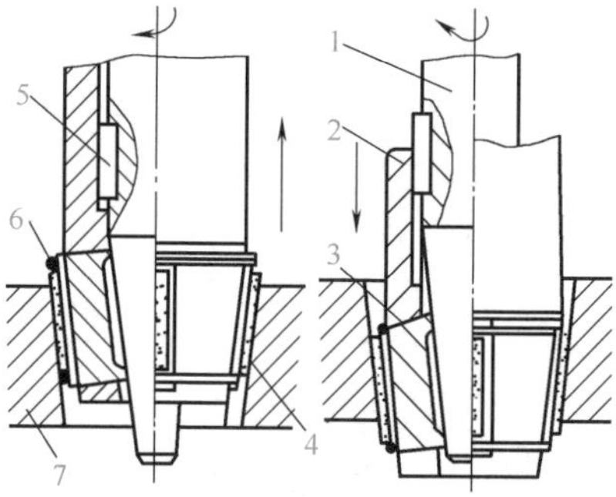

图 10.150　锥孔用珩磨头

1—锥形芯轴；2—磨头本体；3—油石座；4—油石；5—键；6—弹簧；7—工件

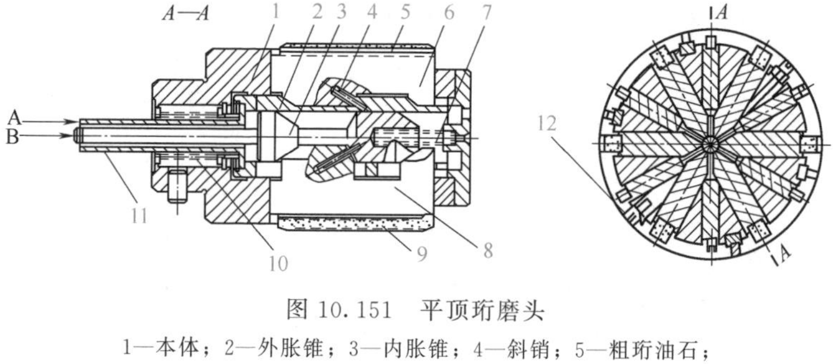

图 10.151　平顶珩磨头

1—本体；2—外胀锥；3—内胀锥；4—斜销；5—粗珩油石；6—油石座；7—复位弹簧；8—精珩油石座；9—精珩油石；10—复位弹簧；11—套杆；12—导向条喷嘴

胀开粗珩油石座 6。在珩磨头的两个对称硬质合金导向条上配有气动测量喷嘴 12，待粗珩到预定尺寸后，通过气动量仪发出信号，使粗珩油石降压并缓慢退回。活塞杆 B 迅速推动内胀锥 3，使精珩

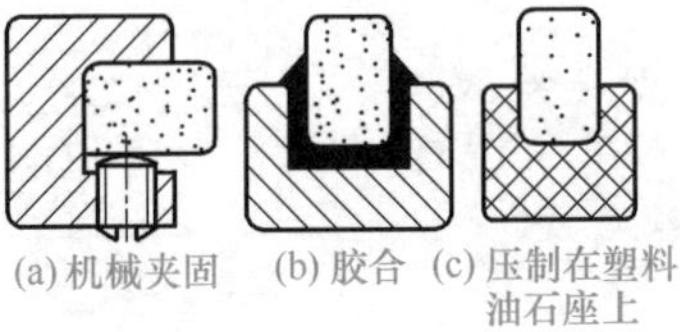

图 10.152 油石的连接方式

油石 9 胀出，进行精珩。待预定精珩时间完毕后，油石卸压缩回，珩磨头复位。

2）珩磨油石与油石座的连接方式 常用的珩磨头油石的连接方式为：机械夹固、黏结剂黏结、压制（在塑料油石座上）连接方式等，如图 10.152 所示。

机械夹固式是用螺钉或其他机械夹紧方式连接。切削力负荷集中在夹紧螺钉上，易引起珩磨油石破裂，结构尺寸大，但珩磨油石更换方便。

黏结式是用树脂漆、赛璐珞及虫胶等将油石粘在油石座上。这种方法牢固可靠，但黏结层的厚度不一致，需要修整后才能使用。

压制式是用塑料热模压制成型，这种方法经济，适合在大量生产中使用，珩磨头直径一般为 12～75mm，也可提高珩磨效率，延长油石寿命。

3）珩磨头与珩磨机主轴的连接形式 珩磨头与珩磨机主轴一般通过连接杆连接。常用的连接杆结构形式有：浮动连接杆、半浮动连接杆及刚性连接杆三种，如图 10.153 所示。

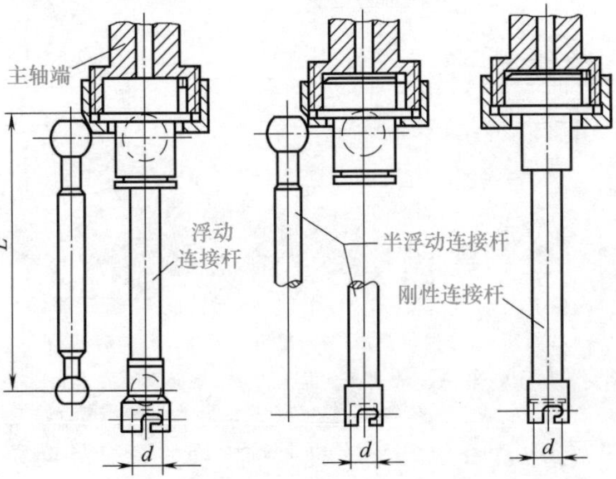

图 10.153 珩磨头的连接杆

① 球头浮动连接。如图 10.154 所示的球头浮动连接杆，通过球头结构分别与珩磨头和机床主轴浮动连接，球头副起浮动作用，其结构简单、灵活，浮动范围大，应用广泛。

② 刚性连接。刚性连接有整体结构和螺纹连接结构，螺纹连接如图 10.155 所示。刚性连接需要有较高的制造精度与严格的对中要求，多用于珩磨小孔、短孔和需伸入工件内部的孔。

③ 半浮动连接。半浮动连接杆的上端用圆锥或圆柱平键与主轴配合连接，下端有孔与珩磨头滑配连接，靠珩磨头上的短销传递扭矩。

4）珩磨头与珩磨夹具的连接形式　珩磨头与珩磨夹具的连接形式可根据工件的特点和要求，参考表 10.114 进行选用。

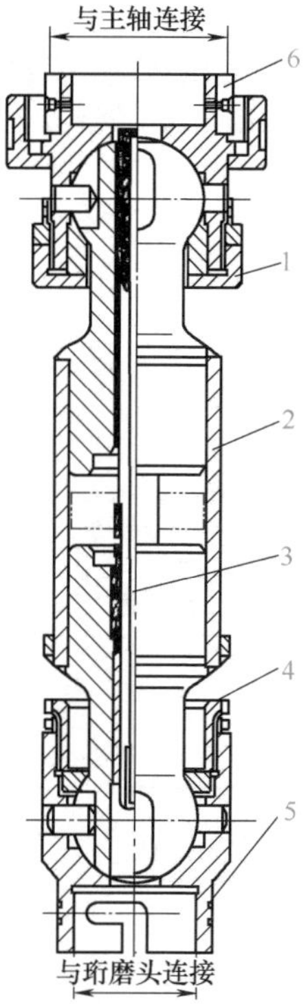

图 10.154　球头浮动连接杆

1，4—调整螺母；2—双球头杆；3—进给推杆；5—弹簧卡箍；6—键

（3）珩磨油石

1）珩磨油石的规格和数量　油石规格是指油石的形状和尺寸。珩磨油石的形状一般采用正方断面和长方断面，油石的长度 l 取决于工

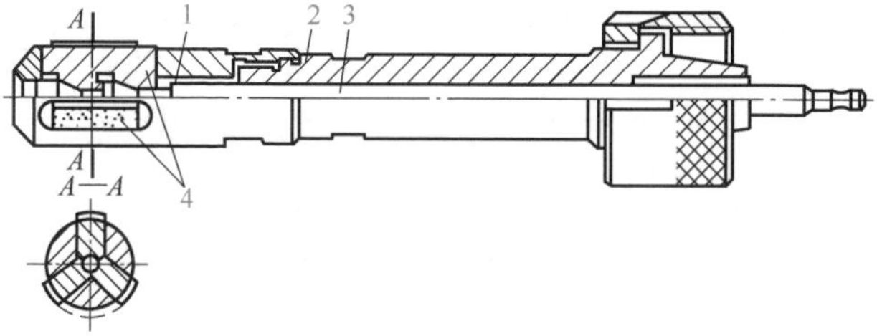

图 10.155　螺纹刚性连接杆

1—磨头本体；2—连接杆；3—胀锥杆；4—油石及油石座

表 10.114　珩磨头与珩磨夹具的常用连接形式

珩磨夹具	配用的珩磨头连接形式	适用范围	对中误差/mm
固定夹具	浮动连接	大、中型孔，外形复杂和不规则的较重工件的长孔，如各种缸孔、缸套孔，可获得良好的效果	<0.08
	半浮动连接	使用短油石加工盲孔、短孔，但易受珩磨夹具与主轴对中误差的影响，需要保持稳定的对中精度才能保证珩磨质量	<0.05
	刚性连接	大量生产中的小孔、外形规则的工件孔的精密珩磨，需要较高的对中精度	≤0.01
平面浮动夹具	刚性连接	珩磨短孔($L<D$)，如连杆孔、齿轮孔等，可适当修正孔的轴线与端面垂直度误差，珩磨精度高	<0.02
	半浮动连接	珩磨小套孔，在珩磨主轴转速不太高、夹具浮动量<1.0mm 的条件下，可获得较高的精度	<0.05
球面浮动夹具	刚性连接	适用于各类小套孔珩磨，在较好的对中条件下，可获得直线度很高、表面粗糙度均匀的孔	<0.02
	半浮动连接	适用于珩磨中、小套孔，在较长的油石或导向条件下，可获得较高的珩磨精度	<0.05

件的孔长 L，参考表 10.115 进行计算，标准尺寸按表 10.116、表 10.117 选取。油石的断面尺寸，一般宽大于高（即 $B>H$），需要油石的数量和断面尺寸与珩磨孔径有关，可参考表 10.118 进行选取。

表 10.115　珩磨油石长度的选择　mm

孔长 L	油石长 l	举例
一般孔	$l=(1/3\sim3/4)L$	珩磨 $\phi32\times60$ 的缸孔，选择 $l=40$
短孔	$l=(1/2\sim1)L$	珩磨 $\phi65\times40$ 的缸孔，选择 $l=40$
等径间断长孔	$l\geqslant3$ 个孔的跨距	
深孔	$l=1/2L$	

表 10.116　正方形油石形状和尺寸　mm

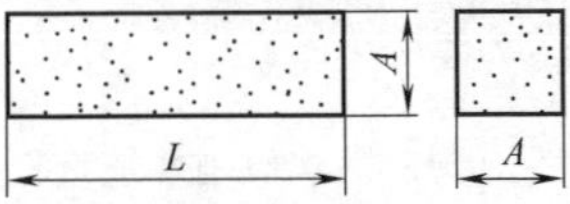

续表

(1)陶瓷结合剂正方珩磨油石				
$L \times A$	材质	粒度	硬度	备注
40×3 40×4 50×4 50×6 80×6 80×8 100×8 100×10 100×13 125×10 125×13 160×13 160×16	A WA C GC	24# ～W10	G～T	用于超精加工、珩磨和各种钳工工作
(2)树脂结合剂正方珩磨油石				
$L \times A$	材质	粒度	硬度	备注
40×3 40×4 50×4 50×6 80×6 80×8 100×8 100×10 100×13 125×10 125×13 160×13 160×16	A WA C GC	24# ～W10	G～P	各材质可生产粒度 A:24# ～240# WA:36# ～W10 C:36# ～150# GC:36# ～W10

表 10.117　长方形油石形状和尺寸　　mm

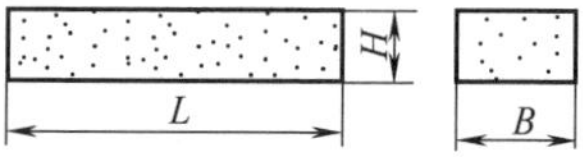

续表

(1)陶瓷结合剂长方珩磨油石				
L×A	材质	粒度	硬度	备注
40×4×3 63×6×5 80×8×6 100×10×8 100×11×9 125×13×10 160×16×13	A WA C GC	$24^{\#}$～W10	G～T	用于珩磨、抛光、去毛刺和各种钳工工作
(2)树脂结合剂长方珩磨油石				
L×B×H	材质	粒度	硬度	备注
40×4×3 63×6×5 80×8×6 100×10×8 100×11×9 125×13×10 160×16×13	A WA C GC	$24^{\#}$～W10	G～P	各材质可生产粒度 A:$24^{\#}$～$240^{\#}$ WA:$36^{\#}$～W10 C:$36^{\#}$～$150^{\#}$ GC:$36^{\#}$～W10

表 10.118　珩磨油石断面尺寸与数量的选择　　mm

珩磨孔径	油石数量/条	油石断面尺寸(B×H)	金刚石油石断面尺寸(B×H)
5～10	1～2		1.5×2.2
10～13	2	2×1.5	2×1.5
13～16	3	3×2.5	3×2.5
16～24	3	4×3.0	3×3.0
24～37	4	6×4.0	4×4.0
37～46	3～4	9×6.0	4×4.0
46～75	4～6	9×8.0	5×6.0
75～110	6～8	10×9,12×10	5×6.0
110～190	6～8	12×10,14×12	6×6.0
190～310	8～10	16×13,20×20	
>310	>10	20×20,25×25	

2）珩磨油石的性能选择

① 磨料的选择。采用超硬磨料油石珩磨高硬度和高韧性材料比使用普通磨料油石效率要高 3～7.5 倍，珩磨一般材料，可提高 10 倍左右，特别对小孔、大余量更为理想。油石磨料的选择如表 10.119 所示。

表 10.119　珩磨油石磨料的选择

磨料名称	代号	适于加工的材料	应用范围
棕刚玉	A	未淬火的碳钢、合金钢等	粗珩
白刚玉	WA	经热处理的碳钢、合金钢	精珩、半精珩
单晶刚玉	SA	韧性好的轴承钢、不锈钢、耐热钢等	粗珩、精珩
铬刚玉	PA	各种淬火与未淬火钢件	精珩
黑色碳化硅	C	铸铁、铜、铝等及各种非金属材料	粗珩
绿色碳化硅	GC	铸铁、铜、铝等，多用于淬火钢及各种脆、硬的金属与非金属材料	精珩
人造金刚石	MBD6～8	各种钢件、铸铁及脆、硬金属与非金属材料，如硬质合金等	粗珩、半精珩
立方碳化硼	CBN	韧性好且硬度和强度较高的各种合金钢	粗珩、精珩

② 粒度的选择。一般珩磨选用 F80～F180，半精珩（或与粗珩合一）选用 F180～F280，精珩选用比 F320 更细，如表 10.120 所示。

表 10.120　珩磨油石磨料粒度的选择

磨料	粒度	要求表面粗糙度 Ra/μm				
		淬火钢	未淬火钢	铸铁	有色金属	备注
刚玉	F100～F180		1.25～1.0			
碳化硅				1.0	1.6～1.25	
刚玉	F240	0.63	1.0～0.8			
碳化硅				0.63	1.25～1.0	
刚玉	F280	0.4～0.32	1.0～0.63			
碳化硅				0.5～0.4	0.8	
碳化硅	F320	0.32～0.25	0.63～0.50	0.5～0.4	0.8～0.63	钢件用 GC
碳化硅	F360	0.2～0.16	0.32～0.25	0.32～0.25	0.5～0.4	钢件用 GC
碳化硅	F400	0.16～0.10	0.25～0.20	0.16～0.125	0.4～0.32	钢件用 GC

③ 硬度的选择。在保证油石有良好自锐性的条件下，还要有较高的耐用度。因此，必须根据工件的硬度、珩磨效率和珩磨余量等条件合理选用。一般对硬度高、珩磨余量大、大批量生产类型、大孔珩磨和强力珩磨时，要选用较软的油石。而工件材料软、低表面粗糙度，或珩磨小孔、花键孔和间断孔时，要选用较硬的油石。油石硬度要求均匀一致，在一条油石上各点的硬度偏差最大不应超过半小级（相当于洛氏硬度值 4 度）。珩磨油石硬度可参考

表 10.121 进行选择。

表 10.121 珩磨油石硬度选择

油石粒度号	珩磨余量 直径方向/mm	油石硬度	
		钢件	铸铁
F100～F150	0.15～0.5	L～Q	L～R
	0.01～0.1	N～T	M～Q
F180～F280	0.05～0.5	J～P	L～R
	0.01～0.1	L～S	M～R
F320～F400	0.05～0.15	E～M	K～Q
	0.01～0.05	M～R	M～R

注：1. 正常珩磨条件下，油石硬度要在所示范围内选择。
2. 当工件材料硬度变动时，油石硬度应朝相反方向变动 1～2 等级。

④ 结合剂的选择。普通磨料的珩磨油石一般采用陶瓷结合剂和树脂结合剂。陶瓷结合剂（代号 A）油石性能稳定，可用于各种材料的粗精珩。树脂结合剂（代号 B）油石有弹性，能抗震，能在珩磨压力较高的条件下使用，多用于低粗糙度珩磨。

⑤ 珩磨油石组织的选择。一般要求采用疏松结构。因为油石接触面大，易产生较高的珩磨热和堵塞现象。而珩磨低粗糙度的孔时，需要选用中等组织的油石。

3）新型油石

① 热蜡注油石。把蜡加热熔化后与陶瓷油石配备的原料混合、拌匀，用压力注入模型后而制成。其特点是磨粒含量多，切削作用强，组织均匀，润滑性好，不会刮伤工件表面，而且可在粗粒度下获得较低的粗糙度。适用于大批量或黏韧性材料的半精与精珩加工。

② 渗硫油石。在油石中加入硫黄、二硫化钼等成分，可以改善油石的性能。在油石的所有浸渗工艺中以硫油石效果最好。

（4）珩磨工艺参数

1）珩磨前的要求

① 控制珩前孔径尺寸。孔的最终尺寸公差一般为 H7～H9，因此珩前孔径尺寸一般要控制在－0.01～－0.05mm。珩磨钢件或高硬度、高韧性的工件，只要余量增大 0.01mm，珩磨工时便会成倍增加。

② 表面清洁。待珩表面不应有残留氧化物（脱碳层、铁锈等）、油漆和油垢等物，以免堵塞油石。

③ 珩磨时，不要使用钝化了的油石，以免珩磨表面形成挤压硬化层，若为铸铁表面，则石墨层将使珩磨困难和表面形成麻坑。

2）珩磨油石越程　珩磨头在往复运动中，必须保证油石在孔（或加工面）的两端超出一定距离，即油石的越程。越程的长短会直接影响孔的圆柱度，越程过长，则孔端被过多珩磨，形成喇叭孔；越程过短，则油石在孔中间的重叠珩磨时间过长，出现鼓形；若两端越程不等，则产生锥度，如图 10.156 所示。

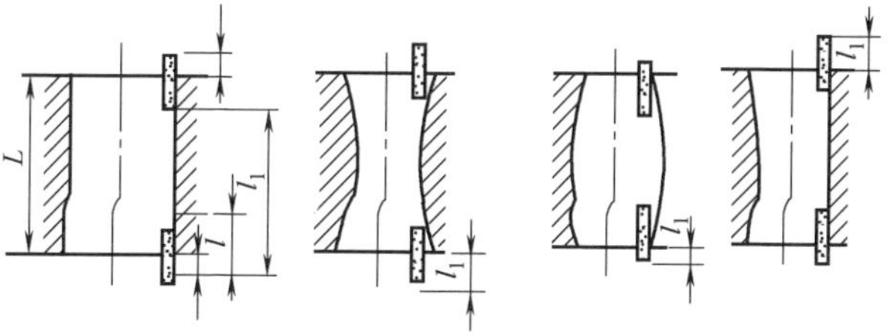

图 10.156　珩磨油石的行程距离

油石在孔两端的正常越程一般为：

$$l_1=(1/3\sim1/5)l \tag{10.19}$$

油石的行程距离：

$$l_x=L+2l_1-l \tag{10.20}$$

式中　l_1——油石在孔端的越程，mm；

l_x——油石的行程长度，mm；

l——油石的长度，mm；

L——孔或加工面的长度，mm。

一般孔的下端越程是看不到的（特别是盲孔），可以先调整孔的上端越程，再调整珩磨头的行程长度，通过一定的换算便控制了下端越程。

3）珩磨速度　珩磨速度有两个方面：珩磨头的圆周速度 v_t 与上下往复速度 v_a，二者的合成速度则构成珩磨交叉网纹，形成网纹交叉角 β，如图 10.157 所示。

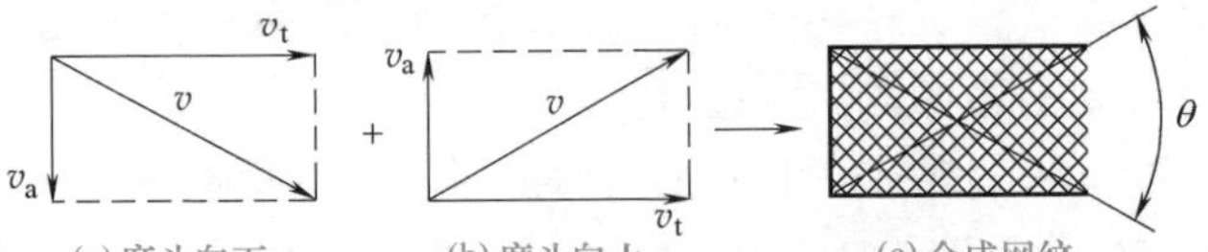

(a)磨头向下　(b)磨头向上　(c)合成网纹

图 10.157　珩磨速度与网纹交叉角

$$\left.\begin{aligned} v_t &= \frac{\pi D n_t}{1000}(\mathrm{m/min}) \\ v_a &= \frac{2n_a l_x}{1000}(\mathrm{m/min}) \\ v &= \sqrt{v_t^2+v_a^2}(\mathrm{m/min}) \\ i_{珩} &= \frac{v_a}{v_t}=\frac{1}{2}\tan\theta \\ \theta &= 2\arctan\frac{v_a}{v_t} \end{aligned}\right\} \tag{10.21}$$

式中　D——珩磨头直径，mm；

n_t——珩磨头的转速，r/min；

n_a——珩磨头往复运动频率，dst/min；

l_x——珩磨头单行程长度，mm；

$i_{珩}$——珩磨速比，$i_{珩}$越大，θ角也越大，珩磨生产率高，反之，$i_{珩}$越小，θ角越小，生产率低，但工件加工表面质量可提高，珩磨切削用量和工艺参数可根据需要按表 10.122、表 10.123 进行选择。

表 10.122　珩磨切削用量

加工材料	珩磨头的圆周速度 v_m /(m/min)	珩磨头的纵向进给量 f_{BM} /(m/min)				
		Ra1.25μm	Ra0.63μm	Ra0.32μm	Ra0.16μm	Ra0.08μm
淬火钢硬度 >60HRC 及氮化钢硬度 >80HRB	12～20	—	—	5～10	4～8	3～6
调质钢 321～363HB	20～30	—	10～18	8～15	6～12	—

续表

加工材料	珩磨头的圆周速度 v_m /(m/min)	珩磨头的纵向进给量 f_{BM} /(m/min)				
		*Ra*1.25μm	*Ra*0.63μm	*Ra*0.32μm	*Ra*0.16μm	*Ra*0.08μm
非淬火钢	30～35	20～28	10～18	10～18	9～14	—
铸铁	40～50	13～20	10～18	8～12	6～10	—

表 10.123　珩磨工艺参数的选择

材料	硬度 HRC	圆周速度 v_t /(m/min)	往复速度 v_a /(m/min)	网纹交叉角 θ/(°)	v_t/v_a	应用范围
铸铁	15～50	33～60	15～35	15	7.6	光珩
	50～65	20～33		20	5.67	光精珩
钢件	15～35	25～30	10～25	30	3.7	精珩
	35～50	18～25		45	2.4	粗珩、粗精珩
	50～65	15～18		60	1.73	粗珩、平顶珩
有色金属		50～70	10～20	75	1.13	粗珩、强力珩
				90	1.3	粗珩、强力珩

提高珩磨效率，需要提高往复速度 v_a。现代珩磨机的特点之一是具有较高的往复速度（25～35m/min），以便获得较大的网纹交叉角 θ。当 $\theta=45°\sim70°$时，珩磨效率较高。若需低的表面粗糙度，则应降低 v_a（或增加 v_t），使 $\theta=15°\sim30°$。珩磨间断孔、花键孔，应选择较高的 v_t 和较低的 v_a。平顶珩磨，则应根据产品要求的网纹交叉角，先选定合理的 v_a，然后根据表 10.123 求出 v_t。

4）珩磨压力　珩磨时油石须有一定压力，压力太小时不能磨去一定量的切削层；压力太大则磨削热大，影响表面质量，甚至会使油石碎裂。粗珩磨时，油石工作压力一般为 0.3～0.5MPa，粗珩取 0.5～1.5MPa，精珩取 0.2～0.5MPa，光珩取 0.05～0.15MPa，铸铁件取小值，钢件取大值。专用珩磨机为 0.4～1MPa，一般不超过 1MPa。

5）珩磨进给方式　珩磨进给方式有手动进给、定压进给、定速（量）进给和定压定速进给四种，珩磨机多采用定压进给、定速（量）进给或定压定速组合进给。

① 手动进给　手动进给常用于自制珩磨机床，机床无自动进给功能。通常珩磨余量很小，只改善表面粗糙度。

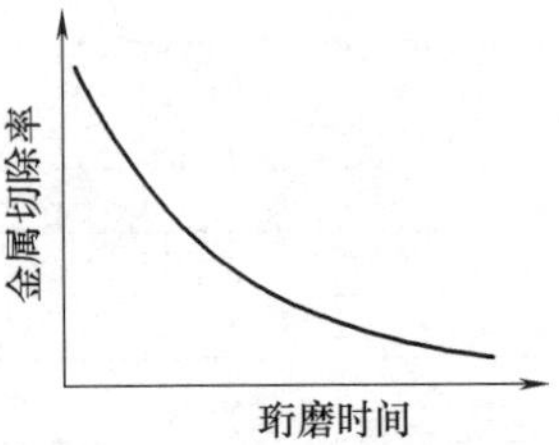

图 10.158 定压进给珩磨特性

② 定压进给　在珩磨过程中，进给总压力不变，加工表面的粗糙度不断降低，油石与表面的接触点不断增加，于是油石作用在表面上的单位压力相应降低，使油石的切削作用不断下降。若尚有余量需继续粗珩，则效率很低；若余量刚好珩完，但缺乏低压珩磨阶段，又不能获得较好的粗糙度，定压进给特性如图 10.158 所示。因此，一些珩磨机把定压进给改为分压进给，如高低压进给、快慢胀单压进给等。

高低压进给珩磨：快速胀开油石，使其接触工件，升至高压进行粗珩，待珩至接近需要的尺寸后，立即转为低压精珩，直至达到需要尺寸，然后卸除进给压力，油石退回，即高压粗珩、低压精珩的过程（图 10.159）。

快慢胀单压进给珩磨：油石快速胀开接近工件表面，再慢胀进给维持定压珩磨，达到尺寸后快速降压退出（图 10.160）。这种方式仍属于定压珩磨，适用珩磨余量不太大、表面粗糙度要求不太严格的内孔或间断孔等。

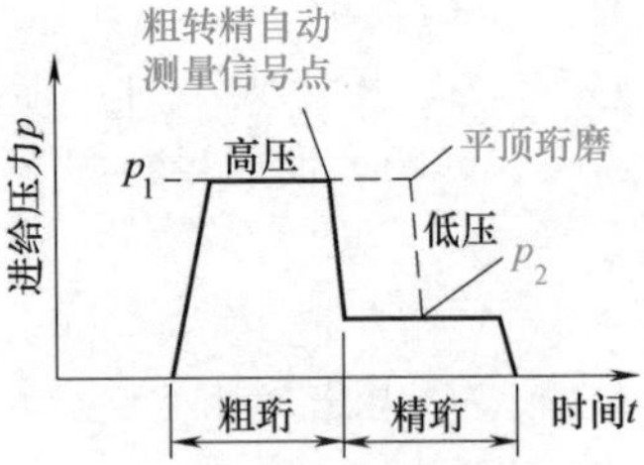

图 10.159 高低压进给

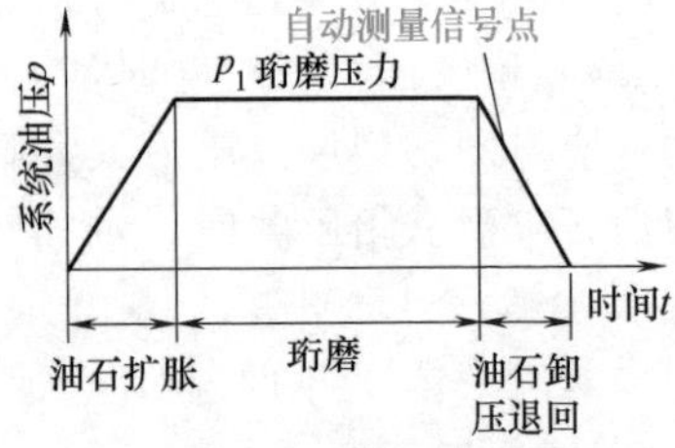

图 10.160 快慢胀单压进给

③ 定速（量）进给　油石始终以预定的速度强制扩胀进给。珩磨头进入孔后快速胀开接近工件表面，然后慢速扩胀抵住孔壁进行珩磨，最后进行短时间的无进给珩磨。这种方法有校正孔的几何形状误差和获得较低表面粗糙度的能力，适用于大余量和生产条件

较稳定的珩磨加工，珩磨效率较低。

④ 定压定速进给　珩磨时，先以定压进给方式迅速接触孔壁，并开始珩磨。当油石已将加工表面的粗糙层珩去后，切入速度开始下降（即切削能力开始降低），便自动转为定速进给方式，强制油石扩胀，使油石产生自锐作用，切入速度上升，达到合理的切入速度后又转为定压进给。一定时间后，又转为定速进给。这种交替进行的复合进给方式，可以获得较高的珩磨效率与表面质量，特别适用于大余量和大批量生产中的粗精一次珩磨。

6）珩磨液的选择　珩磨液分油剂和水剂两种，如表 10.124 所示。

表 10.124　珩磨液的选择

<table>
<tr><th rowspan="2">类型</th><th rowspan="2">序号</th><th colspan="6">成分比例/%</th><th colspan="2" rowspan="2">适用范围</th></tr>
<tr><th>煤油</th><th>L-AN32</th><th>油酸</th><th>松节油</th><th colspan="2">其余</th></tr>
<tr><td rowspan="8">油剂</td><td>1</td><td>90～80</td><td rowspan="8">10～12</td><td rowspan="8">40</td><td rowspan="8">5</td><td colspan="2"></td><td colspan="2">钢、铸铁、铝</td></tr>
<tr><td>2</td><td>55</td><td colspan="2"></td><td colspan="2">高强度钢，韧性材料</td></tr>
<tr><td>3</td><td>100</td><td colspan="2"></td><td colspan="2">粗珩铸铁、青铜</td></tr>
<tr><td>4</td><td>98</td><td colspan="2">石油磺酸钡</td><td colspan="2">硬质合金</td></tr>
<tr><td>5</td><td>95</td><td colspan="2">硫黄＋猪油</td><td colspan="2">铝、铸铁</td></tr>
<tr><td>6</td><td>90</td><td colspan="2">硫化矿物油</td><td colspan="2">铸铁</td></tr>
<tr><td>7</td><td>75～80</td><td colspan="2">硫化矿物油</td><td colspan="2">软钢</td></tr>
<tr><td>8</td><td>95</td><td colspan="2">硫化矿物油</td><td colspan="2">硬钢</td></tr>
<tr><td rowspan="5">水剂</td><th>序号</th><th>磷酸三钠</th><th>环烷皂</th><th>硼砂</th><th>亚硝酸钠</th><th>火碱</th><th>蓖麻油</th><th>其余</th><th>用途</th></tr>
<tr><td>1</td><td>0.6</td><td rowspan="4">0.6</td><td>0.25</td><td rowspan="4">0.25</td><td></td><td>0.5</td><td rowspan="4">水</td><td rowspan="4">粗珩钢、铸铁、青铜及各种脆性材料</td></tr>
<tr><td>2</td><td>0.5</td><td></td><td></td><td></td></tr>
<tr><td>3</td><td>0.25</td><td>0.25</td><td>0.25</td><td></td></tr>
<tr><td>4</td><td>0.6</td><td>0.25</td><td>0.25</td><td></td></tr>
</table>

水剂珩磨液冷却性和冲洗性较好，适用于粗珩。油剂珩磨液宜加入适量的硫化物，因为硫能与铁屑中的铁元素化合成硫化铁，这是一种抗黏焊和抗堵塞的化合物，对改善珩磨过程非常有利。另外，珩磨液的黏度也影响珩磨效率，对高硬度或脆性材料的珩磨宜采用低黏度的珩磨液。珩磨液使用的注意事项：

① 珩磨液的净化。珩磨液如果净化不好就会使油石堵塞，珩磨头卡死，刮伤加工表面等。因此，要获得较高的珩磨效率与质量，必须注重珩磨液的过滤方法，最好采用磁性分离与纸带过滤的联合

净化装置，以保证珩磨液的含污程度在1L内不超过0.2～0.3g。

② 温度控制。珩磨液的工作温度达到35～40℃后，容易使珩磨产生震动，影响珩磨精度，降低表面质量。在大余量和大批量生产中，必须注意珩磨液的降温与容量，以保证它的工作温度在25℃左右。

③ 珩磨液的送进。保证珩磨液与珩磨头同时送进工件孔内，使流量充足，具有足够的冲洗力。

(5) 气缸套珩磨实例

1) 零件分析　气缸套的零件图样如图10.161所示，材料为片状石墨铸铁，磷化处理。缸套珩磨后内径 $\phi125^{+0.04}_{+0.02}$ mm，圆度和同轴度在两口处均为0.01mm，在中间部位均为0.005mm，表面粗糙度 $Ra0.63\mu m$。

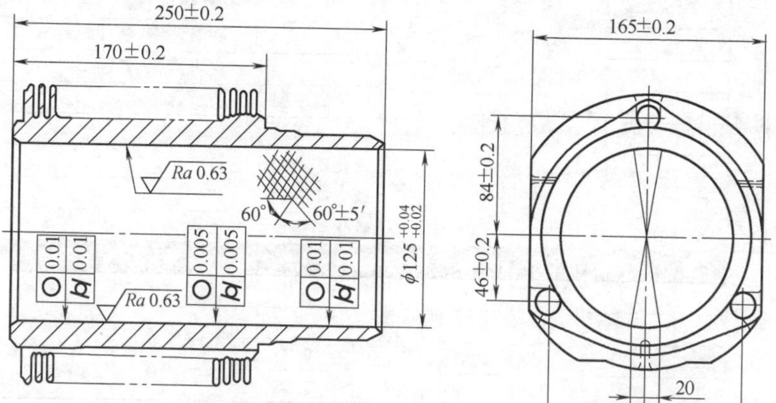

图10.161　气缸套

2) 气缸套的机械加工工艺路线　见表10.125。

表10.125　气缸套机械加工工艺路线

序号	工序内容及要求	机床	砂轮特性
1	锻造毛坯		
2	回火热处理		
3	镗内孔	镗缸机DCT521	
4	车端面、外圆	C620	

续表

序号	工序内容及要求	机床	砂轮特性
5	钻三孔	摇臂钻床 Z3040	
6	去飞边、修毛刺		
7	检验、冷却风量测量		
8	消除内应力、进行喷砂处理		
9	粗镗内孔至 $\phi124.2^{+0.1}_{0}$	C6163	
10	粗车外圆	C620	
11	精镗内孔至 $\phi124.95^{+0.03}_{0}$	立式金刚镗	
12	精车端面和外圆	C620	
13	粗珩磨内孔至 $\phi125^{+0.02}_{0}$	立式珩磨机 YS10-60RA	5×5×100 金刚石磨条 F80/F100
14	精珩磨内孔至 $\phi125^{+0.04}_{+0.02}$	立式珩磨机 YS10-60RA	13×13×200 油石 GCF320LB
15	密封性实验		
16	磷化处理		
17	检验、打标记		

3）珩磨参数　粗、精珩的珩磨头转速为 80r/min，圆周速度 $v_t=31.5$m/min；珩磨头的往复运动次数为 30～35 次双行程/min，往复运动速度 $v_a=16$m/min。珩磨速比 $i_{珩}=1/2$。选择清洁的煤油（或加入适当的硫化矿物油）为切削液，且供应充足。

4）珩磨步骤

① 工件装夹如图 10.162 所示。以端面为基准，安装在珩磨机工作台上，用专用夹具夹紧。夹紧前须找正内孔的垂直度，误差不大于 0.01mm。

② 将珩磨头移至孔内，使油石贴近孔壁，调整油石工作压力。

③ 粗珩内孔，留 0.005～0.01mm 精珩余量。

④ 更换珩磨头油石，重新调整油石工作压力。

⑤ 精珩内孔至要求，孔径为 $\phi125^{+0.04}_{+0.02}$mm，圆度误差小于

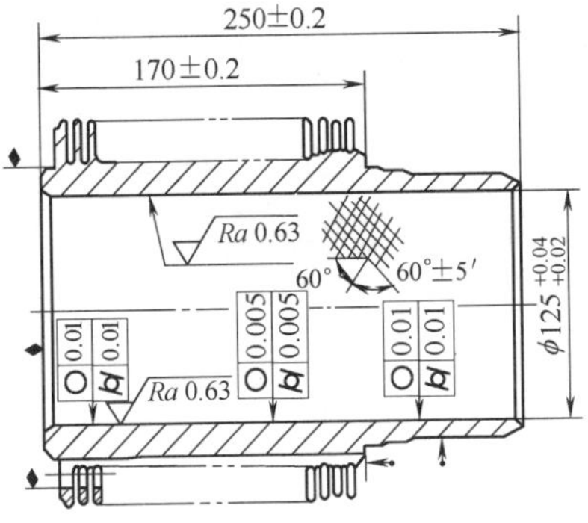

图 10.162　气缸套的定位夹紧

0.01mm（端口处）、0.005mm（缸套中间）；圆柱度误差小于0.01mm（端口处）、0.005mm（缸套中间）；表面粗糙度为$Ra0.63\mu m$。

5）工件检测　气缸套内径用内径百分表测量，粗糙度用粗糙度仪测量，网纹交叉角用照相仪测量，圆度和圆柱度用专用量规或圆度仪测量。

（6）珩磨缺陷产生原因及解决方法（见表10.126）

表10.126　珩磨缺陷产生原因及解决方法

缺陷名称	产生原因	解决方法
圆度超差	①珩磨主轴(或导向套)与工件孔的对中误差过大 ②夹具夹紧力过大或夹紧位置不当 ③孔壁不匀,珩磨温度高或珩磨压力过大 ④工件内孔硬度或材质不均 ⑤冷却液太少或供应不均匀,造成内表面冷热不均 ⑥孔预加工后圆度误差大,或加工余量过小 ⑦珩磨头浮动连接太松,转速高,摆动惯量大 ⑧珩磨头浮动连接杆不灵活,或刚性连接杆弯曲,摆差大等 ⑨往复速度过高,油石与孔相互修整不够	①取下珩磨头与连接杆,调整主轴与导向套和工件孔的同轴度 ②一般均为端面夹紧,薄壁零件也可圆柱面均压夹紧 ③提高设计制造水平,控制壁厚一致。降低珩磨压力,减少珩磨热量 ④观察内表面的粗糙度是否一致,要求提高坯料的质量 ⑤要均匀地供应充足的冷却液,注意容量和泵的堵塞情况 ⑥孔预加工后的圆度最大不应超过珩磨余量的1/4,或加大余量 ⑦适当调整浮动接头的调节螺母,或降低转速 ⑧调整调节螺母,检查刚性连接杆摆差并消除 ⑨适当降低往复速度
圆柱度超差	①珩磨油石在孔上下端的越程过大,出现喇叭口(两端大);越程过小,出现鼓形;上下越程不一致,出现一端大,一端小 ②工件夹紧变形,或上下壁厚不一致,材质、硬度不一致 ③孔预加工后的圆柱度误差大,或珩磨余量过小 ④油石长度选择不当 ⑤油石硬度不一致,耐用度低(软),磨耗不均匀(上下偏磨) ⑥珩磨主轴往复速度不一致 ⑦珩磨头上的油石轴向位置变化 ⑧珩磨头新装油石未经修磨,或修磨后的圆柱度误差大 ⑨珩磨机的往复行程位置精度低	①仔细调整油石在孔的上下端越程为油石长度的1/3～1/5,并上下相等。短孔珩磨时越程应选小值(1/4～1/5) ②相应地降低夹紧力与改变夹紧位置(尽量使壁厚上下一致) ③应控制孔预加工后的圆柱度误差不超过珩磨余量的1/4～1/5 ④正确选择珩磨油石长度 ⑤油石全长硬度差不宜超过5度(洛氏),硬度不宜太软 ⑥调整放气阀,排除油缸内的空气,适当降低珩磨压力 ⑦黏结油石时,要控制油石的上下位置。消除珩磨头上下窜动 ⑧控制珩磨头修磨后的圆柱度: 刚石油石≤0.01 普通磨料陶瓷结合剂油石≤0.05 ⑨调整或修理机床,或加限位机构

续表

缺陷名称	产生原因	解决方法
孔的轴线与端面不垂直	①夹具定位面与珩磨主轴不垂直或定位面过度磨损 ②孔预加工后的垂直度误差大 ③短孔珩磨时未采用刚性连接的珩磨头 ④工件底面不干净，定位面上垫铁屑 ⑤压紧力不均匀，使工件一边抬起 ⑥夹紧力过小使工件松动，脱离定位面 ⑦夹紧力过大，短孔珩磨或叠装珩磨时，使端面不平的工件完全贴合后产生变形 ⑧珩磨机主轴与工件孔对中不好	①调整夹具或工作台面垂直主轴，根据需要修磨定位面 ②检查和提高孔的预加工精度 ③换用刚性珩磨头、平面浮动夹具 ④清除工件底面毛刺，保持工件底面与定位基面的洁净 ⑤压紧力要对称分布且均匀 ⑥适当控制夹紧力，保证工件稳定 ⑦适当调整压紧力，且提高工件端面预加工后的平面度 ⑧调整夹具，使其与主轴准确对中
孔的直线度超差	①珩磨油石太短，或珩磨头短且无导向 ②油石太软，磨损快，成形性不好 ③孔预加工后直线度超差 ④珩磨头的浮动接头不灵活，影响珩磨头的导向性 ⑤夹紧变形 ⑥珩磨往复速度或冷却液供给不均匀 ⑦夹具与主轴或导向套对中不好	①按孔的长度正确选择油石的长度，并加长导向 ②将软油石进行渗硫处理，可提高耐用度 ③检查和提高孔的预加工质量 ④调整或清洗润滑浮动接头，使浮动灵活且无间隙 ⑤调换夹紧部位，或降低夹紧力 ⑥提高往复速度和增加冷却液 ⑦调整夹具对中
孔的尺寸精度低（返修品和废品率高，尺寸不稳定）	(1)珩磨热量高，冷却后尺寸变小 ①珩磨余量大，时间长 ②珩磨头转速高，往复速度低 ③油石堵塞，自锐性不好 ④珩磨进给太快、压力太大 ⑤油石磨料、粒度、组织选择不当 ⑥工件材料强度高（硬、韧、黏） ⑦冷却液不足或冷却性能差 (2)工艺系统不稳定，尺寸时大时小 ①孔的预加工质量低，珩磨余量变化大 ②油石硬度不均匀，切削性能不稳定 ③孔预加工表面有冷作硬化层，或粗糙度的变化范围大 ④定时珩磨方法不能获得准确的珩磨孔径 ⑤珩磨头上的空气测量喷嘴磨损，间隙太大	(1) ①控制合适的珩磨余量和时间 ②根据珩磨要求正确选择两种速度 ③选择硬度较低的油石 ④适当降低进给速度与压力 ⑤见珩磨油石的选择 ⑥选用超硬磨料，且降低转速，提高 v_a，减小余量 ⑦采用低黏度的、大量的、温度不高的冷却液（降温） (2) ①严格控制预加工的尺寸公差，采用珩磨自动测量装置 ②选用硬度、组织均匀的油石 ③定期换刀，控制珩磨前表面加工质量 ④在珩磨过程中配备自动测量系统 ⑤更换喷嘴，修磨到规定间隙

续表

缺陷名称	产生原因	解决方法
孔的尺寸精度低(返修品和废品率高,尺寸不稳定)	⑥自动测量仪的放大倍数低,工人调整、控制不便 ⑦自动测量仪信息反馈系统不灵敏、不可靠 ⑧气压不稳,气源未过滤,珩磨冷却液太脏	⑥提高放大倍数,并用指针、数字显示尺寸 ⑦及时检修或更换 ⑧查出具体原因作相应处理
表面粗糙度达不到工艺要求	①油石粒度不够细,或粒度牌号不准 ②精珩时,圆周速度太低,往复速度高 ③精珩余量过大,时间短,或压力过大 ④珩磨冷却液太脏,润滑性差(黏度低),流量小 ⑤精珩前的表面太粗 ⑥油石太硬,易堵塞 ⑦油石太软,精珩时无抛光作用 ⑧工件材质太软	①根据粗糙度要求选择合适的油石粒度,在同样条件下金刚石油石粒度应细1～2级 ②按本节所述原则合理选择 ③精珩余量≥5μm 精珩压力≤5×10^5Pa ④采用两级过滤法,提高润滑性,加大珩磨液流量 ⑤适当提高精珩前的表面质量,或用不同粒度油石粗精珩磨 ⑥更换较软的油石 ⑦软油石渗硫处理,或更换油石 ⑧选较硬的或粒度较细、渗硫或注蜡的油石
珩磨表面刮伤	①油石太硬,组织不均匀,表面堵塞后积聚铁屑(黑点),刮伤表面 ②珩磨头在孔内的空隙太小,偶有机加工铁屑不易排出而刮伤 ③珩磨压力太大,油石被挤碎刮伤 ④冷却液未过滤好,流量和压力小 ⑤珩磨头退出时油石未先缩回 ⑥导向套与工件孔未对中,珩磨头退出时使尾端偏摆 ⑦油石太宽,铁屑不易排除脱落,积聚在油石表面上形成硬点(块)	①选用较软、组织疏松均匀、有较好自锐性的油石 ②适当减小珩磨头直径,保证径向间隙,使冷却液排泄流畅 ③减小压力,提高油石强度 ④需经两级过滤,加大流量和压力 ⑤油石座被卡住,需改进设计 提前撤除进给油压 珩磨头转速太高,油石座上的弹簧圈弹力太弱,需更换弹簧圈 ⑥调整工件孔与导向套的对中 ⑦减小油石宽度或中间开槽,清除油石上的硬点
珩磨效率低	①油石硬度高,组织紧密,易堵塞 ②油石粒度太细 ③珩磨网纹交叉角太小 ④珩磨压力太小 ⑤珩磨速度或油石胀开进给速度太低 ⑥珩磨余量太大,或孔预加工表面太光	①选择较软和较疏松的油石,要求有较好的自锐性 ②选用粒度粗一些的油石 ③提高珩磨头的往复速度,使θ=45°～70°,适当提高珩磨压力 ④适当提高珩磨压力 ⑤合理选用这两种速度 ⑥对光洁的预加工表面应相应地减小珩磨余量

续表

缺陷名称	产生原因	解决方法
珩磨效率低	⑦孔预加工表面材质太硬，或有冷作硬化层 ⑧冷却液黏度大或太脏，易堵塞油石 ⑨油石过宽，铁屑不易排除，影响自锐性 ⑩油石磨料与结合剂选择不当，或油石制造质量太差	⑦选用较低的主轴转速和较软的珩磨油石 ⑧更换黏度小的、干净的冷却液，完善过滤措施 ⑨选较窄的油石，或开槽油石 ⑩要根据工件材料性质正确选用（见珩磨油石的选择）
油石耐用度低（磨耗快）	①油石硬度太低，太疏松 ②珩磨压力太大 ③珩磨头的往复速度过高，圆周速度太低 ④孔的预加工较粗，或为花键孔与间断孔 ⑤树脂结合剂油石出厂时间较长（树脂老化），或水剂珩磨液中碱性太高	①将此油石渗硫或更换较硬的油石 ②适当降低珩磨压力 ③根据实际需要的网纹交叉角，适当调整 v_t 与 v_a ④选用较硬或极硬的油石 ⑤选用新产油石，使用树脂油石时要注意水剂珩磨液中的含碱量
珩磨时振动噪声大，油石破裂、脱落	①珩磨头系统刚性低，或珩磨液温度高，因而产生振动，促使油石脱落、挤碎 ②珩磨压力过大，油石被压碎 ③珩磨进给太快，或油石黏结不牢，油石被剥落	①调整连接杆和主轴间的间隙，降低主轴转速，或降低珩磨液的温度，消除振源 ②应适当降低珩磨压力 ③调慢油石胀开后的进给速度

10.4.4 抛光

抛光是对零件表面进行的光饰加工，去除上道工序的加工痕迹，如刀痕、划印、麻点、尖棱、毛刺等；改善零件表面粗糙度；使表面光亮、光滑、美观，作为中间工序，为油漆、电镀等后道工序提供涂膜、镀层附着能力强的表面等。抛光的表面粗糙度值可以达到 $Ra0.8\sim0.012\mu m$。抛光是切削加工、塑性变形和化学作用的综合过程。抛光不能提高零件的尺寸精度和位置精度。抛光方法主要有柔性机械抛光、机械化学抛光、电化学抛光和磁力抛光等。

（1）轮式抛光

1）轮式抛光方式　轮式抛光方式分固结磨粒抛光、半固结磨粒抛光和游离磨粒抛光，如图 10.163 所示。

① 固结磨粒抛光。如图 10.163（a）所示，磨粒用胶粘在柔软

材料的抛光轮上，比较牢固。抛光轮是弹性体，有一定的弹性。抛光轮与工件相对运动并通过压力接触对工件进行抛光加工。抛光轮常用棉布、帆布、毛毡、皮革、纸和麻等材料经缝合、胶合或夹固制成，再经修整平稳后，在其切片层间和外圆周边交替涂敷一定的磨粒（如刚玉），达到规定的尺寸、厚度和质量要求，兼有一定的刚性和柔软性。棉布类抛光轮的弹性模量为100～200MPa，柔性较好，麻类抛光轮的弹性模量为400MPa，柔性较差。固结磨粒抛光一般用于粗抛光和半精抛光。

② 半固结磨粒抛光。如图10.163（b）所示，磨粒用油脂涂敷到抛光轮上，磨粒大部分被油脂包裹，油脂同时起润滑缓冲作用，防止工件表面被划出深痕；磨粒在压力作用下在油脂中缓慢转动，使得磨粒全部切刃均有机会参与切削。帆布胶压抛光轮刚性好，切除力强。棉布抛光轮柔软性好，抛光效率低。半固结磨粒抛光一般用于精抛光。

③ 游离磨粒抛光。如图10.163（c）所示，磨粒有更大的活动自由，可固结、半固结于抛光轮上，也可在抛光轮与工件之间滑动和滚动，抛光轮浸在液中，采用脱脂木材和细毛毡制成。脱脂木材用红松、椴木制作较好，其材料松软，组织均匀，微观形状为蜂窝状结构，抛光剂浸含性高。游离磨粒抛光用作精密抛光和装饰抛光。

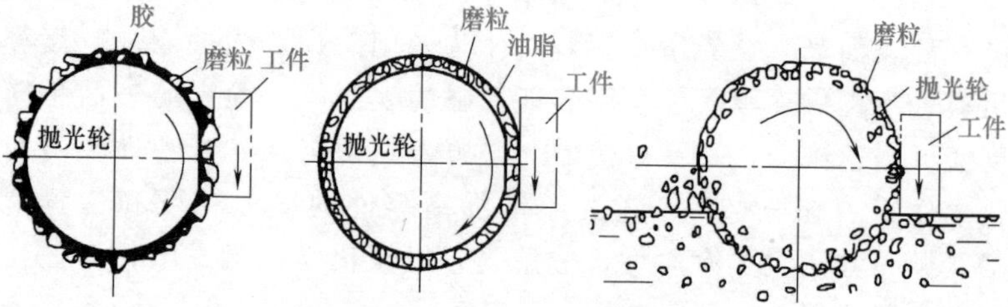

(a) 固结磨粒抛光　(b) 半固结磨粒抛光　(c) 游离磨粒抛光

图10.163　抛光机理

2）抛光剂　抛光剂由软磨料、油脂及其他介质均匀混合而成。抛光用软磨料的特征如表10.127所示。

表 10.127　抛光用软磨料

磨料名称	成分	颜色	特性	适用材料
氧化铁(红丹粉)	Fe_2O_3	红紫	比 Cr_2O_3 软	软金属、铁
氧化铬	Cr_2O_3	深绿	较硬,切削力强	钢、淬硬钢
氧化铈	Ce_2O_3	黄褐	抛光能力优于 Fe_2O_3	玻璃、水晶、硅、锗等
矾土		绿		

抛光剂常温下分为固体、液体两种。固体抛光剂又分为油脂性和非油脂性两类。液体抛光剂分为乳浊状型、液状油脂型及液状非油脂型三类。用得最多的是固体抛光剂，粗抛光时，磨料粒度选择原则 F180～F220，半精抛光、精抛光选择 F240～F1200。固体抛光剂的类型及用途如表 10.128 所示。

表 10.128　固体抛光剂的类型及用途

品名(通称)		抛光用软磨料	用途	
			适用工序	工件材料
油脂性	金刚砂膏	熔融氧化铝(Al_2O_3) 金刚砂(Al_2O_3,Fe_2O_3)	粗抛光(半精抛光)	碳素钢、不锈钢等
	黄抛光膏	板状硅藻岩(SiO_2)	半精抛光	铁、黄铜、铝、锌(压铸件)、塑料等
	棒状氧化铁(紫红铁粉)	氧化铁(粗制)(Fe_2O_3)	半精抛光、精抛光	铜、黄铜、铝、镀铜面等
	白抛光膏	焙烧白云石(MgO、CaO)	精抛光	铜、黄铜、铝、镀铜面、镀镍面等
	绿抛光膏	氧化铬(Cr_2O_3)	精抛光	不锈钢、黄铜、镀铬面
	红抛光膏	氧化铁(精制)(Fe_2O_3)	精抛光	金、银、铂等
	塑料用抛光剂	微晶无水硅酸(SiO_2)	精抛光	塑料、硬橡皮、象牙
	润滑脂修整棒(润滑棒)		粗抛光	各种金属、塑料(作为抛光轮、抛光皮带、扬水轮等的润滑用加工油剂)
非油脂性	消光抛光剂	碳化硅(SiC) 熔融氧化铝(Al_2O_3)	消光加工(无光加工、梨皮加工),也用于粗抛光	各种金属及非金属材料,包括不锈钢、黄铜、锌(压铸件)、镀铜、镀镍、镀铬面及塑料等

3）抛光机工作原理　单轮抛光机加工示意图如图 10.164～图 10.166 所示。

多轮回转工作台自动分度转位抛光机如图 10.167 所示，用于

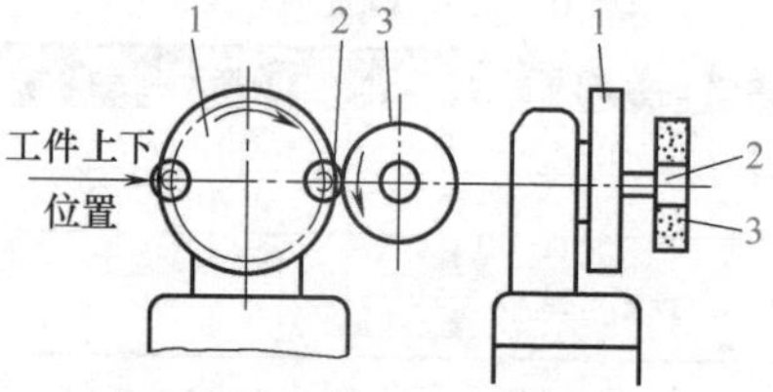

图 10.164　单轮双工位抛光机示意图

1—立式回转台；2—工件；3—抛光轮

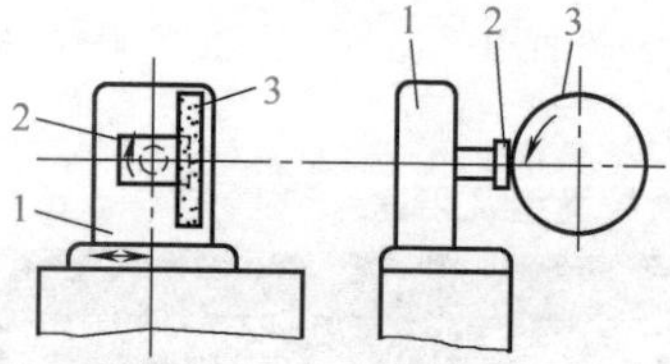

图 10.165　往复运动单轮抛光机示意图

1—滑台；2—工件；3—抛光轮

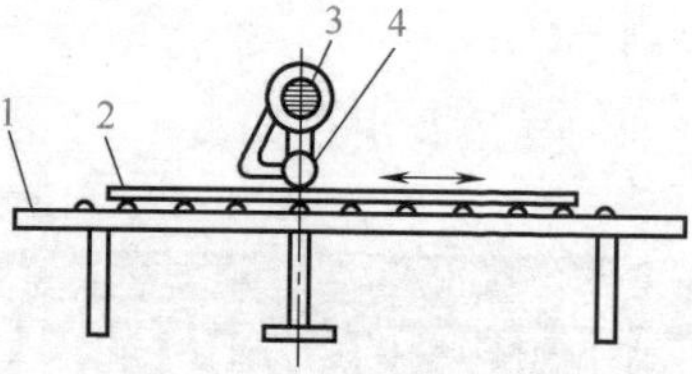

图 10.166　平板抛光机示意图

1—平台；2—工件；3—电动机；4—抛光轮

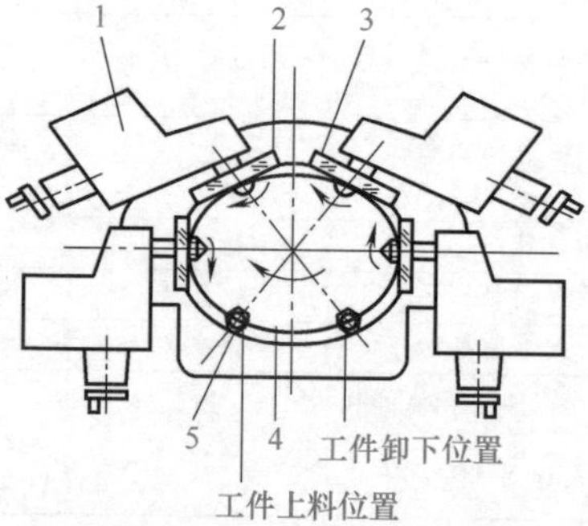

图 10.167　多轮回转工作台（直径 760mm）自动分度转位抛光机示意图

1—抛光轮头架；2—砂带（抛光）；3—抛光轮（抛光）；4—工作台；5—工件

不同工位对工件进行粗抛光、半精抛光和精抛光。

多轮回转工作台连续转动抛光机如图 10.168 所示，用于对相同工件连续进行抛光，直到满足要求。

多轮 12 位水平回转直线抛光流水线如图 10.169 所示。由 12

台自动或半自动、多轮（2、3、9、10 工位）及单轮抛光机（1、4、5、6、7、8、11、12 工位）组成的流水线对工件进行抛光。

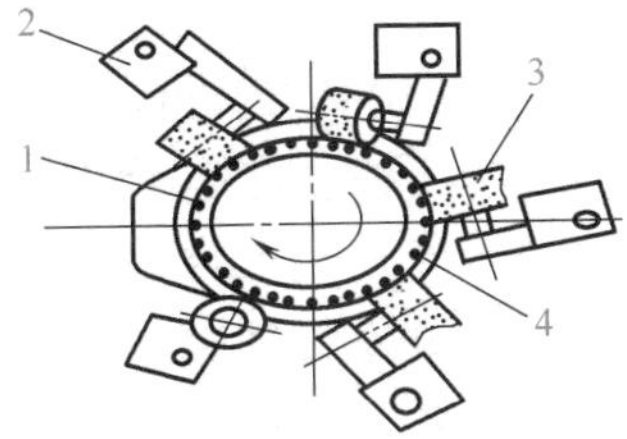

图 10.168　多轮回转工作台（直径 1270mm）连续转动抛光机示意图

1—工作台；2—抛光轮头架；3—抛光轮；4—工件

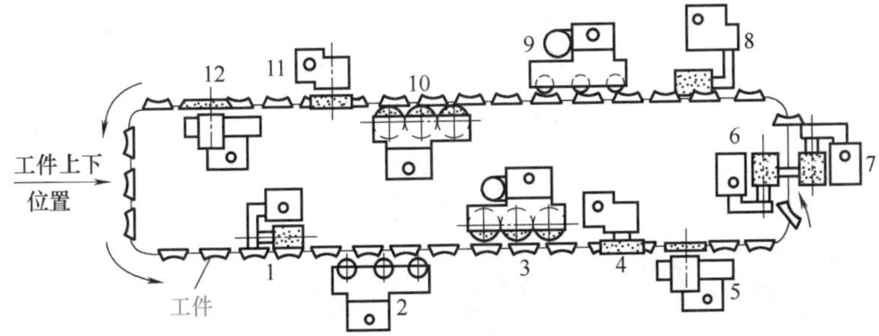

图 10.169　多轮 12 工位水平回转直线抛光流水线示意图

4）轮式抛光的工艺参数　见表 10.129。

表 10.129　抛光轮速度推荐值

工件材料	抛光轮速度/(m/s)		工件直线进给速度/(m/min)	
	固定磨粒抛光轮	黏附磨粒抛光轮	轮式抛光	平板抛光
铝	31～38	38～43	3～12	12
碳钢	36～46	31～51		
铬板	26～38	36～46		
黄铜和其他铜合金	23～38	36～46		
镍	31～38	31～46		
不锈钢	36～46	31～51		
锌	26～36	15～38		
塑料		15～26		

(2) 刷光抛光

刷光抛光的目的是降低表面粗糙度、去除毛刺，提高防蚀性能和改善外观质量。

刷光是对精密零件的棱边进行光整加工和去毛刺光整加工的一种方法。所用的抛光磨具是含磨料尼龙毛刷和可内库斯毛刷，如图 10.170（a）所示。这种毛刷具有弹性，能靠贴零件复杂形状表面进行光整加工。尼龙刷由混入质量分数为 25%、小于 F280 的 Al_2O_3 或 SiC 磨粒和直径 ϕ45～1.0mm、熔点 25～250℃的尼龙细丝制成。可内库斯刷丝含质量分数为 4%～50%、小于 F800 的 SiC 及 Al_2O_3 磨粒或金刚石或 CBN 磨粒，丝挺拔不易软化和熔敷，丝径 ϕ0.3～1.7mm，熔点 430℃。用金刚石粉及含 F600～F400 的 Al_2O_3 或 SiC 烧结成球头的球头刷［如图 10.170（b）］，广泛用于抛光发动机缸体，可在较长时间内保持磨粒锋利。杯形刷多用于加工环状零件端面［如图 10.170（c）］，当背吃刀量为 0.3mm，刷丝伸出长度为 10mm 时，可获得最佳刷光效率。刷光抛光随着转动刷丝产生弯曲振动，对端面上的孔进行刷光加工。

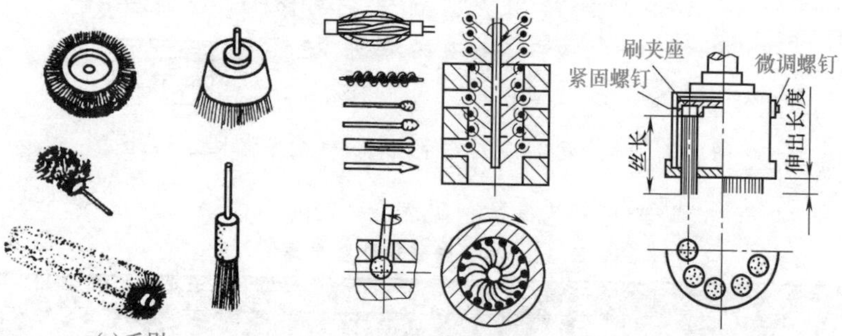

(a) 毛刷　(b) 球头刷等　(c) 杯形刷

图 10.170　刷光表面光整加工示意图

（3）砂纸抛光

砂纸抛光主要用于工件在车削后进行抛光（一般手持砂纸在车床上进行）。抛光时工件旋转速度为 0.53～0.58m/s（32～35m/min），纵向进给速度约为 6.5mm/s（390mm/min）。砂纸粒度为 150～240，加工表面粗糙度可达 Ra0.8～0.1μm。

（4）机械化学抛光

对 LSI 用硅片进行机械化学抛光，使用 SiO_2 系或 ZrO_2 系超微磨粉与碱性溶液混合而成的抛光剂及人造皮革抛光器进行抛光，达到抛光结果示于表 10.130。

表 10.130　LSI 用硅片的抛光加工条件及结果

工序＼加工条件	抛光剂	抛光器	抛光压力/Pa	抛光量	主要目标
第一次抛光	SiO_2（或 ZrO_2）磨粒粒径 0.11μm 左右，加工液呈碱性，pH 值 9～11	聚氨基甲酸乙酯浸渍聚酯无纺布	3×10^{-2}～8×10^{-2}	15～20μm	高效率化镜面 Ra＝20～40nm
第二次抛光	SiO_2 磨料平均粒径 10.0～20.0μm，加工液呈碱性，pH 值 9～11	发泡聚氨基甲酸乙酯和人造皮革软硬质二层构造的抛光器	10^{-2}～3×10^{-2}	1～数微米	提高表面质量 Ra＝1.0～2.0nm
第三次抛光	SiO_2 磨料平均粒径 10～9mm 加工液：氨水或胺剂，pH 值 8～10	发泡聚氨基甲酸乙酯和人造皮革软硬质二层构造的抛光器	10^{-2} 以下	0.1～数微米	

机械化学复合抛光的原理如图 10.171 所示，可达到表面变质层很轻微的高品位镜面加工。

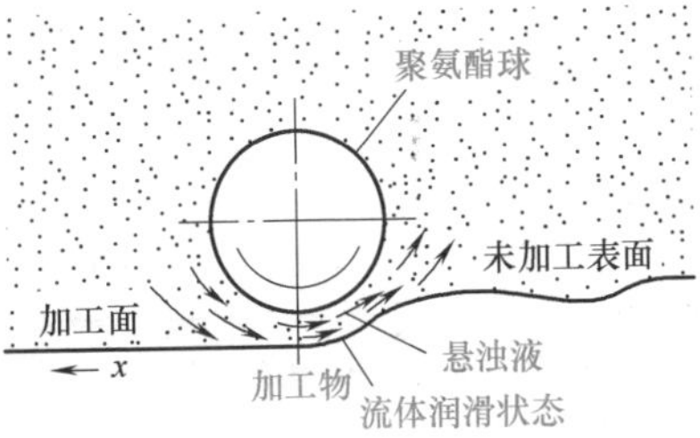

图 10.171　机械化学复合抛光模型

抛光压力增加，磨粒的机械作用加强，抛光器与工件接触面积增大，参与抛光的有效磨粒量增加，加大了抛光加工速度。机械化学抛光的加工速度比不用化学液的抛光高 10～20 倍，表面粗糙度 Ra 达 10～20nm。机械化学抛光是一种有效的工艺方法。

（5）液体抛光

液体抛光是将携带磨料和液体的混悬砂液，用压缩空气并通过喷嘴以高速喷向工件表面而进行的光整加工。这种方法一般在 Ra0.2μm 的基础上能获得 Ra0.1～0.05μm 的表面粗糙度，主要用于

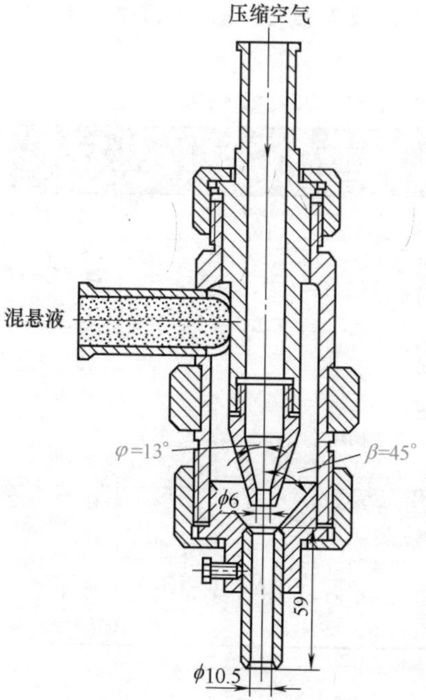

图 10.172　喷嘴结构

采用其它光整加工方法难以加工的零件。液体抛光设备主要包括搅拌器以及如图 10.172 所示的喷嘴等部分。压缩空气由空压站或压缩机供给，压力为 $(4\sim6)\times10^5$Pa。砂液用 34% 的磨料、64% 的水、1.5% 的苏打和 0.5% 的亚硝酸钠（重量比）混合而成。磨料常用氧化铝和碳化硅，其粒度选择见表 10.131。喷射角是液体喷流中心与加工表面的夹角，一般取 30°～60°，角度越小，加工表面粗糙度越小。喷流长度是喷嘴口与加工表面的距离，一般取 20～120mm，加工钢件时常用 80mm。进给运动速度是指工件或喷嘴的移动速度，一般为 3.3～100mm/s（0.2～6m/min）。

表 10.131　液体抛光用磨料粒度的选择

抛光前工件表面粗糙度 Ra/μm	要求达到的表面粗糙度 Ra/μm	粒度
20～40	3～5	40
10～20	2～4	60
7～10	1.1～1.6	100
4～7	0.7～1.5	150
1.6～4	0.5～0.9	240
1～1.6	0.3～0.5	W28

第11章

机械加工工艺规程制订

11.3 机械加工工艺过程设计

11.3.1 定位基准选择

11.3.2 表面加工方法的选择

11.3.3 加工阶段的划分

11.3.4 工序集中与分散

11.3.5 加工顺序的安排

11.3.6 机械加工工艺过程卡片的填写

11.4 工序设计

11.4.1 工序图绘制和工序卡填写

11.4.2 加工余量

11.4.3 确定工序尺寸与公差

11.4.4 工序间的加工余量

11.4.5 机床工装和切削用量选择原则

11.5 工艺尺寸链

11.5.1 尺寸链的基本概念

11.5.2 尺寸链的计算

11.5.3 几种典型工艺尺寸链的分析与计算

11.5.4 工艺尺寸跟踪图表法

11.6 时间定额的确定

11.6.1 时间定额

11.6.2 基本时间的计算

11.6.3　确定中批、大批和大量生产类型的时间定额

11.6.4　单件小批生产类型其他时间的确定

11.7　典型零件机械加工工艺过程实例

11.7.1　定位套筒机械加工工艺

11.7.2　3MZ136 轴承磨床主轴机械加工工艺

11.7.3　圆柱齿轮机械加工工艺

11.7.4　CA6140 型车床主轴箱体机械加工工艺

11.7.5　连杆机械加工工艺

第12章 机床夹具设计

12.4.3　常用夹紧机构

12.5　夹具的其他装置

12.5.1　引导装置

12.5.2　对刀装置

12.5.3　夹具的连接装置

12.5.4　夹具的分度及其定位装置

12.5.5　常用的夹具典型结构

12.6　组合夹具

12.6.1　组合夹具的特点

12.6.2　组合夹具的元件及其作用

12.6.3　组合夹具的组装

12.7　夹具的设计方法

12.7.1　夹具的设计方法、步骤和考虑的主要问题

12.7.2　夹具设计实例

12.8　夹具设计的标准件

12.8.1　定位元件

12.8.2　夹紧装置的标准件

12.8.3　引导和对刀装置

12.8.4　分度定位、连接、操作和其他元件

第13章 装配工艺

第14章 现代机械加工制造技术

14.4.2　数控加工手工编程

14.4.3　数控加工自动编程

14.4.4　数控切削加工编程工艺分析

14.4.5　数控电火花加工编程分析

14.4.6　数控电火花线切割加工

14.5　快速成形技术

14.5.1　成形原理

14.5.2　常用 3D 打印方法

参考文献

[1] 马贤智. 实用机械加工手册. 沈阳：辽宁科学技术出版社，2002.
[2] 陈宏均. 实用金属切削手册. 北京：机械工业出版社，2005.
[3] 北京第一通用机械厂. 机械工人切削手册. 北京：机械工业出版社，2010.
[4] 王先逵. 机械加工工艺手册. 北京：机械工业出版社，2007.
[5] 成大先. 机械设计手册. 北京：化学工业出版社，2002.
[6] 李洪，等. 机械加工工艺手册. 北京：北京出版社，1990.
[7] 刘胜新. 新编钢铁材料手册. 北京：机械工业出版社，2016.
[8] 张以鹏. 实用切削手册. 辽宁：辽宁科学技术出版社，2007.
[9] 吴晓光，等. 数控加工工艺与编程. 武汉：华中科技大学出版社，2010.
[10] 陈家芳. 实用金属切削加工工艺. 上海：上海科学技术出版社，2005.
[11] 周湛学. 简明数控工艺与编程手册. 北京：化学工业出版社，2018.
[12] 尹成湖. 机械切削加工常用基础知识手册. 北京：科学出版社，2016.
[13] 蒋知民，张洪鏸. 怎样识读《机械制图》新标准. 北京：机械工业出版社，2010.
[14] 吴瑞明. 机械制造工艺学课程设计. 北京：机械工业出版社，2016.
[15] 尹成湖. 机械加工工艺简明速查手册. 北京：化学工业出版社，2016.
[16] 王先逵. 机械制造工艺学. 北京：机械工业出版社，2006.
[17] 尹成湖. 磨工工作手册. 北京：化学工业出版社，2007.
[18] 张德生，孙曙光. 机械制造技术基础课程设计指导. 哈尔滨：哈尔滨工业大学出版社，2013.
[19] 龚定安. 机床夹具设计. 西安：西安交通大学出版社，2000.
[20] 卢秉恒. 机械制造技术基础. 北京：机械工业出版社，1999.
[21] 邹青. 机械制造技术基础课程设计指导教程. 北京：机械工业出版社，2004.
[22] 赵家齐. 机械制造工艺学课程设计指导书. 北京：机械工业出版社，2000.
[23] 尹成湖. 机械制造技术基础. 北京：高等教育出版社，2008.
[24] 尹成湖，等. 机械制造技术基础课程设计. 北京：高等教育出版社，2008.
[25] 李旦. 机床夹具设计图册. 哈尔滨：哈尔滨工业大学出版社，2012.
[26] 耿玉岐. 怎样识读机械图样. 北京：金盾出版社，2006.

[27] 胡传炘．热加工手册．北京：北京工业大学出版社，2002．
[28] 谷春瑞．热加工工艺基础．天津：天津大学出版社，2009．
[29] 甘永立．几何量公差与检测．上海：上海科学技术出版社，2001．
[30] 崔振勇．工程制图．北京：机械工业出版社，2009．
[31] 张忠诚．工程材料及成形工艺基础．北京：航空工业出版社，2018．
[32] 李志永．工程实习．北京：兵器工业出版社，2018．
[33] 贾亚洲．金属切削机床概论．北京：机械工业出版社，2007．
[34] 刘晋春．特种加工（4）．北京：机械工业出版社，2008．
[35] 盛善权．机械制造．北京：机械工业出版社，1999．
[36] 黄鹤汀，吴善元．机械制造技术．北京：机械工业出版社，1997．
[37] 上海柴油机厂工艺设备研究所．金属切削机床夹具设计手册．北京：机械工业出版社，1984．
[38] 王光斗，王春福．夹具设计图册．上海：上海科学技术出版社，2000．
[39] 郭新民．机械制造技术．北京：北京理工大学出版社，2010．
[40] 袁哲俊．金属切削刀具．上海：上海科学技术出版社，1993．
[41] 毛谦德．袖珍机械设计师手册．北京：机械工业出版社，1994．
[42] 韩秋实．机械制造技术基础．北京：机械工业出版社，1998．
[43] 袁军堂．机械制造技术基础．北京：清华大学出版社，2013．
[44] 于民治，张超．新编金属材料速查手册．北京：化学工业出版社，2007．
[45] 周湛学．铣工．北京：化学工业出版社，2004．
[46] 周湛学．数控电火花加工及实例详解．北京：化学工业出版社，2013．
[47] 黄涛勋．简明钳工手册．上海：上海科学技术出版社，2009．
[48] 尹成湖．磨工一点通．北京：科学出版社，2011．
[49] 尹成湖．磨工．北京：化学工业出版社，2004．
[50] 尹成湖．车工识图．北京：化学工业出版社，2007．
[51] 方若愚．金属切削加工工艺人员手册．上海：上海科学技术出版社，1965．
[52] 赵如福．金属切削加工工艺人员手册（4）．上海：上海科学技术出版社，2006．
[53] 蔡兰．数控加工工艺学．北京：化学工业出版社，2005．
[54] 赵长旭．数控加工工艺学．西安：西安电子科技出版社，2006．
[55] 罗春华，刘海明．数控加工工艺简明教程．北京：北京理工大学出版社，2007．
[56] 殷作禄，陆根奎．切削加工操作技巧与禁忌．北京：机械工业出版社，2007．

[57] 杨有君. 数控技术. 北京：机械工业出版社，2005.
[58] [德] 乌尔里希·菲舍尔著. 简明机械手册. 云忠，等译. 长沙：湖南科学技术出版社，2009.
[59] [日] 荻原芳彦. 机械实用手册. 赵文珍，等译. 北京，科学技术出版社，2008.
[60] [美] Michael Fitzpatick 著. 机械加工技术. 卜迟武，等译. 北京：科学技术出版社，2009.
[61] 邱言龙. 磨工技师手册. 北京：机械工业出版社，2002.
[62] 廖效果. 数字控制机床. 武汉：华中理工大学出版社，1998.
[63] 叶文华，陈蔚芳. 机械制造工艺与装备. 哈尔滨：哈尔滨工业大学出版社，2011.
[64] 贾恒旦. 生产实习规范指导手册. 北京：机械工业出版社，2013.